Leitfäden der Informatik

Reinhold Paul

Elektrotechnik für Informatiker

Leitfäden der Informatik

Reinhold Paul

Elektrotechnik für Informatiker

mit MATLAB und Multisim

Springer Fachmedien Wiesbaden GmbH

Bibliografische Information der Deutschen Bibliothek
Die Deutsche Bibliothek verzeichnet diese Publikation in der Deutschen Nationalbibliographie; detaillierte bibliografische Daten sind im Internet über <http://dnb.ddb.de> abrufbar.

Prof. Dr. Reinhold Paul
Geb. 1932 in Zwickau, Studium der Elektrotechnik TH Dresden, Promotion 1961, Habilitation 1964, 1965 Berufung zum o. Professor für Elektronische Bauelemente/Mikroelektronik an die TH Chemnitz, 1972 Prof. für Elektronik, Verkehrshochschule Dresden, 1983 Gastaufenthalt RWTH Aachen und TU München, 1985 Prof. für Mikroelektronik TU Hamburg-Harburg.
Lehrgebiete Halbleitertechnik/Mikroelektronik, Schaltungsentwurf.
Ab 1964 entstanden mehrere Lehrbücher und Monographien zu den Themenbereichen Halbleiterbauelemente, Mikroelektronik und Grundgebiete der Elektrotechnik.

1. Auflage Mai 2004

Der B. G. Teubner Verlag ist ein Unternehmen von Springer Science+Business Media.
www.teubner.de

Umschlaggestaltung: Ulrike Weigel, www.CorporateDesignGroup.de

Gedruckt auf säurefreiem und chlorfrei gebleichtem Papier.

Additional material to this book can be downloaded from http://extras.springer.com
ISBN 978-3-519-00360-1 ISBN 978-3-322-80036-7 (eBook)
DOI 10.1007/978-3-322-80036-7

Vorwort

Der vorliegende Text entsprang dem Anliegen, Informatikern, aber auch Studenten solcher Fachrichtungen wie Maschinenbau, Verfahrens- und Messtechnik, Physik und selbst Elektrotechnik eine Einführung in Gleich- und Wechselstromnetzwerke, Signale und Systeme, elektrische und magnetische Felder sowie elektronische Grundlagen zu geben. Inhalt und Umfang der Schwerpunkte entsprechen weitgehend den inhaltlichen und zeitlichen Vorgaben einer Vorlesung „Grundgebiete der Elektrotechnik/Elektronik“, wie sie durchweg an allen Universitäten und Fachhochschulen für unterschiedlichste Studiengänge gehalten wird.

Der Zielstellung gemäß wurden der Stoff auf wirkliche Grundlagen beschränkt, die Voraussetzungen an mathematischen Kenntnissen minimiert und dafür Anschaulichkeit, Anwendungsbezogenheit und vor allem die Anreize zum Selbststudium erhöht. Das Buch stellt eine gründliche Neufassung eines bewährten Vorgängers „Elektrotechnik und Elektronik für Informatiker, Bd. 1“ in mehrerer Hinsicht dar: Straffung und komplette Überarbeitung des Textes, eingehendere Aufnahme der Signale und Systeme (zeitkontinuierlich und zeitdiskret) sowie der Fourier-, Laplace- und Z-Transformationen und ihrer Anwendungen. Letztere haben für die analoge und digitale Signalverarbeitung heute größte praktische Bedeutung.

Eine weitere, entscheidende pädagogische Verbesserung betrifft – neben den bewährten Lernhilfen, Übungsaufgaben und Lösungen – den Einbezug von PC und der Computerprogramme MATLAB und Multisim. Die Gründe dafür erschienen mir vielfältig:

- das Programm Multisim 2001/Electronics Workbench geht auf Anregungen des Kanadischen Kultusministeriums (1998) zur Schaffung eines virtuellen Elektroniklabors zurück und stellt ein exzellentes Werkzeug dar, mit dem Spicebasierte Simulationen in einer natürlichen Laborumgebung mit Messinstrumenten, Generatoren und Oszillographen u.a. durchgeführt werden können. Es ist zudem leicht erlernbar. Die Schaltungssimulation gehört aber heute zu den Standardwerkzeugen in der Elektrotechnik/Elektronik und vieler angrenzender Gebiete.
- das Programm MATLAB (und SIMULINK) ist heute weltweit Standard. Es bietet neben ausgezeichneten numerischen Fähigkeiten im Bereich der Mathematik mit seinen Toolboxen und Blocksets eine Fülle von Werkzeugen für unterschiedlichste Problemstellungen der Signal- und Systemverarbeitung, der Signaltransformationen und vielfältigen Anwendungsgebieten wie Regelungstechnik, Bildverarbeitung, Kommunikationstechnik u.v.a.m.
- Beide Programme kommen in Folgelehrveranstaltungen der Ausbildung ohnehin zum Einsatz, daher schien der Einbezug bereits in die Grundausbildung sinnvoll.
- Von beiden Programmen gibt es sehr leistungsfähige Studentenversionen (Bezugsquellen finden sich im Anhang B) mit sehr gutem Preis-/Leistungsverhältnis.
- Der PC gehört heute zum Arbeitsinstrument des Elektrotechnikers wie vormals Rechenschieber, Großcomputer und Taschenrechner.

Natürlich lassen sich die Grundlagen der Elektrotechnik auch ohne Nutzung des PC's erlernen, Generationen von Elektrotechnikern haben das bisher bewiesen. Deshalb wurde darauf geachtet, dass das Stoffgebiet mit dem vorliegenden Buch grundsätzlich auch ohne Computer bewältigt werden kann. Zahlreiche Lernhilfen, Übungsaufgaben und Lösungen unterstützen dabei. Man wird aber – vor allem durch das virtuelle Elektroniklabor mit Multisim – sehr schnell feststellen, dass sich viele Übungsaufgaben am PC nicht nur schneller lösen lassen, sondern auch Handlösungen sehr bequem kontrolliert werden können. Daher wurden im Text an vielen Stellen unter der Notation „PC" Computeranwendungen und Hinweise auf ausführlicher im Anhang B durchgeführte Computerbeispiele eingebaut. Dadurch wird einerseits die Stoffdarbietung nicht zu stark zersplittert, andererseits lassen sich die Beispiele ausführlich genug erklären – unterstützt durch zahlreiche Bildschirmkopien, Hinweise zur Programmbedienung und im Falle von MATLAB eine Fülle vorbereiteter sog. M- Files: das sind kleine Programme, die den Ablauf der jeweiligen Aufgabe steuern. Die gewählten Beispiele sind typische Problemstellungen der Elektrotechnik und bieten vielfältig Raum für eigene Abwandlungen und Erweiterungen. Nach dem gleichen Grundkonzept wird der Band 2 „Elektronik für Informatiker mit MATLAB und Multisim /Electronics Workbench" die elektronischen Grundlagen der analogen und digitalen Schaltungstechnik und ihrer Anwendungen umfassen.

Mein besonderer Dank gilt Frau Naomi Fernandes von der Firma The MathWorks (USA), in der MATLAB (und SIMULINK) entwickelt werden (http://www.mathworks.com) für die freundliche Bereitstellung der neuesten Software und Herrn Dr. A. Goser (Firma Scientific-Computing, Filiale München, Vertrieb für Deutschland und Österreich), der mir mit Rat und Tat in technischen Problemen während der Verwirklichung der Beispiele im Buch zur Verfügung stand.

Gleichermaßen danke ich nachdrücklich der Firma Electronics Workbench Europe (The Netherlands, http://www.ewbeurope.com) und dort insbesondere Herrn R. Münzinger. Er hat mich nicht nur mit der neuesten Version des Programms Multisim 2001 zur Erarbeitung der Beispiele und dem Folgetyp Multisim 7 versorgt, sondern auch in zahlreichen Detailfragen schnelle Unterstützung gewährt. Die Beispiele lassen sich auch mit der Version Multism 7 verifizieren. Nicht zuletzt schulde ich große Dankbarkeit dem Verlag B.G.Teubner Stuttgart–Leipzig–Wiesbaden und dort Herrn Dr. Spuhler für das Verständnis der Projektgestaltung und die gute Zusammenarbeit, ebenso Frau Laux und Herrn Sandten für eine Reihe nützlicher Hinweise und die gute Manuskriptbetreuung in der Realisierungsphase. Wie immer stand mir einer der Herausgeber der Reihe „Leitfäden der Informatik", Herr Prof. K. Waldschmidt, mit mancherlei Vorschlägen zur Seite, insbesondere hat auch Herr Dipl. Inf. W. Heupke (J.W. Goethe-Universität Frankfurt) als „erster Leser" mit großem Engagement manchen nützlichen Hinweis gegeben.

Bei der Textgestaltung habe ich weitgehend versucht, die DIN-Richtlinien einzuhalten, dennoch mussten Zugeständnisse an die Einbindung übernommener Bilder, die Eigenheiten der Einzelprogramme und schließlich auch die unterschiedlichen Grafikeinbindungen gemacht werden, was bei Beiträgen mehrerer Programme zu einem Manuskript wohl unausbleiblich ist.

Mit diesem Buch hoffe ich, einen Beitrag zur Nutzung von Multsim und MATLAB in der Grundausbildung Elektrotechnik an Hoch- und Fachschulen, der industr. Praxis und Weiterbildung zu leisten. Unzulänglichkeiten bleiben dabei natürlich nicht aus und ich bin für Anregungen, Fehler- und Verbesserungshinweise jederzeit offen (E-Mail: paul@tu-harburg.de).

Reinhold Paul

Hamburg, März 2004

Hinweise zur Arbeit mit dem Lehrbuch, Studienmethodik

Wohl kaum ein Bereich der Technikwissenschaften baut auf einem Teilgebiet der Physik – dem Elektromagnetismus – so systematisch und anwendungsorientiert auf wie die Elektrotechnik. Die Folgen sind nicht nur ein geschlossenes System von Gesetzmäßigkeiten, sondern gleichzeitig auch ihre Unterstützung durch ein Gerüst mathematischer Methoden. Das führt einerseits durch die enorme Anwendungsbreite der Elektrotechnik zu einem großen Stoffumfang, andererseits ist das Gebiet durch seine mathematische Durchdringung sehr gut durchschaubar und vor allem erlernbar. Um Letzteres möglichst rationell durchführen zu können, dienen die folgenden Hinweise.

Stoffstrukturierung. Die Aneignung des Stoffes erfordert ein *intensives Selbststudium* vor allem *mit Papier und Schreibgerät, aber auch ein Computer kann eine wertvolle Hilfe* sein. Zielsetzungen sind das Verständnis und die Erlernung wichtiger physikalischer Sachverhalte, Definitionen und Gesetzmäßigkeiten sowie der Lösungsstrategien für typische Problemstellungen. Zum Erkennen der Schwerpunkte wurden jedem Abschnitt Lernziele als Orientierung vorangestellt. Durch Beantwortung von Fragen und die Lösung von Übungsaufgaben am Ende des Abschnittes kann der jeweilige Lernfortschritt überprüft werden.

Technik des Lernens. Die Erarbeitung des Stoffes ist ein mehrstufiger Prozess. Zunächst sollte man einen Teilabschnitt durchlesen und Notizen anfertigen (wichtige Definitionen, Gesetzmäßigkeiten, grafische Zusammenhänge, Regel ½...1 Seite pro 10 Seiten Text). Anschließend versuchen Sie an Hand dieses Exzerptes durch Nachdenken und verstehendes Erlernen dieses Gerüstes den Inhalt eigenständig zu formulieren und ev. auch schon die eine oder andere Aufgabe zu lösen und Fragen zu beantworten. Dabei wird es Lücken geben, Grund für eine anschließende repetierende Phase *intensiver Durcharbeit*:

- Systematische Wiederholung der Schwerpunkte eines Teilabschnittes (in Verbindung mit den jeweiligen Lernzielen),
- begleitende Lösung von Übungsaufgaben, Abwandlung der Aufgaben,
- Ergänzung des angefertigten Exzerptes,
- inhaltsorientiertes Einprägen der oft eingefügten Lösungsstrategien, z.B. für die Zweipoltheorie u.a. Verfahren.

Suchen Sie in dieser Phase auch die Diskussion mit KommilitonInnen. Sie erkennen dabei rasch Ihre Lücken und Stärken.

Am Ende dieser Phase werden Sie die Lernziele größtenteils erreicht haben und die Mehrzahl der Übungen einigermaßen lösen können.

Hüten sollten Sie sich vor bloßem Auswendiglernen möglichst vieler Formeln, oder etwa davor, zu einer Aufgabe die „passende" Formel zu finden. Im Vordergrund steht vielmehr der jeweilige physikalisch-elektrotechnische Prozess, also das „elektrotechnische Weltbild". Dieses schrittweise begreifen, nutzen und anwenden zu lernen, ist das Lernziel. Um es möglichst gut zu erreichen, schließt sich eine *Vertiefungsphase* an:

- Nehmen Sie für noch nicht verstandene Detailprobleme auch andere Lehrbücher und Aufgabensammlungen zur Hand und suchen Sie *gezielt* nach dem Problem. Lösen Sie weitere Aufgaben.
- Suchen Sie in Einzelfragen Kontakt zu Übungsleitern und Lehrpersonen.

- Arbeiten Sie den Teilabschnitt im Lehrbuch in Verbindung mit Ihren Notizen nochmals durch, runden Sie letzteres ab (Skizzen, Stichworte). Dieses so entstandene Nachschlageblatt sollten Sie auch später von Zeit zu Zeit repetieren, um das Stoffverständnis *langfristig* zu erhalten. Es ist auch eine gute Grundlage für Prüfungsvorbereitungen.
- Sie werden jetzt feststellen, dass Sie die Zielstellungen des Abschnitts in ihren Notizen wiederfinden, die Elektrotechnik plötzlich viel einfacher wird und Sie bereits über ein verstandenes Stoffskelett verfügen. Die mathematische Formulierung der Gesetze ist dann die einfachste und verständlichste Form. Wächst Ihre Neugier auf den nächsten Teilabschnitt, so war die Lernmethodik erfolgreich. In einer anschließenden Phase sollten Sie am Computer arbeiten und sich folgende Ziele setzen:
- Vertraut werden mit den beiden Programmen
- Nachvollziehen der zum jeweiligen Abschnitt angegebenen Computerbeispiele (dabei gibt es einfachere und kompliziertere)
- eigenständiges Lösen der im Text angeführten Aufgaben und Computerprobleme.

Studienhinweise. Die *anwendungsbereite* Aneignung der elektrotechnischen Grundlagen schließt zwei Phasen ein: die *Teilnahme an der Lehrveranstaltung* und das *Selbststudium*:

- In der *Lehrveranstaltung* führt der aufmerksame Hörer gleichzeitig drei Funktionen aus: Zuhören, Mitdenken und *stichwortartiges* Mitschreiben (durch Auswahl von Schwerpunkten). Unverbindliches Zuhören und bloßes Mitschreiben erfüllen die Funktion der Wissensvermittlung nicht! Unverstandene Probleme sollten sofort angemerkt werden. Wünschenswert ist es, sich auf eine Lehrveranstaltung vorzubereiten: *Vorlernen verkürzt Nachlernen* (doch das wird wohl stets Wunschdenken bleiben).
- Zur anwendungsbereiten Erlernung eines Stoffgebietes reicht die Lehrveranstaltung erfahrungsgemäß nicht aus, vielmehr ist das *Selbststudium* der eigentlich kreative Teil des Studiums. Dabei will Ihnen das Lehrbuch eine Hilfe sein. Das Selbststudium dient
- der Verarbeitung und „Speicherung“ des Stoffgebietes,
- zur Erlernung von Fähigkeiten und Fertigkeiten,
- der Aneignung allgemeiner Strategien und Methoden als Voraussetzung eigener Kreativität und der Herausbildung einer effektiven Arbeitsmethodik.

Akzentuierung des Lehrstoffes. Die Stoffdarlegung versucht, dem Lernenden nicht nur den Stoff gezielt zu vermitteln, sondern ihm vor allem beim Selbststudium Unterstützung zu geben:

- *Ziele* weisen auf die zu erarbeitenden Kenntnisse des betreffenden Abschnittes hin,
- wichtige Aussagen sind optisch (Balken) hervorgehoben und Unterpunkte strukturiert dargestellt,
- eingefügte *Lösungsstrategien* bieten in straffer Form „Kochrezepte“ zur Behandlung typischer Problemstellungen,
- zahlreiche Beispiele und Bilder dienen der Veranschaulichung und Größenfindung,
- strukturierte *Zusammenfassungen* bilden das eigentliche Exzerpt des Textes,
- *Fragen* dienen der Kontrolle des Lernfortschrittes. Sie sollten nach Durcharbeit des betreffenden Teils problemlos beantwortet werden können.
- Ein kritischer Gradmesser der Stoffbeherrschung ist die Fähigkeit zur Lösung von Übungsaufgaben. Dabei sind unterschiedliche Schwierigkeitsgrade vorgesehen. Sie beherrschen den Stoff im großen und ganzen, wenn die Mehrzahl der Aufgaben problemlos gelöst werden kann.

Vorschläge für ein effektives Selbststudium. Da die Zeit für das Selbststudium nie reichlich vorhanden ist, sollte sie so effektiv wie möglich genutzt werden. Dazu gehören – neben dem Leistungswillen – vor allem eine rationelle *Arbeitstechnik*, die Kenntnis der eigenen physischen Besonderheiten bei der wissenschaftlichen Arbeit, eine Arbeitsatmosphäre (Ruhe, Konzentration) und vor allem Schreibgeräte, Papier und ggf. der Computer. Ein Selbststudium ohne intensive Nutzung von Papier und Stift bleibt verlorene Zeit. Abzulehnen ist auch eine nochmalige Erarbeitung einer „sauberen" Nachschrift, bloßes Durchlesen von gedrucktem Material, gedankenloses Unterstreichen oder zielloses Auswendiglernen von Stoff oder Formeln. Obwohl das Selbststudium ein sehr individueller Prozess ist, haben sich doch einige allgemeine Schritte bewährt:

a) *Kennenlernen und Durcharbeit des Stoffes*. Lesen Sie in Verbindung mit dem Vorlesungsmaterial die Zielstellungen eines Abschnittes und den betreffenden Stoff des Lehrbuchs (ohne Beispiele und Aufgaben), um zunächst einen Überblick des Teilgebiets zu gewinnen.

b) *Erarbeitung des Stoffes*. Im nächsten Schritt wiederholen Sie die Zielsetzungen und beginnen dann, den Stoff absatzweise intensiv zu durchdenken. Dabei sollten skizzenartige Notizen (wichtige Gleichungen und deren Zusammenhänge) gemacht werden. Legen Sie Pausen ein und bemühen Sie sich, den Stoff verstehend einzuprägen (so dass sie wichtige Schritte skizzieren können). Konzentrieren Sie sich besonders auf die Lösungsstrategien. Testen Sie ihre so erworbenen Kenntnisse durch den Versuch, einfache Aufgaben zu lösen und Kontrollfragen zu beantworten. Das wird nicht in allen Fällen gelingen.

c) Bearbeiten Sie anschließend die *Computerbeispiele* des Abschnittes, wenden Sie die Computerprogramme zur Lösung der Übungsaufgaben an.

d) *Vertiefung, Stoffkontrolle*. Diese Arbeitsstufe sollte erst nach einem zeitlichen Abstand (1...2 Tage) zu Schritt b) und c) folgen und sich konzentrieren auf

- Probleme, die bei der Kontrolle der Kenntnisse nach b), c) offenbar wurden,
- Ergänzungen der Notizen, um so ein eigenes Repetitorium zu entwickeln,
- Lösung weiterer Übungsaufgaben (auch schwierigerer, die jetzt größtenteils problemlos gelöst werden können). Nur in Notfällen sollten Sie nach intensivem eigenen Bemühungen die Lösung im Anhang nachschlagen. Gehen Sie zum nichtverstandenen Stoffteil zurück.
- die *Beantwortung von Kontrollfragen*.

e) *Konsultation*. Gibt es dennoch offene, nicht verstandene Probleme, so sollten Sie zunächst das Gespräch mit KommilitonInnen suchen oder sich um eine Konsultation bemühen. Sie werden im Gespräch sehr schnell erkennen, was verstanden wurde und was nicht. Dazu sollten Sie

- das Problem präzise formulieren (was soll geklärt werden?)
- sich gründlich vorbereiten (eine Konsultation ist keine Nachhilfestunde!).

Derjenige Leser, der die hier angegebenen Hinweise mit echtem Leistungswillen angeht, darf sich des Erfolges ziemlich sicher sein.

R. Paul

Inhalt

1 Schaltungsvariable und Netzwerkelemente

Lernziele. Nach Durcharbeit des Abschnittes beherrscht der Leser:

- den Umgang mit physikalischen Größengleichungen,
- den Ladungsbegriff (Einheit, Arten, Eigenschaften),
- den Trägertransport in Metallen, Halbleitern und Nichtleitern (qualitativ),
- die Definition des Stromes, Stromflussrichtung und Teilchenbewegung,
- typische Wirkungen des elektrischen Stromes,
- den einfachen Stromkreis (Strom- und Spannungsbegriff),
- den Zusammenhang zwischen Strom und Ladung, die Stromdichte,
- die Begriffe elektrische Feldstärke und Spannung,
- das erste und zweite Kirchhoffsche Gesetz,
- die Begriffe aktiver/passiver Zweipol,
- Arbeit, Energie und Leistung am aktiven/passiven Zweipol ausgedrückt durch Strom und Spannung.

Zur Stoffauswahl. Es wäre sicher eine Untertreibung, zu behaupten, dass wir heute nicht in einem Zeitalter der Elektrotechnik und Elektronik leben. Das Gegenteil dürfte zutreffen: die heutige Gesellschaft wäre ohne die Elektrotechnik und Elektronik wohl sehr schnell in ihrer Existenz bedroht, entfiele plötzlich die Nutzung elektrotechnischer Phänomene. Die Elektrotechnik/Elektronik umfasst ja nicht nur Rundfunk, Fernsehen, Satellitenfunk, unterschiedlichste Rechner – also Informations- und Datenverarbeitung sowie deren Übertragung –, sondern auch die Mess-, Steuerungs- und Regelungstechnik verschiedenartigster Produktionsprozesse, die Energiegewinnung und -übertragung, die Energiewandlung (Motor, Generator, Batterie, Wärme- und Lichterzeugung, chemische Prozesse) mit breiter Anwendung in nahezu allen Bereichen der menschlichen Gesellschaft und vieles andere mehr. Es gibt praktisch kein Produkt, an dessen Herstellung die Elektrotechnik nicht (direkt oder indirekt) beteiligt ist.

Das große Gebiet der Elektrotechnik/Elektronik und ihrer Anwendungen wird überschaubarer, wenn man typische Energiebereiche betrachtet:

- Die elektrische *Energietechnik* befasst sich mit der Erzeugung, Übertragung, Verteilung und Anwendung (Umwandlung) elektrischer Energie mit möglichst hohem Wirkungsgrad. Hier spielen enorme Leistungen die Hauptrolle. Begriffe wie Motor, Generator, Hochspannung, Netzspannung, Beleuchtungstechnik u.a.m. gehören in diese Kategorie. Wir verfolgen diesen Zweig hier nicht.
- Die *Informationstechnik* nutzt die elektrische Energie als Träger von Informationen. Das schließt die Informationsübertragung, Speicherung und Verarbeitung ein. Informationen können Sprache, Bild, Text, Daten u.a.m. sein, für die wir später aus elektrotechnischer Sicht den Signalbegriff einführen.

Man mag geteilter Meinung sein, ob zur Informationstechnik z.B. die Mess-, Regelungs- und Automatisierungstechnik gehört oder nicht, aus elektrotechnischer Sicht ist dies nebenrangig. Leistungsgesichtspunkte spielen in der Informationstechnik durchweg eine untergeordnete Rolle. Beispielsweise entnimmt der Rundfunkempfänger der Antenne eine Leistung von etwa 10^{-14} (!) Watt: – total belanglos. (Der Rundfunksender selbst strahlt aber mit einer Leistung von etwa 100 kW und z.T. mehr).

Beide Gebiete benötigen elektrotechnische Bauteile und Geräte. In den letzten Jahrzehnten haben die Erfolge der Halbleitertechnik und Mikroelektronik die Elektrotechnik in nie vermutetem Umfang revolutioniert. Dadurch können auf kleinstem Raum große Leistungen gesteuert werden (Dioden, Thyristoren) oder auch extrem viele „Bauelemente" in einem „System" zusammenwirken. So enthält ein 256 MB-Speicher in einem Volumen von etwa 10 mm^3 immerhin rd. 560 Millionen (!) Einzelbauelemente untrennbar miteinander verbunden. Noch ist ein Ende der Entwicklung der Mikroelektronik nicht absehbar.

All diese phantastischen Entwicklungen nutzen letztlich die Wirkungen des elektrischen Stromes, die Eigenschaften elektrischer und magnetischer Felder und ihre Wechselwirkung mit der Materie (Leiter, Nichtleiter, Halbleiter u.a.). Deshalb überrascht nicht, wenn auch der sichtbare Teil der elektromagnetischen Strahlung – das Licht – in Form der Optoelektronik bereits intensiv in der Informationstechnik genutzt wird: es gibt optische Sende- und Empfangselemente (Laser, Fotodioden, Solarzellen) und vor allem die Lichtwellenleiter zur breitbandigen Übertragung von Informationen über große Entfernungen mit kleinsten Leistungen.

Warum muss sich der Informatiker mit elektrotechnisch-elektronischen Grundlagen befassen?

Die Informatik als Disziplin zur automatisierten Informationsverarbeitung nutzt den Computer als wichtigstes Arbeitsmittel. Ein so hochautomatisiertes elektrotechnisches System wird entscheidend geprägt durch Nutzung moderner elektrotechnischer Prinzipien und Komponenten. Deshalb soll der mit Grundkenntnissen der Elektrotechnik ausgerüstete Leser in die Lage versetzt werden, sein Arbeitsinstrument besser kennenzulernen und vor allem auch die gegenseitige Kommunikation mit anderen Geräten zu verstehen. So gesehen ist das Stoffgebiet nicht nur für den Informatiker zugeschnitten, sondern generell für technische und naturwissenschaftliche Studiengänge (z.B. Maschinenbau, Physik, Mathematik und natürlich die Elektrotechnik selbst), die sich eingehender mit elektrotechnischen Grundlagen vertraut machen wollen. Gerade dieser Kreis steht oft vor der Aufgabe, Bauelemente und Schaltungen anwenden zu müssen, ohne viele Einzelheiten über tiefere Wirkprinzipien zu kennen. Das Buch ist mehr aus dieser Sicht verfasst.

Schließlich gibt es eine Reihe von Anwendungsfeldern der Informatik (z.B. Schaltkreisentwurf, Simulationsverfahren von großen Netzwerken und Digitalsystemen, Testprobleme, Systemmodellierung u.a.), für die ein solider elektrotechnischer Hintergrund sehr zum besseren Arbeitserfolg beiträgt.

Zur Stoffeinteilung. Der Stoff wurde bedacht auf zwei Bände verteilt. Der vorliegende Band 1 enthält die Grundlagen, die zum anwendungsorientierten Verständnis elektrischer Grundbauelemente und ihrer Verbindung zu Stromkreisen notwendig sind (Bild 1.01).

Im Mittelpunkt steht dabei der einfache und erweiterte Stromkreis, kurz das Netzwerk. Stromkreise bilden immer die Basis jeder elektrotechnischen Lösung in der Informations- und Energietechnik. Systematisch dargeboten werden typische Berechnungsmethoden von Gleich- und Wechselstromkreisen. Gerade der Wechselstromkreis kann durch Einführung einer Transformation in vielen Punkten auf Kenntnisse des Gleichstromkreises aufbauen.

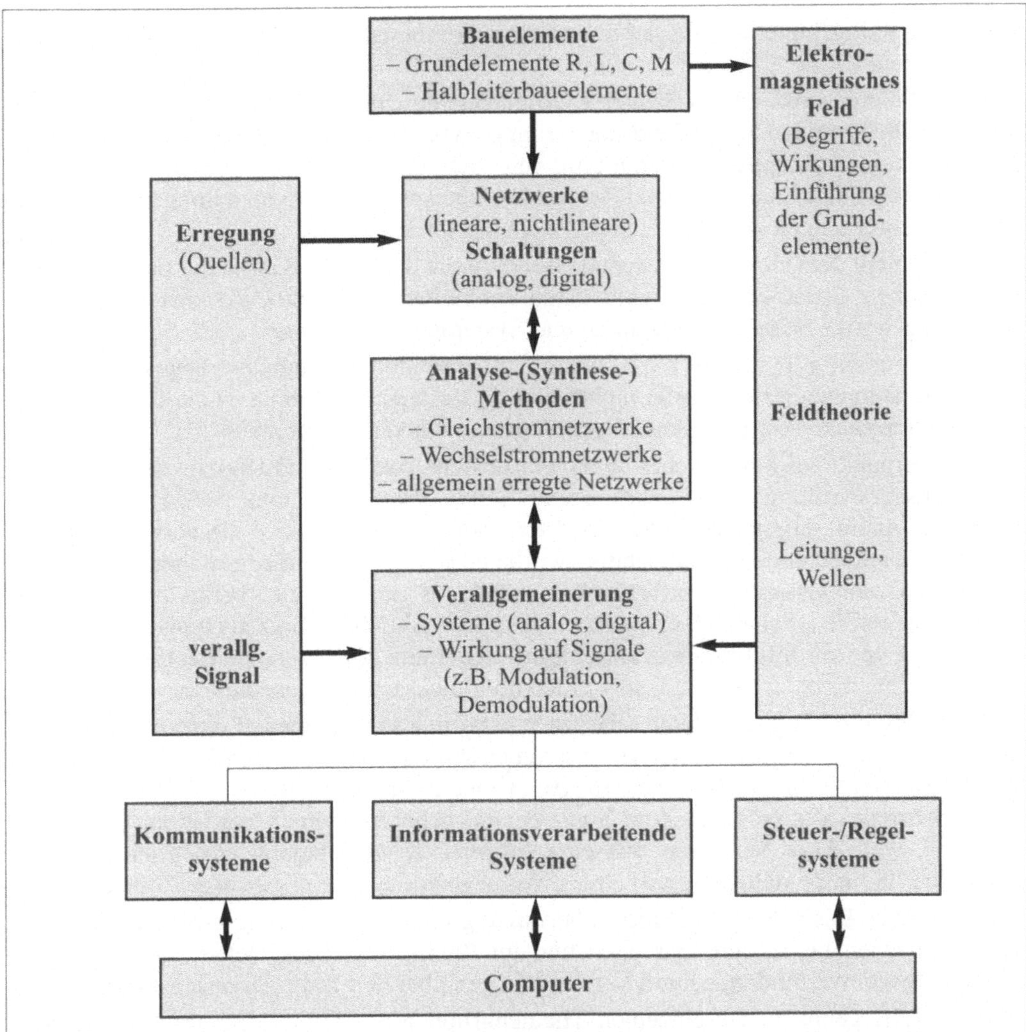

Bild 1.0.1 Schwerpunkte der Elektrotechnik für die Informatik

Obwohl er zunächst noch nicht zur Informationsverarbeitung geeignet ist, bildet er doch ein wichtiges Modell, auf dem später die Methoden der Informationsübertragung und -verarbeitung aufsetzen. Weil dies sowohl mit analogen als auch digitalen Signalen erfolgt, ist die Reaktion des Netzwerkes auf eine sprungförmige Erregung eine notwendige Vorbereitung für das fortgeschrittene Schaltungsverständnis. Sie erfordert eine angepasste mathematische Beschreibungsform.

Wenn auch die Verbindung zwischen einer Erregergröße (Signalquelle oder einfach Spannungsquelle) und einem Empfangsort immer durch ein elektrisches Netzwerk erfolgt, so bietet sich aus Sicht des Eingangs-/Ausgangsverhaltens an, eine derartige Anordnung als „System" zu sehen und damit zum *„Black-Box-Modell"* überzuleiten. Gerade dieser Gedanke verallgemeinert die Übertragungseigenschaften des Netzwerkes entscheidend. Erst dadurch gelingt es, auch kompliziertere Übertragungsaufgaben – wie sie die Informationstechnik vielfältig bietet – transparent auf Grundkenntnisse des Wechselstromkreises zurückzuführen.

Obwohl Hauptgegenstand des Bandes 1 Grundbauelemente und vor allem Netzwerke sind, bleibt das elektromagnetische Feld doch allgegenwärtig. Deshalb stellen wir an das Ende des Bandes einen (knappen) Abschnitt mit den wichtigsten Gesetzmäßigkeiten des elektromagnetischen Feldes und typischen Anwendungsbeispielen. Feldvorstellungen sind später für die Ausbreitung elektromagnetischer Wellen erforderlich.

Band 2 baut auf dem elektrotechnischen Grundwissen des ersten Bandes auf und enthält die elektronischen Grundlagen der wichtigsten Halbleiter- und Optoelektronischen Bauelemente, zugehörige Schaltungstechniken und Systemgesichtspunkte.

Bedingt durch die z.T. starken Kennliniennichtlinearitäten der Halbleiterbauelemente werden die Schaltungen zwangsläufig nichtlinear. Spätestens von hier an ist die Unterstützung der Schaltungsanalyse durch Simulationsprogramme höchst wünschenswert.

Der Schwerpunkt des Folgebandes sind elektronische Analog- und Digitalschaltungen. Informationsverarbeitung erfolgt überwiegend digital, obwohl die Natur nur analoge Größen bereithält. Analog-Digital-Umsetzer (und umgekehrt) schaffen hier die notwendige Verbindung. Der Abschnitt „Digitaltechnik“ wurde deshalb umfassender gestaltet, weil er zum typischen Grundwissen des Informatikers zählt. Er umfasst u.a. Verknüpfungsglieder, Schaltkreisfamilien, Schaltnetze, Speicherkonzepte und Schaltwerke als typische Rechnerbestandteile und zur Informationsverarbeitung allgemein. Auch kundenorientierte Realisierungskonzepte digitaler Schaltungen werden überblicksartig eingeschlossen.

Viele Analog- und Digitalsysteme arbeiten synchron, also mit einem Taktsignal. Im weitesten Sinne sind es Abtastsysteme. Im Zusammenwirken von Signal und System muss dann das Abtastverhalten betrachtet werden. Auch hier ist die Anbindung an Kenntnisse des Wechselstromkreises möglich. Zum Signalbegriff gehören auch „Modulation und Demodulation“, weil diese Verfahren erst eine Informationsübertragung ermöglichen. Dabei spielt die Filterung (analog, digital) eine gewisse gewollte oder ungewollte Rolle.

Die technische Basis der Informationsübertragung bilden Ausbreitungsvorgänge des elektromagnetischen Feldes auf Leitungen und im Raum, aber auch Detailfragen wie Bussysteme, Systemverbindungen und Vereinbarungen über den Informationsaustausch.

Die Stofffülle gebot, in die einzelnen Themengruppen nur Grundlegendes aufzunehmen und beispielhaft zu kommentieren. Einzelheiten wurden zugunsten der Verständlichkeit fallengelassen. So glaubt der Autor, ein modernes, verständliches Angebot elektrotechnisch/elektronischer Grundlagen für den oben angesprochenen Leserkreis vorzulegen.

1.1 Physikalische Größen und Einheitensysteme

Als Teilgebiet der Physik benutzt die Informationstechnik zur Beschreibung physikalisch-technischer Vorgänge durchweg *physikalische Größen*. Das sind messbare Merkmale von Objekten, die stets als Produkt einer *Maßzahl* mit einer *Maßeinheit* oder *Dimension* auftreten.

So besagt eine Angabe 230 an einer Steckdose noch nichts, aber 230 V sehr wohl, dass es sich offenbar um eine Spannung der Größe „230 × der Einheit 1 V“ handelt.

Seit 1960 wird für physikalische Größen das Internationale Einheitensystem (SI = Système International d'Unites) verwendet. Sein Vorteil ist die bequeme Umrechenbarkeit der Einheiten. Es umfasst

- sieben Grundgrößen und entsprechende Basiseinheiten, z.B. das Ampere (Tafel 1.1.1),
- daraus abgeleitete kohärente Einheiten (z.B. Wattsekunde),
- weitere nicht kohärente Einheiten (z.B. Stunde).

Tafel 1.1.1 SI-Einheiten

Größe	Formelzeichen	Einheitenname	Einheitenzeichen
Länge	l	Meter	m
Masse	m	Kilogramm	kg
Zeit	t	Sekunde	s
elektrische Stromstärke	i	Ampère	A
Temperatur	T	Kelvin	K
Stoffmenge	n	Mol	mol
Lichtstärke	I_V	Candela	cd

Wichtige Grundgrößen der Elektrotechnik sind *Länge l, Zeit t*, *Masse m* und die elektrische Stromstärke, bei Einbezug thermischer Vorgänge auch die *Temperatur*.

Aus Zweckmäßigkeitsgründen verwendet die Informationstechnik weitere *abgeleitete Einheiten* (Tafel 1.1.2). Ihre Maßeinheiten tragen Eigennamen bedeutender Naturwissenschaftler und Techniker.

Tafel 1.1.2 Abgeleitete physikalische Größen und Einheiten

Physikalische Größen		Name der Einheit	Kurzzeichen	Definition, Beziehung zu anderen Einheiten
Frequenz[1)]	f	Hertz	Hz	1 Hz = 1/s
Kraft	F	Newton	N	1 N = 1 kg · m/s^2
Energie, Arbeit[2)]	W, E	Joule	J	1 J = 1 Nm
Leistung	P	Watt	W	1 W = 1 J/s
Spannung	U	Volt	V	1 V = 1 W/A = 1 J/C
Ladung	Q	Coulomb	C	1 C = 1 As
Widerstand	R	Ohm	Ω	1 Ω = 1 V/A
Leitwert	G	Siemens	S	1 S = 1 A/V
Kapazität	C	Fard	F	1 F = 1 As/V = 1 C/V
magnetischer Fluss	Φ	Weber	Wb	1 Wb = 1 Vs
magnetische Flussdichte	B	Tesla	T	1 T = 1 Vs/m^2 = 1 Wb/A
Induktivität	L	Henry	H	1 H = 1 Vs/A = 1 Wb/A
Lichtstrom	Φ_V	Lumen	lm	1 lm = 1 cd · sr
Beleuchtung	E_V	Lux	lx	1 lx = 1 lm/m^2

Die Größen der Elektrotechnik unterscheiden sich praktisch um viele Zehnerpotenzen, z.B. sind Spannungen von $10^{-9} \ldots 10^6$ V messbar. Deshalb werden Vorsätze in den Maßeinheiten verwendet (Tafel 1.1.3).

---

1) Die Einheit Hertz wird nur bei Frequenzgrößen verwendet, die Kreisfrequenz ω hat die Einheit s^{-1}.

2) Als zulässige nichtkohärente Einheit dient auch die Kilowattstunde (1 kWh = 3,6 MJ).

Tafel 1.1.3 Einheitenvorsätze

Faktor	10^{18}	10^{15}	10^{12}	10^{9}	10^{6}	10^{3}	
Name	Exa	Peta	Tera	Giga	Mega	Kilo	
Kurz-zeichen	E	P	T	G	M	k	
Faktor	10^{-1}	10^{-2}	10^{-3}	10^{-6}	10^{-9}	10^{-12}	10^{-15}
Name	(Dezi)	(Zenti)	Milli	Mikro	Nano	Piko	Femto
Kurz-zeichen	d	c	m	µ	n	p	f

Ein Dezimalvorsatz (nur einer zulässig!) steht vor dem Einheitenzeichen z.B. kΩ für 10^3 Ω. Meist beschränkt man sich auf Potenzen von 1000 (wie milli, kilo, Mega). Ausnahmen sind cm, h, Pa u.a., in den USA noch 10^9 (billion), 10^{12} (trillion) u.a.m. In Schaltbildern steht der Dezimalvorsatz oft anstelle des Kommas: z.B. 4k8 lies 4,8 kΩ, 5p6 lies 5,6 pF, 3R3 lies 3,3 Ω , 5u6 lies 5,6 µF. Dabei wird der bei der Grundeinheit übliche Kennbuchstabe statt des Einheitenvorsatzes verwendet, also z.B. „R“ für Widerstände usw. Beispielsweise beträgt die Temperaturspannung $U_T = kT/q$

$$U_T = \frac{kT}{q} = \frac{1{,}38 \cdot 10^{-23}\,\text{Ws/K} \cdot 300K}{1{,}6 \cdot 10^{-19}\,\text{As}} = 0{,}02587\,\frac{\text{Ws}}{\text{As}} = 0{,}02587\ \text{V}.$$

Sie wird besser als $U_T \approx 25{,}9$ mV dargestellt. Gerade dieses Beispiel verdeutlicht zweierlei:

1. Zu physikalischen Größen zählen neben der Grundgröße „Temperatur T“ auch *Naturkonstanten* (Boltzmann-Konstante k, Elementarladung q) und sog. *Definitionsgleichungen.* Das sind (gesetzmäßige) Verknüpfungen physikalischer Größen, die die Einführung einer neuen, eben der „definierten Größe“ – hier die Temperaturspannung – zweckmäßig erscheinen lassen.

2. In Gleichungen aus physikalischen Größen treten auf beiden Seiten immer Maßzahlen und Maßeinheiten auf (deshalb gibt eine Einheitenkontrolle stets einen Hinweis, ob nicht prinzipiell falsch gerechnet wurde). Zu beachten ist weiter, dass z.B. Exponenten, die Argumente transzendenter Funktionen wie sin x, exp x u.a. grundsätzlich dimensionslos sein müssen.

In computergestützen Berechnungen kommen meist nur Zahlenwerte zur Verarbeitung. Deshalb werden die physikalischen Gleichungen durch *Normierung* dimensionslos gemacht und ggf. in einen passenden Zahlenbereich gebracht:

Normierte Größen sind Zahlenwerte, die durch Division der jeweiligen physikalischen Größe mit einer (vereinbarten) Größe gleicher Einheit entstehen.

Normierte Größen und Darstellungen sind in der Informationstechnik sehr verbreitet und vorteilhaft, weil sie allgemeine Aussagen erlauben.

Bei normierten Größen wird häufig auf eine besondere Kennzeichnung verzichtet und vielmehr vereinbart, dass alle Größen als normiert zu betrachten sind. Diese Darstellung ist in der amerikanischen Literatur sehr verbreitet und findet sich auch in Teilgebieten der Informationstechnik (Systemtheorie, Regelungstechnik, Filtertheorie u.a.). Häufig gilt als generelle Vereinbarung, z.B. alle Spannungen in V, Ströme in A, Frequenzen in Hz usw. anzusetzen (auch andere Vereinbarungen wie Spannungen in Volt, Strom in mA, Widerstände in kΩ, Frequenzen in kHz, Zeiten in ms können hilfreich sein). Die Normierung auf die vorher eingeführten SI-Einheiten ist üblich.

Eine weitere Größengruppe sind die *Verhältnisgrößen* als Quotienten zweier Größen gleicher Art und Maßeinheit, z.B. Wirkungsgrad, Verstärkungsfaktor, Spannungsverhältnis. Sie werden, falls mehrere Zehnerpotenzen auftreten, als logarithmische Größen angegeben. Auch typische Größen der Informationstheorie (Bit, Byte, Baud) sind dimensionslos.

Schreibweise elektrotechnischer Größen. Übliche Größendarstellungen der Elektrotechnik sind:

- *Vektoren*: fettgedruckte Buchstaben bzw. Symbole mit Pfeil (z.B. Kraft $\vec{F} = \boldsymbol{F}$). Ein Vektor hat stets Betrag und Richtung,
- *zeitabhängige Größen* wie Strom, Spannung, Leistung u.a. tragen kleine Buchstaben (i, u, p),
- *zeitunabhängige Größen* führen große Buchstaben (I, U, P),
- *komplexe Größen* (Wechselstromtechnik) werden unterstrichen z.B. $\underline{i}$, $\underline{u}$, $\underline{Z}$, $\underline{Y}$.

Aufgaben 1.1.1, 1.1.2.

1.2 Elektrische Grundgrößen und Kirchhoffsche Gesetze

1.2.1 Elektrische Ladung

Ladungsbegriff. Die Erfahrung zeigt, dass bestimmte nichtmetallische materielle Körper in den besonderen physikalischen Zustand „elektrisch geladen" (z.B. durch Reiben) versetzt werden können. Dabei treten *Kraftwirkungen* auf andere „elektrisch geladene Körper" auf, die sich *nicht* durch mechanische Gesetze erklären lassen. So ziehen sich geriebene Hartgummi- und Glasstäbe gegenseitig an; auch sträuben sich beim Kämmen manchmal die Haare (bei geringer Luftfeuchtigkeit). Die Erklärung solcher (und vieler anderer) Phänomene erfordert die Einführung einer neuen physikalischen Größe, *der elektrischen Ladung* (Symbol Q von Quantum, Menge).

Die elektrische Ladung Q tritt als arteigene Grundgröße der Elektrotechnik (gegenüber der Mechanik) auf. Sie wird nicht durch andere Größen erklärt, sondern dient selbst zur Erklärung anderer Erscheinungen (z.B. elektrischer Strom, elektrisches Feld).

Elektrische Ladung Q, Maßeinheit: Coulomb, $[Q] = \mathrm{C}$, 1 Coulomb[1] $= 1\,\mathrm{C} = 1\,\mathrm{As}$.

[1] Charles Augustin de Coulomb, französischer Physiker 1736–1806.

Die Ladung ist (aus messtechnischen Gründen) keine Basisgröße (Tafel 1.1.1), sondern als letztere dient der elektrische Strom (s. Abschn.1.4.1).

Die elektrische Ladung weist folgende *Merkmale* auf:

1. *Vorzeichen*: Es gibt positive und negative Ladungen (nach Lichtenberg[2)]). Diese Festlegungen sind – historisch bedingt – willkürlich:

- ein mit Katzenfell geriebener Bernsteinstab[3)] lädt sich negativ,
- ein mit Leder geriebener Glasstab lädt sich positiv auf.

2. *Zurückführung auf eine Elementarladung*. Nach heutiger Auffassung ist die elektrische Ladung (neben Ruhemasse und Spin) eine grundlegende Eigenschaft der Elementarteilchen.

> Elektronen: Ladung negativ: $Q = e = -q = -1{,}602 \cdot 10^{-19}$ As, Masse $m = 9{,}11 \cdot 10^{-31}$ kg,
> Protonen: Ladung positiv: $Q = +q$, $m_p = 1{,}67 \cdot 10^{-27}$ kg
> Neutronen: Ladung null: $Q = 0$.

Deshalb kann jede Ladung Q nur als ganzes Vielfaches der Elementarladung q dargestellt werden: $Q_+ = N q_+ = -N e$; $Q_- = Nq_- = Ne$[4)].

3. *Ladungstrennung und Rekombination*. Das Atom besteht aus einem Kern (Protonen und Neutronen) und einer umgebenden Elektronenhülle. Dabei stimmt die Zahl der Elektronen und Protonen (Ordnungszahl Z, Kernladung $Q = Z \cdot e$) überein, und das Atom ist *elektrisch neutral* (beispielsweise hat ein Silizium-Atom eine Elektronenhülle aus insgesamt 14 Elektronen, $Z = 14$). Werden ein oder mehrere Elektronen aus der Elektronenhülle herausgelöst, so entsteht ein *positives Ion*:

> positives Ion → Elektronenmangel: positiv geladen,
> umgekehrt führt Elektronenanlagerung zu einem negativen Ion:
> negatives Ion → Elektronenüberschuss: negativ geladen.

> Positive und negative Ladungen werden nicht „erzeugt", sondern sie entstehen durch *Ladungstrennung* unter Energieaufwand. Umgekehrt verschwinden positive und negative Ladungen durch Anlagerung oder *Rekombination*. Dabei bleibt die Summe der elektrischen Ladungen (in einem abgeschlossenen System) konstant (Satz von der Ladungserhaltung).

In technischen Problemen sind meist so viele Elektronen beteiligt ($N \gg 1$), dass die Quantelung vernachlässigt werden kann. So enthalten Metalle immerhin rd. 10^{23} Elektronen pro cm^3, Halbleiter $\approx 10^{10} \ldots 10^{22}\ \text{cm}^{-3}$. Selbst in der Speicherzelle eines 256 Mbit dynamischen Speichers sind noch etwa $20 \cdot 10^4$ Elektronen gespeichert.

[2)] Georg Christoph Lichtenberg, deutscher Physiker und Schriftsteller 1742–1799.

[3)] griechisch: Elektron, daher der Elektrizitätsbegriff.

[4)] Der Index – bzw. + wird beigefügt, wenn auf das Vorzeichen besonders verwiesen werden soll.

4. *Kräfte zwischen Ladungen.* Ladungen üben Kräfte aufeinander aus. Zwischen zwei ruhenden punktförmigen Ladungen Q_1 und Q_2 im Abstand r herrscht nach dem *Coulombschen Gesetz* im Vakuum die Kraft:

$$F = \frac{Q_1 Q_2}{4\pi \varepsilon_o r^2} \rightarrow \boldsymbol{F} = Q_2 \frac{Q_1}{4\pi \varepsilon_o r^2} \frac{\boldsymbol{r}}{r}, \quad \text{d.h. } \boldsymbol{F} = F \frac{\boldsymbol{r}}{r} \qquad (1.2.1)$$

Coulombsches Gesetz, Naturgesetz.

Die Schreibweise in Vektorform (Einheitsvektor $\boldsymbol{e}_r = \boldsymbol{r}/r$ (Betrag 1)) zeigt vom Ort der Ladung Q_1 zum Ort von Q_2 und drückt die Richtung der Kraft $\boldsymbol{F}$ aus: Ladungen gleicher Polarität ($Q_1 Q_2 > 0$) stoßen sich ab, solche verschiedener ($Q_1 Q_2 < 0$) ziehen sich an. $\boldsymbol{F} = \boldsymbol{F}_2$ ist die Kraft auf die Probeladung Q_2.

Die *elektrische Feld-* oder *Dielektrizitätskonstante* (des Vakuums)

$$\varepsilon_o = 8{,}85 \cdot 10^{-12}\ \text{As/Vm}$$

ist eine *Naturkonstante*. (Die Einheiten A (Ampère) und V (Volt) werden später erklärt).

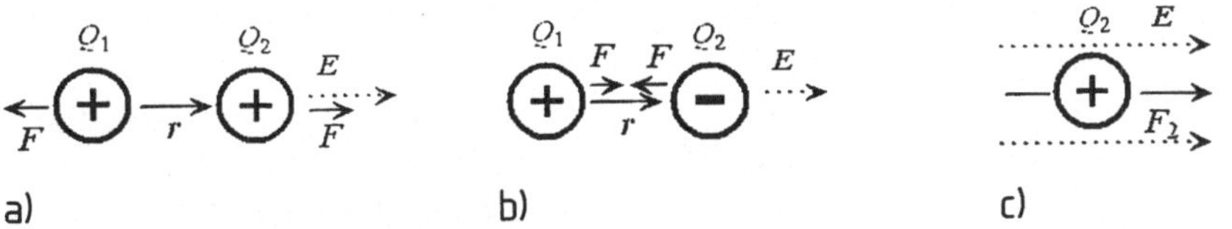

Bild 1.2.1 Kraftwirkungen zwischen zwei Punktladungen Q_1, Q_2
a) gleiche Vorzeichen, $Q_1 \cdot Q_2 > 0$,
b) verschiedene Vorzeichen, $Q_1 \cdot Q_2 < 0$
c) Darstellung der Kraftwirkung auf eine Ladung Q_2 mit dem elektrischen Feld

5. *Kraftfeld der Ladung.* Die Kraftwirkung zwischen beiden Ladungen nach Bild 1.2.1 lässt sich auch *im Raum um die Ladungen* nachweisen. Wir sprechen deshalb von einem *Kraftfeld* als *besonderem physikalischen Raumzustand.* Er wird durch den Begriff „elektrisches Feld" ersetzt.

Elektrisches Feld = Raumbereich, in dem Ladungsträger eine Kraftwirkung erfahren.

Kraftwirkungen zwischen elektrischen Ladungen treten vielfältig auf und werden entsprechend breit genutzt. *Beispiele*:

- elektrostatisches Aufspannen von Papier auf Plottern
- Herstellung eines Ladungsbildes beim Xerografie-Verfahren
- Kraftwirkungen zwischen beweglichen Elektroden, die Ladungen tragen (Kondensatormikrofon, elektrostatisches Voltmeter)
- Prinzip mancher Tintenstrahldrucker
- Ablenkung eines Elektronenstrahles in einem Kraftfeld (Prinzip der Oszillographenröhre u.a., s. Abschn. 6.2.3.4).

6. *Ruhende, bewegte Ladungen.* Ladungen können ruhen oder bewegt werden. Ruhende Ladungen befinden sich z.B. nach Ladungstrennung auf der Oberfläche zweier durch einen

Nichtleiter getrennter Metallplatten (→ elektrostatisches Feld, s. Abschn. 6.2.2, Kondensator); bewegte Ladungen gibt es im Metall, wenn eine elektrische Spannung (als Antriebskraft) anliegt (→ elektrisches Strömungsfeld, Abschn. 6.2.3).

In Halbleitern beispielsweise existieren außer Elektronen (Konzentration n, Trägerzahl pro Volumen) noch „positive Ladungsträger" oder *Löcher* (fehlende negative Ladungsträger, Konzentration p), so dass beide Trägersorten zum Stromfluss beitragen können. In Metallen liegt die Elektronendichte bei etwa $8{,}6 \cdot 10^{22}$ cm^{-3}, in Halbleitern deutlich darunter.

Aufgabe 1.2.1.

1.2.2 Elektrisches Feld, elektrische Feldstärke, elektrische Spannung

1.2.2.1 Elektrische Feldstärke, elektrische Spannung, Potential

Im Raum zwischen den beiden Punktladungen im Bild 1.2.1 erfährt eine dorthin gebrachte weitere Probeladung Q ebenfalls eine Kraftwirkung (Bild 1.2.2). Ihre Ursachen sind die beiden Punktladungen Q_1, Q_2 (Bild 1.2.2 a).

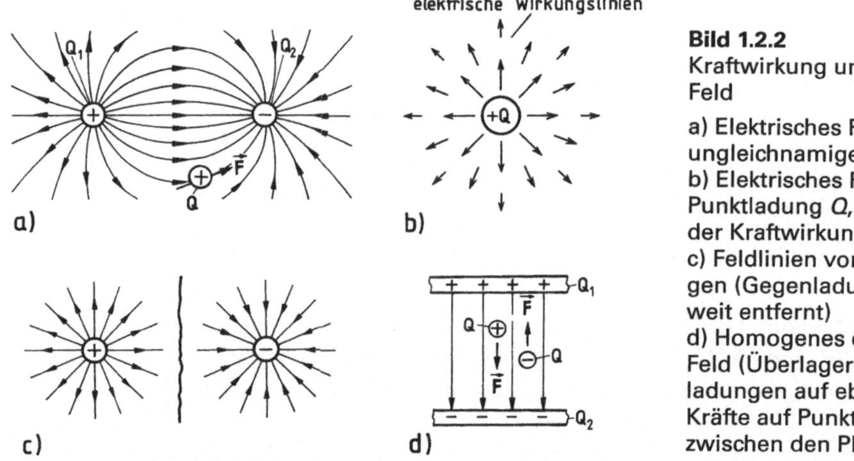

Bild 1.2.2
Kraftwirkung und elektrisches Feld
a) Elektrisches Feld zweier ungleichnamiger Ladungen
b) Elektrisches Feld um eine Punktladung Q, Darstellung der Kraftwirkungen
c) Feldlinien von Einzelladungen (Gegenladung unendlich weit entfernt)
d) Homogenes elektrisches Feld (Überlagerung von Punktladungen auf ebenen Platten) Kräfte auf Punktladungen zwischen den Platten

Da die Ursache für die Kraftwirkung auf Q offenbar von Q_1, Q_2 herrührt, ist es zweckmäßig, dem Raumzustand „Kraftfeld" eine eigene Größe, die elektrische Feldstärke $\boldsymbol{E}$ zuzuordnen:

$$\boldsymbol{F} = Q\boldsymbol{E} \quad \text{Maßeinheit } [E] = \text{V/m} \quad \text{Definition der elektrischen Feldstärke.} \qquad (1.2.2)$$

Die elektrische Feldstärke $\boldsymbol{E}$ ist – wie die Kraft $\boldsymbol{F}$ – ein Vektor (Betrag, Richtung), von der positiven zur negativen Ladung gerichtet und sie existiert in jedem Raumpunkt.

Gl. (1.2.2) gilt ganz allgemein, also unabhängig davon, wodurch die elektrische Feldstärke $\boldsymbol{E}$ verursacht wurde. Deshalb kann die Kraftwirkung im Coulombschen Gesetz (Gl. (1.2.1) und Bild 1.2.1a) gleichwertig auch durch eine elektrische Feldstärke beschrieben werden, die auf die Ladung Q_2 wirkt (Bild 1.2.1c).

Größenordnung: Atmosphäre $E \div 100$ V/m, in Leitern: $E \approx 0{,}1$ V/m, in Sperrschichten von Halbleiterbauelementen: $E \approx 10^5$ V/cm, Durchschlagfestigkeit der Luft $E \approx 30$ kV/cm, in Kondensatoren: $E \approx 10^6$ V/m, HF-Feld eines Amateursenders 80 W in 50 m Entfernung: $E \approx 1$V/m, Feld eines Rundfunksenders in größerer Entfernung an der Antenne des Empfängers: $E \approx 1$ µV…1mV/m (sog. Fernfeld).

Die elektrische Feldstärke $\boldsymbol{E}$ kann – wie jeder Vektor – durch einen Pfeil visualisiert werden. Genügend Pfeile (Bild 1.2.2b) lassen den Richtungscharakter des Feldes erkennen. Ersetzt man die Pfeile durch Linien, die *Feldlinien*, so wird das *Feldbild* deutlich. Da hierbei die Feldintensität (Pfeillänge) verloren geht, werden Linienabstände umgekehrt proportional zu den Beträgen der Feldkraft eingetragen: *geringer Feldlinienabstand* → große Feldstärke und umgekehrt (Bild1.2.2c).

Feldlinien gehen von positiven Ladungen aus und enden auf negativen (s.o.). Ist die Gegenladung weit entfernt, weisen die Feldlinien strahlenförmig von der Punktladung weg.

Ein Sonderfall ist das *homogene elektrische Feld* (Bild 1.2.2d) zwischen zwei parallelen Leiterplatten (die isoliert voneinander sein sollen). Sie tragen die flächenhaft verteilten Ladungen Q_+, Q_- . Dann ist E überall im Raum zwischen den Platten gleich (Größe, Richtung, → parallele Feldlinien). In dieses Feld wurde die Zuordnung von Kraft $\boldsymbol{F}$ und Feldstärke $\boldsymbol{E}$ nach Gl.(1.2.2) für positive und negative Ladung eingetragen:

Bewegliche positive Träger wandern stets in Feldrichtung, negative entgegen.

Im Rückgriff auf Abschnitt 1.2.1 haben elektrische Ladungen somit eine *Doppelfunktion*:

- Sie bilden durch Ladungstrennung die *Ursache des elektrischen Feldes*. Da hierbei Energie aufgewendet werden muss, die nach dem Energiesatz nicht verloren gehen kann, ist das elektrische Feld auch ein Energieraum, der Arbeitsvermögen speichert:
- elektrisches Feld = Sitz der elektrischen Feldenergie.
- Sie unterliegen als Objekt dem *Krafteinfluss* eines vorhandenen (d.h. von anderen Ladungen herrührenden) elektrischen Feldes. Bei Kenntnis der Feldstärke kann die auf eine Probeladung zu erwartende Feldkraft somit vorausgesagt werden (s. Bild 1.2.1c).

Quellenfeld. Ein Feld, dessen Feldlinien von Ladungen ausgehen und auf solchen enden, heißt *Potential-* oder *Quellenfeld.* Daneben gibt es noch elektrische Feldlinien ohne Anfang und Ende, das sog. *„Wirbelfeld"*. Es tritt bei der Induktion auf. Auf diese Eigenschaften kommen wir im Rahmen der elektromagnetischen Feldbetrachtung zurück.

Aufgaben 1.3.1, 1.3.2.

Elektrische Spannung. Bewegt sich eine Ladung in einem Feldraum, so ist die Beschreibung dieses Vorganges durch die Feldstärke u.U. umständlich. Die Darstellung vereinfacht sich erheblich durch Bezug auf die *Arbeit*, die das Kraftfeld $\boldsymbol{F}$ an der bewegten Ladung verrichtet. Verschiebt man die Ladung Q im Kraftfeld von A nach B längs eines Weges $\boldsymbol{s}$ (Wegelement d$\boldsymbol{s}$), so beträgt die Arbeit ΔW (aufgewendete Kraft × Weg)

$$\Delta W = (W_A - W_B) = W_{AB} = \int_A^B \mathbf{F} \cdot \mathbf{ds} = \int_A^B Q\mathbf{E} \cdot \mathbf{ds}\,. \tag{1.2.3}$$

Weil hierbei noch die Ladung Q eine Rolle spielt, führt man besser die *spezifische*, von Q *unabhängige Arbeit* ein und nennt sie *Spannung u*:

$$u_{AB} = \frac{W_{AB}}{Q} = \int_A^B \boldsymbol{E} \cdot \mathbf{ds}, \qquad [u] = \frac{[W]}{[Q]} = \frac{\mathrm{Ws}}{\mathrm{As}} = \mathrm{V}\,. \tag{1.2.4}$$

Definition der Spannung u_{AB}

Die elektrische Spannung u_{AB} zwischen zwei Raumpunkten A, B ist gleich dem Wegintegral der elektrischen Feldstärke zwischen diesen Punkten unabhängig vom Integrationsweg.

Die elektrische Spannung hat die Einheit „Volt“[5] (Abkürzung V). Wegen ihrer Definition zwischen zwei Punkten muss sie zwei Indizes (u_{AB}) bzw. einen *Richtungs-* oder *Zählpfeil* führen.

Der Zählpfeil definiert die positive Zählrichtung der Spannung. Er kann willkürlich gewählt werden (und führt dann ggf. zu einem negativen Wert von u).

Die rechte Seite von Gl. (1.2.4) drückt die Spannung u_{AB} als spezifische, d.h. auf die Ladung Q bezogene Energieänderung oder Arbeit aus, die von A nach B geleistet wird. Die linke Seite hat grundsätzlich messtechnische Bedeutung: eine Spannung kann zwischen zwei Punkten mit einem *Spannungsmesser* direkt gemessen werden.

Die Spannung ist eine Fundamentalgröße der Elektrotechnik für die Stromkreisberechnung. Sie tritt in zwei Formen auf:

- als Spannung von *Spannungsquellen = Antriebsorgan des elektrischen Stromes* (sog. Quellenspannung, Abschn. 2.1). Hierbei wird die potenzielle Energie der Ladungsträger erhöht und man spricht von einem Erzeuger (Generator) oder einer Quelle. Der Anschluss mit der höheren potenziellen Energie heißt positiver (+), der andere negativer Pol (–),
- *Spannungsquelle: Umformort einer anderen Energieform in elektrische Energie*,
- als Spannung, die bei Stromfluss durch einen Leiter entsteht: *Spannungsabfall* (s. Abschn. 2.2.1). Hierbei weist die Richtung der Spannung (nach üblicher Vereinbarung) vom Anschluss mit höherer potenzieller Energie zum Anschluss mit geringerer Energie, also hier von A nach B. Bewegte Ladungsträger geben Energie ab: Verbraucherfunktion,
- *Spannungsabfall: Umformstelle elektrischer Energie in andere Energieform, z.B. Wärme.*

Zusammenwirken beider Spannungsformen: ein Ladungsträger nimmt beim Durchlauf durch eine Spannungsquelle Energie auf und gibt sie bei Bewegung durch einen Verbraucher wieder vollständig ab, hat also nach einem Umlauf die gleiche Ausgangsenergie.

[5] Alessandro Volta, italienischer Physiker 1745–1827.

Größenvorstellung: Trockenbatterie $u \approx 1{,}5$ V, Autobatterie $u = 12$ V, logischer Pegel in Digitalschaltungen $u \approx 3$V, Betriebsspannung von Halbleiterbauelementen $u \approx 3\ldots15$V, Lichtnetz $U \approx 230$ V, Spannungsspitze bei der elektronischen Zündung $u \approx 15$ kV, Spannung am Bahnnetz $u \approx 15$ kV, Spannung im Bereich analoger Signalverarbeitung nV...V, Spannung bei EKG-Messung im Bereich einiger nV, Blitz $\approx 10^8$ V.

Potenzial. Für das von ruhenden Ladungen erzeugte Feld – das sog. *Potenzialfeld* – lässt sich zeigen, dass u_{AB} nach Gl. (1.2.4) *unabhängig vom Weg* zwischen A und B ist, mithin gelten muss (Bild 1.2.3):

$$\int_A^B \boldsymbol{E} d\boldsymbol{s} + \int_B^A \boldsymbol{E} d\boldsymbol{s} = 0 = u_{AB} + u_{BA} \qquad \text{resp. } u_{AB} = -u_{BA}.$$

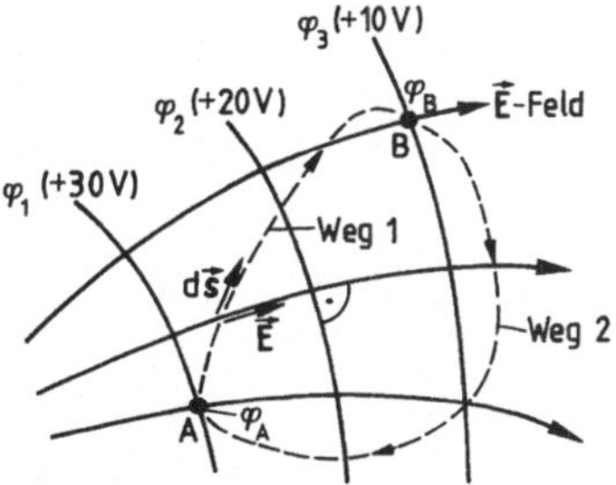

Bild 1.2.3
Wegintegral im Feldstärke- und Potenzialfeld. Das Potenzial φ sinkt in Feldrichtung

Wären nämlich die Arbeiten $W_{AB} = W_A - W_B = Q_A \int^B \boldsymbol{E}\, d\boldsymbol{s}$ und W_{BA} auf unterschiedlichen Wegen verschieden, so bliebe bei einem Umlauf über verschiedene Wege eine bestimmte Arbeit übrig (→ perpetuum mobile). Deshalb kann das Kraftfeld $\boldsymbol{F} = Q\boldsymbol{E}$ auch durch eine andere skalare Größe, die *potenzielle Energie W* beschrieben werden, so dass in A, B die Energiewerte W_A, W_B existieren (wie angesetzt). Bezogen auf die Ladung Q heißt die Größe *W/Q elektrisches Potenzial* φ (eines Punktes !):

$$\varphi_A = \frac{W_A}{Q}, \quad \varphi_B = \frac{W_B}{Q} \qquad \text{Potenzial, Definitionsgleichung} \qquad (1.2.5)$$

$$\text{Maßeinheit } [\varphi] = [U] = \frac{[F][s]}{[Q]} = \frac{(\text{kg m}^2/\text{s}^2)\text{m}}{\text{As}} = \text{V (Volt)}.$$

Das elektrische Potenzial ist die der potenziellen Energie W einer Ladung an einem Ort zugeordnete (skalare) Größe.

Damit ergibt sich die Spannung u_{AB} (Gl. (1.2.4))

$$u_{AB} = \frac{W_A}{Q} - \frac{W_B}{Q} = \varphi_A - \varphi_B = \int_A^B \boldsymbol{E}\, d\mathbf{s}.$$

Spannung = Potenzialdifferenz der Potenziale an den Orten A und B.

Während dem Potenzial (wie W_{pot}) ein *willkürlicher Bezugspunkt* zugeordnet sein kann, gilt dies für die Spannung als Differenz zweier Größen nicht! Hierin liegt die große praktische Bedeutung des Spannungsbegriffes. In Bild 1.2.4a wurde ein Potenzialfeld mit ausgewählten Potenziallinien dargestellt bei drei willkürlich gesetzten Bezugswerten $f = 0$, ebenso die Spannung u_{AB} zwischen zwei ausgewählten Linien. Sie bleibt stets gleich. Dies kennt man aus der Erfahrung, z.B. vom Auto. Im Regelfall ist ein Pol der Batterie immer mit der Karosserie verbunden (Stromrückleiter, Bild 1.2.4b). Dann arbeitet die Elektrik (bei gleicher Batterie) entweder „mit Potenzial +12 V" oder „Potenzial −12 V" (gegen Masse $f = 0$). Masse und Erdung haben deshalb in der Elektrotechnik große praktische Bedeutung. Bild 1.2.4c zeigt einige Beispiele der Zuordnung von Potential und Spannung.

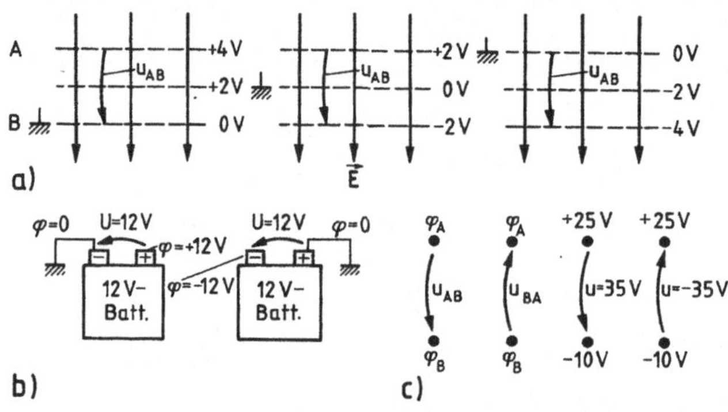

Bild 1.2.4
Potenzial- und Spannungsbegriff
a) Potenzial im Feldstärkefeld (in Feldrichtung abnehmend) bei verschiedenem Potenzialbezug ($u_{AB} = 4$ V, $u_{AB} = 4$ V, $u_{AB} = -4$ V)
b) Praktische Festlegung des Potenzialbezugspunktes
c) Richtungspfeil der Spannung und Potenzial

Zeitverlauf der Spannung. Eine Spannung kann sich zeitlich ändern, das ist in der Informationstechnik sogar der Regelfall. Man unterscheidet deshalb

- *Gleichspannung* U zeitlich konstante Spannung,
- *Wechselspannung* $u(t)$ mit periodisch wechselnder Richtung,
- *Mischspannung* Überlagerung von Gleich- und Wechselspannung und
- *Impulsspannung* Spannungsstoß kurzer Dauer.

Da entsprechende Verläufe auch beim Strom auftreten, werden sie dort dargestellt. Zur experimentellen Darstellung eines Zeitverlaufes $u(t)$ dient der Oszillograph. Das ist ein Messgerät mit Bildröhre, dessen Schirm den Zeitverlauf einer Spannung darstellt (s. Abschn. 6.2). Im Programm Multisim 2001 dient ein simulierter Oszillograph zur Anzeige von Spannungen (→ grafische Darstellung der numerischen Lösung eines Problems).

PC Fügen Sie mit Multisim mehrere unterschiedliche Spannungsquellen zusammen (welche Schaltarten sind zulässig, welche nicht?), die auf einen Widerstand R arbeiten und betrachten Sie diese Spannung am Oszilloskop. Verwenden Sie anschließend den Funktionsgenerator als Spannungsquelle. Arbeiten Sie schließlich das Multisim-Beispiel 1/1 durch.

Spannung und Feldstärke im homogenen Feld. Ein elektrisches Feld heißt *homogen*, wenn die Feldstärke unabhängig vom Ort überall gleich ist (Betrag und Richtung). Dann gilt mit Gl. (1.2.4)

$$u_{AB} = \boldsymbol{E} \cdot \int_A^B \mathrm{d}\boldsymbol{s} = \boldsymbol{E} \cdot \boldsymbol{s} = E \cdot s \cos(\angle \boldsymbol{E}, \boldsymbol{s}) = E\ s\,. \qquad (1.2.7)$$

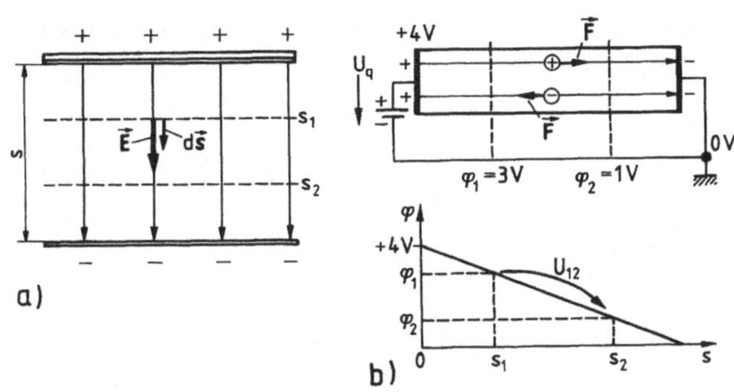

Bild 1.2.5
Homogenes elektrisches Feld
a) Elektrische Feldlinien zwischen geladenen, parallelen Platten verursacht durch eine anliegende Spannung ($\boldsymbol{F} = Q\,\boldsymbol{E}$)
b) Potenzialverlauf (Potenzialgebirge) zu a) und Bewegungsrichtung positiver und negativer Ladungsträger

Hierbei wurde der Weg $\boldsymbol{s}$ parallel zu $\boldsymbol{E}$ gewählt ($\cos(\sphericalangle \boldsymbol{E}, \boldsymbol{s})) = 1$). Bild 1.2.5 zeigt ausgewählte Potenzial- und Feldlinien. Speziell für zwei Schnitte bei s_1, s_2 (den sog. Flächen konstanten Potenzials) gilt dann mit Gl. (1.2.7)

$$E = \frac{U_{12}}{s_2 - s_1} = -\frac{\varphi_2 - \varphi_1}{s_2 - s_1} = -\frac{\Delta\varphi}{\Delta s} \to -\frac{\mathrm{d}\varphi}{\mathrm{d}s}. \tag{1.2.8}$$

oder verallgemeinert

$$\boldsymbol{E} = -\frac{\mathrm{d}\varphi}{\mathrm{d}n} \cdot \boldsymbol{n} = -\frac{\mathrm{d}u}{\mathrm{d}n} \cdot \boldsymbol{n} \qquad \text{mit} \quad |\boldsymbol{E}| = \frac{\mathrm{d}u}{\mathrm{d}n}. \tag{1.2.9}$$

Dabei liegt das Wegelement ds senkrecht zu einer Fläche gleichen Potenzials (Normalrichtung $\mathrm{d}\boldsymbol{s} = \mathrm{d}\boldsymbol{n}$).

Der *Betrag* der elektrischen Feldstärke ergibt sich aus der Änderung der Spannung über dem Weg, ihre *Richtung* zeigt in die größter Spannungsabnahme.

Weil das Potential in Richtung $\boldsymbol{s}$ abfällt, versteht man die Feldstärke auch als *Potenzialgefälle* längs einer Wegstrecke. Diese Vorschrift lässt sich – auch im inhomogenen Feld – durch die Ableitung in einem Punkt definieren und später in der Feldbeschreibung mit einer speziellen Vektoroperation – dem Gradient – darstellen (s. Abschn. 6.4.1). Im Bild 1.2.5b wird die Zuordnung zwischen Spannung, Potenzialgefälle und Abstand zweier „Bezugspunkte" deutlich.

Mit Bezug auf die Kraftwirkung des elektrischen Feldes auf Ladungen kann man deshalb auch formulieren:

Positive Ladungen „fallen" ein Potenzialgefälle hinab, negative Ladungen „steigen wie Gasblasen" am Potentialgefälle auf.

Aufgaben 1.2.3, 1.2.4

1.2.2.2 Maschensatz

Im Feldstärke- und damit Potenzialfeld (Bild 1.2.6) lassen sich zwischen den Punkten A…D nach Gl. (1.2.5) Spannungen definieren. Dabei verschwindet die Summe aller

Spannung $u_{AB} + u_{BC} + u_{CD} + u_{DA} = 0$ längs eines geschlossenen Umlaufs. Ein solcher Umlauf heißt *Masche*.

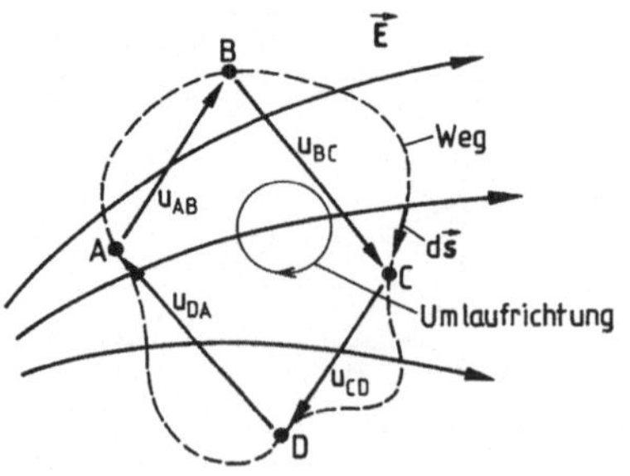

Bild 1.2.6
Maschensatz in einem Feldstärkefeld

Masche: beliebige Verbindung von Spannungspfeilen zu einem geschlossenen Umlauf.

Verallgemeinert lautet das Ergebnis

$$\sum_{\nu=1}^{n} u_{\nu} = 0 \qquad \text{Maschensatz, 2. Kirchhoffsches Gesetz .} \qquad (1.2.10)$$

In jeder beliebigen Masche ist die algebraische Summe aller Spannungen zu jedem Zeitpunkt null (Kirchhoffscher[6] Maschensatz[7]).

Die Aussage begründet sich auf das verschwindende Arbeitsintegral Gl. (1.2.3) über jeden geschlossenen Umlauf.

Der Maschensatz ist eines der beiden fundamentalen Kirchhoffschen Gesetze zur Berechnung elektrischer Stromkreise (s. Abschn. 4.3.4).

Die Umlaufrichtung kann beliebig gewählt werden (durch Multiplikation mit –1 Umlaufrichtung vertauschbar). Zur praktischen Anwendung des Maschensatzes beachte man:

- die *Vorzeichenregel*: Spannungen, deren Richtungspfeil mit der gewählten Umlaufrichtung übereinstimmt, erhalten ein positives Vorzeichen, solche mit Richtungspfeil entgegen der Umlaufrichtung ein negatives,
- die *Unterteilung des Umlaufs* in Quellenspannungen und Spannungsabfälle (s. Abschn. 1.2.2). Dann lautet der Maschensatz gleichwertig zu Gl. (1.2.10):

In einer Masche ist die Summe aller vorzeichenbehafteten Quellenspannungen gleich der Summe aller vorzeichenbehafteten Spannungsabfälle.

---

[6] Robert Kirchhoff, deutscher Physiker 1824–1887.
[7] Bezüglich der Reihenfolge der Kirchhoffschen Gleichungen wird hier die Konvention eingehalten, s. Gl. (1.2.19).

Eine Masche muss dabei kein geschlossener Stromkreis sein, wie man am Beispiel der leerlaufenden Batterie erkennt (Bild 1.2.7a). Dass der Maschensatz zu jedem Zeitpunkt gilt, geht aus Bild 1.2.7b hervor: wenn die linke Maschengleichung zu einem Zeitpunkt t_1 erfüllt ist, gilt dies auch, wenn sich zu einem späteren Zeitpunkt t_2 die Richtungen aller Spannungen $u_1 \dots u_3$ vertauscht haben. Genau diese Situation trifft auf eine Wechselspannung zu. Auch in komplizierten Schaltungen (Bild 1.2.7c) gilt der Maschensatz unabhängig von den verwendeten Bauelementen in jeder Masche.

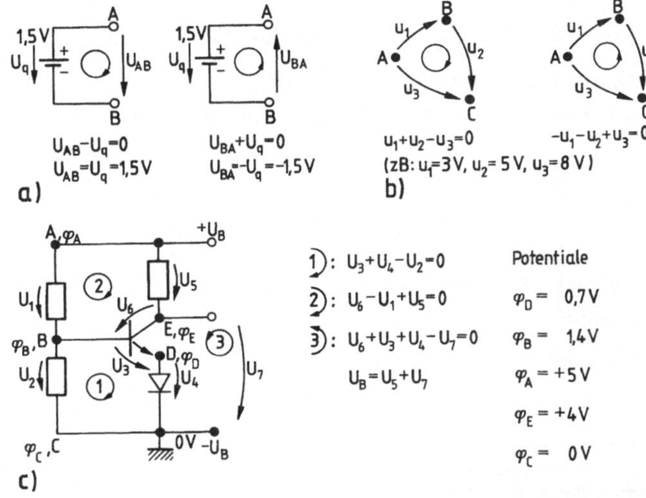

Bild 1.2.7
Beispiele zum Maschensatz
a) Leerlaufende Spannungsquelle
b) Maschen mit verschiedener Umlaufrichtung
c) Maschen einer Transistorschaltung mit Spannungs- und Potenzialangaben

PC Realisieren Sie mit Multisim die Schaltungen Bild 1.2.7a und messen Sie die Spannungen mit einem Spannungsmesser unterschiedlicher Polarität. Realisieren Sie anschließend Schaltung Bild 1.2.7b (U_B etwa 10V, Widerstände etwa 10 kΩ), messen Sie die Teilspannungen und überprüfen Sie den Maschensatz in allen drei Maschen. Arbeiten Sie abschließend die Multisim-Beispiele 1/3 und 1/4 durch.

1.2.3 Elektrischer Strom, Stromdichte

Der Begriff *„elektrischer Strom“* knüpft an den Strömungsbegriff im täglichen Leben: Verkehrsstrom, Geldstrom, Flüssigkeitsstrom u.a. So wird etwa die Stärke eines Luftstromes in einem Abluftrohr durch die Menge der durchströmenden Luft pro Zeiteinheit beschrieben, z.B. 1 m^3 Luft pro min. Auch ein Verkehrsstrom ist nichts anderes als die Anzahl der Verkehrsteilnehmer pro Zeiteinheit durch eine Messstelle, etwa an einer Straße („Verkehrsstromleiter“). Ganz analog können sich (freie) Ladungsträger (Elektronen, Ionen) unter Krafteinwirkung, z.B. durch ein elektrisches Feld, *gerichtet* im freien Raum, in Gasen, Flüssigkeiten oder Festkörpern (→ verschiedene Leitungsmechanismen) bewegen.

Der elektrische Strom (genauer der sog. Konvektionsstrom) ist eine gerichtete Bewegung von Ladungsträgern oder ein Trägertransport als Folge einer Antriebsursache.

Der Hinweis „Konvektionsstrom“ deutet auf den *Ladungsträgertransport mit Massebewegung* hin. Sie kann beim Ionenstrom von technischer Bedeutung sein. Da Massetransport bei Elektronen praktisch keine Rolle spielt, entfällt der Zusatz „Konvektion" üblicherweise.

Neben dem Konvektionsstrom werden wir später noch den *Verschiebungs-* oder *dielektrischen Strom* kennen lernen, der nicht mit Ladungsträgerbewegung einhergeht. Seine Ursache ist vielmehr ein zeitveränderliches elektrisches Feld. Beide Ströme haben als gemeinsames Merkmal ein *umwirbelndes magnetisches Feld als das Kennzeichen eines Stromes.*

1.2.3.1 Elektrische Stromstärke, Stromdichte

Elektrische Stromstärke. Dem allgemeinen Stromverständnis nach lautet der elektrische Konvektionsstrom- oder einfacher die (elektrische) Stromstärke i (Intensität) – halbquantitativ

$$i = \Delta Q/\Delta t.$$

Die elektrische Stromstärke kennzeichnet die pro Zeiteinheit durch eine gedachte oder vorhandene „Durchtrittsstelle" (Meßebene, Leiterquerschnitt) transportierte Ladungsmenge (Bild 1.2.8).

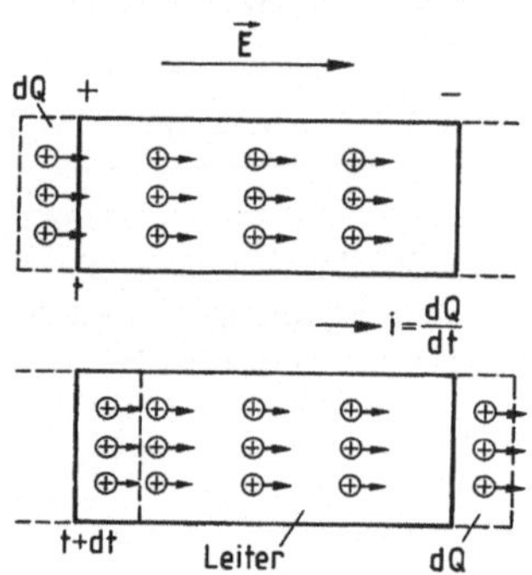

Bild 1.2.8
Definition des Konvektionsstromes (für positive Träger, Zeitpunkte t und $t + dt$)

Im Grenzfall $\Delta t \to 0$ wird daraus:

$$i = \frac{dQ}{dt}, \quad [i] = \frac{[Q]}{[t]} = \frac{\text{As}}{\text{s}} = \text{A} \quad \text{(Ampère)} \qquad (1.2.11)$$

elektrische Stromstärke, Definitionsgleichung.

Beispiel: Ein Strom der Stärke $I = 1$ A[8] führt pro Sekunde $n = Q/q = I\,t/q = 6{,}25 \cdot 10^{18}$ Elementarladungen. Verglichen mit Kugeln vom Durchmesser $d = 1$ cm würde diese enorm große Zahl erlauben, die Erdoberfläche ($A = 500 \cdot 10^6$ km^2) voll zu bedecken.

Der Strom ist neben der Spannung die zweite Fundamentalgröße der Elektrotechnik für Stromkreisberechungen.

[8] Andrè Marie Ampere, französischer Physiker und Mathematiker 1775–1836.

Größenvorstellung: Strom im Taschenlampenkreis: 0,1A, Strom„verbrauch" im Taschenrechner einige mA, Leuchtdiode $I \approx 10$ mA, Signalströme in integrierten Schaltungen: einige μA. Strahlstrom einer Bildröhre einige μA. In der Energietechnik treten dagegen hohe Ströme auf: Autoanlasser $I \approx 100$ A, Elektrolok (ICE) etwa 1000 A, Tauschsieder einige A, Blitz > 10 kA, Rechnerschaltkreis Pentium IV (bei $U = 1{,}7$ V), etwa 50 A, Gehirnströme beim Menschen etwa 10^{-13} A.

Typische Anwendungen der Informationstechnik umfassen den Strombereich nA... einige 10A.

Nach der Stromdefinition Gl. (1.2.11) stehen Ladung und Strom auf „unterschiedlichen zeitlichen Stufen" (Bild 1.2.9a): einem Stromsprung entspricht ein Knick in der Ladungskurve $Q(t)$, der Ladungsabnahme einer Stromrichtungsumkehr usw., mit anderen Worten *muss* für den Strom eine Richtung vereinbart werden.

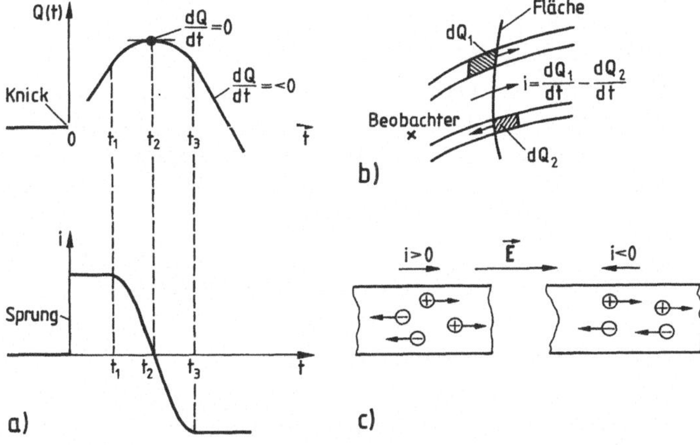

Bild 1.2.9
Konvektionsstrom
a) Zusammenhang zwischen Strom und Ladung
b) Zur positiven Zählrichtung von *i* in Bezug auf eine vom Strom durchsetzte Fläche
c) Zählrichtung der Stromstärke und Richtung der Ladungsträgerbewegung

Der Strom i ist eine skalare Größe, doch hat er einen Richtungssinn oder *Zählpfeil* (Bild 1.2.9b): es ist nämlich nicht gleichgültig, ob sich die Ladungsmenge Q von einem Beobachterstandpunkt aus durch die Fläche fortbewegt oder auf ihn zukommt. Der Zählpfeil deutet somit auf die Durchflussrichtung bezüglich der Fläche hin, dennoch ist der Strom kein Vektor! Üblicherweise stimmt der Richtungspfeil mit der Durchflussrichtung positiver Träger überein (positiver Zahlenwert von i, Elektronen fließen dann bei gleicher Antriebsursache (elektrisches Feld) entgegengesetzt (Bild 1.2.9c).

Die (positive) Flussrichtung der positiven Träger heißt üblicherweise *technische* (oder positive) Stromrichtung. Sie geht aus dem Zählpfeil und dem Vorzeichen des Zahlenwertes des Stromes i hervor[9].

[9] Hier zeigt sich die Unzweckmäßigkeit der Vereinbarung, dem Elektron negative Ladung zuzuschreiben. Die entgegengesetzten Richtungen der Elektronenbewegung und des physikalischen Richtungssinns waren Anlass zur Unterscheidung nach physikalischer und technischer Stromrichtung.

Aus Bild 1.2.8 lernt man übrigens *die typische Eigenschaft* des Stromtransports: die Ladungsmenge ΔQ, die zur Zeit t in den Leiter einströmt, muss ihn später (zur Zeit $t + \Delta t$) an anderer Stelle (Leiterende) verlassen, weil die Ladung Q im Leiter erhalten bleibt (Q = const.):

Transportierte Ladung verhält sich wie eine inkompressible Flüssigkeit.

Deshalb kann Strom zwangsläufig nur in einem geschlossenen Umlauf – *dem Stromkreis* – (Begriff!) fließen.

Stromkennzeichen. Physikalische und chemische Wirkungen. Mit dem Stromtransport sind charakteristische *Merkmale* verknüpft:

- *Magnetfeld.* Jeder Strom (Konvektions-, Verschiebungsstrom) wird von einem *Magnetfeld umwirbelt.* Es ist z.B. mit einer Magnetnadel leicht nachweisbar (Bild 1.2.10, *Stromkennzeichen schlechthin*). Genügten zur Erzeugung eines elektrischen Feldes bereits ruhende Ladungen, so erfordert das Magnetfeld in jedem Falle *bewegte Ladungen.* Anwendung finden Magnetfelder z.B. im Generator, Motor, Festplattenspeicher, in der Spule u.a.m. (s. Abschn. 6.3).
- *Wärmewirkung.* Durch Wechselwirkung bewegter Ladungsträger mit dem stromdurchflossenen Leiter (z.B. Stoßprozesse der Elektronen mit Gitteratomen im Festkörper), tritt eine *Erwärmung* auf. Sie ist meist unerwünscht (Verlustwärme in elektrischen Geräten), wird aber auch bewusst genutzt (elektrische Heizung, Tauschsieder, dielektrische Erwärmung, Thermodrucker u.a.).
- *Chemische Wirkung,* vor allem bei der Ionenleitung in Flüssigkeiten (Oberflächenveredlung von Metallen, Eloxieren, Metall reinigen, Galvanoplastik, Schmelzflußelektrolyse). In diese Gruppe fallen auch wiederaufladbaren Batterien sowie die Brennstoffzelle (umgekehrte Wirkung).
- *Mechanische Wirkung.* Ströme erzeugen nicht nur ein Magnetfeld, umgekehrt übt ein Magnetfeld (z.B. eines Dauermagneten), eine *Kraftwirkung* auf bewegte Ladungsträger aus. Deshalb ziehen sich zwei parallele Drähte an, wenn sie von Strömen in gleicher Richtung durchflossen werden, während sie bei entgegengesetztem Fluss auseinander driften. Diese Kraftwirkung liegt der Definition der Stromstärkeeinheit zugrunde (s. Abschn. 6.3.6). Die Kraftwirkung des Magnetfeldes ist von grundsätzlicher Bedeutung für die Energietechnik (Motorprinzip, Relais u.a.), aber auch für die Informationstechnik (magnetisch abgelenkte Bildröhre, Halleffekt, Messinstrumente, Lesekopf für Informationsträger u.a.).

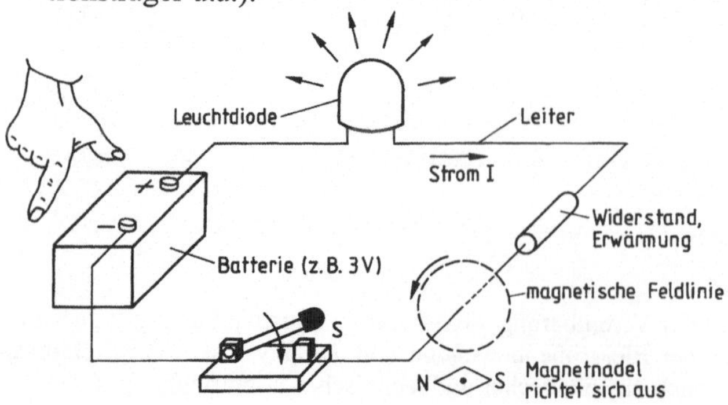

Bild 1.2.10
Wirkungen des Stromes

- *Optische Wirkung* (Elektroluminszenz). Bei Stromfluss kann es in Gasen oder Festkörpern zur Lichterzeugung kommen: Im ersten Fall stoßen die vom elektrischen Feld erzeugten Ionen und Elektronen ständig mit Gasmolekülen zusammen (Stoßionisation, Erzeugung von weiteren Elektronen und Ionen). Bei der Rekombination wird die zugeführte Feldenergie in Form elektromagnetischer Strahlung (z.T. als Licht) abgegeben (Vorgänge in Leuchtstoffröhre und Blitz). Ein ähnlicher Vorgang läuft in der Lumineszenzdiode ab mit einem pn-Übergang aus GaAs, GaAsP, oder anderen sog. III-V-Halbleitern (s. Bd. 2). Sie sendet Licht nur in einem sehr schmalen Wellenlängenbereich von bestimmter Farbe aus. Die Lichterzeugung der Glühlampe beruht dagegen auf der Wärmewirkung (→ Temperaturstrahler) mit relativ breitem Spektrum.
- *Physiologische Wirkungen.* Im menschlichen Organismus werden grundlegende Funktionen durch elektrische Ströme in den Nervenbahnen gesteuert. Fremdströme von außen sind deshalb – je nach Intensität – nützlich oder schädlich:

  – *nützliche* Anwendung in der Elektromedizin, z.B. Elektrobehandlung, Diathermie (Erwärmung durch Ströme hoher Frequenz), Elektroschock (Defibrillator), elektrische Anregung von Organfunktionen, Herzschrittmacher,

  – *schädliche* Wirkungen, z.B. bei elektrischem Unfall durch Verbrennungen, Lähmungen oder gar Tod. U.a. werden Ströme um 1 mA bereits als kräftiger „Schlag" angesehen. Ströme ab 30 mA und einer Einwirkungsdauer von einigen ms sind absolut schädlich. Bei einem Körperwiderstand von einigen kΩ ist daher für Spannungen größer als 42 V größte Vorsicht geboten. Entsprechende Vorschriften (VDE 0100, 0101, 0134) des Verbandes deutscher Elektrotechniker (VDE) sind strikt einzuhalten.

Stromleitungsmechanismen. Konvektionsstrom ist ein Transport beweglicher Träger. Stoffe, in denen viele Träger vorhanden sind, heißen deshalb *Leiter*, in Sonderfällen auch *Halbleiter.* Die Leitungsvorgänge in Festkörpern, Flüssigkeiten und Gasen untersuchen wir in Abschnitt 6.2.3 näher.

Zeitverlauf. Der Strom kann sich – wie andere elektrische Größen, z.B. die Spannung – zeitlich ändern. Die typischen Zeitverläufe (Bild 1.2.11) entsprechen voll den analogen Bezeichnungen der Spannung (Abschn. 1.3.2):

- *Gleichstrom* Strom mit gleichbleibender Stärke (Bild 1.2.11a),
- *Wechselstrom* mit ständig wechselnder Richtung (und damit Vorzeichen und Richtung der Ladungsträgerbewegung (Bild 1.2.11b)),
- *Impulsstrom* Strom kurzer Dauer (Bild 1.2.11c). Eine Überlagerung von mehreren Stromformen ergibt den *Mischstrom.*

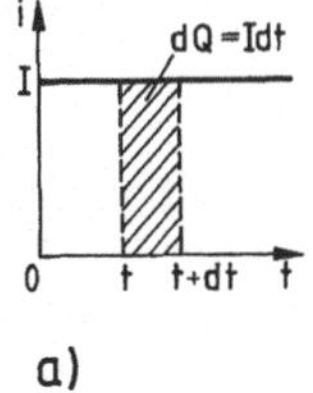

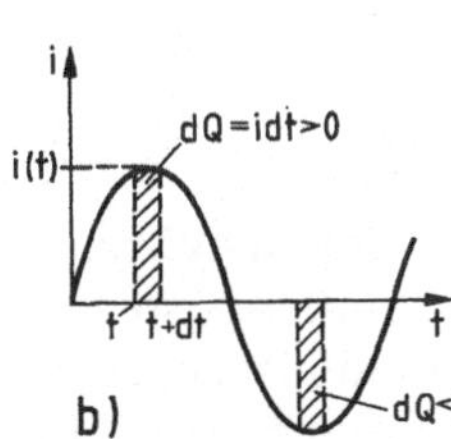

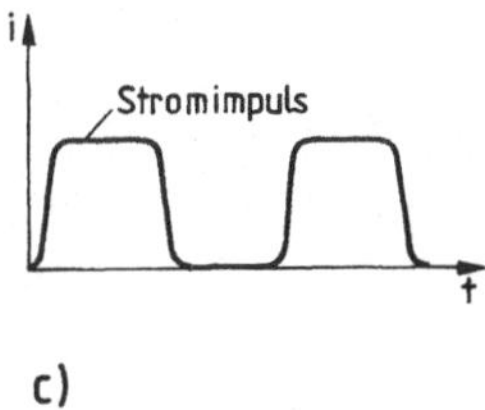

Bild 1.2.11 Typische Zeitverläufe des Stromes
a) Gleichstrom
b) Wechselstrom (sinusförmig)
c) Impulsstrom aus Stromimpulsen

Ladungsmenge. Beziehung Strom–Ladung. Die Ladungsmenge ΔQ, die ein Strom im Zeitabschnitt $\Delta t = t - t_0$ durch eine (gedachte) Fläche transportiert, ergibt sich aus Gl. (1.2.11) durch Umstellung $\mathrm{d}Q = i\mathrm{d}t$ und Integration:

$$\Delta Q = \int_{Q(t_o)}^{Q(t)} \mathrm{d}Q = Q(t) - Q(t_o) = \int_{t_o}^{t} i(t)\mathrm{d}t\,. \qquad (1.2.12)$$

Ladungsänderung = Integralkurve des Stromes.

Das Ergebnis Gl. (1.2.12) kann auch anders erklärt werden:

$$Q(t) \quad = \quad Q(t_o) \quad + \quad \int_{t_o}^{t} i(t)\,\mathrm{d}t\,. \qquad (1.2.13)$$

Gesamt- ladung | Anfangs- ladungs | Ladungsänderung durch Stromtransport

Die Gesamtladung einer Anordnung besteht aus einer Anfangsladung und der durch den Strom an- oder abtransportierten Zusatzladung.

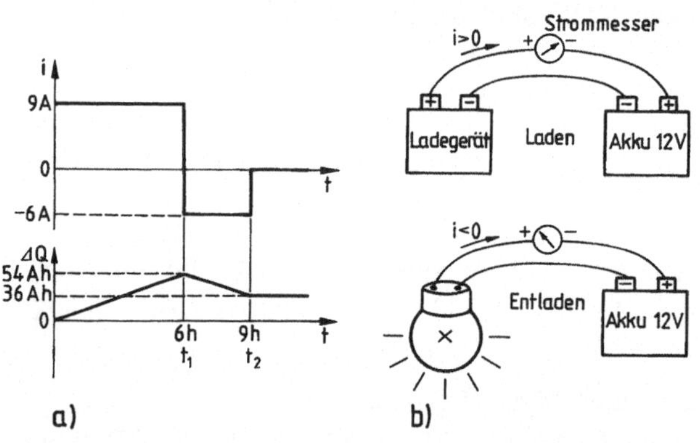

Bild 1.2.12
Stromstärke und transportierte Ladung am Beispiel des Ladens/Entladens eines Akkumulators
a) Strom-Ladungs-diagramm
b) Anordnung mit vereinbarter positiver Stromrichtung

Dies wird beispielsweise beim Laden/Entladen eines Akkumulators verständlich (Bild 1.2.12). Während des Ladens mit einem Ladegerät (Zeit $0\ldots t_1$) fließt Ladung zum Akku hin, dabei möge die Stromrichtung positiv gewählt sein (→ positive Anzeige eines Strommessers). Wird der Akku anschließend vom Ladegerät getrennt und statt dessen an einen Verbraucher (z.B. Scheinwerfer) angeschlossen ($t_1 < t < t_2$), so fließt Ladung ab, der Strom kehrt seine Richtung um und der Strommesser zeigt einen negativen Wert.

Aufgaben 1.2.6, 1.2.8, 1.2.9.

Stromdichte. Fließt ein Strom I durch einen Leiter mit verschiedenem Querschnitt A (Bild 1.2.13) (senkrecht zum Stromfluss), so ändert sich die Größe „Strom pro Fläche" oder die Stromdichte $S = I/A$ → Strom/Fläche: sie ist im Querschnitt A_1 sicher kleiner als im Querschnitt A_2. Will man die Stromdichte S für unterschiedliche Stellen des gesamten Querschnittes angeben, so wird eine Unterteilung sowohl des Stromes I in Teilströme oder sog. *Stromröhren* ΔI (z.B. $\Delta I = I/10$) und der Fläche in Elemente ΔA (z.B. $A = 10\ \Delta A$) erforderlich (Bild 1.2.13). Die Stromdichte des einzelnen Stromelementes beträgt dann

$$S = \frac{\Delta I}{\Delta A} \to S = \lim_{\Delta A \to 0} \frac{\Delta I}{\Delta A} = \frac{\mathrm{d}I}{\mathrm{d}A} \quad \text{bzw.} \quad \boldsymbol{S} = \frac{\mathrm{d}I}{\mathrm{d}A_s} \boldsymbol{e}_{A_s}. \tag{1.2.14}$$

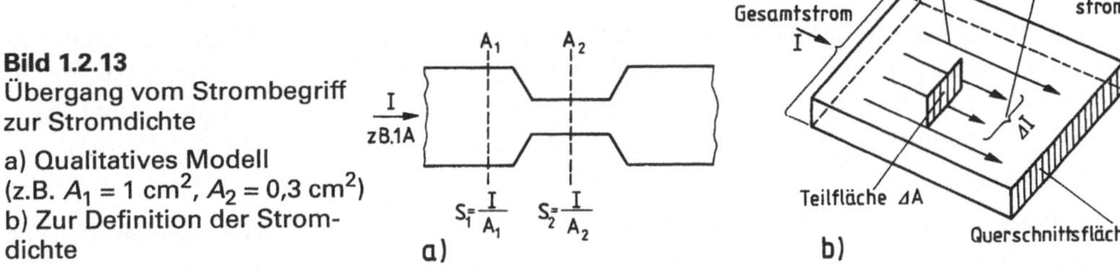

Bild 1.2.13
Übergang vom Strombegriff zur Stromdichte
a) Qualitatives Modell (z.B. $A_1 = 1\ \text{cm}^2$, $A_2 = 0{,}3\ \text{cm}^2$)
b) Zur Definition der Stromdichte

> Die Stromdichte S beschreibt die Verteilung der Stromstärke ΔI in einer von Strom durchsetzten Querschnittsfläche ΔA[10]. Sie kennzeichnet die Strömung in einem Punkt (und ist deshalb eine Feldgröße (s.u.))

- Der *Betrag* der Stromdichte gibt die Ladungsmenge pro Querschnitt und Zeiteinheit durch eine Äquipotenzialfläche an.
- Die *Richtung* der Stromdichte zeigt in Richtung größter Spannungsänderung (Feldstärke), sie steht senkrecht auf der Äquipotenzialfläche.

Im Bild 1.2.14 wurden ausgewählte Stromlinien ΔI und Querschnittselemente ΔA eines Leiters mit einer Enge dargestellt. Dort tritt die größte Stromdichte $\boldsymbol{S}$ auf.

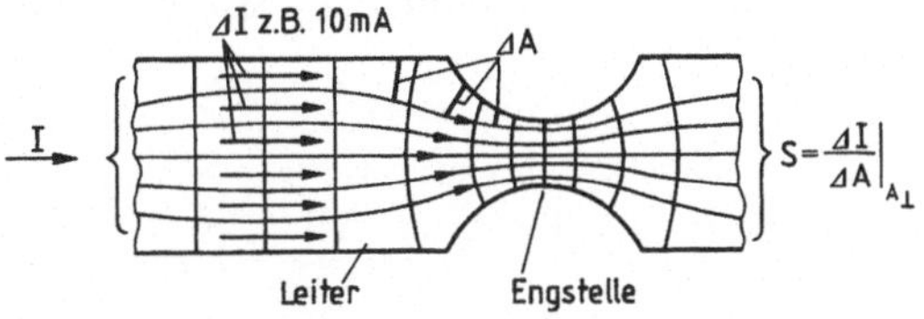

Bild 1.2.14
Strom I und Stromdichtebegriff S

Die Stromdichte $\boldsymbol{S}$ ist ein Maß für die „Strombelastbarkeit" eines Leiters: Man weiß, dass vom Autoanlasser ein relativ dickes Kabel zur Batterie führt. Der probeweise Ersatz durch eine dünne Leitung würde diese bei Stromfluss sofort zerschmelzen, die Stromdichte ist offenbar zu hoch!

Typische Stromdichten: Cu-Leiter der Starkstromtechnik $S \approx 5 \ldots 10\ \text{A/mm}^2$, Halbleiterbauelemente $S \approx 10 \ldots 100\ \text{A/mm}^2 = 10 \ldots 100\ \mu\text{A}/(\mu\text{m})^2$. Im Blitz fließen Ströme von einigen 10^3 A durch einen Querschnitt von wenigen mm^2. Dies erklärt seine zerstörende Wirkung durch Überhitzung des Stromkanals.

---

[10] Strom fließt senkrecht zum Querschnitt A_s.

Typische Folgerungen aus dem Stromdichtebegriff sind deswegen:

- die Leiterbemessung bei vorgegebener maximal zulässiger Stromdichte als Sicherheit vor Zerstörung,
- der absichtliche Einbau kleiner Querschnitte in Form einer Sicherung[11)] in den Stromkreis. Oberhalb einer kritischen Stromstärke schmilzt sie durch und unterbricht den Kreis. Man erkennt daraus, welche Gefahr beim Überbrücken einer Sicherung durch einen dicken Cu-Draht droht. Deshalb sind Sicherungen für bestimmte Stromstärken ausgeführt.

Ausgenutzt wird das Schmelzprinzip auch bei sog. programmierbaren Logikelementen. In die Gatterzuleitungen sind abschmelzbare Teile eingefügt, die bei einem Strom von rd. 20 mA durchschmelzen. Damit ist die Verbindung unterbrochen und das Logikelement (irreversibel) programmiert. Auch das gegenteilige Prinzip („Antifuse-Technik") kommt zur Anwendung.

Stromdichte = Vektor der Trägerströmung. In Gl. (1.2.14) wurde für das Verständnis der Stromdichte die Relativlage der durchströmten Fläche zum Strom (A_s senkrecht zu I) erwähnt. Dies lässt einen Vektorcharakter vermuten. Auch die Tatsache, dass eine Ladungsträgerströmung (Geschwindigkeit $\boldsymbol{v}$) in einem Punkt nur entsteht, wenn sich die dort vorhandene Ladung ΔQ bezogen auf ihr Volumen ΔV, also die *Raumladungsdichte* ρ mit der Geschwindigkeit $\boldsymbol{v}$ bewegt, deutet darauf hin, dass die Stromdichte S eine Vektorgröße sein muß. Tatsächlich gilt (was hier ohne Ableitung übernommen wird):

$$\boldsymbol{S} = \rho \cdot v \quad \text{Stromdichte = Raumladungsdichte} \times \text{Trägergeschwindigkeit.} \qquad (1.2.15)$$

Zwischen Strom i und Stromdichte $\boldsymbol{S}$ folgt nach Gl. (1.2.14) $\mathrm{d}i = \boldsymbol{S}\,\mathrm{d}\boldsymbol{A}$ oder:

$$\underset{\text{allgemein}}{i = \int_A \boldsymbol{S} \cdot \mathrm{d}\mathbf{A}} \rightarrow \underset{\text{homogenes Strömungsfeld}}{i = \boldsymbol{S} \cdot \boldsymbol{A} = S \underbrace{A \cos(\angle \boldsymbol{S}, \boldsymbol{A})}_{A_s}}. \qquad (1.2.16)$$

Der Strom i ist das Integral über das Skalarprodukt aus Stromdichte S und der Fläche A, für die der durchtretende Strom ermittelt werden soll.

Dann erklärt sich die anschauliche Einführung von S nach Gl. (1.2.14) sofort.

Erwähnt sei, daß sich der Strom nach Gl. (1.2.16) mit der Stromdichte Gl. (1.2.15) auch in die Ausgangsform Gl. (1.2.11) überführen lässt.

Mit Gl. (1.2.15) kann die relativ große Stromdichte in Halbleiterbauelementen erklärt werden. Dort liegen die Ladungsträgerdichten n, p bei $10^{16} \ldots 10^{18}$ cm^{-3} und die erreichbaren Geschwindigkeiten v betragen $10^4 \ldots 10^6$ cm/s bei hoher Feldstärke (ganz im Gegensatz zu Leitern, wo sie um Größenordnungen geringer sind). Dann gilt

$$S = \rho v \approx q \cdot p \cdot v = 1{,}6 \cdot 10^{-19}\,\mathrm{As} \cdot (10^{16} \ldots 10^{18})\,\mathrm{cm}^{-3} \cdot (10^4 \ldots 10^6)\,\mathrm{cm/s} = 1{,}6 \cdot (10^1 \ldots 10^5)\,\mathrm{A/cm}^2!$$

11) Th. Edison, amerikanischer Erfinder 1847–1931.

Deshalb sind Halbleiterbauelemente i.a. stärker belastet als Leiter und können schon bei geringer Überlastung zerstört werden.

Aufgaben 1.2.7, 1.2.8.

1.2.3.2 Knotensatz

Haupteigenschaft des Stromes: Kontinuität. Die Haupteigenschaft der Ladung ist ihre *Erhaltung*[12)] in einem abgeschlossenen System (z.B. Volumen):

$$Q = \text{const.} \quad \text{Erhaltungssatz, Naturgesetz}. \tag{1.2.17}$$

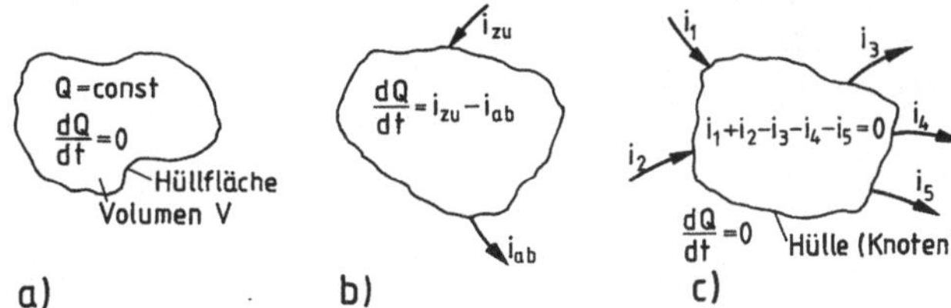

Bild 1.2.15
Bilanzgleichung der Ladung Q im Volumen
a) Ladungserhaltung im abgeschlossenen Volumen
b) Ladungsänderung durch die Differenz von Zu- und Abstrom

Dies veranschaulicht Bild 1.2.15a,b. Deshalb kann sich die Ladung in einem Volumen nicht durch Generation und Rekombination, sondern nur durch *Zu-* und *Abfluss* ändern.

$$\frac{\mathrm{d}Q}{\mathrm{d}t} = \left.\frac{\mathrm{d}Q}{\mathrm{d}t}\right|_{\text{zu}} - \left.\frac{\mathrm{d}Q}{\mathrm{d}t}\right|_{\text{ab}} = i_{\text{zu}} - i_{\text{ab}} \quad \text{Bilanz-, Kontinuitätsgleichung.} \tag{1.2.18}$$

Ladungsänderung pro Zeitspanne = zufließender–abfließender Konvektionsstrom

Bei Ladungserhaltung ($\mathrm{d}Q/\mathrm{d}t = 0$) muss die Summe der durch die Hüllfläche des Volumens zu- und abfließenden Konvektionsströme verschwinden, auch dann, wenn mehrere Ströme durch die Oberfläche hindurchtreten. Verallgemeinert:

$$\sum_{\mu=1}^{n} i_\mu = 0 \quad \text{Knotensatz, 1. Kirchhoffsches Gesetz (Stromkontinuität).} \tag{1.2.19}$$

Die algebraische Summe aller durch eine (gedachte) Hüllfläche fließenden Ströme verschwindet zu jedem Zeitpunkt.

Dabei führen Ströme, die in die Hülle hinfließen, ein positives (Richtungspfeil hinweisend), herausfließende ein negatives Vorzeichen (Bild 1.2.15c):

Summe der zum Knoten hinfließenden Ströme = Summe der abfließenden Ströme.

Die Hüllfläche wird auch als Knoten (= Verbindungsstelle von Leitungen, Lötverbindung mehrerer Metalldrähte) bezeichnet.

---

12) Solche Erhaltungssätze existieren für verschiedene physikalische Größen, z.B. Energie, Masse, Impuls u.a.

An dieser Stelle drängt sich zur Erläuterung des Knotensatzes Gl. (1.2.19) ein Vergleich mit einem anderen Erhaltungssatz – dem der Masse als Wassermasse m in einer Talsperre – auf. Sie werde von mehreren Gebirgsbächen gespeist ($\rightarrow \Sigma\, i_{zu}$), ein Wasserlauf fließt ab (i_{ab}). Bleibt der Wasserstand erhalten, so folgt daraus ein analoges Ergebnis zu Gl. (1.2.19). Im anderen Falle ergibt sich $dm/dt > 0$ oder < 0 (Zu- oder Abnahme des Wasserstandes).

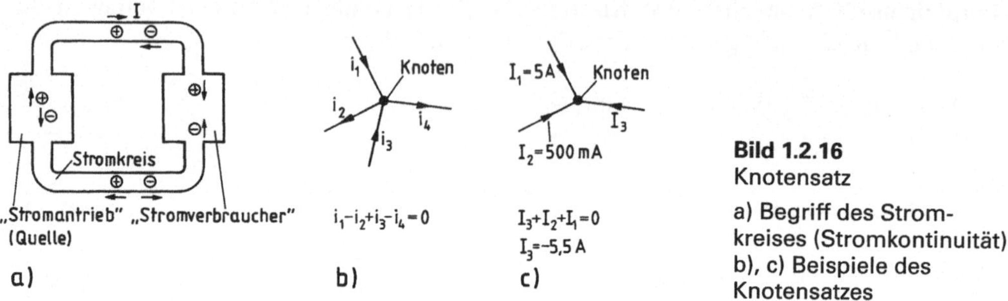

Bild 1.2.16 Knotensatz
a) Begriff des Stromkreises (Stromkontinuität)
b), c) Beispiele des Knotensatzes

Aus dem Knotensatz folgt noch eine zweite, wesentliche Erkenntnis für einen beliebig geformten Leiterkreis (Bild 1.2.16). Dort kann man sich an jeder Stelle Hüllflächen denken: stets gilt $i_{zu} = i_{ab}$ oder:

> Der Strom ist eine in sich geschlossene Erscheinung. Er besitzt in jedem Querschnitt die gleiche Stärke und hat deshalb keine Quellen und Senken: Strom als „Band" ohne Anfang und Ende.

Deshalb heißt eine geschlossene Leiteranordnung auch *Leiter-* oder *Stromkreis*. Zwangsläufig müssen bewegte Ladungsträger einen „Bewegungsantrieb" erfahren, also *durch* eine „Antriebsquelle" fließen. Sie werden dort weder erzeugt noch verbraucht, sondern nur durch Energiezufuhr in Bewegung gesetzt. Das erfordert Energiezufuhr (nichtelektrisch → elektrisch, s. Abschn. 1.3).

Anwendung des Knotensatzes. Der Knotensatz Gl. (1.2.19) hat direkte Konsequenzen für Bauelemente und Schaltungen:

- Für ein Bauelement oder eine Schaltung mit zwei Anschlüssen, einem Zweipol oder Eintor gilt: $i_A = i_B$ (Bild 1.2.17a).
- Am Vierpol (Zweitor) gilt $\Sigma_m\, i_m = 0$ (Bild 1.2.17b). Beim Dreipol ergibt sich der dritte Strom automatisch, wenn die beiden anderen bekannt sind.
- Am Mehrpol (Transistor, Schaltkreis, Bild 1.2.17c,d) mit n Klemmen müssen insgesamt n–1 Ströme bekannt sein, um den restlichen Strom zu bestimmen.

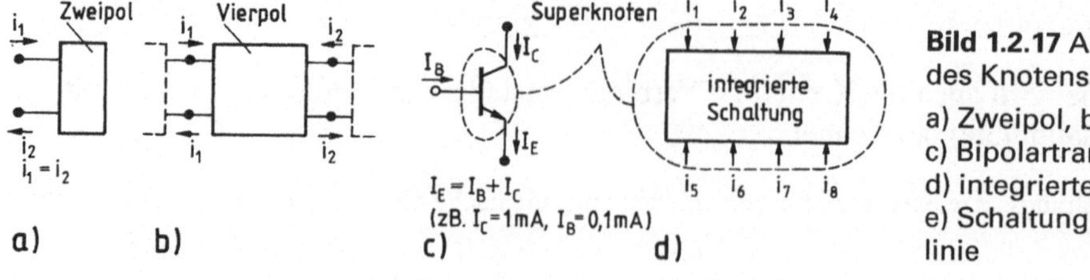

Bild 1.2.17 Anwendungen des Knotensatzes
a) Zweipol, b) Vierpol,
c) Bipolartransistor,
d) integrierte Schaltung,
e) Schaltung mit Schnittlinie

- Der Knotensatz gilt für alle Ströme einer Schaltung, die durch eine beliebig gelegte (geschlossene) Schnittlinie (Hüllfläche, erweiterter Knotenbegriff) fließen (Bild 1.2.17e). Als Knoten kann auch eine Hüllfläche angesehen werden, die mehrere zusammengeschaltete Bauelemente oder Schaltungsteile enthält (manchmal als Superknoten bezeichnet). Dies ist der tiefere Inhalt des Knotensatzes.

PC Entwerfen Sie mit Multisim ein Gleichstromnetzwerk mit einer Spannungsquelle (10 V) und 3...4 Knoten sowie gleichen Widerständen (R =1 kΩ) in den Zweigen. Schalten Sie in Reihe zu jedem Widerstand einen Strommesser und überprüfen Sie den Knotensatz in jedem Knoten. Konstruieren sie eine Hüllfläche im Netzwerk nach Bild 1.2.15 und überprüfen Sie die Strombilanz für die Hüllfläche. Arbeiten Sie anschließend die Multisim-Beispiele 1/2...1/4 durch.

Aufgabe 1.4.4.

Rück- und Ausblick. Die eingeführten Begriffe „Stromdichte, Feldstärke" und „Spannung, Strom" eines von Ladungsträgern durchströmten Feldraumes (z.B. Leiter mit veränderlichem Querschnitt) deuten auf *unterschiedliche Beschreibungsmöglichkeiten* ein und desselben Feldes hin (Tafel 1.2.1):

Tafel 1.2.1 Zusammenhänge des elektrischen Strömungsfeldes

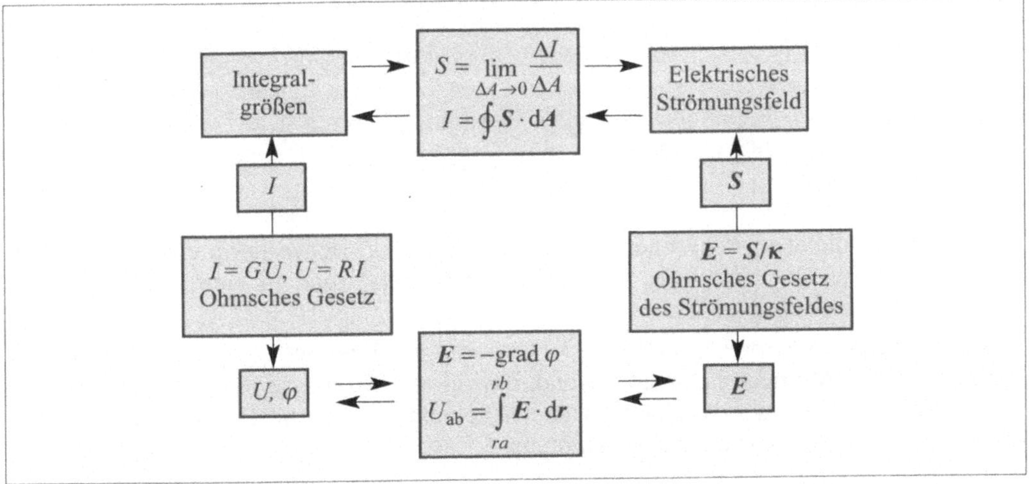

- Stromdichte $\boldsymbol{S}$ und Feldstärke $\boldsymbol{E}$ sind *Feldgrößen* (Vektoren), sie beschreiben ein Feld in einem (Raum-)Punkt. Der Zusammenhang ist in Leitern durch die Leitfähigkeit κ gegeben (s. Abschn. 6).
- Strom und Spannung sind sog. *integrale Größen* des Strömungsfeldes (erkenntlich durch auftretende Integrale, skalare Größen); sie ersetzen lokale Feldverhältnisse durch das Gesamtfeld in größeren Gebieten. Integrale Größen bilden die Grundlage des Ersatzes von Feldbereichen durch Netzwerkelemente. Mit der Leitfähigkeit κ und dem Strömungsfeld stehen Widerstand R und Leitwert G als Netzwerkelemente in direktem Zusammenhang.
- Der ***Ersatz von Feldbereichen durch Netzwerkelemente***, ihre Zusammenführung zu einem Netzwerk und seine Analyse, d.h. die Suche der Spannungen u und Ströme i auf

Grundlage der beiden Kirchhoffschen Gleichungen stellt eine ***fundamentale Vereinfachung der Modellierung elektrischer Felderscheinungen*** dar. Diese Netzwerkanalyse bildet die Grundlage elektrischer Stromkreise. Sie wird in den folgenden Abschnitten vertieft.

1.3 Energie, Arbeit und Leistung im Stromkreis

1.3.1 Energie, Arbeit, Leistung

Im Stromkreis – etwa einer Taschenlampe – muss eine Energiequelle vorhanden sein, damit Strom fließt. Energie ist aber eine sehr allgemeine (vielleicht die universellste) physikalische Größe, denn sie verbindet über die *Energiewandlung* verschiedene Gebiete, wie Mechanik, Wärmelehre, elektromagnetische Vorgänge u.a.

Energie ist die Fähigkeit, *Arbeit* zu verrichten. Energie und Arbeit besitzen das Formelzeichen W mit der Einheit

$$[W] = 1\ \text{Joule} = 1\ \text{J} = 1\ \text{N} \cdot \text{m} = 1\ \text{Ws}.$$

Da alle Naturvorgänge Umwandlungen einer Energieform in eine andere sind (wobei die Gesamtenergie eines abgeschlossenen Systems konstant bleibt, Energieerhaltungssatz[13]), muss die dem Stromkreis zugeführte elektrische Energie an anderer Stelle wieder entzogen und z.B. als Wärme und Strahlung an die Umgebung abgegeben werden.

Einrichtungen, die elektrische Energie aus einer nichtelektrischen Form erzeugen, heißen *Erzeuger*, solche, die elektrische Energie „verbrauchen“ (und in eine nichtelektrische Energieform umwandeln), *Verbraucher*.

Deshalb erfolgt im Stromkreis (Bild 1.3.1) ständig ein Energiefluss vom Erzeuger zum Verbraucher (im Moment davon ausgehend, dass er mit Strom und Spannung zusammenhängt). Später werden wir das elektromagnetische Feld als Ursache des Energietransportes erkennen, eine sicher unerwartete Behauptung.

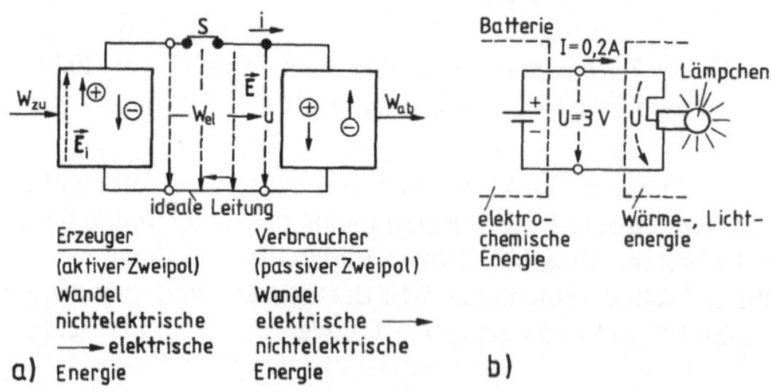

Bild 1.3.1 Energiewandlung im Stromkreis

a) Zusammenwirken zwischen aktivem und passivem Zweipol vom Energieumsatz her gesehen

b) Stromkreis einer Taschenlampe als Beispiel zum Energieumsatz

[13] Robert Mayer, deutscher Arzt und Physiker 1814–1878.

Erzeuger elektrischer Energie sind beispielsweise:

- Batterie, Akkumulator (chemische → elektrisch-chemische Energie),
- Dynamo, Generator (mechanisch → elektrische Energie),
- Solarzelle, (Strahlungsenergie → elektrische Energie),
- Thermoelement, (Wärmeenergie → elektrische Energie.)

Typische *Verbraucher* elektrischer Energie sind:

- Widerstand (elektrische → Wärmeenergie),
- Elektromotor (elektrische → mechanische Energie),
- Akkumulator (elektrische → chemische Energie beim Aufladen),
- Lumineszenzdiode, LED (elektrische → Strahlungsenergie).

Das tägliche Leben verwendet Begriffe wie „Strom-, Energieverbraucher, Energiequellen" sehr lax: im Stromkreis wird weder Strom verbraucht noch erzeugt, sondern ein Stromfluss bestimmter Stärke durch Energieumwandlung aufrecht erhalten. Auch gibt es keine „Energiequellen", sondern nur Energiewandler. Schließlich ist statt der Energieeinheit 1 Ws im Alltag die Angabe 1 kWh = 3,6 MWs üblich.

Beispiel: Eine sog. *Standby-Schaltung* eines elektronischen Gerätes verbraucht etwa die Leistung von 5 W, während eines Jahres entsteht so ein Energieverbrauch $W = 5\ \text{W} \cdot 365 \cdot 24\ \text{h} = 43{,}8\ \text{kWh}$.

Bei einem Energiepreis von 0,1 €/kWh laufen damit jährliche Kosten von etwa 4,4 € auf.

Leistung. Der Energiebegriff enthält keine Zeit. Im technisch-wirtschaftlichen Bereich wird aber angestrebt, eine bestimmte Arbeit pro Zeit zu verrichten, also „*etwas zu leisten*". Dies führt direkt zum Begriff der *Leistung*[14] (oder auch dem Energiedurchsatz pro Zeit):

$$p = \frac{\mathrm{d}W}{\mathrm{d}t}, \qquad [p] = \frac{[W]}{[t]} = \frac{\text{J}}{\text{s}} = 1\ \text{W} \qquad \text{Leistung}. \tag{1.3.1}$$

Während die Energie für die Beanspruchung eines elektrischen Gerätes relativ wenig aussagt, ist gerade die Leistung für die Geräteausführung ausschlaggebend (z.B. Angabe der zulässigen Leistungsaufnahme von Bauelementen und Geräten).

Hinweis. Energie bzw. Leistung verbinden die elektrischen mit den mechanischen und thermischen SI-Einheiten. Das erlaubt einfache Umrechnungen zwischen zugeordneten Problemstellungen.

Für die *Informationstechnik* haben Energie- und Leistungsgesichtspunkte eher untergeordnete Bedeutung, für die *Energietechnik* stehen sie dagegen an erster Stelle. Geräte im Haushalt verbrauchen beispielsweise folgende Leistungen: Tauchsieder (100...1000) W, Fernsehempfänger 100 W, Computer 100 W, tragbare Empfänger etwa 10 W, Strahlungsleistung eines Handys unterer mW-Bereich, eines Mittelwellenrundfunksenders im Bereich 100 kW.

Während eine Reihe von Geräten direkt der Energieumformung dient (Tauchsieder, Bohrmaschine, Waschmaschine...), sind typische Geräte der Informationstechnik (Fernsehempfänger, Rundfunkgerät bei Zimmerlautstärke (20 mW), Computer...) *reine Wärmequellen*: Die mit einer Nachricht übermittelte Energie ist extrem klein; man stellt umgekehrt

[14] James Watt, Erfinder der Dampfmaschine 1736–1819.

sogar die Frage, welche Mindestenergie gerade noch erforderlich ist, um eine Nachricht zu bilden. Sie liegt – je nach Ansatz – pro Bit bei

$$W_{\min} \div kT \ln 2 = U_T\, q \ln 2 = 26\,\text{mV} \cdot q \ln 2 = 28{,}8 \cdot 10^{-22}\,\text{Ws bei } T = 300\,\text{K}.$$

Ihre Größe wird maßgeblich durch das Vermögen der Elementarladung $q = 1{,}6 \cdot 10^{-19}$ As bestimmt, eine Spannungsstufe von $U_T = 26$ mV zu überwinden.

Die häufig vertretene Auffassung, dass Information nichts mit Energie zu tun habe (was auf Wieners Aussage: „information is information, not energy or matter" zurückgeht), ist aus dieser Sicht *nicht* berechtigt, denn *Information ist stets an einen physikalischen Informationsträger* gebunden.

- In der *Energietechnik* wird elektrische Energie vom Erzeuger zum Verbraucher zum Zwecke der Wandlung mit möglichst *hohem Wirkungsgrad* übertragen.
- In der *Informationstechnik* dient Energie zum Transport elektrischer Signale (Informationsübertragung), der Umwandlungswirkungsgrad spielt praktisch keine Rolle, dagegen meist die *absolute Größe der empfangenen Leistung.*
- Beide Fälle nutzen den gleichen *Grundstromkreis* (Bild 1.3.1), gestalten ihn aber *unterschiedlich* (s.u.).

1.3.2 Energie und Leistung am Zweipol, Wirkungsgrad

Liegt an einem Zweipol (z.B. einem ohmschen Widerstand) die Spannung u und fließt der Strom i, so beträgt die momentan umgesetzte elektrische Leistung:

$$p = u \cdot i \qquad [p] = [u] \cdot [i] = 1\,\text{VA} = 1\,\text{W}, \quad \text{elektrische Leistung.} \qquad (1.3.2)$$

Bei gleichen Richtungen von i und u, d.h. $p > 0$ (Bild 1.3.2), bedeutet das

$p > 0$ (< 0) „Verbrauch" („Erzeugung") elektrischer Leistung.

Deshalb heißt diese u-i-Richtungszuordnung auch *Verbraucherzählpfeilsystem* und der Zweipol selbst *Verbraucher-* oder *passiver Zweipol.* Eine Strom- oder Spannungsumkehr ($p < 0$) führt zum *Erzeugerpfeilsystem* (*aktiver Zweipol*).

Beim Zusammenschalten beider Zweipole zum Stromkreis fließt dann der Strom als „kontinuierliches Band" mit der Möglichkeit der Energieübertragung vom Erzeuger zum Verbraucher (Bild 1.3.2). Dabei kann ein als passiv *definierter* Zweipol durchaus auch aktiv wirken und umgekehrt, man denke etwa an das Laden/Entladen eines Akkumulators (Bild 1.2.12).

Als *Gedächtnisstütze* für die Erzeuger-Verbrauchereinteilung möge dienen:

Verbraucher: Stromfluss in den Plus- und aus dem Minuspol (Pfeilspitze von u), u und i Richtungspfeile zeigen in gleiche Richtung.

Erzeuger: Stromfluss aus dem Plus- und in den Minuspol, u und i Richtungspfeile zeigen entgegengesetzt.

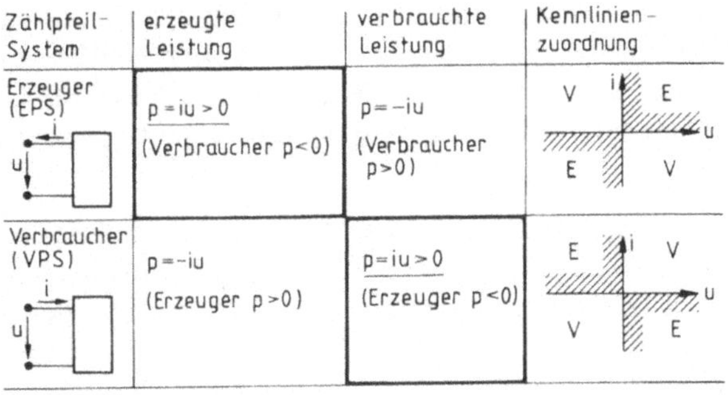

Zählpfeil-System	erzeugte Leistung	verbrauchte Leistung	Kennlinien-zuordnung
Erzeuger (EPS)	$p = iu > 0$ (Verbraucher $p < 0$)	$p = -iu$ (Verbraucher $p > 0$)	V E / E V
Verbraucher (VPS)	$p = -iu$ (Erzeuger $p > 0$)	$p = iu > 0$ (Erzeuger $p < 0$)	E V / V E

Bild 1.3.2 Richtungspfeilsysteme am Zweipol

Bei zeitveränderlichen Größen (Wechselspannung) müssen sich dann u und i ändern, wenn ein Zweipol als Verbraucher arbeiten soll. Der Zählpfeil entspricht der Richtung während der positiven Halbwelle.

Der Leistungsbegriff führt in Verbindung mit dem Energiesatz zu einem nützlichen *Leistungssatz* für Netzwerke:

$$\sum_{\nu=1}^{n} p_\nu = 0 \qquad \text{Leistungssatz.} \qquad (1.3.3)$$

Die Summe der einer Schaltung zugeführten Leistungen (Quellenleistungen, neg. Vorzeichen) muss gleich der Summe aller Verbraucherleistungen (pos. Vorzeichen) sein.

Damit lassen sich die Ergebnisse einer Schaltungsanalyse kontrollieren. (Manche Simulationsprogramme, wie z.B. SPICE/-PSPICE geben diese Werte automatisch aus).

Energiedurchsatz. Zusammenwirken von Verbraucher- und Erzeugerpfeilsystem. Wie kann der Energieumsatz im Erzeuger- und Verbraucherzweipol mit den bisherigen Kenntnissen erklärt werden?

Im Erzeugerzweipol wird die potenzielle Energie (positiver) Ladungsträger in Bewegungsrichtung erhöht. Das erfordert Trägerbewegung von „–" nach „+" (negative von „–" nach „+"), also entgegen der Kraft $\boldsymbol{F} = Q\,\boldsymbol{E}$, die Träger durch den Verbraucherzweipol treibt. Jede Energieumformung nichtelektrisch → elektrisch bewirkt im Erzeugerzweipol eine (*innere*) Feldstärke $\boldsymbol{E}_\text{i}$, die Ladungen trennt, also Löcher nach „+" und Elektronen nach „–" verschiebt und damit oben einen Überschuss positiver Träger (unten negativ) schafft, so dass die „*äußere*" Feldstärke $\boldsymbol{E}$ entsteht. Diese innere Kraft

- ist der eigentliche Grund für die *Spannung* einer Spannungsquelle, die auch bei $i = 0$ vorliegt (z.B. Taschenlampenbatterie),
- kann – je nach Energieumsatzart[15] – ganz verschiedener Ursache sein, z.B. elektrochemisch, Strahlungsquelle (Solarzelle), mechanische Energie (Induktionsgesetz) u.a.

Das innere elektrische Feld des Erzeugerzweipols liegt über die Verbindungsleitungen auch am passiven Zweipol. Dort sinkt die potenzielle Energie der Ladungsträger in Bewegungs-

[15] Der Ladungsträger im elektrischen Feld.

richtung (Bewegung in Kraftrichtung des Feldes): Umwandlung elektrischer Feldenergie über die Wechselwirkung Träger–Leiter in Wärme. Damit der Energievorrat des elektrischen Feldes im geschlossenen Kreis erhalten bleibt, muss der irreversible Energieumsatz in Wärme im passiven Zweipol durch ständige Energiezufuhr über die Quelle ausgeglichen werden.

Wirkungsgrad. Bei jeder Energieumwandlung geht im Energiewandler ein Teil der Energie (Leistung) als *Verlustenergie* (Verlustleistung P_V) irreversibel in Form von Wärme an die Umgebung verloren. Man versteht unter dem Wirkungsgrad[16)]

$$\eta = \frac{P_n}{P} = \frac{P_n}{P_v + P_n} \tag{1.3.4}$$

das Verhältnis von abgegebener P_n zur insgesamt aufgenommenen Leistung P.

Während die Energietechnik aus Wirtschaftlichkeitsgründen nach möglichst hohem Wirkungsgrad strebt, sind die Wirkungsgrade von Einrichtungen der Informationstechnik sehr gering (und spielen durchweg keine Rolle).

Beispiel: Mobilfunk: Hohe Sendeleistungen (einige 10 W) am Sendeort (Antenne), geringe Antennenleistungen (Bereich µW) am Empfangsort.

Beispiel: Der Wirkungsgrad einer Autobatterie wurde mit 70% angegeben (U = 12 V, Kapazität Q = 44 Ah). Für die Ladung wird die Energie $W = U\,Q/\eta = (12\,\text{V} \cdot 44\,\text{Ah})/0{,}7 = 755\,\text{Wh}$ benötigt. Umgekehrt könnte durch diese Batterie eine Glühlampe (12 V, 5 W, Leselampe) 155 h betrieben werden (Leistung über die gesamte Zeit als konstant angenommen).

PC a) Entwerfen Sie mit Multisim einen einfachen Stromkreis bestehend aus Gleichspannungsquelle (U = 10V), 2…3 Widerständen R (etwa 1 kΩ) mit einem Verzweigungsknoten und messen Sie alle auftretenden Ströme und Spannungen. Überprüfen Sie dann den Leistungssatz Gl. (1.3.3).

b) Überprüfen Sie den Leistungssatz Gl. (1.3.3) mit den Multisim-Beispielen 1/2 und 1/3.

c) Arbeiten Sie anschließend die Multisim-Beispiele 2/3d und 2/3e durch.

Aufgaben 1.3.1, 1.3.2.

Lernorientierungen zu Abschnitt 1

Abschnitt 1.2.1

- Ladung: spezifische Grundgröße der Elektrotechnik. Materieeigenschaft. Ladung tritt nur gequantelt auf. Kleinste Einheit: Elementarladungen $q = 1{,}6 \cdot 10^{-19}$ As. Es gibt positive und negative Ladungen. Ladungseinheit 1 Q = 1 As. Elektronen negative Ladung $e = -q$.
- Elektrische Ladungen üben gegenseitig Kraftwirkungen aus (gleichnamige abstoßend, ungleichnamige anziehend).
- Ladungsträger sind in Metallen Elektronen, in Halbleitern Elektronen und Defektelektronen („Löcher"), in Elektrolyten Ionen (positiv oder negativ). Ion: elektrisch geladenes Atom.
- Für Ladungen gilt der Erhaltungssatz (Q = const.).
- Ladungen können transportiert (Stromfluss) und gespeichert werden (Erzeugung eines elektrischen Feldes).

16) Der Wirkungsgrad kann auch für die Energie angegeben werden.

Abschnitt 1.2.2

- Elektrisches Feld: energieerfüllter Raum mit der Eigenschaft, eine Kraftwirkung auf eine (ruhende) Ladung auszuüben, Definition: $E = F/Q$,
- elektrisches Feld entsteht durch Ladungstrennung (felderzeugender Charakter der Ladung), Veranschaulichung des elektrischen Feldes durch Feldlinien (von positiver Ladung ausgehend, auf negativen endend),
- Potenzial $f = W_{pot}/Q$: (skalare) Zustandsgröße des elektrischen Feldes (ebenso wie E eine vektorielle Zustandsgröße dieses Feldes ist). Feldgröße eines Raumpunktes. Zusammenhang Feldstärke – Potenzial s. Gl. (1.2.8),
- elektrische Spannung u: beschreibt Änderung der potenziellen (elektrischen) Energie einer Ladung $+Q$ bei Bewegung zwischen zwei Punkten (Spannung = Potenzialdifferenz zwischen diesen Punkten),
- Spannung: 2 Formen: Quellenspannung (Generator) = Erhöhung der potenziellen Energie der Ladung bezogen auf Q,
- Spannungsabfall (Verbraucher) = Abnahme der potenziellen Energie der Ladung bezogen auf Q,
- Maschensatz: Algebraische Summe aller Spannungen in einer Masche verschwindet: $\Sigma_\nu u_\nu = 0$ (2. Kirchhoffscher Satz).

Abschnitt 1.2.3

- Elektrische Stromstärke i: geordnete Ladungsträgerbewegung durch eine Antriebsursache (z.B. elektrisches Feld), Definition: $i = \mathrm{d}Q/\mathrm{d}t$ (Ladungsänderung pro Zeit),
- Stromrichtung: Bewegungsrichtung positiver Ladungsträger (im elektrischen Feld in Feldstärke- oder Spannungsrichtung von „+“ nach „–“),
- Durch Strom transportierte Ladungsmenge $Q = \int_{t_1}^{t_2} i(t)\,\mathrm{d}t + Q(t_1)$ abhängig von der Anfangsladung $Q(t_1)$. Nach der Zeitfunktion unterscheidet man z.B. Gleich-, Wechsel-, Impulsstrom (Skizze),
- Knotensatz: Algebraische Summe aller Ströme, die in einem Knoten verschwindet: $\Sigma_\mu i_\mu = 0$. (1. Kirchhoffscher Satz),
- Stromdichte $S = \mathrm{d}I/\mathrm{d}A$ Gl. (1.2.14) resp. (1.2.16). Größe, die den Strom pro Querschnitt beschreibt. An Leitungsverdünnungen besonders hoch.

Abschnitt 1.3

- Elektrische Arbeit $W = \int_{t_1}^{t_2} u\,i\,\mathrm{d}t$. Vorgang der Energieumwandlung, Einheit: 1 Ws,
- Elektrische Leistung $p = \mathrm{d}W/\mathrm{d}t$ (Energieumwandlungsgeschwindigkeit),
- Im Grundstromkreis wandelt die Quelle (Batterie) nichtelektrische Energie in elektrische um, der Stromkreis überträgt sie zum Verbraucher, dort erneut Umwandlung in nichtelektrische Energie (z.B. mechanische Arbeit, Wärme o.a.),
- Energie kann in unterschiedlichen Formen auftreten.

Wiederholungsfragen zu Abschnitt 1

1. Wie lauten die Basiseinheiten?
2. Was ist das sichere Kennzeichen eines jeden Stromes?
3. Stoßen sich Elektronen gegenseitig ab oder ziehen sie sich an?
4. Welche Ladungsträger treten beim Stromfluss im Metall auf?
5. Warum können Elektronen ein Metall nicht ohne weiteres verlassen?
6. Wie lautet der Zusammenhang zwischen Strom und Stromdichte, Stromdichte und Ladungsträgergeschwindigkeit?
7. Wie lautet der Satz von der Ladungserhaltung, wie der Knotensatz? Was ist ein Stromknoten? (Beispiele).
8. Ist die elektrische Stromstärke ein Skalar oder oder Vektor? Erklären Sie in diesem Zusammenhang die Stromrichtung! Was ist ein Gleichstrom?

9. Wie lautet die Definition der Feldstärke, des Potenzials und der Spannung? Wie lauten die Zusammenhänge der Größen?
10. Können sich elektrische Feldlinien kreuzen? Wie drückt sich die Intensität der Feldstärke im Feldlinienbild aus?
11. An einem Plattensystem (Isolator als Zwischenraum) liege eine Gleichspannung u. Skizzieren Sie den Verlauf der Feldstärke und des Potenzials! Wie lautet die Definition der Spannung 1V?
12. Wie lauten die Kirchhoffschen Gesetze? (Anwendungsbeispiele).
13. Jemand gibt die Spannung einer Batterie mit Nm/As an. Hat er recht?
14. Skizzieren Sie einen Stromkreis (Batterie, Glühlämpchen, Schalter)?
15. Was lässt sich über die Stromstärke an verschiedenen Stellen eines unverzweigten (verzweigten) Stromkreises sagen?
16. Wie schnell bewegen sich Elektronen im stromdurchflossenen Draht?
17. Ist die Spannung ein Vektor oder Skalar, wodurch liegt der konventionelle Richtungssinn der Spannung fest?
18. Wie unterscheiden sich Spannung und Potenzial?
19. Wie lautet der Zusammenhang zwischen der Kraft auf eine Ladung und der elektrischen Feldstärke. Wie sind $\boldsymbol{E}$ und $\boldsymbol{F}$ bei positiver (negativer) Ladung zugeordnet?
20. Wie verlaufen Feldstärke und Potenzial über der Länge eines linienhaften Leiters?
21. In welcher Beziehung stehen die Spannung und Feldstärke im linienhaften Leiter?
22. Die Bewegungsgeschwindigkeit der Elektronen im Leiter ist außerordentlich klein (Richtwert?). Wieso fließt dann durch einen Verbraucher im Stromkreis sofort nach dem Einschalten ein Strom? Wie lautet der Satz von der Ladungserhaltung, wie der Knotensatz? (Zusammenhang?) Beispiele!
23. Welche Richtung hat die Trägerbewegung in Erzeugern und Verbrauchern elektrischer Energie?
24. Für welche Größen sind Richtungspfeile erforderlich? Welche Begründung gibt es dafür?
25. Welcher Zusammenhang besteht zwischen der Bezugspfeilrichtung und dem Vorzeichen einer skalaren physikalischen Größe? Was bedeuten in diesem Rahmen $i = +3\,\text{A}$, $i = -5\text{A}$, $u_{\text{AB}} = -10\,\text{V}$?
26. Was versteht man unter einem Erzeuger-, einem Verbraucherzählpfeilsystem? In welcher Beziehung steht die Leistung dazu?

2 Einfache Stromkreise, Bau- und Netzwerkelemente

Lernziele. Nach Durcharbeit des Abschnittes beherrscht der Leser:

- die Modellierung technischer Schaltungen durch Netzwerke mit Netzwerkelementen
- Anwendung der Kirchhoffschen Gleichungen zur Analyse einfacher Netzwerke
- die *u-i*-Beziehungen der wichtigsten Netzwerkelemente: ideale Strom-Spannungsquelle, Widerstand, Kondensator, Spule, gesteuerte Quellen
- die physikalischen Ursachen für die *u-i*-Beziehungen der Netzwerkelemente
- die Stetigkeitsbedingungen der Energiespeicherelemente und ihre Ursache
- Eigenschaften der technischen Bauelemente Widerstand, Kondensator, Spule.

Modellierung elektrischer Stromkreise. Im Abschnitt 1 wurden die wichtigsten Grundbegriffe der Elektrotechnik, nämlich Strom, Spannung und Leistung kennengelernt, aber auch gesehen, dass es noch das elektrische Feld und die magnetische Wirkung des Stromes gibt. Auch Stromkreis und Energietransport wurden behandelt.

Im nächsten Schritt wollen wir das Grundmodell des elektrischen Energietransportes mit den sog. *Bau-* oder *Schaltelementen* nachbauen: einer Taschenlampenbatterie, einem Schalter S, einem Widerstand R, einer Drahtspule, die wir lax Induktivität (L) nennen, einem Kondensator C, der gerade noch vorhanden war sowie einer roten Leuchtdiode (LED, vgl. Bild 1.2.10), die bei Stromdurchfluss leuchtet. Alles sind *Zweipolelemente.* Nach einigem Probieren sei es gelungen, einen Stromkreis nach Bild 2.0.1 so aufzubauen, dass die Leuchtdiode bei Schließen des Schalters S langsam zu leuchten beginnt. Bei Abschalten verlischt die Diode nicht sofort, sondern erst allmählich. Entfernt man C und schließt L kurz, so erfolgt das Leuchten beim Einschalten unmittelbar. Bleibt der Schalter eine Weile geschlossen, so kann man C und L – wie beschrieben – ohne Mühe außer Betrieb

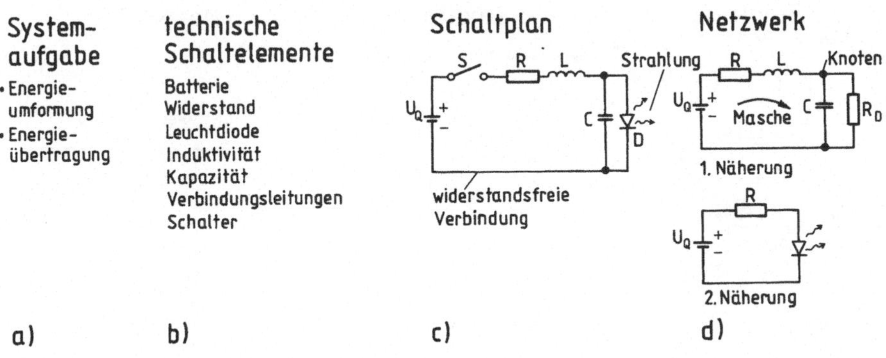

Bild 2.0.1 Systemaufgabe gelöst durch eine Schaltung
a) Systemaufgabe, b) technische Schaltelemente als Bestandteile einer Schaltung,
c) Schaltplan, d) Netzwerkdarstellung mit linearen und nichtlinearen Netzwerkelementen

setzen, die Strahlung der Diode ändert sich nicht. Offenbar haben C und L etwas mit dem Einschalt-/Ausschaltvorgang zu tun.

Die so aufgebaute Anordnung hat mehrere Merkmale: Sie

- erfüllt eine (primitive) *Systemaufgabe*: Umformung der elektrochemischen Energie der Batterie über einen Stromkreis in Lichtenergie (Bild 2.0.1a),
- besteht aus einzelnen *Bauelementen*, die zu einer *Schaltung* mit Stromknoten und Maschen zusammengefügt sind (Bild 2.0.1b, d),
- lässt sich verkürzt durch einen *Schaltplan* erfassen, wenn man den Bauelementen bestimmte *Schaltzeichen zuordnet* (Bild 2.0.1c).

Das Typische dieses offenbar nicht ganz durchsichtigen Verhaltens erkennen wir durch *Modellierung* der Anordnung. Dabei wird jedem Bauelement ein *Modell-* oder *Netzwerkelement* zugeordnet. Es drückt das charakteristische Verhalten des betreffenden Zweipolelementes aus, frei von „Sekundäreffekten" (z.B. der Tatsache, dass eine Spule einen Leitungswiderstand hat). So geht die Schaltung in eine Zusammenschaltung von Netzwerkelementen, kurz ein elektrisches Netzwerk, über.

Netzwerk: Verbindung von Netzwerkelementen auf geschlossenen Wegen (Maschen).

Ein Netzwerk ist ein modellhafte (mathematische) Abbildung einer Schaltung. Seine Ströme und Spannungen werden bestimmt durch die Strom-Spannungsbeziehungen (Klemmenbeziehungen) seiner *Netzwerkelemente* und die Art ihrer Zusammenschaltung, der sog. *Topologie* oder *Netzwerkstruktur*. Dabei gelten die *Kirchhoffschen Sätze*: *Knoten- und Maschensatz* (Gl. (1.2.10), 1.2.19)) zu jedem Zeitpunkt.

Die Berechnung der Ströme und Spannungen heißt *Netzwerkanalyse*.

Technisch werden die Bauelemente (z.B. Spannungsquelle [Batterie], Widerstand, Kondensator, Dioden, Transistoren u.a.) einer Schaltung durch *Leitungen* verbunden. Das können Drähte, Verbindungen auf einer Leiterplatte oder einer integrierten Schaltung sein.

Zur einfachen Darstellung der Bauelemente dienen *Schaltzeichen*, ebenso für die Netzwerkelemente (die oft übereinstimmen). Leitungsverbindungen werden als *ideale* oder

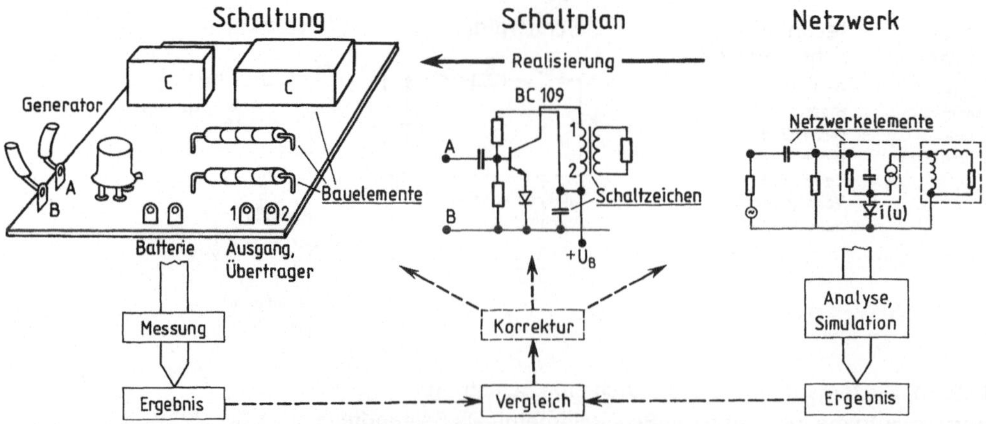

Bild 2.0.2 Vorgänge bei Realisierung einer elektrischen Schaltung

widerstandslose Verbindungen angesehen. Der Widerstand einer realen Leitung wäre durch ein Widerstandssymbol zu modellieren.

Zwischen *Schaltung und Netzwerk besteht ein grundsätzlicher Unterschied*: In der Schaltung sind Ströme und Spannungen an beliebigen Stellen *messbar* (Bild 2.0.2). Im zugehörigen Netzwerk können die entsprechenden Größen nur *berechnet* werden. *Deshalb hat die Netzwerkanalyse fundamentale Bedeutung für die Elektrotechnik/ Elektronik.*

Grundlagen der Netzwerkanalyse sind:

- möglichst wirklichkeitsnahe **Bauelementemodelle** ausgedrückt durch **Netzwerkelemente**
- **geeignete Analysemethoden**, die alle auf Anwendung der Kirchhoffschen Gleichungen sowie
- den **Klemmenbeziehungen** der Netzwerkelemente beruhen.

Die Netzwerkanalyse erfolgt je nach Komplexität und Problemstellung entweder von Hand, mit dem Taschenrechner oder besser am PC unter Nutzung von Programmen wie z.B. MATLAB, Multisim 2001/Electronics Workbench, PSPICE/SPICE, oft auch mit Spreadsheet-Programmen wie z.B. Microsoft EXCEL u.a.m. Dabei sind die Programme meist für spezifische Aufgabenfelder konzipiert.

Der Vergleich der Ergebnisse mit der Messung gibt Aufschluss über die Qualität der Netzwerkmodelle. Zu große Abweichungen erfordern Modellverbesserungen. So können „Modellfamilien" entstehen (was bei Halbleiterbauelementen sehr ausgeprägt ist), deren Schaltungsformen als „Ersatzschaltungen" bezeichnet werden. Beispielsweise besteht eine einfache Batterieersatzschaltung aus einer „idealen Spannungsquelle" (s.u.) mit reihengeschaltetem Widerstand.

Im Netzwerk Bild 2.0.1 wurde als erste Näherung die Diode D durch einen (linearen) Widerstand R_D ersetzt, sicher keine gute Modellierung. Eine bessere Näherung wäre ein Diodenmodell mit nichtlinearem Strom-Spannungsverhalten. Das erschwert die Analyse erheblich. Deshalb ist zwischen Modellierungsgenauigkeit und Analyseaufwand abzuwägen. Gerade hier leisten Rechnerprogramme Erstaunliches. Mit Multisim 2001 und PSPICE kann die Netzwerkanalyse nach Eingabe der Schaltungsstruktur und Wahl der Netzwerkmodelle praktisch automatisch ablaufen, der Vorgang wird auch als *Schaltungssimulation* bezeichnet.

PC Realisieren Sie die Schaltung Bild 2.0.1 mit Multisim ($U = 3$ V, $R = 1\ \Omega$, $L = 100$ H, $C = 1$ F) und beobachten Sie die Kondensatorspannung mit dem Oszilloskop. Tauschen Sie anschließend die virtuellen Bauelemente (Netzwerkelemente) gegen reale aus.

Grundelemente. Der folgende Abschnitt erläutert die Strom-Spannungsbeziehungen der wichtigsten Netzwerkelemente. Das sind

- die **Quellen**, besser als **Strom- oder Spannungsquellen** bezeichnet,
- die **Netzwerkgrundelemente** Widerstand R, Kondensator C und Spule L.

Wenn auch vorerst das Gleichstromverhalten interessiert und Kondensator und Induktivität nach Bild 2.0.1 offensichtlich erst bei *zeitveränderlichen Strömen/Spannungen* wirksam werden, wollen wir sie schon einführen.

Außer den Zweipolbauelementen des Bildes 2.0.1 gibt es noch viele Bauelemente mit mehr als $n = 2$ Polen, z.B. *Transistoren* ($n = 3$), *Optokoppler* ($n = 4$), *Operationsverstärker* ($n > 5$)

und überhaupt *integrierte Schaltungen* mit $n \gg 1$ (z.B. bis n = einige Hundert für Mikroprozessoren). Solche *Mehrpole*, zu denen auch die *Doppelleitung*, der *Transformator*, das *Potentiometer* u.a. gehören, sind deshalb bedeutsam, weil sie zwischen „Quelle“ und „Verbraucher“ geschaltet sind, also „im Übertragungsweg“ liegen.

2.1 Unabhängige Spannungs- und Stromquellen

Eine *unabhängige* Quelle ist ein *Zweipol* als *Wandlungsort nichtelektrischer in elektrische Energie.*

Je nach dem Klemmenverhalten gibt es *Spannungs-* oder *Stromquellen* (z.B. Batterie, Solarzelle, Gleichstromgenerator). *Unabhängig* bedeutet dabei, dass die erzeugte Quellengröße nicht durch andere Netzwerkgrößen bestimmt wird (s.u.).
Ideal heißt eine Quelle, wenn ihre Klemmengröße nicht vom durchfließenden Strom bzw. der anliegenden Spannung abhängt.

Unabhängige ideale Spannungsquelle. Ein Zweipol mit einer Klemmenspannung, der sog. *Quellenspannung*

$$u(t) = u_q(t) = u_{AB}(t) \tag{2.1.1}$$

die nicht vom durchfließenden Strom (oder einem anderen im Netzwerk) abhängt, heißt *unabhängige ideale Spannungsquelle*, im Sprachgebrauch einfach *ideale Spannungsquelle.* Ist u_q zeitkonstant, so liegt eine ideale Gleichspannungsquelle (auch Konstantspannungsquelle) vor (sonst z.B. eine ideale Wechselspannungsquelle).

Bild 2.1.1 zeigt das *Strom-Spannungsverhalten* und typische Schaltzeichen. Für die Zuordnung von *u*- und *i*-Zählpfeilen wird üblicherweise das *Erzeugerpfeilsystem* (Bild 1.3.2) verwendet.

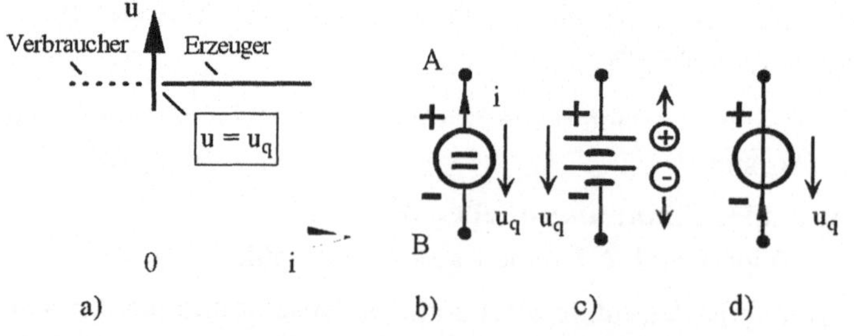

Bild 2.1.2
Unabhängige ideale Spannungsquelle
a) Strom-Spannungskennlinie (Erzeugerzählpfeilrichtung)
b) Schaltzeichen allgemein, Gleichspannungsquelle
c) Batterieschaltzeichen
d) Darstellung nach DIN

Der Vorteil dieser Ersatzschaltung ist, dass bei Kenntnis der Quellenspannung u_q auf Detailkenntnis innerer Vorgänge (Umwandlungsvorgang, physikalisches Prinzip) verzichtet werden kann.

Zusammenschaltung idealer Spannungsquellen. Ideale Spannungsquellen dürfen

- *reihengeschaltet* und durch eine ideale Ersatzquelle

$$u_{\mathrm{q}} = \sum_{\nu=1}^{n} u_{\mathrm{q}\nu} \tag{2.1.2}$$

ersetzt werden, die sich nach dem Maschensatz aus den Einzelquellen ergibt (Bild 2.1.2a),
- *parallelgeschaltet* werden bei gleichen Quellenspannungen (Bild 2.1.2b), sonst Verletzung des Maschensatzes, damit unzulässig!
- Technische Spannungsquellen (mit Innenwiderstand) erlauben dagegen Parallelschaltungen, doch ist davon abzuraten, weil dauernd ein Strom fließt (s. Abschn. 3.1.1, Bild 3.1.5).

Technische Spannungsquelle. Ideale Spannungsquellen lassen sich technisch nicht realisieren. So haben die verbreiteten Konstantspannungsgeräte zwar eine einstellbare Konstantspannung, die aber bei Strombelastung – je nach Gerätegüte – um einige % bis ‰ absinkt. Ein Reihenwiderstand zur idealen Spannungsquelle modelliert diese Eigenschaften fürs erste.

Beispiele technischer Spannungsquellen sind:

- Batterien oder Primärelemente, (1,5 V-Batterie oder Reihenschaltungen), Akku's oder Sekundärelemente (2 V-Akkumulatorzellen, Autobatterie 6×2 V = 12 V, NiMH-, NiCd-, Li-Ionen-Akku),
- Gleichspannungsquellen, z.B. Batterieladegerät 6...24 V, Konstantspannungsgerät ein stellbar (0...300 V) u.a.,
- Wechselspannungsquelle (Steckdose: $u(t) = \hat{u} \sin \omega t$, $\omega = 2\pi f$, $f = 50$ Hz, $\hat{u} = \sqrt{2}\, 220$ V),
- Funktionsgeneratoren für typische Spannungsformen (Impulse, Dreieck, Sägezahn) variabler Höhe und Frequenz ($u_{\mathrm{q}}(t) \le 10$ V),
- Taktgeneratoren in Schaltkreisen (Spannungen im Voltbereich, Taktfrequenz bis 2 GHz, z.B. in Rechnerschaltkreisen),
- Generatoren der Energietechnik mit Spannungen im kV-Bereich, Solargeneratoren, Fahrraddynamo u.v.a.m.

Im Programm Multisim 2001/EWB beispielsweise stehen verschiedene Spannungs- und Stromquellen (DC, AC, stückweise linear einstellbar, Exponential-, Impuls- u.a.) zur Verfügung.

Unabhängige ideale Stromquelle. Ein Zweipol mit einem Klemmenstrom, dem sog. Quellenstrom

$$i\,(t) = i_{\mathrm{q}}\,(t) \tag{2.1.3}$$

unabhängig von der anliegenden Spannung (oder der eines anderen Netzwerkzweiges), heißt unabhängige ideale oder kurz ideale Stromquelle, auch Konstantstromquelle (sinngemäß ideale Gleichstromquelle, ideale Wechselstromquelle u.a.).

Die ideale Stromquelle verhält sich für $i_{\mathrm{q}} = 0$ wie der stromlose Zustand zwischen beiden Zweipolklemmen: Leitungsunterbrechung, unendlich hoher Widerstand.

Bild 2.1.3 zeigt das Strom-Spannungsverhalten für den zeitunabhängigen Fall $i_{\mathrm{q}} = I_{\mathrm{q}}$ im Erzeugerpfeilsystem.

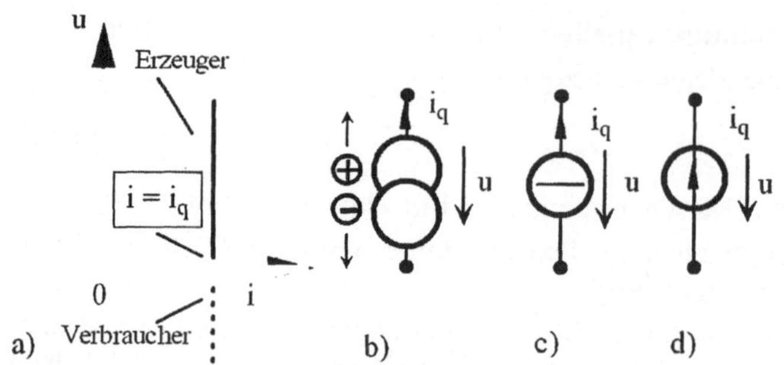

Bild 2.1.3
Unabhängige ideale Stromquelle
a) Strom-Spannungskennlinie (Erzeugerzählpfeilrichtung)
b) Schaltzeichen, allgemein
c) Schaltzeichen nach DIN
d) seltener benutzte Form

Merke: Unterbrechung des Stromes einer idealen Stromquelle (z.B. durch Schalter im Stromkreis) ist *unzulässig*, da im Widerspruch zum Knotensatz stehend. Der Schalter muss vielmehr als Umschalter ausgelegt werden, so dass immer ein Stromkreis geschlossen ist.

Zusammenschaltung idealer Stromquellen. Ideale Stromquellen dürfen

- *parallelgeschaltet* werden, wobei sich der Gesamtstrom der Ersatzquelle i_q nach dem Knotensatz ergibt (Bild 2.1.4a)

$$i_q = \sum_{\nu=1}^{m} i_{q\nu} \tag{2.1.4}$$

- *reihengeschaltet* werden, wenn sie gleiche (Richtung, Wert) Quellenströme haben (sonst) Widerspruch zum Knotensatz, Bild 2.1.4b).
- Bei der Reihenschaltung *technischer Stromquellen* müssen die Innenwiderstände beachtet werden. (Schaltart nicht zweckmäßig, da ständig Energie umgesetzt wird).

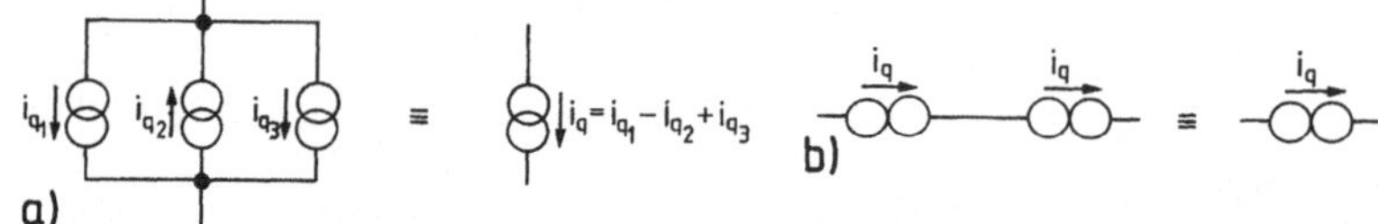

Bild 2.1.4
Zusammenschaltung idealer Stromquellen
a) Parallelschaltung
b) Reihenschaltung

Technische Stromquellen, die direkt aus physikalischen Prinzipien hervorgehen, sind in der Elektro- und Informationstechnik selten; zu nennen ist hier vielleicht die Solarzelle. Solche Stromquellen lassen sich gut durch die ideale Spannungsquelle mit großem Reihenwiderstand realisieren (z.B. Konstantspannungsgeräte im Strombegrenzungsmodus, auch mit einfachen Transistorschaltungen gelingt eine gute Stromquellennachbildung). In der Leistungselektronik sind technische Stromquellen sehr selten im Einsatz.

Abhängige ideale Quellen werden im Abschnitt 2.5.1 behandelt.

PC a) Schalten Sie mit Multisim zwei verschiedene Gleichspannungsquellen (u_{q1} = 10 V, u_{q2} = 5 V) in Reihe und anschließend parallel und messen Sie jeweils die Gesamtspannung. Ergebnis?

b) Wiederholen Sie das Experiment mit der Reihen-/Parallelschaltung unterschiedlicher Stromquellen.

c) Fügen Sie anschließend jeder Spannungsquelle einen Reihenwiderstand hinzu (R = 1 mΩ). Ergebnis?

d) Schalten Sie einer Spannungsquelle u_q = 10 V eine Stromquelle i_q =10 mA parallel (beide Polungen wählen). In welcher Richtung fließt jeweils der Strom, welche Quellenspannung stellt sich ein? Warum kann eine „Nullspannungsquelle“ in Multisim zur Strommessung dienen?

Aufgaben 2.1.1…2.1.3.

2.2 Widerstand, resistiver Zweipol

Widerstandsbegriff. Eine Grundeigenschaft, die mit dem Stromfluss durch Festkörper-, Flüssigkeit-, Gas- oder Vakuumgebiete verbunden ist, war die *Energieabgabe* der Träger an das Medium durch Wechselwirkung mit der Materie (→ Erwärmung): *der Leiter setzt dem Stromfluß einen Widerstand entgegen.* Fasst man ein stromdurchflossenes Gebilde (Bild 2.2.1a) mit kontaktierten „Endelektroden"(Potenziale φ_A, φ_B) als Zweipol mit der *Eigenschaft* „Widerstand" auf, so gilt für seine *u-i*-Beziehung zwischen den Klemmen:

$$R = \frac{u_{AB}}{i}, \quad [R] = \frac{[U]}{[I]} = \frac{V}{A} = \Omega \quad \text{(Ohm)} \tag{2.2.1a}$$

Widerstand, Definitionsgleichung (NWE-Beziehung).

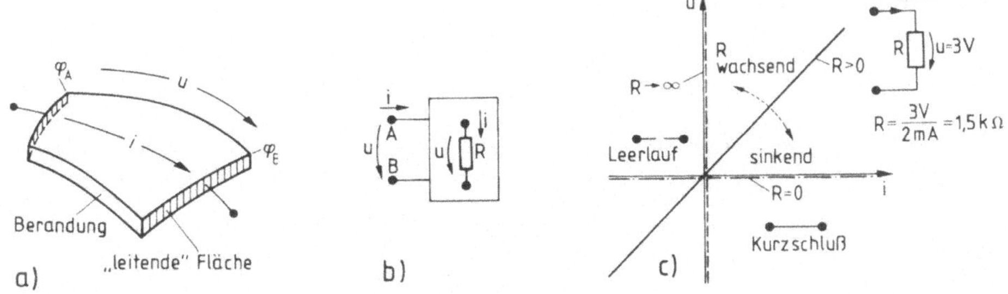

Bild 2.2.1 Widerstandsdefinition, linearer Widerstand
a) Strom durch ein leitendes räumliches Gebilde mit zwei leitenden Stirnflächen (sog. Potenzialflächen)
b) Gleichwertige Beschreibung durch einen passiven Zweipol (ohne Energiespeicherung) und Widerstandszuordnung, Verbraucherzählpfeilsystem
c) *u-i*-Kennlinie, Verbraucherzählpfeilrichtung, Schaltzeichen
d) Beispiel des Strom-Spannungszusammenhanges am linearen Widerstand

Der Reziprokwert des Ohmschen[1), 3)], Widerstandes *R* heißt *Leitwert* G[2), 4)]:

$$G = \frac{i}{u_{AB}} = \frac{1}{R}, \quad [G] = \frac{[I]}{[U]} = \frac{1}{\Omega} = S \quad \text{(Siemens)} \tag{2.2.1b}$$

Die Widerstandseigenschaft des stromdurchflossenen Gebildes (Geometrie-, Materialeinfluss) wird später durch das *Strömungsfeld* begründet und dort in Beziehung zur Feldstärke und Stromdichte gebracht (s. Abschn. 6.2.3). Dann finden wir für den Widerstandsbegriff auch eine allgemeine „Bemessungsgleichung".

1) Georg Simon Ohm, deutscher Physiker 1799–1854.
2) Werner von Siemens, deutscher Techniker und Erfinder 1816–1892.
3) Ohmscher Widerstand, weil der Widerstandsbegriff in der Wechselstromtechnik erweitert wird.
4) Im englischen Sprachraum mho (Ohm rückwärts). Dann bedeutet 1 mS = 1 mmho.

Die Widerstandsdefinition Gl. (2.2.1) geht davon aus, dass

- die Anordnung im Inneren keine Strom- und Spannungsquellen besitzt (also die *u*-*i*-Beziehung durch den Nullpunkt geht) und
- keine elektrische oder magnetische Feldenergie gespeichert ist. (Diese Forderung wird bei den Energiespeicherelementen *C* und *L* deutlich werden).

In diesem (technisch durchweg erfüllten) Fall sprechen wir auch von einem *resistiven Zweipol*. Er stellt zugleich das Netzwerkelement (NWE) „*Widerstand*“ dar mit der Strom-Spannungsbeziehung nach Gl. (2.2.1).

Die Widerstandsdefinition Gl. (2.2.1a) beschreibt den Zusammenhang zwischen Strom als Ursache und der Spannung als Wirkung:

$$\begin{array}{ccccc} u & = & R_{AB} & \cdot & i\,. \\ \text{Wirkung} & = & \text{Bedingung} & \cdot & \text{Ursache} \end{array} \qquad (2.2.1c)$$

Die Rollen von Ursache und Wirkung können vertauscht sein (s. Gl. (2.2.1b)).

Die Wirkung ergibt sich erst dann, wenn neben der Ursache auch eine Bedingung in Form eines räumlich leitenden Gebildes vorhanden ist (Analoge Ursache-Wirkungs-Zusammenhänge gelten auch in anderen Bauelementen, z.B. Kondensator, Spule u.a.m.).

Die in Gl. (2.2.1a) auftretende Einheit 1 Ω wurde lange Zeit über einen bestimmten Leiter (Material, Abmessung) bei bestimmter Temperatur definiert. Durch den von K. von Klitzing entdeckten Quanten-Hall-Effekt lässt sich das Ohm heute durch Naturkonstanten definieren: $h/q^2 = 25812{,}8\ \Omega$ (Plancksches Wirkungsquantum, $h = 6{,}6260 \cdot 10^{-34}$ s, q Elementarladung).

2.2.1 Linearer Widerstand. Ohmsches Gesetz

Ein resistiver Zweipol heißt *linearer* oder *ohmscher* Widerstand, wenn das *Ohmsche Gesetz*

$$R = u/i = \text{const.} \qquad (2.2.2)$$

gilt. Das trifft für Stoffe wie Metalle, Halbleiter (homogen dotiert) und z.T. Flüssigkeiten (bei konstanter Temperatur) zu (Bild 2.2.2a, Schaltzeichen). Linear heißt, dass *R* z.B. nicht von der Spannung abhängt, also *u* und *i* einander proportional sind.

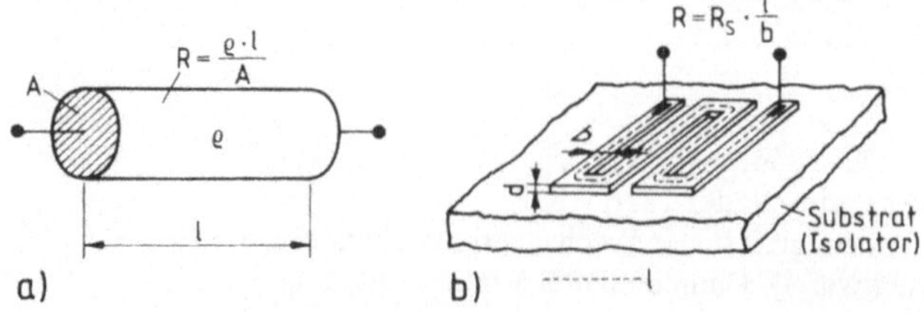

Bild 2.2.2 Widerstandsbemessungsgleichung
a) linienhafter Leiter (homogenes Strömungsfeld)
b) mäanderförmiger Schichtwiderstand auf isolierendem Träger (Substrat). Die Länge *l* ergibt sich aus der mittleren Länge der Strombahnen

Grenzfälle der Kennlinie $u = i \cdot R$ sind:

- der *Kurzschluss* $R = 0$ ($u = 0$): bei beliebigem Stromfluss wirkt der „Widerstand" wie ein Leiter ohne Spannungsabfall (idealer Leiter),
- der *Leerlauf* $R \to \infty$ ($i = 0$): bei beliebiger Spannung fließt kein Strom (idealer Isolator).

Physikalisch ist der Widerstand Umsatzort zugeführter elektrischer Energie in Wärme (irreversibel): Widerstand als „Verbraucher" elektrischer Energie. Bei Verbraucherzählpfeilrichtung (Bild 1.3.2) gilt deshalb für die umgesetzte elektrische (Verlust)-Leistung p:

$$p = u \cdot i = i^2 R = u^2/R > 0\,. \qquad (2.2.3)$$

Deshalb gilt der Widerstand als das *passive Bauelement* schlechthin.

Man beachte: Der Widerstandsbegriff wird (leider) im doppelten Sinn verwendet:

- für das Bau- und Netzwerkelement „Widerstand" als *Objekt* (engl. resistor). Mehrere Bauelemente „Widerstand" unterscheiden sich z.B. durch die Bauform,
- für die *Eigenschaft* „Widerstand" des Objektes (engl. resistance), also das u-i-Verhalten: linearer, nichtlinearer, zeitabhängiger Widerstand u.a.

Bemessungsgleichung. Der Zusammenhang zwischen der Größe eines Widerstandes, seinem Material und der Geometrie des Strömungsfeldes heißt Bemessungsgleichung. Für das homogene Strömungsfeld, wie es im linienhaften Leiter (Draht) vorliegt, gilt (Bild 2.2.2a):

$$\text{Bemessungsgleichung} \quad R = \rho \cdot l/A\,. \qquad (2.2.4)$$

Der Reziprokwert des spezifischen Widerstandes ρ ist die spezifische Leitfähigkeit κ

$\kappa = 1/\text{r}$, $[\kappa] = \text{Sm/mm}^2$, $[\rho] = \Omega\text{mm}^2/\text{m} = \Omega\text{cm}$.

Merke: Der Widerstand R eines linienhaften Leiters ist proportional der Länge l, dem spezifischen Widerstand ρ und umgekehrt proportional dem Querschnitt A.

Metalle haben sehr hohe spezifische Leitfähigkeit (Silber und Gold am höchsten, aus Preisgründen nur als Kontaktwerkstoff und zur Oberflächenveredlung eingesetzt). Standardwerkstoffe der Elektrotechnik sind Kupfer- und Aluminiumleiter (Tafel 2.2.1).

Tafel 2.2.1 Eigenschaften einiger Leitermaterialien

Werkstoff	spezifischer Widerstand ρ in $\Omega\text{mm}^2/\text{m}$	Leitfähigkeit κ in Sm/mm^2	TK von R	
			α in 1/K	β in $1/\text{K}^2$
Aluminium	0,027	35,5	$4{,}3 \cdot 10^{-3}$	$1{,}3 \cdot 10^{-6}$
Eisen	0,13	7,5	$6{,}5 \cdot 10^{-3}$	$6{,}0 \cdot 10^{-6}$
Gold	0,022	45	$3{,}8 \cdot 10^{-3}$	$0{,}5 \cdot 10^{-6}$
Kupfer	0,0178	56	$4{,}1 \cdot 10^{-3}$	$0{,}5 \cdot 10^{-6}$
Silber	0,016	62	$3{,}7 \cdot 10^{-3}$	$0{,}7 \cdot 10^{-6}$

Der *Flächenwiderstand* wurde als besonders zweckmäßige Form des Widerstandsbegriffes für flächenhafte Widerstandsschichten konstanter Dicke d eingeführt, wie sie verbreitet in

Halbleiterschaltkreisen auftreten und dort sogar eine wichtige Entwurfsgröße sind, nämlich nach Bild 2.2.2b:

$$R = \frac{\rho(d) \cdot l}{d \cdot b} = R_S \frac{l}{b} \quad \text{mit} \quad R_S = \frac{\rho(d)}{d}. \tag{2.2.5}$$

Der *Flächenwiderstand* R_S ist gleich dem Widerstand eines Quadrates ($l = b$). Sein Wert wird häufig in Ω/Fläche angegeben, obwohl seine Einheit Ω lautet! Er liegt für Schaltkreise typischerweise zwischen (10...500) Ω. Aus Platzgründen sind „integrierte Widerstände" mäanderförmig auf dem isolierenden Substrat angeordnet (Bild 2.2.2b). Der Widerstand hängt vom Schichtwiderstand R_S und dem l/b-Verhältnis als Geometrieparameter ab.

Da in Halbleiterschaltkreisen nur wenige Schichtwiderstände jeweils über die ganze Chipfläche verfügbar sind, läuft die Schaltungsbemessung dann auf eine „Geometrieeinstellung" hinaus. Sie ist ein wichtiger Schritt des Schaltungsentwurfsvorganges.

PC Realisieren Sie mit Multisim einen Widerstand $R = 10$ kΩ bei einer Bahnbreite $b = 1$ µm und messen Sie die in ihm verbrauchte Leistung, wenn eine Spannung von 1V anliegt. Wie lang müsste die Widerstandsbahn bei einer Bahnbreite von 1 cm sein?

Das Ohmsche Gesetz Gl. (2.2.2) wird später für Feldgrößen formuliert (→ Ohmsches Gesetz des Strömungsfeldes, Abschn. 6.2). Bei homogenem Feld ($S = I/A$, $E = U/l$) kann daraus direkt die Bemessungsgleichung (2.2.4) abgeleitet werden.

Bauformen. Das Bauelement Widerstand lässt sich in verschiedenen Bauformen ausführen. Sie äußern sich teilweise schon im grundsätzlichen Schaltzeichen (Bild 2.2.3). Aus Wirtschaftlichkeitsgründen werden nicht beliebige Widerstandswerte hergestellt, sondern nur solche nach genormten Zahlenbereichen, den sog. *IEC-Reihen* (E6, E12, E24, E48, höhere selten). Der E-Wert gibt die Zahl der Widerstandswerte an, die im Bereich 1...10 untergebracht werden können. Es gilt $En = 10^{m/n}$ (n = 6, 12 usw., m = 0, 1, 2...(n – 1)). Wird aus einer Reihe En jeder zweite Wert gestrichen, so ergibt sich die Reihe En/2. Aufeinanderfolgende Werte stehen stets im gleichen Verhältnis. *Beispiel*: E6: 1,0 1,5 2 ,2 3,3 4,7 6,8; E12: 1,0 1,2 1,5 1,8 2,2 2,7 3,3 3,9 4,7 5,6 6,8 8,2.

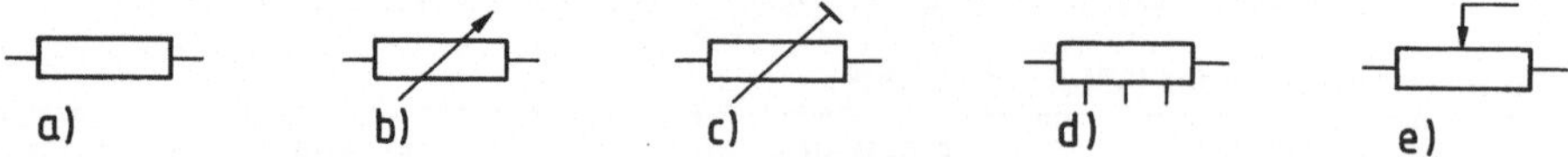

Bild 2.2.3 Schaltzeichen ohmscher Widerstände
a) allgemein, Festwiderstand, b) veränderbar (mit Drehknopf, z.B. Potentiometer), c) einstellbar (z.B. durch Schraubenzieher), d) mit Anzapfungen versehen, e) mit Schleifkontakt

Durch diese Einteilung ist jede Reihe voll überdeckend, d.h. jeder Widerstand fällt in eine Toleranzgruppe. So gehört zur Gruppe E6 die Toleranz +20%, zu E12 +10%, zu E24 +5% usw. Um beispielsweise einen Widerstand von 2,28 kΩ zu realisieren, wählt man entweder aus der Reihe E48 2,26 kΩ, der Reihe E24 2,4 kΩ oder der Reihe E12 2,2 kΩ. Genauere Widerstandswerte lassen sich durch Reihen- und Parallelschaltung unterschiedlicher Widerstände realisieren.

Als typische *Bauformen* sind verfügbar:

- *Schichtwiderstände* aus massiver Keramik oder einem Glaskörper mit wendelförmig aufgebrachter Metall- oder Kohleschicht. Metallschichtwiderstände sind sehr zuverlässig.
- *Drahtwiderstände* aus einem Keramikkörper mit Wicklung aus Widerstandsdraht. Sie eignen sich besonders für höhere Verlustleistungen (bis 25 W und mehr).
- *Widerstandsmodule* mit mehreren Widerständen auf einem Keramikträger (oder ein ganzes Schichtnetzwerk) in Dünnschicht- oder Dickschichttechnik.
- *Verstellbare Widerstände* mit mindestens drei Anschlüssen: Anfang und Ende der Widerstandsschicht sowie einem Schleifer. Sie dienen entweder als Spannungsteiler oder veränderbarer Widerstand und heißen *Potenziometer* (Drehknopf), *Trimmer* (zum Schaltungsabgleich, nur mit Schraubenzieher einstellbar) oder auch Widerstandsgeber. Dabei wird eine mechanische Größe (Weg, Drehwinkel) in einen proportionalen Widerstandswert umgesetzt.

Bei hohen Frequenzen treten am Bauelement Widerstand durchweg *Eigeninduktivität* und *-kapazität* auf (z.B. wichtig für extrem schnelle Schaltungen). Dann muss das reale Verhalten durch eine Ersatzschaltung nachgebildet werden, die neben R (Nutzfunktion) noch Kapazitäten und Induktivitäten als sog. *parasitäre Schaltelemente* enthält.

PC Versuchen Sie, mit Multisim die Kennlinie eines Widerstandes $R = 10\ \text{k}\Omega$ nach Bild 2.2.1 aufzunehmen, anschließend die einer Halbleiterdiode (Halten Sie sich im Zweifelsfalle an die Multisim-Beispiele 1/2 und 2/6).

Aufgaben 2.2.1, 2.2.2.

Zusammenschaltung von Widerständen. Da der Widerstandsbegriff Gl. (2.2.1) allgemein gilt, lassen sich mehrere *zusammengeschaltete* Einzelwiderstände immer durch einen *Ersatzwiderstand* (= *Ersatzzweipol*) ersetzen mit gleichem Klemmenverhalten wie die ursprüngliche Schaltung.

Die Grundtypen der Zusammenschaltung sind *Reihen-* und *Parallelschaltung.*

Reihenschaltung (*Serienschaltung*). Durch alle Widerstände fließt der gleiche Strom und folglich addieren sich die Teilspannungen (Bild 2.2.4a). Es gilt:

$$R = \frac{u}{i} = \sum_{\mu=1}^{n} u_\mu / i = \sum_{\mu=1}^{n} R_\mu = \frac{1}{G} = \sum_{\mu=1}^{n} \frac{1}{G_\mu} \qquad \text{Reihenschaltung}\,. \qquad (2.2.6)$$

Im unverzweigten Stromkreis (Reihenschaltung) ist der Gesamtwiderstand gleich der Summe der Teilwiderstände.

Anwendung findet die Reihenschaltung in der *Spannungsteilerregel*: Werden zwei Widerstände R_1 R_2 vom gleichen Strom durchflossen (Bild 2.2.4a), so gilt mit $u_1 = R_1 \cdot i$, $u_2 = R_2 \cdot i$ und $u = u_1 + u_2 = (R_1 + R_2) \cdot i$ (Maschengleichung) die Spannungsteilerregel:

$$\frac{u_2}{u_1} = \frac{R_2}{R_1}, \quad \text{auch} \quad \frac{u_2}{u_1 + u_2} = \frac{R_2}{R_1 + R_2} \qquad \text{Spannungsteilerregel}\,. \qquad (2.2.7)$$

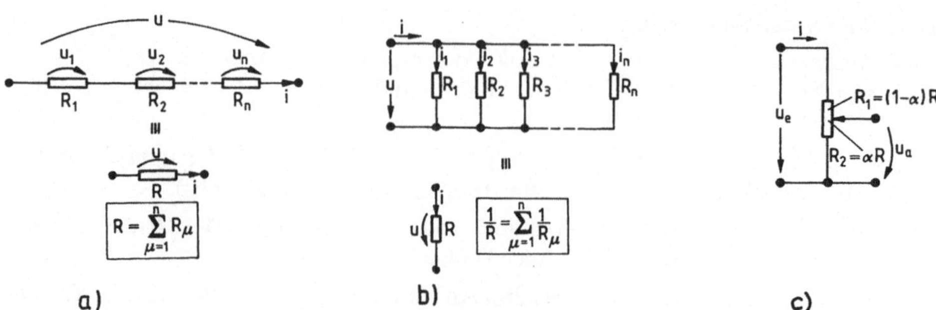

Bild 2.2.4 Zusammenschaltung von *n* Widerständen
a) Reihenschaltung, b) Parallelschaltung, c) Potenziometerprinzip

> Am (unbelasteten!) Spannungsteiler verhalten sich die Teilspannungen wie die Teilwiderstände resp. die Teilspannung zur Gesamtspannung wie der Teilwiderstand zum Gesamtwiderstand.

Wird der Spannungsteiler mit nur zwei Widerständen $R_1 = \alpha R$, $R_2 = (1 - \alpha) R$ als Potenziometer ausgebildet, wobei über einen Schleifkontakt der Widerstand αR ($0 \leq \alpha \leq 1$) abgreifbar ist (α sei ein Maß für einen Drehwinkel oder eine Wegstrecke), so gilt mit der Spannungsteilerregel (Bild 2.2.4c)

$$\frac{u_1}{u_1 + u_2} = \frac{\alpha \cdot R}{\alpha R + (1-\alpha)R} = \alpha$$

Die Ausgangsspannung steigt proportional zum Drehwinkel an. Oft legt man die Widerstandsschicht so aus, dass der Widerstand logarithmisch mit dem Drehwinkel wächst. Solche Potenziometer finden als Lautstärkeregler in Audioverstärkern Anwendung. Wegen der logarithmischen Hörcharakteristik des Ohres erscheint dann die Lautstärke bei gleichem Drehwinkel um den gleichen Betrag geändert.

Parallelschaltung (*Shuntschaltung*). An allen Widerständen liegt die gleiche Spannung, deshalb addieren sich die Teilströme zum Gesamtstrom (Bild 2.2.4b). Daraus folgt mit $i_\mu = G_\mu u_\mu$ für die Gesamtanordnung analog zu oben:

$$G = \sum_{\mu=1}^{n} G_\mu = \sum_{\mu=1}^{n} \frac{1}{R_\mu} = \frac{1}{R_1} + \frac{1}{R_2} + \cdots + \frac{1}{R_n} \quad \text{Parallelschaltung}. \quad (2.2.8)$$

> Im verzweigten Stromkreis (Parallelschaltung) ist der Gesamtleitwert gleich der Summe der Teilleitwerte oder der Ersatzwiderstand stets kleiner als der kleinste Teilwiderstand.

Beispielsweise beträgt der Ersatzwiderstand zweier parallell liegender Widerstände R_1, R_2 (dargestellt durch $R_1//R_2$) $R = \dfrac{R_1 R_2}{R_1 + R_2}$ $G = G_1 + G_2 = 1/R_1 + 1/R_2$, oder der von drei Widerständen

$$R = R_1 // R_2 // R_3 = \frac{R_1 R_2 R_3}{R_1 R_2 + R_2 R_3 + R_1 R_3}, \quad G = G_1 + G_2 + G_3 = \frac{1}{R_1} + \frac{1}{R_2} + \frac{1}{R_3}. \quad (2.2.9)$$

Der Vorteil der Leitwertschreibweise wird offenbar!

Hinweis. Komplexere Widerstandsnetzwerke sollten durch sinngemäße Anwendung obiger Regeln immer vereinfacht werden:

- reihen- oder parallell geschaltete Widerstände schrittweise zusammenfassen,
- bei Verwendung der abgekürzten Schreibweise sorgfältig auf die Klammerverwendung achten.

Stromteilerregel. In parallel geschalteten Widerständen verzweigt sich der Strom (Bild 2.2.4b). Im Falle linearer Widerstände gilt mit zwei Leitwerten $i_1 = G_1 \cdot u$, $i_2 = G_2 \cdot u$, $i = i_1 + i_2$ (Knotensatz) schließlich:

$$\frac{i_2}{i_1} = \frac{G_2}{G_1} = \frac{R_1}{R_2}; \quad \frac{i_2}{i} = \frac{G_2}{G_1 + G_2} = \frac{R_1}{R_1 + R_2} \quad \text{Stromteilerregel}. \tag{2.2.10}$$

Verzweigt ein Stromkreis zwischen zwei Knoten, so verhalten sich die Teilströme wie die zugehörigen Teilleitwerte.

Spannungs- und Stromteiler mit linearen und nichtlinearen Widerständen werden in der Elektrotechnik umfangreich eingesetzt, z.B. zur Erzeugung von Teilspannungen (fest oder regelbar), zur Messbereichserweiterung von Messinstrumenten, in Elektronikschaltungen, in AD-DA-Wandlern u.v.a.m. Bild 2.2.5 zeigt ein einfaches Digitalmultimeter zur Strom- und Spannungsmessung. Liegt am AD-Wandlereingang eine Spannung u_a, so stellt sich am Wandlerausgang ein Messwert im Binärcode ein, der nach Decodierung in der 7-Segment-Anzeige direkt angezeigt wird.

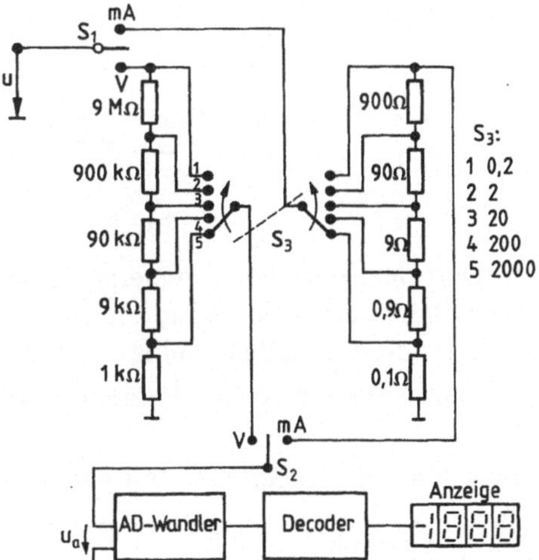

Bild 2.2.5 Vielfachmesser mit AD-Wandler zur Strom-Spannungsmessung

Soll eine Spannung gemessen werden, so befinden sich S_1, S_2 in Stellung „V" und damit u_a am linken Spannungsteiler ($R_{ges} = 10\ \text{M}\Omega$). Mit S_3 wird der Bereich ausgewählt (hier $10^{-4}\ u = u_a$). Ist dieser Wert $\geq 0{,}2$ V, so muss S_3 in die nächste Stellung umgeschaltet werden. Zum Strommessen liegen S_1, S_2 in Stellung „mA", und der rechte Teiler wirkt als

Widerstand (0,1…1000 Ω) im Stromkreis (hier 0,1 Ω), an dem der Spannungsabfall $R \cdot i \sim i$ gemessen wird.

PC a) Fügen Sie 5…6 verschiedene Widerstände in gemischter Reihen-Parallelschaltung zusammen, messen Sie den Ersatzwiderstand mit Multisim (*U*-*I*-Messung und Ohmmeter) und berechnen Sie den Wert anschließend.

b) Realisieren Sie mit Multisim eine Spannungsteilerschaltung im Teilerverhältnis 4:1 (Querwiderstand 100 kΩ), legen Sie eine Gleichspannung $u_q = 10$ V an und messen Sie die Teilspannung. Warum weicht das Ergebnis vom berechneten ab?

c) Arbeiten Sie die Multisim-Beispiele 2/2 und 2/3a,b zur Spannungs-/Stromteilung durch.

d) Realisieren Sie mit Multisim einen Spannungsteiler mit Potenziometer nach Bild 2.2.4 (Querwiderstand $R = 10$ kΩ) und messen Sie die Spannung über dem Drehwinkel. Arbeiten Sie anschließend die Beispiele Multisim 3/11 und MATLAB 2/1 durch.

Aufgaben 2.2.3…2.2.5.

2.2.2 Nichtlineare resistive Zweipole

Viele resistive Zweipole haben aufgrund physikalischer Gegebenheiten (Stromleitungsprinzip) einen *nichtlinearen* $u = f(i)$- bzw. $i = g(u)$-Zusammenhang (durch den Nullpunkt). Dann gilt das Ohmsche Gesetz Gl. (2.2.2) *nicht*, weil der Quotient $u/i = f(i)$ selbst z.B. vom Strom oder der Spannung abhängt und keine Konstante mehr ist. Beispielsweise hat im Bild 2.2.6a der Quotient u_A/i_A im Punkt A einen kleineren Wert als u_B/i_B im Punkt B.

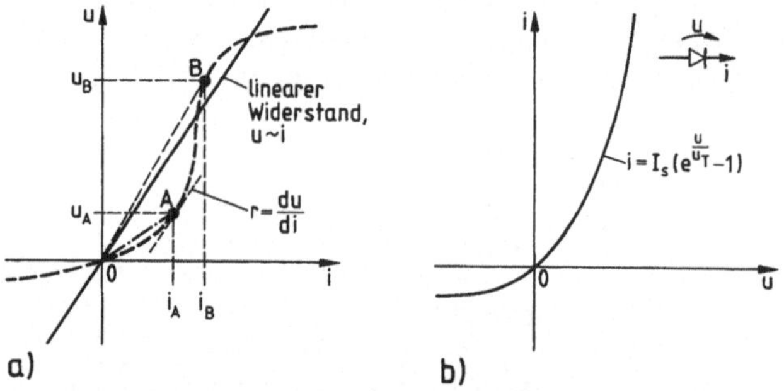

Bild 2.2.6
Kennlinien nichtlinearer passiver Zweipole
a) allgemeine nichtlineare Kennlinie
b) Kennlinie einer Halbleiterdiode

Die meisten elektronischen Bauelemente besitzen nichtlineare resistive Eigenschaften, wie etwa Halbleiterdioden, Transistoren, die Glimmlampe, stark temperaturabhängige Widerstände, Varistoren, ja selbst Glühlämpchen.

Die Fülle der nichtlinearen *u*-*i*-Beziehungen resistiver Zweipole lässt sich generell unterteilen in

Zweipole mit *eindeutiger u-i-* und *i-u*-Beziehung: zu einer Vorgabegröße (Ursache) gibt stets nur eine Wirkung. *Beispiele*: Halbleiterdiode (Bild 2.2.6b), Varistor, das Glühlämpchen (Bild 2.2.7a) u.a.m.

Zweipole mit *mehrdeutiger u-i-* oder *i-u*-Beziehung: zu einer Vorgabegröße gibt es bereichsweise *mehrere* Wirkungsgrößen. Man unterscheidet dabei:

- *Stromgesteuerte Zweipole* mit eindeutiger *u*-(*i*-), aber mehrdeutiger *i*-(*u*-)-Beziehung (Bild 2.2.7b,e) mit einem typischen S-förmigen *i*-*u*-Kennlinienverlauf.
  Beispiele: Glimmlampe, Thyristor und Leuchtstoffröhre.

- *Spannungsgesteuerte Zweipole* mit eindeutiger *i*-(*u*-), aber mehrdeutiger *u*-(*i*-)Beziehung, also typisch *N-förmigem i-u-Kennlinienverlauf.* Ein bekanntes Beispiel ist die Tunneldiode (Bild 2.2.7b,c).

  Erwähnt sei, dass mehrdeutige nichtlineare Zweipolkennlinien, z.B. durch Zusammenschalten von nichtlinearen Zweipolen mit eindeutiger *u-i-*(*i-u-*)-Beziehung und gesteuerten Quellen entstehen können. Dieses Prinzip findet in der Elektronik breite Anwendung (z.B. Oszillator).

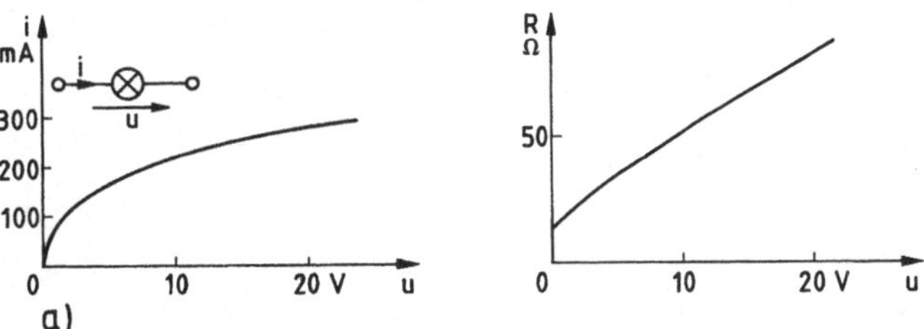

Bild 2.2.7 Kennlinien nichtlinearer Zweipole
a) Glühlämpchen, Kennlinie und Widerstand
b) Tunneldiode,
c) Glimmlampe

Generell gilt: Enthält ein (ansonsten lineares) Netzwerk wenigstens ein nichtlineares Netzwerkelement, so heißt es nichtlineares Netzwerk.

Die Beispiele zeigen, dass der bisher verwendete Widerstandsbegriff nicht mehr anwendbar ist. Nun werden nichtlineare Bauelemente – vor allem in der Elektronik – oft in einem *Arbeitspunkt*, d.h. einer bestimmten *u-i*-Einstellung betrieben und um diesen Punkt durch kleine *u-i*-Änderungen ausgesteuert (s. Abschn. 3.1.6). Dann ist im Arbeitspunkt das *Kleinsignalverhalten* maßgebend mit dem *differentiellen Widerstand* als Kenngröße.

Differentieller Widerstand (Leitwert). Im Arbeitspunkt (Bild 2.2.6a, z.B. Punkt A) der *u-i*-Beziehung lässt sich ein *differentieller* oder *Kleinsignalwiderstand* als Tangente an die Kennlinie:

$$r = \left.\frac{\mathrm{d}u}{\mathrm{d}i}\right|_{\mathrm{Ap}} \neq R = \frac{u}{i} \qquad \text{differentieller Widerstand im Arbeitspunkt} \qquad (2.2.11)$$

definieren. Analog gibt es einen differentiellen Leitwert

$$g = \left.\frac{\mathrm{d}i}{\mathrm{d}u}\right|_{\mathrm{Ap}} \neq G = \frac{i}{u} \qquad \text{mit} \qquad r = 1/g \qquad (2.2.12)$$

im gleichen Arbeitspunkt. Als Beispiele für die Bildung des differentiellen Widerstandes greifen wir einige nichtlineare resistive Zweipole heraus.

Halbleiterdiode (pn-Übergang). Nach dem Wirkprinzip hängt der Strom vom Vorzeichen der anliegenden Spannung *u* ab: man unterscheidet den Durchlassbereich mit großem Strom und den Sperrbereich mit kleinem Strom. Die Kennlinie lautet:

$$I = I_S(\exp U/U_T - 1) \qquad \text{resp.} \quad u = U_T \ln(i/I_S + 1). \qquad (2.2.13a)$$

Der Sättigungsstrom I_S liegt durch Halbleitermaterial, Diodenausführung und Temperatur fest zwischen $(10^{-16}\ldots10^{-3})$ A. In die Temperaturspannung $U_T = kT/q = 25{,}9$ mV bei

$T = 300$ K geht die Temperatur T, die Boltzmann[5]-Konstante $k = 1{,}38 \cdot 10^{-23}$ Ws/K und die Elementarladung q ein. Bild 2.2.6b zeigt die Kennlinie $i(u)$. Für das Durchlass- und Sperrgebiet gelten als Kennliniennäherungen

$$\begin{array}{lll} \text{Durchlassabfall:} & (u \gg 10\,U_\mathrm{T}) & i \approx I_\mathrm{S} \exp u/U_\mathrm{T} \\ \text{Sperrfall:} & (-u \gg 10\,U_\mathrm{T}) & i \approx I_\mathrm{S}\,. \end{array} \tag{2.2.13b}$$

Der differentielle Leitwert g ergibt sich aus Gl. (2.2.13a) im Durchlassfall zu:

$$g = \frac{\mathrm{d}i}{\mathrm{d}u} = \frac{\mathrm{d}}{\mathrm{d}u}\{I_\mathrm{S} \exp(u/U_\mathrm{T} - 1)\} = \frac{I_\mathrm{S}}{U_\mathrm{T}} \exp\frac{u}{U_\mathrm{T}} \approx \frac{i}{U_\mathrm{T}}\,. \tag{2.2.14}$$

Er hängt – wie erwartet – vom Arbeitspunkt ab und wächst mit steigendem Strom.

Spannungsabhängiger Widerstand. Varistor (VDR, voltage dependent resistor). Das ist ein Massewiderstand aus gesintertem Si-Karbid, der durch räumlich verteilte sog. Sperrschichteffekte eine punktsymmetrische Kennlinie der Form

$$u = c\, i^\mathrm{b} \tag{2.2.15}$$

besitzt. Durch die Spiegelsymmetrie stimmen die Formen im ersten und dritten Quadranten überein: $i(u) = -\,i(u)$ unabhängig von der Vertauschung der Anschlüsse. Der differentielle Widerstand lässt sich leicht ermitteln:

$$r = \frac{\mathrm{d}u}{\mathrm{d}i} = b \quad c \quad I^{b-1} = b \quad R(i)$$

Er ergibt sich aus dem Gleichstromwiderstand $R(i) = u/i$ (nichtlinear!) multipliziert mit dem Nichtlinearitätskoeffizienten b. Varistoren dienen als Schutz vor Spannungsspitzen (z.B. Parallelschaltung zu Spulen) oder generell als Spannungsbegrenzerelemente.

Tunneldioden. Die Tunneldiode ist eine spezielle pn-Diode mit spannungsgesteuerter u-i-Kennlinie (Bild 2.2.7b). Sie hat einen fallenden Bereich im Flusszustand, flankiert von zwei steigenden Kennliniengebieten. Im fallenden Teil gehören zu jedem i-Wert drei Spannungswerte (Mehrdeutigkeit). Deutlich tritt hier der Unterschied zwischen *differentiellem* und *Sekanten- oder Gleichstromwiderstand* zutage:

- im fallenden Bereich ist der differentielle Widerstand stets negativ,
- der *Sekantenwiderstand* $R = u/i$ wohl nichtlinear, aber stets *positiv*! Deshalb wirkt die Tunneldiode auch im fallenden Bereich als „Gleichstromleistungsverbraucher" mit $p = u \cdot i > 0$.

  Fallende Kennlinienbereiche werden oft in der schnellen Impulstechnik (Gigabitlogik), zur Mikrowellen- und Schwingungserzeugung überhaupt eingesetzt.

Glimmlampe. In dieser stromgesteuerten Kennlinie (Bild 2.2.7c) tritt ebenfalls ein fallender Bereich auf, nur vom „S-Typ", wie aus der Kennlinienform hervorgeht. Im Gegensatz zur Tunneldiode gehört zu jedem Strom eine eindeutige Spannung, nicht umgekehrt.

Zusammenschaltung von nichtlinearen Widerständen. Oft werden lineare und nichtlineare Widerstände zusammengeschaltet, z.B. als Vorwiderstand einer Glühlampe, einer Diode, oder Parallelschalten einer Diode als Schutz vor Überspannungen u.a.m. Welche Ersatzwiderstände gelten in solchen Fällen? Die bisher kennen gelernten Gesetze zur Wider-

[5] Ludwig Boltzmann, östereichischer Physiker, 1844–1906.

stands- und Spannungs-/Stromteilung können zunächst nicht angewendet werden, weil z.B. der Widerstand eines Glühlämpchens – definiert als Quotient von Strom und Spannung – vom Strom abhängt und somit auch der Gesamtwiderstand. Auch das Verhältnis der Teilspannungen wird stromabhängig.

Gültig sind dagegen stets die Kirchhoffschen Gleichungen, in diesem Fall am besten grafisch, also Punkt für Punkt angewendet. Dazu werden die *u-i*-Beziehung aller Bauelemente in ein Diagramm eintragen und

- bei der *Reihenschaltung* die zum jeweiligen Strom gehörenden *Spannungen addiert* (Bild 2.2.8a),
- bei der *Parallelschaltung* die zur jeweiligen Spannung gehörenden *Ströme addiert* (Bild 2.2.8b).

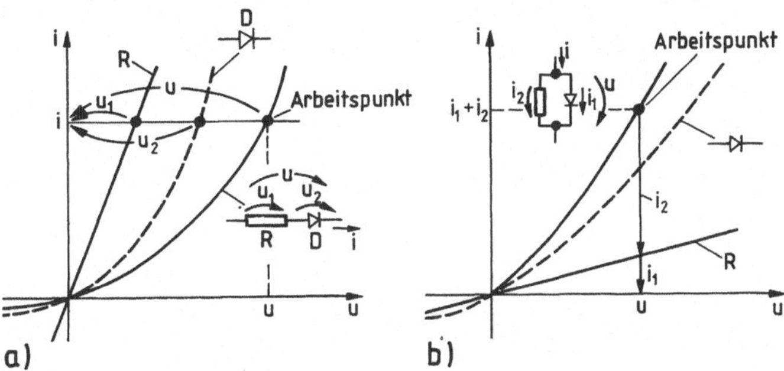

Bild 2.2.8 Zusammenschaltungen nichtlinearer Zweipole
a) Reihenschaltung, Arbeitspunktermittlung durch Kennlinienüberlagerung (Spannungsaddition)
b) Parallelschaltung, Arbeitspunktermittlung durch Kennlinienüberlagerung (Stromaddition)

Beim *Kleinsignalverhalten* wird für nichtlineare Bauelemente durch Gleichstrom und -spannung der Arbeitspunkt eingestellt (→ nichtlineare Netzwerkanalyseaufgabe) und so der Kleinsignalwiderstand festgelegt. Für Kleinsignalgrößen (Ströme, Spannungen) gelten dagegen die Gesetze des linearen Stromkreises und damit auch die bisher kennen gelernten Reihen-Parallel-Schaltungsbeziehungen sowie die Strom-/Spannungsteilerregeln. Im Bild 2.2.8a beträgt der Kleinsignalwiderstand im Arbeitspunkt deshalb $r = R + r|_{Ap}$. Analog wird im Bild 2.2.8b für die Kleinsignalleitwerte verfahren.

PC a) Entwerfen Sie mit Multisim eine Schaltung zur Kennlinienaufnahme *u* (*i*) und *i* (*u*) einer Halbleiterdiode (Orientieren Sie sich ggf. an den Multisim-Beispielen 2/6 und 3/7). Wie kann der Kleinsignalwiderstand bestimmt werden, wie sein Verlauf über *i* oder *u*?

b) Schalten Sie der Diode einen Widerstand in Reihe (Größenordnung 300 Ω) und messen Sie die Ersatzkennlinie entsprechend Bild 2.2.8 und den Kleinsignalwiderstand. Arbeiten Sie anschließend Multisim-Beispiel 3/9 durch.

c) Bearbeiten Sie das Multisim-Beispiel einer parabelförmigen Zweipolkennlinie und untersuchen Sie ihren Kleinsignalleitwert.

d) Bearbeiten Sie im Multisim-Beispiel 3/10 die Kennlinie mit fallendem Teil und bestimmen Sie ihren Kleinsignalleitwert über der Spannung.

e) Schalten Sie dem nichtlinearen Ersatzzweipol einen Leitwert $G = 10$ µS parallel und nehmen Sie die Kennlinie erneut auf.

Aufgabe 2.2.6.

Temperaturabhängiger Widerstand. Oft hängt der Stromflussmechanismus von der Temperatur (durch die Umgebung und/oder verlustleistungsbedingte Eigenaufheizung des Bauelementes) ab, wie beispielsweise in vielen Leitern und speziell Halbleitern, was

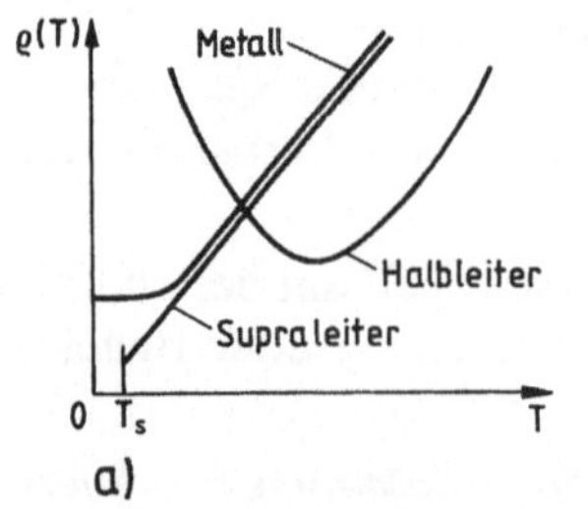

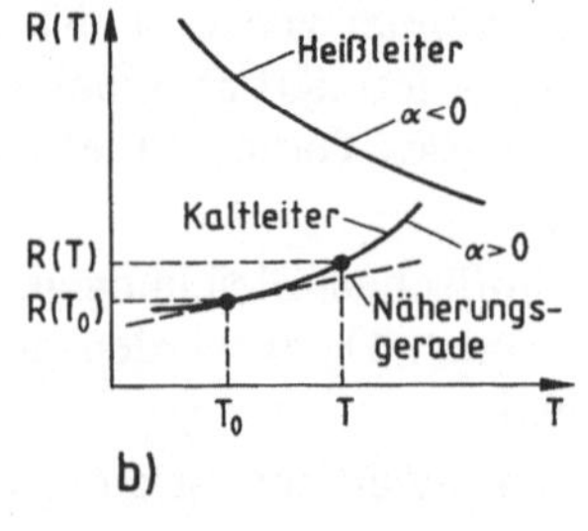

Bild 2.2.9
Temperatureinfluss auf den Widerstand
a) Spezifischer Widerstand $\rho(T)$ des Metalls, Halbleiters und Supraleiters
b) Definition des Temperaturkoeffizienten α

sich im Temperaturgang des spezifischen Widerstandes ρ ausdrückt (Bild 2.2.9). Als Temperatur wird dabei gleichwertig die absolute Temperatur T oder – mehr an das tägliche Leben angepasst – die Celsius-Temperatur – verwendet:

$$T = (273{,}2 + \vartheta/°\mathrm{C})\mathrm{K} \qquad [T] = \mathrm{K} \qquad \text{Kelvin}$$
$$\vartheta = (T/K - 273{,}2)\ °\mathrm{C}\,.$$

Für Temperaturdifferenzen ist die Kelvin-Angabe vorzuziehen. Man vereinbart deshalb als *Temperaturkoeffizient* oder *Temperaturbeiwert* α (T_0) des Widerstandes R bei der Bezugstemperatur T_0:

$$\alpha(T_0) = \frac{1}{R}\frac{\mathrm{d}R}{\mathrm{d}T}\bigg|_{T_0} \approx \frac{1}{R}\frac{\Delta R}{\Delta T} \approx \frac{1}{\rho}\frac{\mathrm{d}\rho}{\mathrm{d}T} \qquad [\alpha] = \frac{1}{\mathrm{K}} \tag{2.2.16}$$

Der Temperaturbeiwert α ist die relative (differentielle) Änderung des Widerstandes pro Temperaturänderung bei einer Bezugstemperatur T_0. Gleichwertig ergibt sich aus Gl. (2.2.16) durch Integration und beiderseitiges Exponieren [exp (ln y) ≡ y, (nachprüfen!)] ein exponentieller Temperatureinfluss auf einen Widerstand mit konstantem Temperaturkoeffizienten. Für kleine Temperaturänderungen und/oder Temperaturbeiwerte α lässt sich über die Reihenentwicklung von $\exp y \approx 1 - x/1! + x^2/2!$ für $|y| \gg 1$ die *Standardform der Temperaturmodellierung* angeben:

$$R(T) = R(T_0)\cdot\left[1 + \alpha(T_0)\ (T - T_0) + \beta(T_0)\ (T - T_0)^2\right] \tag{2.2.17}$$

Meist reicht die Beschränkung auf den linearen Temperaturterm (~ α) aus.Tafel 2.2.1 enthält die Temperaturbeiwerte α und β üblicher Leitermaterialien.

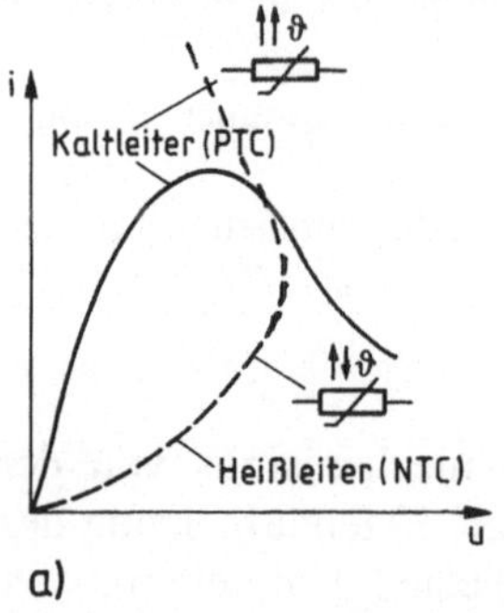

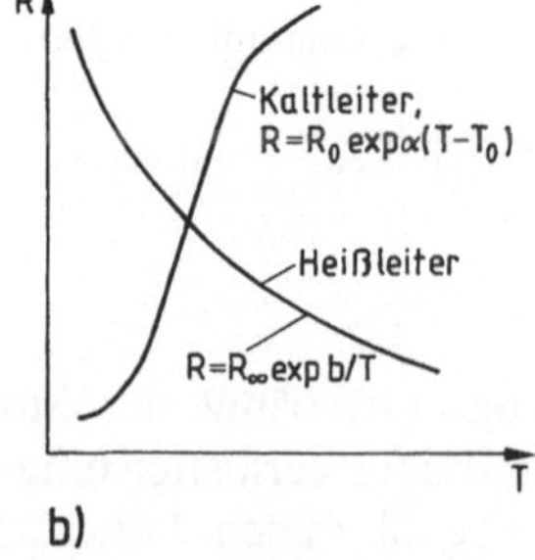

Bild 2.2.10
Temperaturabhängige Widerstände
a) Kennlinien der Heiß- und Kaltleiterwiderstände
b) Widerstandsverläufe über der Temperatur

Nach den Vorzeichen des Temperaturkoeffizienten α unterscheidet man (Bild 2.2.10):

1. *Widerstände mit positivem TK.* Sie leiten in kaltem Zustand wegen des geringen Widerstandes besser (*R*-Zunahme mit T↑) und heißen deshalb *Kaltleiter* (Bild 2.2.10). Dazu gehören z.B. Metalle (z.B. $\alpha \approx 4$ ‰ K^{-1} für Cu, Al und $\alpha \approx 6$ ‰ K^{-1} bei Fe). Der Widerstand wächst mit der Temperatur. Metallwiderstände haben einen TK von $50 \cdot 10^{-6}\ K^{-1}$, Kohlewiderstände (s.u.) zwischen $-10^{-4} \ldots -10^{-3}\ K^{-1}$.

Kaltleiter- oder PTC-Widerstände (positive temperature coefficient) sind Bauelemente mit besonders großem a und deshalb nichtlinearer *U-I*-Kennlinie. Ihr Widerstand hängt exponentiell von der Temperatur ab. Der Temperaturbeiwert reicht bis zu 70% K^{-1}. Typisch ist, dass die Kennlinie $i(u)$ einen fallenden Bereich aufweist. Ein verbreiteter Kaltleiter (mit nicht zu großem TK) ist das Glühlämpchen.

2. *Widerstände mit negativem TK* leiten in heißem Zustand wegen des abnehmenden Widerstandes besser (*R*-Abnahme mit T↑, Bild 2.2.10) und werden deswegen *Heißleiter* genannt. Dazu zählen dazu insbesondere Halbleiter (z.B. $\alpha \approx -15$ % K^{-1} für eigenleitendes Si, bei Zimmertemperatur, $\alpha \approx -(0{,}1 \ldots 1)$ % K^{-1} für Kohlenstoff und Elektrolyte.

Heißleiter, oft auch als *NTC-Widerstände* (negative temperature coefficient) bezeichnet, sind Widerstände mit besonders großem negativen α und daher nichtlinearer *u-i*-Kennlinie. Sie werden manchmal auch als Thermistoren (thermally sensitive resistors) bezeichnet. Typische Materialien sind Titan-, Magnesium-Oxid.

3. *Widerstände mit verschwindendem TK* gelten als temperaturkonstante Leiter. Durch spezielle Legierungen (z.B. Konstantan $\alpha \approx -4 \cdot 10^{-3}$ ‰ K^{-1}) kann der TK in gewissem Temperaturbereich zu null gebracht werden. Solche Widerstände dienen z.B. in der Messtechnik als Normalwerte, werden zu Eichzwecken verwendet, als Vorwiderstände in Messinstrumenten u.a.m. Eine TK-Kompensation ist auch durch Reihenschaltung von Widerständen mit positivem und negativem TK möglich.

PC a) Untersuchen Sie den Temperatureinfluss auf einen Widerstand im Multisim-Beispiel 2/4.

b) Überlegen Sie eine Schaltung, mit der der Temperaturgang eines Widerstandes direkt als Spannung gemessen werden kann. Experimentieren Sie dann mit linearem und nichtlinearem Temperaturverhalten des Widerstandes. Orientieren Sie sich für die Temperaturkoeffizienten zwar den in Tafel 2.2.1 gegebenen Werten, doch wählen Sie zweckmäßig solche, die um eine Größenordnung höher liegen.

c) Arbeiten Sie das Multisim-Beispiel 2/4 Toleranzanalyse durch.

2.3 Kondensator, kapazitiver Zweipol

2.3.1 Kondensatorprinzip

Ein *Kondensator* besteht aus zwei Elektroden (z.B. Metall, Halbleiter), die durch ein *Dielektrikum* (Isolator: Luft, Glas, SiO_2, Keramik) getrennt sind und auf denen sich die Ladungen $+Q$ und $-Q$ befinden (Bild 2.3.1). Letztere sind Ausgang und Ende elektrischer Feldlinien. Deshalb wird der dielektrische Raum vom *elektrischen Feld* erfüllt:

Dielektrikum: Sitz des elektrischen Feldes mit der Feldenergie W_{el}. Das Feld verursacht zwischen den Platten die Spannung u_{AB}. Bei homogenem Feld spricht man vom *Plattenkondensator*.

Der Kondensator ist das typische Bauelement zur Speicherung elektrischer Feldenergie und somit Ladung. Er zählt zu den Grundelementen der Elektrotechnik und kann durch kein anderes ersetzt werden.

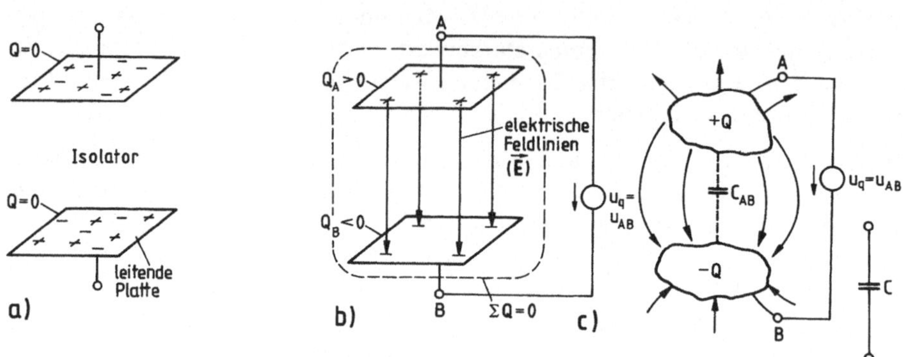

Bild 2.3.1 Kondensatorprinzip
a) isolierte Metallelektroden, die je für sich elektrisch neutral sind
b) isolierte Metallelektroden, zwischen denen eine Spannung u_{AB} liegt. Nettoladungen auf den Elektroden sind Ursache des elektrischen Feldes
c) Kondensator, gebildet aus beliebig geformten Elektroden und Schaltzeichen

Bild 2.3.1a, b zeigt den Unterschied zwischen ungeladenen und geladenen Platten. Ohne Spannung: Plattenladung $Q = 0$, es gibt kein elektrisches Feld. Mit Spannung (Bild 2.3.1a) trägt jede Platte eine Nettoladung $+Q$, $-Q$, aber die Gesamtladung $Q_A + Q_B$ verschwindet: $Q = Q_A + Q_B = 0$ (unmittelbare Folge der Ladungserhaltung Gl. (1.2.17)). Dies gilt auch für zwei allgemein geformte Elektroden mit Ladungen (Bild 2.3.1b).

Kapazitätsdefinition. Zwischen den Plattenladungen Q_A, Q_B und der Spannung u_{AB} besteht ein direkter Zusammenhang $Q = f(u)$, hier im zunächst angenommenen *linearen* Fall:

$$Q_{AB} = C_{AB}\, u_{AB} \rightarrow Q = C \cdot u, \qquad [C] = \text{As/V} = \text{F} \quad \text{(Farad)} \tag{2.3.1}$$

Definitionsgleichung der Kapazität.

Das Verhältnis der Ladung auf den Kondensatorplatten und der Spannung zwischen ihnen heißt *Kapazität*. Sie kennzeichnet das Speichervermögen für Ladungen und bildet die Haupteigenschaft des *Bauelementes Kondensator* (Objekt, Schaltzeichen, Bild 2.3.1c). Es gilt ein formal gleicher Ursache-Wirkungszusammenhang wie beim Ohmschen Gesetz (Gl. (2.2.1c)).

Die Kapazität C ist die *einzige* Eigenschaft des zugeordneten kapazitiven Netzwerkelementes (→ kapazitiver Zweipol).

Ein Kondensator besitzt die Kapazität 1 F, wenn er bei einer Spannung $u = 1$ V die Ladung 1 C speichert. Die Einheit Farad ist sehr groß, für technische Anwendungen liegen Kapazitäten im Bereich $10^{-14}\ldots10^{-2}$ F (z.B. 1 μF = 10^{-6} F, 1 nF = 10^{-9} F, 1 pF = 10^{-12} F).

Größenvorstellung:
- Kapazität der Erde gegen das Weltall: $C \approx 700$ μF,
- Kapazität konzentrischer Metallkugeln in Luft, Radius 30 km, Abstand 10 cm: $C \approx 1$ F,
- Metallkugel ($r = 1$cm) in Luft gegen ebene Elektroden (Abstand > 1 m, ≈ 1 pF),
- Doppelleitung (Drahtradius 1 mm, Drahtabstand 3 mm), $C \approx 50$ pF je m Länge,
- Fotoblitzkondensator: $C \approx 1000$ μF,
- Stabilisierungskondensator für die Autobatterie: $C \approx 1$ F (!),
- Speicherzelle eines 256 Mbit-Speichers: $C \approx 20$ fF.

Strom-Spannungsbeziehung. Verschiebungsstrom. Die Ladungsspeicherung des Kondensators ist Grundlage seiner *Strom-Spannungsbeziehung* und damit folgender Fragen:
- wie gelangt die Speicherladung auf die Kondensatorplatten?
- welcher Strom fließt und vor allem
- wie verhält sich ein Dielektrikum bei Stromfluss (obwohl es keine freien Ladungsträger besitzt)?

Da im Dielektrikum freie Ladungsträger fehlen, kann sich die Kondensatorladung (z.B. in Bild 2.3.2 vom Zustand a und b) nur durch Zu- bzw. Abfluss von Ladungen über die Zuleitungen ändern, d.h. als *Konvektionsstrom* i_K mit der Definition (und $u_C = u_{AB}$):

$$i_K = \left.\frac{dQ}{dt}\right| = \frac{dQ}{dt} = \frac{d(Cu_C)}{dt}$$

transportierte Ladung in Zuleitung pro Zeitspanne — Anderung der Kondensatorplattenladung pro Zeitspanne

oder

$$i \equiv i_K = \frac{d(Cu_C)}{dt} = C\big|_{C=\text{const}} \cdot \frac{du_C}{dt} + u_C\big|_{u_C=\text{const}} \cdot \frac{dC}{dt}. \quad (2.3.2)$$

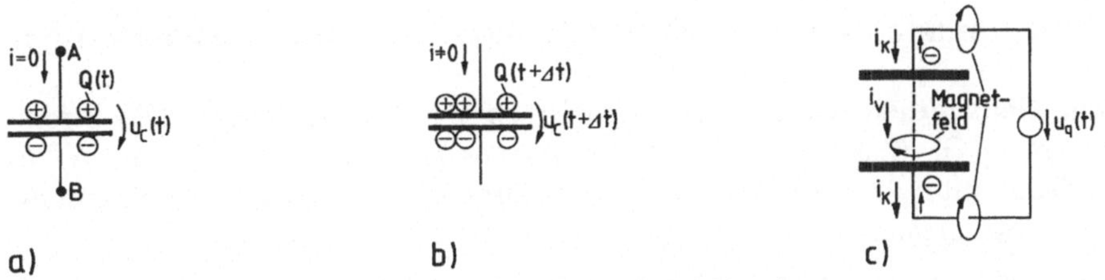

a) b) c)

Bild 2.3.2 Kondensatorladung bei zeitveränderlicher Kondensatorspannung
a) Kondensator bei zeitlich konstanter Spannung $u_{C(t)} = U_{AB}$
b) Kondensator bei zeitveränderlicher Spannung
c) wie b), jedoch mit Stromkomponenten: Konvektionsstrom i_K (Ladungstransport) in den Zuleitungen, Verschiebungsstrom i_V im Isolator. Jeder Strom wird von einem Magnetfeld umgeben

Für die *zeitlich konstante Kapazität* C (wie in Bild 2.3.2 vorliegend, keine Plattenbewegung, $dC/dt = 0$) wird daraus

$$i = i_K = C\frac{du_C}{dt} \quad \text{Strom-Spannungsbeziehung am idealen Kondensator (NWE-Beziehung)}. \tag{2.3.3}$$

Dabei gilt für i, u_C die Verbraucherzählpfeilrichtung.

Ein Strom fließt über die Zuleitungen des Kondensators nur, solange sich seine Klemmenspannung zeitlich ändert!

Folglich führt Gleichspannung zu *keinem* Stromfluss. Ebenso muss sich die Stromrichtung bei Ladungsabnahme umkehren. Darauf beruht die Bedeutung des Kondensators für die Schaltungstechnik: er „trennt" Gleich- und Wechselstromkreise voneinander und kann deshalb für die Gleichspannung als „Leitungsunterbrechung" aufgefasst werden. (Für die Energiebilanzen gilt dies jedoch nicht!).

Verschiebungsstrom. Die Strom-Spannungsbeziehung Gl. (2.3.3) besagt nichts über die Verhältnisse im Dielektrikum. Wie schon erwähnt, besitzt der Strom als *Hauptkennzeichnen* ein ihn *umgebendes Magnetfeld.* Experimentell lässt sich die bereits von Maxwell aufgestellte Hypothese bestätigen, dass während des Ladungszu- und -abflusses (nur dann!) auch im Dielektrikum ein Magnetfeld existiert (Bild 2.3.2c). Es muss folglich von einem „Strom" durch das Dielektrikum herrühren, der nicht mit Ladungsträgertransport verbunden ist. Er heißt *dielektrischer* oder *Verschiebungsstrom* i_V [6] und ist die Fortsetzung des Konvektions- bzw. Ladungsträgerstromes in den Zuleitungen! Damit gilt wieder Stromkontinuität:

$$\text{Verschiebungsstrom (Nichtleiter)} \quad i_V\big|_{\text{Nichtleiter}} = \frac{dQ}{dt}\bigg|_{\text{Platte}} = i_K \quad \text{Konvektionsstrom (in Zuleitung)}. \tag{2.3.4}$$

Der Verschiebungsstrom bildet die Grundlage für die Bemessungsgleichung des Kondensators (s. Abschn. 6.2.2.2).

2.3.2 Das Netzwerkelement kapazitiver Zweipol. Zusammenschaltungen

***u-i*-Beziehung. Gedächtniswirkung des kapazitiven Zweipolelementes.** Die Strom-Spannungsbeziehung Gl. (2.3.3) des Netzwerkelementes Kondensator – die sog. *NWE-Beziehung* – erlaubt mit $u_C = u$ die Bestimmung des Stromes bei vorgegebener Spannung. Ist umgekehrt der Strom gegeben und die Spannung gesucht, so folgt über

$$du = \frac{1}{C}i\ dt \to \int_{u(t_o)}^{u(t)} du = \int_{t_o}^{t} \frac{i\ dt}{C}$$

[6] Der Begriff Verschiebungsstrom erweckt den Eindruck, als ob Ladungen im Nichtleiter verschoben werden. Das ist nicht der Fall!

schließlich

$$u(t) = u(t_0) + \frac{1}{C}\int_{t_0}^{t} i \; \mathrm{d}t = u(t_0) + \frac{1}{C}[Q(t) - Q(t_0)] \tag{2.3.5a}$$

Vorgeschichte Gegenwart

oder analog auch (s. Gl. (1.2.12b)):

$$Q(t) = Q(t_0) + \int_{t_0}^{t} i \mathrm{d}t \quad \text{Ladungs-Strombeziehung am Kondensator}. \tag{2.3.5b}$$

Anfangsladung

Wir entnehmen *drei Aussagen*:

1. Die Kondensatorspannung u bzw. die Kondensatorladung Q zur Zeit t hängt stets von einer Anfangsspannung $u(t_0)$ bzw. der Anfangsladung $Q(t_0)$ ab. Sie ist Ergebnis der Vergangenheit von $t = -\infty$ bis t_0 und muss zur Bestimmung von $u(t)$ bzw. $Q(t)$ als sog. *Anfangswert* bekannt sein: *Speicherwirkung des Kondensators*.
2. Die Ladungsänderung ist gleich dem *Zeitintegral* des Stromes (dh. der Strom-Zeitfläche). Je rascher sich die Ladung ändert, umso höher ist die momentane Stromstärke. Wird ein auf die Spannung u geladener Kondensator plötzlich kurzgeschlossen (→ $\mathrm{d}u/\mathrm{d}t$ sehr groß), so fließt anfangs ein sehr großer Strom. (Gefahr, große Kondensatoren nur kurzgeschlossen transportieren!).
3. Auf ein drittes Merkmal, die *Stetigkeit* der Spannung (Ladung) kommen wir später zurück.

Weil der Kondensator im Stromkreis nur bei zeitveränderlicher Spannung wirkt, ist er ein wichtiges Netzwerkelement der Wechselstromtechnik. Dennoch soll bereits hier sein typisches Verhalten diskutiert werden (Bild 2.3.3).

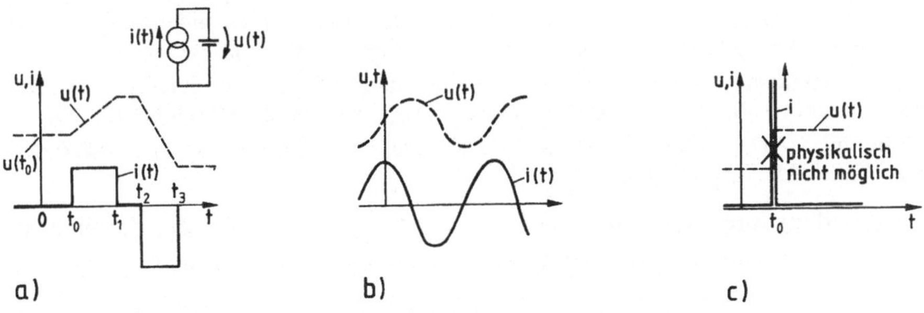

Bild 2.3.3 Strom-Spannungsverhalten des Kondensators

a) Zusammenhang Strom-Spannung bei eingeprägtem Strom

b) Wechselstrom am Kondensator mit überlagerter Gleichspannung

c) Spannungssprung am Kondensator ist nicht möglich: Stetigkeit der Kondensatorspannung

Verhalten bei veränderlicher Spannung. Ändert sich die Kondensatorspannung zeitlinear, so fließt ein zeitlich konstanter Kondensatorstrom (Bild 2.3.3a). Seine Richtung hängt davon ab, ob die Spannung steigt (Ladungszufluss, Energieerhöhung) oder fällt (Richtungsumkehr: Ladungsabfluss, Energieabgabe).

Ein Kondensator hat temporäre Energiespeicherfähigkeit.

Temporär deshalb, weil sonst für $t \to \infty$ auch mit $|u| \to \infty$ die Spannung über alle Grenzen wachsen müsste, was physikalisch unmöglich ist.

Liegt am Kondensator eine Wechselspannung $u(t) = \hat{u}\cos(\omega t + \varphi_u)$ (s. Abschn.4.1 und Bild 2.3.3b), so fließt der Strom

$$i(t) = C\frac{\mathrm{d}u(t)}{\mathrm{d}t} = -\omega C\hat{u}\sin(\omega t + \varphi_u) = \hat{\imath}\cos(\omega t + \varphi_u + \pi/2) \tag{2.3.6}$$

mit folgenden Ergebnissen:

- die Stromamplitude $\hat{\imath}$ steigt proportional zu $\hat{u}$, wächst aber mit steigender Kreisfrequenz ω ($\to$ schnellere Spannungsänderung, höherer Strom!),
- der Zeitverlauf von $i(t)$ ist wieder cosinus-förmig, aber um $\pi/2$ verschoben (Wirkung der temporären Ladungsspeichereigenschaft des Kondensators),
- die Proportionalität zwischen $\hat{\imath}$ und $\hat{u}$ legt später nahe, einen geeigneten „Widerstandsbegriff“ – den Scheinwiderstand im Wechselstromkreis – einzuführen (s. Abschn. 4.2.1),
- mit $\omega \to 0$, d.h. Entartung der Wechselspannung zu einer Gleichspannung, verschwindet der Strom.

Das Zeitverhalten zwischen Kondensatorstrom und -spannung nach Gl. (2.3.3) (Frequenzeinfluss) ist die Grundlage für unterschiedlichste Anwendungen in Netzwerken (z.B. frequenzabhängige Übertragungseigenschaften, Impulsformung, Ausgleichsvorgänge u.a.m.).

PC a) Untersuchen Sie mit Multisim den u-i-Zusammenhang am Kondensator nach Gl. (2.3.5), indem Sie einen impulsförmigen Strom (symmetrisch zur Nullachse) einprägen und den Zeitverlauf der Kondensatorspannung am Oszilloskop verfolgen. Verwenden Sie als Stromimpulsquelle den Funktionsgenerator (Einstellungen u_q = 100 V, f = 10 Hz Impulsbetrieb, Reihenwiderstand 10 kΩ), Kondensator C = 1 mF. Erklären Sie das beobachtete Verhalten durch Gl. (2.3.5).

b) Schalten Sie den Funktionsgenerator anschließend auf symmetrisches Dreiecksignal um, erklären Sie das Verhalten und schließlich auf Sinussignal und erläutern Sie das Kurvenbild mit Gl. (2.3.6).

c) Untersuchen Sie mit MATLAB das u-i-Verhalten des Kondensators bei vorgegebener stückweise linearer Erregung (MATLAB-Beispiel 2/2).

Stetigkeit der Kondensatorspannung. Die Energie ist eine *stetige Größe*, die sich nie sprunghaft ändert. Das gilt auch für die Kondensatorspannung (resp. Ladung):

Die Kondensatorladung Q bzw. die Kondensatorspannung u ist immer stetig (keine Sprünge, aber Knickstellen zugelassen (Bild 2.3.3c)):

$$u(t-0) = u(t+0) \quad \text{Stetigkeit der Kondensatorspannung}. \tag{2.3.7}$$

Umgekehrt würde ein Spannungssprung wegen $\mathrm{d}u/\mathrm{d}t \to \infty$ einen Strom $i \to \infty$ erfordern und damit wegen $p = u\,i$ eine (physikalisch nicht realisierbare) unendliche Leistung.

Dieses Stetigkeitsverhalten muss bei Schaltvorgängen (Abschn. 5.1) beachtet werden. Deshalb behalten alle Kondensatorspannungen im ersten Moment nach Umlegen eines Schalters im Netzwerk noch den Wert, den sie vor dem Umschalten hatten.

Speicherwirkung. Die Speicherwirkung des Kondensators lässt sich folgendermaßen erklären:

1. *Anlegen einer Spannung, Aufladen.* Eine Gleichspannungsquelle mit $u_\mathrm{q} = u$ erzwingt eine Feldstärke E und als Folge die Ladung Q auf den Platten.
2. *Abtrennen der Spannung, Speichern.* Bei Entfernung der Spannungsquelle bleibt die Ladung Q als felderzeugende Größe erhalten und so auch die Plattenspannung $u = u_\mathrm{q}$.

Leistung und Energie. Die momentane Leistung am (linearen, zeitunabhängigen) Kondensator beträgt mit $Q = C\,u$:

$$p = u \cdot i = u\frac{\mathrm{d}Q}{\mathrm{d}t} = Cu\frac{\mathrm{d}u}{\mathrm{d}t} = C\frac{\mathrm{d}}{\mathrm{d}t}(u^2/2) = \frac{\mathrm{d}W_\mathrm{el}}{\mathrm{d}t} \qquad (2.3.8)$$

Leistung an den Kondensatorklemmen .

Bei ansteigender Spannung wird sie positiv ($p > 0$), der Kondensator nimmt elektrische Leistung auf und die elektrische Feldenergie (im Dielektrikum gespeichert) wächst (Bild 2.3.4a, Aufladevorgang). Bei sinkender Spannung wird $p < 0$, der Kondensator gibt elektrische Leistung ab und die elektrische Feldenergie sinkt.

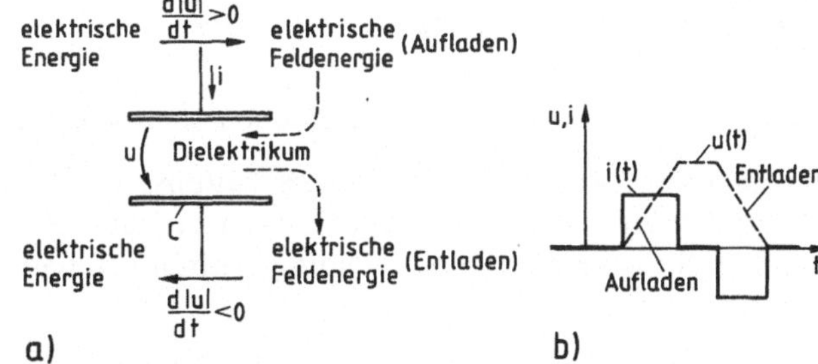

Bild 2.3.4
Energiewandlung im Kondensator
a) Wandlung elektrische Energie elektrische Feldenergie
b) zu a) gehöriges *u*-*i*-Verhalten

Die im Kondensator gespeicherte Energie W beträgt so $\mathrm{d}W = p\mathrm{d}t = u\,i\mathrm{d}t = u\,\mathrm{d}Q = C\,u\,\mathrm{d}u$

$$W(Q) - W(Q_\mathrm{o}) = \int_{Q_\mathrm{o}}^{Q} u\,\mathrm{d}Q \to W(u) - W(u_\mathrm{o}) = \int_{u_\mathrm{o}}^{u} C u\,\mathrm{d}u = \frac{C}{2}(u^2 - u_\mathrm{o}{}^2)\,.$$

Auch hier tritt die Anfangsenergie $W(Q_\mathrm{o})$ auf. Vom Ausgangswert null an ($u_\mathrm{o} = 0$) wird im Kondensator die Energie

$$W_\mathrm{el} = Cu^2/2 = Q^2/2C > 0 \quad \text{im Kondensator gespeicherte Energie .} \qquad (2.3.9)$$

gespeichert. Ihre zeitliche Änderung ergibt die Klemmenleistung p (Gl. (2.3.8)).

PC a) Untersuchen Sie das *u-i*-Verhalten des Kondensators bei vorgegebenen Zeitverläufen von *u* bzw. *i* (Multisim-Beispiele 2/7, 2/8).

b) Erzeugen Sie ein synthetisches Erregersignal (Multisim-Beispiel 2/9) und untersuchen Sie damit anschließend das *u-i*-Verhalten des Kondensators.

Aufgaben 2.3.1…2.3.3

Zusammenschaltungen von linearen Kapazitäten. Wie Widerstände lassen sich auch Kondensatoren beliebig zusammenschalten. Für die *Reihenschaltung* z.B. zweier linearer Kondensatoren C_1, C_2 (Bild 2.3.5) gilt:

$$\frac{1}{C}=\frac{u}{Q}=\frac{u_1+u_2}{Q}=\frac{1}{C_1}+\frac{1}{C_2} \qquad \textit{resp.} \qquad C=\frac{C_1C_2}{C_1+C_2}.$$

Alle Kondensatorplatten tragen gleiche Ladung (Vorzeichen beachten) und die Teilspannungen addieren sich. Verallgemeinert gilt bei insgesamt *n reihengeschalteten* Kapazitäten die Beziehung in Bild 2.3.5:

Bei reihengeschalteten Kapazitäten ist die Gesamtkapazität stets kleiner als die kleinste Teilkapazität.

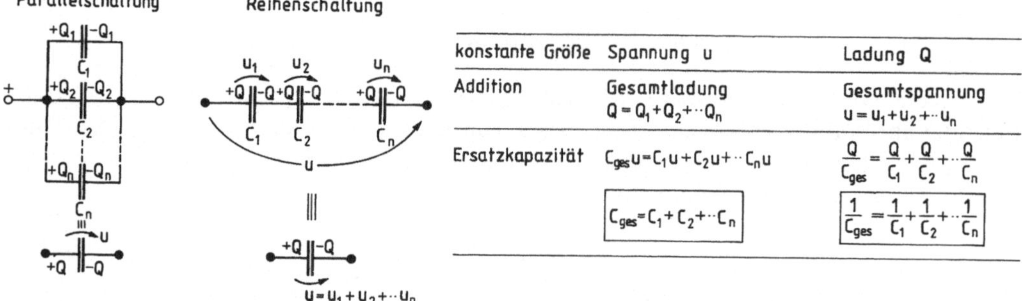

konstante Größe	Spannung u	Ladung Q
Addition	Gesamtladung $Q=Q_1+Q_2+\cdots Q_n$	Gesamtspannung $u=u_1+u_2+\cdots u_n$
Ersatzkapazität	$C_{ges}u=C_1u+C_2u+\cdots C_nu$	$\frac{Q}{C_{ges}}=\frac{Q}{C_1}+\frac{Q}{C_2}+\cdots\frac{Q}{C_n}$
	$C_{ges}=C_1+C_2+\cdots C_n$	$\frac{1}{C_{ges}}=\frac{1}{C_1}+\frac{1}{C_2}+\cdots\frac{1}{C_n}$

Bild 2.3.5 Ersatzkapazität bei Parallel- und Reihenschaltung von Kondensatoren

Vorausgesetzt wird bei der Reihenschaltung, dass die jeweils zusammengeschlossenen Elektroden gleiche Ladung haben, also ihre Summe ($+Q-Q=0$) verschwindet. Es darf somit an diesen Knoten keine Ladungszufuhr erfolgen, ferner müssen alle Anfangsladungen verschwinden.

Parallelschaltung. Bei der Parallelschaltung zweier Kapazitäten C_1, C_2 summieren sich die Teilladungen, deshalb gilt

$$C=Q/U=(Q_1+Q_2)/u=C_1+C_2$$

oder verallgemeinert für *n Kapazitäten* das Ergebnis in Bild 2.3.5.

Die Ersatzkapazität parallelgeschalteter Kapazitäten ist stets größer als die größte Teilkapazität.

Spannungsteilung mit linearen Kapazitäten. Wie bei linearen Widerständen lassen sich auch für Kapazitätsnetzwerke Spannungs- und Stromteilerregeln angeben (letztere wird allerdings selten verwendet).

Spannungsteilung. Sind zwei lineare Kapazitäten C_1, C_2 reihengeschaltet, so folgt mit $u_1 = Q/C_1$, $u_2 = Q/C_2$, $Q_1 = Q_2$ und $u = u_1 + u_2$ insgesamt

$$\frac{u_2}{u_1} = \frac{C_1}{C_2}, \qquad \frac{u_2}{u} = \frac{C_1}{C_1 + C_2}$$

oder verallgemeinert

$$\frac{u_\nu}{u} = \frac{1/C_\nu}{\sum_{\nu=1}^{n} 1/C_\nu} \quad \text{Spannungsteilung durch lineare Kapazitäten}. \qquad (2.3.10)$$

Am größeren Kondensator fällt immer die kleinere Spannung ab (Q = const.)!

Sinngemäß gibt es auch eine entsprechende Stromteilung bei parallelgeschalteten linearen Kapazitäten, dabei fließt durch die größere Kapazität der größere Strom.

Während die Spannungsteilerregel auch für Gleichspannungen gilt, ist eine Stromteilerbeziehung nur für zeitveränderliche Ströme sinnvoll. Sie kann im Wechselstromfall entsprechend der Leitwertbeziehung Gl. (2.2.8) leicht aufgestellt werden.

Die Anwendung der Spannungs- (wie ggf. auch der Stromteilerregel) setzt ideale Kondensatoren voraus, bei technischen Kondensatoren sind häufig parallelliegende Verlustleitwerte zu beachten. Sie modifizieren die Ergebnisse, wie der nachfolgende Fall zeigt.

***RC*-Netzwerke bei Gleichspannung.** In realen Kondensatoren mit Verlustleitwerten oder sog. *RC*-Netzwerken (Bild 2.3.6), in denen parallel zu den Kondensatoren noch Widerstände liegen, bestimmen sich die stationären Spannungsverteilungen ($\mathrm{d}u/\mathrm{d}t \to 0$) ausschließlich durch das lineare Widerstandsnetzwerk. Sind nämlich nach Anlegen der Gleichspannungen alle Ströme durch die Kondensatoren abgeklungen ($i_C = C\,\mathrm{d}u/\mathrm{d}t = 0$), so lassen sich die Kondensatoren für die Netzwerkanalyse durch Leitungsunterbrechungen ersetzen. Nur für $R \to \infty$ (alle Elemente) gelten die Regeln der Kondensatorzusammenschaltungen.

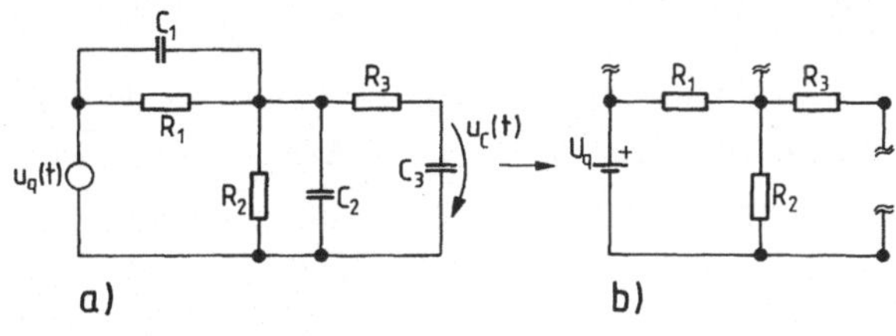

Bild 2.3.6 RC-Netzwerk bei zeitveränderlicher und zeitlich konstanter Spannung
a) zeitveränderliche Quellenspannung. Der von u_q erzeugte Spannungsabfall über den Widerständen wird von den Kapazitäten mitbestimmt
b) bei Gleichspannung hängen die Spannungsabfälle über den Widerständen nicht von den Kapazitäten ab

PC a) Realisieren Sie mit Multisim die Reihenschaltung zweier Kondensatoren (100 µF, 10 µF), die an einer Gleichspannung u_q = 100V liegen. Messen Sie mit dem Multimeter die Teilspannung über einem der beiden Kondensatoren.

b) Fügen Sie ein zweites Multimeter ein und messen Sie auch die zweite Teilspannung. Wie sind die Ergebnisse zu erklären, warum ergeben sich Abweichungen gegenüber der berechneten Spannungsteilung nach Gl. (2.3.10)?

Aufgaben 2.3.4, 2.3.5.

Kondensator als Bauelement. Der Kondensator steht als Bauelement in ganz unterschiedlichen *Bau-* und *Konstruktionsformen* zur Verfügung. Seine Eigenschaft „Kapazität" lässt sich weiter unterteilen in lineare, nichtlineare, differentielle Kapazität u.a.

Die *Bemessungsgleichung* der Kapazität C liegt durch die Plattengeometrie und dielektrischen Eigenschaften des Feldraumes fest. So gilt für den *Plattenkondensator* (Bild 2.3.7, homogenes Feld, Bild 2.3.1):

$$C = \varepsilon_r \varepsilon_0 \cdot A/d \quad \text{Bemessungsgleichung des Plattenkondensators}. \qquad (2.3.11)$$

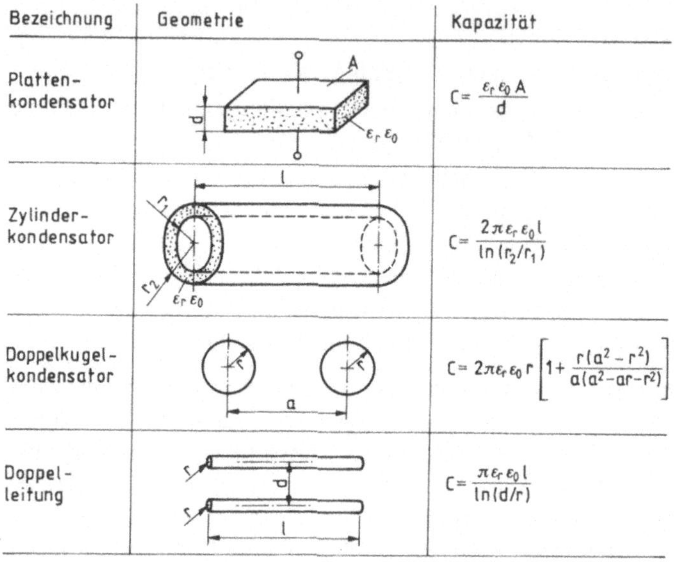

Bezeichnung	Geometrie	Kapazität
Plattenkondensator	A, d, $\varepsilon_r \varepsilon_0$	$C = \frac{\varepsilon_r \varepsilon_0 A}{d}$
Zylinderkondensator	l, r_1, r_2, $\varepsilon_r \varepsilon_0$	$C = \frac{2\pi \varepsilon_r \varepsilon_0 l}{\ln(r_2/r_1)}$
Doppelkugelkondensator	r, a	$C = 2\pi \varepsilon_r \varepsilon_0 r \left[1 + \frac{r(a^2 - r^2)}{a(a^2 - ar - r^2)}\right]$
Doppelleitung	r, d, l	$C = \frac{\pi \varepsilon_r \varepsilon_0 l}{\ln(d/r)}$

Bild 2.3.7
Aufbau und Bemessungsgleichung verschiedener Kondensatoren

Die Kapazität wächst mit der Fläche A, der Dielektrizitätszahl ε_r (≥ 1) und abnehmendem Plattenabstand d Gl. (2.3.11) ist das Ergebnis von Feldbetrachtungen (s. Abschn. 6.2). Einige weitere typische Anordnungen enthält Bild 2.3.7.

Tafel 2.3.1 Einsatzgebiete und Größe von Kondensatoren

Kapazitätsbereich	Anwendungsgebiete
Einige 10 mF…0,1 mF	Stützkondensator für Batterie, Energiespeicher
0,1 mF…µF	Fotoblitzkondensator, Ladekondensator in Netzteilen, Universalentkopplungskondensator, Kondensatoren der Leistungselektronik
µF…nF	Entstör-, Filteranwendungen Koppelkondensatoren in Transistorschaltungen
10 nF…0,1 nF	Typische Kondensatorgröße in Hochfrequenzschaltungen
100 pF...1 pF	Abstimmkondensatoren in Hochfrequenzschaltungen, parasitäre Kapazitäten in größeren Leiteranordnungen
10 pF…0,1 pF	Typische Kapazitätsgrößen in MOS-Transistor-Schaltungen
0,1 fF…100 fF	Kapazität von DRAM-Speicherzellen, Kapazitätsgröße in MOS-Hochfrequenzschaltungen

Ausführungsformen. Kondensatoren stehen als Bauelemente in großer Ausführungsvielfalt zur Verfügung, typische Formen sind

- *Festkondensatoren* (gepolt, ungepolt),
- *veränderbare Kondensatoren* (einstellbar (Trimmer), verstellbar, (Drehkondensator)),
- *elektronische Kondensatoren* etwa als Kapazitäten von Halbleiterbauelementen oder erzeugt durch Schaltung mit gesteuerten Quellen (im strengen Sinn sind das keine Bauformen).

Sie finden ihren Niederschlag in entsprechenden Schaltzeichen (z.B. im Programm Multisim 2001/EWB verwendet). Ihre Größe reicht von Bruchteilen von pF (Elektronik) bis in den mF, ja F-Bereich mit jeweils typischen Anwendungsfeldern. Die Kapazitätswerte sind – wie bei Widerständen – in En-Reihen gestuft. Die maximalen Spannungen liegen zwischen einigen Volt und kV für die Energietechnik.

Einsatzfelder. Der Kondensator ist eines der wichtigsten Bauelemente der Elektrotechnik. Typische Einsatzgebiete liegen (Tafel 2.3.1):

- in der Trennung von Gleich- und Wechselstrom: Siebung und Glättung pulsierender Gleichspannung in Netzteilen, Lautsprecherankopplung,
- in Zeitkreisen (Integrierer-, Differenzierschaltungen),
- in der Leistungselektronik (Blindstromkompensation z.B. für Leuchtstofflampen, Entstörzwecke),
- in der Informationstechnik, z.B. bei Koppel- und Filterschaltungen, als Abstimmelement,
- als Grundkonzept der Technik geschalteter Kondensatoren (dynamische MOS-Technik, s. Bd. 2), als Speicherelement für die dynamische Schaltungstechnik, als Grundelement dynamischer Informationsspeicher (s. Bd. 2), als Sensorelement u.a.m.

Parasitäre Kapazitäten. Da Leiteranordnungen, die nicht leitend miteinander verbunden sind, *immer* Kondensatoren darstellen, treten sie auch unerwünscht als sog. *parasitäre Kapazitäten* auf. Beispiele dafür sind die Verbindungsleitungen auf Leiterplatten und Halbleiterchips, Kapazitäten in Schaltungsaufbauten, Bauelementen u.a. Sie müssen je nach Größe und Betriebsfrequenz gegebenenfalls bei der Netzwerkmodellierung berücksichtigt werden. In jedem Fall begrenzen sie die Arbeitsgeschwindigkeit eines Systems.

Ersatzschaltbild technischer Kondensatoren. Der Kondensator wird als Bauelement u.a. nur in erster Näherung durch das kapazitive Zweipolmodell beschrieben; bei genauerer Betrachtung kommen zur Nutzeigenschaft „Kapazität" noch (Bild 2.3.8):

Bild 2.3.8 Kondensator
a) Technische Ausführung eines Vielschichtkondensators (Seitenbeläge weggelassen)
b) Ersatzschaltung mit verschiedenen Näherungsstufen,
b1) idealer Kondensator,
b2) Kondensator mit Verlusten bei tiefen Frequenzen,
b3) wie b2), jedoch für höhere Frequenzen

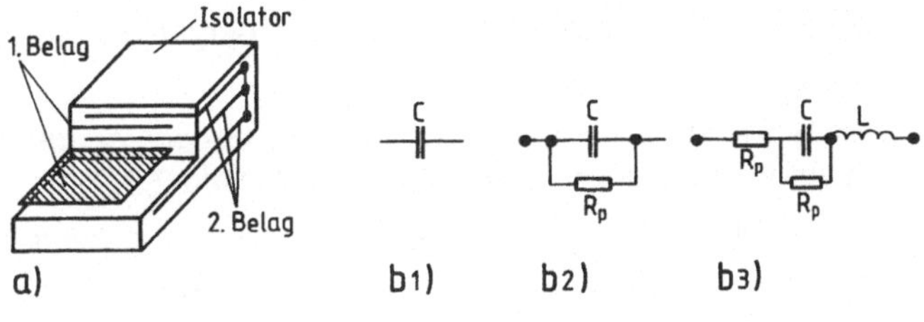

- Verluste im Dielektrikum, die durch einen Parallelwiderstand R_p dargestellt werden (Bild 2.3.8b2),
- ein Reihenwiderstand R_r bedingt durch Zuleitungen und Plattenbelegungswiderstand,
- eine sog. Zuleitungsinduktivität (Bild 2.3.8b3).

2.3.3 Nichtlinearer kapazitiver Zweipol

Die bisher angenommene Linearität $Q \sim u$ stellt eine erhebliche Vereinfachung dar. Im allgemeinen Fall ist die Q-u-Beziehung nichtlinear (s. Bild 2.3.9a). Dann gilt statt Gl. (2.3.3) bei zeitunabhängiger Kapazität:

$$i = \frac{\mathrm{d}Q}{\mathrm{d}t} = \frac{\partial Q}{\partial u}\frac{\mathrm{d}u}{\mathrm{d}t} = c_{\mathrm{d}}\frac{\mathrm{d}u}{\mathrm{d}t}\,. \qquad (2.3.15\mathrm{a})$$

Die Größe c_d heißt differentielle Kapazität (spannungs- bzw. stromabhängig) im Arbeitspunkt. Aus der allgemeinen i-u-Beziehung Gl. (2.3.2) folgt bei spannungs- und zeitabhängiger Kapazität mit

$$\mathrm{d}C = \frac{\partial C}{\partial u}\cdot \mathrm{d}u + \frac{\partial C}{\partial t}\cdot \mathrm{d}t$$

schließlich auch:

$$i = C\frac{\mathrm{d}u}{\mathrm{d}t} + u\left(\frac{\partial C}{\partial u}\cdot\frac{\mathrm{d}u}{\mathrm{d}t} + \frac{\partial C}{\partial t}\right) = \left(C + u\frac{\partial C}{\partial u}\right)\frac{\mathrm{d}u}{\mathrm{d}t} + u\frac{\partial C}{\partial t}\,. \qquad (2.3.15\mathrm{b})$$

Der erste Stromanteil stammt von der linearen Kapazität, der zweite von der differentiellen (durch Arbeitspunktänderung) und der dritte von der Kapazitätsänderung bedingt durch Geometrie- oder Materialänderungen. Dieser letzte Beitrag wird von vielen Sensorprinzipien ausgenutzt.

Im Kleinsignalfall (s. Abschn. 3.1.6) kann $c_d(u)$ als (arbeitspunktabhängige) Konstante angesetzt werden.

Nichtlineare Kapazitäten sind wichtige Netzwerkelemente zur Modellierung des dynamischen Verhaltens von Halbleiterbauelementen, z.B. Dioden, Transistoren, Varicaps u.a. So lassen sich darstellen (Erklärung später im Band 2):

- die Sperrschichtkapazität c_s eines pn-Überganges durch
  $c_s = c_{so}(1 - u/U_D)^{-m}$
- bei Betrieb in Sperrichtung ($u < 0$). Die Größen c_{so} und U_D ($\approx$ 0,8 V) sind Festwerte und m ein Parameter zwischen 1/3 und 1/2 (Bild 2.3.9),
- die Diffusionskapazität des pn-Überganges in Flusspolung durch
  $c_d = c_o \exp u/U_T$ ($U > 0$, U_T, c_o Festwert)
- die MOS-Kapazität mit einer nur implizit lösbaren C-u-Kennlinie.

Schließlich sei erwähnt, dass die Kapazität auch von der Zeit abhängen kann (s. Gl. (2.3.2)). Auf diesen interessanten (und technisch genutzten) Aspekt wollen wir aber nicht näher eingehen.

PC a) Der Differentialzusammenhang zwischen u und i am Kondensator lässt sich auch durch sog. Verhaltensmodellierung nachbilden, arbeiten Sie dazu Multisim-Beispiel 2/10 durch.

b) Nichtlineare Kondensatoren können mit den Verhaltensblöcken in Multisim sehr elegant nachgebildet werden. Arbeiten Sie dazu Beispiel 2/11 durch.

c) Ermitteln Sie die Kleinsignalkapazität für Beispiel 2/11 durch Einsatz des Postprozessors.

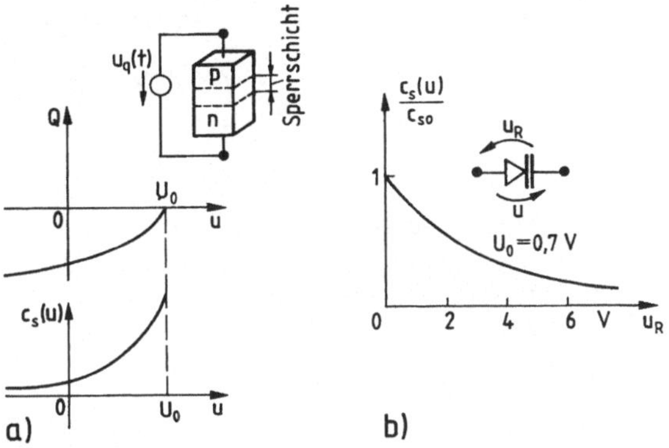

Bild 2.3.9 Nichtlineare Kapazität
a) Ladungs- und Kapazitätskennlinie über der Spannung $u = u_q$
b) Kapazitätskennlinie einer Varactordiode

2.4 Spule, induktiver Zweipol

2.4.1 Spulenprinzip

Der Zustand des Raumes (Kraftwirkung auf geladene Teilchen), der an ruhende Ladungen gebunden ist, wird durch das elektrische Feld charakterisiert. Es ist Sitz der elektrischen Feldenergie.

Ganz analog kennzeichnet man den besonderen Raumzustand, der sich durch Kraftwirkung auf *bewegte* Ladungen äußert, durch das *magnetische Feld.* Es ist Sitz *magnetischer Feldenergie.*

Bewegte Ladungen bedeuten Stromfluss. Jeder Stromfluss (Leiter-, Verschiebungsstrom) ist von einem Magnetfeld umgeben (Bild 2.4.1a). Es äußert sich als Kraftwirkung auf eine Magnetnadel (Probemagnet) oder einen (zweiten) stromdurchflossenen Leiter selbst, d.h. dessen umgebendes Magnetfeld.

Ausführlicher beschreiben wir diese Vorgänge in Abschnitt 6.3. Hier genügt die Tatsache, dass das magnetische Feld durch

Feldlinien veranschaulicht und Feldgrößen beschrieben werden kann.

Bild 2.4.1a zeigt das Magnetfeld eines stromdurchflossenen Leiters mit ausgewählten magnetischen Feldlinien. Wird der stromdurchflossene Draht zu einer *Spule* geformt (Bild

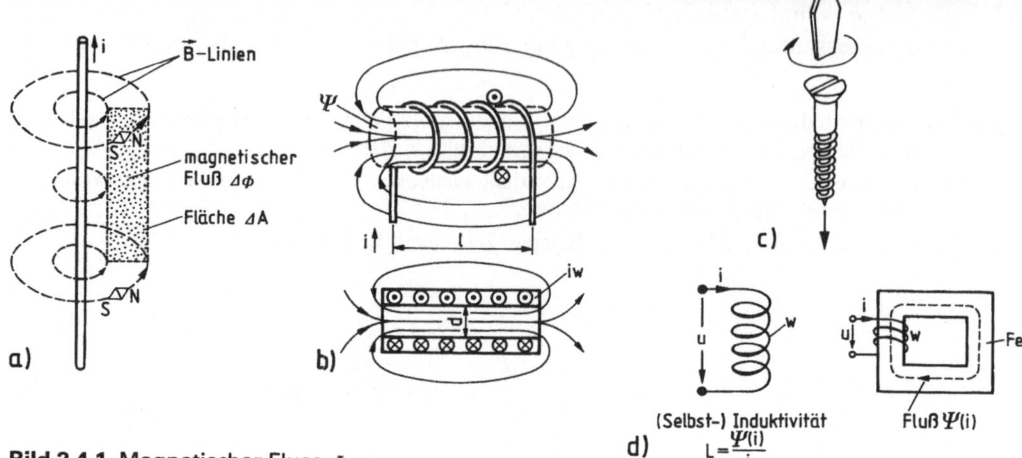

Bild 2.4.1 Magnetischer Fluss Φ
a) Darstellung des magnetischen Feldes eines Stromes *i* durch ausgewählte Feldlinien
b) magnetischer Fluss einer Spule
c) Rechtsschraube
d) Selbstinduktivität einer Spule und Spule mit Eisenkreis

2.4.1b), so entsteht im Spuleninnern ein annähernd homogenes magnetisches Feld. Im Unterschied zum elektrischen Feld sind die *magnetischen Feldlinien immer in sich geschlossen* (elektrische beginnen/enden auf Ladungen) und es gibt offenbar *keine magnetische Ladungen.*

Die Gesamtheit aller magnetischen Feldlinien über den Querschnitt im Spuleninnern heißt (verketteter) *magnetischer Fluss* $\Psi = w\Phi$, eine sog. *integrale magnetische Feldgröße* (ebenso wie der von ruhenden Ladungen ausgehende *Verschiebungsfluss* Ψ[7]) eine solche ist, s. Abschn. 6.2 und 6.3).

Der magnetische Fluss Φ besitzt die Einheit $[\Phi] = 1$ Vs = 1 Wb (Weber[8])). Er hat – wie die magnetische Feldlinien – eine Richtung (Bild 2.4.1c) bezüglich der Stromflussrichtung:

> Magnetische Feldlinien umschließen den Strom im Rechtsschraubensinn (Rechtsschraubenregel). Stimmt der Zählpfeil des Stromes mit der axialen Bewegungsrichtung einer (rechtsgängigen) Schraube überein, so zeigt das magnetische Feld in Richtung der zugehörigen Drehbewegung.

Ursache des magnetischen Flusses Φ ist der Strom i. Beim Kondensator war die Spannung u an den Kondensatorplatten Ursache der Ladungen und somit des Verschiebungsflusses im Dielektrikum. Dort galt $Q = f(u)$. Deshalb vermutet man auch hier eine analoge Beziehung, die zum Induktivitätsbegriff der Spule führt.

---

[7]) Dass hier der verkettete magnetische Fluss Φ resp. Ψ und der Verschiebungsfluss Ψ das gleiche Symbol tragen, geht auf die historische Entwicklung der Elektrotechnik zurück. Beides sind einander wesensfremde Größen.

[8]) Wilhelm Weber, deutscher Physiker 1804–1901.

Selbstinduktion. Aus Bild 2.4.1b ergibt sich, daß in der Spule der magnetische Fluss durch die Windungszahl w gegenüber dem Fluss $\Phi(i)$, herrührend vom stromdurchflossenen Einzelleiter mit dem Strom i (Bild 2.4.1a), verstärkt wird. Man führt deshalb den Begriff „verketteter" Fluss $\Psi = w\Phi$ ein, wenn eine Spule mehrere Windungen hat. Der verkettete magnetische Fluss $\Psi(i)$ steigt mit dem Strom i (Intensität durch Magnetnadelauslenkung überprüfbar) und fürs erste gilt Proportionalität:

$$\Psi = L \cdot i, \qquad [L] = \frac{\text{Vs}}{\text{A}} = \text{H} \quad \text{(Henry)} \qquad \text{Selbstinduktivität der Spule, Definitionsgleichung.} \qquad (2.4.1)$$

Das Verhältnis des (verketteten) magnetischen Flusses Ψ einer stromdurchflossenen Anordnung und des erzeugenden Stromes i heißt *Selbstinduktivität* oder kurz *Induktivität* [9].

Grundsätzlich hat jeder stromdurchflossene Leiter eine Induktivität L.
Sie kennzeichnet das Speichervermögen für das magnetische Feld (vgl. Kapazität für das elektrische Feld) und ist die Haupteigenschaft des Bauelementes *Spule*, oft auch als Induktivität bezeichnet (Objekt, Schaltzeichen Bild 2.4.1d).
Die Induktivität L ist die Haupteigenschaft des zugeordneten *induktiven Netzwerkelementes* (→ induktiver Zweipol).

Eine Spule besitzt die Induktivität 1 H, wenn bei einem Strom von $i = 1$ A ein magnetischer Fluss von 1 Vs erzeugt wird. Die Einheit Henry liegt im technischen Anwendungsbereich, der sich von nH bis zu einigen H erstreckt mit einem Schwerpunkt im µH- und mH-Bereich für Filter in der Informationstechnik.

Erhebliche praktische Bedeutung haben große Induktivitäten. Man erzielt sie durch Bündelung der magnetischen Feldlinien in „magnetisch gut leitendem Material" = Ferromagnetikum (z.B. Eisen). Ferromagnetisches Material verursacht allerdings eine nichtlineare $\Phi(i)$-Charakteristik und ebenso eine nichtlineare Induktivität $L(i)$.

Strom-Spannungsbeziehung der Spule. Selbstinduktion. Fließt durch die Spule Bild 2.4.1d ein *zeitveränderlicher* Strom $i(t)$, so ändert sich auch der magnetische Fluss zeitlich. Dann kommt eine neue Gesetzmäßigkeit ins Spiel, das *Induktionsgesetz* [10] (s. Abschn. 6.3.5): Bringt man in das von einer Spule 1 ausgehende Magnetfeld eine zweite Spule (die als Stromkreis nicht mit der ersten in Beziehung steht, Bild 2.4.2a)) und schließt einen sog. Spannungsmesser an, so entsteht immer dann eine Spannung (*Induktionsspannung*), wenn sich der magnetische Fluss $\Psi(t)$ zeitlich ändert. Es gilt (s. Gl. (6.3.22)):

$$u_\text{i} = -\frac{\mathrm{d}\Psi}{\mathrm{d}t} \qquad \text{Induktionsgesetz.} \qquad (2.4.2)$$

Längs einer geschlossenen Linie (Drahtschleife vorhanden oder gedacht!) entsteht durch ein zeitveränderliches Magnetfeld eine induzierte Spannung u_i. Ihre Richtung hängt von der Änderungstendenz und ihre Höhe von der Änderungsgeschwindigkeit des magnetischen Flusses ab.

[9] Joseph Henry, amerikanischer Physiker 1797–1878.
[10] Michael Faraday, englischer Physiker und Chemiker, 1791–1867.

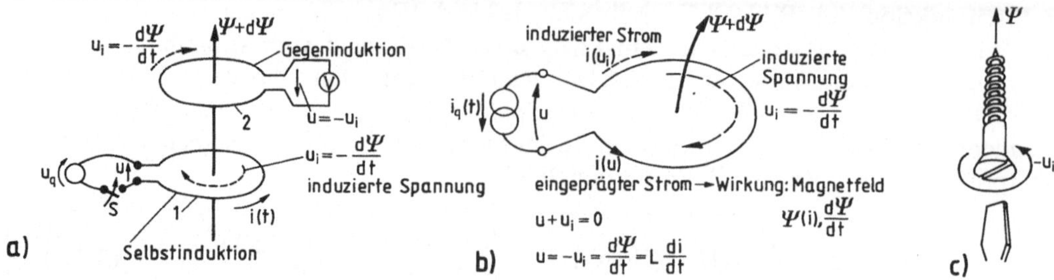

Bild 2.4.2 Induktionsgesetz

a) Änderung des magnetischen Flusses Φ durch Stromänderung $i(t)$ erzeugt induzierte Spannungen in den Spulen 1 und 2. Beide sind über das Magnetfeld verkoppelt

b) Spannungsinduktion in einer Spule

c) Es gilt die Rechtsschraubenregel für die Zuordnung der positiven Zählrichtung von Fluss Φ und $-u_i$

Das Induktionsgesetz ist die Grundlage einer Fülle elektrotechnischer Phänomene und ihrer Ausnutzung in Bauelementen, Geräten und Einrichtungen (bis hin zur Wellenausbreitung). Der durch den Strom $i_1(t)$ erzeugte zeitveränderliche magnetische Fluss in der ersten Spule verursacht

- in einer räumlich entfernten zweiten Spule eine induzierte Spannung, man spricht hier von *Koppel-* oder *Gegeninduktion* (später versehen mit der Größe *M*). Eine Anordnung mit einer zweiten Spule heißt *Transformator*, elektrisch ist sie ein Vierpolelement,
- in der Ausgangsspule selbst eine *induzierte Spannung* u_i. Sie wirkt an ihren Klemmen so, dass zusammen mit der angelegten Spannung $u_q = u$ der Maschensatz gilt: $u + u_i = 0$, d.h. $u = -u_i$, m.a.W. der ursächlichen Spannung entgegen.
- Für die Zuordnung zwischen magnetischem Fluss Ψ und induzierter Spannung $-u_i$ gilt die Rechtsschraubenregel (Bild 2.4.2b).

Die Tatsache, dass nach dem Induktionsgesetz der Strom $i(t)$ durch Spule 1 in dieser Spule selbst eine Spannung induziert, begründet die Strom-Spannungsbeziehung dieser Spule oder der *Selbstinduktivität L*, also des induktiven Zweipolelementes. Aus Gl. (2.4.2) folgt:

$$u = -u_i = \frac{d\Psi}{dt} = \frac{d\Psi(i)}{dt} = \frac{d[L(i)i]}{dt} \qquad (2.4.3)$$

Strom-Spannungsbeziehung der nichtlinearen Selbstinduktivität.

Je nach der Abhängigkeit $L(i)$ lassen sich daraus verschiedene Induktivitätsgruppen angeben (s. Abschn. 2.4.5).

Die Selbstinduktion hinterlässt sicher Fragezeichen, wenn man vom Zustandekommen des Stromes durch die Spule ausgeht (Bild 2.4.2a): Es wird eine Spannung $u_q = u$ an die Spule gelegt (S geschlossen), Stromfluss $i(t)$ setzt ein und damit $\Psi(t)$. Dabei entsteht an den Spulenklemmen $-u_i = u$, d.h. anliegende und induzierte Spannung ergänzen sich zu null und der Stromfluss hört auf (ansonsten müsste durch die widerstandslos angenommene Spule ein unendlich großer Strom fließen). Dieses Verhalten ist die Folge der sog. *Lenzschen Regel*: Danach muss die induzierte Spannung jeweils so gerichtet sein, dass der durch sie induzierte Strom (Bild 2.4.2b) der Stromänderung *entgegen wirkt*, also den ursprünglichen Stromwert zu erhalten sucht. Der Ausgang war aber die stromlose Spule.

2.4.2 Das Netzwerkelement induktiver Zweipol. Zusammenschaltungen

Strom-Spannungsbeziehung. Gedächtniswirkung des induktiven Zweipolelementes. Für die lineare Induktivität gilt $L \sim i$ und damit nach Gl. (2.4.3) für die Spulenspannung in Verbraucherzählpfeilrichtung (Bild 2.4.1d):

$$u = L \cdot \frac{di}{dt} \quad \text{mit} \quad L = \frac{\Psi}{i} = \text{const.} \qquad \text{Strom-Spannungsbeziehung ideale Spule (NWE-Beziehung)} \qquad (2.4.4)$$

Bei der linearen Induktivität ist die Spannung der zeitlichen Stromänderung proportional, oder umgekehrt der Strom proportional dem Zeitintegral über die anliegende Spannung u.

Deshalb fließt durch technische Spule bei anliegender Gleichspannung ($\mathrm{d}i/\mathrm{d}t = 0$) ein hoher Gleichstrom, der nur durch den ohmschen Widerstand der Spule begrenzt ist (Stromüberlastung, Gefahr der Spulenzerstörung).

Auf diesem Verhalten beruht die Bedeutung der Spule für die Schaltungstechnik:

Die Höhe der induzierten Spannung wächst mit der Änderungsgeschwindigkeit des Stromes, deshalb steigt ihr „Widerstand" mit der Frequenz (→ Stromänderung) und sie wirkt als „Widerstand" im Wechselstromkreis für höhere Frequenzen.

Noch größere Bedeutung haben gekoppelte Spulen (s. Abschn. 2.4.5).

Aus Gl. (2.4.4) folgt aufgelöst nach dem Strom (analog zu Gl. (2.3.5))

$$i(t) = \underbrace{i(t_0)}_{\text{Anfangswert}} + \underbrace{\frac{1}{L}\int_{t_0}^{t} u(t')\mathrm{d}t'}_{\text{Gegenwart}} = i(t_0) + \frac{1}{L}[\Psi(t) - \Psi(t_0)] \qquad \text{Strom-Flussbeziehung der Induktivität.} \qquad (2.4.5)$$

mit folgenden Erkenntnissen:

1. Der Spulenstrom $i(t)$ bzw. der magnetische Fluss $\Psi(t)$ zur Zeit t hängt stets vom *Anfangswert* $i(t_0)$ bzw. $\Psi(t_0)$ ab. Er ist das Ergebnis der Vergangenheit von $t = -\infty$ bis t_0 und muss zur Bestimmung von $i(t)$ [$\Psi(t)$] bekannt sein: Speicherwirkung der Spule für das Magnetfeld, *solange Strom fließt* (!).

2. Die Flussänderung ist gleich dem *Zeitintegral* der Spannung. Je rascher sich der Fluss ändert, desto höher wird die momentane Spannung. Unterbricht der Spulenstrom plötzlich (Öffnen des Schalters, Bild 2.4.2a, $\mathrm{d}i/\mathrm{d}t$ sehr groß), so entsteht eine sehr hohe (→ ∞) Spannung an den Spulenklemmen (Anwendung z.B. zur Zündfunkenerzeugung).

3. Der Strom durch die Induktivität ist immer stetig, er kann nie springen (vgl. Verhalten der Spannung am Kondensator).

PC Untersuchen Sie das grundsätzliche u-i-Verhalten der Spule nach Bild 2.4.3 mit dem Multisim-Beispiel 2/12.

Typische Merkmale. Die Spule ist wegen ihrer Eigenschaft, nur für zeitveränderliche Ströme wirksam zu sein, ein wichtiges Netzwerkelement der Wechselstromtechnik. Ergänzend vermerken wir einige Eigenschaften:

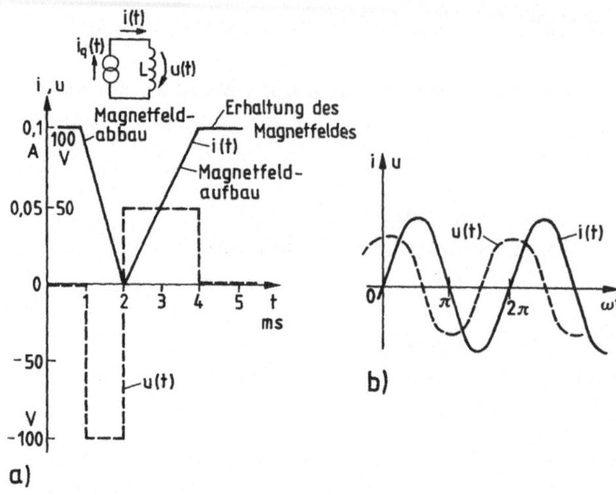

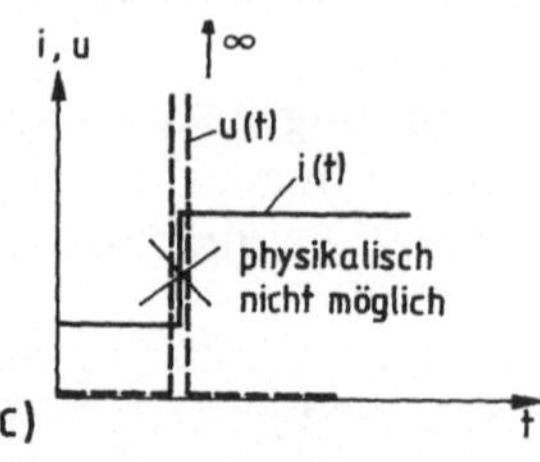

Bild 2.4.3 Strom-Spannungsverhalten der idealen Spule
a) Verhalten bei Einprägung eines zeitveränderlichen Stromes
b) Verhalten bei Einprägung eines sinusförmig zeitveränderlichen Stromes
c) Stromsprung an der Spule ist nicht möglich: Stetigkeit des Spulenstromes

a) *Linear zeitveränderlicher Strom.* Ändert sich der Spulenstrom zeitlinear, so entsteht eine zeitlich konstante Spannung an den Spulenklemmen (Bild 2.4.3a). Ihre Richtung hängt davon ab, ob der Strom steigt (→ Aufbau des Magnetfeldes, Energieerhöhung, Leistungsaufnahme) oder fällt (→ Abbau des Magnetfeldes, Energieabgabe, Leistungsabgabe).

Die Spule wirkt als temporärer Energiespeicher nur, solange Strom fließt. Deshalb kann sie für die Gleichstromschaltungsanalyse durch Kurzschluss resp. einen idealen Leiter ersetzt werden.

b) *Wechselstromverhalten.* Ein Wechselstrom $i(t) = \hat{\imath} \sin \omega t$ verursacht an der Spule die Klemmenspannung (Bild 2.4.3b):

$$u = L\frac{\mathrm{d}i}{\mathrm{d}t} = \omega L \ \hat{\imath} \cos\omega t = \hat{u}\sin(\omega t + \pi/2) \tag{2.4.6}$$

Daraus folgt:

- bei frequenzunabhängiger Stromamplitude $\hat{\imath}$ steigt $\hat{u}$ frequenzproportional, außerdem eilt die Spannung u dem Strom i um den Winkel $\pi/2$ voraus,
- die Proportionalität zwischen $\hat{\imath}$ und $\hat{u}$ wird später zur Erweiterung des Widerstandsbegriffes (→ induktiver Widerstand) verwendet,
- mit $\omega \to 0$, d.h. Entartung des Wechselstromes zum Gleichstrom, verschwindet die Spannung gemäß Punkt a).

c) *Stetigkeit des Spulenstromes.* Weil die Feldenergie eine stetige Größe ist, gilt dies auch zwangsläufig für den magnetischen Fluss Ψ resp. den Spulenstrom i:

Der magnetische Fluss Ψ bzw. der Spulenstrom $i(t)$ ist immer stetig. Diese Größen haben nie Sprünge, dürfen aber Knickstellen aufweisen (Bild 2.4.3c).

Im anderen Fall würde $\mathrm{d}i/\mathrm{d}t \to \infty$ eine Spannung $u \to \infty$ erfordern und damit wegen $p = u \cdot i$ eine physikalisch nicht realisierbare unendliche Leistung. Daher gilt:

$$i(t-0) = i(t+0) \quad \text{Stetigkeit des Spulenstromes.} \tag{2.4.7}$$

Die Stetigkeit des Spulenstromes ist bei Schaltvorgängen zu beachten. Dabei behalten alle Spulenströme im ersten Moment nach Umlegen eines Schalters im Netzwerk noch den Wert, den sie vor dem Umschalten hatten.

Leistung und Energie. Die Leistung an der (linearen) Spule beträgt mit $u = L\,\mathrm{d}i/\mathrm{d}t$:

$$p = u\,i = i\,L\,\mathrm{d}i/\mathrm{d}t = L\,\mathrm{d}/\mathrm{d}t(i^2/2). \tag{2.4.8}$$

Bei ansteigendem Strom wächst $p > 0$ und die Spule nimmt elektrische Leistung auf, die magnetische Feldenergie wächst (Bild 2.4.4) und umgekehrt bei fallendem Strom. Die in der Spule gespeicherte magnetische Energie beträgt mit $\mathrm{d}W = p \cdot \mathrm{d}t = u\,i\mathrm{d}t = i\,\mathrm{d}\Psi$

$$W(\Psi) - W(\Psi_0) = \int_{\Psi_0}^{\Psi} i\,\mathrm{d}\Psi = W(i) - W(i_0) = \int_{i_0}^{i} Li\,\mathrm{d}i = \frac{L}{2}(i^2 - i_0^2),$$

also vom Anfangswert $i_0 = 0$ aus:

$$W_{\mathrm{mag}} = \frac{L}{2}i^2 = \frac{\Psi^2}{2L} = \frac{i \cdot \Psi}{2} > 0 \quad \text{gespeicherte Energie in der Spule.} \tag{2.4.9}$$

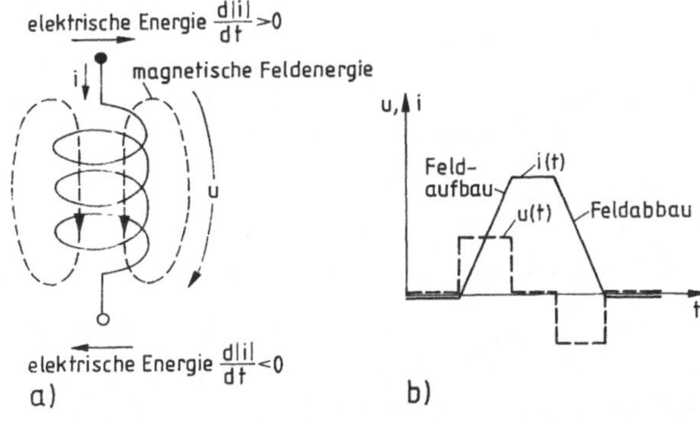

Bild 2.4.4 Energiewandlung in der Spule
a) Wandlung elektrische Energie–magnetische Feldenergie
b) zu a) Gehöriges *u-i*-Verhalten

PC a) Untersuchen Sie das *i-u*-Verhalten der Induktivität mit Multisim. Legen Sie dazu eine Induktivität (L = 100 H) an eine Spannungsquelle (Funktionsgenerator, u_q = 10 V, f = 10 Hz) und wandeln Sie den Spulenstrom durch eine stromgesteuerte Spannungsquelle (*i-u*-Wandler, Bibliothek „Basics") in eine Spannung um und zeigen Sie Spulenspannung (Kanal A) sowie den Spulenstrom (Kanal B) am Oszilloskop an. Schalten Sie am Funktionsgenerator der Reihe nach Dreieck-, Impuls- und Wechselsignal ein. Kurvenerklärung?

b) Wie ist bei einem Sinussignal die Anzeige des Kanalquotienten A/B (einstellen!) zu interpretieren?

c) Arbeiten Sie anschließend Multisim-Beispiel 4/15 durch.

Aufgaben 2.4.1, 2.4.2.

Zusammenschaltung von linearen Spulen. Wie Widerstände und Kondensatoren lassen sich auch Spulen zusammenschalten. Für die *Reihenschaltung* zweier linearer Spulen L_1, L_2 gilt (Bild 2.4.5):

$$L = L_1 + L_2 \text{ allgemein,} \quad L = \sum_n L_n \quad \text{Reihenschaltung nicht gekoppelter Spulen} \tag{2.4.10}$$

falls sie *magnetisch nicht verkoppelt* sind. Die *Parallelschaltung* ergibt unter der gleichen Voraussetzung das Ergebnis:

$$\frac{1}{L} = \sum_n \frac{1}{L_n} \quad \text{Parallelschaltung nicht gekoppelter Spulen} . \qquad (2.4.11)$$

Bei parallel geschalteten Spulen ist die Gesamtinduktivität stets kleiner als die kleinste Teilinduktivität.

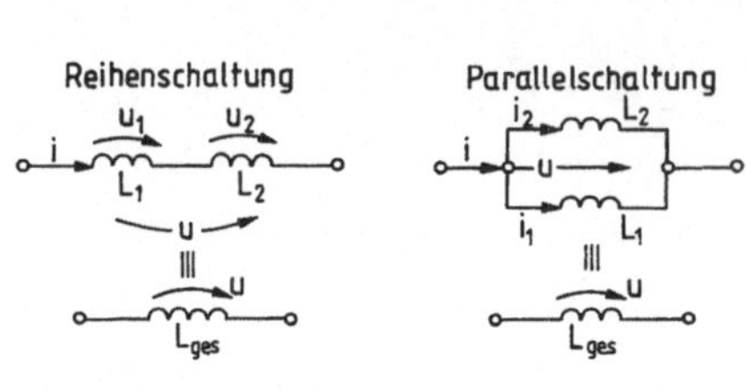

konstante Größe	magnetischer Fluß Ψ	Strom i
Addition	Gesamtspannung $u = u_1 + u_2$	Gesamtfluß $\Psi = \Psi_1 + \Psi_2$
Ersatz-induktivität $M = 0$	$L_{ges} = L_1 + L_2$	$L_{ges} = \frac{L_1 \cdot L_2}{L_1 + L_2}$
$M \neq 0$	$L_{ges} = L_1 + L_2 \pm 2M$	$L_{ges} = \frac{L_1 L_2 - M^2}{L_1 + L_2 \pm 2M}$

Bild 2.4.5 Ersatzinduktivität bei Reihen- und Parallelschaltung zweier Spulen (ohne und mit magnetischer Kopplung m, s. Abschn. 3)

Wie beim Kondensator lassen sich auch Spannungs- und Stromteilerregeln (sinngemäß zu Gl. (2.3.11, 12) aufstellen, wir verzichten auf nähere Angabe.

Aufgabe 2.4.3.

2.4.3 Spule als Bauelement

Die Spule ist als Bauelement mit der Eigenschaft *Selbstinduktivität L* in ganz unterschiedlichen Bau- und Konstruktionsformen verfügbar. Die Eigenschaft „Induktivität" lässt sich unterteilen in *lineare, nichtlineare* und *differentielle* Induktivitäten u.a. wie beim kapazitiven Zweipol.

Die *Bemessungsgleichung* der Induktivität hängt von der Leiteranordnung, genauer der Verkettung zwischen Leiter und Magnetfeld und den magnetischen Eigenschaften des Feldraumes ab (s. Abschn. 6.3.4). Dabei ist erforderlich, für den Feldraum den Begriff *magnetischer Widerstand* R_m einzuführen (s. Abschn. 6.3.3). Für die lineare Induktivität gilt:

$$L = w^2/R_m = w^2 \cdot A_L \quad \text{Bemessungsgleichung der linearen Induktivität} . \qquad (2.4.12)$$

Praktisch wird statt R_m der sog. *Induktivitätsfaktor* A_L angegeben (Größenordnung: A_L (nH...µH)/Windung). A_L hängt von konstruktiven Größen ab. Beispielsweise gelten für:

- Ringspule mit Eisenkern: $A_L = \frac{\mu A}{2\pi r}$
- lange Zylinderspule in Luft $A_L \approx \frac{\mu_0 A}{l}$
- Spule mit Eisenkern und Luftspalt $A_L \approx \frac{\mu_0 A}{l_L + l_{Fe}/\mu_r}$.

Die Permeabilität $\mu = \mu_0\, \mu_r$ liegt durch die absolute Permeabilität (sog. magnetische Feldkonstante, Naturkonstante)

$$\mu_0 = 4\pi \cdot 10^{-7}\ \text{Vs/Am} \tag{2.4.13}$$

und die relative Permeabilität μ_r des Materials fest: Vakuum $\mu_r \approx 1$, ferromagnetische Stoffe (Eisen) $\mu_r \approx 10^2 \ldots 10^5$.

Weil grundsätzlich jeder stromdurchflossene Leiter mit einem magnetischen Fluss verkettet ist, haben auch typische Leitergebilde und selbst die Doppelleitung und der Einzeldraht bereits spezifische Induktivitäten.

Das Bauelement Spule. Das Bauelement Spule lässt sich ganz unterschiedlich ausführen: als *Festwert, einstellbar* (veränderbar), vor allem aber ohne oder mit ferromagnetischem „Kreis". Dementsprechend unterscheiden sich die Schaltzeichen (Bild 2.4.6).

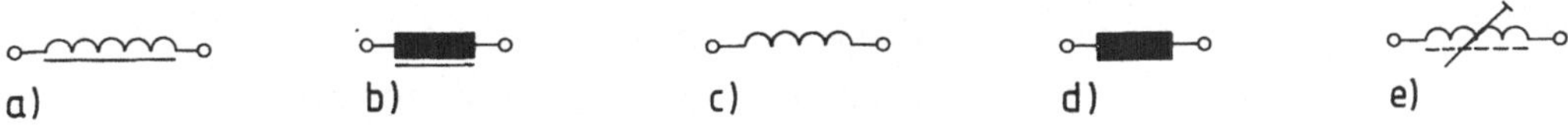

Bild 2.4.6 Schaltzeichen von Spulen
a) Spule mit ferromagnetischem Kern (DIN), b) wie a) (IEC), c) Spule (allgemein, ebenso Luftspule), d) Spule ohne ferromagnetischen Kern (IEC), e) Spule mit einstellbarem Massekern

Spulen werden meist durch Aufwickeln eines Drahtes auf einen Spulenkörper hergestellt, der von einem ferromagnetischen Material ganz oder teilweise umgeben ist. Im Gegensatz zu Widerständen und Kondensatoren, die genormt sind, ist dies bei Spulen nicht der Fall. Man realisiert sie vielmehr anwendungsbezogen:

- Energietechnik für die sehr niedrige Netzfrequenz (große L-Werte erforderlich), durchweg Eisenkreis,
- Elektronik für mittlere, hohe und höchste Frequenzen (geringere L-Werte), meist Ferritkerne mit besonders kapazitätsarmer Wicklung,
- Der magnetische Kreis kann dabei
  – nicht geschlossen sein, also z.B. nur aus einem Zylinderkern bestehen, durch dessen Lage (Einschrauben) die Induktivität veränderbar gemacht wird (Bild 2.4.7).

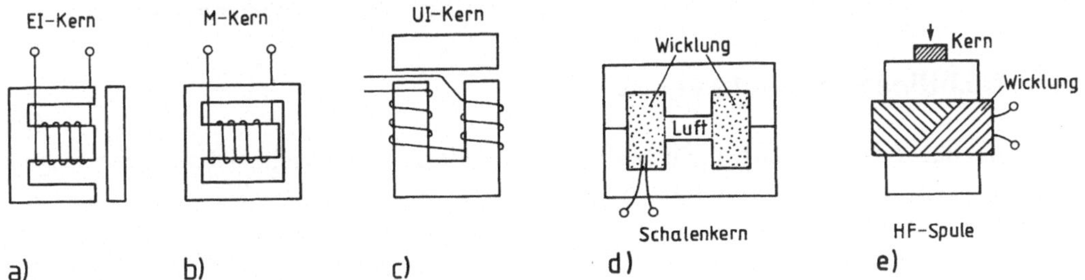

Bild 2.4.7 Bauformen von Spulen
a)...c) IE-, M-, UI-Kern mit ferromagnetischem Material (M-Kern nur Eisenblech),
d) Schalenkern (Ferrit), e) HF-Spule mit einstellbarem Ferritkern

– geschlossen sein (mit oder ohne Luftspalt). Zu dieser Gruppe gehören die Topf-, Ring- und Schalenkerne und die zahlreichen „Kernschnittformen“ (z.B. M-, EI-, EK-, UI-, EE-Kerne, Ring, Stab u.a.). Die Buchstabenbezeichnung lehnt sich an die typische Aussehensform des Kernes an. Diese Formen bilden die Masse der eingesetzten Induktivitäten,

- für die HF- und Mikrowellentechnik genügen bereits spiralenförmige angeordnete dünne Leiterbahnen auf einem isolierenden Substrat (sog. Dünnschichtinduktivitäten, verbreitet in der Handy-Schaltungstechnik eingesetzt).

Einsatzfelder der Spule sind:

- ihre „Drosselwirkung“: Erhöhung des Widerstandes für Wechselspannung in einem Stromkreis, ohne den Gleichspannungsabfall zu vergrößern (z.B. Siebdrossel in Netzteilen, Entstörfilter),
- Speicherdrossel in Schaltnetzteilen,
- Filter und Schwingkreise,
- in der Leistungselektronik (Gleichrichterschaltungen),
- in der Informationstechnik als Abstimm- und Siebelement, Mikrowellenbauteil u.a.m.

Weil sich durch mikroelektronische Techniken nur Spulen mit sehr kleinen Induktivitätswerten realisieren lassen und überhaupt Volumen und Gewicht nicht mikroelektronisch kompatibel sind, werden sie weitestgehend vermieden und ihre Wirkung durch andere elektronische Schaltungstechniken ersetzt, z.B. *RC*-Schaltungen mit Verstärkern, geschalteten Kondensatoren, Gyratoren u.a.m.

Ersatzschaltbild technischer Spulen. Die Spule als *Bauelement* wird durch das induktive Zweipolelement nur in erster Näherung beschrieben, insbesondere ist die Annahme eines widerstandslosen Leiters wirklichkeitsfremd (Bild 2.4.8). Er verursacht – dargestellt durch den Widerstand R_m – vielmehr Wicklungsverluste. Im Wechselstrombetrieb treten durch die ständige „Ummagnetisierung“ des Eisenkernes die sog. *Kernverluste* auf, nachgebildet durch einen Widerstand R_{Fe}. Bei hohen Frequenzen schließlich kommen „Wicklungskapazitäten“ hinzu, die das Ersatzschaltbild weiter ergänzen.

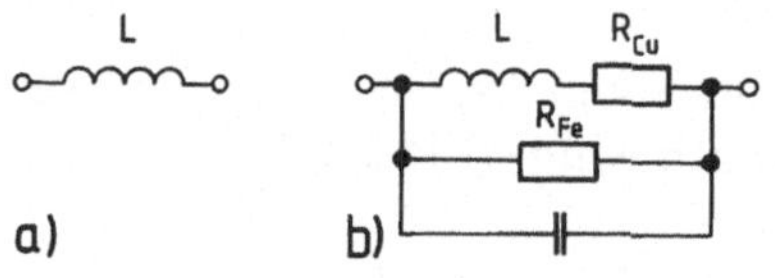

Bild 2.4.8
Spulenersatzschaltbilder
a) ideale Spule (ohne Kern- und Wirkungsverluste)
b) Spule mit Kern- und Kupferverlusten R_{Fe}, R_{Cu} (parasitäre Kapazität für hohe Frequenz)

2.4.4 Nichtlinearer induktiver Zweipol

Die Linearität $\Psi \sim i$ gilt z.B. nicht bei Spulen mit ferromagnetischem Kreis. Deswegen lässt sich – wie beim Kondensator (s. Abschn. 2.3.3) – aus dem Fluss $\Psi(i)$ z.B. eine *differentielle (Selbst)induktivität*

$$l_d = \frac{d\Psi}{dt} \tag{2.4.14}$$

im Arbeitspunkt herleiten. Erwähnt sei, dass die Induktivität auch zeitabhängig verändert werden kann (z.B. durch Geometrie- oder Materialänderung, vgl. Kondensator Gl. (2.3.15b), letzter Term). Dann entsteht bei durchfließendem Gleichstrom eine Spannungsänderung, worauf einige Sensorprinzipien basieren.

Im Gegensatz zu nichtlinearen Kapazitäten, die häufig in Halbleiterbauelementen auftreten und die Netzwerkanalyse oft entscheidend mitbestimmen, haben nichtlineare Induktivitäten nicht die gleiche Bedeutung für die Elektronik. Sie werden deshalb nicht näher verfolgt. Bild 2.4.9 zeigt ein Beispiel eines Ψ-i-Verlaufes, wie er für eine Spule mit Eisenkern typisch ist, und den zugehörigen L-Verlauf.

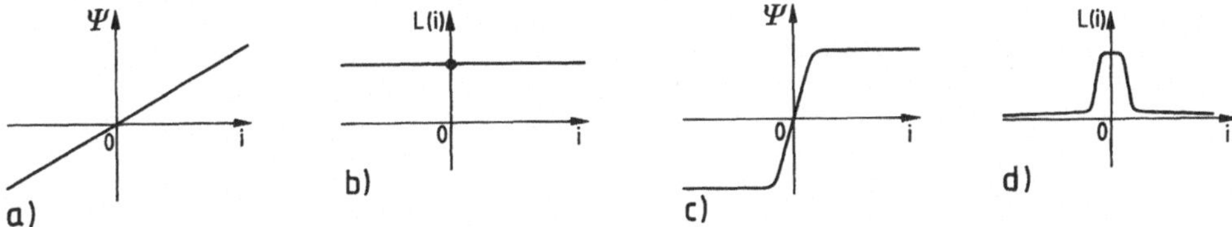

Bild 2.4.9 Nichtlineare Spule
a), b) Spule mit linearem magnetischen Kreis, Fluss (a) und Induktivität b)
c), d) Spule mit nichtlinearem magnetischen Kreis, Fluss (c) und Induktivität (d)

PC Untersuchen Sie durch Anlehnung an das Multisim-Beispiel 2/11 des nichtlinearen Kondensators, wie mit Multisim eine nichtlineare, stromabhängige Induktivität $L(i)$ elektronisch geschaffen werden kann. Stellen Sie für typische Verläufe $L(i)$ das u-i-Verhalten bei sinusförmiger Erregung am Oszilloskop dar.

2.4.5 Gegeninduktion, magnetisch verkoppelte Spulen

Liegt im Magnetfeld einer Spule 1 (Bild 2.4.10) noch eine Spule 2, die elektrisch nicht mit der ersten verkoppelt ist, so hängt der dort auftreffende magnetische Fluss $\Psi_2(i_1, i_2)$ nicht nur von einem etwa von außen selbst eingeprägten Strom i_2 ab, sondern über das Magnetfeld auch von i_1. Umgekehrt wird der magnetische Fluss $\Psi_1(i_1, i_2)$ durch Spule 1 vom Strom i_1 bestimmt und dem Strom i_2 durch Spule 2. Insgesamt enthalten die beiden induzierten Spannungen

$$u_1 = \frac{\mathrm{d}\Psi_1(i_1, i_2)}{\mathrm{d}t}, \qquad u_2 = \frac{\mathrm{d}\Psi_2(i_1, i_2)}{\mathrm{d}t}$$

jetzt auch die magnetische Wechselwirkung → Verkopplung beider Spulen. Für *lineare* Fluss-Stromzusammenhänge gelten:

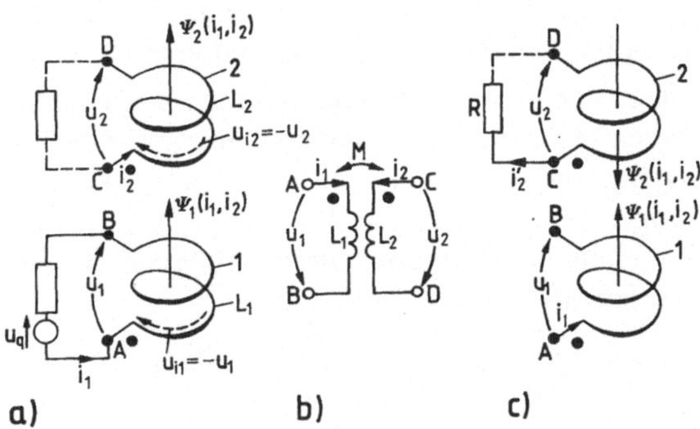

Bild 2.4.10 Magnetisch verkoppelte Spulen
a) Anordnung zweier verkoppelter Spulen mit den Induktivitäten L_1, L_2
b) Schaltsymbol zweier magnetisch gekoppelter Spulen, gleichsinnige Wicklungen
c) Anordnung wie a), jedoch mit umgekehrter Stromrichtung i_2

$\Psi_1(i_1,i_2) = L_1 i_1 + M_{12} i_2$ $\Psi_2(i_1,i_2) = M_{21} i_1 + L_2 i_2$	Flussverkopplung in zwei Spulen.	(2.4.15)

Die Koeffizienten bedeuten:

Selbstinduktionen $L_1 = \left.\frac{\Psi_1}{i_1}\right|_{i_2=0}, \quad L_2 = \left.\frac{\Psi_2}{i_2}\right|_{i_1=0}$

Gegeninduktionen $M_{12} = \left.\frac{\Psi_1}{i_2}\right|_{i_1=0}, \quad M_{21} = \left.\frac{\Psi_2}{i_1}\right|_{i_2=0}.$

Zwei magnetisch verkoppelte Spulen werden außer durch die (Selbst)induktivitäten L_1 und L_2 der Einzelspulen noch durch die *Gegeninduktivitäten* M_{21}, und M_{12} gekennzeichnet. Sie drücken die wechselseitige Verkopplung der elektrischen Kreise über das Magnetfeld aus.

Die Einheit der Gegeninduktivität M ist – wie die der Induktivität L – das Henry:

[M] = Vs/A = H (Henry).

Die Strom-Spannungs-Beziehungen der Anordnung Bild 2.4.10a lauten somit (Gl. (2.4.15)):

$u_1 = L_1 \frac{di_1}{dt} + M_{12} \frac{di_2}{dt}$ $u_2 = M_{21} \frac{di_1}{dt} + L_2 \frac{di_2}{dt}$	Strom-Spannungsbeziehungen gekoppelter Spulen. Transformatorgleichung.	(2.4.16)

Sie werden auch als *Transformatorgleichungen* bezeichnet. Für lineare Anordnungen gilt die *Umkehrbarkeitsbedingung* (Reziprozität):

$$M_{21} = M_{12} = M.$$

Die Gegeninduktivität M lässt sich gemäß

$$M = k\sqrt{L_1 L_2} \qquad k \text{ Kopplungsfaktor } (0 \le k \le 1) \tag{2.4.17}$$

auf die Induktivitäten L_1, L_2 und einen *Kopplungsfaktor* k zurückführen. Er hängt insbesondere von der räumlichen Lage beider Spulen ab. Bei magnetischer Entkopplung gilt $k = 0$, bei voller Kopplung (beide Spulen vom gleichem Fluss maximal durchsetzt), $k = 1$.

Die beiden magnetisch gekoppelten Spulen nach Bild 2.4.10b stellen im Gegensatz zu allen bisher betrachteten Netzwerkelementen ein *Vierpolelement* dar. Das führt u.a. zu einem u-i-Beziehungssystem nach Gl. (2.4.16), zu dessen Lösung zwei weitere Klemmenbedingungen erforderlich sind. Ist z.B. $i_2 = 0$ (und damit $di_2/dt = 0$), so entsteht bei Anlegen der Spannung u_1 (Vorgabe durch anliegenden Generator di_1/dt) auf der Ausgangsseite die Leerlaufspannung:

$$u_2 = M\frac{di_1}{dt} = \frac{M}{L_1}u_1 = k\sqrt{\frac{L_2}{L_1}}u_1 = \left.\frac{w_2}{w_1}u_1\right|_{k=1}. \tag{2.4.18}$$

Setzt man den Kopplungsfaktor $k = 1$ und geht davon aus (s. Gl. (2.4.12)), dass für die Selbstinduktivität $L \sim w^2$ gilt, so wird die Eingangsspannung u_1 mit dem Windungszahlverhältnis w_2/w_1 auf die Ausgangsseite transformiert!

Gekoppelte Spulen dienen der Transformation zeitveränderlicher Spannungen und Ströme zwischen verschiedenen Stromkreisen: *Transformatorprinzip*.

Das Transformatorprinzip hat fundamentale Bedeutung für die Elektrotechnik/Elektronik, denn

- es erlaubt die problemlose Spannungswandlung (z.B. Netzspannung 230 V auf eine Kleinspannung von 12 V, Hochspannung 110 kV auf eine Netzspannung 230 V u.a.). Erst so war wirtschaftliche Energieübertragung über große Strecken wegen der dann geringeren Ströme und Leistungsverluste in den Leitungen möglich,
- es „trennt" zwei elektrische Stromkreise gleichstrommäßig (oder galvanisch): Sicherheitserhöhung, bequeme Einkopplung von Spannungen in einen Kreis,
- es erlaubt in der Informationstechnik im Prinzip des „Schaltnetzteiles" den Einsatz sehr volumensparender Transformatoren,
- es dient zur sog. *Anpassung* eines Verbrauchers an einen Generator im Wechselstromkreis zur Erzielung eines hohen Wirkungsgrades.

Die Strom-Spannungs-Relationen Gl. (2.4.16) beziehen sich, wie dargestellt (Bild 2.4.10a), auf den Fall, dass beide Windungen *gleichen* Windungssinn haben und die Ströme bei A resp. C eintreten. Nur dann addieren sich die von jeder Spule erzeugten Flüsse (Flussrichtung durch Rechtehandregel bestimmbar). Wird dagegen die Stromrichtung i_2 (bei gleicher Spannung u_2) umgekehrt (Bild 2.4.10c) z.B. dadurch erzwungen, daß zwischen B, D ein Widerstand R liegt, so gilt anstelle von Gl. (2.4.16a):

$$u_1 = L_1 \frac{di_1}{dt} - M \frac{di_2}{dt}, \qquad u_2 = M \frac{di_1}{dt} - L \frac{di_2}{dt} \tag{2.4.19}$$

weil sich jetzt die Teilflüsse subtrahieren (Windungssinn der Spule nicht verändert) oder:

Flussaddition liegt (bei gleichem Wicklungssinn) vor, wenn die Ströme an beiden Spulenanfängen (Punkte!) eintreten. Bei Flusssubtraktion kehrt sich hingegen das Vorzeichen von i_2.

Aus Gl. (2.4.16) leitet man dann ohne Mühe die Beziehungen für zwei reihengeschaltete gekoppelte Induktivitäten L_1, L_2 her (Bild 2.4.11, vgl. auch Bild 2.4.5). Bei Berechnung der Ersatzinduktivität gekoppelter Spulen geht daher die Gegeninduktivität M mit ein!

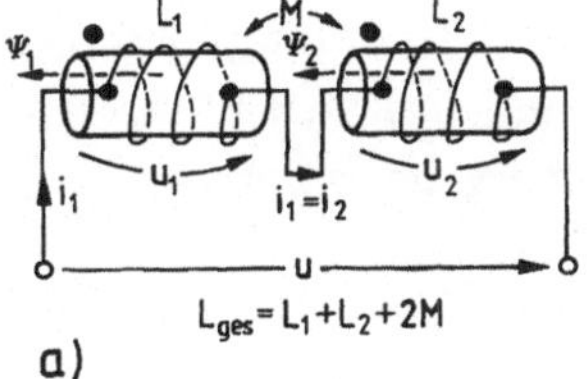

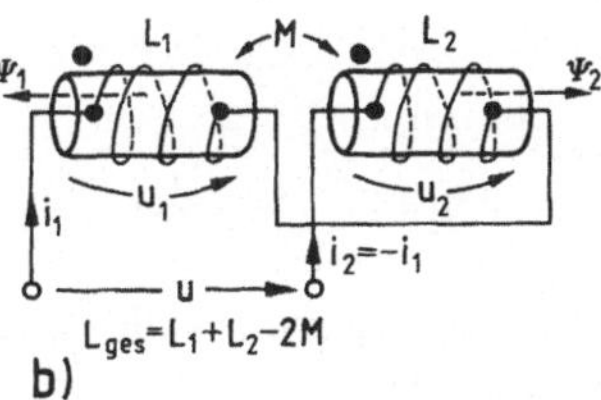

Bild 2.4.11 Zusammenschaltung von magnetisch gekoppelten Spulen
a) Reihenschaltung (gleicher Wicklungssinn)
b) Reihenschaltung (entgegengesetzter Wicklungssinn)

PC Schalten Sie in Multisim zwei gekoppelte Spulen (Vorschlag: Modell Transformator, Typ SPQ4-48) nach Bild 2.4.11 in Reihe mit gleichem bzw. entgegengesetztem Richtungssinn, prägen Sie einen Wechselstrom ein (Stromquelle, $i_q = 10$ mA, $f = 100$ Hz) und messen Sie jeweils die über der Ersatzinduktivität abfallende Spannung. Kann auf diese Weise die Gegeninduktivität M bestimmt werden?

Aufgaben 2.4.4...2.4.6.

2.5 Mehrpolelemente

Außer zweipoligen Netzwerkelementen gibt es eine Reihe von *Mehrpol-* und speziell *Vierpolnetzwerkelementen*, die für die Energie- und Informationsübertragung von prinzipieller Bedeutung sind. Dazu zählen z.B. Verbindungsleitungen (sog. Leitungsmodelle) zwischen Quelle und Empfänger, Transformator, Differenzverstärker, Optokoppler, Operationsverstärker u.a.m. Sind zwei Pole des Vierpolelementes durchgehend verbunden, so spricht man von einem *Dreipol*. Dazu zählen beispielsweise Transistoren.

Mehrpolbauelemente mit einer Klemmenzahl $n > 4$ sind z.B. Differenztransformatoren und speziell Schaltkreise (dort kann n sogar sehr groß sein). Solche Netzwerkelemente werden nicht nur typischen Bauelementen zugeordnet, sondern auch als sog. *Makromodelle* verwendet. Sie dienen zur vereinfachten Darstellung größerer Komplexe eines Netzwerkes. (*Beispiel*: Makromodell eines Operationsverstärkers, Zweipolersatznetzwerk eines größeren Komplexes u.a.m.).

Ein n-Mehrpolelement ($n = 2$) wird durch n–1 Klemmenströme und ebenso viele, auf einen Referenzknoten bezogene Spannungen beschrieben. Die Kirchhoffschen Gleichungen liefern noch die beiden restlichen Größen.

Wie bei Zweipolen unterscheidet man zwischen *aktiven Mehrpolen mit unabhängigen Quellen* (die nicht weiter verfolgt werden sollen), *passiven Mehrpolen* (resistive, kapazitive, induktive Elemente) und solchen mit *gesteuerten* oder *abhängigen* Quellen. Letztere bilden die Grundlage der Modellierung aller *Verstärkerbauelemente* (Transistoren, Ersatzschaltungen, Schaltungen damit).

2.5.1 Gesteuerte Quellen

Bei den unabhängigen Quellen (s. Abschn. 2.1.1) hing die Quellengröße (Quellenspannung, Quellenstrom) nicht von den umgebenden Netzwerkvariablen ab, vielmehr galten (Gl. (2.1.1,3)) u_q = const. bzw. i_q = const.

Im Gegensatz dazu hängt die Quellengröße (Strom, Spannung) einer *gesteuerten* Quelle von einer oder mehreren Größe(n) (Strom, Spannung) an anderen Netzwerkzweigen, eben der (den) *Steuergröße(n)* ab.

Daraus ergeben sich sofort *vier Quellenarten* (Tafel 2.5.1) bei nur eine Steuergröße, (Index st):

Tafel 2.5.1 Ideale lineare gesteuerte Quellen

Typ	Steuergröße	Ersatzschaltung	Kennlinie	R_{st}	R_i	Steuerkennwert
Spannungsquelle	spannungsgesteuert u_{st}	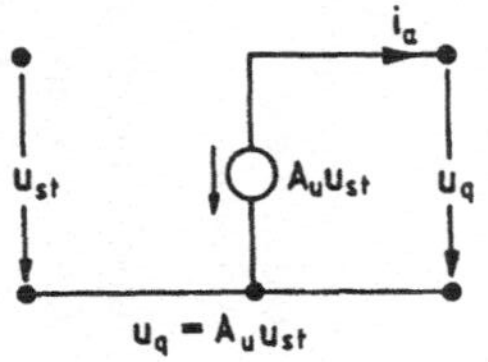 $u_q = A_u u_{st}$	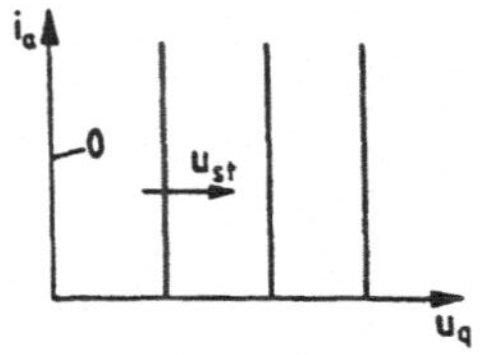	∞	0	Leerlaufspannungsverstärkung A_u
	stromgesteuert i_{st}	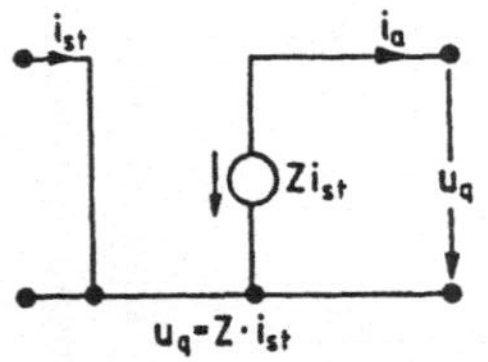 $u_q = Z \cdot i_{st}$	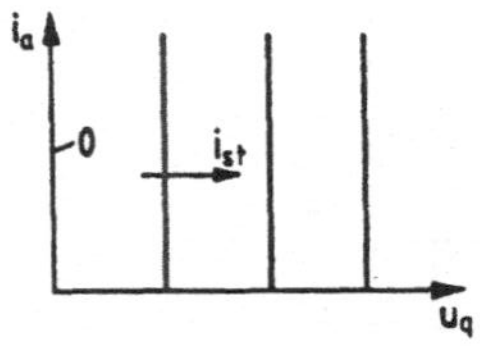	0	0	Transferwiderstand Z
Stromquelle	spannungsgesteuert u_{st}	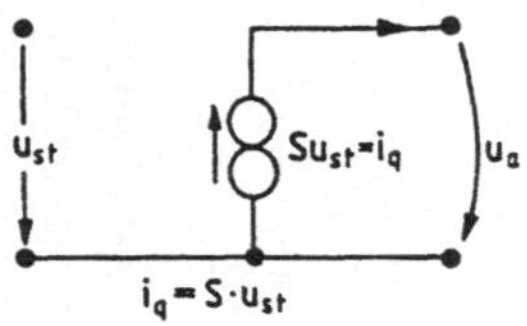 $i_q = S \cdot u_{st}$	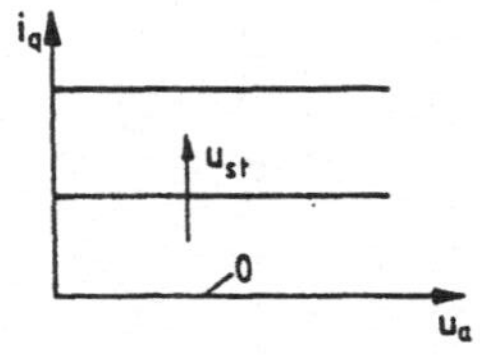	∞	∞	Steilheit, Transferleitwert S
	stromgesteuert i_{st}	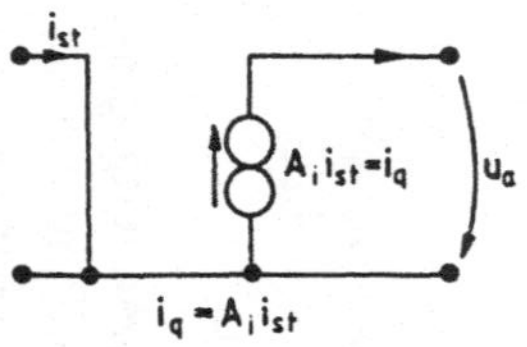 $i_q = A_i i_{st}$	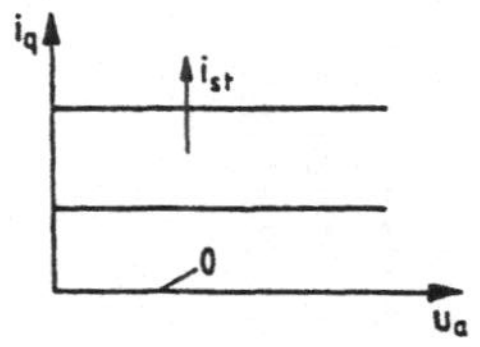	0	∞	Kurzschlussstromverstärkung Stromübersetzung A_i

- spannungsgesteuerte Spannungsquelle $u_q = u_q(u_{st})$ Multisim: E-Typ
- stromgesteuerte Spannungsquelle $u_q = u_q(i_{st})$ " H-Typ
- spannungsgesteuerte Stromquelle $i_q = i_q(u_{st})$ " G-Typ
- stromgesteuerte Stromquelle $i_q = i_q(i_{st})$. " F-Typ

Diese Grundtypen gesteuerter Quellen lassen sich grundsätzlich nur durch einen Drei- oder Vierpol modellieren (wobei im ersten Fall jeweils eine Klemme der Quellen- und Steuerstrecke verbunden ist). Die Vierpolseite 1 heißt *Steuereingang*, die Seite 2 der *Vierpolausgang* oder die *Quellenseite.*

Von einer *linear gesteuerten Quelle* spricht man, wenn die Steuergröße linear auftritt. Dann sind folgende lineare Quellen möglich:

$u_q = A_u u_{st}$	A_u (Leerlauf-)Spannungsverstärkung	
$u_q = R i_{st}$	R Transferwiderstand, oft auch als Transimpedanz Z_m benannt	
$i_q = S u_{st}$	S Transferleitwert, Steilheit, Transkonduktanz, verbreitet auch mit G_m bezeichnet	(2.5.1)
$i_q = A_i i_{st}$	A_i (Kurzschluss-)Stromverstärkung.	

Der Begriff Steilheit stammt noch aus der Elektronenröhrenzeit.

Eine spannungsgesteuerte Spannungsquelle kann ideal, aber nichtlinear sein (Steuereinfluss !) (Bild 2.5.1a) oder nichtideal durch Hinzunahme eines Innenwiderstandes. Das gilt auch für den Linearfall (Bild 2.5.1c, d $u_q \sim u_e$). Die Spannungsverstärkung A_u ist dann konstant. Wir betrachten einige Beispiele.

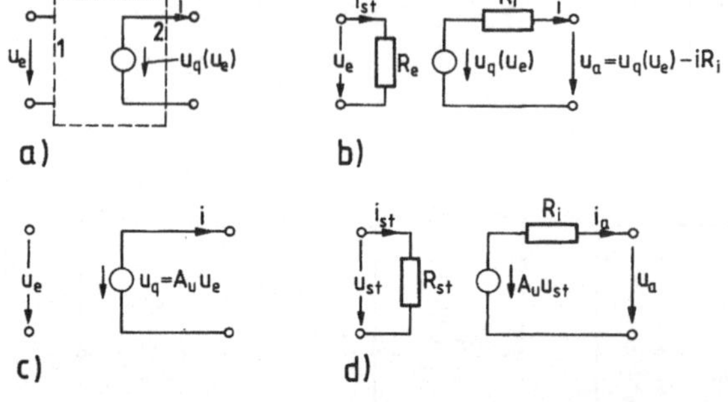

Bild 2.5.1
Spannungsgesteuerte Spannungsquelle
a) ideale spannungsgesteuerte (nichtlineare) Spannungsquelle
b) nichtideale spannungsgesteuerte (nichtlineare) Spannungsquelle
c) ideale spannungsgesteuerte (lineare) Spannungsquelle
d) allgemeine (lineare) spannungsgesteuerte Spannungsquelle

Spannungsgesteuerte Spannungsquelle. Bild 2.5.2 veranschaulicht die Kennliniendarstellungen einer spannungsgesteuerten Spannungsquelle. Der Zusammenhang zwischen Ausgangsspannung u_a (= Quellspannung u_q) und Steuerspannung $u_{st} = u_e$ (Eingangsspannung) heißt *Steuer-* oder *Transferkennlinie.* Er kann linear oder nichtlinear sein. Bereits eine geringe Eingangsspannung u_e genügt, um eine große Quellenspannung $u_q = u_a$ zu steuern. Die Ausgangskennlinie ist die einer idealen Spannungsquelle (vgl. Bild 2.1.1) mit der Steuerspannung als Parameter. Von Seite 2 her wirkt die Anordnung als aktiver Zweipol mit „einstellbarer" Quellenspannung. Wird der Quelle ausgangsseitig ein Innenwiderstand hinzugefügt (s. Bild 2.5.2c), so entsteht der Kennlinientyp einer gesteuerten realen Spannungsquelle.

Häufig wünscht man eine leistungslose Quellensteuerung. Das erfordert bei Spannungssteuerung eingangsseitig *Leerlauf* ($i \to 0$, $R_{st} \to \infty$) und analog bei Stromsteuerung Kurz-

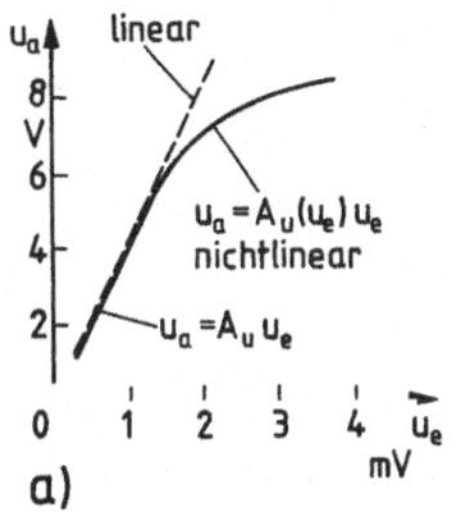

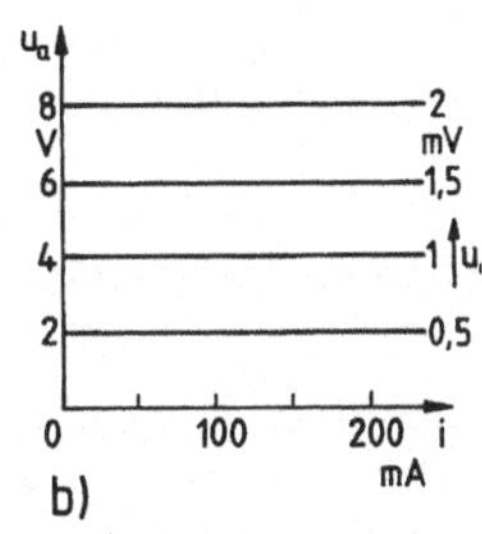

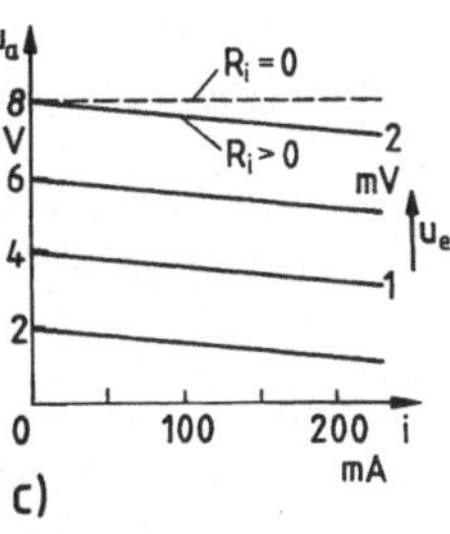

Bild 2.5.2 Kennlinienfeld der spannungsgesteuerten Spannungsquelle
a) Steuerkennlinie: Quellenspannung u_a als Funktion der Steuerspannung u_e
b) Strom-Spannungskennlinienfeld der gesteuerten Spannungsquelle. Steuerspannung u_e Parameter
c) wie b) mit Innenwiderstand

schluss ($u \to 0$, $R_{st} \to 0$). Damit wird die „Mindestersatzschaltung" der spannungsgesteuerten Spannungsquelle (Bild 2.5.1a resp. c) verständlich.

Ein typisches Beispiel für die spannungsgesteuerte Spannungsquelle ist der *Operationsverstärker* (OP, Bild 2.5.3a). Er hat (bezogen auf Masse) zwei Eingänge: den P- (oder +) und N- (oder –) Eingang, einen Ausgang u_a (nach Masse) und zwei Klemmen für die Versorgungsspannung $\pm\, U_B$, z.B. ± 15 V.

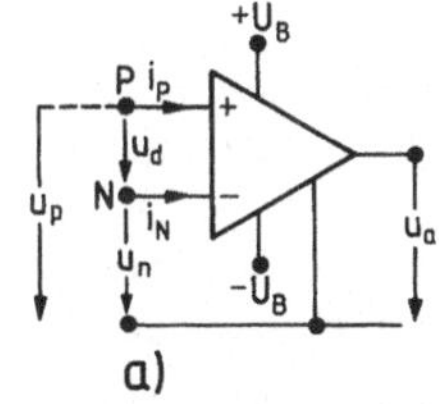

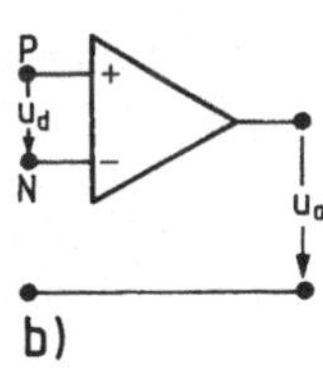

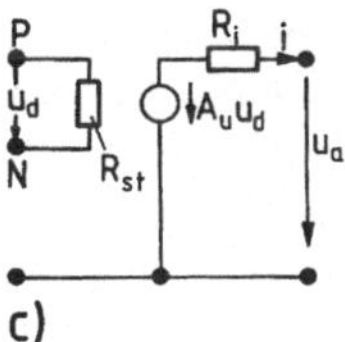

Bild 2.5.3 Operationsverstärker (Op)
a) Schaltsymbol mit den typischen Anschlüssen
b) wie a), jedoch auf die Signalgrößen beschränkt
c) Ersatzschaltbild (Makromodell)

Beim *idealen Operationsverstärker* hängt die Ausgangsspannung

$$u_a = A_u\,(u_p - u_N) = A_u\,u_d \qquad (2.5.2)$$

nur von der *Eingangsspannungsdifferenz* $u_P - u_N$ und der Differenzspannungsverstärkung A_u ab, die im Idealfall extrem groß ist ($A_u \to \infty$). Dann reicht bereits eine sehr kleine Differenzspannung zur Vollaussteuerung aus. Wir kommen auf den Operationsverstärker im Bd. 2 ausführlicher zurück.

Bild 2.5.3c zeigt die Ersatzschaltung ergänzt durch Ausgangs- und Eingangswiderstände R_{st}, R_i, die fürs erste als *Makromodell* des OP gelten mag.

Wegen der endlichen Betriebsspannung U_B kann die Ausgangsspannung u_a höchstens den Wert $\pm\, U_B$ erreichen, m.a.W. muss die Steuerkennlinie *Sättigungscharakter* haben. Dann hängt $A_u(u_e)$ von der Steuerspannung ab: nichtlineare Spannungsverstärkung. Hier zeigen sich deutlich die Grenzen des linearen Verstärkermodells.

Ideale Operationsverstärker bilden mit der Kennlinie Gl. (2.5.2) ein wichtiges Netzwerkelement, das mit in die Netzwerkanalyse einbezogen wird.

Technisch handelt es sich dabei um mehrstufige integrierte Gleichspannungsverstärker, deren reale Eigenschaften erst später (s. Bd. 2) behandelt werden. Für viele prinzipielle Betrachtungen reicht das Modell der idealen spannungsgesteuerten Spannungsquelle völlig aus.

Dem Operationsverstärker verwandt ist der *Operationstranskonduktanzverstärker* (s.u.).

PC a) Schalten Sie mit Multisim eine Eingangswechselspannungsquelle (u_q = 1mV) an eine spannungsgesteuerte Spannungsquelle (Übertragungsfaktor 1 kV/V) und messen Sie die Ausgangsspannung. Läßt sich die Gesamtanordnung von den Ausgangsklemmen her als aktiver Zweipol definieren?

b) Vertauschen Sie die Ein- und Ausgänge der gesteuerten Quelle und messen Sie die Ausgangsspannung erneut. Ergebnis?

c) Tauschen Sie die spannungsgesteuerte Spannungsquelle gegen eine stromgesteuerte aus, die von einem Eingangsstrom i_q = 1 mA gesteuert wird. Ihr Übertragungswiderstand u/i soll 1 MΩ betragen Welche Spannung wird ausgangsseitig gemessen?

d) Ergänzen Sie die Ausgangsspannungsquelle durch einen Innenwiderstand R_i = 1 kΩ. Welcher ausgangsseitigen Stromquellensersatzschaltung entspricht die Anordnung?

e) Wie müsste eine spannungsgesteuerte Stromquelle eingestellt werden, damit sich die Schaltung gleichwertig verhält?

f) Realisieren Sie mit Multisim unter Verwendung von zwei spannungsgesteuerten Spannungsquellen die Ersatzschaltung eines Operationsverstärkers nach Bild 2.5.3c. Wählen Sie eine Differenzspannungsverstärkung A_u von 1000.

g) Legen Sie an die beiden P- und N- Eingänge gleiche Spannung (nach Masse) von 1 mV an und messen Sie die Ausgangsspannung. Vertauschen Sie das Vorzeichen einer Spannung und messen Sie die Ausgangsspannung erneut, Erklärung?

h) Definieren Sie ein Subnetzwerk „Operationsverstärker" (s. Multisim-Beispiel 4/14).

i) Arbeiten Sie das Multisim-Beispiel 2/16 Operationsverstärker durch.

Stromgesteuerte Spannungsquelle. In der eben betrachteten Spannungsquelle (Bild 2.5.1a) kann auch der Strom als Steuergröße dienen, wenn am Eingang ein Widerstand $R_{st} = R_e$ angebracht wird. Dann erzeugt der Steuerstrom die Spannung $u_e = u_{st} = R_e i_{st}$ und es gilt:

$$u_a = A_u u_{st} = A_u R_e i_{st}. \tag{2.5.3}$$

Die Größe $A_u R_e = Z_m$ heißt der *Transferwiderstand*, oft auch *Transimpedanz*.

Stromgesteuerte Stromquelle. Ein typisches Bauelement, das diesen Quellentyp recht brauchbar darstellt, ist der Bipolartransistor (Bild 2.5.4a). Ein kleiner eingangsseitiger Basisstrom i_B steuert den relativ großen Kollektorstrom $i_C = i_C(u_{CE}, i_B)$ am Ausgang. In erster Näherung gilt

$$i_C = B_N i_B = A_i i_B. \tag{2.5.4}$$

Der Steuerfaktor „*Kurzschlussstromverstärkung*" $A_i = B_N$ ist relativ groß (50…500) und fürs erste konstant. Damit wird die Prinzipkennlinie sofort verständlich (s. Tafel 2.5.1). Bei genauerer Betrachtung hingegen hängt B_N vom Kollektorstrom ab.

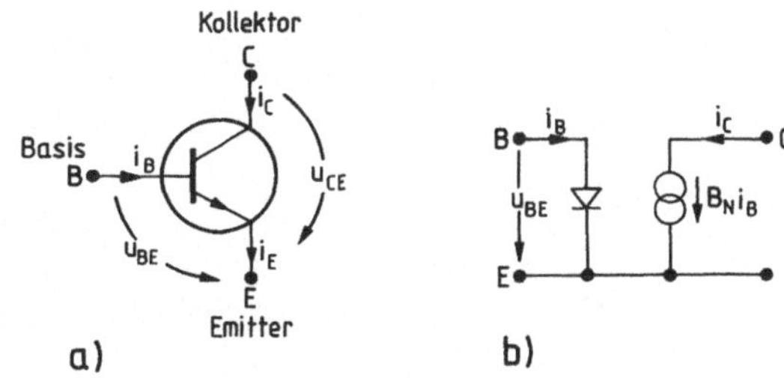

Bild 2.5.4 npn- Bipolartransistor
a) Schaltzeichen mit vereinbarten Strom-Spannungsrichtungen
b) stark vereinfachte Ersatzschaltung mit stromgesteuerter Stromquelle und Eingangsdiode

Für die Stromsteuerung ist es zunächst unerheblich, dass eingangsseitig im Bild 2.5.4b die sog. *Emitterdiode* liegt mit stark nichtlinearer i_B-u_{BE}-Beziehung $i_B \approx I_{BO} \exp u_{BE}/U_T$. Deshalb kann die stromgesteuerte Stromquelle auch in eine spannungsgesteuerte Stromquelle überführt werden:

$$I_C = B_N\, i_B \approx B_N\, I_{BO} \exp u_{BE}/U_T. \tag{2.5.5}$$

Dieses Steuerverhalten ist stark nichtlinear. Das gleiche Bauelement hat so – je nach Eingangssteuerung – lineare oder nichtlineare Übertragungseigenschaften!

Spannungsgesteuerte Stromquelle. Wurde der Bipolartransistor wahlweise als strom- oder spannungsgesteuerte Stromquelle modelliert, so trifft auf den MOS-Feldeffekttransistor (Bild 2.5.5) nur das spannungsgesteuerte Stromquellenmodell zu. Er hat keinen Eingangsstrom, sein Ausgangsstrom – der Drainstrom i_D – hängt nichtlinear von der Gate-Source-Spannung u_{GS} sowie der Drainspannung u_{DS} ab. Die Kennlinienbeschreibung repräsentiert eine typische spannungsgesteuerte Stromquelle, z.B. im sog. Sättigungsbereich i_D (u_{GS}, u_{DS})

$$i_D = K\,(u_{GS} - U_{TH})^2 = S \cdot u_{GS} \tag{2.5.6}$$

(K Konstante, U_{TH} Schwellspannung, im unteren Voltbereich). Dann ist der „Steuerfaktor" Steilheit S stark nichtlinear: $S = K\,(u_{GS} - U_{TH})^2/u_{GS}$.
Für Kleinsignalaussteuerung lässt sich die Steuerwirkung linearisieren.

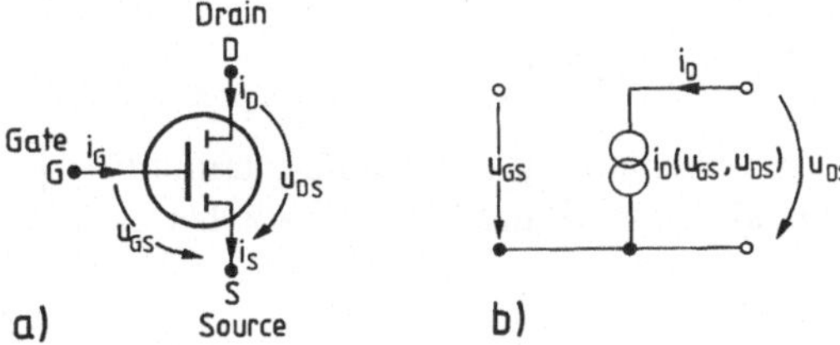

Bild 2.5.5 MOS-Feldeffekttransistor
a) Schaltzeichen mit vereinbarten Strom-Spannungsrichtungen
b) stark vereinfachte Ersatzschaltung mit (nichtlinearer) spannungsgesteuerter Stromquelle

PC Arbeiten Sie die Multsim-Beispiele 2/13 und 2/14 durch.

Operationstranskonduktanzverstärker. Eine wichtige Variante des Operationsverstärkers ist der *Operationstranskonduktanzverstärker* (Operational transconductance amplifier, OTA), kurz auch Transkonduktanzverstärker.

Beim OTA ist der Ausgangskurzschlussstrom der Differenz zweier Eingangsspannungen u_1, u_2 proportional nach Maßgabe der *Transkonduktanz* oder *Steilheit* G_m.

$$i_a = G_m (u_1 - u_2). \tag{2.5.7}$$

Technisch handelt es sich um einen ein- oder mehrstufigen Gleichspannungsverstärker mit hochohmigem Ausgang. Reale Eigenschaften und Schaltungstechniken werden in Bd. 2 betrachtet.

Bild 2.5.6 zeigt Schaltzeichen und Ersatzschaltung.

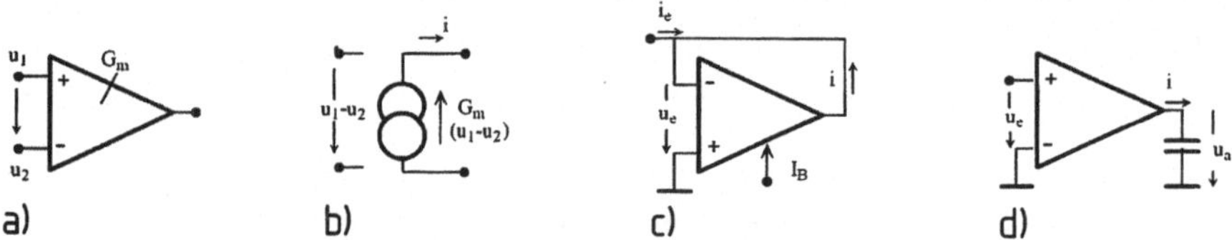

Bild 2.5.6 Operationstranskonduktanzverstärker (OTA)
a) Schaltsymbol und einfache Ersatzschaltung (b),
c) Verwendung zur Simulation eines Leitwertes $g_e = G_m$,
d) Integrator mit OTA

OTA's können – wie OP's – vielseitig eingesetzt werden; zwei Beispiele zeigt Bild 2.5.6c und d. So lässt sich der OTA beispielsweise zur Simulation eines (elektronischen) Leitwertes g_e verwenden. Es gilt:

$$I_e = -i = -(0 - u_2) \cdot G_m = u_e G_m ; \quad g_e = G_m \sim I_B . \tag{2.5.8}$$

Da die Steilheit G_m dem Arbeitspunktstrom I_B des OTA's proportional ist (OTA's werden so ausgelegt), entsteht ein über den Strom einstellbarer Leitwert.

Ein zweites Beispiel ist eine sog. elektronische Integratorschaltung (Bild 2.5.6d). Es gilt mit $i = G_m u_e$:

$$u_a = \frac{1}{C}\int i \mathrm{d}t = \frac{G_m}{C}\int u_e \mathrm{d}t . \tag{2.5.9}$$

Diese Integratorschaltung (Ausgangsspannung ~ $\int u_e \, \mathrm{d}t$) findet in Filtern breite Anwendung. Anhand des strukturellen Aufbaus lassen sich OTA und OP vereinheitlicht betrachten (Bild 2.5.7).

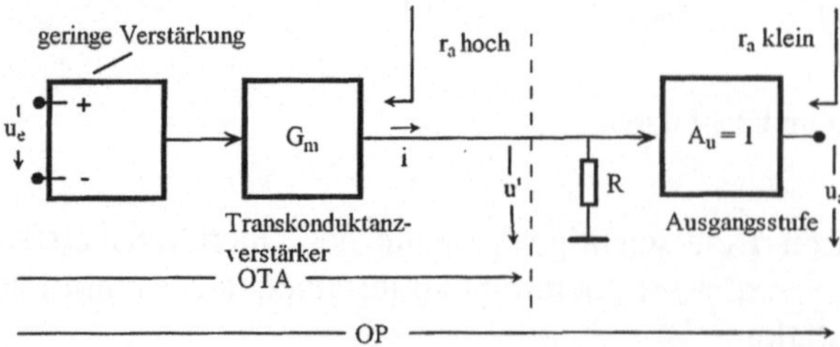

Bild 2.5.7 Struktureller Aufbau des OTA's und OP's

Wird ein OTA – bestehend aus einer Eingangsschaltung und einer nachfolgenden Transkonduktanzstufe – mit einem Ausgangswiderstand R versehen und diese Spannung mit einer spannungsgesteuerten Spannungsstufe verstärkt (dazu reicht eine Spannungsverstärkung $A_u = 1$ mit geringem Ausgangswiderstand), so entsteht ein OP. Seine Spannungsverstärkung beträgt:

$$u_a = A_u\big|_1 \cdot u' = A_u R\, G_m\, u_e \rightarrow \frac{u_a}{u_e} = A_u R\, G_m = A \qquad (2.5.10)$$

Netzwerktechnisch wird die spannungsgesteuerte Stromquelle G_m über den Hilfswiderstand R und eine spannungsgesteuerte Spannungsquelle geringer Verstärkung in eine spannungsgesteuerte Spannungsquelle mit der Spannungsverstärkung A_u gewandelt. Auf ähnliche Art kann eine Spannungsverstärkung (→ spannungsgesteuerte Spannungsquelle) mit allen vier Grundarten gesteuerter Quellen realisiert werden, analoges gilt auch für die übrigen Quellengrundtypen.

PC Realisieren Sie mit Multsim einen Spannungsverstärker nach Gl. (2.5.10). Wie lassen sich die Übertragungseigenschaften frequenzabhängig machen? Könnte als zweiter Verstärker auch ein Transimpedanzverstärker eingesetzt werden? Was ist der Vorteil einer solchen Spannungsverstärkerrealisierung?

Merkmal gesteuerter Quellen: Nichtumkehrbarkeit. Gesteuerte Quellen wirken stets *nichtumkehrbar*: die Steuergröße bestimmt die Ausgangsgröße, umgekehrt wirkt die Ausgangsgröße *nicht* auf die Steuergröße zurück (diese Vorstellung bereitet bei der Netzwerkanalyse oft Schwierigkeiten). Deshalb bringt eine gesteuerte Quelle zwei sonst wirkungsmäßig getrennte Stromkreise in nur einer Richtung in Beziehung (Nichtumkehrbarkeitsprinzip).

Die gesteuerte Quelle unterscheidet sich damit prinzipiell z.B. von gekoppelten Spulen, bei denen sich beide Stromkreise wechselseitig beeinflussen und die deshalb *umkehrbar* arbeiten (sog. reziproke Elemente, s. Gl. (2.4.17)).

Reale gesteuerte Quellen. Quellenumwandlung. Reale gesteuerte Quellen haben im Regelfall (Bild 2.5.1b, c)

- auf der Steuerseite einen endlichen Steuerwiderstand R_{st}, sodass Steuerstrom und -spannung eindeutig miteinander verknüpft sind,
- auf der Quellenseite einen Innenwiderstand. Sie verhalten sich dann wie reale Strom- oder Spannungsquellen (s. Abschn. 3.1.1). Dann können überführt werden

– eingangsseitig eine Spannungs- in eine Stromsteuerung (und umgekehrt)
– ausgangsseitig die Spannungsquelle in eine Stromquelle (und umgekehrt).

Damit lassen sich aus einem Quellentyp alle übrigen drei herleiten.
So führt die allgemeine spannungsgesteuerte Spannungsquelle $u_q = A_u\, u_{st}$ (Bild 2.5.1d):

$$\begin{aligned} u_{st} &= R_{st}\, i_{st} && \text{Steuergleichung} \\ u_a &= A_u\, U_{st} - i_a R_i = A_u\, R_{st}\, i_{st} - i_a R_i && \text{Ausgangsgleichung} \end{aligned} \qquad (2.5.11)$$

z.B. auf eine spannungsgesteuerte Stromquelle (Bild 2.5.8):

$$i_a = i_q - u_a G_i \quad \text{mit} \quad i_q = \frac{u_q}{R_i} = \frac{A_u u_{st}}{R_i} = S\, u_{st} \,.$$

Daraus folgt zwischen den Steuerparametern $A_u = S\,R_i$. Dies ist die sog. *Barkhausen*[11]-*Beziehung* (wobei originär anstelle der Spannungsverstärkung A_u der sog. *Durchgriff D* verwendet wurde: $A_u = 1/D$).

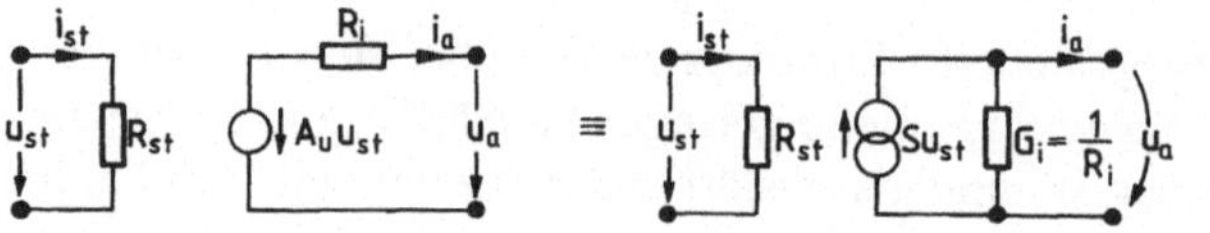

Bild 2.5.8
Allgemeine lineare spannungsgesteuerte Spannungsquelle und gleichwertig Stromquelle

Spannungsverstärkung, Steilheit und Innenwiderstand einer spannungsgesteuerten Quelle hängen direkt zusammen (*Ursache*: Spannungs- und Stromquellenersatzschaltung eines Zweipols).

Aus heutiger Sicht lässt sich analog eine entsprechende Beziehung auch zwischen Stromverstärkung und Transimpedanz einer stromgesteuerten Quelle angeben.

Die hier zusammengestellten Grundlagen gesteuerter Quellen finden sich später in einer allgemeinen Vierpolbeschreibung wieder (s. Abschn. 4.6.1).

PC a) Bearbeiten Sie das Multsim-Beispiel 2/16 Operationsverstärker. Verwenden Sie als Operationsverstärker zunächst das Modell OPAMP 3TVIRTUAL. Stellen Sie R2/R1 = 100 bei R1 = 1 kΩ ein und messen Sie die Ausgangsspannung, wenn eingangsseitig die Spannung von 1mV anliegt.

b) Ersetzen Sie den Operationsverstärker durch eine spannungsgesteuerte Spannungsquelle und stellen Sie verschiedene Verstärkungen A_u = 10, 100 und 1000 ein. Welche Ausgangsspannung wird jeweils gemessen?

Aufgaben 2.5.1...2.5.3.

2.5.2 Passive Mehrpole

Grundsätzlich treten die Haupteigenschaften resistiver, kapazitiver und induktiver Grundzweipole (→ Umwandlung elektrischer in Wärmeenergie, Speicherung elektrischer und magnetischer Energie) auch in Mehrpolelementen auf. Beispielsweise wird ein *Vierpol*, der ohmsche Widerstände enthält (Spannungsteiler!), ebenfalls resistiv sein. Die Frage bleibt, wieviele notwendige Strom-Spannungs-Beziehungen für einen resistiven n-Pol erforderlich sind.

Ein resistiver n-Pol wird insgesamt durch n–1 unabhängige *u-i*-Beziehungen, also n–1 unabhängige Gleichungen, vollständig beschrieben. Für einen Dreipol (n = 3, Bild 2.5.9) bedeutet dies 3 – 1 = 2 Gleichungen der Form:

$$F_1(u_1, u_2, i_1, i_2) = 0,\; F_2(u_1, u_2, i_1, i_2) = 0 \,. \tag{2.5.12}$$

[11] Heinrich Barkhausen 1881–1956, deutscher Physiker, Gründer des ersten Schwachstrominstitutes an der TH Dresden (1911).

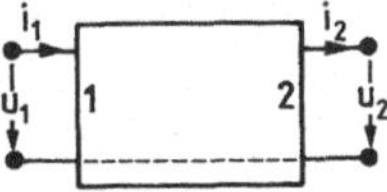

Bild 2.5.9 Resistiver Dreipol als Beispiel eines n-Poles

Sie können (Eindeutigkeit vorausgesetzt) z.B. in Formen wie

$$i_1 = i_1(u_1, u_2) \qquad i_2 = i_2(u_1, u_2)$$
$$u_1 = u_1(i_1, i_2) \qquad u_2 = u_2(u_1, u_2) \qquad (2.5.13)$$

oder (anderen) angegeben werden. Für lineare Zusammenhänge gehen daraus später die Vierpoldarstellungen (Abschn. 4.6.1) hervor. Grafisch lassen sich diese Formen durch Kennlinienfelder mit entsprechenden Parametern darstellen, z.B.

$i_2 = i_2(u_1)|_{u_2=\text{const.}}$ mit u_2 als Parameter und

$i_2 = i_2(u_2)|_{u_1=\text{const.}}$ mit u_1 als Parameter.

Typische Beispiele sind die Transistorkennlinien.

Die Überlegungen Gl. (2.5.12) können auch auf andere (kapazitive, induktive) Dreipole übertragen werden, die Herleitung der Transformatorgleichung ist dafür ein Beispiel.

Lernorientierungen zu Abschnitt 2

- *Netzwerk*: Modell einer realen Schaltung. Besteht aus Netzwerkelementen, die über Knoten und Maschen verbunden sind. Verkürzt darstellbar durch Schaltplan mit Schaltzeichen für Bauelemente,
- Netzwerkelement: Modellanordnung für ein typisches Bauelement (Widerstand, Kondensator, Spule), gekennzeichnet durch typische *u*-*i*-Beziehungen,
- Netzwerkanalyse: Methode(n) zur Bestimmung der Ströme und Spannung in den Zweigen eines Netzwerkes auf Grundlage der Kirchhoffschen Gleichungen oder abgekürzter Verfahren,
- Zweipol: Netzwerkelement mit zwei Klemmen. Es gibt aktive und passive Zweipole.

Abschnitt 2.1

Ideale (unabhängige) Quelle

- Umsatzort nichtelektrischer in elektrische Energie,
- zwei Formen: ideale Spannungsquelle u_q (Konstantspannungsquelle), ideale Stromquelle i_q (Konstantstromquelle), nicht ineinander überführbar. Kennlinie, Schaltsymbol Bild 2.1.1, 2.1.3,
- Ideale Spannungsquellen können reihengeschaltet, ideale Stromquellen parallelgeschaltet werden.

Abschnitt 2.2

Widerstand *R*:

- Umsatzort elektrische Energie → Wärme,
- bei linearer *i*-*u*-Kennlinie (Ohmsches Gesetz, $R = u/i = \text{const.}$) hängt der Widerstand *R* nur von Leitergeometrie und Material (spez. Widerstand ρ) ab,
- bei nichtlinearer *u*-*i*-Kennlinie → nichtlinearer Widerstand, im Arbeitspunkt differentieller Widerstand,
- es gibt das Bauelement Widerstand in verschiedenen Bauformen,
- Widerstandszusammenschaltung ergibt bei Reihenschaltung $R = \Sigma_n R_n$, bei Parallelschaltung $G = \Sigma_n G_n$ resp. $1/R = \Sigma_n 1/R_n$,
- aus der Reihenschaltung folgt die Spannungsteilerregel Gl. (2.2.7), (Beispiele),
- aus der Parallelschaltung ergibt sich die Stromteilerregel Gl. (2.2.10),

- Zusammenschaltung von nichtlinearen Widerständen zweckmäßig grafisch durch u-i-Kennlinien durchführen.

Abschnitt 2.3

Kondensator C:

- Anordnung aus zwei Elektroden, die durch ein Dielektrikum getrennt sind,
- Umsatzort elektrische Energie (Klemmengröße) → elektrische Feldenergie im Nichtleiter,
- Haupteigenschaft: Ladungs- und Energiespeicherung (Anwendung z.B. Kurzspeicherung von Information),
- Kenngröße: Kapazität als Verhältnis von gespeicherter Ladung Q zur Ladespannung u: Q-u-Beziehung, u-i-Beziehung,
- Kondensatorstrom proportional der Änderungsgeschwindigkeit der Kondensatorspannung $i \sim \mathrm{d}u/\mathrm{d}t$,
- Kondensatorspannung kann sich nicht sprunghaft ändern (→ Stetigkeit der Energie),
- Zusammenschaltung von Kondensatoren, Parallelschaltung $C = \Sigma_n C_n$, Reihenschaltung $1/C = \Sigma_n 1/C_n$,
- Strom in den Zuleitungen (Leitungsstrom) setzt sich im Dielektrikum als Verschiebungsstrom fort. Kennzeichen: Magnetfeld,
- nichtlineare Kondensatoren haben eine nichtlineare Q-u-Beziehung (z.B. bei Halbleiterbauelementen).

Abschnitt 2.4

Spule L:

- spulenförmig aufgewickelter Leiter ohne oder mit ferromagnetischem Kreis (jeder elektrische Strom ist von einem Magnetfeld begleitet),
- Umsatzort elektrische Energie (Klemmengröße) → magnetische Feldenergie,
- Haupteigenschaft: Speicherung magnetische Energie (solange Stromfluss),
- Klemmengröße: Induktivität L als Verhältnis von magnetischem Fluss Ψ und Strom i: $L = \Psi/i$: (Ψ-i-Beziehung),
- u-i-Beziehung: Spulenspannung proportional der Stromänderungsgeschwindigkeit $u \sim \mathrm{d}i/\mathrm{d}t$ (Grundlage Induktionsgesetz),
- Spulenstrom kann sich nicht sprunghaft ändern (Stetigkeit der Energie),
- die Induktivität einer Spule hängt vom Quadrat ihrer Windungszahl und dem Induktivitätsfaktor A_L ab (Gl. (2.4.13)),
- Zusammenschaltung von Spulen (ohne magnetische Kopplung), Reihenschaltung: $L = \Sigma_n L_n$, Parallelschaltung $1/L = \Psi_n 1/L_n$,
- nichtlineare Spulen haben eine nichtlineare Ψ-i-Beziehung (z.B. Spule mit Eisenkreis),
- zwei über das gemeinsame Magnetfeld verkoppelte Spulen werden gekennzeichnet durch die Induktivitäten L_1, L_2 der Einzelspulen und die Gegeninduktivitäten M (Transformatorprinzip). Zugehörige u-i-Beziehungen Gl. (2.4.16) → Transformatorgleichung.

Abschnitt 2.5

- In einer gesteuerten idealen Quelle (Strom-, Spannungsquelle) hängt die Quellengröße linear oder nichtlinear von einer Steuergröße (Strom, Spannung) ab. Es gibt somit vier Grundarten,
- gesteuerte ideale Quellen stellen ein Drei- resp. Vierpolnetzwerk dar,
- gesteuerte Quellen bilden die Grundlage von Verstärkermodellen.

Wiederholungsfragen zu Abschnitt 2

Abschnitt 2.1

1. Skizzieren Sie die Kennlinie der idealen unabhängigen Strom- und Spannungsquelle (Ersatzschaltung)!
2. Welche Leistung gibt die Quelle jeweils bei Kurzschluss bzw. Leerlauf ab?
3. Was versteht man unter einem aktiven, was unter einem passiven Zweipol? (Beispiele)
4. Was versteht man unter den Begriffen Widerstand und Leitwert? (Dimension?)

Abschnitt 2.2

1. Stellen Sie die *u-i*-Kennlinie eines linearen und nichtlinearen Widerstandes dar. Wie lautet das Ohmsche Gesetz?
2. Wie lautet die Widerstandskennlinie im Verbraucher-, wie im Erzeugerpfeilsystem?
3. Erläutern Sie den Stromflussmechanismus durch einen Widerstand, an dem eine Spannung *u* liegt. Warum erwärmt er sich?
4. Wie verläuft die *i-u*-Kennlinie einer Halbleiterdiode qualitativ? Was bedeutet der Begriff „differentieller Widerstand"?
5. Wie lautet die Strom- und Spannungsteilerregel? (Skizze). Welche Bedingung muss ein zusätzlicher Widerstand am Spannungsteilerabgriff erfüllen, damit die Spannungsteilerregel anwendbar ist?
6. Wie lauten die Regeln für die Reihen- und Parallelschaltung von Widerständen? (Begründung)
7. Skizzieren Sie die *i-u*-Kennlinie eines Glühlämpchens qualitativ. Welche Maßstäbe müssmüssten die Achsen für die Aufschrift 6V/3W tragen? Woraus erklärt sich die Kennliniennichtlinearität?

Abschnitt 2.3

1. Wie lauten Definition und Einheit der Kapazität?
2. Wie lauten die *u-i*-Beziehungen des Kondensators? Skizzieren Sie die Ströme für folgende Verläufe der Kondensatorspannungen: Sinusspannung, Dreieckspannung.
3. Von welchen Größen hängt die Kapazität eines Plattenkondensators ab? Durch welche Maßnahmen wird sie möglichst groß?
4. Wie groß ist die im Kondensator gespeicherte Energie?
5. Wie groß sind die Ersatzkapazitäten zweier gleicher Kondensatoren bei Reihen- bzw. Parallelschaltung? Wie verhalten sich in bei den Fällen die Spannungen und Ladungen?
6. Lässt sich mit einem Kondensator ein Spannungsteiler, ein Stromteiler aufbauen (z.B. vom Verhältnis 1:5)? Geben Sie ggf. die Schaltungen an.
7. Warum werden größere Kondensatoren immer mit kurzgeschlossenen Anschlusspolen transportiert?
8. Gibt es eine nichtlineare Kapazität, eine differentielle Kapazität?
9. Nennen Sie Beispiele einer Kapazität im µF-Bereich, im pF-Bereich.

Abschnitt 2.4

1. Was versteht man unter dem Begriff Selbstinduktion, was unter Induktivität? (Definition, Einheit)?
2. Wie lautet die *u-i*-Beziehung einer linearen (nichtlinearen) Induktivität?
3. Was versteht man unter einer differentiellen Induktivität?
4. Wovon hängt die Induktivität einer Spule mit Eisenkern ab? Was geschieht bei Verdopplung der Wicklungszahl?
5. Wie verläuft die Spannung u(*t*), wenn sich der Strom durch die Spule nach einer Sinusfunktion, nach einer Dreieckfunktion ändert?
6. Wie groß ist die in einer Spule gespeicherte Energie?
7. Geben Sie die Ersatzschaltung einer Spule mit Wicklungswiderstand an.

Abschnitt 2.5

1. Was versteht man unter einer gesteuerten Quelle? Welche Arten gibt es?
2. Skizzieren Sie die *u-i*-Kennlinie einer idealen ungesteuerten Spannungsquelle und einer spannungsgesteuerten idealen Spannungsquelle? Was versteht man hier unter dem Steuerfaktor? (Dimension, Bedeutung, Ersatzschaltung)?
3. Wie wäre die Ersatzschaltung zu ändern, wenn die Spannungsquelle stromgesteuert werden soll?
4. Wieso darf eine gesteuerte Quelle bei der Schaltungsanalyse nicht durch Kurzschluss (Spannungsquelle) bzw. Unterbrechung (Stromquelle) ersetzt werden, wie für ungesteuerte Quellen (später, Zweipoltheorie) zulässig ?
5. Gegeben ist ein Netzwerk mit n Klemmen ($n = 2$). Wieviele unabhängige *u-i*-Beziehungen lassen sich angeben? Prüfen Sie das Ergebnis für $n = 2, 3$. Entwerfen Sie einfache Widerstandsnetzwerke und prüfen Sie die *u-i*-Beziehungen nach.

3 Analyse elektrischer Netzwerke

Lernziele. Nach Durcharbeit des Abschnittes beherrscht der Leser:

- die einfache Netzwerkanalyse auf Grundlage der Kirchhoffschen Gesetze
- Grundstromkreis, Leistungsbetrachtungen
- Vereinfachung der Netzwerkanalyse durch Anwendung der Zweipoltheorie (Kennlinie, Bestimmung der Ersatzgrößen, Ersatzschaltungen)
- Grundlage der analytischen und grafischen Analysemethoden für einfache nichtlineare Netzwerke, Kleinsignalkonzept, Arbeitspunktbegriff
- Zweigstrom-, Maschen- und- Knotenspannungsanalyse.

Die beiden Grundaufgaben der Elektrotechnik/Elektronik, nämlich

- die *elektrische Energieübertragung* über Leitungen, Transformatoren, Schalter u.a. zu einem Verbraucher, z.B. einem Motor unter *Leistungsgesichtpunkten* und
- die *Informationsübertragung*, etwa aus dem Mikrofon über Leitungen, Verstärker, Widerstände, Kondensatoren, Dioden usw. zum „Verbraucher“, z.B. dem Hörer des Gesprächsteilnehmers

lassen sich zurückführen auf *Netzwerke*, bestehend aus unabhängigen Quellen, geeignet zusammengeschalteten Bauelementen (Widerstände, Transistoren u.a.) und einem „Verbraucher“, also irgendeinem Element im Stromkreis, dessen Spannung man wissen möchte. Da im Stromkreis die *Kirchhoffschen Gesetze* und die betreffenden *Netzwerkelemente-Beziehungen* erfüllt sein müssen, können damit auch alle Ströme und Spannungen bestimmt, also die *Netzwerkanalyse* durchgeführt werden.

Im einfachsten Fall besteht ein Netzwerk aus einer Quelle – dem aktiven Zweipol – (etwa einer Batterie) und einem Lastelement als passiven Zweipol, z.B. dem Glühlämpchen (vgl. Bild 1.3.1). Die Zusammenschaltung solcher Zweipole heißt *Grundstromkreis*.

3.1 Zusammenspiel aktiver-passiver Zweipol, Grundstromkreis

Am Grundstromkreis aus aktivem und passivem Zweipol lassen sich viele Probleme, wie z.B. der Energietransfer von der Quelle zum Verbraucher, einfach erklären. Der aktive Zweipol enthält dabei wenigstens eine unabhängige Quelle, der passive nur die Grundelemente R, L, C und ggf. verkoppelte Spulen ($\rightarrow M$). Den Einfluss gesteuerter Quellen betrachten wir getrennt.

3.1.1 Reale unabhängige Quellen, Ersatzschaltungen des aktiven Zweipols

Durch den stets vorhandenen Innenwiderstand treten technisch statt idealer unabhängiger Quellen immer nur reale Quellen auf. Sie werden modelliert durch (Bild 3.1.1a):

- die *Spannungsquellen-Ersatzschaltung* mit Quellenspannung u_q und reihengeschaltetem linearen Innenwiderstand R_i

$u = u_q - iR_i$ bzw. $i = (u_q - u)/R_i$	aktiver Zweipol Spannungsquellendarstellung	(3.1.1a)

- die *Stromquellen-Ersatzschaltung* (Bild 3.1.1b) mit Quellenstrom i_q und parallelgeschaltetem Innenleitwert G_i

$i = i_q - uG_i$ bzw. $u = (i_q - i)/G_i$	aktiver Zweipol Spannungsquellendarstellung	(3.1.1b)

Stimmen die Innenwiderstände überein und ist der Quotient von Quellenspannung u_q und Quellenstrom i_q gleich $R_i = u_q/i_q$, so kann jeder aktive Zweipol gleichwertig durch eine Spannungs- oder Stromquellenersatzschaltung (Bild 3.1.1) dargestellt werden.

Von den Kenngrößen Quellenspannung u_q oder Leerlaufspannung u_l, Quellenstrom i_q oder Kurzschussstrom i_k und Innenwiderstand R_i müssen zwei bekannt sein: *Gleichwertigkeit von Spannungsquellen und Stromquellen-Ersatzschaltung.* Diese Umwandlung gilt wegen des fehlenden Innenwiderstandes nicht für ideale Quellen!

Weil dabei oft Ersatzschaltelemente auftreten, die der Vorstellung schlecht entsprechen, ist es anschaulicher, für Quellen mit

– *kleinem Innenwiderstand* $R_i \ll u/i$ die Spannungsquellen- und für solche mit

– *großem Innenwiderstand* $R_i \gg u/i$ die Stromquellen-Ersatzschaltung zu wählen.

Dann kommt die Ersatzschaltung dem Verhalten der jeweiligen idealen Quelle am nächsten.

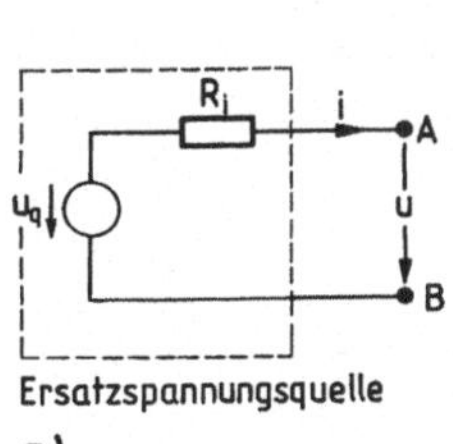

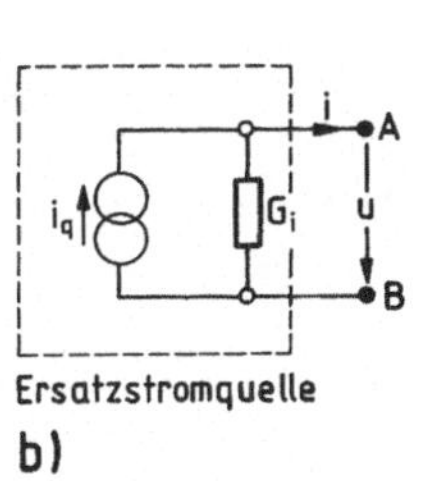

Bild 3.1.1 Ersatzschaltungen realer unabhängiger Quellen (idealer Zweipol mit Innenwiderstand)
a) Spannungsquellenersatzschaltung
b) Stromquellenersatzschaltung

Bild 3.1.2 Strom-Spannungs-Kennlinie des realen aktiven Zweipols

Kennliniengleichungen. Die *u-i*-Relationen der Spannungs- und Stromquellen nach Gl. (3.1.1) lassen sich durch *eine Kennlinie* (Bild 3.1.2) darstellen. Ihre Achsenschnittpunkte – die Quellengrößen – geben gleichzeitig *Betriebszustände* wieder:

- bei *Leerlauf*, d.h. $i = 0$ (stromlose Anschlüsse) wird an den Klemmen die Leerlaufspannung $u_l = u_q$ gleich der Quellenspannung gemessen,
- im *Klemmenkurzschluss*, d.h. $u = 0$, fließt der Kurzschlussstrom

$$i_k = u_q/R_i = u_l/R_i = i_q \tag{3.1.2}$$

gleich dem Quellenstrom i_q!

PC Bearbeiten Sie das Multisim-Beispiel 3/1 zur Kennlinienaufnahme.

Bestimmung der Zweipolparameter. Das Quellenverhalten nach Bild 3.1.2 kann umgekehrt zur Bestimmung der Kenngrößen des aktiven Zweipols herangezogen werden:

a) *experimentell* durch Messung aus

– dem *Leerlaufversuch* ($i = 0$): Spannungsmessung $u_l = u_q$ mit Spannungsmessgerät unendlich hohen Widerstandes $R \to \infty$,

– dem *Kurzschlussversuch* ($u = u_{AB} = 0$): Strommessung $i_k = i_q$ mit einem Strommessgerät vom Widerstand $R \to 0$,

b) *rechnerisch* an den Zweipolklemmen (Bild 3.1.3) aus

– der Ermittlung von *Leerlaufspannung* u_l und/oder *Kurzschlussstrom* i_k,

– dem *Innenwiderstand*, entweder über $R_i = u_l/i_k$ aus den eben bestimmten Kenngrößen oder direkter Berechnung von $R_i = R_{AB}$. Dabei sind unabhängige Strom- und Spannungsquellen außer Betrieb zu setzen. (Spannungsquellen kurzschließen, Stromquellen $\to$ Leitungsunterbrechung).

c) enthält der aktive Zweipol *gesteuerte Quellen*, so bleiben sie in allen Fällen unverändert in der Schaltung. In diesem Fall lässt sich der Innenwiderstand *nur* durch *Anlegen einer Probegröße* (Strom- oder Spannungsquelle) an die Klemmen A, B ermitteln.

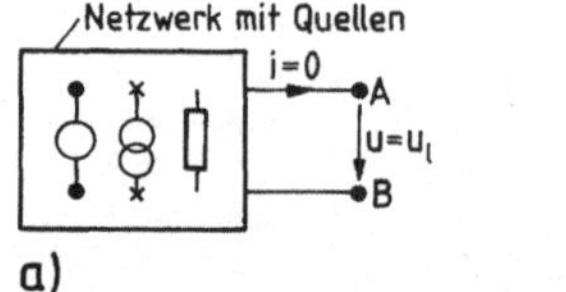

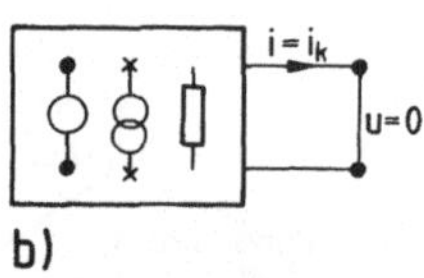

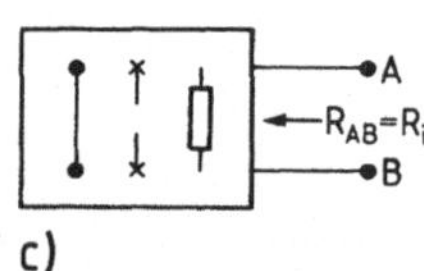

Bild 3.1.3 Ermittlung der Zweipolparameter
a) Bestimmung der Leerlaufspannung u_l
b) Bestimmung des Kurzschlussstromes i_k
c) Bestimmung des Innenwiderstandes

Der Ersatzwiderstand des passiven Zweipols wird entweder direkt von den Klemmen A, B her berechnet (wenn gesteuerte Quellen fehlen) oder sonst mit einer Probegröße (Anlegen einer Strom- oder Spannungsquelle) bestimmt.

In allen Fällen ist darauf zu achten, dass die Steuergröße der abhängigen Quelle aus *dem Netzwerkteil stammt, der untersucht wird* (sonst Schnittstelle zwischen aktivem und passiven Zweipol anders legen).

PC Bestimmen Sie mit Multsim-Beispiel 3/6 die Ersatzgrößen eines Zweipols.

Verallgemeinerung. Äquivalente Zweipole. Jeder aktive Zweipol kann bezüglich seines Klemmenverhaltens durch eine Spannungs- oder Stromquellen-Ersatzschaltung nach Bild 3.1.1 ersetzt werden. Dieser auf *Helmholtz*[1]), *Mayer*, *Thevenin* und *Norton*[2]) zurückgehende Satz erlaubt beträchtliche Vereinfachungen bei der Netzwerkanalyse.

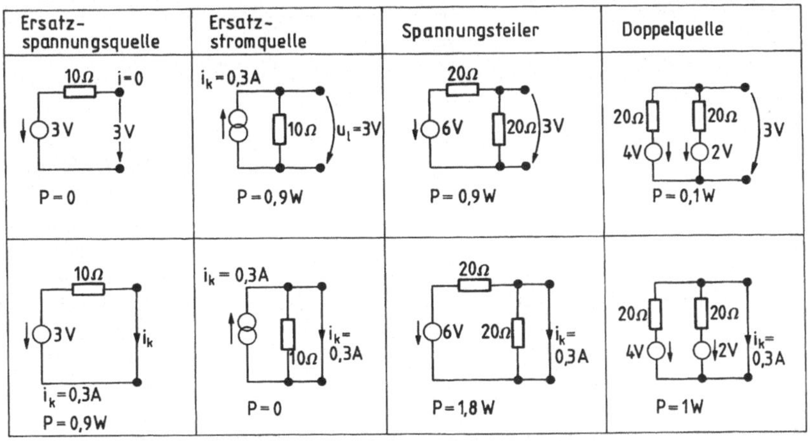

Ersatz-spannungsquelle	Ersatz-stromquelle	Spannungsteiler	Doppelquelle
10Ω i=0 3V 3V P=0	i_k=0,3A 10Ω u_l=3V P=0,9W	20Ω 6V 20Ω 3V P=0,9W	20Ω 20Ω 3V 4V 2V P=0,1W
10Ω 3V i_k i_k=0,3A P=0,9W	i_k=0,3A 10Ω i_k=0,3A P=0	20Ω 6V 20Ω i_k=0,3A P=1,8W	20Ω 20Ω 4V 2V i_k=0,3A P=1W

Bild 3.1.4
Elektrisch gleichwertige Schaltungen eines aktiven Zweipoles
(u_l = 3 V, i_k = 0,3 A, R_i = 10 Ω)

Zweipole mit gleichen Klemmenspannungen und -strömen heißen *gleichwertig* oder *äquivalent*. Dabei können die inneren Schaltungen (Zahl der Quellen, Schaltung, Grundbauelemente) sehr unterschiedlich sein. Bild 3.1.4 zeigt ein Beispiel. Obwohl alle Schaltungen gleiche Zweipolkenngrößen besitzen, weichen sie im Innern sehr voneinander ab. Teilweise wird beträchtliche Leistung verbraucht, ohne Leistung an den Verbraucher abzugeben! Während die Spannungsquellen-Ersatzschaltung keine Leistung verbraucht, setzt die zugeordnete Stromquellen-Ersatzschaltung ständig Leistung um. Dieses Beispiel zeigt, dass die Ersatzschaltung wirklich nur ein Modell ist.

PC Kontrollieren Sie mit Multisim die Lösungen des Bildes 3.1.4.

Technische Spannungsquellen. Als Anwendungsbeispiel betrachten wir eine technische Spannungsquelle, z.B. eine Batterie (u_q = 1,5 V, R_i = 1,5 Ω, z.B. Monozelle). Durch den Innenwiderstand sinkt die Klemmenspannung mit wachsendem Laststrom (Erfahrung: Scheinwerfer am Auto dunkeln ab, wenn z.B. die Heckscheibenheizung zugeschaltet wird). Sind mehrere dieser Spannungsquellen reihengeschaltet, so addieren sich ihre Leerlaufspannungen und Innenwiderstände (Maschensatz)

$$u_{\text{lges}} = \sum_n u_{\text{ln}}; \qquad R_{\text{iges}} = \sum_n R_{\text{in}}. \qquad \text{Spannungsquellenersatzgrößen} \qquad (3.1.3)$$

Liegen zwei Batterien (Spannungen u_{q1}, u_{q2}) antiseriell in Reihe (Verbindung gleichartiger Pole, Bild 3.1.5a) am Widerstand R_a, so fließt der Strom $i = (u_{q1} - u_{q2})/(R_a + R_{i1} + R_{i2})$. Die Stromrichtung hängt von der größeren Spannung ab: Diese wirkt als aktiver Zweipol, die

1) Hermann von Helmholtz, deutscher Physiker und Physiologe 1821–1894.

2) Der Satz wurde unabhängig von Helmholtz und Mayer im englischsprachigen Schrifttum von Thevenin und Norton angegeben.

kleinere als „Verbraucher" mit einer sog. „Gegenspannung". Für $u_{q2} > u_{q1}$ wird Batterie 1 geladen.

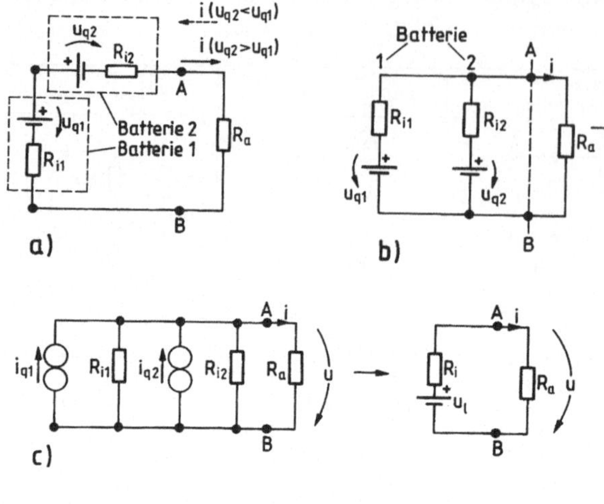

Bild 3.1.5 Zusammenschaltung technischer Spannungsquellen
a) Antiserieschaltung (antiserielle Reihenschaltung)
b) Parallelschaltung (Stromquellen-Parallelschaltung)
c) gleichwertige Spannungsquellen-Ersatzschaltung zu b)

Auch eine Parallelschaltung zweier Batterien (Bild 3.1.5b) ist möglich, jedoch nur, wenn *jede einen Innenwiderstand* besitzt (vgl. Abschn. 2.1.1). Die Berechung der Ersatzgrößen u_l, i_k, R_i erfolgt schrittweise: Umwandlung der Spannungs- in Stromquellen, Zusammenfassung zu einer Quelle, Rückwandlung in eine Spannungsquelle (Bild 3.1.5c). Man erhält (Nachweis):

$$i_k = i_{k1} + i_{k2} = \frac{u_{q1}}{R_1} + \frac{u_{q2}}{R_2}, \qquad R_i = R_{i1} // R_{i2}$$

$$u_2 = R_i i_k = \frac{u_{q1} R_{i2} + u_{q2} R_{i1}}{R_{i1} + R_{i2}} \quad . \tag{3.1.4}$$

Bei gleichen Quellen verdoppelt sich die Stromverfügbarkeit, bei verschiedenen Leerlaufspannungen treibt die Quelle mit der größeren Leerlaufspannung allerdings ständig einen Strom durch die schwächere Quelle (→ Aufladen), ohne dass im Außenkreis Strom fließt! Geradezu verheerend wird die Situation, wenn beide Batterien versehentlich „verpolt" zusammengeschaltet werden: + an – und umgekehrt. Dann fließt der Kurzschlussstrom $i = (u_{q1} + u_{q2})/(R_{i1} + R_{i2})$ → Gefahr bei Verpolung einer Starterhilfsbatterie beim Auto, u.U. Batterieexplosion!

Aufgaben 3.1.1, 3.1.2.

3.1.2 Der Grundstromkreis

Im Grundstromkreis (Bild 3.1.6) erkennt man die Zweckmäßigkeit des Verbraucher-/Erzeugerpfeilsystems: Das *Verbrauchersystem* (VPS) am passiven Zweipol bedeutet (Bild 1.3.2): $p = u_2 i_1 > 0$ (< 0) Leistungs*aufnahme* (*-abgabe*).

Das *Erzeugerpfeilsystem* (EPS) hingegen bedeutet für die Quelle: $p = u_1 i_1 > 0$ (< 0) Leistungs*abgabe* (*-aufnahme*).

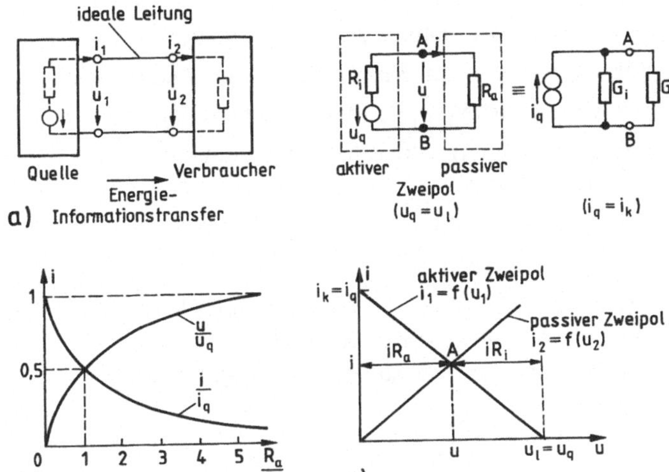

Bild 3.1.6 Grundstromkreis
a) Zusammenspiel Quelle – Verbraucher im Grundstromkreis. Zweipolersatzschaltung
b) Strom- und Spannungsverlauf (bezogen) im Grundstromkreis über dem (bezogenen) Lastwiderstand R_a/R_i
c) Kennlinie des aktiven und passiven Zweipols im Grundstromkreis

Beim Zusammenschalten beider Zweipole gilt die *Arbeitspunktbedingung*:

$$i_1 = i_2 = i, \quad u_1 = u_2 = u = u_{AB}. \qquad \text{Arbeitspunkt} \qquad (3.1.5)$$

Dabei fließt der Strom in einer Umlaufrichtung (bei Kennzeichnung der Quelle durch das VPS treten beim Quellenstrom negative Vorzeichen auf).

Für lineare Zweipole folgen beim Zusammenschalten die beiden Maschengleichungen:

M1: $u + iR_i - u_q = 0$ aktiver Zweipol

M2: $iR_a - u = 0$ passiver Zweipol

mit der Lösung (Arbeitspunkt):

$$i = \frac{u_q}{R_i + R_a} = \frac{u_q}{R_{ges}}, \quad u = iR_a = \frac{u_q R_a}{R_i + R_a} \qquad \text{Strom-Spannungsbeziehung im Grundstromkreis} \qquad (3.1.6)$$

Man erkennt im Ergebnis sofort die Spannungs- und Stromteilerregeln, da $i_q = u_q/R_i$ gilt. Abhängig vom Lastwiderstand R_a schwankt der Strom zwischen einem

- *Maximalwert* $i = i_{max} = i_k = i_q$ bei Kurzschluss $R_a = 0$ und
- dem *Kleinstwert* $i = 0$ bei *Leerlauf* $R_a \to \infty$. Dabei stellt sich die Leerlaufspannung u_l an den Klemmen ein.

Im gemeinsamen *u-i*-Diagramm Bild 3.1.6c ist der Kennlinienschnittpunkt der Arbeitspunkt. Er lässt sich ermitteln

- bei *linearen* Zweipolen entweder analytisch (Gl. (3.1.6)) oder grafisch als Schnittpunkt der Kennlinien von aktivem und passivem Zweipol,
- bei *nichtlinearen* Zweipolen grafisch (sehr anschaulich!) oder meist nur numerisch,
- in Computerprogrammen (z.B. Multisim 2001/EWB, PSPICE u.a.) wird der Arbeitspunkt als DC-(direct current)-Analyse ausgegeben.

Leistungsumsatz. Anpassung. Im Grundstromkreis treten drei typische Leistungen auf:

- die Verbraucherleistung: $p_a = i^2 R_a = u^2/R_a$,
- die *insgesamt* in den Kreis eingebrachte elektrische Leistung: $p = u_l\ i = i^2\ (R_i + R_a)$,
- die Verlustleistung p_i im Innenwiderstand: $p_i = R_i \cdot i^2$.

Der Energieerhaltungssatz erfordert zudem $p = p_i + p_a$. Für den Leistungsumsatz sind zwei Größen interessant:

– der Wirkungsgrad (s. Gl. (1.3.3)):

$$\eta = p_a/p = R_a/(R_i + R_a) \tag{3.1.7}$$

als Verhältnis der im Verbraucher umgesetzten Leistung p_a zu der insgesamt aufgewendeten elektrischen Leistung p und

– die im Verbraucher absolut auftretende Leistung:

$$p_a = i^2 R_a = \frac{R_a}{(R_i + R_a)^2} u_l = \frac{R_a}{(R_i + R_a)^2} u_q \ . \tag{3.1.8}$$

Bei konstanter Quellenspannung u_q hat die Funktion $p_a(R_a)$ ein *Maximum* für

$$R_a = R_i \quad \text{Leistungsanpassung} \tag{3.1.9}$$

im Arbeitspunkt $u = u_{l/2}$; $i = i_k/2$ mit einem Wirkungsgrad $\eta = 1/2$ und der *maximalen Verbraucherleistung*:

$$p_a\big|_{max} = \frac{u_l^2}{4R_i} = \frac{u_l^2}{4R_a} = \frac{u_l i_k}{4} \ . \tag{3.1.10}$$

Bei Anpassung $R_a = R_i$ beträgt der Wirkungsgrad im Grundstromkreis 50% und dem Verbraucher wird maximale Leistung (¼ der Leistungsfläche $u_l\ i_k$, Skizze!) zugeführt.

Diese Ergebnisse gelten allerdings *nur für den linearen Grundstromkreis* (s.u.).

Eine zweite Anpassart, nämlich nach dem sog. *Wellenwiderstand*, ist für die Informationstechnik dann interessant, wenn ein Verbraucher über eine (lange) Leitung bei schnellen zeitveränderlichen Signalen angeschlossen ist und Bedingungen an die Übertragungsqualität gestellt werden (s. Bd. 2).

Für die Leistungsübertragung sind zwei Gesichtspunkte maßgebend:

- die *Informationstechnik* arbeitet mit sehr geringen Quellenleistungen (*Beispiel*: ein Signalgenerator mit $u_l = 2$ V, $R_i = 50\ \Omega$ hat die Kurzschlussleistung $p = u_l\ i_k = u_l^2/R_i = 0{,}08$ W). Deshalb soll der *Absolutwert der Verbraucherleistung* möglichst hoch sein, m.a.W. muss *Anpassung* $R_a = R_i$ eingestellt werden.
- Die *Energietechnik* strebt wegen der sehr großen übertragenen Leistung (kW...MW!) hohen *Wirkungsgrad* aus wirtschaftlichen Gründen an. Da die dort verwendeten Generatoren feste Quellenspannung liefern (z.B. $u_l = u_q$ = const., etwa u_q = 230V), erfordert $\eta \leq 1$ zwangsläufig $R_i \ll R_a$. Dann bleibt die (unwirtschaftliche) Quellenverlustleistung

p_i gering. Es wäre zudem unpraktikabel, wenn z.B. die Steckdosenspannung lastabhängig stark schwanken würde und mindestens 50 % der erzeugten Leistung als Verlustleistung verloren ginge.

Beispiel: Zwei Taschenlampenbatterien ($u_q = 1{,}5$ V, $R_i = 1{,}5\ \Omega$) sind reihengeschaltet und betreiben ein Glühlämpchen (2,5 V, $p = 0{,}3$ W). Wir suchen den Leistungswirkungsgrad (Verhältnis von Leistung am Lämpchen zur aufgewendeten Leistung). Die Glühlampe hat den Widerstand $R = u^2/p = 20{,}8\ \Omega$. Der Leistungswirkungsgrad beträgt $\eta = p/p_q = i_u/i\,u_q = 20{,}8/(20{,}8 + 3) = 0{,}87$. Würde bei gleicher Lichtleistung ($p = 0{,}3$ W) eine Lampe z.B. für 9 V verwendet (6 Batterien reihengeschaltet, $n = 6$, mit $u_l = 9$ V, $R_i = 6 \times 1{,}5\ \Omega$), so müsste gelten:

$$p = Ri^2 = \frac{(u_q n)^2}{(R + nR_i)^2} R$$

Die Lösung führt auf $(R + n R_i)^2 = R\,(\mathrm{n}\,u_q)^2/p$ als Bestimmungsgleichung für R. Man erhält die Lösungen (Nachweis) $R = 250\ \Omega$ und $R \leq 1\ \Omega$. Dieser Wert würde Batteriekurzschluss bedeuten und scheidet aus. Der Wirkungsgrad verbessert sich auf 96 %.

PC a) Untersuchen Sie den aktiven Zweipol mit Multisim-Beispiel 3/1.

b) Untersuchen Sie den Lasteinfluss auf das Verhalten des aktiven Zweipols mit Multisim-Beispiel 3/2.

c) Untersuchen Sie den nichtlinearen aktiven Zweipol mit den Multisim-Beispielen 3/7 und 3/8.

d) Untersuchen Sie die Anpassung mit MATLAB-Beispiel 3/1.

e) Bearbeiten Sie das MATLAB-Beispiel 3/3 einer einstellbaren Spannungsquelle.

3.1.3 Nichtlineare Zweipole im Grundstromkreis

Ein nichtlinearer Grundstromkreis hat *wenigstens ein nichtlineares NWE* (Quelle und/oder Verbraucher). Der Fall tritt häufiger auf als zunächst angenommen. Beispiele sind: Stromabhängigkeit des Batterieinnenwiderstandes, Verwendung nichtlinearer Bauelemente wie Glühlämpchen, Heiß-/Kaltleiter, Dioden, Transistoren, Solarzellen, Induktivitäten mit Eisenkern u.a. also praktisch alle wichtigen Bauelemente der Elektronik.

Die grundsätzliche Analyse des Grundstromkreises umfasst in diesen Fällen drei Schritte:

1. *Schaltungsaufbereitung*, d.h.
   - Wahl der Bauelemente-/Netzwerkmodelle und ihrer Klemmenbeschreibungen (analytisch, grafisch),
   - Trennung der Schaltung in einen linearen und nichtlinearen Teil mit möglichst wenig bestimmenden nichtlinearen Elementen,
   - Ersatz des linearen Netzwerkes durch eine Ersatzschaltung,
   - Darstellung des nichtlinearen Zweipols (analytisch, grafisch (Kennlinien), stückweise lineare Approximation, numerische Form).
2. *Netzwerkanalyse*, z.B. analytisch, numerisch oder grafisch: Zunächst Bestimmung des Arbeitspunktes der Schaltung, anschließend ggf. Kleinsignalanalyse (falls gewünscht) oder allgemein transiente Analyse.

   Der einzuschlagende Lösungsweg hängt stark von der *u*-*i*-Form des nichtlinearen Netzwerkelementes ab (s.u.).

3. Bereits bei einfachen nichtlinearen Schaltungen zeigen Computerprogramme in Form von Schaltungssimulationsprogrammen wie z.B. Multisim 2001/EWB und PSPICE ihre Stärke: sie enthalten Modelle aller gängigen nichtlinearen Bauelemente, verfügen über Methoden zu Lösung nichtlinearer Gleichungen auch im Zeitbereich und geben die Ergebnisse komfortabel aus bei vernachlässigbaren Rechenzeiten.

Die folgenden Betrachtungen dienen deshalb mehr dem *prinzipiellen Verständnis* und qualitativen Umgang mit solchen Problemstellungen.

Beispiel: Die Halbleiterdiode ist ein sehr häufig *vorkommendes nichtlineares* Bauelement. Ihr *u-i*-Verhalten wird in guter Näherung durch Gl. (2.2.13a)

$$i = I_S(\exp u/m\,U_T - 1) \qquad (3.1.11)$$

dargestellt. Die Größen I_S, und der Faktor m entstammen entweder physikalischen Modellen oder werden an der Diode experimentell bestimmt.

Folgende *u-i*-Darstellungsformen sind verbreitet:

- die analytische Form Gl. (3.1.11), (sofern eine solche für das betreffende NWE existiert),
- eine Kurvendarstellung (entweder der analytischen Form oder experimentell bestimmter Werte),
- eine (stückweise) Kennlinienapproximation durch „Ersatzfunktionen" (z.B. Polynome $i \sim u^2$ oder auch eine Knickkennliniennäherung (Ersatz der Kennlinie durch Geradenstücke (→ lineare Widerstände!) und unabhängige Quellen).

Bild 3.1.7 zeigt diese Formen der Gl. (3.1.11). Die logarithmische Darstellung erfordert dimensionslose Größen. Deshalb normiert man Gl. (3.1.11) auf die Stromeinheit (A), logarithmiert beiderseits und erhält (für $u/mU_T \gg 1$, d.h. Spannungen $u \gg 5\text{mV}$ mit $\lg(\exp x) = x \lg e = x \cdot 0{,}434$):

$$\lg\frac{i}{\text{A}} = \lg\left[\frac{I_S}{\text{A}}\exp\frac{u}{mU_T}\right] = \lg\frac{I_S}{\text{A}} + \frac{u}{mU_T}\lg e \quad .$$

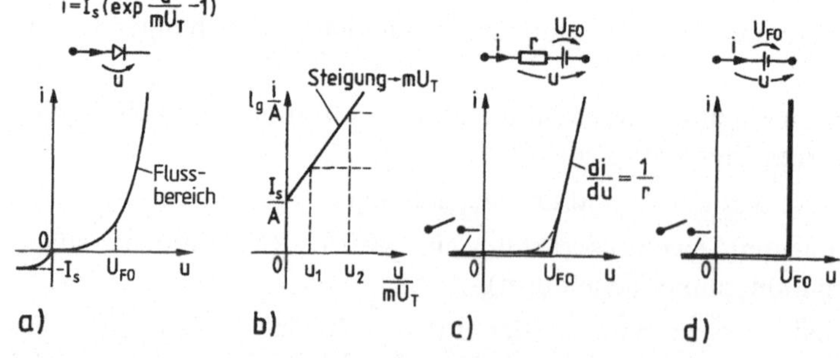

Bild 3.1.7 pn-Diodenkennlinie und ihre Näherungen
a) Kennlinie (Modelldiode), linearer Maßstab
b) Flussbereich wie a), aber einfach-logarithmischer Maßstab
c) Knickkennlinie (mit Längswiderstand)
d) Knickkennlinie (ohne Längswiderstand)

Dies ist in halblogarithmischer Darstellung eine Gerade durch den Schnittpunkt mit der Ordinate I_S/A; der Anstieg $\mathrm{d}/\mathrm{d}u\,(\lg i/A)$ kann aus einer Zweipunktdarstellung ($i_1 \to u_1$, $i_2 \to u_2$) bestimmt werden.

Bei der Geradennäherung (stückweise lineare Näherung, Bild 3.1.7c) nimmt man an, dass Stromfluss durch die Diode erst erfolgt, wenn im Flussbereich ($u > 0$) eine Mindestspannung U_{FO}, die *Schleusenspannung* erreicht ist, im anderen Fall sperrt die Diode.

Die Schleusenspannung U_{FO} hat die Bedeutung eines (unabhängigen) Quellenwertes, *ohne* dass sie etwa Energie in den Kreis speisen würde (→ hypothetisches Netzwerkelement). Endliche Kennliniensteigung für $u > U_{FO}$ ergibt sich durch Zuschalten eines Widerstandes R, der auch der dynamische Wert sein kann.

Eine gröbere Näherung verzichtet auf R (Bild 3.1.7d) und setzt $U_{FO} \to 0$. So entsteht eine *Knickkennlinie im Ursprung.*

PC Untersuchen Sie das Multisim-Beispiel 2/6 zur Kennlinienaufnahme nichtlinearer Zweipole sowie die Multisim-Beispiele 3/7 und 3/8.

3.1.4 Grafische Behandlung des nichtlinearen Grundstromkreises

Sehr häufig lassen sich nichtlineare Schaltungen auf den Grundstromkreis mit nichtlinearem aktiven oder passiven Zweipol (oder beides) zurückführen. Grundsätzlich wird sein Strom-Spannungsverhalten durch die Kirchhoffschen Gesetze und u-i-Beziehungen der Netzwerkelemente bestimmt.

Für das Schaltungsverständnis und die prinzipielle Arbeitspunktbestimmung eignet sich besonders das grafische Verfahren wegen seiner Anschaulichkeit:

Lösungsstrategie „Grafische Arbeitpunktbestimmung"

1. Zusammenfassung des linearen Netzwerkteiles, Beschreibung durch die Zweipolersatzgrößen und Eintrag der Kennlinie in ein i-u-Diagramm,
2. Eintrag der nichtlinearen Zweipolkennlinie,
3. Die Achsenabschnitte $u_l = u_q$ ($i = 0$) und $i_k = i_q$ ($u = 0$) sind Leerlaufspannung und Kurzschlussstrom. Der betreffende Zweipol ist der aktive.
4. Die Kennlinien der nichtlinearen passiven und aktiven Zweipole schneiden sich wenigstens in einem Punkt, dem Arbeitspunkt A. Sind mehrere Arbeitspunkte möglich, so muss ihre Stabilität untersucht werden.

Bild 3.1.8 zeigt ein Beispiel. Der lineare Netzwerkteil wird zu einer Spannungsquellen-Ersatzschaltung zusammengefasst mit Leerlaufspannung und Innenwiderstand:

$$u_l = u_{q2} + iR_2 = u_{q2} + \frac{(u_{q1} - u_{q2})}{R_2 + R_3} R_2 = 2\text{V}$$

$$R_i = R_1 + (R_2 \,//\, R_3) = 0{,}25\,\text{k}\Omega \,//\, 3\,\text{k}\Omega = 1\,\text{k}\Omega.$$

(Welche Schaltungswerte gehören dazu?). Die Diodenkennlinie (passiver nichtlinearer Zweipol) sei gegeben (Bild 3.1.8b), man erhält den Arbeitspunkt zu $i_A = 1{,}4$ mA, $u_A = 0{,}6$ V.

Zur Lösung kann auch die Quellenspannung u_q als aktiver Zweipol (Bild 3.1.8a) betrachtet und ihr Innenwiderstand R_i als Reihenwiderstand zur Diode verstanden werden. Diese Reihenschaltung hat eine neue Kennlinie, die sog. *gescherte Diodenkennlinie.* Sie entsteht

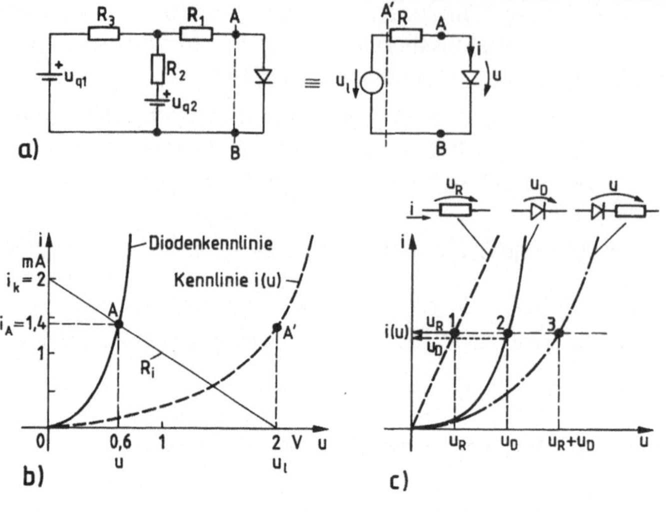

Bild 3.1.8 Grafische Behandlung eines nichtlinearen Netzwerkes
a) Schaltung und Aufteilung in linearen aktiven Zweipol und nichtlinearen passiven Zweipol
b) Arbeitspunktermittlung als Schnittpunkt der Kennlinien von aktivem und passivem Zweipol
c) Reihenschaltung vom linearen und nichtlinearen passiven Zweipol

durch Addition der Spannungsabfälle u_D und u_R für jeden Strom (Punkte 1, 2 und 3 in Bild 3.1.8c). Diese „Ersatzdiodenkennlinie" (Bild 3.1.8b) führt zum Arbeitspunkt A′ mit der Geraden u_q = const. Ein grafisches Verfahren gibt auch leicht Auskunft über den Einfluss von Änderungen, z.B. der Quellenspannung oder des Innenwiderstandes.

PC Schalten Sie den nichtlinearen Diodenzweipol (Multisim-Beispiel 3/7) an eine Gleichspannungsquelle (u_q = 20 V) und ermitteln Sie den Arbeitspunkt für unterschiedliche Innenwiderstände (100 Ω, 1 kΩ, 50 kΩ). Bestimmen Sie den Arbeitspunkt für R_i = 10 kΩ und drei verschiedene Diodentemperaturen (27, 54 und 81°C). Welcher Verlauf der Spannung ist zu erwarten?

Arbeitspunktstabilität. Hat wenigstens einer der beiden Teilzweipole einen fallenden Kennlinienbereich, so können mehrere Arbeitspunkte auftreten und es erhebt sich die Frage nach dem jeweils gültigen Wert.

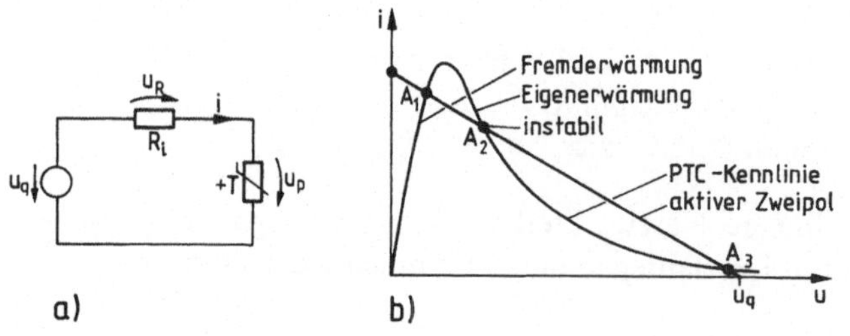

Bild 3.1.9 Kaltleiter (PTC-Widerstand) als Last eines aktiven Zweipols
a) Schaltung
b) Kennlinien des aktiven und passiven Zweipols

Bild 3.1.9 zeigt eine Schaltung mit einem PTC-Widerstand als Lastelement. Je nach der Spannungsquelle (u_q, R_i) entstehen entweder drei oder ein Arbeitspunkt(e). Im Falle $R_i = 0$ (ideale Spannungsquelle), ist bei Variation von u_q stets nur ein (stabiler) Arbeitspunkt möglich. Mit wachsendem R_i gibt es jedoch bald eine Situation mit drei Schnittpunkten $A_1 \ldots A_3$, davon ist A_2 instabil. Der Arbeitspunkt A_1 liegt im Bereich der Fremderwärmung des Kaltleiters: geringe Spannung, großer Strom, geringe eigene Verlustleistung. Steigt die Kaltleitertemperatur, so wird schließlich das Strommaximum überschritten, weil die Eigenerwärmung zunimmt (Anwachsen der Verlustleistung) und der Strom zu sinken beginnt. Er kommt erst im Arbeitspunkt A_3 zur Ruhe (A_3 stabil). Der Arbeitspunkt A_2 ist somit instabil. Er kann durchfahren, aber nicht eingestellt werden (jedenfalls nicht bei einer Arbeitsgeraden mit mehreren Schnittpunkten). Die Verwendung einer Spannungsquelle mit $R_i = 0$ erlaubt jedoch die Kennlinienaufnahme bei allen Stromwerten. Arbeitspunkte im fallenden Kennlinienbereich spielen für die Schwingungserzeugung mit elektronischen Schaltungen eine fundamentale Rolle. Dieser Problemkreis (und auch die Formulierung von Kriterien zur die Stabilität des Arbeitspunktes) überschreiten den Rahmen dieser Einführung.

PC Bearbeiten Sie das Multisim-Beispiel 3/10 einer fallenden Kennlinie. Berechnen Sie die in jedem Arbeitspunkt umgesetzte Gleichleistung (Verlustleistung im nichtlinearen passiven Zweipol). Schalten Sie einen Leitwert (Richtwert 10 μS) parallel. Wie ändert sich die Leistung? Warum kann diese Kennlinie nicht mit einer Stromquelle als Ursache aufgenommen werden?

Nichtlinearer aktiver Zweipol. Aktive nichtlineare Zweipole treten in der Praxis häufig auf: der Innenwiderstand einer 1,5-V-Trockenbatterie hängt vom Strom ab (Bild 3.1.10a), eine Solarzelle kann näherungsweise als Parallelschaltung einer unabhängigen Stromquelle und einer Halbleiterdiode modelliert werden (Bild 3.1.10b), eine Reihenschaltung von Spannungsquelle und Halbleiterdiode (Bild 3.1.10c) ist leicht möglich. Die Zusammenschaltung von Spannungsquelle, Kalt- und Heißleiter ist ein weiteres Beispiel, wie es zur Entmagnetisierung von Farbbildröhren (Bild 3.1.10d) angewendet wird.

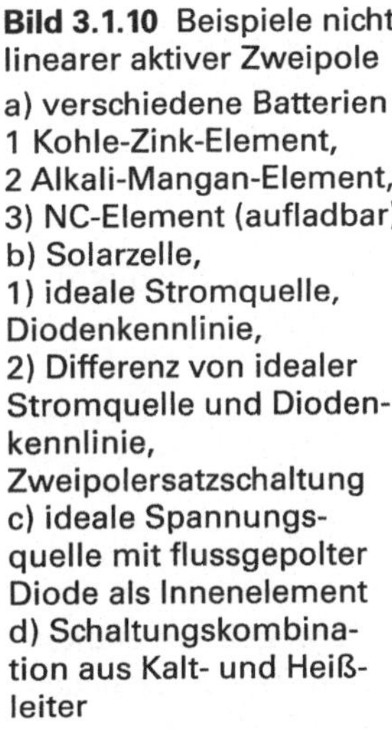

Bild 3.1.10 Beispiele nichtlinearer aktiver Zweipole
a) verschiedene Batterien
1 Kohle-Zink-Element,
2 Alkali-Mangan-Element,
3) NC-Element (aufladbar)
b) Solarzelle,
1) ideale Stromquelle, Diodenkennlinie,
2) Differenz von idealer Stromquelle und Diodenkennlinie, Zweipolersatzschaltung
c) ideale Spannungsquelle mit flussgepolter Diode als Innenelement
d) Schaltungskombination aus Kalt- und Heißleiter

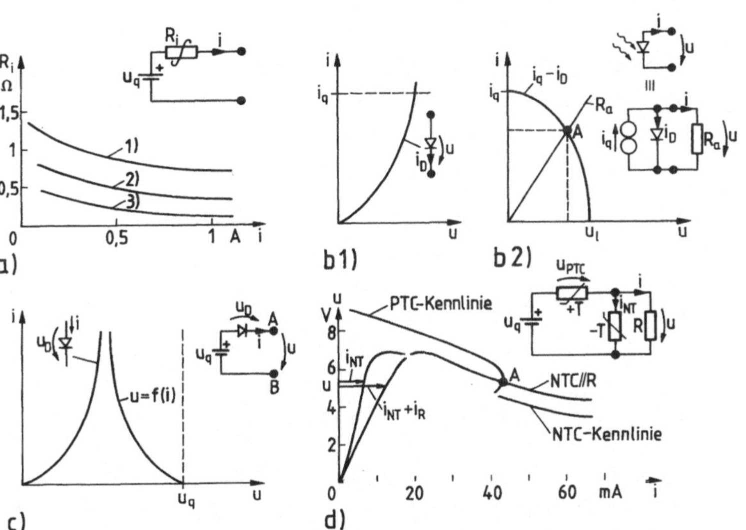

Auch in solchen Fällen gilt die bisherige Lösungsmethodik: Man zeichnet beide Kennlinien in ein Diagramm und bestimmt den Kennlinienschnittpunkt. Schwierigkeiten bereitet dabei oft die Gewinnung der aktiven Zweipolkennlinie selbst. Dazu zwei Beispiele:

Eine Reihenschaltung einer idealen Spannungsquelle mit einer Halbleiterdiode (Bild 3.1.10c) ergibt die aktive Zweipolkennlinie:

$$u_1 = u_q - u_D = u_q - m\,U_T \ln(i/I_S + 1).$$

Es muss stromabhängig jeweils die Diodenspannung u_D von u_q subtrahiert werden (Maschensatz). Im i-u-Diagramm wird von der Parallelen u_q = const. die Diodenkennlinie „abgezogen".

Als zweites Beispiel betrachten wir die Kennlinie einer *Solarzelle*. Sie ergibt sich aus einer Konstantstromquelle i_q (Wert proportional der einfallenden Sonnenstrahlung) und einer parallelliegenden Diode mit dem Diodenstrom $i_D(u)$. Der Klemmenstrom (EZP, Erzeugerzählpfeilrichtung) ist die Differenz beider Größen (Bild 3.1.10b2) $i = i_q - i_D(u)$

$$i = i_q - I_S(\exp u/mU_T -) \approx i_q - I_S \exp u/m\,U_T \tag{3.1.12}$$

und zugleich die Kennlinie des aktiven nichtlinearen Zweipols mit ausgeprägt nichtlinearem „Innenleitwert" (Leerlaufspannung u_l etwa 0,7 V). An diesem Beispiel soll auch die *Leistungsanpassung* untersucht werden, weil die Bedingung $R_i = R_a$ (Anpassung) wegen des nichtlinearen Innenwiderstandes $R_i = f(i)$ hinterfragt werden muss. Im Arbeitspunkt hängt die an den Verbraucher R_a abgegebene Leistung

$$p = u \cdot i = u\,(i_q - i_D(u)) = i_2\,R_a = u\,(i_q - I_S \exp u/m\,U_T)$$

vom Lastwiderstand ab. Dabei wurde in der Diodenkennlinie der Sättigungsstromeinfluss ($\exp x - 1 \approx \exp x$) vernachlässigt, da sie im Flussbereich arbeitet. Die Leistung $p = p\,(u)$ wird maximal für

$$\frac{\mathrm{d}p(u)}{\mathrm{d}u} = 0 : \rightarrow \frac{i_q}{I_S} = \left(1 + \frac{u_m}{mU_T}\right) \exp u_m / mU_T, \tag{3.1.13}$$

also bei der Spannung u_m, zu der der Strom $i_m = i_q - i_D(u_m)$ gehört (Punkt A (i_m, u_m)). Die maximal an den Verbraucher abgegebene Leistung beträgt:

$$p_m = u_m\,i_m = \frac{i_q\,u_m^2}{u_m + mU_T}.$$

Sie drückt sich als Rechteckfläche im i-u-Diagramm (Bild 3.1.10b2) aus, die jetzt am größten ist. Dazu gehört der (optimale) Verbraucherwiderstand

$$R_a|_{opt} = \frac{u_m}{i_m} = \frac{u_m + mU_T}{i_q} \approx \frac{u_m}{i_q}, \tag{3.1.14}$$

da $i_m = \dfrac{i_q\,u_m}{mU_T + u_m}$ aus Gl. (3.1.13) folgt.

Wie groß ist jetzt der Innenwiderstand? Die Beziehung $R_i = u_l/i_k$ gilt wegen der starken Nichtlinearität *nicht* (obwohl sich die Leerlaufspannung berechnen lässt). Wir untersuchen deshalb den differentiellen Innenwiderstand $r = \mathrm{d}u/\mathrm{d}i$ oder seinen Reziprokwert, den Innenleitwert $g = 1/r$ im Punkt maximaler Leistungsabgabe (Tangente im Punkt A). Aus Gl. (3.1.12) folgt:

$$\left.\frac{\mathrm{d}i}{\mathrm{d}u}\right|_A = -\frac{I_S}{mU_T} \exp \frac{u_m}{mU_T} = \frac{-i_q}{u_m + mU_T}.$$

Abgesehen vom Vorzeichen (das sich durch die EZP ergibt) gilt auch hier die Anpassbedingung, wenn für den nichtlinearen Zweipol der differentielle Widerstand (Leitwert) verwendet wird:

$$R_a = r_i = \left.\frac{du}{di}\right|_A . \qquad (3.1.15)$$

Der Unterschied zum linearen Stromkreis besteht aber in der Größe der abgeführten Leistung. Während dort bei Anpassung nur 25 % der Kurzschlussleistung $i_k\, u_l$ im Anpassfall an den Verbraucher gelangt (s. Gl. (3.1.10), Wirkungsgrad 50 %), ist dies bei der Solarzelle durch die Kennliniennichtlinearität deutlich mehr, nämlich gleich dem Verhältnis der Fläche bei Anpassung zur Gesamtfläche $i_k u_l$. Dieses Verhältnis heißt *Füllfaktor* FF = $(i_m u_m)/i_q\, u_l$. Er liegt für reale Solarzellen bei über 80 %![1)]

Das Beispiel zeigt, dass die Anpassbedingung $R_i = R_a$ – wie üblicherweise benutzt – *nur für lineare Stromkreise* gilt.

Als weiteres Beispiel möge eine Schaltungskombination aus Spannungsquelle, Kalt- und Heißleiter (mit Parallelwiderstand) betrachtet werden, wie sie als Entmagnetisierungsschaltung im Farbfernseher vorkommt (Bild 3.1.10d). Unmittelbar nach dem Einschalten haben Kalt- und Heißleiter noch ihre Ausgangswiderstände, und es fließt ein hoher Strom hauptsächlich durch den Parallelwiderstand R der Entmagnetisierungsspule. Mit Erwärmung der beiden temperaturabhängigen Widerstände sinkt der Strom generell und zusätzlich verlagert er sich von der Entmagnetisierungsspule in den Heißleiter.

Die Kennlinie des passiven (nichtlinearen) Zweipols ergibt sich durch Stromaddition: zu jeder Spannung werden die Ströme i_R und i_{NT} bestimmt, ihre Summe gibt die neue Kennlinie. Die Kennlinie des aktiven nichtlinearen Zweipols entsteht durch Abzug des Spannungsabfalls über dem PTC-Widerstand von der Quellenspannung u_q. Der Schnittpunkt beider Kennlinien ist der Arbeitspunkt.

PC a) Bearbeiten Sie das Multisim-Beispiel 3/7 eines nichtlinearen aktiven Zweipols. Für welchen Lastwiderstand herrscht Anpassung? Verdoppeln Sie die eingeprägte Quelle (im Falle der Solarzelle entspräche dem eine Verdopplung der Einstrahlleistung). Verdoppelt sich dann die Leistung? Vergleichen Sie die Ergebnisse mit denen des linearen aktiven Zweipols in Stromquellenersatzschaltung.

b) Bearbeiten Sie das Multisim-Beispiel 3/8 eines (anderen) nichtlinearen aktiven Zweipols. Wo liegt Anpassung, wie verhalten sich Strom und Spannung im Anpasspunkt?

c) Konstruieren Sie mit Multisim einen aktiven Zweipol nach Bild 3.1.10c und nehmen Sie seine Kennlinie $u(i)$ auf. Welcher Kuzschlussstrom fließt? Ermitteln Sie den Verlauf der abgebbaren Leistung (Vorbild Beispiel 3/7) unter Einsatz des Postprozessors.

d) Kann für das Multisim-Beispiel 3/7 eine Spannungsquellenersatzschaltung angegeben werden, wie würde sie ggf. aussehen?

Aufgaben 3.1.5, 3.1.6.

3.1.5 Analytische und numerische Lösungsverfahren

Die (immer mögliche!) Anwendung der Kirchhoffschen Gleichungen auf ein nichtlineares Netzwerk führt zu einem nichtlinearen Gleichungssystem. Nur in Ausnahmefällen (abhängig von der Form der Nichtlinearität, z.B. mitunter bei quadratischen Kennlinien) ist eine analytische Lösung möglich. Im Regelfall werden vielmehr eingesetzt

1) Zu beachten ist, dass der Umwandlungswirkungsgrad elektrisch verfügbare Energie/eingestrahlte Sonnenenergie derzeit noch recht niedrig bleibt (≈ 0,1…0,2).

- Näherungsverfahren (z.B. Kleinsignalnäherung, stückweise lineare Näherung, Reihenentwicklungen, Ersatzfunktionen),
- numerische Lösungen und
- heute als Standard *Schaltungssimulationsprogramme* mit ausgefeilten numerischen Lösungsverfahren besonders dann, wenn sie nichtlineare Bauelementemodelle enthalten.

Das folgende Beispiel der numerischen Arbeitspunktbestimmung im nichtlinearen Grundstromkreis soll hauptsächlich dem Problemverständnis dienen und zeigen, wie auch bereits einfache Schritte zu einer groben Lösung führen können. Für die praktische Arbeit bedient man sich besser der Schaltungssimulatoren.

In der Diodengrundschaltung (Bild 3.1.8a rechts) lauten die Ausgangsgleichungen

– die Netzwerkgleichung $u_q = iR + u$

– die u-i-Beziehung der Diode ((Gl. (3.1.11), $m = 1$ gesetzt: $i = I_S\,(\exp u/U_T - 1)$) .

Daraus lassen sich die gleichwertigen Formen bilden (Nachweis!):

$$\begin{aligned}
F_a(u) &= u + I_S R(\exp u/U_T - 1) - u_q = 0 && \text{a)}\\
F_a(i) &= i - I_S\left(\exp\frac{u_q - iR_i}{U_T} - 1\right) = 0 && \text{b)}\\
F_b(u) &= -u + U_T \ln\left(\frac{u_q - u}{RI_S} + 1\right) = 0 && \text{c)}\\
F_b(i) &= i + \frac{U_T}{R}\ln\left(\frac{i}{I_S} + 1\right) - \frac{u_q}{R} = 0. && \text{d)}
\end{aligned} \tag{3.1.16}$$

Je nach Umformung ergeben sich unterschiedliche Gleichungen des Typs $F(y) = 0$, denen nicht anzusehen ist, ob das gleiche Iterationsverfahren jeweils konvergiert.

Die numerische Lösung erfordert *Normierung*, etwa auf einen Normierungsstrom I_N/mA oder eine Normierungsspannung U_N/V. Dabei ist auf den verarbeitbaren günstigen Zahlenbereich zu achten. Sind beispielsweise durch die Schaltung $u_q = 10\,\text{V}$, $R = 1\,\text{k}\Omega$, $I_S = 10^{-14}\,\text{A}$, $U_T = 25$ mV gegeben, so würde eine Normierung auf $i_N = I/\text{mA}$ z.B. für Gl. (3.1.16d) lauten:

$$F_b(i_N) = \text{mA}\; i_N + \frac{U_T}{R}\ln\left(\frac{i_N}{I_S}\text{mA} + 1\right) - \frac{u_q}{R} = 0 \quad \text{oder}$$

$$i_N + b_1 \ln(b_2\, i_N + 1) - b_3 = 0 \qquad \text{mit}$$

$$b_1 = \frac{U_T}{R\,\text{mA}} = \frac{25\,\text{mV}}{1\,\text{k}\Omega\,\text{mA}} = 2{,}5\cdot 10^{-2},\quad b_2 = \frac{\text{mA}}{I_S} = 10^{11},\quad b_3 = \frac{u_q}{R\,\text{mA}} = \frac{10\text{V}}{1\,\text{k}\Omega\,\text{mA}} = 10\,.$$

Die Lösung der Gleichung z.B. mit einem Fixpunkt-Verfahren (Startwert $i = 1$ mA) führt auf $i = 9{,}2535$ mA, $u = 0{,}7464$ V nach wenigen Schritten, wobei der Anfangswert sinnvollerweise zwischen 0 und u_q/R mA liegen sollte (Ströme größer als der Kurzschlussstrom $i_q = i_k$ sind nicht möglich !).

Man beginnt bei Fixpunktverfahren mit einem Startwert i_N, setzte ihn in die rechte Seite von Gl. (3.1.16c) und berechnet den nächsten Wert i_N', setzt i_N' erneut in die rechte Seite ein und bestimmt i_N''. Das Verfahren wird solange wiederholt, bis zwei aufeinanderfolgende Werte i_N innerhalb einer gegebenen Toleranz liegen.

Der Aufwand lässt sich beträchtlich senken, wenn die Diodenkennlinie stückweise durch eine Gerade nach Bild 3.1.7d angenähert wird. Im Flussbereich fällt stets die Schleusenspannung U_{FO} ($\approx$ 0,7 V) ab. Dann gilt für die Schaltung nach Bild 3.1.12b mit $u_q = iR + u$:

$$u_q \geq U_{FO}: \quad u = U_{FO}\,, \quad i = \frac{u_q - U_{FO}}{R} \qquad \text{Diode leitet}$$

$$u_q \leq U_{FO}: \quad i = 0 \qquad u = u_q \qquad \text{Diode sperrt.}$$

Das erlaubt eine rasche Arbeitspunktabschätzung: man bestimmt die Diodenflussspannung u zunächst für einen Kreisstrom $i \approx 0{,}1\ i_{max}$ (wobei i_{max} der maximal im Kreis auftretende Strom ist, z.B. der Kurzschlussstrom der Quelle) und berechnet damit i. Im Beispiel gilt mit $i_{max} = u_q/R = 10\ \text{V}/1\ \text{k}\Omega = 10\ \text{mA}$:

$$U_{FO} = U_T \ln \frac{0{,}1\,u_q}{RI_S + 1} = U_T \ln (10^{11} + 1) = 633\ \text{mV},$$

und für den Strom

$$i = \frac{u_q - U_{FO}}{R} = \frac{10\ \text{V} - 0{,}633\ \text{V}}{1\ \text{k}\Omega} = 9{,}367\ \text{mA}\,.$$

Dies ist eine gute Näherung. Das Verfahren kann vereinfacht werden, wenn von Anfang an mit einem Festwert $U_{FO} \approx 0{,}7$ V gerechnet wird ($i \rightarrow = 9{,}3$ mA).

PC Berechnen Sie den Diodenarbeitspunkt für die Schaltung Bild 3.1.7a anhand des MATLAB-Beispiels 3/2.

3.1.6 Grundstromkreis im Kleinsignalbetrieb

Elektronische Schaltungen enthalten durch Halbleiterbauelemente meist nichtlineare Netzwerkelemente, z.B. zur Verarbeitung von *Digitalsignalen* mit relativ großen Durchsteuerungen (nichtlineare Elemente arbeiten dann näherungsweise als Schalter) und von *Analogsignalen*, wo es auf *proportionale Signalverarbeitung* ankommt. Dort sind lineare Netzwerkeigenschaften gefordert. Sie setzen deshalb kleine *Aussteuerung um einen Arbeitspunkt* voraus.

Die Linearisierung einer nichtlinearen Schaltung um einen Arbeitspunkt durch Beschränkung auf kleine Aussteuerung heißt *Kleinsignalanalyse*. Kleine Aussteuerung ist dabei bezüglich der entstehenden Verzerrungen zu sehen.

Die Kleinsignalanalyse soll am Grundstromkreis mit nichtlinearem passiven Zweipolelement – etwa einer Halbleiterdiode – erläutert werden (Bild 3.1.11). Die Spannungsquelle $u_q = U_q + \Delta u_q(t)$ besteht aus einer Gleichspannung U_q und einer überlagerten Änderung, der Signalspannung $\Delta u_q(t)$. Die Gleichspannung bestimmt im Zusammenwirken aktiver-passiver Zweipol den Arbeitspunkt A (U_A, I_A).

Signalaussteuerung $\Delta u_q\ (t)$ bedeutet *Parallelverschiebung* der aktiven Zweipolkennlinie. Dadurch entsteht im Stromkreis eine Stromänderung $\Delta i\ (t) = i\ (t) - I_A$ und damit auch eine

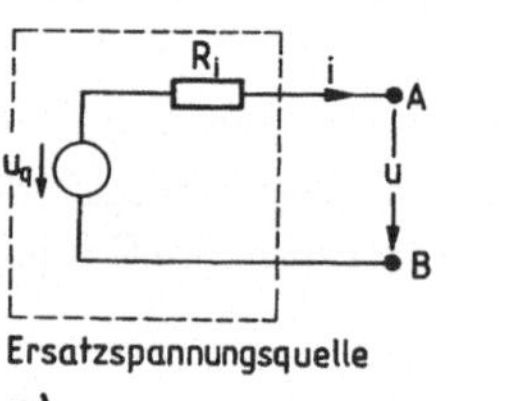

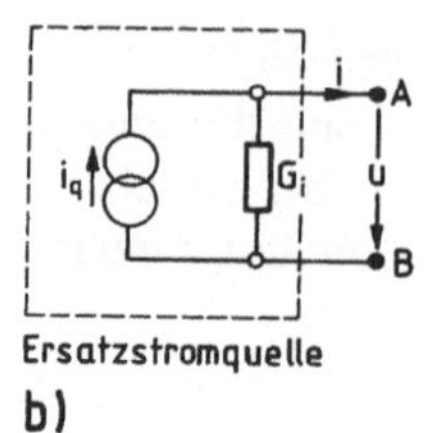

Bild 3.1.11 Nichtlineare Schaltung bei Kleinsignalaussteuerung
a) Schaltung und Kennlinie, Linearisierung im Arbeitspunkt, Gleichwert $U_Q = U_q$
b) Gleichstromersatzschaltung zur Arbeitspunktbestimmung
c) Kleinsignalersatzschaltung im Arbeitspunkt

Spannungsänderung $\Delta u\ (t) = u\ (t) - U_A$ am passiven Zweipol. Die Abhängigkeit der Kleinsignalamplituden Δu und Δi von Δu_q ergibt sich aus dem Kleinsignalverhalten der Halbleiterdiode, das bereits mit dem Begriff differentieller Widerstand eingeführt wurde (s. Gl. (2.2.11)). Die dort entwickelte Tangentennäherung als erstes Glied einer Taylorentwicklung der Aussteuerung um den Arbeitspunkt bietet sich auch hier an. Ausgang ist die erwähnte Diodengleichung.

Die Entwicklung Diodenkennlinie $i(u)$ um den Arbeitspunkt I_A, U_A ergibt

$$i = I_A + \Delta i = I_S\left[\exp\frac{U_A + \Delta u}{U_T} - 1\right] \approx I_S\left[\left(1 + \frac{\Delta u}{U_T}\right)\exp\frac{U_A}{U_T} - 1\right] \approx$$

$$\approx I_A + \frac{\Delta u}{U_T}(I_A - I_S) \approx I_A + \frac{I_A}{U_T}\Delta u$$

und bei Beschränkung auf die linearen Anteile:

$$\Delta i = i\ (u) - i\ (U_A \approx (I_A/U_T)\ \Delta u = g\ (U_A)\ \Delta u\ . \qquad (3.1.17)$$

Werden höhere Ableitungen (→ Erzeugung nichtlinearer Stromanteile!) durch Einhaltung der *Kleinsignalforderung*

$$\left.\frac{di}{du}\right|_{U_A} \Delta u \gg \left.\frac{1}{2}\frac{d^2 i}{du^2}\right|_{U_A} \Delta^2 u \rightarrow \Delta u \ll U_T$$

vernachlässigt, so ergibt sich mit dem differentiellen Leitwert $g = \left.\frac{di}{du}\right|_{U_A} = g(U_A)$ (resp. dem differentiellen Widerstand $r = 1/g$) die Kleinsignallösung nach Gl. (3.1.17). In der Exponentialfunktion gilt dann die Näherung $\exp x|_{x \ll 1} \approx 1 + x$.

Im Kleinsignalbetrieb wird die nichtlineare $i(u)$-Kennlinie durch eine Tangente $di/du|_{U_A}$ im Arbeitspunkt $I(U_A)$ angenähert und an dieser ausgesteuert. Dadurch wirkt das nichtlineare Netzwerkelement im Arbeitspunkt wie ein lineares Schaltelement.

Die Kleinsignalforderung hängt von der Kennliniennichtlinearität ab. Sie führt für die Exponentialkennlinie auf obige Forderung, die wegen $U_T = 25$ mV für $\Delta u \leq$ 3...5 mV ausreichend erfüllt ist. Andere Kennlinien ergeben andere Bedingungen.

Der Vorteil der Kleinsignalaussteuerung wird jetzt deutlich: das nichtlineare Netzwerk verhält sich so, als ob ihm im Arbeitspunkt ein lineares Netzwerk – bestehend aus Kleinsignalquelle und differentiellen Netzwerkelementen – jeweils am Ort der nichtlinearen Elemente „aufgesetzt“ = überlagert ist (s. Bild 3.1.10c). Damit zerfällt die Analyse nichtlinearer Netzwerke in *vier Teile*:

- Arbeitspunktbestimmung des nichtlinearen Netzwerkes,
- Bestimmung der Kleinsignalersatzschaltung der nichtlinearen Elemente im jeweiligen Arbeitspunkt,
- Analyse eines jetzt (linearen) Kleinsignalnetzwerkes. Dabei gelten alle Regeln linearer Netzwerke.
- Die allgemeinen Netzwerkströme und -spannungen ergeben sich durch Überlagerung der Arbeitspunktlösung und Kleinsignalergebnisse.

Angewendet auf Bild 3.1.11 wird zunächst der Arbeitspunkt I_A, U_A z.B. nach Abschnitt 3.1.5 ermittelt. Wir übernehmen von Bild 3.1.8 die Werte $I_A = 1{,}4$ mA, $U_A = 0{,}6$ V. Für die Kleinsignalschaltung gelten dann als Strom Δi und Spannung Δu an der Diode:

$$\Delta i = \frac{\Delta u_q}{R_i + r}\,, \qquad \Delta u = \frac{r\,\Delta u}{R_i + r} = \frac{17{,}85\,\Omega}{1\,\mathrm{k\Omega} + 17{,}85\,\Omega} = 1{,}75 \cdot 10^{-2}\,\Delta u_q$$

$$\text{mit} \quad r = \left.\frac{\mathrm{d}u}{\mathrm{d}i}\right|_{\mathrm{AP}} \approx \frac{U_T}{I} = \frac{25\,\mathrm{mV}}{1{,}4\,\mathrm{mA}} = 17{,}85\,\Omega\,, \quad R_i = 1\,\mathrm{k\Omega}\,.$$

Das Kleinsignalverhalten des Grundstromkreises lässt sich auf allgemeine Netzwerke mit Nichtlinearitäten übertragen. Dann haben auch die schon eingeführten differentiellen Kapazitäten und Induktivitäten ihre Bedeutung.

PC a) Untersuchen Sie das Kleinsignalverhalten der Diodenschaltung Bild 3.1.11 mit dem Multisim-Beispiel 3/9. Stellen Sie für die Kleinsignalersatzschaltung eine Leistungsbilanz für die an den Verbraucher abgegebene und die von den Quellengrößen aufgebrachte Leistung auf (Verbraucher- und Erzeugersystem beachten!).

b) Untersuchen Sie das Kleinsignalverhalten für Multisim-Beispiel 3/10 mit fallender Kennlinie. Geben Sie eine Stromquellenersatzschaltung an. Berechnen Sie die Kleinsignalleistung, die im steigenden und fallenden Ast des nichtlinearen Zweipols umgesetzt wird.

3.2 Zweipoltheorie

Sehr vorteilhaft lässt sich das Grundstromkreismodell auf größere lineare Netzwerke anwenden, wenn Spannung und Strom nur in einem Zweigelement gesucht sind, beispielsweise in Bild 3.2.1a der Strom durch den Widerstand R_3 (→ passiver Zweipol eines Grundstromkreises, Umzeichnen der Schaltung (Bild 3.2.1b)). Die Restschaltung ist der aktive Zweipol. So liegt der Grundstromkreis vor. Da die (zunächst als unzugänglich) angenommenen Knoten und Maschen des aktiven Zweipols durch lineare Gleichungssysteme beschrieben werden, muss auch der Klemmenstrom i linear von u_{AB} abhängen (Bild 3.2.1c): $u_{AB} = c_1 - c_2\, i$. Deshalb schwankt die Spannung u_{AB} grundsätzlich zwischen:

$$\begin{aligned}
&\textit{Leerlaufspannung}: && u_{AB} = U_l = c_1\big|_{I=0} && \text{und Kurzschluss } (u_{AB} = 0) \text{ mit} \\
&\textit{Kurzschlussstrom}: && i_k = i\big|_{u_{AB}=0} = c_1 / c_2 && \text{und} \qquad (3.2.1) \\
&\textit{Innenwiderstand}: && u_l / i_k = c_1 / c_1 \cdot c_2 = c_2 = R_i\,. &&
\end{aligned}$$

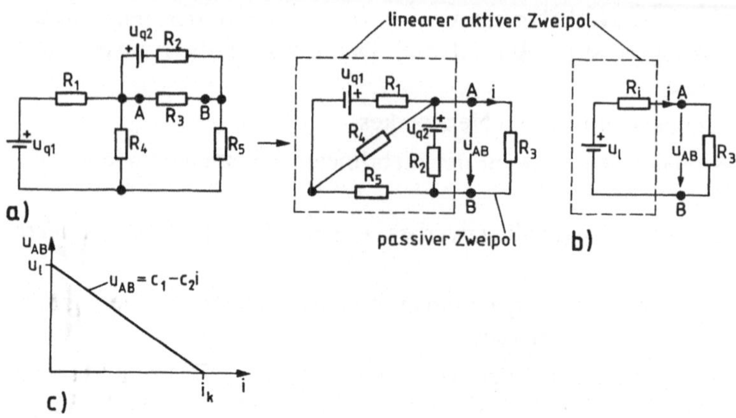

Bild 3.2.1 Zweipoltheorie als Netzwerkanalyse
a) Netzwerk (linear) aufgeteilt in aktiven und passiven Zweipol
b) Spannungsquellenersatzschaltung des aktiven Zweipols
c) Kennlinie des aktiven Zweipols

Damit kann der gesamte lineare (aktive) Netzwerkteil bezüglich seines Klemmenverhaltens A, B durch eine Zweipolersatzschaltung ersetzt werden, deren Ersatzgrößen nach den bekannten Methoden (Abschn. 3.1.1) festliegen!

Bestimmt man die Ersatzgrößen nach Gl. (3.2.1), so muss der *innere Aufbau des aktiven Netzwerkteiles nicht bekannt* sein. Gleiche Überlegungen gelten für die Stromquellenersatzschaltung

Die Aufteilung eines beliebig komplizierten linearen Netzwerkes in passiven und aktiven Zweipol, ihr Zusammenwirken als Grundstromkreis und die Bestimmung seiner Ersatzparameter (Zweipolkenngrößen u_l, i_k, R_i, R_a) bilden zusammen die *Zweipoltheorie* (auch *Satz von Helmholtz* genannt).

Die Zweipoltheorie vereinfacht die Netzwerkanalyse ganz erheblich, weil sie viele Problemstellungen auf den Grundstromkreis reduziert. So kann z.B. eine Signalquelle, die einen (linear arbeitenden) Verstärker (→ Vierpol mit gesteuerter Quelle) mit Lastwiderstand (z.B. Lautsprecher) speist, bezüglich des Klemmenverhaltens am passiven Zweipol (Lautsprecher) problemlos durch den Grundstromkreis beschrieben werden!

Zusammengefasst lautet die

Lösungsmethodik „Zweipoltheorie":

1. Auftrennen des (linearen) Netzwerkes am Ort der gesuchten Größe in aktiven und passiven Ersatzzweipol. Alle unabhängigen Quellen müssen sich im aktiven Zweipol befinden, gesteuerte dürfen nur aus dem jeweiligen Zweipolteil gesteuert werden.
2. Bestimmung der Zweipolkennwerte des passiven (R_a) und aktiven Zweipols ($u_l = u_q$, $i_k = i_q$, R_i)
3. Zusammenschluss von aktivem und passivem Zweipol und Bestimmung von i und u_{AB}.

Das Verfahren lässt sich auch bei nichtlinearem passiven Zweipol verwenden (vgl. Abschn. 3.1.3), jedoch nicht, wenn der aktive Zweipol eine wirksame Nichtlinearität enthält (dann würde z.B. seine Leerlaufspannung stromabhängig!).

Aufgaben 3.2.1…3.2.4.

Beispiel 1: Wir betrachten den Energieanschluss im Haushalt (Steckdose) als aktiven Zweipol. Es möge (zur Vereinfachung) ein Gleichstromnetz angenommen werden mit $u_q = u_l =$ 230 V, $R_i = 0{,}1\ \Omega$. Die Spannungsquellen-Ersatzschaltung entspricht unserer Vorstellung von der Konstanz der Netzspannung weitgehend unabhängig vom Verbraucher (stets gilt $R_i \ll R_a$ aus Gründen des Wirkungsgrades). Eine Stromquellen-Ersatzschaltung müsste einen Quellenstrom $i_q = i_k = u_l/R_i = 2300$ A((!), Steckdosenangabe) führen. Das ist nicht nur unanschaulich, sondern auch technisch nicht durchführbar (Kosten, Leitungsquerschnitt).

Beispiel 2: Für die Schaltung Bild 3.2.1b berechnet man statt der Leerlaufspannung besser den Kurzschlussstrom des aktiven Zweipols (mit Überlagerungssatz, folgender Abschn.)

$$i_k = \frac{u_{q1}}{R_1 + R_4 // R_5} \cdot \frac{R_4 // R_5}{R_5} + \frac{u_{q2}}{R_2}, R_i = R_2 //(R_5 + R_1 // R_4)$$

und daraus $u_l = R_i\, i_k$.

PC a) Bearbeiten Sie die Multisim-Beispiele 3/3 und 3/5 zur Zweipoltheorie.

b) Bearbeiten Sie das Multisim-Beispiel 3/4 Stromquelle und entwerfen Sie je eine Zweipolersatzschaltung in Strom- und Spannungsquellenform.

3.3 Überlagerungssatz

Für lineare physikalische Systeme gilt folgendes Prinzip:

Hängen Ursache und Wirkung *linear* voneinander ab, so ergibt sich die Gesamtwirkung eines Vorganges durch Addition (Überlagerung) aller Teilwirkungen, die von jeweiligen Teilursachen ausgehen: *Überlagerungssatz*. Umgekehrt:
Ein physikalisches System ist linear, wenn der Überlagerungssatz gilt.

Dieser, auf Helmholtz zurückgehende Satz vereinfacht die Analyse von linearen Netzwerken mit mehreren (unabhängigen) Quellen grundlegend: man setzt die erste Quelle „in Betrieb" (alle übrigen „außer Betrieb"), berechnet z.B. einen gewünschten Teilstrom ($\rightarrow i_1$), setzt anschließend die zweite Quelle „in Betrieb" (alle übrigen außer Betrieb), berechnet den Teilstrom i_2 usw. Der Gesamtstrom ergibt sich durch (vorzeichenbehaftete) Addition aller Teilgrößen.

Beispiel. Im Bild 3.3.1 werden zur Berechnung des Stromes i_4 zunächst die Spannung u_{q2} kurzgeschlossen und i_{q3} abgetrennt. Das führt auf Schaltung Bild 3.3.1b zur Berechnung von $i_{4/1} = f(u_{q1})$. Die nächste Teilwirkung $i_{4/2} = f(u_{q2})$ (Bild 3.3.1c) ergibt sich durch Kurzschluss von u_{q1} und Abtrennen von i_{q3} und der letzte Teilstrom $i_{4/3} = f(i_{q3})$ (Bild 3.3.1d) durch Kurzschluss beider Spannungsquellen u_{q1}, u_{q2}.

Hinweis: Da das Überlagerungsprinzip für lineare Zusammenhänge gilt, versagt es zwangsläufig bei Leistungsberechnungen!

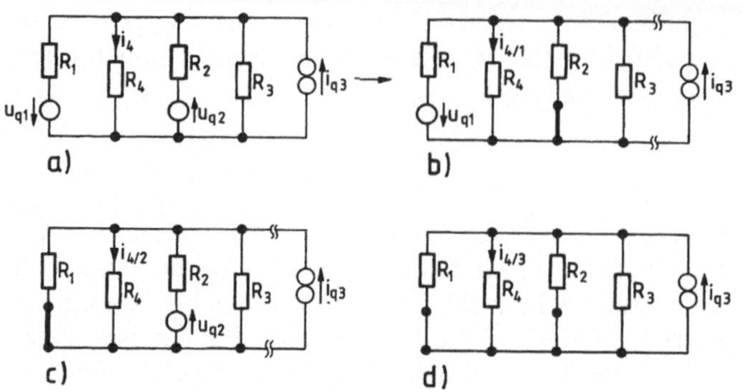

Bild 3.3.1 Anwendung des Überlagerungssatzes
a) Netzwerk
b) nur Quelle u_{q1} wirkend ($\rightarrow i_{4/1}$),
c) nur u_{q2} wirkend ($\rightarrow i_{4/2}$),
d) nur i_{q3} wirkend ($\rightarrow i_{4/3}$)

PC a) Überprüfen Sie den Überlagerungssatz mit Multisim-Beispiel 2/3c,
b) Prüfen Sie, ob der Überlagerungssatz auf den nichtlinearen aktiven Zweipol (Multisim-Beispiel 3/7 Solarzelle) angewendet werden kann.

Aufgabe 3.3.1.

3.4 Allgemeine Netzwerkanalyse

Für größere Netzwerke reichen die bisher kennen gelernten Analyseverfahren nicht aus, wenn sie auch für kleinere Aufgaben sehr nützlich sind. Große Netzwerke erfordern vielmehr eine *systematische* Anwendung der Kirchhoffschen Gleichungen und Netzwerkelement-Beziehungen.

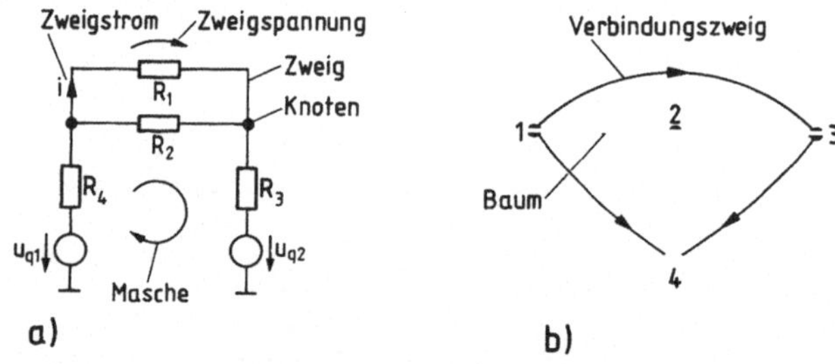

Bild 3.4.1 Bezeichnungen im Netzwerk
a) Netzwerk, Bestimmungsstücke
b) Graph eines Netzwerkes

Dabei treten folgende Begriffe auf (Bild 3.4.1a):

- *Schaltung*: Verbindung von Bauelementen über Knoten so, dass Maschen entstehen,
- *Netzwerk*: Verbindung von mindestens zwei oder mehr Netzwerkelementen und Quellen so, dass Maschen entstehen,
- *Knoten*: Punkt, in dem zwei oder mehrere Netzwerkelemente miteinander verbunden sind. Praktisch spricht man nur bei Stromverzweigung von einem Knoten,
- *Zweig*: Teil eines Netzwerkes mit nur einem Element zwischen zwei Knoten,
- *Schleife*: geschlossener Weg in einem Netzwerk von Knoten zu Knoten, bei dem kein Netzwerkelement oder Knoten mehr als einmal durchschritten wird,
- *Masche*: spezielle Schleife, die keine anderen Schleifen einschließt.

Ein Netzwerk enthält k Knoten und z Zweige. Da die unabhängigen Quellen vorgegeben sind und ebenso die u-i-Beziehungen der Zweige (→ NWE), müssen durch eine Netzwerkanalyse z unbekannte Zweigspannungen und z unbekannte Zweigströme bestimmt werden. Dazu sind verfügbar:

$k-1$	unabhängige Knotengleichungen
$m = z-(k-1)$	unabhängige Maschengleichungen
z	u-i-Zweigbeziehungen.

Man erhält 2z Gleichungen. Werden daraus z.B. die z-Zweigspannungen mittels der jeweiligen u-i-Relationen entfernt, so verbleiben:

$k-1$	unabhängige Knotengleichungen,
$m = z-(k-1)$	unabhängige Maschengleichungen,

also insgesamt nur noch z *Gleichungen* für die z *Unbekannten*. Dieses *reduzierte* Gleichungssystem und seine Lösung heißt *Zweigstromanalyse*, wenn die Zweigströme gesucht sind (sonst *Zweigspannungsanalyse*). Im Bestreben, die Zahl der zu lösenden Gleichungen noch weiter zu senken, wurden zwei ergänzende Verfahren entwickelt:

- die *Knotenspannungsanalyse*. Hier sind nur $z-m = k-1$ *unabhängige Knotengleichungen* zu lösen,
- die *Maschenstromanalyse*. Sie erfordert nur die Lösung der $m = z-(k-1)$ *unabhängigen Maschengleichungen*.

Eine Masche heißt unabhängig, wenn bei einem Maschenumlauf wenigstens ein Zweig neu einbezogen wird, der in vorherigen Maschen nicht enthalten war. Nur dann geht die neue Maschengleichung nicht aus den vorherigen hervor.

Wie finden wir systematisch unabhängige Maschen? Unter den zahlreichen Verfahren hat sich die sog. *Methode des vollständigen Baumes* bewährt: wir verbinden der Reihe nach *alle* k Knoten des Netzwerkes mit Linien (Graphen) so, dass nur ein direkter (oder indirekter) Weg möglich ist, also *keine (geschlossene) Masche* entsteht:

Vollständiger Baum: Linienzug, der alle k Knoten miteinander verbindet, ohne geschlossen zu sein. Der vollständige Baum hat $k-1$ Zweige (Baumzweige). Die übrigen $m = z-(k-1)$ Zweige, die nicht zum vollständigen Baum gehören, heißen *unabhängige* oder *Verbindungszweige* (Bild 3.4.1b).

Werden die unabhängigen Zweige der Reihe nach über den vollständigen Baum zu einer Masche ergänzt, so entsteht das System unabhängiger Maschengleichungen des Netzwerkes.

Jede unabhängige Masche enthält nur einen Verbindungs-, aber beliebig viele Baumzweige.

Für ein Netzwerk mit k Knoten existieren u.a. $n = k\,(k-2)$ vollständige Bäume und damit Möglichkeiten, Systeme unabhängiger Maschengleichungen zu bilden.

Bild 3.4.2 zeigt ein Beispiel mit $z = 6$ Zweigen und $k = 4$ Knoten. Dabei sind Knoten (z.B. 4), zwischen denen keine Spannung abfällt, zu einem Knoten zusammengefasst. Die unabhängige Stromquelle stellt keinen Zweig dar. (Die Schaltung Quelle i_{q1} und R_1 lässt sich in eine Spannungsquelle (1 Zweig) umwandeln). Bild 3.4.2b zeigt einen vollständigen Baum, ebenso die entsprechend der Netzwerkstruktur ergänzten unabhängigen Zweige. Es ergeben sich drei unabhängige Maschen. Eine vierte Masche M_4 wäre nicht unabhängig, da sie aus den Elementen von $M_1 \ldots M_3$ gebildet werden kann (Bild 3.4.2c). Im Bild 3.4.2d wurde ein anderer vollständiger Baum gewählt. Damit ergeben sich die unabhängigen Maschen M_1, M_2 und M_4 (Bild 3.4.2e).

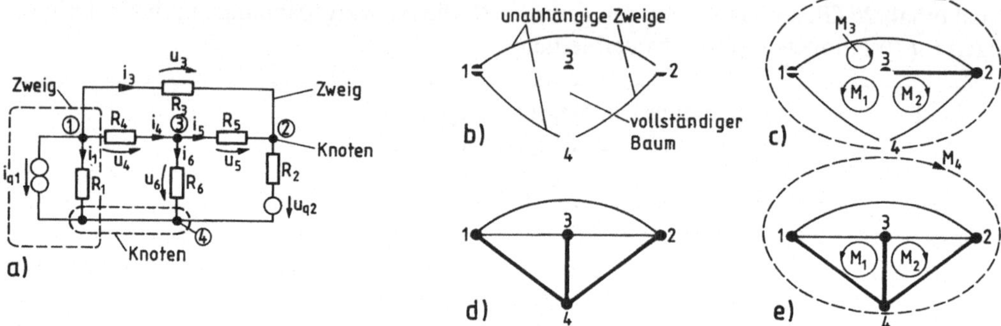

Bild 3.4.2 Netzwerk, Bestimmungselemente
a) Schaltung, b) vollständiger Baum, c) zugeordnete unabhängige Maschen, d) anderer vollständiger Baum, e) zugeordnete unabhängige Masche

Analysevorbereitung: Unabhängig vom gewählten Lösungsverfahren sind bei jeder Netzwerkanalyse vorbereitend folgende Schritte durchzuführen:

1. *Modellbildung*: Überführung der Schaltung mit (technischen) Bauelementen in ein Netzwerk mit Netzwerkelementen (Modellbildung).
2. *Netzwerkvorbereitung*: Bemessung der Netzwerkelemente, Bezeichnung der Knoten und Maschen, Zählpfeile, Ersatz von Schaltungsteilen, Anwendung einfacher Hilfsverfahren u.a.
3. *Netzwerkgleichungen*: Aufstellung der Netzwerkgleichungen. Überprüfung, ob die Zahl der Unbekannten mit der Zahl unabhängiger Gleichungen überein stimmt.
4. *Lösungsverfahren*: Wahl eines zweckmäßigen Lösungsverfahrens abhängig von der Problemstellung (z.B. nur ein Zweigstrom oder mehrere gesucht), dem Schaltungsumfang (für mehr als 3 Gleichungen sollten Computerverfahren eingesetzt werden) und vor allem von nichtlinearen Netzwerkelementen.
5. *Lösung* der Netzwerkgleichungen.
6. *Überprüfung der Lösung* durch zweckmäßige Vereinfachungen in der Ausgangsschaltung, ggf. Rückeinsetzen, Diskussion, Näherungen.

Diese Schritte gelten zunächst für die „Handanalyse". Grundlegende Erleichterungen bringt Computerunterstützung. Sofern man sich auf die *Lösung der Netzwerkgleichungen* beschränkt (meist bei linearen Netzwerken, Pkt. 4, 5), genügt ein „Gleichungslöser". Hier eignet sich. z.B. das Programm MATLAB ausgezeichnet. Die Vorbereitungspunkte 1, 2 bleiben; bei nichtlinearen Elementen kommt noch die Modellbildung und rechnergemäße Aufbereitung hinzu.

Ganz drastische Vereinfachungen bringen erst *Schaltungssimulatoren* wie Multisim 2001/EWB, PSPICE u.a. Dort genügen die Eingabe der Schaltung (als Schaltbild, sog. Schematics-Eingabe), die Modellwahl (aus einem z.T. recht umfangreichen Angebot) und die gewünschte Analyseart. Alle weiteren Aufgaben – bis hin zum aufbereiteten Ergebnis einschließlich einer sog. *Netzlistenerzeugung* – übernimmt der Simulator! Gedanken über anzuwendende Lösungsverfahren u.a. sind überflüssig.

Von den Netzwerkanalyseverfahren hat – nicht zuletzt aus rechentechnischen Gründen – die Knotenspannungsanalyse die größte Bedeutung erlangt. Deshalb werden die übrigen Verfahren entsprechend kürzer behandelt.

3.4.1 Zweigstromanalyse

Bei der Zweigstromanalyse werden die *Zweigströme* eines linearen (nichtlinearen) Netzwerkes durch direkte Anwendung und Lösung der Kirchhoffschen Gleichungen ermittelt. Dazu sind:

- $(k-1)$ Knoten- und $m = z - (k-1)$ unabhängige Maschen auszuwählen und die positiven Zählrichtungen der Zweigströme festzulegen,
- die $(k-1)$ Knoten- und m Maschengleichungen aufzustellen unter Einschluss der u-i-Beziehungen der Netzwerkelemente,
- die verbleibenden z Gleichungen zu lösen (s.o.).

Das Verfahren umfasst so drei Teilaufgaben: Anwendung der Kirchhoffschen Gleichungen und NWE-Beziehungen, Lösung des Gleichungssystems sowie Diskussion und Kontrolle. Für die Handrechnung sei auf die entsprechenden Verfahren verwiesen (z.B. Matrizenrechnung, Cramersche Regel, Eliminationsverfahren, Gaußscher Algorithmus u.a.m.).

Beispiel: Im Bild 3.4.3 sei die Spannung u_3 gesucht. Eingetragen sind gewählte Zählpfeile, Knoten, Maschen und deren Umlaufrichtung. Die Richtung i_3 liegt durch $u_3 = i_3 R_3$ fest. Da $i_3(u_3)$ gesucht ist, werden die Maschen so gelegt, dass i_3 stark in das Gleichungssystem eingebunden ist. Man erhält

K_1: $i_1 + i_2 - i_3 = 0$ (1)

M_1: $R_1 i_1 + R_3 i_3 = u_{q1}$ (2)

M_2: $R_2 i_2 + R_3 i_3 = u_{q2}$ (3)

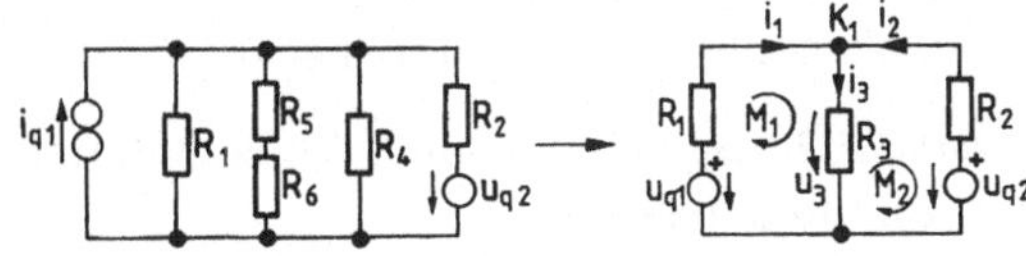

Bild 3.4.3 Zweigstromanalyse ($R_3 = R_5 + R_6)/R_4$)

Zur Lösung von i_3 sind i_1 und i_2 zu eliminieren, z.B. durch Auflösen von Gl. (2) und (3) nach i_1 und i_2 und Einsetzen in Gl. (1). Das Ergebnis lautet ($R = 1/G$)

$$i_3 = \frac{u_{q1} G_1 + u_{q2} G_2}{1 + R_3 (G_1 + G_2)} \; .$$

Eine Probe ist z.B. folgendermaßen möglich: würde die Richtung von u_{q2} vertauscht ($u_{q2} \to -u_{q2}$), so könnte der Strom i_3 verschwinden, weil die Kurzschlussströme der Quellen u_{q1}, u_{q2} dann gegeneinander wirken: $u_{q1}/R_1 = u_{q2}/R_2$. Andererseits müssen für $R_3 \to 0$ beide Kurzschlussströme auftreten. In der Schaltung wurde zur Vereinfachung $R_5 + R_6 = R_3$ ersetzt.

PC a) Setzen Sie für die Schaltung Bild 3.4.3 Zahlenwerte an (z.B. Spannungen $u_{q1} = u_{q2} = 10$ V, $R = 1$ kΩ einheitlich) und berechnen Sie den Strom i_3. Kontrollieren Sie die Ergebnisse mit Multisim.

b) Führen Sie für die Schaltung eine Stromkreisanalyse mit MATLAB durch (MATLAB-Beispiel 3/3). Schätzen Sie den jeweiligen Aufwand grob ab.

c) Arbeiten Sie das Multisim-Beispiel 3/11 durch als Abwandlung von Bild 3.4.3.

Aufgabe 3.4.1.

3.4.2 Maschenstromanalyse

Die Zahl der aufzustellenden Gleichungen würde gegenüber der Zweigstromanalyse sinken, wenn beispielsweise auf die Knotengleichungen verzichtet werden könnte. Genau das bezweckt die *Maschenstromanalyse*, auch als *Maschen-* oder *Umlaufanalyse* bezeichnet. Dazu wird in jeder *unabhängigen Masche* ein *Ring-* oder *Maschenstrom* (Rechengröße!) eingeführt. Er fließt nur in dieser Masche und erfüllt so die Knotengleichung automatisch:

> In der Maschenstromanalyse reicht die Aufstellung der $m = z - (k - 1)$ unabhängigen Maschengleichungen durch eingeführte Maschen- oder Ringströme in jeder unabhängigen Masche. Die Aufstellung der Knotengleichungen entfällt.

Die Maschenströme sind deshalb mit den Strömen in den unabhängigen Zweigen eines Netzwerkes (s. Bild 3.4.2) identisch. Die (physikalisch messbaren) Zweigströme in den Zweigen des vollständigen Baumes hingegen müssen jeweils durch die vorzeichenbehaftete Summe der Maschenströme (→ Überlagerungssatz) ausgedrückt werden.

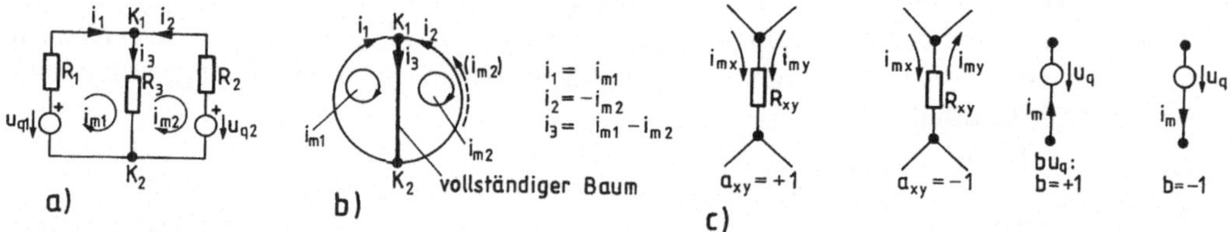

Bild 3.4.4 Maschenstromanalyse
a) Schaltung, b) Graph, c) Einzelheiten

Beispiel: Die Schaltung Bild 3.4.4 enthält nur Spannungsquellen ($k = 2$, $z = 3$, $m = 3 - (2 - 1) = 2$). Eingetragen sind:

- die Zweigströme i_1, i_2, i_3 (messbar),
- die neu einzubringenden Maschenströme i_{m1}, i_{m2} (Rechengrößen).

Letztere fließen in den Maschen gebildet aus unabhängigen Zweigen und Zweigen des vollständigen Baumes (Bild 3.4.4b). Die zugehörigen Maschengleichungen lauten mit den Maschenströmen:

$$M_1: i_{m1} R_1 + R_3 i_{m1} - R_3 i_{m2} - u_{q1} = 0$$
$$M_2: R_2 i_{m1} + R_3 (i_{m2} - i_{m1}) + u_{q2} = 0 \quad (3.4.1)$$

Weil der Widerstand R_3 von beiden Maschenströmen durchflossen wird, drücken wir dies in der Indizierung zur späteren systematischen Darstellung aus und setzen $R_3 = R_{12}$ (Knoten 1, 2). Bei vertauschter Umlaufrichtung des Stromes i_{m2} (im Bild gestrichelt angedeutet), wäre Vorzeichenumkehr die Folge: R_{12} wird dann von beiden Maschenströmen in gleicher Richtung durchflossen. Das wird in einem *Vorzeichenkoeffizienten* $a_{12} \rightarrow a_{12} R_{12}$ ausgedrückt: gleiche Maschenstromrichtung durch $R_{12} \rightarrow a_{12} = +1$, sonst $a_{12} = -1$ (Bild 3.4.4c).

Systematisch geordnet entsteht dann aus Gl. (3.4.1) folgendes Schema:

Masche	Maschenstrom i_{m1}	i_{m2}	(Nr.)
1	$(R_1 + R_{12})i_{m1}$	$+a_{12}R_{12}i_{m2}$	$= b_1 u_{q1}$
2	$a_{21}R_{12}i_{m1}$	$+(R_2 + R_{12})i_{m2}$	$= b_2 u_{q2}$

(3.4.2)

oder in *Matrixschreibweise* verallgemeinert:

$$\begin{bmatrix} R_{11} & a_{12}R_{12} & \cdots & a_{1m}R_{1m} \\ a_{21}R_{21} & R_{22} & \cdots & a_{2m}R_{2m} \\ \vdots & \vdots & \ddots & \vdots \\ a_{m1}R_{m1} & a_{m2}R_{m2} & \cdots & R_{mm} \end{bmatrix} \cdot \begin{bmatrix} i_{m1} \\ i_{m2} \\ \vdots \\ i_{mm} \end{bmatrix} = \begin{bmatrix} u_{q1} \\ u_{q2} \\ \vdots \\ u_{qm} \end{bmatrix}$$

und in Kurzform:

$[R]$	$\cdot$	$[i_m]$	$=$	$[u_q]$	
Maschen-impedanzmatrix		Vektor der Maschenströme		Vektor der Spannungsquellen	(3.4.3)

Die Matrix des Gleichungssystems (3.4.3) heißt *Maschenimpedanzmatrix*. Ihre Struktur lässt einige Regeln erkennen, die das Aufstellen des Gleichungssystems vereinfacht:

- a) Jede Zeile der Matrix beschreibt die Schaltungsstruktur einer Masche (Bild 3.4.4c):
- b) *Hauptdiagonalelemente = Ringwiderstände.* Jedes Hauptdiagonalelement ist die Summe aller Widerstände dieser Masche (sog. *Ring-*, *Maschen-* oder *Umlaufwiderstand),* stets positiv.
- c) *Nebendiagonalelemente* = a_{xy} · *Koppelwiderstände.* Summe der Widerstände der Masche, die vom zugehörigen Maschenstrom (der zugeordneten Spalte) durchflossen wird. *Beispiel*: R_{12} ist der Widerstand in Masche 1 durchflossen vom Maschenstrom i_{m2}.
- d) Das Vorzeichen (a_{xy}) folgt aus der Richtung des betreffenden Maschenstromes i_{my} bezogen auf die Maschenstromrichtung i_{mx} durch das Hauptdiagonalelement (Maschen-Nr.). Bei Übereinstimmung gilt $a_{xy} = +1$, sonst -1.
- e) Die Matrix ist *symmetrisch* zur Hauptdiagonale. Deshalb folgen die Elemente unter der Hauptdiagonalen durch Spiegelung (allerdings nur in Netzwerken *ohne gesteuerte Quellen*; Rechenkontrolle).

- f) Rechts steht in u_{qi} jeweils die Summe der Quellenspannung der jeweiligen Masche. Stimmt der Richtungssinn einer Spannung u_{qm} mit dem Maschenstromumlaufsinn i_{mm} überein, so ist $b_m = -1$ (sonst + 1).

Bei der praktischen Aufstellung des Gleichungssystems erhalten die Kopfzeilen des Koeffizientenschemas Gl. (3.4.3) die zu ermittelnden Maschenströme, im Schema selbst stehen die Faktoren, die im Gleichungssystem bei den Unbekannten auftreten. Rechts sind die Quellenspannungen eingetragen. Das Maschenstromverfahren kann so sehr einfach angewendet werden. Es verlangt aber

- die Bestimmung *unabhängiger Maschen* (→ Baumbestimmung),
- dass *Spannungsquellen* vorliegen. Reale Stromquellen müssen vorher entweder in reale Spannungsquellen umgeformt werden oder sie werden direkt als Maschenströme eingesetzt und vereinfachen so die Maschenstromanalyse,
- noch die Bestimmung der tatsächlichen Zweigströme aus den Maschenströmen. In Bild 3.4.4b sind die entsprechenden Beziehungen angeschrieben. Werden nur wenige Zweigströme gesucht, so sollten die unabhängigen Maschen so gelegt werden, dass die gesuchten Zweigströme gleichzeitig Maschenströme bilden.

Beispiel: In der Schaltung Bild 3.4.5 sei der Strom i_7 nach dem Maschenstromverfahren durch systematisches Aufstellen der Maschenimpedanzmatrix gesucht.

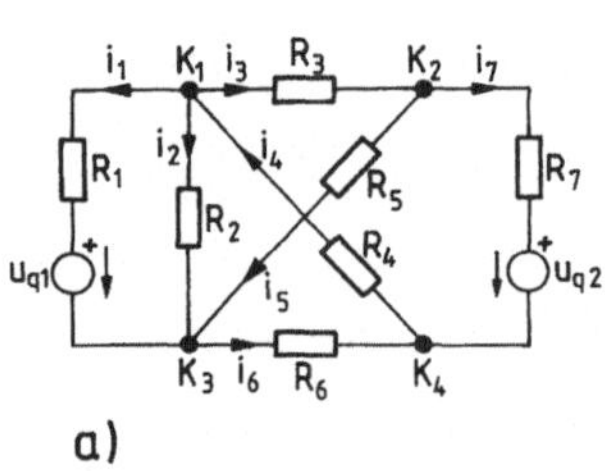

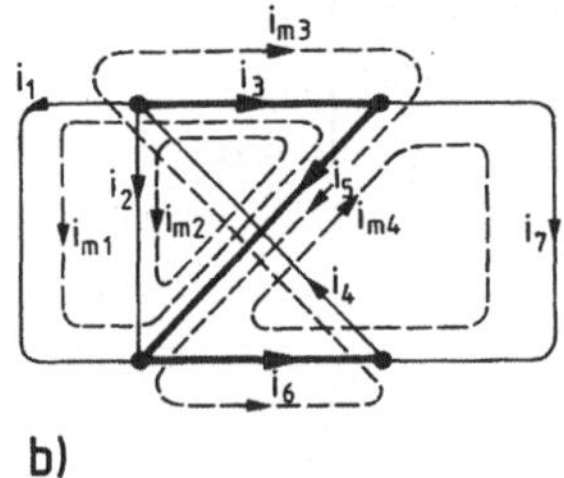

Bild 3.4.5 Netzwerk, Beispiel Maschenstromanalyse
a) Schaltung,
b) Graph, Baumzweige (fett), Verbindungszweig (schwach), - - - Maschenstrom

Die Schaltung hat $k = 4$ Knoten und $z = 7$ Zweige, benötigt also $m = z - (k - 1) = 7 - 3 = 4$ unabhängige Maschen und damit auch Maschenströme. Wir legen zunächst einen vollständigen Baum fest (Verbindung der Knoten 1...4 ohne Schleifenbildung, Bild 3.4.5b). Dabei wird der Zweig 7 nicht eingeschlossen, damit dort nur ein Maschenstrom fließt. Im nächsten Schritt ergänzen wir im vollständigen Baum die vier Verbindungszweige (dünn gezeichnet). Damit ist der Graph der ursprünglichen Schaltung gegeben. Anschließend werden die vier Maschenströme $i_{m1} \ldots i_{m4}$ eingeführt. In jedem Verbindungszweig fließt nur ein Maschenstrom (Kern des Maschenstromverfahrens). Schließlich kann das Schema aufgestellt werden:

Masche — Maschenstrom i_{m1}, i_{m2}, i_{m3}, i_{m4}; u_q

$$\begin{matrix}1\\2\\3\\4\end{matrix}\quad\begin{bmatrix} R_1+R_3+R_5 & R_3+R_5 & -(R_3+R_5) & R_5 \\ R_3+R_5 & R_2+R_3+R_5 & -(R_3+R_5) & R_5 \\ -(R_3+R_5) & -(R_3+R_5) & R_3+R_4+R_5+R_6 & -(R_5+R_6) \\ R_5 & R_5 & -(R_5+R_6) & R_5+R_6+R_7 \end{bmatrix} \cdot \begin{bmatrix} i_{m1} \\ i_{m2} \\ i_{m3} \\ i_{m4} \end{bmatrix} = \begin{bmatrix} -u_{q1} \\ 0 \\ 0 \\ -u_{q7} \end{bmatrix} \tag{3.4.4}$$

Die bereits diskutierten Matrixeigenschaften gehen deutlich hervor, z.B. in Zeile 1:

- Das Hauptdiagonalelement ist gleich dem Ringwiderstand $R_1 + R_3 + R_5$ der Masche.
- der Koppelwiderstand R_{12} zwischen Maschenstrom i_{m2} und i_{m1} ist die Widerstandssumme $(R_3 + R_5)$, die von beiden Strömen durchflossen wird. Beide haben gleiche Richtung ($a_{12} = +1$), der Koppelwiderstand R_{13} beträgt ebenfalls $(R_3 + R_5)$, ist aber wegen $a_{13} = -1$ (Richtung i_{m1}, i_{m3} entgegengesetzt) mit minus zu versehen.
- Der Koppelwiderstand R_{14} lautet $+R_5$, weil i_{m1} und i_{m4} durch R_5 gemeinsam in gleicher Richtung fließen.
- Die Quellenspannung in Masche 1 ist u_{q1} in Richtung von i_{m1} wirkend, daher $b_1 = -1$.
- Symmetrieeigenschaften bezüglich der Hauptdiagonalen.
- Der gesuchte Zweigstrom i_7 stimmt mit i_{m4} überein.

Die Lösung dieser Gleichung sei hier nicht weiter verfolgt.

Zum systematischen Anwenden der Maschenstromanalyse empfiehlt sich deshalb folgende Lösungsstrategie für ein (lineares) Netzwerk mit z Zweigen und k Knoten und (zunächst) nur unabhängigen Spannungsquellen:

Lösungsmethodik „Maschenstromanalyse“:

1. Vorbereiten des Netzwerkes durch

   a) Bestimmung der $m = z - (k - 1)$ unabhängigen Maschen (vollständiger Baum, Verbindungszweige). Baum so wählen, dass die gesuchten Zweigströme möglichst nicht in ihm vorkommen.

   b) Einführung der m Maschenströme (Umlaufrichtung beliebig).
2. a) Aufstellung der m Maschengleichungen: Spannungsabfälle durch Maschenströme ausdrücken. Gleichungen nach den Maschenströmen ordnen oder

   b) Ordungsschema für die m Maschengleichungen (Zeilen) und m Maschenströme (Spalten) aufstellen:

   – Hauptdiagonalelement = Ringwiderstand der betreffenden Masche

   – Nebendiagonalelement = Koppelwiderstand R_{xy}. positiv ($a_{xy} = +1$), (negativ ($a_{xy} = -1$), wenn Maschenströme i_{mx}, i_{my} den Widerstand in gleicher (entgegen gesetzter) Richtung durchfließen

   – Symmetrie der Matrix zur Hauptdiagonalen beachten ($R_{xy} = R_{yx}$)

   – Eintrag aller unabhängiger Spannungsquellen rechts.
3. Darstellung der gesuchten Zweigströme i_z durch Maschenströme i_m.
4. Auflösung des linearen Gleichungssystems Punkt 2 nach den gesuchten Maschenströmen Punkt 3. Punkt 3 entfällt, wenn der Maschenstrom gleich dem gesuchten Zweigstrom gewählt wird.

Hinweise: Das Maschenstromverfahren bedarf einiger Ergänzungen:

a) Unabhängige Stromquellen werden entweder vor der Analyse in reale Spannungsquellen überführt (ggf. mit den Hilfsleitwerten, die später wieder entfernt werden) oder direkt als Maschenströme erfasst.

b) Gesteuerte Quellen werden in maschenstromgesteuerte Spannungsquellen überführt und zunächst bei Aufstellung der Gleichungen wie unabhängige Spannungsquellen behandelt. Anschließend kommen die maschenstromabhängigen Teile auf die linke Gleichungsseite.

c) Das Maschenstromverfahren führt bei den Netzwerkelementen C, L und M auf Integro-Differentialgleichungen, ist aber grundsätzlich anwendbar, auch bei nichtlinearen Netzwerkelementen.

Eine *Wertung* des Maschenstromverfahrens wird am Ende des folgenden Abschnittes vorgenommen.

PC a) Bearbeiten Sie die Multisim-Beispiele 3/13 und 3/14 zur Maschenstromanalyse.

b) Untersuchen Sie die Gültigkeit des Überlagerungssatzes für Beispiel 3/13 durch zeitweiliges Außerbetriebsetzen einer Spannungsquelle.

c) Bearbeiten Sie das MATLAB-Beispiel 3/4 zur Maschenstromanalyse.

d) Lösen Sie das MATLAB-Beispiel 3/6 mit gesteuerter Quelle mittels der Maschenstromanalyse.

Aufgaben 3.4.2, 3.4.3.

3.4.3 Knotenspannungsanalyse

Die Maschenstromanalyse beruhte auf der Selbsterfüllung der unabhängigen Knotengleichungen durch Einführung von Maschenströmen, wodurch statt der z Kirchhoffschen Gleichungen nur noch $m = z - (k - 1)$ Maschengleichungen gelöst werden mussten. Ganz analog können aus den z Kirchhoffschen Gleichungen desselben Netzwerkes

- die m unabhängigen Maschengleichungen eliminiert werden, indem man sog. *Knotenspannungen* als *Spannungen zwischen einem Netzwerkknoten und einem frei wählbaren Bezugsknoten* als Hilfsgröße einführt,
- anschließend die nur noch $k - 1$ unabhängigen Gleichungen für diese $(k - 1)$ Knotenspannungen aufgestellt und löst und
- die Zweigspannungen (in den Netzwerkzweigen) abschließend durch die zugehörigen Knotenspannungen ausdrückt (s. Bild 3.4.6). Lautet die *Knotenspannung* zwischen Knoten K und Bezugspunkt 0 u_{ko}, so ist die *Zweigspannung* u_{k1k2} zwischen Knoten K_1 und K_2.

  $$u_{\mathrm{k1k2}} = u_{\mathrm{k10}} - u_{\mathrm{k20}} \tag{3.4.5}$$

  gleich der Differenz der zugehörigen Knotenspannungen. Damit sind auch die Zweigströme berechenbar. Das so beschriebene Verfahren heißt *Knotenspannungsanalyse* oder kurz *Knotenanalyse, manchmal auch Knotenpotentialanalyse*.

Bei der Knotenspannungsanalyse sind nur die unabhängigen, d.h. $k - 1$ Knotengleichungen für die Knotenspannungen (nach Wahl eines Bezugspunktes) aufzustellen. Die Maschengleichungen (und damit das Aufsuchen unabhängiger Gleichungen, Baumsuche!) entfallen.

Zur Erläuterung werde ein Netzwerk mit zwei Stromquellen i_{q1}, i_{q2} und $k = 3$ Knoten betrachtet (Bild 3.4.6), Bezugsknoten (0) sei K_3. Dann gibt es $k - 1 = 2$ unabhängige Knoten-

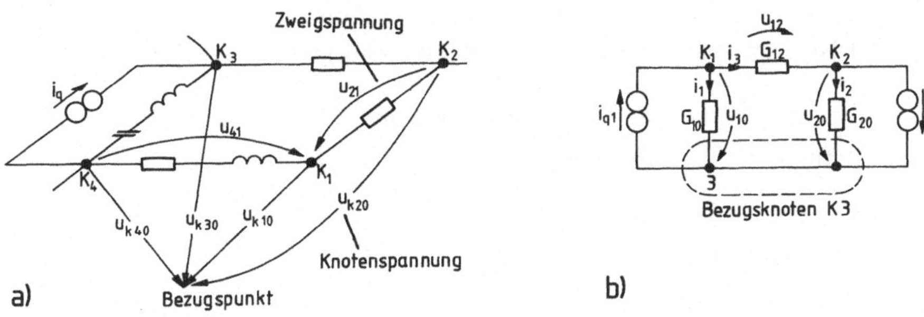

Bild 3.4.6 Knotenspannungsmethode
a) Spannungsbezüge, b) Netzwerkbeispiel

spannungen u_{10}, u_{20} und die Zweigspannung u_{12} (Maschensatz) $u_{12} = u_{10} - u_{20}$. Als eigentliche Aufgabe verbleibt die Aufstellung der $k - 1$ Knotengleichungen und das Ersetzen der Zweigströme durch die Knotenspannungen u_{10}, u_{20}:

$$\begin{aligned}
K_1:\quad & i_{q1} = i_1 + i_3 && \rightarrow G_1 u_{10} + G_3 u_{12} && = i_{q1} \\
& && \rightarrow (G_1 + G_3) u_{10} - G_3 u_{20} && = i_{q1} \\
K_2:\quad & -i_{q2} = i_2 - i_3 && \rightarrow G_2 u_{20} - G_3 u_{12} && = -i_{q2} \\
& && -G_3 u_{10} + (G_1 + G_3) u_{20} && = -i_{q2}
\end{aligned}$$

Zusammengefasst und geordnet wird daraus das folgende Gleichungssystem:

Knoten Nr. Knotenspannung Netzwerkerregung

$$\begin{array}{lll}
 & u_{10} & u_{20} \\
K_1: & (G_1 + G_3) u_{10} & -G_3 u_{20} \quad = i_{q1} \\
K_2: & -G_3 u_{10} & (G_2 + G_3) u_{20} \quad = -i_{q2}
\end{array} \qquad (3.4.6)$$

Dies ist das gesuchte Gleichungssystem für u_{10}, u_{20}. Würde z.B.

- i_3 interessieren, so müsste aus den Lösungen u_{10} und u_{20} $i_3 = G_3 (u_{10} - u_{20})$ gebildet werden
- i_1 interessieren, so wäre nur u_{10} erforderlich: $i_1 = G_1\, u_{10}$.

Zwischen Verfahren und Netzwerk gibt es typische *Merkmale* (und Vorteile):

- Eine Zeile bildet jeweils die Knotengleichung des betreffenden Knotens, „sie beschreibt die Knotenumgebung".
- Bei der zum Knoten gehörenden Knotenspannung steht die Summe aller am Knoten angeschlossenen Leitwerte (bei K_1: $G_1 + G_3$, bei K_2: $G_2 + G_3$), das ist der sog. *Knotenleitwert*.
- Der Verbindungsleitwert zwischen Knoten 1, 2 ($\rightarrow G_3$) hat (*stets!*) negatives Vorzeichen unabhängig von der Wahl von i_3 (vorausgesetzt es gilt die VZP: $i_3 = G \cdot u$).
- Rechts treten die Stromquellen auf, deren Vorzeichen sich je nach Flussrichtung bezüglich des Knotens (Knotensatz!) ergibt.

Durch systematisches Ordnen (Reihenfolge der Knotengleichungen übereinstimmend mit der Reihenfolge der Knotenspannungen) folgt verallgemeinert gegenüber Gl. (3.4.6):

Knoten	Knotenspannungen u_{10} u_{20}	Einströmungen
1	$(G_{10}+G_{12})u_{10} - G_{12}u_{20}$	$= i_{q1}$
2	$-G_{12}u_{10} \quad (G_{20}+G_{12})u_{20}$	$= -i_{q2}$

oder mit Übergang zur Matrixform:

$$\begin{bmatrix} G_{11} & -G_{12} \\ -G_{12} & G_{22} \end{bmatrix} \cdot \begin{bmatrix} u_{10} \\ u_{20} \end{bmatrix} = \begin{bmatrix} i_{q1} \\ -i_{q2} \end{bmatrix}$$

Die Matrix [G] heißt *Knotenadmittanz-(Knotenleitwert)*-Matrix

$[G]$	$\cdot$	$[u_k]$	$=$	$[i_q]$	
Knoten-admittanzmatrix		Vektor der Knotenspannungen		Vektor der Stromquellen	(3.4.8)

Die Knotenadmittanzmatrix kann leicht nach einigen *Regeln* aufgestellt werden, denn jede Zeile beschreibt die Schaltungsstruktur des betreffenden Knotens:

- a) *Hauptdiagonalelement* = Knotenleitwert = Summe aller an diesen Knoten angeschlossenen Leitwerte, immer *positiv*!
- b) *Nebendiagonalelemente* = (– 1): *Koppelleitwert* $G_{\mu m}$ zwischen dem betrachteten Knoten (Zeilennummer) und dem Nachbarknoten, gegeben durch die Spaltennummer (z.B. zwischen 1. Zeile und 2. Spalte – G_{12}, der Leitwert zwischen Knoten 1, 2). *Stets* tritt ein Minuszeichen auf. Nicht vorhandene Knotenverbindungen erhalten den Eintrag 0.
- c) Alle Nebendiagonalelemente haben negatives Vorzeichen.
- d) Die Summe der Elemente einer Zeile gibt stets den Leitwert zwischen dem betrachteten Knoten (Zeile) und dem Bezugsknoten. Sie verschwindet, wenn der Knoten keinen Leitwert zum Bezugspunkt hat (Rechenkontrolle).
- e) Die Matrix ist symmetrisch zur Hauptdiagonalen. Deshalb folgen die Elemente unter der Hauptdiagonalen durch Spiegelung und es muss auch die Summe aller Leitwerte einer Spalte den Leitwert zwischen dem jeweiligen Knoten (Spaltennummer) und Bezugspunkt erfüllen.
- f) Bei den Quellenströmen (rechte Seite) führt Zufluss zum Knoten auf positives, Abfluss auf negatives Vorzeichen.

Mit diesen Merkmalen der Knotenmatrix lässt sich das Knotenspannungs-Gleichungssystem *direkt*, also *ohne Umwege über Zweig-, Knoten- oder Maschengleichungen aus dem Netzwerk ablesen*!

Beispiel. Im Netzwerk Bild 3.4.7 sei der Strom i_4, gesucht (zunächst willkürlich eingetragen). Der Bezugsknoten erhält den Eintrag 0 (s.u.). Anschließend wird die Matrix aufge-

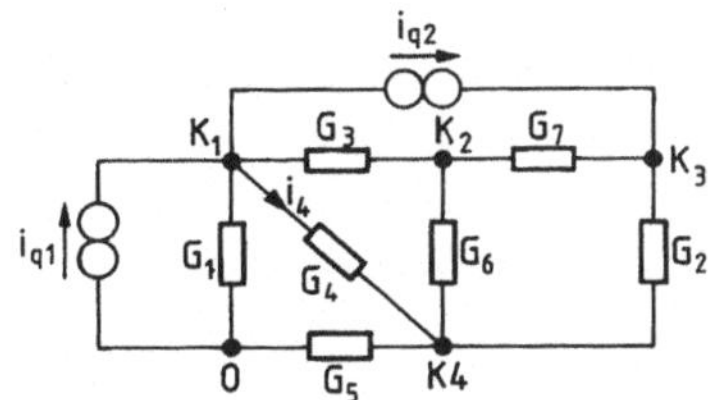

Bild 3.4.7 Beispiel Knotenspannungsanalyse

stellt. Die Symmetrie erlaubt, nach Anschreiben einer Zeile sofort die entsprechende Spalte auszufüllen. Man erhält:

Knoten — Knotenspannung (1, 2, 3, 4) — Einströmungen

$$\begin{array}{c} 1\\2\\3\\4 \end{array} \begin{bmatrix} G_1+G_3+G_4 & -G_3 & 0 & -G_4 \\ -G_3 & G_3+G_6+G_7 & -G_7 & -G_6 \\ 0 & -G_7 & G_2+G_7 & -G_2 \\ -G_4 & -G_6 & -G_2 & G_2+G_4+G_5+G_6 \end{bmatrix} \cdot \begin{bmatrix} u_{10} \\ u_{20} \\ u_{30} \\ u_{40} \end{bmatrix} = \begin{bmatrix} i_{q1} \\ 0 \\ i_{q2} \\ 0 \end{bmatrix}$$

Am Knoten 1 wirkt der Knotenleitwert $G_1 + G_3 + G_4$ (Summe aller angeschlossenen Leitwerte), zwischen Knoten 1 und 2 $\rightarrow - G_3$, zwischen 1 und 4 $\rightarrow - G_4$. Zu Knoten 3 gibt es keine Verbindung (Eintrag 0). Dies wird in die erste Spalte übertragen. Am Knoten 2 wirkt der Knotenleitwert $G_3 + G_6 + G_7$, die Koppelleitwerte nach Knoten 3 und 4 sind $- G_7, - G_6$. Die Kopplung nach Knoten 1 ($- G_3$) ist bereits berücksichtigt. Damit sind Zeile und Spalte 2 bekannt. Für die restlichen Knoten verfährt man entsprechend. Da lediglich die Knoten 1 und 4 Verbindung zum Bezugspunkt haben, verschwinden die Zeilen-(Spalten-)summen 2 und 3 und 1 z.B. ergibt G_1. Die Einströmungen (rechts) an den Knoten 1 und 3 folgen direkt aus dem Netzwerk.

Der gesuchte Zweigstrom $i_4 = G_4\,(u_{10} - u_{40})$ erfordert die Auflösung des Gleichungssystems nach u_{10} und u_{40}. Deshalb wäre es günstiger gewesen, die Knoten 1 oder 4 als Bezug zu wählen, weil dann i_4 nur noch von einer Knotenspannung (u_{40} oder u_{10}) abhängen würde.

Zur systematischen Anwendung der Knotenspannungsanalyse empfiehlt sich für das (lineare) Netzwerk mit z Zweigen und k Knoten mit (zunächst) nur unabhängigen Stromquellen eine

Lösungsmethodik „Knotenspannungsanalyse“:

1. Vorbereiten des Netzwerkes durch
   a) Wahl des Bezugsknotens, Knotenbenennung der $k - 1$ Knoten. Bei Bezugsknotenwahl auf gesuchte Zweiggrößen achten, der Bezugsknoten sollte mit möglichst vielen Knoten über nur einen Zweig verbunden sein,
   b) Einführung der $k - 1$ Knotenspannungen.
2. a) Aufstellung der $k - 1$ Knotengleichungen. Zweigströme durch Knotenspannungen über NWE-Beziehungen ausdrücken. Gleichungen nach Knotenspannungen ordnen oder

Fortsetzung s. nächste Seite

2. b) Ordnungsschema für die $k-1$ Knotengleichungen (Zeilen) und $k-1$ Knotenspannungen (Spalten) aufstellen:
   – *Hauptdiagonalelement* = *Knotenleitwert* (Summe aller am betreffenden Knoten angeschlossenen Leitwerte),
   – *Nebendiagonalelement* = (–1) Koppelleitwert G_{xy} zwischen dem betreffenden Knoten (Zeilennummer) und den Nachbarknoten (Spalte). Fehlende Knotenverbindungen erhalten Eintrag 0,
   – Symmetrie der Matrix zur Hauptdiagonalen beachten,
   – Eintrag aller unabhängigen Stromquellen am betreffenden Knoten (Zeilen) rechts (Zufluss +, Abfluss –).
3. Darstellung der gesuchten Zweiggröße (Strom, Spannung) durch die Knotenspannungen.
4. Auflösung des linearen Gleichungssystems Punkt 2 nach den Knotenspannungen, die gemäß Punkt 3 erforderlich sind.

Hinweise: Für möglichst breiten Einsatz des Verfahrens sollten beachtet werden:

a) Reale unabhängige Spannungsquellen werden in reale Stromquellen überführt. Ideale Spannungsquellen werden durch Hilfsinnenwiderstände ergänzt, die in der endgültigen Lösung durch Grenzübergang gegen null wieder herausfallen. Der Bezugsknoten sollte so liegen, dass er möglichst viele unabhängige Spannungsquellen mit gemeinsamen Anschluss erfasst (→ Reduktion der Zahl der Unbekannten).

b) Gesteuerte Stromquellen werden in spannungsgesteuerte Stromquellen gewandelt und zunächst als unabhängig angenommen. Nach Aufstellung der Knotenspannungsgleichungen werden sie auf die linke Gleichungsseite gebracht und ggf. vorher noch in den Spannungssteuermodus überführt.

c) Das Knotenspannungsverfahren ist grundsätzlich für Netzwerke mit Speicherelementen (*C*, *L*, *M*) geeignet, ebenso für nichtlineare Netzwerkelemente.

PC a) Bearbeiten Sie das Multisim-Beispiel 3/12 zur Knotenspannungsanalyse.

b) Lösen Sie die Multisim-Beispiele 3/13 und 3/14 mit der Knotenspannungsanalyse. Was ist ggf. in den Schaltungen zu ändern?

c) Bearbeiten Sie das MATLAB-Beispiel 3/5 zur Knotenspannungsanalyse.

d) Ermitteln Sie die Knotenspannungen für das gleiche Beispiel mit Multisim.

e) Erweitern Sie das MATLAB-Beispiel 3/5 auf die Schaltung Bild 3.4.7. Setzen Sie einfache Zahlwerte an (gleiche Stromquellen 10 mA, gleiche Leitwerte G = 1 mS).

f) Realisieren Sie die Schaltung Bild 3.4.7 mit Multisim (gleiche Zahlenwerte) und ermitteln Sie alle Knotenspannungen.

g) Bearbeiten Sie das MATLAB-Beispiel 3/6 mit spannungsgesteuerter Stromquelle und schließen Sie eine Überprüfung der Ergebnisse mit Multisim an.

Vergleich Maschenstrom-Knotenspannungsanalyse. Gegenüber dem Zweigstromverfahren sind beide Methoden deutlich effizienter. Müssen dort z Gleichungen gelöst werden, so sind es hier entweder nur k–1 oder $z-(k-1)$ Gleichungen. Die Knotenspannungsanalyse ist vorteilhafter, wenn die Knotenzahl

$$k < 1 + z/2 \tag{3.4.9a}$$

beträgt, also ein Netzwerk mit vielen Zweigen, aber deutlich weniger Knoten vorliegt. Wird nämlich im Netzwerk mit k Knoten jeder mit jedem durch einen Zweig verbunden, so gibt es insgesamt

$$z = (k/2)(k-1) \tag{3.4.9b}$$

Verbindungen (z.B. $k = 4 \rightarrow z = 6$, $k = 5 \rightarrow z = 10$): jeder neu hinzutretende Knoten ergibt k weitere Zweige. Die Ungleichung (3.4.9a) führt dann für hohes Verhältnis von Zweig- zu Knotenzahl zu weniger Gleichungen beim Knotenspannungsverfahren.

Netzwerke mit Knoten, an denen sehr viele Zweige angeschlossen sind, eignen sich besonders gut für die Knotenspannungsanalyse.

Für die Knotenspannungsanalyse sprechen noch *weitere Gesichtspunkte*:

- Wegfall der Suche unabhängiger Maschen,
- der Bezugspunkt ist oft mit dem Massepunkt einer Schaltung identisch, weil daran viele Bauelemente angeschlossen sind. Das trifft auf praktisch alle elektronischen Schaltungen zu,
- numerische Vorteile bei der Lösung nichtlinearer Gleichungen, da viele Bauelemente der Elektronik eine nichtlineare Funktion vom Typ $i = f(u)$ haben. Sie bewirkt eine leichtere Handhabe beim Aufstellen der Knotengleichungen. Das ist der tiefere Grund, weshalb eine modifizierte Knotenspannungsanalyse allen Schaltungssimulationsprogrammen unterliegt.

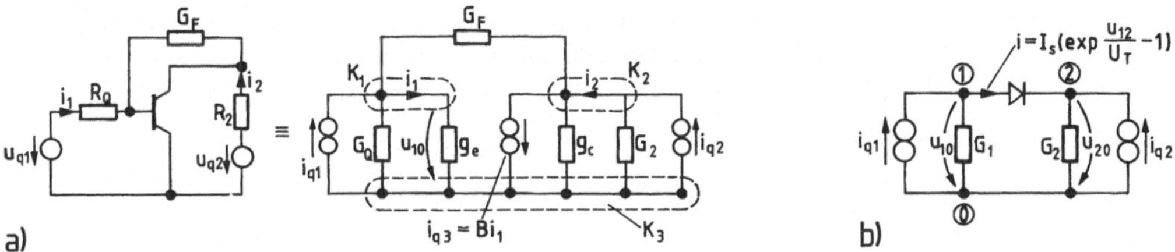

Bild 3.4.8 Beispiel Knotenspannungsanalyse
a) Transistorschaltung b) Diodenschaltung

Beispiel. In einer Transistorschaltung (Bild 3.4.8a) enthält die Transistorersatzschaltung eine stromgesteuerte Stromquelle. Gesucht ist der Ausgangsstrom i_2. Zusätzlich wirke noch eine Rückwirkung über G_F zwischen Ein- und Ausgangsseite der Schaltung.

Die Vorbereitung für die Knotenspannungsanalyse ($k = 3$) erfordert

- die Wahl des Bezugsknotens (K_3, weil dort viele Elemente angeschlossen sind und dieser Punkt ohnehin als „Masse“ fungiert),
- die Wandlung der beiden Spannungsquellen u_{q1}, u_{q2} in Stromquellen,

sowie die Überführung der stromgesteuerten Stromquelle in eine spannungsgesteuerte.

Knotenspannungen sind u_{10} und u_{20}. Es ergibt sich das folgende Gleichungsschema:

$$\begin{array}{llll} & u_{10} & u_{20} & \\ K_1 & (G_Q + g_e + G_F)\,u_{10} & -G_F\,u_{20} & = i_{q1} \\ K_2 & -G_F\,u_{10} & +(G_F + g_c + G_L)\,u_{20} & = i_{q2} - B\,i_1\,. \end{array}$$

Da der Steuerstrom i_1 der Quelle durch $i_1 = g_e u_{10}$ ausgedrückt werden kann, gilt schließlich:

$$\begin{bmatrix} G_Q + g_e + G_F & -G_F \\ -G_F + g_e B & G_F + g_c + G_2 \end{bmatrix} \cdot \begin{bmatrix} u_{10} \\ u_{20} \end{bmatrix} = \begin{bmatrix} i_{q1} \\ i_{q2} \end{bmatrix} . \qquad (3.4.10)$$

Damit lassen sich u_{10}, u_{20} berechnen. Der Ausgangsstrom i_2 beträgt nach dem Knotensatz (mit $G_L = G_F + g_c + G_2$): $i_2 = i_{q2} - G_L u_{20}$. Man benötigt also u_{20}.

Bild 3.4.8b zeigt eine nichtlineare Schaltung mit einer Halbleiterdiode. Nach Einführung der Knotenspannungen u_{10}, u_{20} ergeben sich folgende Beziehungen:

$$G_1 u_{10} + I_S \exp\left(\frac{u_{10} - u_{20}}{U_T} - 1\right) = i_{q1}$$

$$-I_S \exp\left(\frac{u_{10} - u_{20}}{U_T} - 1\right) + G_2 u_{20} = i_{q2}$$

Dieses Gleichungssystem kann nicht mehr in Matrixform geschrieben werden, auch ist jetzt der Einfluss der „Knotenverkopplung“ stromrichtungsabhängig. Erhalten bleibt aber der grundsätzliche Weg zur Aufstellung der Knotenspannungsgleichungen, obwohl hier eine numerische Lösung erforderlich wird.

PC In Multisim bildet die entworfene Schaltung die Grundlage für die sog. Netzliste als Eingabeform für das SPICE-Simulationsprogramm. Deshalb kann eine selbst erstellte Netzliste anschließend mit Multisim weiterbearbeitet werden (wie auch eine Multisim-Anwendung zum Export der Netzliste führen kann). Für eine Reihe von Beispielen (Multisim-Beispiele 3/15...3/17) sollen die Netzlisten entworfen und anschließend die Simulation mit Multisim durchgeführt werden. Machen Sie sich anhand der Literatur mit den Grundregeln zum Aufstellen von SPICE-/PSPICE-Netzlisten bekannt.

Aufgaben 3.4.4...3.4.6

Lernorientierungen zu Abschnitt 3

Abschnitt 3.1

- Eine Ersatzschaltung hat bezüglich ihrer Klemmen (*u*-*i*-Relation) das gleiche Verhalten wie die zugehörige reale Schaltung,
- jeder aktive Zweipol aus idealen Quellen und linearen Widerständen kann bezüglich seines Klemmenverhaltens durch eine Spannungs- oder Stromquellenersatzschaltung ersetzt werden. Parameter: Leerlaufspannung, Kurzschlussstrom, Innenwiderstand (Bestimmungsmethoden), Kenngliniendarstellung,
- Kleinsignalanalyse: näherungsweise Analyse eines nichtlinearen Netzwerkes durch Linearisierungen bei kleiner Aussteuerung um einen Arbeitspunkt. Setzt Arbeitspunktbestimmung voraus und Bestimmung der Kleinsignalelemente nichtlinearer Netzwerkelemente.

Abschnitt 3.2

- Bei Zusammenschaltung des aktiven und passiven Zweipols zum Grundstromkreis stellen sich die Strom-/Spannungswerte des Arbeitspunktes ein (Lösung analytisch, grafisch),
- Bei Anpassung $R_a = R_i$ wird dem Verbraucher maximale Leistung zugeführt, 50 % verbleiben im aktiven Zweipol. Anpassung ist nur in der Informationstechnik üblich, in der Energietechnik nicht (Begründung),
- Netzwerke mit einem nichtlinearen Element werden zweckmäßig auf eine Zweipolersatzschaltung mit nichtlinearem Außenwiderstand zurückgeführt.

Abschnitt 3.3

- In linearen Netzwerken mit mehreren unabhängigen Quellen erzeugt jede Quelle (unabhängig von den anderen) Teilströme und Spannungen im Netzwerk. Voraussetzung: lineares Netzwerk.

Abschnitt 3.4

- Notwendige Schritte vor jeder Netzwerkanalyse: Modellelemente (Modellierung), Wahl der Lösungsmethode, Netzwerkaufbereitung, Aufstellen der NW-Gleichung, Lösung, Diskussion,
- Netzwerk mit Energiespeicherelementen führen grundsätzlich auf sog. Integro-Differentialgleichungen. Grad (Ordnung) = Zahl der (unabhängigen) Energiespeicher. Lineare NWE → lineare DGL, erforderlich n Anfangsbedingungen.
- **Zweigstromanalyse:** z Gleichungen, davon $(k-1)$ Knoten, $z-(k-1)$ Maschengleichungen. Lösungsstrategie
- Auswahl der unabhängigen Knoten und Maschen,
- $k-1$: unproblematisch (Zusammenfassen von Knoten auf gleichem Potential zu einem),
- $m = z-(k-1)$ verschiedene Methoden, z.B. vollständiger Baum.
- **Maschenstromanalyse:** Einführung von Maschenströmen, Wegfall der Knotengleichungen, $m = z-(k-1)$ Maschengleichungen. Lösungsstrategie: Maschenstromgleichungen lösen.
- **Knotenspannungsanalyse:** Einführung von Knotenspannungen (Bezugspunkt beliebig, zweckmäßig „Nullknoten"), Wegfall der Maschengleichungen, $k-1$ Knotengleichungen zu lösen.

Wiederholungsfragen zu Abschnitt 3

Abschnitt 3.1

1. Welche Größen kennzeichnen den aktiven Zweipol? (u-i-Verhalten, Kennlinie, Parameter.)
2. Was ist ein Konstantstrom, was eine Konstantspannungsquelle? Sind beide überführbar?
3. Was bedeuten Erzeuger- und Verbraucherpfeilrichtung? Geben Sie die Kennlinie des aktiven Zweipols in beiden Formen an (Beispielfälle).
4. Wie lautet im Grundstromkreis (Spannungsquellenersatzschaltung) die Verbraucherleistung, die maximal mögliche Verbraucherleistung und der Wirkungsgrad bei einem linearen, bei nichtlinearem Verbraucher?
5. Geben Sie die Ersatzschaltung einer realen Spannungs- und Stromquelle an (Kennlinie, analytische Formen). Wie würde die Stromquellen-Ersatzschaltung einer Autobatterie ($U_q = 12$ V, $R_i = 100$ mΩ) lauten?
6. Zwei technische Spannungsquellen (Leerlaufspannung, Innenwiderstände gegeben) werden zusammengeschaltet. Diskutieren Sie Möglichkeiten sowie die Vor- und Nachteile. Warum werden die Einzelzellen (2 V) in der Autobatterie reihen- und nicht parallelgeschaltet?
7. Nennen Sie Beispiele für nichtlineare Zweipole!
8. Was versteht man unter einer stückweise linearen Approximation einer Kennlinie?
9. Wie lauten die Kleinsignalbeschreibungen nichtlinearer Widerstände, Kondensatoren und gesteuerter Quellen?
10. Welche Lösungsstrategie ist zur Kleinsignalanalyse einer Schaltung durchzuführen (Hauptschritte)?

Abschnitt 3.2

1. Wie wendet man die Zweipoltheorie (was umfasst sie?) zur Berechnung z.B. eines Zweigstromes in einem Netzwerk an?
2. Geben Sie eine einfache Schaltung vor (z.B. eine Spannungsquelle, 3...4 Widerstände). Wählen Sie einen Widerstand als passiven Zweipol. Wie ist zur Anwendung der Zweipoltheorie weiter vorzugehen?
3. Ersetzen Sie einen einstellbaren Spannungsteiler (Potentiometer, Drehwinkel α, Spannungsquelle) durch einen aktiven Zweipol (Schaltung?). Welche Ersatzgrößen hat er? Tragen Sie diese über α auf (Diskussion).
4. Was versteht man unter Leerlauf und Kurzschluss einer Quelle? Sind sie technisch durchführbar?

5. Ein lineares Netzwerk enthalte eine gesteuerte Quelle. Unter welchen Umständen darf die Zweipoltheorie angewendet werden?
6. Wie verlaufen die Kennlinien (Skizze) zweier Dioden bei Reihenschaltung (Möglichkeiten), bei Parallelschaltung (Möglichkeiten)?
7. Skizzieren Sie die Kennlinie einer Spannungsquelle mit reihengeschalteter Diode (2 Möglichkeiten) aufgefasst als aktiver Zweipol. Wie verläuft die Kennlinie bei linearem Innenwiderstand?
8. Wie lässt sich bei einer nichtlinearen Quelle der Arbeitspunkt für Leistungsanpassung aus der *u-i*-Kennlinie bestimmen?

Abschnitt 3.3

1. Wie lautet der Überlagerungssatz, wie ist er anzuwenden (einfache Beispielschaltung)? Welche Voraussetzung muss das Netzwerk erfüllen?

Abschnitt 3.4

1. Was ist zur Durchführung einer Netzwerkanalyse der Reihe nach grundsätzlich zu tun?
2. Was versteht man unter folgenden Begriffen: Zweig, Knoten, Knotensatz, Masche, Maschensatz, Maschenstrom, Knotenspannung?
3. Geben Sie wenigstens drei typische Netzwerkanalyseverfahren an (Zahl und Art der zu lösenden Gleichungen, Anwendbarkeit auf nichtlinearen Netzwerke).
4. Welche Aussage gilt für die Stromstärke zweier reihengeschalteter nichtlinearer Netzwerkelemente (Begründung), welche für die Spannungen?
5. Wie lautet der Maschensatz (verbal, Formel, Beispiel)?
6. Wie lauten die Lösungsstrategien zur Netzwerkanalyse
   – mit den vollständigen Kirchhoffschen Gleichungen,
   – für das Maschenstrom- und Knotenspannungsverfahren?
7. Nehmen Sie eine einfache Schaltung an (2 Quellen, 3...4 Widerstände, $k \div 2...3$). Greifen Sie einen Zweigstrom heraus und bestimmen Sie diesen
   – mit dem Maschenstromverfahren,
   – mit der Knotenspannungsanalyse,
   – mit der Zweipoltheorie.

   Welches Verfahren ist am günstigsten (Begründung)?
8. Was versteht man unter „Bezugspotenzial" und Potenzial eines Knotens im Netzwerk? Darf in einem Stromkreis das Bezugspotenzial $f = 0$ an der positive Klemme der Quelle liegen? Kann man für eine Schaltung zwei Bezugspotenziale wählen (Begründung)?
9. Skizzieren Sie ein einfaches Netzwerk (z.B. $k = 2...3$, $z \div 5...6$). Wie lassen sich die unabhängigen Maschengleichungen finden?
10. Wieviele Knotenspannungen können in einem Netzwerk (k Knoten) eingeführt werden?
11. Wie lassen sich einbeziehen
   – lineare Stromquellen beim Maschenstromverfahren,
   – lineare Spannungsquellen beim Knotenspannungsverfahren?
12. Was bedeuten die Begriffe Ringwiderstand, Knotenleitwert?
13. Geben Sie ein einfaches lineares Netzwerk (z.B. Transistorersatzschaltung) mit einer gesteuerten Quelle an und stellen Sie die Gleichungen für die Maschenstrom- und Knotenspannungsanalyse auf!

4 Netzwerke bei harmonischer Erregung, Wechselstromschaltungen

Lernziele: Nach Durcharbeit des Abschnittes beherrscht der Leser:

- die Strom-Spannungsbeziehungen der Netzwerkelemente bei sinusförmiger Erregung,
- die Aufstellung der Netzwerkdifferentialgleichung und ihre stationäre Lösung mit einem Ansatzverfahren,
- die Vorteile der Transformation in den Frequenzbereich zur Lösung von Wechselstromaufgaben (sog. komplexe Wechselstrommethode),
- den Frequenzgang als wichtigen Zusammenhang zwischen Ursachen- und Wirkungsgröße in einem Netzwerk,
- Darstellungshilfen für Größen im Wechselstromnetzwerk (Zeigerbilder, Ortskurve, Frequenzgang, Bodediagramm),
- Leistungsbegriffe bei Wechselstrom,
- typische Wechselstromschaltungen (Vierpole, Filter, Resonanzphänomene, Brückenprinzip),
- Aufstellen der Netzwerkdifferentialgleichung für Schaltvorgänge, Bedeutung und Ermittlung der Anfangsbedingungen,
- Schaltvorgänge an Systemen erster und zweiter Ordnung,
- Aufstellung der Netzwerkdifferentialgleichung für beliebige Erregung.

4.1 Kenngrößen harmonischer Zeitfunktionen

Wechselgrößen. Liegt am Netzwerk eine *Wechselgröße*, so ändern sich zwangsläufig alle Ströme und Spannungen und es kommen neben den ohmschen Widerständen noch Kapazitäten, Induktivitäten und Gegeninduktivitäten ins Spiel, da ihre u-i-Beziehungen nur zeitliche Strom-Spannungsänderungen beinhalten. Dieser *Wechselstrombetrieb hat fundamentale Bedeutung für die Energie- und Informationstechnik*:

- In der *Energietechnik*

  – können große Energien nur durch Wechselstrom über große Entfernungen mit gutem Wirkungsgrad übertragen werden (zweckmäßig als sog. Drehstromsystem)

  – lassen sich Wechselgrößen gut transformieren (→ Erzeugung hoher und kleiner Spannungen u.a.).

- In der *Informationstechnik* sind Wechselgrößen die Sonderform periodisch zeitabhängiger Größen, wie sie die Informationsübertragung beispielsweise durch Sprache und Musik im Rundfunk erfordert. Ein wichtiges Verfahren ist dazu die *Modulation*. Dabei entsteht ein Signalspektrum, das u.a. Frequenzen im Bereich 20 Hz bis 20 kHz enthält. Auch jede Art von Datenübertragung nutzt zeitveränderliche, z.T. periodische Größen.

Was ist überhaupt eine Wechselgröße?

Wechselgröße: Größe $f(t)$ (Strom, Spannung sowie abgeleitete Größen), deren augenblicklicher oder momentaner Wert sich in Betrag und Richtung zeitlich ständig ändert. Nach einer bestimmten Zeit – der *Periodendauer* T – wiederholt sich der Verlauf für alle t: $f(t) = f(t + T)$.

Als besonderes Merkmal verschwindet der *arithmetische Mittelwert* (Integral über eine Periodendauer) einer Wechselgröße. Sie hat damit gleiche positive und negative Flächen unter dem Integral.

Wechselgrößen werden – wie zeitabhängige Größen überhaupt – mit kleinen lateinischen Buchstaben bezeichnet.

Typische Wechselgrößen sind etwa die Sinus-, Impuls- oder Dreieckform (s. Bild 1.2.11). Allen ist gemeinsam, dass sie durch *Sinusfunktionen* (→ Fourier-Analyse, Abschn. 5.1.2) „aufgebaut" werden können. Deshalb kommt der Sinusfunktion in der Elektro- und Informationstechnik grundlegende Bedeutung zu.

Sinusförmige Wechselgröße. Eine sinusförmige Wechselgröße ist eine Größe (i, u), deren augenblicklicher Wert (Augenblicks-, Momentanwert) periodisch sinus- oder cosinus-förmig von der Zeit abhängt.

Man spricht schlechthin auch von *Wechselspannung* oder *Wechselstrom*. Da sich die Sinus- und Cosinus-Funktion wegen $\sin\alpha = \cos(\alpha - \pi/2)$ nur durch eine Phasenverschiebung $\pi/2$ unterscheiden, schließt der Begriff „sinusförmig" üblicherweise die Cosinus-Funktion ein.

Bedeutung sinusförmiger Wechselgrößen. Sinusförmige Wechselgrößen haben gegenüber anderen Zeitfunktionen viele Vorzüge:

- Sie sind *leicht erzeugbar* (z.B. durch rotierende elektrische Generatoren [Prinzip: rotierende Leiterschleife im homogenen Magnetfeld] vgl. Abschn. 6.3.5), zu *verarbeiten*, *übertragen* (Transformator) und zu *nutzen* (elektrischer Motor, Grundlage der elektrischen Energietechnik).
- Sie entstehen als *„Eigenschwingung"* angeregter schwingungsfähiger Gebilde (Resonanzkreis aus Kondensator und Induktivität): Grundprinzip des sog. *Oszillators*, der grundlegenden Anordnung zur Erzeugung von Sinusspannungen nahezu beliebiger Frequenz für die Informationstechnik.
- Sinusfunktionen können addiert, subtrahiert differenziert und integriert werden *ohne Formänderung*
- Sie sind leicht analysierbar und zugleich die Aufbaufunktion für jede andere periodische Funktion (→ Fourierreihe, Abschn. 5.1.2). Das hat grundsätzliche Bedeutung für die Netzwerkanalyse und ihre Anwendung besonders in Informations-, Mess- und Steuerungstechnik).
- Sinusspannungen und ströme ändern sich *stetig*, d.h. ohne Spitzen und Sprünge, was die Netzwerkanalyse beträchtlich vereinfacht.
- Eine Sinus-/Cosinus-Erregung an den (linearen) Netzwerkelementen R, L, C und M gibt als Wirkung wieder eine Sinusfunktionen gleicher Frequenz, aber verschiedener Amplitude und Phase. Diese Eigenschaften erlauben eine sehr effiziente Analyse linearer Wechselstromnetzwerke über die sog. *symbolische Methode* oder *Transformation in den Frequenzbereich*.

Der Betrieb von Netzwerken mit sinusförmigen Quellen wurde im Verlauf der Zeit technisch so bedeutungsvoll, dass sich eine „Technik der Wechselstromschaltungen" entwickelt hat. Zwar würden zur Analyse solcher Schaltungen die bisher kennen gelernten Kirchhoffschen Gleichungen sowie die Zweigbeziehungen der NWE ausreichen, doch sind aus praktischen Gründen viel effizientere Methoden gerade für Wechselstromschaltungen entwickelt worden. Später werden wir sehen, dass die Bedeutung dieser Verfahren deutlich über die Wechselstromtechnik hinausreicht.

Transiente Größen. Wechselgrößen sind zwar bedeutungsvoll, doch nicht die einzigen zeitveränderlicher Größen. Wird nämlich eine Gleichspannung an ein Netzwerk mit Energiespeicherelementen geschaltet, so läuft ein sog. *Einschalt-* oder *transienter Vorgang* ab: Ströme und Spannungen passen sich (wegen des Trägheitscharakters der gespeicherten Energie) erst *allmählich* an den neuen Zustand an und es gibt einen *Übergangs- oder transienten Verlauf.* Er ist nichtperiodisch, weil nur einmalige Änderungen vorliegen.

Schaltvorgänge in Netzwerken spielen in der Praxis eine große Rolle: Zu-/Abschalten von Verbrauchern, Unterbrechungen, (Blitzschläge), Unterbrechung eines Gleichstromes zur Erzeugung hoher Spannungen (Zündung in Kraftfahrzeugen), Schaltnetzteile, digitale Darstellung von Signalen und ihre elektrische Verarbeitung in Rechnern u.a.m.

Auch für solche Problemstellungen wurden Methoden entwickelt, deren Wurzeln im Verhalten von Netzwerken bei Sinuserregung liegen.

PC a) Bauen Sie mit Multisim eine Schaltung bestehend aus Funktionsgeneratur und Oszilloskop zusammen und betrachten verschiedene Sinus-, Impuls- und Dreiecksignale (Vorschlag: $\hat{u} = 10$ V, $f = 1$ kHz). Schalten Sie zwischen Funktionsgenerator ein Differenzier- bzw. Integrierglied und kommentieren Sie die Anzeigeergebnisse.

b) Führen Sie mit MATLAB-Beispiel 4/1 eine numerische Differentiation einer Sinusfunktion durch.

4.1.1 Mittelwerte periodischer Größen

Wir stellen die wichtigsten Eigenschaften sinusförmiger Zeitfunktionen voran.

Momentanwert. Die sinusförmige Zeitfunktion basiert auf der Projektion des Endpunktes eines Strahles mit der Länge u auf die x-Achse, der sich auf einem Kreis mit konstanter Winkelgeschwindigkeit ω (im mathematisch positiven Sinn) bewegt. Dann beschreibt der projizierte Endpunkt eine Sinusfunktion:

$$u(t) = \hat{u} \sin(\alpha(t) + \varphi_0) = \hat{u} \sin(\omega t + \varphi_u) \qquad (4.1.1)$$

Momentanwert einer Sinusspannung

mit der *Periodizitätsbedingung* $u(t) = u(t + T)$ und $\omega T = 2\pi$.

Ein so rotierender Strahl heißt auch *rotierender Zeiger*, das projizierte Diagramm auch *Liniendiagramm*. Es kann z.B. mit einem *Oszilloskop* dargestellt werden.

In Gl. (4.1.1) sind $u(t)$ der *Momentan-* oder *Augenblickswert*, $\hat{u}$ die *Amplitude* (Scheitel-, Spitzen- oder Maximalwert), ω die *Kreisfrequenz* und φ_u der *Nullphasenwinkel*.

> Die Sinusgröße wird durch die drei Bestimmungsstücke *Amplitude*, *Kreisfrequenz* (bzw. *Frequenz* $f = \omega/2\pi$) und *Nullphasenwinkel* eindeutig gekennzeichnet.

Die Frequenz

$$f = \omega/2\pi = 1/T \qquad [f] = s^{-1} = Hz \quad \text{(Hertz)}$$

gibt die Anzahl der Schwingungen pro Sekunde an, sie ist gleich dem Kehrwert der Periodendauer. Die Kreisfrequenz vereinfacht die Schreibweise der Zeitfunktion. Sie wird in s^{-1} (auch rad/s) angegeben, nicht in Hz !

Bild 4.1.1 zeigt den Verlauf der Spannung über der normierten Zeit ωt (Winkel) mit verschiedenen Nullphasenwinkeln $\varphi_u = 0$ und $\varphi_u \neq > 0$. Die Kurven erreichen zu verschiedenen Zeitpunkten ihre Scheitelwerte und Nulldurchgänge, sie sind zueinander *phasenverschoben*. So liegt der Nulldurchgang der Sinusfunktion bei $\varphi_u > 0$ (wegen $\omega t_o + \varphi_u = 0$) *links* von $t = 0$, bei $\varphi_u < 0$ *rechts* von $t = 0$.

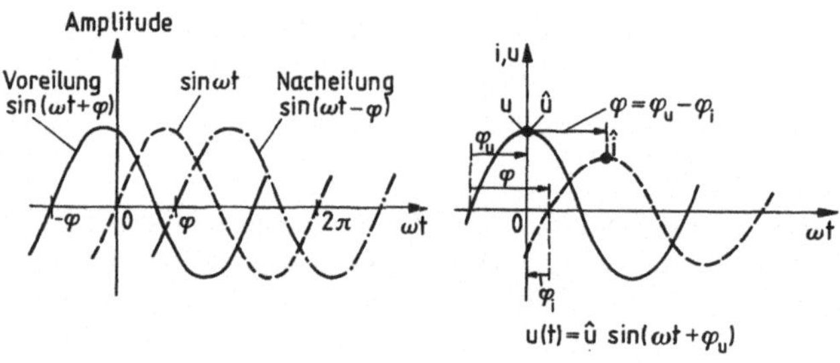

Bild 4.1.1 Sinusgrößen, Bestimmungsstücke
a) Vor- und Nacheilung zweier Größen
b) Vor- und Nacheilung zwischen *u* und *i*

Die Angabe der Phasenverschiebung erfordert die Angabe einer *Bezugsphase* (Bild 4.1.1a):

positiver (negativer) Phasenwinkel oder *Voreilung* (*Nacheilung*) bedeutet Verschiebung der Sinusfunktion in negativer (positiver) Richtung der Zeitachse.

Liegt z.B. an einem NWE die Spannung $u(t) = \hat{u}\sin(\omega t + \varphi_u)$ und fließt der Strom $i(t) = \hat{i}\sin(\omega t + \varphi_i)$ mit den jeweiligen Nullphasenwinkeln φ_u, φ_i (Spannung, Strom), so beträgt die *Phasenverschiebung* $\varphi = \varphi_u - \varphi_i$ zwischen Spannung $u(t)$ und Strom $i(t)$. Sie hängt, wie wir noch sehen werden, von den Energiespeicherelementen *C, L, M* ab.

Wir merken:

Die relative Phasenlage zweier Sinusgrößen heißt *Voreilung* bei *positivem* Nullphasenwinkel φ, sonst *Nacheilung*.

In Bild 4.1.1 wurde als Abszissenbezeichnung ωt gewählt (nur geeignet für Wechselgrößen mit einer Frequenz!), bei Wahl der Zeit t können dagegen Wechselgrößen verschiedener Frequenzen dargestellt werden.

Der Bereich technisch genutzter Frequenzen reicht von mHz bis THz und umfasst so mehr als 15 Größenordnungen. Die folgende Übersicht gibt einige Einsatzgebiete

Typische Frequenzbereiche der Elektrotechnik und ihre Anwendungsgebiete

Bereich f/Hz	Anwendungsgebiete
$>10^{10}$	Radar, Richtfunk, Satellitentechnik
10^8–10^{10}	UKW-Funk, Fernsehen, kapazitive Erwärmung, drahtlose Verbindungen
10^6–10^8	Rundfunk, Kurzwelle, industrielle Anwendungen, Breitbandtechnik
10^4–10^6	Rundfunk, Trägerfrequenztechnik, induktive Erwärmung, Schaltnetzteile
10^2–10^4	Tontechnik, Fernsprechtechnik, industrielle Steuerung
10^0–10^2	Energietechnik, Steuerungstechnik

Änderungsgeschwindigkeit einer sinusförmigen Größe. Die Änderungsgeschwindigkeit $\mathrm{d}u/\mathrm{d}t$ einer sinusförmigen Größe $u(t) = \hat{u} \sin \omega t$ ist die Tangente des Zeitverlaufes $u(t)$. Sie wird im Nulldurchgang der Sinusfunktion maximal:

$$\left.\frac{\mathrm{d}u}{\mathrm{d}t}\right|_{\max} = \omega \hat{u} \cos \omega t \,|_{t=0} = \omega \hat{u} \,. \tag{4.1.2}$$

Daher gilt: Die maximale Änderungsgeschwindigkeit ist das Produkt von Kreisfrequenz und Amplitude der Größe. Sie wächst mit steigender Kreisfrequenz ω.

Für einen Maximalwert $\hat{u} = 100$ V und eine Frequenz $f = 50$ Hz beträgt sie 10π kV/s $= 10\pi$ V/ms.

PC Bauen Sie mit Multisim eine Schaltung bestehend aus zwei Wechselspannungsquellen (gleiche Amplituden, gleiche Frequenzen, unterschiedliche Phasenlagen) auf, geben Sie die beiden Spannung jeweils an einen Kanal des Oszilloskops und messen Sie einen eingestellten Phasenunterschied (vor-, nacheilend) am Oszilloskop aus. Was geschieht, wenn die Frequenz einer Spannungsquelle geringfügig abweicht?

Aufgabe 4.1.1.

Mittelwerte. Zur Beschreibung der Wirkung von Wechselgrößen dienen verschiedene *Mittelwerte*. So lässt sich beispielsweise der Zeitverlauf einer Wechselspannung am Oszilloskop problemlos darstellen, ein Drehspulinstrument (Spannungsmesser) zeigt dagegen bei gleicher Wechselgröße *keinen* Ausschlag (nur Zeigerzittern um den Nullpunkt), weil seine Trägheit lediglich die Anzeige des (arithmetischen) Mittelwertes erlaubt. Für periodische Größen gibt es mehrere Mittelwerte:

1. Arithmetischer Mittelwert, Gleichwert definiert durch:

$$\overline{u} = \frac{1}{T} \int_{t_0}^{t_0+T} u(t)\mathrm{d}t \qquad \text{Gleichwert, Definition} \tag{4.1.3}$$

eine *lineare Mittelbildung* über eine Periodendauer (Methode des Flächenintegrals, Bild 4.1.2a). Der Mittelwert entspricht der Höhe der Ersatzrechteckfläche mit der Periodendauer als Breite.

Ein Drehspulinstrument bildet diesen Mittelwert direkt. Sein Zeigerausschlag a ist proportional der Gleichstromstärke I und damit proportional $\overline{i} = I \sim a$.

Der Gleichwert dient umgekehrt zur *Definition der Wechselgröße*: Eine Wechselgröße ist eine periodische Zeitfunktion mit verschwindendem Gleichwert.

Deshalb müssen *Wechselgrößen nicht zwingend* sinusförmig sein. Verschwindet der Gleichwert einer zeitveränderlichen Größe nicht, so liegt eine sog. *Mischgröße* vor. Sie kann stets in Gleich- und Wechselanteil zerlegt werden. Bild 4.1.2b zeigt eine Mischspannung, die sich durch eine *RC*-Schaltung in die Gleichkomponente (Gleichwert) über dem Kondensator und die Wechselspannung über *R* zerlegen lässt.

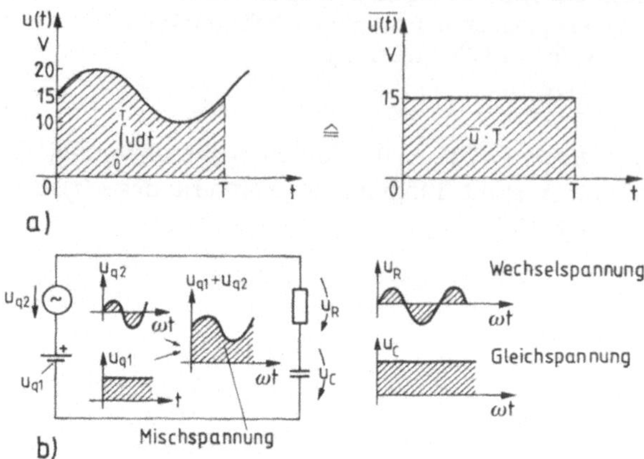

Bild 4.1.2 Linearer Mittelwert
a) lineare Mittelwertbildung
b) Mischspannung

2. Gleichrichtwert. Das ist der *arithmetische Mittelwert des Betrages* einer periodischen Größe, z.B. der Spannung $u(t)$:

$$\overline{|u|} = \frac{1}{T} \int_{t_0}^{t_0+T} |u(t)| \mathrm{d}t \qquad \text{Gleichrichtwert, Definition .} \qquad (4.1.4)$$

Der Name stammt von der Gleichrichtung einer Wechselgröße (Betragstriche!), bei der er auftritt (Bild 4.1.3). Eine Gleichrichterschaltung formt die Spannung wechselnder Polarität in eine mit nur einer Polarität um, indem die negative Halbwelle unterdrückt wird.

In der sogenannten *Einweggleichrichtung* (Bild 4.1.3a...c) wirkt die Diode wie ein Schalter S: S ist geschlossen, wenn an der Diode eine positive Spannung liegt (→ Durchlassrichtung), S ist offen bei negativer Spannung. So steuert die Polarität der Wechselspannung den Diodenschalter und es entstehen am Lastwiderstand nur positive Halbwellen.

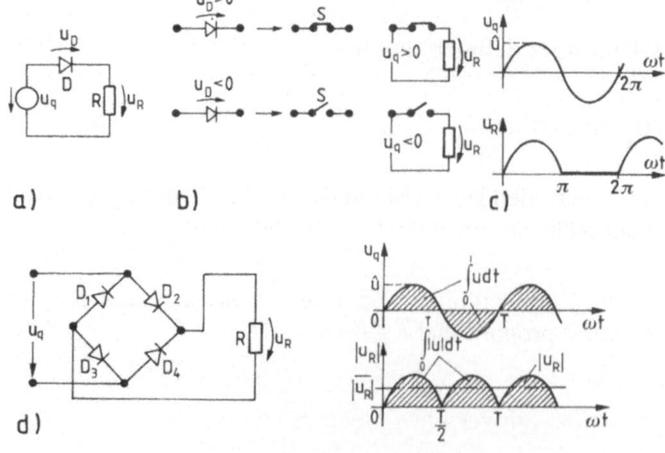

Bild 4.1.3 Gleichrichterschaltung, Gleichrichtwert
a) Einweggleichrichtung, Schaltung
b) Schalter als Diodenmodell im Fluss- und Sperrzustand ($u_q > 0$, $u_q < 0$)
c) Spannungsverlauf u_q, u_R, Gleichrichtwert
d) Zweiweggleichrichtung, Gleichrichtwert, Spannungsverlauf

Bei der *Zweiweggleichrichtung* (Bild 4.1.3d) werden die fehlenden negativen Halbwellen betragsmäßig mit addiert. Während der positiven Halbwelle leiten die Dioden D_2, D_3 (D_1, D_4 sperren), bei der negativen leiten D_1, D_4. Der Strom hat durch R stets die gleiche Richtung: → Betrag der Sinushalbwellen. Die Mittelwertbildung (Flächenmittelwert) über diese Halbwellen ergibt den Gleichwert. Man erhält für die Sinusspannung:

$$\overline{|u|} = \frac{\hat{u}}{T} \int_0^T |\sin \omega t| \mathrm{d}t = \frac{2\hat{u}}{T} \int_0^{2T} \sin \omega t \, \mathrm{d}t = \frac{2\hat{u}}{\pi} . \qquad (4.1.5)$$

Zwei verschiedene Wechselspannungen haben dann denselben Gleichwert 0, aber verschiedene Gleichrichtwerte (jeweils 63 % des Maximalwertes)!

Beispiel. Eine Rechteckimpulsfolge entsteht z.B. durch periodische Unterbrechung einer Gleichspannung U. Sind Pulsdauer und Pulspause gleich groß, so beträgt der arithmetische Mittelwert $U/2$ (Skizze!). Der Wechselspannungsanteil ergibt sich durch Verschieben der Pulsfolge um $U/2$ in negativer Richtung. Die Kurve verläuft dann symmetrisch zur Zeitachse mit der Höhe $U/2$.

3. Effektivwert. Der *quadratische Mittelwert* oder *Effektivwert* U einer periodischen Spannung $u(t)$ beträgt definitionsgemäß:

$$U = \sqrt{\frac{1}{T} \int_{t_0}^{t_0+T} u^2(t) \mathrm{d}t} \quad \text{Effektivwert, Definition} . \qquad (4.1.6)$$

Aus der am Widerstand R umgesetzten Wärmeleistung P (einer Gleichspannung U), die gleichwertig auch von einer Wechselspannung $u(t)$ aufgebracht werden soll, folgt dann

$$P = \frac{U^2}{R} = \overline{p(t)} = \frac{1}{RT} \int_0^T u^2(t) \mathrm{d}t \qquad (4.1.7)$$

die Effektivwertdefinition Gl. (4.1.6) anschaulich. Für die Sinusgröße ergibt sich so:

$$U^2 = \frac{1}{T} \int_0^T \hat{u}^2 \sin^2 \omega t \, \mathrm{d}t = \frac{\hat{u}^2}{T} \cdot \frac{T}{2}, \quad \text{d.h.} \quad U = \frac{\hat{u}}{\sqrt{2}} . \qquad (4.1.8)$$

Der Effektivwert einer sinusförmigen Wechselgröße entspricht der Amplitude dividiert durch $\sqrt{2}$.

Bild 4.1.4 zeigt die einzelnen Schritte, die der Effektivwertdefinition unterliegen: Wandlung der Sinus- in eine Cosinusfunktion mit doppeltem Argument durch die Quadratur, Zerlegung und Integration. Dabei liefert nur der konstante Anteil einen Beitrag.

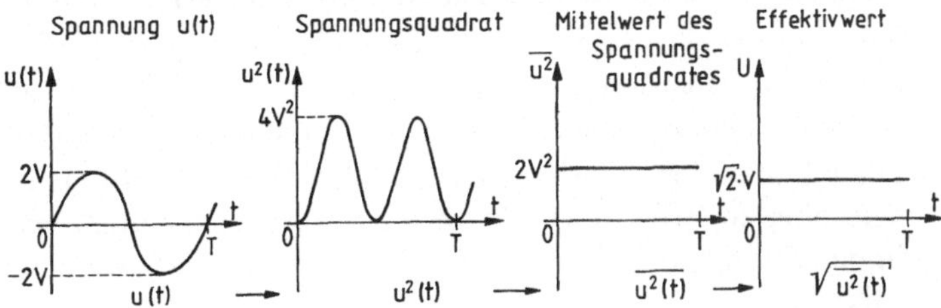

Bild 4.1.4 Erklärung des Effektivwertes

Wechselspannungen/-ströme werden üblicherweise in Effektivwerten (nicht Scheitelwerten) angegeben und durch große Symbole ausgedrückt. Die Angabe „230 V/50 Hz" an einem Gerät bedeutet $U = 230$ V (Effektivwert), Spitzenwert $\hat{u} = \hat{u}\sqrt{2}\,U = 325$ V, $f = 50$ Hz, $T = 1/50$ s $= 20$ ms. Gelegentlich wird zur Effektivwert-Kennzeichnung statt U auch U_{eff} verwendet.

Für beliebige Kurvenformen von Wechselgrößen gilt: Der Effektivwert übertrifft nie den Scheitelwert.

Das Verhältnis zwischen Scheitelwert $\hat{u}$ und Effektivwert U einer Wechselgröße heißt *Scheitelfaktor* k_s, das Verhältnis von Effektivwert und Gleichrichtwert der *Formfaktor* k_f. Die Werte typischer Kurvenformen lauten:

	k_s	k_f		k_s	k_f
Sinusgröße	1,414	1,111	Sägezahnschwingung	1,732	1,155
Dreieckschwingung	1,732	1,155	Einweggleichrichtung	2,0	1,57
Rechteckschwingung	1,0	1,0	Zweiweggleichrichtung	1,414	1,111

Scheitel- und Formfaktor beschreiben grob die Kurvenform einer Wechselgröße: je flacher die Kurve (→ Annäherung einer Rechteckfunktion), desto mehr nähert sich der Formfaktor dem Wert 1. Beide Faktoren sind u.a. für die Anzeige in Messinstrumenten wichtig. Der Effektivwert hat vor allem für den Leistungsumsatz im Wechselstromkreis Bedeutung (s. Abschn. 4.5).

Beispiel. Die Summe einer Gleich- und Wechselspannung $u(t) = U_q + \hat{u}\sin\omega t$ hat den Effektivwert:

$$U = \sqrt{\frac{1}{T}\int_0^T (U_Q^2 + 2\hat{u}\,U_Q \sin\omega t + \hat{u}^2 \sin^2\omega t)\,dt} = \sqrt{U_Q^2 + U^2} \tag{4.1.9}$$

Bei der Integration verschwindet der mittlere Summand.

Der Effektivwert überlagerter Zeitfunktionen ist gleich der Wurzel aus der Summe der Quadrate der Effektivwerte der Komponenten (geometrische Addition der Einzeleffektivwerte).

Daher ergibt der Summe einer Gleichspannung $U_Q = 2$ V mit einer Wechselspannung $\hat{u} = 2\sqrt{2}$ V einen Gesamteffektivwert $U = \sqrt{(2^2 + 2^2)\,\text{V}^2} = \sqrt{8}$ V und nicht etwa 4 V, wie man vielleicht vermutet!

Mittelwerte und ihre Messung. Spannungen und Ströme werden in Wechselstromschaltungen nach verschiedenen Methoden bestimmt:

- *Drehspulinstrumente* zeigen mit dem Ausschlag $\alpha \sim I$ den Gleichwert an. Eine Wechselspannung wird durch Vorschalten eines Gleichrichters in einen Gleichwert umgeformt und die Skala in Effektivwerten geeicht. Sie gilt deshalb nur für die Sinusform!
- Andere Messinstrumente (Dreheisenmesswerke, Thermoumformer) haben einen quadratischen Zusammenhang zwischen Strom und Ausschlag a: direkte Effektivwertanzeige.
- Digitalvoltmeter verarbeiten meist den linearen Mittelwert bzw. den Gleichrichtwert, sind aber in Effektivwerten geeicht. Anspruchsvollere Verfahren tasten die Spannung impulsförmig ab und bilden den Effektivwert durch Berechnung mit einem eingebauten Mikrorechner.

- Das Oszilloskop stellt den Momentanverlauf $u(t)$ dar. Auf diese Weise kann der Spitzenwert bestimmt werden.
- Digitaloszillographen tasten die Momentanwerte der Spannung zu äquidistanten Zeitpunkten ab, wandeln sie mit einem AD-Wandler in Digitalwerte und speichern sie ab. Daraus können durch Rechnerauswertung beliebige Mittelwerte oder auch durch Interpolation Zwischenwerte zur Darstellung einer kontinuierlichen Kurve auf dem Bildschirm gewonnen werden.

PC a) Arbeiten Sie das Multisim-Beispiel 4/1 zur Mittelwertbildung bei Sinusgrößen durch.

b) Wählen Sie anschließend eine sehr hohe Frequenz (etwa 10 MHz) und wiederholen Sie die Aufgabe a), Ergebnis?

c) Führen Sie nachfolgend eine Mittelwertbildung (arithmetischer-, Effektivwert) einer symmetrischen Dreieckspannung (aus Funktionsgenerator) mit Schaltung a) durch und vergleichen Sie das Ergebnis mit der rechnerischen Lösung.

Aufgabe 4.1.2.

4.1.2 Addition und Subtraktion von Sinusgrößen

Sind zwei Sinusgrößen gleicher Frequenz, aber verschiedener Amplituden- und Phasenlage zu addieren oder subtrahieren, (z.B. bei der Zusammenfassung zweier reihengeschalteter Spannungsquellen), so werden folgende lineare Operationen mit Sinusgrößen erforderlich:

- *Wandlung* der Sinus- in eine Cosinus-Funktion:

  $\sin\omega t = \cos(\omega t - \pi/2) = -\cos(\omega t + \pi/2)$
- *Additionstheorem:*

  $\cos(x+y) = \cos x \cos y - \sin x \sin y$
- *Addition* von Sinus- und Cosinus-Funktionen:

  $A\cos(\omega t + \varphi_0) = a\cos\omega t + b\cos\omega t\,;$

  $a = A\cos\varphi_0,\ b = -A\cos\varphi_0,\ A = \sqrt{a^2+b^2},\ \varphi_0 = \arctan b/a.$

Die Addition von Sinusgrößen (gleicher Frequenz) mit beliebiger Amplitude und Nullphasenwinkel ergibt (durch Zerlegung in nullphasenfreie Sinus- und Cosinus-Komponenten, anschließende getrennte Addition aller Sin- und Cos-Anteile und erneutes Zusammensetzung zu einer Cosinus-/Sinus-Funktion) eine neue Sinus-Funktion mit neuer Amplitude A und neuem Nullphasenwinkel φ_0.

Dies möge für die beiden Spannungen

$$u_1 = \hat{u}_1 \sin(\omega t + \varphi_1),\quad u_2 = \hat{u}_2 \sin(\omega t + \varphi_2)$$

gezeigt werden. Die Gesamtspannung $u_g = \hat{u}_g \sin(\omega t + \varphi_g)$ hat die neue Amplituden u_g und Phase φ_g. Man erhält sie durch Anwendung der Additionstheoreme zu:

$$\hat{u}_g = \sqrt{\hat{u}_1^2 + \hat{u}_2^2 + 2\hat{u}_1\hat{u}_2\cos(\varphi_1 - \varphi_2)},\quad \varphi_g = \arctan\frac{\hat{u}_1\sin\varphi_1 + \hat{u}_2\sin\varphi_2}{\hat{u}_1\cos\varphi_1 + \hat{u}_2\cos\varphi_2}. \qquad (4.1.10)$$

Bei der Subtraktion $u_1(t) - u_2(t)$ ist $\hat{u}_2$ durch $-\hat{u}_2$ zu ersetzen.

Beispielsweise ergeben zwei Spannungen $u_1 = 10$ V $\sin\omega t$, $u_2 = 20$ V $\sin(\omega t + 60°)$ die Gesamtspannung:

$$\hat{u}_q = \sqrt{(10\ \text{V})^2 + (20\ \text{V})^2 + 2 \cdot 10\ \text{V} \cdot 20\ \text{V} \cdot \cos 60°} = 26{,}5\ \text{V}$$

$$\tan\varphi_g = \frac{20\,\text{V}\sin 60°}{10\,\text{V} + 20\,\text{V}\cos 60°} = 0{,}866 \rightarrow \varphi_g \approx 41°.$$

Die Tatsache, dass die Addition/Subtraktion von Sinusgrößen (Spannung, Strom) gleicher Frequenz wieder eine Sinusgröße ergibt, erlaubt eine *grundlegende Schlussfolgerung* für Wechselstromnetzwerke:

Fließt etwa durch die Reihenschaltung der Grundelemente R und L der Strom $i(t) = \hat{\imath}\sin\omega t$, so addieren sich die Teilspannungen $u_R = i_R$, $u_L = L \cdot \mathrm{d}i/\mathrm{d}t$ zu

$$u_g = iR + L\frac{\mathrm{d}i}{\mathrm{d}t} = \hat{\imath}\,(R\sin\omega t + \omega L\cos\omega t) = \hat{\imath}\,(R\sin\omega t + \omega L\sin(\omega t + \pi/2)),$$

also wieder einer Sinusgröße! Mit Gl. (4.1.10) beträgt die Amplitude und Phase der Gesamtspannung:

$$\hat{u}_g = \hat{\imath}\sqrt{R^2 + (\omega L)^2}, \quad \tan\varphi_g = \omega L/R.$$

Das Beispiel zeigt den steigenden Rechenaufwand bei der Analyse schon sehr einfacher Wechselstromschaltungen mit den Kirchhoffschen Gesetzen im Zeitbereich. Daher sind einfachere Analyseverfahren höchst wünschenswert.

PC a) Entwerfen Sie mit Multisim eine Schaltung bestehend aus zwei Wechselspannungsquellen gleicher Frequenz, verschiedener Amplituden und Phasen, führen Sie einem Oszilloskopkanal die Spannung $u_1(t)$, dem anderen die Summe (Differenz) von $u_1(t)+/-u_2(t)$ zu und überprüfen Sie Gl. (4.1.10). Was geschieht, wenn sich beide Frequenzen geringfügig unterscheiden?

b) Prüfen Sie Gl. (4.1.10) durch Auswertung am Oszilloskop.

4.2 Sinusgrößen an Netzwerkgrundelementen

4.2.1 Grundbeziehungen

***u-i*-Relationen.** Die Analyse von Wechselstromnetzwerken wird grundlegend von den u-i-Beziehungen der Speicherelemente Kondensator C, Spule L (und eingeschlossen der Gegeninduktivität M) bestimmt, da Ströme und Spannungen nur über Differentialquotienten oder Integrale verknüpft sind:

Operation Gl. (4.2.1)	Grundelement	$u(t)$	$i(t)$
Integration/ Differentiation	C	$=\frac{1}{C}\int i\,\mathrm{d}t$	$=C\frac{\mathrm{d}u}{\mathrm{d}t}$
Integration/ Differentiation	L	$=L\frac{\mathrm{d}i}{\mathrm{d}t}$	$=\frac{1}{L}\int u\,\mathrm{d}t$
Proportionalität	R	$=R\,i(t)$	$=u(t)/R$

Eine beispielsweise anliegende sinusförmige Spannung hat dann als Strom das Integral oder Differential dieser Spannung zur Folge. Durch Vergleich ergeben sich Amplitude und Phase des Stromes.

Liegt an einem NWE eine Spannung $u(t)$ als Ursache (z.B. aus einer angeschlossenen Spannungsquelle), so stellt sich der Strom $i(t)$ als Wirkung ein und umgekehrt. Der u-i-Zusammenhang ist durch das betreffende NWE gegeben.

Gl. (4.2.1) enthält die Ergebnisse als Tafel:

- Am (ohmschen) *Widerstand* haben Strom und Spannung gleiche Phasenlage, der Quotient $\hat{u}/\hat{\imath}$ ist gleich dem Widerstand R,
- Beim *Kondensator* eilt die Spannung dem Strom um $\pi/2$ *nach* und für die *Amplitudenmaxima* (Scheitelwerte) gilt $\hat{u} = \hat{\imath}/\omega C$, (gleichwertig ist auch die Aussage: der Strom eilt der Spannung um $\pi/2$ voraus). Die Amplitude des Kondensatorstromes

  $$\hat{\imath} = C\frac{\mathrm{d}u}{\mathrm{d}t}\bigg|_{\max} = \omega C\hat{u}$$

  liegt durch die *maximale Änderungsgeschwindigkeit der Spannung* fest. Die Zeitverläufe $u(t)$, $i(t)$ und damit ihre zeitliche Zuordnung werden nur am Oszillographen sichtbar. Eine Strom-/Spannungsmessung mit Zeigerinstrumenten (etwa nach Bild 4.2.1) erlaubt *keine* Aussage über die Phasenverschiebung.
- An der *Spule* eilt die Spannung u dem Strom um $\pi/2$ *voraus*, für die Amplitudenmaxima gilt $\hat{u} = \omega L\hat{\imath}$.

Scheinwiderstand, Scheinleitwert. Das Verhalten der Grundelemente lässt es zweckmäßig erscheinen, die Begriffe

Scheinwiderstand	$Z = \hat{u}/\hat{\imath} = U/I$ Definitionsgleichung	
	$[Z] = \mathrm{V/A} = \Omega$	(4.2.2)
Scheinleitwert	$Y = \hat{\imath}/\hat{u} = I/U = 1/Z$	
Phasenwinkel	$\varphi_z = \varphi_u - \varphi_i = -\varphi_y$ zwischen Spannung und Strom	

einzuführen (s. Tafel 4.2.1, S. 152). Der Scheinwiderstand hat wohl die Dimension eines Widerstandes, aber insbesondere bei L und C *keine physikalische Bedeutung*: die zu dividierenden Scheitelwerte $\hat{u}$ und $\hat{\imath}$ treten durch die Phasenverschiebung φ_z zu *verschiedenen Zeitpunkten* auf. Deshalb wurde der Scheinwiderstand Z vereinbart mit dem Ziel, für Wechselgrößen den Widerstandsbegriff *formal* einführen zu können. Der Scheinwiderstand heißt deshalb auch *Wechselstromwiderstand*. Der *Scheinleitwert* Y ist der Reziprokwert des Scheinwiderstandes.

Beispiel. Die Messgeräte in der Schaltung Bild 4.2.1 zeigen bei $U_q = 24$ V, $f = 50$ Hz an: $I = 10$ mA, $U = 24$ V. Beide erlauben, den Wechselstromwiderstand $Z = U/I = 2{,}4\ \mathrm{k}\Omega$ anzugeben, jedoch nicht den Phasenwinkel. Deshalb kann ein Kondensator $C = 1/\omega Z = 1{,}33\ \mu\mathrm{F}$ oder eine Induktivität $L = Z/\omega = 7{,}64$ H im Stromkreis liegen. Somit ist die *Kenntnis des Bauelementes* zu einer prinzipiellen Phasenaussage erforderlich!

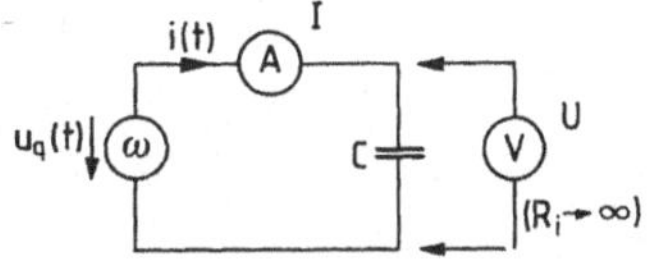

Bild 4.2.1 Messung des Scheinwiderstandes eines Kondensators

Tafel 4.2.1 Strom-Spannungsbeziehungen der Grundelemente *R, L, C* bei sinusformiger Erregung

Netzwerkelemente	R	C	L
u-i-Relation	$i=\frac{u}{R}$	$i=C\frac{du}{dt}$	$i=\frac{1}{L}\int u\,dt$
Ursache: Erregergröße $x(t)$ *Wirkung:* Ansatz	$u(t)=\hat{u}\sin(\omega t+\varphi_u)$ *anliegende Spannung* $i(t)=\hat{i}\sin(\omega t+\varphi_i)$ *Strom durch Netzwerkelement*		
Vergleich: Amplitude Phase	$\hat{i}=\hat{u}/R$ $\varphi_i=\varphi_u$	$\hat{i}=\omega C\hat{u}$ $\varphi_i=\varphi_u+\frac{\pi}{2}$	$\hat{i}=\hat{u}/\omega L$ $\varphi_i=\varphi_u-\frac{\pi}{2}$
Zeitverlauf (Liniendiagramm)	u,i gleiche Phase	i eilt $\frac{\pi}{2}$ vor	i eilt $\frac{\pi}{2}$ vor
Scheinwiderstand Z	$Z=\frac{\hat{u}}{\hat{i}}=R$	$Z=\frac{\hat{u}}{\hat{i}}=\frac{1}{\omega C}$	$Z=\frac{\hat{u}}{\hat{i}}=\omega L$
Phase $\varphi_Z=\varphi_u-\varphi_i$	$\varphi_Z=0$	$\varphi_Z=-\frac{\pi}{2}$	$\varphi_i=+\frac{\pi}{2}$

Frequenzabhängigkeit des Scheinwiderstandes. Der Scheinwiderstand der Spule und des Kondensators hängt von der Frequenz ab.

Bei der *Spule* steigt $Z=\omega L$ frequenzproportional (Bild 4.2.2a), für $\omega\to 0$ wirkt die ideale Spule wie ein *Kurzschluss*. Technische Spulen haben noch den (ohmschen) Wicklungswiderstand. Deshalb dürfen Induktivitäten (→ Transformatoren!) nie mit Gleichspannung betrieben werden, weil Überlastungsgefahr besteht. Für $\omega\to\infty$ wirkt die Induktivität wie eine *Leitungsunterbrechung*.

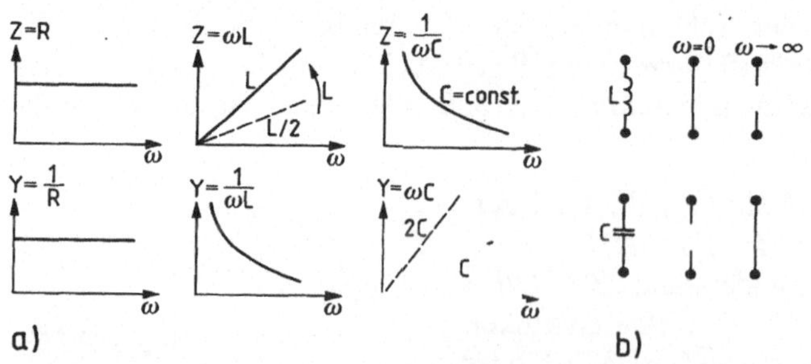

Bild 4.2.2 Scheinwiderstand der Grundschaltelemente
a) Frequenzabhängigkeit des Scheinwiderstandes Z bzw. Scheinleitwertes Y
b) Ersatzschaltungen der Energiespeicherelemente *L, C* für $\omega\to 0$ und $\omega\to\infty$.

Für die *Kapazität* sinkt $Z=1/\omega C$ mit steigender Frequenz, sie wirkt also für $\omega\to 0$ als Leitungsunterbrechung und $\omega\to\infty$ als „*kapazitiver Kurzschluss*". Man schließt deshalb spannungsführende Punkte „kapazitiv kurz", wenn sie für Wechselspannung „geerdet" sein sollen.

Der *Scheinleitwert* zeigt jeweils das reziproke Frequenzverhalten. Bemerkenswert ist der Phasenwinkel φ_z von +90° bzw. –90° bei Induktivität und Kapazität (ideale Elemente). Sie heißen deshalb – im Gegensatz zum ohmschen Widerstand (→ Wirkwiderstand) – auch *Blindwiderstände*, weil in ihnen keine Wirkleistung umgesetzt wird (s. Abschn. 4.5).

PC a) Untersuchen Sie mit den Multisim-Beispielen 4/2 und 4/3 das Verhalten der Grundelemente *R* und *C* im Wechselstromkreis sowie das grundsätzliche Frequenzverhalten.

b) Untersuchen Sie anschließend das *u*-*i*-Verhalten für alle drei Grundelemente mit dem MATLAB-Beispiel 4/2.

4.2.2 Zusammenschaltung von Grundelementen

Das eben praktizierte *Ansatzverfahren* zur Lösung des Strom-Spannungsverhaltens der Grundelemente gilt prinzipiell auch für komplizierte Schaltungen. Dazu muss mit den Kirchhoffschen Gleichungen und *u*-*i*-Relationen der NWE ein Gleichungssystem aufgestellt und mit einem (sinusförmigen) Ansatz für die gesuchte Größe gelöst werden. Die beiden Unbekannten (Amplitude und Phase) ergeben sich durch Vergleich. Ein solches *RLC*-Netzwerk führt auf ein *System von linearen Differentialgleichungen*. Sein Grad hängt direkt von der Zahl der (unabhängigen) Energiespeicherelemente ab. Dies soll anhand von Bild 4.2.3 verdeutlicht werden.

An einer Reihenschaltung von *R* und *C* liege eine Sinusspannung $u_q(t) = \hat{u}_q \sin(\omega t + \varphi_u)$, gesucht sei der Strom $i(t)$. Für ihn wird ein Ansatz $i(t) = \hat{\imath} \sin(\omega t + \varphi_i)$ mit den Unbekannten Spitzenwert $\hat{\imath}$ und Phase φ_i gemacht. (Die Frequenz ω liegt durch die Erregung fest). Maschensatz und NWE-Beziehungen führen auf:

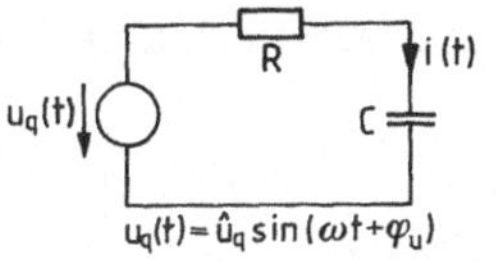

Bild 4.2.3 Schaltung zur Netzwerkanalyse

$$u_R + u_C = u_q, \qquad iR + \frac{1}{C}\int i\mathrm{d}t = u_q. \tag{4.2.3}$$

Durch beiderseitiges Differenzieren entsteht die gesuchte Differentialgleichung 1. Ordnung. Vielleicht schreckt eine solche Gleichung ab, hier jedoch unbegründet: wir kennen die allgemeine Lösung (Sinusstrom), sie muss lediglich dem Problem „angepasst" werden. Dazu werden $i(t)$ und ebenso $u_q(t)$ eingesetzt. Es folgt:

$$\hat{\imath}R \sin(\omega t + \varphi_i) - (\hat{\imath}/\omega C)\cos(\omega t + \omega_i) = \hat{u}_q \sin(\omega t + \varphi_u)$$
$$\hat{\imath}R \sin(\omega t + \varphi_i) + (\hat{\imath}/\omega C)\sin(\omega t + \varphi_i - \pi/2) = \hat{u}_q \sin(\omega t + \varphi_u)$$

Links steht die Summe zweier Sinusfunktionen verschiedener Amplituden und Phasen (s. Gl. (4.1.9)), rechts nur eine Sinusfunktion. Der Vergleich verlangt eine zusammengefasste linke Seite. Amplitude und Phase betragen

$$\hat{u} = \sqrt{(\hat{\imath}R)^2 + \left(\frac{\hat{\imath}}{\omega C}\right)^2 + 2\left(\frac{\hat{\imath}^2 R}{\omega C}\right)\cos(\varphi_i - \varphi_i + \pi/2)}$$

$$\tan\varphi_u = \frac{\hat{\imath}R\sin\varphi_i + (\hat{\imath}/\omega C)\sin(\varphi_i - \pi/2)}{(\hat{\imath}R)\cos\varphi_i + (\hat{\imath}/\omega C)\cos(\varphi_i - \pi/2}$$

oder ausgewertet:

$$\hat{u}_q = \hat{\imath}\sqrt{R^2 + (1/\omega C)^2} = \hat{\imath}Z$$
$$\varphi_u = \varphi_i + \varphi_z . \qquad (4.2.4)$$

Daraus können $\hat{\imath}$ und φ_i ermittelt werden, z.B. bei $\varphi_u = 0$: $\tan\varphi_u = -1/\omega RC$.

Bei Reihenschaltung von Widerstand und Kondensator addieren sich beide Komponenten *nicht* arithmetisch, auch hängt der Scheinwiderstand von beiden Element gemäß der geometrischen Addition ab. Deshalb ist es zweckmäßig, für den Kondensator (→ Spule) noch einen besonderen Widerstand, den *Blindwiderstand*, einzuführen.

Das vorgeführte Lösungsverfahren (Aufstellen der Netzwerkgleichung, Lösungsansatz, Lösung der Komponenten) führt zwar grundsätzlich zum Ziel, es wird aber bei größeren Netzwerken schnell aufwendig. Abhilfe schafft ein effizienteres Verfahren, die sog. *symbolische Methode* (der Wechselstromrechnung) oder besser *Transformation in die komplexe Ebene,* die im folgenden Abschnitt erläutert wird. Erst damit lassen sich Wechselstromnetzwerke nur durch *Lösung algebraischer Gleichungen* einfach analysieren.

Beispiel. An der Reihenschaltung von R und L liege eine Spannung (Effektivwert $U_R = 5$ V, $U_L = 3{,}5$ V, $I = 0{,}15$ A, $\varphi_i = 0$). Kann daraus auf den Phasenwinkel φ_u und die Gesamtspannung geschlossen werden?

Lösung: Ja, die sinngemäße Abwandlung von Gl. (4.2.3) (führen Sie dies zur Übung durch!) liefert $\tan\varphi_u = U_L/U_R = +0{,}7$, $\varphi_u = +35°$, $U = \sqrt{U_R^2 + U_L^2} = 6{,}1$ V. Weiterhin folgen $R = U_R/I = 33{,}3\ \Omega$, $\omega L = U_L/I = 23{,}3\ \Omega$, $Z = \sqrt{R^2 + (\omega L)^2} = 40{,}67\ \Omega$.

PC a) Vertiefen Sie den Scheinwiderstandsbegriff durch das Multisim-Beispiel 4/4 (Reihenschaltung R und L). Wie wäre ein Ergebnis sinngemäß zu Gl. (4.2.4) zu entwickeln?

b) Arbeiten Sie anschließend die Beispiele 4/5 und 4/6 zur Wechselstromanalyse eine Netzwerkes mit Multisim durch.

c) Wenden Sie die Methodik anschließend auf Beispiel 4/4 an und ermitteln Sie die Spannungsabfälle über R und L nach Betrag und Phase bei einer Festfrequenz.

d) Entwerfen Sie mit Multisim eine Reihenschaltung von R und C ($R = 1$ kΩ, $C = 1$ µF), an der eine Wechselspannung ($u = 1$ V, $f = 1$ kHz) liegt. Führen Sie für die Kondensatorspannung eine Transientenanalyse durch (verschiedene Stopzeiten: $t_o = 1$ ms, $t_o = 10$ ms). Wie lässt sich der Verlauf erklären? Schließen Sie ein Oszilloskop an und wiederholen Sie die Simulation (mit Simulationsschalter). Erklärung des Bildverlaufes, welche Simulationsart liegt vor?

e) Führen Sie für die gleiche Schaltung eine AC-Frequenzanalyse im Frequenzbereich 100 Hz bis 10 kHz durch (zunächst mit dem Analysediagrammfenster, anschließend unter Verwendung des Bodeplotters). Welcher Unterschied besteht zwischen der Transientenanalyse und der Frequenzanalyse im Hinblick auf die Darlegungen der Abschnitte 4.2 und dem Folgeabschnitt 4.3?

f) Lösen Sie das obige Beispiel mit MATLAB, orientieren Sie sich dabei am MATLAB-Beispiel 4/2.

Aufgaben 4.2.1, 4.2.2.

4.3 Netzwerkanalyse im Frequenzbereich, Transformation in die komplexe Ebene

Die Analyse linearer Wechselstromnetzwerke mit den eben kennengelernten, stets wiederkehrenden Schritten: Aufstellen der Netzwerk-Differentialgleichung, Lösungsansatz, Ausführung der Integration/Differentiation, Koeffizienten- und Winkelvergleich, lässt sich durch eine sog. *(Funktional-)Transformation vom Zeit- in den Frequenzbereich (und zurück)* erheblich vereinfachen. Dieses Verfahren heißt *symbolische* oder *komplexe Wechselstromanalyse* oder gleichwertig auch *Analyse im Frequenzbereich*. Ihr liegt die Tatsache zugrunde, dass harmonische Funktionen in der Gaußschen Zahlenebene durch *komplexe zeitveränderliche Größen*, sog. *Zeiger*, dargestellt werden können.

Die gleichwertige Analyse eines Netzwerkes im *Frequenzbereich* (mit der Frequenz als typischer Größe) und *Zeitbereich* (mit der Zeit als charakteristischer Größe) ist das Fundament der Berechnung sinusförmiger Vorgänge in *linearen* Netzwerken.

Dabei muss beachtet werden:

Vorgänge im Zeitbereich sind immer physikalische Realität, während zugeordnete Größen in der Gaußschen Ebene nur *mathematisch formale Bedeutung* haben. Deshalb muß ein dort gewonnenes Ergebnis in den Zeitbereich rücktransformiert werden!

Dieses Transformationsverfahren bietet gewichtige *Vorteile*:

- Überführung einer Differentialgleichung in eine algebraische Gleichung,
- Erweiterung des Widerstands-/Leitwertbegriffes auf allgemeine Zweipole,
- Verwendung der Lösung später auch zur Behandlung sog. *aperiodischer* Vorgänge (z.B. Schaltvorgänge, allgemeinere Signale u.a.).

Typisch für eine solche Funktionaltransformation Zeit ↔ Frequenzbereich sind *drei Grundschritte* (Bild 4.3.1):

a) Transformation der Netzwerkdifferentialgleichung bei sinusförmiger Erregung vom Zeit- in den Frequenzbereich,

b) Lösung im Frequenzbereich,

c) Rücktransformation der Lösung in den Zeitbereich.

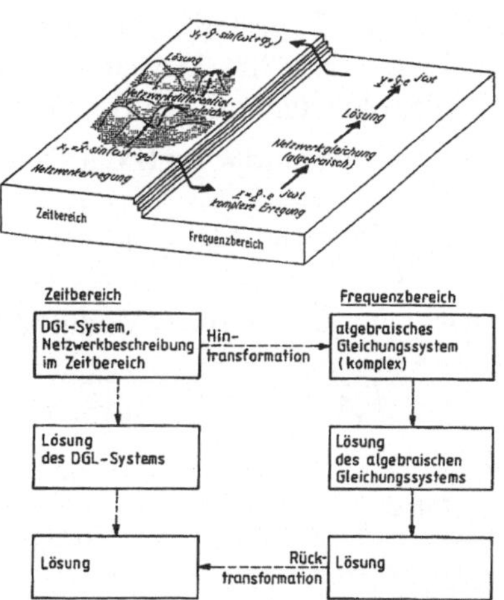

Bild 4.3.1 Netzwerk im Zeit- und Frequenzbereich

Man mag zunächst durch eine derartige Transformation zusätzliche Probleme vermuten. Mit richtigen Hilfsmitteln (hier der Gaußschen Ebene) erweist sich diese Befürchtung rasch als unbegründet. Beispielsweise lässt sich die Division zweier Zahlen $y = a/b$ durch Nutzung von Logarithmen (→ Hintransformation) auf eine einfache Subtraktion (in der transformierten Ebene) überführen: $\lg y = \lg a - \lg b$. Zum Ergebnis $y = 10^{\lg y} = 10^{\lg a - \lg b}$ gelangt man durch Rücktransformation.

Gerade in der Elektrotechnik werden Transformationen vielfältig und sehr effizient eingesetzt, wie die Stichworte: *Laplace-*, *Z-*, *Fourier-*, *Hilbert-*Transformation (u.a.) belegen mögen (vgl. Abschn. 5.1ff.).

Grundlage der Netzwerkanalyse im Frequenzbereich sind Darstellungsformen und Rechenregeln für komplexe Größen, die kurz zusammengestellt werden.

4.3.1 Eigenschaften komplexer Größen, Rechenoperationen

Komplexe Größen. Eine komplexe (physikalische) Größe besteht aus einer komplexen Zahl und einer Einheit. Sie wird durch Unterstreichen des jeweiligen Symbols gekennzeichnet, z.B. $\underline{u}$, $\underline{Z}$, $\underline{i}$, $\underline{Y}$.

Komplexe Größen lassen sich in der *Gaußschen Ebene*[1] darstellen. Sie bildet ein rechtwinkliges Koordinatensystem mit der Abszisse als reelle und der Ordinate als imaginäre Größe. Die Einheit der imaginären Zahlen ist j, definiert[2] durch $\mathrm{j}^2 = -1$ bzw. $\mathrm{j} = \sqrt{-1}$.

Eine komplexe Zahl $\underline{z}$ hat drei gleichwertige Darstellungsformen

1. Die *kartesische Form* (sog. *R-Form*):

$$\begin{aligned} \underline{z} &= \mathrm{Re}(\underline{z}) + \mathrm{j}\,\mathrm{Im}(\underline{z}) = x + \mathrm{j}y \\ x &= \mathrm{Re}(\underline{z}) \text{ Realteil (reelle Komponente von } \underline{z}) \\ y &= \mathrm{Im}(\underline{z}) \text{ Imaginärteil (imaginäre Komponente von } \underline{z})\,. \end{aligned} \tag{4.3.1}$$

In der Gaußschen oder $\underline{z}$-Ebene wird $\underline{z}$ durch eine Verbindungsgerade vom Ursprung zu diesem Punkt dargestellt. Das vor dem Imaginärteil stehende j bedeutet geometrisch eine Drehung von +90°. Deshalb ist trotz des Plus-Zeichens keine skalare Addition möglich: Glieder ohne und mit j dürfen nicht auf übliche Weise addiert (subtrahiert) werden!

2. Die *Exponentialform* (Polarform, *P-Form*):

$$\underline{z} = |\underline{z}| \exp \mathrm{j}\varphi_z = |\underline{z}| \angle \varphi_z \tag{4.3.2a}$$

besteht aus dem *Betrag* (Modul) oder *Amplitude* von $\underline{z}$ (Tafel 4.3.1) und Phase φ_z

$$\begin{aligned} z &= \sqrt{x^2 + y^2} = \sqrt{(\mathrm{Re}\,\underline{z})^2 + (\mathrm{Im}\,\underline{z})^2} \quad \text{und der Phase } \varphi_z \\ \tan\varphi_z &= \frac{y}{x} = \frac{\mathrm{Im}\,\underline{z}}{\mathrm{Re}\,\underline{z}} = \frac{\text{Imaginärteil}(\underline{z}) \quad \text{(vorzeichenbehaftet)}}{\mathrm{Re}(\underline{z}) \quad \text{(vorzeichenbehaftet)}}\,. \end{aligned} \tag{4.3.2b}$$

[1] Gauß, C.F., deutscher Mathematiker 1777–1855.

[2] Die imaginäre Einheit wird in der Mathematik mit i bezeichnet, in der Elektrotechnik mit j (sonst Verwechslung mit dem Strom möglich).

Diese Form eignet sich besonders zur Multiplikation (Division). Die Schreibweise $z \angle \varphi_z$ (sprich Versor φ_z) erlaubt die Schreibweise des Winkels in Normalschrift.

3. Die *trigonometrische Form* ergibt sich über die Euler-Beziehungen:

$$\underline{z} = |z|\left(\cos\varphi_z + \mathrm{j}\sin\varphi_z \equiv x + \mathrm{j}y\right) \quad \text{mit}$$

$$\cos\varphi_z = \frac{\operatorname{Re}\underline{z}}{|z|} = \operatorname{Re}(\exp \mathrm{j}\varphi_z)\,; \qquad \sin\varphi_z = \frac{\operatorname{Im}\underline{z}}{|z|} = \operatorname{Im}(\exp \mathrm{j}\varphi_z)\,. \tag{4.3.3}$$

Der Zeiger $\underline{z} = z \exp \mathrm{j}\varphi_z$ vom Betrag 1 heißt *Einheitszeiger* mit der Phase φ_z. Dabei gelten:

$$\mathrm{j} = \exp \mathrm{j}\pi/2, \quad 1/\mathrm{j} = \exp -\mathrm{j}\pi/2, \quad \mathrm{j}^3 = -\mathrm{j}.$$

Multiplikation einer komplexen Größe $\underline{z}$ mit j bedeutet Drehung um $+\pi/2$ (mathematisch positiv), Division durch j Drehung um $-\pi/2$.

4. Die zu $\underline{z}$ gehörende *konjugierte komplexe Größe* $\underline{z}^*$

$$\underline{z}^* = x - \mathrm{j}y = |z| \exp -\mathrm{j}\varphi_z \tag{4.3.4}$$

ergibt sich aus $\underline{z}$ durch Vorzeichenumkehr des Imaginärteils (*Spiegelung* von $\underline{z}$ an der reellen Achse). Stets gilt

$$\underline{z}\,\underline{z}^* = |z|^2 = z^2 = x^2 + y^2. \tag{4.3.5}$$

Multiplikation zweier zueinander konjugiert komplexer Größen ergibt das Betragsquadrat der Größe.

Rechenregeln für komplexe Größen. Aus der Definition komplexer Größen folgen (s. Tafel 4.3.1):

1. Zwei komplexe Größen sind *gleich*, wenn ihre Real- und Imaginärteile bzw. Beträge und Phasen übereinstimmen. Deshalb umfasst eine komplexe Gleichung stets zwei reelle Gleichungen!

Tafel 4.3.1 Operationen mit komplexen Zahlen

	kartesisch	trigonometrisch	exponentiell
$\underline{z}$ $\operatorname{Re}(\underline{z})$ $\operatorname{Im}(\underline{z})$	$\underline{z} = x + \mathrm{j}y$ x y	$\underline{z} = z(\cos\varphi_z + \mathrm{j}\sin\varphi_z)$ $z\cos\varphi_z$ $z\sin\varphi_z$	$\underline{z} = z\exp\mathrm{j}\varphi_z$ $z\cos\varphi_z$ $z\sin\varphi_z$
$\underline{z}^*$	$z^* = x - \mathrm{j}y$	$\underline{z}^* = z(\cos\varphi_z - \mathrm{j}\sin\varphi_z)$	$\underline{z}^* = z\exp -\mathrm{j}\varphi_z$
$\underline{z}_1 + \underline{z}_2$ $\lvert\underline{z}_1 + \underline{z}_2\rvert$	$(x_1 \pm x_2) + \mathrm{j}(y_1 \pm y_2)$ $\sqrt{(x_1 + x_2)^2 + (y_1 + y_2)^2}$	Umwandeln in kartesische Form $\sqrt{z_1^2 + z_2^2 + 2z_1z_2\cos(\varphi_1 - \varphi_2)}$	
$\underline{z}_1 \cdot \underline{z}_2$	$x_1x_2 - y_1y_2 + \mathrm{j}(x_1y_2 + y_1x_2)$	$z_1z_2(\cos(\varphi_1 + \varphi_2) + \mathrm{j}\sin(\varphi_1 + \varphi_2))$	$z_1z_2\exp\mathrm{j}(\varphi_1 + \varphi_2)$
$\dfrac{\underline{z}_1}{\underline{z}_2}$	$\dfrac{\underline{z}_1\underline{z}^*_2}{\lvert\underline{z}_2\rvert^2}$	$\dfrac{z_1}{z_2}(\cos(\varphi_1 - \varphi_2) + \mathrm{j}\sin(\varphi_1 - \varphi_2))$	$\dfrac{z_1}{z_2}\exp\mathrm{j}(\varphi_1 - \varphi_2)$
$1/\underline{z}$	$\underline{z}^*/\lvert\underline{z}\rvert^2$	$\dfrac{1}{z}(\cos\varphi_z - \mathrm{j}\sin\varphi_z)$	$\dfrac{1}{z}\exp(-\mathrm{j}\varphi_z)$

2. Komplexe Größen erfüllen formal die Rechenregeln der Addition, Subtraktion, Multiplikation und Division mit der *Zusatzbedingung* $j^2 = -1$.

3. *Addition (Subtraktion)* führt auf:

$$\underline{z}_1 \pm \underline{z}_2 = x_1 \pm x_2 + j(y_1 \pm y_2) \quad \text{und}$$
$$|\underline{z}_1 \pm \underline{z}_2| = \sqrt{z_1^2 + z_2^2 \pm 2z_1 z_2 \cos(\varphi_1 - \varphi_2)} \tag{4.3.6}$$
$$\tan\varphi = \frac{z_1 \sin\varphi_1 + z_2 \sin\varphi_1}{z_1 \cos\varphi_2 + z_2 \cos\varphi_2}.$$

4. *Multiplikation, Division.* Die Multiplikation von $\underline{z}_1 = z_1 \exp j\varphi_1$, $\underline{z}_2 = z_2 \exp j\varphi_2$ ergibt

$$\underline{z} = \underline{z}_1 \underline{z}_2 = z_1 z_2 \exp j(\varphi_1 + \varphi_1) \tag{4.3.7}$$

(bei der Division ist sinngemäß zu verfahren).

Die Multiplikation ist in der *Komponentenschreibweise* umständlicher

$$\underline{z} = \underline{z}_1 \underline{z}_2 = x_1 x_2 - y_1 y_2 + j(x_1 y_2 + x_2 y_1).$$

Bei der Division wird der Nenner durch Erweitern mit der konjugiert komplexen Größe $\underline{z}_2$ zunächst reell gemacht:

$$\underline{z} = \frac{\underline{z}_1}{\underline{z}_2} = \frac{\underline{z}_1 \underline{z}_2^*}{\underline{z}_2 \underline{z}_2^*} = \frac{\underline{z}_1 \underline{z}_2^*}{z_2^2} = \frac{x_1 x_2 + y_1 y_2 + j(x_2 y_1 - x_1 y_2)}{x_2^2 + y_2^2}.$$

Multiplikation und Division führen wieder auf eine komplexe Größe.

Die Auswertung der verschiedenen Formen wird durch Taschenrechner erleichtert, die eine direkte Umrechnung der P- ↔ R- Form durch Tastendruck erlauben. Auch Programme wie MATLAB oder Multisim 2001/EWB verfügen über bequeme Umformmöglichkeiten.

Beispiel. Festigen Sie Ihre Kenntnisse im Umgang mit komplexen Zahlen durch folgende Aufgaben:

- Umwandlung von 10 – j 12 und –30 + j 58 in Polarform (15,6 ∠ –50,2°, 65,3 ∠ 117°)
- wandeln Sie 13,5 exp j 0,86 in P- und R-Form (13,5 ∠ 49,3°, 8,81 + j 10,2)
- konjugiert komplexer Wert von $\underline{z} = -2 + j\,6 \rightarrow (-2 - j\,6)$
- beide Wurzeln von 1 + j (1,19 ∠ 22,5°, 1,19 ∠ 202,5°).

PC Kontrollieren Sie die Lösungen mit MATLAB, entwerfen Sie einige neue Beispiele.

4.3.2 Beziehungen zwischen Sinus- und Zeigergrößen

Zeigerdarstellung. Eine harmonische Zeitfunktion, z.B. der Momentanwert einer Spannung $u(t)$, lässt sich nach dem vorherigen Abschnitt stets als Real- oder Imaginärteil einer *komplexen zeitabhängigen Größe* $\underline{u}(t)$ darstellen.[3)]

3) Die Anwendung komplexer Größen zur Analyse von Wechselstromkreisen geht auf Karl Steinmetz (1865–1923) zurück. Erstveröffentlichung 1893 (TH Breslau), ein Buch (1898) fand keine Anerkennung. Steinmetz führte das Verfahren später in den USA erfolgreich ein, s. auch ET und Maschinenbau XLII, H.5 (1924), 69–71.

$$u(t) = \hat{u} \cos \Psi_u(t) = \hat{u} \cos(\omega t + \varphi_u) = \mathrm{Re}(\underline{u}(t)) = \mathrm{Re}(\hat{u} \exp \mathrm{j} \Psi_u(t)) \quad (4.3.8)$$

resp. für die Sinus-Funktion:

$$u(t) = \mathrm{Im}(\underline{u}(t)) = \hat{u} \sin(\omega t + \varphi_u).$$

Die komplexe Amplitude $\underline{u}(t)$ heißt *Zeiger*. Er ist in allen Punkten ein genaues Abbild der harmonischen Funktion:

$$\underline{u}(t) = \hat{u} \exp \mathrm{j} \Psi_u(t) = \hat{u} \exp \mathrm{j}(\omega t + \varphi_u) = \hat{u} \cos(\omega t + \varphi_u) + \mathrm{j}\, \hat{u} \sin(\omega t + \varphi_u). \quad (4.3.9)$$

Der Zeiger rotiert in der komplexen Ebene mit der Kreisfrequenz ω im mathematisch positiven Sinn und heißt deswegen *rotierender Zeiger* (Bild 4.3.2). Der Real- bzw. Imaginärteil von $\underline{u}(t)$ sind Projektionen des rotierenden Zeigers auf die reelle bzw. imaginäre Achse zur Zeit t gemäß Gl. (4.3.8). Der rotierende Zeiger zum Zeitpunkt $t = 0$: $\underline{u}(0) = \underline{\hat{u}} = \hat{u} \exp \mathrm{j} \varphi_u$ heißt *ruhender Zeiger* oder *Operator*. Dabei gilt mit Gl. (4.3.9):

$$\underline{u}(t) = \underline{u}(0) \exp \mathrm{j} \omega t = \underline{\hat{u}} \exp \mathrm{j} \omega t = \hat{u} \exp \mathrm{j}(\omega t + \varphi_u). \quad (4.3.10)$$

Transformation Zeit ↔ Frequenzbereich. Ordnet man der *Zeitfunktion* $u(t) = \hat{u} \cos(\omega t + \varphi_u)$ eine *komplexe* Funktion $\underline{u}(t)$ (→ rotierender Zeiger) im *Frequenzbereich* zu über:

$$u(t) = \hat{u} \cos(\omega t + \varphi_u) = \mathrm{Re}(\underline{u}(t)) \rightarrow \underline{u}(t) = \hat{u} \exp \mathrm{j}(\omega t + \varphi_u) \quad (4.3.11)$$

Hintransformation Zeitbereich → Frequenzbereich

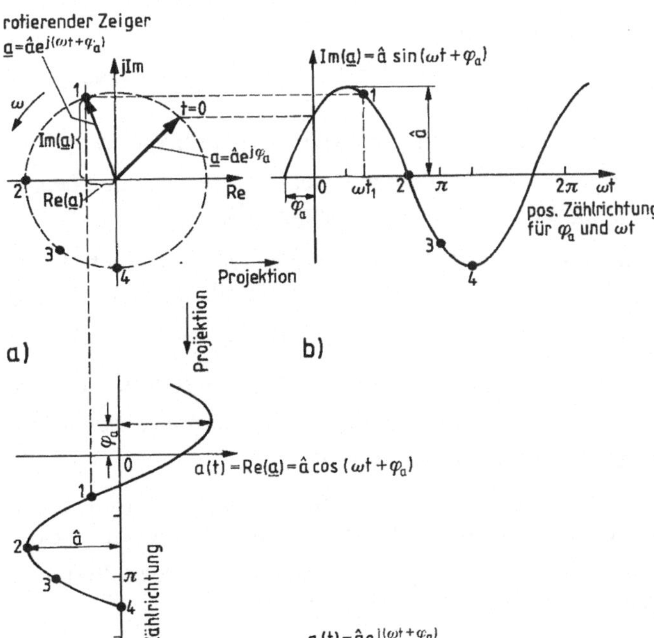

Bild 4.3.2 Darstellung der Zeitfunktion $\underline{a}(t)$
a) rotierender Zeiger $\underline{a}$ in der komplexen Ebene
b) Liniendiagramme: Projektion von $\underline{a}(t)$ auf die y-Achse
c) Projektion von $a(t)$ auf die x-Achse
d) komplexe Darstellung

so spricht man von der *(Hin-)Transformation* der Funktion $u(t)$ aus dem Zeit- in den *Frequenzbereich* (oder die komplexe Ebene). Dabei wird zu $u(t)$ der Term $\mathrm{j}\,\hat{u}\sin(\omega t + \varphi_u)$ *hinzuaddiert*. Umgekehrt verlangt die *Rücktransformation* aus dem Frequenz- in den Zeitbereich, dass von der komplexen Größe:

$$\underline{u}(t) = \hat{u}\exp\mathrm{j}(\omega t + \varphi_u) \rightarrow u(t) = \mathrm{Re}(\underline{u}(t)) = \hat{u}\cos(\omega t + \varphi_u) \quad (4.3.12)$$

Rücktransformation Frequenzbereich → Zeitbereich

der *Realteil* zu bilden ist.

Wir fassen diese Transformationsschritte wegen ihrer grundsätzlichen Bedeutung zusammen:

1. Ausgang ist $u(t)$ im Zeitbereich: $u(t) = \hat{u}\cos(\omega t + \varphi_u) = \mathrm{Re}(\underline{u}(t))$.
Merkmal: (reeller) Momentanwert, Amplitude $\hat{u}$, physikalische Größe, direkt messbar.
2. Darstellung im Frequenzbereich (Rechengröße):

$\underline{u}(t)$ komplexer Momentanwert	=	$\hat{u}\exp\mathrm{j}(\omega t + \varphi_u)$ rotierender Zeiger	=	$\hat{u}\exp\mathrm{j}\varphi_u \cdot \exp\mathrm{j}\omega t$ Amplitude (reell)	
			=	$\underline{\hat{u}}$ ruhender Zeiger	$\cdot\ \exp\mathrm{j}\omega t$ rotierender Einheitszeiger (4.3.13)

Dabei treten auf

- der *rotierende Zeiger* oder *komplexe Momentanwert*
  $\underline{u}(t) = \underline{\hat{u}}\exp\mathrm{j}\omega t$
- der *ruhende* Zeiger oder die *komplexe Amplitude*
  $\underline{\hat{u}} = \hat{u}\exp\mathrm{j}\varphi_u$
  (beschrieben durch Amplitude und Nullphasenwinkel).

Im Bild 4.3.2 sind rotierender Zeiger $\underline{u}(t)$, ruhender Zeiger $\underline{\hat{u}}(t) = \underline{\hat{a}}(t)$ und Amplitudenzeiger $\underline{u} = \underline{a}$ (ohne Zeitfunktion) dargestellt.

Komplexe Amplitude, komplexer Effektivwert. Es ist für die Netzwerkberechnung üblich, anstelle der komplexen Amplitude $\underline{\hat{u}}$ den sog. *komplexen Effektivwert* $\underline{U}$ [4)]

$$\underline{U} = U\exp\mathrm{j}\varphi_u \quad \text{mit } \underline{\hat{u}} = \sqrt{2}\,\underline{U}, \text{ d.h. } \hat{u} = \sqrt{2}\,U \quad (4.3.14)$$

zu verwenden. Analoge Bezeichnungen gelten für den Strom.

In der Wechselstromrechnung werden verbreitet benutzt:

- die *komplexe Amplitude* (z.B. $\underline{U}, \underline{I}$),
- *Verzicht* auf Angabe der *Zeitabhängigkeit* (d.h. Betrachtung der Vorgänge zum Zeitpunkt $t = 0$). Dann ergeben sich die komplexen Effektivwerte nach Gl. (4.3.14).

Wegen ihrer grundsätzlichen Bedeutung werden die typischen Größen der Wechselstromtechnik nachfolgend gegenübergestellt:

4) Dieser Ausdruck ist leicht missdeutbar. Es handelt sich nicht um den Effektivwert einer komplexen Größe, sondern die komplexe Amplitude $\underline{\hat{u}}$ dividiert durch $\sqrt{2}$.

Zusammenstellung wichtiger Größen und Bezeichnungen

Größe	Bezeichnung
$u(t) = \hat{u}\cos(\omega t + \varphi_u)$	Momentanwert, zeitabhängige Spannung, Amplitude $\hat{u}$
$\underline{u}(t) = \hat{u}\exp \mathrm{j}(\omega t + \varphi_u)$	komplexer Momentanwert
$\underline{\hat{u}} = \hat{u}\exp \mathrm{j}\varphi_u$	komplexe Amplitude, ruhender Zeiger
$U = \hat{u}/\sqrt{2}$	Effektivwert
$\underline{U} = \underline{\hat{u}}/\sqrt{2}$	komplexer Effektivwert

4.3.3 Differentiation und Integration rotierender Zeiger

Deutliche Vorteile bringt der eingeführte rotierende Zeiger bei der Differentiation und Integration, wie sie in den *u*-*i*-Relationen der Energiespeicherelemente auftreten.

Differentiation: Es folgt für $\underline{u}(t)$:

$$\frac{\mathrm{d}^n \underline{u}(t)}{\mathrm{d}t^n} = (\mathrm{j}\omega)^n \underline{u}(t)\,. \tag{4.3.15}$$

Die zeitliche Differentiation von $\underline{u}$ geht über in eine Multiplikation mit j, also eine „Drehstreckung" um $+\pi/2$ (Zeigerlänge mit ω multipliziert, Winkel um $+\pi/2$ voreilend). Sinngemäß ist für höhere Ableitungen zu verfahren.

Integration. Hier folgt:

$$\int \underline{u}(t)\mathrm{d}t = \frac{\underline{u}(t)}{\mathrm{j}\omega}\,. \tag{4.3.16}$$

Die Integration von $\underline{u}(t)$ geht über in eine Division durch $\mathrm{j}\omega$!

Die Überführung der Differentiation und Integration im Zeitbereich in eine Multiplikation bzw. Division mit $\mathrm{j}\omega$ im Frequenzbereich ist der *eigentliche Vorteil der Transformation Zeitbereich → Frequenzbereich*: zwangsläufig gehen die bei der Netzwerkanalyse entstehenden Integro-Differentialgleichungen in algebraische Gleichungen über! Damit ist der erste Vorteil durch die Transformation erreicht.

Der zweite, nämlich die Einführung eines *allgemeinen Widerstandsbegriffes*, ergibt sich jetzt fast von selbst.

4.3.4 Widerstandsoperator, Leitwertoperator

Operator. In einem *RLC*-Netzwerk werde ein beliebiger Zweipolkomplex betrachtet, z.B. eine Reihenschaltung von *R* und *C*. Wird die Anordnung von einem Strom $i(t) = \hat{\imath}\sin(\omega t + \varphi_i)$ durchflossen, so entsteht am Zweipol die Klemmenspannung $u(t) = \hat{u}\sin(\omega t + \varphi_u)$ (Bild 4.3.3). Transformiert man dieses Netzwerk in den Frequenzbereich, so gehören dazu der Strom $\underline{i}(t) = \hat{\imath}\exp \mathrm{j}\omega t$ und die Spannung $\underline{u}(t) = \underline{\hat{u}}\exp \mathrm{j}\omega t$. Dabei gilt als *Widerstandsoperator*

$$\underline{Z} = \frac{\underline{u}(t)}{\underline{i}(t)} = \frac{\underline{u}\exp \mathrm{j}\,\omega t}{\underline{i}\exp \mathrm{j}\,\omega t} = \frac{\hat{u}\exp \mathrm{j}\,\varphi_{\mathrm{u}}}{\hat{i}\exp \mathrm{j}\,\varphi_{\mathrm{i}}} = \frac{\underline{U}}{\underline{I}} = Z\exp \mathrm{j}\varphi_{\mathrm{z}} \qquad (4.3.17)$$

$$= \mathrm{Re}(\underline{Z}) + \mathrm{j}\,\mathrm{Im}(\underline{Z}) = R_{\mathrm{r}} + \mathrm{j}X_{\mathrm{r}}\,.$$

Einheit: $[Z] = [U]/[I] = \mathrm{V/A} = \Omega$

Widerstandsoperator, komplexer Widerstand, Definitionsgleichung

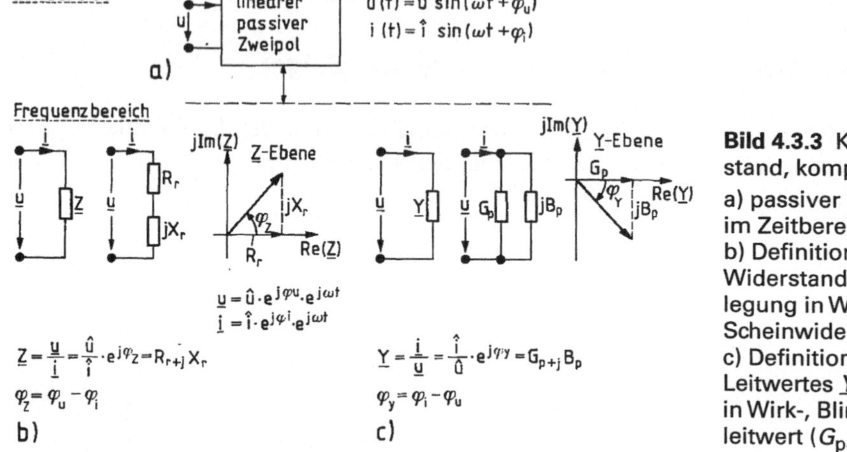

Bild 4.3.3 Komplexer Widerstand, komplexer Leitwert
a) passiver linearer Zweipol im Zeitbereich
b) Definition des komplexen Widerstandes $\underline{Z}$ mit Zerlegung in Wirk-, Blind- und Scheinwiderstand (R_r, jX_r, Z)
c) Definition des komplexen Leitwertes $\underline{Y}$ mit Zerlegung in Wirk-, Blind- und Scheinleitwert (G_p, jB_p, Y)

Der Widerstandsoperator $\underline{Z}$ als Quotient der komplexen Spannung und des komplexen Stromes ist eine sehr nützliche Hilfsgröße (reine Rechengröße) im Frequenzbereich. Er hat die gleiche Dimension wie der physikalische Begriff Widerstand, inhaltlich aber *keine Beziehung* zu ihm.

Zum Widerstandsoperator $\underline{Z}$ gehören stets *zwei Bestimmungsstücke,* entweder (Bild 4.3.3b)

- *Betrag* oder *Scheinwiderstand* als Quotient der Effektiv- bzw. Maximalwerte von Spannung und Strom und *Phasenwinkel* φ_z oder
- *Real- und Imaginärteil* als *Wirkwiderstand* (Resistanz) R_r und *Blindwiderstand* X_r (Reaktanz), letzterer stets vorzeichenbehaftet, ersterer nur bei negativen Wirkwiderständen.

Weitere Gleichwertigkeiten lauten:

$$\underline{Z} = R_{\mathrm{r}} + \mathrm{j}X_{\mathrm{r}} = Z(\cos\varphi_{\mathrm{Z}} + \mathrm{j}\sin\varphi_{\mathrm{z}}) \quad \text{mit} \qquad (4.3.18)$$

$$R_{\mathrm{r}} = Z\cos\varphi_{\mathrm{z}} = (U/I)\cos\varphi_{\mathrm{z}}, \quad X_{\mathrm{r}} = Z\sin\varphi_{\mathrm{z}} = U/I\,\sin\varphi_{\mathrm{z}}\,.$$

Das Vorzeichen des Blindwiderstandes hängt vom Phasenwinkel zwischen Spannung und Strom ab. Blindwiderstände sind *stets frequenzabhängig.* Die gegensätzlichen Frequenzgänge von X_C und X_L und ihre verschiedenen Vorzeichen sind die tiefere Ursache der Resonanzerscheinungen und Filterwirkung bestimmter Wechselstromnetzwerke.

Tafel 4.3.2 Widerstands- und Leitwertoperatoren des allgemeinen Zweipols

Widerstandsoperator	Leitwertoperator
1. Definition Widerstands-/Leitwertoperator eines Zweipols	
$\frac{\underline{u}(t)}{\underline{i}(t)} = \frac{\underline{U}\exp \mathrm{j}\omega t}{\underline{I}\exp \mathrm{j}\omega t} = \frac{U}{I}\exp \mathrm{j}(\varphi_\mathrm{u} - \varphi_\mathrm{i}) = \underline{Z}$ $= Z(\cos\varphi_\mathrm{z} + \mathrm{j}\sin\varphi_\mathrm{z})$ $= \mathrm{Re}(\underline{Z}) + \mathrm{j}\,\mathrm{Im}(\underline{Z}) = R_\mathrm{r} + \mathrm{j}X_\mathrm{r}$	$\frac{\underline{i}(t)}{\underline{u}(t)} = \frac{\underline{I}\exp \mathrm{j}\omega t}{\underline{U}\exp \mathrm{j}\omega t} = \frac{I}{U}\exp \mathrm{j}(\varphi_\mathrm{i} - \varphi_\mathrm{u}) = \underline{Y} = \frac{1}{\underline{Z}}$ $= Y(\cos\varphi_\mathrm{y} + \mathrm{j}\sin\varphi_\mathrm{y})$ $= \mathrm{Re}(\underline{Y}) + \mathrm{j}\,\mathrm{Im}(\underline{Y}) = G_\mathrm{p} + \mathrm{j}B_\mathrm{p}$
Widerstandsoperator $\underline{Z}$, Definition (komplexer Widerstand, Impedanz,(häufig))	Leitwertoperator $\underline{Y}$, Definition (komplexer Leitwert, Admittanz (häufig))
2. Bestimmungsstücke	
Scheinwiderstand Z	Scheinleitwert Y
$Z = \frac{U}{I} = \frac{\text{Spannungsamplitude}}{\text{Stromamplitude}}$	$Y = \frac{I}{U} = \frac{\text{Stromamplitude}}{\text{Spannungsamplitude}}$
Winkel $\varphi_\mathrm{z} = \varphi_\mathrm{u} - \varphi_\mathrm{i}$	Winkel $\varphi_\mathrm{y} = \varphi_\mathrm{i} - \varphi_\mathrm{u}$
3. Gleichwertigkeiten	
$Z = \sqrt{R_\mathrm{r}^2 + X_\mathrm{r}^2}$ Schein-, Wechselstromwiderstand	$Y = \sqrt{G_\mathrm{p}^2 + B_\mathrm{p}^2}$ Schein-, Wechselstromleitwert
$R_\mathrm{r} = \mathrm{Re}(\underline{Z})$ Wirkwiderstand, Resistanz	$G_\mathrm{p} = \mathrm{Re}(\underline{Y})$ Wirkleitwert, Konduktanz
$X_\mathrm{r} = \mathrm{Im}(\underline{Z})$ Blindwiderstand, Reaktanz	$B_\mathrm{p} = \mathrm{Im}(\underline{Y})$ Blindleitwert, Suszeptanz
$\tan\varphi_\mathrm{z} = \frac{X_\mathrm{r}\ \text{(vorzeichenbeh.)}}{R_\mathrm{r}\ \text{(vorzeichenbeh.)}}$ $\varphi_\mathrm{z} = \arctan\frac{X_\mathrm{r}}{R_\mathrm{r}}$	$\tan\varphi_\mathrm{y} = \frac{B_\mathrm{p}\ \text{(vorzeichenbeh.)}}{G_\mathrm{p}\ \text{(vorzeichenbeh.)}}$ $\varphi_\mathrm{y} = \arctan\frac{B_\mathrm{p}}{G_\mathrm{p}}$
4. spezielle Winkel	
$\varphi_\mathrm{z} = \pi/2$: induktiver Blindwiderstand $\underline{Z}_\mathrm{L} = \mathrm{j}\omega L;\ X_\mathrm{L} = \omega L$	$\varphi_\mathrm{y} = \pi/2$: kapazitiver Blindleitwert $\underline{Y}_\mathrm{C} = \mathrm{j}\omega C;\ B_\mathrm{C} = \omega C$
$\varphi_\mathrm{z} = -\pi/2$: kapazitiver Blindwiderstand $\underline{Z}_\mathrm{C} = \frac{1}{\mathrm{j}\omega C};\ X_\mathrm{C} = -\frac{1}{\omega C}$	$\varphi_\mathrm{y} = -\pi/2$: induktiver Blindleitwert $\underline{Y}_\mathrm{L} = \frac{1}{\mathrm{j}\omega L};\ B_\mathrm{L} = -\frac{1}{\omega L}$

Man beachte: $Z = 1/Y$; $\varphi_\mathrm{z} = -\varphi_\mathrm{y}$

In Tafel 4.3.2 wurden die Beziehungen der Widerstands- und Leitwertoperatoren zusammengestellt. Für die Grundelemente R, L und C gelten die Ergebnisse Tafel 4.3.3 im Zeit- und Frequenzbereich.

Analog zum Widerstandsoperator $\underline{Z}$ lässt sich der *Leitwertoperator* $\underline{Y}=1/\underline{Z}$ definieren mit den Komponenten *Wirk-* und *Blindleitwert* (s. Tafel 4.3.2). Dabei gilt:

> Die Vorzeichen von Blindleitwert und Blindwiderstand ein- und desselben Blindschaltelementes unterscheiden sich stets.

Beispiel. Widerstandsoperator eines Kondensators $C = 0{,}1\ \mu\mathrm{F}$ bei $f = 50$ Hz

$$\underline{Z} = \frac{1}{\mathrm{j}\omega C} = \frac{1}{\mathrm{j}2\pi\, 50\mathrm{s}^{-1}\cdot 0{,}1\cdot 10^{-6}\mu\mathrm{F}} = -\mathrm{j}32\ \mathrm{k}\Omega = 32\ \mathrm{k}\Omega \exp - \mathrm{j}\pi/2.$$

Tafel 4.3.3 Widerstands- und Leitwertoperatoren der Grundelemente *R, C, L*

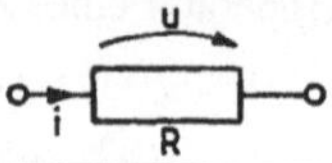

	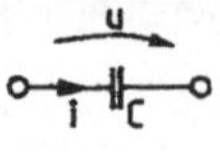 R (u, i)	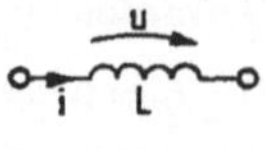 C (u, i)	L (u, i)
Strom-Spannungsbeziehung			
Zeitbereich	$u = iR$	$u = \frac{1}{C}\int i\mathrm{d}t$	$u = L\frac{\mathrm{d}i}{\mathrm{d}t}$
Frequenzbereich	$\underline{u} = \underline{i}R$	$u = \frac{i}{\mathrm{j}\omega C}$	$\underline{u} = \mathrm{j}\omega L i$
für komplexe Effektivwerte	$\underline{U} = \underline{I}R$	$\underline{U} = \frac{\underline{I}}{\mathrm{j}\omega C}$	$\underline{U} = \mathrm{j}\omega L\underline{I}$
Widerstandsoperatoren $\underline{Z} = \frac{\underline{u}}{\underline{i}} = \frac{\underline{U}}{\underline{I}}$	$\underline{Z} = R$	$Z = \frac{1}{\mathrm{j}\omega C}$	$\underline{Z} = \mathrm{j}\omega L$
Scheinwiderstand $\underline{Z}$			
Z	$Z = R$	$Z = \frac{1}{\omega C}$	$Z = \omega L$
Phase φ_z	$\varphi_z = 0$	$\varphi_z = -\frac{\pi}{2}$	$\varphi_z = +\frac{\pi}{2}$
Wirkwiderstand R_r	$R_r = R$	$R_r = 0$	$R_r = 0$
Blindwiderstand X_r	0	$X_r = -\frac{1}{\omega C}$	$X_r = \omega L$
U, I-Zeigerbild	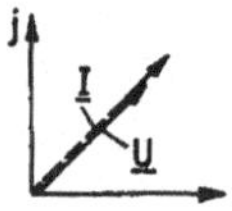 j, $\underline{I}$, $\underline{U}$	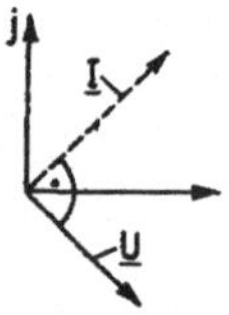 j, $\underline{I}$, $\underline{U}$	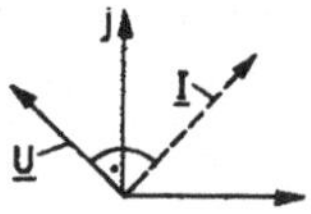 j, $\underline{U}$, $\underline{I}$
Zeigerbild			
$\underline{Z}$-Ebene ($\underline{Y}$-Ebene)	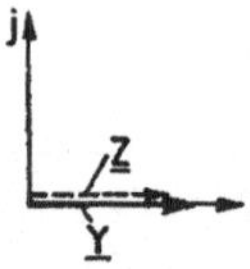 j, $\underline{Z}$, $\underline{Y}$	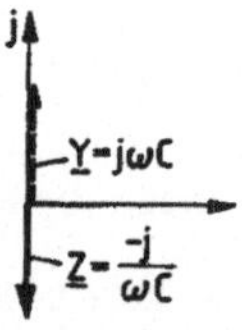 j, $\underline{Y} = \mathrm{j}\omega C$, $\underline{Z} = \frac{-\mathrm{j}}{\omega C}$	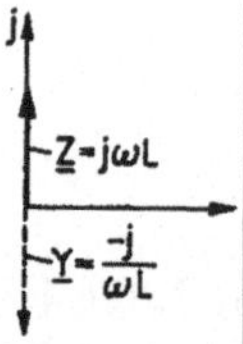 j, $\underline{Z} = \mathrm{j}\omega L$, $\underline{Y} = \frac{-\mathrm{j}}{\omega L}$
Leitwertoperator $\underline{Y} = \frac{\underline{i}}{\underline{u}} = \frac{\underline{I}}{\underline{U}}$	$\underline{Y} = \frac{1}{R}$	$\underline{Y} = \mathrm{j}\omega C$	$\underline{Y} = \frac{1}{\mathrm{j}\omega L}$
Scheinleitwert Y	$Y = \frac{1}{R}$	$Y = \omega C$	$Y = \frac{1}{\omega R}$
Phase φ_y	$\varphi_y = 0$	$\varphi_y = +\frac{\pi}{2}$	$\varphi_y = +\frac{\pi}{2}$
Wirkleitwert G_p	$G_p = \frac{1}{R}$	$G_p \to 0$	$G_p \to 0$
Blindleitwert B_p	$B_p = 0$	$B_p = \omega C$	$B_p = -\frac{1}{\omega L}$

Beispiel. An einem Zweipol wurde bei einer Spannung $U = 230$ V (50 Hz, $\varphi_u = \pi/4$) ein Strom $I = 1{,}2$ A ($\varphi_i = 2/3\ \pi$) gemessen. Wie groß ist der Widerstandsoperator, wie lauten seine Elemente?

Lösung. Es gilt $\underline{Z} = Z \exp \mathrm{j}(\varphi_u - \varphi_i)$, $Z = U/I = 230$ V/1,2 A = 191,6 Ω, $\varphi_z = \varphi_u - \varphi_i = -5/12\ \pi$, $Z = 191{,}6\ \Omega \exp - \mathrm{j}\ 1{,}31$. Daraus ergibt sich $R_r = Z \cos \varphi_z = 49{,}58\ \Omega$, $X_r = Z \sin \varphi_z = -185{,}1\ \Omega$, d.h. $Z = (49{,}6 - \mathrm{j}\ 185{,}1)\ \Omega$. Für die Lösung der Aufgabe ist es gleichgültig, ob Strom und Spannung beide in Sinus- oder Cosinus-Form vorliegen (aber nicht gemischt).

Ersatzschaltung. Bild 4.3.3c enthält die zum allgemeinen Zweipol gehörenden Ersatzschaltungen. Man unterscheidet:

a) das Strom-Spannungsverhalten im *Zeitbereich* (Liniendiagramm für $u(t)$, $i(t)$).
   Bestimmungsstücke sind:
- Scheinwiderstand Z (Scheinleitwert Y) (Amplitudenverhältnis der Scheitelwerte)
- Phasenwinkel $\varphi_z = \varphi_u - \varphi_i = -\varphi_y$. Z und φ_z können gemessen werden.

b) Das Strom-Spannungsverhalten im *Frequenzbereich* ausgedrückt durch den Widerstandsoperator
   $\underline{Z}$ (nicht messbar) bzw. Leitwertoperator $\underline{Y}$
- direkt als „komplexer Widerstand" $\underline{Z}$ (Schaltsymbol) oder
- aufgeteilt in reihengeschaltete (R_r, X_r, (Gl. (4.3.18)) bzw. parallelgeschaltete Komponenten (G_p, B_p (Tafel 4.3.2)) oder
- als Darstellung in der komplexen Ebene $\underline{Z}(\underline{Y})$ (Bild 4.3.3).

Gleichwertigkeit des Widerstands- und Leitwertoperators. Reihen-Parallelumwandlung. Da jeder

- Widerstandsoperator durch die Reihenschaltung der Ersatzgrößen Wirk- und Blindwiderstand und
- Leitwertoperator durch die Parallelschaltung der Ersatzgrößen Wirk- und Blindleitwert darstellbar ist und beide gleichwertig sind, können die Ersatzgrößen der Reihenschaltung in eine Parallelschaltung umgeformt werden und umgekehrt (Gl. (4.3.19)).

Eine Reihenschaltung von Wirk- und Blindwiderstand lässt sich stets in die gleichwertige Parallelschaltung von Wirk- und Blindleitwert umwandeln, wenn man die Elemente der Reihenschaltung durch das Betragsquadrat des gesamten Scheinwiderstandes dividiert und das Vorzeichen des Imaginärteiles vertauscht werden (Umwandlung Parallelschaltung → Reihenschaltung analog):

$$\underline{Z} = \frac{1}{\underline{Y}} = R_r + \mathrm{j}X_r \qquad \underline{Y} = \frac{1}{\underline{Z}} = G_p + \mathrm{j}B_p$$

$$= \frac{1}{G_p + \mathrm{j}B_p} = \frac{G_p - \mathrm{j}B_p}{G_p^2 + B_p^2} \qquad = \frac{1}{R_r + \mathrm{j}X_r} = \frac{R_r - \mathrm{j}X_r}{R_r^2 + X_r^2} \tag{4.3.19}$$

$$R_r = \frac{G_p}{|\underline{Y}|^2}, \quad X_r = -\frac{B_p}{|\underline{Y}|^2} \qquad G_p = \frac{R_r}{|\underline{Z}|^2}, \quad B_p = -\frac{X_r}{|\underline{Z}|^2}$$

Beispiel. Gegeben ist ein komplexer Leitwert $\underline{Y} = 10$ mS exp –j 60°. Welche Ersatzschaltung (Reihenschaltung) gehört dazu?

Lösung. Wir setzen $\underline{Z} = 1/\underline{Y} = 1/10$ mS exp –j 60° $= R_r + \mathrm{j}X_r$; $R_r = Z\cos(-60°) = 50\ \Omega$, $\mathrm{j}X_r = Z\sin(-60°) = -\mathrm{j}\ 86{,}6\ \Omega$. Wegen $X_r < 0$ liegt kapazitiver Blindwiderstand vor.

Widerstands-/Leitwertoperatoren der Grundelemente *R, L, C*. Bei Anwendung der Hintransformation auf die Grundelemente *R, L, C* folgt mit den komplexen Größen $\underline{i}$, $\underline{u}$ aus den *u*-*i*-Relationen

$$\underline{u} = \underline{i}R \qquad \underline{i} = C\frac{\mathrm{d}\underline{u}}{\mathrm{d}t}, \qquad \underline{u} = L\frac{\mathrm{d}\underline{i}}{\mathrm{d}t}$$

nach Ausführung der Differentiation

$$\underline{u} = R\underline{i}; \qquad \underline{i} = \mathrm{j}\omega C\,\underline{u}; \qquad \underline{u} = \mathrm{j}\omega L\,\underline{i}.$$

An die Stelle der Differentialbeziehungen treten einfache algebraische Ausdrücke. Mit der Definition des Widerstandsoperators $\underline{Z}$ (vgl. Gl. (4.3.18)) wird dann

$$\underline{Z} = R; \quad \underline{Z}_\mathrm{C} = 1/\mathrm{j}\omega C = 1/\omega C\exp -\mathrm{j}\,\pi/2; \quad \underline{Z}_\mathrm{L} = \mathrm{j}\omega L = \omega L\exp\mathrm{j}\,\pi/2 \tag{4.3.20}$$

$\underline{Z} = Z\exp\mathrm{j}\,\varphi_z$ Widerstandsoperatoren der Grundelemente

(für die Leitwertoperatoren gilt stets $\underline{Y} = 1/\underline{Z}$).

Man bemerkt:

Kondensator: positiver Blindleitwert, negativer Blindwiderstand, Phasenvoreilung des Stromes,

Spule: negativer Blindleitwert, positiver Blindwiderstand, Phasenvoreilung der Spannung.

Allgemeiner ist ein Zweipol

- *induktiv*, wenn die Spannung dem Strom voreilt. Jeder induktive Zweipol kann bei gegebener Frequenz entweder als Reihenschaltung von *R* und *L* oder Parallelschaltung von R_p und L_p ersetzt werden,
- *kapazitiv*, wenn die Spannung dem Strom nacheilt. Jeder kapazitive Zweipol kann für eine gegebene Frequenz entweder als Parallelschaltung von *R* und *C* oder Reihenschaltung von C_r und R_r nachgebildet werden.

Damit ist auch der Begriff *Blindwiderstand* (Gl. (4.3.18)) zusammenfassend präzisierbar. Er schließt ein:

- die Gültigkeit nur für sinusförmige Ströme/Spannungen und lineare Schaltelemente,
- einen Phasenwinkel zwischen Strom und Spannung von ±90° (abhängig vom Schaltelement)
- eine Frequenzabhängigkeit (~ ω, ~ $1/\omega$),
- verschwindende Wirkleistung (kein Leistungsumsatz in Wärme, s. Abschn. 4.5).

Die Widerstandsoperatoren der Grundelemente erlauben eine vollständige Überführung von Netzwerken in den Frequenzbereich. Man ersetzt dazu die NWE durch ihre entsprechenden Widerstands-(Leitwert-)operatoren und führt komplexe Ströme und Spannungen ein. So entsteht durch Anwendung der Kirchhoffschen Gleichungen und Widerstandsoperatoren ein System algebraischer Gleichungen.

Zusammenschaltung von Netzwerkelementen. Mit den Widerstands-/Leitwertoperatoren lassen sich einfache Regeln für das Zusammenschalten von Netzwerkelementen angeben:

Widerstandsoperator einer Reihenschaltung passiver Zweipole. Werden mehrere passive Zweipole mit den Widerstandsoperatoren $\underline{Z}_{\mathrm{n}}$ vom gleichen Strom $\underline{i}$ durchflossen, so führt die Gesamtspannung $\underline{u}_{\mathrm{ges}}$ auf die Beziehung (vgl. Gl. (2.2.6)):

$$\underline{Z} = \sum_n \underline{Z}_{\mathrm{n}} = \sum_n R_{\mathrm{n}} + \mathrm{j}\sum_n X_{\mathrm{n}} = R + \mathrm{j}X \qquad \text{Reihenschaltung}. \qquad (4.3.21)$$

Bei der Reihenschaltung von Widerstandsoperatoren setzt sich der Gesamtoperator $\underline{Z}$ aus der Summe der Einzeloperatoren $\underline{Z}_{\mathrm{n}}$ zusammen. Für zwei Operatoren $\underline{Z}_1$, $\underline{Z}_2$ folgt daraus:

$$\begin{aligned} &\underline{Z} = R_1 + R_2 + \mathrm{j}(X_1 + X_2) \qquad \textit{mit} \\ &Z = \sqrt{(R_1 + R_2)^2 + (X_1 + X_2)^2} \\ &\tan\varphi_{\mathrm{z}} = \frac{X_1 + X_2}{R_1 + R_2}. \end{aligned} \qquad (4.3.22)$$

In Tafel 4.3.4 auf S. 168 wurden einige Beispiele zusammengestellt. Für die *RLC*-Reihenschaltung (Bild 4.3.4) gilt beispielsweise

$$\underline{Z} = R + \mathrm{j}\omega L + 1/\mathrm{j}\omega C = R + \mathrm{j}(\omega L - 1/\omega C) = R_{\mathrm{r}} + \mathrm{j}X_{\mathrm{r}}$$

$$Z = \sqrt{R^2 + (\omega L - 1/\omega C)^2}, \quad \tan\varphi_{\mathrm{z}} = (\omega L - 1/\omega C)/R.$$

Deutlich unterschieden wurde zwischen der Schaltungsdarstellung im Zeit- und Frequenzbereich (Bild a, c mit Schaltelementen, Bild b, d mit Widerstandsoperatoren).

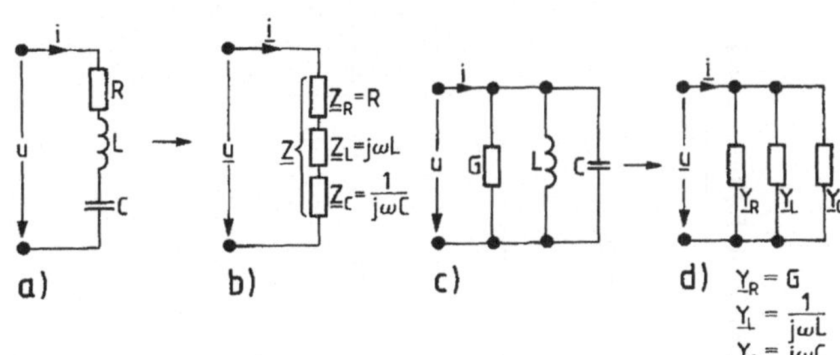

Bild 4.3.4 Komplexer Widerstand $\underline{Z}$ und komplexer Leitwert $\underline{Y}$
a) Schaltung (Zeitbereich)
b) wie a) im Frequenzbereich
c) Schaltung (Zeitbereich)
d) wie c) im Frequenzbereich

Tafel 4.3.4 Reihen- und Parallelschaltung der Grundbauelemente im Wechselstromkreis

Schaltung	$\underline{I}$, $\underline{U}_R$, $\underline{U}_L$, R, L, $\underline{U}$	$\underline{I}$, $\underline{U}_R$, $\underline{U}_C$, R, C, $\underline{U}$	$\underline{I}$, $\underline{I}_R$, R, $\underline{U}$, $\underline{I}_L$, L	$\underline{I}_R$, R, $\underline{U}$, $\underline{I}_C$, C
Zeigerdiagramm	j, $\underline{Z}$, jX_L, φ_Z, R	j, R, φ_Z, jX_C, $\underline{Z}$	j, 1/R, jB_L, $\underline{Y}$	j, $\underline{Y}$, jB_C, 1/R
komplexer Widerstand/ Leitwert	$\underline{U}=\underline{I}\,(R+\mathrm{j}\omega L)$	$\underline{U}=\underline{I}\left(R-\frac{\mathrm{j}}{\omega C}\right)$	$\underline{I}=\underline{U}\left(\frac{1}{R}-\frac{\mathrm{j}}{\omega L}\right)$	$\underline{I}=\underline{U}\left(\frac{1}{R}+\mathrm{j}\omega C\right)$
	$\underline{Z}=\frac{\underline{U}}{\underline{I}}=R+\mathrm{j}\omega L$	$\underline{Z}=R-\frac{\mathrm{j}}{\omega C}$	$\underline{Y}=\frac{\underline{I}}{\underline{U}}=\frac{1}{R}-\frac{\mathrm{j}}{\omega L}$	$\underline{Y}=\frac{1}{R}+\mathrm{j}\omega C$
	$Z=\sqrt{R^2+(\omega L)^2}$ $\varphi_z=\arctan\left(\frac{\omega L}{R}\right)$	$Z=\sqrt{R^2+\left(\frac{1}{\omega C}\right)^2}$ $\varphi_z=\arctan\left(-\frac{1}{\omega CR}\right)$	$Y=\sqrt{\left(\frac{1}{R}\right)^2+\left(\frac{1}{\omega L}\right)^2}$ $\varphi_y=\arctan\left(-\frac{R}{\omega L}\right)$	$Y=\sqrt{\left(\frac{1}{R}\right)^2+(\omega C)^2}$ $\varphi_y=\arctan(\omega CR)$

Widerstandsoperator einer Parallelschaltung passiver Zweipole. In diesem Falle addieren sich die einzelnen Leitwertoperatoren:

$$\underline{Y} = \sum_n \underline{Y}_\mathrm{n} = \sum_n G_\mathrm{n} + \mathrm{j}\sum_n B_\mathrm{n} = G + \mathrm{j}B = \frac{1}{\underline{Z}} = \sum_n \frac{1}{\underline{Z}_\mathrm{n}} \quad \text{Parallelschaltung} \quad (4.3.23)$$

Bei Parallelschaltung von Leitwertoperatoren ergibt sich der gesamte Operator $\underline{Y}$ aus der Summe der Einzeloperatoren.

Beispiel. Die Parallelschaltung der Elemente R, L, C (Bild 4.3.4) führt auf

$$\underline{Y} = 1/R + \mathrm{j}\omega C + 1/\mathrm{j}\omega L = 1/R + \mathrm{j}(\omega C - 1/\omega L) = G_\mathrm{p} + \mathrm{j}B_\mathrm{p} \quad (4.3.24)$$
mit $G_\mathrm{p} = \mathrm{Re}(\underline{Y}) = 1/R;\ B_\mathrm{p} = \mathrm{Im}(\underline{Y}) = \omega C - 1/\omega L$.

Selbstverständlich kann das Ergebnis z.B. der Parallelschaltung zweier komplexer Widerstände $\underline{Z}_1$, $\underline{Z}_2$ auch in der vom Gleichstromnetzwerk her bekannten Form geschrieben werden (s. Gl. (2.2.9)):

$$\underline{Y} = 1/\underline{Z} = 1/\underline{Z}_1 + 1/\underline{Z}_2 \text{ bzw. } \underline{Z} = (\underline{Z}_1 \cdot \underline{Z}_2)/(\underline{Z}_1 + \underline{Z}_2)\,.$$

Die rechte Form ist wegen der komplexen Größen schwieriger auszuwerten.

Beispiel. Eine Reihenschaltung von R und L liegt an einer idealen Spannungsquelle $\underline{u}_\mathrm{q}$. Der Strom I_1 (Betrag!) werde gemessen. Parallel zu L wird ein weiterer Widerstand R_2 geschaltet und I wieder gemessen ($\rightarrow I_2$). Welche Bedingung muss R_2 erfüllen, damit $I_1 = I_2$, gilt, sich also im Strom(betrag) die Schaltungsänderung nicht bemerkbar macht?

Lösung. Es gilt im ersten Fall $\underline{I}_1 = \underline{U}_\mathrm{q}/(R + \mathrm{j}\omega L)$, im zweiten $\underline{I}_2 = \underline{U}_\mathrm{q}/(R + \mathrm{j}\omega L//R_2)$. Betragsgleichheit der Nenner führt auf die Bedingung (Nachweis!) $2RR_2 = (\omega L)^2$. Diese Schaltung ist als sog. *Wechselstromparadoxon* bekannt.

PC Kontrollieren Sie das Ergebnis durch Aufbau einer Schaltung mit Multisim ($f = 1$ kHz, $L = 100$ mH, $R = 1$ kΩ).

Die Regeln der Reihen-Parallelschaltung von Widerstandsoperatoren erlauben auch Übernahme der Spannungs- und Stromteilerregeln des Gleichstromkreises (s. Gl. (2.2.7ff.)), wenn statt $R \rightarrow \underline{Z}$ gesetzt wird.

Als Anwendungsbeispiel betrachten wir eine sog. *RC-Tiefpassschaltung* nach Bild 4.3.5. Die Schaltung wurde zunächst im Zeitbereich dargestellt (Bildteil links). Wir übergehen diesen Teil (bewusst) und zeichnen die Schaltung im Frequenzbereich, also

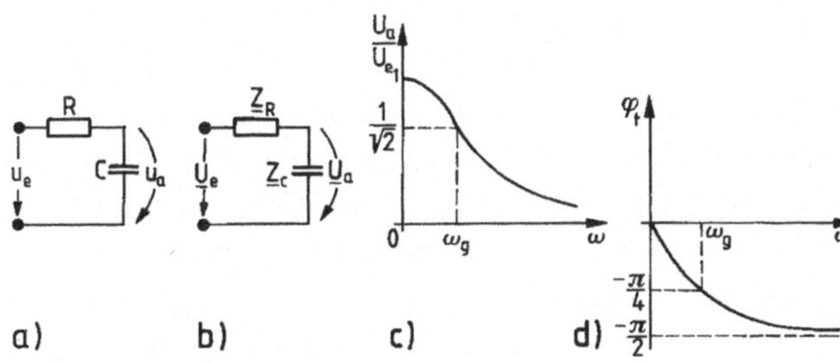

Bild 4.3.5 *RC*-Tiefpass
a) Schaltung im Zeitbereich
b) Schaltung im Frequenzbereich ($\underline{Z}_\mathrm{R} = R$, $\underline{Z}_\mathrm{C} = 1/\mathrm{j}\omega C$)
c) Betrag des Spannungsteilerverhältnisses über der Frequenz
d) Phasenwinkel φ_u über der Frequenz

- mit den komplexen Spannungen $\underline{u}_e$, $\underline{u}_a$ (bzw. den komplexen Effektivwerten $\underline{U}_e = \underline{u}_e\sqrt{2}$, $\underline{U}_a = \underline{u}_a/\sqrt{2}$),
- den Widerstandsoperatoren $\underline{Z}_R = R$, $\underline{Z}_C = 1/\text{j}\omega C$ und erhalten (Bild 4.3.5b):

$$\frac{\underline{U}_a}{\underline{U}_e} = \frac{\underline{Z}_C}{\underline{Z}_R + \underline{Z}_C} = \frac{1/\text{j}\omega C}{R + 1/\text{j}\omega C} = \frac{1}{1+\text{j}\omega\tau} = \frac{1-\text{j}\omega\tau}{1+(\omega\tau)^2} = \frac{U_a}{U_e}\exp\text{j}(\varphi_a - \varphi_e)\,. \tag{4.3.25}$$

Der Vergleich beider Seiten führt (mit $RC = \tau$) auf Betrag und Phase des Teilerverhältnisses:

$$\frac{U_a}{U_e} = \frac{1}{\sqrt{1+(\omega\tau)^2}}\,, \quad \tan\varphi_t = -\omega\tau/1, \quad \varphi_t = \varphi_a - \varphi_e\,. \tag{4.3.26}$$

Amplitudenverhältnis und Phasendifferenz hängen von der Frequenz ab (Bild 4.3.5c): Für $\omega \to 0$ (Gleichspannung) wirkt der Kondensator wie eine Leitungsunterbrechung und es gilt ist $U_a = U_e$. Mit wachsender Frequenz sinkt die Spannung, um für $\omega \to \infty$ (Kondensator durch Kurzschluss ersetzt) gegen Null zu gehen. Tiefe Frequenzen passieren den Spannungsteiler: Tiefpassverhalten. Bei der Frequenz

$$\omega_g = 1/\tau = 1/RC \tag{4.3.27}$$

gilt $U_a/U_e(\omega_g) = 1/\sqrt{2} \approx 0{,}7$ und gleichzeitig $\tan \varphi_t|_{\omega g} = -1$, d.h. $\varphi_t| = -45°$.

Man nennt ω_g die *Grenzfrequenz* des Tiefpasses, definiert (gleichwertig) aus der Amplituden- und/oder der Phasenbeziehung Gl. (4.3.26) (daher stammt der Name 45°-Frequenz).

Der *Phasengang* $\omega_t(\omega)$ zwischen Ausgangs- und Eingangsspannung hat für $\omega \ll \omega_g$ etwa den Wert Null und erreicht für $\omega \gg \omega_g$ den Grenzwert $-\pi/2$.

Im Vergleich zur Lösung der gleichen Aufgabe im Zeitbereich (vgl. Bild 4.2.3) wird der *Vorteil der Analyse im Frequenzbereich* deutlich: Dort führten die Kirchhoffschen Sätze auf eine Netzwerk-Differentialgleichung. Es musste zunächst der Strom mit einem Ansatzverfahren bestimmt werden und anschließend damit der Spannungsabfall über C. Die Kenntnis des Stromes erübrigt sich im Frequenzbereich, da er sich im Spannungsteiler heraushebt. Im Zeitbereich war die Spannungsteilerregel durch den Kondensator nicht anwendbar!

Beispiel. Im eben betrachteten RC-Tiefpass werde zu C ein Widerstand R_2 parallelgeschaltet. Wie ändert sich ist die Grenzfrequenz?

Aus der Spannungsteilung folgt $\underline{U}_a/\underline{U}_e = \underline{Z}_1/(R + \underline{Z}_1)$ mit $\underline{Z}_1 = R_2 // 1/\text{j}\omega C$. Die Durchrechnung ergibt $\underline{U}_a/\underline{U}_e = R_2/(R + R_2)\ 1/(1 + \text{j}\omega CR')$ mit $R' = R/R_2$. Daraus folgt als Grenzfrequenz $\omega_g = 1/R'C$, sie ändert sich also gegenüber dem Fall $R_2 \to \infty$.

PC Prüfen Sie dieses Beispiel mit Multisim nach ($R = 10\ \text{k}\Omega$, $C = 0{,}1\ \mu\text{F}$, $R_2 = 2\ \text{k}\Omega$, Frequenzbereich 10 Hz bis 100 kHz).

Beispiel. An einer ausgangsseitig leerlaufenden Leitung (2 parallele Drähte, Luft, Länge $l = 1$ km) liege über einen Vorwiderstand $R = 100\ \text{k}\Omega$ eine Sinusspannung ($U = 100$ V, $f = 50$ Hz). Welcher Strom (Effektivwert) fließt in die Schaltung, welche Spannung wird am Leitungsende gemessen? Man fasse die Leitung (Durchmesser $2r = 4$ mm, Abstand $a = 5$ cm) als konzentriertes Schaltelement auf.

Lösung. Die Leitung hat die Kapazität $C = \pi\varepsilon l\ 1/\ln(a/r) = 7{,}11$ nF (s. Bild 2.3.7). Es liegt ein RC-Tiefpass vor mit der Teilspannung (= Ausgangsspannung der Leitung).

$$\frac{\underline{U}_{\mathrm{C}}}{\underline{U}}=\frac{1}{1+\mathrm{j}\,\omega RC}, \quad \text{Betrag}\ \frac{U_{\mathrm{C}}}{U}=0{,}976\,,$$

$$\text{Strom (Betrag) } I=\frac{U}{\sqrt{R_2+(1/\omega C)^2}}=0{,}217A$$

PC Kontrollieren Sie dieses Beispiel mit MATLAB (Anlehnung: MATLAB-Beispiel 4/2).

Die „Handberechnung" des Spannungsteilerverhältnisses nach Bild 4.3.5 ist für mehrere Frequenzen mühevoll und sollte sich nur auf wenige Punkte beschränken, besser erfolgt die Auswertung computergestützt (MATLAB, Multisim 2001/EWB, PSPICE). Auch bei der Ergebnisdarstellung (Betrag-Phase, Ortskurve) übernehmen solche Programme die Arbeit mit großer Darstellungsvielfalt.

PC a) Arbeiten Sie die Multisim-Beispiele 4/4...4/6 durch.

b) Entwerfen Sie mit Multisim eine Reihenschaltung von R und C (R = 1 kΩ, C = 2 μF), legen Sie eine Spannung (u = 10 V, f = 1 kHz) an und bestimmten Sie den Strom (Betrag). Orientieren Sie sich dabei an Multsim-Beispiel 4/4, bestimmen Sie den Phasenwinkel des Stromes durch Ausmessen der dynamischen Kennlinie.

c) Ermitteln Sie den Strom nach Betrag und Phase unter Orientierung an den Multisim-Beipielen 4/6 und 4/5.

d) Führen Sie die Aufgaben a)...c) für eine Reihenschaltung von R und L (R = 1 kΩ, L = 0,1 H) durch.

e) Berechnen Sie den Strom in Aufgabe a) mit MATLAB, orientieren Sie sich dabei am MATLAB-Beispiel 4/2.

f) Bestimmen Sie den Widerstands- bzw. Leitwertoperator der Aufgaben a) und d) unter Einsatz des Netzwerkanalysators nach Betrag und Phase resp. Real- und Imaginärteil, orientieren Sie sich dazu an den Multisim-Beispielen 4/13a und 4/13b. Betrachten Sie dabei speziell die Vierpolparameter Z_{11} und Y_{11} (s. Abschn. 4.6.1).

g) Gegeben sei die Parallelschaltung der Elemente R und C, denen eine Induktivität L in Reihe liegt (R = 100 Ω, C = 2 μF, L = 2 H). Betrachten Sie den Frequenzgang der Ersatzschaltung im Bereich f = 100 Hz bis 1 kHz nach Betrag und Phase resp. Real- und Imaginärteil unter Anwendung des Netzwerkanalysators (Orientierung an den Multisim-Beispielen 4/13a, b). Wie groß ist der Ersatzwiderstandsoperator bei f = 500 Hz? Realisieren Sie diesen Wert durch einen Ersatzschaltung bestehend aus Wirk- und Blindwiderstand (Reihenschaltung). Bestimmen Sie anschließend den Frequenzgang der Ersatzschaltung im Frequenzbereich 100 Hz bis 1 kHz. Erklärung?

Aufgaben 4.3.3...4.3.6.

4.3.5 Zusammenfassung: Netzwerkanalyse im Frequenzbereich, Frequenzgang

Die bisher kennengelernte Vorgehensweise der Transformation einer Netzwerkaufgabe: Formulierung im Zeitbereich → Transformation in den Frequenzbereich → Lösung → Rücktransformation in den Zeitbereich (Bilder 4.3.1, 4.3.6) wird durch den Widerstands-/Leitwertoperator *entscheidend* vereinfacht, weil das Aufstellen der Netzwerk-Differentialgleichungen entfällt. Wir fassen die durchzuführenden Schritte zusammen zur

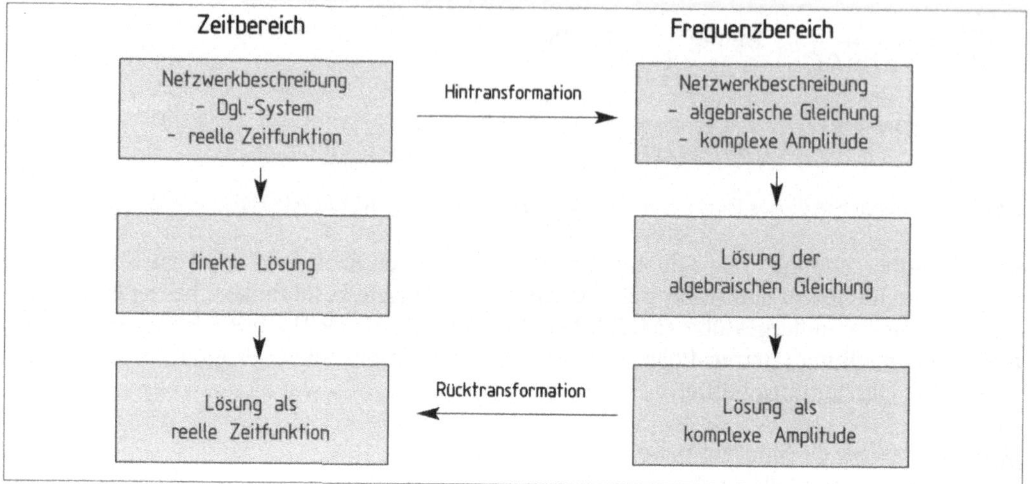

Bild 4.3.6 Schema zur Lösung von linearen Wechselstromnetzwerken mit der komplexen Rechnung

Lösungsmethodik „Netzwerkanalyse im Frequenzbereich" bestehend aus drei Schritten:

1. *Transformation des Netzwerkes aus dem Zeit- in den Frequenzbereich* durch

- Einführen komplexer Ströme, Spannungen und Quellengrößen
- $i \to \underline{i} = \hat{\imath} \exp \mathrm{j}\varphi_\mathrm{i}$, $\underline{u} \to \hat{u} \exp \mathrm{j}\varphi_\mathrm{u}$
- $i_\mathrm{q} \to \underline{i}_\mathrm{q}$ $\quad u_\mathrm{q} \to \underline{u}_\mathrm{q}$
- Ersatz der NWE R, L, C, M durch die Widerstands-/Leitwertoperatoren

  $R \to R$, $L \to \underline{Z}_\mathrm{L} = \mathrm{j}\omega L$, $C \to \underline{Z}_\mathrm{C} = 1/\mathrm{j}\omega C$,

  $M \to \underline{Z}_\mathrm{M} = \mathrm{j}\omega M$.

Dabei empfiehlt sich, das Netzwerk nochmals mit den Größen des Frequenzbereiches zu skizzieren (Bild 4.3.7). Bei einiger Fertigkeit wird darauf verzichtet und die transformierten Größen lassen sich direkt in das Netzwerk eintragen.

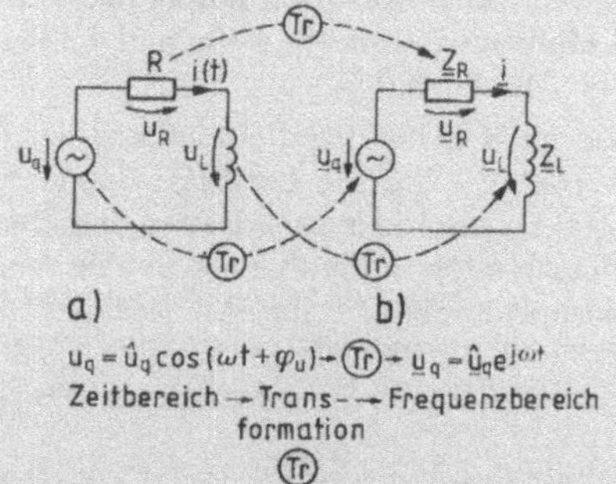

Bild 4.3.7 Transformation (Tr) einer Schaltung vom Zeit- in den Frequenzbereich

2. *Lösung für die gesuchte/n Größe/n im Frequenzbereich.* Dazu sind an Verfahren verfügbar:

- a) *Knoten- und Maschensatz* für die komplexen Ströme/Spannungen

  $\sum_n \underline{i}_\mathrm{n} = 0$, $\quad \sum_m \underline{u}_\mathrm{m} = 0$
- die *Zweigbeziehungen* der NWE (Widerstands-, Leitwertoperatoren)

  $\underline{u}_\mathrm{m} = \underline{Z}_\mathrm{m} \underline{i}_\mathrm{m}$ (dabei $\underline{Z} = R$, $\underline{Z}_\mathrm{C} = 1/\mathrm{j}\omega C$, $\underline{Z}_\mathrm{L} = \mathrm{j}\omega L$ usw.).

- b) Alle aus a) *abgeleiteten Verfahren*, z.B. Knotenspannungs-, Maschenstromanalyse, Zweipoltheorie, Vierpole usw. und damit alle Methoden, die bereits bei der Analyse resistiver (linearer) Schaltungen behandelt wurden!
- c) Mit a) und/oder b) werden die gesuchten Größe/n ermittelt. Da sie grundsätzlich aus Betrag und Phase bestehen, muss die Lösung in P-Form angegeben werden.

3. *Rücktransformation aus dem Frequenz- in den Zeitbereich*, z.B. in der Form

$$i(t) = \hat{i}\cos(\omega t + \varphi_i), \qquad u(t) = \hat{u}\cos(\omega t + \varphi_u)$$

$\hat{i}$, φ_i (resp. $\hat{u}$, φ_u) sind die Ergebnisse am Ende von Schritt 2.

Die angesetzte Lösungsfunktion (Cosinus-Funktion) liegt durch die Strom-/Spannungsquellen des Netzwerkes fest (hier Cosinus-Form, bei Sinus-Form ist Sinus-Ansatz zu wählen).

Der große Vorteil durch die Einführung des Widerstandsoperators ist offenbar:

Das ganze transformierte Netzwerk unterscheidet sich formal nicht mehr von einem gleichartig aufgebauten resistiven Netzwerk (abgesehen von komplexen Strömen, Spannungen und den Operatoren $\underline{Z}$ sowie den Rechenregeln für komplexe Größen). Deshalb sind alle vom linearen Gleichstromkreis bekannten Analysemethoden auf den Wechselstromkreis sinngemäß übertragbar.

Beispiel. Gegeben sei ein Reihenschwingkreis (Bild 4.3.8) an dem die Spannung $u_q(t) = \hat{u}_q\cos(\omega t + \varphi_u)$ liegt (φ_u, u_q, ω gegeben). Gesucht ist der Strom $i(t)$. Der Reihe nach sind folgende Schritte auszuführen:

1. Transformation in den Frequenzbereich (Bild 4.3.8b), indem komplexe Ströme/-Spannungen eingeführt und an die Schaltelemente die zugehörigen Widerstandsoperatoren geschrieben werden.

2. Lösung im Frequenzbereich. Der Strom $\underline{i}$ ergibt sich aus $\underline{u}_q$ entweder über den Maschensatz und die Widerstandsoperatoren $\underline{Z}_R$, $\underline{Z}_L$, $\underline{Z}_C$

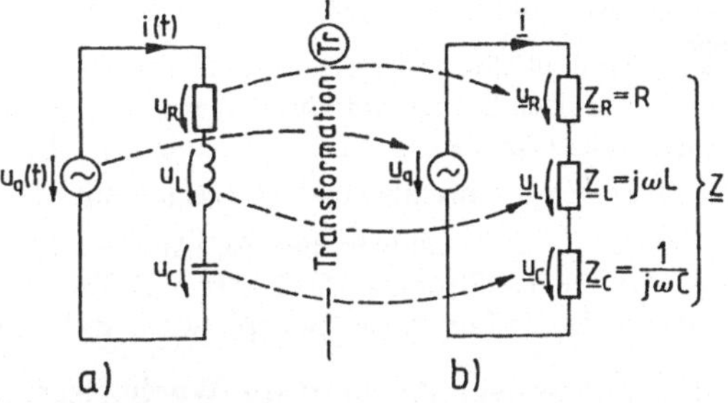

Bild 4.3.8 Beispiel Transformation Zeit-Frequenzbereich

$$\underline{u}_q = \underline{u}_R + \underline{u}_L + \underline{u}_C = \underline{i}\,\underline{Z}_R + \underline{i}\,\underline{Z}_L + \underline{i}\,\underline{Z}_C = \underline{i}\,\underline{Z}$$

oder mit dem zusammengefassten Widerstandsoperator $\underline{Z} = \underline{Z}_R + \underline{Z}_C + \underline{Z}_L$ zu

$$\underline{i} = \frac{\underline{u}_q}{\underline{Z}} = \frac{\underline{u}_q}{R + j(\omega L - 1/\omega C)} = \frac{u_q \exp j\varphi_u}{Z \exp j\varphi_z} \equiv i \exp j\varphi_i \,. \tag{4.3.28}$$

Zur Bestimmung der Stromamplitude i und Phase φ_i wird das Ergebnis in die P-Form überführt werden:

$$Z = \sqrt{R^2 + (\omega L - 1/\omega C)^2}\,, \quad \tan\varphi = \frac{\operatorname{Im}\underline{Z}}{\operatorname{Re}\underline{Z}} = \frac{\omega L - 1/\omega C}{R}\,.$$

Mit

$$i = u_q/Z \quad \text{bzw.} \quad \hat{\imath} = \hat{u}/Z; \; \varphi_i = \varphi_u - \varphi_z \tag{4.3.29}$$

steht die Lösung der Stromamplitude und des Phasenwinkels bereit.

3. *Rücktransformation.* Da eine cosinus-förmige Spannung vorgegeben war, beträgt der Strom

$$i(t) = \text{Re}(\underline{i} \exp \text{j}\omega t) = i \cos(\omega t + \varphi_i).$$

Das Beispiel lässt die Vorteile der Transformation in den Frequenzbereich nochmals erkennen:

- Die Analyse muss nicht im Zeitbereich mit dem Aufstellen der Kirchhoffschen Gleichungen usw. begonnen werden, sondern startet unter Nutzung des Widerstands-/Leitwertoperators direkt im Frequenzbereich.
- Sie nutzt alle Regeln, die vom Gleichstromkreis her bekannt sind.
- Das Ergebnis im Frequenzbereich erfordert (zumindest dann, wenn eine Rücktransformation in den Zeitbereich erfolgen soll) eine Angabe in der P-Form (Betrag, Phase).
- Der Rücktransformationsschritt 3 ist problemlos möglich.

Deshalb beschränkt sich die praktische Netzwerkanalyse häufig auf die Punkte 1 und 2, die Transformation des Netzwerkes in den Frequenzbereich und Lösung für die gesuchte Größe. ***Dies ist der Kern der Wechselstromanalyse von linearen Netzwerken.***

Wir gehen noch auf zwei weitere Anwendungsbeispiele ein: die Ersatzschaltung aktiver Zweipole und der Umgang mit gesteuerten Quellen.

PC a) Ermitteln Sie für das Beispiel Bild 4.3.8 mit Multisim (Multisim-Beispiel 4/7, dort Zahlenwerte) den Strom nach Betrag und Phase über eine Transientenanalyse (Auswertung mit Analyse-Diagrammfenster oder Oszilloskop) für eine Frequenz $f = 1$ kHz.

b) Berechnen Sie anschließend die Lösung mit MATLAB (s. MATLAB-Beispiel 4/2).

c) Führen Sie mit Multisim eine AC-Analyse durch (Frequenzbereich $f = 100$ Hz...10 kHz) und bestimmen Sie den Strom bei $f = 1$ kHz nach Betrag und Phase (entweder mit dem Analyse-Diagrammfenster oder den Einsatz des Bodeplotters). Welchem Verfahren würden Sie den Vorzug geben?

Aktiver/passiver Zweipol im Wechselstromkreis. Die Aufteilung eines Netzwerkes in einen aktiven Teil (mit allen Quellen) und den passiven Teil für die gesuchte Größe gilt grundsätzlich auch für Wechselstromnetzwerke. Im Frequenzbereich treten dann lediglich die komplexe Leerlaufspannung $\underline{u}_l$, der komplexe Kurzschlussstrom $\underline{i}_k$ sowie der Innenwiderstandsoperator $\underline{Z}_i$ ($\underline{Y}_i$) als Ersatzgrößen des aktiven Zweipols auf (Bild 4.3.9).

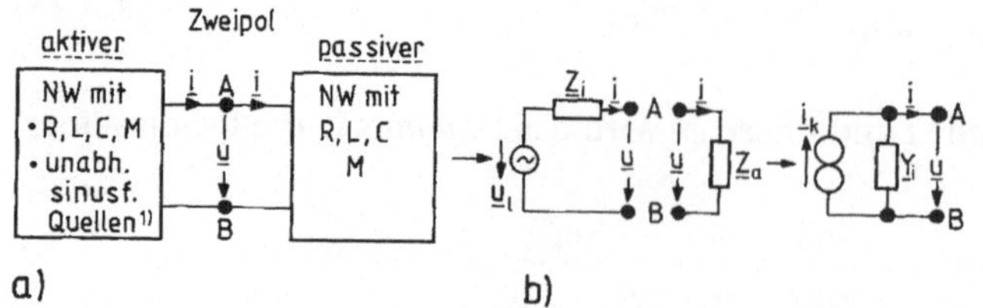

Bild 4.3.9 Aktiver-passiver Zweipol im Frequenzbereich
a) Aufteilung eines Netzwerkes in aktiven und passiven Zweipol, (1) kann gesteuerte Quelle enthalten)
b) gleichwertige Zweipolersatzschaltungen in Spannungs- und Stromquellenform

Der Zweipol kann in Strom- und Spannungsquellen-Ersatzschaltung angegeben werden. Seine Klemmenbeziehungen lauten (VBZ) (vgl. Gl. (3.1.1), (3.2.1))

$$\underline{u} = \underline{u}_\mathrm{l} - \underline{i}\,\underline{Z}_\mathrm{i} \quad \text{resp. } \underline{i} = \underline{i}_\mathrm{k} - \underline{u}\,\underline{Y}_\mathrm{i}\,. \tag{4.3.30}$$

Beim Zusammenschalten mit dem passiven Zweipol $\underline{Z}_\mathrm{a}$ liegt der Grundstromkreis vor (s. Gl. (3.1.6)):

$$\underline{u} = \underline{u}_\mathrm{l}\frac{\underline{Z}_\mathrm{a}}{\underline{Z}_\mathrm{i}+\underline{Z}_\mathrm{a}}\,; \quad \underline{i} = \underline{i}_\mathrm{k}\frac{\underline{Y}_\mathrm{a}}{\underline{Y}_\mathrm{a}+\underline{Y}_\mathrm{i}}\,, \quad \underline{u} = \underline{Z}_\mathrm{a}\underline{i}\,, \quad \underline{u}_\mathrm{l} = \underline{Z}_\mathrm{i}\underline{i}_\mathrm{k}\,. \tag{4.3.31}$$

Die Übernahme des Grundstromkreises auf Wechselstromprobleme vereinfacht viele Übertragungsaufgaben.

Beispiel. Für die Schaltung (Bild 4.3.10) soll der Strom $\underline{i}$ durch die Induktivität L mit der Zweipoltheorie bestimmt werden. Wir transformieren die Schaltung in den Frequenzbereich, betrachten L ($\rightarrow \underline{Z}_\mathrm{L} = \mathrm{j}\omega L$) als passiven Zweipol und den Rest als aktiven. Seine Leerlaufspannung u_l ergibt sich über die Spannungsteilerregel zu

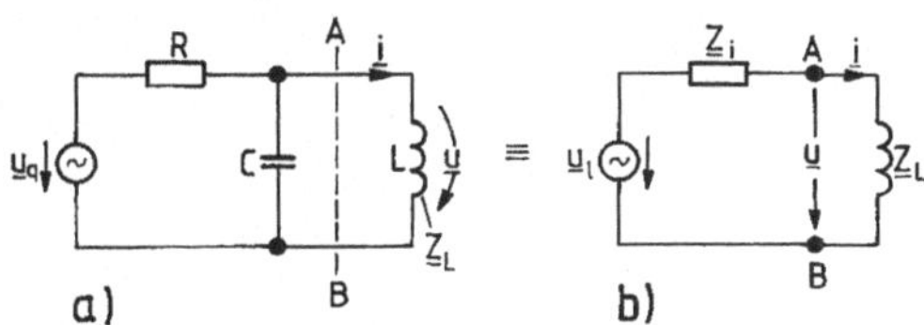

Bild 4.3.10 Beispiel Zweipoltheorie im Frequenzbereich

$$\underline{u}_\mathrm{l} = \underline{u}_\mathrm{q}\frac{\underline{Z}_\mathrm{C}}{\underline{Z}_\mathrm{C}+\underline{Z}_\mathrm{R}}\,,$$

der komplexe Innenwiderstand beträgt (Spannungsquelle $\underline{u}_\mathrm{q}$ durch Kurzschluss ersetzen)

$$\underline{Z}_\mathrm{i} = \underline{Z}_\mathrm{C} \,//\, \underline{Z}_\mathrm{R} = \frac{\underline{Z}_\mathrm{C}\underline{Z}_\mathrm{R}}{\underline{Z}_\mathrm{C}+\underline{Z}_\mathrm{R}}\,.$$

Nach dem Zusammenschalten fließt der komplexe Strom $\underline{i}$

$$\underline{i} = \frac{\underline{u}_\mathrm{l}}{\underline{Z}_\mathrm{i}+\underline{Z}_\mathrm{a}} = \frac{\underline{u}_\mathrm{q}}{\underline{Z}_\mathrm{R}+\underline{Z}_\mathrm{a}+\dfrac{\underline{Z}_\mathrm{a}\underline{Z}_\mathrm{R}}{\underline{Z}_\mathrm{C}}} = \frac{\underline{u}_\mathrm{q}}{R\left(1-\omega^2 LC\right)+\mathrm{j}\omega L}\,. \tag{4.3.32}$$

Im Prinzip ist die Aufgabe damit gelöst, denn es muss der Strom nur noch in die P-Form überführt und ggf. rücktransformiert werden.

Ersatzschaltung mit gesteuerten Quellen. Die Steuerfaktoren der gesteuerten Quellen (s. Abschn. 2.5.1) sind bei Verstärkern und Transistoren häufig komplex. Das bedeutet eine frequenzabhängige Phasenverschiebung zwischen der Steuergröße und der gesteuerten Größe am Ausgang. Beispielsweise ist die Stromverstärkung eines Bipolartransistors komplex und damit frequenzabhängig.

Auch gesteuerte Quellen lassen sich – sofern ein lineares Netzwerk vorliegt – problemlos in die Netzwerktransformation einbeziehen.

Dies möge durch zwei Beispiele erläutert werden.

Verstärker. Ein Verstärker mit spannungsgesteuerter Spannungsquelle soll im Frequenzbereich durch $\underline{u}_q = \underline{A}_u \underline{u}_{st}$ ($\underline{A}_u$ komplexe Spannungsverstärkung) dargestellt werden, im Übrigen gelte die Ersatzschaltung nach Bild 4.3.11a. Er sei mit einem Lastwiderstand $\underline{Z}_L$ abgeschlossen und werde von einer unabhängigen Quelle $\underline{u}_q$ (mit $\underline{Z}_q$ als Widerstandsoperator) gesteuert. Wir betrachten den Schaltungsteil links als aktiven Zweipol mit gesteuerter Quelle. Dann ergibt sich als Spannung $\underline{u}_a$ am Lastwiderstand $\underline{Z}_L$:

$$\frac{\underline{u}_a}{\underline{u}_l} = \frac{\underline{Z}_i}{\underline{Z}_i + \underline{Z}_l}.$$

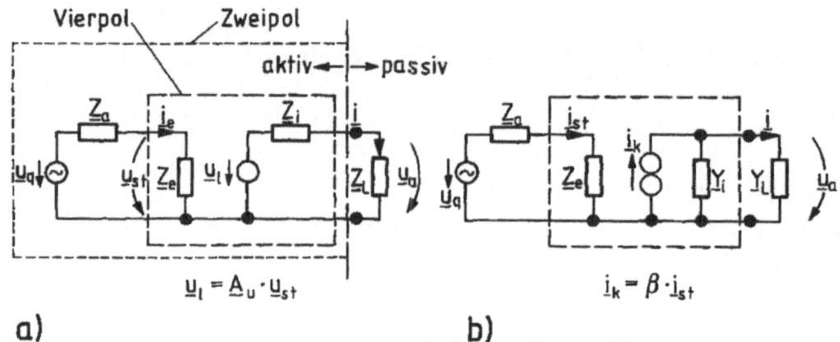

Bild 4.3.11 Verstärkergrundschaltung
a) Spannungsquellenmodell,
b) Stromquellenmodell

Die Steuerspannung am Vierpoleingang wird durch Verstärkereingangswiderstand $\underline{Z}_e$ und Quellenwiderstand $\underline{Z}_q$ geteilt:

$$\underline{u}_{St} = \underline{u}_a \frac{\underline{Z}_e}{\underline{Z}_e + \underline{Z}_q}.$$

Das ergibt zusammengefasst:

$$\underline{u}_a = \frac{\underline{Z}_L \underline{A}_u}{\underline{Z}_i + \underline{Z}_L} \underline{u}_{St} = \frac{\underline{Z}_e}{\underline{Z}_e + \underline{Z}_q} \cdot \frac{\underline{Z}_L \underline{A}_u}{\underline{Z}_i + \underline{Z}_L} \cdot \underline{u}_a . \tag{4.3.33}$$

Die Ausgangsspannung $\underline{u}_a$ hängt von der komplexen Spannungsverstärkung $\underline{A}_u$, dem Teilerverhältnis der Eingangs- und Ausgangsspannungen ab. Die Leerlaufspannung des aktiven Zweipols wirkt am Ausgang des im Bild eingerahmten Teils.

Stromverstärker. Der Bipolartransistor wird oft durch eine stromgesteuerte Stromquelle mit der komplexen Stromverstärkung $\underline{\beta}$ repräsentiert. Um beispielsweise die Spannung am Lastwiderstand einer solchen Stufe zu bestimmen, die aus einer unabhängigen Spannungsquelle gesteuert wird (Bild 4.3.11b), eignet sich ausgangsseitig am besten die Stromquellenersatzschaltung des aktiven Zweipols mit dem Kurzschlussstrom $\underline{i}_k = \underline{\beta}\, \underline{i}_{st}$. Die Ausgangsspannung beträgt (Stromteilerregel)

$$\underline{u}_a = \underline{Z}_L \underline{i} = \underline{Z}_L \frac{\underline{Y}_L}{\underline{Y}_L + \underline{Y}_i} \underline{i}_k = \frac{\underline{\beta}}{\underline{Y}_L + \underline{Y}_i} \underline{i}_{st} . \tag{4.3.34}$$

Der Steuerstrom $\underline{i}_{st}$ berechnet sich aus dem Eingangskreis zu

$$\underline{i}_{st} = \frac{\underline{u}_q}{\underline{Z}_q + \underline{Z}_e},$$

so dass damit die Spannungsverstärkung $\underline{u}_a/\underline{u}_q$ der Stufe grundsätzlich bestimmt ist.

PC a) Bilden Sie die Verstärkergrundschaltung Bild 4.3.11a mit Multisim nach (R_q=0,1 kΩ, R_e=10 kΩ, C_e = 10 nF, A_u = 1000, R_i = 0,1 kΩ, R_L = 1 kΩ, C_L = 10 nF). Untersuchen Sie den Frequenzgang (mit Bodeplotter) im Bereich 0,1...100 kHz. Wo liegt die Grenzfrequenz?

b) Wiederholen Sie die Aufgabe für die Werte R_q = 10 kΩ und R_i = 10 kΩ. Welche Grenzfrequenz stellt sich jetzt ein?

c) Definieren Sie die so aufgebaute Schaltung als neues Verstärkermodell (siehe Multisim-Beispiel 4/14).

Aufgabe 4.3.7.

Frequenzgang $\underline{F}(\mathrm{j}\omega)$. Das Verhalten der Zweigströme/-spannungen eines linearen Netzwerkes bei Erregung durch unabhängige Quellen (mit harmonischem Signal) bei verschiedener Frequenzen wird durch den Zusammenhang

$$\underline{F}(\mathrm{j}\omega)=\frac{\textit{Wirkungsgröße}}{\textit{Ursache}}=\frac{\textit{Zweiggröße}}{\textit{Ursache}} \quad \text{Frequenzgang} \qquad (4.3.35)$$

beschrieben.

Die komplexe Größe $\underline{F}(\mathrm{j}\omega)$ heißt *Netzwerks-* oder *Übertragungsfunktion* oder auch (komplexer) *Frequenzgang*. Sie bestimmt das Ursache-Wirkungs-Verhalten eines Netzwerkes eindeutig. Unabhängige Variable ist dabei die Kreisfrequenz ω.

Hinweis: Der komplexe Frequenzgang beschreibt ein Netzwerk *vollständig*, d.h. in Schaltungsstruktur und den Werten der Netzwerkelemente. Letztere bestimmen auch die Netzwerkdifferentialgleichung. Deshalb kann vom komplexen Frequenzgang auf letztere geschlossen werden.

Je nach dem gewählten Ursache-Wirkungs-Verhältnis kann der Frequenzgang eine Impedanzfunktion $\underline{Z}(\mathrm{j}\omega)$, eine Admittanzfunktion $\underline{Y}(\mathrm{j}\omega)$ oder ein komplexes Spannungs- oder Stromübersetzungsverhältnis sein. Beispiele dafür sind die Spannungs- und Stromteilerregeln, aber auch etwa die *u*-*i*-Relation am Kondensator.

Der Frequenzgang $\underline{F}(\mathrm{j}\omega)$ lässt sich stets in *Real-* und *Imaginärteil* oder *Betrag* und *Phase* zerlegen:

$$\underline{F}(\mathrm{j}\omega)=\mathrm{Re}\,(\underline{F}(\mathrm{j}\omega))+\mathrm{j}\,\mathrm{Im}\,(\underline{F}(\mathrm{j}\omega))=F\exp\mathrm{j}\varphi_\mathrm{f} \quad \text{mit}$$

$$F=|\underline{F}(\mathrm{j}\omega)|=\sqrt{\left[\mathrm{Re}\,\underline{F}(\mathrm{j}\omega)\right]^2+\left[\mathrm{Im}\,\underline{F}(\mathrm{j}\omega)\right]^2}$$

$$\tan\varphi_\mathrm{f}=\frac{\mathrm{Im}\,\underline{F}(\mathrm{j}\omega)}{\mathrm{Re}\,\underline{F}(\mathrm{j}\omega)}. \qquad (4.3.36)$$

$\underline{F}(\mathrm{j}\omega)$ heißt *Amplitudengang*, die Phase $\varphi_\mathrm{f}(\mathrm{j}\omega)$ der *Phasengang*. Oft wird zur Darstellung des Amplitudenganges eine logarithmische Form gewählt.

Der Frequenzgang ist eine sehr zweckmäßige Größe zur Darstellung des Frequenzeinflusses auf die Übertragungseigenschaften in einem Frequenzbereich, wie z.B. in Verstärkern, elektronischen Schaltungen, in der Regel- und Messtechnik u.a.m. (Beispiel Bild 4.3.5).

Die *wichtigen Darstellungsformen* des Frequenzganges sind weniger Real- und Imaginärteil als vielmehr

- der *Amplituden-* ($F(\omega)$) und *Phasengang* ($\varphi_\text{f}(\omega)$) über der Frequenz und
- die Darstellung als *Ortskurve* $\underline{F}(\mathrm{j}\omega)$ in der komplexen Ebene.

Wir kommen auf beide Formen in Abschnitt 4.4 zurück.

Die Bedeutung des Frequenzganges $\underline{F}(\mathrm{j}\omega)$ geht über eine bloße Verknüpfungsfunktion zwischen Erregung und Wirkung weit hinaus:

- Es gibt *keine spezielle Vorschrift zur Bestimmung von* $\underline{F}$. Der einfachste Weg ist offenbar der beste.
- $\underline{F}$ ist messbar: Man benutzt dazu einen Sinusgenerator als Erregungsursache am Netzwerkeingang (z.B. Spannung am Zweipol) und misst die Wirkung – den Zweipolstrom-nach Betrag und Phase.
- Aus dem Frequenzgang $\underline{F}(\mathrm{j}\omega)$ lässt sich später auch für andere Erregungsfunktionen (z.B. eine Impulsspannung) die *Wirkungsfunktion* (z.B. der Zeitverlauf des Stromes am Netzwerkausgang) ermitteln. Darin liegt seine eigentliche Bedeutung.

PC a) Untersuchen Sie im MATLAB-Beispiel 4/8 den Frequenzgang einer Widerstandszusammenschaltung im Bereich $10\ldots10^{-5}$ rad/s.

b) Bauen Sie anschließend die Schaltung mit Multisim auf und untersuchen Sie den Frequenzgang (mit Bodeplotter). Vergleichen Sie ausgewählte Frequenzpunkte.

c) Wiederholen Sie die Aufgabe b) als AC-Analyse mit Einsatz des Analyse-Diagrammfensters.

4.4 Darstellung von Netzwerkeigenschaften, Netzwerke bei veränderlicher Frequenz

Das Verhalten von Netzwerken im Frequenzbereich lässt sich durch verschiedene Hilfsmittel wie *Zeigerdarstellung*, *Frequenzgang* und *Ortskurven* anschaulich darstellen. Dabei wird vorrangig die *Frequenz* im interessierenden Bereich als Variable betrachtet.

Zur Auswertung und Darstellung solcher Frequenzabhängigkeiten

- genügen für das *qualitative* Verständnis wenige Grundregeln,
- empfiehlt sich zur *quantitativen* Darstellung ohnehin Computerunterstützung; die Programme MATLAB, Multisim 2001/EWB, PSPICE u.a. bieten dafür zahlreiche Möglichkeiten.

4.4.1 Zeigerdarstellung, Zeigerbild

Zeigerdarstellung. Zeiger sind komplexe Größen (z.B. als Strom, Spannung, Widerstands- oder Leitwertoperator), die in einem Netzwerk auftreten.

Die *Zeigerdarstellung* ist eine systematische Zusammenstellung aller Zeiger eines Netzwerkes entsprechend seiner Struktur in der komplexen Ebene (→ grafische Lösung der Netzwerkgleichungen). Zeigerdiagramme werden für *ruhende Zeiger* entworfen.

Bild 4.4.1 zeigt ein Beispiel für die Widerstandszeiger der Grundelemente *R, L, C* ($\rightarrow \underline{Z}_R$, $\underline{Z}_L$, $\underline{Z}_C$) und ihre Zusammenschaltungen:

- *Reihenschaltung*: Addition der Zeiger der Widerstandsoperatoren $\underline{Z}$,
- *Parallelschaltung*: Addition der Zeiger der Leitwertoperatoren $\underline{Y}$ (sinngemäß).

Bei der Wandlung Reihen- $\rightarrow$ Parallelschaltungen muss zwischen der Widerstands- und Leitwertoperator-Ebene gewechselt werden, was eine *Inversion* (s.u.) erfordert.

Die *Konstruktion eines Zeigerbildes* beginnt zweckmäßig mit dem Operator $\underline{Z}_R = R$, der in die reelle Achse der sog. *$\underline{Z}$-Ebene* gelegt wird (Bild 4.4.1). Induktive Operatoren werden dazu senkrecht in Richtung der positiven imaginären Achse angetragen, kapazitive in Richtung der negativen. Der Gesamtoperator $\underline{Z}$ ergibt sich durch Addition aller Teilzeiger. Sein Betrag und Winkel kann aus der $\underline{Z}$-Ebene direkt entnommen werden (bei Maßstabswahl, z.B. 10 Ω/cm für die Zeigerlänge, erhält man das Ergebnis quantitativ).

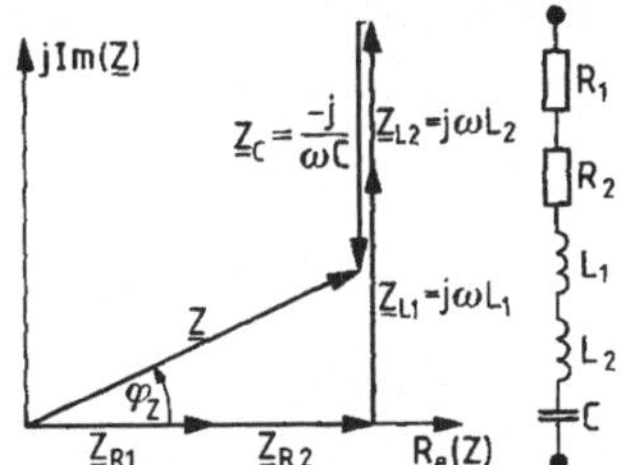

Bild 4.4.1 Zeigerbild (Widerstandsebene)

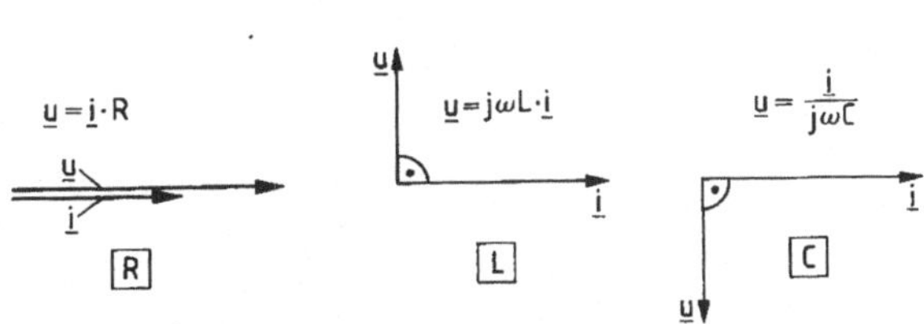

Bild 4.4.2 Zeigerbilder von Spannung und Strom der Grundschaltelemente

Zur Darstellung von *Strom-* und *Spannungszeigerbildern* werden die komplexen $\underline{u}$- und $\underline{i}$-Ebenen zweckmäßig überlagert. Da es häufig nur auf die *Relativlage* von $\underline{u}$ und $\underline{i}$ ankommt, kann sogar noch auf die Achsendarstellung der komplexen Ebene verzichtet werden.

Für die Netzwerkgrundelemente $\underline{u} = R\,\underline{i}$, $\underline{u} = \mathrm{j}\omega L\,\underline{i}$, $\underline{u} = \underline{i}/\mathrm{j}\omega C$ sind die Konstruktionen leicht nachzuvollziehen (Bild 4.4.2): man gibt die Erregerursache, z.B. den Strom $\underline{i}$ vor, legt ihn in die reelle Achse und trägt die Wirkung – hier die Spannung $\underline{u}$ – entsprechend der Elementbeziehung zum Strom an. Daraus folgt für die *Zusammenschaltung* mehrerer Elemente:

- bei der *Reihenschaltung* von Widerstandsoperatoren wird vom gemeinsamen Strom $\underline{i}$ ausgegangen und die Teilspannungen entsprechend der $\underline{Z}$-Operatoren addiert,
- bei der *Parallelschaltung* von Leitwertoperatoren wird von der gemeinsamen Spannung $\underline{u}$ (Ursache) ausgegangen und die Ströme entsprechend der $\underline{Y}$-Operatoren addiert,
- bei einer *Reihen-Parallelschaltung* beginnt man mit derjenigen Größe $\underline{u}$, $\underline{i}$, die *mehreren Elementen* gemeinsam ist.

Der Aufbau eines Zeigerbildes erfolgt vom „Schaltungsinneren" – der gesuchten Größe – her in Richtung auf die Erregung hin, nie umgekehrt.

Das Zeigerdiagramm der Ströme und Spannungen der Schaltung Bild 4.4.3a startet mit der Annahme eines Stromzeigers $\underline{i}$ in der reellen Achse. Die Spannung $\underline{u}_C$ eilt dem Kondensatorstrom $\underline{i}$ zeitlich nach, der Spannungsabfall $\underline{u}_R$ ist in Phase mit $\underline{i}$. Beide addieren sich zur Spannung $\underline{u}$. Der Phasenwinkel zwischen $\underline{u}$ und $\underline{i}$ ist gleich der Phase φ_z des Widerstandsoperators $\underline{Z}$ der Reihenschaltung.

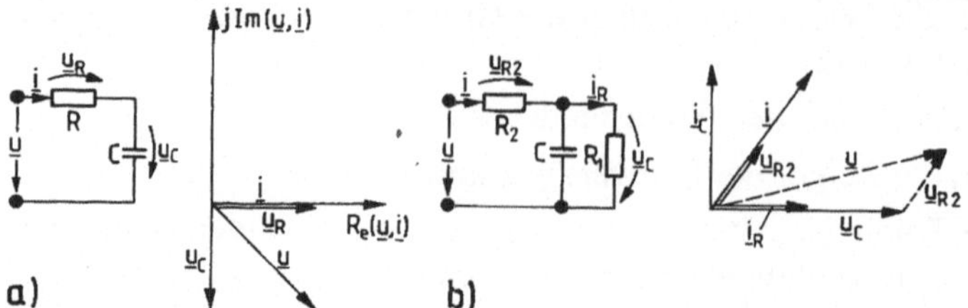

Bild 4.4.3 Zeigerbilder von Strom und Spannung
a) *RC*-Schaltung
b) *RC*-Schaltung mit Zusatzwiderstand R_1

Bei einem zusätzlich parallelgeschalteten Widerstand R_1 (Bild 4.4.3b) müsste mit Annahme der Spannung $\underline{u}_C$ (in der reellen Achse) begonnen werden. Dazu in Phase liegt der Strom $\underline{i}_R$, um $\pi/2$ eilt der Kondensatorstrom $\underline{i}_C$ vor. Die Addition der Ströme (Knoten!) ergibt $\underline{i}$ und damit die Richtung des Spannungsabfalles $\underline{u}_{R2}$. Die Summe von $\underline{u}_C$ und u_{R2} liefert $\underline{u}_C$ und mit $\underline{u}_R$ schließlich $\underline{u}$.

Inversion eines Zeigers. Zeigerbilder erfordern oft eine Reziprokwertbildung oder *Inversion* (Spiegelung) eines Zeigers, beispielsweise beim Übergang vom Widerstands- ($\underline{Z}$) zum Leitwertoperator $\underline{Y} = 1/\underline{Z}$:

$$\underline{Y} = \frac{1}{\underline{Z}} = \frac{1}{Z} \exp - \mathrm{j}\varphi_z = Y \exp \mathrm{j}\varphi_y \qquad \text{Inversion} \qquad (4.4.1)$$

Die invertierte komplexe Größe liegt spiegelbildlich zur reellen Achse (Vertauschung des Vorzeichens des Phasenwinkels), ihr Betrag ist gleich dem Kehrwert des Betrages der Ausgangsgröße. Das Ergebnis heißt *Spiegelung am Inversionskreis* (Einheitskreis von Radius 1). Dabei wird der kürzeste Zeiger zum längsten und umgekehrt.

Mathematisch bildet die Inversion einen Punkt einer gegebenen $\underline{z}$-Ebene ($\underline{z} = x + \mathrm{j}y$) in einen zugeordneten Punkt $\underline{w} = u + \mathrm{j}v$ einer $\underline{w}$-Ebene über eine vereinbarte Abbildungsfunktion (hier $\underline{z} = 1/\underline{w}$) konform ab.

Der Betrag Y der invertierten Größe ergibt sich entweder rechnerisch oder grafisch durch Spiegelung am Einheitskreis: (Radius 1). Weil der rechnerische Weg der kürzere ist (und deswegen bevorzugt wird), verzichten wir auf eine geometrische Erläuterung der Spiegelung am Einheitskreis.

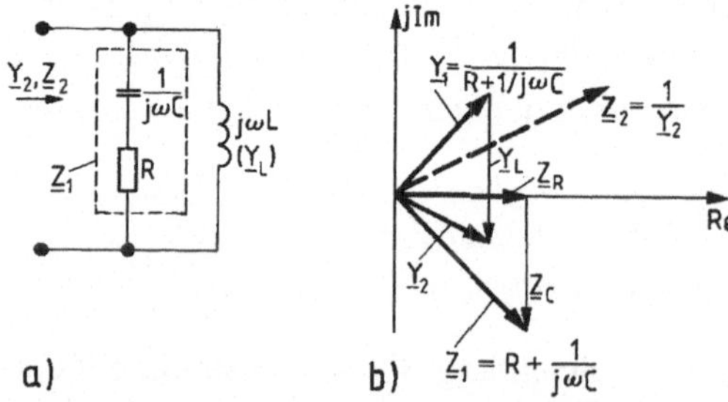

Bild 4.4.4 Zeigerbild einer Reihen-/Parallelschaltung von Grundelementen
a) Schaltung, b) Konstruktion des Widerstands- und Leitwertoperators der Schaltung

Beispiel. Für die Schaltung Bild 4.4.4 soll der Widerstandsoperator $\underline{Z}$ bestimmt werden (ω, R, C, L gegeben). Man verfährt wie folgt:

1. Bestimmung des Zeigers $\underline{Z}_1 = R + 1/\mathrm{j}\omega C$ in der $\underline{Z}$-Ebene.
2. Bildung von $\underline{Y}_1 = 1/\underline{Z}_1$ durch Inversion (auf Winkel $\varphi_z = -\varphi_y$ achten).
3. Zeiger $\underline{Y}_2 = \underline{Y}_1 + 1/\mathrm{j}\,\omega L$ in der $\underline{Y}$-Ebene ermitteln.
4. Zeiger $\underline{Z} = 1/\underline{Y}_2$ durch erneute Inversion bestimmen.

PC Überlegen Sie, wie mit Multisim der Widerstandsoperator der Schaltung Bild 4.4.4 nach Betrag und Phase ermittelt werden kann (Zahlenwerte: $R = 1\ \text{k}\Omega$, $L = 100$ mH, $C = 0{,}1\ \mu\text{F}$, $f = 1$ kHz). Wie müsste man die Anordnung umgestalten, um den Leitwert der Ersatzschaltung zu bestimmen?

Aufgaben 4.4.1, 4.4.2.

4.4.2 Bode-Diagramm

Oft interessiert das Spannungs- oder Stromübertragungsverhalten eines Netzwerkes oder Übertragungsgliedes (z.B. Verstärker, Transistor, Transformator und u.ä.) über der Frequenz nach Betrag (leicht messbar) und Phase, also der *Amplituden-* und *Phasengang* von $\underline{F}(\text{j}\omega)$. Der Frequenzbereich kann dabei mehrere Größenordnungen überstreichen. Zweckmäßig sind deshalb *logarithmische Darstellungsmaßstäbe*. Diese Form geht auf *Bode* zurück und heißt *Bode-Diagramm.*

Das Bode-Diagramm[5] (lax auch als Bodeplot bezeichnet) umfasst die grafische Darstellung des (logarithmierten) *Amplituden-* ($\lg F(\omega) = f(\lg(\omega))$) und *Phasenverlaufs* ($\varphi(\omega) = f(\lg(\omega))$) über der (Kreis) Frequenz im logarithmischen Frequenzmaßstab, es ist eine besondere Form der Komponentendarstellung. Dabei sind die Werte $F(0)$ und $F(\infty)$ wegen des logarithmischen Maßstabes nicht darstellbar:

Betrag $|\underline{F}(\text{j}\omega)|$ *und Phase* $\varphi(\text{j}\omega) = \varphi[\underline{F}(\text{j}\omega)]$
im logarithmischen Maßstab Bodediagramm

Seine *Vorzüge* sind:

- die kompakte Wiedergabe eines großen Amplituden- und Frequenzbereiches (beispielsweise geht $\omega_2/\omega_1 = 10^3$ über in $\lg(\omega_2/\omega_1) = 3$),
- die bereichsweise mögliche Annäherung des Amplituden- und Phasenganges durch Geradenstücke. So gehören zu $F = (\omega/\omega_0)^n$ in doppelt logarithmischer Darstellung (Ordinate $\lg F$, Abszisse $\lg(\omega/\omega_0)$) wegen $\lg F = n \lg(\omega/\omega_0)$ eine Gerade mit der Steigung n für $F(\omega)$ und Treppenkurven für $\varphi(\omega)$.
- die Multiplikation (Division) von Einzelfrequenzgängen (etwa von einzelnen, kettengeschalteten Übertragungsgliedern) führt auf eine grafische Addition (Subtraktion) der logarithmischen Größen (z.B. $F = F_1 F_2 \rightarrow \lg F = \lg F_1 + \lg F_2$).

Da grundsätzlich nur dimensionslose (positive) Größen logarithmiert werden können, müssen physikalische Größen durch *Normierung* dimensionslos gemacht werden (am einfachsten über die Division durch die Einheit). Als Verhältnisse physikalischer Größen kommen Leistungen und Ströme (Spannungen) in Frage. Logarithmierte Größenverhältnisse werden – mit einem Gewichtsfaktor 10 versehen – üblicherweise in dB (Dezibel) angegeben:

$$a_\text{p} = 10 \lg P_2/P_1 \ \text{dB}, \qquad a_\text{u} = 20 \lg U_2/U_1 \ \text{dB}^{6)}. \qquad (4.4.2)$$

[5] Bode, H. W., amerikanischer Ingenieur (Bell Laboratories), später Harvard University, 1905–1984.
[6] Das logarithmische Leistungsverhältnis hat die Einheit Bell (nach A. G. Bell, amerikanisch/schottischer Erfinder, 1847–1922). Für übliche Größenordnungen wird ein Zehntel Bell (das Dezibel) gewählt.

Der Faktor 20 ergibt sich durch $P \sim u^2$ bei Messung am gleichen Widerstand R. Der Zusatz „dB" drückt die Bildungsvorschrift aus. Typische Wertepaare sind z.B. das Spannungsverhältnis (Tafel 4.4.1).

Tafel 4.4.1 Typische Spannungsverhältnisse und entsprechende Werte im logarithmischen Maß nach Gl. (4.4.2)

U_2/U_1	10^{-2}	10^{-1}	$10^{-1/2}$	1/2	$1/\sqrt{2}$	1	$\sqrt{2}$	2	$10^{1/2*}$	10^1	10^2
a_u/dB	–40	–20	–10	–6	–3	0	3	6	10	20	40

Der Amplituden- und Phasengang werde durch ein *Beispiel* erläutert.

Beim *RC*-Spannungsteiler betrug das Spannungsverhältnis (s. Bild 4.3.5):

$$\underline{F}(\mathrm{j}\omega) = \frac{\underline{u}_a}{\underline{u}_e} = \frac{1}{1+\mathrm{j}\omega RC} = F \exp \mathrm{j}\varphi_f\,, \quad \omega_g = 1/RC \quad \text{mit}$$

$$F = \frac{1}{\sqrt{1+(\omega RC)^2}} \quad \text{und} \quad \varphi_f = -\arctan \omega RC\,. \tag{4.4.3}$$

Die Verläufe von F und φ_f wurden bereits im Bild 4.3.5c im linearen Maßstab dargestellt. Der steile Abfall von F setzte bei der *Grenzfrequenz* ω_g ein, wo der Amplitudengang F auf den $1/\sqrt{2}$-fachen Maximalwert abgefallen war:

$$\frac{F(\omega_g)}{F(0)} = \frac{1}{\sqrt{2}} = \frac{U_a(\omega_g)}{U_e}\,. \tag{4.4.4}$$

Die Grenzfrequenz $\omega_g = 1/RC$ wird entweder in s^{-1} oder Hz ($f_g = \omega_g/2\pi$) angegeben. Dabei gelten

- ein Phasenwinkel $\varphi_f = -\pi/4$ (zwischen $0 \ldots -\pi/2$) und
- Wirkwiderstand R = Blindwiderstand $1/\omega C$ (gleicher Spannungsabfall (Betrag) über R und C).

Die Grenzfrequenz trennt den Durchlass- vom Sperrbereich, dort sinkt F stark ab (Tiefpasswirkung). Zur dimensionslosen Darstellung ist die *normierte Frequenz* $\Omega = \omega RC = \omega/\omega_g$ zweckmäßig.

Darstellung im Bode-Diagramm. Die lineare Darstellung $F(\omega)$ (Bild 4.3.5c) drückt vor allem für sehr kleine und große Ω wenig aus. Vorteile bringt erst die *doppelt-logarithmische Darstellung* (Bild 4.4.5):

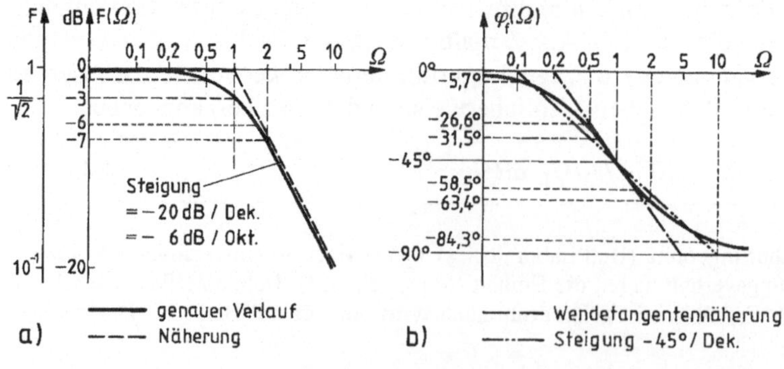

Bild 4.4.5 Übertragungsverhalten eines *RC*-Tiefpasses 1. Ordnung (Schaltung, Bild 4.3.5), normierte Frequenz Ω
a) Bodediagramm, (logarithmischer) Amplitudengang im logarithmischen Frequenzmaßstab
b) Phasengang im logarithmischen Frequenzmaßstab

$$\lg F = \lg 1 - \lg\sqrt{1+\Omega^2} = -\lg\sqrt{1+\Omega^2}$$

oder gleichwertig bei Angabe von F in dB:

$$\text{Amplitudengang} \quad F = -20\lg\sqrt{1+\Omega^2}\ dB \qquad (4.4.5)$$

$$\text{Phasengang} \quad \varphi_f = -\arctan\Omega\,.$$

Für den *Amplitudengang F* gelten als Näherungen

- $\Omega \ll 1$: $F/\text{dB} \approx 0$ (Spannungsverhältnis $u_a/u_e = 1$), d.h. *parallele Gerade* bei 0 dB
- $\Omega \gg 1$: $F/\text{dB} \approx -20\lg\sqrt{\Omega^2} = -20\lg\Omega$, *abfallende Gerade*. Ihre Steigung beträgt
- bei *Frequenzverzehnfachung* (von Ω auf $10\,\Omega$), also Änderung um eine *Dekade:* $F(10\,\Omega) - F(\Omega) \approx -20\,[\lg 10\,\Omega - \lg\Omega]$ dB = – 20 dB/Dek.
- bei *Frequenzverdopplung* (von Ω auf $2\,\Omega$), also Änderung um eine *Oktave:* $F(2\Omega) - F(\Omega) \approx -20\,[\lg 2\,\Omega - \lg\Omega]$ dB = – 6 dB/Okt.

Im Bereich $\Omega \gg 1$ wird der Amplitudengang F des *RC*-Tiefpasses durch eine Gerade (Asymptote) mit einem Gefälle von –20 dB/Dek. resp. –6 dB/Okt. dargestellt. Sie schneidet bei $\Omega = 1$ die Gerade $F = 0$ dB. Der aktuelle Amplitudengang beträgt in diesem Punkt

$$F = -20\lg\sqrt{2}\ \text{dB} = -3\ \text{dB}.$$

Deshalb heißt $\Omega = 1$ resp. ω_g auch 3 dB- oder *Knickfrequenz*.

Im *Phasengang* wird der Phasenwinkel ω_f (Gl. (4.4.5)) im linearen Maßstab über der logarithmischen Frequenzskala aufgetragen (Bild 4.4.5b). Auch hier kann der genaue Verlauf von Gl. (4.4.3) durch Geraden angenähert werden. In den Bereichen $\Omega \ll 1$ und $\Omega \gg 1$ sind dies $\omega_f = 0$ bzw. $\omega_f = -\pi/2$. Im Zwischengebiet werden zwei Näherungen verwendet:

- eine Gerade durch die Punkte $\Omega = 0{,}1$, 1 und 10, die das Gesamtverhalten gut anpasst,
- eine Gerade durch die Punkte $\Omega = 0{,}2$, 1 und 5, wobei die Steigung mit dem tatsächlichen Verlauf im Punkt $\Omega = 1$ gut übereinstimmt (Wendetangente).

***RC*-Hochpass**. Durch Vertauschen von R und C im Tiefpass (Bild 4.3.5) entsteht eine Schaltung, deren Ausgangsspannung mit wachsender Frequenz steigt: *Hochpassverhalten*. Ihr Frequenzgang $\underline{F}$ folgt zu (Spannungsteilerregel):

$$\underline{F}(\mathrm{j}\omega) = \frac{\underline{u}_a}{\underline{u}_e} = \frac{R}{R + 1/\mathrm{j}\omega C} = \frac{1}{1 + 1/\mathrm{j}\omega RC} = \frac{1}{1 - \mathrm{j}/\Omega} \qquad (4.4.6)$$

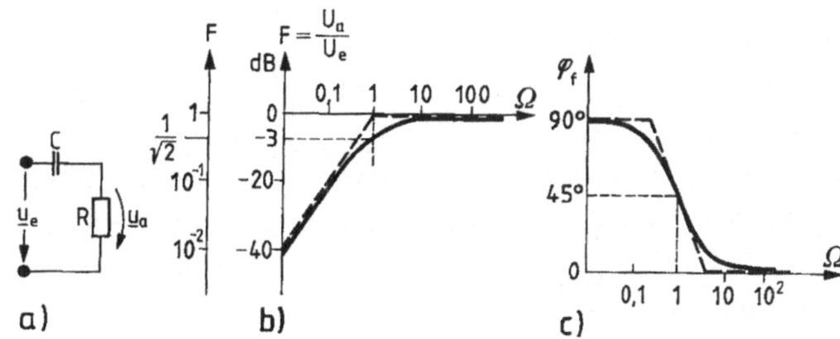

Bild 4.4.6 Übertragungsverhalten (Frequenzgang) eines *RC*- Hochpasses 1. Ordnung
a) Schaltung
b) Bodediagramm, (logarithmischer) Amplitudengang im logarithmischen Frequenzmaßstab
c) Phasengang im logarithmischen Frequenzmaßstab

mit $\Omega = \omega/\omega_g$, $\omega_g = 1/RC$. Bild 4.4.6 zeigt Amplituden- und Phasengang in der Bode-Form mit der Grenzfrequenz bei ω_g ($\Omega = 1$). Die beiden diskutierten Schaltungen sind nicht die einzigen Frequenzgänge erster Ordnung, es gibt vielmehr vier typische Formen (Bild 4.4.7, welche Schaltungen aus Grundgliedern gehören jeweils dazu?).

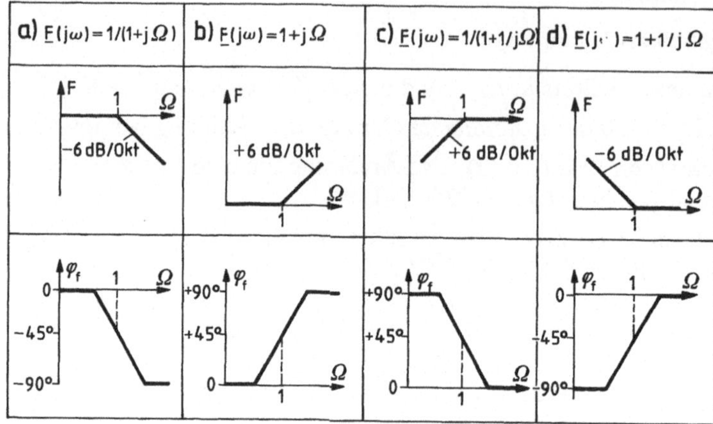

Bild 4.4.7 Übertragungsverhalten (Bodedarstellung) von typischen *RC-/LC*-Netzwerken 1. Ordnung

Beispiel. In einer Kettenschaltung aus zwei Übertragungsgliedern (Hochpass, F_1, Tiefpass F_2), getrennt durch einen Trennverstärker (idealer Verstärker mit Spannungsverstärkung 1, $\underline{Z}_e \to \infty$, $\underline{Z}_a \to 0$) wirken beide Siebschaltungen zusammen (Bild 4.4.8). Der Übertragungsfaktor beträgt

$$\underline{F} = \frac{\underline{u}_4}{\underline{u}_1} = \frac{\underline{u}_2}{\underline{u}_1} \cdot \frac{\underline{u}_3}{\underline{u}_2} \cdot \frac{\underline{u}_4}{\underline{u}_3} = \underline{F}_1 \cdot 1 \cdot \underline{F}_2 \, .$$

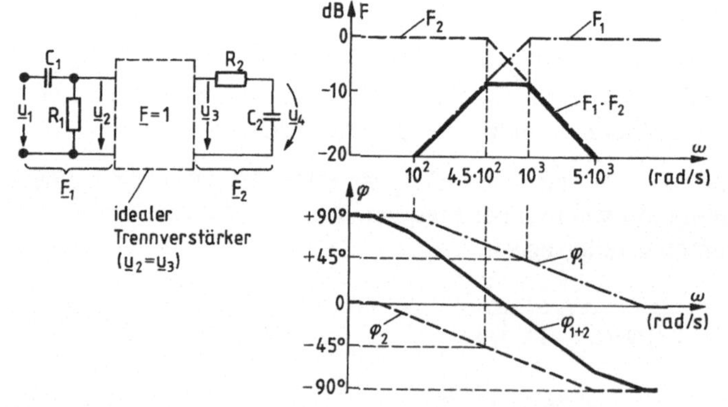

Bild 4.4.8 Verstärker mit Hochpass (F1) und Tiefpass (F2)

a) Schaltung

b) Amplitude und Phasengang. Es entsteht eine Schaltung mit Bandpassverhalten

Die Einzelfrequenzgänge selbst lauten ($R_1C_1 = 0{,}1\,\mu\text{F}\ 10\,\text{k}\Omega = 10^{-3}$ s) für den *Hochpass*

$$\underline{F}_1(\text{j}\omega) = \frac{R_1}{R_1 + 1/\text{j}\omega C} = \frac{1}{1 + 1/\text{j}\omega R_1 C} = \frac{1}{1 + 1/\text{j}\omega \cdot 10^{-3}\text{s}}$$

und für den *Tiefpass* am Ausgang ($R_2C_2 = 10\,\text{k}\Omega\ 0{,}22\,\mu\text{F} = 2{,}2 \cdot 10^{-3}$ s):

$$\underline{F}_2(\text{j}\omega) = \frac{1}{1 + \text{j}\omega RC} = \frac{1}{1 + \text{j}\omega \cdot 2{,}2 \cdot 10^{-3}\text{s}} \, .$$

Der gesamte Frequenzgang ist das Produkt der Einzelfrequenzgänge. In deren Darstellung (Bild 4.4.8) treten die beiden Grenzfrequenzen $1/10^{-3} = 10^3$ rad/s und $1/2{,}2 \cdot 10^{-3}$ s $= 4{,}54 \cdot 10^2$ rad/s deutlich hervor. Die Schaltung wirkt wie ein *Bandpass* mit einer *Bandbreite* von $f_u = 4{,}53 \cdot 10^2$ rads$^{-1}/2\pi = 72$ Hz bis $f_o = 159$ Hz.

PC a) Bauen Sie die Schaltung Bild 4.4.8 mit Multisim auf, wählen Sie als idealen Trennverstärker eine spannungsgesteuerte Spanungsquelle mit $A_u = 1$. Untersuchen Sie den Frequenzgang der Spannungsverstärkung unter Einsatz des Bode-Plotters im Frequenzbereich 10 Hz...100 kHz.Wie gut lassen sie die Ergebnisse nachvollziehen?

b) Ersetzen Sie den Verstärker durch den im Multisim-Beispiel 4/14 definierten Verstärker und wiederholen Sie die Frequenzganguntersuchung. Ergebnisse? Welche Anforderungen sind deshalb an den Verstärker zu stellen?

c) Untersuchen Sie im MATLAB-Beispiel 4/15 den Frequenzgang eines sog. Spannungsfolgers.

d) Wiederholen Sie Aufgabe c) mit Multisim unter Verwendung der Transferfunktion H(s) (Bibliothek Controls), stellen Sie die Koeffizienten so ein, dass sie dem MATLAB-Beispiel entsprechen. Führen Sie die Analyse mit dem Bodeplotter durch.

e) Bestimmen Sie das Bode-Diagramm einer gegebenen Übertragungsfunktion mit MATLAB (Beispiel 4/5).

f) Bestimmen Sie in Anlehnung an MATLAB-Beispiel 4/5 jeweils das Bode-Diagramm der zu Gl. (4.4.3) und (4.4.6) gehörenden Übertragungsfunktionen.

Bode-Diagramm für Übertragungsglieder 2. Ordnung. Der Frequenzgang eines Netzwerkes wird ausgeprägter, wenn es mehr als einen Energiespeicher enthält. Seine „Ordnung" liegt direkt durch die Zahl der unabhängigen (d.h. nicht weiter zusammenfassbaren) Energiespeicher fest, wie das eben betrachtete Beispiel zeigt.

Der Frequenzgang eines Übertragungsgliedes zweiter Ordnung lässt sich (mit der normierten Frequenz Ω) allgemein in der Form

$$\underline{F}(\mathrm{j}\Omega) = \frac{K}{1 + 2\mathrm{j}D\Omega + (\mathrm{j}\Omega)^2} \tag{4.4.7}$$

darstellen (D: Dämpfung) mit seinen Bestandteilen:

$$\begin{aligned} |\underline{F}(\mathrm{j}\Omega)| &= 20\lg K - 20\lg\sqrt{(1-\Omega)^2 + (2D\Omega)^2} && \text{Amplitudengang} \\ \varphi(\mathrm{j}\Omega) &= \arctan\frac{-2D\Omega}{1-\Omega^2}. && \text{Phasengang} \end{aligned} \tag{4.4.8}$$

Im Bild 4.4.9 auf S. 186 sind die Verläufe dargestellt mit verschiedenen Dämpfungswerten D als Parameter. Der Amplitudengang wird für $\Omega \ll 1$ durch eine Parallele zur Nulllinie angenähert, für $\Omega \gg 1$ eine Gerade mit dem Abfall –2/Dekade (–40 dB/Dek). Bei der Bezugsfrequenz $\Omega = 1$ schneiden sich beide. Dort hängen Amplitude und Phase stark von der Dämpfung D ab. Die Phase beträgt für $\Omega \ll 1$ etwa $\varphi_f \approx 0$ =, für $\Omega \gg 1$ etwa $\varphi_f \approx -\pi$.

Der Frequenzgang nach Gl. (4.4.7) ist für den Schwingkreis typisch (Abschn. 4.6.1).

Die Berechnung der Verläufe Gl. (4.4.8) erfolgt zweckmäßig mit MATLAB, das entsprechende M-File ist hier (als Vorschlag) angegeben. Die Parameterwerte und Kurvenverbesserung erfolgten anschließend mit den vielfältigen Möglichkeiten von MATLAB zur Grafikbearbeitung. Die Verläufe sind über der normierten Variablen $w \equiv \Omega$ aufgetragen.

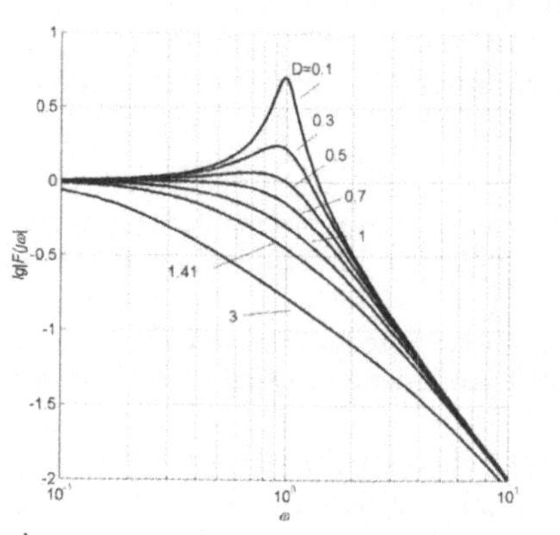

a)

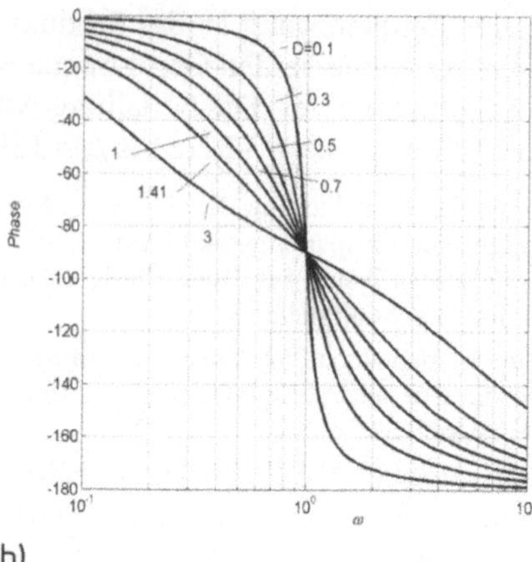

b)

Bild 4.4.9 Betrag- und Phasengang eines Übertragungsgliedes 2. Ordnung. Parameter D, Dämpfung

```
%Üf-2-Ord.mnum
F=1;                                  %Zählerpolynom
w=logspace(-1, 1, 200);               %log.Teilung von w
D=[0.1,0.3,0.5,0.7,1,1.41,3];         %Dämpfungswerte
for i=1:7                             %Schleife
   denF=[1 2*D(i) 1];                 %Nennerpolynom
   F=tf(numF,denF);                   %Darstellung F(ohm)
   [betrag,phase,w]=bode(F,w);        %Betrag und Phase, Bode
   semilogx(w,log10(betrag(:)));      %Amplitudengang
   hold on                            %Kurve nicht überschreiben
end
axis([0.1,10,-2,1])                   %Achsenskalierung,Vorgabe
xlabel('\it{\omega}')                 %Abszissebeschriftung
ylabel('\it{lg|F(j\omega|}')          %Ordinatenbeschriftung
hold off
grid                                  %Gitterlinien
figure                                %neue Darstellung
for i=1:7
   denF=[1 2*D(i) 1];
   F=tf(numF,denF);
   [betrag,phase,w]=bode(F,w);
   semilogx(w,phase(:));
   hold on
end
axis([0.1,10,-180,0]);
xlabel('\it{\omega}')
ylabel('\it{Phase}')
hold off grid
```

PC a) Führen Sie im Multisim-Beispiel 4/7 die Frequenzanalyse eines Reihenschwingkreises als Beispiel eines Systems 2. Ordnung durch. Welche Beziehungen bestehend zwischen den Schaltelementen und den Koeffizienten in Gl. (4.4.7)?

b) Führen Sie anschließend das MATLAB-Beispiel 4/12 durch, passen Sie die Koeffizienten a, b in der Übertragungsfunktion und die Normierung in der Kreisfrequenz w dem Beispiel a) an.

Aufgaben 4.4.3, 4.4.4.

4.4.3 Ortskurven

Eine Ortskurve ist die Darstellung des Frequenzganges $\underline{F}(j\omega)$ eines Netzwerkes in der komplexen Ebene mit einer Variablen (meist Kreisfrequenz ω, aber auch Widerstand, Kapazität, Induktivität) als Parameter. Sie vereint Betrag und Phase der Funktion $\underline{F}(j\omega)$ in einem Bild. Dabei ist die normierte Darstellung zweckmäßig.

Bei der Darstellung tragen reelle und imaginäre Achsen *stets gleiche Maßstäbe* (sonst ergeben sich falsche Zeigerwinkel!).

Ortskurven dienen der übersichtlichen Darstellung von Netzwerkeigenschaften in größeren Frequenzbereichen. Sie geben insbesondere über die „Stabilität" eines Netzwerkes Auskunft, also darüber, ob bei einer bestimmten Frequenz nicht ungewollte Schwingungen entstehen (→ *Nyquistkriterium*). Daher wird dieser Ortskurventyp auch als *Nyquistortskurve*[7] bezeichnet. Die Ortskurve des Frequenzganges $\underline{F}(j\omega)$ kann je nach Aufgabenstellung ein Widerstandsoperator, ein Strom- oder Spannungsverhältnis sein. Ihre Auswertung/Darstellung ist meist rechenintensiv und sollte computergestützt erfolgen, zumal Standardprogramme (z.B. MATLAB, Multisim 2001/EWB) dafür alle Voraussetzungen mitbringen. Dennoch kann auf ein Grundverständnis der Bildungsregeln nicht verzichtet werden schon, um die Computerergebnisse richtig interpretieren zu können.

Einfache Netzwerke führen auf *zwei Ortskurvengrundtypen*: die *Gerade nicht durch den Ursprung* und den *Kreis* oder *Kreisabschnitt* (durch den Nullpunkt oder nicht).

Bild 4.4.10 zeigt die Ortskurve des Widerstandsoperators $\underline{Z} = R + j\omega L$ einmal bei veränderlicher Frequenz (Bild a), zum anderen bei veränderlichem Wirkwiderstand. Im ersten Fall ändert sich nur der Imaginärteil und der Zeiger $\underline{Z}$ bewegt sich auf einer Geraden im Abstand R parallel zur imaginären Achse. Das ist die $\underline{Z}$-Ortskurve mit ω als Parameter. Bleibt dagegen ω fest und wird R verändert (Bild b), so entsteht als Ortskurve eine Gerade parallel zur reellen Achse (mit R als Parameter).

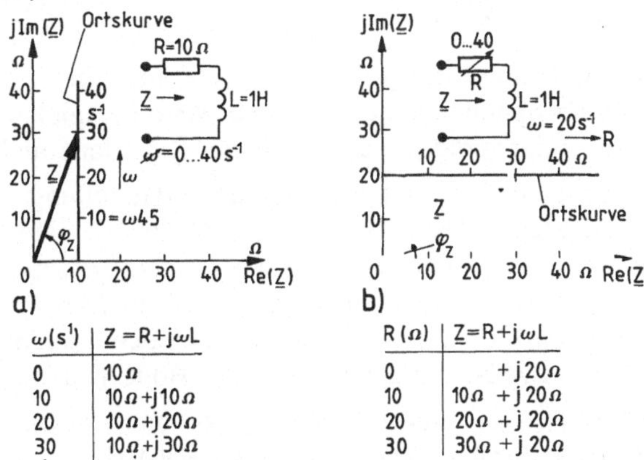

ω (s⁻¹)	$\underline{Z} = R + j\omega L$
0	10 Ω
10	10 Ω + j10 Ω
20	10 Ω + j20 Ω
30	10 Ω + j30 Ω
⋮	⋮

R (Ω)	$\underline{Z} = R + j\omega L$
0	+ j20 Ω
10	10 Ω + j20 Ω
20	20 Ω + j20 Ω
30	30 Ω + j20 Ω

Bild 4.4.10 Ortskurve des komplexen Widerstandes $\underline{Z}$
a) bei variabler Kreisfrequenz
b) bei veränderlichem Wirkwiderstand $\underline{R}$

Wird zu einer $\underline{Z}$-Ortskurve z.B. die Leitwertortskurve $\underline{Y} = 1/\underline{Z} = 1/(R + j\omega L)$ gewünscht, so muss jeder Zeiger $\underline{Z}$ punktweise, d.h. für jeden Parameterwert „invertiert" werden. Diese punktweise Inversion kann für bestimmte Ortskurventypen auch nach sog. *Inversionsregeln* erfolgen. Die drei wichtigsten lauten:

[7] Nyquist, H., amerikanischer Elektrotechniker, 1889–1976.

- die Ortskurve einer Geraden durch den Nullpunkt gibt bei der Inversion wieder eine *Gerade durch den Nullpunkt,*
- die Ortskurve einer Geraden *nicht* durch den Nullpunkt gibt einen *Kreis* (*oder Kreisabschnitt*) *durch den Nullpunkt,*
- die Ortskurve eines allgemeinen Kreises gibt wieder einen *allgemeinen Kreis*.

Zu beachten ist der Vorzeichenwechsel des Phasenwinkels bei der Inversion (s. Gl. (4.4.1)). Deshalb verlagert sich eine Ortskurve z.B. aus dem 1. Quadranten bei der Inversion in den 4. Quadranten und umgekehrt.

Im Bild 4.4.11 wurden die Leitwertortskurven zu Bild 4.4.10 nach dieser Methode ermittelt. Es genügt, im Bild a) zunächst für $\omega = 0$ den größten Leitwert $Y = G = 1/R = 1/10\ \Omega$ festzulegen (→ Durchmesser des Halbkreises, kleinster Zeiger wird bei der Inversion zum größten). Andererseits ist für $\omega \to \infty$ ($\underline{Z} \to +\mathrm{j}\,\infty$) bei der Inversion der Nullpunkt zu erwarten, durch den der Kreis verlaufen muss. Zwischenwerte, wie z.B. die Grenzfrequenz ω_{45} → $R = |\mathrm{j}X_\mathrm{L}|$, sind leicht einzutragen. Nach den gleichen Überlegungen wird Bild b) konstruiert.

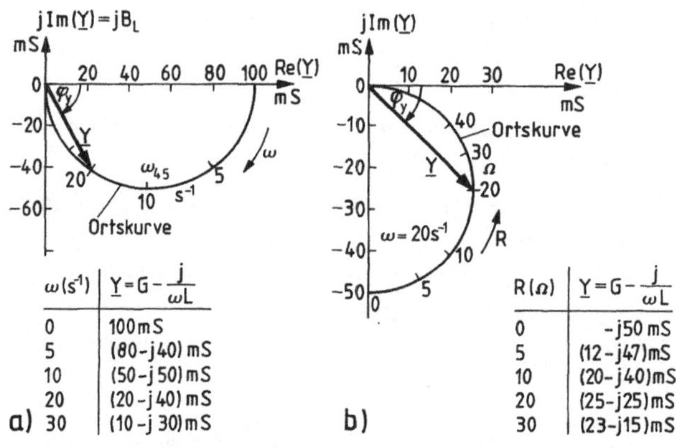

Bild 4.4.11 Ortskurve des komplexen Leitwertes $\underline{Y}$
a) bei variabler Kreisfrequenz
b) bei variablem Wirkleitwert $\underline{G}$

Ortkurvendarstellungen gelten nicht nur für Widerstands-/Leitwertoperatoren, sondern auch für Spannungen und Ströme. Wird beispielsweise in eine Impedanz $\underline{Z}$ ein konstanter Strom $\underline{i}$ eingeprägt, so entspricht der $\underline{Z}$-Verlauf auch dem $\underline{u}$-Verlauf usw.

Experimentell erfolgt die Ortskurvendarstellung typischerweise durch rechnergesteuerte Messsysteme. Dazu wird an das Netzwerk eine Quelle gelegt mit einer vom Rechner schrittweise geänderten Frequenz. Die gemessenen Antwortwerte (→ Ortskurve) werden zunächst gespeichert, nach Abschluss des Messvorganges bearbeitet und auf einem Bildschirm als Ortskurve dargestellt. Nach dem gleichen Prinzip arbeiten die Schaltungssimulatoren etwa bei der Berechnung des Bode-Diagramms oder von Ortskurvendarstellungen..

PC a) Untersuchen Sie die Ortskurven des Widerstands- und Leitwertoperators eines Parallelschwingkreises (s. Bild 4.6.11) im Multisim-Beispiel 4/13b mit dem Netzwerkanalysator.

b) Untersuchen Sie die Ortskurven Bild 4.4.10 und 4.4.11 mit dem Netzwerkanalysator unter Anlehnung an Multisim-Beispiel 4/13b. (Hinweis: Die Veränderung eines reellen Parameters ist bei Benutzung des Netzwerkanalysators zur Ortskurvendarstellung nicht ohne weiteres möglich).

c) Ermitteln Sie die Ortskurve einer gegebene Übertragungsfunktion mit MATLAB (Beispiel 4/4).

d) Wenden Sie das MATLAB-Beispiel auf die Schaltung Bild 4.4.11 an und berechnen Sie die Ortskurve des komplexen Leitwertes für beide Bilder.

4.5 Leistung und Energie im Wechselstromkreis

Im Gleichstromkreis setzt der ohmsche Widerstand (gleichgültig ob linear oder nichtlinear) stets die gleiche Leistung $P = I \cdot U$ in Wärme um.

Im Wechselstromkreis kommen zusätzlich die Energiespeicherelemente (L, C, M) ins Spiel, deswegen ist der Leistungsumsatz nicht ohne weiteres plausibel.

4.5.1 Leistungsbegriffe

Die *Augenblicks-* oder *Momentanleistung* $p(t)$

$$p(t) = u(t) \cdot i(t) \quad \text{Momentanleistung} \quad [p] = \text{W (Watt)} \tag{4.5.1}$$

ist definiert als Produkt der momentanen Strom- und Spannungswerte am Zweipol. Bild 4.5.1 zeigt typische Momentanleistungen an Grundzweipolen (a, b, c) und einem allgemeinen Zweipol (d).

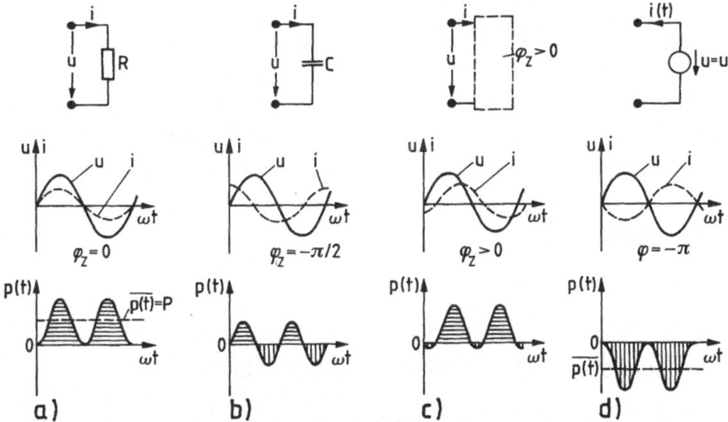

Bild 4.5.1 Leistungsumsatz in Grundzweipolen ($\varphi_Z = \varphi_u - \varphi_i$)
a) ohmscher Widerstand
b) Kondensator
c) allgemeiner Zweipol
d) Spannungsquelle

Am *Widerstand* R hat Spannung $u(t) = \hat{u} \sin(\omega t + \varphi_u)$ (vereinfacht $\varphi_u = 0$ gesetzt) den Strom $i(t) = u(t)/R$ und damit die momentane Leistung (Bild 4.5.1a)

$$p(t) = u(t) \cdot i(t) = \frac{\hat{u}^2}{R} \sin^2 \omega t = \frac{\hat{u}\,\hat{i}}{2}(1 - \cos 2\omega t) = p_W(t) \tag{4.5.2}$$

zur Folge. Sie schwankt (mit der doppelten Frequenz) um die *Wirkleistung* (als Mittelwert):

$$P = \overline{p(t)} = \frac{1}{T}\int_0^T p(t)\,dt = \frac{1}{T}\int_0^T \frac{\hat{u}\hat{i}}{2}(1 - \cos 2\omega t)\,dt = \frac{\hat{u}\hat{i}}{2} = \frac{\hat{u}^2}{2R} = \frac{U^2}{R} \quad \text{Wirkleistung} \tag{4.5.3}$$

Über die Wirkleistung P wurde der Effektivwert (s. Gl. (4.1.6)) definiert. Sie wird im Widerstand ständig in Wärme umgesetzt. Die Größe (s. Gl. (4.5.2)) $p_W(t) = P(1 - \cos 2\omega t)$ heißt *Wirkleistungsschwingung*.

Im *Kondensator* C (*Induktivität* L), ($\varphi_u \neq 0$) verursacht die Spannung $u(t) = \hat{u}\sin(\omega t + \varphi_u)$ den Strom

$$i(t) = C\,du/dt = C\,\hat{u}\cos(\omega t + \varphi_u) = C\hat{u}\sin(\omega t + \varphi_u + \pi/2)$$

und der Momentantwert der Leistung $p(t)$ beträgt

$$p(t) = u(t)\,i(t) = \hat{u}\cdot\hat{\imath}\sin(\omega t + \varphi_u)\sin(\omega t + \varphi_u + \pi/2)$$
$$= (\hat{u}\cdot\hat{\imath}/2)\cdot\sin 2(\omega t + \varphi_u). \tag{4.5.4}$$

Die mittlere Leistung $\overline{p(t)}$ (d.h. die Wirkleistung nach Gl. (4.5.3)) *verschwindet*. Bild 4.5.1b zeigt die Verläufe für $\varphi_u = 0$. Die momentane Leistung $p(t)$ ändert periodisch ihr Vorzeichen. So fließt ständig Leistung mit doppelter Frequenz in den Kondensator und wieder zurück: *Energiependelung* durch periodisches Auf-/Entladen (vgl. auch Bild 2.3.4). In einer Viertelperiode wird die Energie $C\cdot u^2/2$ gespeichert, in der nächsten wieder abgegeben usw. Die zugehörige Leistung heißt *Blindleistung*

$$Q = -\hat{u}\hat{\imath}/2 = IU = \hat{\imath}^2 X_C \quad \text{Blindleistung} \tag{4.5.5}$$
$[Q]$ = var (Volt Ampere reactive)

Beim Kondensator ist $Q = Q_C$ negativ (der Blindwiderstand betrug $X_C = -1/\omega C$!).

Die Einheit der Blindleistung ist an sich das Watt. Um sie von der Wirkleistung zu unterscheiden, wird die Einheit var gewählt.

Die Blindleistung des Kondensators ist anschaulich die beim Auf- und Abbau des elektrischen Feldes zwischen Quelle und Kondensator ausgetauschte Leistung.

Bei der *Induktivität* L treffen im Prinzip die gleichen Verhältnisse wie bei der Kapazität zu, nur ist die Blindleistung

$$Q = \hat{u}\hat{\imath}/2 = IU = \hat{\imath}^2 X_L \tag{4.5.6}$$

positiv. Auch hier erfolgt keine Wirkleistungsumsatz. Tafel 4.5.1 enthält die Leistungsbeziehungen der Grundelemente zusammengefasst.

Tafel 4.5.1 Leistung in den Grundelementen

	allgemeiner Zweipol	R	L	C
Z φ_z	Z, φ_z	R, 0	$\omega L, +\pi/2$	$1/\omega C, -\pi/2$
Wirkleistung P Blindleistung Q	$U\cdot I\cdot\cos\varphi_z$ $U\cdot I\cdot\sin\varphi_z$	$U\cdot I$ 0	0 $U\cdot I$	0 $-U\cdot I$
Scheinleistung S	$U\cdot I = U^2/Z$	$U\cdot I = I^2 R$	$U\cdot I = U^2\,\omega L$	$U\cdot I = U^2\,\omega C$

Nur im Wirkwiderstand (R) wird Wirkleistung umgesetzt, Blindleistung nur in der Induktivität ($Q_L > 0$) und Kapazität ($Q_C < 0$) (Name Blindschaltelement!). Positive und negative Blindleistung lassen sich kompensieren: *Resonanzeffekt*.

Blindleistung kann in keine andere Leistungsform gewandelt werden.

Allgemeiner Zweipol. Am allgemeinen Zweipol mit $u(t)$, $i(t)$, (VPZ) ergibt sich als momentane Leistung (Gl. (4.5.1)):

$$p(t) = \hat{u}\,\hat{\imath}/2\,[\underbrace{\cos(\varphi_u - \varphi_i)}_{\text{zeitlich konstant}} - \underbrace{\cos(2\omega t + \varphi_u + \varphi_i)}_{\text{mit } 2\omega \text{ schwankend}}] \quad (4.5.7)$$

Momentanleistung am Zweipol, allgemein.

Sie schwankt um den Mittelwert:

$$\overline{p(t)} = P = \frac{1}{T}\int_{t_0}^{t_0+T} p(t)\,dt = \frac{1}{T} = \frac{\hat{u}\hat{\imath}}{2}\cos(\varphi_u - \varphi_i) \quad \text{Wirkleistung}. \quad (4.5.8)$$

Die im Zweipol umgesetzte Wirkleistung ist gleich dem Produkt der Effektivwerte von Strom und Spannung und dem Leistungsfaktor $\cos\varphi_Z$. Im Blindwiderstand ($\varphi_Z = \pm\,\pi/2$) wird keine Wirkleistung umgesetzt.

Scheinleistung. In Gl. (4.5.7) schwingt der zweite Leistungsanteil mit der doppelten Frequenz. Die zugehörige Amplitude $\hat{u}\,\hat{\imath}/2 = UI$ heißt *Scheinleistung*

$$S = UI = \hat{u}\cdot\hat{\imath}/2 \qquad \text{Scheinleistung} \qquad [S] = \text{VA} \quad (4.5.9)$$

Die Scheinleistung $S = UI$ ist als Produkt der Effektivwerte von Strom und Spannung am Zweipol und stets positiv.

Um eine Verwechslung mit der Wirkleistung (Einheit 1 W) auszuschließen, führt die Scheinleistung die Einheit 1 VA (Volt-Ampere).

Blindleistung. Es liegt nahe, die Momentanleistung $p(t)$ Gl. (4.5.7)

$$p(t) = \hat{u}\,\hat{\imath}/2\,[\cos\varphi - \cos\varphi\cdot\cos 2(\omega t + \varphi_u) - \sin\varphi\,\sin 2(\omega t + \varphi_u)]$$

mit $2\omega t + \varphi_u + \varphi_i = 2(\omega t + \varphi_u) - \varphi,\ \varphi = \varphi_u - \varphi_i$

durch Zerlegung von $\cos(2\omega t - \varphi) = \cos\varphi\cdot\cos 2(\omega t + \varphi_u) + \sin\varphi\cdot\sin 2(\omega t + \varphi_u)$ in drei Terme aufzuteilen:

- die Wirkleistung $P = \hat{u}\,\hat{\imath}/2\cos\varphi = UI\cos\varphi$,
- den *schwingenden* Teil der Wirkleistung $P\cos 2(\omega t + \varphi_u)$,
- die *schwingende Blindleistung* $-Q\sin 2(\omega t + \varphi_u)$:

$$p(t) = \underbrace{\underbrace{P}_{\text{eigentliche Wirkleistung}} \underbrace{- P\cos 2(\omega t + \varphi_u)}_{\text{schwingende Leistung}}}_{\text{Wirkleistungsschwingung}} \underbrace{- Q\sin 2(\omega t + \varphi_u)}_{\text{Blindleistungsschwingung}}. \quad (4.5.10)$$

Der erste und zweite Anteil ist die Leistung im ohmschen Widerstand, deren Mittelwert in Wärme umgesetzt wird. Der dritte Teil – die Blindleistung – pendelt dauernd zwischen Quelle und Blindwiderstand hin und her. Dabei ist die *Blindleistung* durch

$$Q = (\hat{u}\hat{\imath}/2)\sin\varphi = UI\sin\varphi = S\sin\varphi \qquad [Q] = \text{var} \qquad (4.5.11)$$

Blindleistung allgemein

definiert: Induktivität ($\varphi = \pi/2$), Blindleistung Q positiv, Kapazität ($\varphi = -\pi/2$), Q negativ. Im Bild 4.5.2 wurden die Leistungsanteile dargestellt. Die momentane Wirkleistung $p_W(t)$ bleibt stets positiv. Die Blindleistungsschwingung $p_B(t)$ pendelt ständig.

PC a) Untersuchen Sie im MATLAB-Beispiel 4/9 die allgemeinen Leistungsverhältnisse am Zweipol.
b) Untersuchen Sie im Multisim-Beispiel 4/11 die Leistungsverhältnisse in einem gemischt induktiven Zweipol.

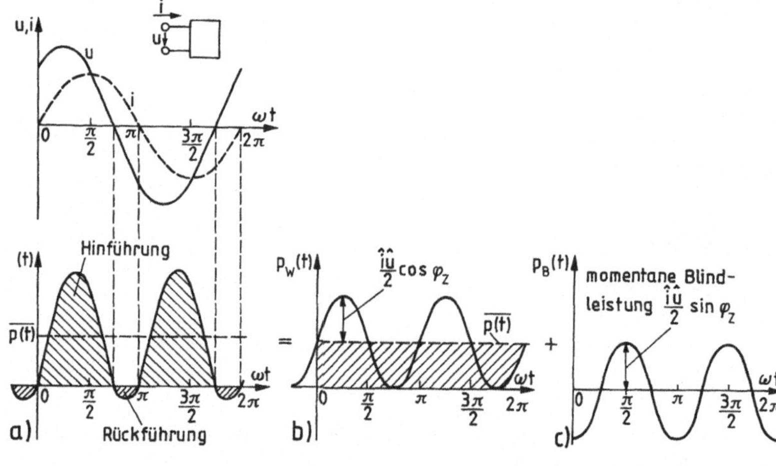

Bild 4.5.2 Leistungsumsatz am Zweipol
a) allgemeiner Zweipol
b) Wirkleistungsschwingung
c) Blindeingangsschwingung

Zusammengefasst. Im linearen Wechselstromzweipol treten auf:

- Scheinleistung $S = U \cdot I$ $\quad [S] = \text{V A}$
- Wirkleistung $P = U \cdot I\cos\varphi$ $\quad [P] = \text{W}$
- Blindleistung $Q = U \cdot I\,\sin\varphi$ $\quad [Q] = \text{var}$
  kapazitiv $Q_C < 0$ induktiv $Q_L > 0$.

Tafel 4.5.1 enthält diese Übersicht für die Grundelemente. Weiterhin gelten:

$$P^2 + Q^2 = (S\cos\varphi)^2 + (S\sin\varphi)^2 = S^2$$
$$S = \sqrt{P^2 + Q^2}\,; \quad \tan\varphi = Q/P. \qquad (4.5.12)$$

Das Verhältnis Wirk- zu Scheinleistung heißt *Leistungsfaktor* $\cos\varphi = P/S$.

Bild 4.5.3 zeigt den Energieaustausch zwischen Quelle und Verbraucher mit den einzelnen Leistungsanteilen.

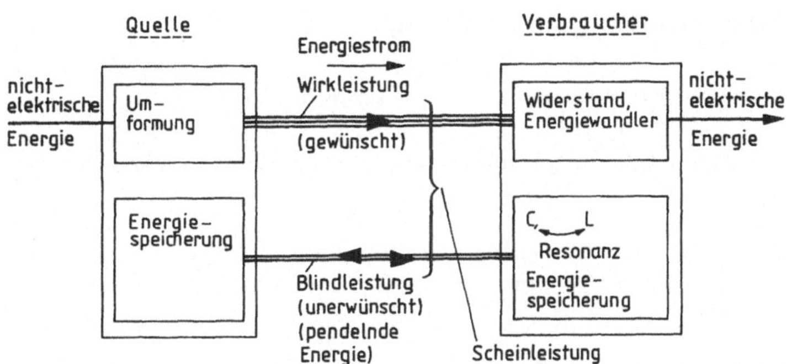

Bild 4.5.3 Energieströmung zwischen Quelle und Verbraucher

Vor allem aus wirtschaftlicher Sicht sollte das Pendeln der Blindleistung zwischen Quelle und Verbraucher im Grundstromkreis vermieden werden, weil der damit verbundene Strom in den Verbindungsleitungen zusätzliche Verluste verursacht. Da viele „Verbraucher" (z.B. Motoren, Transformatoren, Leuchtstoffröhren, Fernsehgeräte) einen induktiven Phasenwinkel haben, versucht man durch Zuschalten von Kondensatoren (am Verbraucher, Resonanzeffekt!) den Blindstrom zum Erzeuger zu vermeiden. Angestrebt wird so ein Leistungsfaktor $\cos\varphi = P/S \to 1$ ($\to Q \approx 0$).

Beispiel. Ein Rechner am Netz ($U = 230$ V, $f = 50$ Hz) mit einem Leistungsfaktor $\cos\varphi = 0{,}9$ (induktiv, $\varphi > 0$) benötigt einen Strom $I = 0{,}3$ A.

Man bestimme Wirk-, Blind- und Scheinleistung.

Welche Ersatzschaltung gehört dazu?

Lohnt Blindleistungskompensation?

Es betragen die Scheinleistung $S = UI = 230\,\text{V} \cdot 0{,}3\,\text{A} = 69\,\text{VA}$, die Wirkleistung $P = S\cos\varphi = 62$ W und die Blindleistung $Q = \sqrt{(S^2 - P^2)} = 30$ var.

Die Ersatzschaltung besteht aus der Reihenschaltung des Wirkwiderstandes $R_r = Z\cos\varphi = 690\,\Omega$ ($Z = U/I = 766\,\Omega$) und $X_r = Z\sin\varphi = 333\,\Omega = \omega L_r$, $L_r = X_r/\omega = 1{,}06$ H ($\to P = I^2 R_r$, $Q = I^2\omega L$).

Zur Blindleistungskompensation müsste der Reihenschaltung $R_r + j\omega L_r$ eine Kapazität parallelgeschaltet werden und zwar so, dass der gesamte Imaginärteil der Admittanz verschwindet: $\text{Im}\,[j\omega C + (1/(R_r + j\omega L_r)] = 0$. Dies führt auf die Bedingung $C = L/(R^2 + (\omega L)^2) = 1{,}8\,\mu\text{F}$. Dieser Aufwand ist angesichts der geringen Energiebilanzverbesserung kaum vertretbar.

Die Situation würde sich grundlegend ändern, wenn etwa die Leistung eines Kraftwerkes von z.B. 10 MW an einen Verbraucher – eine Stadt – abgegeben werden soll und der Leistungsfaktor $\cos\varphi = 0{,}8$ betragen würde. Dann ist Blindleistungskompensation wohl zu erwägen.

PC a) Untersuchen Sie mit den Multisim-Beispielen 4/11 und 4/12 die Leistungsbegriffe am Zweipol.
b) Untersuchen Sie im MATLAB-Beispiel 4/10 den Leistungsfaktor einer Schaltung.

Aufgabe 4.5.1.

4.5.2 Leistungsanpassung

In der Informationstechnik wird Leistungsanpassung (s. Abschn. 3.1.2) angestrebt. Da bei Wechselstrom im Grundstromkreis sowohl im aktiven als auch passiven Zweipol Blindschaltelemente auftreten können, ist die bisherige Anpassbedingung Gl. (3.1.9) zu überprüfen.

Wirkleistungsanpassung. Im passiven Zweipol eines Grundstromkreises (Spannungsquellen-Ersatzschaltung Bild 4.5.4 mit komplexen Innen- und Außenwiderständen) wird die Wirkleistung

$$P = \frac{u_q^2 R_a}{(R_i + R_a)^2 + (X_i + X_a)^2} \qquad (4.5.13)$$

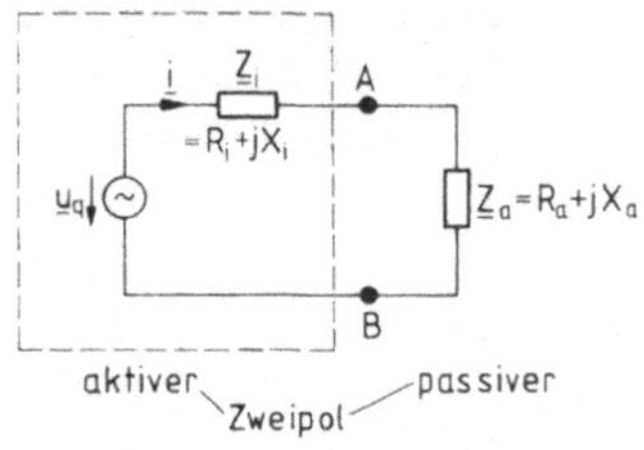

Bild 4.5.4 Grundstromkreis im Frequenzbereich dargestellt durch aktiven und passiven Zweipol

umgesetzt. Sie hängt gegenüber dem Gleichstromfall zusätzlich von den Blindwiderständen X_i, X_a des Gesamtkreises ab und wird maximal, wenn zwei Bedingungen *gleichzeitig* erfüllt sind:

- *Kompensation des Blindwiderstandes* (Resonanz)

  $X_i + X_a = 0$, d.h. $X_i = -X_a$,

- *Anpassung des Wirkwiderstandes* (bei Resonanzabstimmung)

  $R_i = R_a$

oder zusammengefasst:

$$R_i + jX_i = \underline{Z}_i = \underline{Z}_a{}^* = R_a - jX_a \qquad (4.5.14)$$

konjugiert komplexe Anpassung für maximale Wirkleistungsabgabe .

In diesem Fall erhält der Zweipol maximale Wirkleistung:

$$P_{max} = \frac{U_q^2}{4R_i} = \frac{U_q^2}{4\mathrm{Re}(\underline{Z}_i)} = \frac{I_q^2}{4\mathrm{Re}(\underline{Y}_i)}. \qquad (4.5.15)$$

Trifft nur eine der beiden Bedingungen Gl. (4.5.14) zu, so liegt *keine* maximale Wirkleistungsabgabe vor.

Zur Wirkleistungsanpassung verlangt ein induktiver passiver Zweipol ($X_a > 0$) kapazitiven Quellenwiderstand ($X_i < 0$). Ist der aktive Zweipol reell, so muss am passiven Zweipol auf verschwindenden Blindwiderstand kompensiert werden.

Scheinleistungsanpassung. Wirkleistungsanpassung gilt stets nur für eine Frequenz (→ Resonanzbedingung!). Die Informationstechnik fordert aber oft Leistungsanpassung über einen größeren Frequenzbereich. Dann wird Anpassung nach maximaler Scheinleistung (*Scheinleistungsanpassung*)

$$Z_a = \underline{Z}_i \quad \text{bzw.} \quad R_a = R_i \quad \text{und} \quad X_a = X_i \qquad \text{Scheinleistungsanpassung} \qquad (4.5.16)$$

angestrebt. Dabei erreicht die Scheinleistung

$$S = U\,I = \frac{U_q^2\,|\underline{Z}_a|}{(R_i + R_a)^2 + (X_i + X_a)^2} \tag{4.5.17}$$

den Maximalwert

$$S\big|_{max} = \frac{U_q^2}{4Z_i} \tag{4.5.18}$$

und die Wirkleistung beträgt

$$P = S\frac{R_i}{Z_i^2} = \frac{U_q^2}{4Z_i} = \frac{U_q^2}{4}\frac{R_i}{Z_i^2} < P_{max}\,. \tag{4.5.19}$$

Beide Anpassbedingungen unterscheiden sich in der Wahl der Blindwiderstände (oben Resonanz, hier Übereinstimmung). Am Rande sei erwähnt, dass dies die Anpassung nach dem sog. *Wellenwiderstand* ist.

PC Untersuchen Sie im MATLAB-Beispiel 4/3 die unterschiedlichen Leistungsanpassungen eines Zweipols im Wechelstromkreis.

Aufgabe 4.5.2.

4.6 Typische Wechselstromschaltungen

Wechselstromschaltungen – bestehend aus unabhängigen Quellen, den Grundelementen *R, L, C, M* und ggf. gesteuerten Quellen – werden außerordentlich breit in der Energie- und Informationstechnik für unterschiedlichste Aufgabenstellungen eingesetzt. In vielen Fällen lassen sich diese Anordnungen auf die Grundschaltung Bild 4.6.1 reduzieren: eine Quelle (oder der Sender) arbeitet auf ein Übertragungsnetzwerk – aufgefasst als *Vierpol* – an dessen Ausgang ein passiver Zweipol als „*Empfänger*" liegt. Wir nehmen vorerst eine harmonische Quelle an, werden aber später sehen, dass die Ergebnisse weitgehend auch auf andere Signalformen übertragen werden können.

Je nach der Aufgabenstellung überträgt dieses Übertragungssystem einen Energie- oder Informationsfluss von der Eingangsseite 1 (Größen u_q, i_1, u_1) zur Ausgangsseite 2 (Größen i_2, u_2).

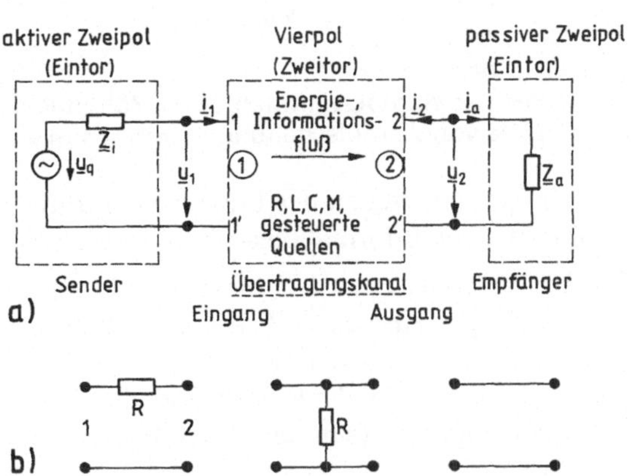

Bild 4.6.1 Elektrisches Übertragungssystem bestehend aus aktivem Zweipol, Übertragungsvierpol

Das Zusammenspiel zwischen Quelle und Empfänger hängt entscheidend von den Wechselstromeigenschaften des „Übertragungsvierpols" ab, er kann beispielsweise

- eine *Filter-* oder *Siebwirkung* ausführen, sodass elektrische Energie in bestimmten Frequenzbereichen gut, in anderen weniger gut übertragen wird (Netzfilter, Problemstellungen der Nachrichtentechnik),

- eine Ausgangsgröße unter bestimmten Bedingungen zum Verschwinden bringen, um daraus Übertragungseigenschaften zu ermitteln (*Wechselstrombrücke*),
- Sender und Empfänger z.B. nach Leistungsgesichtspunkten (oder Spannungen) „anpassen“ (Kompensations-, Transformator-, Transformationsschaltungen), etwa von einer Netzspannung 230 V auf die Spannung eines Glühlämpchens (3 V),
- Elemente kompensieren, um z.B. ein Spannungsübersetzungsverhältnis frequenzunabhängig zu machen,
- ein Signal *verstärken*,
- eine *Verbindungsleitung* zwischen Quelle und Empfänger modellieren,
- eine Ersatzschaltung der Zusammenschaltung von PC und Drucker sein,
- und im einfachsten Fall auch nur aus *zwei durchgehenden Leitungsverbindungen* bestehen, womit sich der Grundstromkreis ergibt.

Diese Beispiele verdeutlichen die Bedeutung des Vierpols als *Übertragungsstruktur*. Deshalb stellen wir ihn an den Anfang aller Wechselstromschaltungen.

4.6.1 Lineare Vierpole

Ein Netzwerk mit vier Anschlüssen heißt Vierpol. Er liegt zwischen Sender und Empfänger, ist also ein Übertragungssystem mit ganz verschiedenen Aufgaben und Schaltungsauslegungen: z.B Verbindungsleitung, Transformsator, Filter, Anpassnetzwerk, Verstärker, Transistor, Brücke u.a (s. Bild 4.6.2).

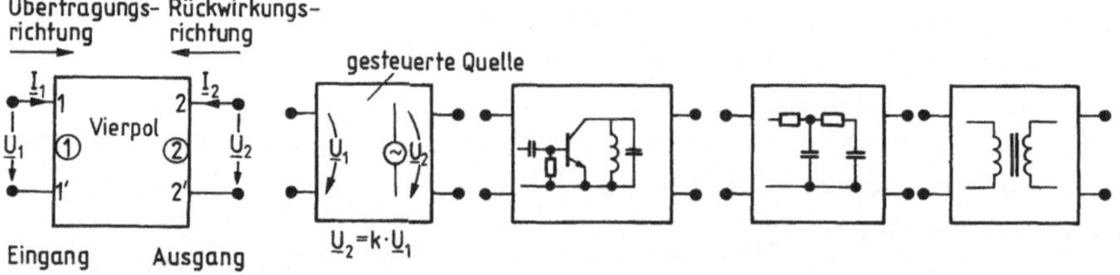

Bild 4.6.2 Vierpolbegriff
a) allgemeiner Vierpol, symmetrisches Zählpfeilsystem
b) Beispiele von Vierpolschaltungen und -bauelementen

Der Vierpol hat wegen des breiten Spektrums an Eigenschaften grundlegende Bedeutung für die gesamte Informations- und Energietechnik.

Die Eingangsklemmen 1–1′ sind im Normalfall mit der Quelle (mit Innenwiderstand $\underline{Z}_i$), die Ausgangsklemmen 2–2′ mit dem Verbraucher ($\underline{Z}_2$) abgeschlossen. Diese Klemmenpaare bilden die *Ein-* und *Ausgangstore* (*Vierpol* = *Zweitor*). Der Vierpol wird symbolisch durch einen Kasten dargestellt und durch zwei Strom-Spannungsbeziehungen, die sog. *Vierpolgleichungen* (s.u.) an seinen Klemmen beschrieben.

Damit wird der Vorteil des Vierpolbegriffs offenbar: ein *beliebig* aufgebautes Netzwerk (im Kasten) lässt sich von den Vierpolklemmen her stets durch zwei Gleichungen beschreiben. Dieses Modell vereinfacht die Netzwerkanalyse ganz erheblich.

Einfache Vierpolformen sind uns bereits bekannt, so kann beispielsweise ein Spannungsteiler auch als Vierpol aufgefasst (und beschrieben!) werden.

Wir stellen zunächst einige Vierpolgrundlagen als Basis für später behandelte spezielle Wechselstromschaltungen zusammen.

4.6.1.1 Vierpolgleichungen, Vierpolbeschreibungen

Sind die Ströme am Vierpolausgang 2–2′ (Bild 4.6.1) paarweise gleich (erzwungen durch den angeschlossenen passiven Zweipol), so stimmen auch die Ströme am Vierpoleingang 1–1′ paarweise überein (Knotensatz). Enthält der Vierpol weiter nur lineare Netzwerkelemente, so kann er – harmonische Ströme/Spannungen vorausgesetzt – in den Frequenzbereich transformiert werden. Dann treten Klemmenströme/-spannungen ebenfalls als transformierte Größen auf (entweder rotierende oder ruhende Zeiger $\underline{u}$, $\underline{i}$). Wir wählen komplexe Effektivwerte, wie im Bild 4.6.1a bereits berücksichtigt.

Während der Zweipol durch *eine* Strom-Spannungsbeziehung beschrieben wird (z.B. $\underline{U}$ gegeben, $\underline{I}$ durch $\underline{Z}$ bestimmt), müssen beim Vierpol von den Klemmengrößen, $\underline{U}_1$, $\underline{U}_2$, $\underline{I}_1$, $\underline{I}_2$ zwei vorgegeben sein, um die restlichen beiden zu bestimmen oder:

Ein (linearer) Vierpol wird durch zwei Gleichungen für zwei Unbekannte mit insgesamt vier (komplexen) Koeffizienten, den *Vierpolparametern* $\underline{Z}_{ik}$, z.B. der Art:

$$\begin{aligned} \underline{U}_1 &= \underline{Z}_{11}\underline{I}_1 + \underline{Z}_{12}\underline{I}_2 \\ \underline{U}_2 &= \underline{Z}_{21}\underline{I}_1 + \underline{Z}_{22}\underline{I}_2 \end{aligned} \quad \rightarrow \quad [\underline{U}] = [\underline{Z}] \cdot [\underline{I}] \tag{4.6.1}$$

vollständig beschrieben. Rechts steht in Kurzform die Matrixdarstellung mit der *Impedanzmatrix* $[\underline{Z}]$.

Die Parameter $\underline{Z}_{ik}$ haben die Maßeinheit des Widerstandes und heißen deswegen *Impedanz-* oder verbreitet auch *Widerstandsparameter*. Die Impedanzmatrix selbst verknüpft den Vektor $[\underline{I}]$ der Ströme mit dem der Spannungen $[\underline{U}]$. Die Erläuterung der Vierpolparameter $\underline{Z}_{ik}$ erfolgt später (s.u.).

Die Zuordnung der abhängigen und unabhängigen Größen in Gl. (4.6.1) geschah willkürlich, auch andere Relationen sind denkbar (es gibt insgesamt 6 Darstellungsformen). Sehr verbreitet ist die sog. *Admittanz-* oder *Leitwertform*:

$$\begin{aligned} \underline{I}_1 &= \underline{Y}_{11}\underline{U}_1 + \underline{Y}_{12}\underline{U}_2 \\ \underline{I}_2 &= \underline{Y}_{21}\underline{U}_1 + \underline{Y}_{22}\underline{U}_2 \end{aligned} \qquad [\underline{I}] = [\underline{Y}] \cdot [\underline{U}] \tag{4.6.2}$$

mit der *Admittanzmatrix* $[\underline{Y}]$.

Weitere, gleichwertigeartige Vierpolbeschreibungen sind die *Hybridform* (Reihen-Parallel-Form) links und die *Kettenform* rechts:

$$\begin{aligned} \underline{U}_1 &= \underline{H}_{11}\underline{I}_1 + \underline{H}_{12}\underline{U}_2 \\ \underline{I}_2 &= \underline{H}_{21}\underline{I}_1 + \underline{H}_{22}\underline{U}_2 \end{aligned} \tag{4.6.3}$$

$$\begin{aligned} \underline{U}_1 &= \underline{A}_{11}\underline{U}_2 + \underline{A}_{12}(-\underline{I}_2) \\ \underline{I}_1 &= \underline{A}_{21}\underline{U}_2 + \underline{A}_{22}(-\underline{I}_2)\,. \end{aligned} \tag{4.6.4}$$

Im negativen Vorzeichen rechts ist berücksichtigt, dass bei der Kettenschaltung von Vierpolen (für die diese Matrixform entwickelt wurde) der Ausgangsstrom $\underline{I}_2$ tatsächlich aus dem Vierpol herausfließt. (Bei Koeffizientenumrechnungen ist dieses Vorzeichen zu berücksichtigen).

Hinzuweisen ist auf die festgelegte Richtung des Ausgangsstromes $\underline{I}_2$: er kann entweder *symmetrisch* zu $\underline{I}_1$ gewählt werden (Verbraucherpfeilrichtung) oder *unsymmetrisch*: Strom fließt aus dem Vierpol heraus (Kettenpfeilrichtung, Erzeugerpfeilrichtung, Bild 4.6.2b, Ersatz von $\underline{I}_2$ durch $-\underline{I}_2$). Diese Form ist für die Kettenschaltung von Vierpolen günstig. Wir wählen hier das symmetrische Zählpfeilsystem.

Vierpolparameterumrechnung. Da alle bisherigen Vierpoldarstellungen Gl. (4.6.1)–(4.6.4) gleichwertig sind, müssen sich aus einem Vierpolparametersatz alle übrigen herleiten lassen. Derartige Umwandlungen sind z.B. bei Vierpolzusammenschaltungen erforderlich. Ferner lassen sich manche Vierpolparameter – etwa die Leitwertparameter – recht gut messen, andere nicht. Schließlich können manche Parameterdarstellungen für bestimmte Schaltungen nicht definierbar sein. Beispielsweise ergeben sich für die oft verwendeten Leitwert- und Hybridparameter die Beziehungen:

$$\begin{bmatrix} \underline{H}_{11} & \underline{H}_{12} \\ \underline{H}_{21} & \underline{H}_{22} \end{bmatrix} = \frac{1}{\underline{Y}_{11}} \begin{bmatrix} 1 & -\underline{Y}_{12} \\ \underline{Y}_{21} & \Delta\underline{Y} \end{bmatrix}, \quad \Delta\underline{Y} = \underline{Y}_{11}\underline{Y}_{22} - \underline{Y}_{12}\underline{Y}_{21}.$$

Die Umrechnung zwischen Widerstands- und Leitwertparametern folgt direkt aus den entsprechenden Matrizen:

$$[\underline{Y}] = [\underline{Z}]^{-1}.$$

Umrechnungen von Vierpolparametern finden sich in der Elektrotechnik-Quellenliteratur, im Zweifelsfall kann man sich benötigte Beziehungen auch rasch selbst herleiten.

Bestimmung der Vierpolparameter. Die vier Vierpolparameter einer Vierpoldarstellungsart können auf unterschiedliche Weise bestimmt werden:

a) durch Messung und

b) durch Berechnung unter definierten Abschlussbedingungen (wechselstrommäßig Leerlauf ($\underline{I} = 0$) und Kurzschluss $\underline{U} = 0$), auch definierter Abschluss mit einer Impedanz). Die Abschlussbedingungen stehen in direktem Zusammenhang zum jeweiligen Parameter. Beispielsweise ergeben sich die einzelnen Leitwertparameter bei ausgangsseitigem (Wechselstrom-)Kurzschluss ($\underline{U}_2 = 0$) zu

$$\underline{Y}_{11} = \left.\frac{\underline{I}_1}{\underline{U}_1}\right|_{\underline{U}_2=0} \quad \text{Eingangskurzschlussleitwert}$$

$$\underline{Y}_{21} = \left.\frac{\underline{I}_2}{\underline{U}_1}\right|_{\underline{U}_2=0} \quad \text{Vorwärtsübertragungsleitwert}$$

Analog gilt bei Kurzschluss am Eingang $\underline{U}_1 = 0$:

$$\underline{Y}_{12} = \left.\frac{\underline{I}_1}{\underline{U}_2}\right|_{\underline{U}_1=0} \quad \text{Rückwärtskurzschlussleitwert}$$

$$\underline{Y}_{22} = \left.\frac{\underline{I}_2}{\underline{U}_2}\right|_{\underline{U}_1=0} \quad \text{Ausgangskurzschlussleitwert}.$$

Rückwärts und vorwärts beziehen sich auf die Betriebsrichtungen nach Bild 4.6.2a.

Tafel 4.6.1 Definition wichtiger Vierpolparameter einschließlich der Messschaltungen

Eingangsleerlaufwiderstand $\underline{Z}_{11} = \left.\frac{\underline{U}_1}{\underline{I}_1}\right\|_{\underline{I}_2=0}$ 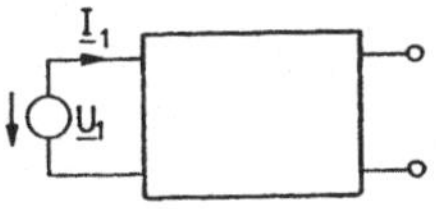	Eingangskurzschlussleitwert $\underline{Y}_{11} = \left.\frac{\underline{I}_1}{\underline{U}_1}\right\|_{\underline{U}_2=0} = \frac{1}{\underline{H}_{11}}$ 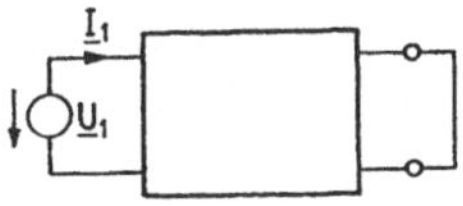
Ausgangsleerlaufwiderstand $\underline{Z}_{22} = \left.\frac{\underline{U}_2}{\underline{I}_2}\right\|_{\underline{I}_1=0} = \frac{1}{\underline{H}_{22}}$ 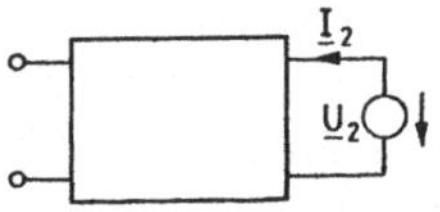	Ausgangskurzschlussleitwert $\underline{Y}_{22} = \left.\frac{\underline{I}_2}{\underline{U}_2}\right\|_{\underline{U}_1=0}$ 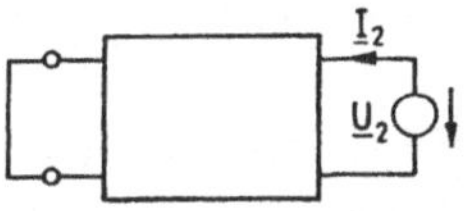
Leerlaufübertragungswiderstand $\underline{Z}_{21} = \left.\frac{\underline{U}_2}{\underline{I}_2}\right\|_{\underline{I}_2=0}$ 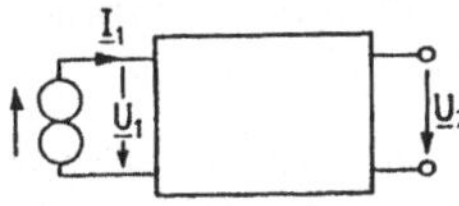	Kurzschlussübertragungsleitwert $\underline{Y}_{21} = \left.\frac{\underline{I}_2}{\underline{U}_1}\right\|_{\underline{U}_2=0}$ 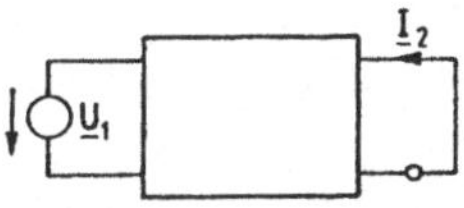
Leerlaufspannungsübertragung $\frac{1}{\underline{A}_{11}} = \left.\frac{\underline{U}_2}{\underline{U}_2}\right\|_{\underline{I}_2=0}$ 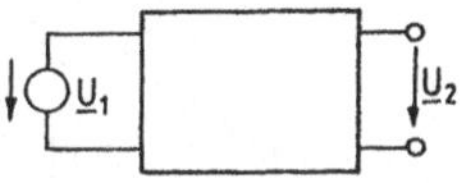	Kurzschlussstromübertragung $\underline{H}_{21} = \left.\frac{\underline{I}_2}{\underline{I}_1}\right\|_{\underline{U}_2=0} = \frac{1}{\underline{A}_{22}}$ 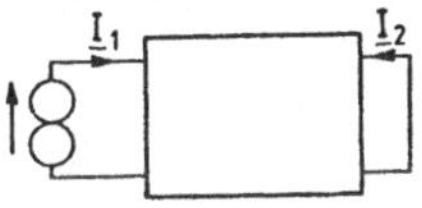
Leerlaufrückwirkungswiderstand $\underline{Z}_{12} = \left.\frac{\underline{U}_1}{\underline{I}_2}\right\|_{\underline{I}_1=0}$ 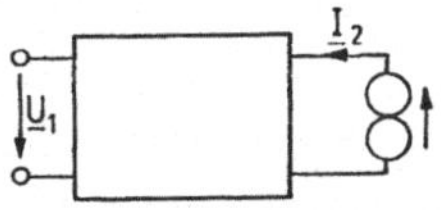	Kurzschlussrückwirkungsleitwert $\underline{Y}_{12} = \left.\frac{\underline{I}_1}{\underline{U}_2}\right\|_{\underline{U}_1=0}$ 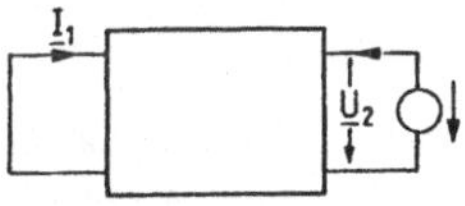
Leerlaufspannungsrückwirkung $\underline{H}_{12} = \left.\frac{\underline{U}_1}{\underline{I}_2}\right\|_{\underline{I}_1=0}$ 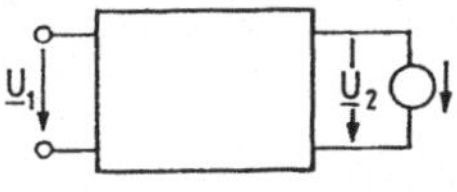	Kurzschlussstromrückwirkung $\frac{\underline{Y}_{12}}{\underline{Y}_{22}} = \left.\frac{\underline{I}_1}{\underline{U}_2}\right\|_{\underline{U}_1=0}$ 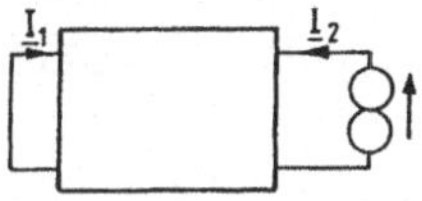

Um beispielsweise für die Schaltung Bild 4.6.3 die Leitwertparameter zu bestimmen, wird zunächst ausgangsseitig Kurzschluss ($\underline{U}_2 = 0$) eingestellt. Man erhält bei Anlegen der Spannung $\underline{U}_1$:

- aus dem Strom $\underline{I}_1$ bei $\underline{U}_2 = 0$ das linke Ergebnis,

$$\underline{Y}_{11} = \left.\frac{\underline{I}_1}{\underline{U}_1}\right|_{\underline{U}_2=0} = \underline{Y}_a + \underline{Y}_b , \qquad \underline{Y}_{21} = \left.\frac{\underline{I}_2}{\underline{U}_1}\right|_{\underline{U}_2=0} = -\underline{Y}_b ,$$

- aus dem Strom $\underline{I}' = \underline{U}_1\underline{Y}_b$ durch $\underline{Y}_b$ mit $\underline{I}' = -\underline{I}_2$ das rechte Ergebnis.

  Analog ergeben sich

$$\underline{Y}_{22} = \frac{\underline{I}_2}{\underline{U}_2}\bigg|_{\underline{U}_1=0} = \underline{Y}_b + \underline{Y}_c\,, \quad \underline{Y}_{12} = \frac{\underline{I}_1}{\underline{U}_2}\bigg|_{\underline{U}_1=0} = -\underline{Y}_b\,.$$

Interessiert beispielsweise der Parameter $\underline{Z}_{11}$, so kann er entweder über die Parameterbeziehungen bestimmt werden oder direkt aus der Definition

$$\underline{Z}_{11} = \frac{\underline{U}_1}{\underline{I}_1}\bigg|_{\underline{I}_2=0} = \underline{Z}_a // (\underline{Z}_b + \underline{Z}_c)$$

bei Leerlauf am Ausgang ($\underline{I}_2 = 0$). Jetzt erzeugt ein eingeprägter Strom $\underline{I}_1$ die Spannung $\underline{U}_1$. Auf diese Weise lassen sich Parameter eines Vierpols in verschiedenen Beschreibungsformen bestimmen. Tafel 4.6.1 auf S. 199 gibt eine Zusammenstellung; sie erläutert gleichzeitig die Definition der wichtigsten Vierpolparameter anschaulich.

Vierpolarten. Der allgemeine Vierpol ist durch vier Vierpolparameter vollständig bestimmt. Unter speziellen Bedingungen reichen weniger Parameter aus:

Umkehrbarer Vierpol: Ein Netzwerk aus nur passiven Netzwerkelementen (*R, L, C, M*) erfüllt die *Umkehrbarkeitsbedingung*: Vertauschen Ursache und Wirkung ihren Ort, dann ergibt sich bei gleicher Ursache die gleiche Wirkung (*Kirchhoffscher Umkehrsatz*).

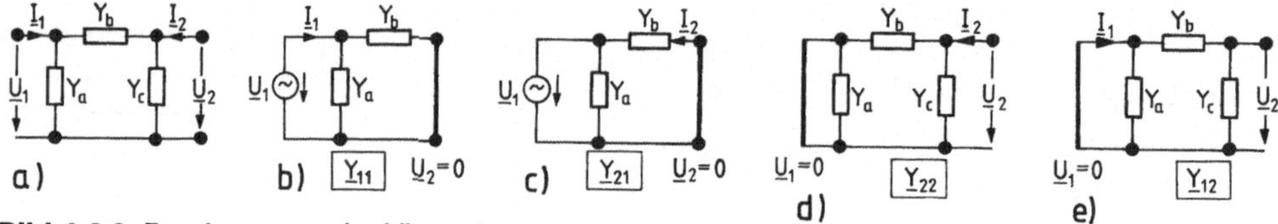

Bild 4.6.3 Bestimmung der Vierpolparameter
a) Schaltung (passiver Vierpol), b) Bestimmung $\underline{Y}_{11}$, c) Bestimmung $\underline{Y}_{21}$, d) Bestimmung $\underline{Y}_{22}$, e) Bestimmung $\underline{Y}_{12}$

Für die Leitwertdarstellung (Bild 4.6.3) beispielsweise fließt dann im Eingangskreis der Strom $\underline{I}_1$, herrührend von einer Testspannung $\underline{U}_2$, der gleich dem Strom $\underline{I}_2$ ist, wenn die gleiche Spannung $\underline{U}_2 = \underline{U}_1$ an der Seite liegt. Daraus folgt bei symmetrischem Zählpfeilsystem:

$$\underline{Y}_{12} = \underline{Y}_{21} \quad \text{umkehrbarer Vierpol}\,. \tag{4.6.5}$$

Gleichwertig gilt für die anderen Parameterdarstellungen

$$\underline{Z}_{12} = \underline{Z}_{21}, \quad \underline{H}_{12} = \underline{H}_{21}, \quad \det \underline{A} = 1.$$

Ein umkehrbarer Vierpol wird durch drei Vierpolparameter vollständig beschrieben.

Gerade diese Bedingung unterscheidet den passiven vom aktiven Vierpol (mit mindestens einer gesteuerten Quelle).

Symmetrie: Beim symmetrischen Vierpol stimmen die Eingangskurzschlussadmittanzen auf beiden Seiten überein:

$$\underline{Y}_{11} = \underline{Y}_{22} \tag{4.6.6a}$$

Dies ist gleichbedeutend mit:

$$\underline{Z}_{11} = \underline{Z}_{22}\,, \quad \det \underline{H} = 1\,, \quad \underline{A}_{11} = -\underline{A}_{22}\,. \tag{4.6.6b}$$

Ein Vierpol kann gleichzeitig symmetrisch und umkehrbar sein. Dann reichen zwei Vierpolparameter eines Satzes zur Beschreibung aus.

Unilateraler Vierpol. Vierpole mit gesteuerten Quellen: Spezielle Vierpole sind die gesteuerten Quellen (leistungslose Steuerung, s. Bild 2.5.1). In systematischer Zusammenstellung enthalten diese Vierpole (Tafel 4.6.2)

- *eine gesteuerte Quelle* am Vierpolausgang und
- sind mit ihrem Steuerzweig *nicht* notwendigerweise einseitig mit den Ausgangsklemmen (am Massepunkt) verbunden.

Tafel 4.6.2 Gesteuerte Quellen. Vierpol-Ersatzschaltungen, Kettenmatrizen (s. Tafel 4.6.1), (die C-Parameter in Zeile d wurden hier nicht näher definiert)

	A-Matrix	Bemerkungen
a) stromgesteuerte Spannungsquelle *IUQ* 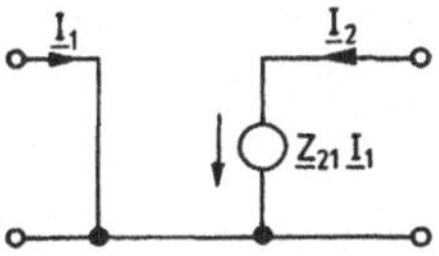 ($\underline{I}_1$, $\underline{I}_2$, $\underline{Z}_{21}\underline{I}_1$)	$[\underline{A}] = \begin{bmatrix} 0 & 0 \\ \underline{A}_{21} & 0 \end{bmatrix}$ $\underline{A}_{21} = \dfrac{1}{\underline{Z}_{21}}$	$[\underline{Z}] = \begin{bmatrix} 0 & 0 \\ \underline{Z}_{21} & 0 \end{bmatrix}$ ($\underline{Y}$ existiert nicht)
b) spannungsgesteuerte Stromquelle *UIQ* 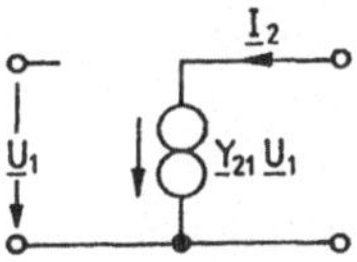 ($\underline{U}_1$, $\underline{I}_2$, $\underline{Y}_{21}\underline{U}_1$)	$[\underline{A}] = \begin{bmatrix} 0 & \underline{A}_{12} \\ 0 & 0 \end{bmatrix}$ $\underline{A}_{12} = \dfrac{1}{\underline{Y}_{21}}$	$[\underline{Y}] = \begin{bmatrix} 0 & 0 \\ \underline{Y}_{21} & 0 \end{bmatrix}$ ($\underline{Z}$ existiert nicht)
c) stromgesteuerte Stromquelle *IIQ* 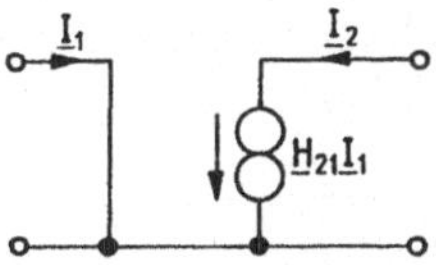 ($\underline{I}_1$, $\underline{I}_2$, $\underline{H}_{21}\underline{I}_1$)	$[\underline{A}] = \begin{bmatrix} 0 & 0 \\ 0 & \underline{A}_{12} \end{bmatrix}$ $\underline{A}_{22} = \dfrac{-1}{\underline{H}_{21}}$	$[\underline{H}] = \begin{bmatrix} 0 & 0 \\ \underline{H}_{21} & 0 \end{bmatrix}$ ($\underline{Z}$ und $\underline{Y}$ existiert nicht)
c) spannungsgesteuerte Spannungsquelle *UUQ* 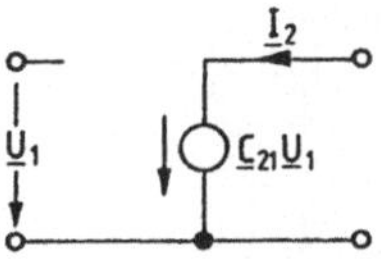 ($\underline{U}_1$, $\underline{I}_2$, $\underline{C}_{21}\underline{U}_1$)	$[\underline{A}] = \begin{bmatrix} \underline{A}_{11} & 0 \\ 0 & 0 \end{bmatrix}$	$[\underline{C}] = \begin{bmatrix} 0 & 0 \\ \underline{C}_{21} & 0 \end{bmatrix}$

Die *Kettenmatrix*-Darstellung ([$\underline{A}$]-Matrix) ist durch den jeweiligen Steuerparameter definiert, andere Matrizen nicht in jedem Falle.

Gesteuerte Quellen wirken nur in *einer* Betriebsrichtung (vorwärts). Vierpole, für die dann zwangsläufig gilt

$$\underline{Y}_{12} = \underline{H}_{12} = \underline{Z}_{12} = 0, \tag{4.6.7}$$

heißen *unilateral*. Diese Eigenschaft ist für den Verstärkervierpol z.B. den Transistor im Kleinsignalbetrieb typisch.

Die vier Grundtypen gesteuerter Quellen (Tafel 4.6.2) bilden die netzwerktechnische Grundlage der meisten elektronischen Verstärkeranordnungen. Auf das physikalische Konzept der gesteuerten Quellen hatten wir bereits verwiesen (s. Bild 2.5.1ff.).

Beispiel. Für einen Vierpol mit den Impedanzen $\underline{Z}_1$ im Längszweig und $\underline{Z}_2$ parallel zu den Ausgangsklemmen bestimme man die $\underline{Z}$-Parameter.

Lösung: $\underline{Z}_{11} = \underline{Z}_1 + \underline{Z}_2, \quad \underline{Z}_{12} = \underline{Z}_{21} = \underline{Z}_{22} = \underline{Z}_2$.

PC a) Ermitteln Sie die Y- und Z-Parameter eines Vierpols nach Bild 4.6.3 für eine R-C-Abweigschaltung ($R = 1$ kΩ, $C = 2$ µF), zunächst rechnerisch für $f = 1$ kHz und anschließend mit Multisim durch Aufbau entsprechender Schaltungen, die den Parameterdefinitionen entsprechen (Orientierung: Multisim-Beispiel 4/13c) und messen Sie den Frequenzgang im Bereich 100 Hz...10 kHz (Bodeplotter einsetzen). Bestimmen Sie jeweils die Parameter bei $f = 1$ kHz.

b) Ermitteln sie anschließend die gleichen Parameter mit Einsatz des Netzwerkanalysators (Orientieren Sie sich dabei an den Multisim-Beispielen 4/13a,b).

4.6.1.2 Vierpolersatzschaltungen

Jedes Vierpol-Beschreibungssystem nach Gl. (4.6.1)...(4.6.3) kann durch eine (formale) Vierpolersatzschaltung mit nur vier Elementen interpretiert werden. Sie hat zwar gleiches Klemmenverhalten wie der ursprüngliche Vierpol, stimmt aber mit seinem physikalischen Inhalt i.a. nicht überein. Die Bedeutung solcher Vierpolersatzschaltungen besteht vor allem in

- der leichten *Modellierbarkeit* und *Meßbarkeit* der Ersatzelemente,
- der Veranschaulichung des Übertragungsverhaltens durch eine gewisse Anpassung der Ersatzschaltung an das physikalische Problem.

Grundsätzlich kann jeder Vierpol durch eine Ersatzschaltung mit zwei (Bild 4.6.4) oder nur einer gesteuerten Quelle dargestellt werden. Wegen der Bedeutung beschränken wir uns auf die Leitwert- und Hybriddarstellungen. So lässt sich in der Leitwertform Gl. (4.6.2) der Eingangsstrom $\underline{I}_1 = \underline{Y}_{11}\underline{U}_1 + \underline{Y}_{12}\underline{U}_2$ darstellen durch einen Teilstrom $\underline{Y}_{11}\underline{U}_1$, der vom Eingangskurzschlussleitwert $\underline{Y}_{11}$ herrührt, und einen Teilstrom $\underline{Y}_{12}\underline{U}_2$ als Folge einer durch die

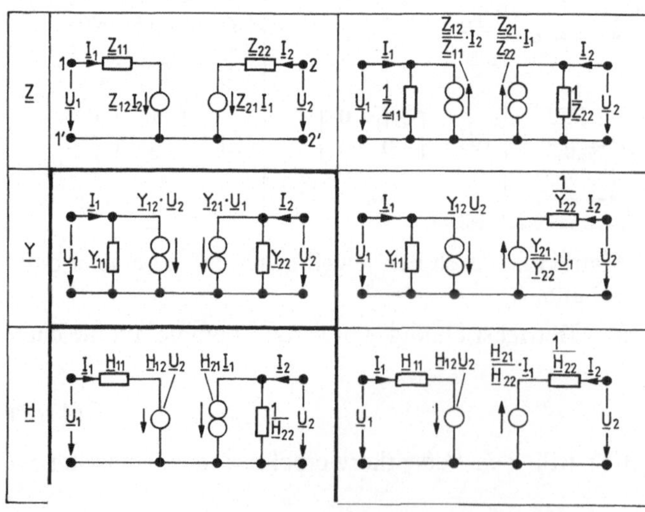

Bild 4.6.4 Vierpolersatzschaltung mit zwei gesteuerten Quellen (gesteuerte Strom- und Spannungsquellen aller Typen treten auf). Die häufig verwendeten Ersatzschaltungen sind umrahmt.

Spannung $\underline{U}$ spannungsgesteuerten Stromquelle. Der analoge Fall gilt für $\underline{I}_2$. Damit ist die Ersatzschaltung verständlich. Da sich eine reale Stromquelle stets in eine reale Spannungsquelle umwandeln lässt, kann auf der Ausgangsseite auch eine entsprechende Umwandlung durchgeführt werden (rechter Bildteil).

Die Hybridschaltung besteht eingangsseitig wegen $\underline{U}_1 = \underline{H}_{11}\underline{I}_1 + \underline{H}_{12}\underline{U}_2$ aus der Reihenschaltung der Impedanz $\underline{H}_{11}$ und der Spannung $\underline{H}_{12}\underline{U}_2$. Sie wird als Quelle vom Ausgang her gesteuert. Ausgangsseitig stellt $\underline{I}_2 = \underline{H}_{21}\underline{I}_1 + \underline{H}_{22}\underline{U}_2$ eine Stromverzweigung in einen Teilstrom durch den Leitwert $\underline{H}_{22}$ und einen Teilstrom $\underline{H}_{21}\underline{I}_1$ dar. Der Teilstrom $\underline{H}_{21}\underline{I}_1$ ergibt sich durch eine Stromquelle, die der Eingangsstrom $\underline{I}_1$ steuert. Für sich gesehen lässt sich die Stromquelle nach der Zweipoltheorie wieder in eine stromgesteuerte Spannungsquelle in Reihe zum Widerstand $1/\underline{H}_{22}$ umformen (rechter Bildteil).

Soll die Ersatzschaltung mit nur einer Steuerquelle auskommen, so muss eine gesteuerte Quelle – z.B. $\underline{Y}_{12}\underline{U}_2$ in der Leitwertform – inhaltlich durch einen Strom über einen Querleitwert $-\underline{Y}_{12}$ ersetzt werden, über den ein Teilstrom zum Knoten K (Bild 4.6.5a) fließt. Für diesen Knoten gilt:

$$\begin{aligned}\text{K:}\quad \underline{I}_1 &= (\underline{Y}_{11} + \underline{Y}_{12})\,\underline{U}_1 + (-\underline{Y}_{12})(\underline{U}_1 - \underline{U}_2)\\ &= \underline{Y}_{11}\underline{U}_1 + \underline{Y}_{12}\underline{U}_2.\end{aligned}$$

Eine analoge Betrachtung gilt für den Ausgangsknoten. Diese Form ist als *π-Ersatzschaltung* vor allem beim Transistor sehr verbreitet.

Beim umkehrbaren Vierpol entfällt in der π-Ersatzschaltung (Bild 4.6.5a) die ausgangsseitige Quelle wegen $\underline{Y}_{21} = \underline{Y}_{12}$ und die Elemente der Ersatzschaltung lauten:

$$\underline{Y}_1 = \underline{Y}_{11} + \underline{Y}_{12},\quad \underline{Y}_2 = -\underline{Y}_{12}\quad \underline{Y}_3 = \underline{Y}_{22} + \underline{Y}_{12}. \tag{4.6.8}$$

Sie sind im Regelfall realisierbar.

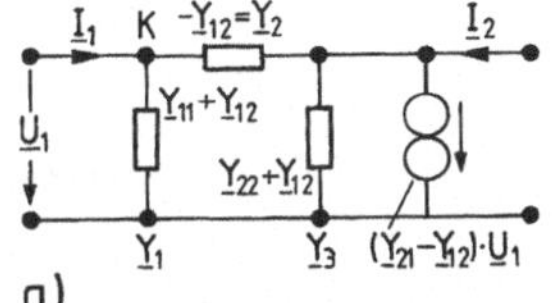

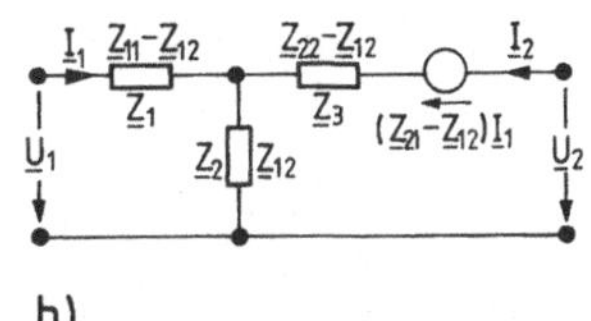

Bild 4.6.5 Vierpolersatzschaltung mit einer gesteuerten Quelle
a) mit spannungsgesteuerter Stromquelle
b) mit stromgesteuerter Spannungsquelle

Ganz analog ergibt sich für die *Widerstandsdarstellung* die (seltener verwendete) *T-Ersatzschaltung* des Vierpols (Bild 4.6.5b). Selbstverständlich können die Parameter der T-Form auch durch Leitwertelemente ausgedrückt werden und umgekehrt.

PC a) Bauen Sie mit Multisim die Ersatzschaltung Bild 4.6.5a nach mit den Werten $G_1 = 1\ \mu\text{S} = G_3$, $Y_2 = \text{j}\omega C$, C = 10 pF (Einfluss in Y_1 und Y_3 berücksichtigen), $Y_{21} = 100$ mS. Bestimmen Sie die Ortskurve von Z_{11} mit dem Netzwerkanalysator im Frequenzbereich 1 kHz...10 MHz, anschließend die von Y_{11}. Welche Eingangskapazität tritt effektiv bei $f = 1$ MHz in beiden Fällen auf?

b) Prüfen Sie das Ergebnis rechnerisch nach. Kehren Sie das Vorzeigen des Koeffizienten Y_{21} um, welcher Ersatzwiderstand Z_{11} wirkt jetzt bei der gleichen Frequenz?

4.6.1.3 Vierpol in der Schaltung, Vierpolzusammenschaltungen

Die Vierpolparameter hängen nur vom Vierpol ab und nicht seiner Beschaltung durch die Ein- und Ausgangskreise. Im Betrieb liegt aber eingangsseitig eine Quelle (ev. mit Innenwiderstand) an und ausgangsseitig ein Abschlusswiderstand $\underline{Z}_a$. Dann gelten außer den Vierpolgleichungen noch die *„äußeren Beschaltungsgleichungen“* (Bild 4.6.6a):

$$\underline{U}_1 = \underline{U}_q - \underline{I}_1 \underline{Z}_i \qquad \underline{U}_2 = -\underline{Z}_a \underline{I}_2 . \quad \text{Vierpol in der Schaltung} \tag{4.6.9}$$

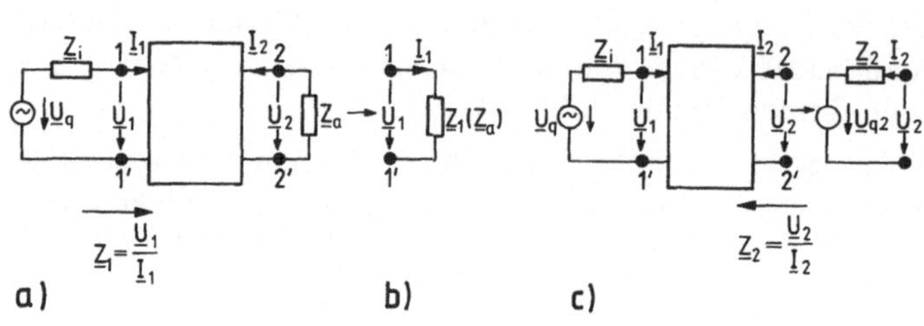

Bild 4.6.6 Vierpolbetriebsgrößen
a) Schaltung
b) Eingangsimpedanz $\underline{Z}_1$ bei ausgangsseitigem Abschluss mit $\underline{Z}_a$
c) Ausgangsimpedanz $\underline{Z}_2$ bei eingangsseitigem Abschluss $\underline{Z}_i$, Bestimmung der Ersatzquelle des beschalteten Vierpols

Dies kann so interpretiert werden, dass auf der Vierpolseite 1 eine Eingangsimpedanz $\underline{Z}_1$ auftritt, die von der Lastimpedanz $\underline{Z}_a$ abhängt (Bild 4.6.6b). Umgekehrt wirkt der Vierpol zwischen den Klemmen 2–2′ wie ein aktiver Zweipol mit Ersatzquelle und Innenwiderstand $\underline{Z}_2$ (Bild 4.6.6c). In beiden Fällen hängt das Vierpolverhalten von der Beschaltung ab. Beschaltungsabhängige Größen werden als Vierpol*betriebs*parameter bezeichnet, in Richtung 1→2 jeweils *vorwärts*. Es lassen sich mehrere Vierpolbetriebsparameter vereinbaren:

Eingangswiderstand $\underline{Z}_1 = \dfrac{\underline{U}_1}{\underline{I}_1}$	Spannungsübersetzung $\underline{A}_{uf} = \dfrac{\underline{U}_2}{\underline{U}_1}$
Übertragungsleitwert $\underline{Y}_{üf} = \dfrac{\underline{I}_2}{\underline{U}_1}$	Stromübersetzung $\underline{A}_{if} = \dfrac{\underline{I}_2}{\underline{I}_1}$
Übertragungswiderstand $\underline{Z}_{üf} = \dfrac{\underline{U}_2}{\underline{I}_1}$	Vierpolbetriebsparameter . (4.6.10a)

Zusätzlich gelten:

$$\underline{A}_{uf} = \underline{Y}_1 \underline{Z}_{üf}\,; \qquad \underline{A}_{if} = \underline{Z}_1 \underline{Y}_{üf}\,. \tag{4.6.10b}$$

Die *Eingangsimpedanz* $\underline{Z}_1$ des Vierpols bei Abschluss auf Seite 2 mit $\underline{Z}_a = -\underline{U}_2/\underline{I}_2$ (symmetrisches Zählpfeilsystem, –!) folgt zu:

$$\underline{Z}_1 = \left.\frac{\underline{U}_1}{\underline{I}_1}\right|_{\underline{Z}_a} = \underline{Z}_{11} - \frac{\underline{Z}_{12}\,\underline{Z}_{21}}{\underline{Z}_{22} + \underline{Z}_a}\,. \tag{4.6.11}$$

Abhängig von $\underline{Z}_a$ schwankt die Impedanz $\underline{Z}_1$ zwischen *Leerlaufimpedanz* $\underline{Z}_{11} = \underline{Z}_{11}(\underline{Z}_a \to \infty)$ und *Kurzschlussimpedanz* $\underline{Z}_1\,(\underline{Z}_a \to 0) = 1/\underline{Y}_{11}$.

Ganz analog ergibt sich die *Ausgangsimpedanz* (Bild 4.6.6c, Abschluss des Einganges 1 mit $\underline{Z}_i$, Messung von Seite 2 aus bei Kurzschluss der Spannungsquelle) mit den Grenzen zwischen *Leerlauf* $\underline{Z}_2\,(\underline{Z}_i \to \infty) = \underline{Z}_{22}$ und *Kurzschluss* $(\underline{Z}_i \to 0)\ \underline{Z}_2 = 1/\underline{Y}_{22}$.

Nach ähnlichem Vorgehen lassen sich auch die Übertragungsgrößen $\underline{Z}_{üf}$, $\underline{Y}_{üf}$, $\underline{A}_{uf}$ und $\underline{A}_{if}$ ermitteln, wir verzichten hier auf nähere Angaben.

Die Ausgangsersatzspannung des Vierpoles mit Eingangsquelle (Spannung, Strom) wird als Leerlaufspannung oder Kurzschlussstrom nach den Regeln der Zweipoltheorie bestimmt. Liegt beispielsweise eingangsseitig eine Stromquelle $\underline{I}_q$ (Innenleitwert $\underline{Y}_i$), so ergibt sich der Ersatzausgangskurzschlussstrom $\underline{I}_{q2}$ (bei $\underline{U}_2 = 0$, Nachweis) zu

$$\underline{I}_{q2} = -\frac{\underline{Y}_{21}\underline{I}_q}{\underline{Y}_{11} + \underline{Y}_i}. \tag{4.6.12}$$

Zusammengefasst kann ein Vierpol als u.U. richtungsabhängiges „Transformationsnetzwerk“ verstanden werden, mit dem sich z.B. die Ausgangsbelastung $\underline{Z}_a$ auf eine Ersatzbelastung im Eingangskreis (Grundstromkreis) zurückführen lässt (und umgekehrt).

PC a) Nehmen Sie an, im Vierpol Bild 4.6.6a sei ein RC-Spannungsteiler ($R = 1\ \text{k}\Omega$, $C = 1\ \mu\text{F}$) enthalten, der Lastwiderstand Z_a betrage 5 kΩ. Ermitteln Sie mit Multisim und dem Netzwerkanalysator die Vierpolkoeffizienten $Z_{11} = Z_1$, $Y_{11} = Y_1$ und die Übertragungsgrößen Z_{21} und Y_{21} im Frequenzbereich 1 kHz…1 MHz und speziell für $f = 10$ kHz. Berechnen Sie damit die Spannungs- und Stromübersetzungen nach Gl. (4.6.10). Orientieren Sie sich zur Durchführung an den Multisim-Beispielen 4/13a,b.

b) Prüfen Sie anschließend mit dem Netzwerkanalysator die Spannungsübersetzung (Orientierung Multisim Beispiel 4/13a, Spannungsverstärkung eines Verstärkers) und die Stromübersetzung (Koeffizient H_{21}) nach.

Aufgaben 4.6.1…4.6.3

Vierpolzusammenschaltungen. Vierpolzusammenschaltungen treten häufig auf, z.B. als Kettenschaltung mehrerer Vierpole im Übertragungsweg. Auch andere Formen, wie die Parallel-, Reihen- und gemischte Reihen-/ Parallelschaltung von Vierpolen sind typisch für rückgekoppelte Systeme (Oszillatorschaltungen, Gegenkopplung). Schließlich erfordert eine effiziente Schaltungsanalyse ebenfalls die Kenntnis der Zusammenschaltungsregeln.

Die Zusammenschaltung zweier Vierpole erfolgt durch Parallel- und/oder Reihenschaltung oder Kettenschaltung ihrer Tore. Insgesamt gibt es fünf Möglichkeiten (Bild 4.6.7):

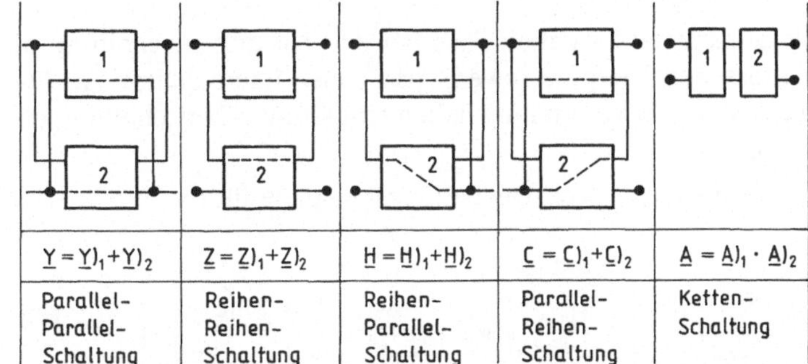

Bild 4.6.7 Arten der Vierpolzusammenschaltung (Hinweis: $\underline{Y}$ usw. entspricht der Matrix $[\underline{Y}]$)

Die verschiedenen Zusammenschaltungsarten erfordern „angepasste“ Vierpolparameter, um die Vorteile der einfachen Berechnung (Matrixaddition) nutzen zu können. Dabei dürfen die Eingangs-/Ausgangskreise durch die Zusammenschaltung nicht gestört werden:

die durchgehenden Linien in Bild 4.6.7 müssen erhalten bleiben. Folgende Beispielen erläutern das Verfahren.

Parallelschaltung. So, wie sich zwei Zweipole parallelschalten lassen und dabei der Gesamtstrom die Summe der Teilströme ist (wobei die Spannung übereinstimmt), gilt dies auch für die Parallelschaltung zweier Vierpole (Index a, b, Bild 4.6.8):

$$\underline{I}_1 = \underline{I}_{1a} + \underline{I}_{1b}\,; \qquad \underline{I}_2 = \underline{I}_{2a} + \underline{I}_{2b}$$
$$\underline{U}_{1a} = \underline{U}_{1b} = \underline{U}_1\,; \quad \underline{U}_{2a} = \underline{U}_{2b} = \underline{U}_2\,.$$

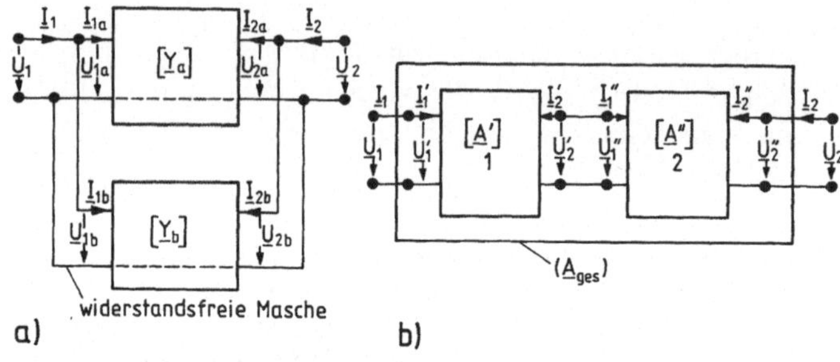

Bild 4.6.8 Vierpolzusammenschaltung
a) Parallel-Parallelschaltung
b) Kettenschaltung

Mit den Vierpolgleichungen (4.6.2) in Leitwertform

$$\underline{I}_1 = \underline{Y}_{11}\underline{U}_1 + \underline{Y}_{12}\underline{U}_2\,; \qquad \underline{I}_2 = \underline{Y}_{12}\underline{U}_1 + \underline{Y}_{22}\underline{U}_2$$

und dem entsprechenden Ansatz für Vierpol b folgt schließlich als Ergebnis der Zusammenschaltung:

$$\underline{Y}_{11} = \underline{Y}_{11a} + \underline{Y}_{11b} \qquad \underline{Y}_{12} = \underline{Y}_{12a} + \underline{Y}_{12b} \tag{4.6.13}$$
$$\underline{Y}_{21} = \underline{Y}_{21a} + \underline{Y}_{21b} \qquad \underline{Y}_{22} = \underline{Y}_{22a} + \underline{Y}_{22b}\,.$$

In Matrixschreibweise lautet das Ergebnis einfacher:

$$[\underline{I}] = [\underline{I}_a] + [\underline{I}_b] = [\underline{Y}_a]\,[\underline{U}_a] + [\underline{Y}_b]\,[\underline{U}_b] = [\underline{Y}_a + \underline{Y}_b]\,[\underline{U}] = [\underline{Y}]\,[\underline{U}]\,.$$

Die Leitwertmatrix zweier parallelgeschalteter Vierpole ergibt sich durch Addition der Leitwertmatrizen der Einzelvierpole.

Voraussetzung ist dabei, dass bei der Zusammenschaltung die Ströme der zusammengeschlossenen Vierpole jeweils paarweise übereinstimmen. Dazu muss jeder Vierpol eine durchgehende Verbindung haben (sonst Zwischenschaltung eines Übertragers 1:1 erforderlich).

Bild 4.6.9 zeigt zwei Anwendungsbeispiele für die Parallelschaltung von Vierpolen.

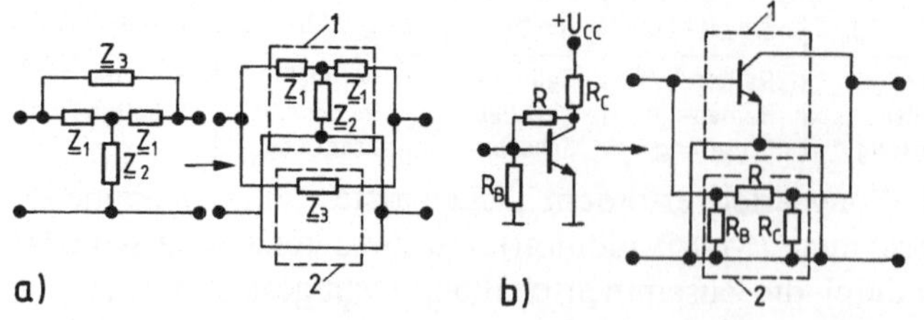

Bild 4.6.9 Beispiele von Vierpolzusammenschaltungen
a) Brücken-T-Vierpol als Parallel-Parallelschaltung
b) Transistorstufe als Vierpol-Parallel-Parallel-Schaltung

Weitere Zusammenschaltungen. Auf gleiche Weise lässt sich zeigen, dass bei den übrigen Vierpolzusammenschaltungen (Bild 4.6.7) die Vierpolmatrizen der Einzelvierpole zur Matrix des Gesamtvierpoles addiert werden müssen. Dies begründet umgekehrt die verschiedenen angepassten Vierpolbeschreibungen.

Ein diesbezügliches Beispiel zeigt Bild 4.6.10. Widerstand R_E und Transistor werden zunächst durch $\underline{Z}$-Parameter beschrieben, anschließend in die Leitwertform gewandelt und schließlich der Vierpol mit R_0 und R_B parallelgeschaltet.

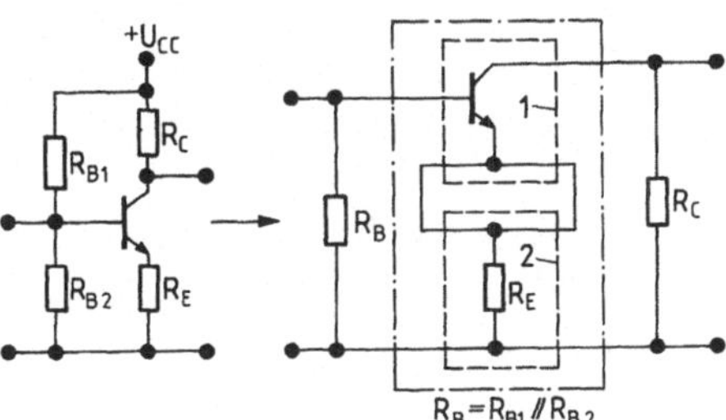

Bild 4.6.10 Transistorstufe dargestellt durch Reihenschaltung zweier Vierpole 1 und 2

Kettenschaltung. Bei zwei in Kette geschalteten Vierpolen sind die Ausgangsgrößen des ersten gleichzeitig Eingangsgrößen des zweiten (Bild 4.6.8b). Haben Vierpole die Matrixdarstellungen

$$\begin{bmatrix}\underline{U}_1\\ \underline{I}_1\end{bmatrix}=\begin{bmatrix}\underline{A}'\end{bmatrix}\cdot\begin{bmatrix}\underline{U}_2'\\ -\underline{I}_2'\end{bmatrix};\quad \begin{bmatrix}\underline{U}_1'\\ \underline{I}_1'\end{bmatrix}=\begin{bmatrix}\underline{A}''\end{bmatrix}\cdot\begin{bmatrix}\underline{U}_2\\ -\underline{I}_2\end{bmatrix},$$

so gilt wegen $\underline{U}_2' = \underline{U}_1'$, $-\underline{I}_2' = \underline{I}_1'$ schließlich für die Gesamtschaltung:

$$\begin{bmatrix}\underline{U}_1\\ \underline{I}_1\end{bmatrix}=\begin{bmatrix}\underline{A}_{\text{ges}}\end{bmatrix}\cdot\begin{bmatrix}\underline{U}_2\\ -\underline{I}_2\end{bmatrix}\quad\text{mit}\quad \begin{bmatrix}\underline{A}_{\text{ges}}\end{bmatrix}=\begin{bmatrix}\underline{A}'\end{bmatrix}\cdot\begin{bmatrix}\underline{A}''\end{bmatrix}. \tag{4.6.14}$$

Die Matrizenmultiplikation ergibt nach Durchführung eine umständliche Gesamtmatrix; deswegen ist diese Methode bei Handdurchführung nur für einfache Teilmatrizen durchführbar, insbesondere ohne Nebendiagonal-Koeffizienten $\underline{A}_{12}$, $\underline{A}_{21}$. Derartige Vierpole haben keine Quer- und Längswiderstände, wie beispielsweise der ideale Transformator.

PC a) Untersuchen Sie die Parallelschaltung zweier Vierpole im MATLAB-Beispiel 4/16.

b) Untersuchen Sie die Vierpolzusammenschaltung zweier Vierpole zu einer überbrückten T-Schaltung Bild 4.6.21a im MATLAB-Beispiel 4/17.

c) Untersuchen Sie die Kettenschaltung mehrerer Vierpole am Beispiel eines mehrfachen *RC*-Spannungsteilers im MATLAB-Beispiel 4/18.

d) Durch Rückkopplung eines Verstärkers kann es unter bestimmten Bedingungen zu einem negativen Wirkwiderstand an den Ein- und Ausgangsklemmen einer solchen Vierpolanordnung kommen, die sich zur Schwingungserzeugung eignet. Untersuchen Sie dazu im Multisim- Beispiel 4/13d einen kapazitiv rückgekoppelten Spannungsverstärker mit Frequenzgang und komplexem Ausgangswiderstand durch Darstellung der Ortskurve des Vierpolparameters Z_{11} mit dem Netzwerkanalysator.

Aufgaben 4.6.4, 4.6.5.

4.6.2 Resonanzkreise

Ein elektrischer Schwingkreis ist eine Zusammenschaltung von Spule und Kondensator. Bei Anregung – insbesondere mit seiner Eigenfrequenz – kommt es durch wechselseitigen Austausch zwischen magnetischer und elektrischer Feldenergie zu großen Strom- oder Spannungsamplituden an seinen Klemmen: *Resonanzerscheinung*.

Im täglichen Leben gibt es vielfältige Resonanzvorgänge, denn sie sind typisch für schwingungsfähige Systeme (z.B. Feder-Masse-Systeme, Klappern am Auto bei bestimmten Motordrehzahlen, Verbot, Brücken im Gleichschritt zu überschreiten u.a.m.).

Resonanzerscheinungen haben für die Elektrotechnik/Elektronik größte, erwünschte wie unerwünschte Bedeutung (s.u.).[8]

Schwingkreise werden in *Reihen-* oder *Parallelform* ausgeführt. Wir betrachten dazu die Widerstands- bzw. Leitwertoperatoren (Bild 4.6.11):

Reihenschwingkreis, Maschensatz

$$\underline{U}_q = \underline{U}_R + \underline{U}_L + \underline{U}_C$$

Parallelschwingkreis, Knotensatz

$$\underline{I}_q = \underline{I}_R + \underline{I}_L + \underline{I}_C .$$

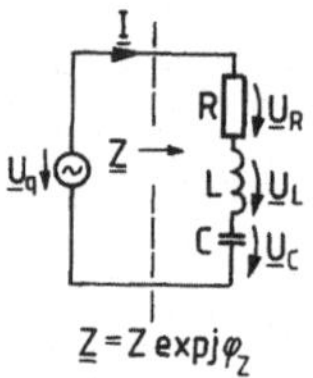

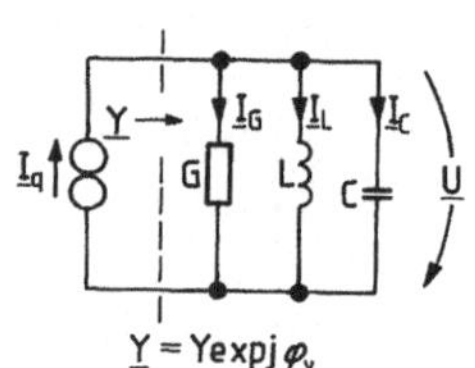

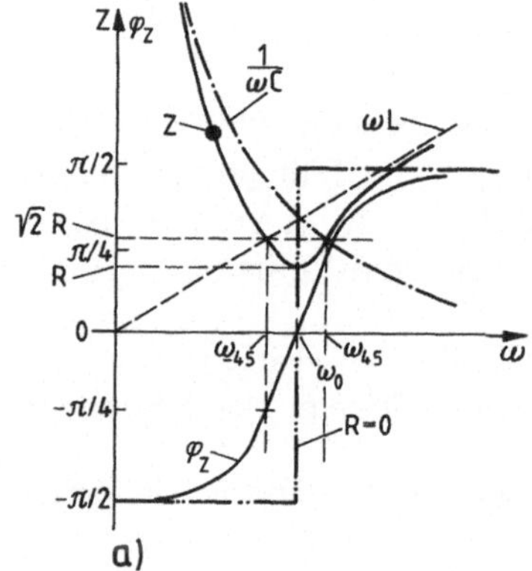

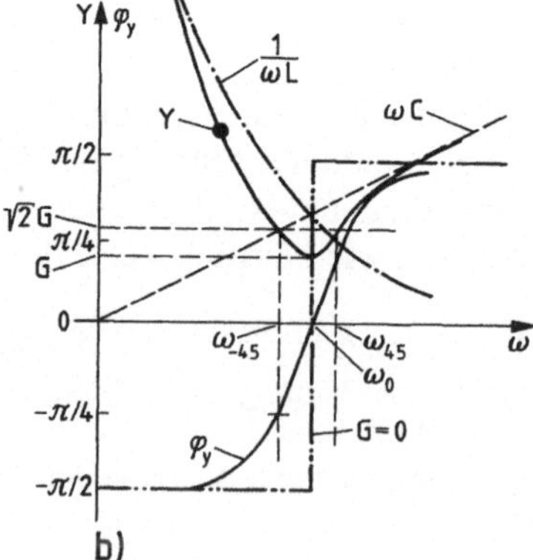

Bild 4.6.11 Resonanzkreis
a) Reihenresonanzkreis, Schaltung, Scheinwiderstand Z und Phasenwinkel φ_Z als Funktion der Kreisfrequenz
b) Parallelresonanzkreis, Schaltung, Scheinleitwert Y und Phasenwinkel φ_Y als Funktion der Kreisfrequenz

[8] Beispielsweise lassen sich durch Einfügen eines Schwingkreises in eine elektronische Schaltung selektive Übertragungseigenschaften realisieren. Auch die Erzeugung einer Sinusschwingung im sog. Oszillator nutzt unmittelbar die Resonanz.

Daraus ergeben sich mit $\underline{Z} = \underline{U}_q/\underline{I}$ bzw. $\underline{Y} = \underline{U}/\underline{I}_q$:

Widerstandsoperator	Leitwertoperator	
$\underline{Z} = R + j(\omega L - 1/\omega C)$	$\underline{Y} = G + j(\omega C - 1/\omega L)$	
$Z = \sqrt{R^2 + (\omega L - 1/\omega C)^2}$	$Y = \sqrt{G^2 + (\omega C - 1/\omega L)^2}$	(4.6.15)
$\tan\varphi_z = \dfrac{\omega L - 1/\omega C}{R}$	$\tan\varphi_y = \dfrac{\omega C - 1/\omega L}{G}$.	

Je nach der Frequenz ω ist der Imaginärteil entweder positiv oder negativ. Bei der *Resonanzfrequenz*[9)]

$$\omega_0 = 1/\sqrt{LC} \tag{4.6.16}$$

verschwinden in beiden Fällen die Imaginärteile: Im $(\underline{Z}(\omega_0)) = 0$ resp. Im $(\underline{Y}(\omega_0)) = 0$ und der Scheinwiderstand Z (Scheinleitwert Y) erreicht ein *Minimum*:

$$Z|_{\min} = Z(\omega_0) = R \qquad Y|_{\min} = Y(\omega_0) = G\,. \tag{4.6.17}$$

Das typische Merkmal des Schwingkreises ist sein stark frequenzabhängiger Scheinwiderstand Z (Scheinleitwert Y, Bild 4.6.11). Die Phase springt im Resonanzfall beim idealen Schwingkreis von $-\pi/2$ auf $+\pi/2$, beim realen verschwindet sie und der Schwingkreis stellt in diesem Fall einen Wirkwiderstand/ Wirkleitwert dar.

Ein Maß für die Resonanzüberhöhung (zweites Merkmal) ist die *Schwingkreisgüte* oder *Resonanzschärfe* ρ:

$$\rho = \frac{\textit{Betrag der induktiven/kapazitiven Komponente bei } \omega_0}{\textit{Wirkkomponente}}$$

$$\rho = \frac{\omega_0 L}{R} = \frac{1}{R}\sqrt{\frac{L}{C}} \quad \text{bzw.} \quad = \frac{\omega_0 C}{G} = \frac{1}{G}\sqrt{\frac{C}{L}} \gg 1\,. \tag{4.6.18}$$

Die Kreisgüte steigt mit sinkender Wirkkomponente. Ein weiteres Merkmal, die *Bandbreite b*

$$b|_\omega = \omega_{+45} - \omega_{-45} = \omega_0/\rho \tag{4.6.19}$$

ergibt sich aus der Güte und den sog. ±45°-Frequenzen (Bild 4.6.11). Das sind jene Frequenzen, bei denen der Phasenwinkel $\varphi_z = \pm 45°$ beträgt (beim Reihenkreis-, Parallelkreis analog). Dort stimmen zwangsläufig Real- und Imaginärteil von $\underline{Z}$ betragsmäßig überein oder es gilt $Z(\omega_{+45}) = \sqrt{2}\,R$.

9) Sir William Thomson, englischer Physiker, 1924–1907.

Die Intensität des Resonanzeffektes (→ Amplitudenüberhöhung) hängt in beiden Fällen von der *einspeisenden Quelle* ab. Liegt etwa der Reihenschwingkreis (Parallelkreis) an konstanter Spannung (konstantem Strom), so herrscht bei:

$\underline{U}_q = \text{const.}$	$\underline{I}_q = \text{const.}$	
$I\|_{max} = U_q/Z\|_{\omega_0} = U_q/R$;	$U\|_{max} = I_q Z\|_{\omega_0} = I_q/G$	(4.6.19)
Spannungsresonanz	Stromresonanz	

Die *Spannungsresonanz* des Reihenkreises (bei $\underline{U}_q$ = const.) erklärt sich folgendermaßen: Bei Resonanz fließt *maximaler Strom* (Bild 4.6.12). Dann betragen die Teilspannungen $\underline{U}_L$, $\underline{U}_C$ (Spannungsteilerregel):

$$\left.\frac{\underline{U}_L}{\underline{U}_q}\right|_{\omega_0} = \left.\frac{j\omega L}{\underline{Z}}\right|_{\omega_0} = \frac{j\omega_0 L}{R} = j\frac{1}{R}\sqrt{\frac{L}{C}} = j\rho = -\left.\frac{\underline{U}_C}{\underline{U}_q}\right|_{\omega_0} \tag{4.6.20}$$

- die Teilspannungen U_L, U_C sind bei Resonanz ρ mal größer sind als die anliegende Spannung U_q,
- beide haben eine Phasenverschiebung von 180°. So ergibt z.B. $U_q = 10$ V bei $\rho = 300$ die Resonanzspannung $U_C = U_L = 3$ kV!

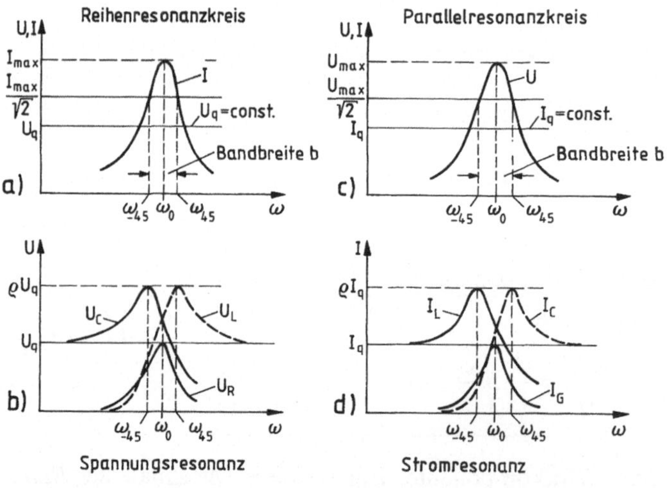

Bild 4.6.12 Resonanzvorgänge
a) Reihenresonanzkreis nach Bild 4.6.11a, Frequenzabhängigkeit des Stromes (Effektivwert),
b) Frequenzabhängigkeit der effektiven Teilspannungen (Effektivwerte), Prinzip der Spannungsresonanz,
c) Parallelresonanzkreis nach Bild 4.6.11b, Frequenzabhängigkeit der Spannung (Effektivwert),
d) Frequenzabhängigkeit der Teilströme (Effektivwerte). Prinzip der Stromresonanz

Spannungsresonanz führt am Reihenresonanzkreis zu hohen Spannungen an den Schaltelementen L und C (und analog Stromresonanz im Parallelschwingkreis zu hohen Strömen durch L und C).

Die Resonanzüberhöhung ρ bestimmt direkt die „Schlankheit" der $Z(\omega)$-Kurve: je größer die Güte, desto schlanker (selektiver!) der $Z(\omega)$-Verlauf und ausgeprägter das Strommaximum.

Grundsätzlich gelten analoge Aussagen auch für den technisch wichtigeren Parallelresonanzkreis.

PC a) Untersuchen Sie das Resonanzverhalten eines Parallelschwingkreises im Multisim- Beispiel 4/8 mit veränderbarem Kondensator, beobachten Sie das Verhalten der Ströme durch die einzelnen Netzwerkelemente in Resonanznähe.

b) Untersuchen Sie im Multisim-Beispiel 4/7 das Resonanzverhalten eines Reihenschwingkreises. Ändern Sie dabei die Frequenzauflösung.

c) Untersuchen Sie das Resonanzverhalten eines Parallelschwingkreises im MATLAB-Beispiel 4/11. Prüfen Sie die Angaben anschließend durch Aufbau einer entsprechenden Schaltung mit Multisim nach.

d) Untersuchen Sie das Resonanzverhalten eines Reihenschwingkreises mit MATLAB-Beispiel 4/14.

Energiebeziehungen. Für den Energieaustausch zwischen Kondensator und Spule bei Resonanz ω_0 am Parallelkreis gilt:

$$W = W_C + W_L \quad \text{mit} \quad W_C = (C/2)\,u^2_C, \quad W_L = (L/2)\,i^2_L\,.$$

Die Kondensatorspannung $u = u_C = \hat{u} \sin \omega t$ bedingt den Strom $i_L = (-\hat{u}/\omega L) \cos \omega t$ durch L. Daraus folgt direkt die für Resonanz gültige Energiebeziehung.

Im Resonanzfall bleibt die Gesamtenergie zeitlich konstant, allerdings schwanken die Energieteile W_C, W_L phasenverschoben zwischen 0 und dem Maximalwert. Die Energie pendelt – wie in einem Masse-Feder-System – zwischen Spule und Kondensator hin und her.

Die breite Anwendung der Resonanzkreise in der Elektrotechnik /Elektronik beruht auf folgenden typischen Eigenschaften:

- Minimum des Scheinwiderstandes (Reihenkreis) bzw. des Scheinleitwertes (Parallelkreis) bei Resonanzfrequenz → selektive Übertragungseigenschaften,
- Spannungs-/Stromerhöhung bei Reihen-/Parallelkreis (→ Erzeugung hoher Spannungen und Ströme, Induktionserwärmung),
- Energiependelung zwischen L und C bei Resonanz → Blindleistungskompensation.

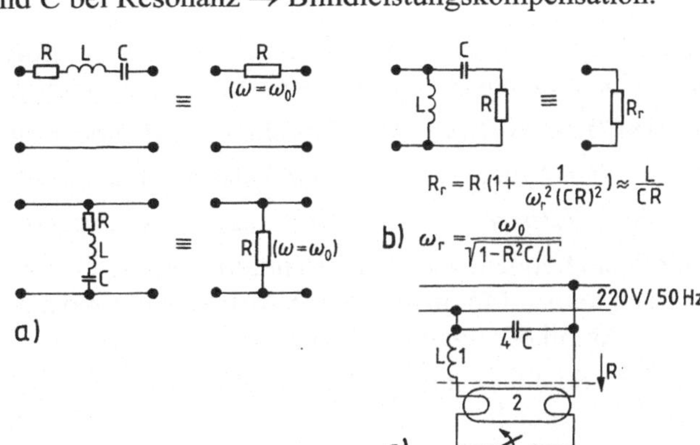

Bild 4.6.13 Anwendungsbeispiel von Resonanzkreisen
a) Filterwirkung
b) Widerstandstransformation
c) Wirkungsgradverbesserung an einer Leuchtstoffröhre
1 Vorschaltgerät (Drossel)
2 Leuchtstoffröhre
3 Starter
4 Kompensationskondensator

Typische Einsatzgebiete sind (Bild 4.6.13a):

- Nutzung der frequenzselektiven Eigenschaften in Filterschaltungen (z.B. sog. LC-Filter),
- Resonanzsysteme in Schwingungserzeugern (Oszillatorprinzip, Kompensation der Schwingkreis-Verlustwiderstände durch negativen Wirkwiderstand),

- Einsatz als Abstimmelement in Empfängern (selektive Wirkung),
- Transformation von niederohmigen Widerständen in hochohmige und umgekehrt (Bild 4.6.13b),
- Blindleistungskompensation (z.B. Motoren, Leuchtstoffröhren, Bild 4.6.13c). Hat die Leuchtstoffröhre gezündet (Starter 3 offen), so entsteht durch die Vorschaltdrossel eine induktive Stromkomponente. Sie wird durch den Kondensator nach dem Resonanzprinzip kompensiert.

4.6.3 Vierpole mit Filtereigenschaften

Oft soll die Leistungsübertragung von einer Quelle zum Verbraucher *frequenzabhängig* sein, nämlich

- für bestimmten Frequenzbereich gering (→ Sperrbereich),
- für einen anderen hoch (→ Durchlassbereich).

Ein Vierpol, der bestimmte Frequenzbereiche durchlässt und andere sperrt, heißt *Filter* oder *Siebschaltung* (Bild 4.6.14).

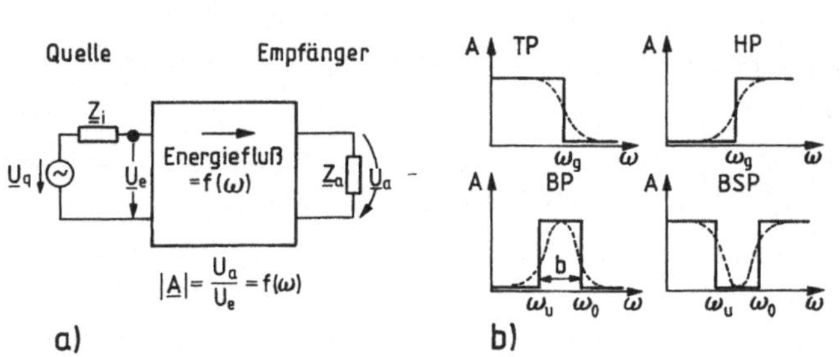

Bild 4.6.14 Filterprinzip
a) Schaltung mit frequenzabhängigem Übertragungsverhalten zwischen Quelle und Empfänger
b) Übertragungsverhalten der vier Filtergrundtypen TP Tiefpass, HP Hochpass, BP Bandpass, BSP Bandsperre,
——— idealer Verlauf
- - - - realer Verlauf

Der Übergang Sperrbereich → Durchlassbereich erfolgt bei einer *Grenzfrequenz* ω_g. Nach dem Übertragungsverhalten gibt es vier Filtergrundtypen:

- den *Tiefpass (Hochpass)*: Durchlassbereich bei tiefen (hohen) Frequenzen,
- den *Bandpass*: Durchlassbereich bei mittleren Frequenzen,
- die *Bandsperre*: Sperrbereich bei mittleren Frequenzen.

Die Grenzfrequenz ist dabei (standardmäßig s. Gl. (4.4.4)) durch den Abfall der Leistung auf den halben Maximalwert am Ausgangslastwiderstand R definiert gleichbedeutend mit einem Abfall der Spannung auf $U_{max}/\sqrt{2}$.

Die im Bild 4.6.14 angegebenen *idealen*, d.h. sprungartigen Übergänge vom Sperr- in den Durchlassbereich lassen sich aus physikalischen Gründen (Verluste der Schaltelemente) nicht realisieren. Es treten vielmehr *endliche* Übergänge auf, deren Steilheit von der *Filterordnung* abhängt:

Die Filterordnung ist gleich der Mindestzahl der enthaltenen (unabhängigen) Blindschaltelemente (C, L). Wachsende Ordnung erhöht die Flankensteilheit in Grenzfrequenznähe.

Filter werden umfangreich genutzt und haben einen hohen Stand erreicht. Filterwirkungen treten aber auch durch unerwünschte parasitäre Effekte (meist kapazitiv, seltener induktiv) auf:

- so hat jeder ohmsche Widerstand parasitäre Induktivitäten und Kapazitäten, die seinen Betragswert nach hohen Frequenzen ändern,
- jeder Verstärker besitzt durch innere Kapazitäten *Tiefpasseigenschaften* (z.T. auch Bandpasseigenschaften).

Einfache Filterschaltungen, wie Tief- und Hochpässe erster Ordnung in Form von *RC*- bzw. *RL*-Spannungsteilern wurden bereits diskutiert. Wir konzentrieren uns deshalb auf einige typische Filter höherer Ordnung.

PC a) Untersuchen Sie zur Wiederholung das Multisim-Beispiel 4/9 eines einfachen RC-Tiefpasses mit Variation des Widerstandes.

b) Gegeben ist eine Spice-Netzliste im Multisim-Beispiel 4/10. Entwerfen Sie damit die Schaltung (oder führen Sie einen Netzlistenimport durch) und führen Sie anschließend die in der Netzliste vorgeschriebene Operation durch.

4.6.3.1 Tiefpässe, Hochpässe

Das Spannungsübertragungsverhalten einer Kettenschaltung von zwei *RC*-Tiefpässen (Bild 4.6.15) mit verschiedenen Zeitkonstanten ($R_1\ C_1$, $R_2\ C_2$) ergibt sich entweder über die Spannungsteilerregel oder schrittweise Überführung der Spannungsquelle in eine Stromquelle (Bild 4.6.15b), die Bestimmung des neuen Innenleitwertes (Bild 4.6.15c) und die erneute Rückwandlung in eine Spannungsquelle (Bild 4.6.15d):

$$\frac{\underline{U}_a}{\underline{U}_q} = \frac{1}{1+j\omega C_1 R_1} \cdot \frac{1}{j\omega C_2}\left[\frac{1}{j\omega C_2} + R_2 + \frac{R_1}{1+j\omega C_1 R_1}\right]^{-1}$$

$$= \frac{1}{1+j\omega(C_1 R_1 + C_2 R_2 + C_2 R_1) - \omega^2 C_1 C_2 R_1 R_2} = \frac{1}{(1+j\omega\tau_1)(1+j\omega\tau_2)} \qquad (4.6.21)$$

$$\tau_1 = 1/\omega_1 = a - \sqrt{a^2 - b}\,, \quad \tau_2 = 1/\omega_2 = a + \sqrt{a^2 + b}$$

$$2a = R_1(C_1 + C_2)\,, \quad b = C_1 C_2 R_1 R_2\,.$$

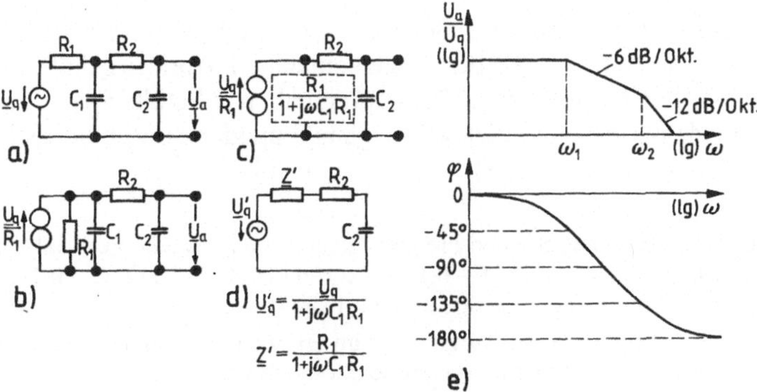

Bild 4.6.15 Kaskadenschaltung zweier Tiefpässe
a) Schaltung
b)...d) gleichwertige Schaltungsumwandlung
e) Bodediagramm der bezogenen Ausgangsspannung

Im Bode-Diagramm (Bild 4.6.15e) folgt ein Abfall von –6 dB/Okt. (bzw. –20 dB/Dek.) ab der Grenzfrequenz ω_1 und ein steilerer Verlauf (–12 dB/Okt. bzw. –40 dB/Dek.) ab ω_2. *Gleiche RC*-Schaltungen ($R_1 = R_2 = R$, $C_1 = C_2 = C$, $RC = \tau$) führen auf:

$$\tau_1 = \left(\frac{3}{2} - \frac{\sqrt{5}}{2}\right)\tau, \quad \tau_2 = \left(\frac{3}{2} + \frac{\sqrt{5}}{2}\right)\tau \quad \text{und}$$

$$\frac{\underline{U}_\text{a}}{\underline{U}_\text{q}} = \frac{1}{1-(\omega\tau)^2 + 3\text{j}\omega\tau}. \tag{4.6.22}$$

Die Analyse vereinfacht sich, wenn die Eingangsimpedanz $\underline{Z}_\text{e} = R + 1/\text{j}\omega C$ des zweiten *RC*-Gliedes groß gegen $\underline{Z}_\text{C} = 1/\text{j}\omega C$ des ersten ist. Dann arbeitet der erste *RC*-Teiler praktisch im Leerlauf und es gilt:

$$\frac{\underline{U}_\text{a}}{\underline{U}_\text{q}} = \frac{\underline{U}_\text{a}}{\underline{U}_\text{a}'} \cdot \frac{\underline{U}_\text{a}'}{\underline{U}_\text{q}} = \frac{1}{1+\text{j}\omega CR} \cdot \frac{1}{1+\text{j}\omega CR} = \frac{1}{1-(\omega\tau)^2 + 2\text{j}\omega\tau}. \tag{4.6.23}$$

Gegenüber Gl. (4.6.22) entsteht zwar ein Fehler, doch bleibt das Gesamtverhalten qualitativ gleich. Der Tiefpass zweiter Ordnung hat gegenüber dem erster Ordnung

- einen steileren Übergang vom Durchlass- zum Sperrbereich und
- eine größere Phasendrehung bis zu $-\pi$ bei hohen Frequenzen.

Das Ergebnis Gl. (4.6.23) kann für n gleiche Tiefpässe in Kette leicht verallgemeinert werden

$$\left.\frac{\underline{U}_\text{a}}{\underline{U}_\text{q}}\right|_n = \left(\frac{1}{1+\text{j}\omega\tau}\right)^n. \tag{4.6.24}$$

Es ergibt

- ein Absinken der Grenzfrequenz auf $\omega_\text{g} = \omega_0/\sqrt{n}$ (TP),
- eine Zunahme des Amplitudenabfalls (im Bode-Diagramm) auf $-n$ 20 dB/Dek,
- eine asymptotische Annäherung des Phasenganges an $-n\,\pi/2$.

Eine Kettenschaltung mehrerer Teilfilter (gleicher Art) verbessert das Gesamtverhalten.

Stufenentkopplung. Bei der Kettenschaltung von Einzelfiltern können – wie eben gezeigt – wechselseitige Beeinflussungen entstehen. Abhilfe schaffen „Trennverstärker“ zwischen den Filterstufen. Solche Verstärker haben z.B. als Spannungsverstärker hohe Eingangsimpedanz, verschwindende Ausgangsimpedanz und eine reelle Spannungsverstärkung $\underline{A}_\text{u}$. Damit wird Gl. (4.6.23) automatisch erfüllt.

PC a) Untersuchen Sie den Frequenzgang zweier in Kette geschalteter *RC*-Tiefpässe nach Bild 4.6.15 mit Multisim im Bereich f = 0,1 kHz…100 kHz (R = 1 kΩ, C = 0,1 μF). Bestimmen Sie die Grenzfrequenz (zweckmäßig mit Bodeplotter arbeiten).

b) Wiederholen Sie die Aufgabe, wenn ein idealer Spannungsverstärker (A_u = 1) zwischengeschaltet wird. Diskutieren Sie die Ergebnisse mit Gl. (4.6.22) und (4.6.23).

***LC*-Tief-/Hochpass 2. Ordnung**. Grundsätzlich kann der Schwingkreis als Tief-/Hochpass zweiter Ordnung arbeiten. Beim Reihenschwingkreis (Bild 4.6.16a) betragen die Teilspannungen $\underline{U}_C$, $\underline{U}_L$ jeweils

$$\frac{\underline{U}_C}{\underline{U}_q} = \frac{\underline{Z}_C}{\underline{Z}} = \frac{\omega_0^2}{\omega_0^2 + j(\omega_0/\rho) + (j\omega)^2} = \frac{\omega_0^2}{N}$$
$$\frac{\underline{U}_R}{\underline{U}_q} = \frac{j\omega \cdot \omega_0}{\rho N}, \quad \frac{\underline{U}_Z}{\underline{U}_q} = \frac{\underline{Z}_L}{\underline{Z}} = \frac{(j\omega)^2}{N} \tag{4.6.25}$$

mit der dort vereinbarten Güte ρ und Resonanzfrequenz. Die Ergebnisse folgen aus Gl. (4.6.20). Die Kondensatorspannung $\underline{U}_C$ als „Filterausgangsgröße" (Bild 4.6.16a) zeigt Tiefpassverhalten: für $\omega \to 0$ stellt die Induktivität einen Kurzschluss dar und die Kapazität eine Leitungsunterbrechung: Durchlassverhalten. Im Falle $\omega \to \infty$ wirkt dagegen L als Unterbrechung und C als Kurzschluss → Tiefpassverhalten:

$$U_C \approx U\Big|_{\omega \ll \omega_0} \qquad U_C \approx U(\omega_0/\omega)^2\Big|_{\omega \gg \omega_0}. \tag{4.6.26}$$

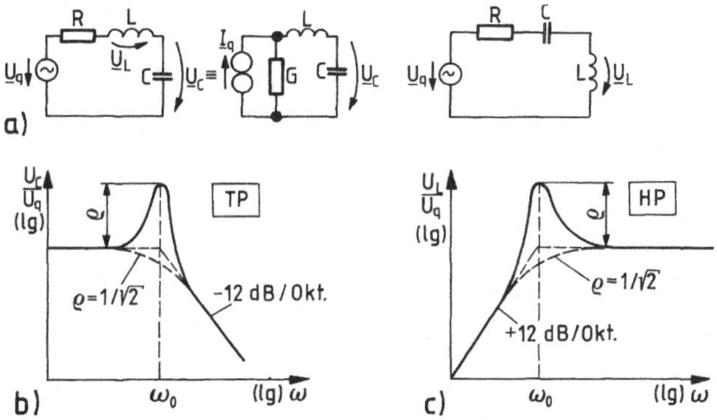

Bild 4.6.16 Schwingkreis als Tief-/Hochpass 2. Ordnung
a) Schaltung
b) Bodediagramm der bezogenen Kondensatorspannung (Tiefpassverhalten)
c) Bodediagramm der bezogenen Spulenspannung (Hochpassverhalten)

Dies zeigt das Bode-Diagramm (Bild 4.6.16b). Bei Resonanz $\omega = \omega_0$ tritt (die schon beim Schwingkreis diskutierte) Resonanzüberhöhung $U_C = \rho U$ auf.

Speziell für die Güte $\rho = 1/\sqrt{2}$ erhält der U_C-Verlauf Tiefpasscharakter mit der Grenzfrequenz ω_0, einem Abfall von –12 dB/ Okt. (–40 dB/ Dek.) und die Resonanzüberhöhung verschwindet.

Vom Prinzipverlauf her stimmt Gl. (4.6.20) mit der allgemeinen Übertragungsfunktion 2. Ordnung (s. Gl. (4.4.7)) überein.

Hochpass 2. Ordnung. Die Spannung U_L über der Induktivität Gl. (4.6.25) zeigt Hochpassverhalten (Bild 4.6.16c), für $\omega \ll \omega_0$ gilt $U_L \approx \omega^2\, U_q$: Kurvenanstieg im Bode-Diagramm mit 40 dB/Dek. und Erreichung der Asymptote $U_L \approx U$ bei $\omega \gg \omega_0$.

Das hier diskutierte Verhalten des Reihenschwingkreises trifft analog auf den Parallelschwingkreis zu, wenn die Stromübersetzungen der Kondensator- bzw. Spulenströme bezogen auf den eingeprägten Quellenstrom betrachtet werden.

PC Entwerfen Sie mit Multism einen Reihenschwingkreis in TP- bzw. HP-Konfiguration nach Bild 4.6.16 für eine Resonanzfrequenz f_0 = 100 kHz und Güte von 300. Stellen Sie die Frequenzgänge dem Bild entsprechend im log. Maßstab dar (Bereich 10 kHz…1 MHz). Welche Resonanzüberhöhung tritt auf? Variieren Sie die Frequenzauflösung.

Tiefpass 3. Ordnung. Eine dreigliedrige *RC*-Kette (Bild 4.6.17) mit angenommen hochohmigen *RC*-Teilern hat die Spannungsübersetzung

$$\frac{\underline{U}_a}{\underline{U}_e}=\left(\frac{1}{1+j\omega RC}\right)^3=\frac{1}{1-3\,\Omega^2+j\Omega(3-\Omega^2)},\quad \Omega=\omega RC. \tag{4.6.27}$$

Da theoretisch eine Phasendrehung von $-3\pi/2$ möglich ist, kann mit diesem Netzwerk der Fall $\varphi=-180°$ (Umkehr der Ausgangsspannung) sicher eingestellt werden. Die entsprechende Forderung lautet:

$$\operatorname{Im}\left(\frac{\underline{U}_a}{\underline{U}_e}\right)=0\rightarrow 3-\Omega_0^2=0\rightarrow\left.\frac{\underline{U}_a}{\underline{U}_e}\right|_{\Omega_0}=\frac{1}{1-3\cdot 3}=-\frac{1}{8}.$$

Wegen dieser Phasenumkehr wird die Kette häufig im sog. *RC-Oszillator* eingesetzt. Ungewollt kann eine solche Phasenumkehr im rückgekoppelten Verstärker zur Schwingneigung führen: oft lässt sich der Frequenzgang eines mehrstufigen Verstärkers durch einen Tiefpass dritter Ordnung modellieren. Bei Verbindung des Ausgangs mit dem Eingang über ein phasendrehendes Netzwerk ist dann Instabilität (→ Oszillation) möglich.

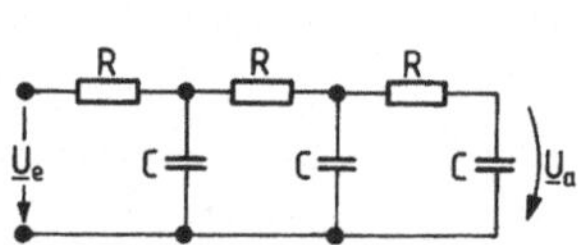

Bild 4.6.17 Tiefpass 3. Ordnung

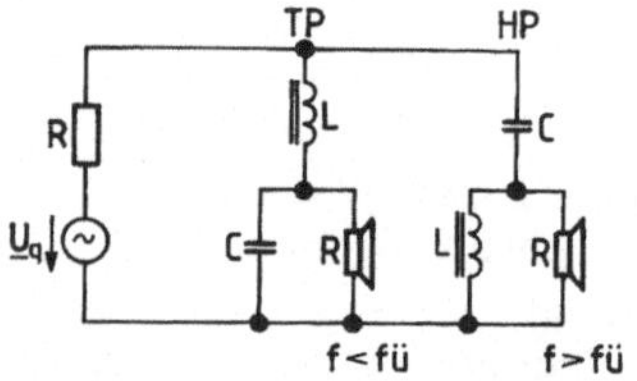

Bild 4.6.18 Prinzip der Frequenzweiche

PC Realisieren Sie mit Multisim eine dreigliedrige *RC*-Kette (R = 1 kΩ, C = 1 μF), schließen sie an den Ausgang einen *U-I*-Wandler (Steilheit 1 S) an und an dessen Ausgang einen Lastwiderstand R = 1 kΩ. Nehmen Sie mit dem Netzwerkanalysator den Frequenzgang des Vierpolkoeffizienten Y_{21} (P1 an Eingang, P2 an Ausgang) auf im Frequenzbereich f = 100 Hz bis 1 kHz. Erklären Sie die Ergebnisse mit Gl. (4.6.27).

Anwendungsbeispiel. Moderne Hifi-Anlagen enthalten durchweg getrennte Lautsprecher für die Wiedergabe hoher und tiefer Frequenzen. *Frequenzweichen* stellen sicher, daß die Verstärkerleistung jeweils dem geeignetsten Lautsprecher zur Verfügung steht (Bild 4.6.18). Dazu dienen Tief- und Hochpassanordnungen. Sie werden jeweils so dimensioniert, dass bei der Übernahmefrequenz $\omega_{ü}$ der diskutierte Fall starker Dämpfung ($\rho=1/\sqrt{2}$) gilt. Aus der Gütedefinition $L/R=\rho/\omega_0$ folgt dann:

$$L=\frac{R}{\sqrt{2}\omega_{ü}},\quad C=\frac{\sqrt{2}}{R\omega_{ü}}.$$

Beispielsweise ergeben sich für die Übergangsfrequenz $f_{ü}$ = 400 Hz und einen Lautsprecherwiderstand R = 8 Ω die Werte L = 2,24 mH sowie C = 70 μF.

4.6.3.2 Bandpassschaltungen, Bandsperrenschaltungen

Bandpass/-sperrenschaltungen (Bild 4.6.14) haben typischerweise einen „schmalen" Durchlass- bzw. Sperrbereich und damit zwangsläufig

- *untere* und *obere* Grenzfrequenzen ω_{gu}, ω_{go},
- eine *Bandbreite b* als Differenz beider Grenzfrequenzen,
- $b_\omega = \omega_{go} - \omega_{gu}$ (4.6.28a)

  sowie eine *Bandmittenfrequenz* ω_m als geometrisches Mittel aus oberer und unterer Grenzfrequenz

$$\omega_m = \sqrt{\omega_{gu}\,\omega_{go}}\,. \qquad (4.6.28b)$$

Der Quotient zwischen Bandbreite und Bandmittenfrequenz heißt *relative Bandbreite* $d = b_\omega/\omega_m$.

Man spricht von einem *Schmalbandfilter*, wenn die Bandmittenfrequenz deutlich größer als die Bandbreite ist (z.B. f_{gu} = 950 kHz, f_{go} = 1 MHz, b_f = 50 kHz $\rightarrow d \ll 1$). Beim *Breitbandfilter* dagegen sind obere Grenzfrequenz und Bandbreite von gleicher Größenordnung.

Wir greifen als typische Beispiele von Bandpässen die *LC*- und *RC*-Filter heraus.

***LC*-Filter**. Am spannungsgespeisten Reihenschwingkreis Bild 4.6.19 zeigt die Spannung U_R – betrachtet aus Ausgangsgröße eines Filters – Resonanzverhalten: *Grundtyp eines Bandpasses*. Untere und obere Grenzfrequenz ergeben sich aus der Bandbreite $b_w = \omega_0/\rho$, die Bandmittenfrequenz stimmt mit der Resonanzfrequenz ω_0 überein.

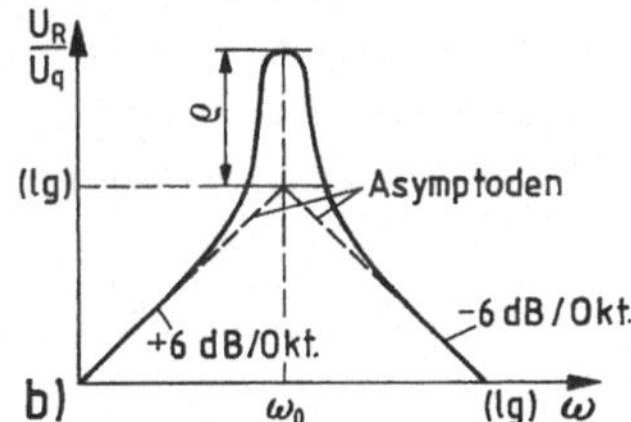

Bild 4.6.19 Reihenschwingkreis als Bandpass
a) Schaltung
b) Bodediagramm für die bezogene Spannung U_R

Im Bode-Diagramm (Bild 4.6.19b) ergibt der Verlauf $U_R \approx |(\omega_0/\rho)\,j\omega U/\omega_0^2| \sim \omega U$ für $\omega \ll \omega_0$, bei tiefen Frequenzen eine mit 6 dB/Okt. ansteigende Gerade und für hohe Frequenzen wegen $U_R \approx \omega_0/\omega)\,(U/\rho) \sim 1/\omega$ eine mit –6 dB/Okt. abfallende Gerade. Beide Asymptoten schneiden sich bei der Bandmitte: *Bandpassverhalten der Spannung U_R am Reihenschwingkreis*.

Ein Schwingkreis kann auch als Bandsperre dienen, wenn er als Parallelschwingkreis im Längszweig zwischen Spannungsquelle und Verbraucherwiderstand liegt. Im Resonanzfall ist seine Impedanz groß und damit die Spannung U_R klein, für andere Frequenzen sinkt Z und damit steigt U_R.

***RC*-Bandpass**. Bandpassverhalten zeigt auch ein Filter nur aus Widerständen und Kondensatoren, wenn es als Kettenschaltung von *RC*-Hoch- und Tiefpässen (ohne oder mit Trennverstärker (Bild 4.6.20a, s. auch Bild 4.4.8)) ausgeführt wird: die Ausgangsspannung verschwindet für hohe und tiefe Frequenzen. Auch die als *Wien-Glied* bekannte Schaltung Bild 4.6.20a hat ein selektives Spannungsübersetzungsverhältnis $\underline{U}_a/\underline{U}_e$ (Spannungsteilerregel)

$$\frac{\underline{U}_a}{\underline{U}_e} = \frac{\underline{Z}_2}{\underline{Z}_2 + \underline{Z}_1} = \frac{1}{1 + \underline{Z}_1\underline{Y}_2} = \frac{1}{1 + (R + 1/j\omega C)(G + j\omega C)} = \frac{j\Omega}{1 - \Omega^2 + 3j\Omega} = A \exp j\varphi \qquad (4.6.29)$$

mit $\Omega = \omega RC$. Betrag und Phase lauten:

$$A = \frac{1}{\sqrt{(1/\Omega - \Omega)^2 + 9}}, \quad \varphi = \arctan\frac{1-\Omega^2}{3\Omega} \quad \text{Wien-Glied}. \tag{4.6.30}$$

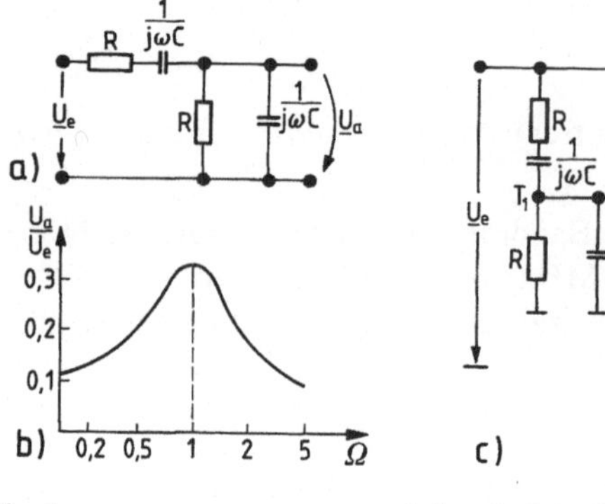

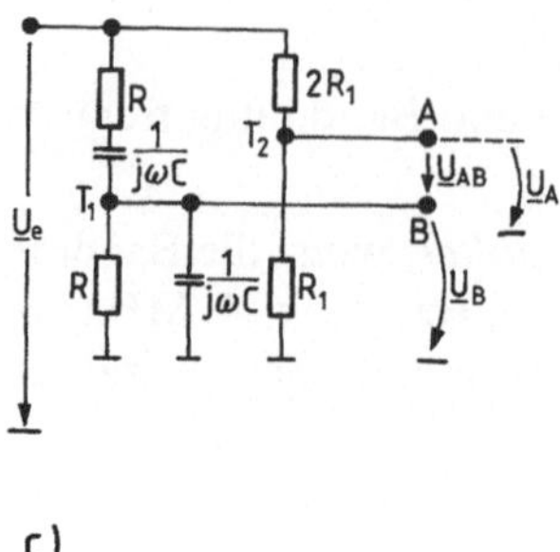

Bild 4.6.20 *RC*-Bandpassfilter
a) Schaltung,
b) Betrag der bezogenen Ausgangsspannung
c) Wien-Robinson-Brücke

Die Ausgangsspannung erreicht ein Maximum für $\Omega = 1$: *Resonanz* (Bandmittenfrequenz). Dazu gehört ein Spannungsübertragungsverhältnis $A = 1/3$ (Bild 4.6.22b). Wegen des flachen Verlaufes in Resonanznähe hat dieser Bandpass nur geringe Selektivität. Er wird aber häufig als frequenzbestimmendes Netzwerk in *RC*-Oszillatoren verwendet sowie in der sog. *Wien-Robinson-Messbrücke*. Erhält die Schaltung (Bild 4.6.20c) noch einen zweiten Spannungsteiler T_2 (Widerstandsverhältnis 2 R_1/R_1), so entsteht eine *Brückenschaltung* (s. Abschn. 4.6.4). Ihre Spannung zwischen den Punkten A, B beträgt:

$$\underline{U}_{AB} = \underline{U}_A - \underline{U}_B = \frac{R_1\underline{U}_e}{R_1 + 2R_1} - \frac{j\Omega\underline{U}_e}{1-\Omega^2+3j\Omega} = \frac{(1-\Omega^2)\underline{U}_e}{3(1-\Omega^2+3j\Omega)} \quad .$$

Sie *verschwindet* für $\Omega = 1$, so dass aus dieser Bedingung z.B. bei bekannten Brückenelementen (R_1, R, C) die Frequenz bestimmt werden kann.

Bandsperre. Die Schaltung Bild 4.6.20c hat genau genommen die Eigenschaften einer *Bandsperre*, denn für (exakt) eine Frequenz verschwindet die Ausgangsspannung. Verbreiteter als Bandsperre sind hingegen das *überbrückte T-Glied* (Bild 4.6.21a) oder auch das *Doppel-T-Glied* (Bild 4.6.21b, größere Selektivität). Hier verursacht das *R*-2*C*-*R*-Glied einen Ausgangskurzschlussstrom, der $\underline{U}_e$ nacheilt und das *C*-*R*/2-*C*-Glied einen voreilenden Strom. Bei der Resonanzfrequenz $\Omega = 1 = \omega_0 RC$ kompensieren sich beide und die Ausgangsspannung verschwindet. Auch diese Schaltung wird oft als frequenzselektives Netzwerk in Oszillatorschaltungen verwendet.

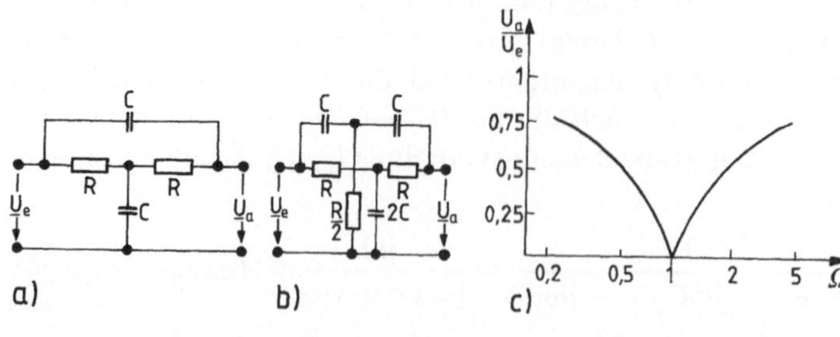

Bild 4.6.21 Überbrücktes T-Glied
a) Schaltung
b) Doppel-T-Filter
c) normierte Frequenzabhängigkeit der Ausgangsspannung U_a/U_e

Filter höherer Ordnung. Die hier diskutierten Filterschaltungen dienten vor allem zur Erläuterung der Grundeigenschaften von Siebschaltungen. Technische Anwendungen erfordern meist Filter höherer Ordnung, typisch sind 10...15 wegen erwünschter extremer Flankensteilheiten. Deshalb wurden in der Vergangenheit zahlreiche Filtertypen und Realisierungsvarianten entwickelt und entsprechende Entwurfsstrategien ausgearbeitet.

Filterrealisierungen. Filter überstreichen den gesamten technischen Frequenzbereich von mHz bis Giga- und Terahertz. Je nach Frequenz, Anwendungszweck und technischer Realisierbarkeit kommen ganz unterschiedliche Lösungen zum Einsatz:

- *Klassische LC-Lösungen* bis in den MHz-Bereich, solche Filter sind leicht auch für größere Leistungen (Energietechnik, Antennen, Sendetechnik, Netzentstörfilter, Leistungselektronik u.a.) auszulegen,
- *LC*-Lösungen unter Nutzung *„integrierter Induktivitäten"* (nH-Bereich) als Leiterspiralen auf der Oberfläche von Si-Chips im Mobilfunkbereich (typ. Frequenz 1...2 GHz),
- Spulen widersetzen sich aufgrund von Volumen, Gewicht und Technik der Schaltungsintegration. Mikroelektronische Filter substituieren sie deshalb durch unterschiedliche Lösungen, besonders in der sog. *MOS-Technik*,
- Netzwerke aus Widerständen, Kondensatoren und Operationsverstärkern (sog. *aktive RC-* und *Gyratorschaltungen*), Netzwerke aus Kondensatoren und Transkonduktanzverstärkern (wobei auch die Widerstände durch Transkonduktanzverstäker nachgebildet werden, sog. *G_m-C-Filter*),
- werden Widerstände durch geschaltete Kondensatoren (mit hoher Genauigkeit) ersetzt, so liegen *Schalter-Kondensator-Filter* (*SC*-, switched capacitor filter) vor. Sie arbeiten nach dem Prinzip abtastender Analogschaltungen und erlauben sehr gute Filterrealisierungen. Nach ähnlichem Prinzip arbeiten *Filter mit geschalteten Strömen* (switched current filter),
- eine andere Lösung sind *mechanische Schwinger* (Umsetzung elektrisch-mechanische Energie) etwa in Form von *Schwingquarzen* oder *mechanischen Filtern.* Quarze sind Anordnungen, die sich ersatzschaltungsmäßig wie elektrische Schwingkreise mit extrem hoher Güte ($\rho > 10^4$) verhalten.

Neben den bisher betrachteten Filtern für analoge Signale gewannen in den letzten Jahren *Digitalfilter* für die digitale Signalverarbeitung immer mehr an Bedeutung. Ein Digitalfilter ist im Prinzip ein spezieller Rechner, der ein digitales Eingangssignal nach einer Vorschrift zu einem digitalen Ausgangssignal verarbeitet. Wir gehen darauf in Bd. 2 ein.

PC a) Realisieren Sie mit Multisim die Schaltung Bild 4.6.20a ($R = 1$ kΩ, $C = 1$ μF). Schließen Sie ausgangsseitig einen *U-I*-Wandler (mit $Y_{21} = 1$ S) an und an seine Ausgangsklemmen einen Widerstand $R = 1$ Ω. Bestimmen Sie mit dem Netzwerkanalysator den Vierpolkoeffizienten Y_{21} der Gesamtanordnung (Überlegen Sie, wie sich darin die Spannungsübertragungsfunktion des RC-Netzwerkes ausdrückt). Betrachten Sie sowohl die Ortskurven von Y_{21} im Frequenzbereich 10 Hz...10 kHz als auch den Koeffizienten Y_{21} nach Betrag und Phase und vergleichen Sie das Ergebnis mit Bild 4.6.20b.

b) Entwickeln Sie ein MATLAB-Programm zur Untersuchung des Frequenzganges von Aufgabe a), orientieren Sie sich dabei am MATLAB-Beispiel 4/6.

c) Untersuchen Sie mit Multisim den Frequenzgang und die Ortskurve des überbrückten T-Gliedes nach Bild 4.6.21b, an das ausgangsseitig ein *U-I*-Wandler ($Y_{21} = 1$ S) mit einem Lastwiderstand $R = 1$ Ω angeschaltet ist. Betrachten Sie den Übertragungskoeffizienten Y_{21} der Gesamtanordnung.

Aufgaben 4.6.6, 4.6.7

4.6.4 Besondere Wechselstromschaltungen

Die Zahl der praktisch eingesetzten Wechselstromschaltungen ist fast unüberschaubar. Wir beschränken uns daher auf sehr wenige Beispiele mehr zur Erläuterung der gelernten Analysemethoden.

Frequenzunabhängiger Spannungsteiler. Soll eine Wechselspannung über einen größeren Frequenzbereich definiert geteilt werden, so erfordert dies wegen der immer vorhandenen parasitären Kapazitäten der Widerstände eine spezielle Bemessung der Zeitkonstanten. Wir setzen die Kapazitäten im Teiler als Parallelelemente an (Bild 4.6.22). Für *gleiche Zeitkonstanten* $R_1 C_1 = R_2 C_2$ bleibt das Spannungsverhältnis $\underline{U}_a/\underline{U}_e = R_2/(R_1 + R_2)$ frequenzunabhängig (Nachweis!). Dies wird in den Tastköpfen von Messgeräten (z.B. Oszilloskop) ausgenutzt (Bild 4.6.22). Außer der frequenzunabhängigen Teilung erfolgt auch eine reduzierte kapazitive Belastung der Messstelle, weil mit einem Teilerverhältnis n auch die Eingangskapazität auf C_2/n sinkt.

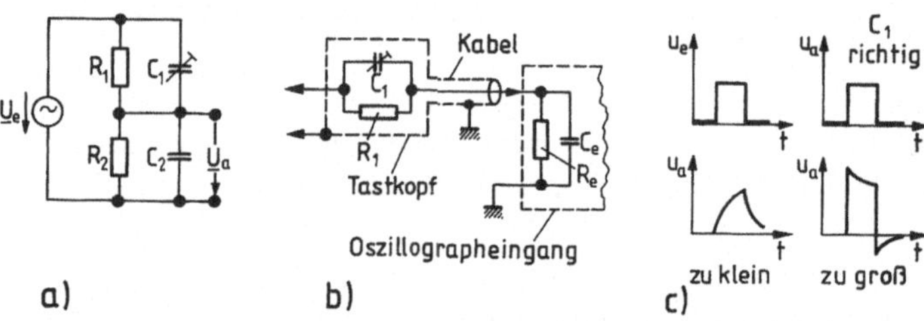

Bild 4.6.22 Frequenzkompensierter Spannungsteiler
a) Schaltung
b) Anwendung im Tastkopf eines Oszillographen,
c) Einfluss der C_1-Einstellung auf den Verlauf der Ausgangsspannung bei anliegendem Eingangsimpuls

Der Abgleich des Teilers (Einstellung des Trimmers C_1) lässt sich mit einem Eingangsrechtecksignal sehr einfach überprüfen: bei frequenzunabhängiger Teilung muss das Ausgangssignal reckteckförmig sein, was am Oszilloskop direkt verfolgt werden kann.

Brückenschaltungen. Bisher hatten Vierpole zwischen Ein- und Ausgangskreis stets eine durchgehende Verbindung. Dies muss für den allgemeinen Vierpol jedoch nicht zutreffen, wie die *Brückenschaltung* als Beispiel zeigt. Sie besteht aus zwei Spannungsteilern (Bild 4.6.23a). Die Ausgangsgröße ist die *Differenz* beider Teilerspannungen. Sie verschwindet bei bestimmter Teilereinstellung – dem *Abgleich*. Die Schaltung kann aber auch als Vierpol in sog. *X-Schaltung* dargestellt werden (Bild 4.6.23b), wobei zwischen Punkt B und D keine durchgehende Verbindung bestehen darf.

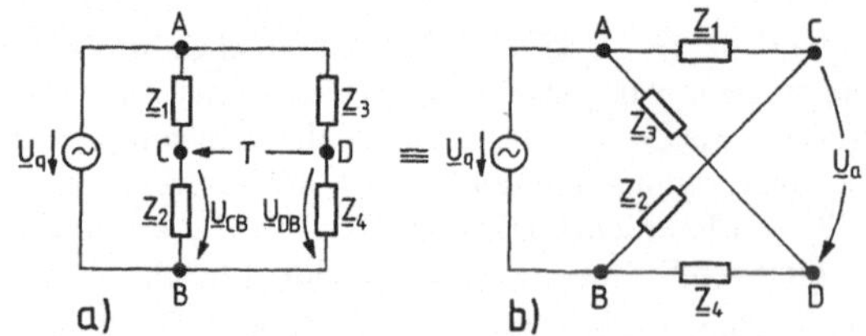

Bild 4.6.23 Brückenschaltung
a) Schaltung
b) gleichwertige Darstellung als Vierpol (sog. X-Schaltung)

Ist die Schaltung aus den Impedanzen $\underline{Z}_1 \ldots \underline{Z}_4$ aufgebaut, so betragen die Teilspannungen:

$$\frac{\underline{U}_{CB}}{\underline{U}_q} = \frac{\underline{Z}_2}{\underline{Z}_1 + \underline{Z}_2}; \quad \frac{\underline{U}_{DB}}{\underline{U}_q} = \frac{\underline{Z}_4}{\underline{Z}_3 + \underline{Z}_4}. \tag{4.6.32}$$

Die Ausgangsspannung $\underline{U}_{CD}$ verschwindet für $\underline{U}_{CB} = \underline{U}_{DB}$ oder $1 + (\underline{Z}_1/\underline{Z}_2) = 1 + (\underline{Z}_3/\underline{Z}_4)$, also für:

$$\frac{\underline{Z}_1}{\underline{Z}_2} = \frac{\underline{Z}_3}{\underline{Z}_4}. \quad \text{Brückenabgleichbedingung} \tag{4.6.33}$$

Abgleich ($\underline{U}_{CD} = 0$) erfordert die Erfüllung der Bedingung Gl. (4.6.33).

Diese komplexe Gleichung beinhaltet zwei Abgleichbedingungen, entweder

- in der P-Form eine *Betrags-* und *Phasenbeziehung*
- oder in der R-Form die *Real- und Imaginärteilbedingungen* (Nachrechnung!)

$$\begin{aligned} R_3 R_2 - X_3 X_2 &= R_1 R_4 - X_1 X_4 \quad &\text{Realteil} \\ R_3 X_2 + R_2 X_3 &= R_1 X_4 + R_4 X_1 . \quad &\text{Imaginärteil} \end{aligned} \tag{4.6.34}$$

Brückenschaltungen werden breit angewendet, z.B.

- zur Bestimmung unbekannter Zweipolelemente, zur Einstellung definierter Phasenverschiebungen (Phasendrehschaltung),
- zur Messung nichtelektrischer Größen, wenn in die Brückenzweige *Sensorelemente* ein gefügt werden u.a.m. Wir erläutern einige Beispiele.

Wheatstonsche Brücke[10] zur Bestimmung ohmscher Widerstände (oder auch Impedanzen, (Gl. 4.6.34)). Zur Messung ohmscher Widerstände (Bild 4.6.24a, $X_1 \ldots X_4 = 0$) wird der Spannungsteiler R_1, R_2 als Potentiometer ausgelegt ($R_2 = \alpha R$, $R_1 = (1-\alpha)R$, α Drehwinkel). $R_4 = R_x$ ist der unbekannte Widerstand, $R_3 = R_N$ ein Widerstandsnormal. Bei Abgleich gilt

$$R_x/R_N = R_2/R_1 = \alpha/(1-\alpha) \quad \text{Abgleichbedingung} \tag{4.6.35}$$

Als Nullinstrument dient ein Gleichspannungsmesser.

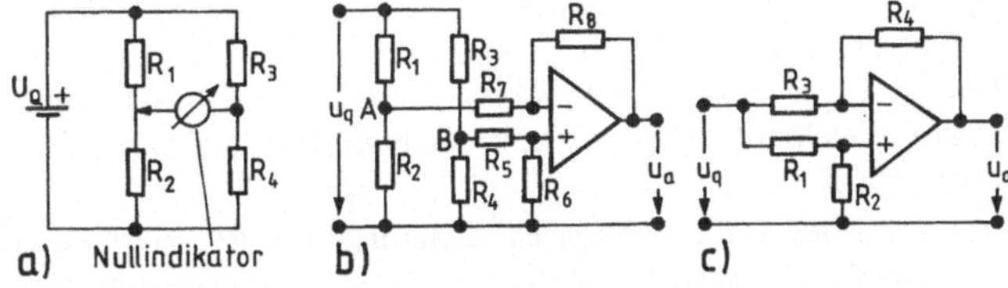

Bild 4.6.24 Brückenschaltung
a) Wheatsstone-Brücke (Originalschaltung)
b) mit Brückenverstärker
c) Brückenverstärkerschaltung

Nachteilig ist die Entnahme des Brückensignals symmetrisch zur Masse (ggf. Erdungsprobleme). Abhilfe schafft ein *Brückenverstärker = Spannungs-Differenzverstärker* mit unsymmetrischem Ausgang (Bild 4.6.24b). Er lässt sich direkt mit der Brücke vereinen, wie das Beispiel einer *Sensorbrücke* zeigen soll. Dazu werden in der Brücke ein oder mehrere Widerstände durch Sensorwiderstände (z.B. druckabhängige, lichtempfindliche, temperaturabhängige Widerstände o.a.) ersetzt. Die Schaltung Bild 4.6.24b besteht aus der Brückenschaltung ($R_1 \ldots R_4$) und der Differenz-Verstärkerschaltung mit den Widerständen $R_5 \ldots R_8$ als Gegenkopplungsnetzwerk. Beide Funktionen können verschmolzen werden (Bild 4.6.24c). Die Ausgangsspannung beträgt:

$$u_a = u_q \left[\left(\frac{R_1}{R_1 + R_2} \right) \cdot \left(\frac{R_3 + R_4}{R_3} \right) - 1 \right]. \tag{4.6.36}$$

[10] C. Wheatstone, 1802–1875.

Für $R_1 = R_2 = R$ und $R_4 = R_3\,(1 + \Delta R/R)$ (Sensorwiderstand mit $\Delta R/R$ als relativer sensorbedingter Abweichung) gilt (mit $R_3 = R$) schließlich

$$u_\mathrm{a} = u_\mathrm{q}/2 \cdot (\Delta R/R).$$

Die relative Sensoränderung erscheint direkt (und linear) als Ausgangsspannung!

Wechselstrombrückenschaltungen. Die Abgleichbedingung Gl. (4.6.33) ist Grundlage unterschiedlichster Wechselstrombrücken wie

- *Induktivitätsmessbrücke* (Maxwell-Wien-Brücke) zur Messung unbekannter Induktivitäten (Bild 4.6.25a),
- *Frequenzmessbrücke* (Wien-Brücke, Bild 4.6.25b). Hier kann aus dem abgeglichenen Zustand die unbekannte Frequenz ω des Signals ermittelt werden,
- *Kapazitätsmessbrücke* (Bild 4.6.25c) zur Messung unbekannter (verlustbehafteter) Kapazitäten.

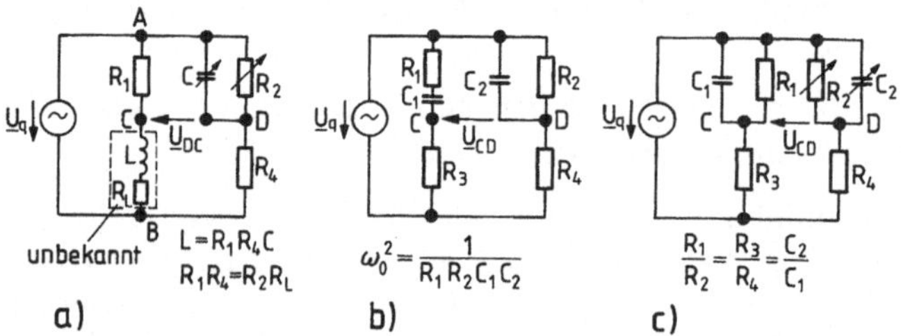

Bild 4.6.25 Brückenschaltungen
a) Maxwell-Wien-Brücke
b) Wien-Brücke
c) Kapazitätsmessbrücke

PC a) Untersuchen Sie den frequenzkompensierten Spannungsteiler Bild 4.6.22 mit den MATLAB-Beispielen 4/6 und 4/7.

b) Bild Sie die Anordnung nach a) mit Multisim nach, schalten Sie an den Ausgang einen *U-I*-Wandler ($Y_{21} = 1$ S) belastet mit einem Widerstand $R = 1\ \Omega$ und untersuchen Sie den Frequenzgang des Vierpolparameters Y_{21} der Gesamtanordnung mit dem Netzwerkanalysator (Orientierung Multisim Beispiel 4/13a) bezüglich der Ortskurven- und Betrag-Phasendarstellung. Entnormieren Sie die Zahlenwerte des MATLAB-Beispiels z.B. durch die Wahl $G = 1$ mS, $C = 1\ \mu$F. Wo muss dann die Normierungfrequenz ω_0 liegen?

c) Untersuchen Sie die Kettenschaltung mehrerer *RC*-Vierpole im MATLAB-Beispiel 4/13.

d) Bilden Sie die Aufgabenstellung des MATLAB-Beispiels c) schrittweise mit Multisim nach. Wählen Sie als Grundkomponenten $R = 1$ kΩ und C = 1 µF. Wo liegt die Normierungsfrequenz ω_0?

4.6.5 Übertrager, Transformator

Zwei magnetisch fest (durch Eisenkreis) gekoppelte Spulen bilden das Bauelement „Transformator" (Abschn. 2.4.6) mit den *u-i*-Beziehungen Gl. (2.4.16, 2.4.19) für zeitveränderliche Größen. Er stellt einen Vierpol mit Energiedurchsatzeigenschaften dar:

> Der Transformator ist ein Bauelement mit zwei magnetisch fest gekoppelten Spulen. Er überträgt Energie aus dem Primärkreis über das Magnetfeld in elektrische Energie in den Sekundärkreis (Bild 4.6.26) und basiert auf dem Induktionsgesetz Gl. (2.4.2).

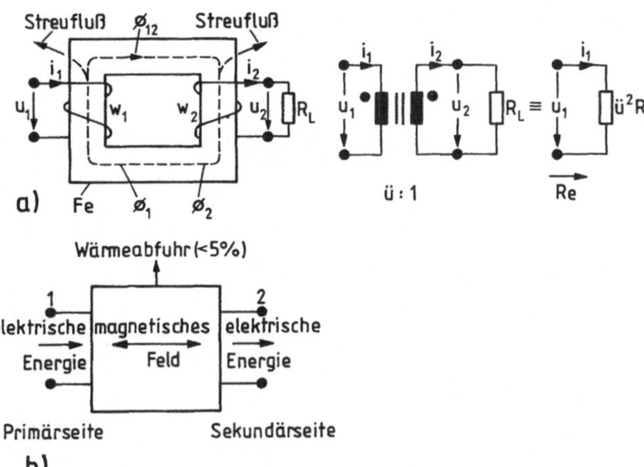

Bild 4.6.26 Transformator
a) Grundanwendung mit Schaltsymbol des idealen Transformators
b) Energiewandlung elektrisch-magnetisch-elektrisch im Transformator

Transformatoren dienen als

- Transformator (im engeren Sinn) oder *Umspanner* in der Energietechnik zur Spannungsunter- oder -übersetzung (Ziel: guter Wirkungsgrad der Leistungsübersetzung),
- als *Übertrager* oder *Wandler* in der *Informationstechnik* zur Widerstandstransformation und/oder Spannungsübersetzung (Ziel: über möglichst großer Frequenzbereich).

Idealer Transformator. Ein Transformator heißt *ideal*, wenn folgende Merkmale zutreffen:

- vollständige magnetische Kopplung beider Spulen (Koppelfaktor $k = 1$, keine Streuung),
- magnetischer Widerstand des Eisenkreises vernachlässigbar,
- keine Verluste (Wicklungswiderstände $\to 0$).

Der ideale Transformator hat folgende Eigenschaften:

1. *Ideale Spannungsübersetzung* (aus den Transformatorgleichungen (2.4.16)):

$$\frac{u_1}{u_2} = \frac{w_1 \, d\Phi_1 / dt}{w_2 \, d\Phi_2 / dt} = \frac{w_1}{w_2} = ü \,. \tag{4.6.37a}$$

Primär- und Sekundärspannung verhalten sich in jedem Zeitpunkt wie das Windungszahl- oder *Übersetzungsverhältnis* unabhängig von der sekundären Last (Ursache: Beide Spulen werden vom gleichen zeitveränderlichen magnetischen Fluss durchsetzt).

2. *Ideale Leistungsübersetzung*:

$$p_1 = u_1 i_1 = p_2 = u_2 i_2 . \tag{4.6.37b}$$

Die sekundärseitig abgegebene Leistung wird primärseitig aufgenommen (Magnetfeld wirkt als Mittler und verursacht keinen Energieverlust).

3. *Ideale Stromübersetzung* aus der Leistungsübersetzung $p_1 = p_2$:

$$i_1/i_2 = u_2/u_1 = w_2/w_1 = 1/\ddot{u}. \tag{4.6.37c}$$

> Die Ströme verhalten sich umgekehrt wie die Windungszahlen!

4. *Widerstandstransformation* des Lastwiderstandes $R_L = u_2/i_2$ (Bild 4.6.37c)

$$R_e = u_1/i_1 = (w_1/w_2)^2\, u_2/i_2 = \ddot{u}^2 R_L\,. \tag{4.6.37d}$$

> Ein sekundärer Lastwiderstand R_L wird mit dem Quadrat des Übersetzungsverhältnisses auf die Primärseite übersetzt.

Realer Transformator. Der *reale* oder *technische* Transformator erfüllt die Annahmen für den idealen Transformator nur bedingt, insbesondere

- sind die Spulen sind *nicht ideal* gekoppelt, so dass $k < 1$ gilt, ebenso hat der magnetische Kreis einen endlichen magnetischen Widerstand R_m,
- gibt es ohmsche *Wicklungswiderstände,*
- entstehen durch ständige Ummagnetisierung des Eisenkernes die *Ummagnetisierungsverluste.*

Dieses Verhalten lässt sich ersatzschaltmäßig folgendermaßen modellieren: Man schaltet vor einen idealen Transformator (nur mit dem Übersetzungsverhältnis $\ddot{u}$ Gl. (4.6.37)) einen zweiten Vierpol in Kette, der durch die (Vierpol)-Gleichungen gekoppelter Spulen beschrieben wird. Weil das Übersetzungsverhältnis bereits durch den idealen Übertrager erfasst ist, muss seine Ausgangsinduktivität L_2 (einschließlich Gegeninduktivität M) durch „reduzierte Größen → Sterngrößen" ersetzt werden:

$$M^* = \ddot{u}M \qquad L_2^* = \ddot{u}L_2 \qquad R_2^* = \ddot{u}R_2 \tag{4.6.38}$$

Der vorgeschaltete „Vierpol" stört am wenigsten im Leerlauf $\underline{I}_2 = 0$. Deshalb ist die Leerlaufspannungsübersetzung $\underline{U}_1/\underline{U}_2 \approx \ddot{u}$ auch für den technischen Transformator recht gut erfüllt. Andererseits stimmt das Stromverhältnis $\underline{I}_2/\underline{I}_1$ am besten bei sekundärem Kurzschluss ($\underline{U}_2 = 0$) mit dem Idealverhalten überein.

Zur Anwendung des Transformators in der Informationstechnik wird die Ersatzschaltung Bild 4.6.27 noch durch Wicklungswiderstände, magnetische Umwandlungsverluste und ggf. parasitäre Kapazitäten ergänzt. Sie begrenzen durch Resonanzeffekte die obere Betriebsgrenzfrequenz deutlich.

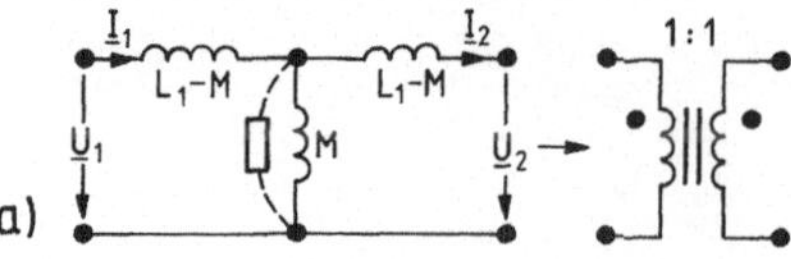

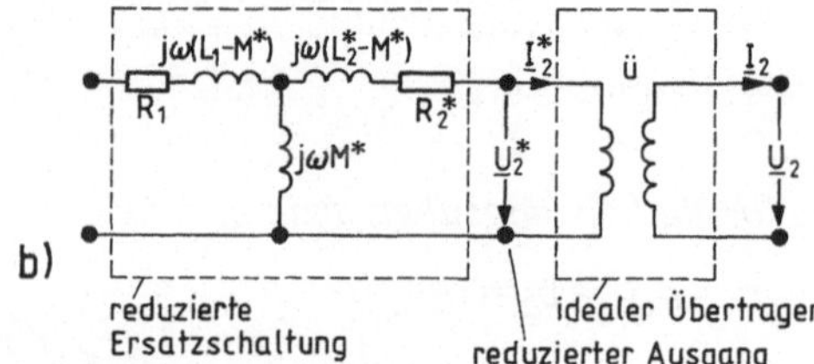

Bild 4.6.27 Transformatorersatzschaltung
a) T-Ersatzschaltung des symmetrischen verlustlosen Transformators ($\ddot{u} = w_1/w_2$)
b) Transformatorersatzschaltung aus reduzierter Ersatzschaltung und idealem Übertrager mit $\ddot{u} = w_1/w_2$

Um den Einfluss der magnetischen Streuung zu erfassen, wird vom *symmetrischen* Transformator ausgegangen ($ü = 1, L_1 = L_2$, Bild 4.6.27a). Dann gilt wegen des Kopplungsfaktors $k < 1 \rightarrow M = kL$. Der vorgeschaltete Vierpol kann so (über die Auswertung der Transformatorgleichungen (2.4.16)) durch eine *T-Ersatzschaltung* ersetzt werden. Ihre Längsinduktivitäten stellen die Streuverluste dar (Übergang für $k \rightarrow 1$ in Kurzschluss). M ist die Gegeninduktivität. Bei idealer Stromübersetzung ($\underline{I}_1 = \underline{I}_2$) verschwindet der Querstrom durch M, m.a.W. muss $M \rightarrow \infty$ für den Idealfall gelten.

Der Transformator mit *Streuverlusten* lässt sich ersatzschaltbildmäßig aus einem idealen Transformator (Übersetzungsverhältnis $ü$, hier $ü = 1$) und einem Induktivitätsnetzwerk darstellen (Bild 4.6.27a).

Bei weiterer Ergänzung des Ersatzschaltbildes können

- die Wicklungsverluste durch Längswiderstände R nachgebildet
- und die Ummagnetisierungsverluste durch den Widerstand R_{Fe} parallel zu $\mathrm{j}\omega M$ dargestellt werden (im Bild nicht enthalten).

Anwendungen. Die Hauptanwendungen des Transformators knüpfen direkt an seine Grundeigenschaften an: Spannungs-, Strom- und Widerstandstransformation in der Energie- und Informationstechnik. Weitere Einsatzgebiete sind

- die galvanische Entkopplung (Potenzialtrennung/Schutztransformatoren) von Stromkreisen,
- die Realisierung von Zwei- und Vierpolen für vorgebene Eigenschaften in der Filtertechnik, Anpassung von Netzwerken,
- die Anwendung als gekoppelte Spulen in Verbindung mit Schwingkreisen als Bandfilter u.a.m.

Das wichtigste Anwendungsfeld ist die *Energietechnik*: Transformation der Generatorspannung (einige kV) im Kraftwerk auf Hochspannung (380...750 kV) zur wirtschaftlichen Fernübertragung und stufenweise Herabsetzung am Verbraucherort bis auf 230 V.

In der *Informationstechnik* dient der Transformator zur Absenkung der Netzspannung auf Kleinspannungen (5...24 V, Netzteile). Hier trägt ein kompakter Eisenkern die Wicklungen (sog. *Kerntransformator* mit getrennten Schenkeln für beide Wicklungen oder *Manteltransformator* mit Wicklungen auf dem gleichen Schenkel). Zur Senkung der Eisenverluste besteht der Eisenkreis aus geschichteten Blechen (Dicke $d \approx 0{,}3$ mm) isoliert durch dünne nichtmetallische Schichten zur Verlustsenkung. Hat der Eisenkreis den Querschnitt A (für den Fluss B), so beträgt die induzierte Spannung U_{eff} bei w Windungen

$$U = wA\hat{B}f2\pi/\sqrt{2}$$

wobei etwa $B \approx 1{,}4$ T gewählt wird. Bei $f = 50$ Hz gilt dann für die Anzahl der Windungen pro 1 V bei $A = 1\ \mathrm{cm}^2$

$$w = \frac{U\sqrt{2}}{A\hat{B}f2\pi} = 32/\mathrm{V}$$

(häufig wird nur eine Induktion $B = 1$ T angesetzt $\rightarrow w \approx 45$ Wdg/V). Bei größerem Kernquerschnitt sinkt die Windungszahl.

Anzapfungen der Primär- und Sekundärwicklungen erlauben, mehrere Spannungen zu entnehmen. Soll beispielsweise eine 220 V-Netzspannung auf eine Wechselspannung von 15 V herabtransformiert werden und steht ein Eisenkern mit dem Querschnitt von $A = 10\ \text{cm}^2$ zur Verfügung, so würden sekundärseitig $w_2 = 15\ \text{V} \cdot 4{,}5\ \text{Wdg./V} = 68\ \text{Wdg.}$ benötigt und primärseitig $w_1 = w_2\ 220\ \text{V}/15\ \text{V} = 990\ \text{Wdg.}$ Würde sekundärseitig ein Laststrom $I_2 = 1\ \text{A}$ entnommen, so wäre primärseitig der Strom $I_1 = w_1/w_2 \approx 68\ \text{mA}$ die Folge. Für den erforderlichen Drahtquerschnitt setzen wir als Stromdichterichtwert $S \approx 2\ \text{A/mm}^2$ an (reichlich dimensioniert). Dann ist bei $I = 1\ \text{A}$ ein Drahtquerschnitt $A' = I_2/S = 1\ \text{A}/2\ \text{Amm}^2 \rightarrow 0{,}5\ \text{mm}^2$ (Drahtdurchmesser rd. 0,8 mm) erforderlich. Dazu gehört primärseitig der Drahtdurchmesser $d_1 = d_2\sqrt{w_1/w_2} \approx 0{,}2\ \text{mm}$.

Spezielle Transformatoren dienen als

- *Trenntransformator* zur galvanischen Trennung zweier Stromkreise aus Schutzforderungen etwa in medizinischen Geräten (Bild 4.6.28a),
- *Regeltransformatoren* mit sekundärseitig einstellbarer Spannung,
- *Spartransformator* (Bild 4.6.28b). Die Primärwicklung bildet gleichzeitig einen Teil der Sekundärwicklung. Weicht die Sekundärspannung nur gering (50...150 %) von der Primärspannung ab, so kann kleinerer Kernquerschnitt und geringerer Drahtdurchmesser gewählt werden, weil im gemeinsamen Wicklungsteil nur der Differenzstrom $(i_2 - i_1)$ fließt.

In der *Informationstechnik* sind meist Frequenzgang und Linearität die wichtigsten Übertragerforderungen. Als magnetischer Kreis dient hochpermeables Eisen mit Luftspalt oder Ferrit, der Aufbau ist kapazitätsarm ausgeführt. Oft besitzen Übertrager zwei gleiche Sekundärwicklungen und bilden als *Differentialübertrager* Differenzgrößen. Nutzt man beide Übertragerspulen je als Schwingkreis, so entsteht ein *Bandfilter* mit Bandpasseigenschaften.

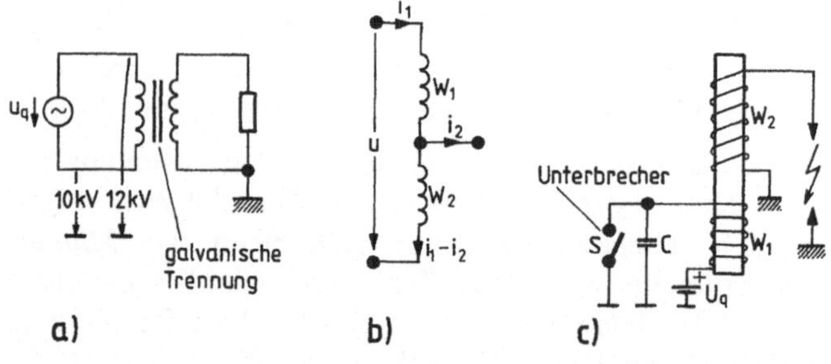

Bild 4.6.28 Transformatoranwendungen
a) Trenntransformator
b) Spartransformator
c) Prinzip der Kraftfahrzeugzündung

Ein weiteres Anwendungsfeld sind Übertrager in *Schaltnetzteilen*. Ein Gleichstromkreis (12 V, auch 220 V) wird mit hoher Frequenz (einige 10...100 kHz) periodisch unterbrochen. Ein Übertrager transformiert diese Impulsspannung auf die gewünschte Sekundärspannung, wo sie nach Gleichrichtung wieder gewandelt verfügbar ist. Die hohe Schaltfrequenz erlaubt geringen Kernquerschnitt sowie geringere Windungszahl, dadurch sinkt der Aufwand deutlich.

Dieses Unterbrecherprinzip nutzt auch die Zündanlage im Kraftfahrzeug (Bild 4.6.28c). Ein periodisch betätigter Schalter (mechanisch oder elektronisch als Transistor) unterbricht den Batteriestrom im Primärkreis. In der Sekundärspule entsteht eine so hohe Zündspannung, dass an der Zündkerze Durchbruch erfolgt (Zündelektrodenabstand ≈ 0,5 mm,

Durchbruchfeldstärke in Luft ≈ 30 kV/cm, Sekundärspannung ≈ 15 kV!). Der Kondensator C parallel zum Schalter dient der Funkenlöschung.

Bedingt durch Frequenzgang, Gewicht, und Volumen wird der Übertrager in der Informationstechnik zunehmend durch andere Schaltungslösungen in Teilgebieten ersetzt:

- Impedanzwandlung durch *Transistorstufen*,
- *Phasensplittschaltungen* ersetzen den Differentialübertrager,
- zur galvanischen Trennung von Stromkreises dienen *Optokoppler*, Transformatoren werden in der Filtertechnik durch spezielle Vierpole (*Gyratoren, NICs*) überflüssig,
- Kleinleistungsnetzteile arbeiten immer mehr nach dem *Schaltnetzteilprinzip* oder für sehr kleine Leistungen sogar *übertragerfrei*.

Aufgaben 4.6.8

4.7 Ausgleichsvorgänge

Bisher wurden Netzwerke bei stationärer Anregung untersucht und die Wirkung eines ursprünglichen Einschaltvorganges war *völlig abgeklungen*. Jetzt verfolgen wir umgekehrt jene Prozesse, die *unmittelbar nach dem Ein- oder Abschalten einer Spannung* oder allgemeiner der Netzwerkerregung ablaufen. Derartige Vorgänge sind beispielsweise grundlegend für die digitale Signalverarbeitung.

Zunächst betrachten wir die Schaltvorgänge im Zeitbereich, wobei die Probleme allerdings mit wachsender Komplexität des Netzwerkes rasch anwachsen. Deutliche Vereinfachungen ergeben sich erst bei Ersatz des Netzwerkes durch das Modell „*System*" und einen *verallgemeinerten Signalbegriff* statt der bisher verwendeten Wechselgrößen, noch unterstützt durch Verfahren wie *Fourier-*, *Laplace-* und *Z-Transformation* (s. Abschn. 5).

4.7.1 Schaltvorgänge im Zeitbereich

Auf eine plötzliche Zustandsstörung reagiert ein physikalisches System *nicht sofort* mit einem neuen Endzustand (Wirkung), sondern *stetig und allmählich* innerhalb einer mehr oder weniger langen Übergangszeit. Solche Übergangsvorgänge sind alltäglich. Beim Erwärmen eines Wassertopfes (= Ausgangszustand = Anfangswert Temperatur T_0) mit einem Tauchsieder (Einschalten der elektrischen Leistung P_{el} = const. zur Zeit t_0) steigt die Wassertemperatur *allmählich* auf einen neuen „Endzustand" (Wasser siedet) an (Bild 4.7.1a). Die Anstiegszeit hängt von der zugeführten Leistung (100 W- oder 1 kW-Tauchsieder), der Wassermenge (mit einer proportionalen Wärmekapazität) und den Wärmeabfuhrbedingungen (z.B. Topf auf Eisenplatte, Topfdeckel u.a.m.) ab. Auch wissen wir, dass z.B. eine fahrende Straßenbahn mit der kinetischen Energie $mv^2/2$ durch ihre Trägheit nicht plötzlich zur Zeit t_0 anhält, wenn der Fahrstrom plötzlich unterbrochen wird.

Ursache dieser Vorgänge ist die *Stetigkeit der Energie*, die eine sprunghafte Änderung ausschließt. Zwangsläufig entsteht ein zeitlicher *Übergangs-* oder *transienter Vorgang* im physikalischen System von einem in einen anderen stationären Zustand.

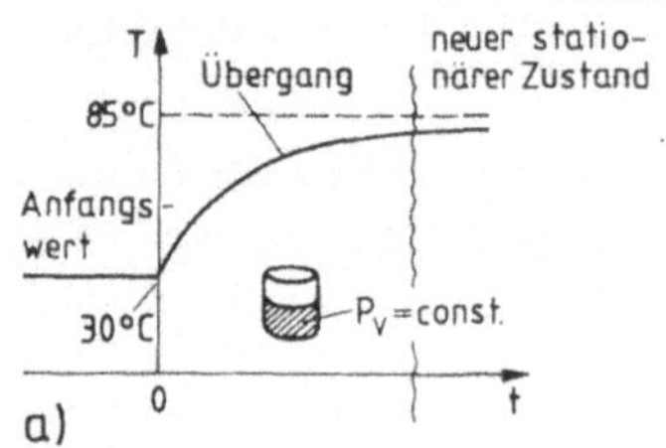

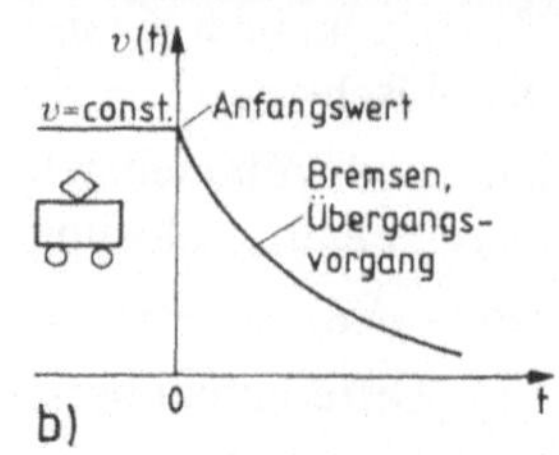

Bild 4.7.1 Ausgleichsvorgang
a) Beispiel Wassererwärmung
b) mechanisches System

Übergangsvorgänge gibt es deshalb auch in elektrischen Netzwerken, wenn

- energiespeichernde NWE wie Kondensator, Spule (und evtl. Gegeninduktivitäten) enthalten sind, deren Energie sich *nicht* sprungartig ändern kann (→ Stetigkeitsverhalten der Kondensatorspannung u_C und des Spulenstromes i_L) und
- eine plötzliche Änderung erfolgt: Ein- oder Ausschalten einer Quelle, Zu-/Abschalten von NWE, also *Schalter* wirken.

Ein *(idealer) Schalter* hat dabei folgende *u-i*-Eigenschaften (Bild 4.7.2a):

- Schalter geschlossen (Ein): $u = 0$, i beliebig,
- Schalter offen (Aus): $i = 0$, u beliebig,
- verzögerungsfreier Übergang zwischen Ein-/Aus-Zustand.

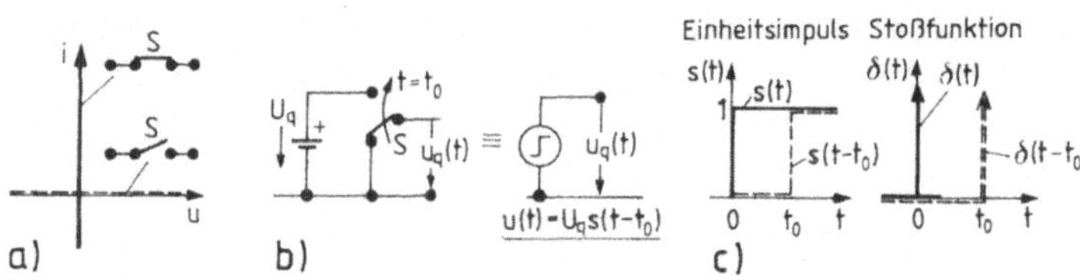

Bild 4.7.2 Modellierung des Schaltverhaltens
a) *i-u*-Verhalten des idealen Schalters
b) Realisierung des idealen Schalters durch eine Sprungfunktion $s(t)$ resp. $s(t-t_0)$
c) Einheitssprung- und Stoßfunktionen um t_0 verschoben

Die Reihenschaltung eines Schalters mit einer idealen Gleichspannungsquelle (Bild 4.7.2b) in Form eines „Umschalters" ergibt als Zeitverlauf $u_q(t)$ der Ausgangsklemmen einen *Spannungs-* oder *Einschaltsprung*, falls der Schalter zur Zeit t_o umgeschaltet wird. Dieser Zeitverlauf wird später durch die *Sprungfunktion* $s(t)$ nachgebildet: Unter Nutzung der Sprungfunktion $s(t)$ (Gl. (4.7.4)) gilt:

$$u_q(t) = U_q\, s(t - t_o) \qquad \text{Spannungssprung } U_q \text{ zur Zeit } t_o\,. \qquad (4.7.1)$$

Bild 4.7.2c zeigt die Sprungfunktion $s(t)$ für die Zeitpunkte $t = 0$ und $t = t_0$. Ihre erste Ableitung geht gegen ∞ (bzw. $-\infty$ beim „Ausschalten") und wird später durch die sog. *δ-Funktion* repräsentiert.

Der Spannungssprung kann mit dem Schalter „von Hand" erzeugt werden oder elektronisch durch einen *Rechteck-* oder *Impulsgenerator*, der elektronisch steuerbare Schalter (z.B. Transistoren) enthält. Daraus folgt für den Betrieb von Netzwerken:

- der bisherige stationäre Betrieb durch Gleich- und Wechselstromquellen ist offensichtlich die Grundlage der *Analogtechnik*, während
- der Betrieb durch geschaltete Quellen mit nur zwei Zuständen (Ein/Aus) die netzwerktechnische Grundlage der *Digitalschaltungen* ist. Gerade sie haben für die Informationstechnik größte Bedeutung.

Übergangsverhalten der Grundelemente *R, C, L*. Die Grundelemente *R, L, C* verhalten sich bei „Sprungerregung" unterschiedlich (Bild 4.7.3):

- am linearen (und nichtlinearen) ohmschen Widerstand erzwingt ein Spannungs- auch einen Stromsprung,
- am *linearen Kondensator* ist wohl ein Strom-, aber *kein Spannungssprung* möglich (Stetigkeit der elektrischen Feldenergie, $u_C(-0)) = u_C(+0))$, sonst wäre ein unendlich hoher Strom im Schaltzeitpunkt aufzubringen und damit unendlich hohe Leistungszu- oder -abfuhr,
- an der *linearen Induktivität* ist analog ein Spannungs-, aber *kein Stromsprung* möglich.

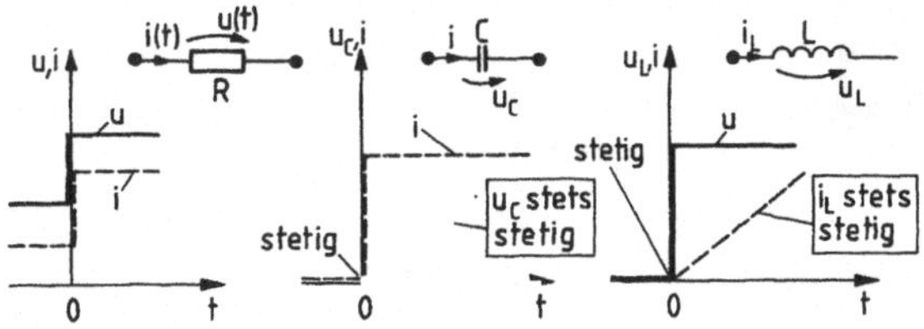

Bild 4.7.3 *u-i*-Verhalten der Grundelemente *R, C, L* bei sprungförmiger Erregung

Diejenige Größe, die das Speichervermögen eines Netzwerkelementes (u_C, i_L) beschreibt, heißt seine *Zustandsgröße*.

Die Zustandsgröße eines (energiespeichernden) Netzwerkelementes ist immer stetig und hat deshalb einen *Anfangswert*.

Analoge Verhältnisse gelten auch für nichtlineare Energiespeicherelemente, nur sind dann die Ladung Q (Kondensator) resp. der magnetische Fluss Ψ (Induktivität) Zustandsgrößen:

C: $i = \mathrm{d}Q/\mathrm{d}t$;	$Q(-0) = Q(+0)$	Stetigkeitsbedingungen der Zustandsgrößen am nichtlinearen Energiespeicherelement (4.7.2)
L: $u = \mathrm{d}\Psi/\mathrm{d}t$;	$\Psi(-0) = \Psi(+0)$	

Analyseverfahren. Ausgang für die Analyse ist die *Netzwerk-Integro-Differentialgleichung* aufgrund der Kirchhoffschen Gleichungen und NWE-Beziehungen. Ihr Grad liegt durch die Zahl der unabhängigen Speicherelemente fest. Sie wird zur Analyse des Schaltverhaltens für die gesuchte Größe im Zustand unmittelbar *nach dem Schaltvorgang* aufgestellt. *Neu* ist, dass sich der Zustand *vor* dem Umschalten in den *Anfangswerten* der Zustandsgrößen der Speicherelemente wiederfinden *muss*.

Daher gilt folgende

Lösungsmethodik „Schaltverhalten von Netzwerken“:

1. Überführung der Schaltung in ein Netzwerk (mit Schaltermodellen oder entsprechenden Netzwerkerregerfunktionen) im *Zeitbereich*.
2. Aufstellung der Netzwerkgleichung (Kirchhoffsche Gleichungen und NWE-Beziehungen oder abgekürzte Verfahren im *Zeitbereich*). n unabhängige Energiespeicher führen entweder auf ein System von n DGL erster Ordnung oder eine Integro-Differentialgleichung n-ter Ordnung.
3. Bestimmung der n Anfangswerte der Zustandsgrößen (Kondensatorspannungen Spulenströme; Vorgabe oder Berechnung aus der Schaltung vor dem Schaltvorgang).
4. Lösung der DGL und Diskussion.

Dieses Verfahren ist der zunächst einzige Lösungsweg. Da bereits die manuelle Lösung einer DGL vom Grade $n = 3$ aufwendig wird (und höhere Ordnungen meist nur noch numerisch lösbar sind), erfordern größere Netzwerke immer Computerunterstützung. Wir beschränken uns deshalb zum Grundverständnis der Vorgänge auf Netzwerke mit maximal zwei Energiespeichern.

Die Elektrotechnik hat aus solchen Schwierigkeiten heraus noch weit leistungsfähigere Lösungsverfahren entwickelt:

- die *Laplace-Transformation* für lineare Netzwerke. Sie beruht auf einer Funktionaltransformation vom Zeit- in den Frequenzbereich, erübrigt das Aufstellen der Netzwerkdifferentialgleichung und greift direkt auf die symbolische Methode der Wechselstromtechnik zurück.
- das Verfahren der *Zustandsvariablen* insbesondere für nichtlineare Netzwerke,
- die *Fouriertransformation* des Eingangssignales, Berechnung des Ausgangsfrequenzspektrums und ggf. Rücktransformation in den Zeitbereich (sofern das erregende Signal eine Fouriertransformation erlaubt),
- die *Z-Transformation* für *Abtastschaltungen* und die *digitale Signalverarbeitung.*

Auf diese Verfahren wird im Abschn. 5 näher eingegangen.

PC a) Untersuchen Sie im MATLAB-Beispiel 5/1 die unterschiedlichen Beschreibungsmöglichkeiten von Standardsignalen.

b) Untersuchen Sie im MATLAB-Beispiel 5/2 die unterschiedlichen Möglichkeiten zur Darstellung periodischer Standardsignale.

c) Untersuchen Sie mit Multisim-Beispiel 4/15a das grundsätzliche Einschaltverhalten der Induktivität.

d) Untersuchen Sie mit Multisim-Beispiel 4/15b das grundsätzliche Schaltverhalten des Kondensators.

e) Entwerfen Sie einfache Schaltungen (unter Verwendung von *I-U-* resp. *U-I-*Wandlern) mit Multisim zur Darstellung des Übergangsverhaltens der Grundelemente L und C ($L = 1$ H, $C = 1$ µF) entsprechend Bild 4.7.2. Verwenden Sie als Signalquelle den Funktionsgenerator und das Oszilloskop zu Anzeige. Wählen Sie bei Impulserregung verschiedene Anstiegs- und Abfallzeiten, modifizieren Sie die Zeitschritte des Simulators.

4.7.2 Netzwerke mit einem Energiespeicher

***RC*-Schaltung**. Am Netzwerk mit einem Energiespeicher lässt sich das Grundsätzliche eines Schaltvorganges einfach darlegen. In der Schaltung Bild 4.7.4 soll ein Kondensator über einen Widerstand aus einer Gleichspannungsquelle geladen werden. Bei offenem Schalter hat der Kondensator u.U. eine Anfangsladung ($\rightarrow u_C(-0)$).

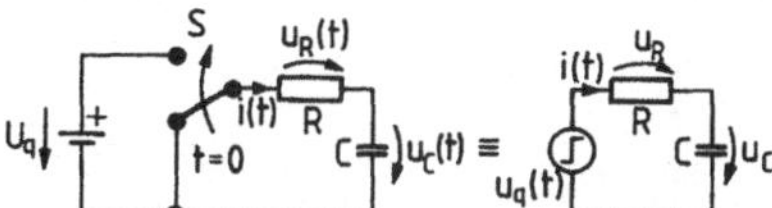

Bild 4.7.4 Einschaltverhalten einer *RC*- Schaltung

Im Umschaltzeitpunkt $t = 0$ wird der Stromkreis geschlossen: Stromfluss und Aufladung beginnen. Dabei steigt die Kondensatorspannung u_C und der Strom i sinkt schließlich bis auf $i \rightarrow 0$, wenn die Kondensatorspannung die Quellspannung U_q erreicht hat ($U_q = u_C(\infty)$). Das ist der neue stationäre Zustand.

Zur *Berechnung der Kondensatorspannung* $u_C(t)$ verwenden wir die obige Lösungsmethodik:

1. Aufstellen der Netzwerkdifferentialgleichung für u_C nach Schalterschluss, d.h. für den neuen Schaltungszustand (gleichgültig, ob C eine Anfangsladung hat oder nicht).
2. Bestimmung des Anfangswertes der Kondensatorspannung *vor* Schalterschluss (d.h. kurz vor Umlegen des Schalters).
3. Lösung der DGL nach der Kondensatorspannung u_C.

Zu 1. Aus dem Maschensatz und der u-i-Beziehung des Kondensators entsteht durch Ersatz von $iR = RC\, du_C/dt$ die Netzwerkdifferentialgleichung

$$\tau\,(du_C/dt) + u_C = u_q \qquad (4.7.3)$$

mit der Zeitkonstanten $\tau = RC$.

Die DGL ist von erster Ordnung (ein Energiespeicher), hat konstante Koeffizienten (lineare DGL) und ist inhomogen, weil die Spannung u_q rechts als *Störglied* auftritt.

Zu 2. Der *Anfangswert* $u_C(0)$ sei durch eine Kondensatorspannung U_o vor dem Umschaltvorgang gegeben (z.B. $U_o = 10$ V, Richtung beachten!). Diesen Wert behält er im Umschaltmoment t_o und unmittelbar danach bei: Stetigkeit der Kondensatorspannung. Es gilt deshalb

$$u_C(t_o - \varepsilon) = u_C(t_o + \varepsilon) \qquad \text{für } \varepsilon \rightarrow 0,$$

also speziell für $t_o = 0$ (Umschalten zum Zeitnullpunkt): $u_C(-0) = u_C(+0)$ mit $u_C(t_o) = u_C(0) = U_o$.

Zu 3. Die DGL (4.7.3) vom Typ

$$\tau\,(dy/dt) + y = x \qquad (x = \text{const.}) \qquad (4.7.4)$$

hat die allgemeine Lösung:

$$y(t) = [y(t_o) - x(t_o)] \exp -(t - t_o)/\tau + x\,. \qquad (4.7.5)$$

Sie lautet angepasst mit $y(t) = u_C(t)$, $y(0) = u_C(0) = U_o$ und $x = U$

$$u_C(t) = (u_C(0) - U_q) \exp - t/\tau + U_q = U_q(1 - \exp - t/\tau) + u_C(0) \exp - t/\tau$$
$$i_C(t) = i(t) = C du_C/dt = 1/R\,[U_q - u_C(0)] \exp - t/\tau\,. \qquad (4.7.6)$$

Der Strom $i_C(t)$ ist dem Differential der Kondensatorspannung proportional.

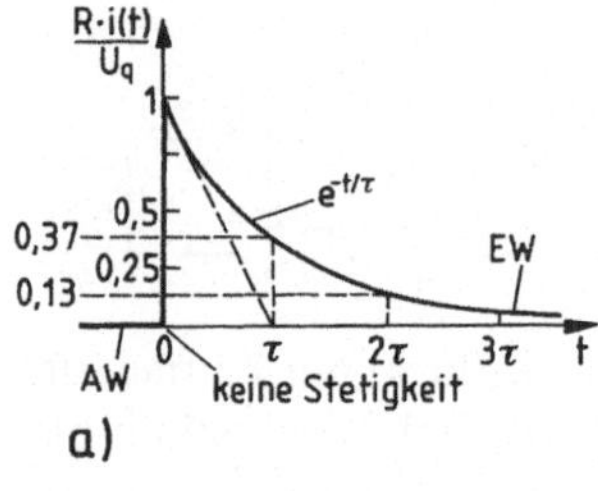

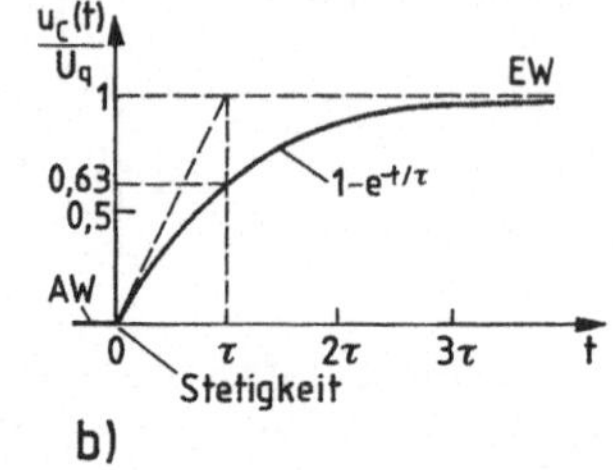

Bild 4.7.5 Zeitverläufe derStröme und Spannungen in Bild 4.7.4
a) Stromverlauf bei sprungförmiger Eingangsspannung
b) Verlauf der Kondensatorspannung bei sprungförmiger Eingangsspannung

Im Bild 4.7.5 wurden die Teilspannung u_C und der Strom $i \sim uR$ aufgetragen (zunächst für $U_o = 0$). Wir erkennen:

- für $t \to \infty$ (sog. *stationärer Fall*) ist der Ausgleichsvorgang abgeklungen und der Kondensator hat die Spannung $u_C(\infty) = U_q$ erreicht unabhängig vom Anfangswert $u_C(0)$,
- für $t \to +0$, dem *Anfangszeitpunkt*, folgt aus Gl. (4.7.6) die Anfangsbedingung $u_C(0) = U_o$. Der Strom i wird im ersten Moment durch die Spannung $U_q - U_o$ über R bestimmt.
- Im *Übergangsbereich* fließt im Einschaltmoment ein großer Kondensatorladestrom (falls $U_q > U_o$): so steigt u_C und u_R sinkt und damit auch der Strom.

Quantitativ bestimmen die Funktionen

$$f_1(t) = \exp - t/\tau \quad \text{bzw.} \quad f_2(t) = 1 - \exp - t/\tau$$

den Zeitverlauf der relevanten Spannungen und Ströme (Bild 4.7.5). Typische Werte von f_1 lauten: $f_1(0{,}69\,\tau) = 0{,}5$; $f_1(\tau) = 0{,}37$; $f_1(2{,}3\,\tau) = 0{,}1$; $f_1(4{,}6\,\tau) = 0{,}01$; $f_1(6{,}9\,\tau) = 0{,}001$. Nach $t \approx 5\tau$ ist $f_1(t)$ auf rd. 1 % abgeklungen und damit der Ausgleichsvorgang praktisch beendet. Man nennt

$t_H = \tau \ln 2 \approx 0{,}7\,\tau$ Halbwertszeit, Definitionsgleichung. (4.7.7)

die *Halbwertszeit*, weil dabei $f_1(t_H) = 1/2 \to (\exp - t/\tau = 1/2)$ auf die Hälfte des Anfangswertes abgeklungen ist.

Die Zeitkonstante $\tau = RC$ (> 0) kennzeichnet den Ausgleichsvorgang. Sie bestimmt die „Trägheit" der Schaltung (d.h. des physikalischen Systems). Deshalb überrascht nicht, wenn Zeitkonstanten in allen physikalischen Systemen auftreten (z.B. Wärme, Akustik, Mechanik u.a.).

Für $R = 1$ kΩ, $C = 1$ µF folgt $\tau = 1$ kΩ 1 µF = 1 ms. Die typischen Zeitkonstanten der Elektrotechnik überstreichen viele Größenordnungen von 10^{-12}...100 s und mehr.

Zeitkonstante, Grenzfrequenz, Anstiegszeit. Die Zeitkonstante τ legt den Vergleich zur Grenzfrequenz des *RC-Spannungsteilers* (Bild 4.3.7) bei Wechselspannungsbetrieb nahe. Dort galt als 3 dB-Grenzfrequenz (Gl. (4.3.27)):

$\omega_g = 1/RC = 1/\tau$.

Unabhängig von der Anregung wird das dynamische Verhalten eines Netzwerkes nur durch seine Zeitkonstante(n) bestimmt, auch bei mehreren Energiespeichern.

Die Zeitkonstante ergibt sich nach Gl. (4.7.6) als Tangente an den Verlauf $u_C(t)$ im Schaltzeitpunkt $t = 0$:

$$\left.\frac{du_C}{dt}\right|_0 = U_q \left.\frac{\exp - t/\tau}{\tau}\right|_{t\to 0} = \frac{U_q}{\tau}.$$

Sie schneidet den Endwert $u_C(\infty)$ bei $t = \tau$ (Bild 4.7.5a).

In der Digitaltechnik werden statt der Halbwertszeit die *Anstiegszeiten* (rise time t_r) und *Abfallzeiten* (fall time t_f) angegeben. Das ist im ersten Fall die Zeitspanne zwischen dem 10%-Wert eines Anstieges und seinem 90%-Wert (t_f umgekehrt). Bei exponentiellem Zeitverlauf gehören dazu (mit $\exp -t_{90}/\tau = 0{,}9$, $\exp -t_{10}/\tau = 0{,}1$):

$$t_r = t_{90\%} - t_{10\%} = \tau\,[\ln 0{,}9 - \ln 0{,}1] = \tau \ln 9 \approx 2{,}2\ \tau. \qquad (4.7.8)$$

Kondensatorentladung. Entladung des Kondensators setzt nach Umlegen des Schalter S (Bild 4.7.6) ein. Der Entladestrom fließt in entgegengesetzter Richtung (bei vorheriger Annahme der Verbraucherrichtung). Es ist zweckmäßig, die beim Aufladen festgelegte Stromrichtung beizubehalten. Dann liegt $u_R = iR$ fest und es gilt unmittelbar nach Umlegen des Schalters

$$u_C + u_R = 0 \quad i_C = C\,du_C/dt, \qquad u_R = iR$$
$$u_C + Ri = 0 \quad u_C + RC\,du_C/dt = 0, \quad \tau = RC.$$

Mit dem Anfangswert $u_C(0) = U_q$ wird dann:

$$u_C(t) = U_q \exp - t/\tau, \qquad i_C = C\,du_C/dt = - U_q/R \exp - t/\tau. \qquad (4.7.9)$$

Bild 4.7.6b zeigt die Verläufe mit neuem Zeitbezugspunkt. Der negative Strom bestätigt den Energieabfluss vom Kondensator an den Widerstand.

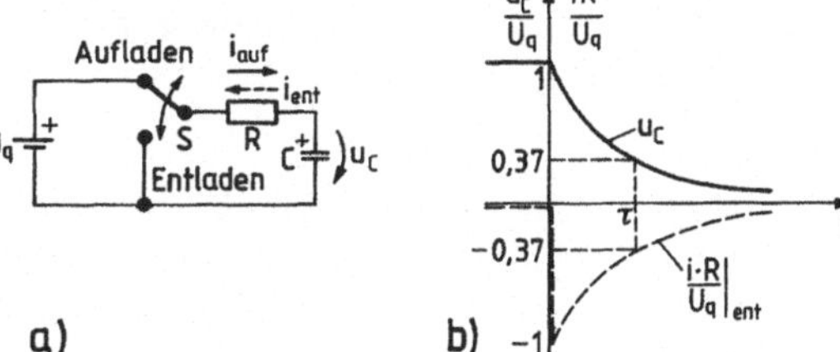

Bild 4.7.6 Zeitverlauf von Strom und Spannung beim Entladen (Schaltung Bild 4.7.4)

PC a) Untersuchen Sie im MATLAB-Beispiel 4/19 das Einschalten einer Gleichspannung an eine *RC*-Schaltung.

b) Realisieren Sie mit Multisim eine RC-Schaltung nach Bild 4.7.4 zur Untersuchung des Umschaltverhaltens. Verwenden Sie als Impulsquelle einmal die Impulsspannungsquelle nach Multisim Beispiel 4/15, zum anderen den Funktionsgenerator (welcher Unterschied liegt zwischen beiden Signalen?). Variieren Sie die Einschaltdauer der Impulse von symmetrisch bis hin zu sehr kleinem Tastverhältnis. Wählen Sie als Ausgangswerte $R = 1$ kΩ, $C = 1$ uF, $f = 1$ kHz, $U = 10$ V.

c) Schalten Sie den Funktionsgenerator auf Dreiecksignal um und beobachten Sie das Umschaltverhalten. Variieren Sie dabei die Zeitkonstante des RC Glieder von 1 ms auf 100 ms sowie auf 0,01 ms. Was ist zu beobachten?

Anwendungsbeispiel: Schalter-Kondensatortechnik. Auf- und Entladen des Kondensator kann auch periodisch erfolgen. Diese Methode wird in der *MOS-Schaltungstechnik* als *Schalter-Kondensator-Prinzip* zur Realisierung großer ohmscher Widerstände z.B. in sog. *aktiven RC-Filtern* breit angewendet (vgl. Bd. 2). Wir betrachten aus Schaltung Bild 4.7.6 nur den Mittelteil mit periodisch geschaltetem Schalter (Taktzeit T, Bild 4.7.7). In Schalterstellung 1 wird C aus der Quelle über R geladen. Es fließt ein Strom $i\,(t)$ mit dem Mittelwert (über die halbe Taktzeit):

$$\overline{i_{\text{auf}}} = \frac{2}{T}\int_0^{T/2} i(t)\,\mathrm{d}t = \frac{2}{T}\int_0^{T/2} C\frac{\mathrm{d}u_\mathrm{C}}{\mathrm{d}t}\,\mathrm{d}t = \frac{2}{T}\int_{u_2}^{u_1} C\mathrm{d}u_\mathrm{C} = \frac{2}{T}C(u_1 - u_2)\,. \tag{4.7.10a}$$

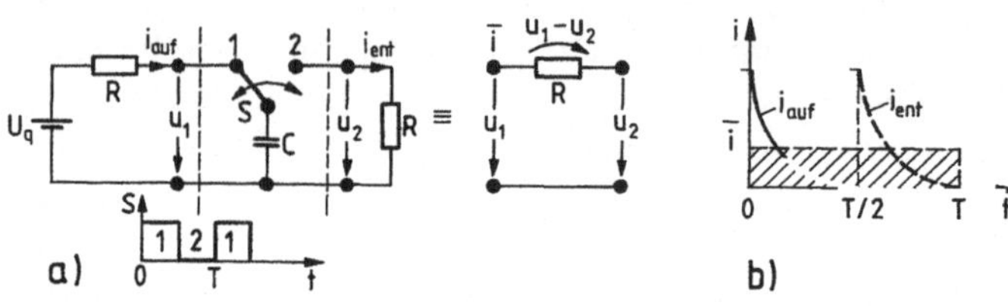

Bild 4.7.7 Schalter-Kondensatorprinzip
a) Schaltung umgezeichnet aus Bild 4.7.6a
b) mittlerer Auflade- und Entladestrom durch den Längszweig

Dabei soll sich zur Zeit $T/2$ die Spannung u_1 und damit die Ladung Q_1 eingestellt haben. Nach dem Umschalten entlädt sich der Kondensator über den Lastwiderstand R und es gilt für den Mittelwert des Stromes:

$$\overline{i_{\text{ent}}} = \frac{2}{T}\int_{T/2}^{T} i(t)\,\mathrm{d}t = \frac{2}{T}\int_{u_1}^{u_2} C\,\mathrm{d}u_\mathrm{C} = \frac{2}{T}C(u_2 - u_1)\,. \tag{4.7.10b}$$

Am Ende T soll C auf u_2 entladen sein. Im Mittel (über T) fließt damit der Strom

$$I = \overline{i} = \frac{\overline{i_{\text{auf}}} - \overline{i_{\text{ent}}}}{2} = \frac{2C}{T}u_2 - u_1$$

von Klemme 1 nach 2 mit der Spannungsdifferenz $u_1 - u_2$. Dies entspricht aber einem gleichwertigen mittleren Widerstand $R_\text{ä}$ (→ Leistungsverlust)[11]:

$$R_\text{ä} = (u_1 - u_2)/I = T/2C. \tag{4.7.12}$$

Ein periodisch umgeschalteter Kondensator erzeugt einen Ersatzwiderstand $R_\text{ä}$ zwischen Ein- und Ausgangsklemmen, dessen Größe von der Taktfrequenz $1/T$ und Kapazität C abhängt. Mit kleinen Kapazitäten (pF) können so große R-Werte realisiert werden (*Beispiel:* $T = 10\ \mu\text{s}$ ($\rightarrow f = 100$ kHz), $C = 1$ pF $\rightarrow R_\text{ä} = 5\ \text{M}\Omega$!).

Das Schalter-Kondensator-Prinzip ist in der Technik integrierter Schaltungen weit verbreitet. Als Schalter dienen zwei MOS-Transistoren, der MOS-Kondensator selbst kann mit hoher Präzision realisiert werden. Bedingung für einwandfreie Arbeitsweise ist, dass sich das Signal langsam im Vergleich zum Umschalttakt ändert. Von der Signalübertragung her gesehen arbeitet die Schaltung mit *Signalabtastung*: in periodischen Abständen wird die Signalquelle U_q „abgetastet" und das Ergebnis im Kondensator gespeichert. Solche Abtastsysteme werden in der Informationstechnik vielfältig genutzt (s. Bd. 2).

[11] Dieses Ergebnis hat Maxwell bereits 1873 formuliert!

Differenzierglied. Hochpass. Gegenüber Bild 4.7.4 werden jetzt R und C wechselseitig vertauscht und die Netzwerkerregung verändert: aus einem Einschaltvorgang (Spannungssprung) soll ein Rechteckimpuls werden. Dieses Signal kann verstanden werden als Einschaltvorgang zur Zeit $t = 0$ (C sei ladungslos) und Ausschaltvorgang zu späterem Zeitpunkt t_1 (Bild 4.7.8). Wir gehen schrittweise vor und betrachten zunächst den Einschaltvorgang bei geschlossenem Schalter. Dafür kann das Ergebnis von Gl. (4.7.6) übernommen werden (mit $u_C(0) = 0$). Die Spannung u_R lautet

$$u_R = iR = (U_q/\tau) \exp - t/\tau \,. \qquad (4.7.13)$$

Diesen Verlauf zeigt Bild 4.7.8b. Würde erst zum Zeitpunkt t_1 *eingeschaltet*, so wäre die Lösung

$$t \geq t_1 \quad u_R = U_q \exp -(t - t_1)/\tau \qquad (4.7.14)$$

mit $u_R = 0$ für $t \leq t_1$.

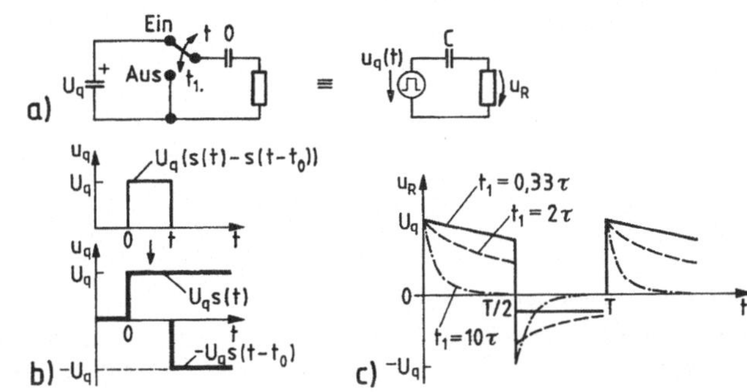

Bild 4.7.8 Schaltverhalten des *RC*-Gliedes bei Impulsspannung
a) Schaltung
b) Zusammensetzen der Impulsspannung aus zwei Sprungfunktionen
c) Übertragungsverhalten des Hochpasses bei verschiedenen Zeitkonstanten

Liegt an der Schaltung zur Zeit $t = 0$ ein Rechteckimpuls der Höhe U_q und Dauer t_1, so kann die Lösung $u_R(t)$ aus der *Überlagerung* eines Einschaltsprunges der Höhe U_q zur Zeit $t = 0$ und eines zum Zeitpunkt t_1 angelegten *entgegengesetzt* wirkenden Spannungssprunges (Höhe $- U_q$) bestimmt werden:

$$0 \leq t \leq t_1: \qquad u_R(t) = U_q \exp - t/\tau$$

$$t_1 \leq t \leq \infty:$$

$$u_R(t) = \underbrace{U_q \exp - t/\tau}_{\text{Einschalten zur Zeit } t=0} \underbrace{- U_q \exp - (t - t_1)/\tau}_{\text{Ausschalten zur Zeit } t_1} = U_q (\exp - t_1/\tau - 1) \exp - (t - t_1)/\tau \,. \qquad (4.7.15)$$

Im Bild 4.7.8c wurde u_R für verschiedene t_1/τ-Werte aufgetragen. Es tritt ein *Dachabfall* ein, der mit abnehmendem t_1/τ sinkt. Nur für $t_1 \ll \tau$ wird der Rechteckimpuls annähernd richtig übertragen, für $t_1 \gg \tau$ hingegen ist u_R näherungsweise das *Differential der Eingangsspannung* $u_R \approx \tau\, du_q/dt$. Anwendung findet diese Schaltung als *RC-Koppelglied*, z.B. in Verstärkerstufen (Bild 4.7.8c). Liegt eine Rechteckspannung der Länge $T \ll \tau$ an, so wird der Kondensator während der Schwingung praktisch nicht umgeladen (Stetigkeit von u_C!) und u_R ist bis auf eine additive Konstante gleich $u_q(t)$. Auf diese Weise kann eine Gleichkomponente unterdrückt werden, so dass aus einer Mischspannung nur die Wechselspannung zur Verfügung steht.

Im vorliegenden Fall wurde das Verhalten der Schaltung bei Anregung durch einen Rechteckimpuls (Zeitraum $0,T$) diskutiert. Wie müsste man vorgehen, wenn eine (periodische) Rechteckimpulsfolge anliegt? Folgender Weg bietet sich an: Man berechnet zunächst u_R im Intervall $0 \leq t \leq t_1$, benutzt $u_R(t_1)$ als Anfangswert für das Intervall $t_1 \leq t \leq T$, anschließend $u_R(T)$ als Anfangswert des Intervalls $T \leq t + T + t_1$ usw. solange, bis das System „eingeschwungen" ist (kein Unterschied mehr zwischen $u\,(t)$ und $u\,(t+T)$). Im Ergebnis einer solchen Betrachtung ergeben sich die Lösungen (Bild 4.7.9)

$$u_{\text{Rmax}} = U_q \frac{1 - \exp - t_p/\tau}{1 - \exp - T/\tau}, \quad u_{\text{Rmin}} = -U_q \frac{1 - \exp - t_1/\tau}{1 - \exp - T/\tau} \tag{4.7.16}$$

mit $t_1 + t_p = T$ und Symmetrie für $t_1 = t_p$.

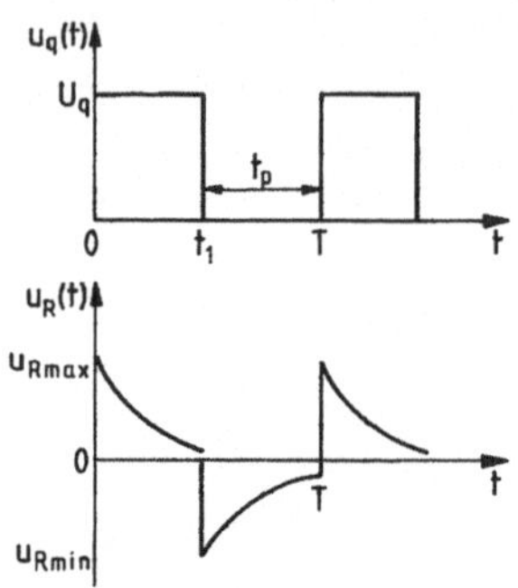

Bild 4.7.9 Periodische Impulsspannung in eingeschwungenem Zustand

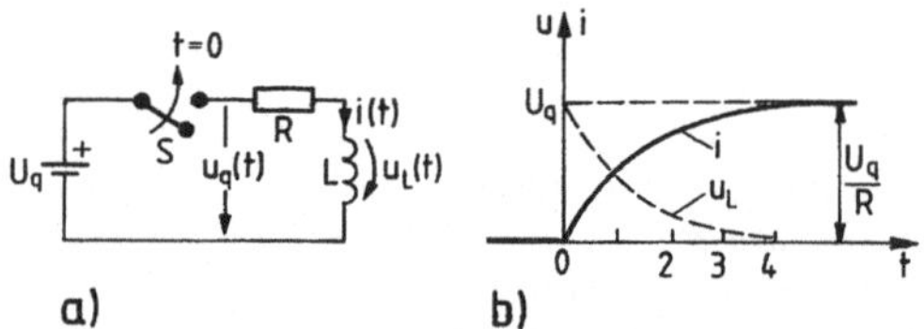

Bild 4.7.10 Einschaltverhalten einer Spule a) Schaltung, b) Zeitverlauf des Stromes und der Spannung u_L

***RL*-Schaltung**. Das Ein-/Ausschaltverhalten einer *RL*-Schaltung lässt sich methodisch wie das der *RC*-Schaltung behandeln. Beispielsweise ergibt sich beim Einschalten einer stromlosen Spule ($i\,(0) = 0$, Bild 4.7.10) mit der Gleichspannung U_q ein Strom

$$i = U_q/R - [U_q/R - i\,(0)] \exp -t/\tau = U_q/R\,(1 - \exp -t/\tau) \tag{4.7.17}$$

mit $\tau = L/R$ (Nachweis zur Übung).

Der allmähliche Stromanstieg liegt im grundsätzlichen *u*-*i*-Verhalten der Spule begründet (s. Abschn. 2.4.2).

Wird die gleiche stromdurchflossene Schaltung zu einem späteren Zeitpunkt ausgeschaltet, so erzwingt der Schalter im Moment des Öffnens $\mathrm{d}i/\mathrm{d}t = 0$, was $u_L \sim \mathrm{d}i/\mathrm{d}t \to -\infty$ zur Folge hat. Diese Spannungsspitze ist aus physikalischen Gründen nicht möglich. Experimentell beobachtet man bei Abschaltung tatsächlich z.T. gefährliche „Abschaltspitzen" und über dem Schalter u.U. einen Funken. Ein solcher Funke (→ Kanal einer Gasentladung) verursacht aber einen Parallelwiderstand zum Schalter, wodurch $\mathrm{d}i/\mathrm{d}t$ abgeschwächt wird.

Zur Vermeidung solcher Überspannungen am Schalter beim Abschalten stromdurchflossener Spulen – die besonders Halbleiter-Schalterbauelemente zerstören kann – wird dem Schalter ein Kondensator (→ Funkenlöschung, Störstrahlungsunterdrückung) und/oder eine Diode parallel geschaltet. Dadurch findet der Strom im Moment des Schalteröffnens noch einen geschlossenen Weg und $\mathrm{d}i/\mathrm{d}t$ sinkt.

Schaltvorgänge mit Speicherelementen kommen in der Elektrotechnik/Elektronik praktisch immer vor, wie einige *Beispiele* zeigen mögen:

- Die Kondensatorentladung kann zur kurzzeitigen Erzeugung extrem hoher Ströme dienen. Wird beispielsweise ein Kondensator ($C = 1000$ mF) auf die Spannung $U = 500$ V geladen und über einen Widerstand $R = 1\ \Omega$ entladen, so fließt ein Anfangsstrom $i(0) = U/R = 500$ A(!), Zeitkonstante $\tau = RC = 1$ ms (Entladungsenergie $W = CU^2/2 = 125$ Ws). Nach diesem Prinzip werden Dauermagneten magnetisiert. Auch im Fotoblitz tritt ein ähnlich großer Stromstoß auf. Es ist daher gefährlich, große Kondensatoren durch „Kurzschluss" zu entladen (Wärme- und Kraftwirkung).
- In Digitalschaltungen arbeiten Transistoren als Schalter in einer typischen Grundschaltung, dem *Inverter*. An seinem Ausgang liegt meist kapazitive Last (Bild 4.7.11). Bei offenem Schalter S lädt sich C auf die Batteriespannung U_{CC} auf: $u_a \approx U_{CC}$. Wird S durch eine Eingangsspannung u_e geschlossen, so setzt Entladung ein und u_a sinkt auf einen niedrigen Wert. Das Übergangsverhalten solcher Inverter bestimmt in starkem Maße die dynamischen Eigenschaften digitaler Grundelemente.
- In der *Leistungselektronik* werden meist induktive Verbraucher (Motor, Relais, Transformator) mit Halbleiterschaltern (Thyristoren, Transistoren) geschaltet. Dort ist das Überspannungs- und Schutzproblem besonders kritisch. Auch ein Blitzschlag in eine Freileitung ist – elektrotechnisch betrachtet – das Anschalten einer Quelle an eine Leitung.

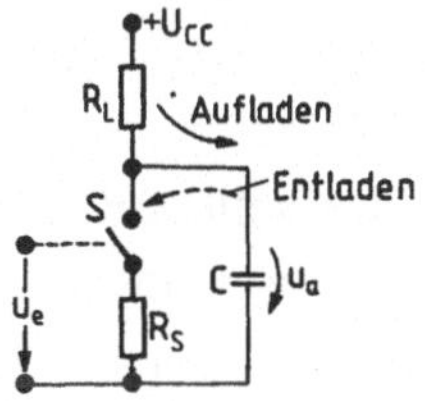

Bild 4.7.11 Einfaches Schaltermodell eines Inverters

PC a) Untersuchen Sie im Multisim-Beispiel 4/18 das Impulsverhalten des frequenzkompensierten *RC*-Spannungsteilers.

b) Untersuchen Sie im Multisim-Beispiel 4/19 den Einsatz eines Differenziergliedes beim *RC*-Einschaltvorgang.

Aufgaben 5.1.1, 5.1.2.

4.7.3 Netzwerke mit einem Energiespeicher und beliebiger Erregerfunktion

Wird statt einer Gleich- eine *Wechselspannung* an ein Netzwerk mit einem Speicherelement geschaltet, so ist ebenso von der Netzwerkdifferentialgleichung (4.7.4) auszugehen

$$\tau\,\mathrm{d}y/\mathrm{d}t + y = x(t). \qquad (4.7.18)$$

Die Störfunktion $x(t)$ rechts stellt jetzt die (beliebige) Erregerfunktion dar.

Bei *allgemeiner Erregung* besteht die Lösung $y(t)$ der DGL (4.7.18) stets aus der Summe der Lösungen y_h der sog. *homogenen* DGL ($x = 0$) und einer *partikulären* Lösung y_p der inhomogenen DGL ($x \neq 0$): $y(t) = y_h(t) + y_p(t)$. Damit folgt für eine beliebige Zeitfunktion $x(t)$ als allgemeine Lösung:

$$\underbrace{y(t) = \left[y(0) - y_p(0)\right] \exp - t/\tau}_{y_h(t)} + \underbrace{\frac{1}{\tau}\int_0^t x(t') \exp\frac{(t'-t)}{\tau}\,\mathrm{d}t'}_{y_p(t)}\,. \qquad (4.7.19)$$

Der letzte Anteil enthält für $t \to \infty$ stets einen bleibenden Rest, den *eingeschwungenen Zustand*. Der erste verschwindet für $t \to \infty$.

Am *Einschalten einer Wechselspannung* $u(t) = \hat{u}_q \cos(\omega t + \varphi_u)$ soll das Ergebnis erläutert werden (Bild 4.7.12). Die DGL lautet nach Schließen des Schalters ($t \geq 0$) für die Kondensatorspannung $u_C = u$:

$$RC\, du/dt + u = \hat{u}_q \cos(\omega t + \varphi_u)\,.$$

Mit Gl. (4.7.19) ergibt sich als Lösung der homogenen Gleichung (s. Bild 4.7.12b):

$$u_h(t) = [u(0) - u_p(0)] \exp - t/\tau, \qquad \tau = RC.$$

Die Partikulärlösung $u_p(t)$ ist die Lösung des *eingeschwungenen Zustandes* ($t \to \infty$). Sie kann deshalb *direkt aus dem Wechselstromkreis* bestimmt werden. Im Frequenzbereich lautet sie

$$\underline{U}_p = \frac{\underline{U}_q}{j\omega C(R + 1/j\omega C)} = \frac{\underline{U}_q}{1 + j\omega\tau} = \frac{U_q}{\sqrt{1 + (\omega\tau)^2}} \exp j(\varphi_u - \arctan \omega\tau)\,.$$

Die Rücktransformation in den Zeitbereich liefert (Bild 4.7.12b):

$$u_p(t) = \frac{\hat{u}_q}{\sqrt{1 + (\omega\tau)^2}} \cos(\omega t + \varphi'_u) \qquad \text{mit} \qquad \varphi'_u = \varphi_u - \arctan \omega\tau\,.$$

Der Vorfaktor stellt $\hat{u}_p$ dar. Die endgültige Lösung entsteht nach Gl. (4.7.19) durch Überlagerung der Teillösungen:

$$u(t) = (u(0) - \hat{u}_p \cos \varphi_u') \exp -t/\tau + \hat{u}_p \cos(\omega t + \varphi_u')\,.$$

Bild 4.7.12 zeigt die Teilkomponenten, die Gesamtlösung und das allmähliche „Einschwingen“ auf die stationäre Lösung des Wechselstromkreises.

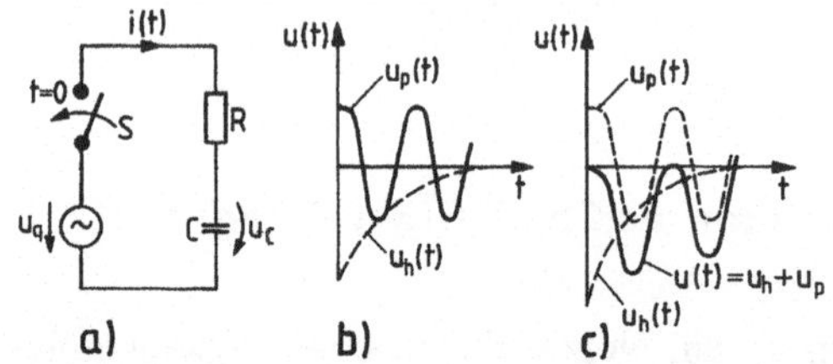

Bild 4.7.12 Einschalten einer Wechselspannung am *RC*-Glied
a) Schaltung
b) stationärer ($u_h(t)$) und flüchtiger ($u_p(t)$) Anteil

PC a) Untersuchen Sie im Multisim-Beispiel 4/15c das Einschalten einer Wechselspannung an ein *RC*-Glied. Variieren Sie das Verhältnis von Zeitkonstante zur Periodendauer der Wechselspannung (klein, mittel, groß). Was ist zu beobachten?

b) Bearbeiten Sie die gleiche Problemstellung mit MATLAB (Beispiele 4/19 und 4/20). Variieren Sie in beiden Fällen den Phasenwinkel der einschaltenden Wechselspannung. Lösen Sie die Aufgabe auch für unterschiedliche Zeitkonstantenverhältnisse.

4.7.4 Netzwerke mit zwei Energiespeichern

Netzwerke mit zwei unabhängigen Energiespeichern (*C* und/oder *L*) führen durch Anwendung der Kirchhoffschen Gleichungen und Netzwerkelementbeziehungen stets auf eine Netzwerk-DGL der Form:

$$\frac{d^2y}{dt^2} + 2\alpha\frac{dy}{dt} + \omega_0^2 y = x(t)\,. \qquad (4.7.20)$$

Dabei entspricht y entweder der Kondensatorspannung u_C oder dem Spulenstrom i_L, also in jedem Fall einer Zustandsgröße (die nicht springen kann). $x(t)$ stellt die Netzwerkerregung (vorgegebene Spannungs- oder Stromquelle) dar. Die Konstanten α und ω_0 hängen nur von den Netzwerkelementen ab. Die beiden Anfangswerte $y(0)$, $dy/dt|_0$ folgen aus den Anfangswerten der beiden Energiespeicher im Schaltmoment.

Die Differentialgleichung (4.7.20) der *erzwungenen, gedämpften harmonischen Schwingung* (speziell für $x(t) = 0$ *freie*, gedämpfte harmonische Schwingung) ist für viele Systeme der Physik und Technik charakteristisch (z.B. Feder-Masse-System, Pendel, elektromagnetischer Schwingkreis u.a.m.). Abhängig von der Relativgröße der Netzwerkelemente R, L, C und damit der Parameter α, ω_0 untereinander entsteht (insbesondere für die freie Schwingung) im Lösungsverhalten entweder

1. der *aperiodische Fall* ($\alpha > \omega_0$) mit zwei abklingenden Exponentialfunktionen (starke Dämpfung, keine Schwingung möglich),
2. der *aperiodische Grenzfall* ($\alpha = \omega_0$), bei dem der Endzustand in kürzester Zeit erreicht wird,
3. die *gedämpfte Eigenschwingung* ($\alpha < \omega_0$). Dabei wechselt die Energie zwischen L und C periodisch unter Energieverlust, so dass eine gedämpft abklingende Schwingung entsteht und
4. die *ungedämpfte Eigenschwingung* für $\alpha = 0$.

Die beiden letzten Fälle sind typisch für schwach bzw. nicht gedämpfte LC-Kreise, zum Fall 4 zählen die *Oszillatoren*. Bei ihnen wird die physikalisch stets vorhandene Dämpfung durch einen zusätzlichen negativen Widerstand im Kreis kompensiert.

Wir betrachten als Beispiel einen Reihenschwingkreis mit den Netzwerkelementen R, L, C, der durch eine Gleichspannung U_q (Größe $x(t) = \text{const.}$) eingeschaltet wird (Bild 4.7.13).

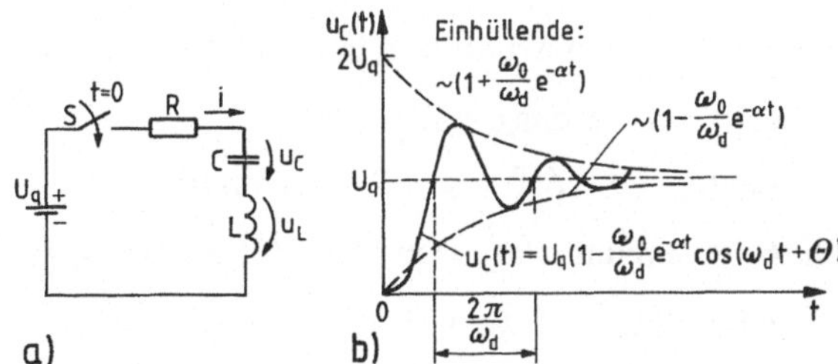

Bild 4.7.13 Einschalten einer Gleichspannung am Reihenschwingkreis
a) Schaltung
b) Verlauf der Kondensatorspannung $u_C(t)$

Da die Gesamtlösung $y(t) = y_f(t) + y_e(t)$ der Differentialgleichung (4.7.20) wieder aus flüchtigem (y_f) und eingeschwungenem (y_e) Anteil besteht und letzterer leicht über die komplexe Rechnung bestimmt werden kann, betrachten wir zunächst nur die homogene Gleichung ($x = 0$). Mit dem Ansatz $y = K \exp \lambda t$ folgt aus Gl. (4.7.20) durch Einsetzen die sog. *charakteristische Gleichung*:

$$\lambda^2 + 2\alpha\lambda + \omega^2{}_0 = 0 \qquad (4.7.21)$$

mit

$$\lambda_1 = -\alpha + \sqrt{\alpha^2 - \omega_0^2}\,, \qquad \lambda_2 = -\alpha + \sqrt{\alpha^2 - \omega_0^2}\,.$$

Abhängig vom Term $\alpha = \omega_o$ sind die erwähnten vier Fälle möglich:

1. der *aperiodische Fall* $\alpha > \omega_o$

$$y_f(t) = K_1 \exp \lambda_1 t + K_2 \exp \lambda_2 t\,, \tag{4.7.22a}$$

2. der *aperiodische Grenzfall* ($\alpha = \omega_o$) mit $\lambda_1 = \lambda_2 = -\alpha$

$$y_f(t) = (K_1 t + K_2) \exp - \alpha t\,, \tag{4.7.22b}$$

3. die *gedämpfte Eigenschwingung* ($\alpha < \omega_o$) mit der *Eigenfrequenz* ω_d

$$\lambda_1 = -\alpha + \mathrm{j}\omega_d\,, \quad \lambda_2 = -\alpha - \mathrm{j}\,\omega_d \qquad \omega_d = \sqrt{\omega_o 2 - \alpha^2}$$

$$y_f(t) = K \exp - \alpha t\,[\cos(\omega_d\, t + \theta)]\,, \tag{4.7.22c}$$

4. die *ungedämpfte Eigenschwingung* für $\alpha = 0$, d.h. imaginäre $\lambda_1 = \mathrm{j}\,\omega_o$, $\lambda_2 = -\,\mathrm{j}\omega_o$:

$$y_f = K \cos(\omega_o t + \varphi)\,. \tag{4.7.22d}$$

Für den Reihenkreis (Bild 4.7.13) mit energielosen Speicherelementen zum Schaltzeitpunkt ($u_C(0) = 0 = i_L(0)$) ergibt sich z.B. für den Verlauf $u_C(\mathrm{t})$ als Netzwerkgleichung (aus dem Maschensatz):

$$LC\frac{\mathrm{d}^2 u_C}{\mathrm{d}t^2} + RC\frac{\mathrm{d}u_C}{\mathrm{d}t} + u_C = U_q \qquad t \geq 0\,. \tag{4.7.23}$$

Die zugehörigen Anfangswerte lauten $u_C(-0) = 0$ und $i_L(-0) = i_C(-0) = C\,\mathrm{d}u_C/\mathrm{d}t|_0 = 0$.

Der Vergleich mit (4.7.20) ergibt als Dämpfungskonstante $\alpha = 1/2\ RC$, ferner ist $\omega_o = 1/\sqrt{LC}$. Für $1/R < 2/\sqrt{LC}$ liegt eine gedämpfte Schwingung vor mit der Kreisfrequenz:

$$\omega_d = \sqrt{\omega_0^2 - (1/2\ RC)^2}$$

Diesen Fall betrachten wir. Seine allgemeine Lösung lautet:

$$u_C(t) = K\mathrm{e}^{-\alpha t} \cos(\omega_d t + \theta) + U_q\,.$$

Die Unbekannten K und θ gehen aus den Anfangswerten hervor. Man erhält

$$u_C(0) = 0 = K \cos\theta + U_q$$

$$\mathrm{d}u_C/\mathrm{d}t|_o = 0 = K\,[-\alpha \cos\theta\ -\ \omega_d \sin\theta]\,,$$

d.h. $\theta = -\arctan \alpha/\omega_d$. Dann lautet die Lösung zusammengefasst (Bild 4.7.13):

$$u_C(t) = U_q[1 - (\omega_o/\omega_d)\,\mathrm{e}^{-\alpha t} \cos(\omega_d t + \theta)]\ . \tag{4.7.24}$$

Das ist ein Einschaltvorgang mit überlagerter frei abklingender Schwingung. Im Einschaltmoment liegt die Spannung U_q wegen $u_C(0)$, $i_L(0)$ voll an der Induktivität. Mit vorschreitender Zeit wächst der Strom und damit auch u_C. Im stationären Fall verschwinden $\mathrm{d}u_C/\mathrm{d}t$ und $\mathrm{d}^2 u_C/\mathrm{d}t^2$ und die Gesamtspannung U_q liegt voll am Kondensator. Der Kreis wird durch den Einschaltvorgang zu einer freien Schwingung angeregt, die mit der Kreisfrequenz ω_d (= ω_o!) gedämpft abklingt.

PC a) Untersuchen Sie im Multisim-Beispiel 4/16 das grundsätzliche Einschwingverhalten eines Reihenschwingkreises.

b) Untersuchen Sie im Multisim-Beispiel 4/17 das Einschwingverhalten eines Reihenschwingkreises bei periodischer Impulserregung.

c) Untersuchen Sie das Einschwingverhalten eines Reihenschwingkreises im MATLAB-Beispiel 4/21.

d) Untersuchen Sie das Einschwingverhalten des Schwingkreises nach dem Verhalten seiner Zustandsvariablen im MATLAB-Beispiel 4/24.

Integrier-Differenzierglied. Wir betrachten als weiteres Beispiel eine Schaltung mit zwei unabhängigen Energiespeichern, das *Integrier-Differenzierglied* (Bild 4.7.14) mit gleichen Zeitkonstanten (zur Vereinfachung). Zur Zeit $t = 0$ werde die Gleichspannung U_q angelegt. Gesucht ist der Zeitverlauf der Ausgangsspannung u_R bei energielosen Kondensatoren ($u_{C1}(0) = u_{C2}(0) = 0$).

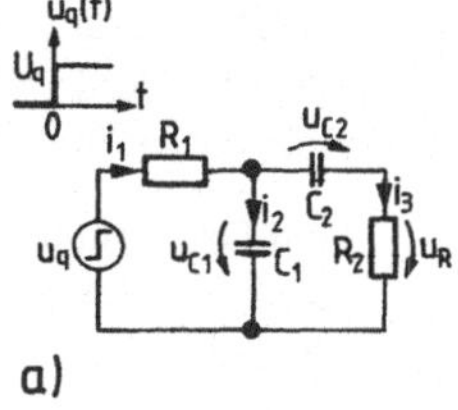

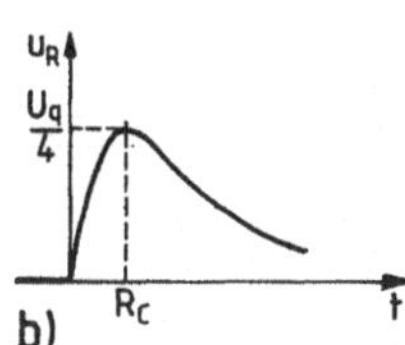

Bild 4.7.14 Integrier-Differenzierglied
a) Schaltung
b) Ausgangsspannung für $R_1C_1 = R_2C_2 = \tau$

Die Kirchhoffschen Gleichungen und Elementbeziehungen lauten:

$$u_q = i_1 R + u_{C1} \qquad i_1 = i_2 + i_3$$

$$u_{C1} = u_{C2} + u_R \qquad i_2 = C\,\mathrm{d}u_{C1}/\mathrm{d}t, \qquad i_3 = u_R/R_2 = C\,\mathrm{d}u_{C2}/\mathrm{d}t.$$

Zusammengefasst ergibt sich für die Ausgangsspannung u_R

$$\frac{\mathrm{d}^2 u_R}{\mathrm{d}t^2} + \frac{3}{\tau}\frac{\mathrm{d}u_R}{\mathrm{d}t} + \frac{u_R}{\tau^2} = \frac{\mathrm{d}u_q}{\mathrm{d}t}. \tag{4.7.25}$$

Der Ansatz $u_R = K \exp \lambda t$ führt auf die Eigenwertgleichung

$$\lambda^2 + 2\alpha\lambda + \omega^2_o = 0$$

mit

$$\lambda_{1/2} = (1/2\tau)(-3 \pm \sqrt{5})\,; \qquad \lambda_1 = 1/\tau_1,\ \lambda_2 = 1/\tau_2\,;$$

Für die vorgegebenen Anfangswerte lautet die Lösung (Bild 4.7.14b):

$$u_R(t) = \frac{U_q}{\tau_1 - \tau_2}\frac{\tau}{}\left(\exp -\frac{t}{\tau_1} - \exp -\frac{t}{\tau_2}\right). \tag{4.7.26}$$

Der Verlauf zeigt ein Maximum: die Schaltung wirkt als Filter, mit dem z.B. eine Impulsform verbessert werden kann. Das erste RC-Glied integriert, das zweite differenziert. Die Anordnung beschreibt z.B. auch den Ausgang einer Inverstufe (Bild 4.7.11) mit der Lastkapazität C_1, an die über die Koppelkapazität C_2 eine Folgestufe mit Eingangswiderstand R angeschlossen ist.

Man erkennt *zusammenfassend*, dass ein sprung- bzw. impulsförmiges Eingangssignal durch die Schaltung und ihre Energiespeicherelemente am „Schaltungsausgang“ – der gesuchten Größe – verformt auftritt. *Wird das Eingangssignal als Testsignal aufgefasst, so kann aus typischen Merkmalen des Ausgangssignales auf charakteristische Netzwerkeigenschaften geschlossen werden* (Tafel 4.7.1). Diese Tatsachen werden später zur globalen Beurteilung der Netzwerkeigenschaften erweitert (s. Abschn. 5.3).

Tafel 4.7.1 Veränderung eines rechteckförmigen Eingangssignales durch ein lineares, frequenzabhängiges Netzwerk (obere, untere Grenzfrequenz f_o, f_u)

Ausgangssignal	Merkmale	Ursache
T	idealer Rechteckimpuls kein Dachabfall	keine Signalverformung Grenzfrequenzen $f_o \to \infty$ $f_u \to 0$
	Dachabfall scharfe Ecken steile Flanken Hochpassverhalten	$f_o \to \infty$ f_u zu hoch
	kein Dachabfall unscharfe Ecken flache Flanken Tiefpassverhalten	f_o zu klein $f_u \to 0$
	Schwingungen unscharfe Ecken flache Flanken	schwingungsfähiges System, kaum gedaämpft

PC a) Eine Netzwerkdifferentialgleichung lässt sich unter Verwendung von Integratoren nachbilden. Untersuchen Sie im Multisim-Beispiel 4/20 die Nachbildung einer Netzwerkdifferentialgleichung 2. Ordnung und ihr Einschwingverhalten mit positiver und negativer Dämpfung.

b) Das Einschwingverhalten des RC-HPTP nach Bild 4.7.14 kann auch durch Differentialgleichungen für seine Zustandsgrößen – die Kondensatorspannungen – beschrieben werden. Untersuchen Sie dazu MATLAB-Beispiel 4/22.

c) Das Einschwingverhalten des Reihenschwingkreises lässt sich gleichwertig zur Standardbeschreibung auch ebenso durch Differentialgleichungen für seine Zustandsvariablen – Kondensatorspannung und Spulenstrom – darstellen. Untersuchen Sie sein diesbezügliches Verhalten im MATLAB-Beispiel 4/24.

d) Ein Verstärker mit RC-Rückkopplungsvierpol in Form des sog. Wien-Gliedes (Bild 4.6.20) wird durch eine Netzwerkdifferentialgleichung 2. Ordnung beschrieben, die unter bestimmten Bedingungen instabil werden kann. Die Schaltung arbeitet dann als Wien-Oszillator. Untersuchen Sie sein Verhalten im MATLAB-Beispiel 4/23.

Lernorientierungen zu Abschnitt 4

Abschnitt 4.1

- Die Analyse von Wechselstromschaltungen basiert auf den
  - Kirchhoffschen Gleichungen
  - *u*-*i*-Beziehungen der Netzwerkelemente und darauf aufbauend abgekürzten Verfahren.
- Bestimmungsstücke einer sinusförmigen Zeitfunktion (Spannung, Strom, Momentanwert) sind Amplitude, Frequenz und (Null-)phase.
- charakteristische Mittelwerte periodischer Zeitfunktionen sind arithmetischer Mittelwert (Gleichwert), Gleichrichtwert (arithmetischer Mittelwert des Betrages) und quadratischer Mittelwert (Effektivwert).
- Addition/Subtraktion (= vorzeichenbehaftete Überlagerung) zweier Sinusfunktionen gleicher Frequenz ergibt wieder eine Sinusfunktion mit unterschiedlicher Amplitude und Phase (Skizze, Amplitude, Phase).

- Beschreibungsmittel einer sinusförmig zeitveränderlichen Spannung sind
  – Liniendiagramm (zeitbezogen (t), drehwinkelbezogen (ωt))
  – Funktionsgleichung
  – Zeigerdiagramm (Skizze, rotierender Zeiger).

Abschnitt 4.2

- An linearen Netzwerkelementen (R, L, C) erzeugt eine sinusförmig eingeprägte Ursache (Spannung/Strom) wieder eine sinusförmige Wirkung (Strom/Spannung) mit gleicher Frequenz, aber veränderter Amplitude und Phase. Es gilt z.B. bei anliegender Sinusspannung ($\varphi_u = 0$) für den Strom durch die Elemente
  R: $\hat{\imath} = \hat{u}/R$, $\varphi_i = 0$,
  C: $\hat{\imath} = \omega C \hat{u}$ $\varphi_i = +\pi/2$ voreilend
  L: $\hat{\imath} = \hat{u}/\omega L$ $\varphi_i = -\pi/2$ nacheilend.
- Der Zusammenhang Spannung/Strom am Grundelement wird durch den Begriff Scheinwiderstand $Z = \hat{u}/\hat{\imath}$ und den zugehörigen Phasenwinkel $\varphi_z = \varphi_u - \varphi_i$ erfasst.
- Der Scheinwiderstand Z der Energiespeicherelemente L, C ist frequenzabhängig:
  L: wirkt bei $\omega \to 0$ als Kurzschluss, bei $\omega \to \infty$ als Leitungsunterbrechung (Leerlauf),
  C: wirkt bei $\omega \to 0$ als Leerlauf (Leitungsunterbrechung), bei $\omega \to \infty$ als Kurzschluss.
- Blindwiderstand X_i: Zweipol mit Phasenverschiebung von $\pm\pi/2$ zwischen Spannung und Strom. Stets frequenzabhängig. C: $X_L < 0$, L: $X_L > 0$. Im Blindwiderstand wird keine Wirkleistung umgesetzt.
- Wirkwiderstand: Zweipol ohne Phasenverschiebung zwischen Spannung und Strom. Als Netzwerkelement frequenzunabhängig. Im Wirkwiderstand wird elektrische Energie in Wärme umgesetzt.
- Die Analyse einer linearen Wechselstromschaltung (im Zeitbereich) beinhaltet:
  – Anwendung der Kirschhoffschen Gleichungen und u-i-Beziehung der Grundelemente, Ergebnis, Differentialgleichung mit konstanten Koeffizienten, Störfunktion = Erregung des Netzwerkes
  – Lösung durch Ansatz der gesuchten Größe als Sinusfunktion gleicher Frequenz. Bestimmung der Amplitude und Phase durch Vergleich
  – Hinweis: Die Lösung gilt für den sog. eingeschwungenen Zustand (= stationäres Verhalten, der Einschaltvorgang erscheint nicht).
- Beim Zusammenschalten von Wirk-(R) und Blindschaltelementen (C, L) ist der Begriff Scheinwiderstand (Scheinleitwert) prinzipiell erweiterbar, doch sind besondere Zusammenschaltungsregeln zu beachten. Wirk- und Blindwiderstände addieren sich nicht arithmetisch, sondern *geometrisch*.

Abschnitt 4.3

- Komplexe Größen erfüllen Rechenregeln der Addition, Subtraktion, Multiplikation, Division für reelle Zahlen mit Zusatzbedingung $j^2 = -1$.
- Zwei komplexe Größen sind gleich, wenn ihre Real- und Imaginärteile übereinstimmen.
- Die Darstellung komplexer Größen in der komplexen Ebene ist gleichwertig in drei Formen (arithmetisch, trigonometrisch, Exponentialform) möglich.
- *Zeiger* (in der Elektrotechnik) = komplexer Vektor, der einer komplexen Größe zugeordnet ist (Verbindung zwischen Punkt in der komplexen Ebene und Nullpunkt), kann zeitabhängig (rotierend) oder zeitunabhängig (ruhend) sein.
- *Funktionaltransformation*: Transformation einer *Originalfunktion* (im Zeitbereich), z.B. $u(t) = \hat{u}\cos(\omega t + \varphi_u)$ in eine *Bildfunktion* (Frequenzbereich $\underline{u}(t) = \hat{u}\,[\cos(\omega t + \varphi_u) + j\sin(\omega t + \varphi_u)] = \hat{u}\exp j\,(\omega t + \varphi_u)$ durch Addition des Termes $j\,\hat{u}\sin \omega t + \varphi_u$).
  – Originalfunktion $u(t)$: reelle Zeitfunktion (physikalische Größe, messbar),
  – Bildfunktion $\underline{u}(t)$: komplexe Zeitfunktion, reine Rechengröße (nicht messbar).
- *Rücktransformation* aus dem Bildbereich: $\underline{u} = \hat{u}\exp j\,(\omega t + \varphi_u)$ $u = \mathrm{Re}\,(\underline{u}) = \hat{u}\cos(\omega t + \varphi_u)$.
- *Zeigerbegriff*: *rotierender* Zeiger (mit ω im mathematisch positivem Sinn rotierend):
  $\underline{u}(t) = \hat{u}\exp j(\omega t + \varphi_u) = \hat{u}\,[\cos \omega t + \varphi_u) + j\sin(\omega t + \varphi_u)]$ in komplexer Ebene.
  Re ($\underline{u}$), *Im* ($\underline{u}$): Projektionen des rotierenden Zeigers auf die reelle bzw. imagniäre Achse zur Zeit t.

- *ruhender* Zeiger (komplexe Amplitude): Zeiger zur Zeit $t = 0$: $\underline{u}(0) = \underline{\hat{u}} = \hat{u} \exp \mathrm{j}\,\varphi_\mathrm{u}$.
  Beachte: Differentiation und Integration von $\underline{u}(t)$ $\mathrm{d}\underline{u}/\mathrm{d}t = \mathrm{j}\,\omega \underline{u}(t)$, $\int \underline{u}(t)\mathrm{d}t = \underline{u}(t)/\mathrm{j}\omega$.
  – Differentiation von $\underline{u}$ Multiplikation mit $\mathrm{j}\omega$, Integration von $\underline{u} \rightarrow$ Division mit $\mathrm{j}\omega$.
- Differentialgleichungen (im Zeitbereich) $\rightarrow$ algebraische Gleichung im Bild-(Frequenz-)bereich
- Anwendung der Funktionaltransformation (= Analyse von linearen Wechselstromschaltungen über die komplexe Ebene):
  – Transformation der Netzwerkdifferentialgleichungen vom Zeit- in den Bildbereich
  – Berechnung der Lösung im Bildbereich
  – Originallösung im Zeitbereich durch Rücktransformation der Lösung aus dem Bildbereich.
- Im Bildbereich wird statt der komplexen Amplitude $\underline{\hat{u}}$ zweckmäßiger der komplexe Effektivwert, z.B.
  $$\underline{U} = \frac{\underline{\hat{u}}}{\sqrt{2}} = \frac{\hat{u}}{\sqrt{2}} \exp \mathrm{j}\varphi_\mathrm{u} \qquad \text{mit} \qquad \underline{U} = U \exp \mathrm{j}\varphi_\mathrm{u}$$
  verwendet.
- Anwendung der Funktionaltransformation auf die Grundelemente führt zum Begriff komplexer Widerstand (Widerstandsoperator) bzw. komplexer Leitwert (Leitwertoperator)
  $$\underline{Z} = Z \exp \mathrm{j}\varphi_\mathrm{z} = \frac{\underline{u}}{\underline{i}} = \frac{\underline{U} \exp \mathrm{j}\omega t}{\underline{I} \exp \mathrm{j}\omega t} = \frac{U}{I} \exp \mathrm{j}(\varphi_\mathrm{u} - \varphi_\mathrm{i})$$
  $$\underline{Y} = 1/\underline{Z} = Y \exp \mathrm{j}\varphi_\mathrm{y}.$$
- Allgemeine Formen: $\underline{Z} = R_\mathrm{r} + \mathrm{j}X_\mathrm{r}$, $\underline{Y} = G_\mathrm{p} + \mathrm{j}B_\mathrm{p}$
  R_r Wirkwiderstand G_p Wirkleitwert
  X_r Blindwiderstand B_p Blindleitwert
- komplexer Widerstand der Grundelemente: $Z_\mathrm{R} = R$, $\underline{Z}_\mathrm{C} = 1/\mathrm{j}\,\omega C$, $\underline{Z}_\mathrm{L} = \mathrm{j}\,\omega L$.
- Komplexe Netzwerkanalyse im Bildbereich
  – statt Aufstellung der Netzwerkdifferentialgleichung und Anwendung der Transformation $\rightarrow$
  – Beginn der Analyse im Bildbereich (Widerstands-/Leitwertoperator, komplexe Effektivwerte ($\underline{U}$, $\underline{I}$))
  – dabei Anwendung aller Netzwerkanalyseverfahren, die für lineare Gleichstromnetzwerke gelten
  – Rücktransformation der Lösung in den Zeitbereich (falls gewünscht)
  – Vorteilhafte Nutzung der Widerstands-/Leitwertzusammenschaltungen $\underline{Z} = \Sigma_\mathrm{n} \underline{Z}_\mathrm{n}$, $Y = \Sigma_\mathrm{m} Y_\mathrm{m}$, Strom-Spannungsteilerregel, Zweipoltheorie usw.
- Frequenzgang $\underline{F}(\mathrm{j}\omega) = F(\mathrm{j}\omega) \exp \mathrm{j}\,\varphi_\mathrm{f}$; Netzwerkfunktion: Zusammenhang Wirkung $\rightarrow$ Ursache im linearen Wechselstromnetzwerk (im Frequenzbereich mit der Frequenz als Parameter)
  Wirkungsgröße = $\underline{F}(\mathrm{j}\omega)$ Ursachengröße,
  Bestimmungsstücke: Amplitudengang $F(\mathrm{j}\omega)$, Phasengang $\varphi_\mathrm{f}(\mathrm{j}\omega)$.
- Grundeigenschaft eines Wechselstromnetzwerkes bei Sinusanregung, die später die Grundlage auch für andere Erregungsfunktionen bildet.
- Der Imaginärteil von $\underline{F}(\mathrm{j}\omega)$ ist stets eine ungerade Funktion von $\mathrm{j}\omega$
  Frequenzgang darstellbar als
  – Real- und Imaginärteil, Betrag und Phase (Komponentendarstellung, Frequenz als Parameter)
  – in der komplexen Ebene als Ortskurve.
- *Grenzfrequenz*: definierte Frequenz, bei der der Frequenzgang $\underline{F}(\mathrm{j}\omega)$ eine bestimmte Bedingung erfüllt, typisch $\pm$ 45°-Grenzfrequenz ω_{45} (sog. 3 dB-Grenzfrequenz)
  – Bedingung: Real- gleich Imaginärteil (gleichwertig),
  – Betragsanstieg/-abfall auf $\sqrt{2}$ bzw. $1/\sqrt{2}$-fachen Bezugswert für $\omega \rightarrow 0$, in log. Darstellung $\pm$ 3dB-Änderung und Phasenwinkel $\varphi_\mathrm{f} = \pm 45°$. Weitere Grenzfrequenzen lassen sich definieren.

Abschnitt 4.4

- Darstellungshilfen für Größen der Wechselstromtechnik sind: Zeigerdarstellungen, Zeigerbilder (Ströme, Spannungen, komplexe Widerstände, Frequenzgang (mit der Frequenz als Variabler) und Ortskurven.

- Zeigerbilder der Ströme und Spannungen sind Einträge der im Netzwerk auftretenden Ströme und Spannungen ($\underline{I}$-$\underline{U}$-Zeiger) in die komplexe Ebene. Grundlage: $\underline{I}$-$\underline{U}$-Beziehungen der Grundelemente
  – Beginn des Zeigerdiagramms mit der (angenommenen) Wirkungsgröße (d.h. vom Schaltungsinneren her)
  – Reihenschaltung: Addition der Zeiger der Widerstandsoperatoren resp. Spannungen
  – Parallelschaltung: Addition der Zeiger der Leitwertoperatoren resp. Ströme.
- *Inversion von Zeigern*: $\underline{Y} = 1/\underline{Z}$. Methode: Spiegelung am Einheitskreis oder Berechnung. Es gilt: kurzer Zeiger wird bei der Inversion zum längeren und umgekehrt, Spiegelung an der reellen Achse.
- *Frequenzgang*: $\underline{F}(\mathrm{j}\omega)$: zweckmäßige Darstellungen sind Ortskurve und Betrag-Phasengang.
- *Bode-Diagramm*: Spezielle Form der Frequenzgangdarstellung $\underline{F}(\mathrm{j}\omega)$, über dem Logarithmus der Frequenz (oft normiert) wird dargestellt:
  – der Betrag F der darzustellenden Größe im logarithmischen Maßstab (dB) und der Winkel φ_f (linearer Maßstab)
  – Vorteil: große Frequenzbereiche und stark verschiedene Betragswerte in einem Diagramm darstellbar,
  – Konstruktion: Bestimmung der Singularitäten (Nullstellen, Pole) von $\underline{F}$ und zugehörige Eckfrequenzen,
  – Nullstelle: Amplitudengang knickt bei der Eckfrequenz mit 20 dB/Dek. nach oben ab,
  – Polstelle: Amplitudengang knickt bei der Eckfrequenz mit 20 dB/Dek. nach unten ab,
  – Phasengang setzt etwa eine Dekade unterhalb der Eckfrequenz ein und klingt eine Dekade später ab. Nullstelle: negative, Polstelle: positive Phasendrehung.
- Ortskurve: Darstellung einer komplexen Funktion $\underline{Z}(\mathrm{j}\omega)$ in der komplexen Ebene mit einer reellen Veränderlichen (Frequenz ω, Netzwerkelement R, C, L) als Parameter. Die Ortskurve ergibt sich durch Verbinden aller Punkte $\underline{F}(\mathrm{j}\omega)$, meist im Frequenzbereich $0 \to \infty$.
- *Inversion von Ortskurven*. Es gelten die Inversionssätze:
  – Inversion einer Geraden (als Ortskurve) durch Nullpunkt → Gerade durch den Nullpunkt,
  – Inversion einer Geraden nicht durch den Nullpunkt → Kreis durch den Nullpunkt (und umgekehrt),
  – Inversion eines Kreises nicht durch den Nullpunkt → Kreis nicht durch den Nullpunkt.

Abschnitt 4.5

- Zum Leistungsbegriff (am Zweipol) gehören Momentan-, Wirk-, Blind- und Scheinleistung:
  – Momentanleistung: $p(t) = u(t)\,i(t)$, zeitabhängig,
  – Wirkleistung $\overline{p} = P$, arithmetischer Mittelwert der Momentanleistung über die Periodendauer T,
  – $P > 0$: Leistungsverbrauch, $P < 0$ Leistungsabgabe (aktiver Zweipol),
  – im Wechselstromkreis $P = U I \cos\varphi$ $(U = \hat{u}/\sqrt{2}$ usw. $\varphi = \varphi_u - \varphi_i)$,
  – Blindleistung gekoppelt an Blindschaltelemente, vorzeichenabhängig, $Q = U I \sin\varphi$,
  – Scheinleistung $S = U I = \sqrt{P^2 + Q^2}$
- Blindleistung ist ein Maß für den Auf- und Abbau der Feldenergie in den Energiespeicherelementen C, L,
- induktive Blindleistung kann durch kapazitive kompensiert werden (und umgekehrt),
- Blindarbeit: Vorgang der reversiblen Energiewandlung elektrische → Feldenergie bei C, L,
- Wirkleistungsanpassung im Grundstromkreis erfordert $\underline{Z}_i = \underline{Z}_a^*$, d.h. $R_i = R_a$, $X_i + X_a = 0$. Die letzte Bedingung ist der Resonanzfall.

Abschnitt 4.6

Ein Netzwerk mit vier Klemmen (Eingang, Ausgang) heißt Vierpol (Zweitor). Merkmal: Übertragungseigenschaften zwischen aktivem Zweipol (Quelle) und Lastelement.

- *u*-*i*-Verhalten: Vierpolgleichungssystem. Abhängig von der Variablenzuordnung verschiedene gleichberechtigte Formen (z.B. $\underline{Y}$-, $\underline{Z}$-, $\underline{H}$-, $\underline{A}$-Schreibweise).
- Allgemeiner Vierpol: vier unabhängige Vierpolparameter. Passiver Zweipol: ohne Energiequellen (unabhängig oder gesteuert), drei unabhängige Vierpolparameter.

- Vierpolparameter einer Darstellungsform lassen sich in andere umrechnen.
- Vierpole lassen sich verschiedenartig zusammenschalten (z.B. parallel, Reihe usw.), Beschreibung erleichtert durch jeweilige Beschreibungsform.
- Die Vierpol-*u*-*i*-Relationen lassen sich als Vierpolersatzschaltungen interpretieren.
- Aktive Vierpole: mit gesteuerter (ungesteuerter) Quelle (z.B. für Transistoren). Typische Vierpolersatzschaltungen sind die T- und Π-Formen, letztere auch für aktive Vierpole breit angewendet.
- Filter: Vierpol mit besonders typischem Frequenzverhalten der Übertragungseigenschaften, insbesondere Sperr- und Durchlassbereiche. Filtergrundtypen sind: Tief- und Hochpass, Bandpass und Bandsperre. Ordnung eines Filters bestimmt von der Anzahl enthaltener unabhängiger Energiespeicherelemente.
- Resonanzkreis: Zweipol aus *R, L, C* (Reihen-, Parallelschaltung), dessen Scheinwiderstand (Leitwert) bei einer bestimmten Frequenz – die Resonanzfrequenz – extrem (minimal, maximal) wird. Typische Merkmale eines Schwingkreises sind Resonanzfrequenz $\omega^2 = 1/LC$, Güte und Bandbreite.
- Brückenschaltung: Schaltungsanordnung aus vier diagonalartig zusammengefügten Netzwerkelementen (sog. X-Vierpol), deren Ausgangsgröße bei einer bestimmten Schaltungseinstellung verschwindet (Wheatston-Brücke) oder eine bestimmte Eigenschaft hat (Phasendrehung).
- Transformator: Vierpol bestehend aus zwei magnetisch fest verkoppelten Spulen. *u*-*i*-Beziehung beschrieben durch die Transformatorgleichungen. Haupteigenschaften: Spannungsübersetzung im Windungszahlverhältnis, reziproke Stromübersetzung, Impedanztransformation. Verhalten durch eine Transformatorersatzschaltung interpretierbar.

Abschnitt 4.7

- Die Analyse eines Netzwerkes bei nichtperiodischer Erregung erfordert die Lösung einer inhomogenen Differentialgleichung mit konstanten Koeffizienten bei gegebenen Anfangswerten der Speicherelemente. Dabei laufen ab:
  – der flüchtige Vorgang: allgemeine Lösung der homogenen Differentialgleichung mit Konstantenbestimmung,
  – der eingeschwungene Zustand: partikuläre Lösung der inhomogenen Differentialgleichung,
  – Die Lösung kann geschlossen oder numerisch (mit Computerhilfe) erfolgen.
- Die Funktion eines idealen Schalters im Netzwerk lässt sich durch eine methodische Formulierung der Erregergröße ersetzen. Typisch sind Sprungfunktion (Ein-/Aus-Schalter) und δ-Funktion (kurzzeitiges Schließen und Öffnen des Schalters).
- Ausgleichsvorgänge in Netzwerken lassen sich analysieren durch
  – direkte Lösung der Netzwerkdifferentialgleichung im Zeitbereich
  – Lösung der Differentialgleichung mittels Laplace-Transformation (s. Abschn. 5.2).

Wiederholungsfragen zu Abschnitt 4

Abschnitt 4.1

1. Wie erkennt man, ob eine physikalische Größe periodisch ist?
2. Welche Bestimmungsstücke kennzeichnen eine sinusförmige Spannung?
3. Skizzieren Sie eine Wechselspannung $u(t) = A\sin(\omega t + \varphi_u)$ mit dem Effektivwert 10 V (f = 50 Hz) über der Zeit für drei verschiedene Phasenwinkel $\varphi_u = 0, \pi/2, -\pi/2$. Wie groß ist der Spitzenwert?
4. Skizzieren Sie die Entstehung des Liniendiagrammes einer Sinusschwinung mittels eines rotierenden Zeigers!
5. Wie ist der Phasenwinkel φ einer Spannung gegenüber dem Strom i definiert? Welches Vorzeichen hat er, wenn i der Spannung u nacheilt (voreilt)?
6. Wie lautet die Definition des arithmetischen und quadratischen Mittelwertes allgemein, wie speziell für die Sinusfunktion sowie eine Rechteckfunktion (Skizze)?
7. Was bedeutet der Effektivwert anschaulich?
8. Durch einen Leiter fließt ein Gleichstrom I = 1 A sowie ein Wechselstrom $i(t)$ = 2A sin $(\omega t + \varphi_i)$. Wie groß ist der Effektivwert des Gesamtstromes?

9. Bestimmen Sie den Effektivwert eines Mischstromes, der symmetrisch zwischen $i = 10$ mA und 20 mA im zeitlichen Abstand von 1 ms schwankt.
   a) Skizze des Zeitverlaufes, b) Berechnung über die Definitionsgleichung des Effektivwertes, c) Berechnung der Kombination aus Gleich- und Wechselanteil.
10. Welche Ersatzschaltung kann für eine Mischstromquelle angegeben werden?
11. Welcher Zusammenhang besteht zwischen dem Effektivwert einer Spannung und der mittleren Leistung dieser Spannung am Widerstand R?
12. Durch welche Maßnahmen lässt sich der Gleichrichtwert eines Stromes realisieren?
13. Skizzieren Sie eine Sinusspannung, die einer anderen „nullphasigen" Sinusspannung voreilt (nacheilt).

Abschnitt 4.2

1. Was bedeuten die Begriffe Gleichstromwiderstand, ohmscher Widerstand, Wirkwiderstand?
2. Welche Phasenverschiebung zwischen Spannung und Strom besteht für die Grundzweipolelemente, wenn jeweils ein Sinusstrom eingeprägt wird ($\varphi_i = 0$)?
3. Welche gemeinsame Eigenschaften haben ein Wirk- und Blindwiderstand (gleichen Betrages) bei fester Frequenz? Worin unterscheiden sie sich?
4. An einem Kondensator liegt eine Sinusspannung veränderlicher Frequenz. Welchen Verlauf hat der Strom über der Frequenz prinzipiell?
5. Begründen Sie, warum der Blindwiderstand einer Kapazität stets negativ ist.
6. Jemand formuliert: An zwei reihengeschalteten Kondensatoren liegt eine Sinusspannung. Durch die Reihenschaltung beträgt die Phasenverschiebung $2 \times 90°$. Was ist alles falsch?
7. Welche Leistung tritt an einer Induktivität auf, wenn eine Sinusspannung anliegt? Gilt das Ergebnis auch für eine beliebige periodische Spannung?
8. An einer Reihenschaltung von R und L liegt eine Spannung $u(t) = \hat{u}\sin(\omega t + \varphi_u)$. Welcher Strom fließt? Welche Schritte sind der Reihe nach durchzuführen? Wie groß ist der Scheinwiderstand der Anordnung?
9. Ein Zweipol besteht aus Energiespeichern als Netzwerkelementen. Welche Werte kann der Gleichstromwiderstand nur haben?
10. Geben Sie den Scheinwiderstand der Reihenschaltung folgender Elemente an:
    – Widerstand $R = 10\ \Omega$, kapazitiver Blindwiderstand $10\ \Omega$
    – Widerstand $R = 10\ \Omega$, induktiver Blindwiderstand $10\ \Omega$
    – kapazitiver, induktiver Blindwiderstand je $10\ \Omega$.

Abschnitt 4.3

1. In welchen Formen kann eine komplexe Zahl $\underline{z}$ dargestellt werden (Beispiele)?
2. Wie lautet der komplexe Momentanwert einer Spannung? Was ist ein komplexer Effektivwert, welche Kenngröße der cos-Schwingung enthält er?
3. Wie kann die Spannung $u(t) = \hat{u}\sin(\omega t + \varphi_u)$ in der komplexen Ebene dargestellt werden (Begründung)?
4. Lässt sich ein komplexer Momentanwert für einen rechteckförmigen Spannungsverlauf definieren (Begründung)?
5. Am Kondensator C liegt die Spannung $u(t) = \hat{u}\sin(\omega t + \varphi_u)$. Bestimmen Sie den Strom $i(t)$ einmal direkt im Zeitbereich und über die komplexe Ebene. Kann $i(t)$ mit einem Strommesser gemessen werden?
6. Wie lautet die Definition des komplexen Widerstandes $\underline{Z}$, ist er direkt messbar?
7. Ist der komplexe Widerstand $\underline{Z}$ eines Zweipols zeitlich konstant oder nicht?
8. Welche Bestimmungsstücke hat der komplexe Widerstand $\underline{Z}$? Was bedeuten die Begriffe Blindwiderstand, Wirkwiderstand?
9. Geben Sie den komplexen Widerstand einer Reihenschaltung von R und L in der P- und R-Form an. Wie lautet der Leitwert $\underline{Y}$, durch welche Ersatzschaltelemente kann er nachgebildet werden?
10. Zeichnen Sie eine Ersatzschaltung für einen kapazitiv wirkenden Zweipol.
11. Was versteht man unter dem Frequenzgang eines Netzwerkes, z.B. eines RC-Spannungsteilers? Für welche Art von Größen kann ein Frequenzgang angegeben werden?
12. Skizzieren Sie den Frequenzgang des Widerstandsoperators der Reihenschaltung von R und C nach Betrag und Phase!

13. Gegeben sei eine Mischspannung aus Gleichspannungsanteil und überlagerter sinusförmiger Wechselspannung. Durch welche Schaltung kann erreicht werden, dass nur der Wechselspannungsanteil verfügbar ist?
14. Wie lässt sich die Kapazität und Induktivität in einem Netzwerk für $f \to 0$ bzw. $f \to \infty$ berücksichtigen?
15. Geben Sie an, wie folgende Beziehungen einzuordnen sind (Zeit-, Frequenzbereich, ruhende, rotierende Zeiger)
    a) $\mathrm{Re}(\underline{i}R + \mathrm{j}\omega L\underline{i}) = \hat{u}\cos(\omega t + \varphi_u) = \mathrm{Re}(\underline{u}(t))$
    b) $\underline{i}R + \mathrm{j}\omega L\underline{i} = \underline{u}$,
    c) $\underline{I} = \underline{U}/(Z \exp \mathrm{j}\varphi_z)$
    d) $i = \mathrm{Re}(\underline{u}(t)/(R + \mathrm{j}\omega L))$.
16. Jemand schreibt: $u(t) = (R + \mathrm{j}\omega L/2\pi)^{-1}\mathrm{Re}(\underline{I}(t))$. Was ist alles falsch?

Abschnitt 4.4

1. Wie ist das Zeigerbild der Ströme und Spannungen eines Netzwerkes zu konstruieren (*Beispiel*: *RC*-Teiler, gespeist mit einer Spannung)?
2. Kann ein Zeigerbild eines Netzwerkes gezeichnet werden, an dem gleichzeitig, z.B. zwei Sinusspannungen verschiedener Frequenz, liegen?
3. Geben Sie an: die Zeiger ($\underline{Z}$-Ebene) der Grundelemente R, L, C (fest) und die inversen Zeiger.
4. Gegeben sind zwei gleiche *RC*-Glieder, jedes hat den Frequenzgang $\underline{F}$. Beide werden „hintereinander geschaltet" (Skizze).
   Gilt dann $\underline{F}_{ges} = \underline{F}_1\underline{F}_2$ (Begründung)?
   Was müsste geschehen, damit $\underline{F}_{ges} = \underline{F}_1\underline{F}_2$ gilt?
5. Skizzieren Sie den Frequenzgang (Bode-Darstellung) eines Tiefpasses qualitativ bestehend aus einem *RC*-Glied und zwei *RC*-Gliedern, wobei $R_1C_1 \ll R_2C_2$ gelten soll!
6. Wie verläuft die Ortskurve von $\underline{Z}$ der Reihenschaltung von R und L bei variabler Frequenz $(0 \leq \omega \leq \infty)$? Welche Leitwertortskurve gehört dazu?
7. Was versteht man unter Inversion?
8. Geben Sie die Ortskurve des Widerstandsoperators $\underline{Z}_L = \mathrm{j}\omega L$ bei veränderlicher Frequenz an. Wie verläuft die invertierte Ortskurve ($\to$ Laufrichtung eintragen)?
9. Das Größenverhältnis zweier Spannungen wird durch folgende Angaben beschrieben: 3 dB, 6 dB, 10 dB. Welche Amplitudenverhältnisse gehören dazu?
10. Welche Vorteile bietet das Bode-Diagramm?

Abschnitt 4.5

1. Wie lauten für den linearen Zweipol die Momentan-, Wirk-, Blind- und Scheinleistung und der Leistungsfaktor?
2. Was verbirgt sich hinter dem Begriff Blindleistungskompensation?
3. Welche passiven Zweipole verursachen Blindleistung?
4. Was bedeuten Wirkleistungs- und Scheinleistungsanpassung? Welche wird in informationstechnischen Systemen hauptsächlich verwendet?

Abschnitt 4.6

1. Was versteht man unter Bandpass, wodurch wird er gekennzeichnet und wozu dient er?
2. Welche Phasenverschiebung lässt sich mit einem Tiefpass 1. bzw. 2. Ordnung erzielen?
3. Wie kann ein *RC*-Spannungsteiler frequenzkompensiert werden?
4. Wie lauten die $\underline{Y}$-, $\underline{Z}$- und $\underline{H}$-Form der Vierpolgleichungen?
5. Was bedeutet der Begriff „umkehrbarer Vierpol"?
6. Was versteht man unter der Π- und T-Ersatzschaltung eines Vierpols? Wie kommen sie zustande?
7. Geben Sie die Π-Ersatzschaltung eines Vierpols mit einer gesteuerten Quelle (ausgangsseitig) an. Welche Formen sind möglich?
8. Gegeben sind die Leitwertparameter zweier Vierpole. Beide sollen reihengeschaltet werden (Skizze). Wie ergeben sich die Leitwertparameter des Ersatzvierpols der Gesamtschalschaltung?
9. Wie können die Leitwertparameter eines allgemeinen Vierpols bestimmt werden?
10. Wie ist eine Wheatstone-Brücke aufgebaut, wie lautet die Abgleichbedingung und wozu dient sie?
11. Nach welchem Prinzip arbeitet der Transformator? Geben Sie ein Ersatzschaltbild an, wie entsteht es aus den Transformatorgleichungen?
12. Was versteht man unter einem Resonanzkreis, wozu dient er?

13. Skizzieren Sie einen verlustbehafteten Parallelresonanzkreis (aus den Netzwerkelementen *R, L, C*) und bestimmen Sie
    - den Strom bei anliegender Spannung *U*
    - die Resonanzform
    - die Kreisgüte. Welcher Strom fließt bei Resonanz?
14. Geben Sie einfach Schaltungen für einen Tiefpass/Hochpass erster Ordnung an. Verfügbar sind die Grundelemente *R, L, C.* Wie viele Möglichkeiten gibt es?

Abschnitt 4.7

1. Wie verhalten sich die Netzwerkelemente (Grundelemente, gesteuerte Quellen) bei sprungförmigen Strom-Spannungsänderungen?
2. Kann es ohne unabhängige Quellen im Netzwerk eine erzwungene / natürliche Anregung geben (Ausgleichsvorgänge)?
3. Wie kann ein Schaltvorgang, z.B. das Einschalten einer Gleichspannung an eine *RC*-Reihenschaltung (mit geladenem Kondensator), analysiert werden (Schrittfolge speziell und verallgemeinert)? Was ist eine Zeitkonstante, hängt sie von der Größe der Erregerfunktion ab?
4. Welche Lösungsmöglichkeiten (typische) treten auf, wenn eine Gleichspannung plötzlich an einen Reihenschwingkreis (*R, C, L*) gelegt wird? Spielt Resonanz eine Rolle?
5. Was bedeuten die Begriffe Übergangsvorgang, stationärer Zustand, Anstiegszeit und Zeitkonstante für ein konkretes Netzwerk?
6. Wie groß ist der Strom höchstens, der beim Einschalten einer Reihenschaltung von *R* und *C* an eine ideale Gleichspannungsquelle fließt? (Begründung, wann tritt er auf, welchem Wert strebt die Kondensatorspannung zu?)
7. Wie wirkt eine stromlose Induktivität im Schaltzeitpunkt?
8. Was sind Zustandsgrößen, wo treten sie bei den Grundelementen *R, L, C* auf?
9. Wie verläuft qualitativ die Kondensatorspannung beim Reihenschwingkreis, wenn er an eine Gleichspannung geschaltet wird? (Betrachten Sie den aperiodischen und periodischen Fall).
10. Was ist eine gedämpfte Schwingung?
11. Was versteht man unter der Eigenfrequenz eines Schwingkreises? Wie unterscheidet sie sich von der Resonanzfrequenz? Wie werden beide bestimmt?

5 Netzwerke bei beliebiger Erregung. Signale und Systeme

Lernziele: Nach Durcharbeit des Abschnittes beherrscht der Leser:

- Signaleinteilung und Merkmale von Signalen,
- Ausdehnung der Wechselstromanalyse auf allgemeine periodische Erregerfunktionen, Grundkonzept der Fourierreihe,
- Darstellung der Fourierkoeffizienten als Spektraldiagramm, Anwendung auf Netzwerke,
- Konzept der Fourier-Transformation und seine Anwendung zur Bestimmung des Zeitverhaltens einer Netzwerkgröße bei bekanntem Frequenzverhalten,
- Anwendung der Laplace- und Fourier-Transformation zur Netzwerkanalyse bei beliebiger Erregung,
- Gewinnung der Gewichts- und Übergangsfunktion von Netzwerken,
- Bedeutung der Begriffe Sprung-, Stoß-, Exponentialerregung,
- Bedeutung der Übertragungsfunktion für das nichtstationäre Verhalten von Netzwerken,
- Prinzip der Signalabtastung,
- Spektraldarstellung abgetasteter Signale,
- Ursprung und Bedeutung der Z-Transformation. Anwendung auf einfache Funktionen und Netzwerke.

Einführung. Die bisher betrachtete Wechselstromtechnik ist zwar ein wichtiges Teilgebiet der Elektrotechnik, doch gehen die Probleme der Informationstechnik wie die Übertragung allgemeiner *analoger Signale* (etwa beim Telefonieren, Rundfunk) oder die Erzeugung und Übertragung *binärer* (*digitaler*) Datensignale z.B. über die der Netzwerke deutlich hinaus:

Elektrische Kommunikationssysteme überbringen Information (Nachricht, Daten) von einer Quelle über eine „Verbindungsstrecke" durch die Gesetze des elektromagnetischen Feldes zum *Informationsempfänger*. Beispiele: Telefon, Mobilfunk, Rundfunk, Computerverbindungen u.a. Dabei stehen für die Informationstechnik besonders jene Kommunikationssysteme im Mittelpunkt, die dafür *Signale* nutzen. Deshalb muss die „Netzwerkerregung" (als Gleich- oder Wechselspannung) zum *Signalbegriff* zu erweitert werden (einschließlich zweckmäßiger Beschreibungsformen). Gleichzeitig bietet sich an, statt des Netzwerkes den allgemeineren *Systembegriff* einzuführen.

Signal. Vorgänge, die besondere Aufmerksamkeit erregen, heißen im Alltag oft „Signale": Lichtzeichen, Pfiffe, Flaggen, Aufrufe.

In der Informationstechnik stellt ein Signal eine Information durch physikalische (elektrische) Größen (z.B. Spannung, Strom, Feldstärke) dar, die Information selbst drückt sich in einem ihrer Parameter (Amplitude, Frequenz, Phase, Impulsdauer u.a.) aus.

Damit hat der Begriff Signal als Informationsträger eigenständige Bedeutung. Deshalb stehen in den folgenden Abschnitten typische Signale und ihre Darstellungsformen als Grundlage der analogen und digitalen Signalverarbeitung im Mittelpunkt.

Das Verständnis der Wechselstromtechnik bildet dabei die Grundvoraussetzung.

Systembegriff. Die bisherige Beschreibung von Netzwerken durch ihre Netzwerkgleichung ist für große Übertragungssysteme – etwa die Verbindung zweier Computer über Glasfaserkabel – praktisch unmöglich. Es werden deshalb große Übertragungsanordnungen in einfache *Teilanordnungen* oder *Teilsysteme* zerlegt, die sich – unter idealisierenden Bedingungen – nur noch durch die *Ein-* und *Ausgangssignale* beschreiben lassen:

System: An der Wirklichkeit orientiertes mathematisches Modell einer (meist technischen) komplexen Anordnung zur Beschreibung des Übertragungsverhaltens, also einer *mathematisch eindeutigen Zuordnung* eines Ausgangssignals zu einem Eingangssignal. Eine solche Zuordnung heißt auch *Transformation*.

Der Systembegriff macht so viele Eigenschaften realer Anordnungen durch Kenntnis der Eigenschaften „idealisierter“ Systeme überschaubarer. Dabei muss ein System immer zusammen mit den Ein- und Ausgangssignalen betrachtet werden.

Die Grundaufgabe der Systembetrachtung ist die gesetzmäßige Verknüpfung von Systemerregung (Signal), Systemeigenschaften – und Systemausgangsgröße.

Der Systembegriff gilt universell, obwohl konkrete Anordnungen sehr unterschiedlich sein können, etwa:

- die Reaktion der Wassertemperatur im Topf auf die Heizleistung eines Tauchsieders,
- die Reaktion einer Pflanze auf plötzlichen Lichteinfall,
- die Abstrahlung eines Tones bei Anregung einer Violinensaite,
- die Reaktion eines Netzwerkes auf eine angelegte Impulsspannung u.a.m.

Am Beispiel (Bild 5.1.1a) einer zur Informationsübertragung verwendeten Doppelleitung werde die Vereinfachung durch den Systemgedanken erläutert. Am Leitungseingang liege eine Spannungsquelle u_q, ausgangseitig wirkt am Lastwiderstand R die Spannung $u_a(t)$. Die Übertragungseigenschaften der Leitung werden beschrieben, indem man sie in kleine Abschnitte unterteilt, jedem Abschnitt eine Ersatzschaltung zuordnet und daraus die Gleichungen für Strom und Spannung am Ort x zur Zeit t aufstellt. Im Ergebnis entsteht eine *partielle Differentialgleichung 2. Ordnung*. Sie ist die für bestimmte Fälle lösbar.

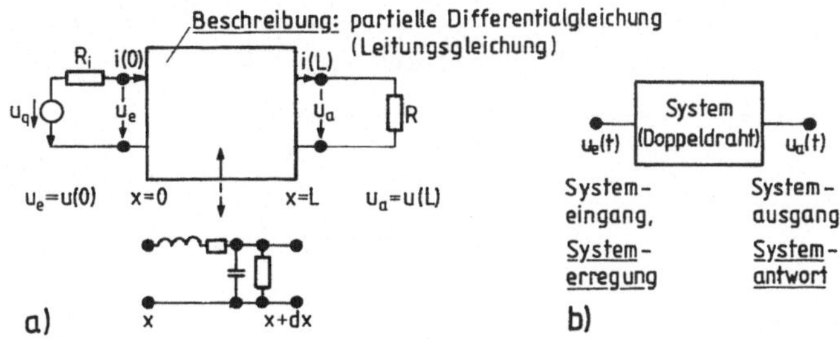

Bild 5.1.1 Systemauffassung
a) Doppelleitung als Verbindung zwischen Quelle und Empfänger (physikalische Struktur)
b) Abstraktion als System

Das Problem vereinfacht sich beträchtlich, wenn der charakteristische Zusammenhang zwischen Ein- und Ausgangsgrößen durch ein mathematisches Modell, eben ein System (Bild 5.1.1b) beschrieben werden kann. Von ihm wird verlangt, dass es typische, mehr oder weniger abstrahierte Übertragungseigenschaften der Doppelleitung *nachbildet*. Das ist der *Vorteil der Systembetrachtung* (Bild 5.1.2):

- beim *Signal* geht es in erster Linie um charakteristische Formen und ihre Darstellung, etwa eines Dreieckverlaufes,
- beim *System* steht die *Analyse* im Vordergrund, insbesondere die Verbindung der bisherigen Netzwerkanalyseverfahren mit dem Systembegriff und den Methoden der Systemzusammenschaltung.
- Schließlich gibt es Aufgabenstellungen, bei denen Signal und System zusammenwirken, beispielsweise bei Anfangswertproblemen.

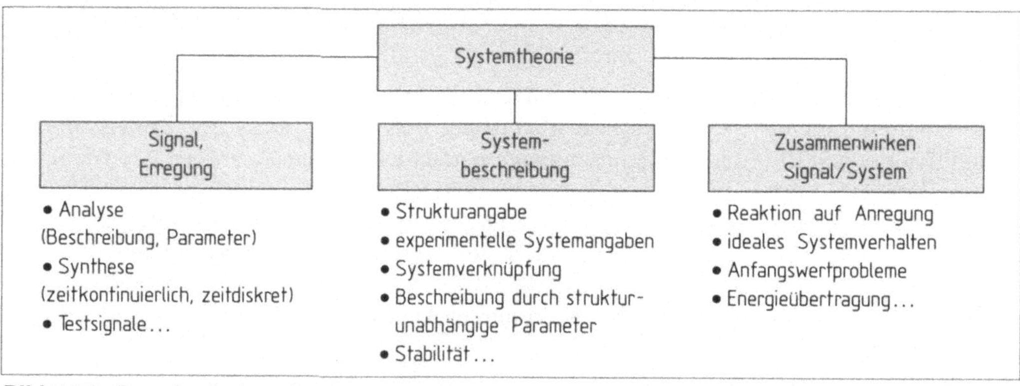

Bild 5.1.2 Grundaufgaben der Systemtheorie

Die schon betrachtete *RC*-Schaltung (Bild 5.1.3a) mag als Beispiel zur Verbindung zwischen Systemgedanke und der bisherigen Netzwerkbetrachtung dienen. Bei Sinuserregung kann die Spannung über dem Lastwiderstand R_a mit Netzwerkstandardverfahren berechnet werden. Eine Vereinfachung entsteht für $R_i \to 0$ und $R_a \to \infty$. Im nächsten Abstraktionsschritt soll eine *Eingangsrechteckspannung* $u_1(t)$ (ideale Spannungsquelle) anliegen und das Ausgangssignal $u_2(t)$ auftreten (Bild 5.1.3b). Letzteres hängt vom Eingangssignal u_1 und den Schaltungseigenschaften ab:

$$u_2(t) = \mathrm{Tr}\,\{u_1(t)\}\,. \tag{5.1.1}$$

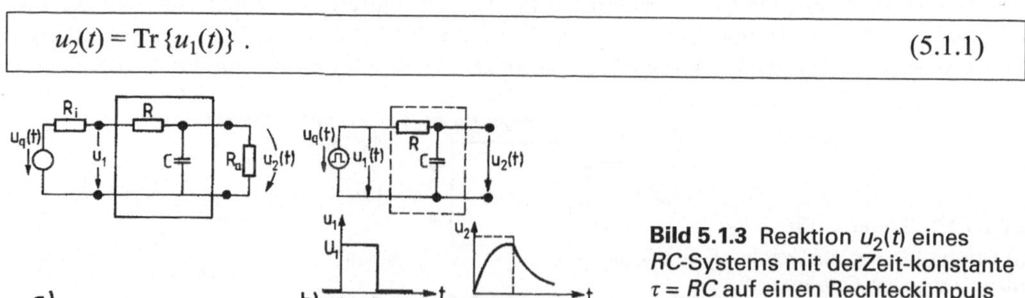

Bild 5.1.3 Reaktion $u_2(t)$ eines *RC*-Systems mit derZeit-konstante $\tau = RC$ auf einen Rechteckimpuls der Dauer T_0

Dabei ist Tr die (noch unbekannte) „*Transformationseigenschaft*" des Systems.

Typische Ausgangssignale ergeben sich für charakteristische Eingangssignale, z.B. Sinusform, Sprung- und Impulsfunktion. Im letzteren Fall lautet die Ausgangsspannung (im Zeitbereich $0 < t < T_0$) mit $\tau = RC$ (s. Gl. (4.6.7))

$$u_2(t) = U_1(1 - \exp -t/\tau)\,,$$

für Zeiten $t > T_0$ hingegen

$$u_2(t) = U_1(1 - \exp - T_0/\tau) \exp - t/\tau\,.$$

Wird der Eingangsimpuls immer schmaler (Abnahme von T_0 bei konstant gehaltener Fläche $U_1\,T_0$, Bild 5.1.4), so nähert sich das Ausgangssignal mehr und mehr einer Form an, die *nur noch von den Systemeigenschaften und nicht mehr der Dauer des Eingangssignales* abhängt. Ein so schmaler Impuls heißt *Dirac-Stoß* (δ) mit dem Ergebnis

$$u_{2\delta}(t) = (U_1 T_0/\tau) \exp -t/\tau \qquad (5.1.2)$$

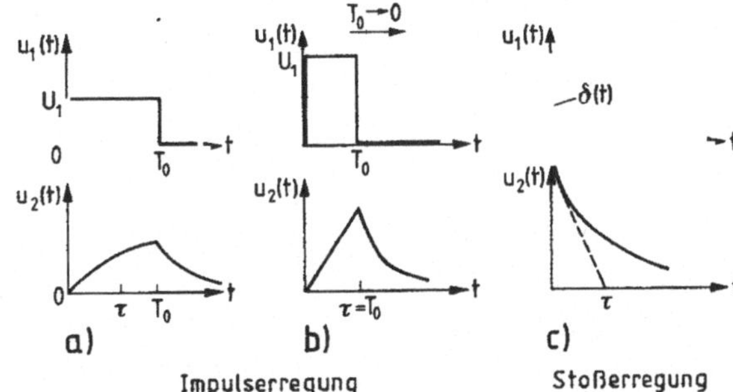

Bild 5.1.4 Reaktion eines *RC*-Systems (Zeitkonstante *t*) auf einen schmaler werdenden Impuls (Rechteck), konstante Fläche mit abnehmender Impulsdauer T_0
a) Fall $T_0 > t$
b) $T_0 = t$, c) $t \gg T_0$ ($T_0 \to 0$).

Wir erkennen:

Auf besondere Anregungsfunktionen (u.a. Sprung-, Rechteck- und Dirac-Funktion u.a.) reagiert das System in charakteristischer Weise.

Die folgenden Abschnitte:

- erweitern den Begriff Netzwerkanregung durch *typische Signalformen* im Zeit- und Frequenzbereich,
- stellen Analyse-/Beschreibungsformen für Netzwerke/Systeme bei charakteristischen Anregungen bereit, insbesondere Fourier-, Laplace- und *Z*-Transformation,
- bestätigen die Wechselstromtechnik als wichtigen Sonderfall einer allgemeineren Signal- und Systembetrachtung.

Wir beschränken uns auf lineare Netzwerke mit zeitunabhängigen Netzwerkelementen, auch als „lineare und zeitunabhängige Systeme“ oder *LTI-Systeme* (linear and time-invariant systems) bezeichnet. Viele praktische Netzwerke (etwa mit Halbleiterbauelementen) erfüllen diese Voraussetzung nicht oder nur eingeschränkt, dennoch bieten die Ergebnisse der LTI-Systeme eine überaus wichtige Orientierungshilfe.

5.1 Allgemeine Netzwerkerregung. Signalbegriff

Beispielsweise ist es nicht üblich, etwa eine Gleichspannung, durch die eine Glühlampe zum Leuchten gebracht wird, als Signal zu bezeichnen. Wird aber ein Schalter in den Stromkreis eingefügt und dieser zeitweilig unterbrochen (z.B. Morsealphabet), so wäre die zeitveränderliche Lampenspannung durchaus eine Signalgröße, denn sie enthält eine Information. Dies unterstreicht das oben gegebene Signalverständnis.

Wie lassen sich Signale einteilen? Als Informationsträger (z.B. Musikaufzeichnung, Sprachsignal, digitale Nachricht) ist ein nichtperiodisch schwankendes Signal eher als „zufällig" oder *stochastisch*[1]) anzusehen. Derartige Signale interessieren hier nicht, wohl aber sog. *deterministische Signale*. Ihr Verlauf kann durch eine Formel, eine Tabelle oder einen Algorithmus vollständig beschrieben werden. Besonders einfache und typische Formen heißen *Elementar- oder Testsignale*: *Sinussignal*, *Sprung*- und *Impulsfunktion*, *Impulsfolge* und andere.

Tafel 5.1.1 Einteilung deterministischer Signale

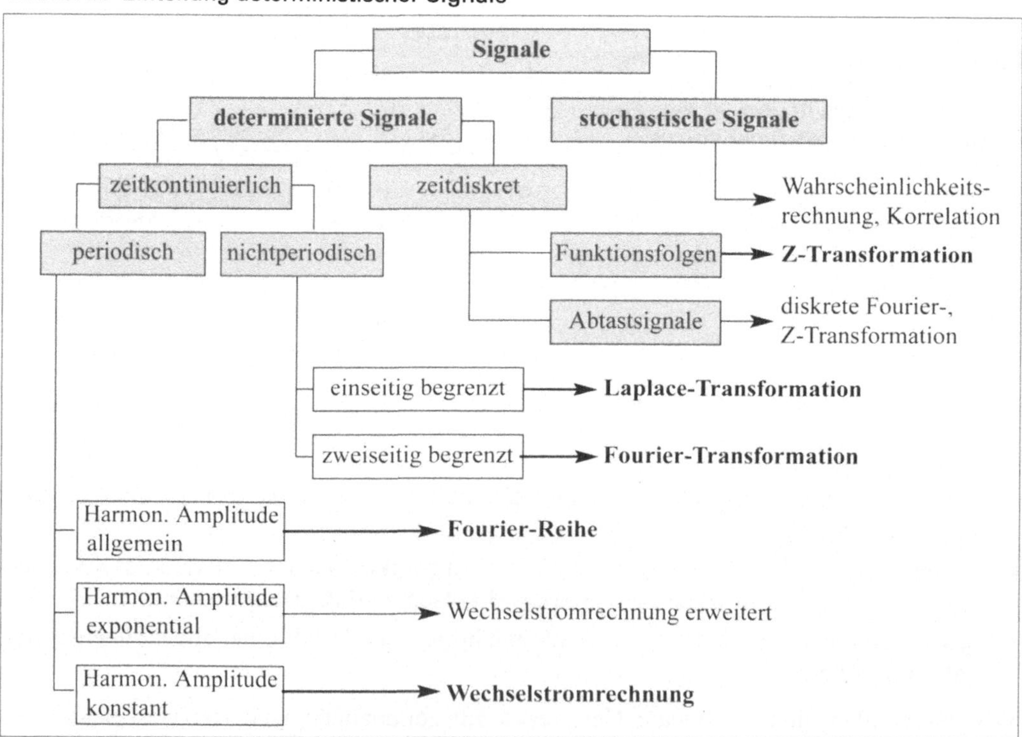

Testsignale haben große praktische Bedeutung: sie können leicht realisiert werden (z.B. Sprungfunktion durch Einschalten einer Gleichspannung), erlauben eine einfache Beschreibung und führen zu typischen *Netzwerk*- oder *Systemcharakteristiken*. Zu dieser Gruppe gehören auch einige „theoretische Signalformen", wie die *Stoßfunktion* oder das

[1]) stochastisch (zufällig, statistisch) = griech. stochastikos (Fähigkeit zum Schätzen), engl. random (zufällig)

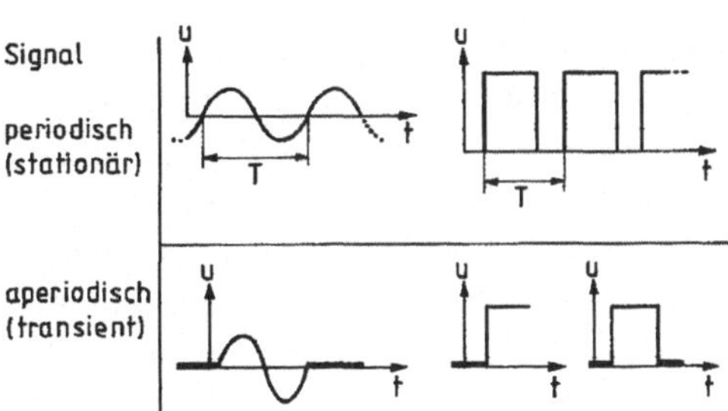

Bild 5.1.5 Beispiele periodischer und aperiodischer Signale

Exponentialsignal, mehr als mathematische Hilfsfunktion gedacht. Letztere sind für die Systemanalyse unverzichtbar, obwohl sie in dieser Elementarform praktisch nicht realisiert werden können.

In determinierten (zu jedem Zeitpunkt definierten) Signalen (Tafel 5.1.1) darf sowohl die Amplitude als auch die Zeit kontinuierlich oder diskret unterteilt sein: Ein *kontinuierliches Signal* darf *jeden* Wert der Amplitude bzw. Zeitachse haben. *Quantisiert* oder *diskret* heißt ein Signal, wenn es *nur bestimmte* (meist *äquidistante*) *Werte* annimmt (s. Abschn. 5.4)

Determinierte Signale lassen sich einteilen in:

- *nichtperiodische Zeitvorgänge*, oft auch als *transient*[2)] oder *aperiodisch* (mit technisch endlicher Dauer) bezeichnet. Ihr Verlauf lässt sich von Anfang bis Ende darstellen. *Beispiele:* Einschaltvorgang, zeitbegrenzte Störung in einem Netzwerk.
- *periodische*[3)] *Zeitvorgänge*, die als gleichbeständige permanente Wiederholung eines transienten Signals endlicher Dauer entstehen. Periodisch wiederholte Impulse heißen auch *Pulsfunktion*. Beispiel: Einschalten einer Sinusfunktion, periodische Rechteckfunktion (Taktsignal eines Digitalsystems, Oszillatorausgang). Bild 5.1.5 zeigt Beispiele.

Deterministische Signale werden vollständig beschrieben durch ihre *Zeitfunktion* $f(t)$ oder die *Amplitudenspektralfunktion* $F(\omega)$. Beide Darstellungen sind *mathematisch gleichwertig*. Für die Sinusfunktion und ihre Darstellung im Zeit- und Frequenzbereich (komplexe Amplitude) ist diese Aussage bereits jetzt geläufig.

Ein deterministisches Signal wird gleichwertig durch eine *Zeit-* und *Spektralfunktion* beschrieben. Es hängt von der Darstellungseinrichtung (Oszilloskop, Spektralmesssystem mit Filtern und Spannungsmessern) ab, in welchem Erscheinungsbild das Signal betrachtet werden soll.

Der Übergang vom Zeit- zum Frequenzbereich (und zurück) erfolgt durch eine eindeutige (d.h. umkehrbare) mathematische Abbildung oder *Transformation*. Umkehrbarkeit bedeutet, dass sich bei der Transformation der Informationsgehalt nicht ändert, er wird nur anders dargestellt. Deshalb heißt der Zeitbereich auch *Originalbereich* und der Frequenzbereich *Bildbereich*.

Diese Begriffe traten bereits bei der Analyse sinusförmig erregter Netzwerke auf. Dabei war das Signal in der Bildebene einfacher zu interpretieren als im Zeitbereich. Der Typ des zu transformierenden Signals bestimmt die Transformationsart (s. Tafel 5.5.1): Fourier-, Laplace-, Z-Transformation.

---

2) lat. trans-ire: vorübergehen, engl.: abklingend, vorübergehend

3) griech. periodos: Rundweg, Umlauf

Schließt die Unterteilung kontinuierlich-diskret neben der Zeit noch die Amplitude ein, so gibt es insgesamt vier Signalarten (Bild 5.1.5):

- *Wertkontinuierliche Signale*, bei denen die Amplitude jeden beliebigen Wert annimmt, der zu beliebigen Zeiten vorhanden ist, werden schlechthin *analoge Signale* genannt.
- Bei *wertdiskreten Signalen* ist die Amplitude abzählbar, der Sonderfall mit zwei Werten heißt *zweiwertiges* oder *binäres* Signal (schlechthin *Digitalsignal*).

Die *Wandlung* zwischen den verschiedenen Signalarten erfolgt

- durch *Abtastung* (Umwandlung eines zeitkontinuierlichen in ein zeitdiskretes Signal), der Umkehrvorgang ist die *Interpolation*,
- durch *Quantisierung* (Umwandlung eines wertkontinuierlichen Signals in ein wertdiskretes), die Umkehrung heißt *Glättung*.

Aus einem zeit- und wertkontinuierlichen (analogen) Signal entsteht durch Abtastung und Quantisierung ein zeit- und wertdiskretes Signal, dieser Schritt ist die *Analog-Digital-Wandlung* (AD-Wandlung), der Umkehrvorgang die *Digital-Analog-Wandlung* (s. Bd. 2).

Bei genügend feiner Wert- und Zeitdiskretisierung präsentiert sich ein Digitalsignal in der Treppenkurvendarstellung dem Beobachter wie ein Analogsignal. Deshalb können anfangs analoge Signale digital verarbeitet und dargestellt werden (*Beispiele*: Compact Disc, DVD-Prinzip, Sprachverarbeitung).

Abgetastete Signale mit beliebigen Amplitudenwerten werden in *Abtastsystemen* verarbeitet, (*Beispiele*: SC-Technik, SI-Technik) und mathematisch wie digitale Signale beschrieben, nur entfällt die Amplitudenquantisierung (s. Abschn. 5.4).

Wir betrachten in diesem und den folgenden Abschnitten zunächst Signale im Frequenzbereich (Spektralfunktionsdarstellung verbunden mit Begriffen wie Fourierreihe, Fourier- und Laplace-Transformation). Beispielsignale bilden jene, die für die spätere Systembeschreibung unverzichtbar sind: *Einheitssprung*, *Impulsfunktion* und *komplexes Exponentialsignal*.

5.1.1 Testsignale

1. Einheitssprung, Sprungfunktion. Diese Funktion kann z.B. durch Einschalten einer Gleichspannung beschrieben werden (Bild 5.1.6a). Sie ist definiert (dimensionslos) durch:

$$s(t) = \begin{cases} 0 & t \le 0 \\ 1 & t > 0 \end{cases} \quad \text{Sprungfunktion} \,. \tag{5.1.3}$$

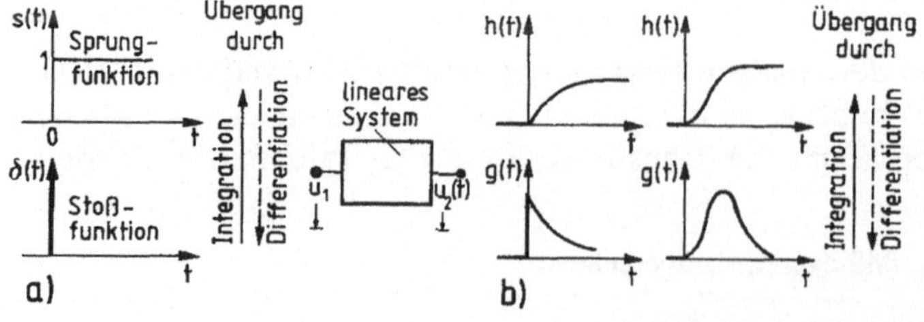

Bild 5.1.6 Lineares System mit typischen Testfunktionen
a) Sprung- und Stoßfunktion als Testfunktion
b) Reaktion des Systems durch Übergangsfunktion $h(t)$ und Gewichtsfunktion $g(t)$. Ihre Form hängt vom System ab

Das Einschalten einer Spannung U_q – die *Spannungssprungfunktion* – lautet dann $u(t) = s(t)$ U_q mit $u(t) = 0$ für $t \leq 0$ und $u(t) = U_q$ für $t > 0$.

Der Einheitssprung ist eine wichtige, technisch realisierbare Erregung, besonders in Verbindung mit Schaltvorgängen.

Die *Antwort*, d.h. die Ausgangsgröße eines Netzwerkes/Systems auf die Sprungerregung, heißt *Sprungantwort* $h(t)$ (Bild 5.1.6b). Wir kommen darauf zurück.

2. Impulsfunktion $\delta(t)$ (Diracstoß). Ein Impuls ist eine einmalige, kurzzeitige Netzwerkerregung, z.B. durch eine Spannung $u(t)$ (Bild 5.1.4b, c) zur Zeit $t = 0$. Ein *Rechteckimpuls* wird durch Impulsdauer T_o und Höhe U_q beschrieben:

$$u(t) = \begin{cases} 0 & t < 0 \\ U_1 & 0 \leq t \leq T_0 \\ 0 & t > T \end{cases} \qquad \text{Rechteckimpuls} . \tag{5.1.4}$$

Er hat die „Zeit- oder Impulsfläche“

$$A = \int_{-\infty}^{\infty} u(t)\,\mathrm{d}t = U_1 T_0 \ .$$

Bei konstanter Zeitfläche entsteht durch Verkleinern der Impulsdauer, d.h. im Grenzfall $T_o \to 0$, ein sehr kurzer, sehr hoher „*Nadelimpuls*“, der *Diracstoß* oder die *Impuls*- oder *Stoßfunktion* $u_\delta(t)$.

Obwohl physikalisch nicht realisierbar, stellt der Diracstoß eine sehr nützliche (mathematische) Testfunktion dar. Für praktische Zwecke reicht aus, die Impulsdauer T_o klein gegen die Systemreaktionszeit zu halten.

Aus praktischen Gründen bezieht man die Impulsfläche A [Einheit $[A] = [U_1]\,[t]$] mit in die Darstellung ein und schreibt

$$u_\delta(t) = A\delta(t) \qquad \text{Impulsfunktion einer physikalischen Größe}$$

mit der Deltafunktion (Diracstoß):

$$\int_{-\infty}^{\infty} \delta(t)\,\mathrm{d}t = 1 \ ; \qquad \delta(t) = 0 \quad \text{für} \quad t \neq 0 . \tag{5.1.5}$$

Der Funktionswert für $t = 0$ ist unbestimmt, d.h. der Diracstoß existiert nur dort, wo der Funktionswert verschwindet. Deshalb stellt er eigentlich keine Funktion, sondern eine verallgemeinerte Distribution dar: ihr Funktionswert ergibt sich nicht durch Einsetzen eines Argumentes, sondern Ausführung einer Rechenvorschrift.

Die Impulsfunktion wird durch ein Pfeilsymbol dargestellt (Bild 5.1.6) und ihr Gewicht – die Impulsstärke – ggf. an den Pfeil geschrieben.

Zur Anwendung der Impulsfunktion sind *vier Eigenschaften* wichtig:

- die Symmetrie: $\delta(-t) = \delta(t)$,
- die *Verschiebung*:

$$\int_{-\infty}^{\infty} x(t)\delta(t-t_0)\mathrm{d}t = \int_{-\infty}^{\infty} x(t+t_0)\delta(t)\mathrm{d}t = x(t_0). \quad (5.1.6a)$$

- die *Ausblendeigenschaft* für $x(t)$ stetig in $t = 0$ (bzw. t_0):

$$x(t)\,\delta(t) = x(0)\,\delta(t) \quad \text{resp.} \quad x(t)\,\delta(t-t_0) = x(t_0)\,\delta(t-t_0) \quad (5.1.6b)$$

- die *Zeitskalierung*:

$$\delta(at) = \frac{\delta(t)}{|a|} \quad \textit{für} \quad a \neq 0. \quad (5.1.6c)$$

In den folgenden Abschnitten kommt die Impulsfunktion an unterschiedlichen Stellen zur Anwendung. Durch Vergleich mit dem Einheitssprung $s(t)$ Gl. (5.1.3) folgt:

$$s(t) = \int_{-\infty}^{\infty} \delta(\tau)\mathrm{d}\tau \quad \text{bzw.} \quad \delta(t) = \frac{\mathrm{d}s}{\mathrm{d}t}. \quad (5.1.7)$$

Zusammenhang Einheitensprung–Diracstoß

Die Netzwerkausgangsgröße bei Impulsanregung heißt *Impulsantwort* oder *Gewichtsfunktion* $g(t)$ (Bild 5.1.6b). Auch sie wird später ausführlich diskutiert.

3. Komplexes Exponentialsignal. Im Zeit- und Frequenzbereich eignet sich selbstverständlich auch – wie bisher – die Sinusfunktion veränderlicher Frequenz (bei konstanter Amplitude) als Testsignal. Im Ausgangssignal hingen Amplitude und Phase nach Maßgabe des Frequenzganges $\underline{F}(\mathrm{j}\omega)$ von der Frequenz ab. Ein *verallgemeinertes Testsignal* ist die Funktion $x(t) = \hat{a} \exp \omega t \cos(\omega t + \varphi_x)$ oder – nach Transformation ins Komplexe – gleichwertig:

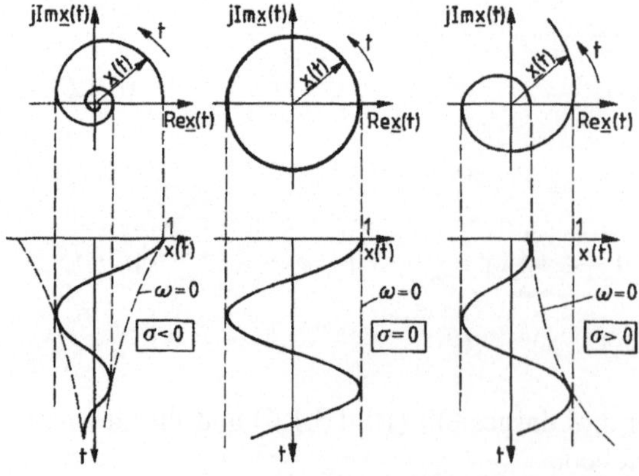

Bild 5.1.7 Ortskurve und Zeitfunktion des Testsignals nach Gl. (5.1.8) mit verschiedenen Wuchsmaßen σ

$$x(t) = \hat{a} \exp \mathrm{j}\varphi_x \exp(\sigma + \mathrm{j}\omega)t = \underline{\hat{a}} \exp pt. \quad \text{komplexes Exponentialsignal} \qquad (5.1.8)$$

$p = \sigma + \mathrm{j}\omega$ komplexe Frequenz,
σ Wuchsmaß (negative Dämpfungsfunktion)
$\underline{\hat{a}}$ komplexe Amplitude

Im *komplexen Exponentialsignal* (Bild 5.1.7) klingt die Amplitude der Schwingung für $\sigma < 0$ exponentiell ab, für $\sigma = 0$ bleibt sie konstant und für $\sigma > 0$ wächst sie an. Diese Signalform ist im Zusammenhang mit der Laplace-Transformation unverzichtbar.

PC a) Entwerfen Sie mit Multisim eine RC-Schaltung zur Untersuchung des Einschaltverhaltens nach Bild 5.1.3 mit einem Funktionsgenerator und Oszilloskop ($U = 1$ V, $R = 1$ kΩ, $C = 1$ µF, $f = 1$ kHz). Stellen Sie ein Impulssignal mit abnehmender Breite ein und bilden Sie das Einschaltverhalten entsprechend Bild 5.1.4 nach bis hin zur Stoßerregung. Beobachten Sie jeweils die Kondensatorspannung.

b) Tauschen Sie in der Schaltung a) den Funktionsgenerator gegen eine Exponentialspannungsquelle (Bibliothek „Sources"). Verändern Sie die Signalanstiegs- und Abfallzeiten (von 1µs ...10 ms), ebenso die Abfallverzögerung und beobachten Sie jeweils die Kondensatorspannung. Skizzieren Sie vorher den erwarteten Verlauf des Erregersignals.

c) Lernen Sie durch das MATLAB-Beispiel 5/1 die Beschreibung einiger Standardsignale kennen.

d) Untersuchen Sie die Beschreibung periodischer Signale im MATLAB-Beispiel 5/2, wie sie zur Untersuchung von Ausgleichsvorgängen in Systemen benötigt werden.

5.1.2 Periodische Signale, Fourierreihe

Die harmonische Netzwerkerregung führte mit der „komplexen Wechselstromrechnung" zu einer sehr transparenten Netzwerkanalyse. Deshalb liegt es nahe, periodische Signale als *Fourierreihe* durch ihre harmonischen Komponenten darzustellen und die Wechselstromrechnung auf die Einzelkomponenten auszudehnen. Je nach Anwendungsfall bieten sich dafür *drei gleichwertige Darstellungsformen* an:

1. Die *Fourierreihe als Summe von Sinus- und Cosinus-Schwingungen* (Normalform der Fourierreihe). Sie ist für das periodische Signal $f(t)$ definiert durch

$$f(t) = \frac{A_0}{2} + \sum_{n=1}^{\infty} A_\mathrm{n} \cos n\omega_0 t + \sum_{n=1}^{\infty} B_\mathrm{n} \sin n\omega_0 t \qquad \text{Fourierreihe, Normalform} \quad (5.1.9a)$$

mit $\omega_0 = 2\pi/T$ (Kreisfrequenz) sowie den Fourierkoeffizienten:

$$A_\mathrm{n} = \frac{2}{T}\int_{t_1}^{t_1+T} f(t) \cos n\omega_0 t\,\mathrm{d}t\,,\; B_\mathrm{n} = \frac{2}{T}\int_{t_1}^{t_1+T} f(t) \sin n\omega_0 t\,\mathrm{d}t \quad n = 0,\ 1,\ 2,\ \ldots \qquad (5.1.9b)$$

Zur Koeffizientenberechnung muss über eine ganze Periode integriert werden unabhängig vom Integrationsstartpunkt!

Die allgemeine periodische Schwingung $f(t)$ besitzt mit Gl. (5.1.9) ein (diskretes) Linienspektrum. Man nennt dabei

- $A_0/2$ Gleichanteil (arithmetischer Mittelwert, s. Gl. (4.1.3))
- ω_0 Grundschwingung oder *erste Harmonische*
- $2\omega_0$ erste Oberwelle oder zweite Harmonische usw.

Die Koeffizienten A_n, B_n sind im Netzwerk entweder eine Spannungs- oder Stromamplitude.

2. *Fourierreihe als Summe von Cosinusschwingungen verschiedener Phasenlagen* (Amplituden-Phasenform). Da zwei überlagerte Schwingungen gleicher Frequenz auch durch Betrag und Phase dargestellt werden können, gilt als zweite Darstellungsform:

$$f(t) = \frac{A_0}{2} + \sum_{n=1}^{\infty} C_n \cos(n\omega_0 t - \varphi_n) \qquad n = 1, 2, 3, \&$$

$$C_n = \sqrt{A_n^2 + B_n^2} \;;\quad \varphi_n = \arctan B_n / A_n \,. \tag{5.1.10}$$

Die Fourierreihe ordnet einer periodischen Funktion im Zeitbereich die gleichwertige Darstellung im Frequenzbereich zu mit dem diskreten *Amplitudenspektrum* (Folge der A_0, C_n), dem *Phasenspektrum* (Folge der φ_n) und der Kreisfrequenz ω_0 (resp. ganze Vielfache) (Bild 5.1.8).

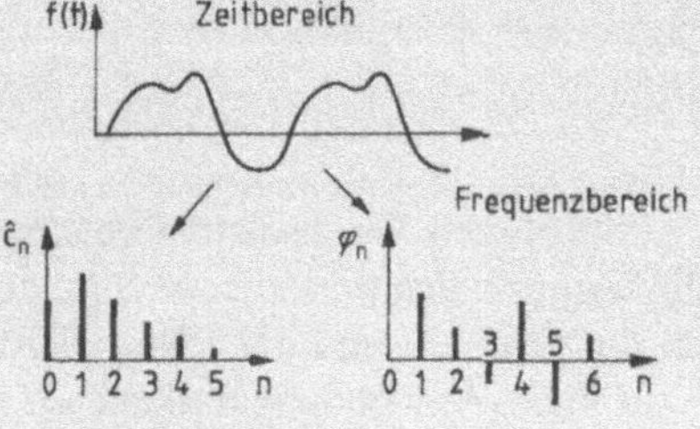

Bild 5.1.8 Gleichwertige Darstellung einer periodischen Funktion (*t*)
a) im Zeitbereich durch Liniendiagramm
b) im Frequenzbereich durch Amplitude und Phasenspektrum

Daraus folgt:

- periodische Signale besitzen ein diskretes Linienspektrum: einzelne Spektrallinien folgen mit Frequenzabstand ω_0. Sie können z.B. mit einem variablen Bandfilter „herausgefiltert" werden,
- die einzelnen Harmonischen haben endliche Amplituden und sind so als Zeitfunktionen direkt messbar.

3. *Fourierreihe in komplexer Schreibweise* (Exponentialform). Mit Ausdruck der Sinus- und Cosinusfunktionen der Fourierreihe durch komplexe Funktionen ergibt sich aus Gl. (5.1.9) die gleichwertige (dritte) komplexe oder *exponentielle* Darstellungsform:

$$f(t) = \sum_{-\infty}^{\infty} \underline{C}_n \exp \mathrm{j}n\omega_0 t \;;\quad \underline{C}_n = \frac{1}{T}\int_t^{t+T} f(t) \exp - \mathrm{j}n\omega_0 t \,\mathrm{d}t$$

$$\text{mit} \quad \underline{C}_{\mp n} = \frac{A_n \pm \mathrm{j}B_n}{2} \qquad n = \ldots -2, -1, 0, 1, 2, \ldots \tag{5.1.11}$$

Diese Form mit positiven und negativen Frequenzen ($n \leq 0$) bietet Vorteile beim Übergang zur Fourier-Transformation (mit fast gleichartiger Schreibweise) und wird entsprechend breit genutzt. Für reelle Signale gilt dabei $\underline{C}_{-n} = \underline{C}_n^*$.

Die *Berechnung der Fourierkoeffizienten* vereinfacht sich für folgende *Grundeigenschaften* von $f(t)$:

- *gerade* Funktionen, d.h. $f(t) = f(-t)$, es gilt $B_n = 0$, ($n = 1, 2, 3, \ldots$),
- *ungerade* Funktionen, d.h. $f(-t) = -f(t)$, es gilt $A_n = 0$ ($n = 1, 2, 3\ldots$),
- Verschiebung des Koordinatenursprungs auf der $f(t)$-Achse ändert nur das Phasen-, nicht das Amplitudenspektrum.

Wir betrachten als Beispiel den *periodischen Rechteckimpuls* (für andere Kurvenformen sei auf Tabellenwerke verwiesen).

Ein Rechteckimpuls (Amplitude U, Dauer t_p, Periode T) ist mit der Nullpunktwahl Bild 5.1.9a eine gerade Funktion ($B_n = 0$).

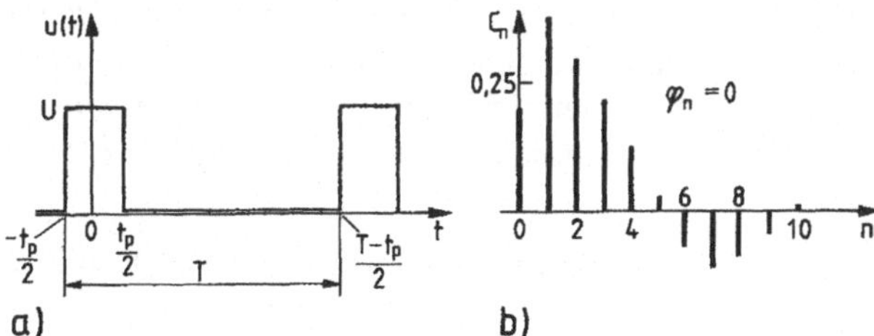

Bild 5.1.9 Fourierreihe
a) periodische Rechteckspannung mit $t_p/T = 1/5$
b) Amplitudenspektrum (Fourierkoeffizienten) der ersten 10 Koeffizienten

Der Reihe nach ergeben sich

$$C_0 = \frac{1}{T}\int_{-t_p/2}^{t_p/2} U \, dt = \frac{Ut_p}{T}, \quad A_n = C_n = \frac{2U}{T}\int_{-t_p/2}^{t_p/2} \cos n\omega_0 t \, dt = \frac{2U}{n\pi}\sin\left(n\pi\frac{t_p}{T}\right)$$

und damit

$$u(t) = \frac{Ut_p}{T}\left(1 + 2\sum_{n=1}^{\infty} \frac{\sin(n\pi t_p/T)}{n\pi t_p/T}\cos n\omega_0 t\right). \tag{5.1.12}$$

Die Amplituden sind bestimmt durch die Spaltfunktion $(\sin nz)/nz$ mit Nullstellen bei $nz = \pi$, 2π usw. (Bild 5.1.9b). Die ersten Harmonischen übertragen den Hauptteil der gesamten Leistung. Die Amplituden C_n sinken mit wachsendem n umso stärker, je kleiner t_p/T ist.

Generell lässt sich aus solchen Spektren erkennen:

- Je kürzer und/oder steiler ein Impuls ist, desto mehr Oberwellen treten auf, umso größer *muss* also die „*Bandbreite*" des Netzwerkes sein, um die „Verfälschungen" der Signalform klein zu halten.
- Weglassen von Oberwellen bedeutet, dass die begrenzte Fourierreihe nur eine Näherung von $f(t)$ ist und die resultierende Signalform „gerundeter" als die Ausgangsfunktion erscheint.

Bei der praktischen Anwendung werden Signale durch eine endliche Zahl von Fouriergliedern angenähert. Dabei entsteht ein Approximationsfehler, z.T. auch ein systematischer (sog. *Gibbsches Phänomen*).

Parsevalsche Gleichung. Die Sinus- und Cosinusfunktionen der Fourierreihe bilden ein vollständiges Orthogonalsystem mit minimalem quadratischem Fehler. Diese Eigenschaft wird durch die *Parsevalsche Gleichung* beschrieben

$$\frac{1}{T}\int_{-T/2}^{T/2} |f(t)|^2 \,\mathrm{d}t = \sum_{n=-\infty}^{\infty} |\underline{C}_{\mathrm{n}}|^2 \qquad \text{Parsevalsche Gleichung}. \qquad (5.1.13)$$

Sie stellt die Beziehung zwischen *mittlerer Signalleistung in einer Periode* (→ Effektivwert) und den Fourierkoeffizienten her und ist ein Maß für die Approximationsgüte einer Fourierdarstellung.

In Worten: Das Effektivwertquadrat einer Summe von Sinusschwingungen verschiedener Frequenz ist gleich der geometrischen Summe der Effektivwerte der Einzelschwingungen.

Anwendung. Die breite technische Anwendung der Fourierreihe liegt in ihrer bequemen Anpassung an periodische Funktionen und die einfache Spektraldarstellung (einschließlich der messtechnischen Erfassung). Wirkt an einem (linearen) Netzwerk eine periodische Zeitfunktion, so ergibt sich die Ausgangsgröße offenbar dadurch, dass man

1. die Fourierreihe der Netzwerkerregung bestimmt (= Zerlegung der Eingangsgröße in eine Summe von Sinuserregungen unterschiedlicher Frequenz und Phase, *Fourieranalyse*),
2. die Ausgangsgröße einer jeden Frequenzkomponente (einschließlich Gleichkomponente) nach üblicher Wechselstromanalyse ermittelt (sog. *Filterfunktion* oder *frequenzselektive Übertragung des Netzwerkes*),
3. die gesamte Ausgangsgröße durch Überlegung aller Teilergebnisse bildet (*Fouriersynthese*).

Bild 5.1.10 zeigt diesen Ablauf. Er basiert auf dem Überlagerungssatz. Sämtliche Frequenzen der Teilschwingungen erfordern getrennte Netzwerkberechnungen. Man erhält so die Spektren der Netzwerkgrößen.

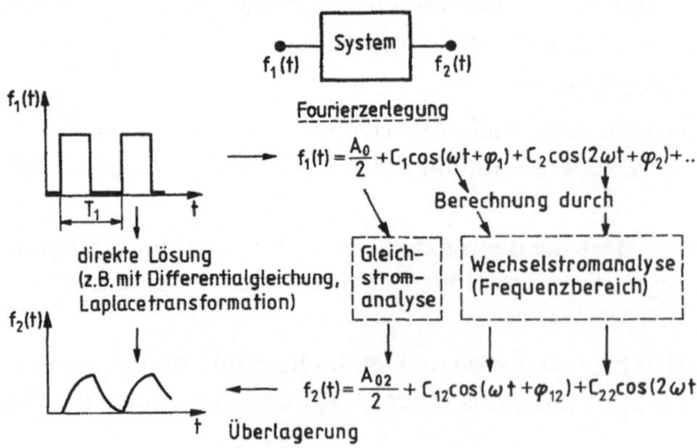

Bild 5.1.10 Anwendung der Fourierreihe

Liegt beispielsweise eine periodische Rechteckspannung (mit Gleichanteil) an einer *RC*-Schaltung (Bild 5.1.11a), so lautet die Netzwerkerregung (Nachweis!):

$$u_q(t) = U_q \sum_{n=-\infty}^{\infty} \underline{C}_n \exp \mathrm{j} n \omega_0 t \quad \text{mit} \quad C_0 = 1/2\,, \quad C_n = 1/\mathrm{j} n \pi \ (n \text{ ungerade})$$

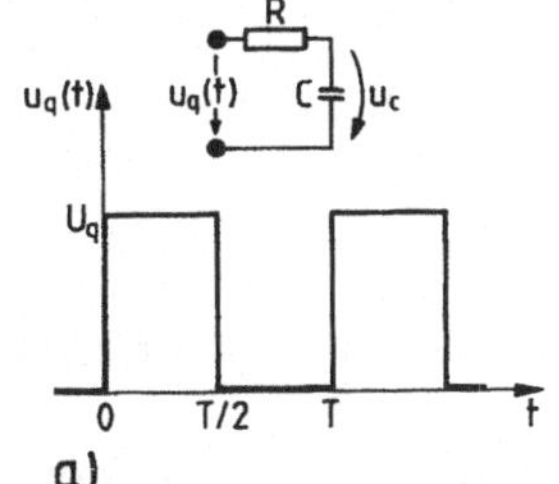

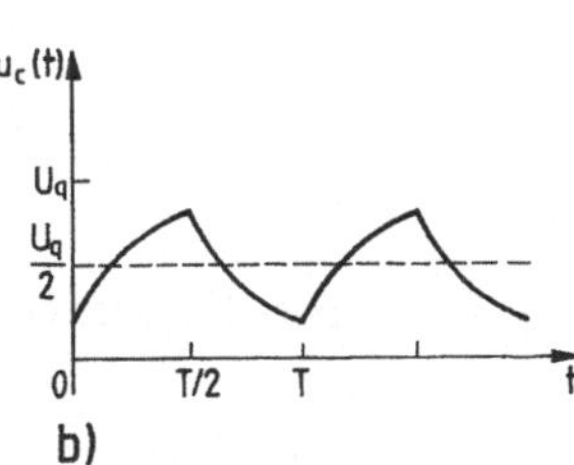

Bild 5.1.11 *RC*-Tiefpass bei periodischer Impulsspannung

Für jede Frequenz ergibt sich die Ausgangsspannung (im Frequenzbereich) durch:

$$\frac{\underline{U}_a(n\omega_0)}{\underline{U}_q} = \frac{1}{1 + \mathrm{j} n \omega_0 RC}\,.$$

Daraus folgt der Verlauf Bild 5.1.11b bei einer Fouriersynthese nach Bild 5.1.10.

Zusammengefasst hat die Fourierzerlegung aus folgenden Gründen prinzipielle Bedeutung für die Informationstechnik:

- Erweiterung der Netzwerkanalysemethoden für allgemeine periodische Erregung,
- Analyse periodischer Zeitfunktionen durch frequenzselektive Messung von Harmonischen mit sog. *Frequenzanalysatoren* (Echtzeitverfahren mit Filter, digitale Analyse),
- Synthese periodischer Zeitfunktionen durch Überlagerung von Sinus-/Cosinusfunktionen,
- Analyse der Verformung periodischer Zeitfunktionen durch frequenzabhängige Netzwerke.

Eine weitere Anwendung der Fourierreihe ist die *Klirrfaktorberechnung*

$$d = \frac{\sqrt{|\underline{C}_2|^2 + |\underline{C}_3|^2 + \ldots}}{\sqrt{|\underline{C}_1|^2 + |\underline{C}_2|^2 + |\underline{C}_3|^2 + \ldots}}\,. \tag{5.1.14}$$

Der *Klirrfaktor d* ist das Verhältnis des Effektivwertes der unerwünschten Oberschwingungen zum Effektivwert der Gesamtschwingung. Der Mensch nimmt bei musikalischen Darbietungen einen Klirrfaktor ab 3...5% als störend wahr.

PC a) Untersuchen Sie im Multisim-Beispiel 5/1 die Fourierreihe eines gegebenen Signals.

b) Stellen Sie mit Multsim (Funktionsgenerator) ein periodisches Impulssignal gegebener Breite (nach Bild 5.1.9) ein und ermitteln Sie durch Fourierzerlegung das Amplitudenspektrum (Vorschlag: $f = 1$ kHz, $t_p/T = 0{,}1$). Vergleichen Sie das Ergebnis mit einigen rechnerisch ermittelten Werten nach Gl. (5.1.12).

c) Bearbeiten Sie zum Vergleich das MATLAB-Beispiel 5/5.

d) Untersuchen Sie im MATLAB-Beispiel 5/3 die Fourierreihe einer abfallenden Sägezahnschwingung. Erzeugen Sie mit Multisim eine entsprechende Schaltung (Funktionsgenerator, Oszilloskop, Funktionsgenerator auf Dreieck schalten, sehr kleines Tastverhältnis (Vorschlag 5%) wählen). Führen Sie anschließend eine Fourieranalyse durch und vergleichen Sie die Ergebnisse im Analyse-Diagrammfenster mit Werten, die mit MATLAB berechnet wurden.

Untersuchen Sie im MATLAB-Beispiel 5/4 die Fourierentwicklung einer periodischen Impulskurve und das typische Überschwingen.

e) Untersuchen Sie die Kondensatorspannung einer mit periodischem Impulssignal erregten RC-Schaltung durch Zerlegung der Erregung in eine Fourierreihe und Berechnung der einzelnen Spektralkomponenten nach Bild 5.1.11 im MATLAB-Beispiel 5/6.

Aufgabe 4.7.1.

5.1.3 Aperiodische Signale, Fourier-Transformation

Signale der Informationstechnik sind häufig *aperiodisch* und beginnen oft zu einem bestimmten (endlichen) Zeitpunkt t_0 (Bild 5.1.12). *In diesem Fall versagt die Fourierreihe.* Man kann allerdings die Periode T größer und größer machen und schließlich gegen ∞ gehen lassen und so die Fourieridee besonders in ihrer komplexen Form beibehalten: Anlehnend an die Fourierreihe lässt sich dann eine Transformation definieren, die auch für aperiodische (und zeitbegrenzte) Funktionen gilt: die *Fourier-Transformation*. Wir betrachten dazu einen periodischen Rechteckimpuls nach Bild 5.1.9 mit der Amplitudenfunktion

$$\frac{2U t_p}{T} \cdot \frac{\sin n\pi t_p / T}{n\pi t_p / T}$$

gemäß Gl. (5.1.12). Er geht in einen Einzelimpuls über, wenn seine Periode T immer größer wird und schließlich über alle Grenzen wächst. Da die Spektralverteilung $(\sin nz)/nz$ bis zur ersten Nullstelle bei $n = T/t_p$ insgesamt T/t_p Spektrallinien enthält, steigt die *Liniendichte* mit wachsender Periodendauer T immer mehr:

Beim Übergang vom periodischen Rechteckimpuls zum aperiodischen Impuls (= Einzelimpuls) wandelt das Linienspektrum in eine kontinuierliche Spektralfunktion.

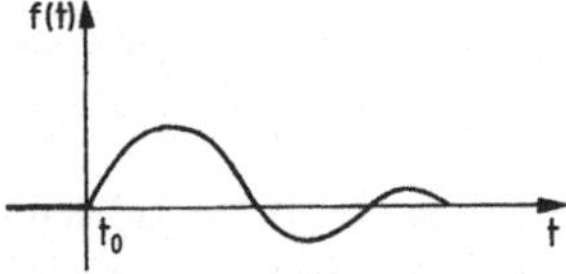

Bild 5.1.12 Beispiel eines aperiodischen Verlaufes $f(t)$

Deshalb kann das Signal nicht mehr als Summe einzelner Teilschwingungen zusammengesetzt werden, (gemäß der Fourierreihe Gl. (5.1.9)), sondern die Summation geht in eine *Integration* über ein *kontinuierliches Spektrum*, die *Spektralfunktion* $\underline{F}(\mathrm{j}\omega)$, über. Dabei entsteht aus dem allgemeinen Reihenglied (Gl. (5.1.11))

$$\underline{C}_n = \frac{2}{T} \int_{-t_p/2}^{t_p/2} f(t) \exp - \mathrm{j}n\omega_0 t \,\mathrm{d}t \rightarrow \underline{c}(\mathrm{j}\omega) = \int_{-\infty}^{\infty} f(t) \exp - \mathrm{j}\omega t \,\mathrm{d}t \qquad (5.1.15)$$

der Fourierreihe die (komplexe) *Spektraldichte* $\underline{c}(\mathrm{j}\omega)$.

Die Spektralfunktion oder Spektraldichte wird (analog zur Fourierreihe) durch Integration von z.B. $f(t)\cos\omega t$ über den gesamten Signalverlauf (also für $T \to \infty$ zwischen $-\infty$ bis $+\infty$) bestimmt. Dafür eignet sich die komplexe Darstellung am besten.

Die Größe $\underline{c}\,(\mathrm{j}\omega)$, die der Einhüllenden des Spektrums entspricht, heißt *Fouriertransformierte* der aperiodischen Zeitfunktion $f(t)$. Damit wird eine kontinuierliche aperiodische Funktion $f(t)$ in eine kontinuierliche Funktion $\underline{c}\,(\mathrm{j}\omega)$ „transformiert": $\underline{c}\,(\mathrm{j}\omega)$ ist eine komplexe Funktion mit Betrag und Phase in Abhängigkeit von ω. Zum Ausdruck der Komplexwertigkeit wird das Argument $\mathrm{j}\omega$ in der Transformationsbeziehung ausgeführt und (zur Vereinheitlichung) statt der Bezeichnung $\underline{c}\,(\mathrm{j}\omega) \to \underline{F}(\mathrm{j}\omega)$ geschrieben. Damit beträgt das *Fourierspektrum* oder die *Fouriertransformierte* $\mathrm{FT}(f(t))$ des Signals $f(t)$

$$\underline{F}(\mathrm{j}\omega) = \int_{-\infty}^{\infty} f(t)\exp -\mathrm{j}\omega t\,\mathrm{d}t = \mathrm{FT}(f(t))$$

Fourier-Transformation FT (5.1.16a)
Transformation Zeit → Frequenzbereich

oder abgekürzt symbolisch in *Korrespondenzschreibweise* (Pfeil oder bisweilen auch voller Punkt auf Bildbereichsseite, vgl. Laplace- und Z-Transformation): $f(t)$ •–○ $\underline{F}(\mathrm{j}\omega)$.

Die Fouriertransformierte $\mathrm{FT}(f(t))$ eines Signals $f(t)$ heißt Fourierspektrum $\underline{F}(\mathrm{j}\omega)$.

Umgekehrt gilt für das *Fourierintegral*, die *Fourier-Rücktransformation* oder *inverse Fouriertransformierte* $\mathrm{IFT} = \mathrm{FT}^{-1}$

$$f(t) = \int_{-\infty}^{\infty} \underline{F}(\mathrm{j}\omega)\exp \mathrm{j}\omega t\,\mathrm{d}\omega$$

inverse Fouriertransformierte (IFT) (5.1.16b)
Transformation Frequenz → Zeitbereich

abgekürzt $f(\mathrm{j}\omega)$ •–○ $\underline{F}(\mathrm{j}\omega)$, auch $\underline{F}(\mathrm{j}\omega) \overset{\mathrm{FT}}{\longleftrightarrow} f(t)$.

Hinweis: Gl. (5.1.16a) hat die Dimension Amplitude · Zeit (bzw. Amplitude/Frequenz); deshalb spricht man auch von einem Amplituden*dichtespektrum*. Verwiesen sei weiter auf die Symmetrie zwischen Fourier-Transformation und ihrer Inversen (fehlt bei Laplace-Transformation), was beispielsweise zur Dualität zwischen Frequenz- und Zeitbereich bei der Anwendung führt.

Die Fourier-Transformation erlaubt

- die Beschreibung eines im Zeitbereich bekannten Signals gleichwertig auch im Frequenzbereich über die zugeordnete Fouriertransformierte,
- umgekehrt die Rückgewinnung der Zeitfunktion aus einer bekannten (z.B. gemessenen) Fouriertransformierten (Amplitudendichtespektrum!).

Die Fourier-Transformation ist ein wichtiges Werkzeug der Elektrotechnik und überhaupt angewandten Physik (Optik, Mechanik, Quantenphysik). Das erklärt sich die große Zahl von Algorithmen zur Spektralanalyse. Sie bildet weiter die Grundlage der Laplace-, Z- und diskreten Fourier-Transformation.

In Tafel 5.4.3 (s.u.) sind Fourierreihe und Fourier-Transformation gegenübergestellt, später werden wir noch weitere Fourier-Transformationen kennenlernen.

Beispiele. Der **Rechteckimpuls** (Bild 5.1.9) hat das Fourierspektrum ($A = U$):

$$\underline{F}(\mathrm{j}\omega) = \int_{-t_p/2}^{t_p/2} A \exp - \mathrm{j}\omega t \,\mathrm{d}t = \frac{\mathrm{j}A}{\omega}\left(\exp - \frac{\mathrm{j}\omega t_p}{2} - \exp\frac{\mathrm{j}\omega t_p}{2}\right) = t_p A \frac{\sin \omega t_p/2}{\omega t_p/2} \qquad (5.1.17)$$

Die Spaltfunktion sin x/x beschreibt sein Spektrum (Bild 5.1.13). Bis zum ersten Nulldurchgang bei $\omega t_p = \pm 2\pi$ liegen 90 % der gesamten Impulsenergie. Weil der Rechteckimpuls dennoch ein unendlich breites Spektrum (bei begrenzter Bandbreite des Netzwerkes) hat, eignet er sich schlecht zur Datenübertragung. Die Ähnlichkeit mit der Fourierreihe Gl. (5.1.12) ist offenbar, unterschiedlich bleibt die Dimension: entspricht A einer Spannung, so hat die Fourierreihe die gleiche Dimension, die Fouriertransformierte aber die Dimension Vs = V/Hz (es liegt eine spektrale Dichte vor!).

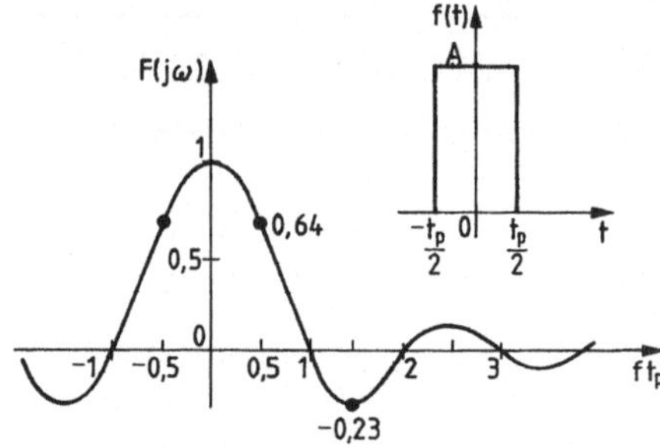

Bild 5.1.13 Rechteckimpuls
Zeitverlauf $f(t)$, Fourierspektrum $\underline{F}(\omega)$

Diracimpuls. Wird der Impuls (bei konstantem Inhalt) immer höher und schmaler, so entsteht im Grenzfall der Diracimpuls (Bild 5.1.4, Gl. (5.1.5)). Im Bild 5.1.9 verschiebt sich dann die erste Nullstelle des Spektrums für $t_p \to 0$ nach ∞ ($\to$ Ausblenden des Funktionswertes von exp $-\mathrm{j}\omega t$ bei $t = 0$), und man erhält wegen exp(–j0) = 1 als Spektrum (Tafel 5.1.2):

$$\underline{F}(\mathrm{j}\omega) = \int_{-\infty}^{\infty} \delta(t) \exp - \mathrm{j}\omega t \,\mathrm{d}t \equiv 1 \quad \text{oder} \quad \delta(t) \circ\!-\!\bullet\, 1 \qquad (5.1.18\text{a})$$

bzw.

$$\mathrm{FT}(\delta(t)) = 1 \quad \text{und} \quad \mathrm{FT}^{-1}(1) = \delta(t) = \frac{1}{2\pi}\int_{-\infty}^{\infty} \exp \mathrm{j}\omega t \,\mathrm{d}\omega \qquad (5.1.18\text{b})$$

Die Transformierte des Diracstoßes ist konstant gleich 1.

Gl. (5.1.18) unterstreicht die Symmetrie zwischen Zeit- und Frequenzbereich, die zur Berechnung neuer Korrespondenzen dienen kann.

Das Spektrum eines Diracimpulses vom Gewicht A ($\to A\delta(t)$) ist eine Konstante, d.h. er enthält alle Frequenzen mit konstanter Amplitude ($\to$ weißes Spektrum). Umgekehrt ist das Spektrum eines Gleichsignals A ein Diracimpuls vom Gewicht A (gefühlsmäßig kann das Gleichsignal als Schwingung mit der Frequenz Null verstanden werden: Spektrum überall Null außer bei $f = 0$).

Sprungfunktion. Für die Sprungfunktion $f(t) = s(t)$ Gl. (5.1.3) ergibt sich (Tafel 5.1.3)

$$\underline{F}(\mathrm{j}\omega) = \int_{-\infty}^{\infty} s(t) \exp - \mathrm{j}\omega t \,\mathrm{d}t \equiv \frac{1}{\mathrm{j}\omega} + \frac{\delta(\omega)}{2} = \mathrm{FT}(s(t)) \qquad (5.1.19)$$

durch direkte Integration, auf Einzelheiten sei verzichtet.

Tafel 5.1.2 Beispiele zu Zeitfunktion und Fourierspektrum

	Zeitfunktion $f(t)$ ●–○	Fourierspektrum $F(\mathrm{j}\omega)$	$\lvert \underline{F}(\mathrm{j}\omega)\rvert = F(\mathrm{j}\omega)$
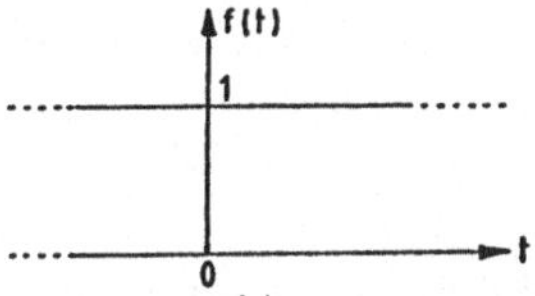 Konstante, Gleichspannung	1	$2\pi\delta(\mathrm{j}\omega) = \delta(f)$ $(\omega = 2\pi f)$	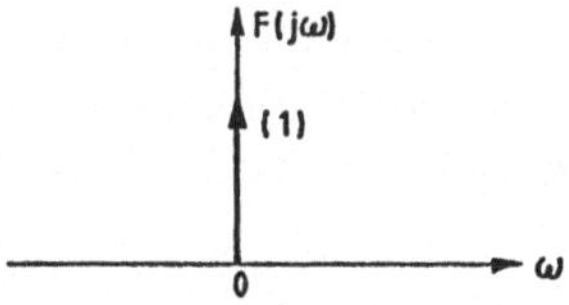
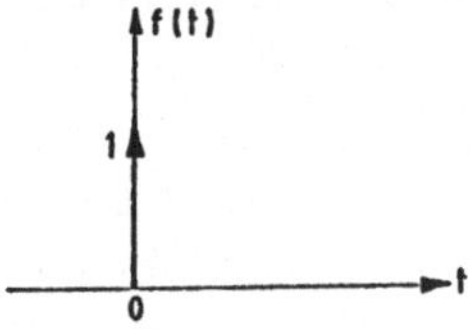 Dirac-Stoß	$\delta(t)$	1	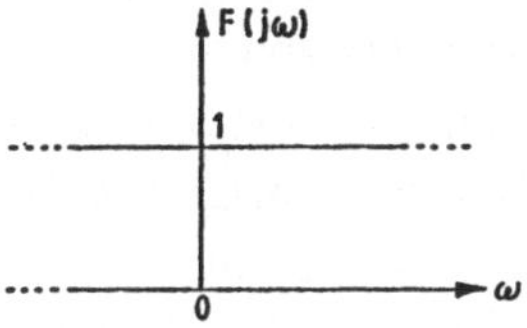
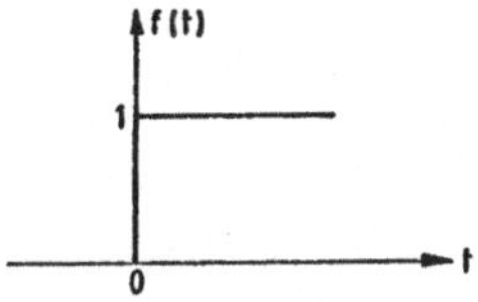 Sprungfunktion	$s(t)$	$\pi\delta(\mathrm{j}\omega) - \dfrac{\mathrm{j}}{\omega}$	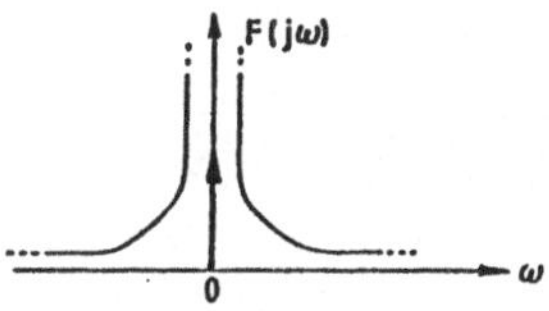
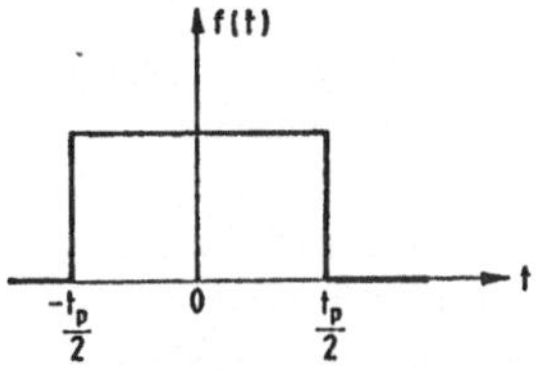 Rechteckimpuls	$\mathrm{rect}\left(\dfrac{t}{t_\mathrm{p}}\right)$	$t_\mathrm{p}\dfrac{\sin(\pi f t_\mathrm{p})}{\pi f t_\mathrm{p}}$	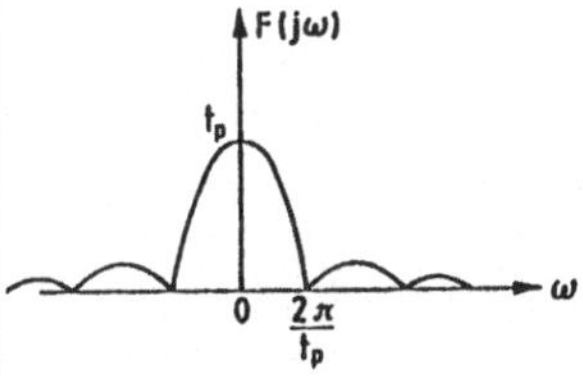
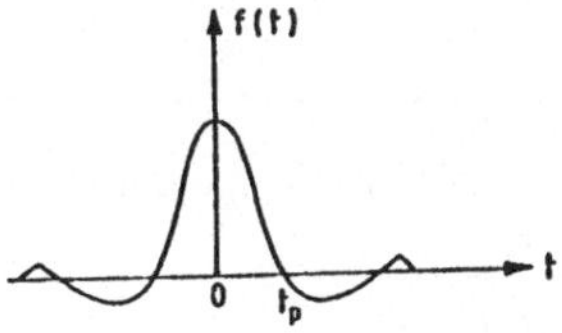 si-Funktion	$\mathrm{si}\left(\dfrac{\pi t}{t_\mathrm{p}}\right) = \dfrac{\sin\left(\frac{\pi t}{t_\mathrm{p}}\right)}{\frac{\pi t}{t_\mathrm{p}}}$	$t_\mathrm{p}\,\mathrm{rect}\,(t_\mathrm{p} f)$	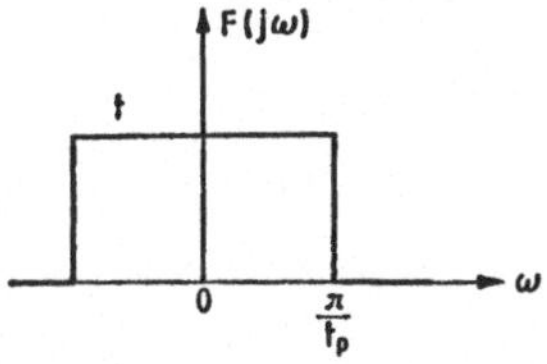
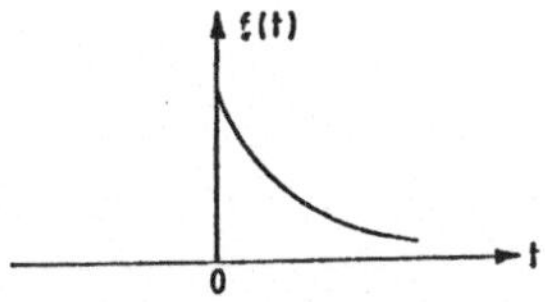 Experimentalimpuls	$\dfrac{1}{T} s(t) \cdot \mathrm{e}^{-t/\tau}$	$\dfrac{1}{1 + \mathrm{j}\,2\pi f T}$	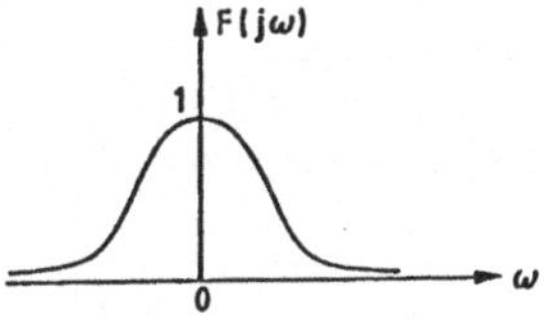

In Tafel 5.1.2 auf S. 267 wurden einige Erregerfunktionen mit den zugehörigen Fourierspektren zusammengestellt.

Allgemeine Transformationseigenschaften und Anwendungen. Wie die Laplace-Transformation (Abschn. 5.2) hat auch die Fourier-Transformation Grundeigenschaften, von denen die wichtigen in Tafel 5.1.3 (s. unten) zusammengestellt sind. Verwiesen sei auf: die *Linearität*, die *Differentiation* und die *Integration* (Multiplikation bzw. Division durch j). Das galt bereits für die symbolische Wechselstrommethode; (der Zusatzfaktor $\pi\delta(\omega)$ entsteht bei der Integration aus Leistungsüberlegungen). Ferner gibt es *Zeitverschiebung* und *Modulation.* Wird nämlich ein Signal mit einem mit der Kreisfrequenz ω_1 rotierenden Einheitszeiger multipliziert, so verschiebt sich das gesamte Frequenzspektrum um $-\omega_1$. Wird es um die Zeitkonstante t_0 verzögert, so entsteht im Frequenzbereich eine Phasenverschiebung von $-\omega t_0$.

Nach dem *Ähnlichkeitssatz* stehen die Zeitdauer eines Vorganges und die Breite seines Spektrums im umgekehrten Verhältnis zueinander: je „schmaler" ein Impuls, desto „breiter" sein Spektrum und umgekehrt (dies ergab sich bereits beim Rechteckimpuls). Der Ähnlichkeitssatz wird deshalb auch als *Grundgesetz der Informationstechnik* bezeichnet.

Die *Dualität* resultiert aus der Definition der Fourier-Transformation und ihrer Inversen, sie hat weitreichende Folgen z.B. für periodische Zeitsignale (s.u.).

Tafel 5.1.3 Wichtige Eigenschaften der Fourier-Transformation

		$f(t)$ ●–○ $\underline{F}(\mathrm{j}\omega)$		Bemerkung
Linearität, Additionssatz	1	$c_1 f_1(t) + c_2 f_2(t)$	$c_1 F_1(\mathrm{j}\omega) + c_2 F_2(\mathrm{j}\omega)$	c_1, c_2 reell
Ähnlichkeitssatz, Zeitskalierung	2	$f(bt)$	$\frac{1}{\|b\|}\underline{F}\left(\mathrm{j}\frac{\omega}{b}\right)$	Grundgesetz der Informationstechnik
Verschiebungssatz, Zeitverschiebung	3	$f(t-t_0)$	$\underline{F}(\mathrm{j}\omega)\exp -\mathrm{j}\omega t_0$	Spektrumsbetrag unverändert
Frequenzverschiebung, Modulationssatz	4	$f(t)\exp -\mathrm{j}\omega_1 t$	$\underline{F}(\mathrm{j}\omega - \mathrm{j}\omega_1)$	
Differentiation	5	$\frac{\mathrm{d}^n}{\mathrm{d}t^n} f(t)$	$(\mathrm{j}\omega)^n \underline{F}(\mathrm{j}\omega)$	DGL → algebr. Gl.
Integration	6	$\int_{-\infty}^{t} f(\tau)\mathrm{d}t$	$\frac{\underline{F}(\mathrm{j}\omega)}{\mathrm{j}\omega} + \pi F(0)\delta(\mathrm{j}\omega)$	
Faltung	7	$f_1(t) * f_2(t)$	$\underline{F}_1(\mathrm{j}\omega)\cdot\underline{F}_2(\mathrm{j}\omega)$	
Multiplikation, Faltung im Frequenzbereich	8	$f_1(t)\cdot f_2(t)$	$\frac{1}{2\pi}\underline{F}_1(\mathrm{j}\omega) * \underline{F}_2(\mathrm{j}\omega)$	
Symmetrie	9	$\underline{F}(\mathrm{j}t)$	$2\pi f(-\omega)$	

Die „*Faltung*“ wird im Abschnitt 5.3 eingehender behandelt.

Eine *wichtige Voraussetzung* für die Fourier-Transformation eines kontinuierlich aperiodischen Signals war die bereits erwähnte *absolute Integrierbarkeit* von $f(t)$. Viele technisch wichtige Anregungsfunktionen (z.B. ein zeitbegrenzt linearer Anstieg, die Sprungfunktion u.a.) erfüllen diese Bedingung *nicht*. Um auch solche Funktionen im Frequenzbereich darstellen zu können, wird $f(t)$ mit einer „Wichtungsfunktion“ $\exp \alpha t$ multipliziert, die $f(t)$ mit wachsender Zeit hinreichend dämpft (dazu muss $\alpha = -\sigma$ negativ sein). Dann lautet die Transformation

$$\int_0^\infty f(t) \exp -\sigma t \cdot \exp -\mathrm{j}\omega t \,\mathrm{d}t = \int_0^\infty f(t) \exp -pt \,\mathrm{d}t \tag{5.1.20}$$

mit der *komplexen Frequenz* $p = \sigma + \mathrm{j}\omega$ (s. Gl. (5.1.8)).

Durch die Wichtungsfunktion $\exp - \sigma t$ geht die Symmetrie der Fourier-Transformation verloren, denn aus Gl. (5.1.16), untere Grenze 0) wird jetzt

$$f(t) \circ\!-\!\bullet\, \underline{F}(p) = \int_0^\infty f(t) \exp -pt \,\mathrm{d}t \tag{5.1.21}$$

rechts eine formal identische Transformation, die (*einseitige*) *Laplace-Transformation* (s.u.).

Die komplexe Veränderliche im Integral lässt sich verschieden interpretieren

- als exponentiell abklingende *Wichtung der Zeitfunktion* (wie hier),
- als *komplexe Exponentialfunktion* im Sinne eines *Testsignals* (s. Gl. (5.1.8)).

Die Laplace-Transformation erfüllt die Konvergenzbedingung (s.o.) durch den Dämpfungsfaktor praktisch für alle Funktionen $f(t)$ für $t > 0$. Deshalb muss die Fourier-Transformation i.a. auch nicht explizit ausgeführt werden, vielmehr ergeben sich die Fouriertransformierten der wichtigsten Zeitfunktionen und die entsprechenden Rücktransformationen aus den Tafeln der Laplace-Transformation durch Ersatz $p \to \mathrm{j}\omega$!

Das *Beispiel RC*-Schaltung (Bild 5.1.3) mag die Anwendung der Fouriertransformation verdeutlichen. Zur Zeit $t = 0$ wird ein Spannungssprung $u_\mathrm{q}(t) = U_\mathrm{q}\, \mathrm{s}(t)$ (Gl. (5.1.3)) angelegt. Gesucht ist die Ausgangsspannung $u_2(t)$ mittels Fouriertransformation.

Wir ermitteln zunächst das Fourierspektrum des Einschaltimpulses. Aus Tafel 5.1.2 folgt

$$\underline{U}_\mathrm{q}(\mathrm{j}\omega) = U_\mathrm{q}\,[\pi\delta(w) + 1/\mathrm{j}\omega]. \tag{5.1.22}$$

Die Spannung $\underline{U}_\mathrm{q}(\mathrm{j}\omega)$ (im Frequenzbereich, Fourierspektrum) erzeugt am *RC*-Glied ausgangsseitig die Spannung (Spannungsteilerregel)

$$\begin{aligned}\underline{U}_2(\mathrm{j}\omega) &= \frac{\underline{U}_\mathrm{q}(\mathrm{j}\omega)}{1+\mathrm{j}\omega RC} = U_\mathrm{q}\left(\frac{\pi\delta(\omega)}{1+\mathrm{j}\omega RC} + \frac{1}{\mathrm{j}\omega}\cdot\frac{1}{1+\mathrm{j}\omega RC}\right)\\ &= U_\mathrm{q}\left(\pi\delta(\omega) + \frac{1}{\mathrm{j}\omega} - \frac{1}{\mathrm{j}\omega + 1/RC}\right) .\end{aligned} \tag{5.1.23}$$

Dabei wurde die Umformung zur leichteren Rücktransformation durchgeführt. Die Rückkehr in den Zeitbereich erfolgt für die Anteile einzeln mit den Korrespondenzen (Tafel 5.1.2)

$$\pi\delta(\omega) + 1/\mathrm{j}\omega \bullet\!-\!\circ\, \mathrm{s}(t), \qquad 1/(a+\mathrm{j}\omega) \bullet\!-\!\circ \exp - at\, \mathrm{s}(t).$$

Es ergibt sich als Lösung im Zeitbereich (s. Gl. (5.1.1ff.))

$$\underline{U}_2(\mathrm{j}\omega) \bullet\!-\!\circ\, u_2(t) = U_\mathrm{q}(1 - \exp - t/RC)\, s(t). \tag{5.1.24}$$

Das ist aber die Lösung nach Gl. (4.7.1)ff. direkt ermittelt im Zeitbereich!

Mit Rückblick auf Bild 5.1.6 folgt deshalb zusammenfassend:

- Im *Frequenzbereich* ergibt sich das Fourierspektrum der Ausgangsspannung, indem das Fourierspektrum der Eingangsspannung $\underline{U}_\mathrm{q}(\mathrm{j}\omega)$ mit dem „Spannungsteilerfaktor" → Übertragungsfaktor $\underline{G}(\mathrm{j}\omega)$ (der im Abschn. 4.3.7 als Frequenzgang $\underline{F}(\mathrm{j}\omega) \equiv \underline{G}(\mathrm{j}\omega)$ eingeführt wurde) multipliziert wird (Bild 5.1.14).
- $\underline{G}(\mathrm{j}\omega)$ enthält die Netzwerkeigenschaften. Im Zeitbereich gibt es dazu eine Funktion $g(t) \bullet\!-\!\circ\, \underline{G}(\mathrm{j}\omega)$. Dies leuchtet sofort ein, wenn als Eingangssignal ein Diracstoß anliegt (Tafel 5.1.3) $\underline{U}_\mathrm{q}(\mathrm{j}\omega) = U_\mathrm{q}$, da $\delta(t) \bullet\!-\!\circ\, 1$ (Spektraldichte). Dann wird $\underline{U}_2(\mathrm{j}\omega) = \underline{G}(\mathrm{j}\omega)$ $1 \cdot U_\mathrm{q}$ oder im Zeitbereich

  $u_2(t)|_{u\mathrm{q} = \delta\, U\mathrm{q}} = g(t)$ mit $g(t) \bullet\!-\!\circ\, \underline{G}(\mathrm{j}\omega)$ (vgl. Bild 5.1.6). Im Beispiel lauten sie

  $$\underline{G}(\mathrm{j}\omega) = \frac{1}{1+\mathrm{j}\omega\tau}, \qquad g(t) = \frac{1}{\tau}\exp - t/\tau\,.$$

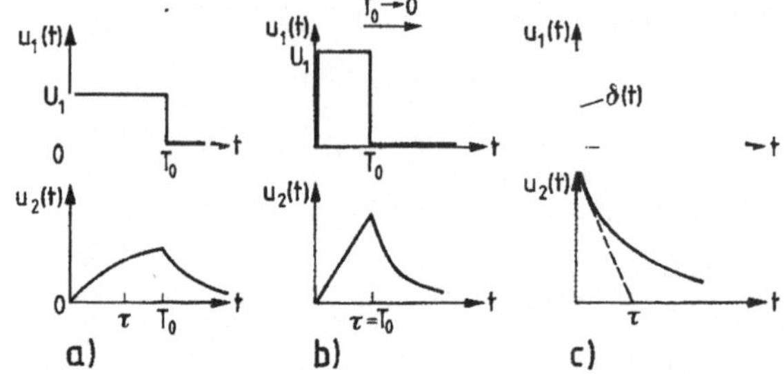

Bild 5.1.14 Fourier-Transformation. Zusammenhang Eingangs-Ausgangsgrößen im linearen Netzwerk im Zeit- und Frequenzbereich

Nach der *Faltungsrelation* (Tafel 5.1.3) verlangt aber ein Produkt im Frequenzbereich im Zeitbereich (s. Gl. (5.3.4)) eine Faltung

$$\underline{U}_2(\mathrm{j}\omega)\cdot\underline{G}(\mathrm{j}\omega) \bullet\!-\!\circ\, u_2(t) * g(t) = \int_{-\infty}^{t} u_2(\tau) g(t-\tau)\,\mathrm{d}\tau\,.$$

Der Vorgriff zeigt, dass sich durch Fourier-Transformation ein aperiodisches Zeitverhalten $u_2(t)$ *ohne Lösung der Differentialgleichung* berechnen lässt. Der Weg ist zugegebenermaßen nicht einfach, doch wird er durch Anwendung der Laplace-Transformation deutlich transparenter, wie die folgenden Abschnitte zeigen werden.

PC Untersuchen Sie im MATLAB-Beispiel 5/7 die Fourier-Transformation einer gegebenen Funktion.

5.2 Laplace-Transformation, Ausgleichsvorgänge im Frequenzbereich

Die Netzwerkanalyse wurde durch die symbolische Wechselstromrechnung entscheidend vereinfacht. Sie stellt einen (elementaren) Sonderfall einer allgemeineren Integraltransformation dar wie z.B. Fourier-, Laplace- und Z-Transformation, die ebenfalls in der Netzwerkanalyse unverzichtbar sind:

- die *Fourier-Transformation* ist vorteilhaft, wenn der *Frequenzgang* am Netzwerk etwa bei Impulsanregung interessiert,
- die *Laplace-Transformation* (für zeitkontinuierliche Signale) eignet sich besonders zur Untersuchung von *Schaltproblemen* mit Anfangswerten oder zur generellen Bestimmung der Übertragungsfunktion.

So führt etwa eine *Impulsanregung* über die Netzwerkdifferentialgleichung auf die *Impulsantwort* am Ausgang (im *Zeitbereich*), allgemeine Anregung erfordert dagegen *Faltung*.

Im *Bildbereich* korrespondieren damit die Begriffe (algebraische) Netzwerkgleichung, *Übertragungsfunktion* und *Multiplikation* (Tafel 5.2.1).

Tafel 5.2.1 Integraltransformationen und ihre Anwendung auf linear zeitunabhängige Netzwerke

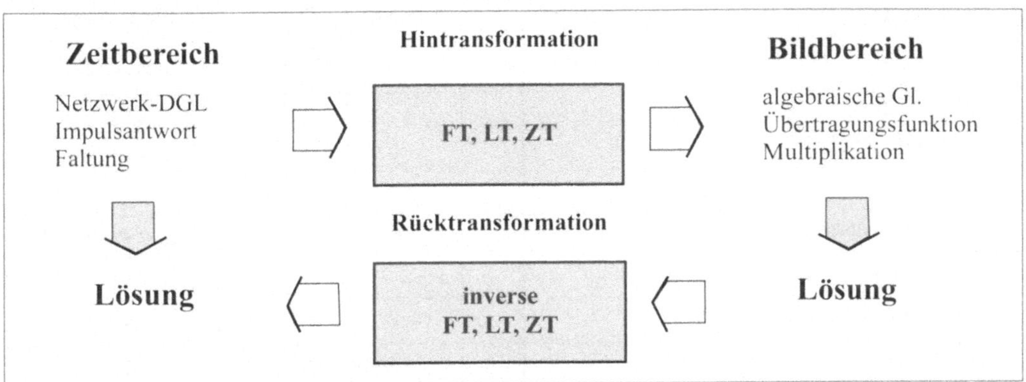

Die Laplace-Transformation[4)] bietet gegenüber der Fourier-Transformation mehrere *Vorteile*:

- die Beschränkung der absoluten Integrierbarkeit des Signals (s.o.) entfällt,
- die Rücktransformation ist einfacher (und wird durch Tabellen stark unterstützt), wenn nicht – wie oft in der Wechselstromtechnik – gar darauf verzichtet werden kann,
- das sog. *PN-Schema* der Übertragungsfunktion erlaubt eine anschauliche Bewertung der Netzwerkübertragungseigenschaften,
- Schaltvorgänge sind – verglichen mit dem aufwendigen Verfahren im Zeitbereich – einfach zu analysieren, weil die der Laplace-Transformation zugrunde liegende *exponentielle Anregung* zugleich *Eigenfunktion* eines LTI-Systems mit der Übertragungsfunktion als *Eigenwert* ist (→ einfache Bestimmung der partikulären Lösung der Netzwerkdifferentialgleichung).

4) Pierre Simon Marquis de Laplace, franz. Physiker, 1749–1829.

5.2.1 Definition der Laplace-Transformation, Beziehung zur Fourier-Transformation

Wird in der Fourier-Transformierten Gl. (5.1.16) die imaginäre Größe $j\omega$ durch die komplexe Größe $p = \sigma + j\omega$ ($[p] = s^{-1}$) ersetzt, so ergibt sich die (zweiseitige) Laplace-Transformation:

$$f(t) \circ\!-\!\bullet \underline{F}(p) = \int_{-\infty}^{\infty} f(t) \exp - pt \, dt \qquad \text{(zweiseitige) Laplace-Transformation} \qquad (5.2.1)$$

$$\text{symbolisch:} \quad \underline{F}(p) = \mathrm{LT}\{f(t)\} \quad \text{oder} \quad F(p) \xleftrightarrow{\mathrm{LT}} f(t) \qquad \text{Hintransformation}$$

Die (bereits erwähnte) Beziehung zur Fourier-Transformation ist offenbar: die Laplace-Transformierte von $f(t)$ entspricht der Fouriertransformierten von $f(t) \exp - \sigma t$, umgekehrt ergibt sich die Fouriertransformierte eines Signals aus seiner Laplacetransformierten beschränkt auf die imaginäre Achse. Der Faktor $\exp - \sigma t$ verbessert dabei die Konvergenz.

Tafel 5.2.2 Laplacetransformierte einfacher Zeitfunktionen

	Originalbereich	Bildbereich		Originalbereich	Bildbereich
Nr.	$f(t) = \mathcal{L}^{-1}\{F(p)\}$	$\underline{F}(p) = \mathcal{L}\{f(t)\}$	Nr.	$f(t) = \mathcal{L}^{-1}\{F(p)\}$	$\underline{F}(p) = \mathcal{L}\{f(t)\}$
1	$\delta(t)$ Dirac-Impuls	1	10	$te^{\pm at}$	$\frac{1}{(p \mp a)^2}$
2	$s(t)$ Einheitssprung	$\frac{1}{p}$	11	$e^{-at} - e^{-bt}$	$\frac{-(a-b)}{(p+a)(p+b)}$
3	$r(t) = t$ Einheitsanstieg	$\frac{1}{p^2}$	12	$\frac{e^{at} - e^{bt}}{a-b}$	$\frac{1}{(p-a)(p-b)}$
4	$\frac{1}{\sqrt{\pi t}}$	$\frac{1}{\sqrt{p}}$	13	$\frac{e^{-(b/2)t}}{\sqrt{a-(b^2/4)}} \sin\sqrt{a - \frac{b^2}{4}}$	$\frac{1}{p^2 + bp + a}$
5	$e^{\mp at}$	$\frac{1}{p \pm a}$	14	$\sin at$	$\frac{a}{p^2 + a^2}$
6	$1 - e^{-t/a}$	$\frac{a}{p(p+a)}$	15	$\cos at$	$\frac{p}{p^2 + a^2}$
7	$\frac{1}{a} e^{-t/a}$	$\frac{1}{ap+1}$	16	$e^{-bt} \sin at$	$\frac{a}{(p+b)^2 + a^2}$
8	$\frac{1}{a}(e^{at} - 1)$	$\frac{1}{p(p-a)}$	17	$e^{-bt} \cos at$	$\frac{p+a}{(p+b)^2 + a^2}$
9	$\frac{1}{a2}(e^{at} - at - 1)$	$\frac{1}{p^2(p-a)}$			

In der Elektrotechnik liegen durchweg sog. *Kausalsignale* vor, die für $t < 0$ verschwinden (z.B. Einschaltvorgänge). Deshalb kann die untere Grenze in Gl. (5.2.1) nach -0 verlegt werden: → *einseitige Laplace-Transformation* oder *Laplace-Transformation* (schlechthin). Damit sind Diracstöße noch eingeschlossen und es gilt allgemein:

Bei stabilen und kausalen Systemen kann durch die Ersetzung $p \to j\omega$ zwischen Fourier-Transformation und (einseitiger) Laplace-Transformation gewechselt werden.

Mit dem Übergang der Variablen Zeit in die komplexe Variable p des Bildbereiches lautet die Laplacetransformierte $\underline{U}(p)$ einer Spannung $u(t)$ dann

$$\underline{U}(p) = \int_0^{\infty} \exp - pt\, u(t)\,\mathrm{d}t\ , \quad [U] = [u] \cdot [t] = \mathrm{Vs}\ ! \tag{5.2.2}$$

mit der Einheit Vs, ganz entsprechend hätte ein transformierter Strom die Einheit As.

Deshalb werden Bildfunktionen von Spannung und Strom oft als *Spektraldichte der Größen* bezeichnet.

Die *Rücktransformation* aus dem Bildbereich in den Originalbereich erfolgt durch das *Laplace-Umkehrintegral*:

$$\mathrm{LT}^{-1}\{\underline{F}(p)\} = \frac{1}{2\pi j} \int_{\sigma - j\omega}^{\sigma + j\omega} \underline{F}(p) \exp pt\, \mathrm{d}p = \begin{cases} f(t) & \text{für } t \geq 0 \\ 0 & \text{für } t < 0\,. \end{cases} \tag{5.2.3}$$

symbolisch: $\underline{F}(p) \bullet\!-\!\circ f(t)$ Laplace-Umkehrintegral

Die durch Gl. (5.2.1) und Gl. (5.2.3) gegebenen Zuordnungen der jeweiligen Zeit- und Bildfunktionen heißen *Korrespondenzen*, dabei wird die abgekürzte Schreibweise bevorzugt.

Ausführliche Rücktransformationstabellen (Beispiel Tafel 5.2.2 auf S. 272) der gängigsten Funktionen machen die Lösung des Integrals Gl. (5.2.3) meist überflüssig. Fehlt eine Transformationsbeziehung, so kann eine Bildfunktion oft durch Partialbruchzerlegung und Reihenentwicklung in eine Form gebracht werden, die enthalten ist. Netzwerke mit konzentrierten Schaltelementen haben stets eine gebrochen rationale Übertragungsfunktion. Sie lässt sich immer in Partialbrüche aufspalten, die einzeln rücktransformierbar sind. Darüber hinaus stehen umfangreiche Tafeln in der Literatur bereit.

Aus dem Laplace-Integral leiten sich verschiedene *Grundregeln* ab (Tafel 5.2.3 auf S. 274) wie *Linearitäts-*, *Verschiebungs-*, *Ähnlichkeitssatz* u.a. Der *Differentiationssatz* beispielsweise ergibt sich (durch partielle Integration) folgendermaßen:

$$\begin{aligned} \mathrm{LT}\{f'(t)\} &= \int_0^{\infty} f'(t) \exp - pt\, \mathrm{d}t = p \int_0^{\infty} f(t) \exp\ -pt\, \mathrm{d}t + [f(t) \exp\ -pt]_0^{\infty} \\ &= p\underline{F}(p) - f(0) \end{aligned} \tag{5.2.4}$$

Der Term $f(0^-)$ beschreibt die *Anfangsbedingung* (das begründet den Vorteil der Laplace-Transformation bei Schaltvorgängen!), aus Stetigkeitsgründen gilt für Speicherelemente $f(0^-) = f(0^+)$.

Über *Anfangs-* und *Endwertsätze* können die entsprechenden Werte der *Stoßantwort* $h(t)$ und *Sprungantwort* $g(t)$ (s.u.) bestimmt werden.

Tafel 5.2.3 Wichtige Sätze der Laplace-Transformation

	Nr.	Originalbereich	Bildraum	Bemerkungen
Linearitätssatz	1	$f_1(t)+f_2(t)$	$\underline{F}_1(p)+\underline{F}_2(p)$	lineare Funktional-transformation
Linearitätssatz	2	$af(t)$	$a\underline{F}(p)$	
Differentiationssatz	3	$\frac{\mathrm{d}f/t)}{\mathrm{d}t}$	$p\underline{F}(p)$ - $F(+0)$	Anfangswerte der DGL enthalten
Differentiationssatz	4	$\frac{\mathrm{d}^2 f(t)}{\mathrm{d}t^2}$	$p^2\underline{F}(p)-pf(+0)$ $-f'(+0)$	
Differentiationssatz	5	$\frac{\mathrm{d}^n f(t)}{\mathrm{d}t^n}$	$p^n(\underline{F}(p)-p^{n-1}f(+0)$ $-pn^{-2}f'(+0)$ $- \ldots f^{n-1}(+0))$	
Integrationssatz	6	$\int_0^t f(\tau)\mathrm{d}\tau$	$\frac{1}{p}\underline{F}(p)+\frac{f(-0)}{p}$	
Ähnlichkeitssatz	7	$f(at)$	$\frac{1}{a}\underline{F}\left(\frac{P}{a}\right)$ (a reell)	Maßstabsänderung: Kompression/Dehnung
Ähnlichkeitssatz	8	$\frac{1}{a}f\left(\frac{t}{a}\right)$	$\underline{F}(ap)$ (a reell)	
Verschiebungssatz	9	$f(t-a)$	$a^{-ap}\underline{F}(p)$ $a>0$ reell)	
Dämpfungssatz	10	$e^{-at}f(t)$	$\underline{F}(p+a)$	
Faltungssatz	11	$f_1(t)*f_2(t)=\int_0^t f_1(\tau)f_2(t-\tau)\mathrm{d}\tau$	$\underline{F}_1(p)\cdot\underline{F}_2(p)$	Multiplikation im Bildbereich $\rightarrow$ Faltungsintegral
Grenzwertsätze	12	Anfangswert $f(+0) = \lim_{p\to\infty} p(\underline{F}(p))$		Gegenläufiger Charakter von t und p
Grenzwertsätze	13	Endwert $\lim_{t\to\infty} f(t) = \lim_{p\to 0} p\underline{F}(p)$		

Für typische Netzwerkerregungen wie Sprungfunktion, Diracstoß u.a. enthält Tafel 5.2.2 ebenfalls die zugehörigen Korrespondenzen, weitere Korrespondenzen sind auch durch Programme wie MATLAB u.a. direkt bestimmbar.

Lösungsstrategie „Laplace-Transformation eines Netzwerkes“: Die Anwendung der Laplace-Transformation zur Berechnung einer Netzwerkwirkung umfasst folgende Schritte:

1. Transformation der Netzwerkdifferentialgleichung oder des Netzwerkes vom Original- (Zeit-) in den Bildbereich (Hintransformation, Laplace-Transformation mittels des Laplace-Integrals). Dabei gehen die analytischen Operationen Differentiation und Integration im Zeitbereich in die algebraischen Operationen Multiplikation und Division mit der komplexen Variablen p im Bildbereich über, Anfangswerte werden automatisch berücksichtigt.
2. Lösung der algebraischen Gleichung im Bildbereich.
3. Rücktransformation der Lösung in den Originalbereich (inverse Laplace-Transformation) mit verschiedenen Methoden, zweckmäßig Tabellen oder Rechnerunterstützung.

Dieses Verfahren bietet entscheidende (und noch zu erläuternde) *Vorteile*:

- Wegfall des Aufstellens von Differential-/Integralgleichungen (analog zum Vorgehen im Wechselstromkreis) und ihrer aufwendigen Lösung, die Bildfunktion kann durch Transformation des Netzwerkes (s.u.) sofort angegeben werden,
- Anfangswerte sind nicht explizit einzuarbeiten,
- Verwendung von Tabellen (für Standardlösungen) oder Computerunterstützung zur Rücktransformation,
- einfache Lösung auch bei komplizierteren Anregungsfunktionen,
- die Laplace-Transformation lässt sich in nahezu allen technisch relevanten Problemstellungen angewenden, *ohne tiefere Kenntnisse über theoretische Zusammenhänge zu besitzen.* Gerade das bestimmt die Akzeptanz eines Verfahrens maßgeblich.

Die einzige (gravierende) Einschränkung für die Nutzung der Laplace-Transformation ist die *Beschränkung auf lineare (zeitinvariante) Netzwerke. Nichtlineare oder/und zeitvariante Netzwerke müssen stets im Zeitbereich analysiert werden*!

Beispiel. Die Transformation eines idealen Spannungssprungs (s. Bild 4.7.2) $f(t) = \mathrm{s}(t)\, U_\mathrm{q}$ = const. für den Zeitbereich $t > 0$ ergibt nach Gl. (5.2.1):

$$\underline{U}(p) = \mathrm{LT}\{u(t)\} = \int_0^\infty u(t) \exp - pt\, \mathrm{d}t = \int_0^\infty U_\mathrm{q} \exp - pt\, \mathrm{d}t = \frac{U_\mathrm{q}}{-p} \exp - pt\,\Big|_0^\infty = \frac{U_\mathrm{p}}{p}\,. \quad (5.2.5)$$

Spannungssprung im Bildbereich

(s. auch Tafel 5.2.2). Damit gilt gleichwertig

$$\mathrm{LT}\,\{\mathrm{s}(t)\} = 1/p\,. \quad (5.2.6)$$

Erfolgt der Sprung nicht zur Zeit $t \geq 0$, sondern erst später bei $t \geq t_\mathrm{o}$, so lautet die Lösung $\underline{U}(p) = (U_\mathrm{q}/p) \exp - pt_\mathrm{o}$ oder allgemeiner

$$\mathrm{LT}\,\{\mathrm{s}(t - t_\mathrm{o})\} = (\exp - pt_\mathrm{o})/p. \quad (5.2.7)$$

Das folgt direkt aus dem Verschiebungssatz.

Damit kann der Zeitverlauf der Kondensatorspannung beim Einschalten einer Gleichspannung an einem *RC*-Teiler ermittelt werden (vgl. Bild 4.7.4ff.). Die zugehörige Differentialgleichung (s. Gl. (4.7.3)ff.) lautet

$$\tau \frac{\mathrm{d}u_\mathrm{C}}{\mathrm{d}t} + u_\mathrm{C} = U_\mathrm{q} s(t)\,,$$

(τ, U_q gegeben). Sie wird nach der Lösungsstrategie in den Bildbereich transformiert

$$\mathrm{LT}\left\{\tau \frac{\mathrm{d}u_\mathrm{C}}{\mathrm{d}t} + u_\mathrm{C}\right\} = \mathrm{LT}\{u_\mathrm{q}\}.$$

Der Linearitätssatz führt auf

$$\mathrm{LT}\left\{\tau \frac{\mathrm{d}u_\mathrm{C}}{\mathrm{d}t}\right\} + \mathrm{LT}\{u_\mathrm{C}\} = \mathrm{LT}\{u_\mathrm{q}\}$$

mit $\underline{U}_\mathrm{C}(p) = \mathrm{LT}\,\{u_\mathrm{C}\}$ und $U_\mathrm{q}(p) = \mathrm{LT}\,\{u_\mathrm{q}\}$, der Differentiationssatz ergibt

$$p\tau\,\underline{U}_\mathrm{C}(p) - \tau f(+0) + \underline{U}_\mathrm{C}(p) = \underline{U}_\mathrm{q}(p)\,. \tag{5.2.8}$$

Dabei ist $f(+0) = u_\mathrm{C}(0)$ der Anfangswert der Kondensatorspannung $u_\mathrm{C}(-0) = u_\mathrm{C}(+0)$. Durch Laplace-Transformation wurde aus der Differentialgleichung die algebraische Gleichung (5.2.8). Sie enthält durch den Differentiationssatz automatisch den Anfangswert! Die Auflösung nach $\underline{U}_\mathrm{C}(p)$ liefert im Bildbereich

$$\underline{U}_\mathrm{C}(p) = \frac{\underline{U}_\mathrm{q}(p) + \tau u_\mathrm{C}(0)}{1 + p\tau}\,. \tag{5.2.9}$$

Ist $\underline{U}_\mathrm{q}(p) = \mathrm{LT}\{u_\mathrm{q}\}$ ein Spannungssprung zur Zeit $t \geq 0$ (s. Gl. (5.1.3)), so gilt nach Tafel 5.2.2 $\mathrm{LT}\{u_\mathrm{q}\} = U_\mathrm{q}/p$ und somit:

$$\underline{U}_\mathrm{C}(p) = \frac{U_\mathrm{q}}{\tau p}\frac{1}{p + 1/\tau} + \frac{u_\mathrm{C}(0)}{p + 1/\tau}\,. \qquad \text{Lösung im Bildbereich mit Anfangswert} \tag{5.2.10}$$

Nach dem Linearitätssatz dürfen beide Terme getrennt rücktransformiert werden, sie ergeben die Gesamtlösung $u_\mathrm{C}(t)$ additiv. In Tafel 5.2.2 stehen in Nr. 5 und 6 passende Korrespondenzen zur Lösung Gl. (5.2.10) bereit. Über $u_\mathrm{C}(t) = \mathrm{LT}^{-1}\,\{\underline{U}_\mathrm{C}(p)\}$ folgt schließlich im Zeitbereich

$$u_\mathrm{C}(t) = U_\mathrm{q}\,[1 - \mathrm{e}^{-t/\tau}] + u_\mathrm{C}(0)\,\mathrm{e}^{-t/\tau} = (u_\mathrm{C}(0) - U_\mathrm{q})\,\mathrm{e}^{-t/\tau} + U_\mathrm{q}\,. \tag{5.2.11}$$

Das ist genau die Lösung Gl. (4.7.6).

Das Beispiel unterstreicht die schon erwähnten Vorteile des Verfahrens:

- die Anfangsbedingung ist durch die Transformationsregeln (Differentiationssatz) berücksichtigt,
- die algebraische Gleichung im Bildbereich erlaubt eine einfache Lösung für die gesuchte Größe,
- die Gleichung im Bildbereich bezieht sich auf die Netzwerkstruktur *nach* dem Schaltzeitpunkt (wie auch beim Schaltvorgang im Zeitbereich). Deshalb kann sie auch direkt aus dem Netzwerk aufgestellt werden, wie bei der Wechselstromanalyse (s.u.).
- komplizierte Erregerfunktionen lassen sich aus den Grundfunktionen (Tafel 5.2.2) herleiten, z.B. durch zeitversetzte und/oder stückweise Überlagerung u.a.

- Abgesehen vom Anfangswert $u_C(0)$ und der „besonderen" Erregerfunktion U_q/p hat der Teilerfaktor $1/(p+1/\tau)$ direkte Beziehung zum RC-Spannungsteiler für $p = j\omega$, $\tau = RC$. Darauf kommen wir noch zurück.

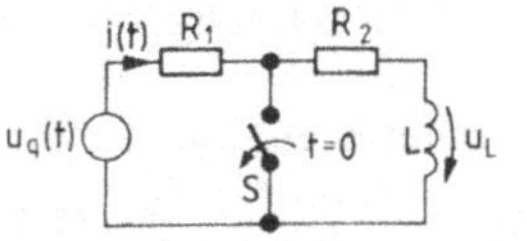

Bild 5.2.1 Beispielschaltung

Beispiel: Netzwerkdifferentialgleichung. Die Lösungsstrategie „Laplace-Transformation" dient jetzt zur Lösung des Umschaltverhaltens eines Gleichstromkreises (Bild 5.2.1). Im Netzwerk möge der Schalter zur Zeit $t = 0$ öffnen, es liege eine Spannung $u_q(t)$ an. Gesucht ist der Strom $i(t)$. Die Lösungsstrategie erfordert:

1. *Aufstellen der Netzwerk-DGL, Transformation in den Bildbereich*. Die Anwendung der Differentiations- und Integrationssätze ergibt als DGL (*nach* dem Schaltvorgang, d.h. S offen) für den Strom $i(t)$ (Maschensatz)

$$L\,(\mathrm{d}i/\mathrm{d}t) + (R_1 + R_2)\,i(t) = u_q(t)\,.$$

Mit den Laplacetransformierten für Strom $\underline{I}(p) = \mathrm{LT}\{i(t)\}$ und Quellenspannung $\underline{U}_q(p) = \mathrm{LT}\{u_q(t)\}$ und den Transformationsregeln Tafel 5.2.2 folgt die algebraische Gleichung

$$pL\,\underline{I}(p) + Li(+0) + (R_1 + R_2)\,\underline{I}_p(p) = \underline{U}_q(p). \tag{5.2.12}$$

Wieder tritt der Anfangswert $i(-0) = i(+0)$ automatisch auf.

2. *Lösung der algebraischen Gleichung*. Im nächsten Schritt müssen die Bildfunktion der Erregung und ebenso der (problemabhängige) Anfangswert $(i(0))$ bestimmt werden. Auflösen nach $\underline{I}(p)$ ergibt

$$\underline{I}(p) = \frac{\underline{U}_q(p) - Li(0)}{pL + R_1 + R_2} = \frac{\underline{U}_q(p) - Li(0)}{\underline{Z}(p)}\ . \tag{5.2.13}$$

Im Beispiel betragen $i(0) = 0$ und $\underline{U}_q(p) = U_q/p$, weil der Moment des öffnenden Schalters wie das Einschalten eines Spannungssprunges wirkt. In der Bildfunktion treten somit als „Erregerterme" die Erregung selbst und der Anfangswert auf.

Im Nenner rechts wurde der Operator $\underline{Z}(p) = pL + R$ eingeführt, wie er bereits vom Frequenzbereich her bekannt ist: $\underline{Z}(j\omega) = j\omega L + R$ für $p = j\omega$ (s.u.). Aus der Stetigkeit des Spulenstromes ($i(+0) = i(-0)$ folgt mit $i(-0) = 0$ auch $u_L(0) = 0$.

3. *Rücktransformation in den Zeitbereich*. Entsprechend der beiden Anteile in Gl. (5.2.13) werden zwei Lösungsteile erwartet: der erste stammt von der Netzwerkerregung und lautet ($R = R_1 + R_2$, $\tau = L/R$)

$$i(t) = \mathrm{LT}^{-1}\{\underline{I}(p)\} = \mathrm{LT}^{-1}\left\{\frac{U_q}{p(pL+R)}\right\} = \frac{U_q}{R}\left(1 - e^{-t/\tau}\right)\ . \tag{5.2.14}$$

(Tafel 5.2.2, Nr. 5). Dieses Ergebnis folgt unmittelbar aus der Anschauung: Trägheit des Spulenstromes (Abschn 2.4.2). Der zweite Teil der Lösung verschwindet wegen des nicht vorhandenen Anfangswertes.

PC a) Führen Sie die Laplace-Transformation mit MATLAB-Beispiel 5/8 durch.

b) Benutzen Sie MATLAB-Beispiel 5/9 zur Laplace-Rücktransformation einer gegebenen Funktion.

Aufgabe 5.2.1.

5.2.2 Laplace-Transformation des Netzwerkes in den Bildbereich

Durch unmittelbare Transformation der Netzwerkelemente in den Frequenzbereich entfiel im Wechselstromkreis die Aufstellung der Netzwerkdifferentialgleichung. Dieses Modell übertragen wir jetzt auf die Laplace-Transformation des Strom-Spannungsverhaltens der Grundzweipole L und C ($i = C(\mathrm{d}u/\mathrm{d}t)$, $u = L(\mathrm{d}i/\mathrm{d}t)$) sowie der Quellen $u_q, i_q \rightarrow \mathrm{LT}\{u_q\} = \underline{U}_q$, $\mathrm{LT}\{i_q\} = \underline{I}_q$. Der Differentiationssatz Tafel 5.2.3 führt auf:

$$\mathrm{LT}\{i\} = \mathrm{LT}\{C(\mathrm{d}u/\mathrm{d}t)\} = \underline{I}(p) = pC\underline{U} - Cu(+0) \rightarrow \underline{U} = \underline{I}/pC + u(+0)/p \qquad (5.2.15)$$

$$\mathrm{LT}\{u\} = \mathrm{LT}\{L(\mathrm{d}i/\mathrm{d}t)\} = \underline{U}(\mathrm{p}) = pL\underline{I} - Li(+0) \quad \rightarrow \quad I = \underline{U}/pL + i(+0)/p.$$

In Worten:

Ein zum Schaltzeitpunkt geladener Kondensator ($u(-0) = u(+0)$) kann im Bildbereich ersetzt werden durch eine Reihenschaltung eines zum Schaltzeitpunkt ungeladenen Kondensators, über dem die Spannung $\underline{U} = \underline{Z}\ \underline{I}$ ($\underline{Z} = 1/pC$) abfällt und einer Konstantspannungsquelle $u(+0)/p$. Bild 5.2.2a zeigt die Ersatzschaltung im Zeitbereich, Bild 5.2.2b die zugehörige im Bildbereich mit und ohne Anfangsladung.

Ganz analog kann eine Spule im Bildbereich als Parallelschaltung einer Spule (stromlos zum Zeitpunkt $t = +0$) mit dem Strom $\underline{I} = \underline{U}/\underline{Z}$ ($\underline{Z} = pL$) und einer Konstantstromquelle $i(+0)/p$ aufgefasst werden (Bild 5.2.2.c,d).

Durch die Ersatzschaltungen Bild 5.2.2 für Spule und Kondensator *mit Anfangsenergie* entfällt die Aufstellung der Netzwerkdifferentialgleichung und das Netzwerk lässt sich sofort in den Bildbereich transformieren (vgl. Tafel 5.2.2). Zur Analyse sind dann – wie bisher im Frequenzbereich – alle Methoden (Stromkreisverfahren, Zweipoltheorie, Spannungs-, Stromteilerregel usw.) zugelassen!

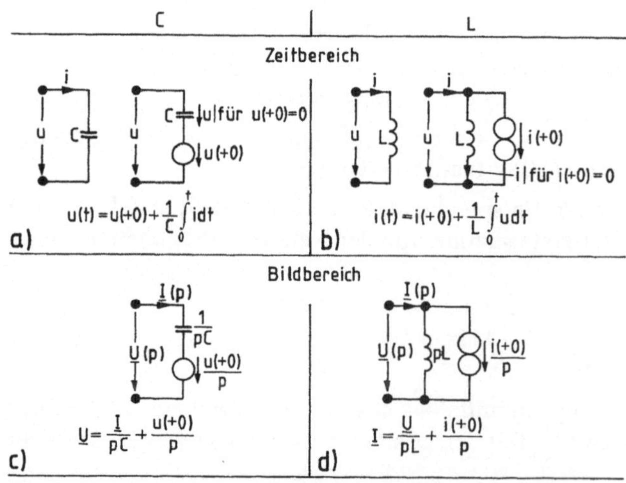

Bild 5.2.2 Kondensator und Spule im Zeit- und Bildbereich
a) Kondensator, $u(+0)$ ist die Anfangsspannung
b) Spule, $i(+0)$ ist der Anfangsstrom
c) dto. im Bildbereich, d) dto. im Bildbereich

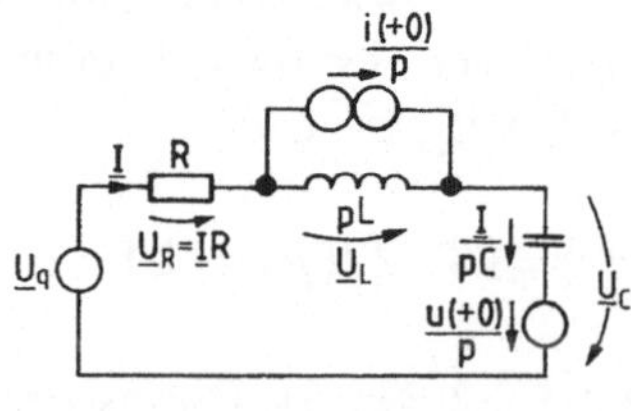

Bild 5.2.3 Reihenresonanzkreis im Bildbereich mit Anfangswerten $i(+0)$, $u(+0)$

Am Reihenschwingkreis bei Sprungerregung sollen die Vorteile dieser Ersatzschaltungen gezeigt werden. Gesucht sei der Kreisstrom bei Spannungssprungerregung und gegebenen Anfangswerten $i\,(+0)$, $u_C\,(+0)$ (Bild 5.2.3). Nach Eintrag der Ersatzschaltungen im Bildbereich für L und C gemäß Bild 5.2.2 ergibt die Maschengleichung

$$pL\,(\underline{I} - i\,(+0)/p) + R\underline{I} + \underline{I}/pC + u_C\,(+0)/p = \underline{U}_q$$

oder aufgelöst nach $\underline{I}(p)$:

$$\underline{I}(p) = \frac{\underline{U}_q - u_C(+0)/p + Li(+0)}{\underline{Z}} \quad \text{mit} \quad \underline{Z} = pL + \frac{1}{pC} + R \tag{5.2.16}$$

Mit Speicherelementen ohne Anfangsenergie ($u_C\,(+0) = 0$, $i\,(0) = 0$) geht daraus die Lösung im Frequenzbereich (Abschn. 4.6.2) für $p \to j\omega$ als Sonderfall hervor! Die Rücktransformation in den Zeitbereich ist nach Spezifizierung der Spannungserregung ($\underline{U}_q\,(p) \to U_q/p$) mit der Korrespondenztafel 5.2.2 leicht möglich.

Aufgaben 5.2.2, 5.2.3.

5.3 Übertragungseigenschaften zeitkontinuierlicher Systeme und ihre Beschreibung

Die bisher kennen gelernten vielfältigen Formen des Zusammenspiels einer *Netzwerkquelle* (z.B. Gleich- oder Wechselspannung) als *Ursache* für die *Reaktion* von Strom oder Spannung in einem Netzwerkzweig sollen nun rückblickend *systematisiert* werden.

Stets liegt nämlich eine – wenn auch primitive – *Signalübertragung* vor: eine Eingangsgröße wird durch die Übertragungseigenschaften des Netzwerkes oder Systems in ein Ausgangssignal überführt.

Tafel 5.3.1 Beschreibung des dynamischen Verhaltens von Netzwerken

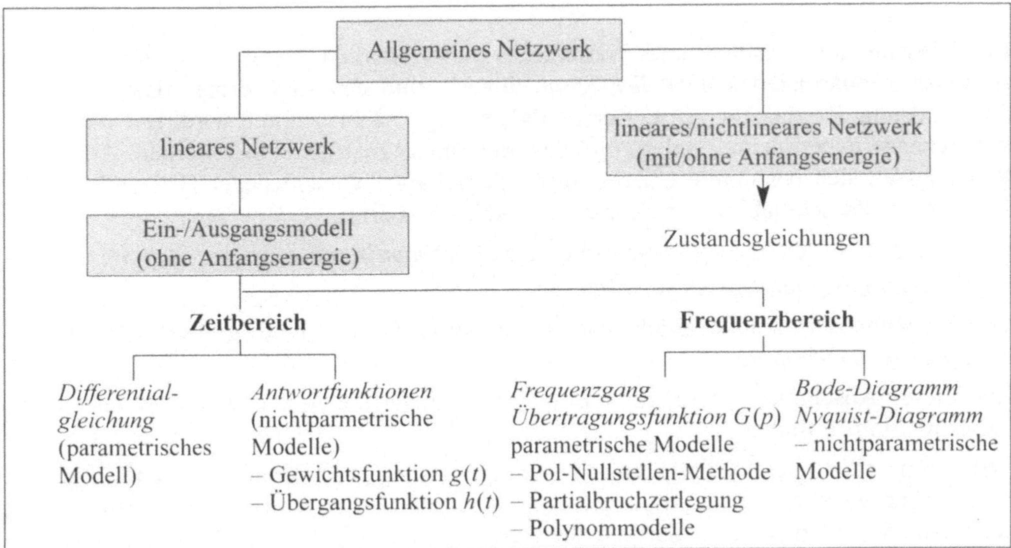

Der Übertragungsvorgang wurde bisher durch *drei Methoden* gleichberechtigt beschrieben, die sich hinsichtlich Anschaulichkeit und Rechenaufwand durchaus unterscheiden (Tafel 5.3.1):

- die *(Netzwerk-)Differentialgleichung* im Zeitbereich (s. Abschn. 4.7),
- sog. *Antwortfunktionen* des Netzwerkes im Zeitbereich (s. Abschn. 4.7.1), ohne sie bisher näher zu betrachten,
- die *Übertragungsfunktion* oder den *Frequenzgang* im Frequenzbereich als Ergebnis der komplexen Wechselstromrechnung (s. Abschn. 4.3.5).

Die Netzwerkeigenschaften sind in der *Struktur* dieser Beschreibungsformen und ihren *Parametern* enthalten. Unbekannt blieben bisher die Zusammenhänge zwischen diesen Beschreibungen, denn allen unterliegt das gleiche lineare, zeitunabhängige Netzwerk (ohne Anfangswerte).

5.3.1 Zeitkontinuierliche Systeme und ihre Netzwerkdifferentialgleichung

Ausgang ist die Netzwerkdifferentialgleichung. Unter den getroffenen Voraussetzungen ist sie linear, hat konstante Koeffizienten

$$a_n x_a^{(n)} + a_{n-1} x_a^{(n-1)} + \ldots + a_0 x_a = b_m x_e^{(m)} + b_{m-1} x_e^{(m-1)} + \ldots + b_0 x_e \tag{5.3.1}$$

mit $x_a^{(n)} = \mathrm{d}^n x_a/\mathrm{d}t^n$ als n-ter Ableitung von x_a nach der Zeit usw. und beschreibt das Verhalten der Ausgangsgröße $x_a(t)$ (z.B. eines Zweigstromes) als Funktion der Netzwerkerregung $x_e(t)$. *Die Koeffizienten a, b hängen nur vom Netzwerk ab.* Für eine spezielle Netzwerkerregung und gegebene Anfangswerte ist eine Lösung immer möglich, doch steigt der Lösungsaufwand für größere Netzwerke rasch an. Daher sind einfachere Lösungsmethoden wünschenswert, wozu insbesondere *Antwortfunktionen* herangezogen werden sollen.

5.3.2 Beschreibung des Übertragungsverhaltens durch Antwortfunktionen

Das Übertragungsverhalten eines Netzwerkes bleibt erhalten, wenn am Eingang ein bestimmtes standardisiertes oder *Testsignal* einwirkt und das zugehörige Ausgangssignal durch Lösung der zugehörigen Differentialgleichung (5.3.1) ermittelt wird. Ein Testsignal kann ebenso experimentell anlegt und das Ausgangssignal gemessen werden. Auf diese Weise lassen sich bestimmte Übertragungseigenschaften verschiedener Netzwerke leicht vergleichen. Zweckmäßige Testsignale sind (Abschn. 4.7.1):

- *Sprung-* und *Impulsfunktion* einschließlich *Diracimpuls* und *Anstiegserregung*,
- *Exponentialsignal, Cosinusfunktion.*

Das Verhältnis von Antwortgröße $x_a(t)$ zu Erregergröße $x_e(t)$ heißt generell *Übergangs-* oder *transientes Verhalten.*

Ziel dieses Abschnittes ist es, für typische Testsignale die *Netzwerkantwort* oder Ausgangsfunktion zu finden.

Wir beschränken uns auf die technisch wichtige Sprung- und Impulsfunktion Gl. (5.1.3, 5.1.5). Eine wesentliche *Voraussetzung* zur Bestimmung der Antwortfunktionen ist verschwindende Anfangsenergie der Speicherelemente.

Impulsfunktion, Gewichtsfunktion $g(t)$, Impuls- oder Stoßantwort. Wird das Netzwerk zur Zeit $t = 0$ mit einem Diracstoß (Impulsfunktion) $x_{e\delta}(t)$ erregt (Gl. (5.1.5)) $x_{e\delta}(t) = u_\delta = \delta(t)$, so reagiert es am Ausgang mit der *Impuls-* oder *Stoßantwort* $x_{a\delta}(t)$ (Bild 5.3.1). Wir definieren als *Gewichtsfunktion* $g(t)$:

$$g(t) = \frac{x_{a\delta}(t)}{A} \equiv \frac{1}{A}[g(t) * x_{e\delta}(t)] = \frac{1}{A}[g(t) * A\delta(t)] = g(t) * \delta(t) = g(t) \cdot 1 \qquad (5.3.2)$$

Gewichtsfunktion

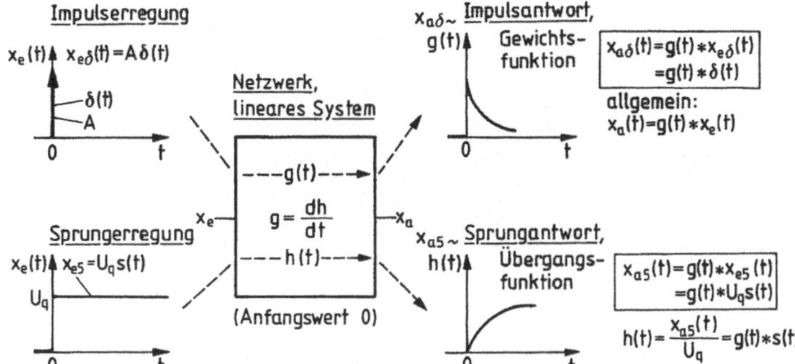

Bild 5.3.1 Zur Definition der Gewichtsfunktion $g(t)$ und Übergangsfunktion $h(t)$ eines linearen Netzwerkes

Die Impulsantwort $x_{a\delta}(t)$ eines linearen Netzwerkes ist der Zeitverlauf des Ausgangssignals bei Erregung mit einem Diracstroß $x_{e\delta}(t) = A\delta(t)$ (Nadelimpuls).

Die Gewichtsfunktion stellt eine reine Netzwerkeigenschaft dar. Ihre Bezeichnung resultiert daraus, dass sie das „Gewicht" bestimmt, mit dem ein Eingangsimpuls (als Teil eines zerlegten allgemeinen Eingangssignals) zum Wert des Ausgangssignals beiträgt.

Liegt ein allgemeines Eingangsignal $x_e(t)$ an und ist $g(t)$ bekannt, so ergibt sich das Ausgangssignal $x_a(t)$ durch den *Faltungssatz*[5)] (Tafel 5.2.3):

$$x_a(t) = \int_{-\infty}^{\infty} x_e(\tau) \cdot g(t-\tau) \mathrm{d}\tau \equiv \int_{-\infty}^{t} x_e(\tau) \cdot g(t-\tau) \mathrm{d}\tau \equiv x_e(t) * g(t) . \qquad (5.3.3)$$

Das Integral Gl. (5.3.3) heißt *Faltungsintegral*, auch *Faltungsprodukt* und die darin auftretende Verknüpfung der Funktionen $x_e(t)$ und $g(t)$ analog die *Faltung*.

Eine allgemeine Netzwerkerregung $x_e(t)$ ergibt ein Ausgangssignal $x_a(t)$, das durch Faltung der Erregung $x_e(t)$ mit der Gewichtsfunktion nach Vorschrift Gl. (5.3.3) zu bilden ist.

Die Gewichtsfunktion enthält sämtliche Informationen des Netzwerkübertragungsverhaltens (anfangswertfrei), sie ist deshalb eine *grundlegende Größe der Systemtheorie*.

Beispiele zur Bestimmung der Gewichtsfunktion betrachten wir anschließend.

Sprungfunktion, Übergangsfunktion $h(t)$, Sprung- oder Schrittantwort. Wird an das Netzwerk zur Zeit $t = 0$ eine Sprungfunktion (→ Einschaltvorgang) $x_{es}(t)$ angeschaltet (z.B.

5) Dies gilt für Eingangssignale, die für $t < 0$ verschwinden, wie bei Schaltvorgängen zutreffend.

$u_s(t) = U_q s(t)$) so stellt sich am Ausgang die *Sprungantwort* $x_{as}(t)$ ein (Bild 5.3.1). Wir definieren als *Übergangsfunktion* $h(t)$

$$h(t) = \frac{x_{as}(t)}{U_q} = \frac{1}{U_q}\left(g(t) * u_s(t)\right) = \frac{1}{U_q}\left(g(t) * U_q s(t)\right) = g(t) * s(t) \qquad (5.3.4)$$

Übergangsfunktion

weil die Schritt- oder Sprungantwort z.B. über das Faltungsintegral Gl. (5.3.3) bestimmt werden kann:

$$x_{as}(t) = g(t) * u_s(t) = g(t) * U_q\, s(t).$$

Die Sprungantwort eines Netzwerkes ist der Zeitverlauf des Ausgangssignals $x_{as}(t)$ als Reaktion auf eine Sprungfunktion $x_{es}(t) = U_q s(t)$ am Eingang. Bezieht man das Ausgangssignal auf die Sprunghöhe U_q, so ergibt sich die bezogene Sprungantwort oder die *Übergangsfunktion* $h(t)$. Sie beschreibt – wie die Impulsfunktion – das Netzwerkverhalten vollständig.

Über das Faltungssignal (5.3.3) sind Gewichtsfunktion $g(t)$ und Übergangsfunktion $h(t)$ miteinander verknüpft

$$h(t) = g(t) * s(t) = \int_0^{\infty} s(\tau) g(t-\tau)\,\mathrm{d}\tau = \int_0^{t} s(t-\tau) g(t)\,\mathrm{d}\tau \equiv \int g(\tau)\,\mathrm{d}\tau$$

oder auch:

$$g(t) = \frac{\mathrm{d}h(t)}{\mathrm{d}t} \qquad \text{Beziehung} \quad \text{Gewichtsfunktion–Übergangsfunktion}\,. \qquad (5.3.5)$$

Die Übergangsfunktion $h(t)$ ist das Zeitintegral der Gewichtsfunktion $g(t)$ oder umgekehrt ergibt sich die Impulsantwort aus der Ableitung der Sprungantwort. Jede von beiden bestimmt das System gleichwertig.

Die Übergangsfunktion $h(t)$ kann unterschiedlich bestimmt werden

- durch Lösung der *Netzwerkdifferentialgleichung* (Einschaltvorgang, s. z.B. Abschn. 5.1),
- *experimentell* durch Messung des Ausgangssignals (Zeitverlauf) bei Sprungerregung,
- aus dem *Frequenzgang* (Wechselstromrechnung) oder der *Übertragungsfunktion* (Laplace-Transformation).

In der Informationstechnik wird meist die Sprungantwort verwendet, weil der Einschaltimpuls technisch gut realisierbar ist. Systembetrachtungen bevorzugen hingegen die Stoßantwort, da Laplace- und Fouriertransformierte von $\delta(t)$ den Wert 1 haben.

Beispiele. Für ein mit einer Gleichspannung eingeschaltetes *RC*-Glied (Bild 5.3.2a) werde die Gewichts- und Übergangsfunktion gesucht. Der Kondensator sei zur Zeit t_0 auf die Spannung $u_C(t_0)$ (scheinbar im Widerspruch zur bisherigen Annahme) geladen, die Erregerfunktion $u_q(t)$ sei zunächst beliebig zugelassen. Zur Zeit t_0 wird der Schalter S auf „Entladen“ umgelegt.

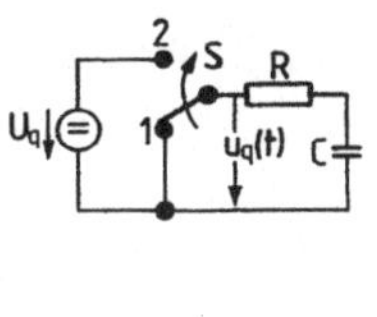

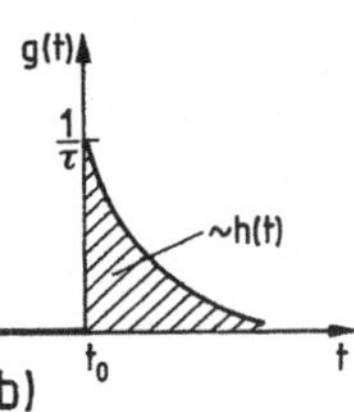

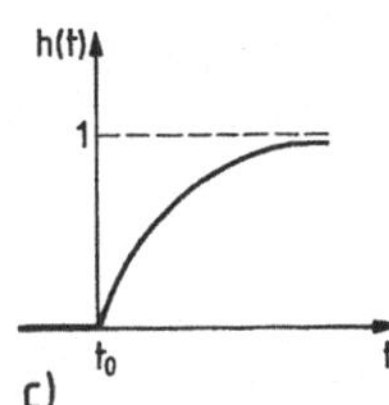

Bild 5.3.2 Einschaltvorgang am *RC*-Spannungsteiler betrachtet als Signal
a) Schaltung,
b) Gewichtsfunktion,
c) Übergangsfunktion

Ausgang ist die Netzwerkdifferentialgleichung mit allgemeiner Erregung $u_q(t)$. Sie lautet ($\tau = RC$)

$$du_C/dt + u_C(t)/\tau = u_q(t)/\tau .$$

Für den Anfangswert $u_C(t_o)$ ergibt sich als allgemeine Lösung im Bereich $t \geq t_o$ (Gl. (5.1.28))

$$u_C(t) = \underbrace{u_C(t_0)\exp - (t-t_0)/\tau}_{\text{Anfangswert}} + \underbrace{\frac{1}{\tau}\int_{t_0}^{t} u_q(t')\exp - (t-t')/\tau \, dt'}_{\text{Erregeranteil}} . \tag{5.3.6}$$

Wir erkennen die Addition eines (gewichteten) Anfangswertes und einer gewichteten Netzwerkerregung. Wird der Anfangswert $u_C(t_o)$ festgehalten und $t_o \to -\infty$ verschoben, so folgt aus Gl. (5.3.6)

$$u_C(t) = \frac{1}{\tau}\int_{-\infty}^{\infty} u_q(t')\exp - (t-t')/\tau \, dt' \equiv \int_{-\infty}^{\infty} g(t-t')u_q(t')dt' = g(t) * u_q(t) . \tag{5.3.7}$$

Der Integralanteil der Lösung ist vom gleichen Typ wie das Faltungsintegral Gl. (5.3.3), m.a.W. lautet die Gewichtsfunktion

$$g(t) = \begin{cases} 0 & \text{für } t < 0 \\ \frac{1}{\tau}\exp - t/\tau & \text{für } t > 0 \end{cases} . \tag{5.3.8}$$

Sie tritt in der Lösung auf, obwohl bisher nirgends eine Stoßfunktion benutzt wurde (s.u.)! Auch veranschaulicht Gl. (5.3.8) die „Gewichtung": die Funktion $g(t-t')$ wichtet (bewertet) den Einfluß der Netzwerkerregung $u_q(t)$ auf die Ausgangsspannung durch einen Faktor, der mit wachsender Zeitdifferenz $t-t'$ immer kleiner wird: Weiter zurückliegende Werte der Zeitfunktion beeinflussen die Ausgangsspannung schwächer als momentane (Bild 5.3.2b).

Die *Übergangsfunktion* $h(t)$ als Reaktion auf eine Sprungerregung lässt sich z.B. durch direkte Lösung der Differentialgleichung bestimmen; man erhält nach Gl. (5.3.7) mit dem Einschaltsprung $u_q(t) = U_q\, s(t)|_{to}$ zum Zeitpunkt t_o (s. auch Gl. (5.1.9)):

$$\begin{aligned} u_C(t) &= u_C(t_0)\exp - (t-t_0)/\tau + \frac{U_q}{\tau}\int_{t_0}^{t} \exp - (t-t')/\tau \, dt' \\ &= \underbrace{u_C(t_0)\exp - (t-t_0)/\tau}_{\text{Anfangswert}} + \underbrace{U_q\left(1 - \exp - (t-t_0)/\tau\right)}_{\text{Erregeranteil}} . \end{aligned} \tag{5.3.9a}$$

Wird der Anfangswert vereinfachend gleich Null gesetzt, so beschreibt der zweite Teil die Kondensatorspannung bei Einschalten einer Gleichspannung U_q (s. Bild 4.7.6). Die Übergangsfunktion lautet dann entsprechend Gl. (5.3.4) (Bild 5.3.2b):

$$h(t) = [1 - \exp -(t-t_o)/\tau] . \tag{5.3.9b}$$

Sie könnte auch aus der Gewichtsfunktion $g(t)$ durch Faltung mit dem Einschaltvorgang nach Gl. (5.3.5) bestimmt werden

$$h(t)=\int_{t_0}^{t} s(t'-t_0)g(t')\,\mathrm{d}t' = \int_{t_0}^{t} \exp -(t'-t_0)/\tau\,\mathrm{d}t' = (1-\exp -(t-t_0)/\tau)\ ,$$

also zusammengefasst:

$$h(t)=\begin{cases}0 & \textit{für } t<t_0 \\ 1-\exp-(t-t_0)/\tau & \textit{für } t>t_0\end{cases}.$$

Anschaulich ist die Übergangsfunktion $h(t)$ gleich der Fläche unter der Impulsantwort zwischen $t'=-\infty$ und dem Wert t. Für $t<t_o$ verschwindet sie (Bild 5.3.2).

Wir betrachten noch den angenommenen Anfangswert $u_C(t_o)$, obwohl das System nach Voraussetzung anfangsenergiefrei sein muss. Der geladene Kondensator werde zum Zeitpunkt t_o umgeschaltet. Seine Spannung beträgt:

$$u_C=\frac{1}{C}\int_{-\infty}^{t} i\,\mathrm{d}t'=\frac{1}{C}\int_{-\infty}^{t_0} i\,\mathrm{d}t'+\frac{1}{C}\int_{t_0}^{t} i\,\mathrm{d}t'=\underbrace{u_C(t_0)s(t-t_0)}_{\text{Anfangswert zur Zeit } t_o \text{ eingeschaltet}}+\underbrace{\frac{1}{C}\int_{t_0}^{t} i\,\mathrm{d}t}_{\text{ungeladener Kondensator}}\ . \tag{5.3.9c}$$

Das Ergebnis lässt sich erklären als Reihenschaltung einer Spannungsquelle $u_C(t_o)$, die zur Zeit t_o sprungförmig eingeschaltet wird, und eines ungeladenen Kondensators, d.h. durch einen aktiven Zweipol, für den es nach Abschn. 3.1.1 eine gleichwertige Stromquellenersatzschaltung gibt. Der Kondensatorstrom beträgt

$$\begin{aligned} i=C\frac{\mathrm{d}u_C}{\mathrm{d}t}&=Cu_C(t_0)\frac{\mathrm{d}}{\mathrm{d}t}s(t-t_0)+\frac{\mathrm{d}}{\mathrm{d}t}\left[\int_{t_0}^{t} i\,\mathrm{d}t'\right] \\ &=\underbrace{Cu_C(t_0)}_{Q(t_0)}\cdot\delta(t-t_0)+i|_{Q=0}\end{aligned} \tag{5.3.9d}$$

er kann als Parallelschaltung eines ungeladenen Kondensators mit einer Stromquelle verstanden werden (Bild 5.3.3), die zum Zeitpunkt t_o die Ladung $Q(t_o)$ stoßimpulsartig ($\rightarrow \delta$-Funktion) in den Kreis einschaltet. Damit liegt tatsächlich die erwartete Stoßimpulserregung vor, auf die das Netzwerk mit der Gewichtsfunktion $g(t)$ reagiert. Die angenommene Anfangsenergie des Kondensators ist also nichts anderes als die gleichwertige Realisierung der Erregerfunktion Gl. (5.3.9d), die sich durch die δ-Funktion so nicht realisieren lässt. Fasst man jedoch diese Funktion als die Erregergröße auf, so ist das Netzwerk anfangsenergiefrei wie vorausgesetzt.

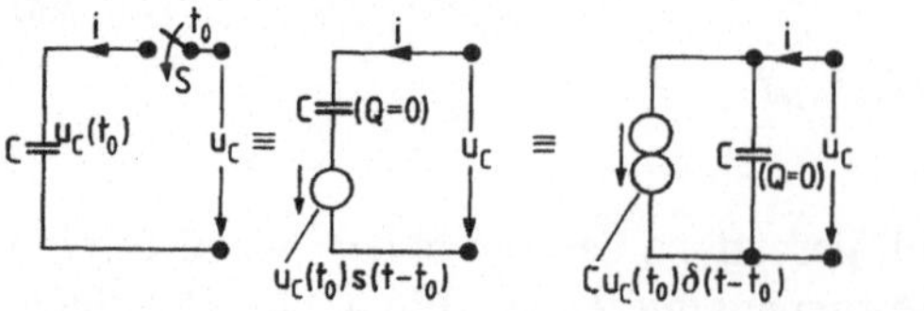

Bild 5.3.3 Geladener Kondensator mit Schalter und gleichwertige Ersatzschaltungen durch ladungslos angenommenen Kondensator und geschaltete Quelle

Beispiel. Mit Kenntnis der Gewichtsfunktion soll die Ausgangsgröße bei beliebiger Erregung nach Gl. (5.3.7) ermittelt werden. Ausgang sei eine Anstiegserregung $u_q(t)=U_q\,s(t-t_o)\,k(t-t_o)$

bzw.

$$u_q(t) = \begin{cases} 0 & \text{für } t < t_0 \\ U_q \cdot kt & \text{für } t > t_0 \end{cases} .$$

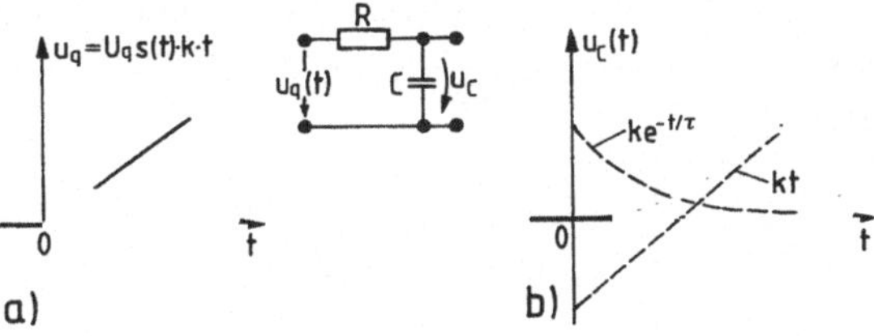

Bild 5.3.4 Verhalten des *RC*-Gliedes auf eine linear steigende Spannung
a) Eingangsspannung,
b) Ausgangsspannung

Das ist eine zeitproportional ansteigende Spannung von $t \geq t_o$ an (Bild 5.3.4a, dort $t_o = 0$ gesetzt). Nach Gl. (5.3.7) folgt für $t > 0$

$$u_C = \frac{1}{\tau} \int_{-\infty}^{\infty} U_q s(t') kt' \exp - (t - t')/\tau \, dt' ,$$

da $u_q(t) = U_q$ s(t) kt und

$$g(t - t') = \frac{1}{\tau} \exp \frac{-(t - t')}{\tau} .$$

Die Faktoren $s(t)$ und s$(t$-$t')$ betragen entweder 0 oder 1. Die Auswertung ergibt für $t > 0$ (sonst 0)

$$u_C(t) = \frac{U_q}{\tau} \int_0^t kt' \exp - \frac{(t - t')}{\tau} dt' = \tau U_q k \left[\left(\frac{t}{\tau} - 1 \right) + \exp - \frac{t}{\tau} \right] , \qquad (5.3.10)$$

da nur im Bereich zwischen 0 und t Flächenanteile liegen.

Bild 5.3.4b zeigt die Lösung $u_C(t)$ und das Erregersignal für die Schaltung mit der Impulsantwort $g(t) = (\mathrm{s}(t)/\tau) \exp -t/\tau$. Mit Kenntnis der Gewichts- ($g(t)$ oder Übergangsfunktion $h(t)$ kann somit die Ausgangsgröße auch bei beliebiger Erregung bestimmt werden. Das erübrigt weiter die Lösung komplizierter Netzwerkdifferentialgleichungen, denn $h(t)$ lässt sich noch einfacher ermitteln, wie weiter gezeigt wird.

PC a) Untersuchen Sie im MATLAB-Beispiel 5/13 die Gewichts- und Sprungfunktion eines gegebenen Netzwerkes.

b) Bilden Sie die im Beispiel a) gegebene Übertragungsfunktion durch einen Reihenschwingkreis nach (s. Bild 4.6.16, Gl. (4.6.25, Spannungsabfall über R)). Wählen Sie die Elemente so, dass sie dem MATLAB-Beispiel entsprechen und untersuchen Sie das Einschwingverhalten bei Impuls- und Sprungerregung (Schaltung mit Funktionsgenerator und Oszilloskop aufbauen, Impulsform über Tastverhältnis einstellen). Ergeben sich merkliche Unterschiede gegenüber der MATLAB-Lösung?

c) Untersuchen Sie die dyn. Eigenschaften eines Reihenschwingkreises im MATLAB-Beispiel 5/14.

d) Untersuchen Sie die dynamischen Eigenschaften eines Spannungsfolgers im MATLAB-Beispiel 5/15.

5.3.3 Die Übertragungsfunktion des Eingangs-Ausgangsverhaltens im Bildbereich

Außer über Netzwerkdifferentialgleichung, Gewichts- und Übergangsfunktion kann die Ausgangsgröße bei allgemeiner Netzwerkerregung auch einfacher ermittelt werden: durch Anwendung der Laplace-Transformation auf das Netzwerk.

Bei der Laplace-Transformation der Netzwerkdifferentialgleichung (5.3.1) lassen sich die Variablen $\underline{X}_a$ und $\underline{X}_e$ (bei verschwindenden Anfangsbedingungen) beiderseits herausheben, weil das Differentiationssymbol d/dt durch den Operator p der Laplace-Transformation ersetzt wird. Man erhält:

$$\underline{G}(p) = \frac{\mathrm{LT}\{x_a(t)\}}{\mathrm{LT}\{x_e(t)\}} = \frac{\underline{X}_a(p)}{\underline{X}_e(p)} = \frac{b_m p^m + \cdots + b_1 p + b_0}{a_n p^n + \cdots + a_1 p + a_0} = \frac{Z(p)}{N(p)} = |\underline{G}(p)| \exp \mathrm{j}\varphi(p). \quad (5.3.11)$$

$p = \sigma + \mathrm{j}\omega,\ m \le n$ Übertragungsfunktion

Die Übertragungsfunktion $\underline{G}(p)$ beschreibt die Reaktion (Ausgangsgröße $\underline{X}_a(p)$) eines Netzwerkes auf eine Eingangsgröße $\underline{X}_e(p)$ im Bildbereich (Bild 5.3.5).

Da ihre Koeffizienten a_μ, b_μ reell sind (nur bestimmt von den Netzwerkelementen), wird für reelle p auch $\underline{G}(p)$ reell.

Die Rücktransformation in den Zeitbereich führt allgemein auf

$$x_a(t) = \mathrm{LT}^{-1}\{\underline{X}_a(p)\} = \mathrm{LT}^{-1}\{\underline{G}(p)\,\underline{X}_e(p)\}. \quad (5.3.12)$$

Sind Übertragungsfunktion und Netzwerkerregung im Bildbereich bekannt, so ergibt sich die Ausgangsgröße $x_a(t)$ im Zeitbereich durch Rücktransformation der Wirkung $\underline{X}_a(p)$ aus dem Bildbereich:

- Damit sind Zeitbereichsverfahren (Lösung der DGL, Faltungsintegral) und Frequenzbereichsmethoden (Lösung der algebraischen Gleichung, Übertragungsfunktion) *gleichwertig, aber unterschiedlich rechenaufwendig*!
- Die Übertragungsfunktion $\underline{G}(p)$ bietet erhebliche *Vorteile*: leicht bestimmbar, da sich Differentiation und Integration im Zeitbereich auf Multiplikation und Division im Bildbereich reduzieren (analog symbolische Wechselstromrechnung).
- Bei Kenntnis von $\underline{G}(p)$ (wobei Gl. (5.3.11) *nicht vorschreibt, wie $\underline{G}(p)$ gewonnen wird*!), erfordern unterschiedliche Erregungen nur noch die zugehörige Bildfunktion, um die Ausgangsfunktion zu bestimmen.
- Zwischen Übertragungsfunktion $\underline{G}(p)$, Gewichts- und Übergangsfunktionen ($g(t)$, $h(t)$) bestehen direkte Beziehungen.
- Der Frequenzgang $\underline{F}(\mathrm{j}\omega)$ (Abschn. 4.3.5) ist ein Spezialfall der Übertragungsfunktion für $p = \mathrm{j}\omega$, m.a.W. können *Ergebnisse der Wechselstromanalyse direkt zur Lösung auch komplizierter Anregungen herangezogen werden*!

Zusammenhang Übertragungsfunktion $\underline{G}(p)$, Gewichts- und Übergangsfunktion ($g(t)$, $h(t)$). Ein *Diracimpuls* zum Zeitpunkt $t = 0$ mit $\underline{X}_e(p) = \mathrm{LT}\{\delta(t)\} = 1$ ergibt mit Gl. (5.3.11) das Ausgangssignal $\underline{X}_{a\delta}(p) = \underline{G}(p)1$. Die Rücktransformation führt auf:

$$x_{a\delta}(t) = g(t) * x_{e\delta} = \mathrm{LT}^{-1}\{\underline{X}_{a\delta}(p)\} = \mathrm{LT}^{-1}\{\underline{G}(p)1\}, \quad (5.3.13)$$

d.h.

$$\underline{G}(p) = \mathrm{LT}(g(t) * x_{e\delta}) \quad \text{bzw.} \quad g(t) = \mathrm{LT}^{-1}(\underline{G}(p))$$

$$g(t) \circ\!\!-\!\!\bullet\ \underline{G}(p).$$

Zusammenhang Gewichts-Übertragungsfunktion

Die Übertragungsfunktion $\underline{G}(p)$ eines LTI-Systems ist die Laplacetransformierte seiner Gewichtsfunktion $g(t)$ (Bild 5.3.5) oder gleichwertig: Impulsantwort $g(t)$ und Übertragungsfunktion $\underline{G}(p)$ bilden eine Laplacekorrespondenz (ganz entsprechend bilden Impulsantwort und Frequenzgang $\underline{F}(\mathrm{j}\omega)$ eine Fourierkorrespondenz).

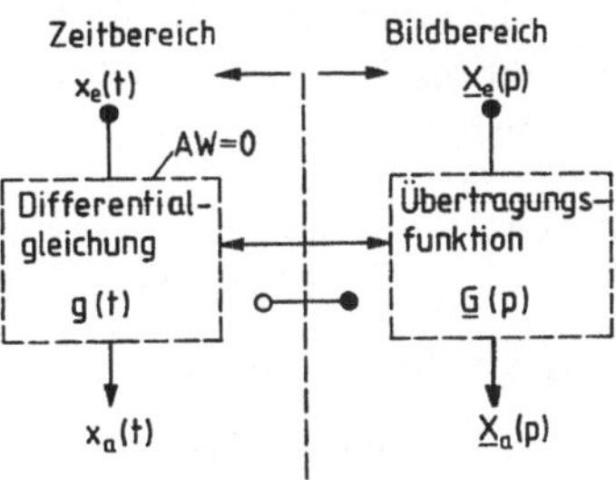

Bild 5.3.5 Übertragungsverhalten eines linearen Systems mit Anfangswert $AW = 0$ im Bild- und Zeitbereich

Wird das Netzwerk mit einer *Sprungfunktion* erregt (Erregergröße $\underline{X}_e(p) = \underline{X}_{eo}/p$), so folgt als *Sprungantwort* $x_a(t) = \mathrm{LT}^{-1}\{\underline{G}(p)\ \underline{X}_{eo}/p\} = X_{eo}\ \mathrm{LT}^{-1}\{\underline{G}(p)/p\}$ oder durch Vergleich:

$$h(t) = \mathrm{LT}^{-1}\{\underline{G}(p)/p\} = \mathrm{LT}^{-1}\{\underline{H}(p)\}\ . \qquad (5.3.14)$$

Sprungantwort $h(t)$ und $\underline{G}(p)/p$ bilden eine Laplacekorrespondenz. Die Größe $\underline{H}(p)$ ist die Laplacetransformierte der Sprungantwort $h(t)$. Damit kann auch die Übergangsfunktion direkt aus der Übertragungsfunktion gewonnen werden.

Die Tafeln 5.3.1 und 5.3.3 (s.u.) zeigen diese Zusammenhänge. Sie erlauben einen Rückblick auf die bisherigen Lösungsmethoden der Netzwerkdifferentialgleichung: im Prinzip genügt es, die Übertragungsfunktion $\underline{G}(p)$ zunächst über die komplexe Wechselstromrechnung zu bestimmen, dann $\mathrm{j}\omega$ durch p zu ersetzen und bei allgemeiner Netzwerkerregung daraus die entsprechende Zeitfunktion (durch Rücktransformation) zu gewinnen.

Grenzwertsätze. Zur die praktischen Berechnung sind einige Zusammenhänge zwischen Zeit- und Bildbereich nützlich, die aus den *Grenzwertsätzen* der Laplace-Transformation resultieren. Sie verbinden spezielle Werte der Übergangsfunktion $h(t)$ und Übertragungsfunktion $\underline{G}(p)$. So bestehen zwischen der Übergangsfunktion $h(t)$ und der Übertragungsfunktion $\underline{X}(p)$ folgende Grenzwertbeziehungen:

Anfangswertsatz:

$$\lim_{t\to 0} h(t) = \lim_{p\to\infty} p\,\underline{H}(p) = \lim_{p\to\infty} \underline{G}(p) = \lim_{\mathrm{j}\omega\to 0} \underline{G}(\mathrm{j}\omega) \qquad (5.3.15\mathrm{a})$$

Endwertsatz:

$$\lim_{t\to \infty} h(t) = \lim_{p\to 0} p\,\underline{H}(p) = \lim_{p\to 0} \underline{G}(p) = \lim_{\mathrm{j}\omega\to 0} \underline{G}(\mathrm{j}\omega) \qquad (5.3.15\mathrm{b})$$

wegen $\underline{H}(p) = \underline{G}(p)/p$.

Damit liegt ein direkter Zusammenhang z.B. zwischen dem Verhalten eines Systems im zeitlichen Anfangsbereich und dem für hohe Frequenzen im Frequenzbereich (und umgekehrt) vor. Er kann zur raschen Systembewertung nützlich sein.

Beispiel. In einer *RC*-Schaltung (Bild 5.3.1) soll $u_C(t)$ untersucht werden. Die Übertragungsfunktion $\underline{G}(j\omega) = U_c/U_e$ lautet im Frequenzbereich (Wechselstromrechnung, Spannungsteilerregel)

$$\underline{G}(j\omega) = \frac{\underline{U}_c}{\underline{U}_q} = \frac{1}{1 + j\omega RC} \rightarrow \underline{G}(p) = \frac{\underline{U}_c(p)}{\underline{U}_q(p)} = \frac{1}{1 + pRC} = \frac{1}{RC} \cdot \frac{1}{1/RC + p} \quad .$$

Daraus folgt mit der Korrespondenztabelle Tafel 5.2.2 die Gewichtsfunktion (s. Gl. (5.3.8)):

$$g(t) = \mathrm{LT}^{-1}(\underline{G}(p)) = 1/RC \exp - t/RC \,. \tag{5.3.16}$$

Einschalten des Netzwerkes zur Zeit $t = 0$ mit der Spannung U_q ($\rightarrow \underline{U}_q(p) = U_q(p)$) ergibt die Ausgangsspannung im Bildbereich $\underline{U}_c(p) = (U_q/p)\,\underline{G}(p)$ oder

$$u_C(t) = \mathrm{LT}^{-1}\{\underline{U}_c(p)\} = U_q\, \mathrm{LT}^{-1}\{\{\underline{G}(p)/p\} = U_q\, \mathrm{LT}^{-1}\{(1/p) \cdot 1/(1 + pRC)\}.$$

Die Rücktransformation (Tafel 5.2.2) führt zur Übergangsfunktion

$$h(t) = (1 - \exp - t/\tau), \quad \text{da } u_C(t) = U_q(1 - \exp -t/\tau) \,. \tag{5.3.17}$$

Liegt ein Stoßimpuls $u_e\delta(t) = U_{q\delta}(t)$ zur Zeit $t = 0$ an, so lautet die Kondensatorspannung im Bildbereich $\underline{U}_c(p) = U_q'\, \underline{G}(p) \cdot 1$ und im Zeitbereich $u_C(t) = \mathrm{LT}^{-1}(\underline{U}_c(p) = (U_q'/\tau) \exp -t/\tau = U_q'\, g(t)$.

Damit lädt der Spannungsstoßimpuls zum Zeitpunkt $t = 0$ den Kondensator sofort (in unendlich kurzer Zeit mit unendlich hohem Strom) auf, so dass er sich dann nach Maßgabe von $g(t)$ (s. Bild 5.3.2) entladen kann (Hinweis: U_q' hat die Dimension Vs!).

Tafel 5.3.2 Netzwerke und ihr Einsatz in der analogen/digitalen Signalverarbeitung

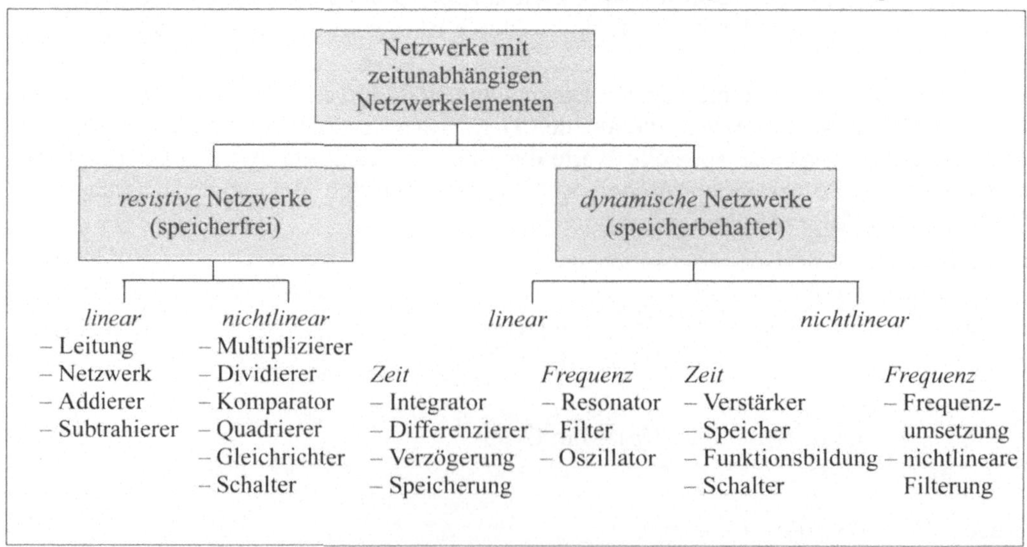

Zusammengefasst gilt damit:

- Die stationäre Lösung der Netzwerkdifferentialgleichung im Bild- bzw. Frequenzbereich führt immer auf die Übertragungsfunktion $\underline{G}(p)$ bzw. den Frequenzgang $\underline{G}(\mathrm{j}\omega)$, letzterer als Ergebnis der Wechselstromrechnung.
- Die Lösung der Netzwerkdifferentialgleichung für typische Anregungen kann gleichwertig bestimmt werden (neben der direkten Lösung) im Zeitbereich mit der Gewichtsfunktion $g(t)$ durch Faltung mit dem Eingangssignal oder die Übergangsfunktion $h(t)$ und im Bildbereich aus der Übertragungsfunktion $\underline{G}(p)$ durch Multiplikation mit der Laplacetransformierten des Eingangssignals und Rücktransformation.

Rückblick. Die Diskussion der Übertragungseigenschaften elektrischer Netzwerke unter verschiedenen Aspekten lässt einen Rückblick geboten erscheinen:

Netzwerke können eingeteilt werden (Tafel 5.3.2) z.B. in rein *resistive* und solche mit *Speicherelementen* (Kondensator, Spule). Ihr Merkmal ist das Auftreten von Differentialgleichungen. Sie heißen auch *dynamische* Netzwerke oder solche mit Gedächtniseffekt (Anfangswerte → Erinnerungsvermögen).

Resistive Netzwerke werden in *lineare* und *nichtlineare* unterteilt. Im ersten Fall gilt der *Überlagerungssatz*: Bei mehreren Erregungen addieren sich die Ausgangsgrößen. Nichtlineare resistive Netzwerke dienen oft zur Funktionsbildung (z.B. Quadierer).

Dynamische Netzwerke werden – je nachdem, ob das Zeit- oder Frequenzverhalten des Ausgangssignals interessiert – als *Zeitglieder* oder *Filter* eingesetzt. Ihre Grundeigenschaften bestimmen typische Anwendungsgebiete (Tafel 5.3.2). Wesentlich für die Wechselstromtechnik sind dabei die Frequenzeigenschaften, die Eigenschwingungen und das Resonanzphänomen.

Vom Eingangs-/Ausgangsverhalten her gesehen lässt sich ein Netzwerk auch als *System* betrachten. Sein Übertragungsverhalten kann gleichberechtigt im Zeit- und Frequenzbereich beschrieben werden (Tafel 5.3.3 auf S. 290). Typische Merkmale sind dabei

- die *Gewichts-* und *Übergangsfunktion* bei Impuls- und Sprunganregung (Zeitbereich),
- die *Übertragungsfunktion* $\underline{G}(p)$ bei komplexer Exponentialanregung mit dem Sonderfall des Frequenzganges bei (stationärer) *Sinusanregung*. Transformationen (Laplace-, Fourier-) erlauben, auch nichtperiodische Signale mit den Lösungsmethoden für periodische Signale (im Frequenzbereich) zu analysieren.

Der mit der Wechselstromrechnung (Abschn. 4.3ff.) relativ einfach zu bestimmende Frequenzgang $\underline{G}(\mathrm{j}\omega) = \underline{F}(\mathrm{j}\omega)$ kann auch zur Analyse bei aperiodischer, z.B. impulsförmiger Netzwerkerregung, herangezogen werden kann.

Es gibt *enge Zusammenhänge* der einzelnen Analyseverfahren, die das Erlernen sehr erleichtern. Offen sind noch einige spezifische Eigenschaften der Übertragungsfunktion und typische Darstellungsformen (von denen wir einige bereits kennen).

PC a) Untersuchen Sie im MATLAB-Beispiel 5/10 die verschiedenen Darstellungsformen der Übertragungsfunktion.

b) Untersuchen Sie die Partialbruchentwicklung einer Übertragungsfunktion im MATLAB-Beispiel 5/11.

c) Untersuchen Sie eine die Beziehung zwischen Netzwerk und Übertragungsfunktion einer gegebenen Schaltung (als sog. Transferblock) mit Multisim-Beispiel 5/2.

Aufgabe 5.3.1

Tafel 5.3.3 Übersicht zur Behandlung von linearen Netzwerken bei typischen Anregungen

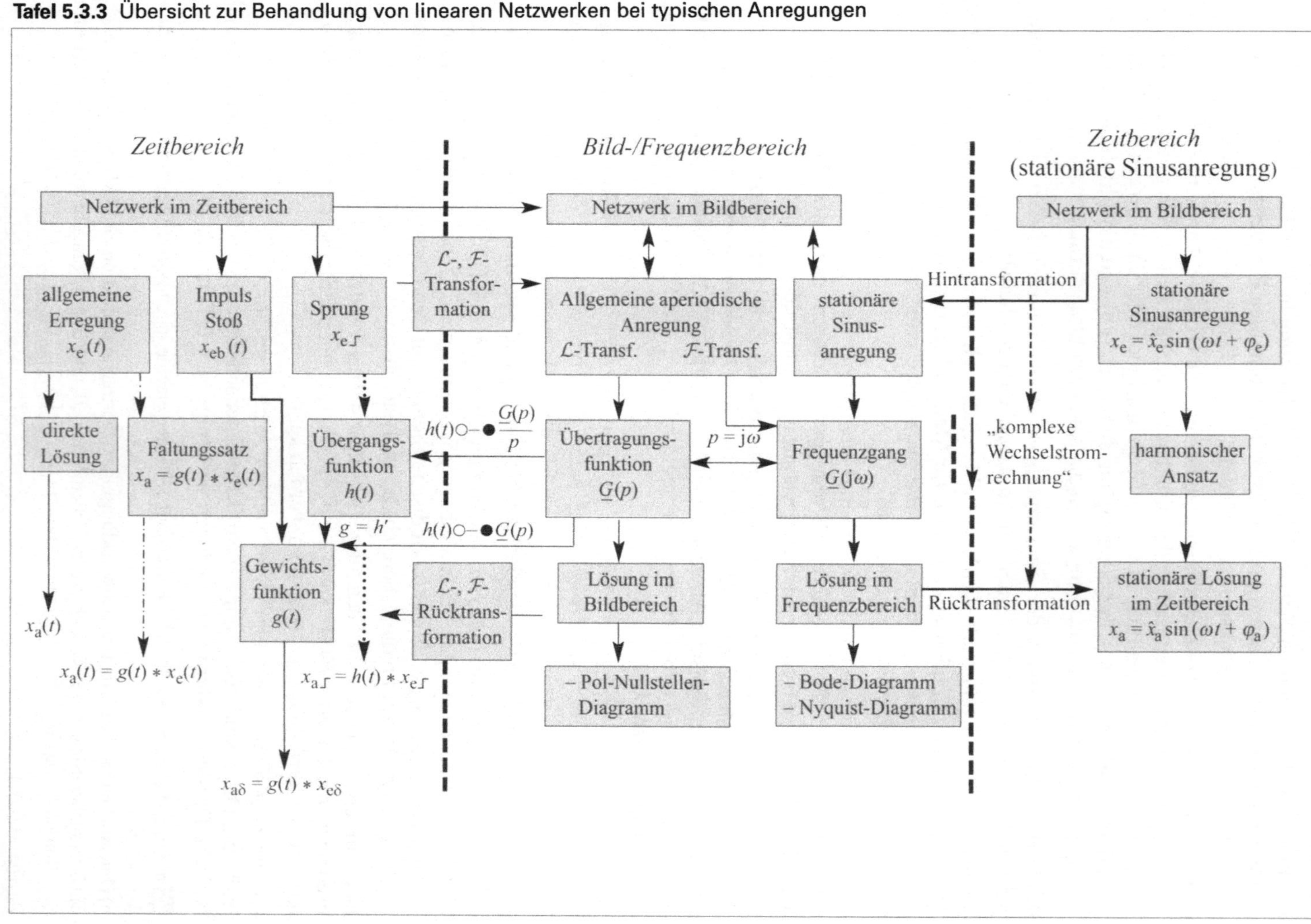

5.3.4 Eigenschaften und Darstellungen der Übertragungsfunktion

Pol-Nullstellendarstellung. Die Übertragungsfunktion Gl. (5.3.11) eines Netzwerkes mit konzentrierten Netzwerkelementen (Gegenstück: verteilte Elemente, etwa im Kabel) ist *gebrochen rational*, d.h. darstellbar als *Polynomquotient* mit reellen Koeffizienten a_i, b_i. Die Nullstellen des Zählerpolynoms heißen *Nullstellen*, die des Nennerpolynoms die *Pole* von $\underline{G}(p)$. Bei einem Pol wächst $\underline{G}(p)$ und damit das Ausgangssignal über alle Grenzen (Division durch Null). Daher bestimmen Pole die *Stabilität* des Systems.

Pole haben ihre Ursache in den *Nullstellen der charakteristischen Gleichung* der homogenen Netzwerkdifferentialgleichung und bestimmen damit das *Eigenverhalten* des Netzwerkes. Sind Nullstellen und Pole bekannt, so kann die Übertragungsfunktion Gl. (5.3.11) gleichwertig in der sog. *Pol-Nullstellenform*

$$\underline{G}(p) = \frac{Z(p)}{N(p)} = k\frac{(p - p_{N_1})(p - p_{N_2})\cdots(p - p_{N_m})}{(p - p_{P_1})(p - p_{P_2})\cdots(p - p_{P_n})} \qquad (5.3.18)$$

(mit $m \to n$ aus physikalischen Gründen) geschrieben werden. Wegen der reellen Koeffizienten a_j, b_i hat $\underline{G}(p)$ Nullstellen p_{Ni} und Pole p_{Pj}, die reell oder konjugiert komplex sein können. Beide lassen sich anschaulich in der komplexen p-Ebene als sog. *PN-Plan* darstellen (Bild 5.3.7).

Das Übertragungsverhalten eines Netzwerkes kann im Bildbereich außer durch die Übertragungsfunktion gleichwertig durch die *Pol- und Nullstellenverteilung* und den Faktor k in Gl. (5.3.18) beschrieben werden.

Die Lage der Pole und Nullstellen in der (komplexen) p-Ebene erlaubt Rückschlüsse auf Zeitverhalten und Stabilität eines Netzwerkes:

Ein Netzwerk (System) ist stets stabil, wenn $m \to n$ (Zählergrad kleiner oder höchstens gleich Nennergrad) gilt und alle Pole in der linken Halbebene liegen. (Solche Polynome heißen Hurwitzpolynome). Für Systeme 1. und 2. Ordnung gilt notwendig (und hinreichend), dass alle Nennerkoeffizienten vorkommen und gleiches Vorzeichen haben.

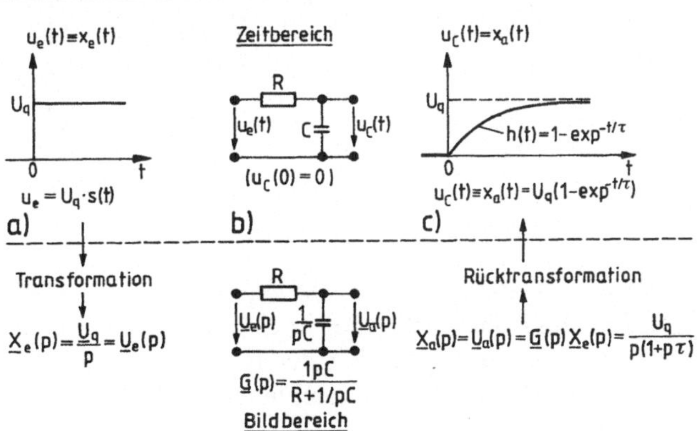

Bild 5.3.6 Grundsätzlicher Ablauf zur Bestimmung des Zeitverhaltens der Ausgangsgröße einer Schaltung mittels Laplace-Transformation
a) Eingangssignal, Sprungfunktion $s(t)$ zur Zeit $t = 0$,
b) System (Schaltung),
c) Ausgangssignal

Der PN-Plan liegt symmetrisch zur reellen Achse, Nullstellen können auch in der rechten Halbebene angeordnet sein.

Hinweis: Instabilitätsgefahr besteht auch bei „niedrigen" Systemen dennoch, wenn sie gesteuerte Quellen und Rückführung enthalten (Beispiel: Oszillatorschaltungen).

Beispiel: Das einfache *RC*-Glied (Bild 5.3.6) hat in der Übertragungsfunktion $\underline{G}(p) = k/(1+p\tau)$ der Kondensatorspannung eine Pol-Nullstellenverteilung nach Bild 5.3.7b (reeller Pol bei $p_1 = \sigma_1 = -1/\tau$, keine Nullstelle). Seine Sprungantwort ist durch Gl. (5.3.17) gegeben. Ein weiter links auf der negativ reellen Achse (→ kleinere Zeitkonstante) liegender Pol würde zu schneller abklingendem Ausgleichsvorgang führen. Umgekehrt lässt ein Pol auf der positiv reellen Achse den Übergangsvorgang exponentiell anschwellen (instabiles Verhalten).

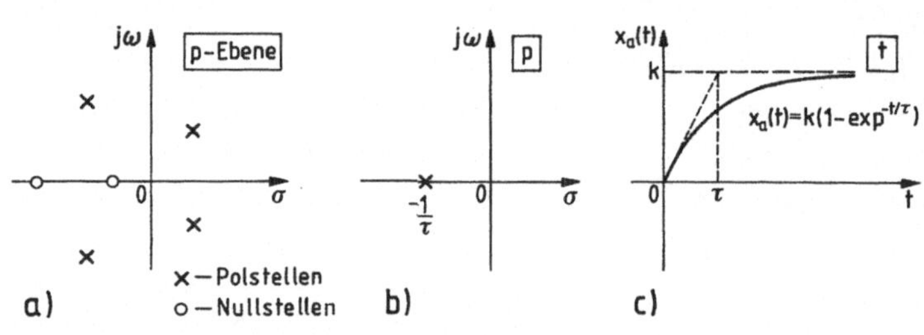

Bild 5.3.7 Pol-Nullstellenverteilung
a) Beispiel einer gebrochenen rationalen Übertragungsfunktion in der komplexen *p*-Ebene
b) *RC*-Glied (Bild 5.3.6)), Pol-Nullstellenverteilung
c) Reaktion auf eine Sprungerregung (Einheitssprungantwort)

Ein System mit *zwei Energiespeichern* (*RLC*-Netzwerk, zwei unabhängige Energiespeicher) hat die Übertragungsfunktion

$$\underline{G}(j\omega) = \frac{a_0 + a_1 j\omega - a_2\omega^2}{b_0 + b_1 j\omega - b_2\omega^2} \tag{5.3.19}$$

(mit b_0, $b_1 > 0$ als Forderungen für ein stabiles System). Zu dieser Übertragungsfunktion gehören

– die *Impulsantwort*

$$g(t) = a_2\delta(t) + s(t)[A_1 \exp p_1 t + A_2 \exp p_2 t] \tag{5.3.20a}$$

– sowie die *Sprungantwort*

$$h(t) = s(t)\left[a_2 + \frac{A_1}{p_1}(\exp p_1 t - 1) + \frac{A_2}{p_2}(\exp p_2 t - 1)\right] \tag{5.3.20b}$$

$$\text{mit } A_1 = \frac{c_0 + c_1 p_1}{p_1 - p_2} \qquad A_2 = \frac{c_0 + c_1 p_2}{p_2 - p_1} \qquad c_0 = a_0 - a_2 b_0\,, \quad c_1 = a_1 - a_2 b_1$$

$$p_{1/2} = -\frac{b_1}{2} \pm \sqrt{\frac{b_1^2}{4} - b_0}\,.$$

Die Polstellen sind entweder *einfach reell*, *einfach komplex*, *mehrfach reell* oder *mehrfach komplex*. Das äußert sich außer ihrer Lage im PN-Plan auch im Übergangsverhalten (→ Art der Partialbruchzerlegung bei der Rücktransformation) und im Frequenzgang → Bode-Diagramm). Bei konjugiert komplexen Polen können schwingende Anteile in der Lösung auftreten.

Verbindungen gibt es auch zwischen PN-Plan und Bode-Diagramm. Hat eine Übertragungsfunktion höherer Ordnung sowohl reelle wie konjugiert komplexe Pole und Nullstellen (einfach, mehrfach), so kann sie in der Form

$$\underline{G}(p) = k' s^{m_0 - n_0} \frac{\prod_i^{m_1} (p - p_{\mathrm{Ni}}) \prod_i^{m_2} (p^2 + \alpha_{\mathrm{Ni}}\, p + \beta_{\mathrm{Ni}})}{\prod_i^{n_1} (p - p_{\mathrm{Pi}}) \prod_i^{n_2} (p^2 + \alpha_{\mathrm{Pi}}\, p + \beta_{\mathrm{Pi}})} \qquad (5.3.21)$$

dargestellt werden. Darin sind enthalten (außer der Konstanten k')

– Integrator- bzw. Differentiatorglieder der Ordnung m_o-n_o-,

– TP-HP Glieder erster Ordnung (reelle Pole / Nullstellen),

– TP-HP Glieder zweiter Ordnung (konjugiert komplexe Pole / Nullstellen).

Für jeden dieser Faktoren lässt sich ein Bodediagramm angeben, insgesamt gibt es dann sechs Formen. Das Bodediagramm der allgemeinen Übertragungsfunktion entsteht durch Überlagerung (→ Produktbildung: → Addition der Amplitudenachsen durch die logarithmische Darstellung).

Die Grundelemente haben wegen der logarithmischen Frequenzachse lineare Asymptoden:

Übertragungsfunktion, PN-Plan, Frequenzgang und Bode-Diagramm eines Netzwerkes stehen daher in direktem Zusammenhang.

Aus der Kenntnis von $\underline{G}(\mathrm{j}\omega)$ lässt sich über $\underline{G}(p)$ mittels Gl. (5.3.14) z.B. die Übergangsfunktion $h(t)$ direkt bestimmen. Im Bild 5.3.8 sind Ortskurve und Übergangsfunktion eines *RC*-Netzwerkes als Beispiel gegenübergestellt. Man erkennt übereinstimmend mit den Anfangs- und Endwertsätzen Gl. (5.3.15), dass dem zeitlichen Anfangsbereich der Frequenzbereich $\omega \to \infty$ entspricht, umgekehrt dem stationären Zeitbereich $t \to \infty$ der Frequenzbereich $\omega \to 0$.

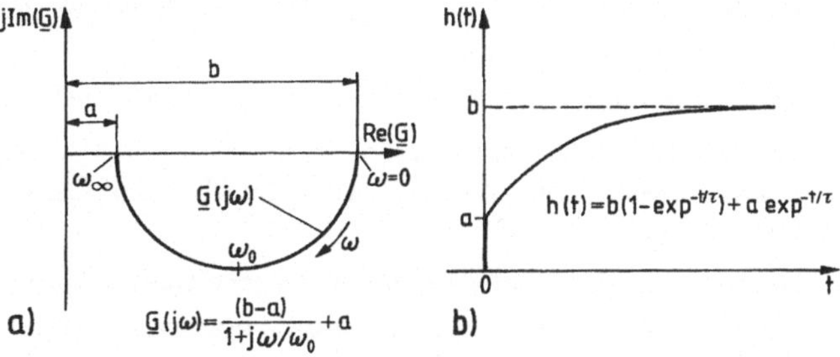

Bild 5.3.8 Anfangs- und Endwerte des Frequenzganges $\underline{G}(\mathrm{j}\omega)$ eines *RC*-Netzwerkes und zugehörige Übergangsfunktion $h(t)$
a) Ortskurve des Frequenzganges,
b) Übergangsfunktion

PC Untersuchen Sie im MATLAB-Beispiel 5/12 die Pol-Nulldarstellung einer gegebenen Übertragungsfunktion (vgl. auch MATLAB-Beispiel 5/14).

5.4 Diskrete Signale und Systeme

Übersicht. Die Natur bietet von sich aus analoge, d.h. wert- und zeitkontinuierliche Größen an. Deshalb beherrschte ihre Verarbeitung mit entsprechenden elektrotechnischen Verfahren über Jahrzehnte die Technik und im Ergebnis entstand eine breit ausgebaute theoretische und praktische Beschreibung analoger Signale und Systeme. Mit

- der Entdeckung des Abtasttheorems (Nyquist 1928), mit einem auf Küpfmüller[1)] (1924) zurückgehenden Vorläufer und schließlich Shannon (1948)),
- der Herausbildung der Halbleitertechnik und besonders der Technik *integrierter digitaler Schaltungen,*
- sowie der Entwicklung der Rechentechnik und einer zunehmend verbesserten *numerischen Signalverarbeitung*

gewannen *digitale Signale und Systeme* ab Anfang der 70er Jahre immer stärkere Bedeutung. Einige ihrer *Vorzüge* sind:

- die einfache *Speicherbarkeit* großer Datenmengen,
- die Aufteilung der abzuarbeitenden *Algorithmen auf Hard- und Software* mit der Möglichkeit, Änderungen allein über die Software vorzunehmen,
- die Unempfindlichkeit digitaler Schaltungen gegen *Bauelemente-* und *Schaltungstoleranzen* (im Gegensatz zu Analogschaltungen). Die Genauigkeit der digitalen Signalverarbeitung wird vielmehr durch die Länge der Binärworte bestimmt, die (zwar kostensteigernd) beliebig vergrößerbar ist,
- der Möglichkeit, auch ungewöhnliche und/oder sehr *komplexe Systeme* realisieren zu können, wofür Analogtechniken nicht geeignet sind (Komplexität, Flächenaufwand bei integrierten Schaltungen, Störungen u.a.m.),
- kostengünstigere Schaltungslösungen durch den starken *Wiederholcharakter* der digitalen Schaltungstechnik,
- Erweiterbarkeit der Signalverarbeitung nach extrem *tiefen Frequenzen* (mHz-Bereich) für Spezialanwendungen, die mit analogen Schaltungstechniken wegen der erforderlich großen Kondensatoren und Induktivitäten nicht möglich ist.

Trotzdem hat auch die analoge Signalverarbeitung sektoral noch *Vorteile* bzw. die Digitaltechnik *Nachteile:*

- kleinere Analogsysteme sind meist *weniger aufwendig* als entsprechende Digitalsysteme,
- deutlich höherer Schaltungsaufwand der digitalen Lösung durch erforderliche *AD-DA-Wandler*, wenn eine analoge Aufgabe über den Umweg der digitalen Verarbeitung gelöst werden soll,
- Begrenzung der höchsten, noch verarbeitbaren Signalfrequenz durch die erforderliche *Abtastfrequenz,* die mindestens gleich der doppelten höchsten Signalfrequenz sein muss. Kritische Komponenten sind diesbezüglich der AD-Wandler und die Abtast- und Haltestufe. Derzeitige Abtastfrequenzen liegen im unteren GHz-Bereich (bei Wortbreiten von 6 Bit), für höhere Auflösungen (12...16 Bit) sinken sie auf einige 10 MHz und für

[1)] Die auf Küpfmüller zurückgehende Formulierung zwischen erforderlicher Bandbreite und Signalanstiegszeit kann als eine andere Darstellungsweise des Abtasttheorems angesehen werden.

noch höhere Auflösungen im 20-...24 Bit-Bereich auf die Größenordnung um100 kHz. Gleichzeitig steigt der Aufwand für die AD-Wandlung deutlich. Wegen dieser Begrenzungen nach hohen Datenraten *und* Geschwindigkeiten können bestimmte Aufgaben durch digitale Signalverarbeitung – abhängig von Stand der Technik – auch heute noch nicht durchgeführt werden,

- durch Abtastung, die erforderlichen Taktsignale und die AD-Wandlung entstehen z.T. systematisch bedingte *Störungen* (das sog. digital noise), die nur teilweise durch Filter unterdrückt werden können,
- wegen der genannten Begrenzungen ist beispielsweise der Bereich der *Hochfrequenztechnik* noch eine Domäne der analogen Signalverarbeitung, wenn auch in Teilsektoren digitale Verfahren unaufhaltsam vordringen.
- die *theoretischen Anforderungen* zum Entwurf digitaler Systeme sind i.a. höher als für analoge.

Die Vor- und Nachteile beider Arten der Signalverarbeitung führen immer mehr zur sog. *gemischten (mixed signal) Verarbeitung* mit *digitalen und analogen Schaltungsteilen auf dem gleichen Chip.*

Aus diesen (und anderen) Gründen erlangen *zeitdiskrete Signale und Systeme* für die Informationstechnik immer größere Bedeutung. Sie stehen heute gleichrangig neben den zeitkontinuierlichen Signalen und System mit Dominanz auf einigen Gebieten (Digitalkamera, CD, Audiotechnik, Sprachverarbeitung, Steuerungstechnik, Bildverarbeitung, Informationssysteme [z.B. Modem, Faxgerät, Mobilfunk, Verschlüsselungstechnik, lokale Netze, biomedizinische Signalverarbeitung u.a.m.]), die sie gleichzeitig überhaupt erst möglich machten.

Zur *allgemeinen digitaler Verarbeitung* zählen solche Verfahren wie Filterung, Faltung, Erkennung und Korrelation, Schätzverfahren, Transformationen und die Analog-Digitalwandlung und umgekehrt.

Zwischen digitaler und analoger Signalverarbeitung gibt es aber einen *grundsätzlichen Unterschied*: analoge Systeme arbeiten immer im *Echtzeitbetrieb*, ein Digitalsystem muss nicht in Echtzeit arbeiten (es sind sogar besondere Anstrengungen erforderlich, wenn Echtzeitbetrieb erfolgen soll).

Die digitale Verarbeitung eines Analogsignals umfasst *drei Grundschritte* (Bild 5.4.1):

- Wandlung Analogsignal–Digitalsignal,
- Verarbeitung dieses Digitalsignals – die eigentliche Aufgabe des digitalen Systems – und
- Rückwandlung des verarbeiteten Digitalsignals in die Analogform.

Diese Grundschritte bedingen als *Hauptkomponenten* eines digitalen Systems:

1) den *AD- Wandler*, der das analoge, also zeit- und wertkontinuierliche Signal in ein zeit- und wertdiskretes Signal überführt (s.u.),

2) den *digitalen Prozessor*, das eigentliche digitale System. An seinem Eingang liegt das Signal als Zahlenfolge (Datenwort, n-Bit) und am Ausgang entsteht ein Signal gebildet durch eine bestimmte Rechenvorschrift, den *Algorithmus*. Ausgeführt wird der Prozessor entweder als *Mikrorechner*, als *digitaler Signalprozessor* (*DSP*) mit Softwareunterstützung oder als reine *Hardwarelösung*. Seine typischen Aufgaben sind *digitale Faltung, Filterung, FT, DFT, Korrelationsbildung* u.a., also hauptsächlich die mathematischen Operationen

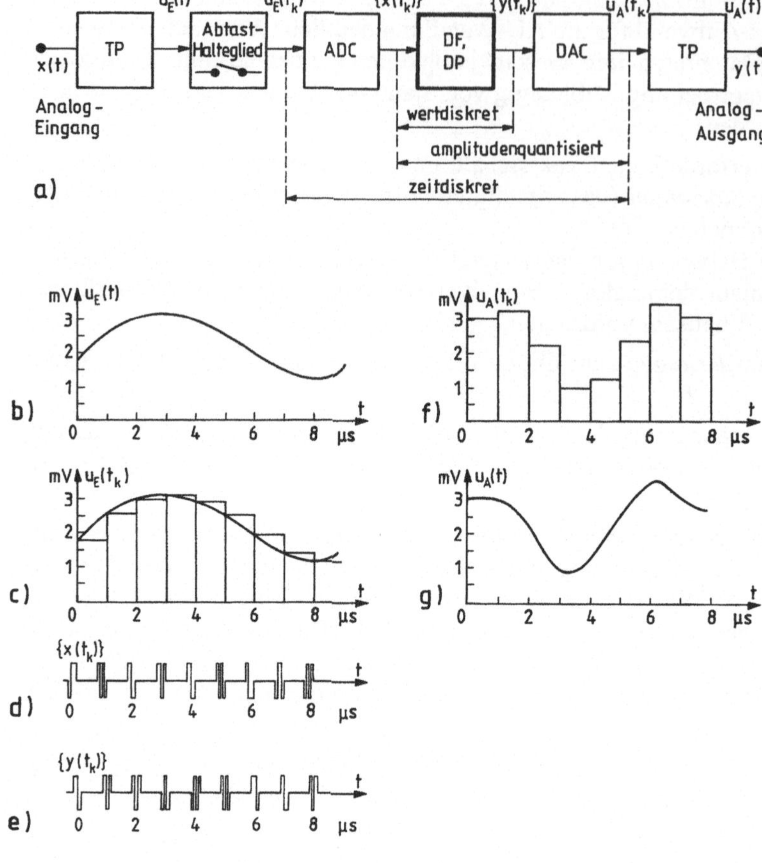

Bild 5.4.1 Blockschaltbild eines typischen digitalen Signalverarbeitungssystems
a) Stufenfolge
TP Tiefpass,
DF Digitalfilter,
DP Digitalprozessor
b) Analogeingangssignal
c) Ausgang der Abtastschaltung
d) Ausgang AD-Wandler
e) Ausgang Digitalprozessor
f) Ausgang DA-Wandler
g) rekonstruiertes Analogausgangssignal
In den Bildern d), e) sind die Pegel H und L durch positive und negative Impulse zur besseren Darstellung gewählt worden

Addition, Multiplikation und Verzögerung. Werden Mikroprozessoren speziell dafür ausgelegt, so heißen sie DSP. Herkömmliche Mikroprozessoren führen hauptsächlich Datenmanipulation, Transportoperationen und Vergleiche aus. Die Grundkomponenten des DSP sind *Verzögerer* (RAM, Schieberegister), *Multiplizierer* und *Addierer*.

Verbreitet werden digitale Prozessoren auch als *zeitdiskrete digitale Systeme* oder *digitale Filter* bezeichnet (und so der Begriff Filter weiter gefasst als der von Analogfiltern, obwohl jedes physikalische System grundsätzlich ein Tiefpass ist).

3) den *DA-Wandler*, der das Digitalsignal z.B. mit einem einfachen Halteglied in einen der Quantisierungstufe entsprechenden treppenförmigen Verlauf umwandelt. Nicht berücksichtigt sind in diesen Grundschritten Filter am Ein- und Ausgang zur Frequenzbandbegrenzung und Signalglättung.

Die beiden wichtigsten Komponenten eines zeitdiskreten Signalverarbeitungssystems sind der digitale Prozessor (als Gegenstand dieses Abschnittes) und der AD-Wandler (Bild 5.4.2). Letzterer erfüllt mehrere Aufgaben gleichzeitig:

- die *Abtastung* des zeitkontinuierlichen Eingangssignals zu bestimmten Zeitpunkten. Dadurch entsteht ein *zeitdiskretes, wertkontinuierliches* Signal,

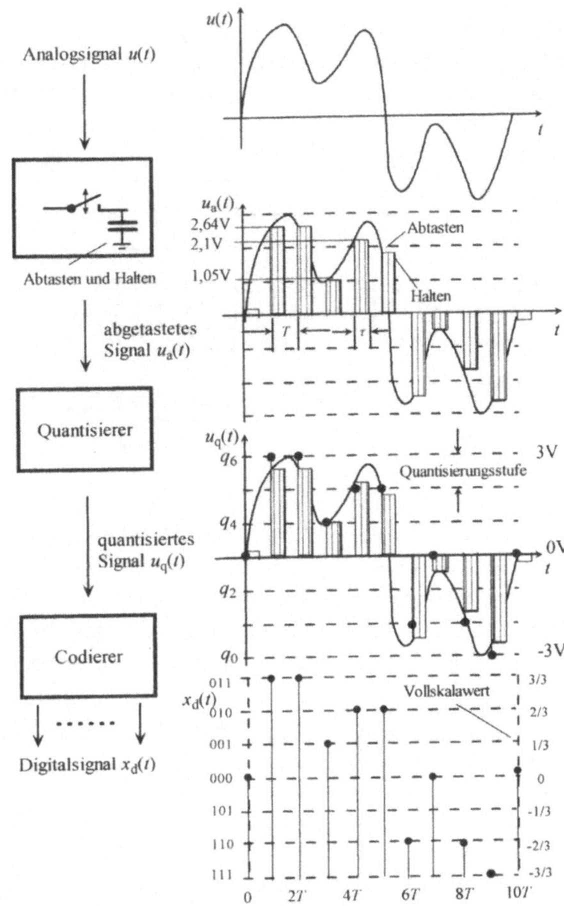

Bild 5.4.2 Analog-Digitalumsetzung mit zugehörigen Signalverläufen

- ggf. (kurzzeitige) Speicherung des abgetasteten Wertes (zur einfacheren Verarbeitung) bis zum nächsten Abtastwert (→ Erzeugung einer Treppenfunktion). Schaltungstechnisch bilden die Funktionen „Abtasten und Halten" oft eine Einheit als *Abtast-Halteschaltung* (SH-, sample and hold-circuit),
- eine *Amplitudenquantisierung* in eine endliche Zahl (wert)diskreter Amplitudenwerte. Dadurch entsteht ein zeit- und wertdiskretes Signal mit einem sog. Quantisierungsfehler, der sich als Rauschen bemerkbar macht,
- eine *Encoderanordnung*, die jedem Bestandteil der zeit- und wertdiskreten Folge einen Code (meist binär) zuordnet. So erzeugt ein 4 Bit ADC beispielsweise $2^4 = 16$ Binärcodes von 0000 bis 1111 entsprechend einem Dezimaläquivalent von 0 bis 15. Am Ausgang des ADC steht dann ein binärer Datenstrom zu Verfügung.

Es ist unerheblich, ob die Operationen Abtasten/Halten und ADC (Quantisierung/-Codierung) durch getrennte Einheiten ausgeführt werden oder nicht. Aus Sicht der zeitdiskreten Signalverarbeitung ist die Wertdiskretisierung zweitrangig und aus der Anordnung Bild 5.4.1 verbleiben dann

- die *Abtastanordnung zur Zeitdiskretisierung* und
- das (eigentliche) *zeitdiskrete* oder *digitale System* als wichtigste Systemkomponenten.

So, wie für zeitkontinuierliche Signale die *LTI-Systeme* die größte praktische Bedeutung hatten, gibt es auch für zeitdiskrete Signale eine entsprechende Systemgruppe, die *LTD-Systeme* (linear time-invariant, discrete) mit den gleichen Systemmerkmalen: *linear*, *zeitinvariant, kausal und stabil*. Dies ist zwar eine Einschränkung, sie umfasst aber die praktisch wichtigsten Fälle.

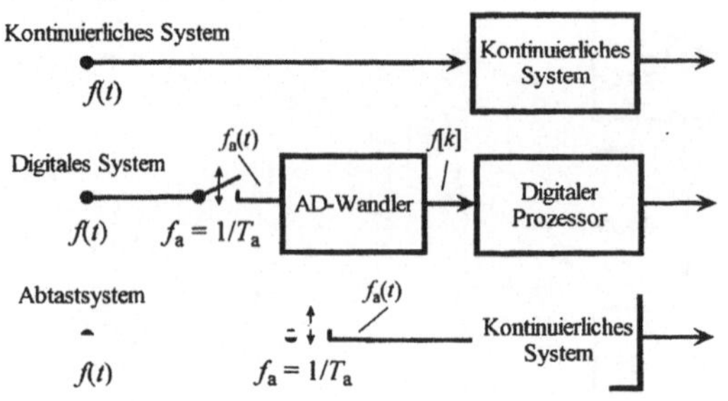

Bild 5.4.3 Prinzipaufbau unterschiedlicher Systeme zur Signalverarbeitung

Neben den Digitalsystemen gibt es noch eine dritte Gruppe, die *Abtastsysteme* (Bild 5.4.3). Das sind *zeitkontinuierliche* Systeme, denen ein abgetastetes Eingangsignal (zeitdiskret, aber wertkontinuierlich) zugeführt wird. Ein Abtaster tastet das Signal ab und hält diesen Wert bis zum nächsten Abtastschritt durch eine SH-Schaltung. Auf diese Weise entsteht ein zeitkontinuierliches (treppenförmiges) Signal. Es wird vom anschließenden zeitkontinuierlichen System verarbeitet. Da *kein* Digitalssystem vorliegt, kann es auch mit der Fourier- oder Laplace-Transformation untersucht werden.

Abtastsysteme sind die Grundlage der *Abtastschaltungen*: SC-(switched-capacitor-), SI-(switched-current-)Schaltungen in der Nachrichten-, Regelungs- und Messtechnik u.a.

Für die Signalverarbeitung haben Abtast- wie Digitalsysteme grundlegende Bedeutung. Ihr gemeinsamer Kern ist die Beschreibung entsprechender Signal- und Systemmerkmale und die Signalerzeugung durch Abtastung zeitkontinuierlicher Signale.

5.4.1 Zeitdiskrete Signale, Abtastung

Zeitdiskretes Signal. Wird ein zeitkontinuierliches Signal $x(t)$ in regelmäßigen Zeitabständen $T = T_a$ (Abtastzeit, $1/T = f_a$ Abtastfrequenz) abgetastet, so entsteht eine Zahlenfolge $x(kT)$ ($k = \ldots -2, -1, 0, 1, 2, \ldots$, ganz). Dabei beschreibt $x(kT)$ den Wert von $x(t)$ bei $t = kT$. Die Schreibweise $x[k]$ bezeichnet ein *zeitdiskretes Signal* oder eine *Folge* (Sequenz): $x(kT) = x[k]$.

Ein zeitdiskretes Signal ist eine geordnete Folge (Sequenz) von Zahlen (reell oder komplex) ausgedrückt durch $\{x[k]\}$, wobei die Folge dargestellt wird durch $x[-2]$, $x[-1], x[0], x[1], x[2]\ldots$

Die Folge drückt dabei die Veränderung einer physikalischen Größe als Funktion einer zeitdiskreten Variablen aus. Daher gilt:

$$x(kT) = x(t)|_{t=kT} \qquad \text{zeitdiskretes Signal} \qquad (5.4.1)$$

$$x[k] = x(t)|_{t=kT} \neq x(t)|_{t=k}.$$

Anstelle der kontinuierlichen Zeitvariablen wird die diskrete (normierte) Zeitvariable $k = t/T$ (ganze Zahl, 0, 1, 2, ...) eingeführt. Deshalb kann $x(kT)$ dargestellt werden entweder über der Zeitachse oder dimensionslos auf einer k-Achse als $x[k]$.

Zeitdiskrete Signale sind nur für den Abtastzeitpunkt definiert, im Zwischengebiet nicht.

Sie werden oft verkürzt durch die Angabe ihrer Werte charakterisiert, wie z.B. $\{x[k]\} = \{0, 1, 3, 5\}$ mit $k = 0, 1, 2, 3$. Der erste Wert gehört meist zum Index $k = 0$, der zweite zu $k = 1$ usw. Ist $x(kT)$ *periodisch* mit der Periode N, so gilt:

$$x(kT) = x([k+N]T) \quad (N > 0, \text{Grundperiode}). \tag{5.4.2}$$

Ein Signal, das Gl. (5.4.2) für ganze k *nicht* erfüllt, heißt *aperiodisch*.

Wichtige Folgen. Wie bei zeitkontinuierlichen Signalen sind auch im zeitdiskreten Fall die wichtigsten Signale: *Einheitsimpulsfolge*, *Einschaltimpulsfolge*, die *Sinus*- und die *Exponentialfolge*.

Die *zeitdiskrete Impulsfunktion* $\delta[k]$ ergibt sich zu

$$\delta[k] = \begin{cases} 1 & k = 0 \\ 0 & k \neq 0 \end{cases} \equiv \{\ldots, 0,\ 0,\ 1,\ 0,\ 0, \ldots\}; \quad \underbrace{\delta[k-n] = \begin{cases} 1 & k = n \\ 0 & k \neq n \end{cases}}_{\text{Verschiebung}} \tag{5.4.3}$$

mit der wichtigen Eigenschaft *Verschiebung* (rechts). Sie dient zur Darstellung einer beliebigen Folge aus der Summe gewichteter und zeitverschobener Einheitsstöße. Beispielsweise entspricht der Folge $\{x[k]\} = \{0, 1, 2, 3, 3, 2\}$ die Darstellung

$$x[k] = 0 \cdot \delta[k] + 1 \cdot \delta[k-1] + 2 \cdot \delta[k-2] + 3 \cdot \delta[k-3] + 3 \cdot \delta[k-4] + 2 \cdot \delta[k-5]\,.$$

Die *zeitdiskrete Sprungfunktion* oder *Sprungfolge* $s[k]$ hat die Darstellung:

$$s[k] = \begin{cases} 1 & k \geq 0 \\ 0 & sonst \end{cases}, \quad \underbrace{s[k-n] = \begin{cases} 1 & k \geq n \\ 0 & k < n. \end{cases}}_{\text{Verschiebung}} \tag{5.4.4}$$

Einheitsimpuls und Sprungfunktion hängen folgendermaßen zusammen:

$$s[k] = \sum_{n=-\infty}^{\infty} \delta[n], \quad \delta[k] = s[k] - s[k-1].$$

Dem Summenoperator im zeitdiskreten entspricht das Integral im zeitkontinuierlichen Fall, der einfachen Differenz die erste Ableitung.

Die *zeitdiskrete Sinusfunktion* oder *Sinusfolge*

$$x[k] = A \sin(\omega_0 k + \Phi) \quad -\infty < k < \infty \tag{5.4.5}$$

(A Amplitude, ω_0 normierte Fundamentalkreisfrequenz, Φ Phase) ergibt sich aus der zeitkontinuierlichen Funktion sin $(\omega t + \Phi)$ ($\rightarrow \omega t = \omega kT = \omega k/f_a = 2\pi kf/f_a = \omega_0 k$). Bild 5.4.4 zeigt einige Verläufe für verschiedene $\omega_0 k$. Während die zeitkontinuierliche harmonische Funktion für jede Frequenz w_0 periodisch ist, gilt dies für die zeitdiskrete nur eingeschränkt: wenn ωkT periodisch sein soll, muss es eine positive Zahl N geben, für die gilt

$$\sin\omega kT = \sin\omega\,(k+N)T = \sin\omega kT\cos\omega NT + \cos\omega kT\sin\omega NT$$

für alle k, was $\cos\omega NT = 1$ und $\sin\omega NT = 0$ für alle k bedingt, also

$$\omega NT = 2\pi n \rightarrow \frac{\omega T}{\pi} = \frac{2n}{N} \quad \text{für ganze } n$$

oder:

$$\frac{N}{n} = \frac{2\pi}{\omega T} \quad \text{Periodizitätsbedingung}\,. \tag{5.4.6a}$$

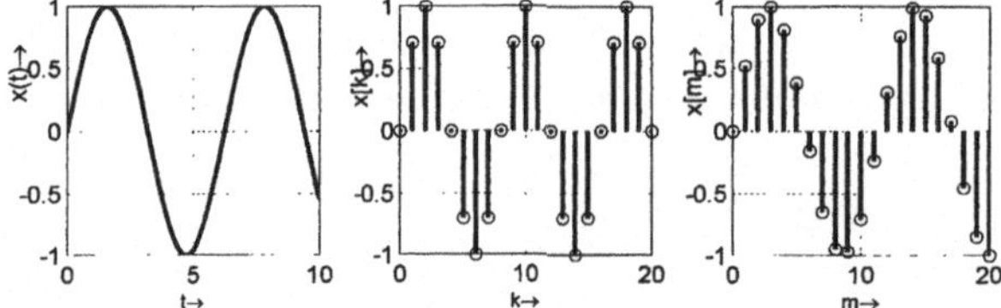

Bild 5.4.4 Sinusförmige Zeitfunktion
a) Sinusschwingung,
b) periodische Sinusfolge,
c) nichtperiodische Sinusfolge

Eine abgetastete Sinusfunktion ist nur dann periodisch, wenn es eine ganze Zahl n gibt, die mit Gl. (5.4.6) eine positive ganze Zahl N ergibt. Die kleinste Zahl N (für $n = 1$) heißt Fundamentalperiode.

Gleichwertig zu Gl. (5.4.6a) folgt für $n = 1$ als Bedingung der *Fundamentalperiode* einer zeitdiskreten Sinusschwingung:

$$fNT = 1\,. \tag{5.4.6b}$$

Die Abtastung einer periodischen Funktion ergibt nicht zwangsläufig eine periodische Folge!

Beispiel. Die Folge sin $2k$ ($\omega T = 2$) ist wegen Gl. (5.4.6b) (keine ganze rationale Zahl) nicht periodisch, weil es keine ganze Zahl n gibt, für die N ganz wird. Die Folge sin $0{,}01k\pi$ ist damit periodisch, weil $\omega T/\pi = 0{,}01\pi/\pi = 1/100$ eine rationale Zahl darstellt. Dazu gehört die Periode $N = 2n\pi/\omega T = 2n\pi/0{,}01\pi = 200n$ für $n = 1$.

Die (zeitdiskrete) *exponentielle Folge* ergibt sich aus der allgemeinen Form

$$x[k] = A\alpha^k \qquad (-\infty < k < \infty)$$

mit

$$x[k] = |A| \exp \sigma_0 k \exp \mathrm{j}\,[\omega k + \Phi] = f_{re}[k] + \mathrm{j} f_{im}[k]\,. \tag{5.4.7}$$

Für reelle A, σ_0 (> 0) stellen sich dann gedämpft abklingende zeitdiskrete Schwingungen ein.

Abtastvorgang. Der Abtastvorgang kann mathematisch auf zwei Arten beschrieben werden:

- Man definiert ein zeitdiskretes Signal $x(kT)$ (k ganz) durch eine *äquidistante Folge* $x[k]$:

  $x[k] = x(kT)|_{t=kT}$.

  Dabei wird $x[k]$ auch als *Punktabgetastete* von $x(t)$ an den Stellen $t = kT$ bezeichnet (s.u.). $T = 1/f_a$ ist die Abtastzeit. Die Abtastanordnung selbst heißt δ-Abtaster.
- Man multipliziert das Signal $x(t)$ mit einer *periodischen Diracfolge* $\delta_T(t)$ und erhält

  $$x_a(t) = x(t)\ \delta_T(t)\ . \qquad (5.4.8)$$

Das Signal $x_a(t)$ kann als *pulsabgetastetes* Signal oder *Impulsfolgefunktion* von $x(t)$ verstanden werden.

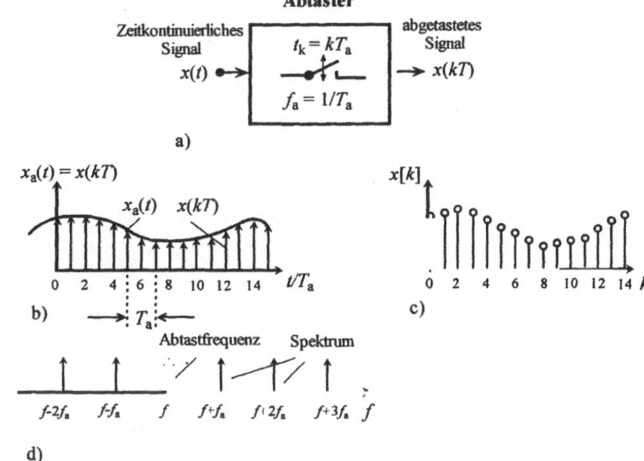

Bild 5.4.5 Abtastung
a) Idealer Abtaster
b) Durch Multiplikation mit dem periodischen Impulskamm aus $x(t)$ erzeugtes Abtastsignal
c) zugehörige Abtastfolge $x[k]$
d) Spektrum des abgetasteten Signals, es entsteht eine periodische Spektralfolge

Bild 5.4.5 zeigt den Vorgang. Die Abtastung erfolgt durch einen Multiplizierer, der das zeitkontinuierliche Eingangssignal $x(t)$ mit der Abtastfunktion $f_2(t) = \delta_T(t)$ multipliziert. Die Diracfolge $\delta_T(t)$ ergibt sich aus dem Diracimpuls Gl. (5.4.3) durch fortwährende Verschiebung um kT. Damit lautet die Impulsfolgefunktion Gl. (5.4.3):

$$x_a(t) = x(t) \cdot \delta_T(t) = x(t) \cdot \sum_{k=-\infty}^{\infty} \delta(t - kT) = \sum_{k=-\infty}^{\infty} x(kT) \cdot \delta(t - kT) \equiv x_a[k]. \qquad (5.4.9)$$

In dieser Form kann $x[k]$ als eine *Folge gewichteter Diracstöße* interpretiert werden mit den Abtastwerten als Gewichten genommen aus der Signalfunktion $x(t)$ an den Stellen $t = kT$!

Durch die Diracfunktion lässt sich das abgetastete Signal sowohl als zeitkontinuierliche Funktion $x_a(t) = x(kT)$ wie auch als zeitdiskrete Folge $x_a[k]$ darstellen. Beide Formen sind gleichwertig. Bei der Darstellung der Impulsfolgefunktion entspricht die Pfeilhöhe der Impulsfläche.

Physikalisch ist nur eine Punktabtastung möglich und auch sie stellt eine Idealisierung dar. Die Impulsabgetastete $x_a(t)$ bleibt dagegen für mathematische Operationen vorteilhaft, weil dann auf Verfahren und Ergebnisse zeitkontinuierlicher Systeme (wie z.B. Fourier- und

Laplace-Transformation) zurückgegriffen werden kann. Für die Folge $x_a[k]$ wurde hingegen die Z-Transformation entwickelt (s. Abschn. 5.4.2).

Beispiele abgetasteter Signalfunktionen wurden in Gl. (5.4.3...5.4.5) angegeben.

Für die *praktische Abtastung* sind weiter zu beachten:

- der Diracstoß lässt sich technisch nur durch einen Rechteckimpuls endlicher Breite annähern,
- das am Ausgang der Abtastanordnung angeschlossene System kann
  – zeitdiskret arbeiten (wie bei der digitalen Signalverarbeitung),
  – ein Halteglied besitzen, so dass eine Treppenkurve am Abtastausgang erscheint,
  – ein allgemeines zeitkontinuierliches System sein.

Die Abtastanordnung selbst besteht aus einem Längsschalter im Signalweg (Bild 5.4.3), der durch die Abtastimpulse (Diracimpulse) periodisch einschaltet. Vorausgesetzt wird lediglich, dass das Eingangssignal (durch ein vorgeschaltetes Filter) *bandbreitebegrenzt* ist und die Nyquistforderung (s.u.) erfüllt.

Fourier-Transformation und Spektrum des abgetasteten Signals. Die Signalabtastung muß sichern, daß später aus dem abgetasteten (und verarbeiteten) Signal das Original ohne Verlust rückgewonnen werden kann. Die Bedingung dafür folgt aus dem Spektrum des abgetasteten Signals. So, wie ein zeitkontinuierliches Signal eine Fouriertransformierte $X(\omega)$ hat, kann man für ein impulsabgetastetes Signal $x_a(t)$ eine Fouriertransformierte $X_a(\omega)$ angeben über folgende Definition:

$$X_a(\omega) = \int_{-\infty}^{\infty} x_a(t) \exp - dt . \tag{5.4.10}$$

Die Frage lautet: wie hängen $X_a(\omega)$ und die Fouriertransformierte $X(\omega)$ des zeitkontinuierlichen Signals zusammen?

Ausgang für die Antwort sind Gl. (5.4.10) und (5.4.9):

$$X_a(\omega) = \int_{-\infty}^{\infty} \sum_{k=-\infty}^{\infty} x(kT)\delta(t - kT) \exp - j\omega t dt. \tag{5.4.11a}$$

Nach einigen Zwischenumformungen (Vertauschen von Integration und Summe, Einbezug des Diracstoßes und seiner Ausblendeigenschaften) ergibt sich schließlich die *Fouriertransformierte des abgetasteten Signals*:

$$X_a(\omega) = \sum_{k=-\infty}^{\infty} x(kT) \exp - jk\omega T = \sum_{k=-\infty}^{\infty} x[k] \exp - jk\omega T \equiv \frac{1}{T} \sum_{n=-\infty}^{\infty} X\left(\omega - \frac{2\pi n}{T}\right). \tag{5.4.11b}$$

Im letzten Schritt lässt sich über eine Faltung zeigen, dass das Spektrum $X(\omega)$ des analogen und $X_a(\omega)$ des abgetasteten Signals über die Periodizitätsbeziehung Gl. (5.4.11a) rechts zusammenhängen!

Das Spektrum des $X_a(\omega)$ des abgetasteten Signals ist periodisch und kontinuierlich und kann jeden Wert annehmen. Es folgt aus dem des Analogsignals durch periodische Fortsetzung mit der Abtastfrequenz f_a und Wichtung mit dem Abtastintervall $T_a = T$. Die Periodizität des Spektrums entsteht durch die Abtastung, nicht die Transformation!

Dabei hängt $x(kT)$ nur implizit von der Zeit ab (→ Konstante).

Ist umgekehrt das Spektrum $X_a(\omega)$ des abgetasteten Signals gegeben, so erhält man die zugehörige Folge $x[k]$ aus:

$$x[k] = \frac{T}{2\pi}\int_{-\pi/T}^{\pi/T} X_a(\omega)\exp jk\omega T\,d\omega. \qquad (5.4.12)$$

Die Fouriertransformierte eines zeitdiskreten Signals gehorcht den gleichen Gesetzmäßigkeiten wie die Fouriertransformierte des zeitkontinuierlichen Signals:

- ein periodisches Signal hat stets ein Linienspektrum (und umgekehrt),
- zu einem diskreten Signal gehört immer ein periodisches Spektrum (und umgekehrt).

Hinweis: Die Fouriertransformierte des abgetasteten Signals wird oft als *zeitdiskrete* Fouriertransformierte (DTFT, discrete time fourier transformation) bezeichnet, nicht zu verwechseln mit der diskreten FT (DFT), die sich bei der Abtastung der Fouriertransformieren $X_a(\omega)$ ergibt (s.u.).

Besonders deutlich treten diese Eigenschaften bei der Transformation der Diracfolge $\delta_T(t)$ $\sum_{-\infty}^{\infty}\delta(t-kT)$ zutage. Ihre Fouriertransformierte ist zur Beschreibung periodisch wiederholter Signale, Abtastsignale, Linienspektren (und einiger anderer) von grundlegender Bedeutung.

Wie alle Funktionen, kann $\delta_T(t)$ außer im Zeitbereich auch im Frequenzbereich dargestellt werden, hat also ein Spektrum. Im Zeitbereich lautet ihre Darstellung:

$$\delta_T(t) = \sum_{k=-\infty}^{\infty}\delta(t-kT) \equiv \sum_{k=-\infty}^{\infty} c_k \exp jk\omega t = \frac{1}{T}\sum_{k=-\infty}^{\infty}\exp jk\omega T.$$

Dabei steht in der Mitte die Fourierreihe (!) mit dem Koeffizienten

$$c_k = \frac{1}{T}\int_{-T/2}^{T/2}\delta(t)\exp -jk\omega t\,dt \equiv \frac{1}{T}$$

Die Fouriertransformierte des rechten Terms lautet:

$$X_a(\omega) = \omega_a\sum_{k=-\infty}^{\infty}\delta(\omega-k\omega_a) \quad \text{oder} \quad x_a(t) \equiv \delta_T(t) \xleftrightarrow{\text{FT}} X_a(\omega) \equiv \omega_a\delta_\omega(\omega);\ \omega_a = \frac{2\pi}{T_a}.$$

Die Fouriertransformierte einer Diracfolge im Zeitbereich geht über in eine Diracfolge im Frequenzbereich mit dem Gewicht ω_a oder allgemeiner:

- diskrete Signale haben ein periodisches Spektrum, m.a.W. entsteht beim Abtasten ein periodisch fortgesetztes Spektrum mit der Abtastfrequenz ω_a,
- periodische Signale haben ein diskretes Spektrum.

Auf dieser Eigenschaft beruht die Bedeutung der Diracfolge zur Beschreibung periodisch wiederholter Signale.

Abtasttheorem. Eine zeitabgetastete (aperiodische) Funktion $f(t)$ kann aus ihrem Frequenzspektrum rückgewonnen werden, wenn das Abtasttheorem (Samplingtheorem) erfüllt ist:

Eine kontinuierliche Funktion $f(t)$, deren Spektrum oberhalb einer Frequenz $|f| > f_g$ verschwindet, wird dann durch ihre Abtastwerte $f[k]$ eindeutig beschrieben, wenn das Abtastintervall T_a der Bedingung

$$f_a = \frac{1}{T_a} \geq 2 f_g \qquad \text{Abtast-, Nyquisttheorem} \qquad (5.4.13)$$

gehorcht, d.h. die Abtastfrequenz mindestens gleich der doppelten höchsten Signal- oder Grenzfrequenz f_g ist. Dabei dürfen keine Signalfrequenzen höher als f_g auftreten. Der Fall $f_a \geq 2 f_g$ heißt Nyquistabtastung, der Fall $f_a \gg 2f_g$ Über- bzw. $f_a \ll 2 f_g$ Unterabtastung. Im letzteren Fall überlappen sich die Signalspektren und es ist keine fehlerfreie Rückerkennung mehr möglich.

Bild 5.4.6 zeigt Spektren das Abtastsignals für verschiedene Abtastfrequenzen. Bei zu kleinen Abtastfrequenzen tritt spektrale Überlappung oder *Aliasing* auf. Zur praktischen Einhaltung der Abtastbedingung wird daher ein Tiefpass – das sog. *Antialiasing-Filter* –zur Bandbreitenbegrenzung vorgeschaltet. Beispielsweise liegt die Signalbandbreite für ein CD-Audiosystem bei 20 kHz mit einer Abtastfrequenz von 44,1 kHz.

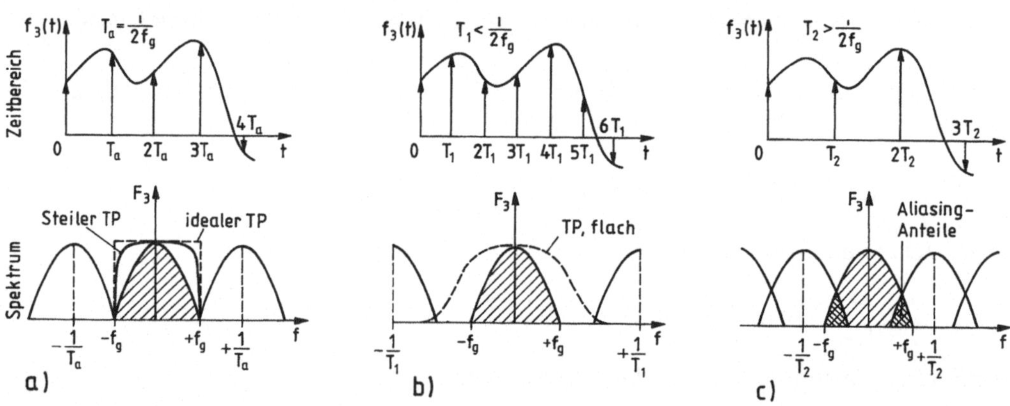

Bild 5.4.6 Einfluss der Abtastfrequenz
a) Abtasttheorem erfüllt, $T_a = 1/2fg$, b) häufigeres Abtasten (Oversampling, $T_1 < T_2$), Signalrückgewinnung möglich, c) seltenes Abtasten ($T_1 > T_2$), Aliasing-Effekt

Das Abtasttheorem hat grundlegende Bedeutung für die digitale Verarbeitung zeitkontinuierlicher Signale, weil nur bei seiner Einhaltung ein eindeutiger Wechsel zwischen beiden Signaldarstellungen möglich ist.

Das Abtasttheorem basiert – wie eingangs erwähnt – auf verschiedenen historischen Ursprüngen. Am verbreitetsten wird es Nyquist (1928) zugeschrieben.

PC a) Lernen Sie im MATLAB-Beispiel 5/16 die Darstellung zeitdiskreter Signale kennen.
b) Untersuchen Sie im MATLAB-Beispiel 5/22 den Abtastvorgang.

5.4.2 Z-Transformation

Für zeitkontinuierliche Signale und Systeme brachten die Fourier- und Laplace-Transformationen erhebliche Vereinfachungen, beispielsweise gingen Differentialgleichungen in algebraische Gleichungen über. Dabei entstand die Laplace-Transformation aus der Fourier-Transformation durch Erweiterung auf komplexe Frequenzen (s. Abschn. 5.1.3).

Bei zeitdiskreten Signalen und Systemen führt die Erweiterung der Fourier-Transformation auf komplexe Frequenzen zur Z-Transformation; sie *entspricht daher der Laplace-Transformation für Abtastgrößen*. Deshalb sind bei der Anwendung der Z-Transformation (ZT) auf Signale und Systeme (→ Differenzengleichungen, Übertragungsfunktion u.a.) ähnliche Vereinfachungen zu erwarten wie bei Anwendung der LT.

Ist beispielsweise eine Wertefolge $f[k] = 1, 3, 5, 7$ gegeben, so lautet die Z-Transformierte $F(z)$ einfach

$$F(z) = 1 + 3z^{-1} + 5z^{-2} + 7z^{-3} + \ldots$$

Dabei sind die Koeffizienten der Reihe „Folgewerte" und die Variable z^{-1} bedeutet „Verzögerung" um eine Stufe. Eine Wertefolge 1, –2, 4, 8, würde zur Z-Transformierten

$$F(z) = 1 - 2z^{-1} + 4z^{-2} + 8z^{-3} + \ldots \equiv (1 + 2z^{-1})^{-1}$$

führen, wie sich durch Binomialentwicklung zeigen lässt.

Allgemeiner lautet die *Definition* der (zweiseitigen) Z-Transformation (mit $T \equiv T_a$)

$$f[k] \xleftrightarrow{\text{ZT}} F(z) = \sum_{k=-\infty}^{\infty} f(kT) z^{-k} \qquad \text{zweiseitige Z-Transformation} \qquad (5.4.14)$$

oder im Falle $f(kT) = 0$ für $k < 0$ für die einseitige Form:

$$f[k] \xleftrightarrow{\text{ZT}} F(z) = \sum_{k=0}^{\infty} f(kT) z^{-k}. \qquad \text{einseitige Z-Transformation} \qquad (5.4.15)$$

Alternativ wird oft gewählt:

$$\text{ZT}\{f(kT)\} = \text{ZT}\{f[k]\} = F(z) = \sum_{k=-\infty}^{\infty} f(kT) z^{-k} \xleftrightarrow{\text{ZT}} f(kT) \equiv f[k]. \qquad (5.4.16)$$

Dabei ist $f(kT) = f[k]$ eine reelle Wertefolge im Zeitbereich.

Die Form Gl. (5.4.15) ergibt sich, wenn eine Ausgangsfunktion $f(t)$ durch eine Diracfolge $\delta T(t) = \delta(t) + \delta(t-T) + \delta(t-2T) + \ldots + \delta(t-kT)$ abgetastet wird:

$$f(t) = f(0)\,\delta(0) + f(T)\,\delta(t-T) + \ldots + f(kT)\,\delta(t-kT). \qquad (5.4.17)$$

Hierin sind $f(0), f(T)$ die Funktionswerte bei $0, T, \ldots kT$. Unterwirft man Gl. (5.4.17) der Laplace-Transformation, bedenkt $\text{LT}\{\delta(t)\} = 1$ sowie das Verzögerungstheorem

$$\text{LT}\{f(t)\} = f(0) + f(T)\exp -pT + f(2T)\exp -2pT + \ldots \qquad (5.4.18)$$

und nutzt die *Substitution* $\exp -pT = z^{-1}$ (z^{-1} stellt eine Verzögerung um eine Abtastperiode dar), so ergibt sich:

$$F(z) = (0) + f(T)\,z^{-1} + \ldots + f(kT)\,z^{-k} = \sum_{k=0}^{\infty} f(kT) z^{-k} = \sum_{k=0}^{\infty} f[k] z^{-k}., k = 0, 1, 2 \ldots$$

Das ist aber genau Gl. (5.4.15) als Definition der Z-Transformation aus der Wertefolge! Die *inverse Z-Transformation* lautet:

$$f[k] = \mathrm{ZT}^{-1}\{F(z)\} = \frac{1}{2\pi j}\oint F(z) z^{k-1} \mathrm{d}z = \sum \mathrm{Res}\, F(z) z^{k-1},\ k = 0, 1, 2\ldots \qquad (5.4.19)$$

Die Umkehrung wird in dieser Form allerdings selten benötigt.

Die Z-Transformation Gl. (5.4.15) ordnet einer Folge $f[k]$ von Zahlen (Abtastwerten) oder der Impulsfolgefunktion $f(kT)$ eine Funktion $F(z)$ der komplexen Variablen z eindeutig zu. Sie entspricht einer an zeitdiskrete Funktionen angepassten Laplace-Transformation angewendet auf die Impulsfolge $f_a[kT] = \sum_{k=0}^{\infty} f(kt) \cdot \delta(t - kT)$. Man bezieht die Z-Transformation aber auf die Folge $f[k]$ und nicht auf $f_a(kT)$ und verwendet dann die Form Gl. (5.4.16).

Wie bei der Laplace-Transformation spricht man bei $F(z)$ von der Funktion im Frequenz- oder *Bildbereich* und bei $f[k]$ von der Funktion im *Zeit- oder Originalbereich.*

Der Ersatz der Wertefolge durch diskrete Probewerte $f(kT)$ ist möglich, wenn der Probenabstand einen höchstzulässigen Wert $T_{max} < 1/2 f_{max}$ (Einhaltung des Abtasttheorems) nicht überschreitet. Dabei ist f_{max} die höchste, in $f(t)$ enthaltene Frequenzkomponente (s.o.). In diesem Fall lässt sich die kontinuierliche Funktion aus den Probewerten rekonstruieren.

Tafel 5.4.1 Typische Korrespondenzen der Z-Transformation

Bezeichnung	Zeitbereich $f(t)\ (t \geq 0)$	Z-Transformation $F(z) = \mathrm{ZT}(f(kT))$	Laplace-Transformation $F(p) = \mathrm{LT}(f(t))$
Impuls	$\delta(t)$	1	1
verzögerte Impuls	$\delta(t - T)$	z^{-1}	e^{-pT}
exponentielle Verzögerung	$s(t)$	$1/(1 - z^{-1})$	$1/p$
Rampenimpuls	t	$1/(1 - z^{-1})^2$	$1/p^2$
Sinusschwingung	$\sin \omega t\,(s(t))$	$\frac{z \sin \omega T}{z^2 - 2z \cos \omega T + 1}$	$\frac{\omega}{p^2 + \omega^2}$
Cosinusschwingung	$\cos \omega t\,(s(t))$	$\frac{z(z - \cos \omega T)}{z^2 - 2z \cos \omega T + 1}$	$\frac{p}{p^2 + \omega^2}$

Konvergenz. Eine Z-Transformierte existiert nur, wenn die komplexe Reihe Gl. (5.4.15) konvergiert. Es lässt sich zeigen, dass dies zutrifft für alle $|z| > R = \lim\limits_{k \to \infty} \sqrt[k]{f(kt)}$, also z

außerhalb des sog. *Konvergenzradius R* liegt. Die technisch auftretenden Abtastfunktionen erfüllen diese Bedingung im Regelfall.

Korrespondenzen. Von der Definition der Z-Transformation ausgehend lassen sich die Korrespondenzen wichtiger Signale und Systemfunktionen ermitteln. Tafel 5.4.1 gibt eine Auswahl, umfangreichere Tafeln finden sich in der Literatur. Für drei typische Funktionen $f\,[k]$ im Zeitbereich wollen wir die zugehörigen Funktionen $F(z)$ im Bildbereich (Bild 5.4.7) ermitteln. Dabei ist die Bildung der Reihensumme unendlicher Folgen nützlich:

– *abgetasteter Einheitsstoßimpuls*. Hier verschwinden alle $f(kT)$ außer bei $k = 0$ und es folgt

$$F(z) = \sum_{k=0}^{\infty} f(kT) z^{-k} = f(0) z^{0} \equiv 1 \ , \qquad (5.4.20a)$$

– *abgetasteter Einheitssprung*

$$F(z) = \sum_{k=0}^{\infty} f(kT) z^{-k} = 1 + z^{-1} + z^{-2} + \ldots \equiv \frac{1}{1 - z^{-1}} \ .$$

Der Einheitssprung kann daher auch als Folge von Einheitsstoßimpulsen dargestellt werden

$$s[k] = \delta\,[k] + \delta\,[k-1] + \ldots + \delta\,[k-n] = \sum_{n=0}^{\infty} \delta\left[k-n\right] \ , \qquad (5.4.20b)$$

wie im Bild 5.4.7 angegeben.

– *abklingende Zeitfunktion* $f(t) = \exp - at \ (t = 0)$. Hier gilt mit $f(kT)$ durch Einführung der Funktionswerte $f(kT) = \exp - akT$ im Abtastzeitpunkt

$$F(z) = 1 + (\exp - aT)\, z^{-1} + (\exp - 2aT)\, z^{-2} + \ldots \equiv (1 - \exp - aTz^{-1})^{-1} \qquad (5.4.20c)$$

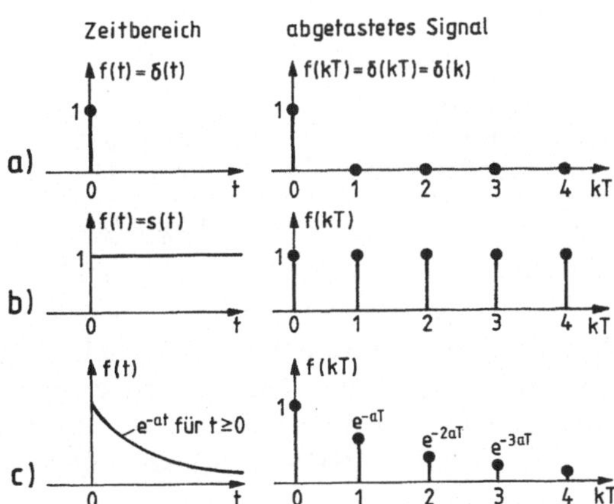

Bild 5.4.7 Zeitfunktion und abgetastete Funktionen
a) Dirac-Stoß, Einheits(stoß)impuls
b) Einheitssprung
c) exponentiell abklingende Zeitfunktion

Rechenregeln und Sätze. Für die Z-Transformation gibt es – analog zur Laplace-Transformation – eine Reihe von Regeln wie *Summation, Verschiebung, Multiplikation, Differentiation, Integration* u.a.m., die ihre praktische Anwendung stark unterstützen.

Tafel 5.4.2 stellt sie zusammen. Obwohl meist selbsterklärend, sei auf einige Fakten hingewiesen:

- eine *Skalierung* im z-Bereich (→ Ähnlichkeitssatz: Multiplikation der Variablen z mit $1/a$) korrespondiert mit der Multiplikation der Folge $f[k]$ mit a^k,
- beim *Verschiebungssatz* unterscheidet die einseitige Z-Transformation zwischen Rechts- und Linkverschiebung,
- die Z-Transformierte einer um n Taktphasen nach rechts verschobenen Schaltfunktion ist gleich der mit z^{-n} multiplizierten z-Bildfunktion,
- bei der *Differentiation* (→ Differenzbildung) gibt es eine *Vorwärts-* und *Rückwärtsdifferenz*. In der Rückwärtsdifferenz deutet der Faktor $1/z$ auf eine Linksverschiebung um einen Takt hin,
- der *Integration* im Zeitbereich entspricht eine Multiplikation der Bildfunktion $F(z)$ mit $T/(z-1)$, der Vorwärtsdifferentiation im Zeitbereich eine Multiplikation mit $(z-1)/T$. Daher hat der Faktor $(z-1)/T$ im z-Bereich die gleiche Wirkung wie p bei Differentiation bzw. Integration in der LT,
- die *Faltung* hat ebenso ihr Abbild in der Laplace-Transformation: der Faltung im Originalbereich entspricht die Multiplikation im Bildbereich und umgekehrt.

Tafel 5.4.2 Eigenschaften und Theoreme der Z-Transformation

Eigenschaften	Folge $f[k]$	Z-Transformierte $F(z) = \mathrm{ZT}\{f[k]\}$
Linearität	$a_1 f_1[k] + a_2 f_2[k]$	$a_1 f_1[z] + a_2 f_2[z]$
Zeitverschiebung, links	$f[k+n],\ n>0$ $f[k+1]$	$z^n F(z) - z^n f[0] - z^{n-1} f[1] \dots z f[n-1]$ $z F(z) - z f(0)$
Zeitverschiebung, rechts	$f[k-n]$	$z^{-n} F(z)$
Ähnlichkeitssatz	$a^k f[k]$	$F(z/a)$
Dämpfungssatz	$\exp akT f[k]$	$F(\exp - aTz)$
Zeitumkehr	$f[-k]$	$F(1/z)$
Differentiation im Bildbereich	$k f[k]$	$-z\, dF(z)/dz$
Differenzensätze: Rückwärtsdifferenz Vorwärtsdifferenz	 $f[k] - f[k-1]$ $f[k+1] - f[k]$	 $[(z-1)/z]\, F(z)$ $(z-1)\, F(z) - z f(0)$
Faltung	$f_1[k] * f_2[k]$	$F_1(z) \cdot F_2(z)$
Summation	$\sum_{n=0}^{k} f[n]$	$\frac{z}{z-1} F(z)$

Periodisch fortgesetzte Signale. Periodische (zeitkontinuierliche) Signale (Periodendauer T_o) können durch *periodische Fortsetzung* aus einem zeitbegrenzt-aperiodischen Einzelsignal gewonnen werden (Bild 5.4.8a). Hat das zeitkontinuierliche Signal $f(t)$ die Laplace-transformierte $\mathrm{LT}\{f(t)\} = F(p)$), so gehört zum periodisch fortgesetzten Signal $f_{\mathrm{per}}(t)$ die Laplace-Transformierte:

$$F_{\mathrm{per}}(p) = LT\{f_{\mathrm{per}}(t)\} = \frac{F(p)}{1-\exp - pT_o}. \qquad (5.4.21a)$$

Der Faktor $(1 - \exp - pT_o)^{-1}$ beschreibt die Periodizität. Beim Übergang zum zeitdiskreten Signal wird die Periode T_o durch mT (m Periodenzahl) ersetzt (Bild 5.4.8b) und mit der Zuordnung $\exp pT = z$ der ZT folgt für den periodischen Fall

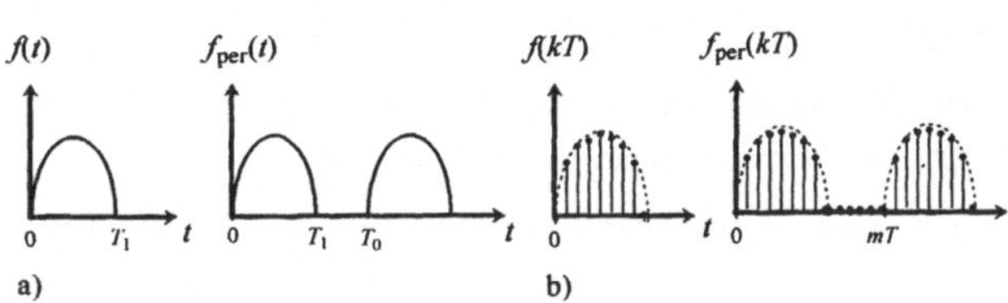

Bild 5.4.8 Periodisch fortgesetztes Signal
a) Zeitkontinuierliches Signal mit $\mathrm{LT}(f(t)) = F(p)$, rechts periodisch fortgesetzt mit $\mathrm{LT}(f_{\mathrm{per}}(t)) = F_{\mathrm{per}}(p)$
b) Zeitdiskretes Signal mit $\mathrm{ZT}(f(kT)) = F(z)$, rechts periodisch fortgesetzt mit $\mathrm{ZT}(f_{\mathrm{per}}(kT)) = F\mathrm{per}(z)$

$$\exp - pT_0 \to \exp - pmT = (\exp pT)^{-m} = z^{-m} \,.$$

Der Periodisierungsfaktor der Z-Transformation ergibt sich so zu:

$$F_{\mathrm{per}}(z) = \mathrm{ZT}\left\{f_{\mathrm{per}}(kT)\right\} = \frac{F(z)}{1-z^{-m}} \qquad \text{Periodisierung im } z\text{-Bereich} \qquad (5.4.21\text{b})$$

mit der Periodendauer mT von $f_{\mathrm{per}}(kT)$.

Die Z-Transformierte $F_{\mathrm{per}}(z)$ einer zeitdiskreten periodischen Funktion $f_{\mathrm{per}}(kT) = f_{\mathrm{per}}[k]$ mit der Periode mT ergibt sich aus der Z-Transformierten $F(z)$ der zugehörigen aperiodischen Funktion $f(kT)$ durch Multiplikation mit dem Periodisierungsfaktor $(1 - z^{-m})^{-1}$.

Z-Rücktransformation. Die Rück- oder inverse *Z-Transformation* ermittelt zu gegebener Bildfunktion $F(z)$ die zugehörige Originalfunktion $f(kT)$. Mehrere Wege sind möglich:

- über das *Umkehrintegral* Gl. (5.4.19), ein für praktische Belange mühevoller und selten genutzter Weg;
- durch *Partialbruchzerlegung* und gliedweise Rücktransformation unter Tafelnutzung, ggf. durch Anpassung an gegebene Korrespondenzen mit Faltung und Verschiebung,
- durch *fortgesetzte Division* (Erzeugung eines Polynoms in z^{-k} durch Reihenentwicklung bzw. durch Rekursionsbeziehungen). Für Einzelheiten sei auf die spezielle Literatur verwiesen,
- durch Nutzung von Computerprogrammen wie etwa MATLAB.

Beziehungen zwischen Z- und L-Transformation. Die Z-Transformation ist eine Abbildung aus dem diskreten Zeitbereich in den kontinuierlichen (und komplexen) z-Bereich. Dabei muss die Transformierte nur im Konvergenzbereich existieren. Aus der Herleitung der Z-Transformation, nämlich dem abgetasteten Signal $x_a(t)$ Gl. (5.4.9) des Signals $x(t)$, der gleichwertigen Darstellung $x[k] = x(kT)$, sowie der Laplace-Transformierten von Gl. (5.4.9)

$$X_a(p) = \sum_{k=-\infty}^{\infty} x(kT)\exp - kTp \equiv \sum_{k=-\infty}^{\infty} x(kT)z^{-k} \equiv X_a(p)\big|_{z=\exp pT} = X(z)$$

folgt rechts die Z-Transformierte $X(z)$ der Folge $x[k]$.

Damit kann die *Z-Transformierte* betrachtet werden als Laplace-Transformierte der abgetasteten Funktion $x_a(t)$ mit einem Variablenwechsel $z = \exp pT$:

$$X_a(p)\,|_{p=T^{-1}\ln z} = X(z) \qquad \text{Zusammenhang Z-L-Transformation für zeitkontinuierliche Funktionen} \qquad (5.4.22)$$

Anders gesprochen wird durch diese Substitution die p- in die z-Ebene abgebildet. Dabei gehen über

- die linke (rechte) p-Halbebene ins Innere (Äußere) des Einheitskreises,
- die $j\omega$-Achse in den Einheitskreis,
- alle Punkte der $j\omega$-Achse mit $\omega = k\,2\pi f_a$ auf die Abbildung $z = +1$, alle Punkte mit $\omega = (2k + 1)\,\pi f_a$ auf die Abbildung $z = -1$.

Die Z-Transformation bildet die unendliche (aber periodische) Frequenzachse in den Einheitskreis ab. Deshalb eignet sich die ZT besonders zur Beschreibung digitaler Systeme mit ihren periodischen Frequenzspektren (s.u.).

Wir verweisen noch auf folgende Tatsachen:

- die LT einer abgetasteten Funktion $x_a(t)$ ($\rightarrow$ Folge gewichteter Diracstöße) ist gleich der ZT der Folge der Abtastwerte $x[k]$,
- die Fouriertransformierte der abgetasteten Funktion ist gleich der Z-Transformierten ausgewertet auf dem Einheitskreis,
- die Fouriertransformierte einer kontinuierlichen Funktion ist gleich der zugehörigen Laplace-Transformierten ausgewertet auf der imaginären Achse.

PC Untersuchen Sie die Z-Transformation im MATLAB-Beispiel 5/17.

5.4.3 Fourier-Transformation zeitdiskreter Signale

Verschiedene Gründe legen nahe, die Fourier-Transformation außer auf zeitkontinuierliche Signale (s. Abschn. 5.1.2, 5.1.3) auch auf zeitdiskrete anzuwenden:

- die Fourierdarstellung verknüpft den Zeit- und (technisch darstellbaren) Frequenzbereich und manche Signaleigenschaften lassen sich im Frequenzbereich einfacher behandeln und darstellen als im Zeitbereich,
- bequeme Analyse des Spektrums (Frequenzinhalt des Signals), leichte Messbarkeit für alle technisch auftretenden Signale,
- die Berechnung der Korrelation und Faltung zweier Signale wird bequemer.

Im Gegensatz dazu haben die LT und ZT ihre Stärken bei der Beschreibung, Analyse und Synthese zeitkontinuierlicher und -diskreter Systeme.

Je nach Signalart (kontinuierlich oder diskret sowie periodisch oder aperiodisch) gibt es *vier Arten der „Fourier-Transformation"*:

- die *Fourierreihe* (FR) für periodische und zeitkontinuierliche Signale $x(t)$ mit frequenzdiskretem, aperiodischem Spektrum $X[n]$ ($\rightarrow$ Linienspektrum), s. Abschn. 5.1.2. Typischerweise treten Harmonische der Grundschwingung auf.
- die *Fourier-Transformation* (FT) für aperiodische, zeitkontinuierliche Signale mit *kontinuierlichem*, aperiodischem Frequenzspektrum $X(\omega)$,
- die *zeitdiskrete Fourier-Transformation* (DTFT, discrete time FT) mit zeitdiskretem, aperiodischen Signal $x[k]$ und kontinuierlichem, periodischen Frequenzspektrum $X(\Omega)$,

- die *diskrete Fourier-Transformation* (DFT, discrete FT) mit zeitdiskretem, periodischen Signal $x_p[k]$ und frequenzdiskretem, periodischem Spektrum $X[n]$. Genau genommen handelt es sich (s.u.) bei der DFT um eine *zeitdiskrete Fourierreihe* (discrete time Fourier series, DTFS) als Gegenstück zur (üblichen) zeitkontinuierlichen Fourierreihe, nicht zu verwechseln mit der DTFT! Das drückt sich auch in den auftretenden Reihen anstelle der Integrale aus. Wir behalten die verbreitete Bezeichnung DFT bei.

Jede dieser Formen basiert auf dem Sinussignal und kann im Reellen oder Komplexen ausgeführt werden; für jede gibt es eine *Hintransformation* aus dem Zeit- in den Frequenzbereich – die *Analyse*- und eine *Rücktransformation*, – die *Synthese*- oder Umkehrfunktion. Mit dem Sinussignal als gemeinsamer Grundlage haben die einzelnen Transformationen auch gemeinsame Eigenschaften.

Von der praktischen Seite her hat die DFT die größte Bedeutung, weil ein zeitdiskretes periodisches Signal in ein diskretes, periodisches Frequenzspektrum transformiert wird. Dabei spielen Zeit- und Frequenzbandbegrenzungen (die sog. *Fensterung und Filterung*) eine wichtige Rolle. Die DFT ist gleichzeitig die einzige Form, die (wegen der begrenzten Summenglieder) exakt numerisch und rechnergestützt ausgewertet werden kann.

In Tafel 5.4.3 wurden die Ergebnisse (zusammen mit denen der Abschnitte 5.1.2 und 5.1.3) zusammengefasst. Dabei wiederholen wir:

- die Fourierreihe gilt für periodische zeitkontinuierliche Signale und stellt diese als gewichtete Summe einer unendlichen Zahl (komplexer) Sinusanteile dar, deren Frequenzen ganze Vielfache der Grundfrequenz sind. Im Frequenzbereich entsteht ein diskretes (→ Signalperiodizität!), aperiodisches (unendlich ausgedehntes) Frequenzspektrum.
- die Fourier-Transformation gilt für ein aperiodisches, zeitkontinuierliches Signal und stellt es im Frequenzbereich als gewichtetes Integral einer zeitkontinuierlichen Sinusfunktion dar mit kontinuierlichem, nichtperiodischem Frequenzspektrum.

DTFT. Als Ergebnis der Abtastung entstand ein zeitdiskretes, aperiodisches Signal. Bei Anwendung der Fourier-Transformation ergibt sich eine *zeitdiskrete Fourier-Transformation* (DTFT), wie zu Beginn von Abschn. 5.4.2 erwähnt. So kommt es zum Frequenzspektrum (s. Gl. (5.4.11, 5.4.12)):

$$\begin{aligned} X_a(\omega) &= \sum_{k=-\infty}^{\infty} x(kT)\exp - jk\omega T = \sum_{k=-\infty}^{\infty} x[k]\exp - jk\omega T && \text{DTFT} \\ x[k] &= x(kT) = \frac{T}{2\pi}\int_{-\pi/T}^{\pi/T} X_a(\omega)\exp jk\omega T d\omega\,. && \text{IDTFT} \end{aligned} \qquad (5.4.23)$$

Das Ergebnis ist ein frequenzkontinuierliches und mit der Abtastfrequenz f_a periodisches Spektrum $X_a(\exp j\omega)$, eben die zeitdiskrete Fourier-Transformation DTFT. Mit der Substitution $z = \exp j\omega T$ folgt daraus die viel allgemeinere Z-Transformation (s.o.), die in einigen Fällen auch dann existiert, wenn die DTFT versagt.

Bei der Transformation von Gl. (5.4.23) in den Bildbereich wird jeweils der k-te Abtastwert mit der $(-k)$-ten Potenz der frequenzabhängigen Größe $z = \exp j\omega T$ beaufschlagt. Durch diese Ersetzung ergibt sich die Z-Transformierte (s. Gl. (5.4.14, 5.4.15)) $X(z) = \sum_{k=-\infty}^{\infty} x[k]z^{-k}$:

Z-Transformierte und DTFT hängen über die Variablenzuordnung zusammen!

Ähnlich kann auch die Rücktransformation Gl. (5.4.19) über die Ersetzung $dz/d\omega = jzT \rightarrow d\omega = dz/jzT$ hergeleitet werden, wenn noch der Integrationsweg statt über eine Spektralperiode auf der ω-Achse in einen geschlossenen Umlauf in der z-Ebene überführt wird.

DFT, Diskrete Fourier-Transformation. Die unendliche Summierung in der DTFT erlaubt keine rechnergestützte Auswertung. In der Signalverarbeitung hat aber die Fourier-Transformation wegen der schon genannten Gründe zentrale Bedeutung. Für die rechnergestützte Verarbeitung dürfen nur endlich viele Werte im Zeit- und Frequenzbereich vorliegen (weil ein Rechner endliche Speicherkapazität hat). Die Methodik, die die erforderliche Transformation leistet, heißt *diskrete Fourier-Transformation* (DFT). Das ist die Fourier-Transformation eines getasteten, periodischen Signals. Bei ihrer Anwendung werden daher

- aus dem Zeitverlauf des Originals ein Zeitabschnitt (Periodendauer) herausgegriffen,
- innerhalb des Zeitfensters eine Abtastung vereinbart,
- und dieser gefensterte, abgetastete Teil des Originalsignals periodisch fortgesetzt.

Die DFT ist die Fouriertransformierte dieses letzteren Signals (damit ist sie genau genommen nicht unbedingt identisch mit der Fourier-Transformation des Originalsignals!). Sie kombiniert also die Abtastung im Zeit- und Frequenzbereich.

Das Problem der DFT besteht in der Berechnung des Spektrums, vor allem bei einer größeren Zahl von Abtastwerten. Hier wurden mit der „schnellen Fourier-Transformation (Fast Fourier Transform, FFT)" sehr leistungsfähige Algorithmen geschaffen, mit denen die Auswertung effizient möglich ist.

Bei der DFT ersetzt man die unendliche Zahl von Abtastwerten der DTFT durch N Abtastwerte $x(0\,T), x(T), \dots x((N-1)T)$ in Gl. (5.4.23) und erhält aus der DTFT:

$$X_{\text{aw}}(\omega) = \sum_{k=0}^{N-1} x[k] \exp - jk\omega T.$$

Die Funktion $X_{\text{aw}}(\omega)$ ist periodisch (Periode $f_a = 1/T$) und hat nur an N Frequenzpunkten voneinander unabhängige Funktionswerte, weshalb sie nur an diesen Stellen $f = 0, f_a/N, \dots (N-1)f_a/N$ ausgewertet wird

$$X_{\text{aw}}\left(\frac{nf_a}{N}\right) = \sum_{k=0}^{N-1} x[k] \exp - \frac{j\omega_a nkT}{N}, \quad n = 0, 1, \dots N-1$$

oder vereinfacht und verallgemeinert:

$$X[n] = \text{DFT}\{x[k]\} = \sum_{k=0}^{N-1} x[k] \exp - j2\pi nk/N, \quad n = 0, 1, \dots N-1 \qquad (5.4.24a)$$

Definition DFT

mit der Umkehrfunktion oder *inversen* DFT (IDFT):

$$x[k] = \frac{1}{N}\sum_{n=0}^{N-1} X[n] \exp \mathrm{j}2\pi nk/N, \quad k = 0, 1, \ldots N-1. \qquad \text{IDFT} \qquad (5.4.24b)$$

Damit bilden $x\,[k]$ und $X\,[n]$ ein Transformationspaar, eben die DFT (Tafel 5.4.3)

$$x[k] \overset{\text{DFT}}{\longleftrightarrow} X[n] \; .$$

In der Definition der DFT treten (direkt und indirekt) auf:

$f_0 = 1/T_0$	Frequenz des periodischen Zeitsignals
$f_a = 1/T$	Abtastfrequenz
N	Zahl der Abtastwerte im Zeitfenster
$x[k]$	Folge der Abtastwerte an den Stellen $t = kT$
$X[n]$	Folge der Spektralwerte (komplexe Amplituden) an Stellen $f = nf_a$
$k = 0,1 \ldots N-1$	Nummer der Abtastwerte, diskrete (normierte) Zeitvariable
$n = 0,1 \ldots N-1$	Nummer der Spektrallinie, diskrete (normierte) Frequenzvariable.

Das Abtastintervall T ist in der DFT-Definition nicht direkt, sondern nur über die Frequenzachse $\omega = 2\pi\, n/NT$ enthalten.

Die DFT stellt zeitdiskrete, N-periodische Signale als gewichtete Summe von N zeitdiskreten komplexen Sinussignalen dar, deren Frequenzen ganze Vielfache der Signalfrequenz sind.

Ist die aus N Abtastwerten bestehende Folge $x\,[k]$ eines periodischen und zeitdiskreten Signals im Zeitbereich gegeben, so folgt über die DFT die aus N Werten bestehende Folge $X\,[n]$ im Frequenzbereich oder umgekehrt: zu einer aus N-Werten bestehenden Folge $X\,[n]$ im Frequenzbereich ergibt die inverse DFT die Folge $x\,[k]$ im Zeitbereich.

Die DFT $X\,[n]$ ist eine diskrete (komplexe) periodische Funktion mit der Periode N,

die IDFT $x\,[k]$ ist eine diskrete, reelle und periodische Funktion mit der Periode N:

Die DFT und ihre Umkehrung sind nach Gl. (5.4.24) bis auf einen Skalierungsfaktor N identisch. Deshalb kann eine Folge als Zeitsignal wie auch als Spektrum interpretiert werden:

Eigenschaften der DFT im Zeitbereich haben ihre Entsprechung im Frequenzbereich. Ferner unterscheiden sich beide Transformationen in Gl. (5.4.24) außer durch N nur durch das Vorzeichen im Exponentialfaktor (sog. Drehoperator), was die Entwicklung eines Rechenablaufs erheblich vereinfacht. Darin liegt u.a. eine ihrer Bedeutungen für die digitale Signalverarbeitung.

Die DFT kann sowohl auf Signale angewendet werden, deren Fensterlänge NT ein ganzes Vielfaches der Periodendauer T_0 ist (so wurde sie ursprünglich definiert, $T_0 = NTm$, m ganz) wie auch auf solche, die diese Bedingung nicht erfüllen. Dann treten zwar Fehler auf, die sich aber durch „Fensterung“ reduzieren lassen.

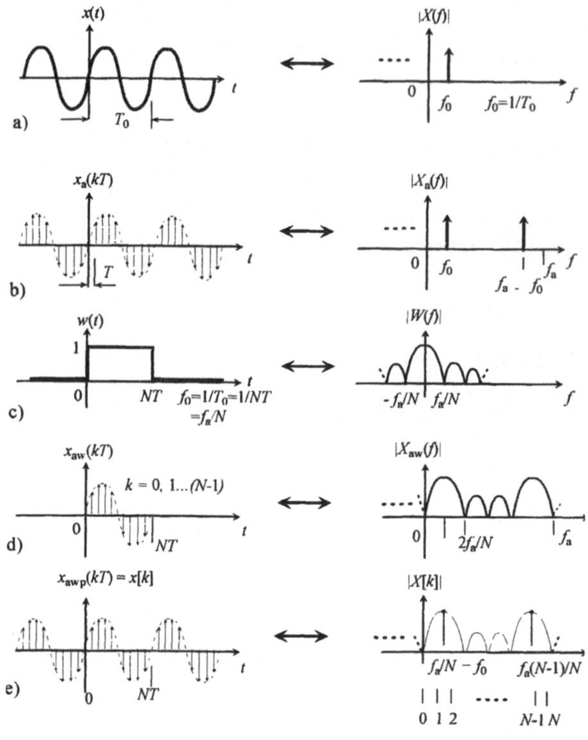

Bild 5.4.9 DFT einer harmonischen Schwingung (Fensterlänge gleich der Periodendauer)
a) Zeitverlauf und Spektrum
b) abgetastete Schwingung und Spektrum
c) Fensterung im Zeit- und Frequenzbereich
d) ausgefilterter Schwingungszug der Dauer einer Periode (kontinuierliches Frequenzspektrum
e) Periodisierung im Zeitbereich bewirkt ein diskretes Frequenzspektrum

Im Bild 5.4.9 wurde das Zustandekommen der DFT skizziert: nach Abtasten des periodischen Ausgangssignals (Bild a, Periode T_0) ergibt sich ein zeitdiskretes periodisches Signal (Bild b), zu dem nach Transformation in den Frequenzbereich ein periodisches frequenzdiskretes Spektrum (Periode f_a) gehört. Durch Fensterung wird eine Periode herausgegriffen (Bild c, Fensterbreite NT). Dadurch entsteht nur eine endliche Zahl von Abtastwerten zur weiteren Verfügung. Mathematisch bedeutet Fensterung eine Multiplikation des Signals $x_a(kT)$ mit einer Rechteckfunktion $\omega(t)$ (mit sin x/x-förmigem Spektrum, Bild c). Der Multiplikation im Zeitbereich entspricht nach dem Faltungstheorem eine Faltung im Frequenzbereich (Bild d). Das zugehörige Spektrum $X_{aw}(f)$ ergibt sich über das Spektrum $W(f)$ der Rechteckfunktion durch Faltung. Dabei wird aus dem diskreten Spektrum $|X_{aw}(f)|$ (Bild b) ein kontinuierliches Spektrum $|X_{aw}(f)|$. Der Frequenzgang von $W(f)$ (Spektralfunktion sin x/x) führt zu Welligkeiten im Frequenzverlauf $X_{aw}(f)$ (im Bild c nicht angedeutet). Das Spektrum muss zur Gewinnung der DFT an den Stellen $f = 0$, f_a, $(N-1)f_a/N$ ausgewertet oder „abgetastet" werden. Dazu erfolgt mathematisch eine Multiplikation von X_{aw} mit einem Diracimpulszug im Frequenzbereich, was im Zeitbereich einer Faltung von $x_{aw}(t)$ mit d$T(t)$ entspricht. So entsteht das periodische Signal $x_{aw}p$ (Bild e). Zum so gebildeten diskreten Frequenzspektrum (Bild d) gehört ein periodisches Signal im Zeitbereich, m.a.W. bewirkt die „Frequenzabtastung" von $X_{aw}(f)$ eine periodische Fortsetzung (Periodisierung) von $x_{aw}(t)$ im Zeitbereich. Das zugehörige periodische und zeitdiskrete Signal – die Folge $x[k]$ – ist im Bild e links dargestellt. Das Spektrum $X_{aw}(f)$ wird im letzten Schritt an diskreten Frequenzstellen ausgewertet.

Die Gewichte der Funktion $x_{\text{awp}}(t)$ und $X_{\text{awp}}(f)$ sind identisch mit den diskreten Funktionspaaren $x\,[k]$ und $X\,[n]$.

Im Bild 5.4.9 bedeuten

- $\Delta f = f_a/N = 1/NT$ den Abstand zweier Frequenzpunkte (Frequenzauflösung) und
- NT die Breite (Dauer) des Rechteckfensters (Fensterlänge, Messdauer).

Die DFT hat eine Reihe von Eigenschaften wie *Linearität, Zeit-* und *Frequenzverschiebung* usw., die denen der Fourier-Transformation entsprechen und daher nicht weiter erwähnt werden, ferner

- ist sie bezüglich des Punktes $n = N/2$ symmetrisch (als Folge des einzuhaltenden Abtasttheorems),
- entspricht der Abstand zwischen zwei Spektrallinien dem Frequenzintervall $\Delta f = f_a/N = 1/NT$ und der Zeitbereich von $0 \ldots NT$ dem Frequenzbereich $0 \ldots f_a$. Zufolge der erwähnten Symmetrie wird meist nur der Nyquistbereich $0 - \ldots f_a/2$ dargestellt.
- treten die Spektrallinien an den Frequenzpunkten $f = 0, f_a/N, \ldots\ 2f_a/N \ldots (N-1)f_a/N$ auf. Das ist der sog. *Auswertebereich.*

Die *Bedeutung* der DFT begründet sich auf folgende Merkmale:

- sie bildet eine Zeitfolge $x[k]$ und eine zugehörige Spektralfolge $X[n]$ eindeutig aufeinander ab,
- sie steht in engem Zusammenhang zur Fourierreihe und -transformation (Tafel 5.4.3) und kann deswegen auch zur Analyse zeitkontinuierlicher Signale herangezogen werden (s.u.),

Tafel 5.4.3 Signalbeschreibung und zugehörige Fourierdarstellungen

Zeit-bereich	**← Periodisierung** periodisch	nichtperiodisch	
← Abtastung diskret	Fourier-Reihe, FR $x(t) = \sum_{n=-\infty}^{\infty} X[n] \exp \mathrm{j}n\omega_0 t$ $X[n] = \frac{1}{T} \int_{(T)} x(t) \exp -\mathrm{j}n\omega_0 t,$ • $x(t)$: Periode T	Fourier-Transformation, FT $x(t) = \frac{1}{2\pi} \int_{-\infty}^{\infty} X(\mathrm{j}\omega) \exp \mathrm{j}\omega t \,\mathrm{d}\omega$ $X(\mathrm{j}\omega) = \int_{-\infty}^{\infty} x(t) \exp -\mathrm{j}\omega t \,\mathrm{d}t$	periodisch **← Periodisierung**
← Abtastung kontinuierlich	Zeitdiskrete Fourier-Reihe $x[k] = \sum_{n=(N)} X[n] \exp \mathrm{j}n\Omega_0 k$ $X[n] = \frac{1}{N} \sum_{k=(N)} x[k] \exp -\mathrm{j}n\Omega_0 k$ • $x[k]$ und $X[n]$: Periode N, $\Omega_0 = 2\pi/N$ DFT, (DTFS)	Zeitdiskrete Fourier-Transformation $x[k] = \frac{1}{2\pi} \int_{-\pi}^{\pi} X(\exp \mathrm{j}\Omega) \mathrm{d}\Omega$ $X(\exp \mathrm{j}\Omega) = \sum_{k=-\infty}^{\infty} x[k] \exp -\mathrm{j}\Omega k$ $X(\exp \mathrm{j}\Omega)$: Periode 2π DTFT	nichtperiodisch **← Periodisierung**
	diskret **← Abtastung**	kontinuierlich	**Frequenz-bereich**

- sie eignet sich wegen der begrenzten Zahl von Abtastpunkten im Zeit- und Frequenzbereich besonders zur rechnergestützten numerischen Auswertung,
- es genügt wegen der Periodizität eine Periode zur Auswertung,
- die DFT ist für periodische Folgen definiert (s.o.). Da jede Folge endlicher Länge L mit der Periode $N \geq L$ periodisch fortgesetzt werden kann, lässt sich die DFT auf alle geordneten Zahlenfolgen endlicher Länge anwenden.

Die definitionsgemäß erforderlichen *diskreten und periodischen Zeitfunktionen* mit zugehörigen *diskreten periodischen Spektren* sind *physikalisch unmöglich*, vielmehr gehören zu zeitbegrenzten Funktionen unendlich ausgedehnte Spektren und umgekehrt sind bandbegrenzte Spektren mit Originalfunktionen über die ganze Zeitachse verbunden. Deshalb kann die DFT auch als eine *Approximation der Fourier-Transformation und Fourierreihe* angesehen werden. Dadurch ist sie auch auf zeitkontinuierliche Funktionen (unter Einschluss eines Fehlers) übertragbar. Das soll näher betrachtet werden.

a) *Approximation der Fourier-Transformation.* Ein abgetastetes zeitkontinuierliches Signal $x(t)$ hat ein periodisches Spektrum $X_a(f)$ (s. Gl. (5.4.11). Bei Beschränkung auf die erste Periode (höhere ergeben keine weitere Information) stehen das Spektrum $X(f)$ – die Fouriertransformierte der Ausgangsfunktion $x(t)$ – und das Spektrum $X_a(f)$ der Abtastfunktion in direktem Zusammenhang (Gl. (5.4.11a)):

$$X_a(\omega) = \frac{1}{T} X(\omega).$$

Wird jetzt das Spektrum $X_a(\omega)$ im Frequenzbereich abgetastet und damit zur DFT übergegangen, so gilt für letztere:

$$X_a(\omega) \approx \frac{1}{T} X[\omega]|_{\omega=2\pi n/NT=\omega_0 n/N} \quad n = 0, \ldots N/2-1 \quad \text{Beziehung DFT} \leftrightarrow \text{FT} \quad (5.4.25)$$

DFT und Fouriertransformierte desselben Signals stimmen umso besser überein, je kleiner die Abtastperiode T ist (umso geringer wird der Approximationsfehler, der durch die Bandüberlappung entsteht).

b) *DFT als Näherung der Fourierreihe.* Wird aus einem periodisch-zeitkontinuierlichen Signal (Periode T_0) nur eine Periode abgetastet, so kann die zugehörige Fourierreihe bei den Frequenzen $f = 0, f_0, \ldots (N/2-1) f_0$ wie folgt bestimmt werden: man ersetzt in der Bestimmungsgleichung der Fourierkoeffizienten c_k das Integral durch eine Reihensumme, ferner $x(t)$ durch $x(kT)$, dt durch T und $t \to kT$, $T_0 \to NT$. Damit ergibt sich (nach einigen Zwischenbetrachtungen):

$$c_k \approx \frac{1}{N} X[k], \quad k = 0, \ldots N/2-1. \qquad \text{Beziehung FR} \leftrightarrow \text{DFT} \qquad (5.4.26a)$$

Komplexe Fourierkoeffizienten und DFT-Spektren haben den gleichen Informationsgehalt (der Faktor $1/N$ vor Gl. (5.4.26) macht die Fourierkoeffizienten nur unabhängig von der Zeitfensterlänge). Von diesem Zusammenhang stammt auch die Bezeichnung DTFS (discrete time fourier series) anstelle von DFT.

Zur korrekten Abtastung ist zu beachten, dass die Messfensterlänge $NT = T_0$ gleich der Periodendauer gewählt werden muss und der Wert am linken Messfensterrand abgetastet wird, der am rechten nicht. Vorausgesetzt wird auch hier das erfüllte Abtasttheorem.

Zu beachten ist ferner, dass die Fourierreihe ein Linienspektrum hat (i.a. nicht periodisch, unendliche Reihe), das Spektrum der DFT zwar ebenfalls linienhaft, aber periodisch ist (→ endliche Reihe, Länge N) mit der Periode $f_a = 1/T$. Wird das der Fourierreihe zugrunde liegende Signal aber bandbegrenzt, dann treten Fourierkoeffizienten über der halben Abtastfrequenz nicht auf (Abtasttheorem eingehalten) und die Spektren von Fourierreihe und DFT stimmen überein!

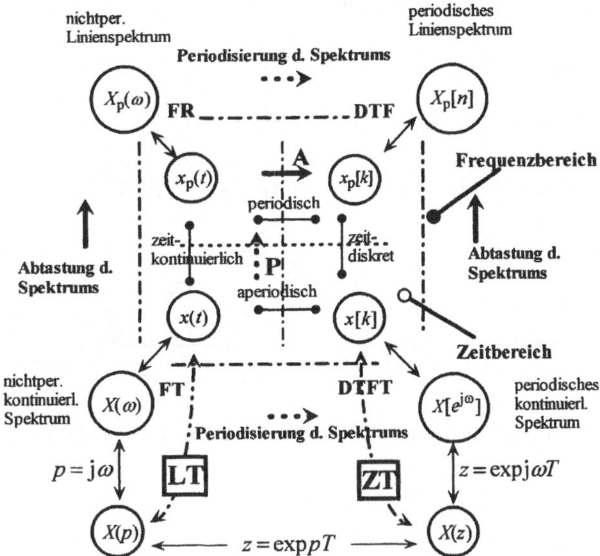

Bild 5.4.10 Zusammenhänge der verschiedenen Fourier-Transformationen sowie zur Laplace- und Z-Transformation
A Abtastung, P Periodisierung

Damit gibt es zwei Wege, um vom zeitkontinuierlichen, bandbegrenzten Signal $x(t)$ zum DFT-Spektrum $X[n]$ zu kommen (Bild 5.4.10):

- Abtasten im Zeitbereich, Auswahl von N Abtastwerten (Zeitfensterung, Transformation Zeit- → Frequenzbereich), Abtasten im Frequenzbereich (Weg über DTFT),
- periodische Fortsetzung im Zeitbereich, Auswahl einer Periode, Abtasten im Zeitbereich und Transformation (Zeit-Frequenzbereich, DFT). Damit entspricht der periodischen Fortsetzung im Zeitbereich (senkrechter Pfeil) das Abtasten im Frequenzbereich. Die beiden horizontalen Pfeile umfassen das Abtasten im Zeit- und Frequenzbereich.

c) *DFT als Approximation der DTFT.* Unter der Annahme, dass das zeitdiskrete Signal $x_d[k]$ auf ein Intervall T_0 (bzw. N) begrenzt ist, kann die zugehörige Fouriertransformierte $X_d(f)$ an den Frequenzpunkten $f = 0, \ldots (N/2-1)f_a/N$ durch

$$X_a\left(\frac{nf_a}{N}\right) = X_{dp}(n) \qquad n = 0, \ldots N/2-1 \qquad (5.4.26b)$$

ermittelt werden. Damit sind beide Transformationen identisch.

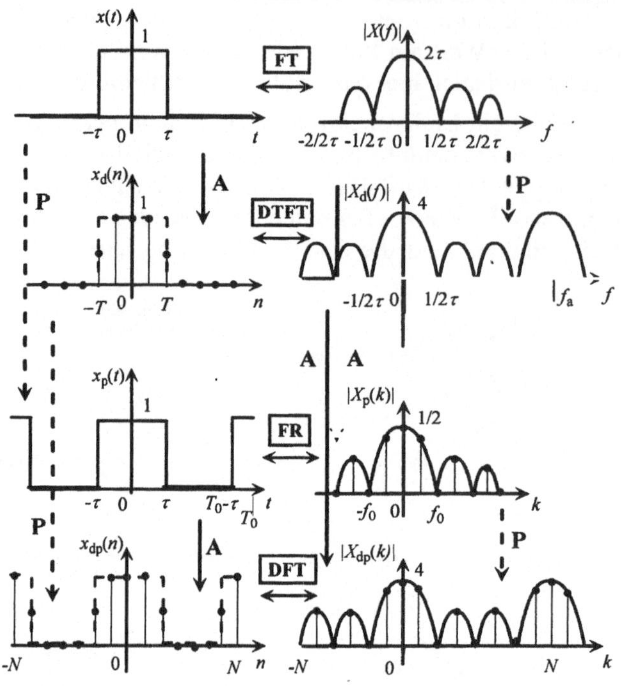

Bild 5.4.11 Vergleich der verschiedenen Fourier-Transformationen

Im *Rückblick* auf alle vier Arten der Fourier-Transformation (Tafel 5.4.3 und Bild 5.4.11) lässt sich schlussfolgern:

- Darstellungen, die in einem Bereich kontinuierlich sind (entweder Zeit oder Frequenz), sind nichtperiodisch im anderen. Umgekehrt sind diskrete Darstellungen in einem Be-Bereich (Zeit- oder Frequenz) periodisch im anderen (Tafeln 5.4.4 und 5.4.5).

Tafel 5.4.4 Periodizitätseigenschaften und Fourierdarstellungen

Zeitbereich		Frequenzbereich	
kontinuierlich diskret	↓ **Abtastung**	nichtperiodisch periodisch	↓ **Periodisierung**
periodisch nichtperiodisch	↑ **Periodisierung**	diskret kontinuierlich	↑ **Abtastung**

Tafel 5.4.5 Fourier-Transformationen und zugehörige Spektren

Signal	zeitkontinuierlich	zeitdiskret
periodisch (per. fortges.)	Fourier-Reihe, FR nichtperiodisches Linienspektrum	Zeitdiskrete Fourier-Reihe, DFT, periodisches Linienspektrum
nichtperiodisch	Fourier-Transformation, FT nichtperiodisches zeitkontinuierliches Spektrum	Zeitdiskrete Fourier-Transformation, DTFT periodisches kontinuierliches Spektrum

- Im Zeitbereich heißt der Übergang vom kontinuierlichen zum diskreten Verlauf *Abtasten*, im Frequenzbereich der Übergang vom nichtperiodischen zum periodischen Verlauf *Periodisierung* oder *periodische Fortsetzung.*
- Zeitkontinuierliche oder -diskrete *periodische* Signale haben eine Fourierreihendarstellung (dazu gehört auch die DFT).
- Fourierreihe und Fourier-Transformation beziehen sich auf *zeitkontinuierliche* Signale.
- Die DTFT ist die Fourier-Transformation angewendet auf abgetastete Signale. Sie steht dual zur Fourierreihe, dh. beim Vertauschen von Zeit und Frequenz haben beide gleiche Eigenschaften. Dieses Verhalten drückt sich auch in den zur jeweiligen Transformation gehörenden Zeit- und Frequenzverhalten aus.

Im Bild 5.4.10 wurden auch die Laplace- und Z-Transformationen mit den jeweiligen Substitutionen zur Übersicht eingetragen.

5.4.4 Zeitdiskrete Systeme

Am Beginn dieses Abschnittes war auf die Vorzüge zeitdiskreter Systeme gegenüber zeitkontinuierlichen verwiesen worden. Nach Kenntnis der Signaldiskretisierung durch Abtasten können jetzt auch die entsprechenden Systemeigenschaften – im zeitkontinuierlichen Fall durch Begriffe wie *Differentialgleichung, Gewichts- und Sprungantwort, Übergangsfunktion* u.a. ausgedrückt – auf zeitdiskrete Systeme übertragen werden.

Zeitdiskretes System. Ein digitales oder besser zeitdiskretes System verarbeitet zeitdiskrete Signale: eine Zahlenfolge $x[k]$ (Sequenz) am Eingang wird in eine Ausgangsfolge $y[k]$ nach einem Algorithmus – der *Systemaufgabe* – transformiert (→ TR, Bild 5.4.12).

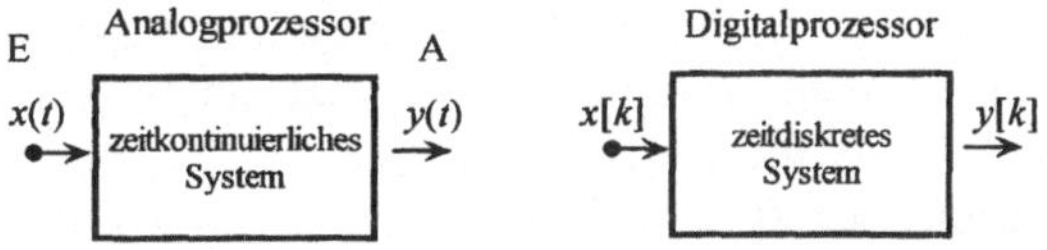

Bild 5.4.12 Zeitkontinuierliches und zeitdiskretes System

Ähnlich wie zeitkontinuierliche Systeme lassen sich auch zeitdiskrete nach verschiedenen Merkmalen unterteilen, der wichtigsten Gruppe dort – den LTI-Systemen – (s. Abschn. 5.3) stehen hier die *LTD-Systeme* (linear, time-invariant, discrete) gegenüber mit den gleichen Merkmalen *linear, zeitinvariant, kausal* und *stabil.*

5.4.4.1 Differenzengleichung

So, wie analoge Systeme eine Differentialgleichung (DGL) abbilden, (im Fall der LTI-Systeme mit konstanten Koeffizienten), werden LTD-Systeme durch eine *Differenzengleichung* mit konstanten Koeffizienten a_i, b_i beschrieben:

$$y[k] = \underbrace{\sum_{i=0}^{N} b_i x[k-i]}_{\text{nichtrekursiver}} - \underbrace{\sum_{i=1}^{M} a_i y[k-i]}_{\text{rekursiver Teil}} \tag{5.4.27}$$

Die größere der beiden Zahlen N, M heißt *Ordnung* der Differenzengleichung. Bei kausalen Systemen ist $M = N$.

Der momentane Ausgangsabtastwert $y\,[k]$ (Zeitpunkt k) ist gleich einer Linearkombination von vergangenen Ausgangs- und Eingangsabtastwerten plus dem momentanen Eingangsabtastwert gewichtet mit b_0.

Über die Differenzengleichung kann die Ausgangsfolge $y\,[k]$ für jede beliebige Eingangsfolge $x\,[k]$ bestimmt werden. Läuft die Auswertung innerhalb einer Taktperiode vollständig ab, so spricht man von Echtzeitverarbeitung.

Die erste Summe in Gl. (5.4.27) repräsentiert den nichtrekursiven, die zweite den rekursiven Teil. Deshalb gibt es zwei Gruppen von LTD-Systemen:

- *nichtrekursive* (alle $a_i = 0$), bei denen die Ausgangsfolge nur vom momentanen Eingangswert und endlich vielen vorhergehenden abhängt. Weil dann die Impulsantwort endlich lang ist, heißen sie auch Finite Impulse Response- oder *FIR-Systeme* bzw. *Transversalfilter*.
- *rekursive* ($a_i \neq 0$), bei denen die Ausgangsfolge zusätzlich noch von vergangenen Ausgangswerten abhängt, weil Rückkopplungsschleifen vom Ausgang nach dem Eingang über die a_i existieren. Dadurch ist *Instabilität* möglich, was sich in unendlich langer Impulsantwort äußert: Infinitive Impulse Response- oder *IIR-Systeme*.

Die Begriffe IIR und FIR beschreiben so *Systemeigenschaften*, rekursiv und nichtrekursiv beziehen sich dagegen auf die *Systemstruktur* (s.u.).

Auf die Struktur der Differenzengleichung gehen wir in Abschnitt 5.4.4.6 ein.

Grundlage der zeitkontinuierlichen Systeme war die beschreibende DGL, die durch Elemente wie *Addierer, Multplizierer* und *Integratoren* nachgebildet oder gleichwertig durch Impuls- resp. Sprungantwort beschrieben werden konnte. Das zeitdiskrete System basiert auf der zeitdiskreten Form der DGL – der Differenzengleichung – und verwendet als Aufbauelemente *Addierer, Multiplizierer* und *Speicherglieder* (*Verzögerungselemente*).

Als Beispiel sei der Differentialgleichung eines zeitkontinuierlichen Systems die entsprechende Differenzengleichung des gleichen zeitdiskreten Systems gegenübergestellt. Gewählt wird eine RC-Schaltung erster Ordnung mit einem Einheitssprung als Eingangsspannung $u_e(t)$ und der Kondensatorspannung $u_a(t) = u_c$ als Ausgangsgröße. Ihre DGL lautet:

$$RC\frac{\mathrm{d}u_a}{\mathrm{d}t} + u_a = u_e(t) \qquad \Rightarrow u_a = \frac{1}{RC}\int u_e\,\mathrm{d}t - \frac{1}{RC}\int u_a\,\mathrm{d}t\,. \tag{5.4.28}$$

Die analytische Lösung folgt entweder direkt im Zeitbereich oder über die Laplace-Transformation. Eine *nichtanalytische*, numerische Lösung erhält man durch *Diskretisierung* und damit Übergang zur *Differenzengleichung*. Dazu werden statt t und dt der Zeitpunkt kT sowie die Zeitdifferenz T verwendet und das Differential durch die Differenz ersetzt:

$$\frac{\mathrm{d}y}{\mathrm{d}t} = \frac{y[k] - y[k-1]}{T}$$

Ferner wird statt $y(kT)$ kürzer $y[k]$ geschrieben. Damit geht die Differentialgleichung über in die Differenzengleichung

$$\frac{\tau}{T}\{u_a(kT)-u_a([k-1]T)\}+u_a(kT)=u_e(kT) \tag{5.4.29}$$

bzw. zusammengefasst mit: $b=\dfrac{T}{\tau+T}$, $\quad a=b\dfrac{\tau}{T}$

$$u_a(kT)=au_a([k-1]T)+bu_e(kT) \qquad (5.4.30)$$
$$u_a(k)=au_a[k-1]+bu_e(kT)\,.$$

Sind $u_e(kT)$ und der Anfangszustand $u_a([k-1]T)$ bekannt (hier gleich null gesetzt), so ist die Folge $u_a[k]$ die Lösung der Differenzengleichung. Daraus ergeben sich mit $u_e(kT)=1$ (Einschaltsprung, normiert, s. Gl. (5.4.4), $k\geq 0$) die Rekursionen

$$u_a(0)=b$$
$$u_a(1)=ab+b \qquad (5.4.31)$$
$$u_a(2)=au_a+b \quad \text{usw.}$$

Die entsprechende Lösung der Differentialgleichung wäre (mit der Amplitude U_{eo} des Einschaltsprunges $u_a(t)=U_{eo}(1-e^{-t/\tau})$. Die zusammengefasste Lösung der Differenzengleichung lautet dagegen

$$u_a[k]=b\left(1+a+a^2+\ldots a^{k-1}+a^k\right)u_e[0]\equiv b\frac{(1-a^{k+1})}{1-a}u_e[0] \tag{5.4.32}$$

mit $u_e[0]=1\ U_{eo}$. Dabei ersetzt a^k etwa $\exp-k\tau/T$.

Grundsätzlich gibt es für Differenzengleichungen auch Lösungsverfahren, doch wollen wir hierfür die Z-Transformation benutzen. Im ersten Schritt wird dazu Gl. (5.4.30) beiderseits in den Z-Bereich transformiert. Mit Einschluss der Eigenschaften der Rechtsverschiebung und $U_a(z)$, $U_e(z)$ als Z-Transformierte von $u_a[k]$, $u_e[k]$ folgt über

$$U_a(z)-a[z^{-1}U_a(z)+u_a[-1]]=bU_e(z)$$

schließlich umgeformt mit $U_e(z)=U_{eo}z/(z-1)$ (Einschaltsprung, Amplitude U_{eo})

$$U_a(z)=\frac{au_a[-1]z}{z-a}+\frac{bU_{eo}z^2}{(z-a)(z-1)}\,.$$

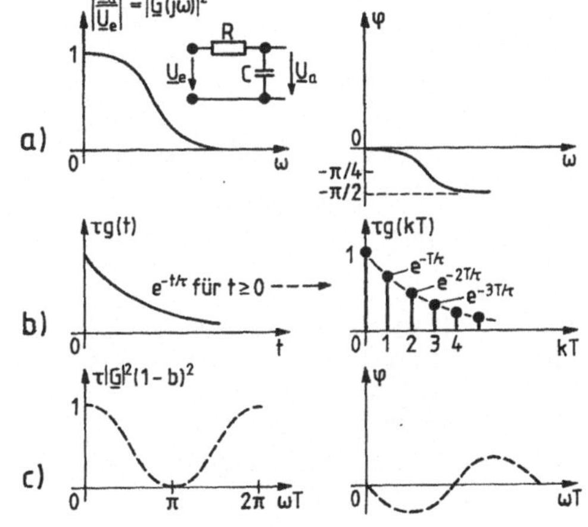

Bild 5.4.13 *RC*-Schaltung
a) Frequenzgang des kontinuierlichen Systems,
b) Impulsantwort und diskretisierte Form,
c) Frequenzgang des diskreten Spektrums

als Lösung im z-Bereich. Die Rücktransformation ergibt mit Zerlegung des letzten Terms in Partialbrüche und Verwendung der Korrespondenztafel 5.4.1 schließlich die Lösung

$$u_a[k] = au_a[-1]a^k + \frac{b}{1-a}\left(1-a^{k+1}\right)U_{eo}; \quad k = 0, 1, 2\ldots \tag{5.4.33}$$

Abgesehen vom Anfangswert (erster Teil) beschreibt der zweite Term eine Lösung, die dem Verlauf vom Typ (1 – exp – x) etwa entspricht. Im Bild 5.4.13 ist sie dargestellt.

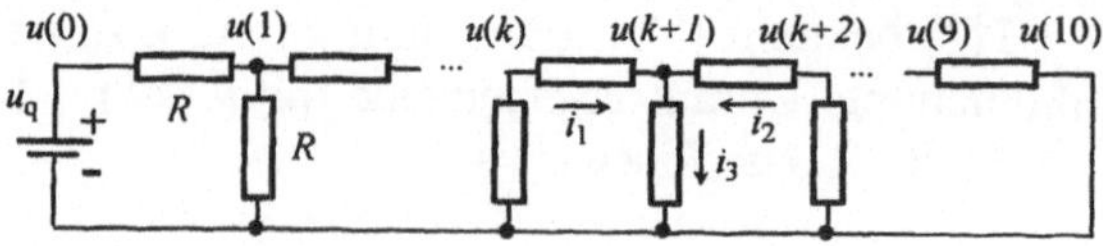

Bild 5.4.14 Kettenleiternetzwerk

Beispiel: Kettenleiter. Mitunter entsteht eine Differenzengleichung auch direkt aus dem Problem selbst, wie für die Spannungsverteilung längs eines sog. Kettenleiters aus ohmschen Widerständen (Bild 5.4.14). Gesucht sind die Knotenspannungen $u\,[k]$ als Folge der Eingangsspannung u_q. Für einen beliebigen Knoten $k + 1$ führen die Kirchhoffschen Gleichungen auf

$$u\,[k] - u\,[k+1] + u\,[k+2] - u\,[k+1] = u\,[k+1]$$

oder zusammengefasst

$$u\,[k] - 3u\,[k+1] + u\,[k+2] = 0$$

bei gleich angenommenen Widerständen R. Gesucht sind beispielsweise die Spannungen $u\,[9]$, $u\,[10]$. Eine Z-Transformation führt auf

$$U(z) - 3\,[z\,U(z) - z\,u[0]] + z^2\,U(z) - z^2\,u[0] - z\,u[1] = 0 \quad \text{oder}$$

$$U(z) = \frac{10z(z-3) + zu[1]}{z^2 - 3z + 1} \equiv \frac{10z(z-1{,}5) - (15 - u[1])z}{z^2 - 3z + 1},$$

dabei wurde die Spannung $u[0] = u_q = 10$ (dimensionslos) angesetzt. Die Rücktransformation der beiden Terme (mit Tafel 5.4.1) führt auf

$$\mathrm{ZT}^{-1}\left[\frac{z(z-1{,}5)}{z^2 - 2z(1{,}5) + 1}\right] = \cosh ak\,, \quad \mathrm{ZT}^{-1}\left[\frac{z(\sqrt{5}/2)}{z^2 - 2z(1{,}5) + 1}\right] = \sinh ak$$

mit $\cosh a = 1{,}5$, $\sinh a = \sqrt{5/2}$ und $a = 0{,}963 = \omega T$. Die allgemeine Lösung lautet

$$u[k] = 10\cosh ak - \frac{2(15 - u[1])}{\sqrt{5}}\sinh ak.$$

Die Spannung $u\,[10] = 0$ kann zur Bestimmung der unbekannten Spannung $u\,[1]$ herangezogen werden, indem für $k = 10 \rightarrow u\,[10] = 0$ gesetzt und nach $u\,[1]$ aufgelöst wird:

$$u[k] = 15 - 5\sqrt{5}\,\tanh^{-1} 10a\,.$$

Damit liegt die allgemeine Lösung $u\,[k]$ vor und kann für jeden Wert k , z.B. auch $k = 9$ spezialisiert werden.

5.4.4.2 Impuls- und Sprungantwort

Alternativ zur Systembeschreibung durch die Differenzengleichung kann das LTD-System auch – wie im entsprechenden zeitkontinuierlichen Fall – über die *Impuls-* bzw. *Sprungantwort* charakterisiert werden.

Die Impulsantwort oder Impulsfolge $g[k]$ ist die Ausgangsfolge, die sich bei Anregung mit einem Eingangsstoß $x[k] = \delta[k]$ mit $\delta[k] = [1,0\ldots0]$ (Gl. (5.4.3)) im Zeitbereich ergibt.

Für das nichtrekursive System ($a_i = 0$) folgt aus der allgemeinen Differenzengleichung (5.4.27)

$$y[k] = \sum_{i=0}^{N} b_i x[k-i]$$

die Lösung:

$$g[k] = \sum_{i=0}^{N} b_i \delta[k-i] \equiv [b_0, b_1, \ldots b_N].$$ Impulsantwort des nichtrekursiven LTD-Systems (5.4.34)

Die Impulsantwort eines nichtrekursiven LTD-Systems der Ordnung N ist gleich der Folge aus den Koeffizienten der Differenzengleichung und hat endliche Länge.

Anschaulich wird der zum Abtastzeitpunkt Null eingeprägte Impuls $\delta[0] \equiv 1$ pro Takt um ein Element der Verzögerungskette weitergeschoben und mit dem Koeffizienten b_i multipliziert, nach N Takten ist der Impuls aus der Kette ausgetreten und die Impulsantwort verschwindet. Deshalb besteht die Impulsantwort aus $N + 1$ Koeffizienten b_i $(0\ldots N)$; man sagt auch:

Ein FIR-System der Ordnung N hat die Länge $N + 1$.

Bei allgemeinem Eingangssignal $x[k]$ ergibt sich das Ausgangssignal durch diskrete lineare Faltung:

$$y[k] = x[k] * g[k] \equiv \sum_{i=-\infty}^{\infty} x[i]\, g[k-i] = \sum_{i=-\infty}^{\infty} x[k-i]\, g[i]. \quad (5.4.35)$$

Mit der Impulsantwort Gl. (5.4.34) wird daraus:

$$y[k] = \sum_{i=0}^{N} b_i x[k-i]. \quad (5.4.36)$$

Das entspricht genau dem nichtrekursiven Teil der Differenzengleichung (5.4.27): *Faltung und Differenzengleichung sind beim FIR-System identisch!*

Grundsätzlich kann die Impulsantwort nach diesem Prinzip auch für IIR-Systeme ermittelt werden, was wegen der unendlich langen Terme allerdings mühevoll ist. Einfacher führen Z-Transformation und Übertragungsfunktion zum Ergebnis (s.u.).

Auf einen Unterschied zur Gewichtsfunktion zeitkontinuierlicher Systeme sei jedoch verwiesen: der (geschlossenen) Gewichtsfunktion $g(t)$ dort steht hier eine diskrete Gewichtsfolge $g[k] = g(kT)$ gegenüber!

Die *Sprung- oder Schrittantwort* $h[k]$ ist die Reaktion $y[k] \equiv h[k]$ auf den Eingangssprung, d.h. die Folge $x[k] = s[k] = [0\ldots0, 1, 1, 1, \ldots]$ (Gl. (5.4.4)) mit Wechsel bei $kT = 0$. Nach Rückeinsetzen in Gl. (5.4.35) ergibt sich:

$$h[k] = \sum_{i=-\infty}^{\infty} s[k-i]\cdot g[i] \equiv \sum_{i=-\infty}^{k} g[i]. \quad \text{Sprungantwort eines LTD-Systems} \quad (5.4.37)$$

Dabei verschwindet $s[k-i]$ für $i > k$. Durch Gl. (5.4.37) kann das Sprungverhalten direkt aus dem Impulsverhalten $g[k]$ bestimmt werden. Durch Bildung der ersten Differenz für $h[k]$ folgt:

$$h[k] - h[k-1] = \sum_{i=-\infty}^{k} g[i] - \sum_{i=-\infty}^{k-1} g[i] \equiv g[k]$$

Das Impulsverhalten $g[k]$ ergibt sich direkt aus dem Sprungverhalten $h[k]$ durch Differenzbildung.

Beispiel: Zur Ausgangsgleichung (5.4.30) des *RC*-Gliedes erster Ordnung gehört die Impulsfunktion $g[k]$

$$g[k] = \begin{cases} ba^k & k \geq 0 \\ 0 & k < 0 \end{cases} \qquad k < 0$$

oder $g[k] = ba^k x_\delta[k]$. Die zugehörige Sprungantwort (für den Einschaltsprung $x[k] = s[k]$, Gl. (5.4.4)) lautet

$$y[k] = \sum_{i=-\infty}^{\infty} x[k-i]\cdot g[i] = \sum_{i=-\infty}^{\infty} s[k-i]\cdot ba^k\cdot s[i] = \sum_{i=0}^{k} ba^k, \qquad (5.4.38)$$

da $s[i] = 0$ für $i = 0$ und $s[k-i] = 0$ für $i > k$. Das ist aber genau die Lösung nach Gl. (5.4.32).

PC a) Lernen Sie Lösungsmethoden von Differenzengleichungen im MATLAB-Beispiel 5/19 kennen.
b) Untersuchen Sie das Lösungsverhalten einer Differenzengleichung 2. Ordnung im MATLAB-Beispiel 5/18.

5.4.4.3 Übertragungsfunktion, Frequenzgang

Statt das Ausgangssignal $y[k]$ bei allgemeiner Erregung umständlich durch Faltung über Gl. (5.4.35) zu bestimmen, führt der Weg über die Z-Transformation zur einfachen Multiplikation der Z-Transformierten. Die dabei auftretende Z-Transformierte der Gewichtsfunktion $g[k]$ heißt *z*-Übertragungsfunktion $G(z)$:

$$g[k] \xleftrightarrow{\text{ZT}} G(z) = \frac{Y(z)}{X(z)} \quad z\text{-Übertragungsfunktion des LTD-Systems} \quad (5.4.39)$$

Im Fall $x[k] = d[k]$ wird $y[k] = g[k]$ und im Z-Bereich gehört dazu $Y(z) = G(z)X(z)$ mit $X(z) = 1$ (normiert) wie bei zeitkontinuierlichen Systemen.

Durch Z-Transformation der Differenzengleichung (5.4.27) folgt unter Einschluss des Verschiebungssatzes (bei verschwindenden Anfangswerten)

$$Y(z) = \sum_{i=0}^{N} b_i X(z) z^{-i} - \sum_{i=1}^{\infty} a_i Y(z) z^{-i}$$

und aufgelöst nach $Y(z)$

$$G(z) = \frac{Y(z)}{X(z)} = \frac{b_0 + b_1 z^{-1} + \ldots b_N z^{-N}}{1 + a_1 z^{-1} + \ldots a_M z^{-M}} \equiv \frac{\sum_{i=0}^{N} b_i z^{-i}}{1 + \sum_{i=1}^{M} a_i z^{-i}} \qquad (5.4.40)$$

oder gleichwertig

$$G(z) = \mathrm{ZT}\{g[k]\} \equiv \sum_{k=0}^{\infty} g[k] z^{-k} \qquad (5.4.41)$$

Die z-Übertragungsfunktion beschreibt – wie die Differenzengleichung – das Verhalten des LTD-Systems vollständig, ihre Koeffizienten sind die entsprechenden der Differenzengleichung.

Man erkennt:

- in der Differenzengleichung treten die Polynomkoeffizienten auf, wobei die b_i zum Eingangssignal gehören (Zähler), die a_i zum Ausgangssignal (Nenner),
- wegen der Kausalität ist der Grad der Zählerpolynoms höchstens gleich dem des Nenners: Zählergrad $N \leq$ Nennergrad M.

Aus der Übertragungsfunktion $G(z)$ lässt sich auch die *Übergangsfunktion* $H(z)$ (Reaktion auf *Sprungerregung*) bestimmen. Zu Gl. (5.4.40) gehört im Z-Bereich $G(z) = H(z) – z–1H(z)$ oder umgeschrieben:

$$H(z) = \frac{G(z)}{1 - z^{-1}} = \frac{z}{z-1} G(z) \quad \text{Übergangsfunktion des LTD-Systems}. \qquad (5.4.42)$$

Das Ergebnis ergibt sich auch aus Gl. (5.4.36) ff. direkt durch Z-Transformation.

Der Endwert der Sprungantwort folgt aus dem Endwertsatz:

$$\lim_{k \to \infty} h[k] \equiv \lim_{z \to 1} (zG(z)).$$

Tafel 5.4.6 enthält die bisherigen Zusammenhänge in einer Gegenüberstellung.

Tafel 5.4.6 Zusammenhänge von zeitdiskreten Systemkennwerten im Zeit- und Frequenzbereich

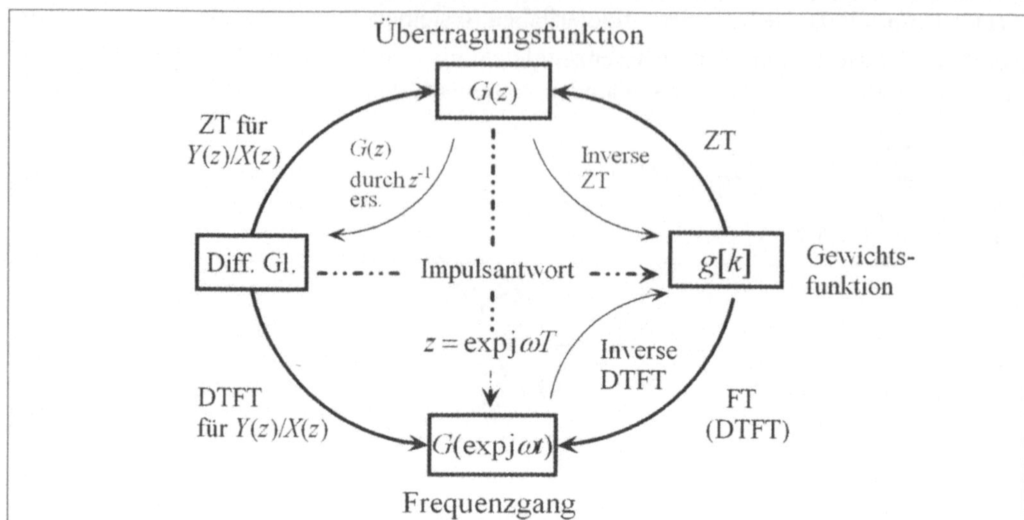

Rückblick: Übertragungsverhalten linearer Netzwerke. Der in diesem Abschnitt für die Z-Transformierten gewonnene Zusammenhang

Ausgangsfunktion im z-Bereich	=	Netzwerkfunktion im z-Bereich	×	Anregungsfunktion im z-Bereich

existierte auch für die Fourier- und Laplacetransformierten und generell die Ursache-Wirkungsbeziehung linearer Netzwerke. Er kann gleichwertig beschrieben werden im Zeit- und Bildbereich

$$y[k] = f[k] \xleftrightarrow{\text{ZT}} F(z) = G(z) \cdot X(z) \xleftrightarrow{\text{ZT}} g[k] * x[k] = y[k]$$

Rückerinnernd war $g(t)$ im zeitkontinuierlichen System die zeitliche Antwort auf eine Diracstoßerregung. Die Gewichtsfunktion $g(t)$ lässt sich am Oszillograph direkt darstellen. Im Frequenzbereich gehört dazu $G(\omega)$. Multiplikative Verknüpfung der transformierten Größen im Bildbereich und Faltung im Zeitbereich sind typische Merkmale solcher Systemzusammenhänge.

Mit Gl. (5.4.43) stellt die Z-Transformation ein genau so zweckmäßiges Hilfsmittel zur Analyse von Digitalsystemen dar, wie die Laplace- und Fourier-Transformation für beispielweise Schaltvorgänge in kontinuierlichen Systemen.

Das Übertragungsverhalten eines Digitalsystems lässt sich ermitteln

- durch Bestimmung von $Y(z)$ im Z-Bereich bei bekanntem $G(z)$ und Rücktransformation $\rightarrow y[k]$,
- durch Transformation von $G(z)$ in den Zeitbereich und Bestimmung von $y[k]$ aus $g[k]$ über Faltung mit $x[k]$.

Die Berechnung von $G(z)$ erfolgt wahlweise

- über die Differenzengleichung,
- aus der Impulsantwort $g(t)$ mit $G(p) \leftrightarrow g(t)$ über die Laplace-Transformation (zeitkontinuierliches System), anschließender Diskretisierung und Anwendung der Z-Transformation:

$$G(p) \xleftrightarrow{\text{LT}} g(t)| \xleftrightarrow{t=kT} g(kT) \xleftrightarrow{\text{ZT}} G(z)$$

So hat beispielsweise ein *RC*-Tiefpass (Bild 5.4.13) die Übertragungsfunktion $G(p) = a/(a+p)$, $a = 1/RC$ für die Ausgangsspannung. Aus

$$G(p) = \frac{a}{a+p} \xleftrightarrow{\text{LT}} g(t) = (a\exp - at) \cdot s(t)$$

folgt die diskretisierte Impulsantwort $g[k] = a \exp - akT$ und mit Zuordnung der Z-Transformation:

$$g[k] \xleftrightarrow{\text{ZT}} G(z) = az/(z-b); \quad b = \exp - aT, \quad z = \exp pT.$$

Aus $G(z)$ lässt sich mit $z = \exp j\omega T$ der zugehörige Frequenzgang ermitteln

$$\frac{|G(\exp j\omega T|^2}{a} = \frac{1}{1+b^2-2b\cos\omega T}$$

Im Bild 5.4.13c sind diese Verhältnisse dargestellt: der Frequenzgang des kontinuierlichen Systems mit zugehöriger Impulsfunktion, ihre diskretisierte Form und schließlich der zugehörige Frequenzgang. Er ist – im Unterschied zum kontinuierlichen Systemen – periodisch.

PC a) Untersuchen Sie die Gewichts- und Sprungfunktion eines zeitdiskreten Systems im MATLAB-Beispiel 5/20.

b) Untersuchen Sie den Frequenzgang einer zeitdiskreten Übertragungsfunktion im MATLAB-Beispiel 5/21.

5.4.4.4 Pole, Nullstellen

So, wie zeitkontinuierliche Systeme in der Übertragungsfunktion Pole und Nullstellen aufweisen, gilt das auch für zeitdiskrete Systeme. Aus Gl. (5.4.40) wird durch Umformen die gleichwertige Darstellungsform der z-Übertragungsfunktion:

$$G(z) = \frac{b_0 z^{-N}}{z^{-M}} \cdot \frac{z^N + b_1/b_0 z^{N-1} + \ldots b_N/b_0}{z^M + a_1 z^{M-1} + \cdots a_M} \equiv b_0 z^{M-N} \frac{\prod_{i=1}^{N}(z-z_{Ni})}{\prod_{i=1}^{M}(z-z_{Pi})}. \tag{5.4.43}$$

Die z_{Ni} heißen *Nullstellen*, die z_{Pi} Pole der z-Übertragungsfunktion.

Die Übertragungsfunktion $G(z)$ ist bis auf die Konstante b_0 durch die Lage der Pole und Nullstellen bestimmt. Die Zahl der Nullstellen entspricht dem Grad des Zählerpolynoms, die der Pole dem Grad des Nennerpolynoms. Die Ordnung der Übertragungsfunktion liegt durch den größeren der beiden Grade fest.

Zusätzlich zu den *M*-Polen gibt es noch *N-M*-Pole im Ursprung (falls $N > M$) bzw. zusätzlich M-N-Nullstellen im Ursprung (falls $M > N$).

Pole und Nullstellen werden zweckmäßig im *PN-Plan* (der *z*-Ebene) dargestellt. Für reelle Koeffizienten (wie technisch durchweg zutreffend) gilt:

- Pole und Nullstellen sind entweder reell oder paarweise konjugiert komplex: der PN-Plan liegt dann symmetrisch zur reellen Achse,
- da die linke Halbseite der *p*-Ebene ins Innere des Einheitskreises der z-Ebene abgebildet wird, hat eine stabiles LTD-System nur Pole im Innern des Einheitskreises,
- dasjenige konjugiert komplexe Polpaar, das dem Einheitskreis am nächsten liegt, heißt *dominant* (verursacht den Hauptteil des Einschwingvorganges).

Weiter gelten noch (ohne Nachweis):

- kleiner Polabstand vom Ursprung liefert bei reellen Polen rasch abklingende Einschwingvorgänge,
- konjugiert komplexe Pole deuten auf mögliche Schwingungen im Ausgangssignal hin.

5.4.4.5 Z-Übertragungsfunktion, Frequenzgang

Besonders bei der zeitdiskreten Verarbeitung zeitkontinuierlicher Signale (z.B. in digitalen Filtern) interessiert der Frequenzgang. So, wie dieser bei zeitkontinuierlichen Systemen durch Auswertung der Übertragungsfunktion $G(p)$ auf der imaginären Achse ($p = \mathrm{j}\omega$) folgt, bedeutet die Übertragung dieses Gedankens auf die Z-Transformierte, die Funktion $G(z)$ (Gl. (5.4.40)) auf dem Einheitskreis der z-Ebene (durch die Substitution $z = \exp \mathrm{j}wT$) darzustellen. (Dazu muss der Einheitskreis zum Konvergenzbereich gehören).

Der Frequenzgang eines zeitdiskreten Systems ergibt sich damit durch die Charakteristik:

$$G(\mathrm{j}\omega) = G(z)|_{z = \exp \mathrm{j}\omega T} = G(\exp \mathrm{j}\Omega)\,. \quad \text{Frequenzgang eines LTD-Systems} \quad (5.4.4.4)$$

Dabei wird oft die normierte Frequenz $\Omega = \omega T = 2\pi f/f_a$ (für diskrete Systeme) verwendet. Mit $f = kf_a$ beträgt $\Omega = 2\pi k$ und gewährleistet so die für den Abtastvorgang typische Periodizität. Wegen der Nyquistfrequenz $f_g = f_a/2$ (dafür gilt $\Omega = \pi$) drängt der eigentlich interessante Frequenzbereich auf das Intervall $0 \leq \Omega \leq \pi$ zusammen. Ein periodischer Verlauf des Frequenzganges war aber Merkmal der Abtastung.

Der Frequenzgang eines LTD-Systems ist nach Gl. (5.4.24)ff. die zeitdiskrete Fourier-transformierte DTFT der Impulsantwort $g\,[k]$, beide bilden damit eine Fourierkorrespondenz (s. Tafel 5.4.6).

Experimentell ergibt sich der Frequenzgang bei Erregung mit einer Sinusgröße und Auswertung nach Betrag und Phase.

Zur praktischen Berechnung wird in Gl. (5.4.44) z^{-1} durch $\exp -\mathrm{j}\Omega = \cos\Omega - \mathrm{j}\sin\Omega$ ersetzt. So folgt die gesuchte komplexe Funktion $G(\Omega)$, die weiter nach Betrag, Phase u.a. ausgewertet werden kann.

Beispiel 1: Ein digitaler Tiefpass erster Ordnung habe die Übertragungsfunktion (mit $0 < a < 1$)

$$G(z) = \frac{1-a}{1-az^{-1}}.$$

mit einer Nullstelle $z_N = 0$ und einem Pol bei $z_P = a$. Er liegt für $a < 1$ im Innern des Einheitskreises und das System ist stabil. Der Frequenzgang folgt mit der Ersetzung von z zu

$$G(\Omega') = \frac{1-a}{1-a(\cos\Omega' - \mathrm{j}\sin\Omega')}, \quad |G(z)| = \frac{1-a}{\sqrt{1+a^2-2a\cos\Omega'}}.$$

Die Auswertung nach Betrag (rechts) und Phase ist leicht möglich.

Beispiel 2: Die Übertragungsfunktion

$$G(z) = \frac{z^2-0{,}25}{z^2+0{,}25} = \frac{(z-0{,}5)(z+0{,}5)}{(z-\mathrm{j}0{,}5)(z+\mathrm{j}0{,}5)}$$

hat zwei Pole bei $z = \pm\,\mathrm{j}0{,}5$ innerhalb des Einheitskreises der z-Ebene (→ stabiles System). Der Frequenzgang ergibt sich zu

$$G(\exp\mathrm{j}\omega T) = \frac{\exp\mathrm{j}2\omega T - 0{,}25}{\exp\mathrm{j}2\omega T + 0{,}25} \equiv \frac{\cos 4\pi k - 0{,}25 + \mathrm{j}\sin 4\pi k}{\cos 4\pi k + 0{,}25 + \mathrm{j}\sin 4\pi k}$$

mit $2\omega T = 2k\omega_a T = 4\pi k$ $(0 \le k \le 1)$. Die Auswertung erfolgt zweckmäßig über ein Computerprogramm (s.u.). Für die Darstellung gelten neben der Periodizität noch Symmetrieeigenschaften: die Impulsantwort $g[k]$ ist eine reelle diskrete Funktion. Deshalb gilt für ihre Fouriertransformierte: $|G(\omega)| = |G(-\omega)|$, $\varphi(\omega) = -\varphi(-\omega)$. Das ist eine gerade (spiegelsymmetrische) Funktion des Amplitudenganges mit unsymmetrischem Phasengang.

Praktisch interessiert nur der Frequenzbereich $0 \le \omega_a/2$ (Nyquistbereich), darüber gilt das Abtasttheorem nicht mehr.

Beispiel 3: Das Spektrum der Funktion $f[k] = (0{,}9)^k \cos \pi k$ $(k = 0, 1, 2\ldots)$ führt zunächst mit Tafel 5.4.1 auf die Übertragungsfunktion

$$G(z) = \frac{(z-0{,}9\cos\pi)z}{z^2-2(0{,}9\cos\pi)z+(0{,}9)^2} = \frac{1+0{,}9z^{-1}}{1+1{,}8z^{-1}+0{,}81z^{-2}}.$$

Die MATLAB-Auswertung erfolgt mit dem nachstehenden M-File „Beisp3.m“ unter Verzicht auf weitere Darstellungsgestaltung.

```
%Beisp3.m
n=[1,0.9];                          %Zählerkoeffizientend
d=[1,1.8,0.81];                     %Nennerkoeffizienten
q=[0:499]*10/500;                   %Frequenzzuordnung,Bereich bis 10
[G,q]=freqz(n,d,q,'whole');         %Aufruf freqz,500 Frequenzpunkte
mag=abs(G);                         %Definition Betrag G
pha=angle(G);                       %Definition Phase G
plot(q,mag,q,pha);                  %Ausdruck
grid
```

Pole und Nullstellen wirken sich auch auf den Frequenzgang aus und zwar umso mehr, je näher sie am Einheitskreis liegen. Dabei haben dominante Pole den stärksten Einfluss, Pole im Ursprung beeinflussen wohl die Phase, nicht aber den Amplitudengang. Nullstellen auf dem Einheitskreis bedeuten einen Phasensprung um π.

5.4.4.6 Strukturen zeitdiskreter Systeme

So, wie sich die Differentialgleichung eines zeitkontinuierlichen Systems mit den stets wiederkehrenden Operationen Integration, Multiplikation mit einer Konstanten und Addition durch Blockelemente und ein Blockschaltbild oder eine *Blockstruktur* nachbilden lässt, gilt das sinngemäß auch für zeitdiskrete Systeme. Dort treten ebenfalls nur drei mathematische Operationen auf: *Zeitverzögerung* um eine Abtastperiode T (bzw. Speicherung) $y[k] = x[k-1]$, *Multiplikation* mit einer Konstanten $y[k] = ax[k]$ und *Addition* $y[k] = x_1[k] + x_2[k]$:

Jedes LTD-System kann durch Kombination von drei Grundoperationen realisiert werden.

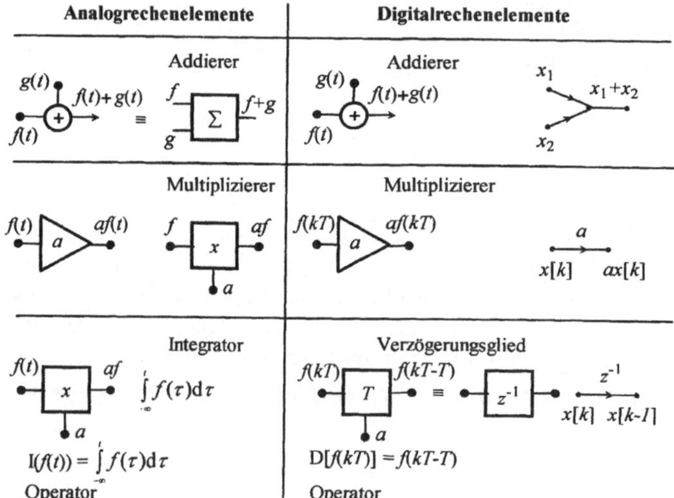

Bild 5.4.15 Aufbauelemente analoger und digitaler Filter

Bild 5.4.15 zeigt zugehörige Blockelemente und Signalflussdiagramme in vereinfachter Form der Blockschaltbilder: Multiplikation mit Pfeil und Koeffizient, *Verzögerung* mit Pfeil und z^{-1}, Pfeil ohne Symbol als Signalverbindung und Additionspunkte als kleine schwarze Kreise.

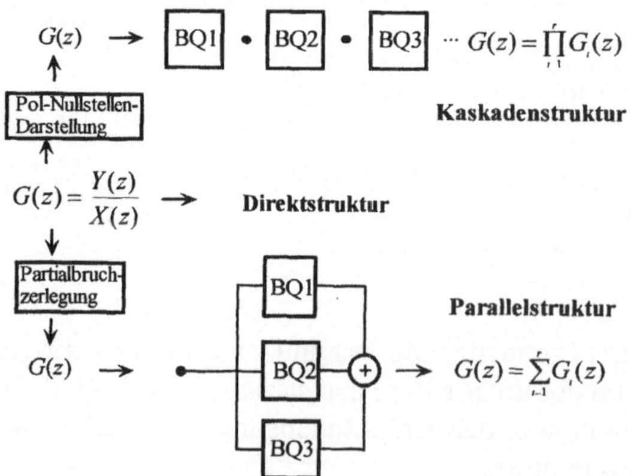

Bild 5.4.16 Wichtige Systemstrukturen

Für rekursive LTD-Systeme gibt es drei Grundstrukturen (Bild 5.4.16): die *Direkt-*, die *Kaskaden-* und die *Parallelstruktur*. Alle sind gleichwertig, aber verschieden aufwendig.

Bei der *Direktstruktur* wird die Differenzengleichung unmittelbar implementiert und damit auch $G(z)$ direkt realisiert. Ein einfaches Beispiel enthält Bild 5.4.17a für die Differenzengleichung (5.4.27) erster Ordnung in verschiedenen Darstellungen im Zeit- und z-Bereich. Beginnend vom Ausgang $y[k]$ her ist die Differenzengleichung des LTD-Systems leicht nachzubilden. Die allgemeinere Differenzengleichung (5.4.27) lässt sich durch entsprechende Strukturen interpretieren, im Bild 5.4.17b wurde der Fall 2. Ordnung dargestellt und $M = 2$ gewählt.

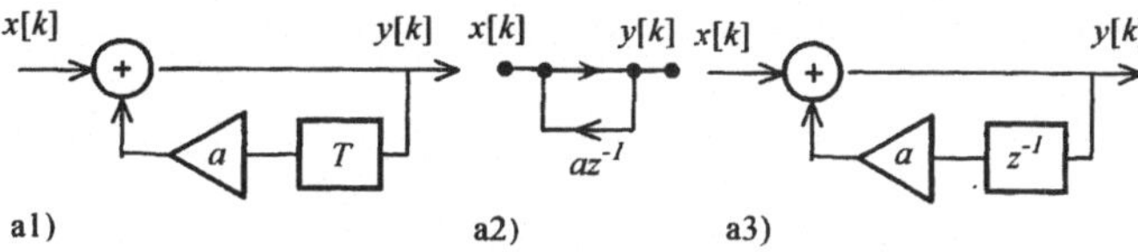

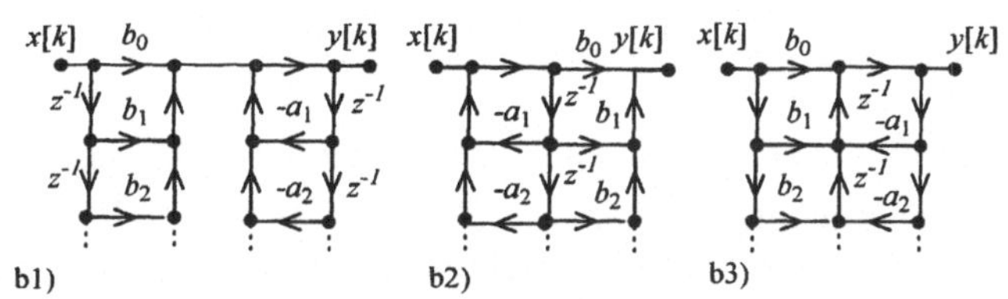

Bild 5.4.17 Filterstrukturen
a) Einfache Formen im Zeitbereich (a1), im z-Bereich (a2) und vereinfachte Darstellung (a3)
b) Strukturen 2. Ordnung:
b1) Direktstruktur 1
b2) Direktstruktur 2
b3) transponierte Direktstruktur 2

Weil die Direktform zwei Filteranteile – den rekursiven und nichtrekursiven – enthält, gibt es neben der Form I noch eine Direktform II. Letztere entsteht durch wechselseitiges Vertauschen beider Teile, dadurch sinkt die Zahl der Verzögerungselemente auf die Hälfte (es ist eine sog. *kanonische* Struktur mit minimalem Aufwand). Diese Form kann schließlich noch transponiert werden, wodurch sich Bild b3 ergibt.

Direktstrukturen reagieren empfindlich auf Änderungen eines jeden Koeffizienten, deshalb ist es günstiger, die Übertragungsfunktion $G(z)$ in Produktform darzustellen (→ PN- Form) und in Teilsysteme 2. Ordnung (und ggf. 1. Ordnung) zu zerlegen. Diese Grundsysteme werden als *Biquads* (biquadratic order) bezeichnet. So entsteht die Kaskadenstruktur (Bild 5.4.16). Die einzelnen Biquads enthalten komplexe Polpaare. Sie erlauben übersichtliche Ausführungsformen. Bild 5.4.17b zeigt Biquadstrukturen. Die einzelnen Biquads können verschieden ausgelegt werden und verschiedenen Optimierungen unterliegen (z.B. Rauschen).

Eine dritte Zerlegung führt zur Parallelstruktur durch Zerlegung von $G(z)$ in eine Partialsumme (Bild 5.4.16).

Die einzelnen Strukturen haben i.a. verschiedene Koeffizienten, die sich bei Strukturwechsel ändern.

5.4.5 Digitale Simulation analoger Systeme

Der Entwurf kontinuierlicher Systeme ist heute sehr gut ausgebaut. Die deutlichen Vorteile der digitalen Signalverarbeitung drängen deshalb zu der Frage, ob ein analoges System nicht auch durch ein digitales nachgebildet werden kann. Ziel ist dabei, die Eigenschaften der Übertragungsfunktion $G(p)$ des Analogsystems auf die Funktion $G(z)$ des Digitalsystems zu übertragen. Exakt gelingt das nicht, denn

– die Funktion $G(z)$ ist grundsätzlich periodisch,

– durch die Ersetzung $z = \exp pT$ wird die Zuordnung $G(p) \leftrightarrow G(z)$ im Frequenzbereich nichtlinear.

Zur Lösung dieses Problems wurden mehrere Ansätze entwickelt.

In vielen technischen Problemstellung schließlich arbeiten zeitkontinuierliche und zeitdiskrete Systeme zusammen und auch hier werden Nachbildungen zeitkontinuierlicher Systeme durch diskrete erforderlich (und umgekehrt). Solche Fragestellungen treten beispielsweise beim Ersatz von Analog- durch Digitalfilter auf, aber auch bei Puls- und Abtastsystemen (z.B. Schalter-Kondensatorfilter).

Digitale Simulation. Bei der digitalen Simulation eines analogen Systems wird sein Übertragungsverhalten- beschrieben durch Pole und Nullstellen der Übertragungsfunktion- aus der p-Ebene so in die z-Ebene abgebildet (→ Mapping), dass das entstehende diskrete System die gleichen Eigenschaften (innerhalb von Fehlergrenzen) hat, oft jedoch nicht unabhängig vom anregenden Signal.

Digitale Simulation kann nach unterschiedlichen Methoden erfolgen:

1.) die *anregungsinvariante* Simulation zielt darauf ab, für eine bestimmtes Anregungssignal ein korrektes Ausgangsergebnis zu erhalten und bei anderen Signalen Fehler zuzulassen. Ein typisches Beispiel ist die *impulsinvariante* Transformation: hier stimmt die zeitdiskrete Impulsantwort mit den Abtastwerten der zeitkontinuierlichen Impulsantwort überein:

$$g(t)\big|_{\text{kont}} = \alpha\, g_{\text{d}}(kT)\big|_{t=kT}\,. \tag{5.4.45}$$

Praktisch geht man bei gegebener Gewichtsfunktion $g(t)$ folgendermaßen vor: es wird $g(t)$ abgetastet und man erhält in $g_{\text{d}}(kT)$ (ggf. multipliziert mit einem konstanten Faktor) die gesuchte Gewichtsfunktion.

Hat das analoge System den Frequenzgang $G(\text{j}\omega)$, so ergibt sich der des diskreten Systems $G_{\text{d}}(\text{j}\omega)$ durch periodische Fortsetzung mit der Periode $\omega_{\text{a}} = 2\pi/T$. Voraussetzung ist die Einhaltung des Abtasttheorems:

$$G_{\text{d}}(\text{j}\omega) = \sum_{k=-\infty}^{\infty} G(\omega - 2\pi k/T)\,. \tag{5.4.46}$$

Der Frequenzgang des impulsinvariant umgesetzten Systems ist die periodische Fortsetzung (in ω_{a}) des Frequenzganges des zeitkontinuierlichen Systems.

Das Verfahren wird benutzt, wenn Vorgänge im Zeitbereich „richtig“ wiedergegeben werden sollen. Durch die erforderliche Bandbegrenzung eignet es sich nur für Tief- und Bandpässe, es wird auch deswegen nicht allzu häufig benutzt, weil Zeitvorgänge meist weniger als Frequenzvorgänge interessieren.

2.) die *bilineare* Transformation zielt auf möglichst gute *Anpassung des Übertragungsverhaltens im Frequenzbereich*. Die Transformation erfolgt im Bildbereich und bildet die Pole/Nullstellen aus dem Analog- in den Digitalbereich ab. Das Verfahren entstammt der numerischen Integration und folgt aus $p = (1/T) \ln z$ durch Reihenentwicklung:

$$p = \frac{2}{T} \cdot \frac{1 - z^{-1}}{1 + z^{-1}}; \qquad z = \frac{1 + \alpha p}{1 - \alpha p}, \qquad \alpha = 2/T. \tag{5.4.47}$$

Jeder Punkt der p-Ebene wird in einen zugehörigen Punkt der z-Ebene abgebildet. Damit ergibt sich das Äquivalent der Übertragungsfunktion nach der Vorschrift

$$G(z) = G(p)|_{p=\frac{1-z^{-1}}{\alpha(1+z^{-1})}}.$$

Der Zusammenhang zwischen den Frequenzvariablen ω ($p = \mathrm{j}\omega$) und $z = \exp \mathrm{j}\Omega$ lautet dann

$$\omega_\mathrm{a} = \frac{2}{T} \tan \frac{\omega_\mathrm{d} T}{2}, \qquad \omega_\mathrm{d} = \frac{2}{T} \arctan \frac{\omega_\mathrm{a} T}{2} \tag{5.4.48}$$

mit der Abtastfrequenz ω_a und ω_d, der Frequenz der zeitdiskreten Funktion. Zwangsläufig entsteht durch die Nichtlinearität eine systematische Frequenzverzerrung, die ggf. beachtet werden muss: der unendliche Bereich $-\infty < \omega_\mathrm{a} < \infty$ wird auf den endlichen Bereich $-\pi/T < \omega_\mathrm{d} < \pi/T$ abgebildet. Das ist für kleine Argumente x wegen $\tan x \approx \arctan x \approx x$ ($\omega_\mathrm{a} \approx \omega_\mathrm{d}$) verkraftbar, für große dagegen nicht.

Beispiel: Der einfache TP

$$G_\mathrm{a}(p) = \frac{1}{1 + p/\omega_\mathrm{o}} \to G_\mathrm{d}(z) = \frac{\omega_\mathrm{o}}{\omega_\mathrm{o} + \frac{2}{T}\frac{1-z^{-1}}{1+z^{-1}}} = \frac{1 - z^{-1}}{(1+a) + (1-a)z^{-1}}, \qquad a = 2/\omega_\mathrm{o} T$$

hat im Bereich $|\omega| < p/T$ eine sehr gute Frequenzannäherung, für $p \to 0 \to z = 1$ stimmen die Frequenzgänge exakt überein. Der Wert $p \to -\infty \to z = -1$ entspricht der Nyquistfrequenz. Bei Durchlauf der $\mathrm{j}\omega$-Achse in der p-Ebene wird der Einheitskreis in der z-Ebene einmal durchlaufen (bei der impulsinvarianten Transformation erfolgt dies unendlich oft, wodurch der Aliasingeffekt zunimmt).

Der Entwurfsablauf eines diskreten Systems umfasst dann folgende Schritte:

- Ermittlung der Übertragungsfunktion des zeitkontinuierlichen Systems im Frequenzbereich,
- Anwendung der bilinearen Transformation → Bestimmung von $G_\mathrm{d}(z)$,
- daraus die Ermittlung der Differenzengleichung und damit der Schaltungsstruktur.

Pulsgesteuerte und abgetastete Systeme. Die Z-Transformation bringt auch Vorteile, wenn sog. getastete Schaltungen vorliegen, d.h. Analogschaltungen mit einem Eingangssignal erregt werden, das nur zeitweise (periodisch) anliegt. Beispiele sind Impulszüge oder im Idealfall die Diracfolge, wie sie bei der idealen Abtastung auftreten.

Bei einem *Pulssystem* (ohne Halteglied) wird das kontinuierliche Eingangssignal periodisch durch Schalter (Schaltfrequenz $1/T$, Schließdauer $\Delta T \ll T$) unterbrochen und gelangt dann an den Eingang des zeitkontinuierlichen Systems. Am Ausgang entsteht das zeitkontinuierliche Signal $y_\mathrm{a}(kT)$, im System (mit der Gewichtsfunktion $g(t)$) erfolgt eine kontinuierliche Verarbeitung des impulsförmigen Eingangssignals.

Beim *Abtastsystem mit Halteglied* (Bild 5.4.3) wirkt gegenüber dem Pulssystem zusätzlich das Halteglied (z.B. als Kondensator am Schalterausgang). Es hält den diskreten Eingangswert während der Taktzeit auf gleicher Höhe und erzeugt so aus der Impulswertefolge ein treppenförmiges Eingangssignal, das anschließend im System kontinuierlich verarbeitet wird.

Zur Analyse des Pulssystems geht man vom geschalteten Eingangssignal $x_a(t)$ aus, das auf das kontinuierliche System mit $g(t)$ wirkt. Das Ausgangssignal $y_a(t)$ kann auf verschiedenen Wegen bestimmt werden, z.B. im Zeitbereich durch Faltung von $x_a(t)$ mit $g(t)$, über die Laplace-Transformation oder über die Z-Transformation

$$y_a(t) = \mathrm{ZT}^{-1}\{X(z)\cdot G(z)\} = \mathrm{ZT}^{-1}\{X(z)\cdot \mathrm{ZT}[g(t)]\} \tag{5.4.49}$$

genommen an den diskreten Zeitpunkten $t = kT$. Deshalb lässt sich zeigen, dass das getaktete kontinuierliche System ohne Halteglied das gleiche Ergebnis liefert wie ein System, das mit einer Folge von gewichteten Diracstößen betrieben wird.

Der praktische Vorteil dieser Betrachtung liegt darin, dass die Systemreaktion über die Z-Transformation ein geschlossenes Ergebnis liefert, während die Laplace-Transformation auf eine unendliche Ergebnissumme führt.

Durch ein *Abtastsystem mit Halteglied* (Bild 5.4.3) erfolgt zunächst eine Rekonstruktion des pulsförmigen Signals, d.h. eine Rückwandlung in ein zeitkontinuierliches Signal. Im einfachsten Fall wird dabei der Impuls solange gehalten, bis der nächste eintrifft (sog. Sample-Hold-Schaltung nullter Ordnung). Dadurch entsteht ein treppenförmiges Signal.

Das Ausgangssignal der SH-Schaltung lässt sich aus seinem Eingangswert – der abgetasteten Funktion $X_a(p)$ (im Bildbereich) – über folgendes Modell ermitteln:

Man denkt sich den Abtastwert zu Beginn des Haltezeitraumes eingeschaltet ($\rightarrow s(t)$) und nach der Zeit T wieder ausgeschaltet. Dann lautet die Laplace-Transformierte dieses Vorganges:

$$\mathrm{LT}\big(s(t) - s(t-T)\big) = \frac{1}{p} - \frac{\exp - pT}{p} = \frac{1-\exp - pT}{p} \equiv G_{\mathrm{H}}(p)\,. \tag{5.4.50}$$

Folgt auf das Halteglied noch ein Übertragungssystem mit $g(t) \leftrightarrow G(p)$, so ergibt sich die Anordnung Bild 5.4.3 unten. Durch Verschiebung von $1/p$ zu $G(p)$ lässt sich eine Form finden, die leicht z-transformiert werden kann. Für das Eingangssignal $X(z)$ ergibt sich dann $Y(z)$ und damit die gesamte Übertragungsfunktion $G(z)$ zu:

$$G(z) = \frac{Y(z)}{X(z)} = (1-z^{-1})\cdot \mathrm{ZT}\left\{\mathrm{LT}^{-1}\left[\frac{G(p)}{p}\right]\right\} = (1-z^{-1})\mathrm{ZT}\left\{\mathrm{LT}^{-1}[H(t)]\right\}. \tag{5.4.51}$$

Die (Z-transformierte) Übertragungsfunktion der Anordnung Abtaster, Halteglied nullter Ordnung und Systemübertragungsfunktion ergibt sich aus der Z-Transformierten der Systemübergangsfunktion versehen mit einem Faktor $(1-1/z)$.

Am Ausgang steht dann das Signal $y(kT) = \mathrm{ZT}^{-1}\{G(z)\,X(z)\}$ zu den Zeitpunkten $t = kT$ jeweils bis zum nächsten Takt zur Verfügung. Damit zeigen sich auch hier die Vorteile, die unterschiedliche Transformationen bieten können.

PC Untersuchen Sie den Ersatz eines zeitkontinuierlichen Systems durch ein zeitdiskretes im MATLAB-Beispiel 5/23.

Lernorientierungen zu Abschnitt 5

Abschnitt 5.1

- Jede periodische Funktion $f(t) = f(t + T)$ in T lässt sich gleichwertig durch eine Fourierreihe darstellen. Es gibt drei Darstellungsformen:
  – die Normalform (cos-, sin-Glieder)
  – die Spektralform (Betrag, Phase der Spektralanteile)
  – die komplexe Form.
- In Verbindung mit dem Überlagerungssatz erlaubt die Fourierreihe die Analyse frequenzselektiver Eigenschaften von Netzwerken auf Grundlage der „symbolischen Wechselstromrechnung".
- Das Spektrum eines Rechteckimpulses kann zur Einführung eines kontinuierlichen Spektrums und der Fourier-Transformation verwendet werden.
- Das Spektrum eines Rechteckimpulses wird durch die Funktion $(\sin x)/x$ beschrieben.
- Fouriertransformierte: Spektraldarstellung (Betrag, Phase) einer aperiodischen Funktion des Zeitbereiches im Frequenzbereich.
- Die Fourier-Transformation dient zur Beschreibung nichtperiodischer und insbesondere einmaliger Vorgänge im Zeitbereich durch Transformation in den Frequenzbereich. Sie umfasst:
  – eine Hintransformation aus dem Zeit- in den Frequenzbereich
  – die Lösung der Aufgabe im Frequenzbereich (Rechnen mit der Fouriertransformierten)
  – schließlich die Rücktransformation (inverse Fourier-Transformation) in den Zeitbereich.
- Die Fourier-Transformation kann zur Herleitung des Zeitverlaufes einer Netzwerkgröße dienen, wenn das Frequenzverhalten bekannt ist.

Abschnitt 5.2

- Die Laplace-Transformation überführt eine Zeitfunktion in eine solche im Bildbereich mit der komplexen Variablen $p = s + \mathrm{j}\omega$ (sog. komplexe Frequenz).
- Die Laplace-Transformation einer Netzwerkdifferentialgleichung überführt diese in eine algebraische Gleichung, aus deren Lösung durch Rücktransformation in den Zeitbereich das Zeitverhalten hervorgeht.
- Die Übertragungsfunktion $\underline{G}(p)$ eines Netzwerkes ist gleich dem Quotient der Laplacetransformierten der Ausgangszeitfunktion und der Laplacetransformierten der Eingangszeitfunktion bei verschwindenden Anfangswerten.
- Bei verschwindendem Realteil σ der komplexen Frequenz p geht die Laplace-Transformation in die Fourier-Transformation über.
- Die Fouriertransformierte der Gewichtsfunktion $g(t)$ ist die Übertragungsfunktion $\underline{G}(\mathrm{j}\omega)$ (oder der Frequenzgang $\underline{F}(\mathrm{j}\omega) = \underline{G}(\mathrm{j}\omega)$).
- Das Produkt der Fouriertransformierten der Gewichtsfunktion $g(t)$ und des Eingangssignals gibt das Spektrum des Ausgangssignals. Letzteres kann durch inverse Fourier-Transformation in den Zeitbereich zurückgeführt werden.
- Daher genügt es häufig, Signal und System durch ihre Fouriertransformierten zu beschreiben und auf die Rücktransformation zu verzichten.
- Vorteilhaft ist die Fourier-Transformation bei Abtastsystemen.

Abschnitt 5.3

- Im Bildbereich ergibt sich die Laplacetransformierte des Ausgangssignals eines linearen Netzwerkes als Produkt von Übertragungsfunktion $\underline{G}(p)$ und Laplacetransformierten einer (beliebigen) Eingangserregung.
- Im Zeitbereich ergibt sich die Ausgangsgröße des linearen Netzwerkes durch Faltung der Gewichtsfunktion $g(t)$ mit der Eingangsgröße $x_a(t) = g(t) * x_e(t)$.
- Gewichts- und Übergangsfunktion hängen zusammen $g(t) = \mathrm{d}h(t)/\mathrm{d}t$.

- Die Übertragungsfunktion $\underline{G}(p)$ eines Netzwerkes im Bildbereich kann durch Partialbruchzerlegung in einem Pol-Nullstellen-Diagramm veranschaulicht werden. Es gibt auch Auskunft über das natürliche Verhalten (freies Einschwingen).

Abschnitt 5.4

- Die Grundkomponenten für den Ersatz eines zeit- und wertkontinuierlichen Übertragungssystems durch ein zeitdiskretes sind AD-Wandler, digitaler Prozessor (zeitdiskretes System) und DA-Wandler.
- Ein zeitdiskretes Signal wird durch Abtasten eines zeitkontinuierlichen Signals gewonnen.
- Die Zeitdiskretisierung ist eindeutig, wenn die Abtastfrequenz höher als die doppelte höchste Signalfrequenz liegt (Nyquisttheorem).
- Ein zeitdiskretes System ist ein solches, das ein zeitdiskretes Eingangssignal in ein zeitdiskretes Ausgangssignal transformiert. Es kann mit drei Typen von Grundelementen (Addierer, Multiplizierer, Verzögerungsglieder) realisiert werden. Eine wichtige Gruppe zeitdiskreter Systeme sind die LTD-Systeme.
- LTD-Systeme werden gewöhnlich nach der Länge ihres Impulsverhaltens unterteilt in rekursive (IIR-Systeme) und nichtrekursive (FIR-Systeme).
- die Z-Transformation stellt zeitdiskrete Signale als gewichtete Überlagerung komplexer Exponentialsignale dar. Sie hat für zeitdiskrete Signale und Systeme die gleiche Bedeutung wie die Laplace-Transformation für entsprechende zeitkontinuierliche Anordnungen.
- LTD-Systeme können gleichberechtigt durch Differenzengleichung, Impulsantwort (*Z*-Transformierte der Übertragungsfunktion), Übertragungsfunktion (*Z*-Transformierte der Impulsantwort) und Frequenzgang (Fouriertransformierte der Impulsantwort, periodisch und symmetrisch) beschrieben werden.
- Die *Z*-transformierte Übertragungsfunktion eines Systems ist die *Z*-Transformierte des zeitdiskreten Ausgangssignals bei Eingangseinheitsimpuls.
- es gibt vier Fourier-Transformationen: die des zeitkontinuierlichen Signals (FT), die des zeitdiskreten Signals (DTFT), die Fourierreihe (FR) des zeitkontinuierlichen und periodischen Signals sowie die diskrete Fourier-Transformation des zeitdiskreten und periodischen Signals (DFT).
- eine aperiodische zeitdiskrete Folge kann in drei verschiedenen Frequenzbereichsdarstellungen angegeben werden: DTFT, ZT und DFT (letztere nur anwendbar auf Folgen begrenzter Länge, erstere auf beliebige).
- Der Ersatz eines zeitkontinuierlichen Systems durch ein zeitdiskretes ist durch sog. Mapping möglich: Annäherung des Frequenzganges (unter Einhaltung der Stabilitätsforderung) durch das Verfahren der Impulsinvarianz oder der Bilineartransformation.

Wiederholungsfragen zu Abschnitt 5

Abschnitt 5.1

1. An einem Netzwerk liegt eine symmetrische Rechteckspannung (ohne Gleichanteil). Wie müsste unter Nutzung der Fourierreihe vorgegangen werden, um die Ausgangsspannung zu bestimmen?
2. Was erlaubt die Fourierreihe, welche Darstellungsformen gibt es?
3. Wie groß ist der Effektivwert einer Spannung, die aus drei Anteilen $\hat{u}_i \sin(i\omega t + f_i)$ $(i = 1 \ldots 3)$ besteht?
4. Was versteht man unter Fourier-Transformation? Wann wird sie angewendet?
5. Ein Impuls hat eine Breite von 10 ms. Welche Bandbreite (Hz) ist erforderlich, damit er ohne wesentliche Verzerrungen übertragen wird ($f = 1/T \div 1/t_p = 100$ Hz)?

Abschnitt 5.2

1. Welche Vorteile bietet die Anwendung der Laplace-Transformation zur Lösung von Schaltvorgängen in Netzwerken?
2. Wie lautet die Ersatzschaltung eines Kondensators mit Anfangsspannung im Bildbereich?
3. Welche Netzwerkfunktionen bestimmen das Übergangsverhalten eines Netzwerkes bei

Sprungerregung, bei Impulserregung? Hängen die Netzwerkfunktionen zusammen?

4. Gegeben sei die Reihenschaltung einer Gleichspannung U_q, eines Schalters S (der zur Zeit $t=0$ geschlossen werde) und ein ladungsloser Kondensator C (Schaltung = aktiver Zweipol in Spannungsquellenersatzschaltung mit Schalter). Prüfen Sie, ob es nach den Regeln der Zweipoltheorie eine gleichwertige Stromquellenersatzschaltung gibt. Welche Bedeutung hat hierbei die δ-Funktion, was bedeutet sie physikalisch?
5. Wie kann die Anfangsspannung eines geladenen Kondensators ersatzschaltmäßig zum Ausdruck gebracht werden:
   - im Zeitbereich
   - im Frequenzbereich (Begründung)?

Abschnitt 5.3

1. Was versteht man unter einer Übertragungsfunktion eines Netzwerkes? Beispiele, was sind Pole, was Nullstellen?
2. Bekannt sei die Übertragungsfunktion eines sinusförmig erregten Netzwerkes. Was kann daraus alles erkannt bzw. berechnet werden (*Beispiel*: RC-Spannungsteiler)?
3. In einer Schaltung mit R und einem Energiespeicher dauert der Ausgleichsvorgang doppelt solange, wenn R verdoppelt wird. Welches Energiespeicherelement lag vor?
4. Gegeben sei ein Netzwerk aus nur passiven Netzwerkelementen. Was lässt sich über die Lage der Pole sagen?
5. Wo liegen die Pole/Nullstellen der Impedanz eines gedämpften Reihenschwingkreises?

Abschnitt 5.4

1. Was versteht man unter einem digitalen System, wie unterscheidet es sich von einem analogen System?
2. Welche Komponenten muss ein digitales System umfassen, wenn es ein analoges ersetzen soll? Schildern Sie die Grundfunktionen der Komponenten.
3. Was versteht man unter Abtastung? Welche Bedingung muss die Abtastfrequenz erfüllen, was geschieht bei ihrer Nichteinhaltung?
4. Was versteht man unter einem zeitdiskreten System, welche Aufgabe hat es, wie kann es beschrieben werden?
5. Nennen Sie Beispiele zeitdiskreter Signale und ihre Beschreibung.
6. Was versteht man unter der Z-Transformation, wie unterscheidet sie sich von der Laplace-Transformation?
7. Erläutern Sie die Zusammenhänge zwischen unterschiedlichen Signalen und zugehörigen Fourier-Transformationen.
8. Was ist bei Ersatz eines zeitkontinuierlichen Systems durch ein zeitdiskretes zu beachten?

6 Das elektromagnetische Feld

Lernziele: Nach Durcharbeit des Abschnittes beherrscht der Leser:

- die physikalisch-mathematische Beschreibung elektromagnetischer Felder,
- die grundlegenden Begriffe des elektrischen Feldes, Berechnung einfacher Felder,
- die Berechnung von typischen Widerständen und Kapazitäten,
- die Stromflussmechanismen in Leitern, Halbleitern und Nichtleitern,
- Kraft und Energie im elektrischen Feld,
- die grundlegenden Begriffe des magnetischen Feldes,
- die Eigenschaften magnetischer Materialien,
- das Konzept des magnetischen Kreises,
- das Induktionsgesetz,
- Kraft und Energie im magnetischen Feld,
- die Maxwellschen Gleichungen in Integral- und Differentialform,
- die typischen Unterteilungen der Felder.

Die Netzwerkelemente Widerstand, Kondensator und Spule wurden eingeführt, um Felderscheinungen ein begrenzten Gebieten global über Klemmengrößen wie Strom und Spannung und ihre wechselseitige Beziehung zu beschreiben. Beispielsweise wurde das elektrische Feld zwischen zwei Kondensatorplatten durch das NWE „Kondensator“ und seine u-i-Relation ersetzt.

Wir vertiefen in diesem Abschnitt das elektromagnetische Feld, denn Stromkreise und Netzwerkelemente sind zwar praktische Modellbeschreibungen von Feldvorgängen, aber sie erfassen nicht die Breite der Felderscheinungen und ihre vielfältigen Anwendungen.

6.1 Feldbegriff

Der Feldbegriff wird im täglichen Leben oft verwendet: Schwerefeld der Erde, Strömungsfeld eines Flusses, Temperaturfeld im Raum und natürlich elektrische und magnetische Felder.

Das Strömungsfeld eines Flusses hat – etwa sichtbar durch Papierschnitzel als schwimmende Teilchen – unendlich viele Bewegungsabläufe. Daher kann jedem Raumpunkt ein Geschwindigkeitsvektor zugeordnet werden. Diese Teilchenbewegung beschreibt einen *räumlichen Vorgang* und die Bahnkurven der Teilchen lassen sich durch *Feldlinien* nachzeichnen.

Das Beispiel verdeutlicht, dass ein Feld durch überall im Raum verteilte und messbare physikalische Größen – die *Feldgrößen* $F(x, y, z, t)$ – beschrieben wird. Sie sind eine Funktion von Ort und Zeit.

Ein Feld hat noch weitere typische *Merkmale*:

- Die Feldgröße eines Punktes steht mit der unmittelbaren Nachbarschaft in *Wechselwirkung*. So bewirkt ein Hindernis (z.B. ein eingesteckter Stab) im Strömungsfeld eine Strömungsfeldänderung.
- Das Feld ist Sitz von *Feldenergie*. Das wissen wir vom Strömungsfeld (→ kinetische Energie der bewegten Teilchen), vom Temperaturfeld (→ Wärmeenergie) und insbesondere dem elektrischen und magnetischen Feld. Dabei ist die *stetige* Verteilung der Energie über den felderfüllten Raum typisch (Beispiel Schwerefeld). Abhängig von der Feldart tritt die Energie in verschiedenen Zustandsformen auf.
- Ein Feld wird (stets) durch *zwei*, über einen *Ursache-Wirkungs-Zusammenhang* miteinander verknüpfte *Feldgrößen* beschrieben. So ist im Strömungsfeld die Geschwindigkeit v (als Wirkung) die Folge einer Kraft (Ursache, Schwerkraft). Im Temperaturfeld verursacht die Temperatur (als Feldursache) einen „Wärmestrom" in Verbindung mit einem „Temperaturgefälle". Davon überzeugt man sich am offenen Fenster eines geheizten Raumes sofort.

Eine (*lokale*) Feldgröße ist stets nur für einen *Raumpunkt* definiert. Interessiert dagegen das gesamte oder *globale* Feldverhalten in einem Raumbereich, so ist eine *integrale* oder *globale* Feldgröße besser zur Beschreibung geeignet. Im Strömungsfeld sind Geschwindigkeit und Druck an einem Punkt lokale Feldgrößen, dagegen die pro Zeiteinheit talwärts fließende Wassermenge eine Integralgröße.

Im Abschnitt 1.2.1 wurden elektrische Feldstärke E und Potential φ als lokale elektrische Feldgrößen eingeführt. Die *Spannung u* (Potenzial*differenz*) und *Strom i* bilden dagegen *integrale Feldgrößen*. Über die eingeführten Netzwerkelemente sind uns die globalen Feldgrößen geläufig, die lokale Darstellung dagegen noch nicht. Die lokale Beschreibung des elektromagnetischen Feldes ist zwar schwieriger, dafür in der Anwendbarkeit aber umso leistungsfähiger.

Zur näheren Charakterisierung der Feldgröße F werden herangezogen:

- *Richtungseinfluss*: es gibt richtungs*unabhängige* oder *skalare* Felder (z.B. Temperatur-, Potenzialfeld) und richtungs*abhängige* oder *Vektorfelder* (z.B. Strömungsfeld v, Gravitationsfeld, elektrische Feldstärke E, weitere elektrische und magnetische Feldgrößen). Die Richtung einer vektoriellen Feldgröße wird durch den *Einheitsvektor* in jedem Feldpunkt angegeben.
- *Ortseinfluss* bei *inhomogenem* Feld, sonst *homogenes* oder ortsunabhängiges Feld (*Beispiel*: elektrisches Feld im Plattenkondensator).
- *Zeiteinfluss*: neben zeitunabhängigen Feldern (statische, oft auch stationäre Felder genannt) gibt es zeitabhängige oder instationäre Felder.

Die *Felddarstellung* erfolgt

- bei *skalaren* Feldern durch *Linien* (2d), (z.B. Linien gleichen Potenzials) oder *Niveauflächen* (3d) für Punkte gleicher Feldgröße,
- bei *Vektorfeldern* (2d) durch *Feldlinien*, deren *Dichte* der Stärke des Feldes entspricht und deren *Richtung* in die Tangentenrichtung an die Feldlinie weist.

Die Elektrotechnik beruht auf der Existenz elektrischer und magnetischer Felder und ihrer Wechselwirkung. Typische Merkmale sind

- Kraftwirkung auf ruhende (elektrisches Feld) und bewegte Ladungen (magnetisches Feld),
- Energiespeicherung im elektrischen und magnetischen im Feld.

6.2 Elektrisches Feld

6.2.1 Elektrische Feldstärke und Potenzial

Wir fassen die bisher (Abschn 1.2) benutzten Begriffe *Feldstärke* und *Potenzial* unter Feldgesichtspunkten zusammen.

Elektrische Feldstärke. In Umgebung einer oder mehrerer (ruhender) Ladung(en) oder geladener Körper existiert ein elektrisches Feld als *physikalischer Raumzustand* mit dem Vermögen, eine Kraft $\boldsymbol{F} = Q\boldsymbol{E}$ auf andere Ladung(en) auszuüben:

Das elektrische Feld wird durch die Vektorgröße Feldstärke $\boldsymbol{E}$ beschrieben. Sie charakterisiert die Kraftwirkung auf eine ruhende Ladung Q.

Dieses Feldstärkefeld lässt sich durch *elektrische Feldlinien* mit folgenden Eigenschaften veranschaulichen:

- Feldlinien laufen von positiven zu negativen Ladungen, sie sind *nie geschlossen,*
- die *Feldliniendichte* ist ein Maß für die *Stärke* der Kraftwirkung, die Tangente an die Feldlinie gibt die *Kraftrichtung* an,
- Feldlinien treten stets senkrecht aus der Oberfläche gut leitender Körper aus bzw. münden dort.

Potenzialfeld. Wenn ein elektrisches Feld nicht mit einem zeitveränderlichen Magnetfeld verkoppelt ist (Induktionsgesetz Gl. (2.4.2) wirkt *nicht*), stammt es von ruhenden oder gleichförmig bewegten Ladungen und ist ein sog. *konservatives* oder *Potenzialfeld.* Dies bedeutet gleichwertig

- die Arbeit *verschwindet* auf jedem geschlossenen Weg,
- das Kraftfeld ist *wirbelfrei* (s.u.), beschrieben durch die Bedingung (Grundlage des Maschensatzes)

$$\oint \boldsymbol{E}\mathrm{d}\boldsymbol{s} = 0 \tag{6.2.1}$$

- es existiert eine *potentielle Energie.*

Unter diesen Bedingungen wird das Kraftfeld außer durch die Vektorgröße $\boldsymbol{E}$ gleichwertig auch durch die skalare Größe (elektrostatisches) Potenzial φ_A im Punkt A beschrieben (s. Gl. (1.2.5))

$$\varphi_\mathrm{A} = W_\mathrm{A}/Q; \qquad \varphi = -\int \boldsymbol{E}\mathrm{d}\boldsymbol{s} + \mathrm{const}. \tag{6.2.2}$$

Zwischen zwei Punkten A, B mit den Potentialen φ_A, φ_A herrscht die Spannung (Gl. (1.2.4))

$$u_{AB} = \varphi_A - \varphi_B = \int_A^B \boldsymbol{E} d\boldsymbol{s} \equiv \frac{1}{Q} \int_A^B \boldsymbol{F} d\boldsymbol{s} = \frac{W_{AB}}{Q} \tag{6.2.3}$$

als Arbeit pro Ladung, die geleistet werden muss (oder gewonnen wird), wenn die Ladung im Feld von A nach B verschoben wird.

Wir vermerken noch

- durch Integration längs des Weges $d\boldsymbol{s}$ kann aus der Feldstärke $\boldsymbol{E}$ das Potenzial bestimmt werden,
- umgekehrt folgt aus dem Potenzial in einem Punkt durch die Vektoroperation „*Gradient*" die Feldstärke $\boldsymbol{E}$, z.B. in rechtwinkligen Koordinaten

$$\boldsymbol{E}(x, y, z) = -\text{grad}\varphi = -\left[\frac{\partial \varphi}{\partial x}\boldsymbol{e}_x + \frac{\partial \varphi}{\partial y}\boldsymbol{e}_y + \frac{\partial \varphi}{\partial z}\boldsymbol{e}_z\right]. \quad \text{Zusammenhang Feldstärke–Pozenzial} \tag{6.2.4}$$

- Das Potenzial sinkt stets in Feldrichtung (Minuszeichen). Wird ein Wegelement $d\boldsymbol{s} = dn\, \boldsymbol{e}_n$ ($\boldsymbol{e}_n$ Normalenvektor mit Betrag 1 und dn = Länge des differentiellen Wegelementes in Normalenrichtung) gewählt, so gilt wegen $d\varphi = -\boldsymbol{E}\, dn\, \boldsymbol{e}_n$; $d\varphi\, \boldsymbol{e}_n = -E dn\, \boldsymbol{e}_n \rightarrow \boldsymbol{E} = -(d\varphi/dn).\boldsymbol{e}_n$: Feldrichtung in Richtung stärkster Potenzialabnahme oder des *Potenzialgefälles*.

Darstellung des Potenzialfeldes. So, wie das elektrische Feld durch Feldlinien veranschaulicht wird, kann das Potenzialfeld durch *Äquipotenzialflächen* (dreidimensional) bzw. *Äquipotenziallinien* (zweidimensional) dargestellt werden. Auf einer solchen Fläche (Linie) herrscht stets konstantes Potenzial. Weil $d\varphi \approx \Delta\varphi = 0$, folgt aus $d\varphi = -\boldsymbol{E} d\boldsymbol{s} = -E ds \cos(\sphericalangle \boldsymbol{E}, d\boldsymbol{s}) = 0$, dass *die elektrische Feldstärke stets senkrecht auf einer Potenzialfläche* steht.

Dies bedeutet:

- elektrische Feldlinien stehen stets senkrecht auf einer Metallfläche (guter Leiter, Leiter ist Äquipotenzialfläche (-linie).
- Bei Verschiebung einer Ladung längs einer Äquipotenzialfläche verschwindet die Verschiebearbeit: $W_{AB} = 0$.

Eine Analogie zur Ladungsbewegung im elektrischen Feld ist die (reibungsfreie) Bewegung des Wassers im Gebirge, also im Schwerefeld. Wasserteilchen stürzen stets senkrecht zu den Höhenlinien (= Linien gleicher potenzieller Energie) zu Tale, und zwar dort, wo der Abfall (dicht gedrängte Höhenlinien) am steilsten ist. Genauso bewegen sich (positive) Ladungen im elektrischen Feld in Richtung des größten Potenzialgefälles, also der Feldstärkerichtung. Bild 6.2.1 stellt die Verhältnisse für beide Feldarten gegenüber.

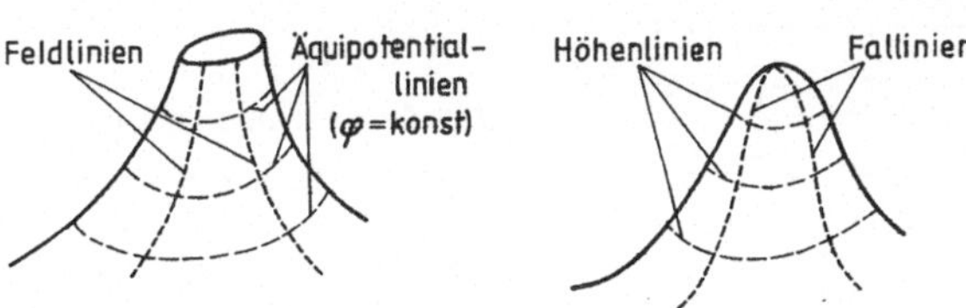

Bild 6.2.1 Vergleich elektrisches Feld–Gravitationsfeld

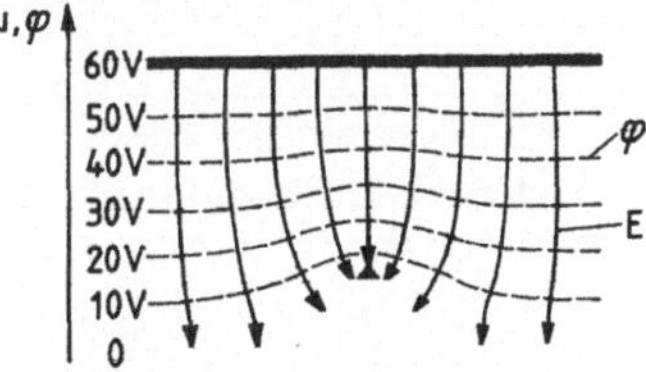

Bild 6.2.2 Ausgewählte Potenzial- und Feldlinien an einer Metallspitze

Der Zusammenhang zwischen Potenzial und Feldstärke tritt besonders anschaulich am Feldbild einer Metallspitze über einer geladenen Metallplatte zutage (Bild 6.2.2). An der Spitze herrscht sehr hohe Feldstärke (Liniendichte!), während das Feldbild an der Plattenoberfläche annähernd homogen bleibt. Feldlinienkonzentration an einer Spitze ist

- *erwünscht* (Blitzableiterprinzip, Feldemissions-Mikroskop zur Untersuchung im atomaren Bereich, Zündkerze) oder
- *unerwünscht*, weil dort Durchschlag einsetzt (z.B. Unebenheiten auf Kondensatorplatten, Kanten im Feldbild von Leiteranordnungen).

6.2.2 Elektrostatisches Feld, Feld im Nichtleiter

Materie im elektrischen Feld. Eine Kraft wirkt auch auf Ladungen, die sich in der Materie (Leiter, Halbleiter, Nichtleiter) im elektrischen Feld befinden. Wegen verschiedener *Ladungsträgerbeweglichkeiten* (s.u.) (im Leiter gut, im Nichtleiter weniger gut beweglich) treten typische Effekte auf (Tafel 6.2.1):

- im Nichtleiter werden Ladungsträger nur schwach aus Ruhelagen verschoben, man spricht von *Polarisation* (s. nächster Abschn.),
- im Leiter (mit hoher Trägerbeweglichkeit) wird unterschieden zwischen *Leiter isoliert im elektrischen Feld* angebracht: → Ladungsverschiebung an die Leiteroberfläche und Trennung von positiven und negativen Trägern. Der Vorgang heißt *Influenz*. Dieses Feld tritt auch bei ruhenden Ladungen auf und wird als *elektrostatisch* bezeichnet.
- Leiter homogen verteilt über den Feldraum: → ständige Ladungsverschiebung und damit *Stromfluss*. Das ist das *Strömungsfeld*.

Tafel 6.2.1 Elektrisches Feld im Leiter und Nichtleiter

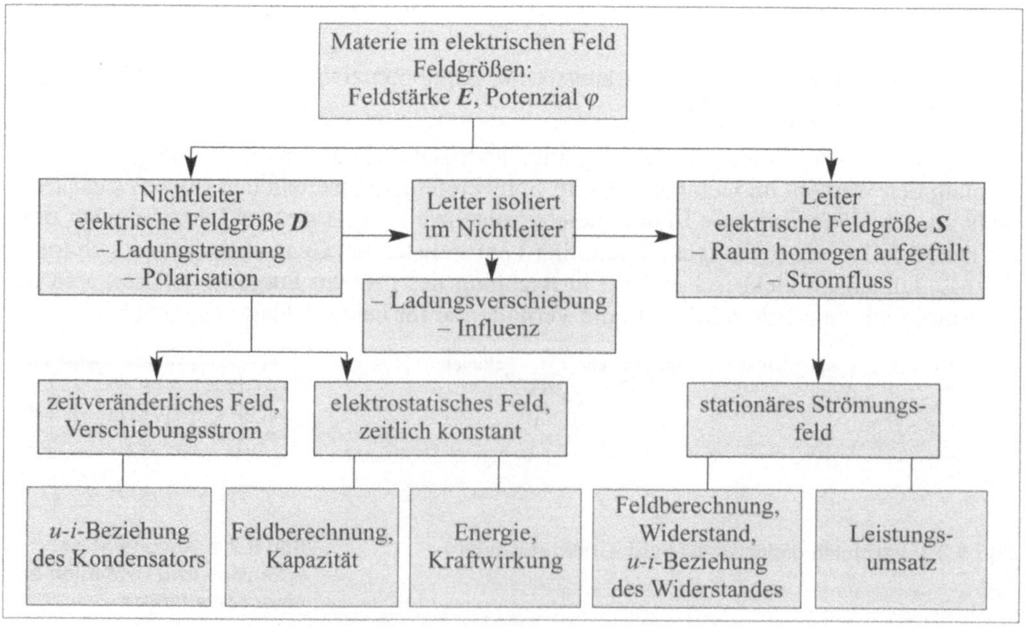

Materie im elektrischen Feld
Feldgrößen:
Feldstärke $\boldsymbol{E}$, Potenzial φ

Nichtleiter
elektrische Feldgröße $\boldsymbol{D}$
– Ladungstrennung
– Polarisation

Leiter isoliert
im Nichtleiter

– Ladungsverschiebung
– Influenz

Leiter
elektrische Feldgröße $\boldsymbol{S}$
– Raum homogen aufgefüllt
– Stromfluss

zeitveränderliches Feld,
Verschiebungsstrom

elektrostatisches Feld,
zeitlich konstant

stationäres Strömungsfeld

u-i-Beziehung
des Kondensators

Feldberechnung,
Kapazität

Energie,
Kraftwirkung

Feldberechnung,
Widerstand,
u-i-Beziehung
des Widerstandes

Leistungsumsatz

6.2.2.1 Elektrische Feldstärke. Verschiebungsflussdichte im elektrostatischen Feld

Elektrische Flussdichte. Nach dem Coulombschen Gesetz (Bild 1.2.2) sind

- Ladungen die *Ursache* des elektrischen Feldes und andererseits
- die Kraft auf eine Ladung im Feld eine *Wirkung* des elektrischen Feldes.

Die Kraft $\boldsymbol{F} = Q\,\boldsymbol{E}$, die eine Ladung am Ort $\boldsymbol{r}$ auf eine Probeladung Q ausübt, hängt nach Gl. (1.2.1) außer von Q und $\boldsymbol{r}$ auch den Nichtleitereigenschaften ($\rightarrow \varepsilon = \varepsilon_r\,\varepsilon_o$) ab. Deshalb liegt die Einführung einer materialunabhängigen Größe, der *Verschiebungsflussdichte* $\boldsymbol{D}$ nahe. Sie beträgt für das Feld in Umgebung einer Punktladung:

$$\boldsymbol{D} = \frac{Q\boldsymbol{e}_r}{4\pi r^2}, \qquad [D] = \frac{1\,\text{C}}{\text{m}^2} = \frac{1\,\text{As}}{\text{m}^2}. \tag{6.2.5}$$

Verschiebungsflussdichte Punktladung

Die Verschiebungsflussdichte $\boldsymbol{D}$ beschreibt die dem Feldpunkt zugeordnete Ursache des elektrischen Feldes unabhängig vom Raumzustand. Ihr Ursprung ist die Ladung Q.

Dann gilt:

$$\boldsymbol{D} = \varepsilon_0\,\boldsymbol{E} \qquad \boldsymbol{D} = \varepsilon\,\boldsymbol{E}. \tag{6.2.6}$$

Vakuum Materie

Das elektrische Feld im Nichtleiter wird beschrieben durch die elektrische Feldstärke $\boldsymbol{E}$ und die Verschiebungsflussdichte $\boldsymbol{D}$, verknüpft über die Materialeigenschaften $\varepsilon = \varepsilon_o\,\varepsilon_r$ (Gl.(6.2.6)): Ursache-Wirkungszusammenhang im Nichtleiter. ε ist die Dielektrizitätszahl.

Hinweis: Die Dimensionen von D und E sind wesensverschieden: $[D]$ = Ladung/Fläche, $[E]$ = Kraft/Ladung!

Der Vektorgröße *Verschiebungsflussdichte* $\boldsymbol{D}$ ist die (globale) Skalargröße *Verschiebungsfluss* Ψ zugeordnet.

Der Zusammenhang zwischen E, D und Ψ werde am Plattenkondensator erläutert, der auf die Spannung u geladen sei (Bilder 6.2.3 und 2.3.1).

Durch Vorgabe der Spannung u

- wird im Dielektrikum die Feldstärke $E = u/d$ erzwungen
- und es fließt die Ladung $\pm Q$ auf die Platten (z.B. $+Q$ obere, $-Q$ untere Platte).

Den physikalischen Raumzustand um die Ladungsverteilung verbinden wir mit dem Begriff *Verschiebungsfluss* ($\rightarrow$ Ladungsfluss, obwohl nichts Materielles fließt, das ist die Vorstellungsschwierigkeit!). Wir denken uns nun um die Ladungsverteilung ($+Q$, obere

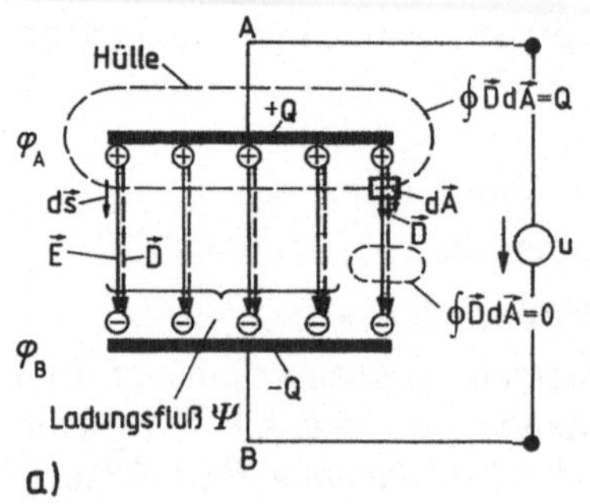

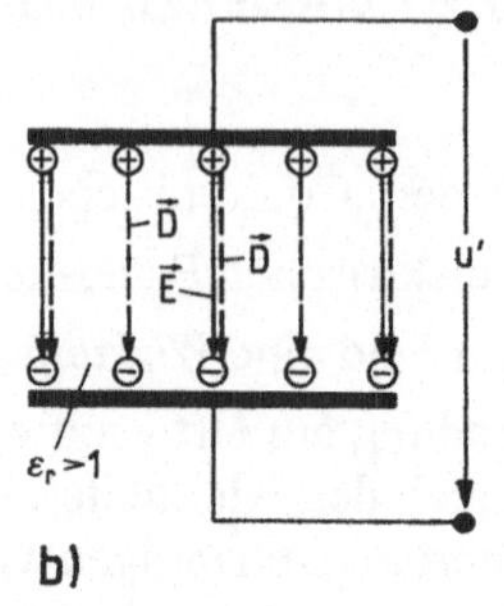

Bild 6.2.3 Zur Erklärung von Ψ und D
a) Kondensator mit ε_0 an Spannung $U \to Q = C|_{\varepsilon 0}\, U$
b) Kondensator mit ε_r (Dielektrikum) ohne Spannung $Q = C|_{\varepsilon r}\, U' = C|_{\varepsilon 0}\, U \to U' < U$

Platte) eine Hülle gelegt. Dann „quillt" der Verschiebungsfluss durch die Hülle. Das Verhältnis von gesamter, umhüllter Ladung und Hüllfläche ist anschaulich die *Verschiebungsflussdichte D*:

elektrische Flussdichte = umhüllte Ladungsmenge/Hüllfläche: [1])

$$D = Q/A = Y/A\,. \qquad \text{homogenes Feld} \qquad (6.2.7)$$

Da diese Flussdichte auf der Hüllfläche inhomogen sein kann (wie Bild 6.2.3a zeigt), wird genauer vereinbart

$$\oint_A \boldsymbol{D} \cdot \mathrm{d}\boldsymbol{A} = Q \qquad \text{Flussdichte } D \text{, wenn innerhalb der Hüllfläche } A \text{ die Ladung } Q \text{ liegt.} \qquad (6.2.8)$$

Zwangsläufig verschwindet das Hüllintegral dort, wo keine Ladungen umschlossen werden (im Bild angedeutet). Beispielsweise beträgt die Verschiebungsflußdichte auf einer Kugeloberfläche mit der Ladung Q im Mittelpunkt:

$$\oint_{\text{Kugelfläche}} \boldsymbol{D} \cdot \mathrm{d}\boldsymbol{A} = Q\,; \quad \to D \cdot 4\pi r^2 = Q \to D = Q/4\pi r^2\,. \qquad (6.2.9)$$

An der Oberfläche einer ebenen Platte mit der Ladung Q gilt folglich $\boldsymbol{D}\,\boldsymbol{A} = Q = D\,A$. Damit bieten sich für den Plattenkondensator folgende Abläufe an:

- Spannung u (Ursache) erzeugt Ladungsanhäufung $\pm\, Q$ (Wirkung) auf den Platten und diese im Dielektrikum den Verschiebungsfluss Ψ: Zusammenhang: $Q = C\,u$ (Gl. (2.3.1)).
- Zugeordnete Darstellung im Raumpunkt: Feldstärke $\boldsymbol{E}$ (herrührend von u) erzeugt Flussdichte $\boldsymbol{D}$ (korrespondierend mit Ladungsfluss $\Psi \equiv$ Ladung Q). Dazu gilt mit $C = \varepsilon A/d$ (Plattenkondensator) $E = u/d = Q/d \cdot C = D \cdot A/d \cdot C = D/\varepsilon$

oder mit Gl. (6.2.6) verallgemeinert $\boldsymbol{E} = \boldsymbol{D}/\varepsilon_0\varepsilon_r$. Der Vorgang läuft *umgekehrt* mit der Plattenladung Q bzw. der Verschiebungsflussdichte $\boldsymbol{D}$ als Ursache ab, wenn die Spannungsquelle entfernt wird: dann hält Q (bzw. $\boldsymbol{D}$) als *Ursache* die Spannung u bzw. Feldstärke $\boldsymbol{E}$ aufrecht und eine Probeladung würde sich im E-Feld bewegen.

[1]) Mathematisch wird ein solches Integral immer als Fluss des Vektors $\boldsymbol{D}$ bezeichnet.

Zusammengefasst:

Die Verschiebungsflussdichte $\boldsymbol{D}$ ist an die *felderzeugende Ladung* Q gebunden (Ursache des elektrischen Feldes), die elektrische Feldstärke $\boldsymbol{E}$ (Wirkung) beschreibt die Kraftwirkung, die eine Probeladung (Q') im Feld erfährt.

Tafel 6.2.2 enthält beide Fälle gegenübergestellt.

Tafel 6.2.2 Plattenkondensator bei unterschiedlicher Erregerursache des elektrischen Feldes

	Kondensator mit Spannungsquelle verbunden	**Kondensator von Spannungsquelle getrennt**
Vorgabe (Ursache, konstante Größe)	Feldstärke $E = u/d$ (Spannung u)	Verschiebungsdichte D (Ladung Q, $D \sim Q$)
Folge (Wirkung)	Verschiebungsdichte D (Ladung Q) $Q = D \cdot A \sim \varepsilon \cdot E$	Feldstärke E (Spannung u) $E = D/\varepsilon$, $u = E\,d \sim 1/\varepsilon$
Verknüpfung Ursache–Wirkung	$D = \varepsilon E$ bzw. $Q = C\,u$	
Energie	$W = Cu^2/2 = \int (E\,D)/2\,\mathrm{d}V$	

Influenzprinzip. Werden in das Feld eines geladenen Kondensators zwei gleich große, miteinander verbundene Metallplatten 1 und 2 gebracht, so verschiebt das Feld die Ladungen auf den Metallplatten so, dass der Raum dazwischen *feldfrei* bleibt. Diese „Ladungsverschiebung" heißt *Influenz*. Deshalb wird der Verschiebungsfluss Ψ im Raum mit der zugehörigen Ladung Q auf den Platten gleichgesetzt:

$$Q|_{\text{Platte}} = \Psi|_{\text{Raum}}\,.$$

So, wie zeitliche Ladungsänderungen (im Leiterquerschnitt) den *Leitungsstrom* (Definition Konvektionsstrom i_K!) ergeben, bedingen zeitliche Verschiebungsflussänderungen im Dielektrikum den *Verschiebungsstrom* i_V

$$i_V = \left.\frac{\mathrm{d}\Psi}{\mathrm{d}t}\right|_{\text{Volumen}} = \left.\frac{\mathrm{d}Q}{\mathrm{d}t}\right|_{\text{Platte}} \qquad (6.2.10)$$

(s. Gl. (2.3.4)). Er stellte die Fortsetzung des Leitungsstromes (Konvektionsstrom, Kondensatorzuleitungen) im Isolator dar (s. Bild 2.3.2c).

Dielektrizitätszahl $\boldsymbol{\varepsilon}$. Trotz eines Nichtleiters (Dielektrikum, ohne freie Ladungsträger) zwischen den Kondensatorplatten Bild 6.2.3 greift das elektrische Feld dennoch durch. (Davon stammt der Begriff Dielektrikum (griech. „dia" = durch)). Es bewirkt eine elastische Verschiebung der an die Atomkerne gebundenen Elektronen. So verschieben sich die Ladungsschwerpunkte der positiven Atomkerne und negativen Elektronenhüllen und es entstehen kleine *elektrische Dipole*. Sie vergrößern den Verschiebungsfluss, der Vorgang heißt *dielektrische Polarisation*. Der Steigerungsfaktor wird durch die Dielektrizitätszahl ε_r (relative Permittivität) ausgedrückt und es gilt Gl. (6.2.8). Im Vakuum entfällt die Polarisation ($\varepsilon_r = 1$). Man nennt

$\varepsilon = \varepsilon_0 \varepsilon_r$	Dieelektrizitätskonstante	
ε_r	Dieelektrizitätszahl	(6.2.11)
$\varepsilon_0 = 8{,}85$ pF/m	Feldkonstante des elektrischen Feldes im Vakuum	

Wir erkennen:

Ein Dielektrikum im elektrischen Feld senkt die Feldstärke E gegenüber Vakuum um das ε_r-fache, während die Kapazität C im gleichen Maß steigt. (Man beachte die Unterschiede in den D- und E-Linien Bild 6.2.3c.)

Tafel 6.2.3 enthält Dielektrizitätszahlen einiger Werkstoffe der Elektrotechnik.

Tafel 6.2.3 Dielektrizitätszahl typischer Wertstoffe

Werkstoff	Dielektrizitätszahl ε_r	Werkstoff	Dielektrizitätszahl ε_r
Glas	4...12	Ta_2O_5	28
Porzellan	6	Germanium	16
Kondensatorpapier	4...6	Silizium	12
Al_2O_3	12	Keramik (HDK)	$10^3 \dots 10^4$
SiO_2	3,9	Wasser	80

Dielektrika werden vor allem als Isolatorwerkstoffe und in Kondensatoren verwendet.

Weitere Anwendungen nutzen ihre piezoelektrischen Eigenschaften: durch mechanische Deformation (Zug, Druck) entsteht bei bestimmten Werkstoffen eine starke Polarisation (mechanische Größe → elektrische Feldstärke), bekannt als *piezoelektrischer Effekt*. Umgekehrt erzeugt ein elektrisches Feld auch eine mechanische Spannung: *inverser piezoelektrischer Effekt*. Der piezoelektrische Effekt wird verwendet z.B. zur Erzeugung von Hochspannungsimpulsen (Funkenerzeugung, Gasanzünder), als Kraft- und Beschleunigungsmesser u.a. Der reziproke piezoelektrische Effekt dient z.B. zur Ultraschallerzeugung (piezoelektrischer Lautsprecher), für piezoelektrische Antriebe (sog. Translatoren zum Antrieb von Spiegeln in der Optik und Halbleiterfertigung, für Bewegungsvorgänge im μm-Bereich u.a.). Auch Quarze und Verzögerungsleitungen sind hier zu nennen.

Aufgaben 6.2.1, 6.2.2.

6.2.2.2 Kondensator *C*

Im Abschnitt 2.3 wurde die Kapazität C über die Definition $Q = C \cdot u$ (Gl. (2.3.1)) eingeführt und die Bemessungsformel Gl. (2.3.11) des Plattenkondensators aufgrund einfacher Feldüberlegungen angegeben. Wir verallgemeinern jetzt die Bemessungsformel für bestimmte Feldformen.

Grundsätzlich gilt die Definition Gl. (2.3.1) allgemein und Bild 6.2.4 zeigt eine entsprechende Anordnung. Befinden sich auf den Platten A, B z.B. eines Zylinderkondensators die Ladungen $\pm Q$, so entsteht die Ablauffolge $Q \to \boldsymbol{D} \to \boldsymbol{E} \to u \to C = Q/u$ oder:

$$Q = \oint \boldsymbol{D} \cdot \mathrm{d}\boldsymbol{A}, \qquad \boldsymbol{D} = \varepsilon \boldsymbol{E} \qquad u_{AB} = \int_A^B \boldsymbol{E} \cdot \mathrm{d}\boldsymbol{s}.$$

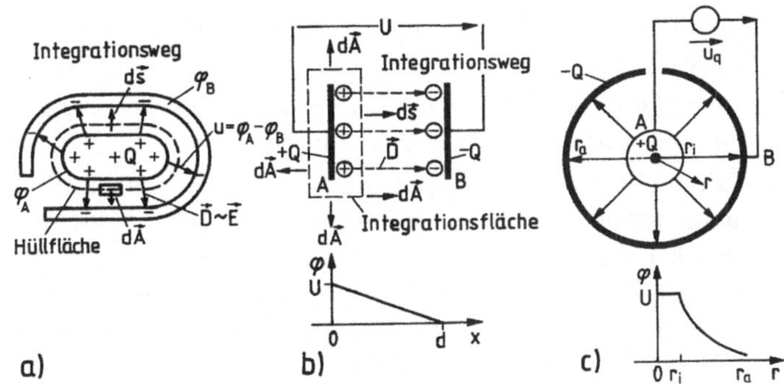

Bild 6.2.4 Kondensatorberechnung
a) allgemeines Modell
b) Plattenkondensator mit Potenzialverteilung
c) Zylinderkondensator mit Potenzialverteilung (Querschnitt)

Q erzeugt die Verschiebungsflussdichte $\boldsymbol{D}$ im Raumpunkt, diese das Feld $\boldsymbol{E}$ und das Feld schließlich zwischen A und B die Spannung u_{AB}. Daraus ergibt sich:

$$C = \frac{Q}{u} = \frac{\varepsilon \oint_A \boldsymbol{E} \mathrm{d}\boldsymbol{A}}{\int_A^B \boldsymbol{E} \mathrm{d}\boldsymbol{s}}.$$ allgemeiner Kondensator Berechnungsgleichung (6.2.12)

Das Hüllintegral umschließt die Elektrode A (Bild 6.2.4a). Die Kapazitätsberechnung nach Gl. (6.2.12) eignet sich vor allem für *symmetrische* Felder, wie sie in Platten-, Kugel- und Zylinderkondensatoren auftreten.

Zylinderkondensator, Länge l. Bei konzentrischen Elektroden (Bild 6.2.4c) stellt sich ein radiales Feld ein. Wir wählen daher als Hüllfläche einen konzentrischen Zylindermantel mit dem Radius $r_\mathrm{i} < r < r_\mathrm{a}$ (Stirnflächen liefern wegen $\boldsymbol{D} \perp \mathrm{d}\boldsymbol{A}$ keinen Beitrag) und erhalten aus

$$Q = \oint \boldsymbol{D} \mathrm{d}\boldsymbol{A} = D \quad A = D \cdot 2\pi r l \;; \quad D = Q / 2\pi r l \quad E = D / \varepsilon = Q / \varepsilon 2\pi r l$$

schließlich

$$u_{\mathrm{AB}} = \int_{r_\mathrm{i}}^{r_\mathrm{a}} E(r) \mathrm{d}r = \frac{Q}{2\varepsilon \pi r l} \cdot \int_{r_\mathrm{i}}^{r_\mathrm{a}} \frac{\mathrm{d}r}{r} = \frac{Q}{2\varepsilon \pi r l} \ln \frac{r_\mathrm{a}}{r_\mathrm{i}}$$

und

$$C = \frac{Q}{u_{\mathrm{AB}}} = \frac{2\pi \varepsilon r l}{\ln r_\mathrm{a} / r_\mathrm{i}}. \qquad (6.2.13)$$

(Entwickeln Sie daraus die Bemessungsgleichung eines Plattenkondensator für $r_\mathrm{a} \gg r_\mathrm{i}$. Nach diesem Schema lassen sich die Kapazitäten typischer Leiteranordnungen (z.B. Bild 2.3.7) ermitteln.

6.2.2.3 Kraftwirkung und Energie des elektrostatischen Feldes

Die Kraftwirkung des elektrischen Feldes auf ruhende Ladungen wurde bereits mehrfach erwähnt. Sie tritt in unterschiedlichen Formen auf, wie einige Beispiele zeigen mögen:

- bestimmend für den Aufbau der Materie (Kräfte zwischen Atomkernen, Atomrümpfen, Elektronen),
- maßgebend für die Bewegung von Ladungsträgern in Elektronenröhren, etwa als Bildröhre im Monitor und Fernsehempfänger,
- Kräfte treten zwischen geladenen Elektroden oder Stoffen unterschiedlicher Dielektrizitätskonstante auf. Anwendungsbeispiele sind Elektrofilter und der elektrostatische Drucker. Im Elektrofilter werden ungeladene Staubteilchen ($\varepsilon_r > 1$) zunächst in einen Bereich hoher Feldstärke gezogen und dort (durch eine Entladestelle) mit Elektronen besprüht. Dadurch bewegen sie sich zu einer positiven Elektrode und bleiben dort haften: Herausfiltern der Staubteilchen.

Elektrische Energiedichte. Die im elektrischen Feld (Volumen V) gespeicherte elektrische Energie W_{el} beträgt:

$$W_{el} = \int_V \frac{\boldsymbol{E}\boldsymbol{D}}{2} \mathrm{d}V \rightarrow \frac{ED}{2} V = \frac{D^2 V}{2\varepsilon}$$ gespeicherte elektrische Energie im Volumen V (6.2.14)

(die letzte Beziehung gilt für Volumen V und ε je konstant im homogenen Feld).

Die Energiedichte $ED/2$ ist relativ klein: in Luft beträgt die Durchbruchfeldstärke etwa 30 kV/cm. Damit ergibt sich $W_{el}/V = 4 \cdot 10^{-5}$ Ws/cm³ ($\varepsilon_r = 1$). Im Vergleich dazu besitzt eine Autobatterie ($u = 12$ V, $Q = 63$ Ah, $V \approx 5{,}5$ dm³) die Energiedichte $(u\, i\, \Delta t)/V = (12\text{ V} \cdot 63\text{ Ah})/5{,}5\text{ dm}^3 = 494\text{ Ws/cm}^3$, sie liegt etwa 10^5 mal über der Energiedichte des elektrischen Feldes! Die Energiedichte des Magnetfeldes ist rund 10^4 mal größer als die des elektrischen Feldes. Für technische Anwendungen (große Kraftwirkungen, hohe Energiewandlung elektrisch → mechanisch) hat deshalb das Magnetfeld primäre Bedeutung erlangt.

Umsatzstelle elektrischer Energie aus dem Stromkreis in Feldenergie ist der Kondensator. Um die Kondensatorspannung von 0 auf u zu erhöhen, muss ihm die Energie (Gl. (2.3.9)) $W = W_{el} = Cu^2/2$ zugeführt werden (Bild 2.3.4). Sie fließt beim Entladen wieder in den elektrischen Kreis zurück.

Der Kondensator ist somit Durchsatzstelle elektrische → elektrische Feldenergie: elektrisches Feld als Sitz gespeicherter elektrischer Energie.

Diese Energiespeicherung im elektrischen Feld wird

- *erwünscht*: Kondensatorprinzip und seine Anwendungen,
- *unerwünscht* in Form sog. *parasitärer Kapazitäten* in Schaltungen und Bauelementen. So hat beispielsweise eine Doppeldrahtleitung von einer Spannungsquelle zum Verbraucher eine Kapazität, die sich räumlich verteilt über die Leitung erstreckt.

Da parasitäre Kapazitäten *grundsätzlich* bedingt sind, wirkt jedes physikalische Übertragungssystem (Netzwerk, Verstärkersystem, u.a.) als Tiefpass mit einer oberen Grenzfrequenz. Die Arbeitsgeschwindigkeit informationstechnischer Systeme ist deshalb prinzipiell begrenzt!

Aufgabe 6.2.3.

6.2.3 Elektrisches Feld im Leiter, Strömungsfeld

In räumlich ausgedehnten Leitern, besonders mit ortsabhängigem Querschnitt, wird statt des Stromes i besser die *Stromdichte* $\boldsymbol{S}$ eingeführt, wenn am Leiter eine Spannung u liegt bzw. die Feldstärke $\boldsymbol{E}$ herrscht. Strömungsfelder treten in allen leitenden Medien (Metall, Halbleiter, Flüssigkeit, Gas) auf. Das begründet ihre Bedeutung.

6.2.3.1 Elektrische Feldstärke, Stromdichte

Ein leitendes Medium (Material mit frei beweglichen Trägern wie Elektronen, Löcher, Ionen), das den Raum zwischen zwei Kondensatorplatten ausfüllt, bedingt *Stromfluss* oder ein *Strömungsfeld*, wenn eine Antriebsursache – etwa die Spannung oder Feldstärke – vorgegeben ist. Der Stromdichtebegriff wurde mit Bild 1.2.13 anschaulich eingeführt.

Physikalisch resultiert die Stromdichte aus dem Ladungstransport: Bewegt sich eine Ladung Q mit der (gleichförmigen) Geschwindigkeit $v = s/t$, so wird aus Gl. (1.2.14) $S = I/A = Q/At = Qv/As = \rho v$. Dabei soll die Ladung Q das Volumen $A\ s$ einnehmen. Mit der *Ladungsdichte* $\rho = Q/V$ folgt dann (unter Einbezug der Bewegungsrichtung s. Gl. (1.4.5)) $\boldsymbol{S} = \rho \boldsymbol{v}$.

> Die Stromdichte $\boldsymbol{S}$ im Raumpunkt ist gegeben durch die einer Ladung zugeordnete Raumladungsdichte ρ, die sich mit der Geschwindigkeit $\boldsymbol{v}$ bewegt. Die Richtung von $\boldsymbol{S}$ stimmt mit der Geschwindigkeitsrichtung $\boldsymbol{v}$ (bei positiver Ladungsdichte) überein.

Die Geschwindigkeit $\boldsymbol{v}$ entsteht durch die Kraft, die das elektrische Feld $\boldsymbol{E}$ auf die Ladungsträger ausübt. Der Zusammenhang $v(E)$ hängt vom Leitungsmechanismus im Material ab. Für viele leitende Medien gilt $v \sim E$ (s.u.) und damit:

$$\boldsymbol{S} = \kappa \boldsymbol{E}. \qquad \text{Ohmsches Gesetz des Strömungsfeldes in Leitern} \qquad (6.2.15)$$

> Im Strömungsfeld mit der Leitfähigkeit κ (Materialparameter, Gl. (2.2.3)) sind die Stromdichte $\boldsymbol{S}$ und die elektrische Feldstärke $\boldsymbol{E}$ die zugeordneten Feldgrößen (Ursache–Wirkungsbeziehung).

Das sog. *Ohmsche Gesetz des Strömungsfeldes* Gl. (6.2.15) ist Grundlage des Ohmschen Gesetzes Gl. (2.2.2). Wie im elektrostatischen Feld fungiert eine Feldgröße als Ursache, die andere als Wirkung. Die Rollen von $\boldsymbol{S}$ und $\boldsymbol{E}$ können vertauscht sein.

Ist die Beziehung $v(E)$ im Strömungsfeld *nichtlinear*, so entsteht ein nichtlinearer Zusammenhang $S(E)$ und so auch eine nichtlineare Kennlinie $i(u)$ des betreffenden Netzwerkelementes. Dies trifft auf viele Halbleiterbauelemente zu.

6.2.3.2 Widerstand *R*

Die Widerstandsbemessungsformel des linienhaften Leiters Gl. (2.2.4) lässt sich für bestimmte Formen des Strömungsfeldes – wie beim Kondensator – erweitern. Wird dem Strömungsfeld ein Strom i eingeprägt, so entstehen im Raumpunkt die Stromdichte $\boldsymbol{S}$ und

Feldstärke $\boldsymbol{E} = \boldsymbol{S}/\kappa$. Daraus ergibt sich die Spannung $u(i)$ durch Integration über die Leiterlänge und daraus der Widerstand R (Bild 6.2.5) in der Ablauffolge:

$$i \to \boldsymbol{S} \to \boldsymbol{E} \to \varphi \to u \to R \quad \text{oder:}$$

$$i = \int_A \boldsymbol{S}\,\mathrm{d}\boldsymbol{A}, \quad \boldsymbol{E} = \boldsymbol{S}/\kappa, \quad u_{AB} = \int_A^B \boldsymbol{E}\,\mathrm{d}\boldsymbol{s}, \quad R = u_{AB}/i \qquad (6.2.16)$$

Damit gilt:

$$R = \frac{u}{i} = \frac{\int_A^B \boldsymbol{E}\,\mathrm{d}\boldsymbol{s}}{\int_A \boldsymbol{S}\,\mathrm{d}\boldsymbol{A}} \quad \text{Widerstandsbemessungsformel für symmetrische Felder} \qquad (6.2.17)$$

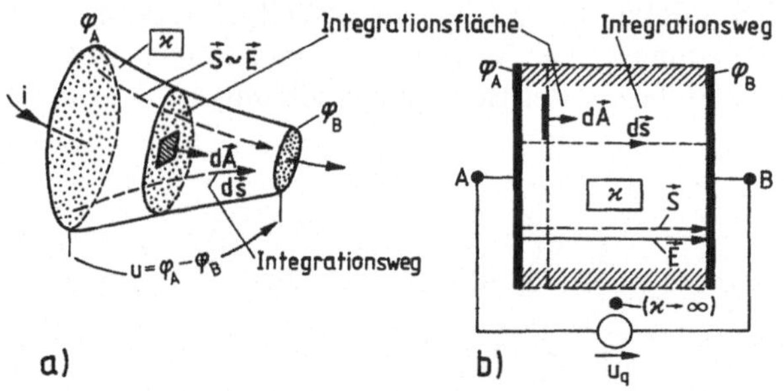

Bild 6.2.5 Strömungsfeld
a) Strömungsfeld, Angabe der Stromdichte $S \sim E$,
b) Widerstandsberechnung. Angabe der Integrationsfläche und des Integrationsweges

Die Integrationen sind an die Feldverhältnisse anzupassen. Deshalb ist diese Widerstandsberechnung nur für symmetrische Felder einfach durchführbar (Zylinder-, Kugel-Halbkugelwiderstände [Erdwiderstände]. Für einen Zylinderwiderstand (Länge l) folgt beispielsweise (Bild 6.2.5b):

$$S = i/\pi r l, \quad E = i/2\pi\kappa r l, \quad \varphi(r) = (i/2\pi\kappa r l) \ln r_o/r + \varphi(r_o) \qquad (6.2.18)$$
$$R = (1/2\pi\kappa l) \ln r_a/r_i\,.$$

Auf zwei weitere Berechnungsverfahren sei noch verwiesen:

- Zerlegung des Feldraumes in differentielle Raumelemente, in denen annähernd homogene Feldverhältnisse vorliegen und anschließende Reihen-Parallelschaltung aller Teilwiderstände,
- Berechnung über die Verlustleistungsdichte p' Gl. (6.2.25): $R = P_V/I^2 = \int_V p'\,\mathrm{d}V/I^2$.

Aufgaben 6.2.4, 6.2.5.

6.2.3.3 Leitungsmechanismen im Festkörper

Im allgemeinen Strömungsfeld – z.B. eines Halbleiters – fließt neben dem Ladungsträgerstrom (Konvektionsstromdichte $\boldsymbol{S}_K$) bei zeitlichen Feldänderungen auch ein Verschiebungsstrom ($\boldsymbol{S}_V$). Deshalb gilt (Bild 6.2.6):

$$\boldsymbol{S} = \boldsymbol{S}_K + \boldsymbol{S}_V \quad \text{mit } \boldsymbol{S}_K = \rho\,\boldsymbol{v}, \quad \boldsymbol{S}_V = \partial\boldsymbol{D}/\partial t. \qquad (6.2.19)$$

Im Leiter kann der Verschiebungsstrom stets vernachlässigt werden ($S_V = 0$).

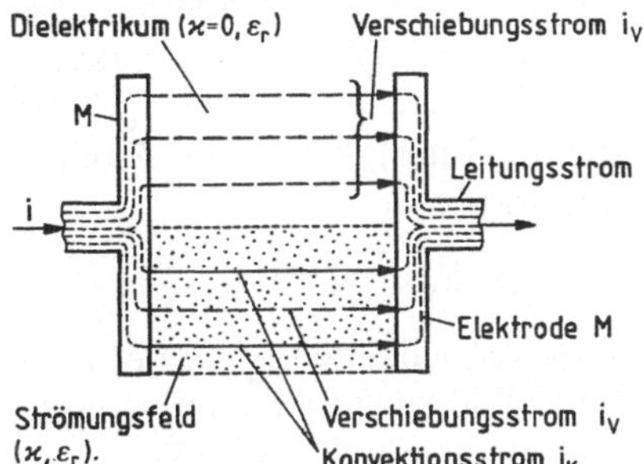

Bild 6.2.6 Feld im Leiter und Nichtleiter: Verschiebungs- und Konvektionsstrom

In Leitern (Metallen) bewegen sich Ladungsträger wegen der „Reibung" (Stoßvorgänge mit Gitterbausteinen) mit einer *mittleren Geschwindigkeit* $\boldsymbol{v}$, für Elektronen gilt

$$\boldsymbol{v}_n = -\mu_n \boldsymbol{E} \tag{6.2.20}$$

Die Elektronenbeweglichkeit μ_n ist Materialparameter. Feld- und Geschwindigkeitsrichtung sind (wegen der negativen Elektronenladung) entgegen gerichtet. Metalle haben eine sehr hohe Elektronendichte n ($n \approx 10^{22}...10^{23}$ cm^{-3}), deshalb gilt mit $\rho = -q\, n$ und Gl. (6.2.20)

$$\boldsymbol{S} = \boldsymbol{S}_K = \kappa \boldsymbol{E} \qquad \text{mit } \kappa = q n \mu_n \tag{6.2.21}$$

Die *spezifische Leitfähigkeit* κ (Tafel 2.2.1) hängt von Trägerdichte und Beweglichkeit ab. Für Kupfer beispielsweise gilt mit $n = 8{,}6 \cdot 10^{22}$ cm^{-3} und einem spezifischen Widerstand $\rho = 1/\kappa = 0{,}0178$ Ωmm²/m als Beweglichkeit $\mu_n = \kappa/q\,n = 40{,}8$ cm²/Vs. Zu einer Stromdichte $S = 10$ A/mm² (wie sie für Leitungen im Haushalt typisch ist) gehört dann $E = S/\kappa = 1{,}78$ mV/cm und damit $v_n = \mu_n E = 0{,}726$ mm/s. Die Elektronentransportgeschwindigkeit v_n liegt in Metallen relativ niedrig (Dichte extrem hoch!).

Halbleiter. Halbleiter unterscheiden sich von Metallen u.a. dadurch, dass

- ihre Leitfähigkeit innerhalb des technischen Temperaturbereiches *deutlich kleiner* als die der Metalle ist, aber erheblich größer als die von Isolatoren: 10^{-9} S/cm $< \kappa < 10^{6}$ S/cm.
- ihre Leitfähigkeit stark von „*Verunreinigungen*" durch bestimmte Fremdstoffe und äußere Energieeinwirkung (Licht, Wärme) abhängt,
- es zwei Ladungsträgerarten gibt – Löcher und Elektronen –, deren Verhältnis zueinander durch *Störstellendotierung* beeinflusst werden kann.

Besondere technische Bedeutung haben *einkristalline* Halbleiter erlangt:

- *Silizium* (Si) für Halbleiterbauelemente und integrierte Schaltungen in größtem Umfang
- *Germanium* (Ge) als „Pioniermaterial" aus der Anfangszeit der Halbleitertechnik (heute kaum noch verwendet, Ausnahme: SiGe für Hochfrequenzbauelemente),
- *Mischhalbleiter* (GaAs, GaP) und kompliziertere Verbindungen aus drei und vier Komponenten für schnelle Bauelemente und Schaltungen, vor allem aber die Optoelektronik (Strahlungssender und -empfänger, integrierte optische Schaltungen),
- *Siliziumkarbid* für perspektivische Bauelemente der Leistungselektronik.

Stromfluss in Halbleitern. Liegt ein elektrisches Feld am homogen dotierten Halbleiter, so fließt ein Konvektionsstrom aus Löchern und Elektronen, kurz einen *Feld-* oder *Driftstrom*: elektrisches Feld als Ursache des Ladungsantriebes. Weil dieser Vorgang – mikroskopisch gesehen – voll demjenigen im Metall entspricht („Reibung" der Ladungsträger mit dem Gitter), setzen wir Proportionalität zwischen Feld und Geschwindigkeit für jede Trägersorte an:

$$\boldsymbol{v}_\mathrm{p} = \mu_\mathrm{p} \boldsymbol{E}, \qquad \boldsymbol{v}_\mathrm{n} = -\mu_\mathrm{n} \boldsymbol{E} \tag{6.2.22}$$

Die Beweglichkeiten μ_p, μ_n der Löcher und Elektronen sind Materialgrößen und liegen – je nach Halbleiter- und Ladungsträgerart – zwischen 100...8000 $\mathrm{cm^2V^{-1}s^{-1}}$. Die Stromdichte beträgt dann mit Gl. (6.2.15):

$$\begin{aligned} \boldsymbol{S}_\mathrm{K} &= \boldsymbol{S}_\mathrm{Kp} + \boldsymbol{S}_\mathrm{Kn} = qp\boldsymbol{v}_\mathrm{p} - qn\boldsymbol{v}_\mathrm{n} \qquad \text{Strömungsfeld} \\ &= q(p\mu_\mathrm{p} + n\mu_\mathrm{n})\boldsymbol{E} = \kappa \boldsymbol{E}. \end{aligned} \tag{6.2.23}$$

Die Leitfähigkeit κ eines Halbleiters hängt vor Elektronen- und Löcherdichte und den Beweglichkeiten ab. Für Störhalbleiter bestimmen hauptsächlich die *Majoritätsträger* den Driftstrom, z.B. im *n*-Halbleiter ($n \gg p$): $\boldsymbol{S}_\mathrm{K} \approx qn\,\mu_\mathrm{n}\boldsymbol{E}$.

Hinzuweisen ist auf die unterschiedlichen Bewegungsrichtungen der Löcher und Elektronen auf Grund des unterschiedlichen Ladungsvorzeichens bei gegebener Feldrichtung (Bild 6.2.7a).

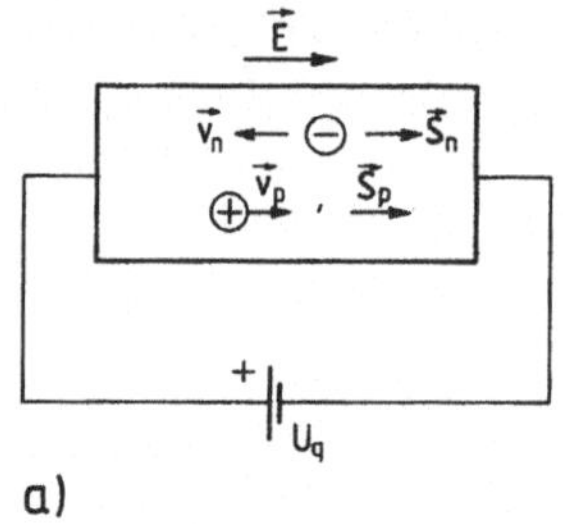

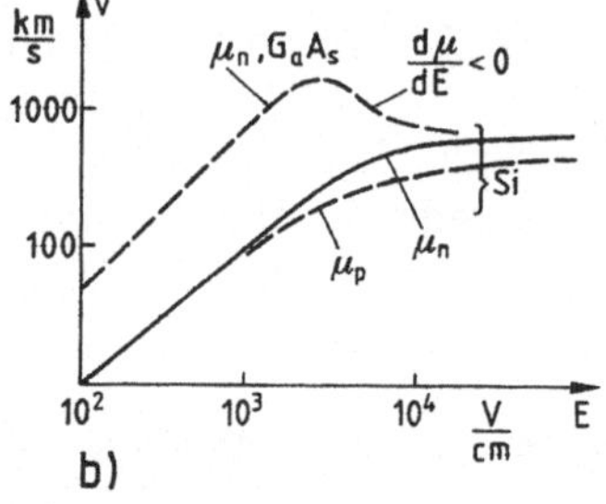

Bild 6.2.7 Driftbewegung in Halbleitern
a) Bewegungsrichtungen der Löcher und Elektronen unter Feldeinfluss in Halbleitern
b) *v*-*E*-Kennlinie typischer Halbleiter

Beispielsweise gilt für Si: $\mu_\mathrm{p} = 400\ \mathrm{cm^2/Vs}$, $\mu_\mathrm{n} = 1200\ \mathrm{cm^2/Vs}$, $p = 5 \cdot 10^{17}\ \mathrm{cm^{-3}}$, $n \gg p$. Mit $E = 2$ kV/cm folgen dann $v_\mathrm{p} = 8{,}8 \cdot 10^5$ cm/s, $v_\mathrm{n} = 20 \cdot 10^5$ cm/s sowie $\kappa = 35{,}2$ S/cm und $S_\mathrm{K} = 70{,}4\ \mathrm{kA/cm^2}$ (!).

Ein Merkmal vieler Halbleiter ist – im Gegensatz zu Metallen –, dass die *v*-*E*-Proportionalität nach Gl. (6.2.22) bei hohen Feldstärken ($E > 2$ kV/cm) *nicht mehr* gilt, vielmehr kommt es zur sog. *Sättigung* (Bild 6.2.7b). In bestimmten Halbleitern, z.B. GaAs, fällt diese Charakteristik gar wieder ab und die Steigung $\mathrm{d}v/\mathrm{d}E$ – oft als *differentielle Beweglichkeit* bezeichnet – wird *negativ*. Dieses Phänomen heißt *Gunn-Effekt* und bildet die Grundlage mancher Mikrowellenhalbleiterbauelemente. Überdies lässt sich die sehr große Elektronenbeweglichkeit von GaAs auch in vielen Bauelementen für hohe Schaltgeschwindigkeit ausnutzen.

Bei nichtlinearer *v*-*E*-Charakteristik nach Bild 6.2.7b gilt das Ohmsche Gesetz nicht mehr. Außer dem Feldstrom gibt es in Halbleitern mit inhomogener Trägerdichteverteilung noch den *Diffusionsstrom* durch die Tendenz, einen Trägerdichteausgleich herzustellen. Ursache des Trägerantriebes für Diffusion ist die thermische Trägerenergie. Wir gehen auf die

Trägerkinetik in Halbleitern und ihre Gesetze – die sog. *Halbleitergrundgleichungen* – in Bd. 2 ein.

Diffusion kommt im täglichen Leben oft vor, auch bei ungeladenen Teilchen (z.B. Ausgleich von Konzentrationsunterschieden in Gasen, Flüssigkeiten, Vermischen von Tinte in Wasser u.a.).

Aufgaben 6.2.6, 6.2.7.

6.2.3.4 Leitungsmechanismen im Vakuum und in Gasen

Im Nichtleiter, wozu auch das Vakuum gehört, gibt es keine frei beweglichen Ladungsträger. Andererseits zeigen elektrotechnische Bauelemente und Geräte wie Elektronenröhren, Bildröhre, Röntgenröhre, Elektronenmikroskop, Teilchenbeschleuniger, Glimmlampe, Leuchtstoffröhre u.a., aber auch Erscheinungen wie Funken und Blitz, dass ein Stromfluss möglich ist (beim Blitz höchst unerwünscht). Die Erklärung dafür ist einfach:

- es müssen bewegliche Träger bereitgestellt oder erzeugt werden. Dafür sorgen verschiedene Mechanismen,
- das stromleitende Gebiet sollte möglichst wenig Gasmoleküle enthalten, damit Ladungsträger bei Bewegung möglichst keine Zusammenstöße erfahren. Diese Bedingung erfüllt das *Hochvakuum* ($10^{-10} \ldots 10^{-6}$ bar) sehr gut.

In der Hochvakuumröhre werden Elektronen durch Elektronenemission aus einer *Katode* bereitgestellt. Zum Austritt aus der Katode müssen sie eine *Austrittsenergie* (Größenordnung 2…4 eV) überwinden. Dazu dient entweder die *thermische Emission* (Erhitzen einer Glühkatode auf etwa 3000 °K) oder die *Feldemission* (Erzeugung einer extrem hohen Feldstärke $E \approx 10^7$ V/cm an der Katode (Elektrodenspitze)). Auch der *äußere Fotoeffekt* kann Elektronen freisetzen. Dabei trifft kurzwellige elektromagnetische Strahlung (Licht) auf eine Metall- oder Halbleiteroberfläche und sorgt für den Trägeraustritt.

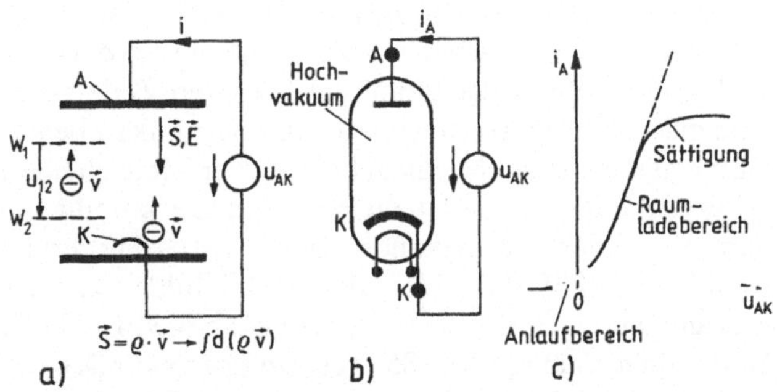

Bild 6.2.8 Vakuumdiode
a) Prinzip. Transportvorgang im Vakuum,
b) Vakuumdiode,
c) Kennlinie mit typischen Gebieten

Eine Spannung zwischen Anode und Katode einer *Hochvakuumröhre* (Bild 6.2.8) veranlasst im Vakuum einen Konvektionsstrom $\boldsymbol{S}_K = \rho \boldsymbol{v} = -qn\,\boldsymbol{v}$ und Elektronen fliegen zur Anode. Dabei steigt ihre kinetische Energie, gleichzeitig sinkt die potenzielle. Bei Erhalt der Gesamtenergie gilt zwischen zwei Stellen x_1 und x_2 mit den potenziellen Energien W_1, W_2:

$$m v_1^2/2 + W_1 = m v_2^2/2 + W_2$$

oder

$$v_2 = \sqrt{v_1^2 + \frac{2q}{m}u_{21}} \approx 600\sqrt{u_{21}/\mathrm{V}}\ \mathrm{km/s} \quad \text{bei} \quad v_1 = 0 \tag{6.2.24}$$

da $(W_1 - W_2) = -qu_{12} = qu_{21}$. Schon kleine Spannungen ergeben beträchtliche Endgeschwindigkeiten (z.B. $u_{21} = 100$ V $\rightarrow v = 6000$ km/s, $u = 10$ kV/cm $\rightarrow v = 6 \cdot 10^4$ km/s(!)). Im Unterschied zum Leiter, bei dem der Trägertransport durch Streuvorgänge mit dem Gitter mit *konstanter* (mittlerer) *Geschwindigkeit* erfolgt ($v \sim E$), liegt im Hochvakuum *konstante Beschleunigung* ($\boldsymbol{F} = m\boldsymbol{b} = q\boldsymbol{E}$) wegen fehlender Stoßpartner vor!

Der Zusammenhang $S = f(E)$ führt schließlich zur *i-u*-Kennlinie (Bild 6.2.8b, c). Sie lautet bei der Hochvakuumdiode $i \sim u^{3/2}$.

Die Elektronenbewegung im Vakuum lässt sich durch elektrische und magnetische Felder beeinflussen. Das wird in der *Bildröhre* zur Ablenkung ausgenutzt (Bild 6.2.9).

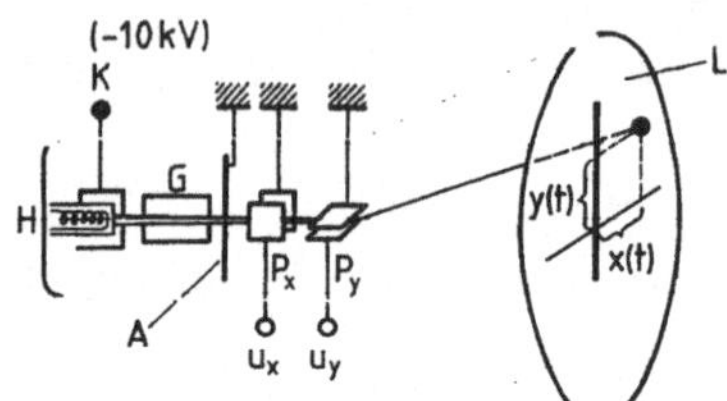

Bild 6.2.9 Prinzip der Elektronenstrahlröhre mit elektrostatischer Ablenkung

Ein aus der Katode austretender Elektronenstrahl trifft – durch hohe Spannung ($u \approx 5\ldots25$ kV) beschleunigt – auf eine fluoreszierende Mattscheibe, die beim Aufschlag der Elektronen Licht emittiert (farbig oder monochrom). Durch zusätzliche Elektroden im Elektronenweg (Lochblende U_x, U_{y1}) kann der Strahl fokussiert, abgelenkt $\rightarrow y(t)$, $x(t)$ und in der Intensität verändert werden.

Zur Bilderzeugung steuert man den Elektronenstrahl zeilenweise über den Bildschirm und beeinflusst seine Intensität. Jede Bildzeile wird von links nach rechts geschrieben. Am Zeilenende springt der Strahl zur nächsten Zeile zurück gepaart mit Dunkeltastung. Am Bildende kehrt er von rechts unten nach links oben zurück und beginnt ein neues Bild. Durch ausreichende Nachleuchtdauer der Mattscheibe und genügend häufigem Bildwechsel entsteht durch die Augenträgheit ein Gesamtbildeindruck. Ein flimmerfreies Bild erfordert 50 Bilder pro Sekunde. Beim Fernseher erlaubt das Zeilensprungverfahren die Reduktion auf 25 Vollbilder oder 50 Halbbilder: zunächst erfolgt die Wiedergabe der ungeradzahligen (1, 3, 5), dann der geradzahligen (2, 4) Zeilen. Im Rechnermonitor liegt die Bildfrequenz höher (70...85 Wechsel pro Sekunde).

Die Strahlablenkung erfolgt beim *Videomonitor* durch das Magnetfeld (Lorentzkraft) mit zwei um 90°versetzten Elektromagneten (*x*-, *y*-Ablenkung), weil großes Bildformat hohe Ablenkleistungen erfordert. Farbbildröhren arbeiten mit drei Elektronenstrahlsystemen für rote, grüne und blaue Leuchtpunkte auf der Fluoreszenzschicht. In den kleineren *Oszillografenröhren* kommt elektrische Ablenkung zum Einsatz.

Stromfluss in Gasen. Luft und andere Gase leiten im Normalfall nicht. Stromfluss (Elektronen und/oder Ionen) kann deshalb nur erfolgen durch Trägergeneration, Elektronenemission oder Ionenerzeugung im Gas.

Zur *Ionisierung* ist energiereiche Strahlung (z.B. durch UV-Licht, Röntgen-, Höhenstrahlung) erforderlich. Beispielsweise entstehen in Luft durch natürliche Bedingungen = $10^2 \ldots 10^3$ Teilchen/cm³ (Elektronen und Ionen, zum Vergleich Leiter ≈ 10^{22} El./cm³!). Unter solchen Umständen wirkt Luft noch als Isolator. Ein elektrisches Feld trennt Elektronen und positive Ionen und es fließt Strom (Bild 6.2.10a), die sog. *unselbständige Entladung*. Auch *thermische Ionisation* (Flamme!) kann zur Ionisierung führen. Angewendet wird die unselbständige Entladung in der Ionisationskammer zur Strahlungsmessung.

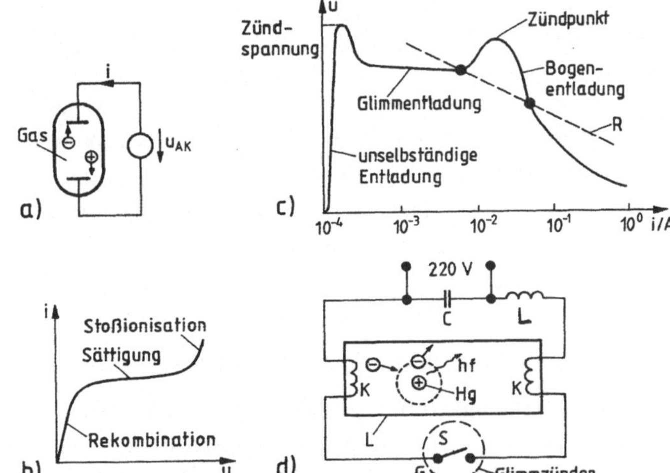

Bild 6.2.10 Strom-Spannungsverhalten einer Gasentladung
a) Entladungsröhre
b) Kennlinie der unselbständigen Entladung
c) Kennlinie der selbständigen Entladung
d) Schaltung einer Leuchtstoffröhre

Der Übergang von einer unselbständigen zur *selbständigen Entladung* erfolgt bei der sog. *Durchschlagspannung* (Durchbruchsfeldstärke in Luft ≈ 30 kV/cm). In diesem Gebiet entstehen Ladungsträger durch Elektronenstoß und Lawinenvervielfachung: Träger mit hoher kinetischer Energie stoßen mit anderen Teilchen zusammen, ionisieren diese und ergeben so ein neues Trägerpaar usw. In der *i-u*-Kennlinie (Bild 6.2.10b, c) entsteht ein schwach fallender Bereich mit sichtbarer *Glimmentladung* (Glimmspannung 50...100 V, geringer Strom). Bei noch größerem Strom entsteht setzt schließlich *Bogenentladung* ein. Hohe Trägerkonzentration und Stromdichte heizen das Trägergas und die Elektroden stark auf (Temperaturen zwischen 3000...10000 K) und es bildet sich das sog. *Plasma.*

Die Bogenentladung (Lichtbogen) geht mit starken Leuchterscheinungen und einer bereichsweise fallenden Kennlinie einher. Sie erfordert im Stromkreis einen Vorwiderstand *R* zur Strombegrenzung: von drei möglichen Arbeitspunkten (Bild 6.2.10c) sind zwei immer stabil, der dritte nicht. Bei fehlendem Vorwiderstand führt der extrem große Strom zum *Kurzschluss* (ist bereits mit einer Glimmlampe ohne Vorwiderstand möglich!).

Anwendung findet der Stromfluss in Gasen

- als Glimmentladung in *Glimmlampen.* Auch die Sprühentladung (Funken am Fernsehschirm bei Berührung) ist darauf zurückzuführen.
- als *Lichtbogen* zu Beleuchtungszwecken (Hg-Hochdrucklampe, Wolframpunktlampe, Leuchtröhre, UV-Strahlung (Solarium)), zum elektrischen Schweißen und Schneiden metallischer Werkstoffe, zur Bearbeitung harter nichtelektrischer Werkstoffe (Beton) u.a.m.

Bei der *Leuchtstoffröhre* (Bild 6.2.10d) wird die UV-Strahlung, die in einer „langgestreckten Glimmlampe" durch Ionisierung von Hg (Hg-Dampf ≈ 0,01 mbar) entsteht, über Leuchtstoffe an der Glaswand in sichtbares Licht gewandelt. Die Wahl der Leuchtstoffe beeinflusst die Farbe (kaltes, warmes Licht). Beim Einschalten entsteht im Glimmstarter G (Zünder) eine Glimmentladung. Der Strom ($i \approx 10 \ldots 0$ mA) reicht noch nicht zum Aufheizen der Katoden K (Glühelektrode) aus. Deshalb erwärmt die Glimmentladung in G zunächst einen Bimetallschalter S. Er schließt G kurz und erlaubt einen hohen Strom (≈ 0,5...1 A) im Glühkreis, es kommt zur Elektronenemission. Mit geschlossenem Schalter S unterbleibt die Glimmentladung in G (Abkühlen und Öffnen des Schalters). Dabei entsteht an der Induktivität L (Drossel!) ein Spannungsstoß und die Leuchtröhre L „zündet": Einsetzen der Glimmentladung. Anschließend sinkt die Lampenspannung so ab, dass eine erneute Zündung von G unterbleibt. Im Entladungsraum sorgen später erzeugte Hg-Ionen durch Aufprall auf die Elektroden für Verstärkung der Elektronenemission.

Die Induktivität L dient zur auch zur Strombegrenzung, der Kondensator C zur Leistungsfaktorverbesserung (Abschn. 4.5.1). Beispielsweise verbraucht eine 1,2 m lange Leuchtstoffröhre bei $u = 230$ V etwa 48 W Verlustleistung ($i = 0{,}43$ A, $\cos\varphi = 0{,}5$ induktiv).

Leuchtröhren haben gegenüber Glühlampen etwa die 3fache Lichtausbeute bei gleicher Leistung, sparen also deutlich elektrische Energie.

6.2.3.5 Leitungsmechanismen in Flüssigkeiten und Elektrolyten

Es gibt nichtleitende und *leitende* Flüssigkeiten (und Schmelzen), letztere werden als *Elektrolyt* bezeichnet. Im Gegensatz zu Metallen erfolgt die Stromleitung in Elektrolyten durch *Ionen:* elektrisch geladene Atome oder Moleküle, dabei gibt es positive (Kationen) und negative Ionen (Anion).

Merkmal eines Elektrolyten ist ein an den Strom gebundener chemischer Zersetzungsvorgang. Dabei scheiden an den Elektroden der Elektrolysestrecke Stoffe ab (meist chemisch rein).

Der Stofftransport wird durch die beiden *Faradayschen Gesetze* beschrieben und technisch vielfältig ausgenutzt: Aufbringen von Metallüberzügen, auch auf Kunststoffe, Eloxalverfahren zur Herstellung von Oxidschichten, elektrolytisches Polieren u.a.m.

Breite Anwendung finden die Wechselwirkungen zwischen Festkörpern (Elektrode im Elektrolyt) und Elektrolyt in den *galvanischen Elementen* oder *Primärzellen.* Durch Konzentrationsunterschiede zwischen Elektrode und Flüssigkeit entsteht eine stoffabhängige Spannung und zwischen beiden Elektroden eine Gesamtspannung abhängig von der Stellung der Metalle in der *elektrochemischen Spannungsreihe.*

Bei Entladung verändert der Strom die Elektroden chemisch und es kommt zu einer Gegenspannung (Polarisationseffekt, allmählicher „Verbrauch" der Batterie). Tafel 6.2.4 enthält einige typische Batteriesysteme. Wichtig ist neben der Zellenspannung noch die Energie pro Gewicht oder Volumen. Im Vergleich zur preiswerten Kohle-Zink-Zelle (Lelanché-Element) schneiden andere Zellen günstiger ab. Hohe spezifische Energiewerte haben die Zink-/Luft- und Lithium-Systeme (letztere jedoch geringere Strombelastbarkeit). Preislich stehen die Silber- und Lithium-Typen an oberer Stelle. Deshalb sind sie speziellen Anwendungen vorbehalten (Armbanduhren, Hörgeräte, Schrittmacher u.a.).

Tafel 6.2.4 Übersicht typischer Batterieformen

Zellentyp	Nennspannung in V	Energiedichte in mWh/cm^3	in mWh/g	Anwendung
Zink–Braunstein Lelanché	1,4 bis 1,6	120 bis 200	20 bis 80	Allzweckbatterie, Haushalt, Rechner
alkalisch				Messgeräte
Zink–Luft	1,4	600 bis 800	200 bis 350	Langzeitanwendung
Zink–Silberoxid	1,55	350 bis 650	70 bis 110	Hörgeräte, Uhren
Zink–Quecksilber	1,35	350 bis 550	90 bis 130	Photoblitz, Uhr
Lithium	1,5 bis 1,8	600 bis 800	300 bis 800	Notebook, Schrittmacher

Im Gegensatz zu Primärelementen können die Sekundärelemente (Akkumulatoren oder Sammler) wieder aufgeladen werden. Üblich sind der Blei- und Nickel-Cadmium-Akkumulator. Ersterer findet wegen des niedrigen Preises im Auto Verwendung (Zellenspannung 2 V). Dagegen haben Nickel-Cadmium-Akkumulatoren lange Lebensdauer, hohe Belastbarkeit (Zellenspannung 1,2...1,3 V). Sonderformen solcher Systeme sind in Notebooks enthalten.

6.2.3.6 Energieumsatz im Strömungsfeld

Das Strömungsfeld unterscheidet sich im Energieverhalten *grundlegend* vom Feld im Nichtleiter: während dort im stationären Zustand (keine zeitlichen Änderungen) *kein* Energieumsatz stattfindet (Feldenergie ist gespeichert!), erfolgt im stationären Strömungsfeld *ständig* Energieumsatz von elektrischer in Wärmeenergie (Reibungsverluste im Leiter bei der Trägerbewegung).

Analog zur Energiedichte W/V (Energie pro Volumen) des elektrostatischen Feldes bestimmen wir eine „Leistungsdichte" als die Verlustleistung p, die pro Volumen $V = s \cdot A$ umgesetzt wird:

$$p' = \mathrm{d}p/\mathrm{d}V = \mathrm{d}(ui)/\mathrm{d}V = (\mathrm{d}u/\mathrm{d}s) \cdot (\mathrm{d}i/\mathrm{d}A) = E \cdot S,$$

allgemein:

$$p' = \boldsymbol{E} \cdot \boldsymbol{S} = S^2/\kappa. \quad \text{Leistungsdichte im Strömungsfeld} \qquad (6.2.25)$$

Im Cu-Leiter ($\kappa = 56\ \mathrm{Sm/mm^2}$) ergibt eine Stromdichte $S = 2\ \mathrm{A/mm^2}$ die Leistungsdichte $p' = 0{,}071\ \mathrm{W/cm^3}$ (relativ klein, in Halbleiterbauelementen treten deutliche höhere Werte auf).

6.3 Magnetisches Feld. Verknüpfung zwischen elektrischem und magnetischem Feld

Physikalische Erscheinungsform. Außer dem elektrischen Feld mit dem Kennzeichen: räumliche Kraftwirkungen zwischen *ruhenden Ladungen* gibt es noch zahlreiche Phänomene, die sich nur durch Kraftwirkungen zwischen *bewegten Ladungen*, also Strömen, erklären lassen:

Ein Kraftfeld, das durch bewegte elektrische Ladungen und/oder ferromagnetische Materialien (u.a. Dauermagnet) erzeugt wird (oder umgekehrt auf bewegte Ladungen wirkt), heißt *magnetisches Feld. Deshalb ist ein stromdurchflossener Leiter stets von einem Magnetfeld umgeben*, das wichtigste Kennzeichen des Stromes (Konvektion- und Verschiebungsstrom, Abschn. 1.2.3). Auch die Stromeinheit ist über die magnetische Kraftwirkung definiert.

Für zeitveränderliche Ströme (und damit Magnetfelder) tritt noch das *Induktionsgesetz* (Abschn. 6.3.5) hinzu.

Magnetische Wirkungen[2] (Magneteisenstein, Kompassnadel) waren bereits im Altertum bekannt. Der Nachweis, dass auch ein Strom magnetische Wirkungen erzeugt, gelang erst Oersted[3] (1819/20). Dieses Phänomen heißt *Elektromagnetismus* im Gegensatz zum „Dauermagnet" (Magneteisenstein, Stabmagnet).

Die Erde ist von einem Magnetfeld umgeben und eine Magnetnadel erfährt eine entsprechende Ablenkung: der nach Norden (geographisch) zeigende Pol der Nadel wird als magnetischer Nordpol bezeichnet, obwohl dort der magnetische Südpol liegt. (Bild 6.3.1a). Feststellbar ist auch, dass sich ungleichnamige Pole anziehen und gleichnamige abstoßen. Beim Zerbrechen eines Stabmagneten (Bild 6.3.1b) an der Stelle x entstehen dort sofort wieder Süd- und Nordpole und der Magnet haftet zusammen. Bei Umkehr des Teiles 2 erfolgt Abstoßung.

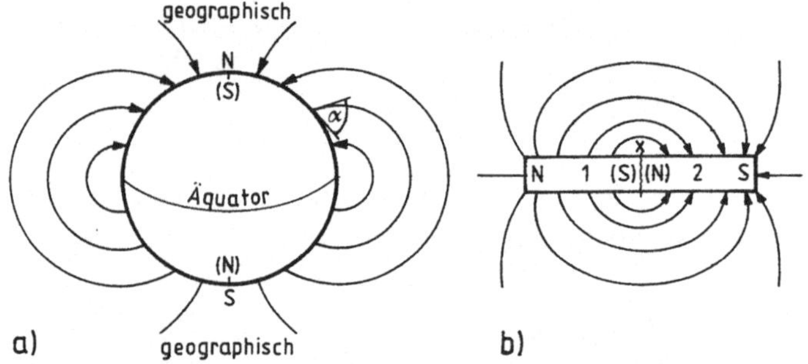

Bild 6.3.1 Magnetfelder von „Dauermagneten"
a) Erdmagnetfeld (S, N), magnetischer Süd-, Nordpol,
b) Stabmagnet

Das magnetische Feld wird – wie das elektrische – durch *Feldlinien* veranschaulicht. Beim Stabmagneten verlaufen sie außerhalb des Magneten vom Nord- zum Südpol (positive Feldrichtung) und haben – wie elektrischen Feldlinien – typische Eigenschaften:

- die Tangente an die Feldlinien gibt die Kraftrichtung an,
- die Liniendichte ist ein Maß für die Stärke der Kraftwirkung.

Dennoch bestehen *grundlegende Unterschiede* zum elektrischen Feld:

- magnetische Feldlinien sind stets in sich geschlossen, ohne Anfang und Ende (elektrische beginnen und enden auf Ladungen),
- es gibt keine magnetischen Ladungen.

2) Thales von Milet, griech. Philosoph, Mathematiker und Astronom (624–546 v. Chr.).
3) Das Magnetfeld des Stromes wurde vom dänischen Physiker H. Ch. Oersted 1819/1820 entdeckt.

Systematisches Experimentieren ergibt, dass das magnetische Feld die Wirkungslinien der magnetischen Kraft nach Betrag und Richtung beschreibt und daher ein *Vektorfeld* ist und – wie das elektrische Feld – *zwei* (Vektor-)*Feldgrößen* zur Beschreibung erfordert: eine für die *Erregerursache* (die *magnetische Feldstärke* $\boldsymbol{H}$) und eine für die *Wirkung*, die *Flussdichte* $\boldsymbol{B}$. Zwischen beiden besteht eine vom magnetischen Material abhängige Verknüpfung, die *Permeabilität* μ.

Magnetfelder erfordern oft die Darstellung dreidimensionaler physikalischer Zusammenhänge. In der Zeichenebene werden deshalb vereinbart:

⊗ Vektor (oder Zählrichtung) in die Zeichenebene hineinweisend,

○ Vektor aus der Zeichenebene herausweisend.

Magnetfelder haben wegen der rund 1000fach höheren Energiedichte im Vergleich zum elektrischen Feld und der größeren Kraftwirkung größte technische Bedeutung: Elektromotor, Generator, aber auch Transformator, magnetische Speicher (Festplatten und Disketten), Lautsprecher, Elektromagneten u.a. wären ohne Magnetfeld nicht vorhanden.

Da es im Unterschied zum elektrischen Feld *keine magnetischen Ladungen* gibt (nur *magnetische Dipole*, die auf Kreisströme zurückgeführt werden), sind magnetische Erscheinungen eng an elektrische gebunden. Das äußert sich u.a. in den Einheiten magnetischer Größen, die durch elektrische und mechanische Einheiten ausgedrückt werden.

6.3.1 Feldgrößen des Magnetfeldes, Durchflutungsgesetz

Kraftwirkung und bewegte Ladung. Bild 6.3.2a zeigte das Magnetfeld des stromdurchflossenen Leiters dargestellt durch ausgewählte magnetische Feldlinien (durch Magnetnadel oder Eisenfeilspäne nachweisbar). Die Richtungspfeile weisen nach dem Magnetnadelexperiment in Nordrichtung der Nadel, ergeben also eine *rechtswendige Zuordnung* zwischen Stromrichtung und Magnetfeld (Bild 6.3.2b).

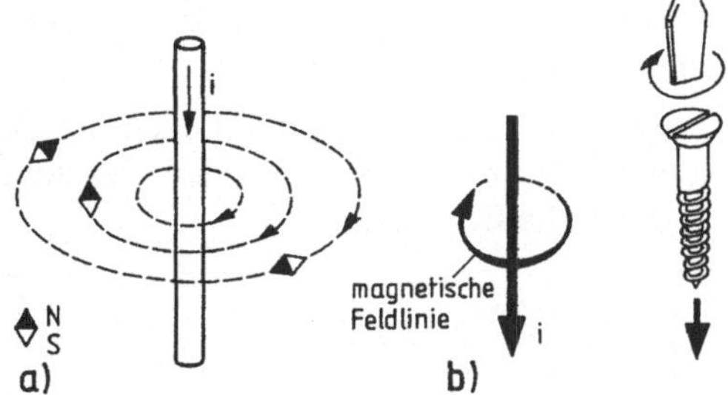

Bild 6.3.2 Magnetfeld eines geraden, stromdurchflossenen Leiters
a) Magnetfeld. Angedeutet sind ausgewählte magnetische Feldlinien
b) Rechtsschraubenregel

Eine in Feldlinienrichtung gedrehte Rechtsschraube bewegt sich in Stromrichtung (sog. Korkenzieher-Regel) oder gleichwertig auch die *„Rechte-Hand-Regel"*: zeigt der Daumen der rechten Hand in Stromrichtung, so weisen die gekrümmten Finger in Feldrichtung.

Magnetische Flussdichte. Zwei Fragen bleiben offen:

- Welche Feldgröße des Magnetfeldes beschreibt die festgestellte Kraftwirkung (im elektrischen Feld war es die elektrische Feldstärke $\boldsymbol{E}$ für die Kraftwirkung auf ruhende Ladungen)?
- Wie hängt diese Feldgröße mit dem Stromfluss nach Bild 6.3.2 zusammen?

Wie beim elektrischen Feld erwarten wir eine doppelte Wechselwirkung zwischen der

- Kraft*wirkung*, die ein (vorhandenes) Magnetfeld auf eine bewegte Ladung ausübt und
- einer bewegten Ladung (Strom) als *Ursache* eines Magnetfeldes und damit dem Vermögen, *Kraft auf andere bewegte Ladungen* auszuüben.

Im stromdurchflossenen Kreis mit streckenweise parallelen Leitern und eingetragenen Strömen, Bewegungsrichtungen der Elektronen, Feldlinien und Kraftrichtung (Bild 6.3.3a) lässt sich diese Doppelwirkung gut erkennen:

- Strom i_1 (bewegte Ladung) erzeugt ein Magnetfeld am Ort P_2,
- Magnetfeld am Ort P_2 erzeugt Kraftwirkung auf bewegte Ladung am gleichen Ort.
- Umgekehrt verursacht auch der Strom i_2 im Leiter 2 ein Magnetfeld am Ort P_1 und damit eine Kraftwirkung auf Leiter 1.

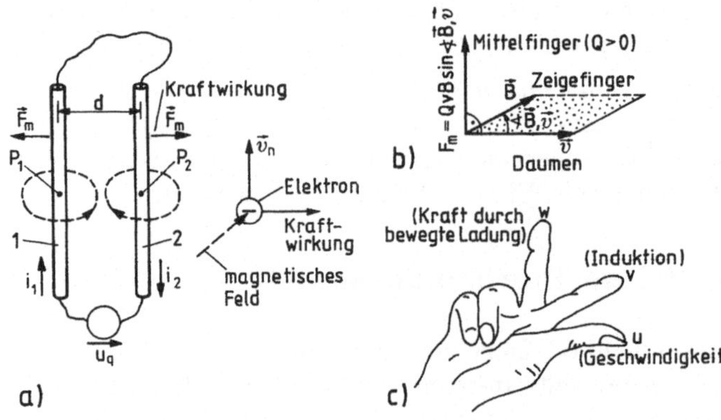

Bild 6.3.3 Kraftwirkung zwischen zwei Strömen
a) Kraftwirkung. Entgegengesetzt fließende Ströme stoßen sich ab,
b) Zur Kraftrichtung,
c) Rechte-Handregel

Beide Kraftwirkungen – und damit Magnetfelder – überlagern sich, die Leiter werden bei entgegengesetzten Stromrichtungen *auseinandergedrückt.* (Dieses Experiment dient zur Definition der Stromstärkeeinheit). Umgekehrt führen *gleichgerichtete* Ströme in beiden Leitern zu *Anziehungskräften.*

Systematische Überlegungen ergeben für die Kraftwirkung $\boldsymbol{F}_\mathrm{m}$ des Magnetfeldes und zwei Ladungen Q_1, Q_2, die sich mit den Geschwindigkeiten $\boldsymbol{v}_1$, $\boldsymbol{v}_2$ gleichförmig bewegen (Bild 6.3.3b, c), die Beziehung

$$F = \mu_0 \frac{(Q_1 v_1)\cdot(Q_2 v_2)}{r^2} \equiv (Q_1 v_1)\cdot \underbrace{\frac{\mu_0 (Q_2 v_2)}{r^2}}_{B} \qquad (6.3.1a)$$

mit folgenden Ergebnissen:

- bei gleichen (verschiedenen) Vorzeichen der Produkte Q_1v_1, Q_2v_2 erfolgt Anziehung (Abstoßung),
- Kraftwirkung zwischen den „Ladungspaketen" (Qv) erfolgt analog zur Kraftwirkung zwischen ruhenden Ladungen beschrieben durch das Coulombsche Gesetz Gl. (1.2.1),
- der Faktor μ_0 – die *magnetische Permeabilität* – beschreibt die magnetischen Eigenschaften des Raumes bei P_2.

Man definiert die am Ort 2 ausgeübte Kraftwirkung durch die Größe *magnetische Flussdichte* oder *Induktion B*. Ihre Richtung ist experimentell feststellbar und deutet auf die endgültige Darstellung

$\boldsymbol{F}_\mathrm{m} = Q(\boldsymbol{v} \times \boldsymbol{B}) = Q\, v\, B \sin(\sphericalangle \boldsymbol{B}, \boldsymbol{v})$.	Definition der magnetischen Flussdichte	(6.3.1b)

Die magnetische Flussdichte $\boldsymbol{B}$ ist definiert durch die Kraft $\boldsymbol{F}_\mathrm{m}$, die auf eine mit der Geschwindigkeit $\boldsymbol{v}$ im Magnetfeld bewegte Ladung Q (> 0) ausgeübt wird. $\boldsymbol{v}$, $\boldsymbol{B}$ und $\boldsymbol{F}_\mathrm{m}$ bilden ein Rechtsdreibein. Die Kraft auf eine bewegte Ladung heißt *Lorentzkraft*.

Für die ruhende Ladung war $\boldsymbol{F}_\mathrm{e} = Q \cdot \boldsymbol{E}$ die Definitionsgleichung der elektrischen Feldstärke $\boldsymbol{E}$. Daher liegt es nahe, Gl. (6.3.1b) als *Definitionsgleichung* der magnetischen Flussdichte $\boldsymbol{B}$ festzulegen. Sind Q, $\boldsymbol{v}$ und $\boldsymbol{F}_\mathrm{m}$ bekannt, so ist damit B bestimmt.

Die *Maßeinheit* der Flussdichte B ist V · s/m² oder 1 Tesla[4]:

$$[B] = 1\ \mathrm{T} = 1\ \mathrm{Vs/m^2}.$$

Die früher benutzte Einheit *Gauß* $[G] \rightarrow 1\ \mathrm{G} = 10^{-8}\ \mathrm{Vs\ cm^{-2}} = 10^{-4}\ \mathrm{Vs\ m^{-2}}$, $1\ \mathrm{T} = 10^4\ \mathrm{G}$ orientierte sich am Magnetfeld der Erde (im Mittel 0,5 G), ist aber heute nicht mehr zugelassen[5].

Größenvorstellungen:

- Erdfeld $B \approx 5 \cdot 10^{-5}\ \mathrm{T}$ ($\approx 0{,}5$ G),
- Umgebung einer Fernleitung $B \approx 10^{-4}$ T,
- Luftspalt in Motoren, Lautsprecher $B \approx 0{,}1 \ldots 1{,}5$ T,
- Magnet im Computertomograph $B \approx 10$ T,
- ICE, Fahrleitungsstrom ≈ 1000 A, Abstand $r = 2$ m, $B \approx 10^{-4}$ T.

Die Richtungszuordnung in Gl.(6.3.1b) lässt sich auch durch die *Dreifingerregel* (Bild 6.3.3c, uvw-Regel; Ursache, Vermittlung, Wirkung, positive Ladung Q) leicht merken:

Ursache	**Vermittlung**	**Wirkung**
Geschwindigkeit v	Flussdichte B	Kraft F_m
(bewegte Ladung)	(Magnetfeld)	(auf bewegte Ladungen)
(Daumen)	(Zeigefinger)	(Mittelfinger)

Die Kraft wird maximal, wenn $\boldsymbol{v}$ und $\boldsymbol{B}$ senkrecht zueinander stehen und Null, wenn sich Ladungsträger *in Richtung des Magnetfeldes* bewegen. Bei negativem Ladungsvorzeichen wechselt die Kraftrichtung.

Wir fassen zusammen:

Die grundlegende (Vektor-)Größe des magnetischen Feldes ist die magnetische Flussdichte $\boldsymbol{B}$. Sie wird charakterisiert durch die Kraftwirkung auf eine bewegte Ladung und durch Feldlinien veranschaulicht, die z.B. mit der Magnetnadel nachweisbar sind (Bild 6.3.2).

[4] Tesla, N., kroatischer Physiker, 1856–1953.

[5] dennoch wird sie im täglichen Leben noch oft verwendet wie das seit 150 (!) Jahren nicht mehr erlaubte Pfund für das Gewicht.

Die Feldlinien von B

- verlaufen tangential im Uhrzeigersinn um die bewegte Ladung (wenn positiv), Rechtehandregel,
- sind in sich geschlossen oder gleichbedeutend: $\boldsymbol{B}$ ist *quellenfrei* (s.u.).

$\oint \boldsymbol{B} \cdot \mathrm{d}\boldsymbol{A} = 0$ Gauß'scher Satz, Quellenfreiheit des $\boldsymbol{B}$-Feldes (6.3.2)

- Es gibt keine magnetischen Ladung (die $\boldsymbol{E}$-Linien des Feldes ruhender Ladungen waren nicht quellenfrei).

In eine im Magnetfeld aufgespannte Hüllfläche (Bild 6.3.4a) treten daher ebenso viele B-Linien ein wie an anderer Stelle aus: B-Linien haben weder Anfang noch Ende.

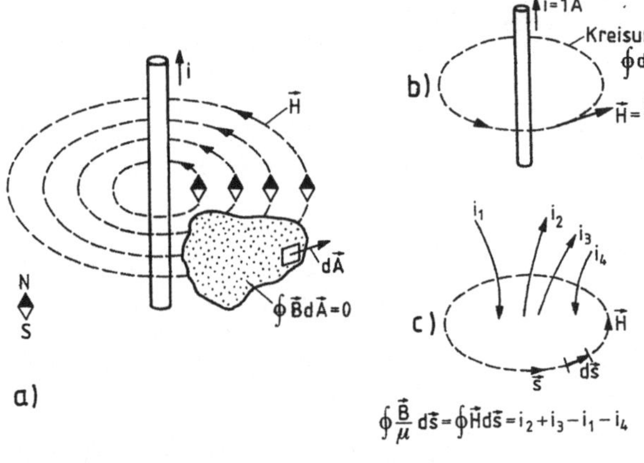

Bild 6.3.4 Magnetische Feldstärke H
a) Magnetfeld eines Stromes. Quellenfreies B-Feld,
b) Zur Definition der magnetischen Feldstärke H. H umwirbelt i,
c) Zum Durchflutungsbegriff

Zusammenhang Strom–magnetische Feldstärke. Durchflutungsgesetz. Mit der Definition der Flussdichte B ist die erste der beiden oben gestellten Fragen beantwortet. Offen bleibt noch der Zusammenhang zwischen *Strom* und *magnetischer Feldgröße* nach Bild 6.3.2 oder anders:

Warum erzeugt ein Strom i_1 (Bild 6.3.3a) am Ort P_2 ein Magnetfeld ($\rightarrow \boldsymbol{B}$), das seinerseits auf eine an P_2 befindliche bewegte Ladung eine Kraft $\boldsymbol{F}_\mathrm{m}$ ausübt?

Die Antwort darauf geben die *magnetische Feldstärke* $\boldsymbol{H}$ und der *Durchflutungssatz.*

In Gl. (6.3.1) schließt die Flussdichte B über die Permeabilität μ_0 die magnetischen Eigenschaften des umgebenden Raumes (hier Vakuum) ein, die Größe

$$H = \frac{Q_2 v_2}{4\pi r^2} = \frac{B}{\mu_0} \tag{6.3.3a}$$

dagegen nicht: Die *magnetische Feldstärke*

$\boldsymbol{H} = \dfrac{\boldsymbol{B}}{\mu_0}$	$[H] = 1$ A/m Henry	magnetische Feldstärke Definitionsgleichung	(6.3.3b)

resp. aus Gl. (6.3.2) genauer

$$\boldsymbol{H} = \frac{Q}{4\pi r^2}\left(\boldsymbol{v} \times \frac{\boldsymbol{r}}{r}\right) \qquad (6.3.3c)$$

hat ihre Ursache in der mit der Geschwindigkeit $\boldsymbol{v}$ bewegten Ladung Q, bzw. im Strom i (s.u.).

Magnetische Feldstärke $\boldsymbol{H}$ und Flussdichte $\boldsymbol{B}$ sind im Vakuum gleichwertig (und nur durch die magnetische Feldkonstante μ_0 verschieden), sie haben aber wesensverschiedene Einheiten: $[H]$ = A/m, $[B]$ = Kraft/Am = Vs/m^2 .

Erst in Materie unterscheiden sich beide und erhalten dann qualitativ verschiedene Bedeutung

$$\boldsymbol{H} = \frac{\boldsymbol{B}}{\mu} = \frac{\boldsymbol{B}}{\mu_r \mu_0} \qquad (6.3.4)$$

mit der *magnetischen Permeabilität*

$\mu = \mu_r \cdot \mu_0$	magnetische Permeabilität
$\mu_0 = 4\pi \cdot 10^{-7} \frac{\text{Vs}}{\text{Am}} = \frac{1}{\varepsilon_0 c_0^2}$	magnetische Feldkonstante
μ_r	relative Permeabilität, Permeabilitätszahl

Für einen (geschlossenen) Umlauf längs einer magnetischen Feldlinie $\boldsymbol{H}$ gilt der Durchflutungssatz:

$$\oint \boldsymbol{H} \cdot d\boldsymbol{s} = i = \int_A \boldsymbol{S} \cdot d\boldsymbol{A} \equiv \sum_n i_n = \Theta$$ Durchflutungsgesetz (Amperesches Gesetz) (6.3.5)
1. Maxwellsche Gleichung

Das Durchflutungsgesetz beschreibt den Zusammenhang zwischen einem Strom i und der von ihm erzeugten magnetische Feldstärke $\boldsymbol{H}$:

- elektrischer Strom ist von geschlossenen magnetischen Feldlinien umgeben. Umkehrung:
- geschlossene magnetische Feldlinien werden von einem Strom durchflossen oder *durchflutet* (Name!),
- wird der Strom i n-mal umfasst, so tritt er n-fach auf (Beispiel: Spule mit n Windungen).

Verallgemeinert besagt dann Gl. (6.3.5):

Das Umlaufintegral über $\boldsymbol{H}$ ist gleich dem gesamten, durch diese Fläche hindurchfließenden Strom i. Der von den Feldlinien umfasste Strom i heißt auch *elektrische Durchflutung* Θ.

Das Durchflutungsgesetz gilt *unabhängig von der umgebenden Materie.* Es dient zur Berechnung der magnetischen Feldstärke bei einfachen Leitergebilden, z.B. in Spulen, wenn insbesondere die Richtung der Feldlinien bekannt ist.

Damit erklärt sich auch die Einheit von H (Bild 6.3.4b) $[H]$ = A/m anschaulich: sie ergibt sich längs des Randes eines Kreisrings mit dem Umfang von 1 m, durch dessen Mittelpunkt ein gerader, unendlich langer Leiter den Strom 1 A führt.

Zum Strom i in Gl. (6.3.5) gehören sowohl Konvektions-(Ladungsträgerstrom) und/oder Verschiebungsstrom (s. Abschn. 2.3.1), er lässt sich auch durch die Stromdichte $\boldsymbol{S}$ ausdrücken. Für die Richtungen von $\boldsymbol{S}$ bzw. i und $\boldsymbol{H}$ gilt die Rechtsschraubenregel (Bild 6.3.2b).

Besteht der Strom i aus mehreren Teilströmen, so ist die algebraische Summe der Teilströme zu bilden, z.B. Bild 6.3.4c

$$\oint \boldsymbol{H} \cdot \mathrm{d}\boldsymbol{s} = -i_1 + i_2 + i_3 - i_4 \qquad (6.3.6)$$

Wird kein Strom umschlossen, so verschwindet $\oint \boldsymbol{H} \cdot \mathrm{d}\boldsymbol{s} = 0$.

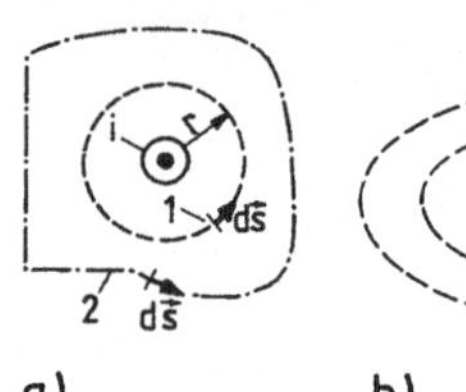

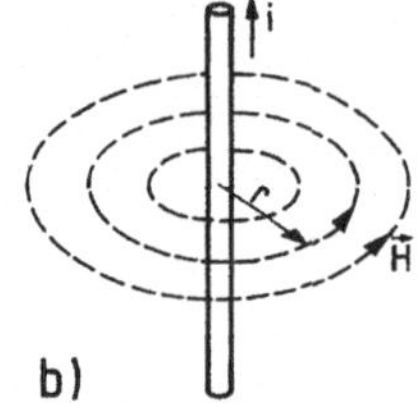

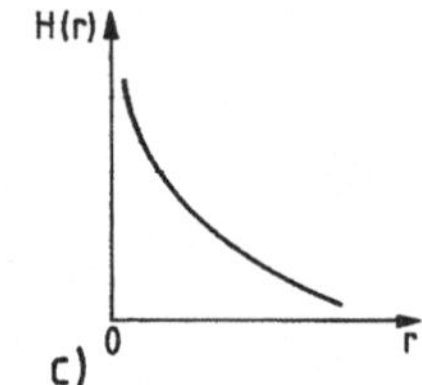

Bild 6.3.5 Magnetische Feldstärke H
a) Integrationswege,
b) magnetische Feldstärke eines geraden Leiters,
c) Abnahme der Feldstärke H außerhalb des Leiters

Obwohl Gl. (6.3.5) allgemein gilt, sollte man bei der Berechnung von $\boldsymbol{H}$ einen Integrationsweg finden, auf dem H konstant ist und damit die Analyse vereinfachen. Zur Berechnung der magnetischen Feldstärke um einen geraden Leiter empfiehlt sich deshalb nicht irgendeine Integrationsschleife (Bild 6.3.5a), sondern ein Kreis senkrecht zum Leiter (Bild 6.3.5b, c). Dann gilt

$$\begin{aligned} &\oint \boldsymbol{H} \cdot \mathrm{d}\boldsymbol{s} = \oint H \,\mathrm{d}s \cos(\angle \boldsymbol{H}, \mathrm{d}\boldsymbol{s}) = H \oint \mathrm{d}s = H \cdot 2\pi r = i \\ &H = i / 2\pi r \end{aligned} \qquad (6.3.7)$$

mit $\boldsymbol{H} = H_\alpha \boldsymbol{e}_\alpha$ $(H_\alpha = H)$, wenn Zylinderkoordinaten (r, α, z) verwendet werden.

Beispielsweise verursacht ein „Stromfaden" i = 1 A im Abstand r = 1 m die magnetische Feldstärke H = 0,16 A/m, für r = 10 cm aber H = 1,6 A/m. Dem entspricht eine Flussdichte von $2 \cdot 10^{-6}$ Vs/m². Das ist rd. 1/100 des mittleren Erdmagnetfeldes.

Beispiel: Im Innern einer langen Zylinderspule in Luft mit w Windungen (Bild 6.3.6a) entsteht durch Überlagerung der Einzelfelder eines jeden Leiters (Bild 6.3.6b) ein annähernd homogenes Feld. Außerhalb der Spule ($\rightarrow H_a$) ist es sehr schwach und deshalb vernachlässigbar. Dann gilt mit Gl. (6.3.6):

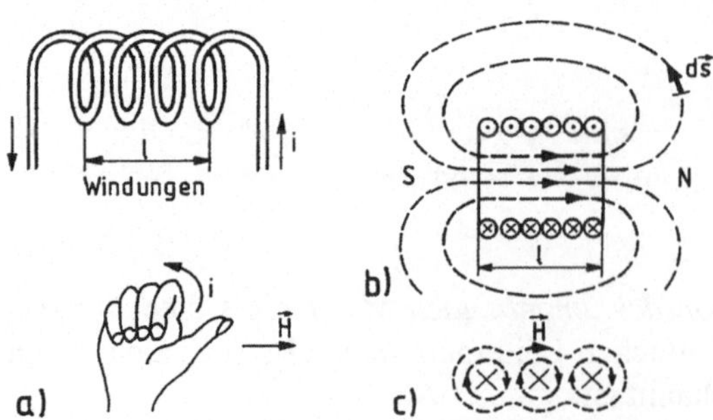

Bild 6.3.6 Magnetfeld in einer Zylinderspule
a) Spulenanordnung
b) Magnetfeld innerhalb und außerhalb der Spule. Das Feld ist im Innern (etwa) homogen
c) Entstehung des resultierenden Magnetfeldes durch Überlagerung der Felder einzelner Windungen (Annahme $l \gg d$, Durchmesser)

$$\sum_n i_n = iw = \oint \boldsymbol{H} \cdot \mathrm{d}\boldsymbol{s} = \int \boldsymbol{H}_\mathrm{i}(s)\,\mathrm{d}\boldsymbol{s}_\mathrm{i} + \int \boldsymbol{H}_\mathrm{a}(s)\,\mathrm{d}\boldsymbol{s}_\mathrm{a}\,. \qquad (6.3.8)$$

Im Spuleninnern bleibt $\boldsymbol{H}_\mathrm{i} = H$ konstant und das Wegintegral ergibt die Spulenlänge l:

$$H_\mathrm{i} = H = iw/l = \Theta/l\,. \qquad (6.3.9)$$

Die Feldrichtung folgt aus der Rechte-Hand-Regel.

Die Eigenschaften des Magnetfeldes lassen sich dann folgendermaßen *zusammenfassen*:

- Der Vektor der magnetischen Feldstärke $\boldsymbol{H}$ beschreibt die Feldursache unabhängig von den Materialeigenschaften. Erzeugt wird das Magnetfeld durch einen elektrischen Strom i (Konvektions-, Verschiebungsstrom) nach Maßgabe des Durchflutungsgesetzes.
- Der Vektor der magnetischen Flussdichte $\boldsymbol{B}$ stellt sich als Wirkung des Magnetfeldes auf eine Ursache ($\boldsymbol{H}$) ein und äußert sich z.B. durch Kraft auf einen stromdurchflossenen Leiter (bewegte Ladungen) oder ferromagnetische Materialien (Eisenspäne).
- Die Feldgrößen $\boldsymbol{B}$ und $\boldsymbol{H}$ eines Raumpunktes sind über die magnetischen Materialeigenschaften Gl. (6.3.4) verkoppelt.

Somit gelten analoge Verhältnisse zum elektrischen Feld, es gibt dort auch eine Ursache – die elektrische Feldstärke $\boldsymbol{E}$ – und eine Wirkungsgröße, die elektrische Flussdichte $\boldsymbol{D}$ (im Nichtleiter) bzw. die Stromdichte $\boldsymbol{S}$ im Strömungsfeld und zugehörige Materialverknüpfungen ($\rightarrow \varepsilon,\ \kappa$).

Aufgaben 6.3.1, 6.3.2

6.3.2 Materie im Magnetfeld

Die Permeabilität $\mu = \mu_\mathrm{r}\,\mu_0$ kennzeichnet die magnetischen Materialeigenschaften. Man unterscheidet folgende Stoffgruppen:

$\mu_\mathrm{r} = 1$ Vakuum
$\mu_\mathrm{r} \leq 1$ diamagnetische Stoffe (z.B. Cu, Bi, Pb)
$\mu_\mathrm{r} \geq 1$ paramagnetische Stoffe (z.B. Al, Pt)
$\mu_\mathrm{r} \gg 1$ ferromagnetische Stoffe (z.B. Fe, Ni, Co, Ferrit, Mu-Metall u.a., $\mu_\mathrm{r} \approx 10^2 \ldots 10^4$).

Ferromagnetische Stoffe haben die größte technische Bedeutung. Physikalisch wird der Ferromagnetismus auf molekulare magnetische Dipole im Material zurückgeführt verursacht durch die Hüllelektronen der Atome. Im Zusammenwirken mit dem äußeren Magnetfeld entstehen Drehmomente, die die Dipole orientieren.

In ferromagnetischen Stoffen gibt es eine große Zahl kleiner Bereiche – der sog. *Weißschen Bezirke* –, in denen die magnetischen Dipole bereits ohne Fremdfeld magnetisch ausgerichtet sind. Im Normalzustand kompensieren sich die inneren Felder der einzelnen Bezirke durch ihre regellose Anordnung. Erst ein äußeres Feld bewirkt eine sprungweise Orientierung. Dadurch kommt es zur Verstärkung des Magnetfeldes.

Üblicherweise wird nicht die Permeabilität μ_r angegeben, sondern die sog. *Magnetisierungskurve B(H)*, auch als *Hysteresekurve* bezeichnet (Bild 6.3.7a).

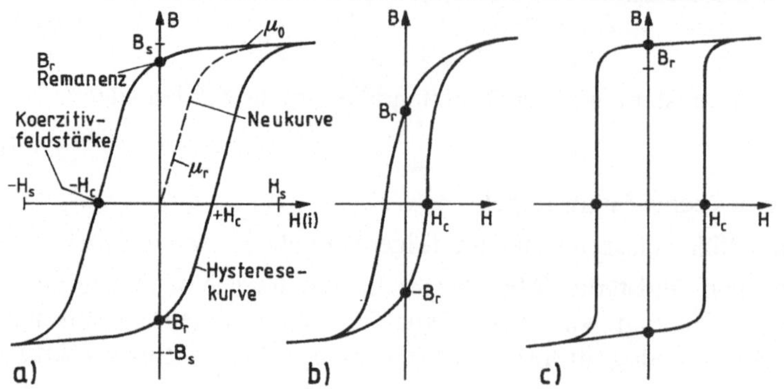

Bild 6.3.7
Magnetisierungskurve eines ferromagnetischen Materials
a) Hysteresekurve, hartmagnetisches Material,
b) dto., weichmagnetisches Material,
c) Rechteck-Kern

War das Material vor Anlegen der magnetischen Feldstärke H unmagnetisch, so durchfährt man mit der H-Zunahme die *Neukurve* solange, bis alle Elementarmagnete in Magnetfeldrichtung ausgerichtet sind: *Sättigung*. Von da an steigt B nur noch proportional $\mu_0 H$ wie im Vakuum. Die Sättigungsinduktion B_s beträgt bei Eisen etwa 1...1,5 T. Geht H auf Null zurück, so bleibt noch ein Restmagnetismus, die *Remanenz* B_r. Sie wird im Dauermagnet ausgenutzt.

In umgekehrter Feldrichtung (Stromrichtung) sinkt B. Um den unmagnetischen Zustand $B = 0$ herzustellen, ist ein Gegenfeld, die *Koerzitivfeldstärke* H_c erforderlich. Bei weiterer Magnetisierung stellt sich nach einem „Durchlauf" die Hysteresekurve ein.

In der geschlossenen Kurve gehören zur Feldstärke $H = 0$ zwei mögliche Remanenzwerte $+B_r$, $-B_r$. Sie können zur permanenten Speicherung binärer Zustände verwendet werden. Permanent, weil die Speicherung auch bei verschwindendem Magnetisierungsstrom anhält. Darauf beruhen viele ferromagnetische Speicherkonzepte (Festplatte, Diskette, Kassettenrecorder u.a.m.).

Ferromagnetisches Material lässt sich durch Anlegen eines abklingenden Wechselfeldes (→ Wechselstrom!) entmagnetisieren. Dabei wird die Hysterese innerhalb einer Periode einmal durchlaufen, so dass man mit sinkender Amplitude schließlich in den Nullpunkt gelangt.

Die Form der Hysteresekurve hängt stark vom magnetischen Material ab. Nach Koerzitivfeldstärke und Remanenz werden unterschieden:

- *weichmagnetische Werkstoffe* mit kleinem H_c ($0{,}1 < H_c < 10^3$ A/m) und kleinem B_r (z.B. Eisenkohlenstoff, Kobaltstähle, weichmagnetische Ferrite), also einer *schlanken* Hysteresekurve (Bild 6.3.7b),
- *hartmagnetische* Werkstoffe mit $10^3 < H_c < 10^7$ A/m, z.B. Legierungen aus Al-Ni-Co, Fe-Ti, Fe-Co-V, Seltene-Erde-Kobaltverbindungen. Sie haben eine breite Hysteresekurve (Bild 6.3.7c) mit dem „Rechteck" als Sonderfall (Anwendung in Magnetspeichern).

Weichmagnetische Werkstoffe werden verwendet, wenn hohe Flussdichte bei mäßigem Strom und geringer Verlustenergie gewünscht ist wie bei Transformatoren, Motoren, Schreib-/Leseköpfen u.a.

Hartmagnetische Werkstoffe dienen als Dauermagnete und Magnetschichten von Datenträgern.

Ferrite aus pulverförmigen magnetischen Ausgangsmaterialien werden in Spulen und Übertragern der Informationstechnik eingesetzt, auch bei höheren Frequenzen wegen ihrer geringen Verluste. Dafür liegen die Flussdichten deutlich unter denen des Eisens. Die von der Hysteresekurve umschlossene Fläche ist ein Maß für die bei Ummagnetisierung zu leistende Arbeit. Für Transformatoreisenkerne rechnet man bei Wechselstrombetrieb (50 Hz) mit Verlusten von 1...10 W/kg. In der Transformatorersatzschaltung werden diese „Eisenverluste“ durch einen ohmschen Widerstand parallel zur Gegeninduktivität berücksichtigt.

Beim Dauermagnet sollte das Produkt $B_r H_c$ möglichst groß sein. Werte von 5...150 · 10^6 kJ/m³ (letzter Wert Seltene-Erde-Verbindungen) sind möglich.

Curie-Temperatur. Oberhalb einer kritischen Temperatur, der *Curie-Temperatur*, hört der Ferromagnetismus auf (Auflösung der Weißschen Bezirke durch Temperaturerhöhung) und der Werkstoff verhält sich dann dia- oder paramagnetisch. Die Curie-Temperatur von Eisen beträgt etwa 770 °C.

6.3.3 Integralgrößen des magnetischen Feldes, magnetischer Kreis

Magnetische Feldstärke $\boldsymbol{H}$ und Flussdichte $\boldsymbol{B}$ beschreiben das Magnetfeld im Raumpunkt. Interessiert das Magnetfeld nur *global* in einem größeren Bereich, so ist die Benutzung integraler Größen einfacher. Das sind

- der *magnetische Fluss* Φ zugeordnet der Flussdichte $\boldsymbol{B}$,
- die *magnetische Spannung* V sowie der magnetische Widerstand R_m als Verknüpfung zwischen Φ und V. Wir kommen so zum Modell des *magnetischen Kreises*, der sich in wichtigen Punkten analog zum elektrischen Stromkreis verhält und eine nützliche Hilfe zur praktischen Berechnung einfacher magnetischer Eisenkreise ist.
- die *Induktivität* L als Verknüpfungsgröße zwischen magnetischem Fluss und elektrischem Strom i (Wechselwirkung Stromkreis ↔ magnetisches Feld, vgl. Abschn. 2.4.2).

Dieses Vorgehen entspricht sinngemäß demjenigen beim elektrischen Feld.

Magnetischer Fluss $\boldsymbol{\Phi}$. Der magnetische Fluss F durch eine Fläche A ergibt sich zu (Bild 6.3.8a, b):

$$\Phi = \int_A \boldsymbol{B} \cdot \mathrm{d}\boldsymbol{A} \qquad \text{magnetischer Fluss} \qquad (6.3.10a)$$

Die Einheit des Flusses $[\Phi]$ = 1 T/m² = 1 Vs = 1 Wb heißt *Weber*.

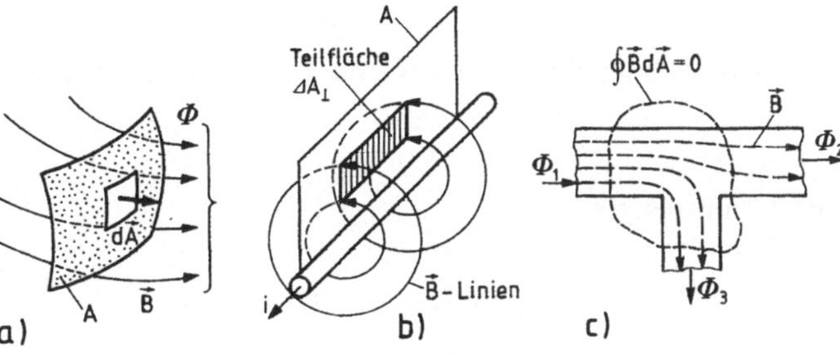

Bild 6.3.8 Magnetischer Fluss Φ
a) Definition,
b) Veranschaulichung,
c) Quellenfreiheit des magnetischen Flusses

Für eine vom homogenen Feld **B** senkrecht durchsetzte Fläche **A** wird daraus

$$\Phi = \boldsymbol{B}\,\boldsymbol{A} = BA\cos(<\boldsymbol{B},\boldsymbol{A}) = B\,A\,. \qquad (6.3.10b)$$

So herrscht im Innern der Zylinderspule (Spulendurchmesser A_d) (Bild 6.3.6b) der Fluss

$$\Phi = B\,A_d = \mu_o\,HA_d = \mu_o\,(iW/l)\,A_d.$$

Beispielsweise ergibt sich für $i = 1$ A, $w = 100$, $l = 5$ cm, $A_d = 1$ cm² $\rightarrow \Phi = 2{,}5 \cdot 10^{-7}$ Vs. Die Richtung des Flusses stimmt mit der von **B** überein.

Anschaulich ist der magnetische Fluss proportional der Feldliniendichte, die eine (senkrecht gedachte) Fläche durchsetzt. So erklärt sich der Begriff Flussdichte für B ($\rightarrow \Phi/A$). Der magnetische Fluss bildet (wie der Strom!) einen geschlossenen Umlauf.

Haupteigenschaft: Quellenfreiheit. Ähnlich wie der elektrische Strom ist der magnetische Fluss *quellenfrei*. Deshalb gilt für eine Hüllfläche:

$$\oint \boldsymbol{B} \cdot \mathrm{d}\boldsymbol{A} = 0 \rightarrow \sum_n \Phi_n = 0 \qquad \text{magnetischer Knotensatz, Quellenfreiheit}. \qquad (6.3.11)$$

Dies zeigt Bild 6.3.8c am Eisenkreis „mit Flussverzweigung“: Der magnetische Fluss verhält sich in einer Eisenkreisanordnung – dem sog. *magnetischen Kreis* (s.u.) – wie der Strom im verzweigten Stromkreis. Deshalb wird der rechte Teil in Gl. (6.3.11) auch als „magnetischer Knotensatz“ bezeichnet.

Magnetische Spannung V. Im elektrischen Kreis wurde das Wegintegral über die elektrische Feldstärke **E** zwischen zwei Punkten als Spannungsabfall definiert: $u_{AB} = \int_A^B \boldsymbol{E}\,\mathrm{d}\boldsymbol{s}$ (Gl. (1.2.4)). Es liegt nahe, das Linienintegral über die magnetische Feldstärke **H** als *magnetische Spannung* V (Spannungsabfall) zu definieren

$$V_{AB} = \int_A^B \boldsymbol{H} \cdot \mathrm{d}\boldsymbol{s} \qquad \text{magnetische Spannung} \qquad (6.3.12)$$

mit der Einheit $[V] = [H]\,[s] = 1$ A/m · 1 m = 1 A. Dass sich als Einheit die der Stromstärke ergibt, mag nicht überraschen, sondern deutet (im übertragenen Sinn) auf den Strom als Ursache von **H** hin. Das Integral in der magnetischen Spannung ist – im Gegensatz zu elektrischen Feld – *vom Weg abhängig*, insbesondere gehen umschlossene Ströme ein!

Für ein *homogenes Magnetfeld* gilt dann $V_{AB} = H\,l_{AB}$. Wird der magnetische Spannungsbegriff auf den Durchflutungssatz Gl. (6.3.5) angewendet und markiert man längs des Umlaufes Stützpunkte n, $n + 1$, so gilt (Bild 6.3.9)

$$\begin{aligned}\Theta = i = \oint \boldsymbol{H}\,\mathrm{d}\boldsymbol{s} &= \int_1^2 \boldsymbol{H}\,\mathrm{d}\boldsymbol{s} + \int_2^3 \boldsymbol{H}\,\mathrm{d}\boldsymbol{s} + \cdots + \int_n^{n+1} \boldsymbol{H}\,\mathrm{d}\boldsymbol{s} + \int_{n+1}^1 \boldsymbol{H}\,\mathrm{d}\boldsymbol{s}\\ &= V_{12} \quad + V_{23} \quad + \cdots + V_{n,n+1} \quad + V_{n+1,1}\end{aligned}$$

oder zusammengefasst:

$$\Theta = i = \sum_{\nu=1}^{n} V_\nu \qquad \text{magnetischer Maschensatz}. \qquad (6.3.13)$$

Die algebraische Summe der Durchflutungen Θ ist gleich der algebraischen Summe der magnetischen Spannungsabfälle V.

Dies entspricht formal dem Ergebnis im elektrischen Stromkreis (Maschensatz). Auch hier wurden Zählpfeilrichtungen für die Spannungsabfälle eingerichtet. Sie ergeben sich über $\boldsymbol{H}$ direkt aus dem Durchflutungssatz (Bild 6.3.9).

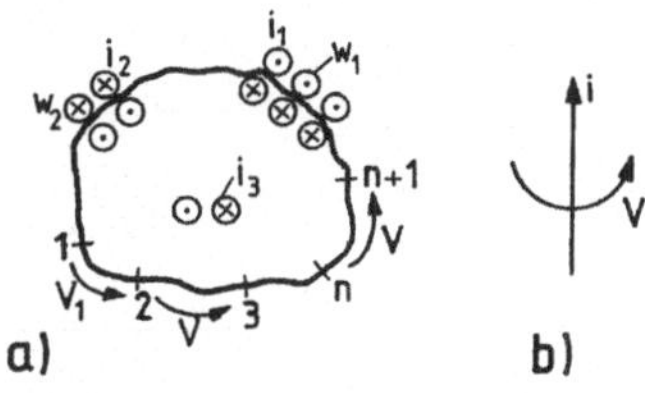

Bild 6.3.9 Magnetische Spannung und Durchflutung
a) magnetische Spannung dargestellt an einer Anordnung mit 3 Spulen
b) Richtungszuordnung zwischen magnetischer Spannung und Durchflutung

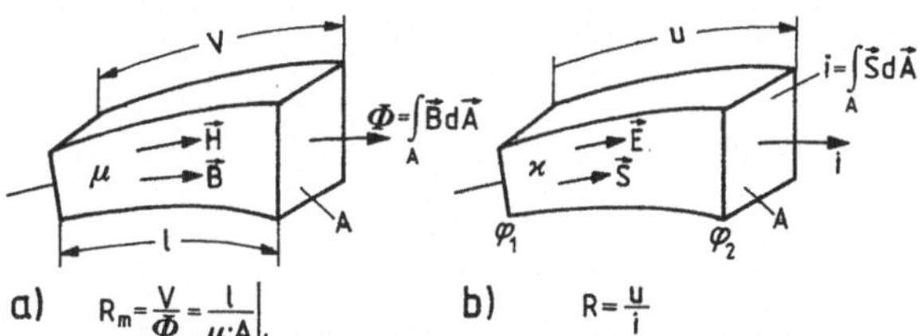

Bild 6.3.10 Magnetischer Widerstand R_m
a) Definition am magnetischen Leiter. Im Falle des homogenen Leiters gilt die angegebene Bemessungsgleichung,
b) Analoge Definition des elektrischen Widerstandes

Magnetischer Widerstand. Mit dem magnetischen Flusses Φ und dem magnetischen Spannungsabfall V liegt es nahe, den Quotienten

$R_\mathrm{m} = V/\Phi$ magnetischer Widerstand $[R_\mathrm{m}] = 1\mathrm{A}/\,1\mathrm{Vs} = \mathrm{A/Wb}$	(6.3.14)

als *magnetischen Widerstand* zu definieren, analog zu $R = u/i$ im elektrischen Kreis (Bild 6.3.10a). Speziell für das homogene Magnetfeld gilt dann mit Gl. (6.3.13) und $\Phi = B\,A = \mu\,H\,A$ (Gl. (6.3.10b))

$R_\mathrm{m} = V/\Phi = Hl/BA = l/\mu A$ Bemessungsgleichung des magnetischen Widerstandes	(6.3.15)

als *Bemessungsgleichung* des magnetischen Widerstandes. Im Vergleich zum elektrischen Widerstand ($R = l/\kappa A$) gilt: der Leitfähigkeit κ entspricht die Permeabilität μ und dem Leiterquerschnitt A der Querschnitt des „magnetischen Kreises“.

Beispiel: Ein Eisenstab der Länge $l = 10$ cm, Querschnitt $A = 1\ \mathrm{cm}^2$ und $\mu_\mathrm{r} = 10^3$ hat den magnetischen Widerstand $R_\mathrm{m} = 10^7/4\pi$ A/Vs.

Magnetischer Kreis. Zum magnetischen Kreis lässt sich eine *magnetische Ersatzschaltung* entwickeln, die auf folgender Analogie beruht:

$\Phi \leftrightarrow i,\ \ V \leftrightarrow u,\ \ R_\mathrm{m} \leftrightarrow R.$	(6.3.16)

Vorsicht ist für die Richtung der magnetischen Quellspannung Θ (= u_q) geboten, die im elektrischen Feld als Spannungsabfall eingeführt wurde ($u - u_q = 0$). Dementsprechend muss dann Gl. (6.3.13) in der Form ($\Sigma\Theta - \int H \mathrm{d}s) = 0$ geschrieben werden. Wir übergehen diese Feinheiten und verwenden die Ersatzschaltung Tafel 6.3.1.

Tafel 6.3.1 Analogie zwischen elektrischem und magnetischem Kreis

	elektrischer Kreis	magnetischer Kreis
Grundkreis	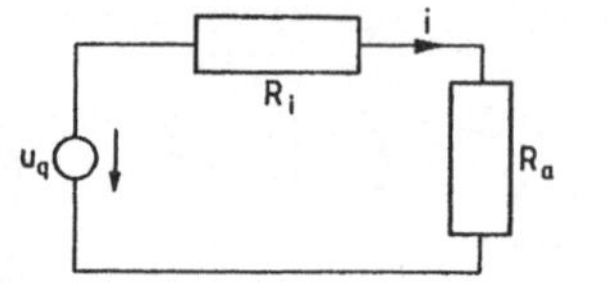 u_q, i, R_i, R_a	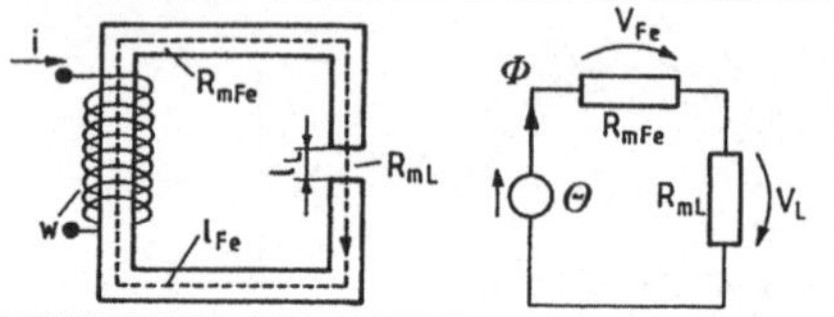 i, w, R_{mFe}, R_{mL}, l_{Fe}; Φ, V_{Fe}, R_{mFe}, Θ, R_{mL}, V_L
Analogie	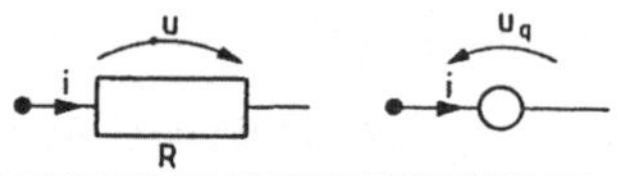 u, i, R; u_q, i	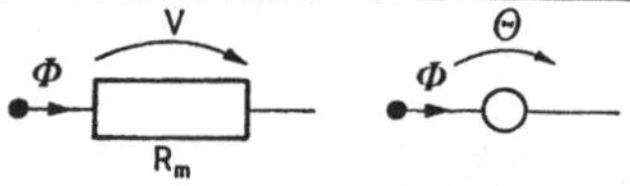 V, Φ, R_m; Θ, Φ
Ursache	elektrische Spannung u_q	magnetische Spannung, Durchflutung $\Theta = \oint \vec{H}\, \mathrm{d}\vec{s} = w \cdot i$
Wirkung	elektrischer Strom $i = \frac{u_q}{R_i + R_a} = \frac{u_q}{R_{ges}}$	magnetischer Fluss $\Phi = \frac{iw}{R_{mL} + R_{m\,Fe}} = \frac{\Theta}{R_{m\,ges}}$
Ohmsches Gesetz	$R = \frac{u}{i}$	$R_m = \frac{\Theta}{\Phi}$
Widerstand	$R = \frac{l}{\kappa \cdot A}, [R] = \Omega$	$R_m = \frac{l}{\mu \cdot A}, [R_m] = \frac{\mathrm{A}}{\mathrm{Wb}}$
Leitfähigkeit κ	$\kappa, [\kappa] = \frac{\mathrm{S}}{\mathrm{m}}$	$\mu_0 \mu_r, [\mu_0 \mu_r] = \frac{\mathrm{Wb}}{\mathrm{Am}}$

Mit den eingeführten Größen des magnetischen Kreises gelten analoge Knoten- und Maschengleichungen sowie Elementbeziehungen:

$$\Sigma_n \Phi_n = 0, \quad \Sigma_n (V_m - \Theta) = 0, \quad V_m = R_{mm} F_m . \tag{6.3.17}$$

Deswegen können die Analysemethoden der Gleichstromnetzwerke (z.B. Reihen-/Parallelschaltung von Widerständen, Zweipolbetrachtung, Spannungs-Stromteilerregel usw.) übernommen werden. Voraussetzung sind nur lineare magnetische Widerstände, d.h. eine lineare B-H-Beziehung. Sie gilt nach der Magnetisierungskurve des Eisens (Bild 6.3.7) nur bedingt, so dass u.U. mit nichtlinearen Elementen gerechnet werden muss.

Mit Kenntnis der Größen V und Φ eines magnetischen Kreises kann auf die Feldgrößen H und B geschlossen werden.

Die Methode des magnetischen Kreises ist anschaulich, sie knüpft an die Berechnungsverfahren für Gleichstromkreise an und eignet sich gut zur raschen Analyse einfacher magnetischer Kreise.

Beispiel. Viele technische Anordnungen (Elektromagnet, Motor, Relais, Schreib-/Lesekopf, s.u.) können auf das Grundmodell des Eisenkreises mit Luftspalt überführt werden. Ausgang ist eine magnetische Ersatzschaltung mit den magnetischen Widerständen des Eisen- und Luftweges (R_{mFe}, R_{mL}). Im Kreis fließt der magnetische Fluss Φ, angetrieben durch die Erregung Θ (Rechtsschraubenregel, aber als Spannungsabfall eingetragen, Richtung von $\Phi \sim B$). Knoten- und Maschengleichung ergeben $V_{\mathrm{L}} + V_{\mathrm{Fe}} - (iw) = 0$, $V_{\mathrm{Fe}} = \Phi R_{\mathrm{mFe}}$, $V_{\mathrm{L}} = \Phi R_{\mathrm{mL}}$ sowie über die Bemessungsgleichung (6.2.15) $R_{\mathrm{mFe}} = l_{\mathrm{Fe}}/\mu_{\mathrm{Fe}} A_{\mathrm{Fe}}$, $R_{\mathrm{mL}} = l_{\mathrm{L}}/\mu_0 A_{\mathrm{L}}$ (homogenes Feld durch kleinen Luftspalt vorausgesetzt). Zusammengefasst folgt dann:

$$\Phi = \frac{iw}{R_{\mathrm{mL}} + R_{\mathrm{mFe}}} = \frac{iwA\mu_0}{l_{\mathrm{L}} + l_{\mathrm{Fe}}/\mu_{\mathrm{r}}}. \tag{6.3.18}$$

Mit wachsendem Weg $l_{\mathrm{L}} + l_{\mathrm{Fe}}/\mu_{\mathrm{r}}$ sinkt der Fluss Φ, außerdem entspricht einem Luftspalt l_{L} (z.B. 1 mm) ein äquivalenter Eisenweg von $l_{\mathrm{Fe}}/\mu_{\mathrm{r}}$, d.h. bei $\mu_{\mathrm{r}} = 1000$ ein Eisenweg $l_{\mathrm{Fe}} = \mu_{\mathrm{r}} l_{\mathrm{L}} = 100$ cm (über beiden tritt der gleiche Spannungsabfall auf). Dieses Beispiel verdeutlicht die guten „Leitungseigenschaften" eines Eisenkreises für magnetische Größen im Vergleich zu Luft als dem viel schlechteren Leiter.

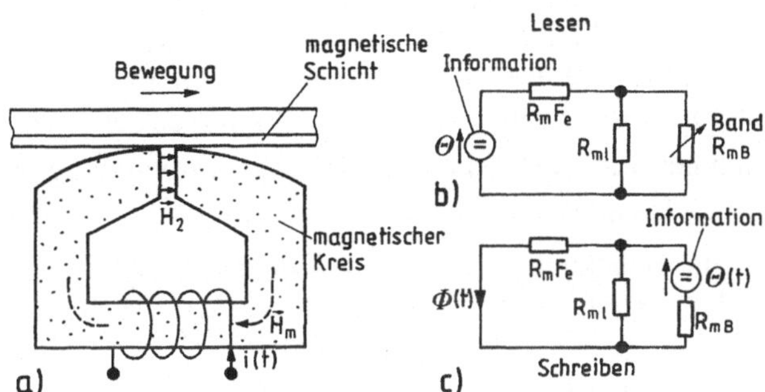

Bild 6.3.11 Lesekopf und magnetischer Kreis
a) Anordnung,
b) magnetische Ersatzschaltung beim Schreiben,
c) magnetische Ersatzschaltung beim Lesevorgang

Das Beispiel kann unmittelbar auf den Schreib-/Lesekopf eines magnetomotorischen Speichers übertragen werden (Bild 6.3.11a). Der Eisenkreis trägt eine Wicklung und hat einen Luftspalt ($l_{\mathrm{L}} = 1$ µm), an dem die dünne magnetische Trägerschicht vorbeigleitet. Zum *Schreiben* fließt durch die Wicklung ein Schreibstrom moduliert mit der Information „1" und „0. Dadurch entsteht im Eisenkreis ein magnetischer Fluss mit magnetischen Spannungsabfällen im Eisen und Luftspalt. Dort ist die magnetische Feldstärke H_{L} sehr hoch und es bildet sich ein Streufeld, das in die Magnetträgerschicht eingreift und diese magnetisiert, abhängig von der Spulenstromrichtung (→ Zeichen 0, 1). Bei genauerer Betrachtung muß der magnetische Widerstand der Trägerschicht beachtet werden, der in der Ersatzschaltung Bild 6.3.11b durch ein Parallelelement erfasst wird.

Beim *Lesen* läuft der Magnetträger am Luftspalt vorbei. Die verschieden magnetisierten Bereiche erzeugen Magnetflussänderungen, die auch von einer Erregungsänderung $\Theta(t)$ stammen können. Dazu muss der magnetische Kreis allerdings durch einen Hilfsfluss „voreingestellt" sein (→ Arbeitspunkteinstellung!). Die informationsbedingten Flussänderungen induzieren nach dem Induktionsgesetz in der Spule eine Spannung, die weiter ausgewertet wird.

Aufgaben 6.3.3, 6.3.4.

6.3.4 Spule, Induktivität *L*

Die Verkopplung des Erregerstromes i einer Spule mit dem Fluss Φ in ihrem magnetischen Kreis über die Ablaufkette $i \to \boldsymbol{H} \to \boldsymbol{B} \to \Phi$ hängt stark von der Beschaffenheit (Geometrie, Material) dieses Kreises ab. Hat die Spule w Windungen, so gilt: $\Psi(i) = w\,\Phi(i)$. Die Größe $\Psi(i)$ heißt *verketteter* oder *Induktionsfluss*. Die Beziehung zwischen Strom i und Induktionsfluss $\Psi(i)$ wird durch die *Induktivität* L als *Merkmal des Bauelementes Spule* erfasst: $L = \Psi(i)/i$ (s. Gl. (2.4.1)). Hängt $\Psi(i)$ bei *linearem* Eisenkreis (μ_r = const.) proportional vom Strom i ab, so gilt weiter:

$$L = \frac{\Psi(i)}{i} = \frac{w\Phi(i)}{i} = \frac{w^2 i}{R_m i} = w^2 A_L\,. \qquad (6.3.19)$$

In die Bemessungsgleichung der Induktivität L geht der magnetische Widerstand R_m oder sein Reziprokwert A_L (der sog. A_L-Wert) direkt ein.

Der A_L-Wert ist Bestandteil der Datenunterlagen von Induktivitäten. Er hängt von Geometrie und Materialbeschaffenheit des magnetischen Kreises ab, sinkt mit wachsender Sättigung, und ebenso mit zunehmendem Luftspalt. Im Luftspalt wird die magnetische Energie vorwiegend gespeichert, weshalb er bei Spulen immer vorhanden ist.

Man beachte wieder die doppelsinnige Verwendung des Begriffes „Induktivität“:

- zur Kennzeichnung des *Bauelementes* Spule (Objekt, vgl. Kondensator),
- zur Benennung der *Eigenschaft* des Objektes „Induktivität → Spule mit oder ohne Eisenkreis“ (beim Kondensator war das die Kapazität!).

6.3.5 Induktionsgesetz. Verkopplung magnetischer und elektrischer Größen

Nach dem Durchflutungsgesetz Gl. (6.3.5) wird jeder Strom von einem Magnetfeld umwirbelt. Faraday stellte die umgekehrte Frage: „Kann ein Magnetfeld nicht auch einen Strom bzw. eine Spannung erzeugen?“ Die Antwort gibt das von ihm 1831 entdeckte *Induktionsgesetz*:

Jede zeitliche Magnetflussänderung[6), 7)]

$$u_i = -\frac{d\Psi}{dt} = -\frac{w\,d\Phi}{dt} = \oint \boldsymbol{E}_i \cdot d\boldsymbol{s} \qquad \text{Induktionsgesetz} \qquad (6.3.20)$$

durch eine von einem Leiter oder einem gedachten Weg umschlossene Fläche induziert längs eines geschlossenen Weges eine Spannung als Wegintegral einer induzierten Feldstärke $\boldsymbol{E}_i$. Sie ist Ursache des Stromantriebes längs des gedachten oder existierenden ge-

6) Faraday, M. englischer Physiker 1791–1867.

7) Das Induktionsgesetz ist ein Naturgesetz, deshalb erwartet man u_i = const. $d\Psi/dt$, weil zwei wesensfremde Größen (Spannung und magnetischer Fluss) verknüpft sind. Inkonsequenterweise wird die Konstante gleich 1 gesetzt. Erst dadurch erhält der Fluss die Dimension Spannung und Zeit und der gesetzmäßige Charakter der Beziehung tritt nicht in Erscheinung, sie mutet vielmehr wie eine Definitionsgleichung an. (Ähnlich inkonsequent wird auch beim Durchflutungsgesetz verfahren).

schlossenen Weges. Weil das Integral rechts (Umlaufintegral längs eines Weges, auch als *Wirbel* bezeichnet (s. Gl. (6.4.11)), den veränderlichen Fluss umschließt, kann das Induktionsgesetz verkürzt formuliert werden:

> Jeder zeitveränderliche magnetische Fluss induziert ein elektrisches Wirbelfeld. Das Induktionsgesetz stellt neben dem Durchflutungssatz die *zweite grundlegende Gleichung der elektromagnetischen Feldbeschreibung* (der sog. *Maxwellschen Gleichungen*, s. Abschn. 6.4) dar.

Es hat überragende technische Bedeutung für alle Bereiche der Elektrotechnik/Elektronik. Ohne Induktionsgesetz gäbe es weder Motoren, Transformatoren, Rundfunk-, TV-Übertragung Wellenausbreitung noch die Informationstechnik.

Ein zeitveränderlicher Induktionsfluss $\Psi(t) = w\Phi(t)$ kann bei (angenommen) homogenem Feld $\boldsymbol{B}$ ($\Phi = \boldsymbol{B} \cdot \boldsymbol{A} = BA\cos(\sphericalangle\, \boldsymbol{B}, \boldsymbol{A}) = BA_n$ (A_n Flächennormale von $\boldsymbol{A}$ in Richtung von $\boldsymbol{B}$) wegen

$$u_i = -w\frac{d\Phi}{dt} = -w\frac{d}{dt}[B \cdot A_n] = -w\left[\frac{dB}{dt}A_n + \frac{dA_n}{dt}B\right] \qquad (6.3.21)$$

auf *zwei typische* Arten erzeugt werden:

- durch ein zeitveränderliches Magnetfeld bei *fester Fläche* A_n als sog. *Ruheinduktion* (Transformatorprinzip),
- durch eine *zeitveränderliche Fläche* bei zeitlich konstanter Induktionsdichte B (sog. *Bewegungsinduktion*, Generatorprinzip).

Bild 6.3.12 auf S. 374 zeigt Beispiele für beide Fälle. Dabei ist zu unterscheiden zwischen der (stromdurchflossenen) *Erregerspule* und der *Induktionsspule* im Magnetfeld.

Die *Ruheinduktion* nutzt die zeitliche Flussänderung, beispielsweise durch Eintauchen eines Dauermagneten in die Induktionsspule (Bild 6.3.12, Fall 1). Solche Anordnungen dienen oft als Signal- und Positionsgeber, Drehzahlmesser, induktive Schalter in der Mess- und Steuerungstechnik. Auch der Lesevorgang magnetomotorischer Speicher arbeitet nach diesem Prinzip: am Luftspalt des Lesekopfes (mit Induktionsspule → Lesespule, Bild 6.3.11) werden durch den Magnetträger ständig unterschiedlich stark magnetisierte Gebiete vorbeibewegt, also die „Lage des Dauermagneten" fortwährend geändert. Dadurch entsteht die induzierte Lesespannung.

Zur Ruheinduktion gehören auch die „Selbst- und Gegeninduktion" (s. Abschn. 2.4.6). Im letzteren Fall durchsetzt der mit der Erregerspule erzeugte zeitveränderliche Fluss (herrührend von einem Wechselstrom) auch die Induktionsspule und induziert dort eine Spannung: *Gegeninduktion*, Transformatorprinzip (Bild 6.3.12, Fall 2 und Abschn. 4.6.5).

Durch die Erregerstromänderung wirkt das Induktionsgesetz auch in der Erregerspule selbst: Prinzip der *Selbstinduktion*. Die Erregerstromzunahme (→ Flusszunahme) erzeugt eine induzierte Spannung und diese wiederum einen induzierten Strom *im gleichen Stromkreis*. Er versucht, den ursprünglich eingeprägten Strom zu hemmen und so das Magnetfeld zu schwächen (*Lenzsche Regel*). Darauf beruht die Stromverzögerung beim

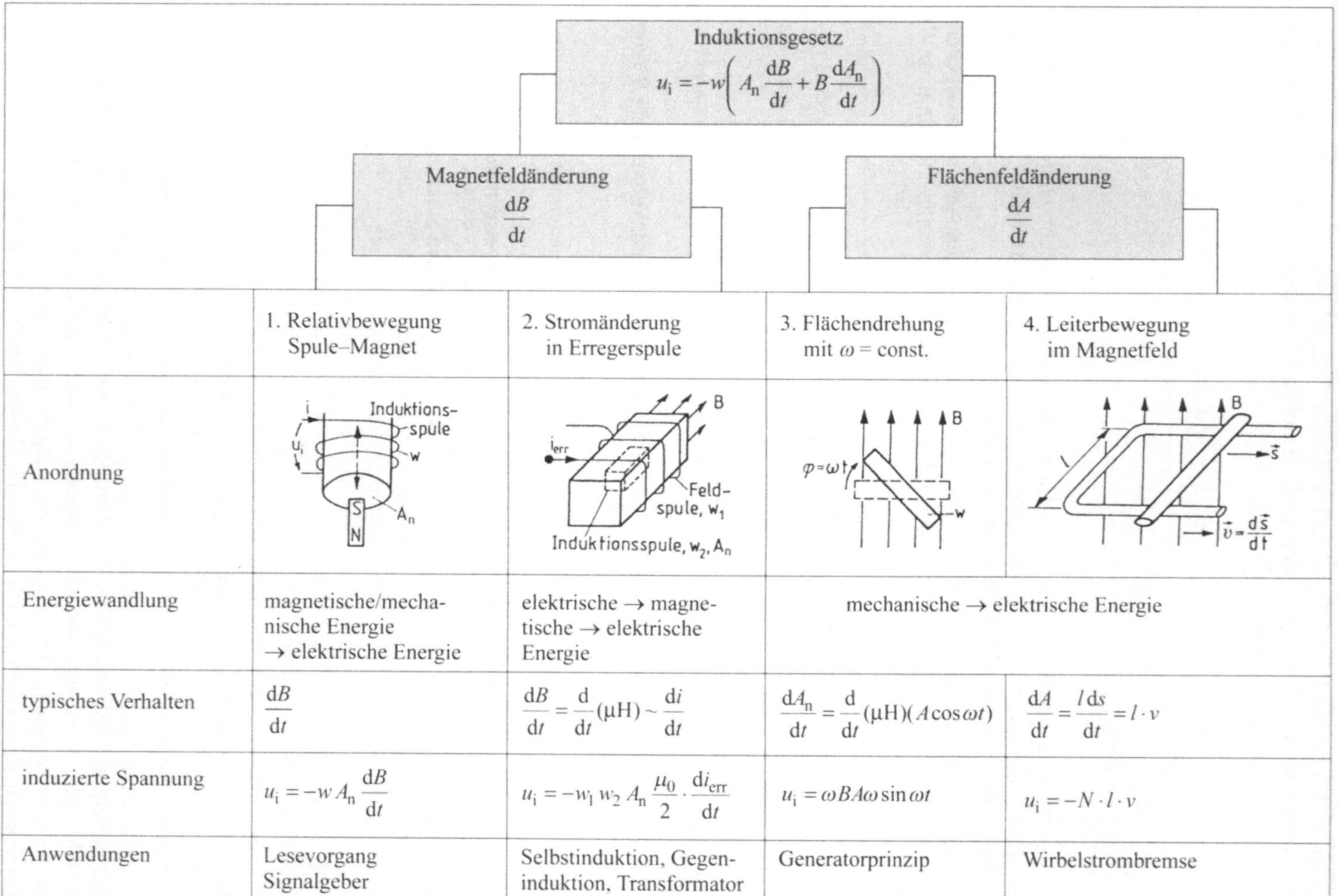

	1. Relativbewegung Spule–Magnet	2. Stromänderung in Erregerspule	3. Flächendrehung mit $\omega = \text{const.}$	4. Leiterbewegung im Magnetfeld
Anordnung				
Energiewandlung	magnetische/mechanische Energie → elektrische Energie	elektrische → magnetische → elektrische Energie	mechanische → elektrische Energie	
typisches Verhalten	$\frac{dB}{dt}$	$\frac{dB}{dt} = \frac{d}{dt}(\mu H) \sim \frac{di}{dt}$	$\frac{dA_n}{dt} = \frac{d}{dt}(\mu H)(A \cos \omega t)$	$\frac{dA}{dt} = \frac{l\, ds}{dt} = l \cdot v$
induzierte Spannung	$u_i = -w\, A_n \frac{dB}{dt}$	$u_i = -w_1\, w_2\, A_n \frac{\mu_0}{2} \cdot \frac{di_{err}}{dt}$	$u_i = \omega B A \omega \sin \omega t$	$u_i = -N \cdot l \cdot v$
Anwendungen	Lesevorgang Signalgeber	Selbstinduktion, Gegeninduktion, Transformator	Generatorprinzip	Wirbelstrombremse

Bild 6.3.12 Typische Fälle und Anwendungen des Induktionsgesetzes

Einschalten einer Spule und die Tendenz zum Weiterfluss des Stromes beim Ausschalten (→ der Strom-Spannungs-Zusammenhang der Selbstinduktion, Abschn. 2.4.2).

Bewegungsinduktion liegt bei einer *Relativbewegung* zwischen Leiter und Magnetfeld vor. Der klassische Fall ist eine Spule (Bild 6.3.12, Fall 3), die in einem Magnetfeld mit konstanter Winkelgeschwindigkeit ω rotiert[8]. Das Feld durchsetzt die senkrechte Flächenkomponente $A_n = A \cos \omega t$, die sich beständig ändert (→ $\mathrm{d}A_n/\mathrm{d}t$ → induzierte Spannung). Durch die Drehbewegung entsteht eine Wechselspannung: Prinzip des Wechselspannungsgenerators. Ein solcher Generator besteht aus einem Stator zur Erzeugung des Magnetfeldes und einem Rotor (drehbare Spule), von dem die Spannung über Schleifringe abgegriffen wird.

Bewegt sich ein Leiter mit der Geschwindigkeit $v = \mathrm{d}s/\mathrm{d}t$ im Magnetfeld, so ändert sich die vom Stromkreis umfasste Fläche um $\mathrm{d}A/\mathrm{d}t = lv$ und folglich wird im Stromkreis eine Spannung u_i induziert (Bild 6.3.12, Fall 4). Anwendungen dieses Prinzips finden sich z.B. im Geber, im elektrodynamischen Wandler (Tauchspulenmikrofon: die mit einer Membran gekoppelte Spule bewegt sich im Takte der Schallwellen im Magnetfeld) u.a.m.

Auch die sog. *Wirbelströme* entstehen durch das Induktionsgesetz: ändert sich der magnetische Fluss innerhalb eines massiven Leiters, so entstehen dort Kreis- oder Wirbelströme. Sie hemmen nach der Lenzschen Regel durch ihr magnetisches Gegenfeld die Bewegung und erzeugen eine Verlustleistung. Daher sind sie – wie im Transformator, Motoreisenkern und der Spule – unerwünscht. Andererseits können sie nutzbringend zur Erzeugung oder Reduktion von Bewegungsenergie eingesetzt werden: Wirbelstrombremse, Elektrizitätszähler, Wirbelstrom-Kupplung, Tachometerprinzip, Asynchronmotor, Wirbelstrom-Messverfahren zur Werkstoffprüfung.

Aufgaben 6.3.5, 6.3.6.

6.3.6 Kraftwirkung und Energie des Magnetfeldes

So, wie bewegte Ladungen von einem Magnetfeld begleitet sind, übt umgekehrt ein Magnetfeld eine *Kraftwirkung* auf *bewegte Ladungen* (Stromleiter), auf *Trennflächen* unterschiedlicher magnetischer Materialien und sog. *magnetische Dipole* aus (beispielsweise ist eine Magnetnadel ein solcher „Makrodipol").

In Gl. (6.3.1) war die Kraftwirkung auf eine bewegte Ladung die Definitionsgrundlage der Flussdichte $\boldsymbol{B}$. Umgekehrt erfährt eine mit der Geschwindigkeit $\boldsymbol{v}$ bewegte Ladung Q im (homogenen) Magnetfeld $\boldsymbol{B}$ die *Lorentzkraft*

$$\boldsymbol{F}_\mathrm{m} = Q(\boldsymbol{v} \times \boldsymbol{B}) \quad (Q > 0, \text{ Elektron } Q < 0).$$

(Richtungszuordnung: Rechte-Hand-Regel (Bild 6.3.3c)).

Die Lorentzkraft ändert wegen des Kreuzproduktes $\boldsymbol{v}$, $\boldsymbol{B}$ *nur die Richtung* von $\boldsymbol{v}$, nicht den Betrag. Deshalb bewegen sich geladene Teilchen im Magnetfeld auf einer *Kreisbahn* (Bild 6.3.13). Sie ergibt sich direkt durch konsequente Anwendung der Rechte-Hand-Regel.

---

[8] Ein anderes Grundprinzip zur Erzeugung von Sinusspannungen ist die Erregung eines verlustlosen (durch Entdämpfung bewirkt) Schwingkreises: Oszillatorprinzip der Elektronik.

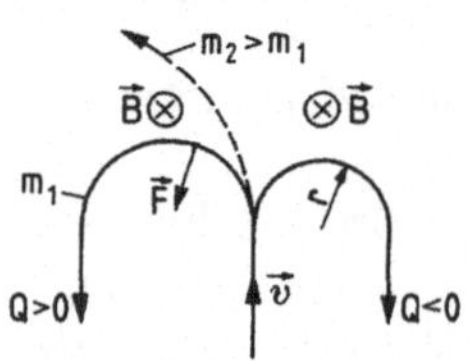

Bild 6.3.13 Ablenkung positiver und negativer Punktladungen im homogenen Magnetfeld (**v** x **B**)

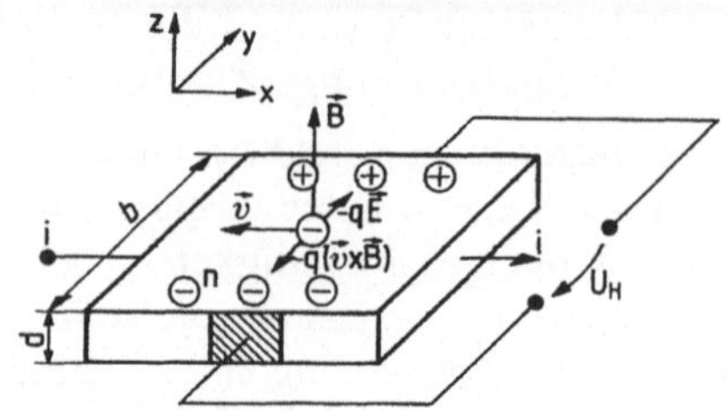

Bild 6.3.14 Halleffekt im n-Halbleiter

Magnetische Ablenkung durch die Lorentzkraft findet nicht nur in der Fernsehröhre, im Elektronenmikroskop und in Mikrowellenröhren (Magnetron) statt, auch der *Halleffekt* basiert auf dieser Kraftwirkung (Bild 6.3.14): Ein Strom in x-Richtung durch ein leitendes Plättchen (Dicke d, Breite b) und ein senkrecht dazu einwirkendes Magnetfeld B_z erzeugen eine Lorentzkraft auf jedes Elektron ($Q = e = -q, q = 1{,}6 \cdot 10^{-19}$ As). Sie beträgt $F_{my} = -q\, v_x B_z$ und bewirkt eine Ablenkung in y-Richtung. Dadurch entsteht eine *Ladungsanhäufung* an der einen Stirnseite und ein *Ladungsdefizit* an der anderen. Diese Ladungstrennung ist Ursache eines *elektrischen Gegenfeldes* $F_e = -q E_y$. Bei Kräftegleichgewicht $F_e = F_{my} \to -q E_y = -q\, B_z v_x$ kommt die „Elektronenverschiebung" schließlich zum Stillstand. Die Feldstärke $E_y = U_y/b$ ist in Form der *Hallspannung* $u_H = U_y = B_z\, v_x b$ zwischen den Stirnseiten messbar. Die Elektronengeschwindigkeit v_x kann schließlich über die Stromdichte $S_x = nqv_x$ ($\to i_x$) auf den Strom $i_x = S_x\, bd$ zurückgeführt werden:

$$u_H = \underbrace{\frac{1}{qn}}_{R_H} \cdot \frac{B_z i_x}{d} \qquad \text{Hallspannung} \qquad (6.3.22)$$

Im sogenannten *Hallkoeffizienten*[9] R_H (($\approx -10^{+5} \ldots -10^{7}) \cdot 10^{-11}$ m³/C bei Halbleitern, $\approx -10 \cdot 10^{-11}$ cm³/C bei Metallen) drücken sich die Materialeigenschaften aus. Der Halleffekt ist besonders in Halbleitermaterialien (Silizium, GaAs, Indiumantimonid) ausgeprägt.

Hallspannungen von mehreren 100 mV sind bei Magnetfeldern um 1 T üblich.

Anwendung findet der Halleffekt in sog. *Hall-Sensorbauelementen* und *-Schaltkreisen*:

- z.B. zur Materialmessung (Leitungstyp, Leitfähigkeit, Trägerdichte),
- zur berührungslosen Steuerung (Drehzahlmesser, Zündimpulsgeber, Tastatursteuerung am Rechner durch Permanentmagnet und Hallsensoren, Positionsgeber),
- als Multipliziereinrichtung ($U_H \sim i_1 B$, $B \sim i_2$) in der Messtechnik,
- als Lesekopf in magnetomotorischen Speichern u.a.m.

Quanten-Halleffekt: Bei extrem dünnem Leiterplättchen von der Dicke der *Inversionsschicht* im MOS-Feldeffekttransistor (Richtwert einige nm, s. Bd. 2) verhalten sich die

---

9) Hall, E., amerikanischer Physiker, 1855–1938.

Elektronen in der Schicht wie ein sog. „*zweidimensionales Elektronengas*“. Das sind Elektronen mit extrem eingeschränkter Bewegungsfähigkeit in Richtung der Schichtdicke. Diese Beschränkung führt zu „Sprungstellen“ der Hallspannung im Verlauf über B. Darauf begründet sich heute ein *Widerstandsnormal* $R = h/q^2 = 25{,}813\ \mathrm{k\Omega}$, das *nur von Naturkonstanten* (h, q) abhängt und für die Messtechnik von großer Bedeutung ist.

Kraftwirkungen auf stromdurchflossene Leiter. Die Lorentzkraft-Beziehung (6.3.1) kann leicht für den *stromdurchflossenen Leiter* umgeformt werden: ein gerader Leiter (Länge l) senkrecht zum konstanten Magnetfeld erfährt die Kraft:

$$\boldsymbol{F} = i(\boldsymbol{l} \times \boldsymbol{B}) = i\,l\,B \sin(\sphericalangle\, \boldsymbol{l}, \boldsymbol{B})\,. \qquad \text{elektrodynamisches Kraftgesetz} \qquad (6.3.23)$$

Die Richtung von $\boldsymbol{F}$ folgt aus der Rechte-Hand-Regel (Bild 6.3.15).

Die Kraft $\boldsymbol{F}$ eines stromführenden Leiters (Länge l) im Magnetfeld $\boldsymbol{B}$ wirkt senkrecht zu der von l und $\boldsymbol{B}$ angespannten Fläche.

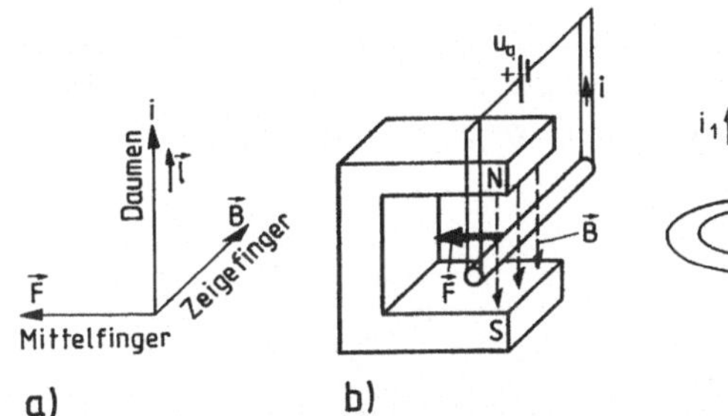

Bild 6.3.15 Kraftwirkung auf Leiter
a) Elektrodynamisches Kraftgesetz (gerader Leiter l)
b) Veranschaulichung der Anordnung a)

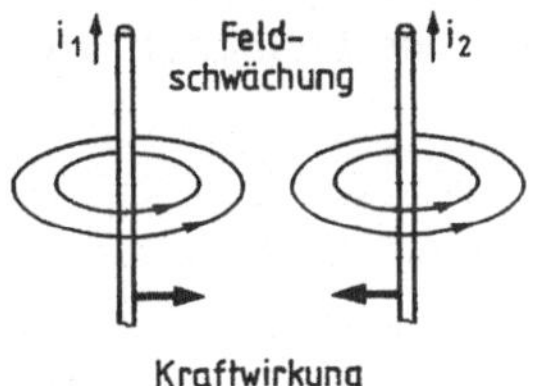

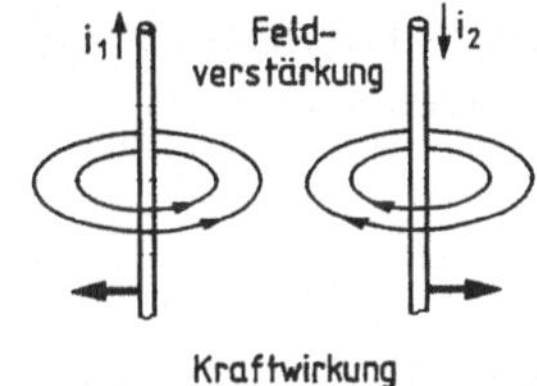

Bild 6.3.16 Kraftwirkung zwischen zwei Strömen
a) parallele, gleiche Stromrichtungen
b) parallele, entgegengesetzte Stromrichtungen

Diese Kraft kann beträchtlich sein: z.B. $i = 1$ A, $B = 1$ T ergibt als Kraft pro Meter Länge $F/l = i \cdot B = 1\ \mathrm{V\,A/m^2} = 1\mathrm{N/m}$!

Gl. (6.3.23) führt auch zur Kraftbeziehung zwischen zwei parallelen stromdurchflossenen Leitern (Bild 6.3.3a). Das Magnetfeld am Ort des Leiters wird durch Strom 1 erzeugt und umgekehrt. Im Abstand d herrscht an Stelle 2 das Magnetfeld $H_2 = i_1/2\pi d$. Für die Kraft zwischen beiden Leitern gilt im Vakuum:

$$F_{12} = i_2 \cdot l\,B_2 = \mu_0\, i_1\, i_2\, l/2\pi d. \qquad (6.3.24)$$

Durch Auswerten der Feldrichtungen zwischen den Leitern folgt (Bild 6.3.16):

In gleicher Richtung fließende Ströme üben anziehende Kräfte, Ströme in entgegengesetzter Richtung abstoßende Wirkung aus.

Beispielsweise beträgt die Kraft für $i_1 = i_2 = 1$ A, $d = 1$ m $\to F = 2 \cdot 10^{-7}$ N. Das ist die Grundlage für die *Definition der Stromstärkeeinheit* Ampère.

Das elektrodynamische Kraftgesetz wird vielfältig angewendet, z.B. zur Drehmomenterzeugung durch eine drehbare, stromdurchflossene Spule im Magnetfeld (Prinzip des Drehspulinstrumentes). Der Drehwinkel ist dem Strom proportional. Deshalb dient diese Anordnung als Strom- und Spannungsmesser (mit Vorwiderstand).

Auf gleichem Prinzip beruht der *Gleichstrommotor*. Hier rotiert die Drehspule frei und die Stromzufuhr erfolgt über den sog. *Stromwender* oder Kommutator. Er besorgt eine regelmäßige Stromumkehr, damit eine Rotation zustande kommt (Man überlege sich dieses Prinzip!).

Kraftwirkungen treten auch zwischen *Grenzflächen von Stoffen* mit verschiedener Permeabilität auf. Das nutzt der *Elektromagnet* (Bild 6.3.17a) aus. Ein magnetischer Kreis mit stromdurchflossener Erregerspule, einem Luftspalt und einem zweiten, beweglichen Eisengebilde – oft als Anker bezeichnet – hat einen *magnetischen Widerstand*, der mit seinen variablen Einzelanteilen (Luft-, Anker- und Eisenanteil) bei Flusserregung einem *Minimalwert* zustrebt. Das resultiert aus einem allgemeinen physikalischen Mimimalprinzip. Dadurch wird der Anker zum Erregerkreis hin durch Kraftwirkung „angezogen" ($\to$ Luftanteil $R_{mL} \to 0$). Bei Abschalten des Stromes unterbleibt die Kraftwirkung und der Anker fällt zurück. Dieses Prinzip liegt auch dem *Relais* (elektromagnetisch betätigter Schalter, Bild 6.3.17b, c), dem *Hubmagneten* (mit dem beim Durchmesser von etwa 1 m Gewichte im Tonnenbereich gehoben werden können!), der *Magnetkupplung* und anderen Einrichtungen zugrunde.

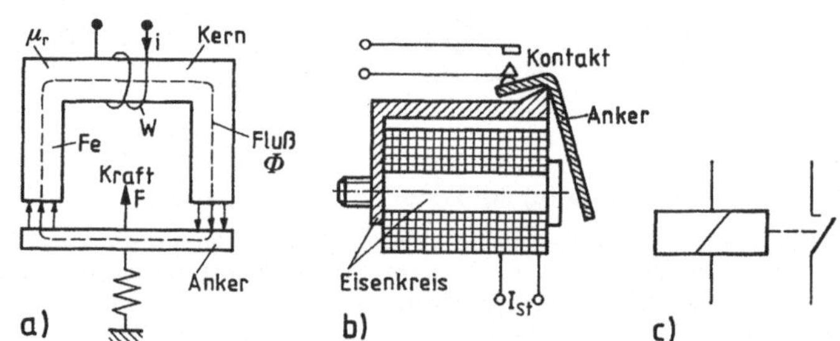

Bild 6.3.17 Kraftwirkung im magnetischen Kreis
a) Elektromagnetische Prinzipanordnung,
b) Relais,
c) Schaltsymbol mit Schließkontakt

6.3.7 Magnetische Energie

Im magnetischen Feld vom Volumen V ist die *magnetischen Feldenergie* W_m gespeichert:

$$W_m = \int_V \frac{HB}{2} \mathrm{d}V \to \frac{HB}{2} V = \frac{B^2}{2\mu} V. \quad \text{magnetische Energie im Volumen } V \qquad (6.3.25)$$

Die letzte Beziehung gilt für konstantes Volumen V und konstante Permeabilität. Beispielsweise beträgt die Feldenergiedichte im Luftspalt eines Magneten (homogenes Feld) $W_m/V = B^2/2\mu_0 = 0{,}4$ Ws bei $B = 1$ T. Dieser Wert liegt etwa um den Faktor 10^4 über der Energiedichte des elektrischen Feldes (unter Durchbruchsbedingungen, s. Abschn. 6.2.2.3)).

Diese hohe Energiedichte (und die damit entsprechend verbundene „Kraftdichte“) ist die eigentliche Ursache für die breite Nutzung magnetischer Felder vor allem im Bereich der elektrisch-mechanischen Energiewandlung.

Die Wandlung elektrische ↔ magnetische Feldenergie erfolgt konzentriert in der stromdurchflossenen Spule. Um den Strom von 0 auf i zu erhöhen, muss der Spule die elektrische Energie

$$W = \int_0^t u\,i\,\mathrm{d}t = \int_0^t L\frac{\mathrm{d}i}{\mathrm{d}t}i\mathrm{d}t = L\int_0^t \frac{\mathrm{d}}{\mathrm{d}t}\left(\frac{i^2}{2}\right)\mathrm{d}t = \frac{Li^2}{2} = W_\mathrm{m} \tag{6.3.26}$$

zugeführt werden (die beim Ausschalten wieder in den elektrischen Kreis zurückfließt). Wird statt der Spule ein Paar magnetisch gekoppelter Spulen verwendet (s. Gl. (2.4.16)), so gilt analog zu Gl. (6.3.26)

$$W = L_1\frac{i_1^2}{2} + L_2\frac{i_2^2}{2} \pm Mi_1\,i_2 = W_\mathrm{m} \tag{6.3.27}$$

(+ bei gleichsinnigen Richtungen der Teilflüsse).

Aufgabe 6.3.7.

6.4 Elektromagnetische Felder und Wellen

Wir fassen in diesem Abschnitt die Beziehungen des elektromagnetischen Feldes zusammen und ziehen wichtige Folgerungen, die später für die Informationsübertragungen über räumlich große Systeme (Leitungen, drahtlose Übertragung, optische Kabel) wichtig sind. Dazu zählt vor allem die Ausbreitung elektromagnetischer Wellen.

6.4.1 Maxwellsche Gleichungen

Die bisher gewonnenen Gesetzmäßigkeiten elektromagnetischer Felder bilden zusammen mit den sog. *Materialgleichungen* (Verknüpfungsgleichungen der Feldgrößen nach dem Ursache-Wirkungsprinzip über die Materialeigenschaften, z.B. $\boldsymbol{S} = \kappa\boldsymbol{E}$) die von Maxwell[10)] formulierten *Maxwellschen Gleichungen* in der sog. *Integralform* (Bild 6.4.1 auf S. 380). Sie waren Grundlage elektrischer Netzwerke und ihrer Elemente.

Die Maxwellschen Gleichungen sind die allgemeinste Beschreibung des elektromagnetischen Feldes und seiner Wechselwirkung mit der Materie. Es gibt sie gleichwertig neben der Integralform auch in Differentialform (s.u.).

10) Maxwell, J. C., englischer Physiker 1831–1879.

	Elektromagnetisches Feld	
	Durchflutungssatz (1. Maxwell-Gl.) $\oint \vec{H}\,d\vec{s} = \int_A (\vec{S}_k + \frac{\partial \vec{D}}{\partial t})\,d\vec{A}$ (6.4.1)	*Induktionsgesetz* (2. Maxwell-Gl.) $\oint \vec{E}\,d\vec{s} = -\int_A (\vec{S}_k + \frac{\partial \vec{B}}{\partial t})\,d\vec{A}$ (6.4.2)
	Veranschaulichung	
	$\vec{S} = \vec{S}_K + \frac{\partial \vec{D}}{\partial t}$; $\vec{H}$	$-\frac{\partial \vec{B}}{\partial t}$; $\vec{E}$
	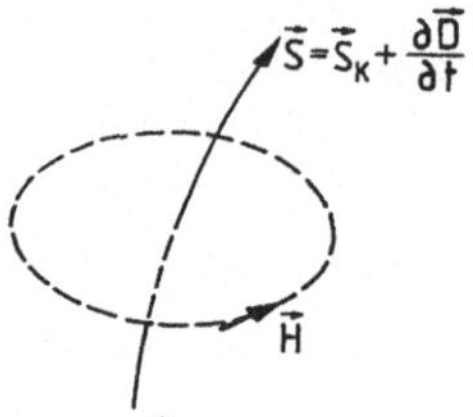 $\vec{H}$ umwirbelt $\vec{S}$ (Vakuum: Zeitveränderliches elektrisches Feld erzeugt magnetisches Wirbelfeld)	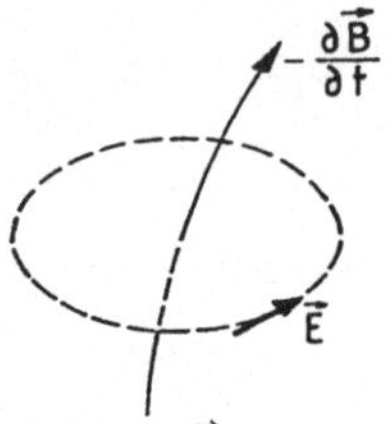 $\vec{E}$ umwirbelt $-\partial\vec{B}/dt$ (Zeitveränderliches Magnetfeld) erzeugt elektrisches Wirbelfeld)
	Auswertung	
	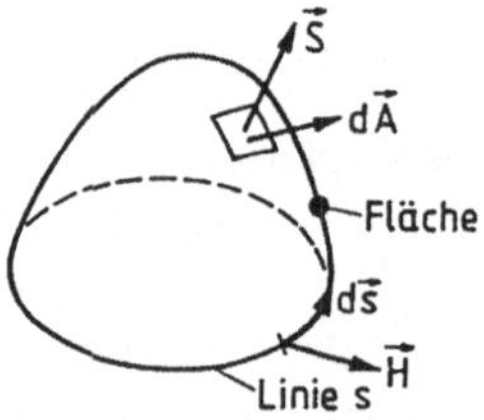 $\vec{S}$, $d\vec{A}$, Fläche, $d\vec{s}$, Linie s, $\vec{H}$	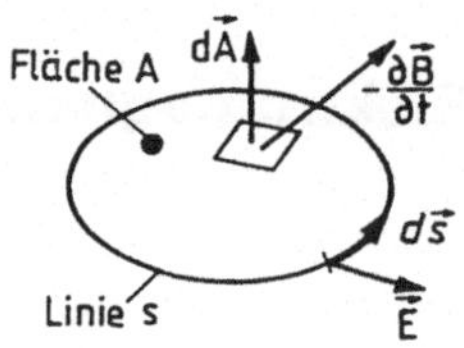 Fläche A, $d\vec{A}$, $-\frac{\partial \vec{B}}{\partial t}$, $d\vec{s}$, Linie s, $\vec{E}$
Quellen	*Ladungen als Quellen von $\vec{D}$* (3. Maxwell-Gl.) $\oint D\,d\vec{A} = Q = \int \rho\,dV$ (6.4.3) 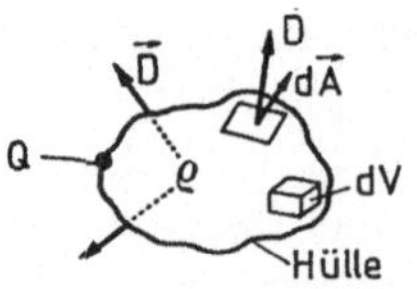 — $\vec{D}$, D, $d\vec{A}$, Q, ϱ, dV, Hülle	*Quellenfreiheit von $\vec{B}$* (4. Maxwell-Gl.) $\oint \vec{B}\,d\vec{A} = 0$ (6.4.4) 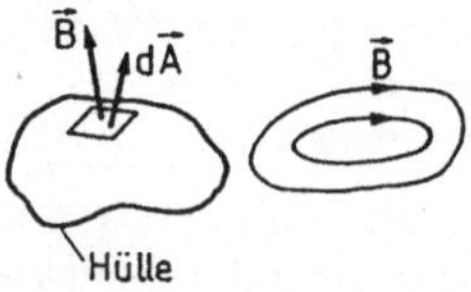 — $\vec{B}$, $d\vec{A}$, $\vec{B}$, Hülle
Material-gleichung	$\vec{D} = \varepsilon_r \varepsilon_0 \vec{E}$ (6.4.5)	$\vec{B} = \mu_r \mu_0 \vec{H}$ (6.4.6)
	$\vec{S}_k = \int \rho\,d\vec{v}$, $\rightarrow$ lineare Leiter $\vec{S} = \kappa \cdot \vec{E}$ (6.4.7)	
Kraft-beziehung	$\vec{F} = q(\vec{E} + \vec{v} \times \vec{B})$	

Bild 6.4.1 Maxwellsche Gleichungen

Aus diesen Gleichungen gehen zahlreiche Spezialfälle hervor, z.B. statische Felder, langsam veränderliche Felder, Wellenausbreitung, Kirchhoffsche Gleichungen, Beziehungen der Netzwerkelemente u.a. Die Darstellung Bild 6.4.1 ist *koordinatenunabhängig* (Vektorgrößen!) und muss für die konkrete Anwendungen in ein jeweils zweckmäßiges Koordinatensystem überführt werden.

Die Maxwellschen Gleichungen umfassen:

1. Das *Durchflutungsgesetz* (→ erste Maxwellsche Gleichung (6.4.1)): Jeder Strom [Ladungsträger-/Verschiebungsstrom (→ d$\boldsymbol{D}$/dt, zeitveränderliches elektrisches Feld)] wird von einem Magnetfeld umwirbelt: Magnetfeld als *das* Stromkennzeichen. *Kurzform: **H** umwirbelt **S**,* Zuordnung im Rechtssystem.

2. Das *Induktionsgesetz* (→ zweite Maxwellsche Gleichung (6.4.2)). Jedes zeitveränderliche Magnetfeld ($-\partial\boldsymbol{B}/\partial t$) wird von einem elektrischen Feld $\boldsymbol{E}$ umwirbelt (unabhängig davon, ob ein Leiter vorhanden ist oder nicht!): *Elektrisches Wirbelfeld als das Kennzeichen von zeitlichen Magnetfeldänderungen. Kurzform: **E** umwirbelt* ($-\partial\boldsymbol{B}/\partial t$, Zuordnung: im Rechtssystem. Das ist die Verallgemeinerung des Induktionsgesetzes $u_i = -\mathrm{d}F/\mathrm{d}t$ (Gl. (6.3.20)).

Die Integration kann erfolgen längs eines Leiters (Drahtring), eines offenen Leiterringes oder auch nur längs eines *gedachten*, geschlossenen Weges im Vakuum: *stets gilt das Induktionsgesetz*. (Im ersten Fall würde die Feldstärke im Leiterkreis sofort einen Strom antreiben, z.B. kurzgeschlossene Sekundärwindung eines Transformators, im zweiten Fall würde eine Leerlaufspannung gemessen.)

Über die Maxwellschen Gleichungen sind magnetisches und elektrisches Feld verkettet. Ist beispielsweise die Magnetfeldänderung ($-\partial\boldsymbol{B}/\partial t$) selbst zeitabhängig, so entsteht nach dem Induktionsgesetz ein zeitveränderliches elektrisches Feld (→ Stromantrieb), das seinerseits wieder nach dem Durchflutungssatz ein Magnetfeld erzeugt. Dieses überlagert sich dem ursprünglichen Feld usw. (s. Bild 6.4.2). Wir werden diese Verkettung später als Ursache der Wellenausbreitung erkennen.

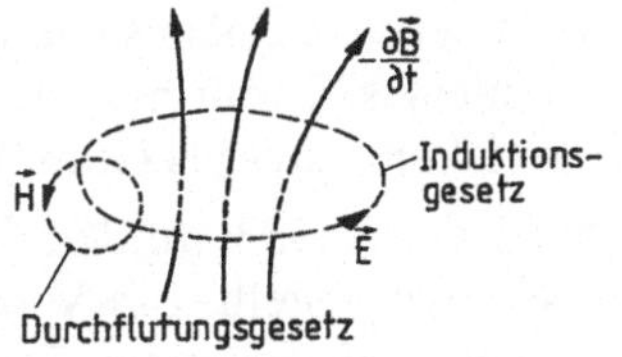

Bild 6.4.2 Wechselseitiges Zusammenwirken von Induktions- und Durchflutungsgesetz

Zwischen elektrischem und magnetischem Feld besteht trotz Ähnlichkeit der beiden Maxwellschen Gleichungen ein *deutlicher Unterschied*: er bezieht sich auf Eigenschaften (Ursachen) der erzeugenden Feldgröße und wird durch *Nebenbedingungen* ausgedrückt, mitunter als *dritte* und *vierte* Maxwellsche Gleichung bezeichnet:

- *Ladungen Q (oder Ladungsverteilungen) sind Ursache (Quelle) der Verschiebungsdichtelinien **D**: elektrische Feldlinien (**E** ~ **D**) beginnen und enden an Ladungen* (Einzelladungen, Ladungsverteilung, Gl. (6.4.3)). Anders formuliert: alle $\boldsymbol{D}$-Linien, die durch eine geschlossene Hülle treten, ergeben die im Innern sitzende Ladung Q.
- *Die Induktion B ist stets quellenfrei*, es gibt es keinen Anfang und Ende von magnetischen Feldlinien (es gibt keine magnetische „Ladungen", sondern nur Dipole, Gl. (6.4.4)).

Zu diesen vier Gleichungen treten noch die *Materialgleichungen* (6.4.5ff.). Dabei wird die Konvektionsstromdichte in Metallen, Halbleitern und z.T. Elektrolyten

$$\boldsymbol{S} = \int \mathrm{d}(\rho \boldsymbol{v}) \equiv \kappa \boldsymbol{E}$$

häufig durch die Leitfähigkeit κ ausgedrückt. Entsprechende Beziehungen gibt es zwischen $\boldsymbol{E}$ und $\boldsymbol{D}$ sowie $\boldsymbol{H}$ und $\boldsymbol{B}$.

Wie ordnen sich nun Begriffe wie *Strom, Spannung* und die bisher benutzten *Netzwerkelemente* in das Bild der Maxwellschen Gleichungen ein?

Sind die Feldgrößen $\boldsymbol{E}, \boldsymbol{D}, \boldsymbol{B}, \boldsymbol{H}, \boldsymbol{S}$ (eines Punktes) bekannt, so lassen sich durch zwei Integraltypen über einen Vektor $\boldsymbol{X}$, nämlich

- das *Linienintegral*

$$\int \boldsymbol{X} \cdot \mathrm{d}\boldsymbol{s} \qquad (6.4.9a)$$

- und das *Flächenintegral* (der sog. *Fluss* des Vektors $\boldsymbol{X}$)

$$\int \boldsymbol{X} \cdot \mathrm{d}\boldsymbol{A} \qquad (6.4.9b)$$

als *Integral-* oder *Globalgrößen* angeben. Beispiele für den ersten Fall waren die Spannung u und die magnetische Spannung V (Gl. (6.3.12)), für den zweiten Fall der Strom i, der magnetische Fluss Φ und der Verschiebungsfluss Ψ. (Man beachte, dass Gl. (6.4.9b) als Fluss eines Vektors (mathematische Definition) bezeichnet wird und *nicht* impliziert, dass physikalisch etwas Materielles fließt!). Auch die beiden Kirchhoffschen Gesetze haben ihren Ursprung in den Maxwellschen Gleichungen.

Wir erkennen ferner die sehr bequeme „integrale" Ersetzung räumlich abgegrenzter Feldgebiete durch die Netzwerkelemente R, C, L mit ihren globalen Größen u, i an Flächen oder Punkten des Feldraumes! Die Berechnung der Feldverhältnisse im Innern ist damit überflüssig, sie äußern sich höchstens indirekt in der Bemessungsformel des entsprechenden Netzwerkelementes. Darin besteht der eigentliche Nutzen der Netzwerkbetrachtung und des Stromkreiskonzeptes als Grundlage für die gesamte Schaltungstechnik.

In Tafel 6.4.1 auf S. 383 wurden die elektromagnetischen Gesetze und ihre Wechselwirkungen zusammengestellt. Ein Vorteil der Maxwellschen Gleichungen in Integralform ist die anschauliche Interpretation. Ferner lassen sich einfache Felder (vor allem solche mit Symmetrieeigenschaften, etwa Radial- und Kugelsymmetrie, z.B. das Feld einer Punktladung) leicht berechnen.

Diese Darstellung eignet sich jedoch nicht z.B. zur Berechnung komplizierter Felder. Auch die bei sehr rasch zeitveränderlichen Feldern auftretenden Phänomene lassen sich damit nicht analytisch beschreiben, weil elektromagnetische Wellen entstehen. Dafür müssen die Maxwellschen Gleichungen in Differentialform herangezogen werden.

Maxwellsche Gleichungen in Differentialform. Die in Bild 6.4.1 zusammengestellten Maxwellschen Gleichungen enthalten zwei typische Integrale eines (allgemeinen) Vektors $\boldsymbol{X}$, nämlich:

Tafel 6.4.1 Verknüpfung elektromagnetischer Feldgrößen

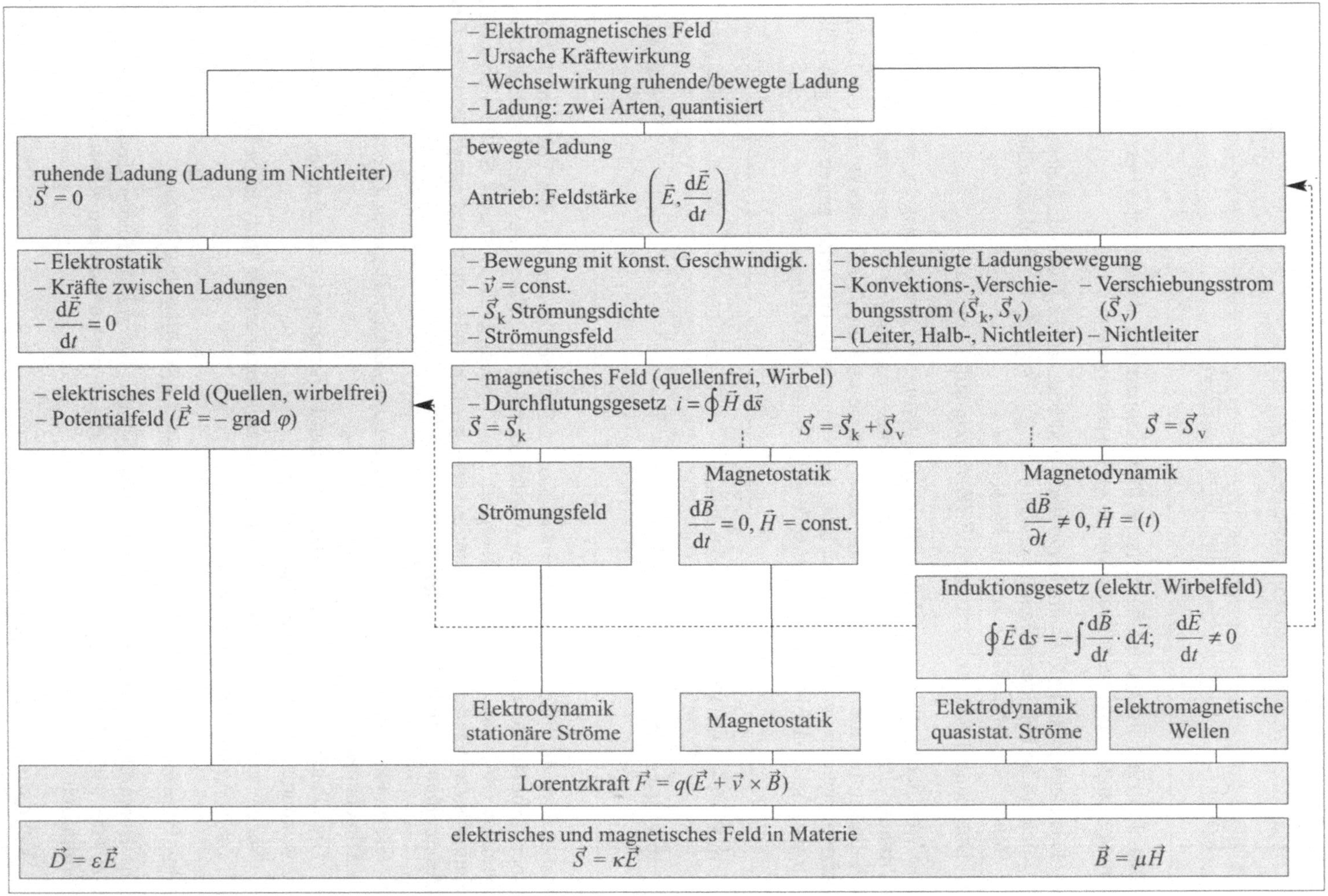

- Elektromagnetisches Feld
- Ursache Kräftewirkung
- Wechselwirkung ruhende/bewegte Ladung
- Ladung: zwei Arten, quantisiert

ruhende Ladung (Ladung im Nichtleiter)
$\vec{S} = 0$

- Elektrostatik
- Kräfte zwischen Ladungen
- $\frac{d\vec{E}}{dt} = 0$

- elektrisches Feld (Quellen, wirbelfrei)
- Potentialfeld ($\vec{E} = -\text{grad}\ \varphi$)

bewegte Ladung

Antrieb: Feldstärke $\left(\vec{E}, \frac{d\vec{E}}{dt}\right)$

- Bewegung mit konst. Geschwindigk.
- $\vec{v} = \text{const.}$
- $\vec{S}_k$ Strömungsdichte
- Strömungsfeld

- beschleunigte Ladungsbewegung
- Konvektions-, Verschiebungsstrom $(\vec{S}_k, \vec{S}_v)$ – Verschiebungsstrom $(\vec{S}_v)$
- (Leiter, Halb-, Nichtleiter) – Nichtleiter

- magnetisches Feld (quellenfrei, Wirbel)
- Durchflutungsgesetz $i = \oint \vec{H}\, d\vec{s}$

$\vec{S} = \vec{S}_k$ $\quad \vec{S} = \vec{S}_k + \vec{S}_v$ $\quad \vec{S} = \vec{S}_v$

Strömungsfeld

Magnetostatik
$\frac{d\vec{B}}{dt} = 0,\ \vec{H} = \text{const.}$

Magnetodynamik
$\frac{d\vec{B}}{\partial t} \neq 0,\ \vec{H} = (t)$

Induktionsgesetz (elektr. Wirbelfeld)
$\oint \vec{E}\, ds = -\int \frac{d\vec{B}}{dt} \cdot d\vec{A}; \quad \frac{d\vec{E}}{dt} \neq 0$

Elektrodynamik stationäre Ströme

Magnetostatik

Elektrodynamik quasistat. Ströme

elektromagnetische Wellen

Lorentzkraft $\vec{F} = q(\vec{E} + \vec{v} \times \vec{B})$

elektrisches und magnetisches Feld in Materie
$\vec{D} = \varepsilon \vec{E}$ $\quad \vec{S} = \kappa \vec{E}$ $\quad \vec{B} = \mu \vec{H}$

$$\oint_C \boldsymbol{X} \cdot \mathrm{d}\boldsymbol{s} \quad \text{Wirbelstärke (Umlaufspannung)} \tag{6.4.10a}$$

$$\oint_A \boldsymbol{X} \cdot \mathrm{d}\boldsymbol{A} \quad \text{Quellenstärke, Hüllenfluss, Ergiebigkeit.} \tag{6.4.10b}$$

Dies sind zunächst nur mathematische Definitionen, die aber mit den Maxwellschen Gleichungen zugleich physikalische Vorgänge beschreiben:

- Das elektrische Feld kann ein *Quellen-* und/oder *Wirbelfeld* sein. Beispielsweise ist das elektrische Feld der *ruhenden Ladung* ein *Quellenfeld*, das Feld um einen *zeitveränderlichen Magnetfluss* dagegen ein *Wirbelfeld*.
- Das magnetische Feld tritt *nur als Wirbelfeld* auf.

Der Wert der Quellen- und Wirbelstärke hängt vom Integrationsweg ab, weil er ein Gebiet (Umlauf, Umhüllung) erfasst. Um jedoch eine *Aussage für den einzelnen Feldpunkt* zu erhalten, muss die Wirbelstärke auf eine Fläche und die Quellenstärke auf ein Volumen bezogen werden, wobei die Fläche bzw. das Volumen im Grenzfall gegen Null geht. Dieser Vorgang ist Inhalt der *Integralsätze* (Stokes, Gauß) der Mathematik:

$$\oint_C \boldsymbol{X} \cdot \mathrm{d}\boldsymbol{s} = \int_A \operatorname{rot} \boldsymbol{X} \cdot \mathrm{d}\boldsymbol{A} \quad \text{Wirbelstärke} \tag{6.4.11a}$$

$$\oint_A \boldsymbol{X} \cdot \mathrm{d}\boldsymbol{A} = \int_V \operatorname{div} \boldsymbol{X} \cdot \mathrm{d}V \quad \text{Quellenstärke}\,. \tag{6.4.11b}$$

Dabei wird die Fläche A von der Randkurve C umschlossen und das Volumen V hat die Oberfläche A. Die rechts stehenden Ausdrücke rot $\boldsymbol{X}$, div $\boldsymbol{X}$ sind die *Differentialoperatoren*: *Rotation* (rot, engl. curl) und *Divergenz* (div). Wenn auch an dieser Stelle sicher keine Kenntnis der Vektoranalysis vorhanden sein wird, so möge doch auf einige Vorteile dieser Beschreibung verwiesen werden:

- Sie erlaubt eine gleichwertige, *koordinatenunabhängige* Darstellung der Maxwellschen Gleichungen.
- Die Gleichungen werden für den Raumpunkt formuliert und erlauben so breitere Anwendung als in der Integraldarstellung.
- Für ein spezielles Problem gelingt die numerische und/oder analytische Lösung mit *problemangepassten* Koordinaten.

Tafel 6.4.2 enthält die Maxwellschen Gleichungen in Differentialform.

Zur Durchführung der Vektoroperationen rot, div für ein konkretes Koordinatensystem dient der sog. „*Nabla-Operator* ∇“ . Er lautet z.B. im kartesischen Koordinaten $\boldsymbol{e}_x$, $\boldsymbol{e}_y$, $\boldsymbol{e}_z$ symbolisch

$$\nabla = \boldsymbol{e}_x \partial / \partial x + \boldsymbol{e}_y \partial / \partial y + \boldsymbol{e}_z \partial / \partial z\,. \tag{6.4.19}$$

Angewendet auf einen Vektor $\boldsymbol{X}$ ergibt sich dann

- die *Divergenz*
  $\mathrm{div}\,\boldsymbol{X} = \nabla \boldsymbol{X}$ (6.4.20)
- die *Rotation*
  $\mathrm{rot}\,\boldsymbol{X} = \nabla \times \boldsymbol{X}$ (6.4.21)

In einem Fall muss das *Skalarprodukt*, im anderen das *Vektorprodukt* gebildet werden. Schließlich stellt auch die *Gradientenbildung* grad φ (Gl. (6.2.4)) eine solche Differentialoperation dar.

Tafel 6.4.2 Maxwellsche Gleichungen, Differential- bzw. Punktform

$\mathrm{rot}\,\vec{H} = \vec{S}$ *Amperesches Stromgesetz*	$\mathrm{rot}\,\vec{E} = -\dfrac{\partial \vec{B}}{\partial t}$ *Induktionsgesetz*
$\mathrm{div}\,\vec{B} = 0$ *Quellenfreiheit der Flussdichte*	$\mathrm{div}\,\vec{D} = \rho$ *Gaußsches Raumladungsgesetz*
Materialbeziehungen: $\vec{B} = \mu\vec{H}$	$\vec{D} = \varepsilon\vec{E}$
Stromdichte als Summe von Konvektions- und Verschiebungsstromdichte $\vec{S} = \vec{S}_{\mathrm{K}} + \vec{S}_{\mathrm{V}}\,;\ \vec{S}_{\mathrm{K}} = \int \vec{v}\,\mathrm{d}\rho\,;\ \vec{S}_{\mathrm{V}} = \dfrac{\partial \vec{D}}{\partial t}$	

6.4.2 Einteilung elektromagnetischer Felder

Die Maxwellschen Gleichungen beschreiben elektromagnetische Vorgänge in Gänze. Typische Sonderfälle erlauben erhebliche Vereinfachungen. Dabei ist die Einteilung nach dem *Zeiteinfluss* in ruhende und zeitveränderliche Felder zweckmäßig (Tafel 6.4.3 auf S. 386):

1. *Statische Felder, Elektro- und Magnetostatik.* Das sind die Felder ruhender Ladungen und Magneten. Zeitlichen Änderungen verschwinden ($\partial/\partial t = 0$), außerdem fließt kein Strom ($\boldsymbol{S} = 0$). Deshalb gibt es keine Verkopplung von elektrischen und magnetischen Größen.

2. *Stationäre Felder.* Wieder verschwinden zeitliche Ableitungen ($\partial/\partial t = 0$), doch fließt Gleichstrom (Konvektionsstrom). Magnetisches und elektrisches Feld sind über das Durchflutungsgesetz verkoppelt, die *Kopplung wirkt jedoch nur in einer Richtung*: elektrisches $\rightarrow$ magnetisches Feld. Zu diesem Fall gehören die Gleichstromnetzwerke nach Abschnitt 3.

3. *Quasistationäre Felder.* Es fließt zeitveränderlicher Strom, doch ist die Wellenausbreitung vernachlässigbar. Das bedeutet: Einfluss von $\partial\boldsymbol{\Delta}/\partial t$ auf $\boldsymbol{H}$ und rückwirkend auf $\boldsymbol{E}$ ver-

Tafel 6.4.3 Einteilung der elektromagnetischen Felder

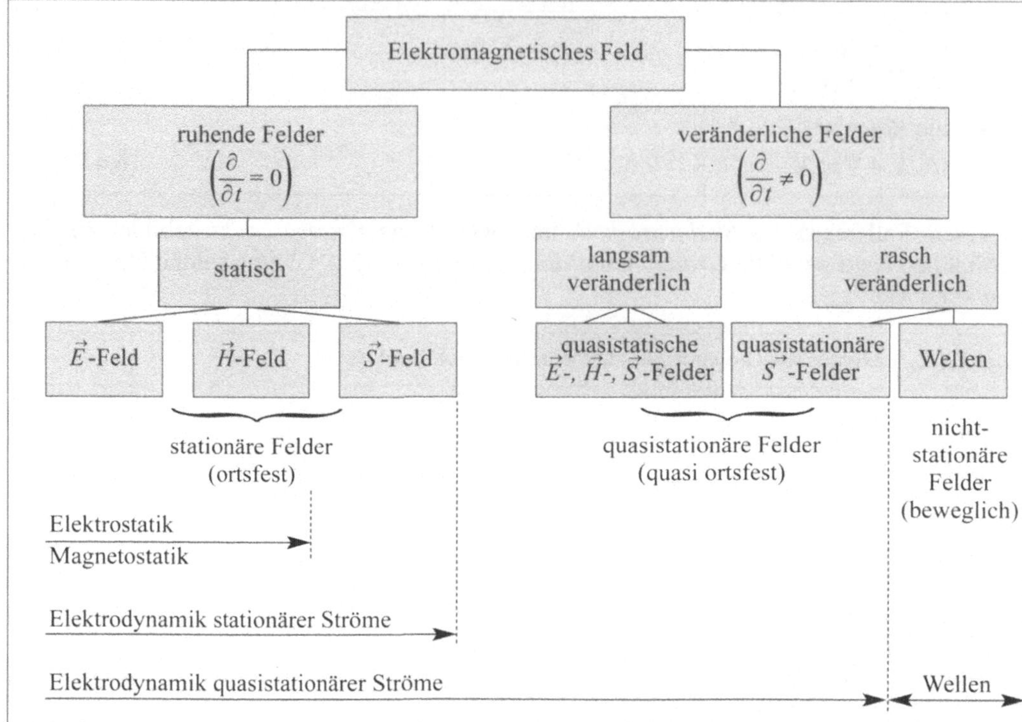

nachlässigbar (Verschiebungsstrom kann gegenüber Leitungsstrom vernachlässigt werden). *Es gelten Durchflutungs- und Induktionsgesetz*. Dieser Fall trifft zeitveränderliche Vorgänge in Netzwerken, z.B. die Wechselstromanalyse Abschn. 4 zu.

4. *Wellenausbreitung*. Alle Größen sind vorhanden, miteinander verkoppelt und zeitliche Änderungen so groß, dass sich Felder von den Anordnungen ablösen und im Raum als *Wellen* ausbreiten. Typischerweise kann jetzt der Leitungsstrom gegenüber dem Verschiebungsstrom vernachlässigt werden (verlustfreier Raum, $\kappa = 0$).

6.4.3 Elektromagnetische Wellen

Die vollständigen Maxwellschen Gleichungen haben elektromagnetische Wellen als Lösung, die sich im Vakuum mit der Lichtgeschwindigkeit c ausbreiten. Deshalb müssen sich Felder von einem Leitergebilde lösen und als Welle in den Raum treten. Fließt durch einen Leiter ein schnell veränderlicher Strom (Bild 6.4.3), so entsteht nach dem Durchflutungsgesetz zunächst ein Magnetfeld. Seine Feldlinien sind nach dem Induktionsgesetz von einem $\boldsymbol{E}$- und Verschiebungsstromfeld umgeben, der Verschiebungsstrom wieder von einem Magnetfeld usw. (Folge 1...5). Zur *Ausbreitung* kommt es, weil jedes nachfolgende Feld wegen des Wirbelcharakters zwangsläufig eine etwas größere Ausdehnung besitzen muss als das vorher verursachte. *Wesentlich* wirkt hier der *Verschiebungsstrom mit*, deshalb läuft der Vorgang überhaupt im Nichtleiter (!) ab.

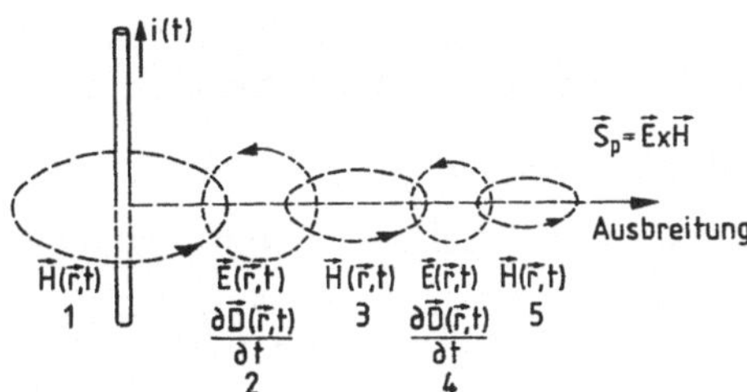

Bild 6.4.3 Ausbreitung des zeitveränderlichen elektromagnetischen Feldes

Eine elektromagnetische Welle ist ein wechselseitiger Auf- und Abbau elektrischer und magnetischer Felder, der sich mit endlicher Geschwindigkeit $v \geq c$ in den Raum ausbreitet. Maßgebend für die Ausbreitung ist die *Phasengeschwindigkeit* v, d.h. die Ausbreitung eines bestimmten Momentanwertes der Welle. Es gilt:

$$v = \frac{1}{\sqrt{\varepsilon\mu}} = \frac{1}{\sqrt{\varepsilon_r\mu_r}}\frac{1}{\sqrt{\varepsilon_0\mu_0}} = \frac{c}{\sqrt{\varepsilon_r\mu_r}} \qquad (6.4.22)$$

mit $c = 1/(\mu_o\ \varepsilon_o)^{1/2} = 300\,000$ km/s, der Lichtgeschwindigkeit.

Bei sinusförmiger Zeitabhängigkeit hängen Frequenz, Wellenlänge und Phasengeschwindigkeit zusammen:

$$\lambda f = v. \qquad (6.4.23a)$$

Elektromagnetische Wellen umfassen den Bereich zwischen tiefsten Wechselstromfrequenzen bis in das Millimetergebiet, aber auch infrarotes, sichtbares Licht sowie Röntgen, Gamma- und kosmische Strahlung. Damit ist zu vermuten, dass auch die Optik (Wellenoptik) auf den Maxwellschen Grundgleichungen basiert (was nachgewiesen wurde), m.a.W. die *Bedeutung elektromagnetischer Wellen weit über die Elektrotechnik hinausreicht.* So liegt das sichtbare Spektrum im Wellenlängenbereich $\lambda = 380$ nm bis $= 780$ nm. Dazu gehören Frequenzen von $f = (3{,}84 \cdot \ldots 7{,}89) \cdot 10^{14}$ Hz, also etwa eine Oktave. Im optischen Bereich wird statt $\mu_r\varepsilon_r$ meist der *Brechungsindex* $n = (\varepsilon_r\ \mu_r)^{1/2}$ verwendet und es gilt statt Gl. (6.4.22):

$$v = c/n. \qquad (6.4.23b)$$

Aber auch innerhalb der Elektrotechnik selbst wird praktisch das gesamte elektromagnetische Spektrum vom Ultratiefstfrequenzbereich (mHz) bis zu etwa 1 THz genutzt, liegen doch die Taktfrequenzen des PCs schon bei 3 GHz und die Entwicklung schreitet rasch voran.

Wie stehen nun die charakteristischen Größen einer Welle – wie Wellenlänge und Ausbreitungszeit – in Beziehung, z.B. zu geometrischen Abmessungen von Bauelementen, etwa der Länge l einer Leitung?

Wellenausbreitung kann sicher vernachlässigt werden, wenn die Ausdehnung l der Anordnung klein gegen die Wellenlänge λ ist

$$l \ll \lambda = v/f \quad \text{oder} \quad f = v/\lambda \ll v/l. \tag{6.4.24}$$

Deshalb dürfen sich z.B. Strom-Spannungswerte in einem Zeitraum

$$\Delta = \frac{l}{v} = (l/c)\sqrt{\varepsilon_r \mu_r} = 3{,}3\sqrt{\varepsilon_r \mu_r} \cdot \text{ps} \cdot \text{l/mm} \tag{6.4.25}$$

nur unmerklich ändern. Wellenausbreitung erfolgt deshalb nur bei raschen zeitlichen Änderungen und/oder großen Bauelementeabmessungen. Wird die Bedingung Gl. (6.4.24) für ein Bauelement eingehalten, so bezeichnet man es als *konzentriertes* (gleichwertig: elektrisch kurzes Gebilde), im anderen Fall als *verteiltes* Element.

Die Netzwerkanalyse basiert auf Annahme konzentrierter Elemente.

Elektromagnetische Wellenerscheinungen sind somit nur bei Bauelementen mit großen Abmessungen und/oder sehr schnellen zeitlichen Änderungen zu berücksichtigen.

Wellenausbreitung. Energietransport. Die Ausbreitung einer bestimmten Phase eines Wellenzustandes, z.B. der maximalen Amplitude, wird durch die *Phasengeschwindigkeit* v bestimmt, die Energieübertragung durch eine Welle dagegen durch die *Gruppengeschwindigkeit* $v_{gr} = d\omega/dk = d\,0/dk$ mit $k = 2\,\pi/\lambda$, der *Wellenzahl*. In dispersionsfreien Medien, in denen v nicht von ω abhängt, stimmen beide Geschwindigkeiten überein. Dispersionsfrei ist nur das Vakuum.

Der *Energietransport* – ausgedrückt durch die Energieströmung des elektromagnetischen Feldes pro Zeit und Flächeneinheit – wird durch die *Strahlungsdichte* oder den *Poyntingschen Vektor*

$$\boldsymbol{S}_p = \boldsymbol{E} \times \boldsymbol{H} \tag{6.4.26}$$

beschrieben. Er steht senkrecht auf $\boldsymbol{E}$ und $\boldsymbol{H}$ und weist in die Energieausbreitungsrichtung. Nun hat auch eine nur gleichstromdurchflossene Doppelleitung $\boldsymbol{E}$- und $\boldsymbol{H}$-Komponenten (wie verlaufen sie, wie ist $\boldsymbol{S}_p$ orientiert?) und wir kommen zu dem überraschenden Ergebnis, dass der Energietransport durch das Feld erfolgt, nicht etwa die Drähte! Die Leitung „beliebiger" Form hat lediglich die Aufgabe, dieses Feld zu führen. Trotzdem ist es richtig, Energie und Leistung weiter durch i und u auszudrücken, weil es integral mit dem Feld verknüpfte Größen sind.

Lernorientierungen zu Abschnitt 6

Abschnitt 6.1

- Elektrisches Feld: mit Energie erfüllter Raum, gekennzeichnet durch Kraftwirkung auf ruhende Ladungen.
- Das elektrische Feld im Nichtleiter (Dielektrikum) wird im Raumpunkt beschrieben durch die elektrische Feldstärke $\boldsymbol{E}$ und Verschiebungsflussdichte $\boldsymbol{D}$. Beide hängen über die dielektrischen Eigenschaften zusammen $\boldsymbol{D} = \varepsilon_r \varepsilon_0 \boldsymbol{E}$ ($\varepsilon_r \geq 1$).
- Integralgrößen des elektrischen Feldes im Nichtleiter sind die Spannung u (bzw. Potentialdifferenzen), der Verschiebungsfluss Ψ ($\Psi = \int_A \boldsymbol{D}\, d\boldsymbol{A}$) und die Kapazität $C = Q/u$.

- Der Verschiebungsfluss Ψ ist die zwischen entgegengesetzten Ladungen (z.B. auf Platten) auftretende Erscheinung ($Q = \Psi$, Dimension!) im Nichtleiter. Kennzeichen: seine zeitlichen Änderungen sind von einem Magnetfeld umgeben → Verschiebungsstrom $i_v = d\Psi/dt$.
- Die Kapazität einer Leiteranordnung hängt von der Geometrie und den dielektrischen Eigenschaften des Raumes ab.
- Kondensatoren lassen sich reihen- und parallelschalten (Beziehungen).
- Die im elektrischen Feld im Nichtleiter gespeicherte Energie beträgt $W = 1/2\, \boldsymbol{DE}\, V$ bzw. im Kondensator $W = Cu^2/2$.
- Ein elektrisches Feld bewirkt auf die Ladung Q die Kraft $\boldsymbol{F} = Q\,\boldsymbol{E}$. Die Kraft ist so gerichtet, dass sie die Kapazität der Anordnung zu vergrößern sucht.

Abschnitt 6.2

- Das Strömungsfeld (= Feld der Trägerströmung im Raumpunkt) wird beschrieben durch Stromdichte $\boldsymbol{S}$ und Feldstärke $\boldsymbol{E}$. Stets gilt die Materialbeziehung $\boldsymbol{S} = \kappa\boldsymbol{E}$ (Ohmsches Gesetz des Strömungsfeldes).
- Stromdichte $\boldsymbol{S}$: (anschaulich) Strom pro Fläche (Normalenfläche). Zusammenhang $\int \boldsymbol{S}\,d\boldsymbol{A} = i$.
- Integrale Größen des Strömungsfeldes sind Strom i, Spannung u und Widerstand R.
- Nach der Leitfähigkeit κ unterschieden gibt es Leiter, Halbleiter (mit Löchern und Elektronen als Ladungsträger) und Nichtleiter.
- Der Zusammenhang $S(E)$ kann nichtlinear sein (z.B. in bestimmten Halbleitern, Stromfluss in Gasentladungen u.a.).
- Das Strömungsfeld ist Umsatzort elektrischer Leistung in Wärmeleistung. Leistungsdichte: $p/V = \boldsymbol{SE}/2$.

Abschnitt 6.3

- Jeder Strom (Konvektions-, Verschiebungsstrom) ist von einem Magnetfeld (in konzentrischen Kreisen) umschlossen: Durchflutungsgesetz $\oint \boldsymbol{H}\,d\boldsymbol{s} = iw = \Theta$. Die Durchflutung Θ ist eine rein elektrische Größe.
- Das Magnetfeld wird im Raumpunkt beschrieben durch die Feldgrößen
  – magnetische Flussdichte $\boldsymbol{B}$ ($[B] = 1\ \text{T} = 1\ \text{Vs/m}^2$)
  – magnetische Feldstärke $\boldsymbol{H}$ ($[H] = 1\text{A/m}$).
- Die Verknüpfung von $\boldsymbol{B}$ und $\boldsymbol{H}$ ist materialabhängig. Es gibt zwei Grundformen:
  – nichtmagnetisch z.B. Luft $\boldsymbol{B} = \mu_0\boldsymbol{H}$
  – ferromagnetisch $\boldsymbol{B} = \mu_0\,\mu_r\,\boldsymbol{H}$.
- Der Zusammenhang $B = f(H)$ ist bei ferromagnetischen Materialien nichtlinear und heißt Magnetisierungskurve.
- Ein Umlauf $B(H)$ führt zur Hystereseschleife mit den Kennwerten Remanenz B_r ($H = 0$) und Koerzitivfeldstärke H_c ($B = 0$). Es gibt hart- und weichmagnetische Werkstoffe.
- Integralgrößen des Magnetfeldes sind der magnetische Fluss Φ (anstelle von $\boldsymbol{B}$), die magnetische Spannung V resp. Durchflutung Θ anstelle von $\boldsymbol{H}$ und der magnetische Widerstand R_m.
- Zwischen einem magnetischen Kreis (homogenes Feld) und dem elektrischen Stromkreis besteht eine Analogie:

– magnetischer Kreis	Stromkreis
– Durchflutung Θ	Spannung u_q
– magnetischer Spannungsabfall V	Spannungsabfall u
– Fluss Φ	Strom i
– Flussdichte $B = \Phi/A$	Stromdichte $S = i/A$
– magnet. Widerstand $R_m = V/\Phi$	Widerstand $R = u/i$
– Permeabilität $\mu_0\mu_r$	Leitfähigkeit κ
– Eisenquerschnitt A	Leiterquerschnitt A
– Feldlinienlänge l_{Fe}, l_L	Drahtlänge l.

- Induktionsgesetz: Jedes zeitveränderliche Magnetfeld wird von einem elektrischen Wirbelfeld (= Ringfeld) umschlossen: $\oint \boldsymbol{E}\,\mathrm{d}\boldsymbol{s} = -\mathrm{d}\Phi/\mathrm{d}t$ unabhängig davon, ob längs des elektrischen Ringfeldes ein Leiter existiert oder nicht.
- Das Umlaufintegral $\oint \boldsymbol{E}\,\mathrm{d}\boldsymbol{s} = +u_\mathrm{q}$ kann als induzierte Quellenspannung (= Selbstinduktionsspannung) verstanden werden.
- Ein zeitveränderliches Magnetfeld entsteht durch Ruhe- und/oder Bewegungsinduktion.
- Das Induktionsgesetz erzeugt
  – in der gleichen Leiteranordnung durch Zusammenwirken mit dem Durchflutungssatz eine Selbstinduktionsspannung gekennzeichnet durch Selbstinduktivität L
  – in einer Nachbarleiterschleife (durch magnetische Kopplung) die Gegeninduktivität M.
- Die u-i-Relation der Selbstinduktion lautet $u = L\,\mathrm{d}i/\mathrm{d}t$. Die Induktivität $L = A_\mathrm{L} w^2$ hängt vom Kernfaktor A_L und der Windungszahl w ab.
- Die u-i-Beziehung der Gegeninduktivität M ($\rightarrow$ gekoppelte Spule) wird durch die Transformatorgleichung beschrieben. Eigenschaften des idealen Transformators (Windungsverhältnis $ü = w_1/w_2$) sind Spannungsübersetzung $u_1/u_2 = ü$, Stromübersetzung $i_1/i_2 = 1/ü$ und Widerstandsübersetzung $R_1 = ü^2 R_2$.
- Ein stromdurchflossener Leiter erfährt im Magnetfeld die Lorentzkraft $\boldsymbol{F} = Q\,(\boldsymbol{v} \times \boldsymbol{B})$ mit dem Betrag $B \cdot L \cdot i \sin \alpha$.
- Bei Bewegung einer Leiterschleife im Magnetfeld durch die Lorentzkraft (Motorprinzip) wird in ihr zusätzlich eine Gegeninduktionsspannung erzeugt (Generatorprinzip).
- Der Energieinhalt des Magnetfeldes einer Spule beträgt $W = i^2 L/2$. Die Energiedichte im Luftspalt lautet $W/V = \boldsymbol{HB}/2 = B^2/2\,\mu_\mathrm{o}$.

Wiederholungsfragen zu Abschnitt 6

Abschnitt 6.1

1. Was versteht man unter dem elektrischen Feld? Wo tritt es auf, wodurch kann es veranschaulicht werden?
2. Auf welcher Maxwell-Gleichung beruht der Knotensatz?
3. Was versteht man unter den Begriffen elektrische Feldstärke, Potential und Spannung?
4. Skizzieren Sie das Feldstärke- und Potentialfeld einer Punktladung!
5. Welche Feldgrößen treten im Dielektrikum (Beispiel: Plattenkondensator) auf? Wie lautet die Definition der Kapazität, was drückt sie inhaltlich aus?
6. Welche Feldvorgänge laufen im Dielektrikum eines Plattenkondensators ab, wenn sich die anliegende Spannung zeitlich ändert? Erklären Sie den Stromfluss mit den Maxwellschen Gleichungen.
7. Welche Größe muss am Kondensator stetig sein, Begründung?

Abschnitt 6.2

1. Was ist ein Strömungsfeld, wo tritt es auf und durch welche Größen wird es beschrieben?
2. Was drückt der Begriff „Stromdichte“ aus (Erläuterung)?
3. Erläutern Sie das Ohmsche Gesetz. Unter welchen Bedingungen gilt es?
4. Geben Sie eine Methodik an, nach welcher der Widerstand eines Feldraumes bestimmt werden kann.
5. Welcher Unterschied besteht zwischen Feld- und Diffusionsstrom? Warum gibt es in Metallen keinen Diffusionsstrom?
6. Was versteht man in Halbleitern unter Eigen- und Störleitung?
7. Wieso kann durch eine Elektronenröhre (Nichtleiter!) bei Anlegen einer Spannung dennoch Strom fließen?
8. Erklären Sie das Prinzip der Leuchtstoffröhre!
9. Warum darf eine Glimmlampe nur mit Vorwiderstand beschrieben werden (Kennlinie, Diskussion)?

Abschnitt 6.3

1. Was versteht man unter einem magnetischen Feld? Wo tritt es auf? Wie kann es veranschaulicht werden?

2. Welche Größen kennzeichnen das magnetische Feld? Wie wird seine Richtung bestimmt? Worauf spricht eine Magnetnadel an?
3. Wie lautet das Durchflutungsgesetz, was drückt es aus?
4. Was versteht man unter dem magnetischen Fluss Φ? Wie unterscheidet er sich vom elektrischen Fluss (elektrisches Feld im Nichtleiter)?
5. Was versteht man unter den folgenden Begriffen: Ferromagnetismus, Magnetisierungskennlinie, Hysteresekurve, Remanenz, Koerzitivkraft?
6. Was ist ein magnetischer Kreis (Beispiel, Erläuterung), welche Gesetzmäßigkeiten gelten? Wie bestimmt man den magnetischen Widerstand eines Eisenkreises? Erklären Sie diese Begriffe an einem Schreib-/Lesekopf. Wie arbeitet er?
7. Wie lautet das Induktionsgesetz, was besagt es? Nennen Sie Anwendungsbeispiele.
8. Erläutern Sie die Begriffe Selbst- und Gegeninduktion. Wie lautet die Strom-Spannungsbeziehung der Selbstinduktivität?
9. Welche Größe muss an der Spule stetig sein (Begründung)?

Abschnitt 6.4

1. Wie lauten die Maxwellschen Gleichungen in Integralform (kurze anschauliche Erklärung), welche wirken in einer leerlaufenden Taschenschenlampenbatterie, welche bei Stromfluss (z.B. durch angeschlossene Glühlampen)?
2. Was bedeutet der Begriff Quellenfeld?
3. Warum benötigt man die Maxwellschen Gleichungen auch in Punktform?
4. Kann mit der Integralform die Wellenausbreitung erklärt werden (Begründung)?
5. In Rundfunkempfängern (z.B. Mittelwellenbereich) ist eine sog. Ferritantenne (= Ferritstab mit Wicklung) eingebaut. Erklären Sie mittels der Maxwellschen Gleichungen, warum eine Spannung an der Antenne des Senders im Rundfunkempfänger wahrgenommen wird. Wäre ein Empfang auch ohne Ferritstab (nur mit Wicklung) möglich?

Anhang A Übungsaufgaben und Lösungen

A 1 Übungsaufgaben

1.1.1 Führen Sie eine Einheitenkontrolle folgender Beziehungen durch a) $\ln i = \ln I_S + u/U_T$, b) $U = \sqrt{\int u^2 dt}$, c) $I = \exp u$, d) $I = R \cdot U$.

1.1.2 Welche Einheiten haben die Konstanten a, b, c in $i = a \exp bt \cdot \sin(ct)$?

1.2.1 Eine Uhrenknopfzelle hat die Ladung Q = 20 mAh. Wie lange kann eine Uhr mit einem mittleren Strom von 1 μA betrieben werden? Wieviele Elektronen fließen durch die Uhr bis zur völligen Entladung der Knopfzelle?

1.2.2 Ein Kunststoffstab erfährt durch Reibung eine Ladung $Q = 10^{-9}$ As. Er vermag ein Papierstück (Masse m = 1 mg) noch aus einem Abstand d (= 1 cm) anzuziehen. Welche Feldstärke herrscht in Stabnähe?

1.2.3 Welche Arbeit W wird verrichtet, wenn eine Ladung Q = 50 μC längs eines Weges l = 50 cm durch ein konstantes Feld E = 50 kV/m in Feldrichtung bewegt wird?

1.2.4 Die Durchschlagfeldstärke E in Luft beträgt $E \div$ 30 kV/cm. Welche Spannung darf zwischen Membran und Gegenelektrode eines Kondensator-Mikrofons höchstens liegen (Modell Plattenkondensator), wenn dieser Abstand d etwa 5 μm beträgt?

1.2.5 Gegeben sei ein elektrisches Feld (zweidimensional) mit den Komponenten $E_x = -3\,cx$, $E_y = -3cy$. Welche Potenzialfunktion $\varphi(r)$ gehört zu diesem Feld?

1.2.6 Der Strom beim Laden/Entladen einer Autobatterie habe folgenden Zeitverlauf: i = 2 A = const. während der Zeit 0…3 Std., i = – 0,5 A (Zeit 3…4 Std.), i = 0 anschließend. Welche Ladung hat die Batterie nach 4 Stunden, wenn ihre Anfangsladung Null war (Skizze des Strom- und Ladungsverlaufes)?

1.2.7 Durch eine Halbleiterprobe (rechteckförmiger Stab) mit Querschnitt A = 0,1mm² fließt ein Strom i = 1 A. Die Ladungsträger (Elektronen) mögen sich mit der sog. thermischen Grenzgeschwindigkeit $v \div 10^7$cm/s bewegen. Wie groß ist die Elektronendichte n im Halbleiter?

1.2.8 Ein im Haushalt verwendetes Kabel (Cu 1,5 mm² Querschnitt A) ist für eine maximale Stromdichte von 6 A/mm² zugelassen. Darf ein Heizofen (Leistung p = 10 kW, u = 230 V) angeschlossen werden?

1.2.9 Ein Transistor führt durch seine drei Anschlüsse Basis (I_B), Kollektor (I_C), Emitter (I_E) drei Ströme. Wie lautet der Knotensatz, wenn gelten soll $I_C = B_N I_B$ (z.B. B_N = 100, Stromverstärkung). Wie groß ist I_E für I_B = 1 μA?

1.3.1 Die Leistungsaufnahme eines Verbrauchers (z.B. Herd) kann bequem mittels des „Leistungszählers" und seiner Zählerkonstante, z.B. 75 kWh, d.h. 75 Umdrehungen für 1 kWh durchgeführt werden. Beispielsweise erfolgt 1 Umdrehung in t = 24 s. Welche Leistung wird entnommen?

1.3.2 Eine Bohrmaschine (u = 230V) gibt eine mechanische Leistung P_{mech} = 500W ab, dabei fließt ein Strom i = 2,55 A.

a) Welchen Wirkungsgrad hat die Bohrmaschine? Welche Verlustleistung erwärmt sie?

b) Die Bohrmaschine möge eine Wasserpumpe (Förderleistung P_f = 350 W) antreiben. Welchen Wirkungsgrad hat sie, wie groß ist der Gesamtwirkungsgrad? c) Welche Wassermenge lässt sich damit aus einem 5 m tiefen Brunnen in einer Stunde fördern?

2.1.1 Jemand behauptet: Das Ersatzschaltbild einer Autobatterie kann nie aus einer Stromquelle mit parallelem Innenleitwert G_i bestehen, sonst würde der Quellenstrom immer durch G_i fließen, eine Verlustleistung erzeugen und sich die Batterie selbst entladen. Was ist dazu zu sagen?

2.1.2 Ein Rundfunkempfänger (12 V, 10 W) soll mit Monozellen (1,5 V) betrieben werden. a) Wie sind sie zu schalten, welcher Strom fließt? b) Welche Leistung erzeugt die Batterieanordnung im Erzeuger- und Verbraucherzählpfeilsystem?

2.1.3 Spannungsquelle, Grundstromkreis. Gegeben ist die Schaltung Bild A2.1.3 (u_{q2}=10 V, $R = 20\ \Omega$, $R_i = 5\ \Omega$, $i_{q1} = 1$ A). Welche Spannung fällt an R ab? Kontrollieren Sie die Lösung mit Multisim.

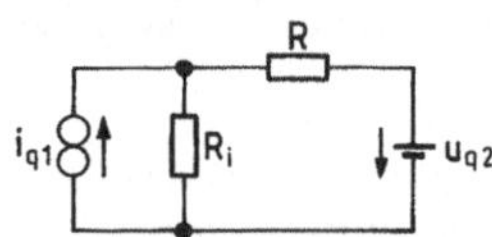

Bild A 2.1.3

Bild A 2.2.3

2.2.1 a) Durch einen Widerstand verdopple sich bei Verdopplung der anliegenden Spannung der Strom. Ist er linear? b) Wie ändert sich im Fall a) die im Widerstand umgesetzte Leistung?

2.2.2 a) Welchen Widerstand hat eine 100 m lange Doppelleitung (Cu, $\rho = 0{,}017\ 10^{-6}\ \Omega$m, Querschnitt $A = 0{,}1$ mm²)? b) Die Leitung wird an eine Batterie (1,5 V) angeschlossen und am Ende kurzgeschlossen. Welcher Strom fließt (Schaltung)? Welche Verlustleistung wird umgesetzt?

2.2.3 Gegeben ist nebenstehender Ausschnitt aus einem Netzwerk (Bild A 2.2.3). Es wurden die angegebenen Spannungen gemessen.
a) Welche Spannungen treten an den Widerständen auf? Wie groß ist u_{ab}? b) Der Strom i betrage $i = 1$ mA. Wie groß ist R_1? c) Welcher Strom fließt durch R_4 ($R_4 = 1$ kΩ)? Entwerfen Sie mit Multisim eine Schaltung, die die Verhältnisse in Bild A 2.2.3 genau wiedergibt.

2.2.4 Zwei Widerstände R_1, R_2 haben bei Reihenschaltung den Gesamtwiderstand R_r = 220 kΩ, bei Parallelschaltung den Widerstand R_p = 18,18 kΩ. Wie groß sind R_1, R_2? Überprüfen Sie die Lösung mit Multisim.

2.2.5 In der Schaltung Bild A 2.2.5 sind gegeben: I = 10 mA, U = 10 V, R_1 = 2 kΩ, R_2 = 400 Ω. Wie groß ist R_x? Überprüfen Sie das Ergebnis mit Multisim.

2.2.6 Überlegen Sie, ob die nichtlineare Kennlinie in Bild A 2.2.6 durch eine Stromquelle i_q und einen parallelen (differentiellen) Leitwert g_i ersetzt werden kann?

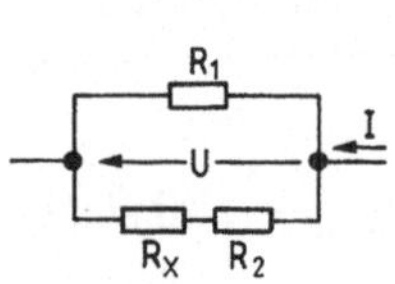

Bild A 2.2.5

Bild A 2.2.6

2.3.1 Man skizziere den Ladestrom eines Kondensators, wenn die anliegende Spannung in einem Zeitintervall $0 \ldots T$ zeitlinear ansteigt. Welche Ladung wird transportiert?

2.3.2 Ein Kondensator ($C = 1\ \mu$F) wird mit einer Konstantstromquelle $i_q = 10\ \mu$A während der Zeit $T = 10$ s geladen. Welche Ladung $Q(t)$ entsteht, welche Spannung, welche Energie wird gespeichert? (Anfangsladung $Q(0) = 0$).

2.3.3 Ein eingedrehter Plattenkondensator (C = 500 pF) wird mit der Spannung u = 10 V geladen, dann vom Ladegerät getrennt und auf C = 50 pF eingestellt. Wie groß ist die Kondensatorspannung, welche Ladung sitzt auf den Platten?

2.3.4 Zwei Kondensatoren C_1, C_2 sind parallelgeschaltet, dazu liege C_3 in Reihe und dieser Gesamtschaltung wieder C_4 parallel (Skizze). Wie groß ist a) die Gesamtkapazität, b) die Ladung auf den Einzelkapazitäten und c) die Spannung an jedem Kondensator, wenn an der Schaltung eine Gleichspannung von U = 10 V anliegt (C_1 = 10 nF, C_2 = 15 nF, C_3 = 5 nF, C_4 = 30 nF)? Wie könnte das Ergebnis mit Multisim überprüft werden?

2.3.5 Bestimmen Sie die „Plattenfläche" eines Elektrolyt-Kondensators (Tantal, C=100 µF, Dicke des Dielektrikums d = 2,5 µm, $\varepsilon_r = 25$, $\varepsilon_0 = 8{,}85 \cdot 10^{-12}$ As/Vm).

2.4.1 Eine supraleitende Spule (Induktivität L) wird an eine Spannungsquelle u_q mit Innenwiderstand R_i geschaltet. Skizzieren Sie den Stromverlauf. Wie groß ist die Zeitkonstante?

2.4.2 Ein Schaltkreisanschlussstift habe die Induktivität L = 50 nH. Welche Störspannung entsteht dadurch zwischen zwei Anschlusspunkten, wenn ein trapezförmiger Stromverlauf mit folgenden Werten gegeben ist: $i(0) = 0$, $i(1\text{ ns}) = 10$ mA, $i(2\text{ ns}) = 10$ mA, $i(3\text{ ns}) = 0$?

2.4.3 Welche Ersatzinduktivität entsteht bei der Parallelschaltung von zwei Spulen L_1, L_2 in Reihe zu L_3? (L_1 = 100 mH, L_2 = 5 mH, L_3 = 20 mH).

2.4.4 Wie groß ist die Induktivität einer Spule mit w = 200 Windungen und einem Eisenkern (Querschnitt A = 2 cm², Eisenweglänge l_{Fe} = 10 cm, μ_r = 1000)?

2.4.5 Mit einem Fe-Kern (Induktivitätsfaktor A_L = 1 mH) soll eine Spule von 1 H realisiert werden. Welche Windungszahl ist erforderlich?

2.4.6 Ein leerlaufender Transformator werde an eine Gleichspannungsquelle (R = 50 Ω, u_q = 5 V) für die Zeit $0 \ldots 1$ ms geschaltet, anschließend ($t > 1$ ms) geht u_q gegen null. Bestimmen Sie den Zeitverlauf der Sekundärspannung $u_2(t)$ (L_1 = 10 mH, L_2 = 5 mH, M = 5 mH)!

2.5.1 Ein Verstärker (Ersatzschaltung Bild 2.5.1) werde von einer Spannungsquelle (u_q = 10 mV, R_q = 1 kΩ) gesteuert und mit einem Lastwiderstand R_L = 5 kΩ betrieben (Verstärkerdaten: R_{St} = 1 kΩ, R_i = 5 kΩ, A_u = 100). Wie groß ist die Spannung u_L am Lastwiderstand? Bilden Sie die Anordnung mit Multisim nach und messen Sie die Ausgangsspannung.

2.5.2 Eine gesteuerte Spannungsquelle $A_u u_{St}$ wird in Reihe zu einem Widerstand R geschaltet. Die Steuerspannung u_{St} werde über R abgegriffen (in Stromflussrichtung, zum anderen entgegengesetzt). Welchen Gesamtwiderstand hat die Anordnung?

2.5.3 Für einen Bipolartransistor (Bild 2.5.4) soll ein Kleinsignalersatzschaltbild angegeben werden. Wie ändert sich Bild 2.5.4b? Kann die Anordnung in eine spannungsgesteuerte Spannungsquelle überführt werden?

3.1.1 Einer Monozelle (u_q = 1,5 V, R_i = 5 Ω) sei beständig ein Widerstand R_a = 100 Ω parallelgeschaltet. a) Durch welche Ersatzgrößen kann dieses „Batteriemodul" beschrieben werden? b) Welcher Unterschied besteht im Leistungsumsatz zwischen Batteriemodul und Ersatzschaltung?

3.1.2 Zwei Stromquellen (Kurzschlussströme $i_{q1} = 1$ A, $i_{q2} = 2$ A, $G_{i1} = 1$ mS, $G_{i2} = 5$ mS) werden parallelgeschaltet (Ströme gleichgerichtet). Welche Leerlaufspannung u_L und welchen Innenwiderstand hat der Ersatzzweipol? Überprüfen Sie die Lösung mit Multisim.

3.1.3 An ein Modem (liefert Spannungsimpulse mit $u_q = 5$ V, $R_i = 50\ \Omega$) ist eine Leitung (Gesamtwiderstand $R_L = 80\ \Omega$) zum Empfänger (Eingangswiderstand $R_e = 50\ \Omega$) angeschlossen. Mit welcher Spannung u_e erscheinen dort die Spannungsimpulse?

3.1.4 Eine Spannungsquelle ($u_q = 10$ V) ist an einen Spannungsteiler 1:1 angeschlossen, an dessen Ausgang wieder ein Teiler 1:1 liegt. Somit finden vier Widerstände $R = 100\ \Omega$ Verwendung. Welche Spannung u_2 entsteht am Teilerausgang? Wie groß ist das Verhältnis u_2/u_q in dB?

3.1.5 Durch eine Parallelschaltung, bestehend aus einer Diode ($I_S = 10^{-14}$ A, $U_T = 25$ mV) mit einem Leitwert G, fließt ein Gesamtstrom $i = 100$ mA (durch G möge $i_G = 35$ mA fließen). Welche Spannung u entsteht über der Gesamtschaltung?

3.1.6 Zwei Dioden ($I_{S1} = 10^{-13}$ A, $I_{S2} = 10^{-14}$ A, $U_T = 25$ mV) sind mit gleicher Polung reihengeschaltet und werden von einem Strom $i = 100$ mA durchflossen. Welche Gesamtspannung entsteht an beiden Dioden?

3.2.1 Für die Schaltung Bild A 3.2.1 bestimme man den Strom durch R_4 nach der Zweipoltheorie ($u_q = 10$ V, $R_1 = 1$ kΩ, $R_2 = 2$ kΩ, $R_3 = 3$ kΩ, $R_4 = 5$ kΩ). Lösen Sie die Aufgabe auch mit Multisim.

3.2.2 Gegeben ist ein Potentiometer (Abgriff d, Widerstand R), das an einer idealen Spannungsquelle u_q liegt. Es sei mit einem Lastwiderstand R_a belastet.
a) Wie lauten die Ersatzgrößen des aktiven Zweipols, wenn R_a als passiver Zweipol betrachtet wird?
b) Für welche Potentiometerstellung gibt die Schaltung maximale Leistung an R_a ab? Überprüfen Sie die Schaltung mit Multisim, z.B. für $R = 1$ kΩ, $R_a = 5$ kΩ, $u = 10$ V.

3.2.3 An einer idealen Spannungsquelle $u_q = 30$ V liege ein Spannungsteiler ($R = 1$ kΩ), über dem $u = 10$ V abgegriffen wird (im Leerlauf). Um wieviel % geht diese Spannung zurück, wenn ein Verbraucherwiderstand $R_a = 100\ \Omega$ angeschlossen wird?

3.2.4 Ein Spannungsteiler (umschaltbar, Ausgangswiderstand $R_o = 100\ \Omega$) soll für folgende Spannungsverhältnisse $u_2/u_1 = (-3, -6, -10, -20, -40)$ dB entworfen werden. Geben Sie eine Lösung an.

3.3.1 Für nachfolgende Schaltung Bild A 3.3.1 bestimme man den Strom i durch R_2 mit dem Überlagerungsprinzip.

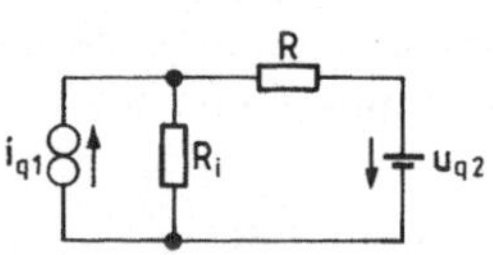

Bild A 3.2.1

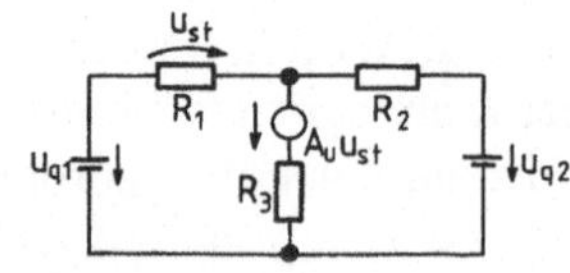

Bild A 3.3.1

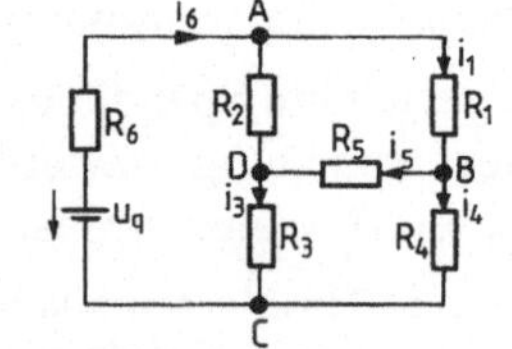

Bild A 3.4.1

3.4.1 Gegeben ist die Schaltung Bild A 3.4.1. a) Man stelle die Zweigstromgleichungen für die eingetragenen Ströme i_1, i_4, i_6 auf (keine Lösung). b) Wie lauten die Gleichungen für $R_1 = 1\ \Omega$, $R_2 = 1\ \Omega$, $R_3 = 2\ \Omega$, $R_4 = 4\ \Omega$, $R_5 = 2\ \Omega$, $R_6 = 2\ \Omega$, $u_q = 10$ V? Prüfen Sie die Lösung mit Multisim nach.

3.4.2 Für die Schaltung Bild A 3.4.2 soll die Spannung u_a mit der Maschenstromanalyse bestimmt werden (u_q = 10 V, R_1 = 1 kΩ, R_2 = 2 kΩ). Kontrollieren Sie das Ergebnis mit Multisim.

3.4.3 Man berechne die Ströme i_1, i_4, i_6 der Schaltung Aufgabe 3.4.1 nach dem Maschenstromverfahren (Bild A 3.4.3)!

3.4.4 Man berechne die Spannung (Bild A 3.4.4) über G_3 mit der Knotenspannungsanalyse. Nehmen Sie Zahlwerte an und vergleichen Sie Ihr Ergebnis mit einer Simulation durch Multisim.

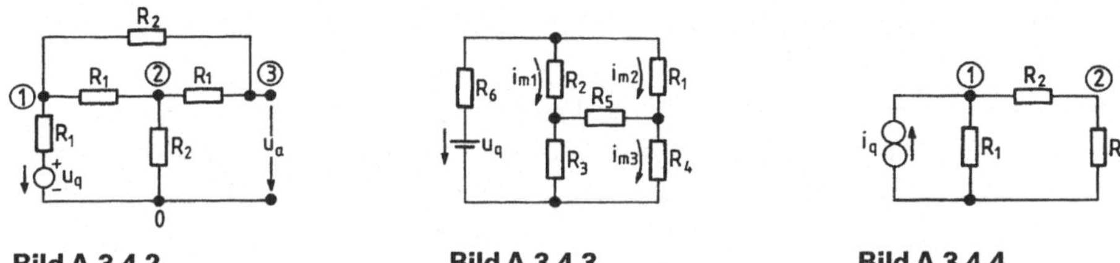

Bild A 3.4.2 **Bild A 3.4.3** **Bild A 3.4.4**

3.4.5 Man berechne die Spannung u_a (s. Aufgabe 3.4.2) nach der Knotenspannungsanalyse.

3.4.6 Für eine gegebene Operationsverstärkerschaltung Bild 3.4.6 (sog. Umkehrverstärker, mit der OP-Ersatzschaltung nach Bild 2.5.3c) suche man eine Zweipolersatzschaltung für die Ausgangsklemmen mit der Knotenspannungsanalyse. Hinweis: Den Innenwiderstand R_{iers} bestimme man dadurch, dass an den leerlaufenden Zweipol ein Lastwiderstand $R_a = R_{iers}$ solcher Größe angeschaltet wird, dass $u_l = u_l/2$ gilt.

4.1.1 Eine Sinusspannung (Frequenz f = 50 Hz) mit dem Effektivwert U = 10 V habe zur Zeit t_o = 2 ms den Momentanwert $u(t_o)$ = 5 V. Wie groß ist der Nullphasenwinkel?

4.1.2 An einer Wechselspannung mit einem Spitzenwert von 325 V wurde ein Gleichrichtwert von 250 V gemessen. Handelt es sich um eine Sinusspannung?

4.2.1 Zwei cosinusförmige Spannungsquellen gleicher Frequenz sind in Reihe geschaltet. Die resultierende Spannung habe den Effektivwert U = 24,4 V und den Nullphasenwinkel φ_u = 52,5°. Die eine Cosinus-Schwingung habe die Werte u_{q1} = 25 V, φ_{u1} = 75°. Welche Werte hat u_{q2}? Prüfen Sie die Lösung mit Multisim nach.

4.2.2 Durch einen Kondensator C = 0,47 µF fließt bei einer anliegenden Spannung U = 50 V ein Strom mit dem Effektivwert I = 12 mA. Welche Frequenz hat die anliegende Spannung? Prüfen Sie das Ergebnis mit Multisim nach.

4.3.1 Eine sinusförmige Wechselspannung $u(t)$ (U = 230 V, φ_u = 0, f = 50 Hz) erzeuge durch eine Induktivität L einen Strom $i(t)$ (= 1 A) mit einer Phasenverschiebung φ_i = 25°.
a) Welche Zeitfunktionen gehören zu $u(t)$ und $i(t)$? Man skizziere den Verlauf!
b) Wie lauten die zugehörigen komplexen Zeiger (rotierend)?
c) Liegt eine ideale Induktivität vor? Bearbeiten Sie das Beispiel anschließend mit Multisim.

4.3.2 Ein Zweipol werde an einer Spannung u (U = 10 V) betrieben. Dabei fließt ein Strom I = 20 mA, von dem bekannt ist, dass er um 30° voreilt. Welchen komplexen Widerstand Z hat der Zweipol?

4.3.3 Ein Lötkolben nehme bei der Spannung $U = 230$ V ($f = 50$ Hz) eine Leistung $P = 30$ W auf. Sie soll durch Vorschalten eines Kondensators in den Arbeitspausen auf die Hälfte reduziert werden. Wie groß ist C zu wählen? Überprüfen Sie die Lösung anschließend mit Multisim.

4.3.4 Welche Ströme fließen durch eine Parallelschaltung eines Leitwertes G und Kondensators C, wenn eine Spannung $u(t)$ ($u = 10$ V, $f = 50$ Hz) anliegt ($G = 1$ mS, $\omega C = 2$ mS)? Prüfen Sie die Lösungen mit Multisim nach.

4.3.5 Zu einer Parallelschaltung von C_1 und G ist ein Kondensator C_2 reihengeschaltet. Es liege die Gesamtspannung $u_q = 10$ V an ($\varphi_u = 0$). Welchen Phasenwinkel φ_{u1} hat die Spannung u_1 über φ_1 in Bezug zu u_q? (Skizze, $f = 50$ Hz, $C_1 = 10$ nF, $C_2 = 10$ nF, $G = 1$ mS), Kontrolle der Lösung mit Multisim.

4.3.6 In nachfolgender Schaltung Bild A 4.3.6 soll sich der Betrag des Gesamtstromes i bei Schließen des Schalters S nicht ändern. Wie ist R_2 in Bezug auf R_1, ωL zu wählen? Geben Sie entsprechend Ihrer Lösung Zahlenwerte vor und kontrollieren Sie das Ergebnis mit Multisim.

Bild A 4.3.6 **Bild A 4.3.7**

4.3.7 Für einen RC-Bandpass (Bild A 4.3.7) bestimme man $u_a(t)$, wenn eine sinusförmige Spannung am Eingang anliegt, mit der Maschenstromanalyse. Kontrollieren Sie die Lösung durch Vorgabe von Werten mit Multisim (z.B. $R = 1$ kΩ, $C = 1$ µF, Bereich f: 10 Hz bis 10 kHz).

4.4.1 Man zeichne das Zeigerdiagramm des Stromes und aller Spannungen einer Reihenschaltung eines Widerstandes R und der Induktivität L durch den ein Strom $I = 10$ mA fließt ($R = 100\ \Omega$, $\omega L = 300\ \Omega$).

4.4.2 Man bestimme das Zeigerdiagramm der Teilgrößen U_R, U_C, U_L eines Reihenschwingkreises, der von einem Strom I = const. = 10 mA durchflossen wird ($R = 100\ \Omega$, $L = 20$ mH, $C = 2{,}2$ nF) bei a) Resonanz $\omega_o = 1\sqrt{CL}$, b) bei $\omega = 1{,}05\ \omega_o$.

4.4.3 Skizzieren Sie das Bode-Diagramm (Betrag, Phasenverlauf) der Übertragungsfunktion $\underline{F}(j\omega) = (j\omega\ 100)/[\ (50 + j\omega)(1 + j\omega\ 0{,}1)]$ (ω sei dimensionslos angesetzt). Überprüfen Sie das Ergebnis anschließend mit Multisim unter Nutzung des Transferblocks für die Übertragungsfunktion.

4.4.4 Gegeben sei ein Spannungsverstärker (vgl. Bild 2.5.1c), der ausgangsseitig mit einer Kapazität C belastet wird. a) Wie lautet der Spannungsübertragungsfaktor $\underline{U}_a/\underline{U}_e$, wo liegt die Grenzfrequenz? b) Skizzieren Sie das Bode-Diagramm! Realisieren Sie eine entsprechende Multisimschaltung und überprüfen Sie das Ergebnis.

4.5.1 Durch eine Reihenschaltung von R und C fließt der Strom $I = 10$ mA ($f = 50$ Hz), gemessen wird eine Gesamtspannung $U = 300$ V (Phasenwinkel zwischen Strom und Spannung $\varphi_u - \varphi_i = 30°$). a) Welche Wirk-, Blind- und Scheinleistung tritt in der Anordnung auf? b) Wie groß sind die Schaltelemente R und C? Kontrollieren Sie das Ergebnis durch Anwendung des Leistungsmessers in Multisim.

4.5.2 Gegeben ist eine Stromquelle mit Innenleitwert ($G_i = 1$ mS, $B_i = +$j2 mS). Für welche Belastung Y_a herrscht Wirkleistungsanpassung? Welche Spannung entsteht am Lastleitwert? Überprüfen Sie die Lösung mit Multisim.

4.6.1 Ein Vierpol, dessen Z-Parameter bekannt sind ($\underline{Z}_{11} = \underline{Z}_{22} = -\mathrm{j}20\ \Omega$, $\underline{Z}_{12} = \underline{Z}_{21} = -\mathrm{j}50\ \Omega$) wird eingangs- und ausgangsseitig bei Scheinleistungsanpassung betrieben. Wie groß ist das Leistungsverhältnis zwischen der Leistung am Lastwiderstand bezogen auf die Quellenleistung? Hinweis: In diesem Fall wird nach dem Wellenwiderstand $\underline{Z}_{\mathrm{W1}} = \sqrt{\underline{Z}_{11} \cdot \underline{Z}_{1\mathrm{k}}} = \underline{Z}_{\mathrm{W2}} = \sqrt{\underline{Z}_{21} \cdot \underline{Z}_{2\mathrm{k}}}$ auf beiden Seiten angepasst (Gl. (4.5.16)).

4.6.2 Gegeben ist der Vierpol (z.B. Transistorersatzschaltung) Bild A 4.6.2. Wie lauten die zugehörigen Leitwertparameter?

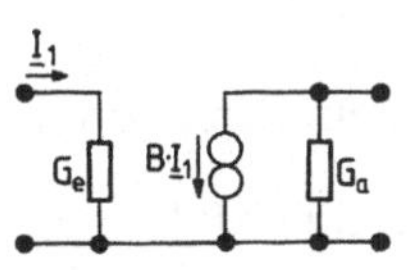

Bild A 4.6.2

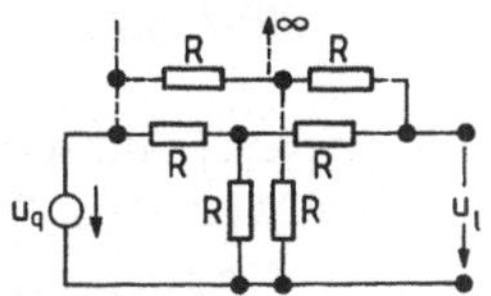

Bild A 4.6.3

4.6.3 Zeigen Sie, dass die Leerlaufausgangsspannung des Vierpoles Bild A 4.6.3, bestehend aus einer beliebigen Zahl parallelgeschalteter „T-Schaltungen", stets gleich $u_q/2$ ist!

4.6.4 Gegeben sei ein Vierpol, dessen Leitwertparameter $Y_{12} = Y_{21} = 0$ verschwinden. a) Welche Ausgangsspannung U_2 entsteht, wenn eingangsseitig die Spannung U_1 anliegt? b) Gegeben sind zwei parallelgeschaltete Vierpole (Bild A 4.6.4) von denen Z_1, Z_2 bekannt sind. Prüfen Sie, ob für bestimmte Werte Z_3, Z_4 ebenfalls $Y_{12} = Y_{21} = 0$ gilt (es sei Z_4 reell angenommen).

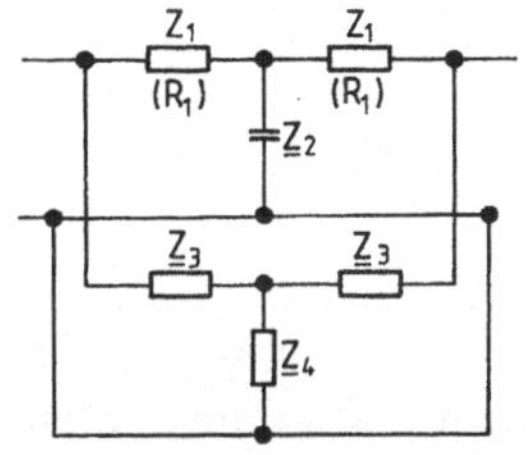

Bild A 4.6.4

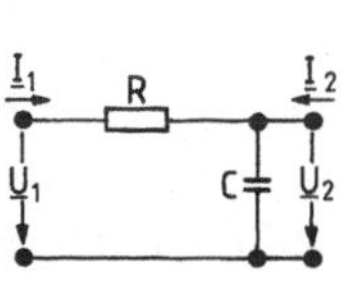

Bild A 4.6.6

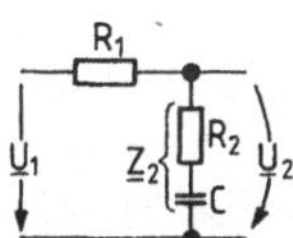

Bild A 4.6.7

4.6.5 Gegeben ist folgendes Vierpolgleichungssystem (Kettenzählpfeilrichtung, I_2 aus Vierpol herausfließend) $U_1 = -1\ U_2 + 0\ I_2$, $I_1 = 0\ U_2 - 1\ I_2$. Welcher Vierpol gehört dazu?

4.6.6 Gegeben ist der Tiefpass nach Bild A 4.6.6. a) Bestimmen Sie die Parameter der Kettenmatrix.

b) Wie lautet der Frequenzgang $\underline{F}(\mathrm{j}\omega)$ dieses Vierpols?

c) Bestimmen Sie den Frequenzgang $\underline{F}(\mathrm{j}\omega)$, wenn zwei gleiche Vierpole in Kette geschaltet werden.

4.6.7 a) Für die gegebene Schaltung Bild A 4.6.7 bestimme man die Übertragungsfunktion $\underline{F}(\mathrm{j}\omega) = \underline{U}_2/\underline{U}_1$.

b) Wie lautet die 3 dB-Grenzfrequenz für $R_1 = 9\ R_2$? Stellen Sie $\underline{F}(\mathrm{j}\omega)$ im Bode-Diagramm dar.

Kontrollieren Sie das Ergebnis mit Multisim durch Annahme von $R_1 = 1$ kΩ und $C_1 = 1$ µF.

4.6.8 Ein Transformator sei mit dem Widerstand R belastet (Bild A 4.6.8). Man berechne die Eingangsimpedanz $\underline{Z}$ unter Zugrundelegung der Transformatorgleichungen Gl. (2.4.16).

4.7.1 Eine Rechteckspannung habe im Zeitraum $0 \dots T/4$ den Wert U, sonst = 0 (Bild A 4.7.1) a) Wie lautet die Fourierreihe in der Form Gl. (5.1.9)? b) Wie lauten die ersten vier Glieder der Reihe?

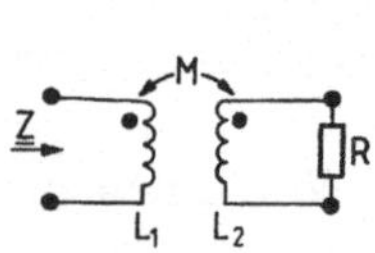

Bild A 4.6.8

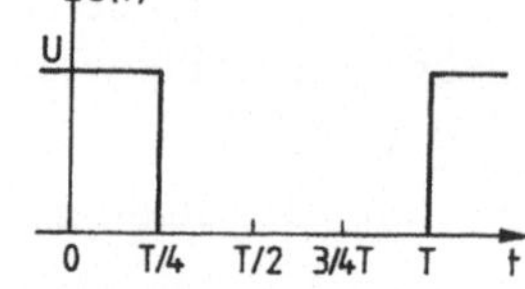

Bild A 4.7.1

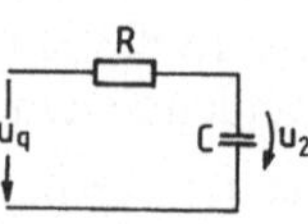

Bild A 4.7.2

4.7.2 Der dargestellte RC-Tiefpass (Bild A 4.7.2) wird zur Zeit $t = 0$ mit einem Diracimpuls erregt. Wie lautet die Impulsantwort für u_2?

4.7.3 a) Wie lautet die Fouriertransformierte der Zeitfunktion $f(t) = \begin{cases} \exp -at & \text{für } t \geq 0 \; (a > 0) \\ 0 & \text{für } t > 0 \end{cases}$? b) Welche Ortskurve gehört dazu? c) Wie lauten Real- und Imaginärteil der Fouriertransformierten?

5.1.1 Man berechne den Zeitverlauf der Spannung $u_2(t)$ (Bild A 5.1.1) nach Schließen des Schalters zur Zeit $t = 0$ (Kondensator energielos) a) Differentialgleichung für u_C, b) Berechnung des Verlaufs $u_2(t)$. Realisieren die Anordnung mit Multisim ($R_1 = R_2 = 1\ \text{k}\Omega$, $C = 1\ \mu\text{F}$), periodisches Impulssignal.

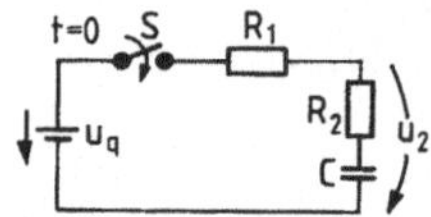

Bild A 5.1.1

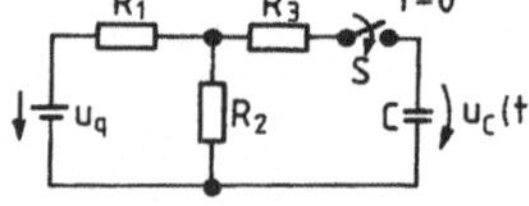

Bild A 5.1.2

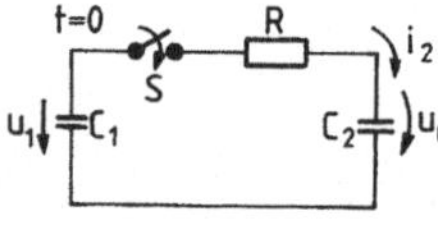

Bild A 5.2.2

5.1.2 In der Schaltung Bild A 5.1.2 wird der Schalter S zur Zeit $t = 0$ geschlossen. Welchen Zeitverlauf hat $u_C(t)$ (Anfangsladung Null, $R_1 = 30\ \text{k}\Omega$, $R_2 = 20\ \text{k}\Omega$, $R_3 = 38\ \text{k}\Omega$, $u_q = 15$ V, $C = 20$ nF). Entwerfen Sie eine entsprechende Schaltung mit Multisim und kontrollieren Sie das Ergebnis.

5.2.1 Man löse Aufgabe 5.1.1 mit der Laplace-Transformation.

5.2.2 Ein geladener Kondensator C_1 ($u_1(0) = 10$ V) wird über einen Schalter S auf einen ungeladenen Kondensator C_2 (Bild A 5.2.2) geschaltet (Zeit $t = 0$). Wie verläuft $u_C(t)$? (Man wende die Laplace-Transformation an.)

5.2.3 Im Unterschied zur Aufgabe 5.2.2 trage jetzt auch C_2 eine Anfangsladung $u_2(0)$. Berechnen Sie den Zeitverlauf $u_2(t)$ über den Zeitbereich (Zahlenwerte $C_1 = 1\ \mu\text{F}$, $C_2 = 2\ \mu\text{F}$, $R = 1\ \text{k}\Omega$, $u_1(0) = 100$ V, $u_2(0) = -50$ V).

5.3.1 Man löse Aufgabe 5.1.1 unter Benutzung der Übertragungsfunktion. Wie lauten Gewichts- und Sprungantwort?

6.2.1 Man bestimme das Potential eines Punktes: a) im Abstand d_1 von einer Punktladung Q_1, b) wie a), wenn sich zusätzlich noch im Abstand d_2 eine Ladung Q_2 befindet ($d_1 = 5$ cm, $d_2 = 10$ cm, $Q_1 = 5$ nC, $Q_2 = 10$ nC (es sei $\varphi_\infty = 0$)).

6.2.2 a) Welche Ladung befindet sich auf einem Plattenkondensator (Luftisolator), an dem eine Spannung von 500 V liegt? (Plattenfläche A = 10 cm², Plattenabstand d = 1 cm).
b) Wie groß ist der Verschiebungsfluss im Isolator?

6.2.3 a) Welche Kapazität hat eine Doppelleitung (l = 1km, Kunststoffumhüllung $\varepsilon_r = 3$), deren Leiter einen Durchmesser d = 1 mm und Abstand a = 4 mm haben? b) Welche Energie ist in der Leitung gespeichert, wenn eine Spannung u = 100 V anliegt?

6.2.4 a) Bestimmen Sie die Feldstärke und ihren radialen Verlauf im Innern einer 1,5 V Batterie (Durchmesser Innenelektrode d_i = 6 mm, Außenelektrode d_a = 25 mm). Die Batterie habe die Leitfähigkeit κ und arbeite im Leerlauf.
b) Wie groß ist die Feldstärke E am Innenleiter, am Außenleiter?

6.2.5 In einem linienhaften Leiter sind drei Materialbereiche mit den Leitfähigkeiten κ_1, κ_2, κ_2 „reihengeschaltet". Es fließt ein Strom i (Querschnitt A = 100 mm²). Welche Feldstärken herrschen in den einzelnen Leiterbereichen (κ_1 = 1 S/cm, κ_2 = 3 S/cm, κ_3 = 6 S/cm, i = 100 mA)?

6.3.1 Zwei im Abstand $2a$ parallele Leiter führen die Ströme i_1, i_2 in gleicher Richtung ($2a$ = 30 cm, i_1 = 1 A, i_2 = 2 A). a) Welche magnetische Feldstärke H herrscht in einem Punkt in der Mitte beider Leiter?
b) wie a), jedoch bei entgegengesetzten Stromrichtungen?

6.3.2 Ein gerader (langer) Leiter (Durchmesser $d_a = 2r_a$) wird von einem Strom i durchflossen (d_a = 1cm, i = 100 A). Wie groß ist der Betrag der magnetischen Feldstärke im Abstand r von der Leiterachse innerhalb und außerhalb des Leiters?

6.3.3 a) Bestimmen Sie für eine Kreisringspule (mittlerer Durchmesser d = 10 cm, Spulenquerschnitt A = 5 cm², w = 500 Wdg.), die von einem Strom i = 0,1 A durchflossen wird, die magnetische Feldstärke H, die Flussdichte B, den magnetischen Fluss Φ, die Durchflutung Θ und den magnetischen Widerstand.
b) Welche Größen ändern sich, wenn die Spule einen Eisenkern ($\mu_r > 1$) besitzt?

6.3.4 Eine Zylinderspule (Länge l = 10 cm, d = 5 cm, w = 500) ist auf einen Holzstab gewickelt. Welche Induktivität L hat sie?

6.3.5 In einer stromdurchflossenen Zylinderspule (Länge l_1 = 10 cm, Durchmesser d_1 = 20 mm, Windungszahl w_1 = 200) sei eine zweite Spule (l_2 = 1 cm, d_2 = 100 mm, w_2 = 10) konzentrisch angeordnet. a) Wie groß ist die Induktivität L_1 der äußeren Spule, wie groß die Gegeninduktivität M?
b) Welche Spannung wird in Spule 2 induziert, wenn sich der Strom i_1 sinusförmig ändert ($i_1 = \hat{i}_2 \sin \omega t$, $\hat{i}_1$ = 1 A, f = 50 Hz), wie groß ist der Scheitelwert von u_2?

6.3.6 Im Abstand r einer Leitung befinde sich ein Rundfunkempfänger mit Ferritantenne (Ferritstab, Durchmesser d = 10mm, w = 50 Windungen, μ_r = 50). In der Leitung werde ein kurzzeitiger Stromstoß (Δi = 1 kA, Δt = 1 ms) erzeugt. a) In welcher Lage zur Leitung muss sich die Ferritspule befinden, damit maximale Spannung induziert wird?
b) Wie groß ist die maximal induzierte Spannung?

6.3.7 a) Durch eine Gleichstrom(doppel)leitung (u = 500 kV) werde eine Leistung p = 1 MV übertragen. Welche Kraft wirkt auf beide parallele Leiter längs einer Strecke l = 100 m, wenn beide Leiter einen Abstand von r = 5 m haben?
b) Welche magnetische Feldstärke stellt sich im Abstand r = 10 m ein? Welche Induktion gehört dazu?

A 2 Lösungen

1.1.1 a) Einheiten stimmen, Gleichung besser als ln $i/I_S = u/U_T$ geschrieben. b) Gleichung fehlerhaft (rechts fehlt $1/T$ unter √), c) Gleichung fehlerhaft (I, u), d) Gleichung fehlerhaft.

1.1.2 [a] = A, [b] = s^{-1}, [c] = s^{-1}.

1.2.1 $Q = i\,\Delta t \rightarrow \Delta t = Q/I$ = 20 mAh/1 µA = 20 · 103 h = 2,28 Jahre. Ladungsmenge $n = Q/q$ = (20 · 10^{-3} A · 3600 s)/1,6 · 10^{-19} As = 4,5 · 1020 Elektronen.

1.2.2 Es gilt $F_{el} = F_{mech} \rightarrow QE = mg \rightarrow E = mg/Q$ = (10^{-6} · 9,81)/10^{-9} kgm/s² As = 981 V/m.

1.2.3 $W = Fl = QEl$ = 50 · 10^{-6} As · 50 · 10^3 V/m · 0,5 m = 1,25 Nm = 1,25 Jahre.

1.2.4 $U \leq Ed$ = 15 V.

1.2.5 Das Gesamtfeld beträgt $\boldsymbol{E} = -3c\,(\boldsymbol{e}_x x + \boldsymbol{e}_y y) = -3c\boldsymbol{r}$. Integration nach Gl. (1.2.4) ($\mathrm{d}\boldsymbol{s} = \mathrm{d}\boldsymbol{r}$) liefert das Potential $-\varphi = \int \boldsymbol{E}(r)\mathrm{d}\boldsymbol{r} = 3c\int r\,\mathrm{d}\boldsymbol{r} = 3cr^2$ + const.

1.2.6 $\Delta Q = \int_0^t 2A\mathrm{d}t = 2At$ *für* $0 \leq t \leq 3h$; $\Delta Q(t) = \Delta Q(3h) - \int_{3h}^t 0{,}5hA\mathrm{d}t = 6Ah - 0{,}5A(t-3h)$ *für* $3h \leq t \leq 4h$ *und* $\Delta Q(t) = \Delta Q(4h) = 5{,}5Ah$ *für* $t \geq 4h$.

1.2.7 Es gilt $n = S/qv = I/qvA$ = 0,62 · 10^{15} cm^{-3}.

1.2.8 Im Heizofen fließt ein Strom $i = p/u$ = 43,4 A (!). Dadurch würde im Kabel eine Stromdichte $S = i/A$ = 28,9 A/mm² auftreten. Es wäre mehrfach überlastet und dürfte in Brand geraten.

1.2.9 Knotensatz: $I_B + I_C = I_E$ (oder $I_B + I_C + I_E = 0$, Richtungsfestlegung I_E in Bezug zu I_B, I_C erforderlich. Hier: $I_E = (B_N + 1)\,I_B$. Für I_B = 1 µA → I_E = 10 µA.

1.3.1 Die entnommene Energie beträgt W = 1 kWh/75 in Δt = 24 s. Damit wird die entnommene Leistung $P = \Delta W/\Delta t$ = 1 kWh/(75 · 24s) = 2 kW.

1.3.2 a) Wirkungsgrad $\eta = P_{mech}/P_{el}$ = 500 W/(230 V · 2,55 A) = 0,85. Wärmeleistung: $P_{el} = P_{mech} + P_w \rightarrow P_w = (1 - \eta)\,P_{el}$ = 86,5 W.
b) Wirkungsgrad der Pumpe: η_p = 350 W/500 W = 0,70. Gesamtwirkungsgrad $\eta_{ges} = \eta\,\eta_p$ = 0,60.
c) Energiebedarf für die geförderte Wassermenge: $W = P_f\,\Delta t = m\,g\,h \rightarrow m = P_f\,\Delta t/g\eta$ = (350 W · 1 h)/(5 m · 9,81 m²/s) = 25,7 · 10^3 kg = 25,7 m³, da 1 kW = 10^3 kgm²/s³.

2.1.1 Die Zweipolersatzschaltung ist stets ein Modell bezüglich des äußeren Klemmenverhaltens. Es lässt keinen Schluss auf Vorgänge im Innern des Zweipols zu. Deshalb ist der Schluss auf den Leistungsumsatz, wie dargelegt, unzulässig.

2.1.2 a) Reihenschaltung von 8 Batterien (betrachtet als ideale Spannungsquelle), b) $i = p/u$ = 0,835 A, c) p = –10 W, p = 10 W (Skizze!).

2.1.3 Umwandlung der Stromquelle in eine Spannungsquelle ($u_{q2} = i_{q2} \cdot R_i$ = 5 V). Gesamte Quellenspannung im Kreis: $u_{q1} - u_{q2}$ = 5 V (Richtung beachten). Strom $i = (u_{q1} - u_{q2})/(R + R_i)$ = 5 V/25 Ω = 0,2 A.

2.2.1 a) ja, b) $p \sim u^2$, Vervierfachung.

2.2.2 a) $R = 2l\,\rho/A$ = 17 Ω, b) $i = u/R$ = 88,2 mA, $p = u^2/R$ = 0,132 W.

2.2.3 a) Spannungen: R_1: 15 V, R_2: 6 V, R_3: 2 V, R_4: 5 V, R_5: φ_A–(–1 V), u_{ab} = –6 V, b) $R_1 = u_1/i_1$ = 15 V/1 mA = 15 kΩ, c) $i = u_4/R_4$ = 5 V.

2.2.4 Aus $R_r = R_1 + R_2$ und $R_p = (R_1R_2)/(R_1+R_2)$ ergibt sich z.B. für R_1: $R_1^2 - R_1R_r + R_rR_p = 0$ mit der Lösung $R_1 = R_r/2 \pm \sqrt{(R_r^2/4) - R_rR_p}$. ($R_2 = R_r - R_1$). Es ergeben sich $R_1 = 200\ \mathrm{k\Omega}$ bzw. 20 kΩ und $R_2 = 20\ \mathrm{k\Omega}$ bzw. 200 kΩ.

2.2.5 Es gilt $u_x = R_x\, i$. Maschengleichung: $u_x - u_1 + u_2 = 0$. Knotengleichung: $i = i_1 + i_x$.

Lösung: $R_x = \dfrac{u_1 - (i - u_1/R_1)R_2}{i - (u_1/R_1)} = 1{,}6\ \mathrm{k\Omega}$.

2.2.6 Ja, i_q stellt den Strom im Arbeitspunkt dar.

2.3.1 $u(t) = u_o \cdot t/T \rightarrow i = Cu_o/T = \text{const.}, Q = \int_0^T i\,dt = Cu_0$.

2.3.2 Es gilt $Q = \int_0^T iu\,dt = i_qT = 10\ \mu\text{As}, u_C\, C = Q \rightarrow u_C = 100\ \text{V}, W = C/2u^2 = 5\ \text{mW}$.

2.3.3 $Q = C_1u_1 = C_2u_2 \rightarrow u_2 = 100\ \text{V} \cdot Q = 5 \cdot 10^{-8}$ As.

2.3.4 a) $C_{ges} = C_4 + [(1/C_3) + (1/(C_1 + C_2)] - 1 = 34{,}166$ nF.
b) $Q_{ges} = uC_{ges} = Q_4 + Q_3$: $Q_3 = Q_1 + Q_2$: $Q_4 = uC_4 = 300$ nC, $Q_3 = 4{,}166$ nC, $C_3u_3 = (C_1 + C_2)\,u_{12}$, $u_{12} + u_3 = u \rightarrow u_3 = 8{,}33$ V, $u_{12} = 1{,}67$ V.

2.3.5 $A = 1{,}12\ \text{m}^2$ (!).

2.4.1 $u_q = i\,(t)\,R_i + L(di/dt) \rightarrow\ i = (u_q/R_i)(1 - \exp - t/\tau)$, $\tau = L/R_i$.

2.4.2 $u = L di/dt \rightarrow L\Delta i/\Delta t$, ($L = 100$ nH): 0...1 ns: $u = 1$ V, 1...2 ns: $u = 0$, 2...3 ns: $u = -1$ V (Skizze). Ein anderer Weg wäre die bereichsweise analytische Formulierung von $i(t)$ und Berechnung von u.

2.4.3 $1/L = 1/L_3 + 1/(L_1 + L_2) \rightarrow\ L = 8{,}57$ mH.

2.4.4 $R_m = l_{Fe}/\,\mu A$, $L = w^2/R_m = 100{,}5$ mH.

2.4.5 Gl. (2.4.13), $w = \sqrt{10^3}$.

2.4.6 $i_2 = 0$, $u_q = i_1R + L_1(di_1/dt)$, $u_2 = M\,(di_1/dt)$, $\rightarrow i_1 = u_q/R\ [1 - \exp -t/\tau]$, $\tau = L_1/R$ (Einschalten; $0 < t < 1$ ms): Ausschalten: nach $t > t_o$ ($t_o = 1$ ms), $i_1(t) = i(t_o) \exp - t/\tau$.

2.5.1 $u_L = (A_u u_{st} R_L)/(R_i + R_L) = (R_L A_u)/(R_1 + R_L) \cdot (u_q R_{st})/(R_q + R_{st}) = 250$ mV.

2.5.2 Gesamtspannung $u = iR + A_u u_{st}$, $u_{st} = iR$ $\rightarrow$ Gesamtwiderstand $R_{ges} = u/i = R(1 + A_u)$, Zunahme des Widerstandes ($A_u > 0$). Bei entgegengesetzter Steuerspannung ($u_{st} = -iR$) $\rightarrow$ $R_{ges} = R(1 - A_u)$.

2.5.3 Ersatz der Eingangsdiode durch ihren Kleinsignalleitwert $g = di_B/du_{BE} \rightarrow i_B/U_T$. Die stromgesteuerte Stromquelle bleibt erhalten. Überführung in spannungsgesteuerte Spannungsquelle hier nicht möglich, da ideale Stromquelle gegeben. (Möglich erst durch Hinzunahme eines Innenwiderstandes).

3.1.1a) Aktiver Zweipol, Leerlaufspannung $u_l = u_q\, R_a/(R_i + R_a) = 1{,}43$ V ($\approx 1{,}5\,(1 - 0{,}05)$ V, – 5 %), $R_{iers} = R_i\,//R_a = 4{,}76\ \Omega$. b) Reale Anordnung verbraucht ständig Leistung, Entladung der Batterie nach einiger Zeit. Im Ersatzzweipol erfolgt keine Entladung.

3.1.2 $u_l = \dfrac{(i_{q1} + i_{q2})}{G_{i1} + G_{i2}} = 500\ \text{V}, \quad R_{iers} = \dfrac{1}{G_{i1} + G_{i2}} = 1/6\ \mathrm{k\Omega}$

3.1.3 $u_e = (R_e u_q)/(R_e + R_l + R_i) = 1{,}38$ V.

3.1.4 $u_2 = \dfrac{R//2R}{2(R + R//R)} u_q = \dfrac{u_q}{5}; \quad \left.\dfrac{u_2}{u_1}\right|_{dB} = -13{,}97$ dB.

3.1.5 $i = i_G + I_S(\exp u/U_T - 1)$. Umstellung $u/U_T = \ln(i - i_G + I_S)/I_S = 0{,}737$ V.

3.1.6 $u_{ges} = u_1 + u_2 = U_T[\ln(i/I_{S1} + 1) + \ln(i/I_{S2} + 1)] \div U_T \ln(i^2/I_{S1}I_{S2}) = 1{,}439$ V.

3.2.1 Ersatzgrößen des aktiven Zweipols $u_l = R_2/(R_1 + R_2)\,u_q$, $R_i = R_1//R_2 + R_3$, Strom durch $R_4 : i = u_2/(R_i + R_4) = 0{,}77$ mA.

3.2.2 a) Ersatzgrößen des aktiven Zweipols $u_l = (\alpha R\,u_q)/(\alpha R + (1 - \alpha)\,R) = \alpha u_q$; $R_i = \alpha R//(1 - \alpha)\,R = \alpha\,(1 - \alpha)\,R$, α-abhängig. Maximum bei $a = 1/2$.
b) Anpassung $R_i = R_a$. Hier nur für einen Festwert α möglich.

3.2.3 Unbelasteter Teiler aufgefasst als aktiver Zweipol: $u_l = 10$ V, Teiler $R = R_1 + R_2 = 1$ kΩ, $R_1 = R/3$, $R_i = R_1//R_2 = R/3//(2/3)\,R = 0{,}22$ kΩ, Spannung u_{AB} mit R_a: $u_{AB} = R_a/(R_a + R_i)\,u_l$. Abweichung $(u_{AB}/u_l) - 1 = -R_i/(R_a + R_i) = -0{,}312$.

3.2.4 Die Spannungsteilung nach Bild L 3.2.4 ergibt $u_2/u_1 = R_x/(R_x + R_o)$,

$$\left.\frac{u_2}{u_1}\right|_{dB} = 20\lg\left(\frac{u_2}{u_1}\right) \to \frac{u_2}{u_1} = 10^{(1/20)(u2/u1)dB}, \quad R_x = R_0(u_2/u_1 - 1) = R_0(10^{-1/20(u2/u1)dB} - 1).$$

Werte

$u_2/u_1\|_{dB}$	−3	−6	−10	−20	−40
R_x/Ω	41,2	99,6	216,1	900	9,9 k

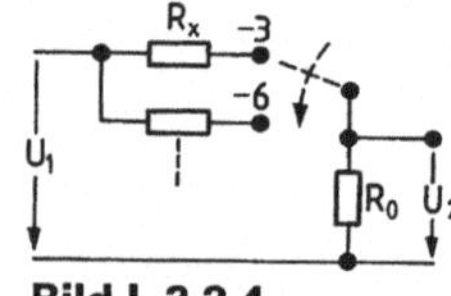

Bild L 3.2.4

3.3.1 $i = i_1(u_{q1}) + i_2(u_{q2})$, $i_1(u_{q1}) = (1/R_2).\,(R_2//R_3)/(R_1 + R_2//R_3)\,u_{q1}$, $i_2(u_{q2}) = (u_{q2})/(R_2 + R_1//R_3)$.

3.4.1 a) Die Schaltung hat $k = 4$ Knoten und $z = 6$ Zweige. Es gibt somit $m = 3$ unabhängige Gleichungen. Maschengleichungen

$$-u_{R2} + u_{R1} + u_{R5} = 0$$
$$-u_{R3} - u_{R5} + u_{R4} = 0$$
$$u_{R2} + u_{R3} - u_{R4} = u_6.$$

Zusätzlich mit den Knotengleichungen für die Knoten A, B, D und den Widerstandsbeziehungen entstehen daraus schließlich

$$(R_1 + R_2 + R_5)\,i_1 \quad - R_5\,i_4 \qquad - R_2\,i_6 = 0$$
$$-R_5 i_1 \quad (R_3 + R_4 + R_5) i_4 \qquad - R_3\,i_6 = 0$$
$$-R_2 i_1 \quad - R_3 i_4 \qquad (R_2 + R_3 + R_6) i_6 = u_q.$$

b) Einsetzen der Zahlenwerte führt auf

$$4\Omega\,i_1 - 2\Omega\,i_4 - 1\Omega\,i_6 = 0 \qquad 4i_1 - 2i_4 - i_6 = 0$$
$$-2\Omega\,i_1 + 8\Omega\,i_4 - 2\Omega\,i_6 = 0 \qquad -2i_1 + 8i_4 - 2i_6 = 0$$
$$-1\Omega\,i_1 - 2\Omega\,i_4 + 5\Omega\,i_6 = 10\text{ V} \qquad -\ i_1 - 2i_4 + 5i_6 = 10\text{ A}.$$

Werden alle Gleichungen durch „1 Ω“ gekürzt, so verbleibt das rechts stehende System. Die Lösung dieser Gleichungen nach den einzelnen Strömen i_1, i_4, i_6 bereitet prinzipiell keine Schwierigkeiten und ist nach mehreren Methoden möglich.

3.4.2 Die Schaltung wird durch zwei unabhängige Maschenströme i_{m1}, i_{m2} beschrieben. Nach der Lösungsmethodik ergibt sich

$$\begin{bmatrix} (2R_1 + R_2) & -R_1 \\ -R_1 & (2R_1 + R_2) \end{bmatrix} \cdot \begin{bmatrix} i_{m1} \\ i_{m2} \end{bmatrix} = \begin{bmatrix} u_q \\ 0 \end{bmatrix}.$$

Weiter gilt $u_a = i_{m1}R_2 + i_{m2}R_1$. Die Ströme gehen z.B. durch die Determinantenregel hervor:

$$i_{m1} = \frac{u_q(2R_1 + R_2)}{(R_1 + R_2)(3R_1 + R_2)}; \quad i_{m2} = \frac{u_q R_1}{(R_1 + R_2)(3R_1 + R_2)}.$$

Daraus wird

$$u_a = u_q \frac{R_1 + R_2}{3R_1 + R_2} = 6\ \text{V}.$$

3.4.3 Wir führen in die Schaltung drei unabhängige Maschenströme $i_{m1} \ldots i_{m3}$ ein (s. Bild L 3.4.2) und erhalten nach der Lösungsmethodik „Maschenstromanalyse" im Ergebnis:

$$(R_6 + R_2 + R_3)\, i_{m1} - R_2\, i_{m2} - R_3\, i_{m3} = u_q$$
$$- R_2\, i_{m1} + (R_1 + R_5 + R_2)\, i_{m2} - R_5\, i_{m3} = 0$$
$$- R_3\, i_{m1} - R_5\, i_{m2} + (R_3 + R_4 + R_5)\, i_{m3} = 0$$ oder zusammengefasst:

$$\begin{bmatrix} (R_2 + R_3 + R_6) & -R_2 & -R_3 \\ -R_2 & (R_1 + R_2 + R_5) & -R_5 \\ -R_3 & -R_5 & (R_3 + R_4 + R_5) \end{bmatrix} \cdot \begin{bmatrix} i_{m1} \\ i_{m2} \\ i_{m3} \end{bmatrix} = \begin{bmatrix} u_q \\ 0 \\ 0 \end{bmatrix}.$$

Man erkennt die Symmetrie der Matrix zur Hauptdiagonalen. Die Zweigströme i_1, i_4, i_6 ergeben sich aus den Maschenströmen: $i_6 = i_{m1}$, $i_1 = i_{m2}$, $i_4 = i_{m3}$.

3.4.4 Für die Knotenspannungen u_{10}, u_{20} ergeben sich aus der Schaltung direkt

$$\begin{bmatrix} G_1 + G_2 & -G_2 \\ -G_2 & G_2 + G_3 \end{bmatrix} \cdot \begin{bmatrix} u_{10} \\ u_{20} \end{bmatrix} = \begin{bmatrix} i_q \\ 0 \end{bmatrix}.$$

Daraus folgt durch Auflösen nach u_{20} (Determinantenregel)

$$u_{20} = \frac{i_q G_1}{(G_1 + G_2)(G_2 + G_3) - G_2^2}.$$

3.4.5 Mit Bezugskonten 0 (wie angegeben) gibt es drei unabhängige Knoten $K_1 \ldots K_3$ und damit Knotenspannungen $u_{10} \ldots u_{30}$ ($u_{30} = u_a$). Die Spannungsquelle u_q wird mit R_1 in eine Stromquelle $i_q = u_q G_1$ gewandelt. Dann folgt das Gleichungssystem

$$\begin{bmatrix} (2G_1 + G_2) & -G_1 & -G_2 \\ -G_1 & (2G_1 + G_2) & -G_1 \\ -G_2 & -G_1 & (G_1 + G_2) \end{bmatrix} \cdot \begin{bmatrix} u_{10} \\ u_{20} \\ u_{30} \end{bmatrix} = \begin{bmatrix} u_q G_1 \\ 0 \\ 0 \end{bmatrix}.$$

Die Lösung des Gleichungssystems nach u_{30} ergibt

$$u_a = u_{30} = \frac{u_q(R_1 + R_2)}{3R_1 + R_2}.$$

3.4.6 Zunächst Überführung der Spannungsquellen (Bild L 3.4.6) in Stromquellen. Einführung der Knoten 1, 2 mit ($g_{st} = 1/R_{st}$, $S = A_u/R_i$, $g_i = 1/R_i$) führt zu den Knotengleichungen

$$\begin{bmatrix} G_1 + G_2 + g_{st} & -G_2 \\ -G_2 & g_i + G_2 \end{bmatrix} \cdot \begin{bmatrix} u_{10} \\ u_{20} \end{bmatrix} = \begin{bmatrix} u_q G_1 \\ S \cdot u_d \end{bmatrix}.$$

Mit $u_{10} = -u_d$ wird

$$\begin{bmatrix} G_1 + G_2 + g_{st} & -G_2 \\ -G_2 + S & g_i + G_2 \end{bmatrix} \cdot \begin{bmatrix} u_{10} \\ u_{20} \end{bmatrix} = \begin{bmatrix} u_q G_1 \\ 0 \end{bmatrix}.$$

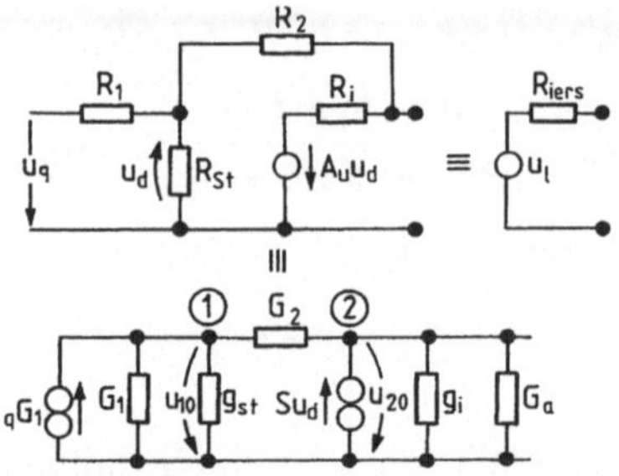

Auflösung nach u_{20} ergibt

$$u_{20} = \frac{-u_q\, G_1(S - G_2)}{(G_1 + G_2 + g_{st})(g_i + G_2) + G_2(S - G_2)} = u_2.$$

Damit ist u_1 bestimmt.

Bild L 3.4.6

Bestimmung von R_{iers}: Durch Zuschalten des Leitwertes G_a verändern wir u_2 so, dass sich $u_2/2$ einstellt. Dann gilt $G_a = G_{iers}$. Es gilt so

$$\frac{1}{(G_1 + G_2 + g_{st})(G_a + g_i + G_2) + G_2(S - G_2)} \equiv \frac{1}{2(G_1 + G_2 + g_{st})(g_i + G_2) + G_2(S - G_2)}.$$

Aufgelöst nach G_a wird daraus:

$$R_{iers} = R_a = \frac{G_1 + G_2 + g_{st}}{2(G_1 + G_2 + g_{st})(g_i + G_2) + G_2(S - G_2)}.$$

Hinweis:Die R_{iers}-Bestimmung kann auch durch Einführung eines sog. Probestromes an die Ausgangsklemmen und Berechnung der dadurch hervorgerufenen Spannungsänderung erfolgen.

4.1.1 Es gilt $\hat{u} = \sqrt{2}\,U = 14{,}1$ V, $\omega = 314\ \text{s}^{-1}$, $u\,(t) = \hat{u}\sin(\varphi t + \varphi_u)$ $\varphi_u = -15{,}22°$.

4.1.2 Die Sinusspannung hat den Gleichrichtwert $|\hat{u}| = (2/\pi)\,\hat{u} = 207$ V, demnach kann keine Sinusspannung vorliegen.

4.2.1 Sinngemäßes Entwickeln von Gl. (4.1.10) führt auf $\hat{u}_{q2} = 15$ V, $\varphi_{u2} = 12°$.

4.2.2 $\omega = I/CU = 2\pi f$, $f = 81$ Hz.

4.3.1 a) $u\,(t) = \sqrt{2}\,U\sin(2\pi f t + \varphi_u)$, $i\,(t) = \sqrt{2}\,I\sin(2\pi f + \varphi_i)$, b) $u\,(t) = \hat{u}\exp \mathrm{j}(\omega t + \varphi_u)$ $= \underline{\hat{u}}\exp \mathrm{j}\omega t$, $\underline{\hat{u}} = \sqrt{2}\underline{U}$, $i(t) = \hat{\imath}\exp \mathrm{j}(\omega t + \varphi_i) = \underline{\hat{\imath}}\exp \mathrm{j}\omega t$, $\underline{\hat{\imath}} = \sqrt{2}\underline{I}$, c) nein, da $(\varphi_i - \varphi_u) \neq |\pi/2|$.

4.3.2 Gegeben: $\underline{U} = 10\ \text{V} < 0°$, $\underline{I} = 20\ \text{mA} < 30^{\varnothing}$. Damit wird $\underline{Z} = \underline{U}/\underline{I} = 500\ \Omega < -30° = R + \mathrm{j}X$. Umwandlung in rechtwinklige Koordinaten R, jX ergibt $Z\,\underline{I} = R + \mathrm{j}X = (433 - \mathrm{j}250)\,\Omega$.

4.3.3 a) Widerstand des Lötkolbens: $R = U^2/P = (230)^2\ \text{V}/30\ \text{W} = 1{,}763\ \text{k}\Omega$. Spannung U_R bei halber Leistung: $U_R = \sqrt{PR} = \sqrt{15\ \text{W} \cdot 1{,}76\ \text{k}\Omega} = 162$ V. Spannung am Kondensator: $U_C = \sqrt{(U^2 - U_R^2)} = 162$ V, Kondensatorstrom $I = U_R/R$, Kondensator $C = 1/X_c = I/U_C = U_R/RU_C = 1/\omega R = 1{,}81\ \mu$F. Hinweis: Aufgabe kann auch direkt im Frequenzbereich gelöst werden. Führen Sie dies durch!

4.3.4 Es gilt im Frequenzbereich $\underline{I} = (G + \mathrm{j}\omega C)\underline{U}$, damit $\underline{I}_G = G\,\underline{U}$, $\underline{I}_C = \mathrm{j}\omega C\,\underline{U}$, $\underline{I} = \underline{I}_G + \underline{I}_C$. Lösung im Zeitbereich: $i\,(t) = \hat{\imath}\sin(\omega t + \varphi_i)$ mit $\hat{\imath} = \sqrt{2}\,I = \sqrt{2}\sqrt{(G^2 + (\omega C)^2)}U = 31{,}6$ mA, $\varphi_i = \varphi_u + \varphi_y$ mit $\tan\varphi_y = \omega C/G = 2$, $\varphi_y = 63{,}43°$.

4.3.5 Spannungsteilerregel führt auf:

$$\frac{\underline{u}_{C1}}{\underline{u}_q} = \frac{\underline{Z}_1}{\underline{Z}_1 + \underline{Z}_2} = \frac{1}{1 + (G_1 + \mathrm{j}\omega C_1)/\mathrm{j}\omega C_2}.$$ Phasenwinkel aus

$$\tan\varphi_{u1} = \frac{G/\omega C_2}{1 + C_1/C_2} = \frac{G/\omega}{C_1 + C_2}, \quad \varphi_{u1} = 89{,}6°.$$

4.3.6 Bei offenem Schalter S gilt $\underline{I} = \underline{U}_q/(R_1 + j\omega L)$, bei geschlossenem $\underline{I}' = \underline{U}_q/(R_1 + (R_2//j\omega L))$. Die Forderung $|\underline{I}| = |\underline{I}'|$ führt mit $jX = j\omega L$ auf

$$\frac{1}{R_1^2 + X^2} = \frac{R_2^2 + X^2}{R_1^2 R_2^2 + X^2 (R_1 + R_2)^2}$$

und nach Lösung für R_2 auf $R_2 = (wL)^2/2R_1$.

4.3.7 Man hat zwei unabhängige Maschen mit den Maschenströmen i_{m1}, i_{m2}. Transformation der Schaltung in den Frequenzbereich ergibt das Gleichungssystem

$$\begin{bmatrix} R + 1/j\omega C & -1/j\omega C \\ -1/j\omega C & R + 2/j\omega C \end{bmatrix} \cdot \begin{bmatrix} \underline{I}_{m1} \\ \underline{I}_{m2} \end{bmatrix} = \begin{bmatrix} \underline{U}_q \\ 0 \end{bmatrix}.$$

Ausgangsspannung $\underline{U}_a = R\,\underline{I}_{m2}$. Lösung nach $\underline{I}_{m2}$ führt auf ($\Omega = \omega RC$)

$$\frac{\underline{U}_a}{\underline{U}_q} = \frac{j\Omega}{1 - \Omega^2 + 3j\Omega} = \frac{\Omega}{\sqrt{\left(1 - \Omega^2\right)^2 + 9\Omega^2}} \frac{\exp(j\pi/2)}{\exp j \arctan(3\,\Omega/(1 - \Omega^2))} = F \exp j\varphi_F\,.$$

Lösung im Zeitbereich: $u_q(t) = \hat{u}_q \sin(\omega t + \varphi_u)$;

$u_a(t) = \hat{u}_a \sin(\omega t + \varphi_a)$ mit

$\hat{u}_a = F\,\hat{u}_q$; $\varphi_a = \varphi_u + \varphi_F$, $\varphi_F = \pi/2 - \arctan 3\Omega/(1 - \Omega^2)$.

4.4.1 Es gilt $\underline{U} = \underline{I}(R + j\omega L)$, $\underline{U}_R = \underline{I}_R$, $\underline{U}_L = \underline{I} j\omega L$. Rechteckkonstruktion. Zahlenwerte: $U_R = 1$ V, $U_L = 3$ V, $U = \sqrt{(U_R^2 + U_L^2)} = \sqrt{10}$ V.

4.4.2 Resonanz $f_o = 23{,}99$ kHz,
a) $U_R = 1$V, $\underline{U}_L = j\omega_o L\,\underline{I}$, $U_L = 30{,}1$ V, $\underline{U}_C = \underline{I}/j\omega C$, $U_C = 30{,}1$ V.
b) Bei $\omega = 1{,}05\ \omega_o$ erhöht sich U_L um rd. 5% und U_C sinkt um 5% gegenüber den Werten a).

4.4.4 Spannungsübertragungsfunktion

$$\frac{\underline{U}_a}{\underline{U}_q} = \frac{\underline{U}_a}{\underline{U}_{st}} = \frac{A_u}{1 + j\omega CR}\,.$$

Tiefpass mit Grenzfrequenz $\omega_g\,RC = 1$. Bode-Diagramm nach Bild 4.4.5.

4.5.1 Es gilt $\underline{U} = \underline{I}(R - j/\omega C)$, $U = I \cdot Z$, $Z = \sqrt{(R^2 + (1/\omega C)^2)} = R\sqrt{(1 + \tan^2(\varphi_u - \varphi_i))} = 30$ kΩ, $\tan(\varphi_u - \varphi_i) = -(1/R\omega C) = 0{,}577$, $X = -1/\omega C = -14{,}99$ kΩ, $C = 220$ nF, $R = 25{,}98$ kΩ, Wirkleistung $P = 2{,}59$W, Blindleistung $Q = -1{,}499$ W, $S = \sqrt{(P^2 + Q^2)} = 2{,}99$ W.

4.5.2 $\underline{Y}_a = \underline{Y}_i^*$, d.h. $G_a = G_i = 1$ mS, $B_a = -B_i = -j$ 2mS (Induktivität).

4.6.1 Es ist $\underline{Z}_{w1} = \sqrt{(\underline{Z}_{11}(\underline{Z}_{21} - (\underline{Z}_{12}/\underline{Z}_{21}/\underline{Z}_{22})))} = \underline{Z}_{w2}$ (Vierpolsymmetrie, $\underline{Z}_{11} = \underline{Z}_{22}$, $\underline{Z}_{21} = \underline{Z}_{12}$). $\underline{Z}_w = 45{,}8\ \Omega \to \underline{Z}_1 = \underline{Z}_2 = 45{,}8\ \Omega$ (reell). Ausgangsleistung P_a = Eingangsleistung P_e, da Vierpol nur aus Blindschaltelementen besteht.

4.6.2 $$\underline{Y}_{11} = \left.\frac{\underline{I}_1}{\underline{U}_1}\right|_{\underline{U}_2=0} = G_e, \qquad \underline{Y}_{12} = \left.\frac{\underline{I}_1}{\underline{U}_2}\right|_{\underline{U}_1=0} = 0,$$

$$\underline{Y}_{21} = \left.\frac{\underline{I}_2}{\underline{U}_1}\right|_{\underline{U}_2=0} = BG_e, \qquad \underline{Y}_{22} = \left.\frac{\underline{I}_2}{\underline{U}_2}\right|_{\underline{U}_1=0} = G_a\,.$$

Das sind die Standardleitwertparameter einer Transistorersatzschaltung.

4.6.3 Für eine T-Schaltung ist das Ergebnis $u_q/2$ durch die Spannungsteilerregel sofort ersichtlich, m.a.W. ist der Zweig AB stromlos (Bild L 4.6.3). Auch für einen zweiten, parallelgeschalteten T-Vierpol gilt dieses Ergebnis (A'B' stromlos), m.a.W. können B und B' zusammengeschaltet werden. Das Ergebnis gilt auch für beliebig viele parallelgeschaltete Anordnungen wie gegeben.

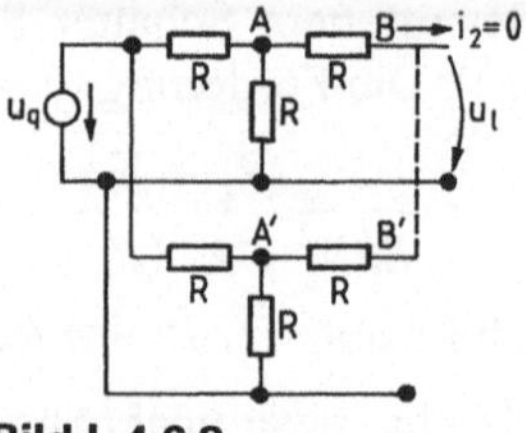

Bild L 4.6.3

4.6.4 a) Ergebnis: $\underline{U}_2 = 0$, da $\underline{Y}_{21} = 0$. b) Haben die Einzelvierpole die Widerstandsparameter $\underline{Z}_{ik}'$ $\underline{Z}_{ik}''$, so folgt für die Parallelschaltung

$$\underline{Y}_{12} = \underline{Y}_{12}' + \underline{Y}_{12}'' = -\left\{\frac{\underline{Z}_{12}'}{\Delta\underline{Z}'} + \frac{\underline{Z}_{12}''}{\Delta\underline{Z}''}\right\},$$

wobei die Umkehrbarkeit und Symmetrie der Einzelschaltungen $\underline{Z}_{11} = \underline{Z}_{22}$, $\underline{Z}_{12} = \underline{Z}_{21}$ gilt. Für die Vierpole gilt: $\underline{Z}_{11}' = \underline{Z}_1 + \underline{Z}_2$, $\underline{Z}_{12}' = \underline{Z}_2$, $\underline{Z}_{11}'' = \underline{Z}_3 + \underline{Z}_4$, $\underline{Z}_{12}'' = \underline{Z}_4$ und damit

$$\underline{Y}_{12} = \left\{-\frac{\underline{Z}_2}{2\underline{Z}_1(\underline{Z}_1 + 2\underline{Z}_2)} + \frac{\underline{Z}_4}{2\underline{Z}_3(\underline{Z}_3 + 2\underline{Z}_4)}\right\}.$$

Im Beispiel ist $\underline{Z}_2 = -\mathrm{j}\ \Omega$, $\underline{Z}_1 = 2\ \Omega$, d.h. $\underline{Z}_2 = -\mathrm{j}(\underline{Z}_1/2)$. Für die Forderung $\underline{Z}_4$ reell ergibt sich aus

$$0 = \frac{-\mathrm{j}}{2\underline{Z}_1(1-\mathrm{j})} + \frac{\underline{Z}_4}{\underline{Z}_3(\underline{Z}_3 + 2\underline{Z}_4)}$$

durch Vergleich der Real- und Imaginärteile die Lösung $\underline{Z}_3 = -\mathrm{j}\underline{Z}_1$, $\underline{Z}_4 = \underline{Z}_1/2$.
Betragen beispielsweise $Z_1 = 2\ \Omega$, $\underline{Z}_2 = -\mathrm{j}1\ \Omega$, so gelten $\underline{Z}_3 = -\mathrm{j}2\ \Omega$, $\underline{Z}_4 = 1\ \Omega$. Die Schaltung ist als sog. Doppel-T-Brücke bekannt.

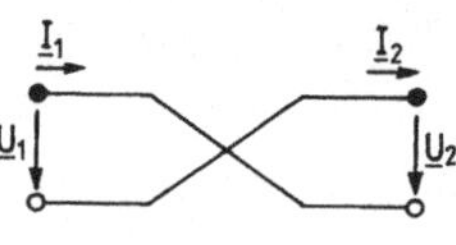

Bild L 4.6.5

4.6.5 Leitungsüberkreuzung (Bild L 4.6.5).

4.6.6 a) Aus Kettengleichung $\underline{A}_{11} = \left.\frac{\underline{U}_1}{\underline{U}_2}\right|_{\underline{I}_2=0}$; Spannungsteilerregel: $\frac{\underline{U}_2}{\underline{U}_1} = \frac{1}{1+\mathrm{j}\omega RC} = \frac{1}{\underline{A}_{11}}$

$$\underline{A}_{22} = \left.\frac{\underline{I}_1}{\underline{I}_2}\right|_{\underline{U}_2=0} \qquad C \text{ kurzgeschlossen } (\underline{I}_1 = -\underline{I}_2) \rightarrow \underline{A}_{22} = -1$$

$$\underline{A}_{12} = \left.\frac{\underline{U}_1}{\underline{I}_2}\right|_{\underline{U}_2=0} \qquad C \text{ kurzgeschlossen } \underline{U}_1 = R\underline{I}_1 = -R\underline{I}_2;\ \ \underline{A}_{12} = -R$$

$$\underline{A}_{21} = \left.\frac{\underline{I}_1}{\underline{U}_2}\right|_{\underline{I}_2=0} = \mathrm{j}\omega C$$

b) $F(\mathrm{j}\omega) = \left.\frac{\underline{U}_2}{\underline{U}_1}\right|_{\underline{I}_2=0} = \frac{1}{\underline{A}_{11}}$.

c) Vorzeichen $\underline{I}_2$ beachten (erste Matrix). Kettenschaltung führt mit Teilmatrizen $\underline{A}_1$, $\underline{A}_2$ auf

$$\underline{A}_{\text{ges}} = \begin{bmatrix} 1+\mathrm{j}\omega RC & R \\ \mathrm{j}\omega C & 1 \end{bmatrix} \cdot \begin{bmatrix} 1+\mathrm{j}\omega RC & -R \\ \mathrm{j}\omega C & -1 \end{bmatrix}.$$

Übertragungsverhalten $\underline{F}$ durch $\underline{A}_{11\text{ges}}$ bestimmt $\underline{A}_{11\text{ges}} = (1+\mathrm{j}\omega RC)^2 + \mathrm{j}\omega RC = 1 + 3\mathrm{j}\omega RC - (\omega RC)^2$.

(Hinweis: es ist nicht $\underline{F} = \underline{F}_1 \cdot \underline{F}_2$, da keine Rückwirkungsfreiheit vorliegt).

4.6.7 a) Das Spannungsübersetzungsverhältnis lautet

$$\frac{\underline{U}_2}{\underline{U}_1} = \frac{1+\mathrm{j}\omega R_2 C}{1+\mathrm{j}\omega C(R_1+R_2)} = \underline{F}(\mathrm{j}\omega) = \underline{G}(\mathrm{j}\omega)$$

b) Für $R_1 = 9R_2$ $\underline{G}(\mathrm{j}\omega) = \dfrac{1+\mathrm{j}\omega R_2 C}{1+\mathrm{j}\omega 10 C R_2}$

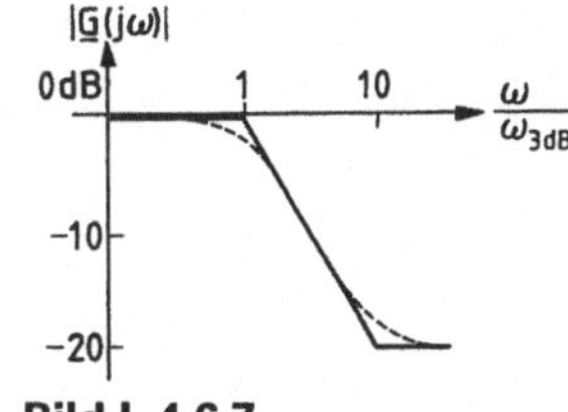

Bild L 4.6.7

dominante Tiefpassfunktion: $\rightarrow$ $\omega_{3\text{dB}}\, C 10\, R_2 = 1 \rightarrow$ $\omega_{3\text{dB}} = 1/10\, CR_2$ (Bild L 4.6.7). Für hohe Frequenzen: $\lim_{\omega\to\infty} G(\mathrm{j}\omega) = 1/10$. 3 dB-Abweichung nach hohen Frequenzen: $\omega_2 = 1/CR_1 = 10\,\omega_{3\text{dB}}$.

4.6.8 Ausgang sind Gl. (2.4.16))

$\underline{U}_1 = \mathrm{j}\omega L_1 \underline{I}_1 + \mathrm{j}\omega M \underline{I}_2$

$\underline{U}_2 = \mathrm{j}\omega M \underline{I}_1 + \mathrm{j}\omega L_2 \underline{I}_2;\quad \underline{U}_2 = -\underline{I}_2 R.$

Eliminierung von $\underline{I}_2$ ergibt (mit $M = k\sqrt{L_1 L_2}$)

$$\underline{Z} = \frac{\underline{U}_1}{\underline{I}_1} = \frac{\omega^2\left(M^2 - L_1 L_2\right) + \mathrm{j}\omega L_1 R}{R + \mathrm{j}\omega L_2} \approx \frac{L_1}{L_2} R = \left(\frac{w_1}{w_2}\right)^2 R\omega L_2 \gg R,\ k \rightarrow 1$$

Widerstandstransformation $(w_1/w_2)^2 R$ erfolgt nur bei Leerlaufbelastung $R \gg \omega L_2$ und fester Kopplung $k \rightarrow 1$.

4.7.1 Die Funktion ist weder gerade noch ungerade noch liegt Halbwellensymmetrie vor. Daher gilt

$$A_{\text{n}} = \frac{2}{T}\int_0^{T/4} U\cos n\omega_0 t\,\mathrm{d}t + \int_{T/4}^{T} 0\,\mathrm{d}t = \frac{2U}{T}\cdot\frac{\sin n\omega_0 t}{n\omega_0}\Bigg|_0^{T/4} = \frac{U}{n\pi}\sin\frac{n\pi}{2}.$$

$$B_{\text{n}} = \frac{2}{T}\int_0^{T/4} U\sin n\omega_0 t\,\mathrm{d}t = \frac{U}{n\pi}\left(1-\cos\frac{n\pi}{2}\right).$$

$$\text{Mittelwert: } A_0 = \int_0^{T/4} f(t)\,\mathrm{d}t = \frac{U}{4}.$$

$$\text{b)}\quad u(t) = \frac{U}{4} + \frac{\sqrt{2}U}{\pi}\cos(\omega_0 t - 45°) + \frac{U}{\pi}\cos(2\omega_0 t - 90°) + \frac{\sqrt{2}U}{3\pi}\cos(3\omega_0 t - 135°).$$

4.7.2 Es ist $u_{\text{q}}(t) = A\delta(t)$. Fouriertransformierte: $\underline{U}_{\text{q}}(\mathrm{j}\omega) = \text{FT}\{A\delta(t)\} = A\,1$. Frequenzgang der Schaltung $\underline{F}(\mathrm{j}\omega) = \underline{G}(\mathrm{j}\omega) = 1/(1+\mathrm{j}\omega RC)$. Ausgangsgröße $\underline{U}_2(\mathrm{j}\omega) = \underline{U}_{\text{q}}(\mathrm{j}\omega)\,\underline{F}(\mathrm{j}\omega) = A\,1/RC(1/RC + \mathrm{j}\omega)$. Mit $\text{FT}^{-1}\{1/(a+\mathrm{j}\omega)\} = s(t)\exp - at$ $\rightarrow u_2(t) = \mathrm{s}(t)A/RC\exp - t/RC$; $a = 1/RC$ (Bild L 4.7.2).

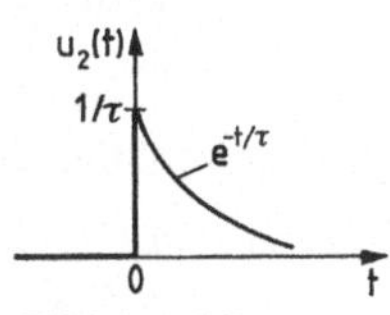

Bild L 4.7.2

4.7.3 a) $FT(j\omega) = \int_{-\infty}^{\infty} f(t) \exp - (j\omega t) dt = \int_0^{\infty} \exp - (a + j\omega t) \quad dt = \frac{1}{a + j\omega}$

b) Ortskurve: Halbkreis durch Nullpunkt mit Durchmesser $1/a$ im 4. Quadranten,
c) FT $(j\omega) = (a - j\omega)/(a^2 + \omega^2)$.

5.1.1 a) Maschensatz liefert $u_q = u_C + i(R_1 + R_2)$;
$i = C du_C/dt \rightarrow u_q = u_C + (R_1 + R_2)\, C du_C/dt$.
Lösung: $u_C = u_q((1 - \exp - t/\tau)$, $\tau = C(R_1 + R_2)$,
$i = C du_C/dt = u_q/(R_1 + R_2) \exp - t/\tau$,
b) $u_2 = u_C + R_2 i = u_q[1 - R_1/(R_1 + R_2)\, e - t/\tau$
(Bild L 5.1.1).

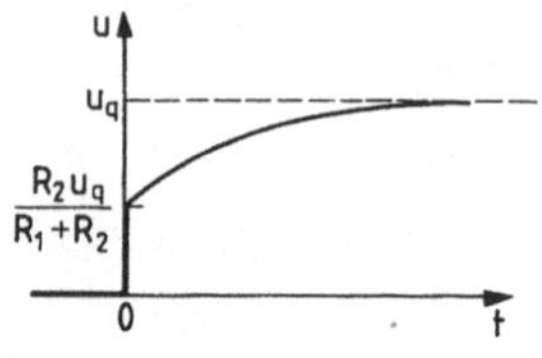

Bild L 5.1.1

5.1.2 Ersatz des Netzwerkes links vom Schalter durch aktiven Zweipol mit $u_1 = R_2/(R_1 + R_2)$ $U_q = 6$ V, $R_i = R_3 + R_1//R_2 = 50$ kΩ. Differentialgleichung $u_1 = u_C + RC du_C/dt$. Lösung $u_C(t) = u_1 (1 - \exp -t/\tau)$.

5.2.1 Kondensator anfangsenergielos. Dann ergibt sich aus den Lösungsgleichungen (mit $\tau_1 = C(R_1 + R_2)$, $\tau_2 = R_2 C$): $p\tau_1 U_C(p) + U_C(p) = \text{LT}\{u_q\}$ und $p\tau_2 U(p) + U_C(p) = U_2(p)$ mit LT $\{u_q\} = U_q(p)/p$ (Einschaltsprung). Auflösen nach $U_2(p)$ liefert im Bildbereich als Lösung

$$\underline{U}_2(p) = \frac{u_q \tau_2}{p\tau_1 + 1} + \frac{u_q}{p} \frac{1}{p\tau_1 + 1}$$

Die Rücktransformation führt auf

$u_2(t) = u_q(\tau_2/\tau_1) \exp - t/\tau_1 + u_q(1 - \exp - t/\tau_1) = u_q(1 - R_1/(R_2 + R_1) \exp - t/\tau_1)$.

5.2.2 Es gelten im Bildbereich $\underline{I}_1(p) = pC_1(\underline{U}_1(p) - u_1(0)/p)$ (Strom durch C_1 mit Anfangsspannung $u_1(0)$), $\underline{I}_2(p) = pC_2\, \underline{U}_2(p)$, $\underline{I}_1(p) = -\underline{I}_2(p)$ und $\underline{U}_1(p) = R\underline{I}_2(p) + \underline{U}_2(p)$. Eliminieren von $\underline{U}_1(p)$ und $\underline{I}$ führt auf

$$\underline{U}_2(p) = \frac{u_1(0)}{p(1 + C_2/C_1 + pRC_2)}.$$

Mit der Korrespondenz $1/(p(p + a)) \leftrightarrow = 1/a(1 - \exp -at)$ wird mit $a = [1 + C_2/C_1]/RC_2$ als Lösung

$$u_2(t) = \frac{u_1(0)}{1 + C_2/C_1}(1 - \exp - at).$$

5.2.3 Für geschlossenen Schalter gilt der Stromverlauf

$$i(t) = \frac{u_1(0) - u_2(0)}{R} \exp - t/\tau, \tau = \frac{RC_1C_2}{C_1 + C_2}.$$

Die Kondensatorspannung u_2 wird dann (Bild L 5.2.3)

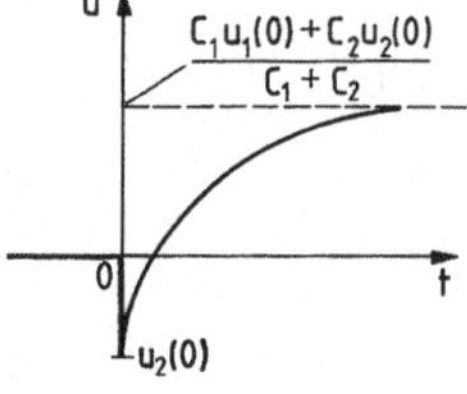

Bild L 5.2.3

$$u_2 = u_2(0) + \frac{1}{C_2}\int_0^t i\, dt' = \frac{C_1 u_1(0) + C_2 u_2(0) - C_1(u_1(0) - u_2(0)) \exp -t/\tau}{C_1 + C_2}.$$

5.3.1 Im Frequenzbereich ergibt sich die Ausgangsspannung $\underline{U}_2(j\omega)$

$$\underline{F}(j\omega) = \frac{\underline{U}_2(j\omega)}{\underline{U}_q} = \frac{\underline{Z}_2}{\underline{Z}_1 + \underline{Z}_2} = \frac{1 + j\omega C R_2}{1 + j\omega C(R_1 + R_2)}$$

Daraus wird mit $p = j\omega$: $\underline{G}(p) = \dfrac{\tau_2 p + 1}{\tau_1 p + 1}, \tau_1 = (R_1 + R_2)C, \tau_2 = R_2 C$.

Da U_q eine Sprungerregung (Einschalten einer Gleichspannung) darstellt ($\rightarrow u_q/p$), wird (vgl. Aufg. 5.2.1) $u_2(t) = \mathrm{LT}^{-1}\{\underline{G}(p)(u_q/p)\} = u_q(1 - R_1/(R_1 + R_2)\exp - t/\tau_1)$.
Die Sprungantwort beträgt dann $h(t) = 1 - [R_1/(R_1 + R_2)]\exp - t/\tau_1$
und die Gewichtsfunktion $g(t) = \mathrm{d}h/\mathrm{d}t = [R_1/(R_1 + R_2) \cdot 1/\tau_1]\exp - t/\tau_1$.

6.2.1 a) Es gilt $\varphi = \int\limits_r^\infty E dr + \varphi_\infty$ mit $E = \dfrac{D}{\varepsilon_0} = \dfrac{Q}{4\pi\varepsilon_0 r^2}$, da $D = \dfrac{Q}{A} = \dfrac{Q}{4\pi r^2}$ und damit

$\varphi = \int\limits_r^\infty \dfrac{Q\,\mathrm{d}r}{4\pi\varepsilon_0 r^2} = \dfrac{Q}{4\pi\,\varepsilon_0\, r}$. Zahlenwert: $r_1 = d_1, Q = Q_1, \varphi_1 = 899$ V.

b) Tritt eine zweite Ladung Q_2 hinzu, so beträgt das Gesamtpotential $\varphi = \varphi_1 + \varphi_2 = 1/(4\pi\,\varepsilon_0)$ $(Q_1/d_1 + Q_2/d_2)$, $\varphi = 2\varphi_1$, da $Q_2/d_2 = Q_1/d_1$.

6.2.2 a) $Q = Cu = (A\,\varepsilon_0/d)\,u = 0{,}442$ nC, b) $\psi = Q = 0{,}442$ nC.

6.2.3 a) Es gilt $C = \pi\, l\, \varepsilon/(\ln a/r) = 40{,}11$ nF, b) $W = (C/2)u^2 = 200\ \mu$Ws.

6.2.4 a) Würde durch die Batterie ein eingeprägter Strom I (von außen) fließen, so würde sich im Innern an einem Zylindermantel $A(r) = 2\pi\, l\, r$ die Stromdichte $S(r) = I/A(r)$ und damit Feldstärke $E(r) = S(r)/\kappa = I/2\pi\,\kappa\, l\, r$ einstellen. In einem Punkt r gehört dazu das Potential

$$\varphi(r) = \int\limits_r^{r_a} E(r)\mathrm{d}r = \frac{I}{2\pi l^{\,o}} \int\limits_r^{r_a} \frac{\mathrm{d}r}{r} = \frac{I}{2\pi l^{\,o}} \ln\frac{r_a}{r}.$$

Wir setzen $\varphi = 0$ bei $r = r_a$. Die Spannung u zwischen beiden Elektroden lautet $u = \varphi(r_i) - \varphi(r_a) = I/2\pi\,\kappa l \cdot \ln r_a/r_i$. Rückeingesetzt wird die Feldstärke $E(r) = (u/r)\ln r_a/r_i$.
b) $E(r_i) = 1{,}5\mathrm{V}/(3\ \mathrm{mm}\ \ln 25/6) = 35{,}8$ mV/mm; $E(r_a) = 8{,}27$ mV/mm.

6.2.5 Es gilt $S = \text{const.} \rightarrow E_1 = S/\kappa_1$; $E_2 = S/\kappa_2$, $E_3 = S/\kappa_3$, $E_1 = 10^{-1}$ V/cm, $E_2 = E_1/3$, $E_3 = E_1/6$.

6.3.1 a) Die Ströme erzeugen in der Mitte die Feldstärke H_1, H_2 (Beträge): $H_1 = i_1/2\pi\, a = 1\mathrm{A}/2\pi \cdot 15\ \mathrm{cm} = 1{,}05$ A/m; $H_2 = i_2/2\pi\, a = 2{,}12$ A/m. Die Gesamtfeldstärke ergibt sich durch (vektorielle) Addition der Komponenten: bei übereinstimmenden Stromrichtungen $H_{\mathrm{ges}} = H_1 - H_2 = -\,1{,}06$ A/m.
b) Bei entgegengerichteten Strömen gilt $H_{\mathrm{ges}} = H_1 + H_2 = 3{,}18$ A/m.

6.3.2 Außerhalb des Leiters ($r \geq d_a/2$) gilt $H = i/2\pi\, r$. Im Leiterinnern ist das Magnetfeld jeweils mit einem Teilstrom verkettet. Teilstrom durch Stromdichte bestimmt: $\int \boldsymbol{H}\mathrm{d}\boldsymbol{s} = \int \boldsymbol{S}\mathrm{d}\boldsymbol{A}$ $\rightarrow H\, 2\pi\, r = i$; $S = i \cdot 4/\pi d^2$ (const. über Leiterquerschnitt). Teilstrom $i_r = S \cdot A_r = i\ \pi r^2/\pi r_a^2$. Damit $H(r) = i_r/2\pi\, r = i_r/2\pi\, r_a^2$ $(0 \leq r \leq r_a)$. Zahlenwert: $H(r_a) = 100\ \mathrm{A}/\pi\ 1\ \mathrm{cm} = 31{,}8$ A/cm.

6.3.3 a) Die magnetischen Feldlinien verlaufen praktisch alle innerhalb des Spulenkörpers. Mit mittlerem Durchmesser d gilt dann: $H = iw/\pi\, d = 159{,}2$ A/m; $B = \mu_0 H = 4\pi\ 10^{-7}$ Vs/Am 159 A/m $= 1{,}99\ 10^{-4}$ Vs/m² $= 1{,}99\ 10^{-4}$ T, $\Phi = BA = 9{,}99\ 10^{-8}$ Vs, $\Theta = i\,w = 50$ A (Amperewindungen), $R_{\mathrm{m}} = \Theta/\Phi = 5108$ A/Vs.
b) Unverändert bleiben H und Θ, es erhöht sich $B = \mu_{\mathrm{r}}\,\mu_0\, H$ und R_{m} sinkt.

6.3.4 $L = w^2 \mu_0 A/l = w^2 (\mu_0 \pi d^2)/4\,l = 6{,}16\ 10^{-3}$ H.
Es gilt für die magnetische Feldstärke in Spule 1: $H_1 = i_1 w_1/l_1$. Dabei entsteht der Fluss $\Phi_1 = B_1 A_1 = \mu_0 H_1 A_1 = (\mu_0 i_1 w_1/l_1) \cdot (d_1^2 \pi/4)$ und die Induktivität $L_1 = \Phi_1/i_1 = w_1^2(\mu_0 d_1^2 \pi/4l_1) = 157\ \mu$H. Die Spule 2 wird vom Fluss $\Phi_{12} = \mu_0 H_1(d^2 \pi/4) = (\mu_0 w_1/l_1)(d_2^2 \pi/4)\, i_1$ durchsetzt. Er induziert die Spannung $u_2 = w_2(\mathrm{d}\Phi_{12}/\mathrm{d}t) = M(\mathrm{d}i_1/\mathrm{d}t)$ mit $M = w_1 w_2(\mu_0 d_2^2 \pi/4l_1) = 628\ 10^{-9}$ H,
b) Bei zeitveränderlichem Strom beträgt $u_2 = M(\mathrm{d}i_1/\mathrm{d}t) = \omega M \hat{\imath} \cos\omega t$, $\hat{u}_2 = \omega M \hat{\imath} = 197\ \mu$V.

6.3.6 a) Querschnitt der Ferritantenne wird senkrecht von *H*-Linien durchsetzt,
b) $u_\mathrm{i} = wA(\mu_\mathrm{r}\, \mu_0/2\pi r)(\mathrm{d}i/\mathrm{d}t) = 3{,}92$ mV.

6.3.7 a) Es gilt $F = B \cdot i \cdot l$ mit $i = p/u$. Leiter 1 befindet sich im Magnetfeld des anderen, d.h. $i \rightarrow i_1$, $B \rightarrow B_2 = \mu_0 i_2/2\pi r = \mu_0 p/2\pi ru$, $i_1 = i_2 \rightarrow F = l\, \mu_0/2\pi r\, 9(p/u)^2 = 16\ 10^{-6}$ N. Kraft durch großen Abstand vernachlässigbar,
b) $H = (1/2)\, \pi r(p/u) = 31{,}8$ mA/m, $B = \mu_0 H = 39{,}5\ 10^{-12}$ Vs/m² (extrem klein).

Anhang B Computerbeispiele

Der Anhang enthält eine Reihe von Beispielen mit den Programmen Multisim 2001/Electronics Workbench und MATLAB (jeweils aktuelle Studentenversionen Multisim 6, Electronics Workbench 5 bzw. MATLAB 6.1 resp. 5.3) zur praktischen Vertiefung der jeweiligen Stoffschwerpunkte. Auf einführende Programmbeschreibungen wurde bewusst verzichtet, da diese in den entsprechenden Hilfefunktionen ohnehin vorhanden sind und auch seitens der Hersteller Tutorials in den Handbüchern bzw. Online angeboten werden.

Bezugsnachweis:

Die Studentenversion Multisim 2001 ist zu beziehen (für Deutschland und Österreich) über http://www.ewbeurope.com, dort Bezugsmodalitäten nachfragen.

Die Studentenversion MATLAB (v.6.1) ist zu beziehen

- (Online) über http://www.mathworks.com/products/studentversion/(nur mit Kreditkarte)
- in Deutschland (ohne Kreditkarte) über die Fa. ASKNET (http://www.softwarehouse.de/).

Übersicht der Multisim- und MATLAB-Beispiele

Multisim-Beispiele. Die Nummerierung richtet sich nach den zugeordneten Abschnitten.

Die beiliegende CD enthält eine Demoversion von Multisim 2001 mit allen nachfolgenden Beispielen, außerdem wurden alle Beispiele in einem separaten Verzeichnis zusammengestellt für jene, die bereits Multisim 2001 (ab Studentenversion aufwärts auf dem Rechner installiert haben.

1/1a Grundstromkreis
1/1b Einfacher Gleichstromkreis, grundsätzlicher Simulationsablauf
1/2 Akkumulatorladung
1/3 Maschen- und Knotensatz
1/4 Knoten- und Maschensatz
2/1 Ersatzwiderstand
2/2 Spannungs-, Stromteilung
2/3a Spannungsmessung, Stromberechnung
2/3b Spannungsmessung, Stromberechnung
2/3c Überlagerungssatz
2/3d Leistungsbestimmung
2/3e Leistungsbilanz
2/4 Temperaturgang, Spannungsteiler
2/5 Toleranzanalyse
2/6 DC-Sweep, Diodenkennlinie
2/7 Strom-Spannungsverhalten des Kondensators
2/8 Stückweise lineare Stromquelle
2/9 Stückweise lineare Quelle 2
2/10 Integratorblock
2/11 Elektronischer Kondensator
2/12 Strom-Spannungsverhalten der Spule
2/13 Gesteuerte Stromquelle
2/14 Spannungsgesteuerte Spannungsquelle
2/15 Spannungsgesteuerte Spannungsquelle
2/16 Operationsverstärkergrundschaltungen
3/1 Aktive Zweipolkennlinie
3/2 Grundstromkreis, Lasteinfluss
3/3 Zweipoltheorie
3/4 Stromquelle
3/5 Zweipolersatzgrößen
3/6 Zweipolersatz
3/7 Kennlinie eines nichtlinearen aktiven Zweipols
3/8 Aktiver Zweipol mit nichtlinearem Innenwiderstand
3/9 Kleinsignalsteuerung

3/10 Fallende Kennlinie, Kleinsignalverhalten
3/11 Potenziometerschaltung
3/12 Knotenspannungsanalyse
3/13 Maschenstromanalyse
3/14 Maschenstromanalyse
3/15 Netzliste im- und -export
3/16 SPICE-Netzliste
3/17 Netzliste, gesteuerte Spannungsquelle
4/1 Mittelwerte
4/2 Wechselstromverhalten des Grundstromkreises 1
4/3 Wechselstromverhalten des Grundstromkreises 2
4/4 Phasenbeziehung am Scheinwiderstand
4/5 Wechselstromanalyse bei Festfrequenz 1
4/6 Festfrequenzanalyse 2
4/7 Frequenzanalyse 3
4/8 Strom-Spannungsverhalten am Parallelschwingkreis
4/9 RC-Tiefpass, Parametervariation
4/10 SPICE Netzliste
4/11 Leistungsbestimmung
4/12 Leistungsfaktor
4/13a Vierpolparameterbestimmung
4/13b Ortskurve eines Parallelschwingkreises
4/13c Direkte Vierpolparameterbestimmung
4/13d Negativer Wirkwiderstand
4/14 Subnetzwerk
4/15a Einschaltverhalten der Induktivität
4/15b Umschaltverhalten des Kondensators
4/15c Einschalten einer Wechselspannung
4/16 Einschwingverhalten des Reihenschwingkreises
4/17 Impulserregung Reihenschwingkreis, Transientenanalyse
4/18 Frequenzkompensierter Spannungsteiler, Parametersweep
4/19 Spannungsdifferenzierer
4/20 Netzwerkdifferentialgleichung
5/1 Fourieranalyse
5/2 Transferblock, Übertragungsfunktion

MATLAB-Beispiele. Die Nummerierung richtet sich nach den zugeordneten Abschnitten.

2/1 Belasteter Spannungsteiler
2/2 Kondensatorstrom
2/3 Strom und Spannung am Kondensator
3/1 Leistungsanpassung
3/2 Diodenarbeitspunkt
3/3 Einstellbare Spannung
3/4 Maschenströme
3/5 Knotenspannungsverfahren
3/6 Stromgesteuerte Spannungsquelle
3/7 Spannungsgesteuerte Stromquelle
4/1 Numerisches Differenzieren
4/2 Wechselstromnetzwerk, Momentanwerte
4/3 Leistungsanpassung am Zweipol
4/4 Ortskurve, Nyquistdiagramm
4/5 Bodediagramm
4/6 Hochpass-Tiefpass Spannungsteiler
4/7 Hochpass-Tiefpass-Spannungsteiler 2
4/8 Frequenzgang Eingangswiderstand
4/9 Momentanleistung
4/10 Wechselstromleistung
4/11 Impedanz des Parallelschwingkreises
4/12 Übertragungsfunktion 2. Ordnung mit Resonanzcharakter
4/13 Bandpass, Frequenzgang
4/14 Frequenzgang Reihenschwingkreis
4/15 Frequenzgang Spannungsfolger
4/16 Vierpolzusammenschaltung 1
4/17 Überbrückte T-Schaltung
4/18 Vierpolkettenschaltung
4/19 RC-Einschaltvorgang, symbolische Auswertung
4/20 RC-Einschaltvorgang
4/21 Reihenschwingkreis
4/22 RC-Differenzier-Integrierglied
4/23 Wien-Oszillator
4/24 Reihenschwingkreis, Methode der Zustandsvariablen
5/1 Standardsignale
5/2 Periodische Signale
5/3 Fourierreihe, Sägezahnkurve
5/4 Gibbs Phänomen
5/5 Amplitudenspektrum Rechteckimpuls
5/6 Netzwerkerregung, Fourierreihe
5/7 Fourier-Transformation
5/8 Laplace-Transformation
5/9 Laplace-Rücktransformation

5/10 Darstellungen der Übertragungsfunktion
5/11 Partialbruchentwicklung der Übertragungsfunktion
5/12 Pole und Nullstellen, PN-Plan
5/13 Gewichts-, Impulsfunktion
5/14 LTI Viewer, Reihenschwingkreis
5/15 SISO Design Tool, Operationsverstärker als Spannungsfolger
5/16 Zeitdiskrete Signale
5/17 Z-Transformation
5/18 Differenzengleichung 2. Ordnung mit Anfangswerten
5/19 Differenzengleichung
5/20 Übertragungsfunktion, Gewichts- und Sprungantwort
5/21 Zeitdiskrete Übertragungsfunktion, Frequenzgang
5/22 Abtastvorgang
5/23 Ersatz zeitkontinuierlicher durch zeitdiskrete Systeme

B 1 Beispiele unter Verwendung von Multisim 2001/Electronics Workbench

Multisim-Beispiel 1/1a Grundstromkreis. Bringen Sie die in Bild B 1.1/1a dargestellten Netzwerkelemente (virtuelle Elemente) auf die Arbeitsebene (Bibliotheken Sources, Basic, Indicators). Bauen Sie daraus Schaltung 1.1/1b auf, bemessen Sie die Elemente (nach Abschluss Speicherung unter „grund 1“ o.a.).

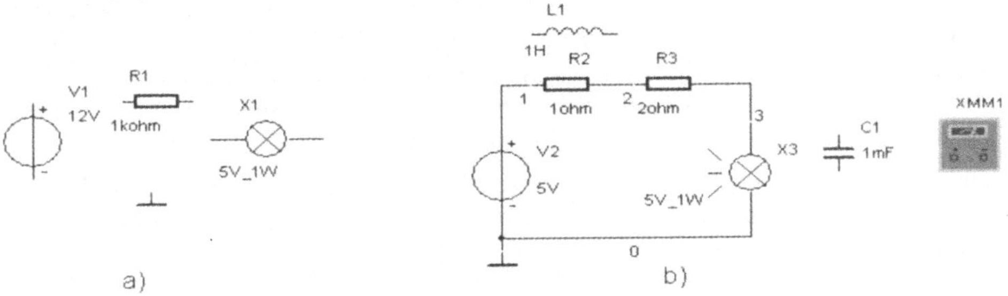

a) b)

Bild B 1.1/1

Führen Sie anschließend eine DC-Simulation (über *Simulation/Analysen/DC Arbeitspunkt*) durch, ebenso mit dem Simulationsschalter. Verwenden Sie der Reihe nach drei verschiedene Quellenspannung (2 V, 5 V, 10 V). Fügen Sie anschließend das Messinstrument als Spannungsmesser über der Glühlampe ein und weiteres als Strommesser, wiederholen Sie die Simulation. Erklären Sie die Abweichung der Instrumentenanzeige gegenüber der Spannungsquelle, rechnerische Begründung? Fügen Sie im nächsten Schritt die Induktivität L (1 H) parallel zu R1 und die Kapazität C (1 F) parallel zu Glühlampe ein und wiederholen Sie die Simulation. Ergebnis?

Multisim-Beispiel 1/1b Einfacher Gleichstromkreis, grundsätzlicher Simulationsablauf. Zum weiteren Kennenlernen von Multisim wird ein einfaches Gleichstromnetzwerk (wie gegeben in Anlehnung an Bild 3.1.5) untersucht, also eine sog. *DC-Analyse* durchgeführt. Ausgang ist die Schaltung Bild 3.15b. Man beginnt mit ihrem Aufbau (Zahl und Art der benötigten NWE aus der Bauelementebibliothek „Basics“ auf den Bildschirm ziehen, zweckmäßig mit Raster arbeiten), Anordnung (Verschieben, Drehen) in die gewünschte Lage, Leitungsverbindungen, Einfügen der Messinstrumente und anschließend Einstellung der Elementwerte. Danach wird die Schaltung unter einem selbsterklärenden Namen, z.B. „dcan1 (DC-Analyse 1)“ abgespeichert und entweder zur Direktsimulation der

Simulationsschalter betätigt oder die Anweisung *Simulation/Analysen/DC-Arbeitspunkt* ausgeführt. Im unten angegebenen Registerblatt *DC-Arbeitspunktanalyse* erscheinen links die verfügbaren Variablen, von denen die anzuzeigenden nach rechts verlagert werden (Bild B 1.1/1b-2). Anschließend erfolgt die Simulation und dem Analyse-Diagrammfenster können die Ergebnisse (Ströme durch die Quellen in Spice von + nach – gerichtet, in der Elektrotechnik umgekehrt!) entnommen werden.

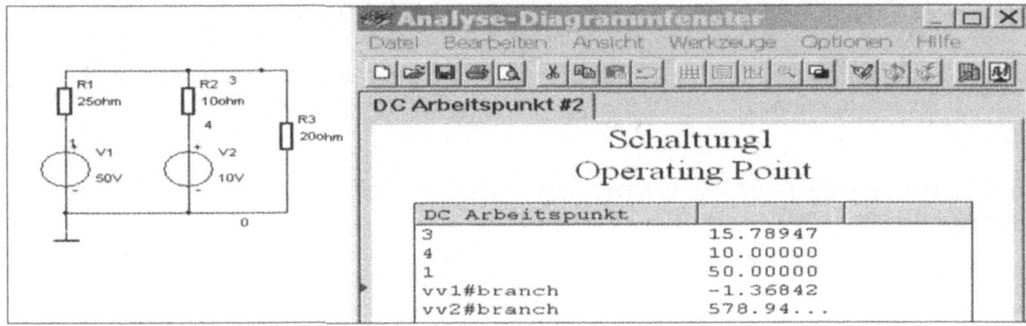

Bild B 1.1/1b-1

Die DC-Analyse lässt sich erheblich vereinfachen, wenn man die Ströme und Spannungen durch Einbau von Strom- und Spannungsmessern (aus der Bibliothek „Indicators") direkt anzeigt. Im Bild B 1.1/1b-1 ist die so gewandelte Schaltung angegeben. Die Simulation erfolgt jetzt (ohne weitere Wahl) durch Betätigung des Simulationsschalters und unmittelbar danach stehen in den Messinstrumenten die Ergebnisse (Bild B 1.1/1b-1).

Durch Anklicken eines Instrumentes lassen sich seine Optionen (Innenwiderstand, DC-, AC-Anzeige) festlegen. Abweichungen zwischen der Direktausgabe oben und Instrumentanzeigen sind oft auf veränderte Widerstandsverhältnisse durch die Instrumente zurückzuführen.

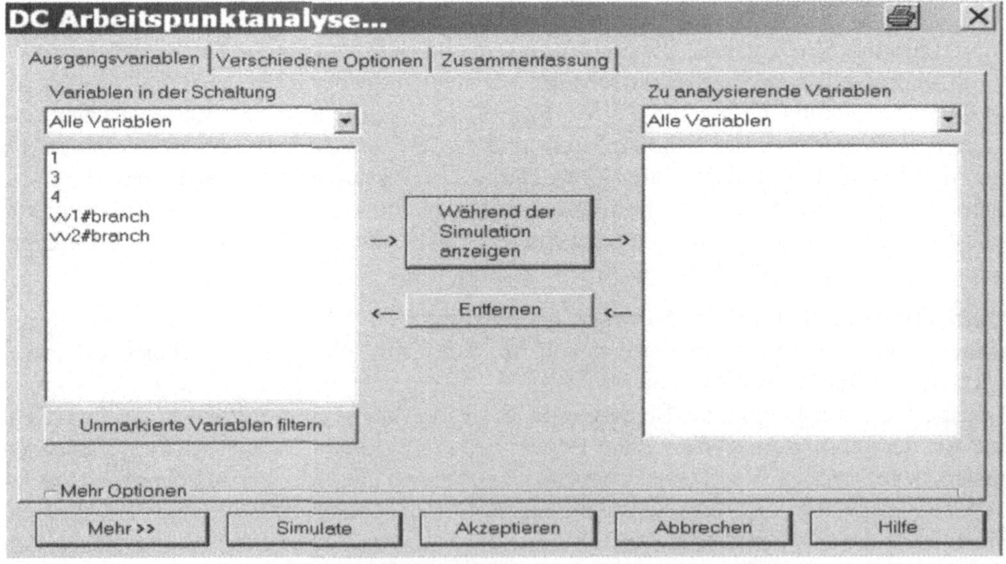

Bild B 1.1/1b-2

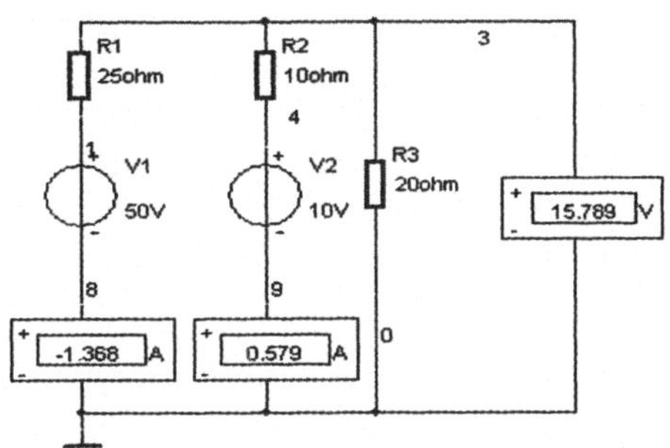

Bild B 1.1/1b-3

Zugegeben führen in einfachen Schaltungen wie hier „Handrechnungen" u.U. schneller zum Ergebnis. Der Vorteil einer Simulation besteht aber gerade darin, auch einfache Ergebnisse unabhängig nachprüfen zu können und vor allem die überaus große Zahl von Problemstellungen zu lösen, bei denen Handrechnung durch die Problemkomplexität unmöglich ist.

Der Simulationsablauf umfasst daher grundsätzlich folgende Schritte:

1. **Aufbau der Schaltung** (Bereitlegen aller Netzwerkelemente aus den Bibliotheken, Leitungsverbindungen, Bemessung der Netzwerkelemente), ggf. Anschluss der Messinstrumente, Abspeichern unter einem selbsterklärenden Namen,
2. **Wahl der durchzuführenden Analyse(n)**, letztere mit Analyselisten) durch die Anweisung *Simulation/Analyse/...*
3. **Wahl** der zu analysierenden und anzuzeigenden **Variablen**, Einstellung der Analyseparameter und Optionen,
4. **Start** der Analyse; die Ergebnisse erscheinen im *Analyse-Diagrammfenster* (von dort ggf. Weiterverarbeitung mit Mathcad oder Microsoft-EXCEL),
5. Ggf. Weiterverarbeitung der Ergebnisse mit *Simulation/Postprozessor*.

Alternativ zu Punkt 2 kann die Simulation durch **Einbau von Instrumenten** wie Funktionsgenerator, *U-I*-Meter, Oszilloskop, Bode-Plotter u.a. und deren Ablesung **direkt über den Simulationsschalter ohne weitere Analysewahl** gestartet werden. Die Ergebnisse stehen in den Instrumenten, sie lassen sich auslesen, ausdrucken und abspeichern.

Hinweis: Es kann vorkommen – vor allem nach Schaltungsänderungen durch Austausch von Schaltelementen –, dass die folgende Simulation unvernünftige Werte liefert. Daher sollte man begleitend immer abschätzen, welche Werte etwa erwartet werden. Derartige Simulationsunzulänglichkeiten verschwinden meist durch Anlage eines neuen Bezugspunktes 0.

Multisim-Beispiel 1/2 Akkumulatorladung. Die Akkumulatorladeschaltung Bild 1.2.12 lässt sich mit Multisim (näherungsweise) durch zwei Spannungsquellen – das Ladegerät V1 und den Akkumulator V2 – mit einer Verbindungsleitung (Widerstand $R_1 = 10\ \Omega$) und einen eingefügten Strommesser aufbauen (Bild B 1.1/2-1, vollziehen Sie das, Abspeicherung der Schaltung unter „grund2").

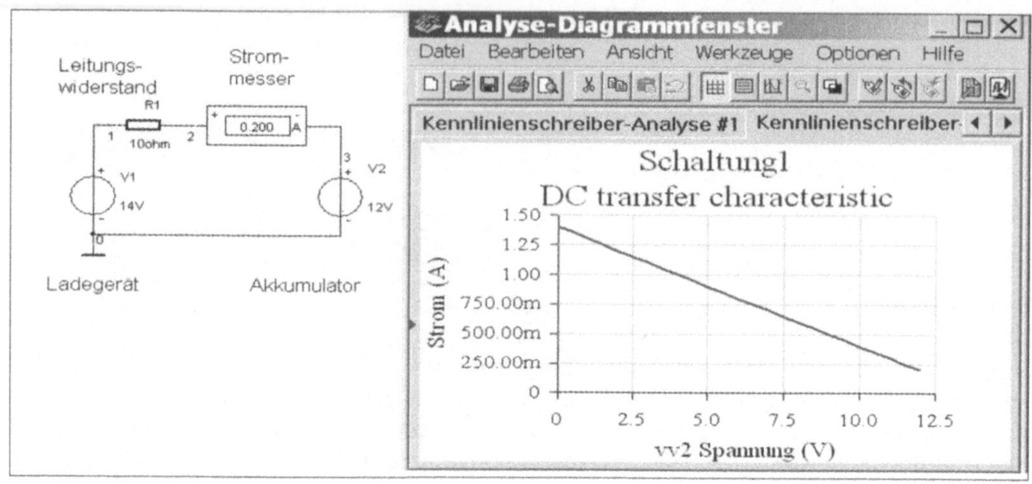

Bild B 1.1/2-1

Stellen Sie – von null an beginnend – steigende Spannungswerte am Akkumulator ein und führen Sie jeweils eine Simulation (*DC-Arbeitspunkt*) durch. (DC-Arbeitspunkt muss beiBetätigung des Simulationsschalters nicht vorgewählt werden). Stromverhalten? Welcher Strom stellt sich bei geladenem Akkumulator ein, wenn die Spannung des Ladegerätes zu Null gesetzt wird?

Die schrittweise bestimmten Stromwerte lassen sich durch die Anweisung *Simulation/-Analysen/Kennlinienschreiber* einfacher darstellen (Bild B 1.1/2-2). Im Registerblatt *Kennlinienschreiber-Analyse* wird zunächst unter *Ausgangsvariablen* die gewünschte, zur Analyse kommende Ausgangsvariable – hier der Kreisstrom, ausgedrückt entweder als Strom I = vv2#branch (Multisim Bezeichnung für den Strom durch die Quelle) durch den Akkumulator V2 oder analog Strom vv1#branch durch Quelle V1 – gewählt.

Anschließend wird im gleichen Registerblatt unter *Analyse-Parameter* die Quelle V2 als Variable definiert, ihre Start-, Stopwerte und Schrittweite eingegeben und abschließend der Simulationsknopf betätigt. Das Ergebnis erscheint im Analyse-Diagrammfenster wie dargestellt (Bild B 1.1/2-1). Die Achsenbeschriftungen können über *Bearbeiten/Eigenschaften* im Analysefenster geändert werden. Der Stromverlauf entspricht der Erwartung: wenn der Akkumulator die Spannung des Ladegerätes erreicht hat, hört der Ladevorgang auf ($I = 0$).

Kennlinienschreiber-Analyse...

Analyse-Parameter | Ausgangsvariablen | Verschiedene Optionen | Zusammenfassung

Quelle 1

Quelle	vv2	Ändere Filter
Startwert	0	V
Stopwert	12	V
Schrittweite	0.5	V

Bild B 1.1/2-2

Multisim-Beispiel 1/3 Maschen- und Knotensatz. Man erstelle mit Multisim die Schaltung Bild B 1.1/3, bemesse die Netzwerkelemente, speichere sie unter „masa1“ ab und führe eine Simulation (über den Simulationsschalter) durch. Im nächsten Schritt werden Richtungspfeile für die Spannungsabfälle in den Maschen A und B eingeführt und der Maschensatz überprüft. Wie erklärt sich die geringe Spannung über R2?

Anschließend entwerfe man mit Multisim die Schaltung zur Überprüfung des Knotensatzes, bemesse ihre Netzwerkelemente, speichere sie unter „kno1“ ab und führe eine Simulation über den Simulationsschalter durch. Wie lautet der Knotensatz jeweils für die Knoten a)...c)? Ersetzen Sie im nächsten Schritt die beiden Strommesser durch virtuelle Spannungsquellen mit dem Spannungswert 0 und betrachten Sie die durch diese Quellen fließenden Ströme. In diesem Fall kann die Simulation nicht mehr mit dem Simulationsschalter gestartet werden, sondern es ist die Anweisung *Simulation/Analysen/DC-Arbeitspunkt* zu wählen. Im dann erscheinenden Registerblatt *DC-Arbeitspunktanalyse* werden die zur Anzeige kommenden Analysevariablen (hier vv1#branch usw.) selektiert und anschließend die Simulation vom gleichen Registerblatt aus gestartet. Die Ergebnisse erscheinen im Analyse-Diagrammfenster als Tabelle. Was gilt bezüglich der Stromrichtung im Vergleich mit den Messinstrumenten?

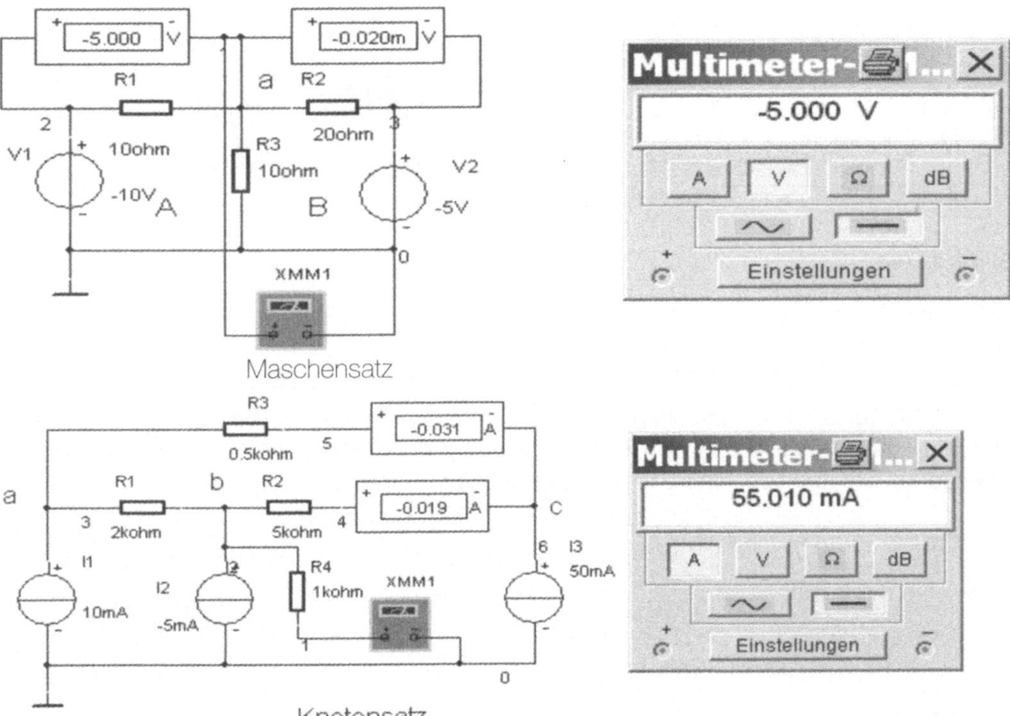

Bild B 1.1/3

Multisim-Beispiel 1/4 Knoten- und Maschensatz. Prüfen Sie in den folgenden Netzwerken Bild B 1.1/4-1,2 jeweils den Knoten- und Maschensatz nach, beachten Sie ggf. den Einfluss der Messinstrumente. Die Quellen sind als ideal anzusehen.

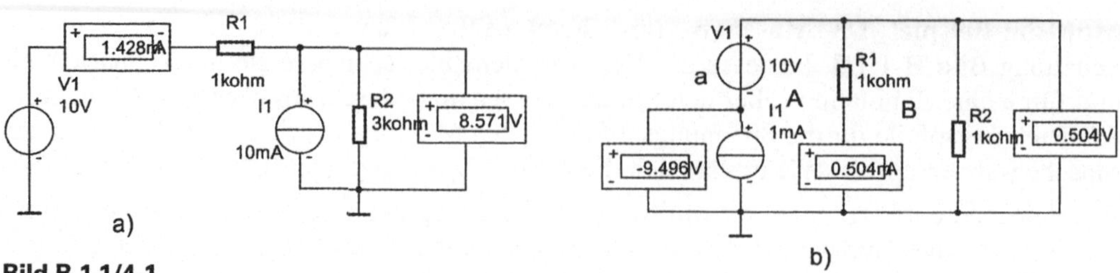

Bild B 1.1/4-1

Prüfen Sie für die folgende Schaltung die Knoten- und Maschensätze für einzelne Knoten a)...e) und Maschen A...E nach:

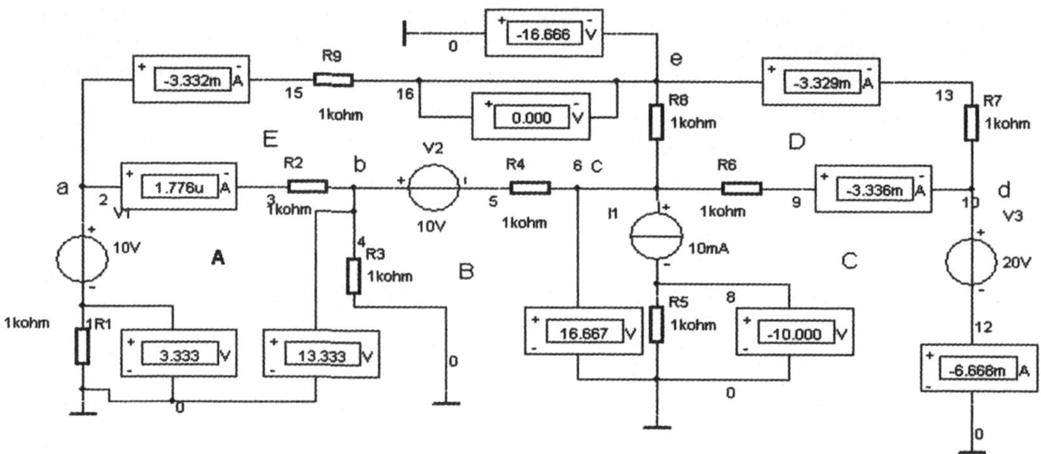

Bild B 1.1/4-2

Multisim-Beispiel 2/1 Ersatzwiderstand. Bestimmen Sie für die angegebenen Widerstandskombinationen Bild B 1.2/1 mit einem Ohmmeter durch Simulation mit Multisim den jeweiligen Ersatzwiderstand zwischen den Knoten a...c und Masse.

Ändern Sie für die Potentiometerschaltung die Schleiferstellung (Prozenteinstellung, Veränderung durch Taste a resp. A, Prozentabstufung durch Doppelklick auf Schaltsymbol). Überprüfen Sie ihre Ergebnisse jeweils durch Nachrechnung (Gl. 2.2.6ff.).

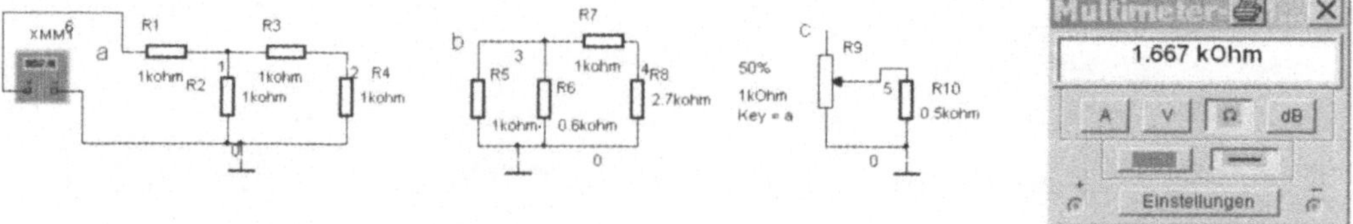

Bild B 1.2/1

Multisim-Beispiel 2/2 Spannungs-, Stromteilung. Erstellen Sie mit Multisim die Schaltung Bild B 1.2/2 zur Spannungsteilung und messen Sie die Spannung in den Knoten 2...6 mit unterschiedlichen Innenwiderständen des Spannungsmessers: 0,5, 10 und 1000 kΩ. Wie erklären sich die Abweichungen?

Bestimmen Sie in der angegeben Schaltung zur Stromteilung durch wiederholte Simulation die einzelnen Widerstände so, dass in den Längszweigen der jeweils gleiche Strom wie durch den angeschlossenen Querzweig fließt. Welche Analogien gelten zur Spannungsteilerschaltung? (Verwenden Sie für Ihre Überlegungen die Stromteilerregel Gl. (2.2.10)).

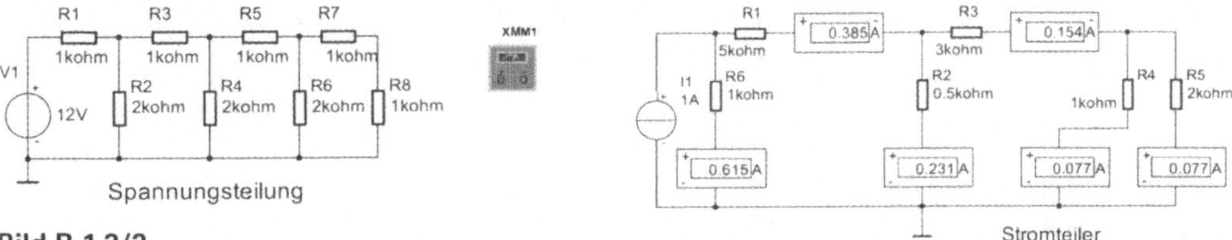

Bild B 1.2/2

Multisim-Beispiel 2/3a Spannungsmessung, Stromberechnung. Simulieren Sie die folgende Schaltung Bild B 1.2/3a mit Multisim und messen Sie alle Knotenspannung (= Spannung gegen Massepunkt). Welche Ströme fließen in den einzelnen Zweigen? Gilt in den Knoten jeweils der Knotensatz? Was lässt sich zur Funktion der Spannungsquelle V2 sagen?

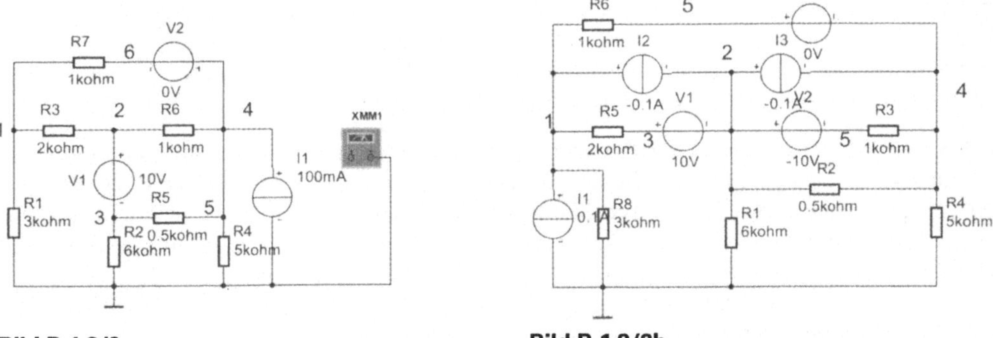

Bild B 1.2/3a

Bild B 1.2/3b

Multisim-Beispiel 2/3b Spannungsmessung, Stromberechnung. Simulieren Sie nebenstehende Schaltung B 1.2/3b mit Multisim, messen Sie alle Knotenspannungen (fügen Sie dazu Spannungsmesser an ausgewählten Knoten ein) und berechnen Sie damit die Ströme in allen Zweigen. Welche Unterschiede treten gegenüber Beispiel 2/3a auf, wie sind die Ergebnisse zu erklären? Formulieren Sie dazu Knoten- und Maschensätze an ausgewählten Knoten und Maschen und führen Sie das gleiche in Beispiel 2/3a durch.

Multisim-Beispiel 2/3c Überlagerungssatz. Fügen Sie den Knoten 1 und 4 der Schaltung Beispiel 2/3a Spannungsmesser zu und beobachten Sie (durch Simulation) die Knotenspannungen, wenn a) nur die Quelle V1 wirkt und I_1 Null gesetzt ist, b) nur I_1 wirkt und V1 null gesetzt ist und c) beide Quellen wirken. Wie ändern sich die jeweiligen Knotenspannungen? Was ist zu erwarten, wenn die Werte von V1 und I1 verdoppelt werden? Ersetzen Sie den Widerstand R_1 durch eine Halbleiterdiode und wiederholen Sie alle bisherigen Schritte. Gilt die Überlagerung der Größen noch?

Multisim-Beispiel 2/3d Leistungsbestimmung. Bestimmen Sie für die Schaltung B1.2/3d-a die im Widerstand R_2 verbrauchte Leistung mit Multisim durch Einfügen des Leistungsmessers.

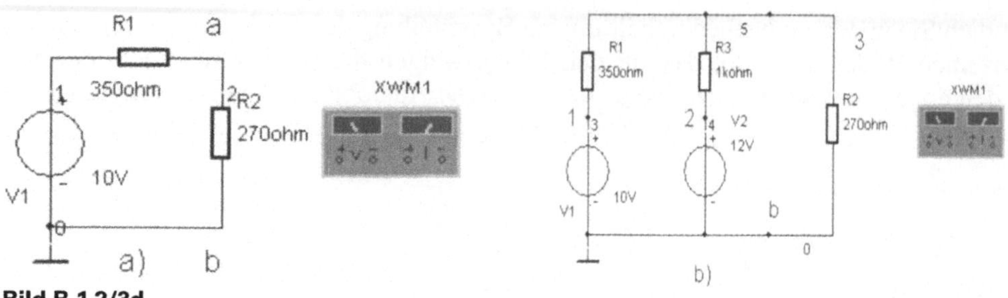

Bild B 1.2/3d

Führen Sie die Simulation „*DC-Arbeitspunkt*“ durch und drucken Sie alle Ströme und Spannungen in eine Tabelle, Erklärung? Rechnen Sie die Leistung über R_2 nach und stellen Sie eine Leistungsbilanz zwischen der von der Quelle gelieferten und der in der Schaltung insgesamt verbrauchten Leistung auf.

Wiederholen Sie die gleichen Schritte für Schaltung B 1.2/3d-b. Welche Vor-/Nachteile hat die Zuschaltung der zweiten Spannungsquelle?

Multisim-Beispiel 2/3e Leistungsbilanz. Die in der Schaltung nach Bild B 1.2/3a in den einzelnen Widerständen verbrauchte Leistung, die gesamte Verlustleistung aller Widerstände und die Leistung, die die Quellen V1 und I1 in das Netzwerk einprägen. Erkenntnis? Kontrollieren Sie die berechnete Leistung in ausgewählten Zweigen durch Nachmessung (Simulation) mit den in Multisim vorhandenen Leistungsmessern.

Multisim-Beispiel 2/4 Temperaturgang, Spannungsteiler. Die Ausgangsspannung eines Spannungsteilers nach Bild 2.2.4 hängt von der Temperatur ab, wenn Widerstände mit von null verschiedenen (ungleichen) Temperaturkoeffizienten verwendet werden. Zur Temperaturganganalyse der Ausgangsspannung U_2 wird nach dem Schaltungsaufbau mit Multisim (zwei gleiche Widerstände $R_1 = R_2 = 1\ \text{k}\Omega$ bei Nenntemperatur 27 °C, Batteriespannung $U_q = \text{V}(1) = 12\,\text{V}$) die Ausgangsspannung V(2) einer einer Temperaturvariationsanalyse unterworfen. Die Angabe der Widerstandstemperaturkoeffizienten nach Gl. (2.2.17) erfolgt durch Doppelklick auf das Schaltsymbol; in der erscheinenden Registerkarte „Virtueller Widerstand“ werden eingetragen bei R_2: TC1 = 0.1.TC2 = 0.01 und bei R_1

Temperture Sweep Analysis

Analyse-Parametern | Ausgangsvariablen | Verschiedene Optionen | Zusammenfassung

Zu variierender Parameter
Zu variierender Parameter: Temperatur
Aktueller Wert: 27 °C
Beschreibung: Temperatur-Variation der Schaltung.

Zu variierender Punkte
Variationsart: Linear
Start: 27 Deg
Stop: 127 Deg
Anzahl der Punkte: 11
Schrittweite: 10

Bild B 1.2/4-1

TC1 = 0.01 und TC2 = 0. Das sind absichtlich hohe Werte, um den Temperatureinfluss besonders deutlich zu machen.

Mit der Anweisung *Simulation/Analyse/Temperatur-Variationsanalyse* wird im dargestellten Registerblatt *Temperaturvariationsanalyse* (Bild B 1.2/4-1) die Ausgangsspannung V(2) als während der Analyse anzuzeigen gewählt und bei *„Analyse bearbeiten“* die gewünschten Bedingungen (hier Analyse von 27...127 °C, Schrittweite 10 °C) ausgefüllt. Unter *„Mehr Optionen“* ist als gewünschte Analyse *„DC-Arbeitspunkt“* zu markieren und die Simulation auszuführen. Daraufhin erscheinen im *Analyse-Diagrammfenster* die Ergebnisse als Tabelle (Bild B 1.2/4-2), die z.B. nach Microsoft-EXCEL (ebenso Mathcad) exportiert und dort als Diagramm (Rubrik „benutzerdefiniert“, Diagrammtyp „Linien auf zwei Achsen“) gestaltet werden können. Auf eine weitere Verbesserung der Diagrammdarstellung wird hier verzichtet.

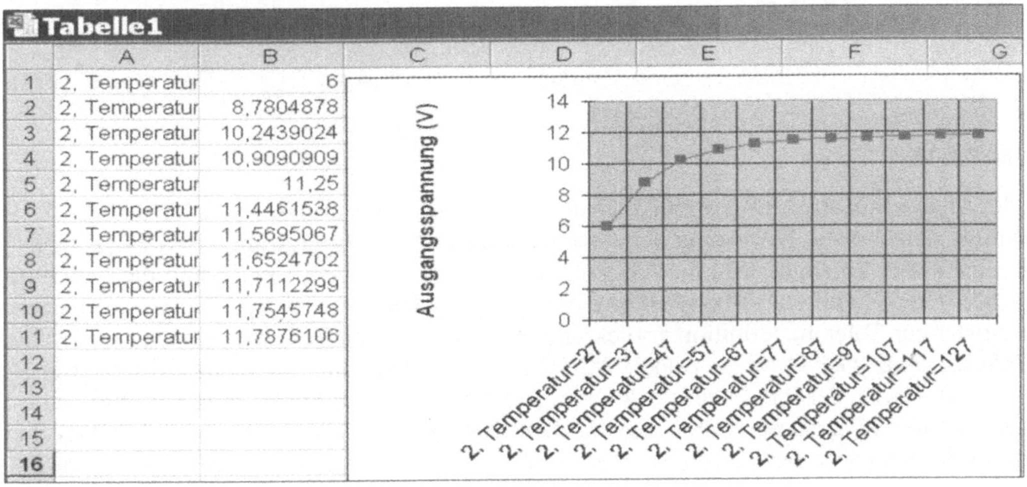

Tabelle1

	A	B
1	2, Temperatur	6
2	2, Temperatur	8,7804878
3	2, Temperatur	10,2439024
4	2, Temperatur	10,9090909
5	2, Temperatur	11,25
6	2, Temperatur	11,4461538
7	2, Temperatur	11,5695067
8	2, Temperatur	11,6524702
9	2, Temperatur	11,7112299
10	2, Temperatur	11,7545748
11	2, Temperatur	11,7876106

Bild B 1.2/4-2

Durch die extrem groß gewählten Temperaturkoeffizienten kommt es schon bei geringer Temperaturerhöhung zu starker Spannungsänderung; man berechne übungsweise die Ausgangsspannung für $T = 47$ °C.

Multisim-Beispiel 2/5 Toleranzanalyse. In real aufgebauten Schaltungen haben alle Bauteile Toleranzen und für eine Toleranzanalyse bietet Multisim verschiedene typische Funktionen und Analysemöglichkeiten. Am Beispiel eines Spannungsteilers (gleiche Widerstände mit dem Nominalwert 1 kΩ, Batteriespannung 10 V nominal) soll das Toleranzverhalten untersucht werden, für beide möge eine Widerstandstoleranz von 20% gelten.

In einem ersten Schritt könnten allen Bauelementewerten (nach Schaltungsaufbau) bei der Wertezuweisung (Defaultwert hier 1 kΩ) Toleranzen zugeordnet werden, diese Eingabe bleibt aber bei der nachfolgenden DC-Simulation wirkungslos. Im nächsten Schritt wird unter der Anweisung *Simulation/Analysen/Analysenliste* die Analyseliste aufgerufen. Danach erscheinen links alle verfügbaren Analysen. Ausgewählt wird *DC-Analyse* und *„Analyse hinzufügen“*. Es erscheint das Registerblatt DC-Analyse, dort wird die Knotenspannung u2 (Knoten2) zur Analyseanzeige selektiert und das Register mit „Akzeptiert“ geschlossen. In der wiedererscheinenden Analyseliste werden *„Monte Carlo Analyse“* und

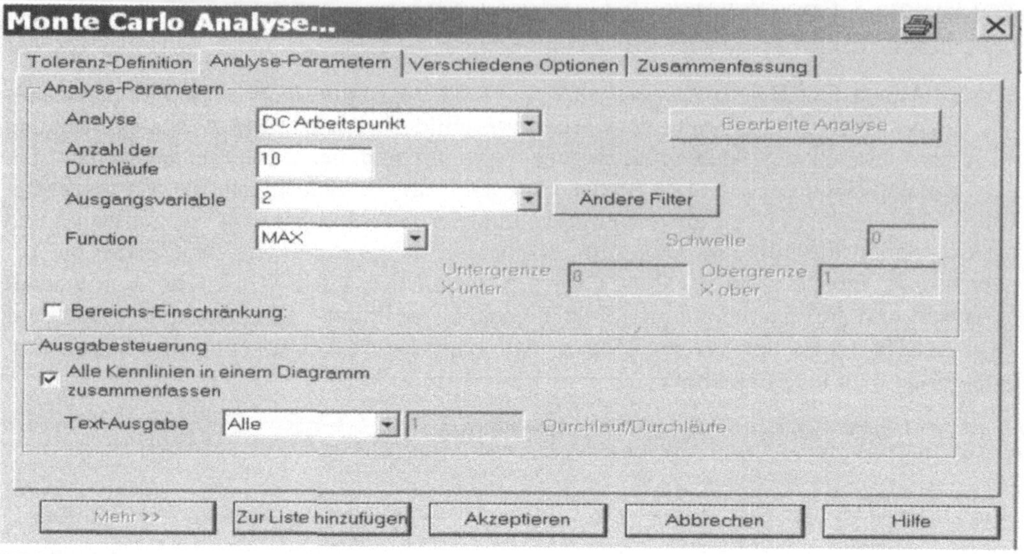

Bild B 1.2/5-1

„der Analyse hinzufügen" gewählt. Im Registerblatt „Monte-Carlo-Analyse" (Bild B1.2/5-1) erfolgt zunächst die Festlegung der Analyseparameter: Analysetyp (DC-Analyse), Durchlaufzahl (hier 10 angesetzt), die Ausgangsvariable (Knotenspannung 2) und die Funktion „Max" (Berechnung der Maximalabweichung). Im nächsten Schritt geht man im gleichen Register zur Toleranzdefinition zurück und klickt im unteren Teil der Toleranzliste *„Neue Toleranz hinzufügen"* an (s. Bild B 1.2/5-2). Im erscheinenden Toleranzregister (Bild B 1.2/5-3) werden der Parametertyp (Bauteilparameter) und der Bausteintyp gewählt. Angezeigt ist der Widerstand R_1 mit seinem Nominalwert (1 kΩ). Im Toleranzfeld erfolgt die Wahl der Schwankungsverteilung (hier Gauß). Im nächsten Schritt wird im wieder angezeigten Registerfeld „Monte-Carlo-Analyse" genau so mit R_2 verfahren und im Ergebnis entsteht das im Bild B 1.2/5-2 dargestellte Registerblatt. Nach Start der Simulation erscheint

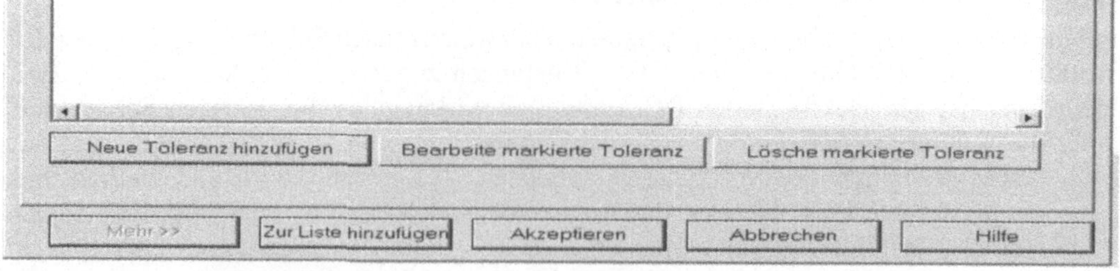

Bild B 1.2/5-2

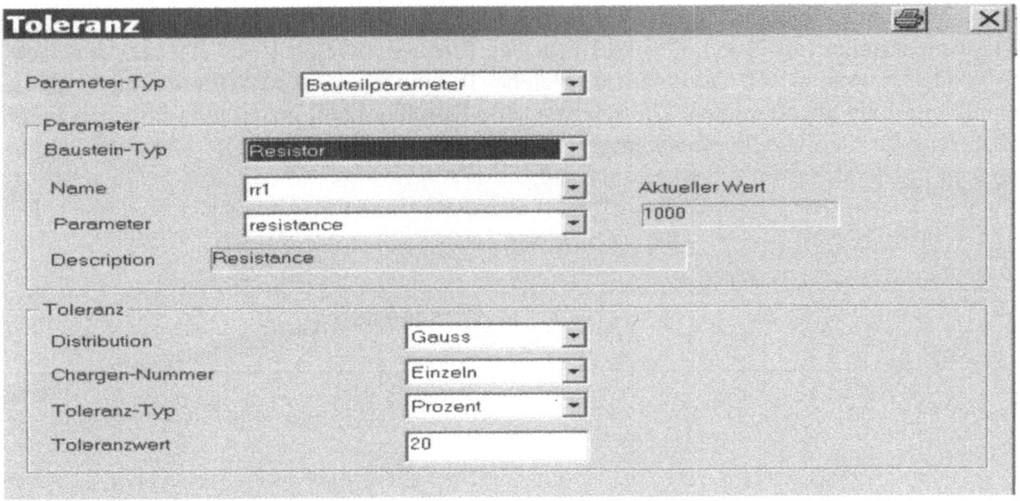

Bild B 1.2/5-3

das Analysediagrammfenster Bild B 1.2/5-4 mit den DC-Durchlaufdaten im oberen Teil und den Monte-Carlo-Ergebnissen im unteren Abschnitt. In der ersten Spalte stehen die DC-Daten, deshalb kann auf die eingangs ausgewählte DC-Analyse verzichtet werden (sie erfolgt automatisch). Gleichzeitig erscheint ein Hinweis auf die Abweichung gegenüber dem Nominalwert: Durchlauf 2 ergibt die größte Abweichung. Ferner wird die entsprechende Standardabweichung der Gaußverteilung (s. Handbuch) angegeben. Für eine Standardabeichung von 20% liegt der Widerstand von 1 kΩ im Bereich 800…1200 Ω und er schließt 95,5% des Gesamtbestandes ein. In den letzten Spalten stehen die jeweiligen Bauelementewerte.

Analysen wie die vorstehende können auch unterschiedliche Toleranzen der Bauelemente umfassen, gleichermaßen kann die Monte-Carlo-Analyse mit einer AC- oder Transintenanalyse verbunden werden. Die AC-Analyse erfolgt dabei zweckmäßig für eine Frequenz oder

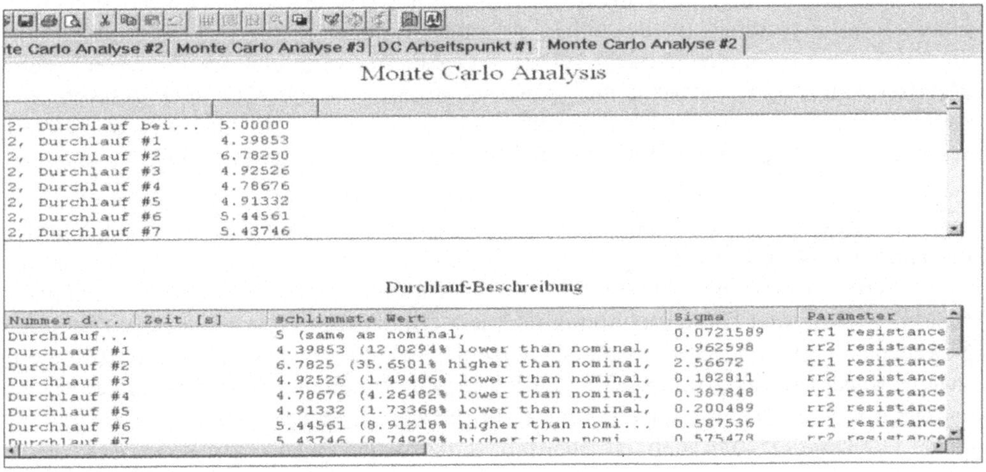

2, Durchlauf bei...	5.00000
2, Durchlauf #1	4.39853
2, Durchlauf #2	6.78250
2, Durchlauf #3	4.92526
2, Durchlauf #4	4.78676
2, Durchlauf #5	4.91332
2, Durchlauf #6	5.44561
2, Durchlauf #7	5.43746

Durchlauf-Beschreibung

Nummer d...	Zeit [s]	schlimmste Wert	Sigma	Parameter
Durchlauf...		5 (same as nominal,	0.0721589	rr1 resistance
Durchlauf #1		4.39853 (12.0294% lower than nominal,	0.962598	rr2 resistance
Durchlauf #2		6.7825 (35.6501% higher than nominal,	2.56672	rr1 resistance
Durchlauf #3		4.92526 (1.49486% lower than nominal,	0.182811	rr2 resistance
Durchlauf #4		4.78676 (4.26482% lower than nominal,	0.387848	rr1 resistance
Durchlauf #5		4.91332 (1.73368% lower than nominal,	0.200489	rr2 resistance
Durchlauf #6		5.44561 (8.91218% higher than nomi...	0.587536	rr1 resistance
Durchlauf #7		5.43746 (8.74929% higher than nomi...	0.575478	rr2 resistance

Bild B 1.2/5-4

einen Frequenzbereich als Sweep. Im Ergebnis einer solchen Analyse ergibt sie für einen RC-Tiefpassteiler (R = 1 kΩ, C = 1 μF) für den Frequenzbereich 1 Hz...10 kHz das nachfolgende Diagramm (10 Durchläufe), gleiche Toleranzen von 20% für R und C sowie Gaußverteilung angenommen. Die relativ große Durchlaufzahl macht allerdings die Farbabstufung für die Einzelkurven weniger gut erkennbar (Bild B 1.2/5-5).

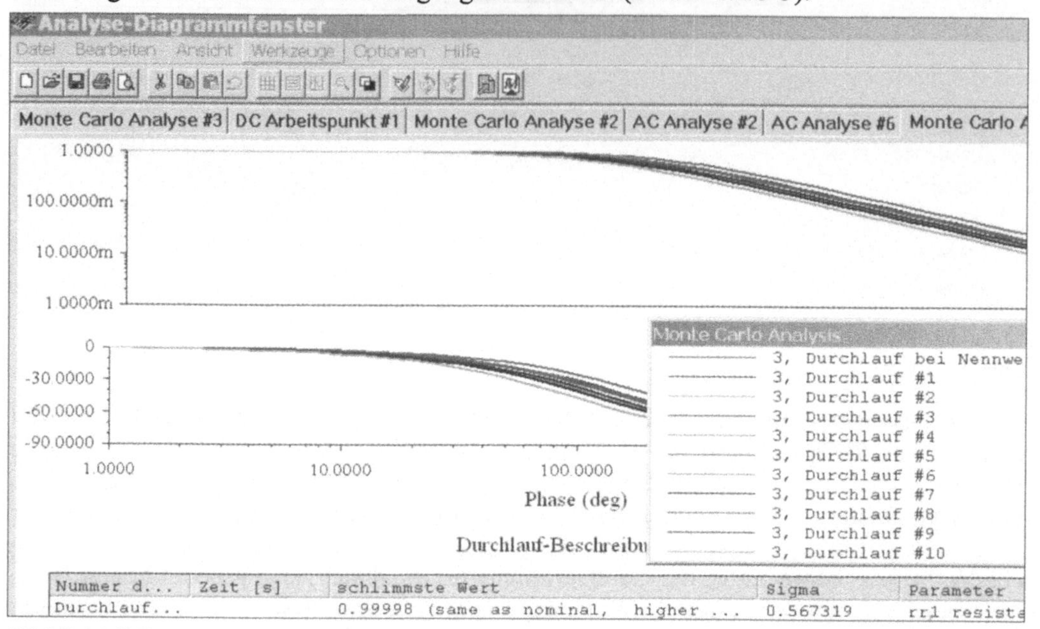

Bild B 1.2/5-5

Multisim-Beispiel 2/6 DC-Sweep, Diodenkennlinie. Eine nützliche Einrichtung in Multisim ist die schrittweise Variationsmöglichkeit von Quellen und Parametern (sog. *DC-* und *Parametersweep*). Während sich bei linearen Schaltungen Geraden für die erwartete Ausgangsgröße bei einem schrittweisen Sweep der Gleichstromerregung ergeben, erhält man bei nichtlinearen Schaltungen eine nichtlineare Kennlinie (Bild B 1.2/6). Am Beispiel einer Diodenschaltung (Spannungsquelle, hoher, strombestimmender Vorwiderstand und Diode als Modellelement (virtuelle Diode)) soll das Verfahren vorgeführt werden. Nach dem Schaltungsaufbau, der Bemessung und Abspeicherung wird *Simulation/Analysen/Kennlinienschreiber* aufgerufen und im Register *Analyse-Parameter* für Quelle 1 Start-wert, Stopwert und Schrittweite eingestellt, hier 0,12 V und 0,5 V Schrittweite (u.U. Ab-sturzgefahr).

Im Register *Ausgangsvariablen* trägt man die gewünschten Ausgangsvariablen ein, hier die Knotenspannung u4 und den Zweigstrom vv1br, als Größen, die während der Simulation angezeigt werden sollen. Anschließend startet die Simulation. Es erscheint das Analysediagrammfenster mit der Diodenspannung und dem Diodenstrom (parallele Linie) über der DC-Sweepspannung. Im Diagramm können verschiedene Optionen (Achsenbeschriftungen, gen, zweite Achse, Maßstäbe) eingestellt werden, durch die beiden Cursor (mit linker Maustaste anfassen) lassen sich die jeweiligen Arbeitspunktdaten genau ablesen (Arbeitspunkt, Steigung, Grenzwerte). Möglich ist ebenfalls eine Weiterleitung der Datensätze nach Microsoft-EXCEL.

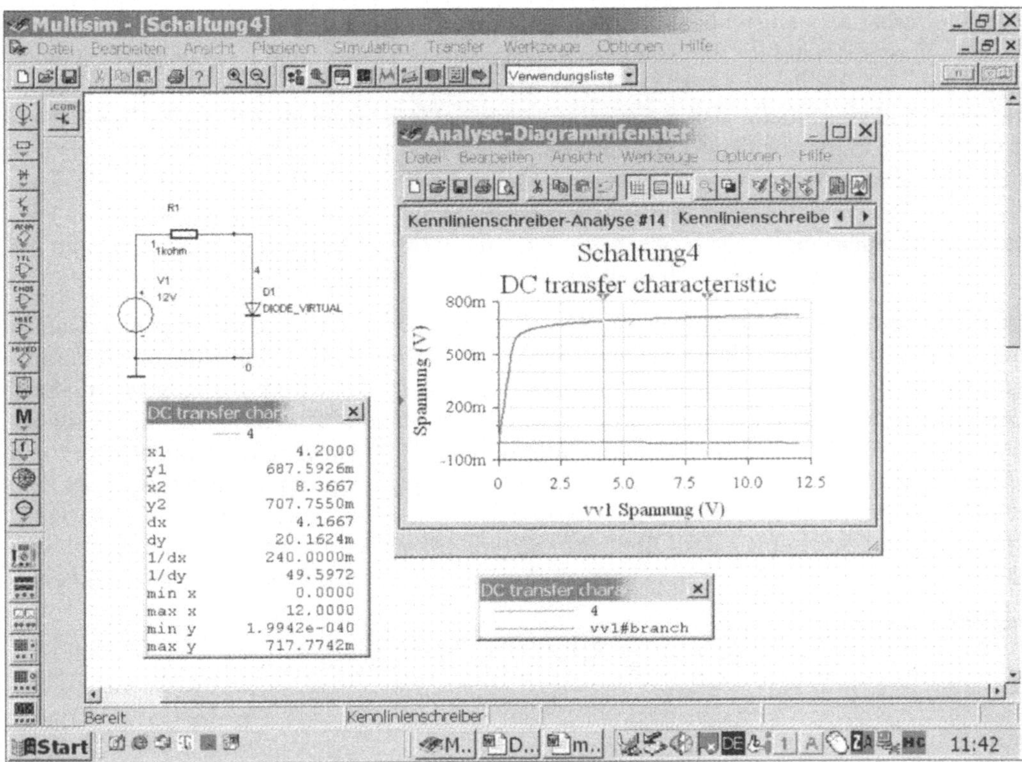

Bild B 1.2/6

Multisim-Beispiel 2/7 Strom-Spannungsverhalten des Kondensators. Die Strom-Spannungsrelation des idealen Kondensators nach Gl. (2.3.3) lässt sich mit Multisim sehr anschaulich simulieren. Dazu wird aus dem Funktionsgenerator eine in den Steigungen (über

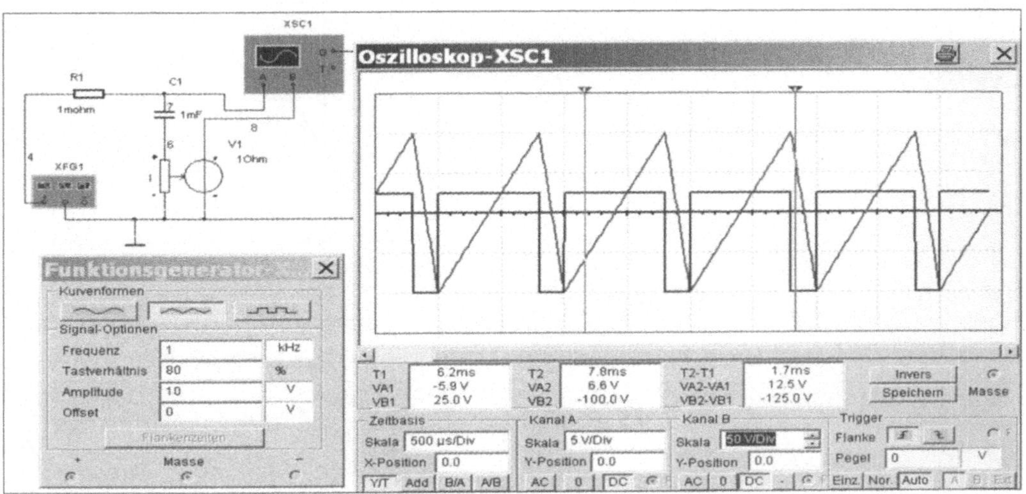

Bild B 1.2/7

das Tastverhältnis) einstellbare Dreieckspannung an den Kondensator (über einen sehr kleinen Vorwiderstand R1 zur Simulationsverbesserung) gelegt und Kondensatorspannung und Strom im Oszilloskop betrachtet. Die Stromauskopplung erfolgt durch eine stromgesteuerte Spannungsquelle, deren Ausgangsspannung dem Strom gemäß $u = Zm*i$ (mit Zm = 1 Ω, Übertragungswiderstand) proportional ist. Im Bild B 1.2/7 erkennt man, dass zu zeitlich ansteigender Spannung ein konstanter positiver Strom gehört, zu abfallender ein negativer. Die Stromamplitude ist der Steigung proportional. In der Schaltung wurde (aus Darstellungsgründen) eine sehr große Kapazität von 1000 µF gewählt, ihre Größe kann bei Erhöhung des Übertragungswiderstandes Zm reduziert werden.

Multisim-Beispiel 2/8 Stückweise lineare Stromquelle 1. Oft benötigt man eine Quelle, deren Zeitverlauf durch Geradenstücke angenähert werden kann. Multisim enthält derartige Quellen, von denen die Stromquelle zur Erläuterung des Strom-Spannungsverhaltens des Kondensators herangezogen werden soll. Die Stromquelle arbeitet auf einen hochohmigen Widerstand R1, dem die Reihenschaltung des zu untersuchenden Kondensators und eines kleinen Widerstandes R2 parallel liegen. Die Spannung am Widerstand R2 ist dem Kondensatorstrom proportional, die Gesamtspannung entspricht etwa der Kondensatorspannung (der Spannungsabfall über dem Strommesswiderstand kann vernachlässigt werden). Der hochohmige Widerstand sorgt für eine (geringe) Stromverzweigung. Nach Schal-

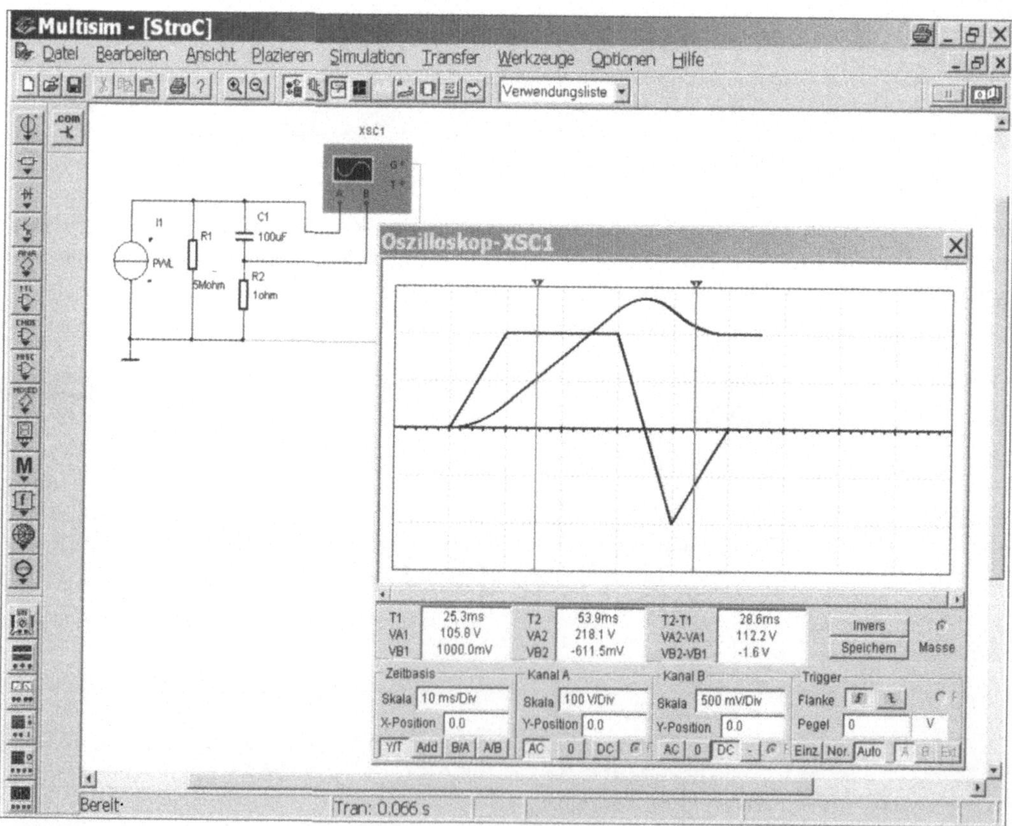

Bild B 1.2/8

tungsaufbau und Wertezuweisung (Bild B 1.2/8) wird die Stromquelle durch Doppelkick auf ihre Werte eingestellt, entweder durch eine Datei (die sich mit einem ASCII-Editor, z.B. Notepad in MS-Word erstellen lässt) oder durch Dateneingabe in das erscheinende Registerblatt. Gewählt werden die Wertepaare (Zeit/Strom): 0/0; 0,01/0; 0,02/1; 0,04/1; 0,05/–1; 0,06/0; 0,11/0, das Simulationsintervall läuft bis 0,1s (Stromangaben in A). Danach erfolgt ein Doppelklick auf das Oszilloskop, dessen Zeitablenkung auf 10 ms/Teil eingestellt ist. Die Eingänge A (Spannung) und B (Strom) stehen auf 100 V/Teil bzw. 5 V/Teil. Aus dem Kurvenverlauf ist der Zusammenhang $i_c \sim du_c/dt$ gut zu sehen: bei zeitlich konstantem Strom steigt die Spannung zeitlinear an. Die Kanäle lassen sich am Oszilloskop zu- und abschalten, bei zeitlinearem Stromverlauf erfolgt eine quadratische Änderung der Spannung über der Zeit. Mit den beiden Cursoren (Anfassen mit der linken Maustaste) können Zwischenwerte sehr genau abgelesen werden. Aus dem Vergleich der Spannungen beider Kanäle geht hervor, dass die dem Strom proportionale Spannung immer sehr viel kleiner als die Gesamtspannung ist.

Eine interessante Variante ergibt sich noch, wenn am Oszillograf B 1.2/8 (links) der Quotient der Kanäle A/B ~ u_c/i gebildet wird. Das entspräche beim ohmschen Widerstand einer Geraden (Kennlinie), beim Kondensator entsteht nach Durchlauf einer Periode eine geschlossene Fläche. Das Gebilde heißt dynamische Kennlinie, die bei sinusförmiger Quelle in einen Kreis übergeht. Der Flächeninhalt ist ein Maß für die Blindleistung. Der in den Kreis geschaltete Widerstand R_2 bringt eine Verfälschung der Kondensatorspannung, sie kann durch Einsatz einer stromgesteuerten Spannungsquelle zur Stromauskopplung wie im Multisim-Beispiel 2/7 vermieden werden.

Multisim-Beispiel 2/9 Stückweise lineare Quelle 2. Multisim enthält eine Reihe von Quellen (Spannungs-, Strom-gesteuerte Quellen), deren Zeitverlauf stückweise linear vorgegeben werden kann entweder durch Direkteingabe (wie im vorherigen Beispiel), durch

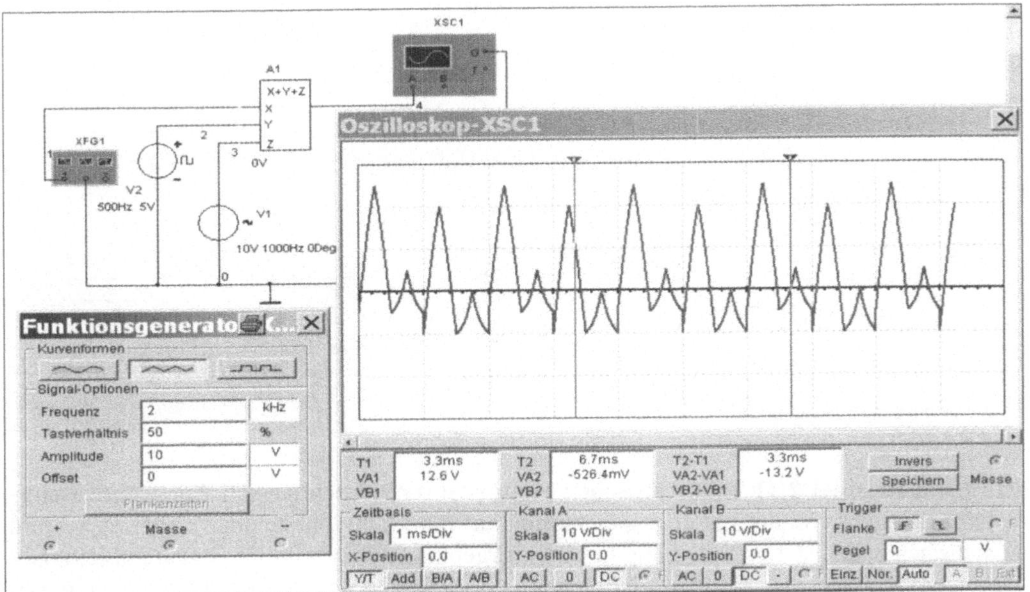

Bild B 1.2/9

Schreiben einer ASCII-Datei (z.B. mit Notepad oder einem ähnlichen Editor) oder durch (beliebige) Zusammensetzung eines Signals mit vorhandenen Generatoren, Betrachtung des Zeitverlaufs im Oszilloskop und Abspeichern als Datei. Diese Datei wird anschließend als Quelldatei einer stückweise linearen Quellen verwendet. Im Bild B 1.2/9 wird ein Signal aus drei Quellen (Dreieckspannung Funktionsgenerator, Puls- und Sinusspannung) zusammengesetzt (Addition im Summierer) und im Oszilloskop angezeigt. Durch Klick auf dessen Speicherfunktion wird das Signal als Datei gespeichert und kann als neues Signal weiterverwendet werden.

Multisim-Beispiel 2/10 Integratorblock. Integration ist eine in der Elektrotechnik häufig benutzte Funktion. Sie kann nach verschiedenen Methoden erfolgen: durch Ausnutzen der *u-i*-Relation der Energiespeicherelemente *C* und *L* ((bei *C*: Stromeinprägung, Kondensatorspannung ist Integral des Stromes), auf numerischem Wege oder mit sog. Funktionsblöcken, wie Multisim (in der Bibliothek „Controls“) eine Reihe enthält. Im Bild B 1.2/10 wurde eine einfache Versuchsanordnung aufgebaut: eine einstellbare Signalspannung liegt am Integratorblock und die Ausgangsfunktion sowie ihr Integral werden den beiden Oszilloskopkanälen geführt. Deutlich sieht man (beim Versuch) die entstehende Phasenverschiebung von 90° der harmonischen Funktion, außerdem ihren Amplitudenabfall mit steigender Frequenz. Das Integral einer Dreieckskurve ähnelt einem harmonischen Verlauf (Begründung?). Der symmetrische Impulszug ergibt bei der Integration einen Dreieckverlauf.

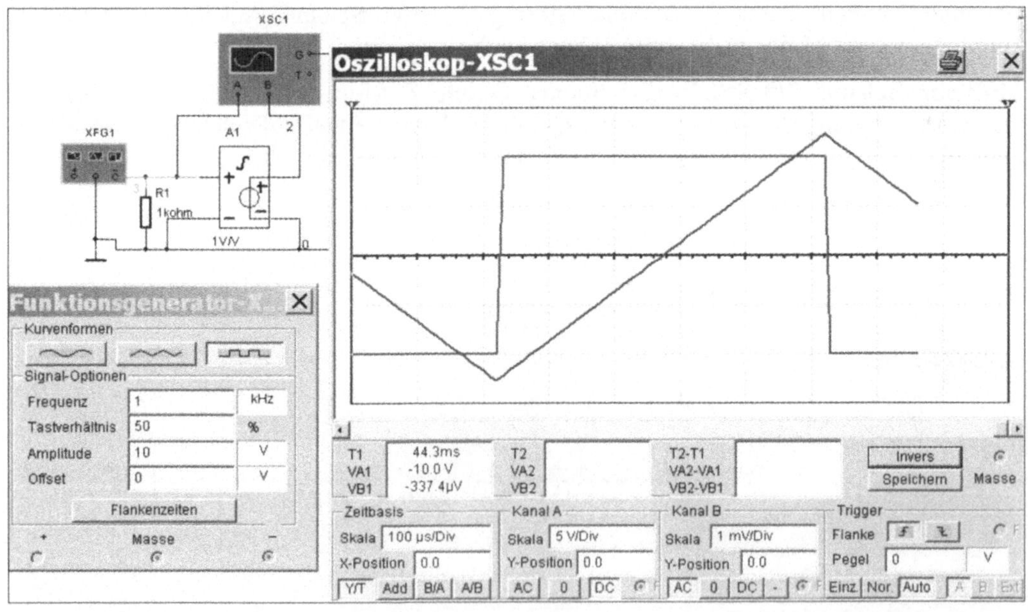

Bild B 1.2/10

Multisim-Beispiel 2/11 Elektronischer Kondensator. Das physikalische Kondensatorverständnis geht von der Ladungsspeicherung auf räumlich voneinander isolierten Leitern aus, zwischen denen eine Spannung liegt. Im Ergebnis gilt dann für den linearen (zeitunabhängigen) Kondensator die *i-u*-Relation nach Gl. (2.3.3). Kann umgekehrt die gleiche *u-i*-Relation durch elektronische Funktionselemente zwischen zwei Zweipolklemmen realisiert

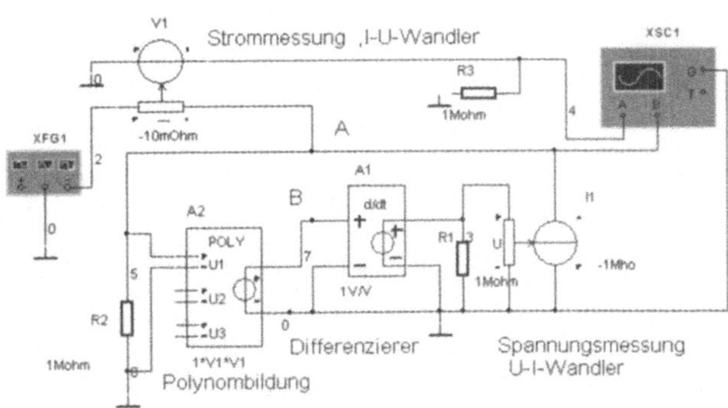

Bild B 1.2/11-1

werden, so verhält sich die Anordnung ebenfalls wie ein Kondensator, ohne dass im Innern irgendwelche Ladungen auf Platten gespeichert sein müssen. In solchen Fällen spricht man von einem elektronischen Kondensator.

Mit den in Multisim enthaltenen Funktionsblöcken, insbesondere Differenzierer, gesteuerten Quellen und der (nichtlinearen) Polynomspannungsquelle (Bibliotheken „Controls, Sources") lässt sich ein elektronischer Kondensator einfach realisieren. In der Schaltung Bild B 1.2/11-1wird die Spannung u des Funktionsgenerators XFG1 an den Knoten A des elektronischen Kondensatorzweipols angelegt und der Zuleitungsstrom i über einen i-u-Wandler V1 (eine stromgesteuerte Spannungsquelle mit der Transimpedanz $Z_m = 10\ \text{m}\Omega$) am Oszilloskopkanal A angezeigt. Die Spannung liegt gleichzeitig unverändert durch den Polynombilder am Differenzierereingang, m.a.W. kann die Polynomquelle fürs Erste durch eine Drahtverbindung zwischen Knoten 5 und 7 ersetzt werden. Am Differenziererausgang (Knoten 3) steht die Spannung $u' = k{*}\mathrm{d}u/\mathrm{d}t$ zur Verfügung (k Differenziererkonstante). Im nachfolgenden u-i-Wandler – einer spannungsgesteuerten Stromquelle mit $i = G_m u$ (3) – ergibt sich somit der Strom $i = G_m\ k\ \mathrm{d}u/\mathrm{d}t$. Er wird auf den Knoten A zurückgeführt und gleichzeitig die Knotenspannung A im B-Kanal angezeigt. Weil am Knoten A kein Strom

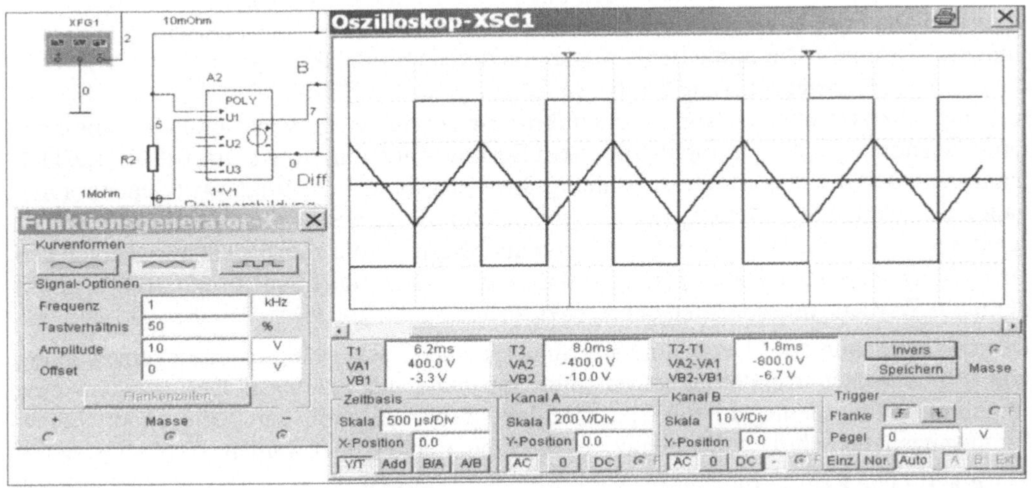

Bild B 1.2/11-2

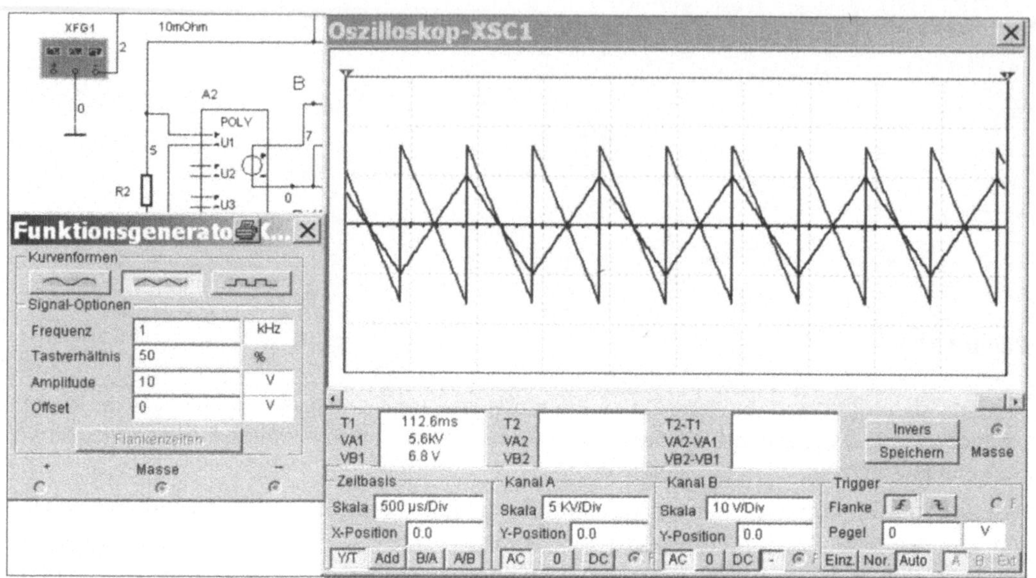

Bild B 1.2/11-3

in den Polynomquelleneingang fließt (hochohmiger Eingang, Widerstand R_2 kann vernachlässigt werden), stellt $i = G_m\, k\, du/dt$ die u-i-Beziehung des Zweipols zwischen Knoten A und Masse dar, sie entspricht der eines Kondensators mit der Kapazität $C = G_m k$. Für beispielsweise $G_m = 1$ S, $k = 1$ s, beträgt C immerhin 1 F (!), mit herkömmlichen Kondensatoren praktisch nicht zu realisieren.

Zur Vorbereitung der Simulation stellen wir zunächst die Polynomquelle ein (Doppelklick) und wählen im erscheinenden Koeffizientenregister nur B = 1, alle restlichen Glieder 0.

Damit ist sie auf Durchgang geschaltet. Ebenso erhält der Differenzierer den Verstärkungsfaktor $k = 1$ (übrige Einstellungen unverändert). Weiter werden der u-i-Wandler auf $G_m = 1$ S und der i-u-Wandler auf 10 mΩ eingestellt (bei einer Kapazität von 1 F fließen immense Ströme!). Die in die Schaltung eingefügten (hochohmigen) Widerstände $R_1 \dots R_3$ dienen nur der Knotenfixierung für die Simulation, sie sind für die Wirkungsweise der Anordnung praktisch ohne Belang (man entferne sie schrittweise). Die Simulation mit einer Dreieckspannung muss zu impulsförmigem Stromverlauf führen, wie im Bild B 1.2/11-2 dargestellt. Mit der eingestellten Spannungsänderung $du/dt = 20$ V/0,5 ms (Generatorvorgabe), den Werten G_m, k und Z_m (s.o.) ergibt sich für die dem Strom i proportionale Kanalspannung $u_A = Z_m G_m * k * du/dt = 400$ V (wie ablesbar), für die Kanalspannung u_B dagegen 10 V (Angaben Spitzenwerte). Durch Absenkung der Generatorfrequenz (auf 100 Hz) sinkt der du/dt-Wert entsprechend und ebenso der Strom.

Durch Umschaltung des Generators auf Sinusspannung lässt sich die Phasenverschiebung von 90° zwischen Kondensatorstrom und Spannung gut erkennen. Der Versuch, eine Impulsspannung anzulegen, führt zu Simulationsabbruch, weil durch die enorm hohen Stromspitzen die Schrittzeitbedingungen des Simulators verletzt werden.

Zur praktischen Realisierung einer elektronischen Kapazität sei darauf verweisen, daß sich ein Differenzierer mit einer Operationsverstärkerschaltung aufbauen lässt und eine spannungsgesteuerte Stromquelle durch jeden Transistor realisierbar ist, m.a.W. können elektronische Kapazitäten auch praktisch realisiert werden.

Im nächsten Schritt realisieren wir eine spannungsabhängige und damit *nichtlineare Kapazität*. Dazu wird die Polynomquelle auf eine Charakteristik $u_a = cu_e^2$ eingestellt (alle Koeffizienten in A1 gleich 0 gesetzt außer E = 1). Damit ergeben sich der Reihe nach für den Ausgangsstrom der gesteuerten Quelle I1:

$$i = G_m u(3) = G_m k \frac{du(7)}{dt} = G_m k \cdot c \cdot \frac{d(u(5))^2}{dt} = 2 \cdot G_m k \cdot c \cdot u(5) \frac{du(5)}{dt} = C \frac{du}{dt} \text{ mit } u(5) = u(t)$$

mit $u(5) = u(t)$ und der Ersatzkapazität $C = 2\ G_m\ k\ c\ u$; sie hängt jetzt linear von der anliegenden Spannung ab! Zahlenmäßig ergibt sich wieder mit $G_m = 1$ S, $k = 1$s, $c = 1/1$ V und eine Eingangsspannung $u = 1$ V die Kapazität $C = 2$ F! Wird jetzt eine Sinusspannung angelegt, so lautet der Strom ~ $u(t)du/dt$ ~ $\sin(\omega t) \cos(\omega t)$ ~ $\sin(2\omega t)$, es tritt ein Strom der doppelten Frequenz auf! Im Simulationsozillogramm (nicht dargestellt) ist dieser Verlauf sehr gut zu sehen. Wird auf Dreieckspannung umgeschaltet, so ändert sich der Strom ebenfalls mit der doppelten Frequenz einer Sägezahnspannung (Bild B 1.2/11-3). Sie erklärt sich auch, dass du/dt für eine Halbperiode immer konstant ist (aber das Vorzeichen wechselt) und vom Kondensatorstrom $i \sim u$ erzwungen wird, da der Geradenverlauf erhalten bleibt und der abfallende Verlauf für die halbe Folgeperiode wieder in einen ansteigenden Ast umkehrt. Durch Vorzeichenwechsel an einer Stelle im Kreis, z.B. bei der gesteuerten Stromquelle, lässt sich eine ansteigende Sägezahnkurve realisieren. Wird schließlich (durch Parallelschaltung aller drei Eingänge der Polynomquelle) eine Nichtlinearität $u' \sim u^3$ eingestellt, so ergibt sich eine Kapazität der Form $C \sim u^2$ und ein Zeitverlauf des

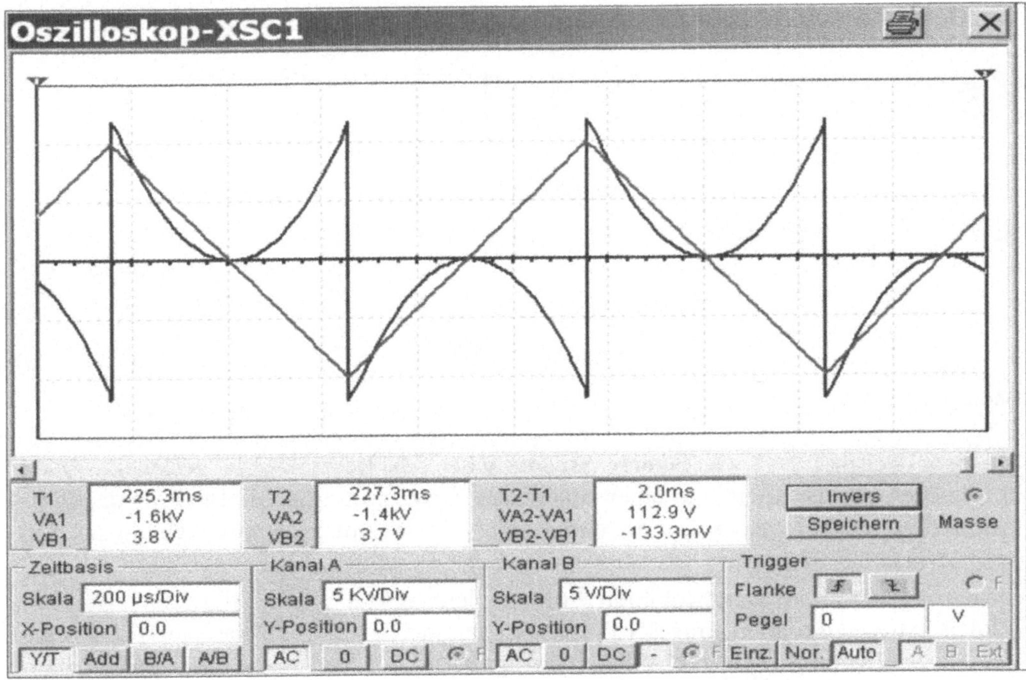

Bild B 1.2/11-4

Stromes, wie er im Bild B 1.2/11-4 dargestellt wurde. Der Strom setzt sich für jeweils eine Viertelperiode aus einem quadratischen Parabelabschnitt zusammen, ein sicher unterwartetes Ergebnis.

Erwähnt sei, dass sich steuerbare elektronische Kapazitäten auch schaltungstechnisch realisieren lassen, ihre grundsätzliche elektronische Funktion aber am besten durch Simulation ermittelt wird.

Multisim-Beispiel 2/12 Strom-Spannungsverhalten der Spule. Wird der Strom durch eine Spule plötzlich unterbrochen, so stellt sich nach ihrer *u*-*i*-Relation Gl. (2.4.4) eine sehr hohe (theoretisch unendlich hohe) Spannungsspitze ein. Bei der Simulation mit Multisim kann die Stromunterbrechung sehr einfach durch eine periodischen Rechteckimpulsstrom realisiert werden, der in die Spule eingeprägt wird. Dazu wandelt man den auf Impulsspannung geschalteten Spannungsgenerator durch einen großen Zusatzwiderstand R_1 zur „Stromquelle" um und zeigt sowohl die Spulenspannung als auch den Strom (über die Generatorspannung) im Oszilloskop an (Bild B 1.2/12). Das Ergebnis entspricht den Erwartungen. Die Spannungsspitzen lassen sich durch Zuschalten eines Kondensators parallel zur Spule deutlich senken (Experimentieren Sie damit).

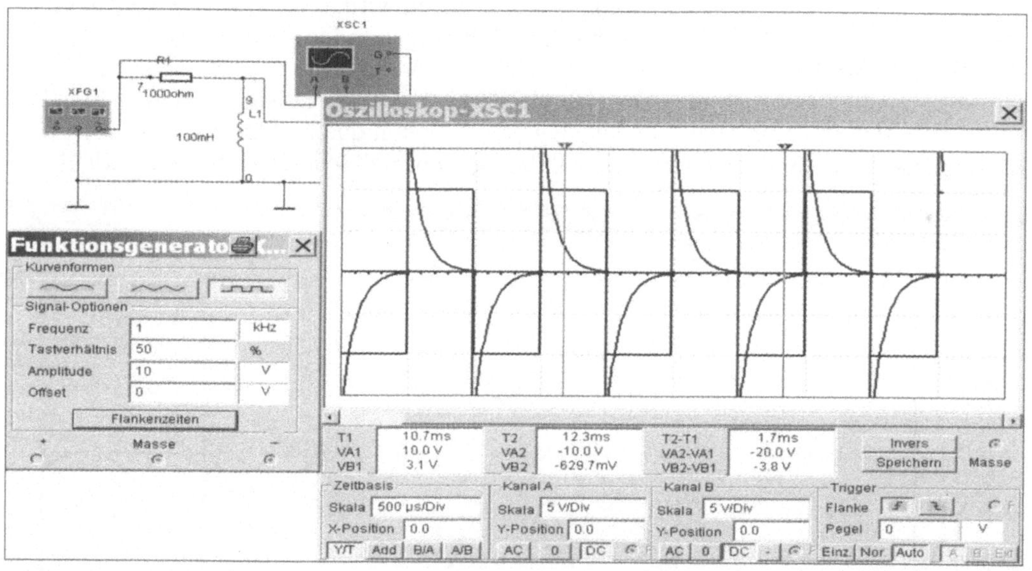

Bild B 1.2/12

Multisim-Beispiel 2/13 Gesteuerte Stromquelle. Als Bespiel einer gesteuerte Quelle untersuchen wir die Kennlinie einer spannungs- bzw. stromgesteuerten Stromquelle mit Innenleitwert (s. Tafel 2.5.1) mit der dort vereinbarten Strom-Spannungsrichtung am Ausgang (Bild B 1.2/13-1).

Sie entspricht dem aktiven Zweipol in Stromquellenbeschreibung (s. Bild 3.1.1). Bestimmt wird die Ausgangskennlinie mit der Eingangsspannung $U_1 = V_1$ als Parameter. Die Anzeige des Ausgangsstromes I_q = vv22#branch erfolgt durch die Nullspannungsquelle V_2, damit liegt auch seine Richtung (von + nach – in der Quelle) fest.

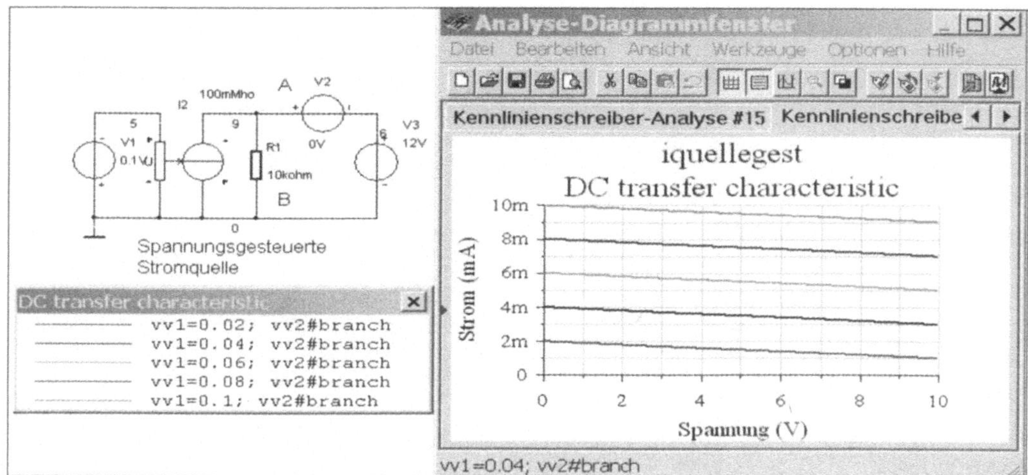

Bild B 1.2/13-1

Variable sind die Quellenspannung V_3 (die den Stromfluss durch V_2 zusammen mit der gesteuerten Stromquelle erzeugt) und die Eingangsspannung V_1 als Parameter. Die Quelle soll bei einer Eingangsspannung von 0,1 V einen Ausgangskurzschlußstrom von 10 mA liefern, daraus ergibt sich eine einzustellende Steilheit G_m von 100 mS, ihr Innenleitwert möge 100 µS betragen. Damit ergibt sich die aufgebaute Messschaltung. Die Anweisung *Simulation/Analysen/Kennlinienschreiber* bereitet die Simulation vor, im erscheinenden Registerblatt *Kennlinienschreiber-Analyse* (Bild B 1.2/13-2) sind die Vorgaben einzutragen und anschließend startet die Simulation. Im Analyse-Diagrammfenster erscheint das erwartete Kennlinienfeld (s. Tafel 2.5.1 und Bild B 1.2/13-1). Die Kennliniensteigung ist dem Innenleitwert $1/R_1$ proportional. Würde anstelle der Spannungsquelle V_2 ein passiver Zweipol angeschaltet (z.B. ohmscher Widerstand), so ginge seine Kennlinie durch Nullpunkt und einen Punkt auf der Widerstandskennlinie entsprechend dem Verhalten des Grundstromkreises (s. Bild 3.1.6c).

Kennlinienschreiber-Analyse...

Analyse-Parameter | Ausgangsvariablen | Verschiedene Optionen | Zusammenfassung

Quelle 1

Quelle	vv3	Ändere Filter
Startwert	0	V
Stopwert	10	V
Schrittweite	0.05	V

Quelle 2

Quelle	vv1	Ändere Filter ☑ Verwende Quelle 2
Startwert	0.02	V
Stopwert	0.1	V
Schrittweite	0.02	V

Bild B 1.2/13-2

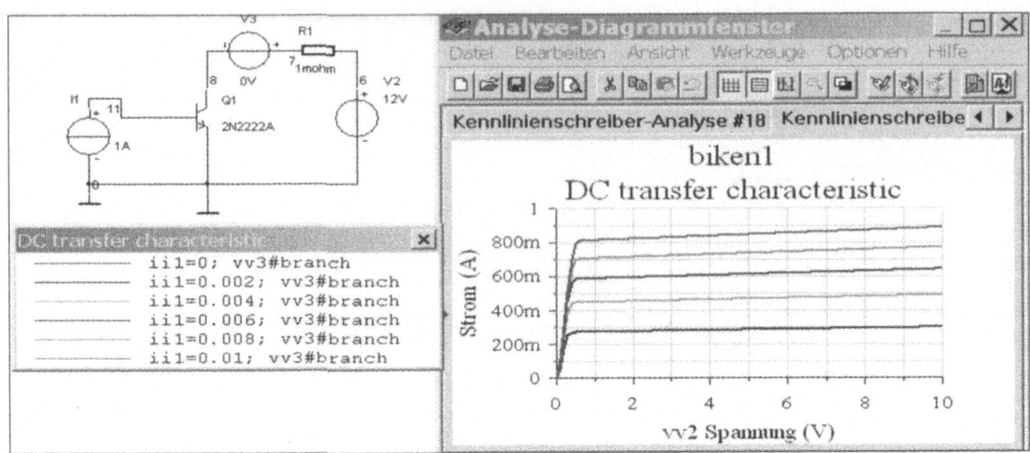

Bild B 1.2/13-3

Als Beispiel einer stromgesteuerten Stromquelle simulieren wir die Kennlinie eines realen Bipolartransistors (Bild 2.5.4) mit dem Eingangsstrom (Basisstrom) als Parameter (Bereich 0...10 mA) in Schritten zu 2 mA und der Variation der Ausgangsspannung zwischen 0 und 10 V und messen den Ausgangsstrom (Maximalwert 1 A, Transistorstromverstärkung etwa 100) Bild B 1.2/13-3. Die Simulationsdurchführung verläuft wie oben, nur ist jetzt im Registerblatt *Kennlinienschreiber-Analyse* als Quelle 2 die Stromquelle ii1 einzutragen mit Start-Stop-Wert 0...10 mA bei Schrittweite 2 mA. Das Ergebnis zeigt im Gegensatz zu oben typische Unterschiede:

– die positive Kennliniensteigung (verbunden mit der jetzt umgekehrten Stromrichtung, Quelle V_3 umgepolt!) bestätigt, dass sich die Ausgangsseite des Transistors als passiver Zweipol verhält,

– während oben bei Spannung $V_3 = 0$ der Quellenkurzschlussstrom bestimmt wird (Abschnitt auf der I-Achse), gibt es in der Transistorkennlinie keinen Abschnitt auf der I-Achse, vielmehr laufen alle Kennlinien durch denn Nullpunkt: im DC-Verhalten ist der Transistor stets ein passives Bauelement, es verbraucht beständig Leistung!

– oben kann durch Anschalten eines Widerstandes ein Arbeitspunkt, d.h. eine Spannung U_2 eingestellt werden, also auch ohne eine Hilfsspannung. Im Transistorfall ist zur Arbeitspunkteinstellung eine Hilfsspannung $U_2 = V_2$ erforderlich, der Widerstand R wird als sog. Lastwiderstand in Reihe zu ihr geschaltet. Da ist die übliche Arbeitspunktschaltung des Transistors. Von dieser Spannungsquelle aus gesehen wirkt der Transistor im DC-Verhalten als nichtlinearer, passiver Zweipol.

– die Situation ändert sich allerdings beim Kleinsignalverhalten. Dann arbeitet Transistor sehr wohl als lineare aktive, gesteuerte Zweipolquelle mit einer Kleinsignalersatzschaltung, die der Ersatzschaltung des Bildes 2.5.6 formal entspricht: die eingangsseitige Kleinsignalsteuergröße verursacht eine ausgangsseitige Kleinsignalquellengröße – hier der Firm $i = Gm*u$. Erst dieses Verhalten ist die Grundlage der Verstärkereigenschaften des Transistors.

Multisim-Beispiel 2/14 Spannungsgesteuerte Spannungsquelle. In der gegebenen Schaltung B 1.2/14 arbeiten zwei unabhängige Spannungsquellen V_1, V_2 auf ein Netzwerk. Dabei wird der von der Quelle V_1 gelieferte Eingangsstrom durch eine spannungsgesteuerte Spannungsquelle V_3 verstärkt und ihre Ausgangsspannung über den Widerstand R_2 in den Knoten 2 eingespeist.

Man würde ohne die gesteuerte Quelle eine Knotenspannung U_2 erwarten, die zwischen V_1 und V_2 liegt. Durch die gesteuerte Quelle entsteht aber am Knoten 2 eine Spannung deutlich höher als die übrigen Spannungen. Auf diese Weise wird die Wirkung der gesteuerten Quelle anschaulich. Ohne gesteuerte Quelle (Steuerfaktor A = 0 gesetzt) beträgt die Knotenspannung $U_2 = 7{,}17\text{V}$, liegt also erwartungsgemäß zwischen V_1 und V_2.

Die gesteuerte Quelle verarbeitet den Strom durch R_1 über den Spannungsabfall, sie könnte daher auch durch eine stromgesteuerte Spannungsquelle ersetzt werden. Führen Sie diesen Austausch durch. Berechnen Sie die Knotenspannung U_2.

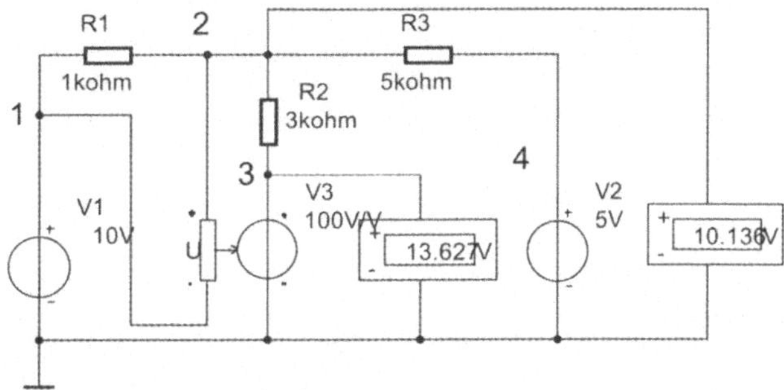

Bild B 1.2/14

Multisim-Beispiel 2/15 Spannungsgesteuerte Spannungsquelle. Für die Schaltung Bild B 1.2/15 mit unabhängigen Stromquellen und der spannungsgesteuerten Spannungsquelle V_1 (Steuerfaktor A = 10) bestimme man die Knotenspannungen $U_1 \ldots U_3$ mit Multisim und stelle ihre Gleichungen auf. Warum hat eine Änderung der Stromquelle I_2 keinen Einfluss auf das Ergebnis?

Nach Aufbau der Schaltung, Bemessung der Elemente, Abspeicherung und Simulation stellen sich die angegebenen Werte ein. Wird z.B. die Stromquelle I_2 im Wert verzehnfacht, so ergeben sich nach erneuter Simulation die gleichen Knotenspannungen $U_1 \ldots U_3$-Ursache dieses Verhaltens ist die am Knoten 3 angeschlossene gesteuerte ideale Spannungsquelle mit dem Innenwiderstand Null. Dadurch ist die Stromquelle I_2 kurzgeschlossen und

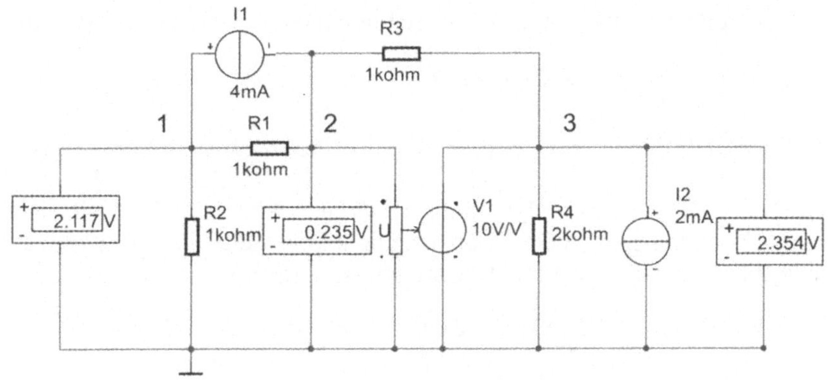

Bild B 1.2/15

geht nicht in die Knotenspannungen ein, m.a.W. muss für eine Knotenspannungsanalyse die Knotengleichung für Knoten 3 nicht aufgestellt werden (da Knotenspannung bekannt: $U_3 = A*U_2$). Für die übrigen beiden Knoten ergeben sich als Knotengleichungen

$$U_1(G_1 + G_2) - U_2G_1 \qquad = I_1$$
$$-U_1G_1 + U_2(G_1 + G_3(1 - A)) = -I_1.$$

Dabei ist A die Spannungsverstärkung der Quelle, hier 10.

Multisim-Beispiel 2/16 Operationsverstärkergrundschaltungen. Operationsverstärker (Bild 2.5.3) werden hauptsächlich in zwei Grundschaltungen, nämlich als invertierender (Bild 1.2/16a)) und nichtinvertierender Verstärker (Bild B 1.2/16b)) betrieben.

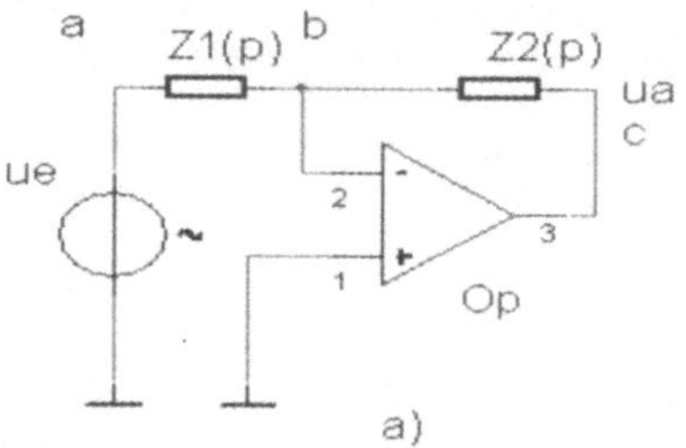

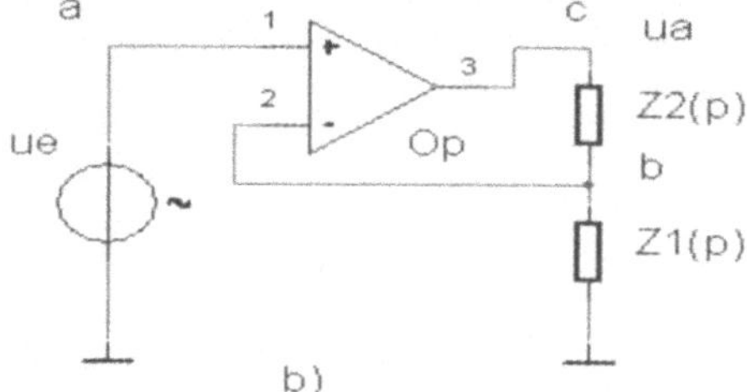

Bild B 1.2/16

Bei idealem Operationsverstärker mit unendlicher Verstärkung, verschwindenden Eingangsströmen und deshalb virtuellem Kurzschluss am Eingang gilt für Schaltung B 1.2/16a) als Strombilanz des Knotens b):

$$(ub(p) - ua(p))/Z1(p) + (ub(p) - uc(p))/Z2(p) = 0.$$

Für virtuellen Kurzschluss am Op-Eingang (unendliche Verstärkung) gilt $ub(p) = 0$ und es folgt die Übertragungsfunktion des invertierenden Verstärkers

$$G(p) = \frac{ua(p)}{ue(p)} = -Z2(p)/Z1(p)$$

Für die nichtinvertierende Schaltung B 1.2/16b gilt als Strombilanz des Knotens b):

$$(ub(p) - uc(p))/Z1(p) + ub(p)/Z2(p) = 0.$$

Daraus ergibt sich mit den gleichen Bedingungen als Übertragungsfunktion

$$G(p) = \frac{ua(p)}{ue(p)} = 1 + Z2(p)/Z1(p).$$

Im Sonderfall $Z1(p) \to \infty$ wird daraus die Übertragungsfunktion $G(p) = 1$ des sog. Umkehrverstärkers oder Spannungsfolgers. Diese Grundschaltungen bieten die Grundlage der Anwendungsvielfalt von Operationsverstärkern. Für reale Operationsverstärker mit endlicher Verstärkung, eigenem Frequenzgang und weiteren begrenzenden Eigenschaften sind dann entsprechend korrigierte Übertragungsfunktionen zu ermitteln.

Multisim-Beispiel 3/1 Aktive Zweipolkennlinie. Die Kennlinie des aktiven linearen Zweipols nach Bild 3.1.6 lässt sich mit Multisim sehr einfach simulieren. Dazu wird der

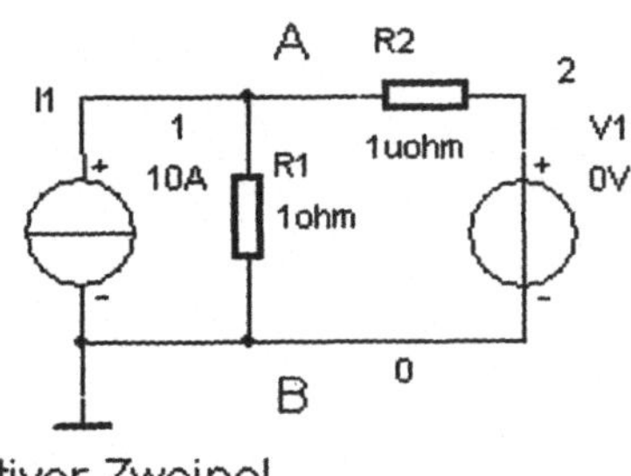

Bild B 1.3/1-1 aktiver Zweipol

Zweipol beispielsweise in der Stromquellenform (Bild 1.3/1-1) aufgebaut wie dargestellt mit dem Kurzschlussstrom $i_k = I_1 = 10$ A und dem Innenleitwert $G_i = 1/R_1 = 1$ S an den Klemmen A, B. Statt des veränderlichen Lastleitwertes G_a ist eine variable Spannungsquelle V_1 angeschaltet, durch die ein der Schaltungseinstellung entsprechender Zweigstrom fließt. Der Hilfswiderstand R_2 (1 μΩ) wurde zur Verbesserung der Simulation eingefügt, er ist ansonsten ohne Belang. Für $U_a = U_2 = I_1 * R_1$ ist der Zweipolstrom null (entsprechend einem verschwindenden Lastleitwert G_a, der Zweipol arbeitet im Leerlauf). Für $U_a = U_2 = 0$ fließt der maximale (Kurzschluss-)Strom. Die Simulation beginnt mit der Einstellung *Simulation/Analysen/Kennlinienschreiber.* Im darauf erscheinenden Registerblatt (Bild B 1.3/1-2) wird die zu variierende Quelle V_1 in ihren Variationsparameter festgelegt (Start-, Stopwert, Schritte) und anschließend die zur Anzeige gelangenden Ausgabevariable.

Kennlinienschreiber-Analyse...

Analyse-Parameter | Ausgangsvariablen | Verschiedene Optionen | Zusammenfassung

Quelle 1

Quelle	vv1	Ändere Filter
Startwert	0	V
Stopwert	10	V
Schrittweite	0.1	V

Bild B 1.3/1-2

(v(2),vv1#branch) gewählt. Dann erfolgt die Simulation und im Analysediagrammfenster erscheinen die abfallende Kennlinie des aktiven Zweipols (Strom durch die Quelle V_1) sowie die ansteigende Gerade der variierenden Quellenspannung V_1 = v(2). Das Diagramm B 1.3/1-3 ist wie folgt zu verstehen: bei einer beispielsweise angelegten Spannung $V_1 = 4$ V fließt ein Strom von $I = 6$ A über die Zweipolanschlussklemmen gleichbedeutend mit einem Lastleitwert $G_a = I/U = (6/4)$S bzw. einem Widerstand $R_a = (2/3)\ \Omega$. Deshalb kann die ansteigende Gerade auch als Lastkennlinie (passiver Zweipol) verstanden werden mit $i = G_a$*U2, dargestellt speziell für $G_a = 1$ S.

Die vom aktiven Zweipol an den Verbraucher abgegebene Leistung ist das Produkt von Klemmenspannung und Klemmenstrom, hier also v(2)*vv1#branch (Zweigspannung* Zweigstrom). Es steht zunächst nicht zur Verfügung, lässt sich aber mit dem in Multisim

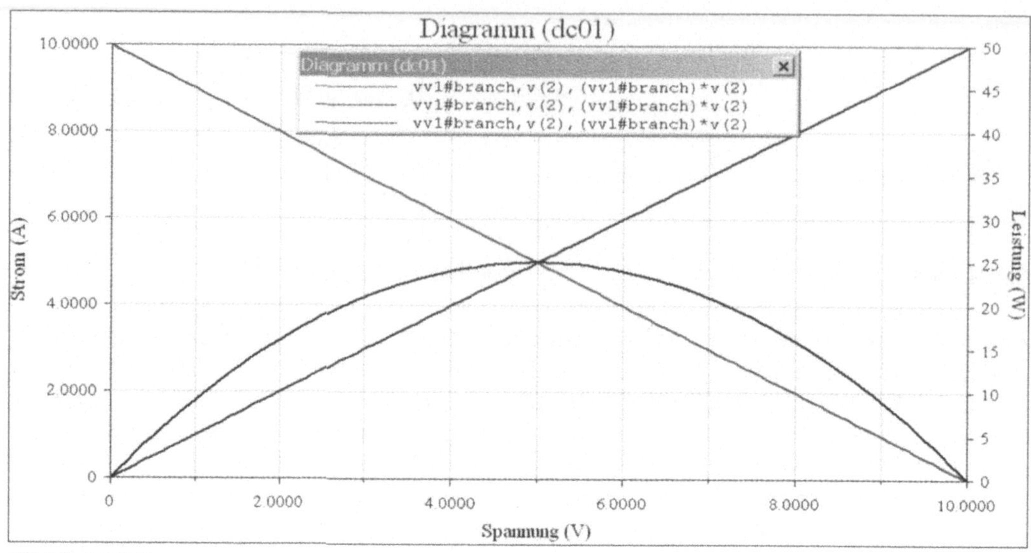

Bild B 1.3/1-3

enthaltenen Post-Prozessor berechnen und in die Kennliniendarstellung aufnehmen. Deshalb wird nach der Simulation aufgerufen *Simulation/Postprozess*. Im erscheinenden Registerblatt Bild B 1.1/1-4 stehen im unteren Teil die Analyseergebnisse, die Analysevariablen und damit mögliche Funktionen. Ziel ist das Zeichnen einer neuen Kennlinie. Dazu werden die bereits dargestellten Größen v(2) und vv1#branch kopiert (sie würden sonst feh-

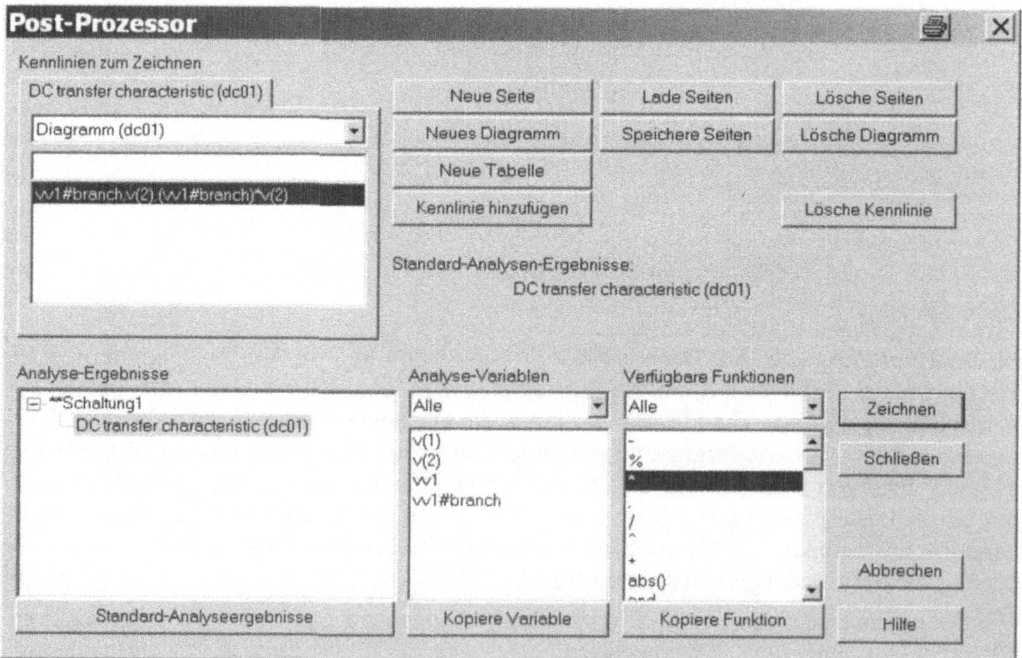

Bild B 1.3/1-4

len!), durch Komma trennen) und anschließend das Produkt beider gebildet (neue Eingaben in die Kommandozeile, Multiplikation kopieren). Anschließend wird „gezeichnet" und es entsteht ein neues Diagramm auf einer neuen Seite wie dargestellt.

Im darauf erscheinenden Analysediagrammfenster (Bild B 1.3/1-4) lassen sich mit *Bearbeiten/Eigenschaften* und *Bearbeiten/Ansicht* noch Achseneinstellungen, und -anpassungen, Gitter, Legende usw. eintragen. Man sieht sofort, dass über die Postprozessor-kommandozeile auch weitere Kennlinien des passiven Zweipols eingetragen werden können und so das Diagramm vollständiger wird. Die im Diagramm berechnete, vom aktiven Zweipol abgegebene Leistung hat bei halber Leerlaufspannung (entsprechend einem Lastleitwert $G_a = 1$ S) ein Maximum (hier von 25 W), dann herrscht Anpassung.

Es ist überflüssig zu erwähnen, dass die Kennliniendarstellung auch für die Spannungsquellenersatzschaltung bestimmt werden kann, dazu muss lediglich eine veränderbare Stromquelle angeschlossen werden.

Multisim-Beispiel 3/2 Grundstromkreis, Lasteinfluss. Im Grundstromkreis aus aktivem und passiven Zweipol (Bild 3.1.6) hängt die Spannung über dem Lastwiderstand R_a von ihm selbst nach der Spannungsteilerregel Gl. (3.1.6) ab. Zur Darstellung dieser Abhängigkeit entsprechend Bild 3.1.6 bietet Multisim zwei Möglichkeiten: den Kennlinienschreiber und die Parametervariation. Im ersten Fallen wird der zu verändernde Außenwiderstand R_a ersetzt durch einen (kleinen) Festwiderstand in Reihe zu einer veränderbaren Hilfsspannung U_2 (als Gegenspannung). Im Bild B 1.42 ist die Simulationsschaltung dargestellt. Der Kreisstrom beträgt $I = (U_{q1} - U_2)/(R_1 + R_2)$ und die Reihenschaltung von Festwiderstand R_2

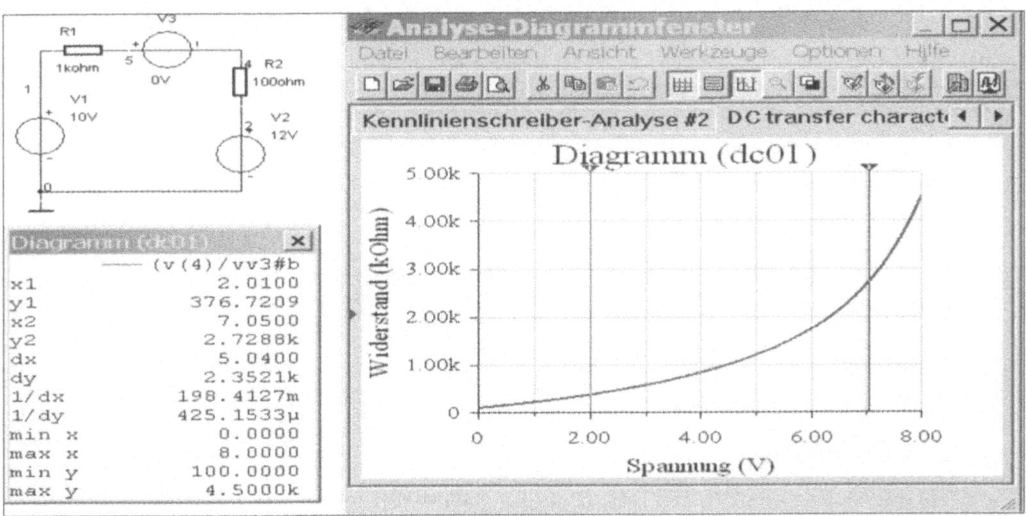

Bild B 1.3/2-1

und Spannungsquelle U_2 kann ersetzt werden durch den Ersatzwiderstand $R_a' = U(4)/I = R_2 + U_2/I$, der durch Variation der Spannungsquelle veränderbar (und vor allem in Diagrammform darstellbar) ist. Der Strom wird mit der Nullspannungsquelle V_3 gemessen (I = vv3#branch). Der durch Variation von V_2 veränderbare Ersatzaußenwiderstand führt zu einer Abhängigkeit $R_a(U_a)$, die sich durch den Kennlinienschreiber (Bild B 1.3/2-2) anzei-

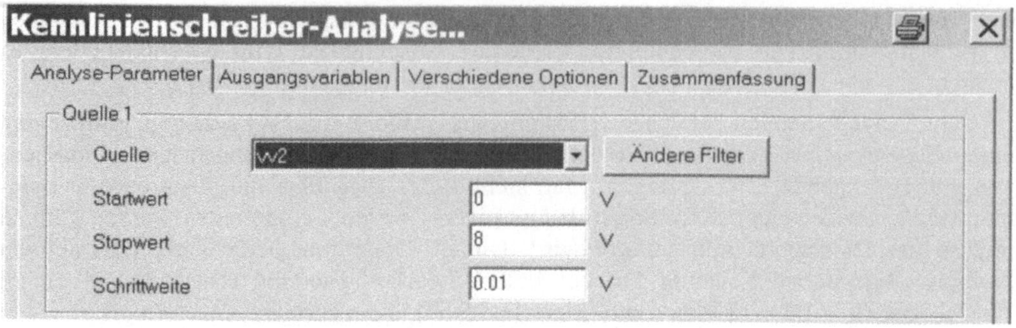

Kennlinienschreiber-Analyse...

Analyse-Parameter | Ausgangsvariablen | Verschiedene Optionen | Zusammenfassung

Quelle 1

Quelle: vv2 — Ändere Filter

Startwert: 0 V

Stopwert: 8 V

Schrittweite: 0.01 V

Bild B 1.3/2-2

gen lässt (jedoch nicht in der Standardform $U_a(R_a)$). Die Simulation erfolgt über die Anweisung *Simulation/Analysen/Kennlinienschreiber*. Im erscheinenden und dargestellten Registerblatt Bild B 1.3/2-2 werden zunächst die zur Analyse erforderlichen Variablen $V_{(4)}$ und vv3#/branch (als Kreisstrom) gewählt und anschließend die Analyseparameter der Span-nungsquelle V_2 festgelegt. Theoretisch kann bis V_2 = 10 V (= V_1) simuliert werden, was einem unendlich hohen Lastwiderstand entsprechen würde. Aus praktischen Gründen wurde die Ausgangsspannung – wie dargestellt – auf 8 V begrenzt (Schrittweite 10 mV). Zum Endwert 8 V gehört ein Ausgangswiderstand (mit $I = (10^{-8})$/1,1 kΩ = 1,818 A) von R_a = 0,1 kΩ + 8 V/1,818 A = 4,5 kΩ, wie dem Analyse-Diagrammfenster (Bild B 1.3/2-1) zu entnehmen ist. Mit dem Cursor liest man bei U_2 = 7,05 V ab: R_a = 2,73 kΩ, die Nachrechnung ergibt mit dem Strom I = (10 – 7,05)/1,1 2,68 A den Widerstand 2,72 kΩ.

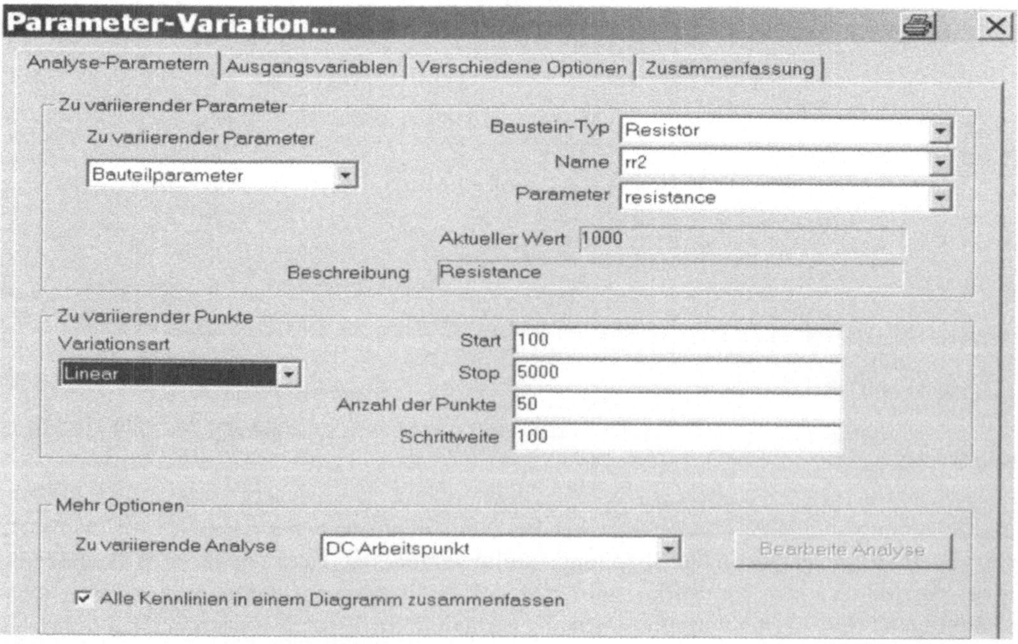

Parameter-Variation...

Analyse-Parametern | Ausgangsvariablen | Verschiedene Optionen | Zusammenfassung

Zu variierender Parameter

Zu variierender Parameter: Bauteilparameter

Baustein-Typ: Resistor

Name: rr2

Parameter: resistance

Aktueller Wert: 1000

Beschreibung: Resistance

Zu variierender Punkte

Variationsart: Linear

Start: 100

Stop: 5000

Anzahl der Punkte: 50

Schrittweite: 100

Mehr Optionen

Zu variierende Analyse: DC Arbeitspunkt — Bearbeite Analyse

☑ Alle Kennlinien in einem Diagramm zusammenfassen

Bild B 1.3/2-3

Als zweite Option, den Lasteinfluss zu untersuchen, bietet sich die Parametervariation: der Widerstand R_2 wird als Parameterwert aufgefasst und die Spannung $V_{(4)}$ als Funktion des Parameters ermittelt. (Dabei $V_2 = 0$ gesetzt, auch die Strommessung über V_3 kann entfallen). Mit der Anweisung *Simulation/Analysen/Parametervariation* wird das dargestellte Registerblatt *Parameteroptionen* aufgerufen (Bild B 1.3/2-3) und der Widerstand rr2 als Variationsparameter eingetragen mit den Start-Stopwerten (100, 5000 Ω, Schrittweite 100 Ω). Zur Gesamtausgabe der Werte in einer Tabelle werden noch unter weiteren Optionen „*alle Kennlinien in einem Diagramm zusammengefasst*“ (Bild B 1.3/2-4). Bei den Ausgangsvariablen sind $V_{(4)}$ und die Widerstandsvariation rr2 eingetragen. Danach erfolgt die Simulation, die zu einer Tabelle mit jeweils zusammengehörigen Werten rr2 und $V_{(4)}$ führt. Sie lässt sich in Multisim grafisch nicht weiter auswerten, wohl aber durch Export nach Mathcad oder Microsoft-EXCEL. Nach Export erscheint eine Tabelle in EXCEL, die unter Einfügen/Diagramm über den Typ *Benutzerdefiniert/Linien auf zwei Achsen* den angegebenen Verlauf ergibt (der sich optisch noch verbessern lässt). Es ist daher vorteilhaft, den Lastwiderstand elektrisch durch Kompensation unter Nutzung einer Variationsgröße nachzubilden, die den Kennlinienschreibereinsatz erlaubt. (Dort sind nur Strom- oder Spannungsquellen als Variable möglich.).

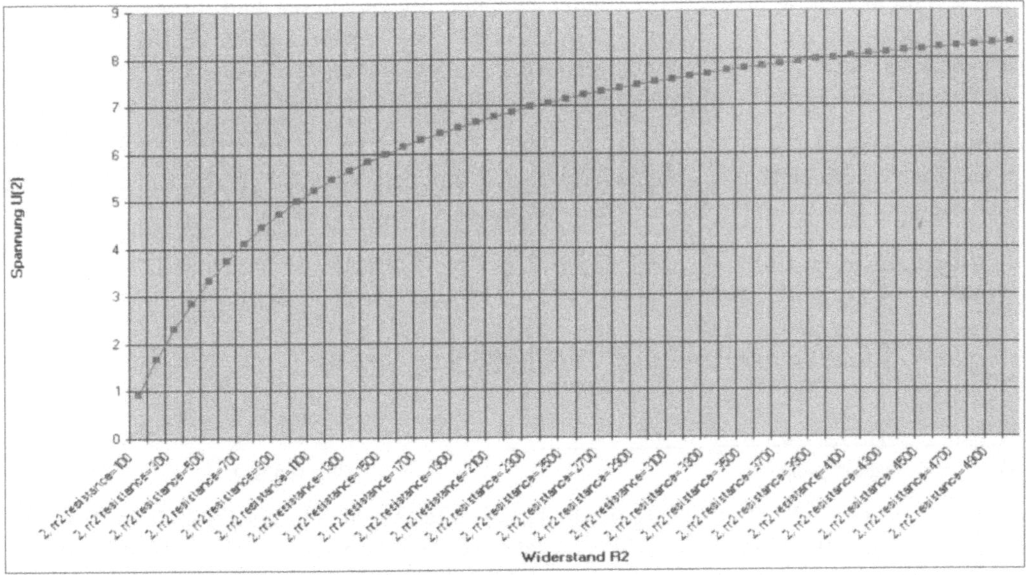

Bild B 1.3/2-4

Multisim-Beispiel 3/3 Zweipoltheorie. Man entwerfe die angegebene Zweipolschaltung B 1.3/3 mit dem Außenwiderstand $R_3 = 8$ kΩ und bestimme ihre Ersatzgrößen.

Die Schaltung B 1.3/3a1 ist die Ausgangsanordnung. Nach dem Schaltungsaufbau und der Wertezuweisung (sowie Abspeicherung) erfolgt die Analysewahl (DC-Arbeitspunkt). Eine erste Analyse ergibt die angezeigte Ausgangsspannung. Im nächsten Schritt wird der Spannungsmesser durch einen Strommesser ersetzt (Bild B 1.3/3a2) und die DC-Analyse erneut durchgeführt. Der so durch Simulation ermittelte Kurzschlussstrom beträgt I_k = 1,304 mA. Die Leerlaufspannung wird bei entferntem Widerstand R_3 gemessen (beiderseits

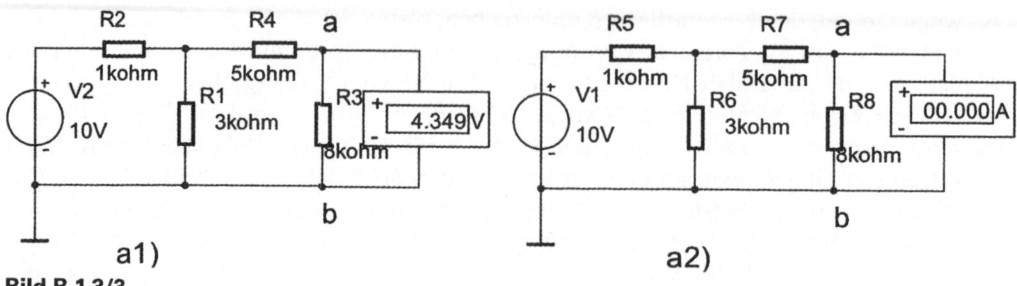

Bild B 1.3/3

abtrennen!), man erhält als Simulationsausgabe $U_l = 7{,}457$ V. Der Innenwiderstand beträgt damit $R_i = U_l/I_k = 5{,}718$ kΩ (der rechnerische Wert lautet (5 + 1//3) kΩ = 5,75 kΩ).

Eine weitere Möglichkeit der Innenwiderstandsbestimmung ist die des sog. Probestromes: es wird die Spannungsquelle V_2 kurzgeschlossen (Zahlenwert Null setzten), an die Klemmen a, b eine Stromquelle I_{pr} (z.B. $I_p = 1$ mA) angelegt und die Spannung U ab gemessen (dabei R_3 entfernt). Die rechnerisch ermittelte Leerlaufspannung (Spannungsteilerregel) beträgt $U_l = 7{,}5$ V. Im vorliegenden Fall wurde für den Spannungsmesserinnenwiderstand die Defaulteinstellung (1 MΩ) verwendet (rechnen Sie für diesen Fall die zu erwartende Leerlaufspannung nach). Wird der Spannungsmesserwiderstand auf 1 GΩ erhöht, so stellt sich das korrekte Ergebnis 7,5 V ein. (Hinweis: bei Schaltungsvervielfachung weist Multisim den gleichen Widerständen neue Bezeichnungen zu, das wurde hier nicht korrigiert).

Multisim-Beispiel 3/4 Stromquelle. Im Bild B 1.3/4 arbeiten zwei Stromquellen (entgegengesetzt gerichtet) mit Längswiderständen auf den Widerstand R_3. Bauen Sie die Schaltung auf und ermitteln Sie die Spannung über R_3 durch Simulation.

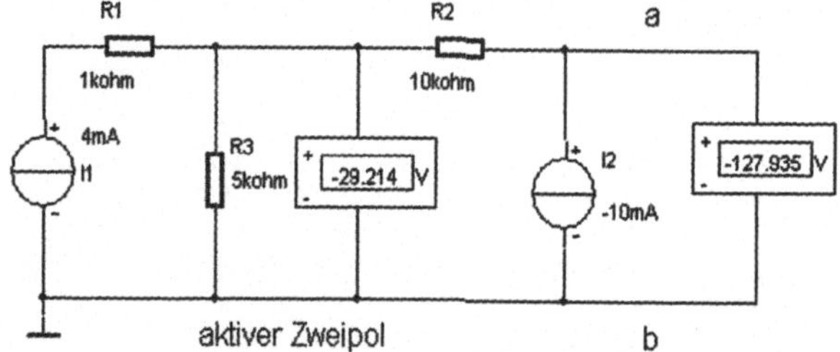

Bild B 1.3/4

Eine erste Analyse DC-Analyse ergibt die dargestellten Werte. Da Widerstände in Reihe zu idealen Stromquellen durch Kurzschluss ersetzt werden können und sich die beiden Stromquellen zu einer (–6 mA) zusammenfassen lassen, wird über R_3 eine Spannung von –30 V erwartet. Dementsprechend muss die Spannung über $I_2 = -130$ V betragen. Die Simulation zeigt deutliche Abweichungen. Eine Erhöhung der Spannungsmesserinnen-widerstände von 1 MΩ auf 1 GΩ (Doppelklick auf Instrument, dann Wertkorrektur) verbessert die Anzeigen auf –29.999 V resp. –129.998 V. Weitere Versuche (Erhöhung der Relativtoleranz gegenüber dem Standardwert, Erhöhung der Iterationszahl, verringerte Toleranzen bei den Netzwerkelementen im Bereich des technisch Sinnvollen) ergeben keine Verbesserung, immerhin liegt der Fehler in der Größenordnung von $< 10^{-4}$). Werden die Instrumente entfernt und eine DC-Analyse mit Ausgabe der Werte durchgeführt (*Simulation/-Analyse/DCArbeitspunkt/Register Ausgangsvariablen*, dann Simulation), so erscheinen die korrekten Werte von –30.000 V und –130.000 V.

Multisim-Beispiel 3/5 Zweipolersatzgrößen. Für die Schaltung Bild B 1.3/5 sollen die Ersatzgrößen Leerlaufspannung und Innenwiderstand mit der Zweipoltheorie bestimmt werden, wenn R_8 als Außenwiderstand dient.

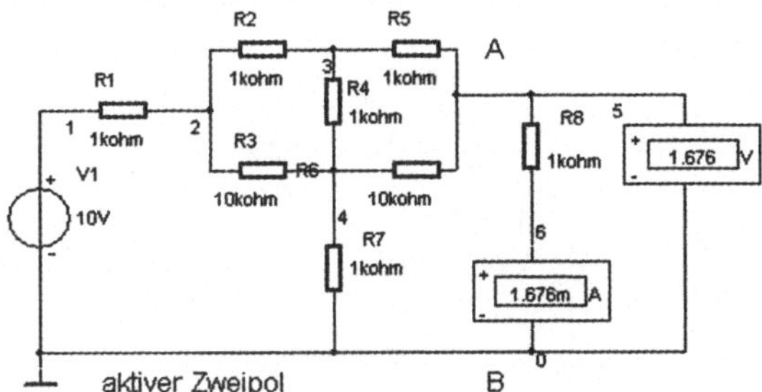

Bild B 1.3/5

Nach dem Schaltungsaufbau, der Netzwerkbemessung und Abspeicherung können die Zweipolersatzgrößen auf unterschiedlichen Wegen ermittelt werden: man verändert den Lastwiderstand auf einen zweiten Wert, misst die zugehörige Spannung und berechnet aus beiden Messergebnissen Leerlaufspannung und Innenwiderstand. Wird beispielsweise R_a = 5 kW erhöht, so steigt die Spannung auf 3,454 V. Daraus ergeben sich (Nachprüfung) die Ersatzwerte U_l = 4,7006 V und R_i = 1,8047 kΩ.

Ein zweiter Weg ist die Leerlaufeinstellung mit R_a (z.B. mit R_a = 5 MΩ > U_l = 4,699 V) und zum anderen der Kurzschlussfall (z.B. für R_a = 0,1 Ω > I_k = 2,604 mA). Daraus folgen R_i = 1,8045 kΩ und die schon bestimmte Leerlaufspannung. Die Ergebnisse tolerieren geringfügig: zum einen wurde mit den Standardinnenwiderständen der Messinstrumente gearbeitet, zum anderen die Toleranzdefaulteinstellungen der Elemente benutzt und schließlich bleiben auch numerische Fehler. Eine rechnerische Nachkontrolle – z.B. mit MATLAB über eine Knotenspannungsanalyse – bestätigt die Ergebnisse.

Multisim-Beispiel 3/6 Zweipolersatz Ein größeres aktives Netzwerk kann durch einen aktiven Zweipol ersetzt und durch zwei der drei Größen Leerlaufspannung, Kurzschlussstrom und Innenwiderstand beschrieben werden. Für das Netzwerk Bild B 1.3/6 lassen sich Leerlaufspannung und Kurzschlussstrom durch zwei Instrumente und einen Umschalter (Bibliothek „Basics", Schalter SPDT, Betätigung durch Leertaste) leicht und direkt simulieren (Hinweis: Schalter schließt u.U. nach Mehrfachbetätigung nicht richtig). Die Ergebnisse lauten U_l = 651,8 V und I_k = 1,399 A. Eine Innenwiderstandmessung mit einem Ohmmeter setzt Nullsetzung aller Quellen voraus, was mehrere Zusatzschritte erfordert und nicht beschritten werden sollte.

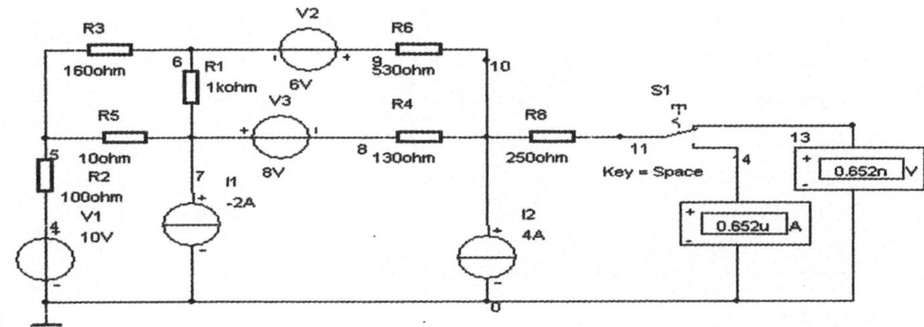

Bild B 1.3/6

Multisim-Beispiel 3/7 Kennlinie eines nichtlinearen aktiven Zweipols. Mit Multisim gelingt auch die Kennliniendarstellung eines nichtlinearen aktiven Zweipols bestehend aus einer Konstantstromquelle und parallelgeschalteter (flussgepolter) Halbleiterdiode. Diese Anordnung entspricht recht gut der Ersatzschaltung einer Solarzelle (s. Bild 3.1.10).

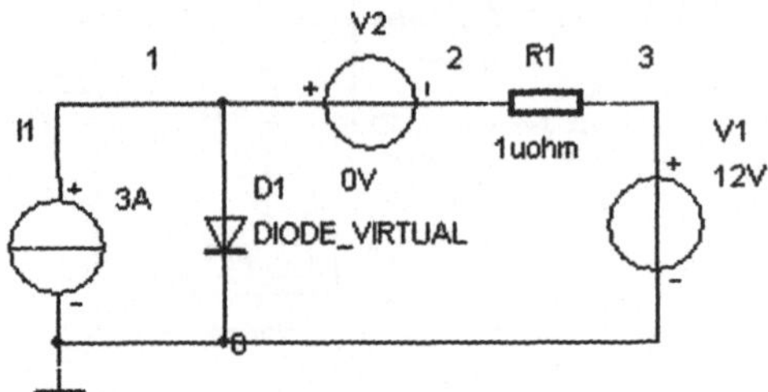

Bild B 1.3/7-1

Die Konstantstromquelle Bild B 1.3/7-1 ist der einströmenden Sonnenstrahlung proportional, die Diode stellt die Eigenkennlinie des „unbestrahlten" pn-Überganges dar, der Grundlage dieses Bauelements. Durch einen angeschlossenen Lastleitwert (hier nicht gezeichnet) fließt der Verbraucherstrom als Differenz zwischen Konstantstrom und Diodenstrom. Für die Diode setzen wird eine virtuelles Netzwerkelement aus der Bauelementebibliothek an. Ohne Belastung erzeugt die Solarzelle etwa eine Leerlaufspannung von rd. 0,8 V, der Kurzschlussstrom ist gleich dem der Konstantstromquelle. Durch die Diode mit stark nichtlinearer Kennlinie wird auch die Strom-Spannungskennlinie des aktiven Zweipols nichtlinear. Man gewinnt sie durch Anschalten eines variablen Lastleitwertes und Messung von Strom und Spannung. Für die Simulation wird statt des Lastleitwertes eine variable Spannungsquelle V_1 angelegt, dabei fließt durch sie der gleiche Zweigstrom, der sonst durch den Lastleitwert fließen würde. Um Simulationsprobleme zu minimieren, wurde noch kleiner Längswiderstand R_1 (1 μΩ) eingefügt sowie eine „Nullspannungsquelle" V_2, durch die der

Kennlinienschreiber-Analyse...

Analyse-Parameter | Ausgangsvariablen | Verschiedene Optionen | Zusammenfassung

Quelle 1

Quelle	vv1	Ändere Filter
Startwert	0	V
Stopwert	0.88	V
Schrittweite	0.01	V

Quelle 2

Quelle	ii1	Ändere Filter ☑ Verwende Quelle 2
Startwert	1	A
Stopwert	3	A
Schrittweite	1	A

Mehr >> | Simulate | Akzeptieren | Abbrechen | Hilfe

Bild B 1.3/7-2

Strom vv2#branch fließt, so dass er zur Auswertung bereitsteht. Damit sind zwischen Erregergröße und Zweigstrom durch die getrennten Knoten unabhängige Variablenbeziehungen gegeben. Nach dem Aufruf *Simulation/Analyse/Kennlinienschreiber* erscheint das dargestellte Registerblatt *Kennlinienschreiberanalyse* (Bild B 1.3/7-2). Dort werden eingetragen: die Sweepparameter für die Ausgangsspannungsquelle V_1 (die maximale Leerlaufspannung liegt unter 0,9 V, im letzten Bereich muss die Schrittweite durch die starke Kennlinienkrümmung entsprechend klein sein), und die Parameter der Stromquelle (sie symbolisiert die Sonnenstrahlung und sollte deshalb mehrere Werte haben). Es kommen drei Kenlinien zur Auswahl.

Im nächsten Schritt werden in der gleichen Registerkarte die anzuzeigenden Analysevariablen selektiert (v(3) und der Zweigstrom vv2#branch). Anschließend erfolgt die Simulation aus der Registerkarte heraus. Es erscheint das Analysediagrammfenster mit den gewünschten Zweipolkennlinie (Bild B 1.3/7-3). Die eingetragene Gerade entspricht der Sweepspannung oder – versehen mit einem Leitwertfaktor G – einem Lastleitwert von 1 S. Der Schnittpunkt mit der Kennlinie des aktiven Zweipols gibt den Arbeitspunkt. Einen Anpasspunkt bei der halben Leerlaufspannung wie beim linearen aktiven Zweipol gibt es hier offenbar nicht.

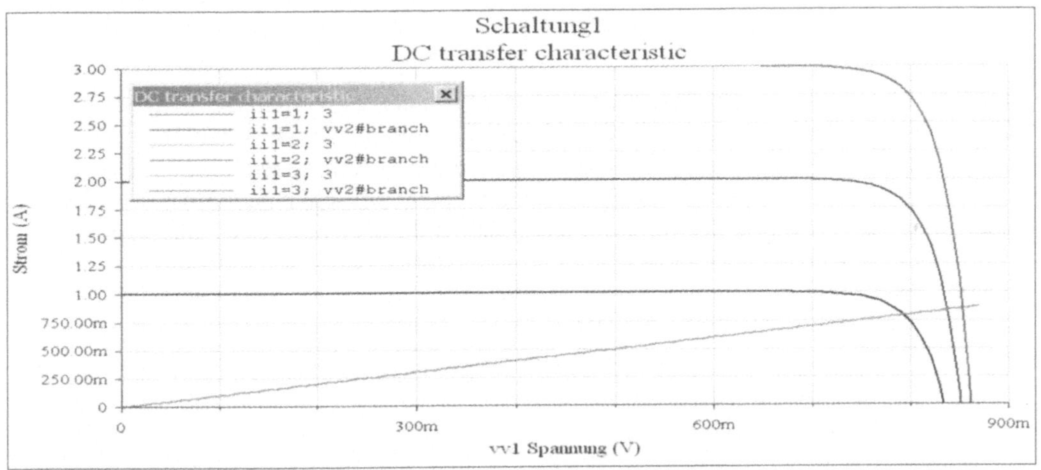

Bild B 1.3/7-3

Um die vom nichtlinearen Zweipol maximal abgegebene Leistung zu bestimmen (und so Anpassung zu definieren), erfolgt die Leistungsberechnung über den in Multisim vorhandenen Post-Prozesssor. Dazu wird aufgerufen *Simulation/Postprozess* und im erscheinenden Registerfenster „*Postprozessor*“ (Bild B 1.3/7-4) notiert: die Analysevariablen und die mit ihnen möglichen Funktionen.

Um eine neues Kennlinienblatt mit der Zweipolleistung zu zeichnen, müssen in die Kommandozeile des Kennlinienfensters kopiert werden: die Klemmenleistung in der Form (v(3)* vv2#branch) sowie die Einzelvariablen v(3) und vv2#branch (jeweils durch Kommata getrennt). Zusätzlich lassen sich noch Widerstandsgeraden eintragen. Anschließend erfolgt die Eingabe „*Zeichnen*“, wobei über automatisch erzeugte neue Seiten und Diagramme (die zu bestätigen sind) schließlich das gewünschte Diagramm aufgebaut wird.

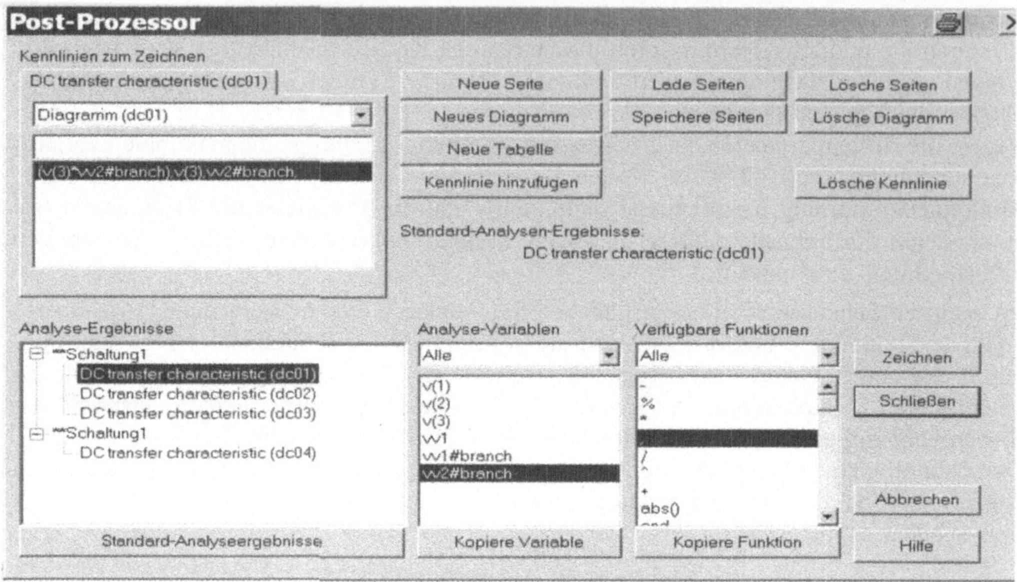

Bild B 1.3/7-4

Im Analysediagrammfenster lassen sich unter *Bearbeiten/Eigenschaften* und *Ansicht* die Achsen passend beschriften, Gitter einblenden und Cursor (zur besseren Diagrammauswertung) einzelnen oder allen Kennlinien zuordnen. Erwartungsgemäß tritt ein Leistungsmaximum von etwa 2,25 W bei einer Spannung 0,767 V auf und einem Strom von 2,92 A entsprechend einem Lastwiderstand von 0,262 Ω (Bild B 1.3/7-5). Der Anpasspunkt liegt deutlich über dem Punkt des halben Kurzschlussstromes wie bei einem linearen aktiven Zweipol. Im Leistungsmaximum ist das Produkt von Strom und Spannung, d.h. das aus

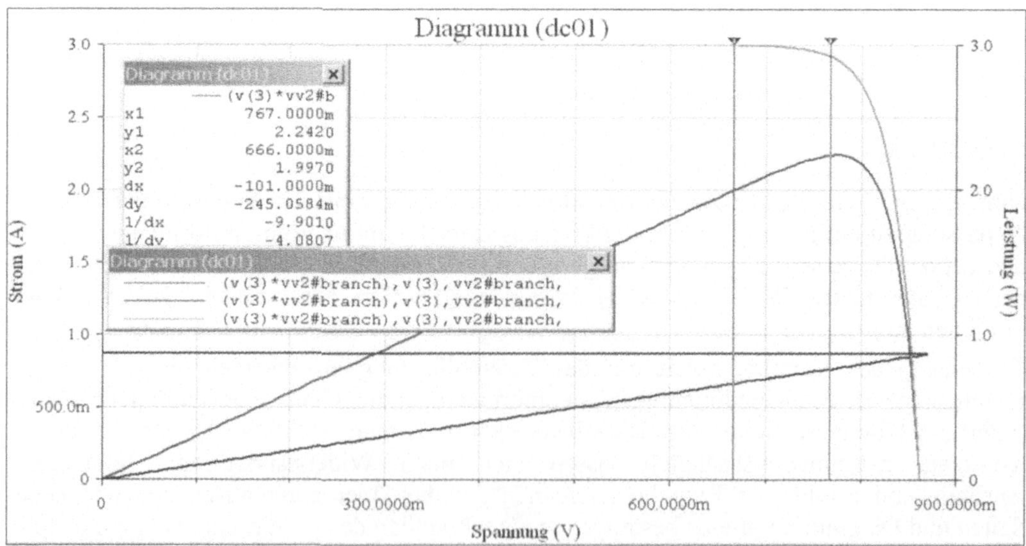

Bild B 1.3/7-5

beiden Größen gebildete Rechteck, maximal. Vergleicht man diese Leistung (2,24 W) mit der maximal verfügbaren Leistung der Zelle (Kurzschlussstrom*Leerlaufspannung → 3 A *0,88 V = 2,64 W), so beträgt das Verhältnis von maximal abgegebener zu verfügbarer Leistung – der sog. Füllfaktor – hier 2,24/2,62 = 85% (gegenüber nur 25 % beim linearen Zweipol!).

Multisim-Beispiel 3/8 Aktiver Zweipol mit nichtlinearem Innenwiderstand. Strom- oder spannungsabhängige, also nichtlineare Widerstände lassen sich nicht nur mit geeigneten natürlichen Bauelementen realisieren, sondern auch mittels linearer und nichtlinearer Verhaltensmodelle und gesteuerter Quellen, wie Multisim einige bereithält.

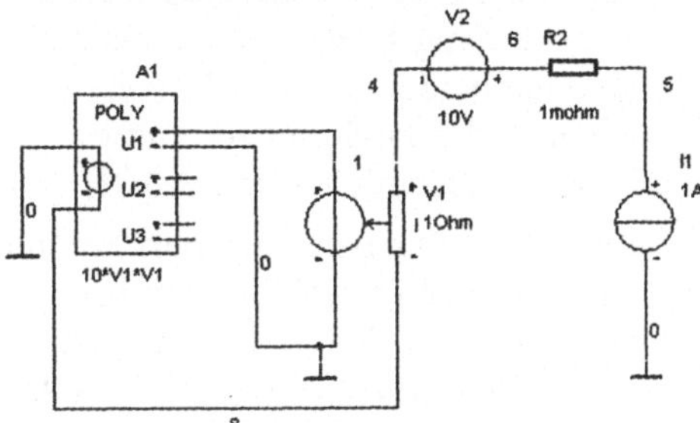

Bild B 1.3/8-1

Um z.B. die Ersatzschaltung eines aktiven Zweipols mit der Spannungsquellenersatzschaltung nach Bild 3.1.10a nachzubilden, dessen Innenwiderstand prop. dem Strom ist, (der also mit steigendem Strom steigt), kann in Multisim die gesteuerte Polynomspannungsquelle herangezogen werden (Bild B 1.3/8-1). Ihre Ausgangspannung hängt über ein Polynom von bis zu drei Eingangsspannungen (auch mit gemischten Produkten) ab. In dieser Quelle A1 realisieren wir eine Abhängigkeit $U(8) = U_a = E{*}U_e^2$ mit $E = 10$. Zur Widerstandsrealisierung ist weiter eine Wandlung des Eingangsstromes in eine Spannung erforderlich. Das besorgt die stromgesteuerte Spannungsquelle V1 mit der Transimpedanz Z: $U(1) = U_a' = Z{*}I_e$ und dem Eingangsstrom I_e. Gesetzt wird $Z = 1\ \Omega$. Am Ausgang dieses

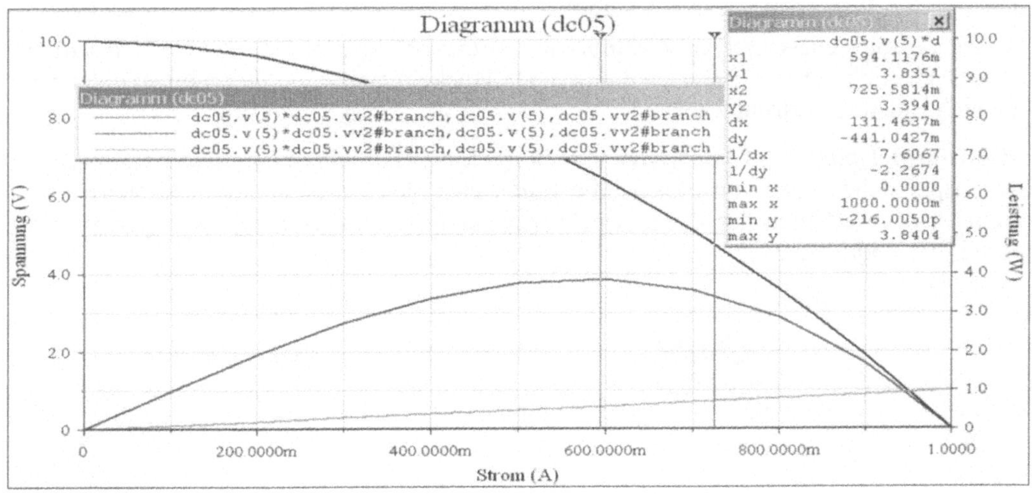

Bild B 1.3/8-2

i-u-Wandlers liegt der Eingang U1 der Polynomquelle, außerdem sind der Eingang des *i-u*-Wandlers und der Ausgang der Polynomquelle in Reihe geschaltet, wie dargestellt (Verbindungsleitung 8). Dadurch entsteht die funktionelle Abhängigkeit $U_a = EU_e^2 = E(Z)^2*i^2$, d.h. ein Ersatzwiderstand $R = EZ^2*i$ zwischen Knoten 4 und Masse gemäß Forderung. Diesem Widerstand schalten wir die ideale Quellenspannung V_2 des aktiven Zweipols 1 in Reihe und erhalten so zwischen Knoten 6 und Masse die gewünschte Zweipolersatzschaltung mit nichtlinearem Innenwiderstand. Aus Simulationsgründen ist dem Zweipol noch ein kleiner Längswiderstand $R_2 = 1\ \mu\Omega$ zur Schaffung getrennter Knoten zwischen Spannungsquelle und Ausgang reihengeschaltet. Entgegen der sonstigen Gepflogenheit liegt der so elektronisch erzeugte nichtlineare Innenwiderstand einseitig an Masse und die Quelle „schwebt“ , was hier ohne Belang bleiben möge ebenso wie die einseitig an Masse geschaltete Zwischenverbindung beider Quellen. Interessant an dieser Schaltung ist, da sie (außer R_2) keinen ohmschen Widerstand im herkömmliche Sinne (als Bauelement) enthält. (Dieses Prinzip wird in der Elektronik häufig benutzt).

Zur Kennlinie dieses aktiven Zweipols kommen wir durch Anlegen einer variablen Stromquelle an den Ausgang und Durchführung der Anweisung *Simulation/Analysen/Kennlinienschreiber* (wie in den gleichgelagerten Beispielen). Eingestellt werden im Registerblatt *Kennlinienschreiberanalyse* die Ausgangsgrößen (Spannung v(5) und der Strom vv2#branch durch die Quelle) und bei den *Analyseparametern* der Strom I_1 von 0…1 A in Schritten von 0,1 A (höhere Auflösung ist nicht erforderlich). Die anschließende Simulation aus diesem Registerblatt heraus liefert die gesuchte *u-i*-Kennlinie sowie den Verlauf I_1, der auch als Widerstandsgerade $U_1 = R_a*I_1$ interpretiert werden kann entsprechend einem Außenwiderstand $R_a = 1\ \Omega$.

Die Berechnung der vom Zweipol bereitgestellten Leistung erfolgt mit dem Postprozessor über *Simulation/Postprozessor* (auf die gleiche Weise wie in den anderen Beispielen). Das Produkt v(5)*vv2#branch wird berechnet und zusammen mit den Ausgangsgrößen v(5) und vv2#branch in ein neues Diagramm gezeichnet. Das Ergebnis Bild B 1.3/8-2 lässt die Verschiebung des Leistungsmaximums zu einem etwas höheren Strom (0,594 A) als dem halben Kurzschlussstrom erkennen, auch liegt die maximal abgebbare Leistung mit 3,83 W höher als 2,5 W für den linearen Zweipol.

Dieses Beispiel eines aktiven Zweipols mit stromabhängigem Innenwiderstand trifft in erster Näherung auf die Ersatzschaltung einer Trockenbatterie zu, deren Innenwiderstand mit steigendem Laststrom wächst.

Multisim-Beispiel 3/9 Kleinsignalsteuerung. Eine Halbleiterdiodenschaltung wird im Arbeitspunkt betrieben und gleichzeitig durch eine Wechselspannung ausgesteuert. Gesucht ist das Verhalten der Diodenwechselspannung bei unterschiedlicher Aussteuerung mittels der Fourieranalyse.

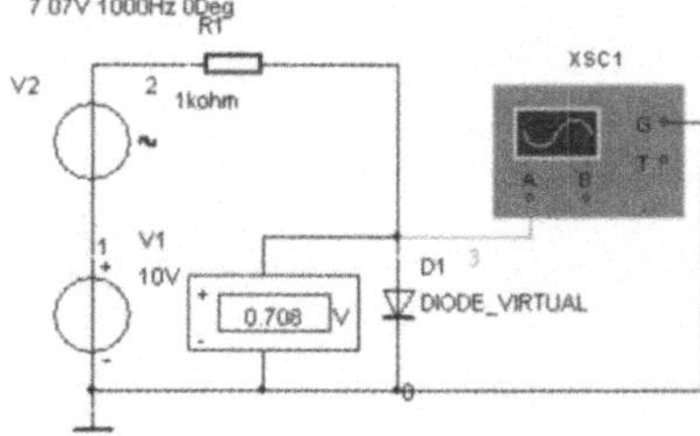

Bild B 1.3/9-1

In der Messschaltung Bild B 1.3/9-1 fließt durch die Diode etwa ein Flussstrom von 10 mA, die Diodengleichspannung stellt sich zu etwa 0,7 V ein. Die in Reihe liegende Wechselspannung (Scheitelwert 1 V) verursacht einen Wechselstrom, der am Kleinsignalwiderstand der Diode (Größenordnung U_T/I, s. Gl. (3.1.17) rd. 2,5 Ω) eine Wechselspannung von 2,5 mV hervorruft, praktisch sinusförmig. Die Ausmessung am Oszilloskop mit dem Cursor ergibt einen Spitzenwert von 2,8 mV, also eindeutig Kleinsignalsteuerung. Eine durchgeführte Fourieranalyse (Anweisung *Simulation/Analysen/Fourier-Analyse*, Registerkarte *Fourieranalyse*, zunächst Ausgangsvariable (Knotenspannung u3) festlegen, dann im gleichen Register die Analyseparameter bestimmen: Zahl der Harmonischen (5), Stopzeit (20ms), Ergebnisse in Tabellen- und Diagrammform anzeigen, die Abtastfrequenz sollte wenigstens 20 kHz betragen). Folgende Ergebnisse stellen sich ein:

Fourier-Analyse für V(3):DC-Anteil: 0.712667
Nr. Harmonischen: 5, THD: 2.67869 %, Gittergröße: 128, Interpolationsgrad: 1

Harmonische	Frequenz	Betrag	Phase	Norm. Betrag	Norm. Phase
1	1000	0.00278263	3.46987e–005	1	0
2	2000	7.44908e–005	90.001	0.0267699	90.001
3	3000	2.65047e–006	179.831	0.000952507	179.831
4	4000	1.03967e–007	–90.12	3.73628e–005	–90.12
5	5000	7.18825e–009	–56.504	2.58326e–006	–56.504

Dazu gehört als Diagrammdarstellung:

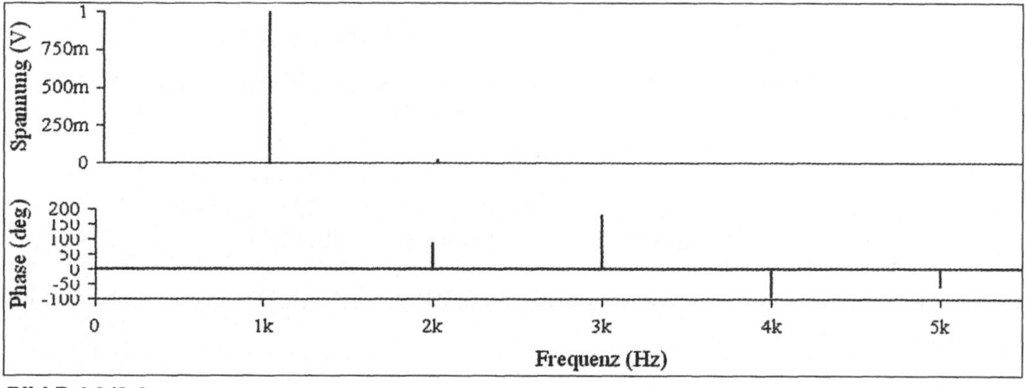

Bild B 1.3/9-2

Die Wechselspannung der Grundfrequenz beträgt 2,78 mV und der Klirrfaktor 2,7%. Die Diode hat den Kleinsignalwiderstandes von 2,78 Ω.

Im nächsten Schritt wird die Wechselspannung bei sonst unveränderten Schaltungsdaten erhöht auf etwa 25 mV und erneut simuliert. Das Oszilloskopsignal ist – wie dargestellt – deutlich verzerrt und nach unten verschoben (Bild B 1.3/9-3, durch die Nichtlinearität entsteht der sog. Gleichrichtereffekt, der den Gleichstromarbeitspunkt verschiebt). Eine jetzt angeschlossene Fourieranalyse der Diodenspannung ergibt einen beträchtlich größeren Klirrfaktor von rd. 23%, wie den Simulationsergebnissen entnommen werden kann.

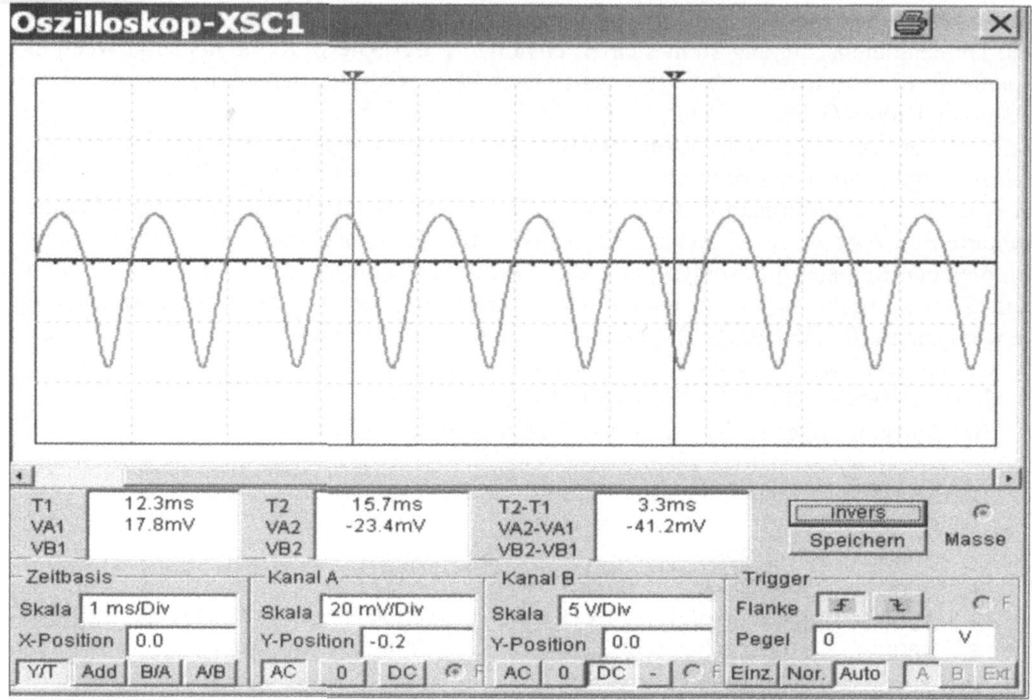

Bild B 1.3/9-3

Fourier-Analyse für V(3):DC-Anteil: 0.70795
Nr. Harmonischen: 5, THD: 23.5323 %, Gittergröße: 128, Interpolationsgrad: 1

Harmonische	Frequenz	Betrag	Phase	Norm. Betrag	Norm. Phase
1	1000	0.023352	0.000647899	1	0
2	2000	0.00523997	90.0034	0.224391	90.0027
3	3000	0.00156071	–179.99	0.0668344	–179.99
4	4000	0.000520366	–89.953	0.0222836	–89.953
5	5000	0.000183777	0.0938683	0.00786987	0.0932204

Es tritt die vierte Harmonische mit immerhin noch 2% Anteil auf. Das drückt sich auch im entsprechenden Diagramm aus.

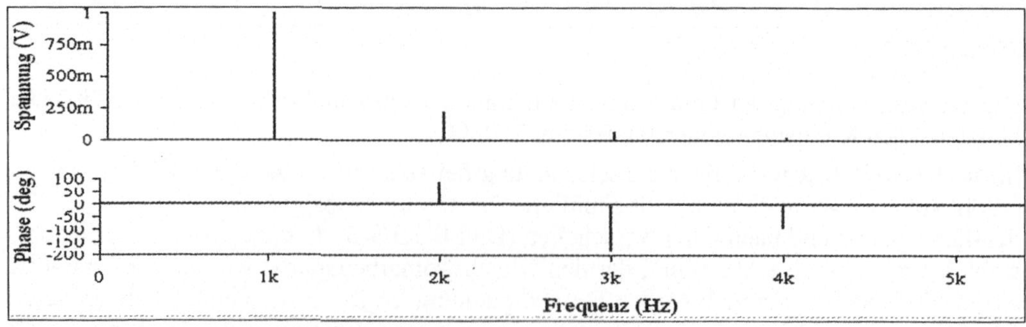

Bild B 1.3/9-4

Insgesamt bietet die Fourieranalyse des Signals in einer nichtlinearen Schaltung bei Wechselstromaussteuerung ein bequemes Hilfsmittel zur Abschätzung der Aussteuerung, für die die Schaltung noch als lineares Wechselstromnetzwerk aufgefasst werden kann.

Multisim-Beispiel 3/10 Fallende Kennlinie, Kleinsignalverhalten. Ein Zweipol aus einer Reihenschaltung zweier rückgekoppelter komplementärer Verarmungs-Sperrschichtfeldeffekttransistoren hat eine *i-u*-Kennlinie mit ausgeprägtem Maximum und anschließendem fallenden Bereich. Diese Kennlinie soll mit Multisim dargestellt und der Verlauf des Kleinsignalleitwertes über dem Arbeitspunkt bestimmt werden. Im Bild B 1.3/10-1 ist die Schaltung angegeben. Sie besteht aus einem aktiven Zweipol – einer Gleichspannungsquelle V_1 –, einem angeschalteten Potentiometer, mit dem durch Tastendruck a/A die Quellenspannung während der Simulation verändert werden kann, einer als Strommesser wirkenden Nullspannungsquelle V_2, einem nur für die Simulation ergänzten kleinen Widerstand R1 und dem nichtlinearen passiven Transistorzweipol (nichtlinearer passiver Zweipol) zwischen Knoten 3 und Masse. Die beiden Transistoren sind virtuelle Elemente aus der Transistorbibliothek (Jfet_N_virtual, p-Typ analog).

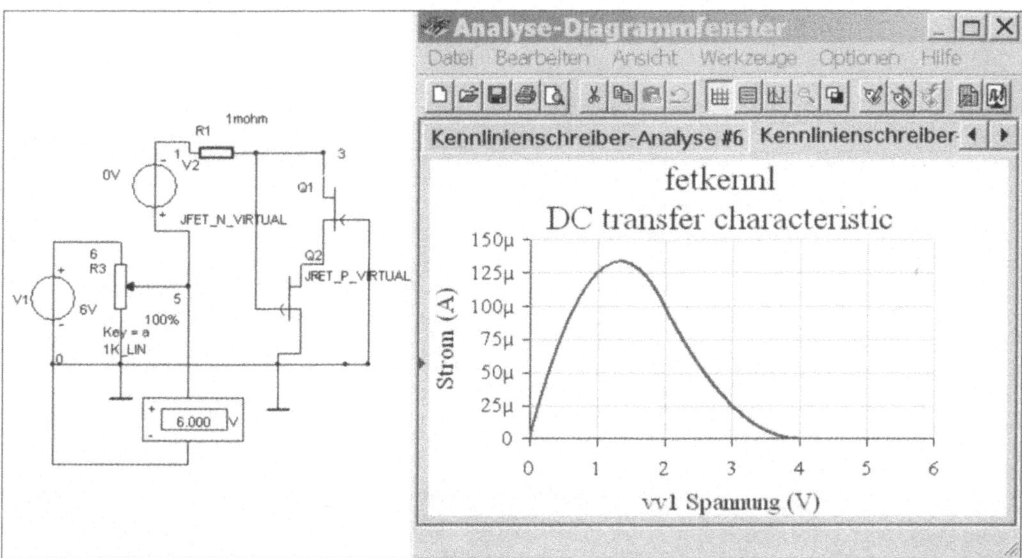

Bild B 1.3/10-1

Nach der Anweisung *Simulation/Analysen/Kennlinienschreiber* erscheint das Registerblatt *Kennlinien-Schreiberanalyse.* Dort werden zunächst die Ausgangsanalysevariable vv2#branch2 zur Anzeige selektiert – das ist der Strom durch die Quelle V_2 – sowie die Start-/Stopwerte 0 und 6 V mit einer Schrittweite von 1 mV eingetragen. Anschließend erfolgt die Simulation. Im Ergebnis entsteht die stark nichtlineare *i-u*-Kennlinie mit einem Maximum bei 1,3 V und einem Wendepunkt bei etwa 2,1 V (Bild B 1.61). Das Ergebnis bestätigt die gewählte Messschaltung: um jeden Kennlinienpunkt eindeutig einstellen zu können, muss der passive Zweipol von einer Konstantspannungsquelle gespeist werden. Bei Innenwiderstand Null ist ihre Kennlinie eine zur *i*-Achse parallele Gerade mit dem Schnittpunkt $V_1 = U_q$, ihrer Quellenspannung. Hätte die Quelle einen größeren Innenwiderstand, (stärkere Neigung der Widerstandsgeraden, s. Bild 3.1.2), so könnten schließlich drei Kennlinienschnittpunkte entstehen, von denen einer instabil ist. Würde die Kennlinienaufnahme umgekehrt mit einer Konstantstromquelle erfolgen, so wären von Anfang an zwei Schnittepunkte möglich, einer stets auf dem fallenden Ast: die Anordnung arbeitet instabil (Bauen Sie eine entsprechende Schaltung mit Simulationsversuch auf). Um die Kennlinie punktweise aufnehmen zu können, wird die Nullspannungsquelle durch einen Strommesser ersetzt. Dann lässt sich mit einer DC-Simulation (über den Simulationsschalter) jeweils ein Arbeitspunkt sicher einstellen, die zugehörigen Strom-Spannungswerte können an den Instrumenten abgelesen werden. Durch Betätigen des Potentiometers ist die Quellenspannung V_1 in %-Schritten veränderbar, dabei kann das Maximum der Kennlinie noch gut erfasst werden (Versehen Sie anschließend die Spannungsquelle mit einem Innenwiderstand im Bereich um 30 kΩ oder höher und versuchen Sie eine Kennlinienaufnahme, Ergebnis?).

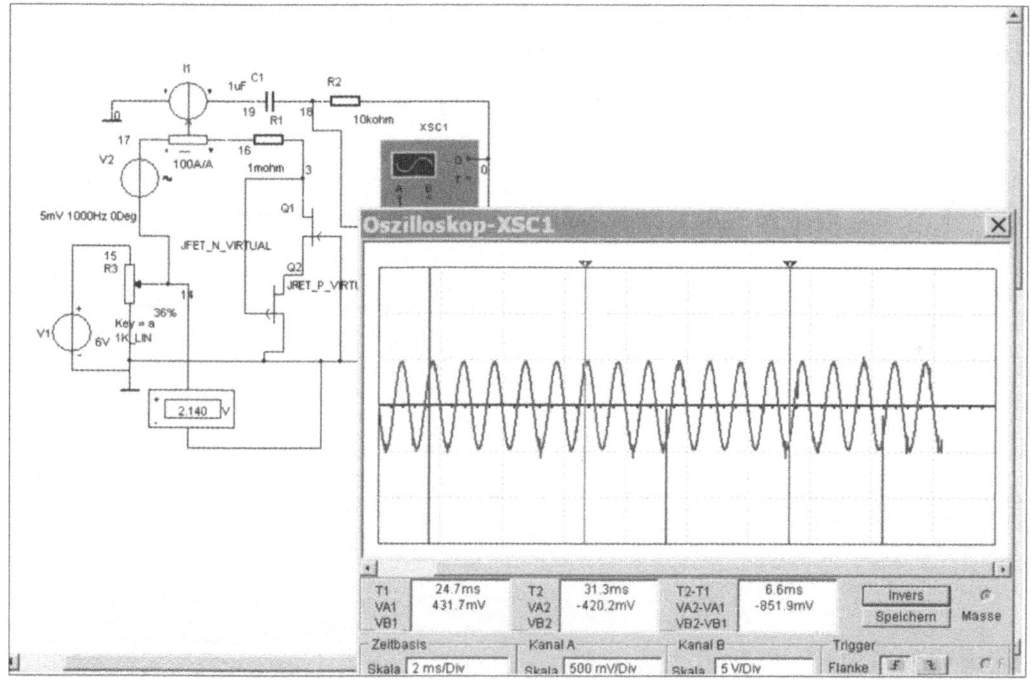

Bild B 1.3/10-2

Um den Kleinsignalleitwert di/du des passiven Zweipols in einem Arbeitspunkt zu bilden, muss entweder die Kennlinie $i(u)$ differenziert oder eine schaltungstechnische Kleinsignalanalyse durchgeführt werden. Gewählt wird zunächst der letztere Weg und dazu der variablen Gleichspannung V_1 eine kleine Wechselspannung (Richtwert 5...10 mV, daher die geringe Schrittweite bei der Kennliniendarstellung) in Reihe geschaltet (Bild B 1.3/10-2). Statt des Strommessers ist eine stromgesteuerte Stromquelle eingefügt. Sie koppelt den zum Zweipol fließenden Strom aus dem Kreis aus (dem noch ein Gleichstrom überlagert ist) und trennt die Gleichstromkomponente durch den Hochpass C_1/R_2 ab. Die am Widerstand R_2 entstehende Wechselspannung wird im Oszilloskop betrachtet (und gemessen).

Für den Kleinsignalleitwert gilt: $g = u_{osz}/(R_2\, A_i\, u_q)$ mit der Stromverstärkung A_i (eingestellt 100). Durchgeführt wird eine AC-Simulation bei Festfrequenz (1 kHz = Start-Stopwert, 1 Messpunkt). Vor Betätigen des Simulationsschalters stellt man am Potentiometer die gewünschte Arbeitspunktspannung ein. Zum passiven Zweipol fließt der Kleinsignalwechselstrom. Er verschwindet im Kurvenmaximum, im Wendepunkt auf dem fallenden Ast wird er maximal. Durch wechselseitiges Betätigen des Potentiometers und Simulationsschalters lassen sich so einzelne Arbeitspunkte abtasten und der Kleinsignalleitwert gewinnen (zur Erkennung des Phasensprungs im Maximum reicht allerdings die numerische Genauigkeit nicht aus). Im Bild wurde das Ergebnis für den Wendepunkt dargestellt (nicht frei von numerischen Störungen). In diesem Arbeitspunkt beträgt Kleinsignalleitwert etwa $g \approx -100$ µS. Auf Einzelheiten des Zustandekommens der fallenden Kennlinie durch die Transistorschaltung verzichten wir hier, sie werden im Band 2 genauer behandelt.

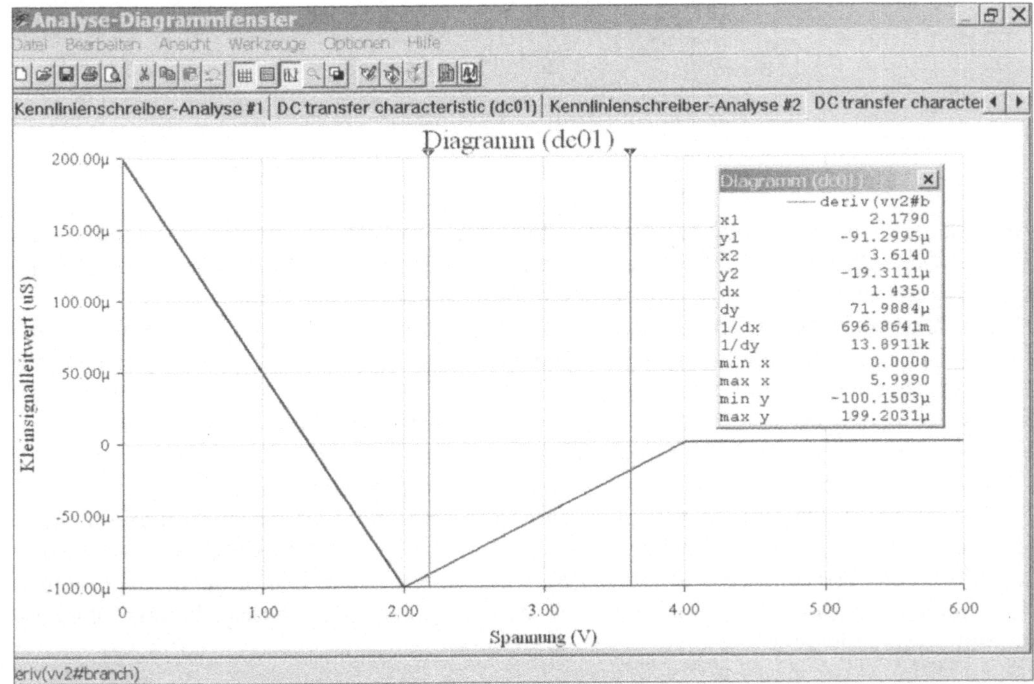

Bild B 1.3/10-3

Grundsätzlich sollte man auch versuchen, den in Multisim enthaltenen Postprozessor zur Ergebnisauswertung heranzuziehen. Unter *Simulation/Postprozess* wird er aufgerufen. Wendet man die dort im Registerblatt bereitstehende Funktion deriv() (Ableitung) auf die Variable Strom (hier Strom durch V_2: vv2#branch) an, (dazu wird sie aus den zur Auswertung bereitstehenden Analysevariablen in deriv() kopiert) und schließt mit dem Befehl „*Kennlinie zeichnen*" ab, so ergibt sich das (durch *Bearbeiten/Eigenschaften*) ergänzte Bild B 1.3/10-3 des Kleinsignalleitwertes über der Arbeitspunktspannung. Die Geraden lassen auf eine Ausgangskennlinie der Form $i \sim u^2$ (wie sie für die benutzten Feldeffekttransistoren tatsächlich zutrifft) schließen. Man erkennt den positiven Leitwert bis zu Maximum der i-(u)-Kennlinie, anschließend den negativen Bereich mit dem Maximalwert im Wendepunkt (hier –2 V), anschließend den Wiederanstieg und schließlich Null dort, wo auch der Strom verschwindet. Der Kennlinienverlauf deutet auf die Kennliniemodellierung durch Parabelstücke hin, auch die Größenordnung der Werte stimmt mit denen überein, die man durch Cursoranwendung direkt aus der Kennlinie erhält.

Multisim-Beispiel 3/11 Potentiometerschaltung. Zwei Spannungsquellen mit Innenwiderstand arbeiten über ein Potentiometer R_4 auf einen Lastwiderstand R_2, dessen Spannungsabfall bestimmt werden soll (s. Bild B 1.3/11). Nach dem Schaltungsaufbau auf der

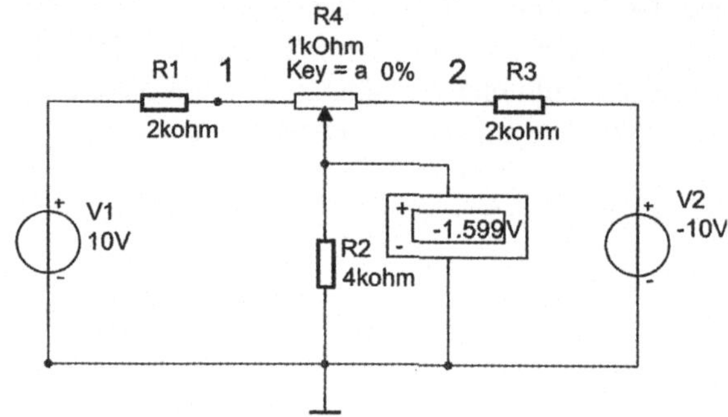

Bild B 1.3/11

Arbeitsoberfläche von Multisim wird das Potentiometer (als sog. virtuelles Potentiometer aus der Bauteilleiste der Netzwerkelemente) eingefügt. Durch Doppelklick erkennt man seinen Einstellmodus: unter *Wert* erfolgt die Wertzuweisung, durch die Tastatur lässt er in Prozentschritten erhöhen (hier durch Taste a, mit Taste A schrittweise Senkung). Die Prozentstufen wurden zu 5% gewählt. Die Schaltung ist – bis auf die Vorzeichen der Spannungsquellen – symmetrisch aufgebaut. Deshalb muss in der ganz linken Potentiometerstellung eine positive Spannung an R_2, in der rechten (Stellung 0) der gleiche negative Wert angezeigt werden. Die Simulation liefert aber Unterschiede (+1,599 V gegenüber –1,517 V) die vermutlich am Potentiometermodell liegen. Der Austausch des virtuellen Potentiometers gegen ein natürliches (1 k lin) aus der Bauteilliste beseitigt diesen Fehler, jetzt lautet das Ergebnis in beiden Fällen 1,538 V (mit unterschiedlichem Vorzeichen), wenn die Potentiometerstufen 0 und 100% eingestellt werden. Das Ergebnis kann durch Anwendung der Spannungsteilerregel für jede Spannungsquelle und des Überlagerungssatzes auf beide Teilergebnisse leicht bestätigt werden.

Multisim-Beispiel 3/12 Knotenspannungsanalyse. Für die Schaltung B 1.3/12 mit zwei Stromquellen soll eine Knotenspannungsanalyse für die Spannungen U_1 und U_2 durchgeführt werden. Nach dem Schaltungsaufbau, der Wertezuweisung und Abspeicherung sowie *Simulation/Analyse/DC-Arbeitspunkt* erfolgt die Simulation mit den dargestellten Ergebnis-

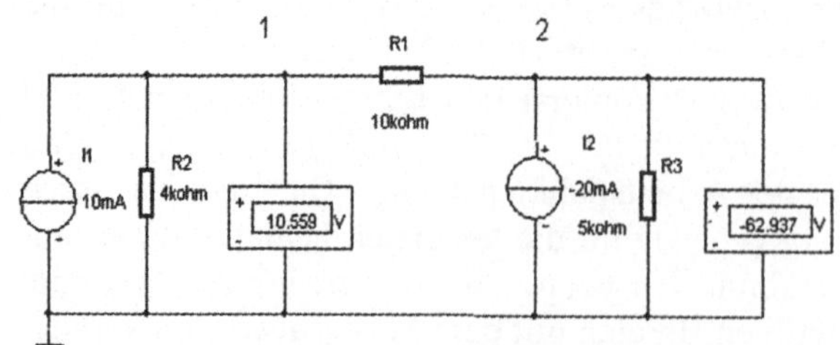

Bild B 1.3/12

sen. Dabei wurden Spannungsmesserinnenwiderstände 1 GΩ gewählt. Eine Direktanalyse z.B. mit MATLAB bestätigt die Werte. Abweichungen gibt es allerdings bei Nutzung der Defaultinstrumentseinstellungen (R_i = 1 MΩ), weil die das Impedanzniveau des Netzwerkes im kΩ-Bereich liegt. Bei der Knotenspannungsanalyse werden die gewünschten Knotenspannungen entweder ohne Instrumentanzeige im Register Ausgangsvariablen (*Simulation/Analysen/DC-Arbeitspunkt/Register Ausgangsvariablen*) selektiert und als Tabelle im Analyse-Diagrammfenster ausgedruckt oder an den entsprechenden Knoten Spannungsmesser eingefügt. Bei größeren Netzwerken ist der Ausdruck vorzuziehen, weil diese Methode schneller geht.

Multisim-Beispiel 3/13 Maschenstromanalyse. In der gegeben Schaltung B 1.3/13 sollen alle Maschenströme bestimmt werden. Es gibt drei unabhängige Maschen (welche?), dabei sind die Maschenströme hier gleich den Zweigströmen durch die Spannungsquellen. In der oberen Masche ohne Spannungsquelle wird zur Stromanzeige noch die Spannungsquelle V_3

DC-Arbeitspunkt

vv1##branch	–642.85714m
vv2##branch	642.85714m
vv3##branch	428.57143m

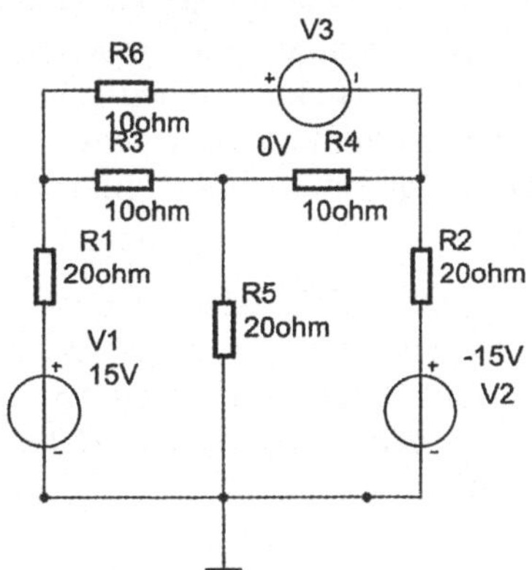

Bild B 1.3/13

eingeführt und ihr Wert zu 0 gesetzt. Nach dem Schaltungsaufbau, der Wertzuweisung und Speicherung beginnt die Simulationsvorbereitung (*Simulation/Analyse/DC Arbeitspunkt/Register Ausgangsvariablen*, dort werden die Zweigströme durch die Spannungsquellen gewählt). Die Simulation liefert die angegebene Werte als Tabelle. Es ist notwendig, parallel zur Simulation die Richtungen der Maschenströme festzulegen, üblicherweise im Uhrzeigersinn positiv. Dann muss der Strom durch V_1 negativ sein (in SPICE so definiert), durch V_2 ergibt sich ein positiver Wert, ebenso durch V_3. Statt der Zweigstrombestimmung durch die Spannungsquellen könnten ebenso gut Strommesser in die betreffenden Zweige eingebaut werden. Der Weg über die Strombestimmung durch die Spannungsquellen ist aus mehreren Gründen vorzuziehen: bei der Maschenstromanalyse wird ohnehin von einer Schaltung mit Spannungsquellen (bzw. umgewandelten Stromquellen) ausgegangen und diese Ströme fallen bei der Analyse an. Zu entscheiden ist lediglich, ob der Strom durch die Quelle ein Maschen- oder Zweigstrom ist und die Maschenströme u.U. daraus zu berechnen sind.

Multisim-Beispiel 3/14 Maschenstromanalyse. Für die gegebene Schaltung B 1.3/14 sollen mit Multisim alle Maschenströme bestimmt werden.Die Schaltung hat drei unabhängige Maschen mit den Maschenströmen $i_1 \dots i_3$, wie eingeführt. Nach der Schaltungseingabe, der Wertezuweisung und Knotenbezeichnung (die von Multisim zugewiesenen Knoten

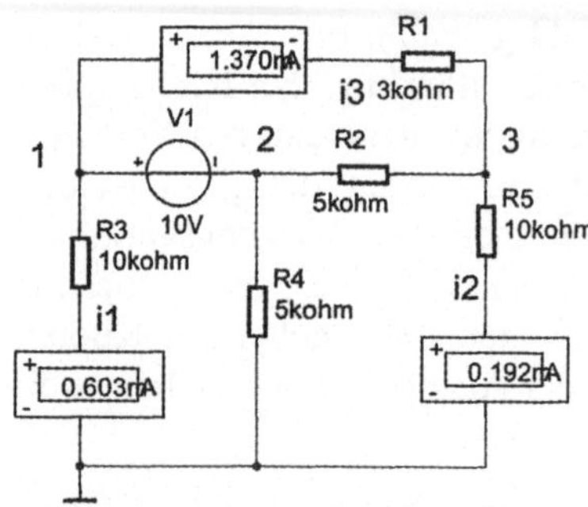

Bild B 1.3/14

bei Einbinden der Schaltung in das Textverarbeitungsprogramm meist unterdrückt), werden Strommesser in die Maschen dort eingefügt, wo Zeig- und Maschenstrom übereinstimmen (das sind die sog. Zweige des äußeren Stromkreises). Nach Abspeicherung erfolgt die DC-Simulation über den Simulationsschalter mit den angegebenen Ergebnissen. Da Strommesser als Defaulteinstellung einen sehr geringen Innenwiderstand haben, ergeben sich hinreichend genau ermittelte Maschenströme. Ihre Richtungen sind – wie üblich – im Uhrzeigersinn positiv orientiert und es gilt somit $i_1 = -0{,}603$ mA, $i_2 = 0{,}192$ mA und $i_2 = 1{,}370$ mA.

Multisim-Beispiel 3/15 Netzlisteimport und -export. Multisim erlaubt, SPICE/PSPICE-Netzlisten (mit gewissen Einschränkungen und Besonderheiten) zu importieren und andererseits eine in EWB/Multisim erstellte Schaltung als Netzliste nach SPICE zu exportieren. Das soll für eine gegeben Schaltung B 1.3/15-1 erläutert werden, von der nur die Schaltskizze existieren möge.

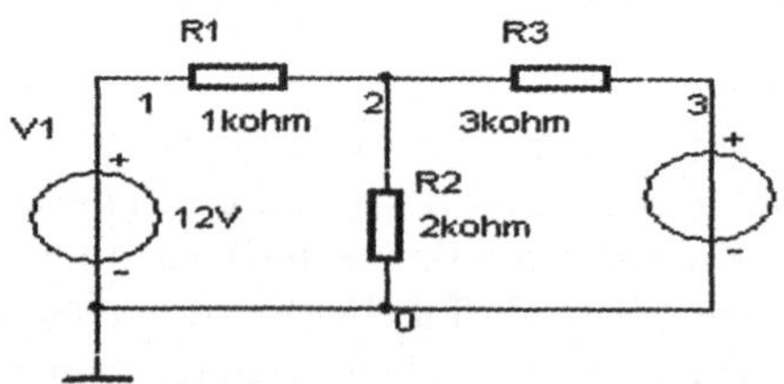

Bild B 1.3/15-1

```
Netzliste
*Elem Kno Kno Wert
R1     1   2   1K
R2     2   0   2K
R3     2   3   3K
V1     1   0   DC 10
V2     3   0   DC 0
.END
```

Die Netzliste ist ein Verzeichnis der Schaltungselemente, ihrer Bezeichnungen, der Werte und der Lage im Netzwerk anhand der (zugeordneten) Knotennummern. Das kann für die Einzelelemente mit der SPICE-Notation leicht nachvollzogen werden. So ist R_1 die Bezugsbezeichnung des Widerstandes 1, der zwischen den Knoten 1 und 2 liegt und den Wert 1 kΩ hat. Entsprechend trägt die Batterie die Bezugsbezeichnung V_1, sie liegt zwischen den Knoten 1 und 0 und hat als Gleichquelle (DC) den Wert 10 V (SPICE bezieht sich automatisch auf die Grundeinheiten, deshalb kann die Einheit V entfallen). Quelle V_2 (Wert = 0) dient zur Stromanzeige nach der Simulation.

Die Netzliste wird mit einem üblichen Texteditor geschrieben, z.B. Notepad in MS-Word und in einem Ordner, zweckmäßig mit der Bezeichnung „spice“ unter einem selbsterklärenden Namen (z.B. „netzliste1“ als „netzliste1.cir“ abgespeichert, unbedingt mit der Endung .cir versehen!).

Anschließend erfolgt der Aufruf von EWB/Multisim, unter „Datei /Öffnen" wird diese Datei im Verzeichnis „spice" geöffnet und der Import beginnt mit Wahl des Öffnen-Knopfes (in Multisim mit *„Datei/Öffnen"*, in EWB 5 mit *„Datei/Import"*). Der Vorgang kann bei größeren Schaltungen Zeit beanspruchen, in EWB 5 sind dabei verschiedene Optionen zu beantworten. Gleichzeit erscheinen Meldungen, welche Optionen u.U. nicht unterstützt oder welche Modelle zugeordnet werden. Am Ende steht ein oft verwirrendes Schaltungsgebilde (schlecht erkennbar als Ausgangsschaltung), weil EWB/Multisim dafür einen speziellen Algorithmus verwendet. Ob man die Schaltung entwirrt, ist Einstellungssache, sie kann auch unentwirrt abgespeichert werden als Grundlage der anschließenden Simulation. Von diesem Punkt an erfolgt der weitere Simulationsablauf (Analysenwahl, Ausgangsvariable, Optionen,) ausschließlich über EWB/Multisim. Die Simulationsergebnisse erscheinen im Analyse-Diagrammfenster.

```
1 *Netzliste1
2 * Electronics Workbench
3 * This file was created by:
4 *   multiSIM to SPICE netlist
5 * Generated by: Administrator
6 * 26.06.2002 10:28:41
7 *
8 rR1 1 2  1000 resR1
 .model resR1
9 +r(
10 +
11 +  )
12
13 rR2 2 0  2000 resR2
14 .model resR2
15 +r(
16 +
17 +  )
18
19 rR3 2 3  3000 resR3
20.model resR3
21 +r(
22 +
23 +  )
24
25 vV1 1 0 dc 10
26 +
27 +
28
29 vV2 3 0 dc 0
30 +
31 +
```

Bild B 1.3/15-2

Zeichnet man den Schaltplan mit EWB/Multisim, so kann mit der Option *Transfer/Exportiere Netzliste* die Netzliste (etwa zur Verwendung in anderen SPICE-Simulatoren) erzeugt werden. Das erfolgt jetzt für obiges Beispiel B 1.3/15-2 (ergänzt durch Zeilennummern). Eingangs stehen Kommentarzeilen. In den Zeilen 8, 13 und 19 sind die Widerstände (in der Multisim eigenen Diktion) mit Hinweis auf das betreffende Modell enthalten. In Klammern können weitere Optionen (Nenntemperatur, TK) stehen. Zeilen 25 und 29 enthalten die Spannungsquellen.

Eine interessante Variante ergibt sich mit dem Ersatz der stromanzeigenden Spannungsquelle V_2 durch ein A-Meter zwischen Knoten 3 und Null (wie im Bild B 1.3/15-3). Es tritt in der exportierten Netzliste als Zeile xU1 3 0 Ammeter U_1 auf und umfasst eine Teilschaltung (.subckt) bestehend aus einem Widerstand R_1 zwischen (internen!) Knoten 2 und 1 der Größe 10^{-9} Ω, an dem die Spannung ausgewertet wird (in EWB5 würde noch eine Nullspannungsquelle V in Reihe liegen, die den Strom misst). Zusätzlich ist noch ein Ablaufalgorithmus zur Ergebnisanzeige im Strommesser implementiert. Insgesamt kann in der Regel zur Simulation eines Netzwerkes auch von einer SPICE-Netzliste ausgegangen werden als Eingabealternative zum unmittelbaren Schaltungsentwurf mit Multisim. Die weitere Steuerung übernimmt EWB/Multisim. Mit diesem Zugang über die SPICE-Netzliste besteht die Möglichkeit, die von vielen Herstellern angebotenen SPICE-Modelle für Bauelemente (vor allem Halbleiterbauelemente) effektiv zu nutzen.

```
----------------------|
xU1 3 0  AmmeterU1

.subckt AmmeterU1 1 2
R1 1 2 1e-9
.ends

vV1 1 0 dc 10
```

Bild B 1.3/15-3

Multisim-Beispiel 3/16 SPICE- Netzliste. Für die Schaltung Beispiel 3/13 soll die SPICE-Netzliste geschrieben und importiert werden und anschließend die Simulation mit Multisim erfolgen. Zunächst trägt man in die Schaltung Knoten (einschließlich Bezugspunkt 0) ein (Reihenfolge beliebig), stellt die Netzliste mit einem Texteditor (etwa Notepad) auf (Regel: Element, Knoten a, Knoten b, Wert) und speichert sie in einem Ordner, z.B. „spice" unter einem typischen Namen (etwa bei3_13spi) ab (Bild B 1.3/16). Dabei ist die Endung .cir zu ergänzen. (Entwerfen Sie umgekehrt aus der hier angeführten Netzliste die Schaltung und vergleichen Sie diese mit der Ausgangsschaltung Beispiel 3/13). Die Netzliste beginnt mit einer Überschrift gefolgt von einer Leer- oder Kommentarzeile, der ein * voranzustellen ist (wird nicht gelesen).

```
Maschenstromanalyse 3/13
*
*Element  Kno  Kno  Wert
R1          2    1   20
R2          5    6   20
R3          2    4   10
R4          4    5   10
R5          4    0   20
R6          2    3   10
V1          1    0   DC 15
V2          6    0   DC -15
V3          3    5   0
.END
```

DC Arbeitspunkt	
1	15.00000
2	2.14286
3	-2.14286
4	12.24620p
5	-2.14286
6	-15.00000
vv1#branch	-642.8...
vv2#branch	-642.8...
vv3#branch	428.57...

Bild B 1.3/16

Sie endet in jedem Fall mit der Anweisung .END.

Multisim-Beispiel 3/17 Netzliste, gesteuerte Spannungsquelle. Für die Schaltung Beispiel 2/14 soll die Netzliste erstellt und die Simulation mit Multisim durchgeführt werden, gleichzeitig wird ein DC-Sweep der Quelle V_1 zwischen 10 und 12 V linear gewünscht. Gesucht sind alle relevanten Netzwerkgrößen. Als Knoten sollen die des Beispiels gelten.

```
Gesteuerte Spannungsquelle
*Elem Kno Kno  Wert
R1     1  2    1K
R2     2  3    3K
R3     2  4    5K
V1     1  0    DC 10
V2     4  0    DC 5
*Elem Kno Kno Skno Skno Mult
E1     3  0    2    1    100
.DC V1 10 12 2
.PRINT DC I(R1) I(R3)
.END
```

DC Arbeitspunkt	
1	10.00000
2	10.13627
3	13.62683
4	5.00000
ee1#branch	-1.16352m
vv1#branch	136.26...
vv2#branch	1.02725m

Bild B 1.3/17

Die spannungsgesteuerte Spannungsquelle V_3 ist in der SPICE-Notation vom E-Typ (Bild B 1.3/17), die Steuerspannung liegt zwischen den Knoten 2 und 1 (Knoten Skno) und der Multiplizierfaktor beträgt 100. Damit ergibt sich die angeführte Netzliste. Aufgenommen wurde noch ein DC-Sweep der Quelle V_1 von 10...12 V in Schritten von 1 V. Nach Abspeichern der Schaltung (und Ergänzung der Endung .cir) erfolgt der Aufruf von Multisim, unter *Datei/Öffnen* wird die Datei importiert. Dabei erscheint ein Hinweis, dass .DC (DC-Sweep) nicht unterstützt wird (zumindest in der Studentenversion von Mulitsim). Nach einiger Zeit ist die zur Netzliste gehörende Schaltung aufgebaut und die Simulation wird mit *Simulation/Analysen/DC-Arbeitspunkt* eingeleitet, im Registerfenster *DC-Arbeitspunktanalyse* die zur Anzeige kommenden Variablen ausgewählt (hier alle) und die Simulation durchgeführt. Das Ergebnis im *Analyse-Diagrammfenster* stimmt mit den Werten des Beispiels 2/14 überein.

Im nächsten Schritt ruft man Multisim auf und öffnet diese Datei. Damit erfolgt ein (u.U. etwas langwieriger) Import, am Ende erscheinen im Import-Editor evtl. Fehlermeldungen oder Hinweise auf nicht durchgeführte Optionen und schließlich ein „verworrenes" Schaltbild (das nicht weiter bearbeitet werden sollte). Die anschließende Simulation erfolgt über Multisim-Anweisungen; hier also *Simulation/Analysen/DC-Arbeitspunkt*, weiter im erscheinenden Registerblatt die Auswahl der zur Analyse gewünschten Variablen. Mit Betätigung des Simulationsknopfes erscheinen im *Analyse-Diagrammfenster* die Ergebnisse übereinstimmend mit Beispiel 3/13 bis auf das Vorzeichen des Zweigstromes vv2#branch, das hier offensichtlich falsch interpretiert wird.

Multisim-Beispiel 4/1 Mittelwerte. Mit der im Bild 4.1.5 dargestellten Gleichrichterschaltung lassen sich Zeitverläufe der Ausgangspannungen erzeugen, die durch Simulation und anschließendes Postprozessing die Bestimmung von Mittelwerten gestattet. Ausgang ist die sog. Zweiweggleichrichterschaltung. Die anliegende Wechselspannung erzeugt dabei am Ausgangswiderstand Halbwellen gleicher Richtung (Bild B 1.4/1).

Durchgeführt wird *Simulation/Analysen/Transienten-Analyse*. Zur besseren Auswertung sind einige Simulationsparameter zu ändern: Stopzeit auf 10 ms erhöht, Minimalzahl der Zeitpunkte auf 1000 vergrößert, max. Iterationsschrittzahl zu 300 gewählt und Transientenfehlertoleranz von 7 auf 9 erhöht. Dann ergibt sich im Analyse-Diagrammfenster nach der Simulation der dargestellte Halbwellensinusverlauf, er erreicht durch die Diodeneigenschaften nicht den Spitzwert von 10 V. Anschließend wird mit *Simulation/Postprozessor*

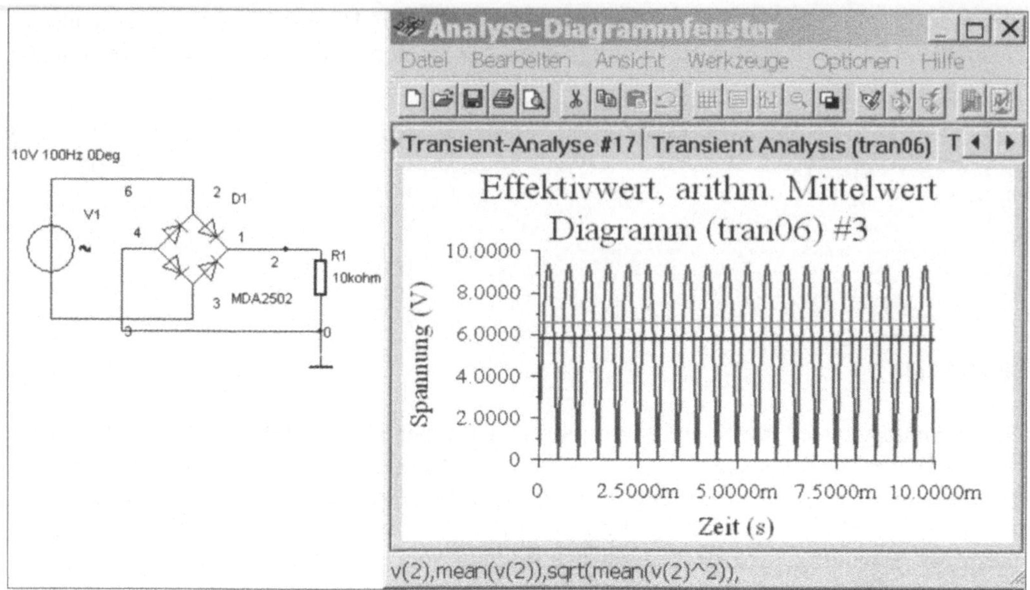

Bild B 1.4/1

die Nachbearbeitung begonnen und in das Arbeitsfenster kopiert: v(2), mean(v(2)) und sqrt(mean(v(2)^2)) für die Ausgangsspannung, den arithmetischen Mitteilwert und den Effektivwert. Die theoretischen Werte betragen $\hat{u}/\sqrt{2} = 7{,}07$ V und $2\hat{u}/\pi = 6{,}36$ V. Sie sind im Diagramm (Bild B 1.4/1) zu erkennen, wenn auch etwas kleiner wie erwähnt. Liegt an der Diodenschaltung ein allgemeines periodisches Signal, sie läuft die Mittelwertbestimmung entsprechend ab. Das Ausgangssignal wird simuliert und aus dem Ergebnis die entsprechenden Mittelwerte berechnet.

Multisim-Beispiel 4/2 Wechselstromverhalten des Grundstromkreises 1. Eine RC-Reihenschaltung sei an eine Wechselspannung fester Frequenz (10 V, 50 Hz) angeschlossen, gesucht sind die Zeitverläufe der Kondensatorspannung sowie der Frequenzgang des RC-Gliedes. Im Bild B 1.4/2 ist die Schaltung angegeben. Verwendet wird die Wechselspannungsquelle aus der Bauteilbibliothek „Basis". Zur raschen Auswertung werden die Instrumente herangezogen: für das Zeitverhalten das Oszilloskop (Anzeige Generatorspannung u_q und Spannungsabfall u_c am Kondensator). Ein gleichzeitig angeschlossener Bodeplotter dient der Frequenzgangauswertung. Nach Bemessung der Schaltung wird der Simulationsschalter (ohne weiter erforderliche Analyseauswahl!) geschlossen und durch Anklicken des Oszilloskops können die dort angezeigten Spannungen ausgewertet werden (ggf. Zeitablenkung und Kanalempfindlichkeiten korrigieren).

Die Kondensatorspannung eilt der Generatorspannung zeitlich nach. Einzelheiten zur rechnerischen Analyse werden Gl. (4.2.4ff.) entnommen.

Bei Einschalten der Simulation erscheint auf dem Bodeplotter gleichzeitig der Frequenzgang nach Betrag (und umschaltbar) auch Phase. Diese Steuerung erfolgt unabhängig von der anliegenden Generatorspannung. Abgelesen werden mit dem Cursor (Bewegung am besten durch Tastendruck, Wertebereiche am Plotter durch Antasten der Fenster mit den

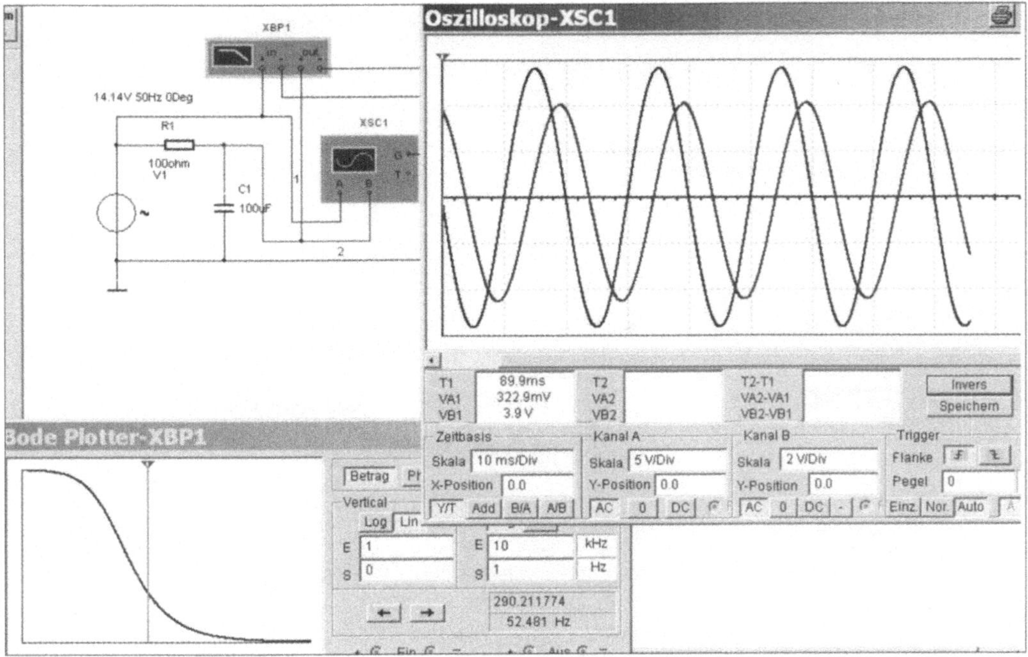

Bild B 1.4/2

dann erscheinenden Reglern vornehmen) die sog. 3 dB-Grenzfrequenz von rd. 16 Hz und bei 50 Hz ein Betragsverhältnis der Spannungen von 0,29 (dazu auf lineare Teilung umschalten) sowie eine Phase von –72°.

Auf diese Weise schafft eine Simulation rasch Informationen über das Netzwerk.

Multisim-Beispiel 4/3 Wechselstromverhalten des Grundstromkreises 2. Im Gegensatz zum vorhergehenden Beispiel erfolgt die Simulation hier nicht durch „Instrumentablesung", sondern normale Simulation. Es werden die gleichen Schaltungseinstellungen verwendet. Die Simulation kann auf zweierlei Weise erfolgen: bei Festfrequenz und Einsatz des Bodeplotters im Analyse-Diagrammfenster.

AC Analyse

Analyse-Parameter | Ausgangsvariablen | Verschiedene Optionen | Zusammenfassung

Startfrequenz (FSTART)	50	Hz
Stopfrequenz (FSTOP)	50	Hz
Intervall-Typ	Linear	
Anzahl der Punkte	1	
Vertikale Skalierung	Linear	Standardwerte

Bild B 1.4/3-1

Im ersten Fall wird nach Bemessung der Schaltung gewählt: *Simulation /Analysen/AC-Frequenzanalyse* und im erscheinenden Registerblatt (außer den zur Anzeige kommenden Ausgangsvariablen) Start-/Stopfrequenz (50 Hz) Intervall-Typ und Skalierung (Bild B 1.4/3-1). Anschließend erfolgt die Simulation. Im Analyse-Diagrammfenster erscheint auto-

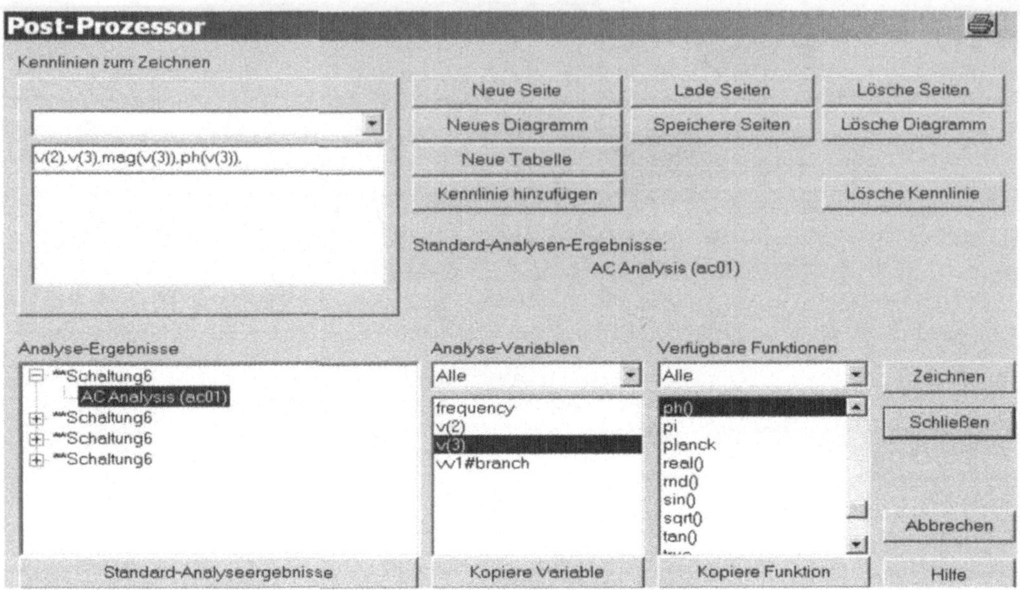

Bild B 1.4/3-2

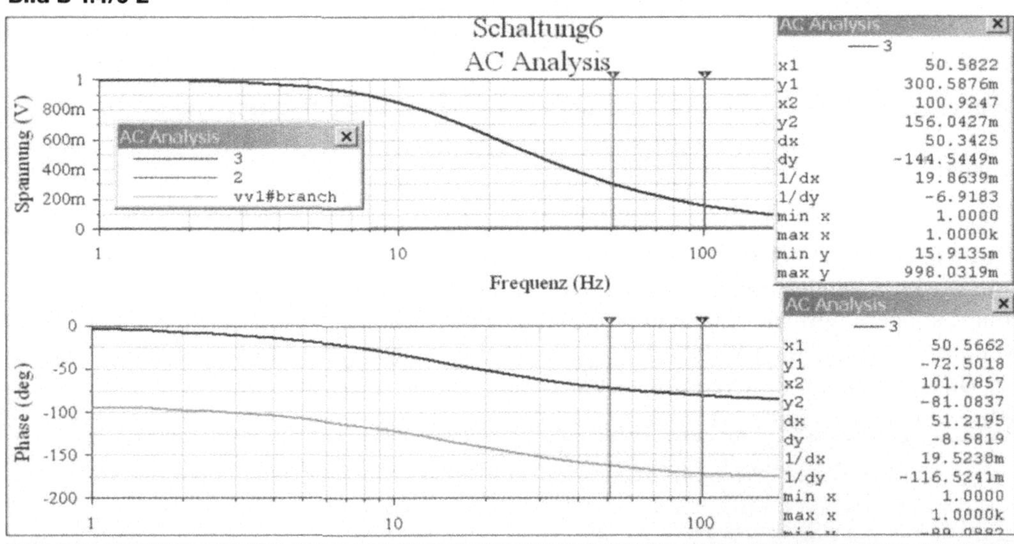

Tabelle (ac01)

Tabelle (ac01)	Real	Imaginary
v(2),v(3),ph(v(3...	1.00000	0.00000
v(2),v(3),ph(v(3...	91.99967m	-289.0...
v(2),v(3),ph(v(3...	-1.26263	0.00000
v(2),v(3),ph(v(3...	1.00000	0.00000
v(2),v(3),ph(v(3...	303.31...	0.00000

Bild B 1.4/3-3

matisch ein Bodeplot, wegen des nur einen Auswertepunktes allerdings leer. Deshalb wird im nächsten Schritt über *Simulation/Postprozessor* aufgerufen (Bild B 1.4/3-2) und im Registerblatt eine Nachbearbeitung der Variablen v(2) (Generatorspannung) und v(3) (Kondensatorspannung) durchgeführt. Dazu werden die Größen der Reihe nach in den Postprozessor kopiert (jeweils durch Komma getrennt) und als Tabelle gezeichnet (Klick *Zeichnung*, dann *Neue Tabelle*). Es erscheint die im Bild B 1.4/3-3 angegebene Tabelle (wobei die Größen v(2), v(3) jeweils in Real-, Imaginärteildarstellung vorliegen). Die Tabellenreihefolge ist v(2),v(3), ph(v3) (Phase) sowie mag(v(2), mag(v3) (Betrag). Die Phase von v(3) wird im Bogenmaß angegeben, im Gradmaß lautet sie $\varphi = (180°/\pi) * \varphi$ (Bogen) $= -1{,}262*(180)/\pi = -72°$, wie oben ermittelt.

Aus der Kurven ermittelt man so bei $f = 50$ Hz einen Spannungsbetragsverhältnis von 0,303 und eine Phasenwinkel von −72°. Die Phase von v(3) ist im Bogenmaß angegeben, im Gradmaß lautet sie $\varphi = (-1{,}262)*180/3{,}14 = {}^\circ 72^\circ$, wie oben.

Abschließend bewertet führt die Instrumentennutzung am schnellsten zum Ziel (allerdings Verzicht auf Phasenaussagen), die individuelle Auswertung mit dem Postprozessor für eine Frequenz ist aufwendiger und die Nutzung der Bodedarstellung im Analyse-Diagrammfenster liegt im Mittelfeld.

Multisim-Beispiel 4/4 Phasenbeziehung am Scheinwiderstand. Liegt an einem Scheinwiderstand – z.B. einer Reihenschaltung von Spule und Widerstand – eine Wechselspannung, so herrscht zwischen Gesamtspannung und Strom eine Betrags- und Phasenbeziehung beschrieben durch den Scheinwiderstand Z und seinen Phasenwinkel φ_Z.

Er lässt sich berechnen (s. Gl. (4.3.18)), aber mit Multisim auch sehr anschaulich simulieren. Dazu wird die Reihenschaltung aus R und L an einen Funktionsgenerator geschaltet,

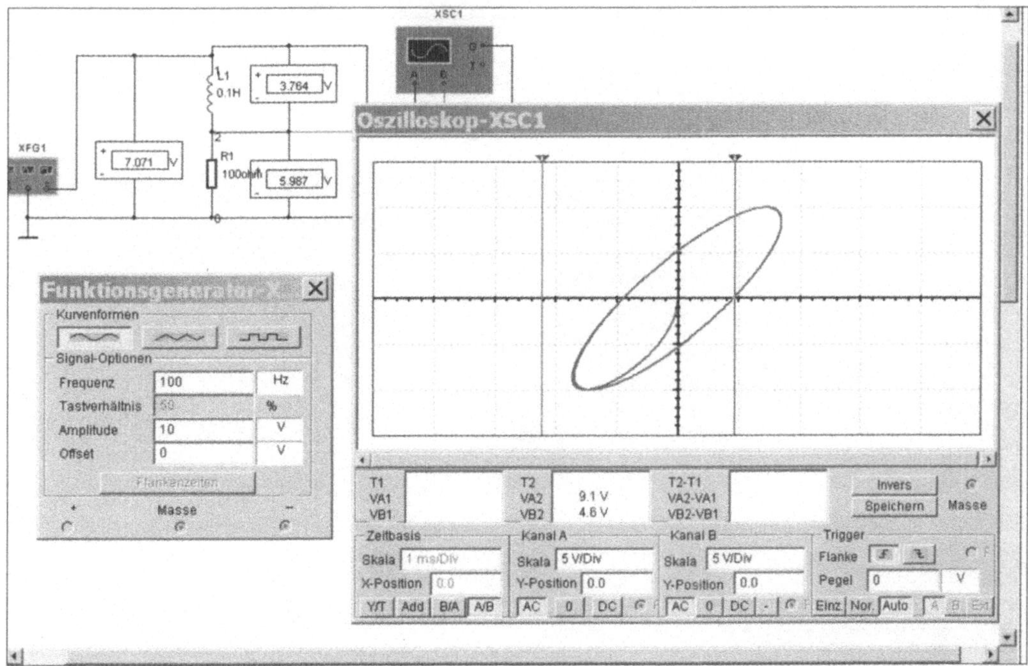

Bild B 1.4/4

alle Teilspannungen über den Komponenten sowie die Gesamtspannung gemessen und letztere und eine dem Strom proportionale Spannung den Oszilloskopkanälen zugeführt (s. Bild B 1.4/4). Die Spannung über R_1 ist proportional dem Strom, die Gesamtspannung proportional der Impedanz Z. Zunächst werden $f = 100$ Hz, $L = 10$ H und $R = 100\ \Omega$ gewählt. Die Phasenverschiebung ergibt sich rechnerisch aus $\tan \varphi_z = X_L/R = u_L/u_R$, im Beispiel mit $u_L = 7{,}070$ V und $u_R = 0{,}113$ V zu $\varphi_z = \arctan(7{,}07/0{,}113) = 89{,}1°$. Eine zweite Bemessung mit $L = 0{,}1$ H (wie dargestellt) ergibt $\varphi = \arctan(3{,}764/5{,}987) = 32{,}2°$. Grundsätzlich kann die Phase auch z.B. aus den Nulldurchgängen der Zeitverläufe von Strom und Spannung mit dem Cursor ermittelt werden, doch ist die Genauigkeit nicht sonderlich groß (Führen Sie dies zur Übung durch).

Eine interessante Variante ergibt sich durch Division von u und i, was direkt am Oszilloskop durch den Kanalquotientenschalter A/B resp. B/A möglich ist. Dabei entsteht (bei Sinussteuerung) eine Ellipse, die sog. dynamische Zweipolkennlinie. Aus ihrer Lage und Abmessung kann ebenfalls auf den Phasenwinkel geschlossen werden. Für ein Blindschaltelement geht die Ellipse in einen Kreis über (Überprüfen Sie das für die Induktivität).

Multisim-Beispiel 4/5 Wechselstromanalyse bei Festfrequenz 1. Bei der Netzwerkanalyse interessiert oft der Wert relevanter Netzwerkgrößen bei nur einer Frequenz. Multisim bietet zwar eine Frequenzganganalyse an und prinzipiell können die gewünschten Größen mit dem Cursor ermittelt werden, was oft mit Einstellschwierigkeiten des Cursors verbunden ist.

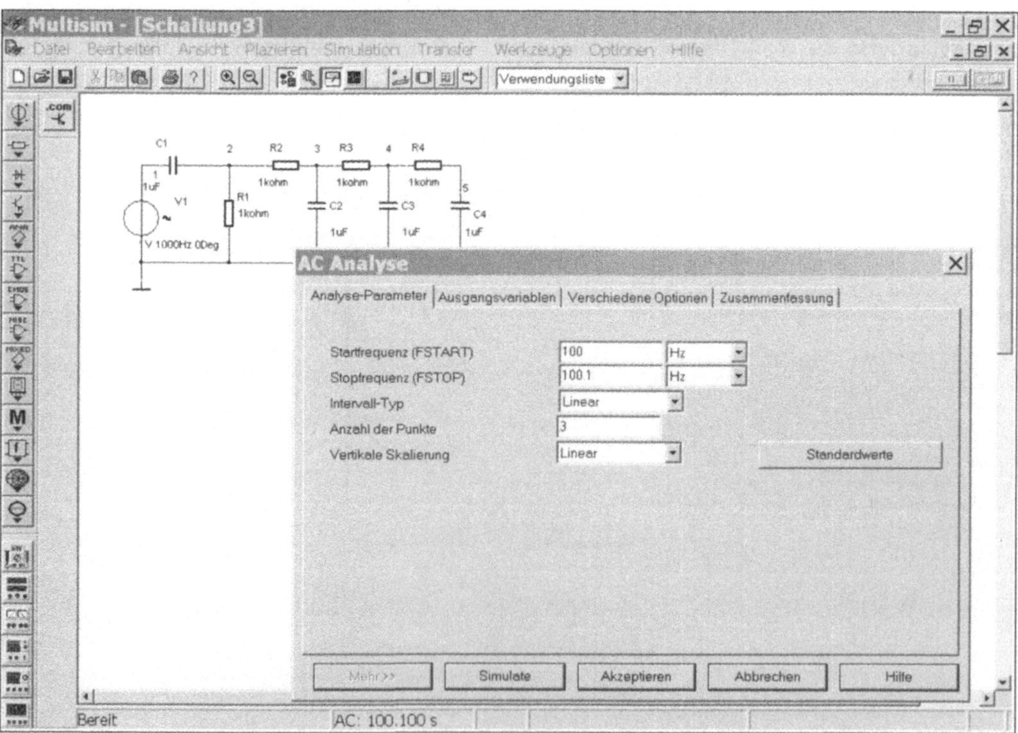

Bild B 1.4/5

Einfacher lässt sich das Problem durch eine Frequenzganganalyse um die gewünschte Sollfrequenz lösen. Sind beispielsweise für das im Bild gegebene RC-Netzwerk die Knotenspannungen bei einer Festfrequenz von 100 Hz nach Betrag und Phase gesucht, so führt man z.B. eine AC-Frequenzanalyse zwischen 100 und 100,1 Hz an drei Punkten (an sich reichen bereits zwei) durch mit linearer Interpolation.

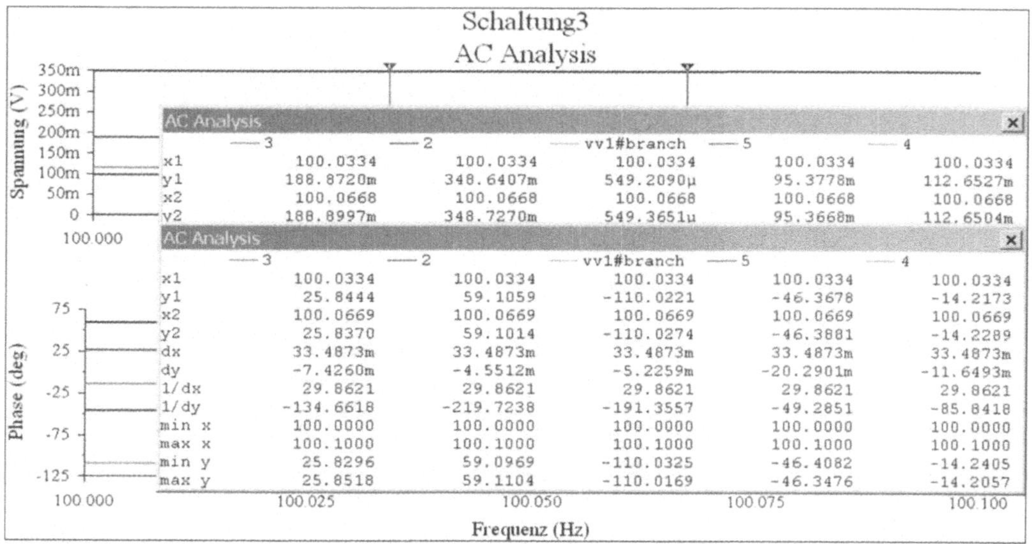

AC Analysis

	3	2	vv1#branch	5	4
x1	100.0334	100.0334	100.0334	100.0334	100.0334
y1	188.8720m	348.6407m	549.2090µ	95.3778m	112.6527m
x2	100.0668	100.0668	100.0668	100.0668	100.0668
y2	188.8997m	348.7270m	549.3651u	95.3668m	112.6504m

AC Analysis

	3	2	vv1#branch	5	4
x1	100.0334	100.0334	100.0334	100.0334	100.0334
y1	25.8444	59.1059	-110.0221	-46.3678	-14.2173
x2	100.0669	100.0669	100.0669	100.0669	100.0669
y2	25.8370	59.1014	-110.0274	-46.3881	-14.2289
dx	33.4873m	33.4873m	33.4873m	33.4873m	33.4873m
dy	-7.4260m	-4.5512m	-5.2259m	-20.2901m	-11.6493m
1/dx	29.8621	29.8621	29.8621	29.8621	29.8621
1/dy	-134.6618	-219.7238	-191.3557	-49.2851	-85.8418
min x	100.0000	100.0000	100.0000	100.0000	100.0000
max x	100.1000	100.1000	100.1000	100.1000	100.1000
min y	25.8296	59.0969	-110.0325	-46.4082	-14.2405
max y	25.8518	59.1104	-110.0169	-46.3476	-14.2057

Bild B 1.4/5-2

Nach Schaltungsaufbau, Wertezuweisung und Abspeicherung erfolgt (Bild B 1.4/5-1) die Anweisung *Simulation/Analysen/AC-Frequenzanalyse* und dort die Einstellung der *Analyseparameter* wie angegeben: Start-Stopfrequenz, lineare Variation und 3 Punkteintervall (Bild B 1.4(5-1). Im Nachbarregister *Ausgangsvariablen* wählt man die interessierenden Knotenspannungen und noch den Strom durch die Quelle als Eingangsstrom des Netzwerkes. Nach der Simulation erscheint das Analyse-Diagrammfenster mit den gesuchten Größen im Frequenzbereich 100...100,1 Hz als Bodeplot (Bild B 1.4/5-2), also praktisch Geraden für Betrag und Phase der gesuchten Größen. Im Analyse-Diagrammfenster wird nun *Bearbeiten/Eigenschaften* gewählt und im Register *Allgemein* im unteren Teil *Cursor „Alle Kennlinien"*. Nach OK erscheint der Ausdruck für alle Cursor der Spannungsbeträge (Knotenspannungen $u_2 \ldots u_5$, Zweigstrom vv1#branch). Den Vorgang wiederholt man im Analyse-Diagrammfenster für die Phase (Anklicken der Kurven, dann *Bearbeiten/Eigenschaften* und im Register *Diagramm Eigenschaften* wieder anklicken *Cursor/"Alle Kennlinien"*). Nach OK erscheint das zweite Datenfenster für die Phasen, wobei wieder nur die jeweiligen x_1/y_1-Werte interessieren. Bei Bedarf können sie jeweils in eine Microsoft-EXCEL-Tabelle übernommen werden.

Multisim-Beispiel 4/6 Festfrequenzanalyse 2. Das obige Verfahren lässt sich weiter vereinfachen, wenn die Simulation nur bei einer Festfrequenz durchgeführt wird. Dazu sind in der Anweisung *Simulation/Analysen/AC-Frequenzanalyse* die Analyseparameter folgender-

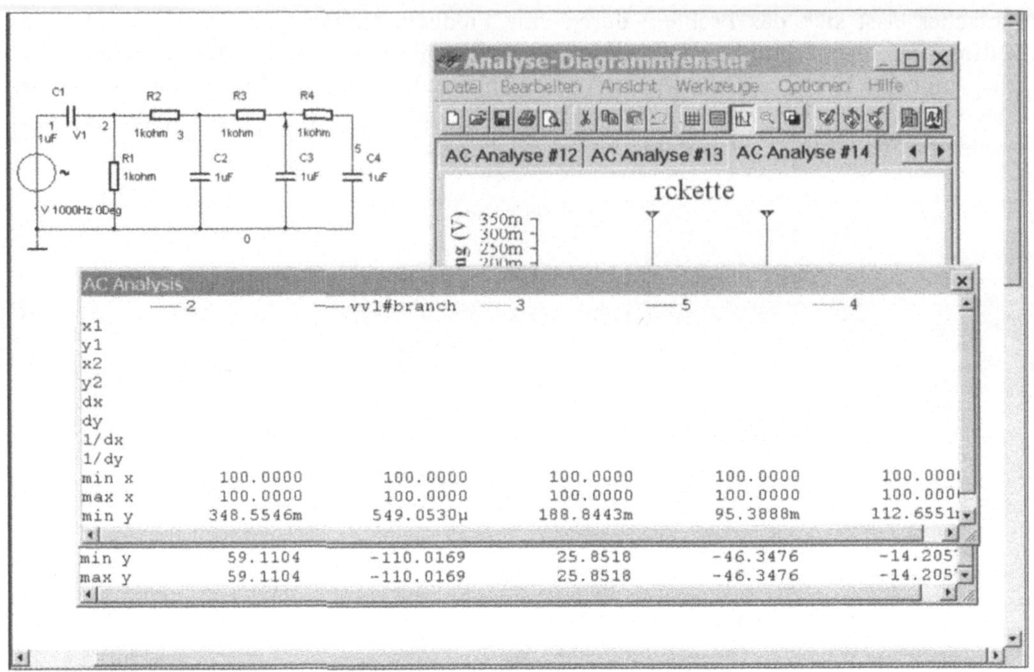

Bild B 1.4/6

maßen vorzugeben: Startfrequenz gleich Stopfrequenz, hier *100 Hz*, Intervalltyp: *lineare Variation*, Anzahl der Punkte: *1*, vertikale Skalierung: *linear*. Nach Bestätigung durch „*Akzeptieren*" erfolgt die Simulation und die Auswertung wird im Diagrammfenster wie oben fortgesetzt. So entsteht das im Bild B 1.4/6 dargestellte (übersichtlichere) Ergebnis für die Knotenspannungen $u_2 \ldots u_5$ und den Zweigstrom vv1#branch durch die Spannungsquelle V_1. Im oberen Teil stehen (nach der Frequenz) die Beträge der einzelnen Größen, im unteren die zugehörigen Phasen. Da der Strom durch die Quelle in Multisim (und SPICE) – entgegen der üblichen elektrotechnischen Regel) – von + nach – positiv definiert ist, muss zur elektrotechnischen Angabe noch eine Phase von 180° addiert werden. Dann erhält man mit $\varphi_i = (180 - 110{,}017)° = 69{,}98°$ einen gegenüber der Spannung voreilenden Strom, wie er für den kapazitiven Netzwerkeingang zu erwarten ist. Bei Bedarf können die so ermittelten Netzwerklösungen mit dem Postprozessor weiterbearbeitet werden. Zur direkten Auswertung dienen die Cursoren.

Multisim-Beispiel 4/7 Frequenzanalyse 3. Gegeben sei ein Reihenschwingkreis an einer Wechselspannungsquelle gemäß Bild B 1.4/7-1 ($R = 100\,\Omega, L = 2\,\text{mH}, C = 2\,\mu\text{F}$). Gesucht ist der Frequenzgang der Spannung über der Reihenschaltung von L und C sowie des Stromes.

Die Aufgabe lässt sich auf zwei Arten lösen: unter Einsatz des Bodeplotters oder durch direkte Darstellung der gesuchten Größen im Analyse-Diagrammfenster. Diese Art wird hier bevorzugt, weil sie mehr Darstellungsmöglichkeiten bietet. Nach Entwurf der Schaltung wie dargestellt und Bemessung der Netzwerkelemente sowie Abspeicherung erfolgt

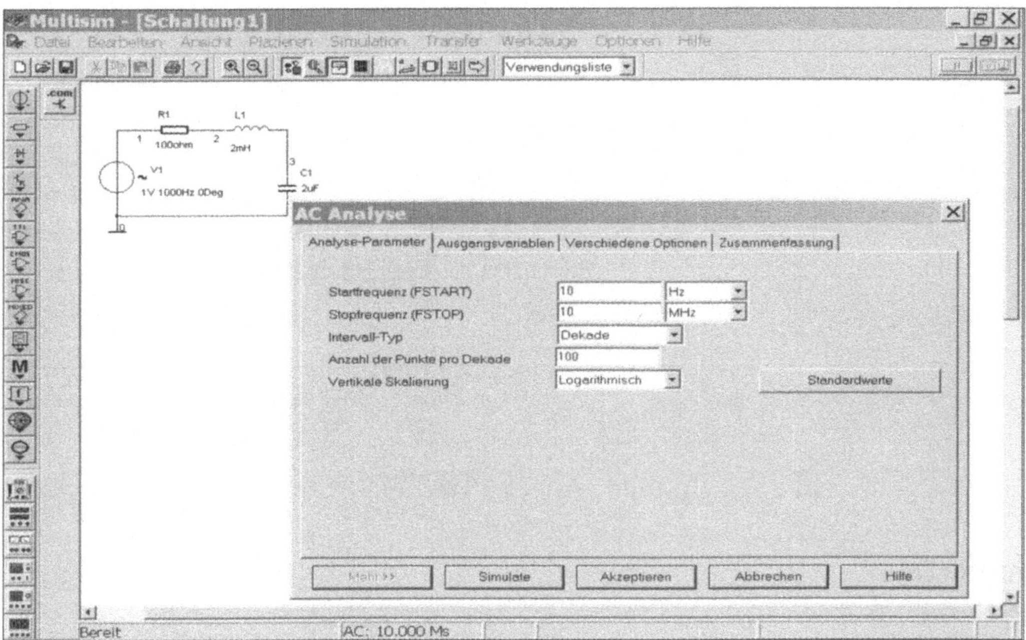

Bild B 1.4/7-1

die Anweisung *Simulation/Analyse/AC-Frequenzanalyse.* Es erscheint das dargestellte Analyseregister. Eingestellt werden Start- und Stopfrequenz (unabhängig von der Quellenfrequenz, für die AC-Analyse wird ein eigener Frequenzbereich erzeugt). Im Nachbarregister „Ausgangsvariablen" werden u_2 und vv1#branch (Strom durch die Spannungsquelle) als während der Simulation anzuzeigende Variable ausgewählt und anschließend die Simulation gestartet. Es erscheinen im Analysefenster Betrag und Phase der ausgewählten Größen im gesetzten Frequenzbereich. Die Darstellung lässt sich noch weiter verbessern, wenn im Analysediagrammfenster unter „Eigenschaften" das Register „Diagrammeigenschaften" aufgerufen wird. Dort können die Legenden eingeblendet und die Cursoren auf alle angezeigten Parameter ausgedehnt werden. Ferner kann eine rechte Achse aktiviert, beschriftet und automatisch skaliert sowie die Kennlinien den Achsen zugeteilt werden. Im Ergebnis erscheint dann (evtl. bei Wiederholung der Simulation) die Analysegrafik (Bild B 1.4/7-2). Die beiden Cursoren erlauben eine genauere Auswertung einzelner Kurvenpunkte. Die Kurvenverläufe entsprechenden den Erwartungen: bei Resonanz (rechnerisch f_0 = 2,52 kHz, mit Cursor entsprechend) sollte die Gesamtspannung $u_L + u_C$ verschwinden, was sich hier durch die begrenzte Frequenzschrittweite numerisch als Minimum darstellt. Mit dem Cursor liest man 1,15 mV ab bei einer Eingangsspannung 1 V. Eine Verbesserung der Werte gelingt durch Änderung der Simulationsparameter wie relative Toleranz, Schrittweite, Iterationszahl u.a.

Im Resonanzpunkt springt die Phase der Gesamtspannung von –90° nach +90°, wie für die beiden Schaltelemente zu erwarten (s. Bild 4.6.11). Der Strom durchläuft dort ein Maximum von U_q/R = 10 mA, allerdings breiter ausgeprägt als des Minimum der L,C- Teilspannung, was sich aus $I = U_q/Z$ ergibt mit $Z = R + \mathrm{j}(\omega L - 1/\omega C)$.

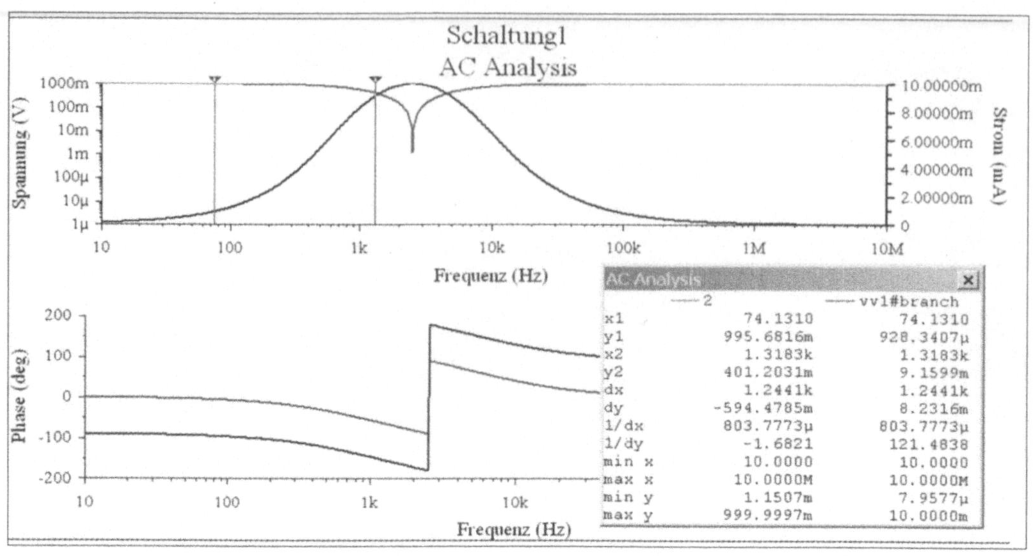

Bild B 1.4/7-2

Vorsicht ist allerdings beim Phasenverlauf des Stromes geboten: während die Anfangs- und Endwerte übereinstimmen (bei einer Frequenz $\omega \to 0$ wird der Strom durch die Kapazität, bei $\omega \to \infty$ durch die Induktivität bestimmt und bei Resonanz erfolgt ein Nulldurchgang), stammen die Extrema und der Sprung vom Bezug auf den Strom durch die Quelle V_1. Die Phase wird richtig angezeigt, wenn man in den Stromkreis noch einen stromgesteuerte Stromquelle einfügt und den Strom im Ausgangskreis der Quelle misst.

Multisim-Beispiel 4/8 Strom-Spannungsverhalten am Parallelschwingkreis. Am Parallelschwingkreis (Resonanzfrequenz $f_o = 100$ Hz, Verlustwiderstand $R = 4$ kΩ, Induktivität $L = 10$ H) sollen die Ströme bei fester Quellenspannung und veränderlichem Kondensator gemessen werden.

Beim Aufbau der Schaltung mit Wechselspannungsquelle, Parallelleitwert $1/R_1$, veränderbarem (virtuellen) Kondensator C_2 und Induktivität $L = 10$ H werden in die Zuleitungen der Netzwerkelemente Strommesser eingeschaltet Bild B 1.4/8).

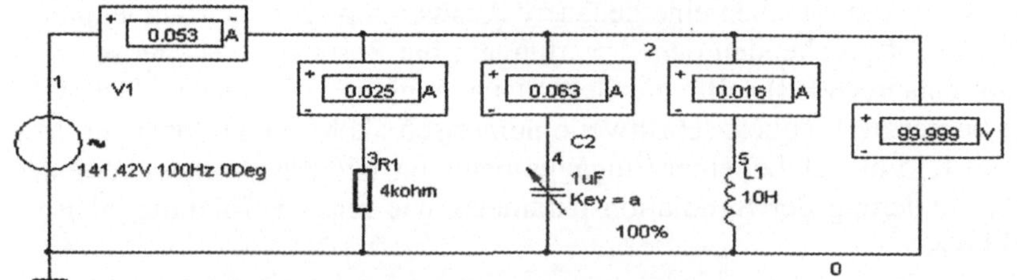

Bild B 1.4/8

Der Kondensator lässt sich durch die Taste a resp. A in definierten Prozentschritten ändern. Resonanz ist erfüllt für einen Kapazitätswert $C_2 = 0{,}25$ μF. Nach Wertezuweisung und Abspeicherung wird eine AC-Simulation bei Festfrequenz 100 Hz zugeführt (Einstellung

Simulation/Analyse/AC-Analyse, dann Registerkarte *AC-Analyse*, dabei eintragen *Start-/Stopfrequenz* 100 Hz, *Intervall Typ linear*, *Anzahl der Punkte* 1 *vertikale Skalierung linear*, s. Beispiel 4/2). Nach Wahl der Ausgangsvariablen erfolgt die Simulation jetzt über den Simulationsschalter. (Das Analysediagrammfenster wird hier nicht verwendet). Im Resonanzfall (Einstellung a = 25%) sind die Ströme durch die Blindschaltelemente C und L betragsmäßig gleich (16 mA), die Phasen entgegengesetzt gleich groß und der gesamte Blindstrom verschwindet. Durch den Wirkleitwert fließen 25 mA, das ist zugleich der Gesamtstrom. Mit ausgeschaltetem Kondensator sollte der Kondensatorstrom verschwinden, es verbleibt ein (numerisch bedingter) vernachlässigbarer Rest. Der angezeigte Gesamtstrom ist nicht gleich der Summe von Wirk- und Blindstrom durch L, beide setzten sich vielmehr geometrisch zusammen. Wird umgekehrt der Kondensator maximal eingestellt, so beträgt der Blindstrom durch L und C 47 mA, was mit dem Wirkstrom (25 mA) den Gesamtstrom von 53 mA liefert. Für die korrekte Auswertung des Knotensatzes ist bei Wechselstromgrößen stets die Betrags-Phasenbeziehung zu beachten!

Multisim-Beispiel 4/9 RC-Tießpass, Parametervariation. Für einen RC-Tiefpass erster Ordnung soll das Bode-Diagramm der kapazitiven Ausgangsspannung mit drei verschiedenen Widerstandswerten (R = 100, 1000 und 5000 Ω, C = 1 μF) ermittelt werden.

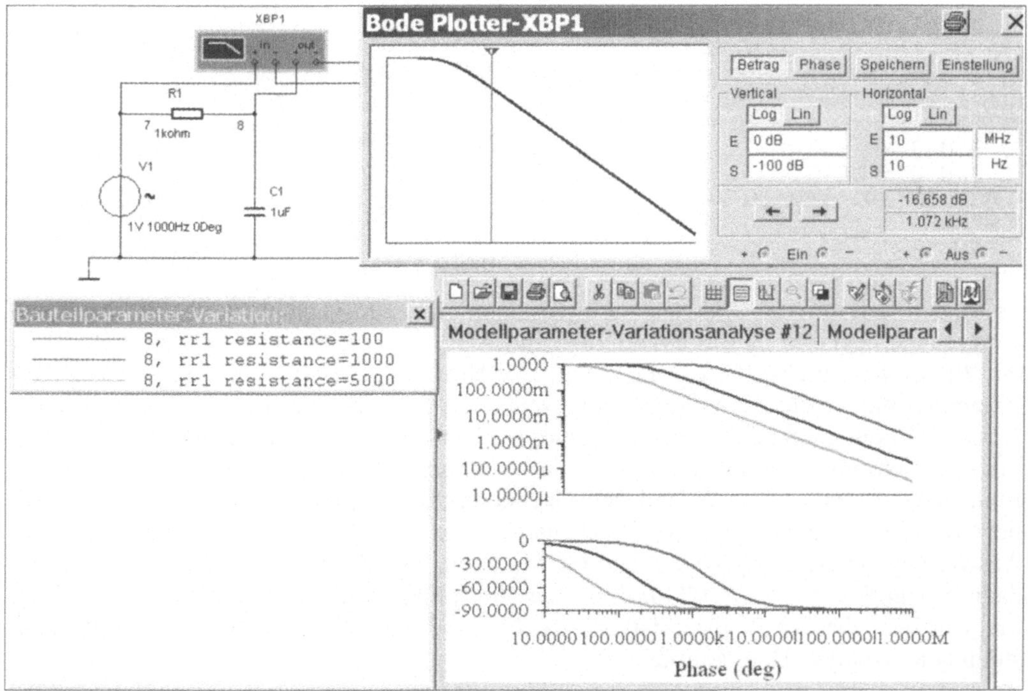

Bild B 1.4/9

Nach Schaltungseingabe, Anschluss des Bodeplotters und Wertezuweisung (Bild B 1.4/9) erfolgt eine erste Simulation durch Betätigung des Simulationsschalters. Anschließend wird eingestellt *Simulation/Analysen/Parameter-Variationsanalyse* und unter dem Register *Analyse-Parameter* erfolgt der Eintrag *Bauelemente-Parameter*, *Bausteintyp* „Resistor“

und Name „rr1“ sowie die Parametereingabe als Liste mit den drei Widerstandswerten 100, 1000, 5000. Unter *„Mehr Optionen“* wird für die zu variierende Analyse *„AC-Analyse“* gewählt und unter *„Bearbeite Analyse“* die Optionen (Frequenzbereich, Anzeigeformat), schließlich akzeptiert und die Analyse gestartet. Die Ergebnisanzeige steht im Analyse-Diagrammfenster. Die Anzeigebereiche können unter *Bearbeiten/Eigenschaften* angepasst werden. Mit dem Cursor lassen sich einzelne Werte sehr genau ermitteln.

An sich ist zur AC-Analyse mit Parametervariation die Einschaltung des Bodeplotters nicht erforderlich, er wurde hier lediglich verwendet, um rasch einen Überblick des Kurvenverhaltens zu gewinnen. Die Analyse kann auch direkt mit *Simulation/Analysen/Parametervariationsanalyse* begonnen werden, weil am Schluss ohnehin ein Bodeplot ausgegeben wird.

Hinsichtlich der Parametervariation sind außer der hier benutzten Listeneingabe unter der Registerkarte „Parameter-Variation“ noch weitere Vorgaben möglich, mit denen man experimentieren sollte.

Multisim-Beispiel 4/10 SPICE-Netzliste. Für eine Schaltung sei die nebenstehende Netzliste gegeben (Bild B 1.4/10). Interpretieren Sie diese Schaltung und führen Sie anschließend die Simulation mit Multisim durch.

```
Wechselstromnetzwerk
*
V 1 0 AC 1V
R1 1 2 10
R2 2 3 50
L 3 0 3 MH
C 2 0 0.5 UF
.AC LIN 201 5Hz 10 KHz
.PROBE
.END
```

Bild B 1.4/10

Es handelt sich um ein RLC-Netzwerk ($C = 2\ \mu$F, $L = 3$ mH), an dem eine Wechselspannungsquelle liegt und für das ein AC-Sweep (.AC!) im Bereich von 5 Hz…10 kHz linear mit 201 Stufen durchgeführt werden soll. Der Hinweis „.Probe“ deutet auf ein PSPICE-Programm hin, wofür dieses Datei vorgesehen ist. Nach Abspeicherung der Datei unter „res.cir“ (Endung unbedingt ergänzen) wird sie von Multisim unter „Datei/Öffnen“ aufgerufen, gleichzeitig beginnt der Import der Schaltung. Nicht erkennt werden (hier) die Einheitenvorsätze, (Kontrolle und ggf. Nachkorrektur in jedem Fall empfehlenswert, wo liegt der Fehler in der Netzliste?), ebenso die AC-Sweep-Anweisung und die Probe-Auswertung. Diese Aufgabe übernimmt Multisim. Die weitere Untersuchung erfordert dann *Simulation/Analysen/AC-Analyse*, die Einstellung der Ausgangsvariablen und des Frequenzbereiches im Registerblatt *AC-Analyse* und die Simulation mit der Ergebnisdarstellung im Analyse-Diagrammfenster.

Multisim-Beispiel 4/11 Leistungsbestimmung. Eine Reihenschaltung von Spule und Widerstand liege an einer Wechselspannung. Gesucht ist der Zeitverlauf der Gesamtspannung, des Stromes, der Momentanleistung und schließlich von Scheinleistung und Leistungsfaktor (Netzwerkelemente $R = 100\ \Omega$, $L = 1$ H, $f = 100$ Hz, $U_{\mathrm{q\,eff}} = 10$ V).

Die Leistungsdarstellung ist mit der Produktbildung von Strom und Spannung verbunden, wie sie der Übertragungsblock Multiplizierer (Bibliothek „Control Components“) erlaubt.

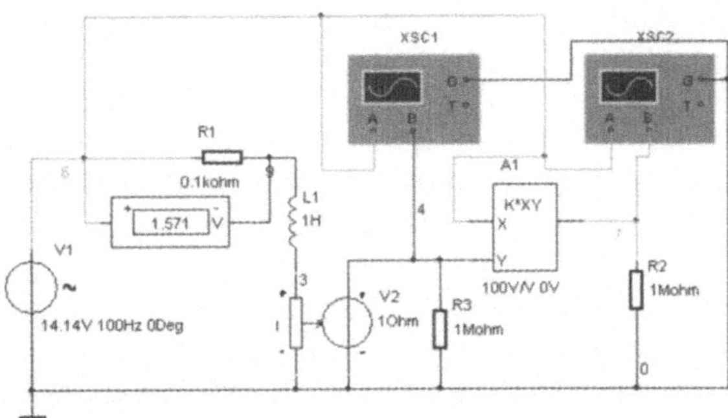

Bild B 1.4/11-1

Dementsprechend wird die Schaltung aufgebaut (Bild B 1.4/11-1). Die Strommessung erfolgt hier nicht als Spannungsmessung an einem Hilfswiderstand, sondern durch Auskopplung des Stromes über eine stromgesteuerte Spannungsquelle V_2 mit der Übertragungsimpedanz $Z_m = 1\ \Omega$. Dazu durchfließt der Kreisstrom die Eingangsseite dieser gesteuerten Quelle. Ihre Ausgangsspannung und die Quellenspannung werden dem Multiplizierer A_1 zugeführt, an dessen Ausgang das Produkt $p(t) = u_q(t)*i(t)$ und damit die Momentanleistung verfügbar ist. Die Einzelkanäle des Multiplizierers lassen sich einstellen (Doppelklick auf Symbol), hier wird der Y-Kanal (Strom) mit einem Faktor 100 verstärkt.

Generatorspannung, Strom und Momentanleistung werden außerdem in zwei Oszillographen dargestellt und die Spannung über dem Wirkwiderstand R_1 gemessen. Im Kreis fließt ein Strom von $I = 1{,}57\ \text{V}/100\ \Omega = 15{,}7\ \text{mA}$ (Effektivwertanzeige des Instrumentes), der sich auch am Oszilloskop bestimmen lässt (dort Anzeige um den Faktor v2 vergrößert). Der Leistungsfaktor cos φ ergibt sich zu cos $\varphi = U_r/U = 1{,}57\ \text{V}/10\ \text{V} = 0{,}157$ mit $\varphi = 81°$. Die Scheinleistung selbst beträgt $S = U_{\text{eff}} I_{\text{eff}} = 10\ \text{V}*15{,}7\ \text{mA} = 157\ \text{mVA}$. Die angezeigte, der Momentanleistung proportionale Leistungsamplitude $U_{\text{eff}} I_{\text{eff}}$ entspricht der Erwartung. Schaltet man den B-Kanal des Oszilloskops auf AC-Eingang um, so herrscht Symmetrie

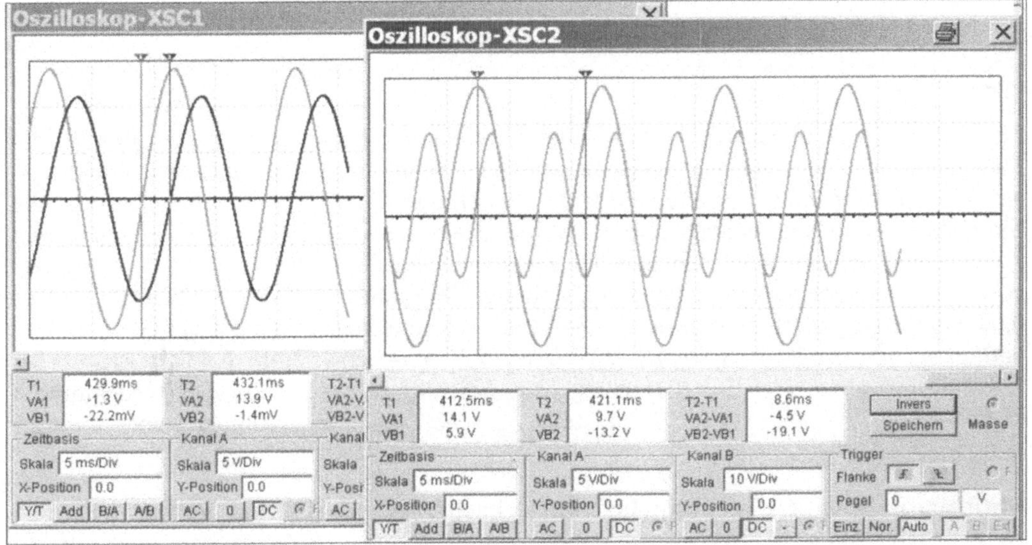

Bild B 1.4/11-2

der Anzeige, beim DC-Kanal gibt es eine geringe Verschiebung, die von der Wirkleistung herrührt (vgl. Bild 4.5.2). Wegen des kleinen Wertes von cos φ ist der Unterschied gering (es gilt $P_w = U_{eff}*I_{eff}*\cos\varphi = 157$ mVA*0,157 = 24 mW). Er wird größer, wenn z.B. die Induktivität bei sonst unveränderten Größen auf 0,1 H gesenkt wird (führen Sie diese Maßnahme durch und Schalten sie am Oszilloskop wahlweise den B-Kanal um). Bei reiner Wirkleistung ($L = 0{,}001$ H) bleibt die Leistungskurve voll im oberen Bereich.

Multisim-Beispiel 4/12 Leistungsfaktor. Für eine gegebene RC-Schaltung, die mit Wechselspannung (u = 10 V, (Spitzenwert) Frequenz f = 100 Hz) gespeist wird, sollen der Leistungsfaktor cos φ und die Wirkleistung bestimmt werden.

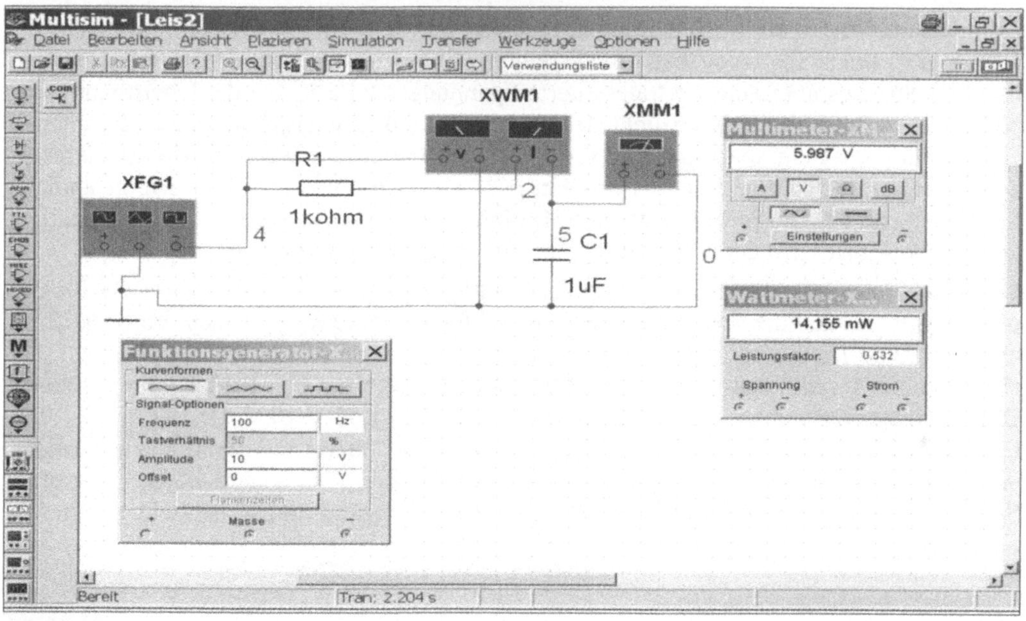

Bild B 1.4-12

Für diese Aufgabe bietet sich der in Multisim vorhandene Leistungsmesser an, m.a.W., die Simulation auf Basis der Messinstrumente. Nach Schaltungsaufbau mit dem Funktionsgenerator als Spannungsquelle (Bild B 1.4/12) und Parameterzuweisung erfolgt die Simulation durch Einschalten des Simulationsschalters und ergibt die angezeigten Werte. Zu beachten ist, dass die Spannung des Funktionsgenerators als Spitzenwert angegeben wird. Eine Nachrechnung der Spannungsteilung (Teilspannung über C) ergibt mit ωRC = 0,628 ein Betragsverhältnis u_c/u = 0,8468/v2, wie angezeigt. Die Phasenverschiebung beträgt $\tan\varphi = 1/(\omega RC) = 1{,}59\ \Omega/1\ \mathrm{k}\Omega = 1{,}59 \rightarrow 57{,}8° \rightarrow \cos(57{,}8) = 0{,}532$, was auch der Leistungsmesser anzeigt. Die dort angegebene Leistung ist die von der Reihenschaltung $Z = R_1 + 1/\mathrm{j}\omega C_1$ aufgenommene Wirkleistung P_w = ueff^2 R1/|Z|^2 mit der Generatorspannung $u_{eff} = 10\ \mathrm{V}/\sqrt{2}$.

Multisim-Beispiel 4/13a Vierpolparameterbestimmung. Multisim verfügt mit dem Netzwerkanalysator (Aufruf: *Simulation/Instrumente/Netzwerk-Analysator*) über ein leistungsfähiges Werkzeug zur Analyse aktiver und passiver Vierpole im Frequenzbereich.

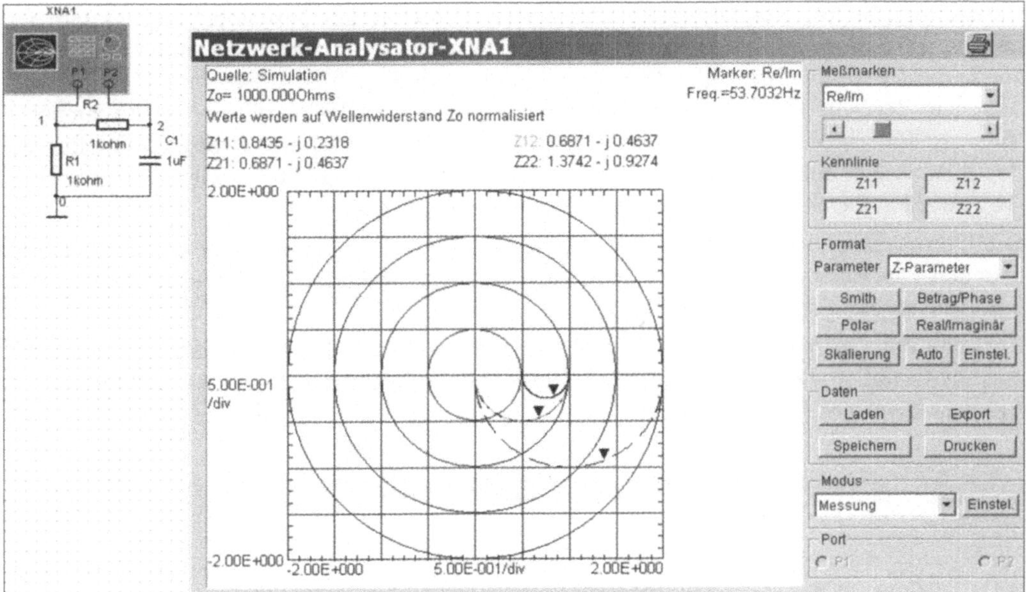

Bild B 1.4/13a-1

Dazu wird die Schaltung (ohne zusätzlichen Generator) aufgebaut und der Analysator an die Ein- und Ausgänge angeschlossen (Bild B 1.4/13a-1).

Zum ersten Verständnis des Analysators und leichten Überprüfbarkeit der Ergebnisse wurde ein einfacher RC-Spannungsteiler gewählt, dem eingangsseitig ein Widerstand $R = 1$ kΩ parallell liegt. Zur Inbetriebnahme der Schaltung und des Analysators erfolgt eine erste Simulation mit dem Simulationsschalter (ohne weitere Einstellungen!). Unter *Modus/Einstellungen/Messung* wird der Analysator konfiguriert: Wahl des Frequenzbereiches (hier 10 Hz…10 kHz), des Intervalltyps (dekadisch) und vor allem des Wellenwiderstandes Z_0 (als Normierungswiderstand, er sollte im typischen Bereich der Netzwerkelemente liegen). Gewählt wurde $Z_0 = 1$ kΩ (Bild B 1.4/13a-2). Eine erneute Simulation (Schalterbetätigung) stellt den Ana-lysator auf diese Werte ein.

Bild B 1.13a-2

Im nächsten Schritt werden unter *Format/ Parameter* die gewünschten Vierpolparameter gewählt (Z-Parameter sind Defaulteinstellung, möglich sind noch *Y*-, *H*- und *s*-Parameter) sowie die *Darstellungsart,* hier *Polarplot* (möglich sind auch Bodeplot sowie die Darstellung von Real- und Imaginärteil über der Frequenz). Bei der *Skalierung* sollte zunächst *Auto* als Wahl beibehalten werden. Im Bild B 1.4/13a-1 treten die erwarteten Ortskurven der *Z*-Parameter auf. Über die einstellbare Messmarke (Betrag/-Phase oder *Re*/*Im*-Einstellung) werden die aktuellen Werte der Z-Parameter angezeigt.

Die Umschaltung der Anzeige von *Polar- auf Re/Im-* oder *Betrag/Phase* gibt die entsprechenden Parameterverläufe über der Frequenz (zwischendurch die Skala durch Antippen von *Auto* automatisch neu einstellen).

Einzelne Parameter lassen sich durch Anwahl der betreffenden Größe unter „*Kennlinie*" einzeln darstellen. Durch Umschalten auf andere Parameterarten (*Y*-, *H*-, *s*) wird mit diesen Elementen entsprechend verfahren.

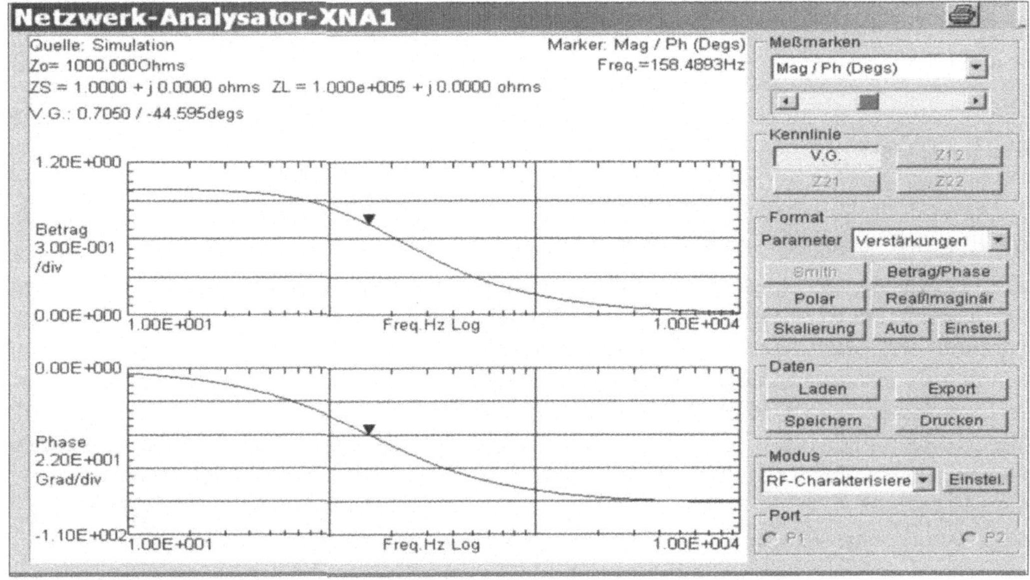

Bild B 1.4/13a-3

Eine nächste Option zur Vierpoluntersuchung bietet der *Modus/Einstellungen/RF- Charakterisierung* (Bild B 1.4/13a-3). Unter *Format* sind dann die Parameter *Impedanzen, Verstärkung* und *Leistungsverstärkung* des Vierpols bei einstellbarem Generator- und Lastwiderstand (Z_S, Z_L) wählbar, also die Vierpoleigenschaften in der Schaltung (s. Bild 4.6.6). Um beispielsweise die Leerlauf-Spannungsübertragung zu bestimmen, muss der Generatorwiderstand Z_S sehr klein, der Lastwiderstand Z_L groß gegen Z_{22} sein. Gewählt werden $Z_S = 1\ \Omega$ und $Z_L = 100\ \text{k}\Omega$ sowie als *Format* der Parameter *Verstärkung.* Man erkennt im Bild den Frequenzgang nach Betrag und Phase mit der Grenzfrequenz bei $-45°$. Die Werte lassen sich bequem mit der Messmarke auslesen. Durch Umschalten auf *Polar* wird die Ortskurve der Spannungsübertragung sichtbar.

Im letzten Schritt lassen sich mit *Format /Parameter/ Impedanzen* die Ein- und Ausgangsimpedanzen, ihre Frequenzgänge und Ortskurven untersuchen. Erwähnt sei, dass der Netzwerkanalysator unter dem *Modus/Impedanzanpassung* auch eine Impedanzanpassung des Vierpols durch ein- und ausgangsseitig zuschaltbare Netzwerke gestattet, worauf hier nicht weiter eingegangen wird.

Mit dem Netzwerkanalysator lassen sehr bequem die Ortskurven von Verstärkerparametern darstellen, wie am Beispiel eines Spannungsverstärkers (Verstärkung A_u = 1000) gezeigt werden soll, dem ein RC-Glied vor und zwei nachgeschaltet sind (gleiche RC-Glieder). Bild B 1.4/13a-1 zeigt die Schaltung. Untersucht wird die Leerlauf-Spannungsverstärkung (wieder bei einem hier nicht dargestellten Lastwiderstand von 100 kΩ und Generatorwiderstand 1 Ω).

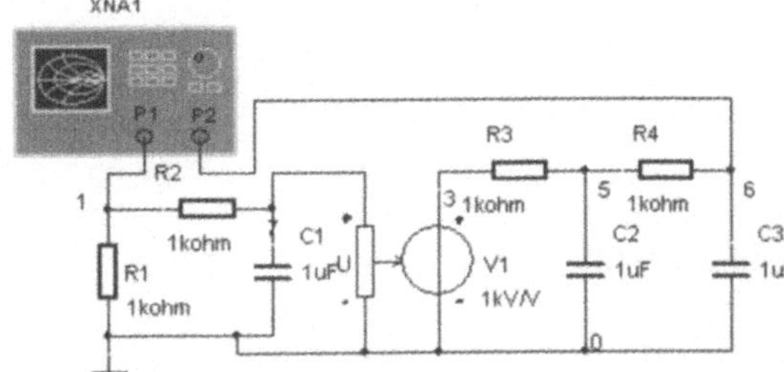

Bild B 1.4/13a-4

Nach Antippen des Simulationsschalters und Doppelklick auf den Netzwerkanalysator eröffnet sich unter *Modus/Einstellung/Messung* zunächst das Konfigurationsregister der Messung (Frequenzbereich, Normierungswiderstand, hier wieder 1000 Ω). Anschließend werden *Modus/Einstellung/Rf-Characteristics* gewählt und unter *Einstellungen* die Vierpolabschlusswiderstände. Unter *Format/Parameter/Verstärkung* erscheint die Kennlinie VG (voltage gain. ggf. ist Achsenanpassung durch Autoskalierung erforderlich). Die Polardarstellung ist dann die gesuchte Ortskurve der Spannungsverstärkung. Bemerkenswerterweise wird bei der Frequenz 316 Hz eine Phase von –180° erreicht mit einem Verstärkungsbetrag von 64. Anschließend geht die Ortskurve in den dritten Quadranten über. Eine solche Anordnungen würde etwa in einer Rückkopplungsschaltung zu Schwingungen neigen.

Multisim-Beispiel 4/13b Ortskurve eines Parallelschwingkreises. Die Ortskurve des Ersatzwiderstandes eines Parallelschwingkreises ist ein Kreis im 1. und 4. Quadranten der komplexen Ebene (Begründung?). Sie kann mit dem Netzwerkanalysator auf unterschiedliche Weise ermittelt werden. Im einfachsten Fall schalten wird den Schwingkreis mit seinem Ersatzwiderstand zwischen die beiden durchgehenden Leitungen eines Vierpols (s. Bild 4.6.1b). Dann stimmen alle Z-Parameter überein (Nachweis?) und sind gleich dem Schwingkreisersatzwiderstand $Z = 1/Y$ (s. Gl. (4.6.15)).

Ganz entsprechend ist die Schaltung aufgebaut (Bild B 1.4/13b-1, dass die Ein- und Ausgänge des Analysators jetzt parallel liegen, darf nicht stören). Nach einer Simulation mit dem Schalter erfolgt die Analysatoreinstellung: unter *Modus/Messung/Einstellung* werden der Frequenzbereich (hier 100 Hz...10 kHz) eingestellt, ein Normierungswiderstand Z_0 = 1 kΩ festgelegt, die Frequenzdarstellung linear mit 800 Punkten (max. Auflösung) gewählt und die Simulation erneut durchgeführt. Im Ergebnis entsteht unter *Format/Parameter/ Polar* die dargestellte Ortskurve als Kreis mit einer Resonanzfrequenz von etwa 5,03 kHz. Ein

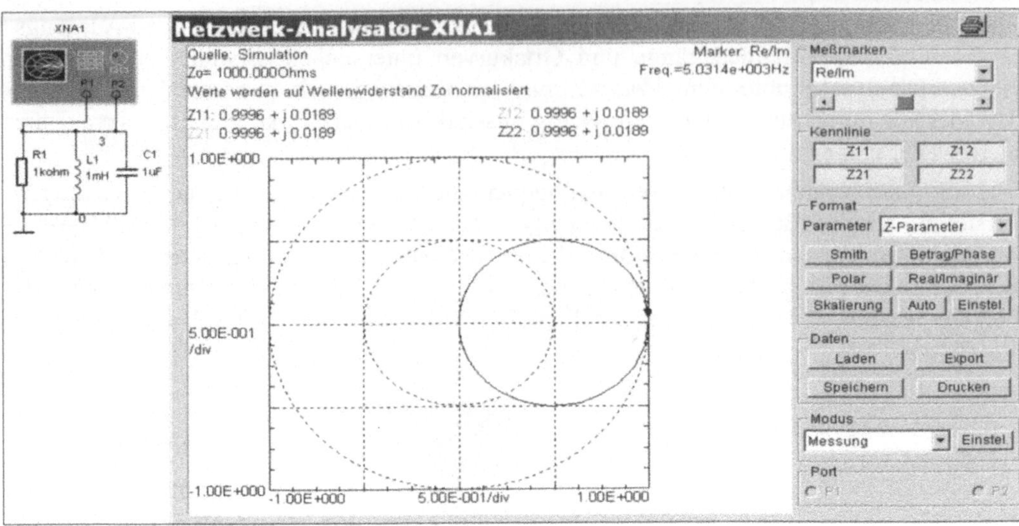

Bild B 1.4/13b-1

Blick auf Betrag/Phase (im *Format*) zeigt die typische Resonanzkurve des Betrages von Z gemäß Bild 4.6.12.

Soll dagegen die Leitwertortskurve des Parallelschwingkreises ermittelt werden (mit einem Ersatzleitwert Y gemäß Gl. (4.6.15)), so schaltet man diesen Leitwert Y am einfachsten als Längsleitwert zwischen die Ein- und Ausgangsklemmen eines Vierpols (s. Bild 4.6.1b), der am Ein- und Ausgang mit kleinen Leitwerten ($G = 1$ µS) nach Masse verbunden wird (Multisim verlangt stets eine galvanische Verkopplung eines Netzwerkknotens mit Masse!). Der Analysator liegt zwischen Ein- und Ausgang. Die Simulation verläuft wie oben, nur werden jetzt die Y-Parameter angezeigt, z.B. gilt $Y_{11} = Y$. Das Ergebnis ist eine erwartete

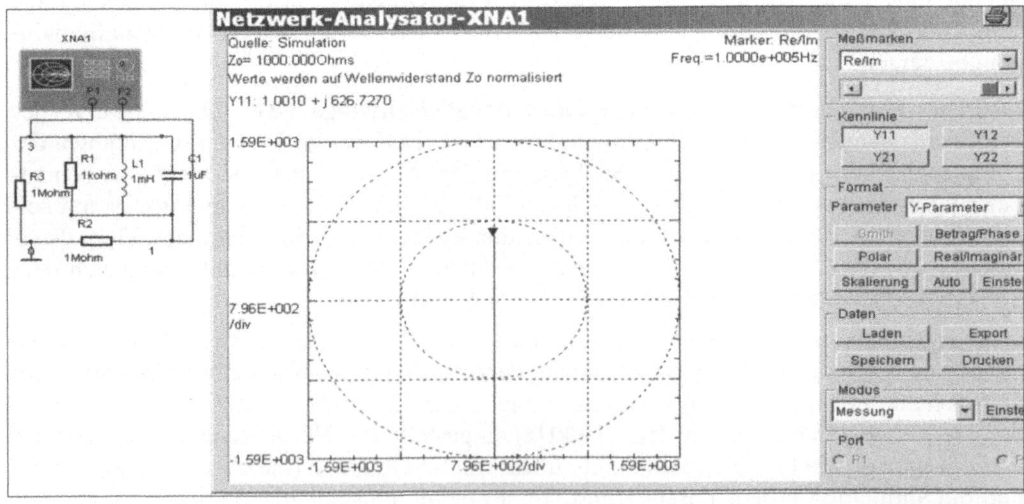

Bild B 1.4/13b-2

Gerade im Abstand 1 mS (Realteil) parallel zur imaginären Achse (Bild B 1.4/13b-2); durch die Normierung wird Z_0Y dimensionslos aufgetragen. Die imaginäre Achse reicht von –1,59 10^3 für f = 100 Hz (Dominanz des induktiven Leitwertes) bis zum entsprechenden positiven imaginären Wert.

Durch geschickte Einbindung eines Leitwertes in ein Vierpolkonzept ist es immer möglich, die Frequenzabhängigkeiten eines Zweipols oder einer Übertragungsgröße mit dem Analysator einfach und gestaltungsreich darzustellen.

Multisim-Beispiel 4/13c Direkte Vierpolparameterbestimmung. In der überwiegenden Mehrzahl der Abwendungen lassen sich die Übertragungseigenschaften von Netzwerken mit dem Netzwerkanalysator einfach ermitteln. Sein Einsatz versagt allerdings, wenn der Frequenzgang mehrerer Knotengrößen eines Netzwerkes gesucht ist oder überhaupt ein Mehrpol z.B. mit symmetrischen Ein- und/oder Ausgängen vorliegt (dann sind Schaltungsabwandlungen erforderlich). Dass der Frequenzgang von Vierpolgrößen auch anders (allerdings aufwendiger) bestimmt werden kann, mag die folgende Bestimmung der Vierpolparameter bei einer Festfrequenz zeigen.

Für einen gegeben passiven Vierpol (Bild B 1.4/13c-1) sollen die Widerstandsparameter $Z_{11} \ldots Z_{22}$ (s. Gl. (4.6.1)) bei einer Festfrequenz von 500 Hz nach Betrag und Phase mit Multisim bestimmt werden.

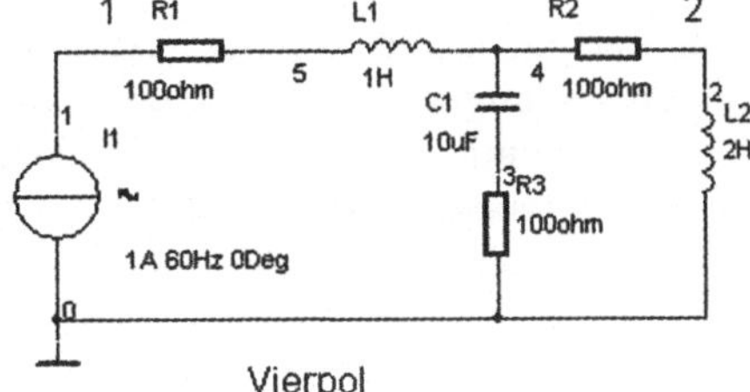

Bild B 1.4/13c-1

Ausgang der Analyse sind die Vierpolparameterdefinitionen: zur Bestimmung von Z_{11} und Z_{21} etwa sind ein Eingangsstrom I_1 einzuprägen und die Spannungen U_1 und U_2 (bei Leerlauf) zu messen. Wir legen daher an die Eingangsseite eine Wechselstromquelle und wählen als aus auszuwertende Variable die beiden Spannungen und die Stromquelle. Die Auswertung erfolgt über eine AC-Analyse bei 500 Hz mit sehr kleinem Sweep (von 0,1 Hz), so dass sich die Größen innerhalb dieses Intervalls praktisch nicht ändern. Mit dieser Methode

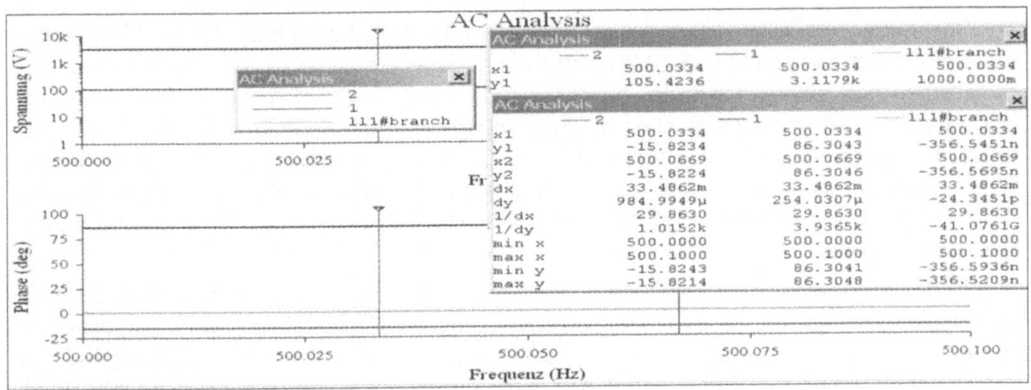

Bild B 1.4/13c-2

werden die Lösungen automatisch im Bodediagramm nach Betrag und Phase angezeigt (Bild B 1.4(13c-2).

Gewählt werden für die AC-Frequenzanalyse *Start-/Stopfrequenz* von 500 und 500,1 Hz mit *linearem Intervall*, 3 *Zwischenpunkten* und *logarithmischer Vertikalskalierung*. Die Direktablesung erfolgt über die Cursoren im Analyse-Diagrammfenster (durch Bearbeite/Eigenschaften) aufzurufen. Man erkennt x_1 als Frequenz und y_1 als betreffende Lösungen (oben Betrag, darunter Phase), die übrigen Zahlenwerte sind uninteressant. Es ergeben sich der Eingangsstrom $I = 1$ A und die Spannungen $U_1 = 3117$ V ($\varphi_1 = 86{,}3°$), $U_2 = 105{,}4$ V ($\varphi = -15{,}82°$). Im nächsten Schritt wird die Stromquelle an die Ausgangsseite gelegt und U_2 und U_1 ebenso gemessen, die Lösungen lauten bei gleichem Strom $I = 1$ A: $U_2 = 203{,}44$ V ($\varphi = -\ 7{,}21°$) und $U_1 = 105{,}42$ V ($\varphi = -15{,}82°$). Wie ersichtlich ist der Vierpol umkehrbar ($Z_{21} = Z_{12}$), der Parameter Z_{22} würde dann $203{,}44\ \Omega < -7{,}21^\circ$ betragen, was recht gut mit der rechnerischen Lösung übereinstimmt.

Das Beispiel zeigt eindrucksvoll, welche Erleichterung der Netzwerkanalysator bringt. Für eine (sehr genaue) Festfrequenzauswertung wählt man dort den Frequenzbereich mit der Festfrequenz beginnend (oder endend) und kann dann die Vierpolparameter bequem ablesen. Die Lösungen stimmen mit den oben angegeben Werten (innerhalb der numerischen Toleranzen) überein.

Multisim-Beispiel 4/13d Negativer Wirkwiderstand. Wie einfach sich selbst kompliziertere Problemstellungen mit dem Netzwerkanalysator lösen lassen, mag die folgende Schaltung zur Erzeugung negativer Wirkwiderstände durch kapazitive Rückkopplung eines Spannungsverstärkers zeigen (Bild B 1.4/13d-1).

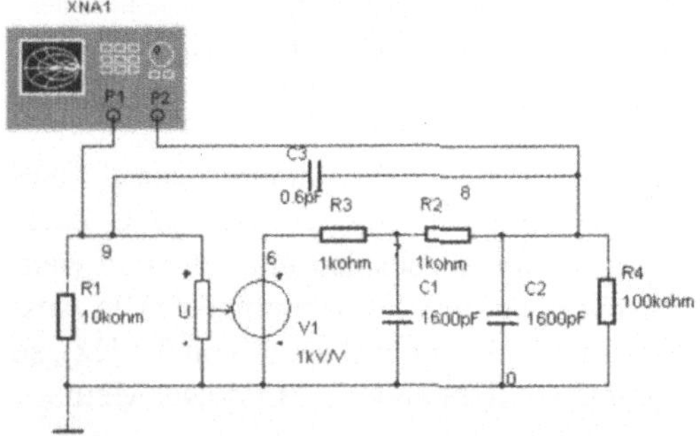

Bild B 1.4/13d-1

Der Spannungsverstärker möge eine Leerlaufspannungsverstärkung $A_u = -1000$ haben sowie einen Frequenzgang 2. Ordnung mit einer Grenzfrequenz im Bereich um 100 kHz sowie einen Ein- und komplexen Ausgangswiderstand. Durch kapazitive Rückkopplung zwischen Ein- und Ausgang entsteht an den Eingangsklemmen ein komplexer Widerstand, der stark von der Rückwirkungskapazität, der Spannungsverstärkung und ihrem Vorzeichen sowie der Verstärkergrenzfrequenz abhängt. Der Effekt ist als sog. Millereffekt bekannt und wird normalerweise ausgenutzt unter der Annahme, dass der Verstärker einen vernachlässigbaren Frequenzgang hat.

In der Schaltung stellt das Ausgangsnetzwerk R_2, R_3, C_1, C_2 den Frequenzgang und Innenwiderstand dar, C_3 ist die Rückwirkungskapazität. R_4 wurde sehr groß gewählt, so dass ausgangsseitig praktisch Leerlauf herrscht. Dann äußert sich die Rückkopplung durch C_3 im Eingangswiderstand Z_{11}. Seine Ortskurve (aufgenommen im Frequenzbereich 500 Hz bis 1 MHz, Normierungswiderstand $Z_0 = 1\ \text{k}\Omega$) zeigt im Bereich von 50...200 kHz einen nega-

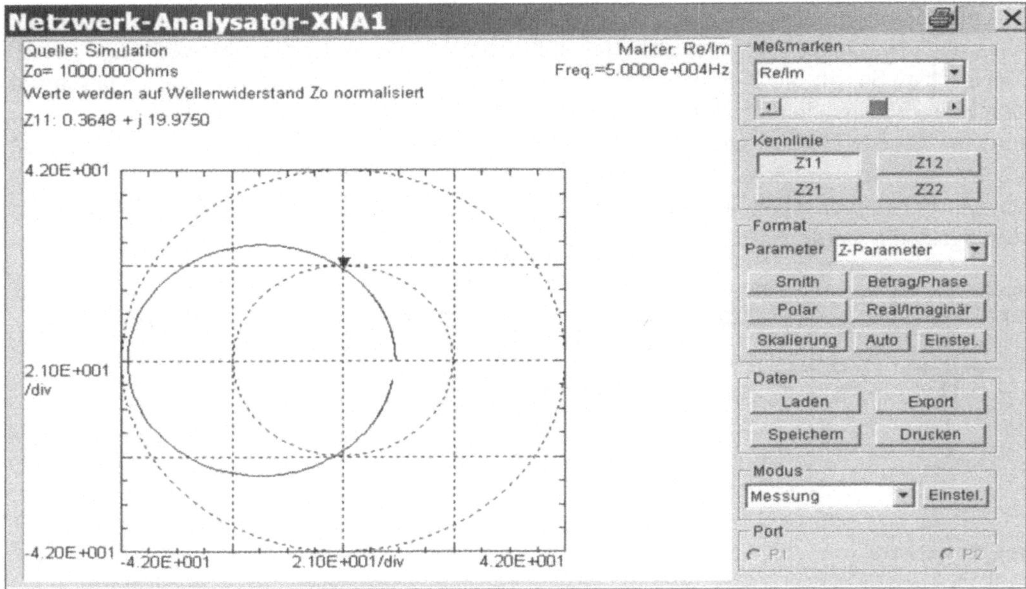

Bild B 1.4/13d-2

tiven Realteil mit einem Maximum bei etwa 100 kHz (Bild B 1.4/13d-2). Dieser Bereich sinkt mit steigender Verstärkergrenzfrequenz (kleinere Werte C_1, C_2), aber auch sehr kleiner Verstärkergrenzfrequenz (deutlich steigende C_1, C_2 Werte). Starken Einfluss hat ebenfalls C_3. Für negative Werte A_u, wie sie normalerweise bei Verstärkern verwendet werden, gibt es diesen ausgeprägten Bereich des negativen Eingangswiderstandes nicht.

In der Ortskurve ist der Bereich gut zu erkennen. Ohne auf eine Analyse einzugehen – selbstverständlich ist eine analytische Diskussion des Problems möglich –, macht dieses Beispiel die Leistungsfähigkeit des Netzwerkanalysators erneut deutlich.

Negative Wirkwiderstände werden zur Schwingungserzeugung herangezogen, sie können aber auch ungewollt durch Rückkopplung bereits mit sehr kleinen Kapazitäten entstehen und dann die Stabilität einer Schaltung infrage stellen.

Multisim-Beispiel 4/14 Subnetzwerk. In Multisim lassen sich größere Netzwerkteile, z.B. Nachbildungen von Verstärkern o.a., als eigenständige Blöcke oder sog. Subnetzwerke definieren, abspeichern und dann genau so weiterverwenden wie Netzwerkelemente aus der Bauelementebibliothek. Das soll an zwei Beispielen gezeigt werden.

Gegeben sei ein Widerstandsnetzwerk (Bild B 1.4/14-1a), das forthin aus „Vierpol 1" geschlossen verfügbar sein soll. Nach Entwurf und Bemessung – hier der Einfachheit wegen

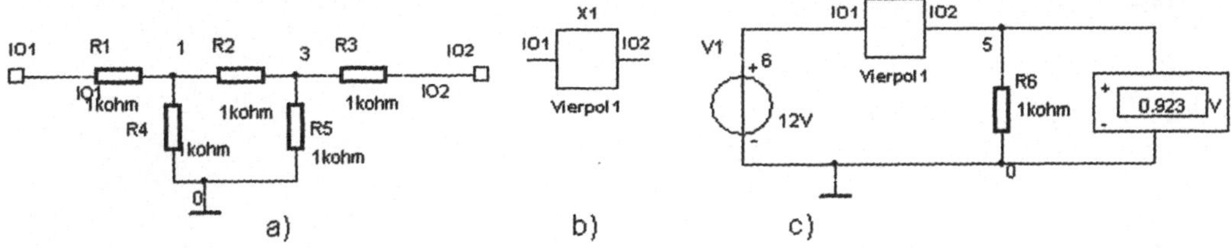

Bild B 1.4/14-1

mit gleichen Elementen – werden mit dem Aufruf *Platzieren/Platziere Ein-/Ausgang* an die Ein- und Ausgänge Verbindungsknoten IO angesetzt und mit dem Netzwerk verbunden. Der nächste Schritt lautet *Bearbeiten/Alles markieren.* Anschließend wird die Schaltung in den Zwischenspeicher kopiert. Als nächster Schritt erfolgt *Platzieren/Als Makro einführen* und im Registerblatt „*Unterschaltungsname*" wird beispielsweise der Name „Vierpol 1" eingetragen und bestätigt. Es erscheint das neue Schaltsymbol (Bild B 1.4/14-1b), das ebenso in der Bauteilverwendungsliste auftritt. Die Ausgangsschaltung B 1.4/14-1a kann dann gelöscht werden.

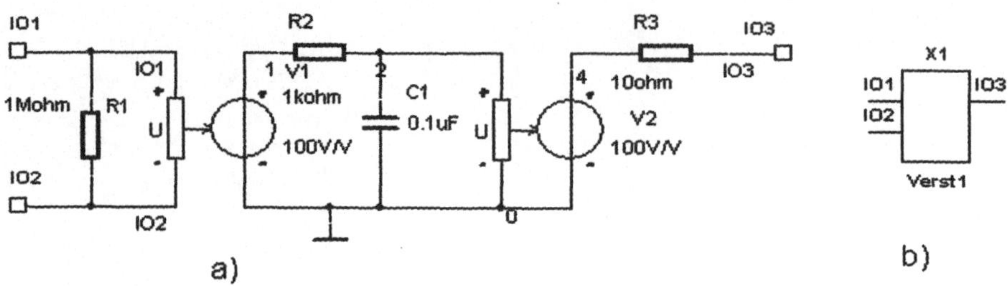

Bild B 1.4/14-2

Mit dem neuen Bauteil (entnommen jetzt aus der Bauteilverwendungsliste) kann eine neue Schaltung, etwa nach Bild B 1.4/14-1c aufgebaut und simuliert werden. Die Subschaltung ist abspeicherbar und steht damit auch für spätere Anwendungen bereit.

Nach dem gleichen Prinzip entwerfen wir jetzt das Modell eines Operationsverstärkers mit vorgegebenem Frequenzgang als Subschaltung und verwenden sie anschließend. Bild B 4/14-2a zeigt die Anordnung bestehend aus zwei spannungsgesteuerten Spannungsquellen V_1, V_2, einem Zwischentiefpass (zur Festlegung der Grenzfrequenz) sowie dem hochohmigen Ein- und niederohmigen Ausgangswiderstand (R_1, R_3). Zu beachten ist, dass IO1 dem +- und IO2 dem – -Eingang entsprechen, was für Operationsverstärkerschaltungen grundlegende Bedeutung hat. Die Subschaltung „Verst1" wird unter ihrem Namen gespeichert (anklicken, *Datei/Speichern unter* wählen und abspeichern).

Anschließend wird mit diesem Verstärker eine sog. nichtinvertierende Verstärkerschaltung aufgebaut (Bild B 1.4/14-3). Ein Spannungsteiler führt einen Teil der Ausgangsspannung auf den Eingang zurück. Dadurch beträgt die Spannungsverstärkung $A_u = 1 + R_1/R_2 = 11$ oder im log Maß 20,82 dB (ein Spannungsverhältnis von 10 entspricht 20 dB, abgelesen werden 20,74 dB). Mit einem angeschlossenen Bodeplotter lässt sich der Frequenzgang

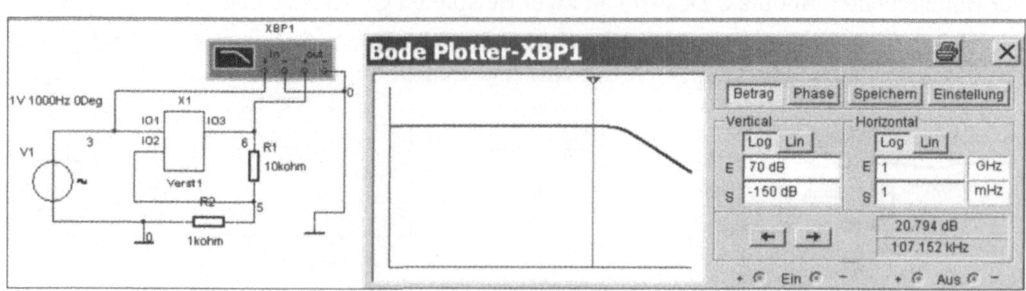

Bild B 1.4/14-3

untersuchen, hier automatisch durch Anklicken des Simulationsschalters oder mit dem Analysedialogfenster über *Simulation/Analysen/AC-Frequenzanalyse*, dann im Analyseregister Ausgangsvariable und Analyseparameter festlegen usw. s. Beispiele zur Frequenzganguntersuchung von Netzwerken.

Das Ergebnis ist der dargestellte Frequenzgang. Im Gegensatz zur geringen Grenzfrequenz des Verstärkers von rd. 1,6 kHz mit einer hohen Spannungsverstärkung von 10^4 ist die Grenzfrequenz jetzt deutlich größer, die Verstärkung aber geringer. Auf dieses Problem wird im Band 2 näher eingegangen. Als Beispiel sei für diese Schaltung das Bodediagramm mit drei Widerständen R_1 (Bild B 1.4/14-3) von 10, 30 und 100 kΩ angegeben. Dabei wurde die AC-Frequenzanalyse mit einer Modellparametervariation des Widerstandes R_1 verbunden (Bild B 1.4/14-4). Auf Einzelheiten soll hier verzichtet werden, im Band 2 wird dieses Problem näher behandelt.

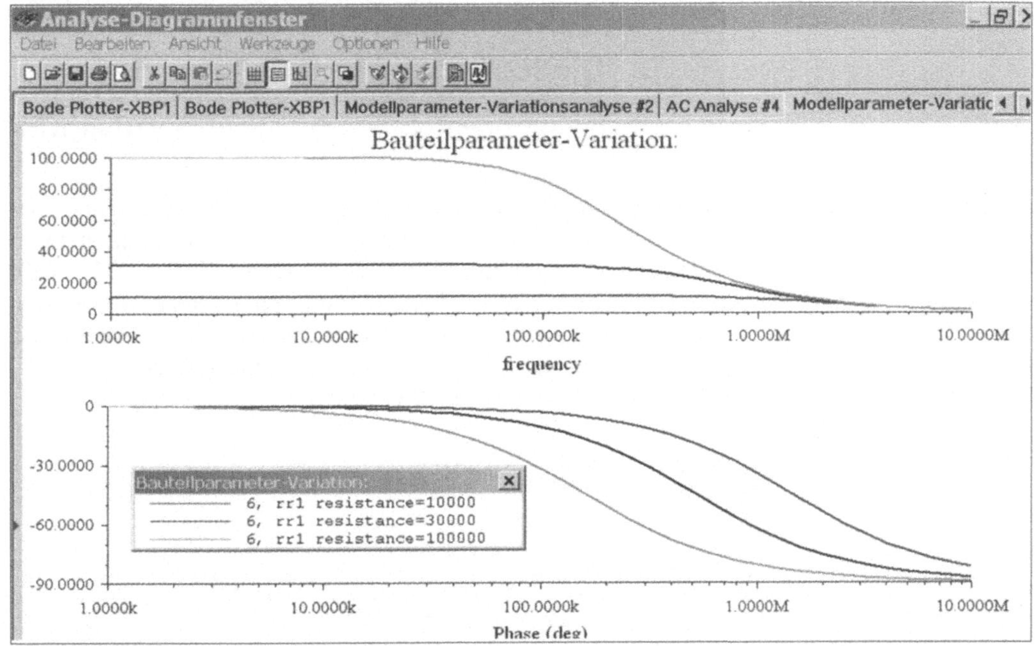

Bild B 1.4/14-4

Multisim-Beispiel 4/15a Einschaltverhalten der Induktivität. Beim Einschalten einer Spule im Gleichstromkreis baut sich in der Spule ein durch die Selbstinduktion der eigenen Windungen zeitlich verzögertes Magnetfeld auf. Dabei entsteht eine induzierte Spannung, die der angelegten entgegenwirkt und insgesamt für einen allmählichen Stromanstieg sorgt.

Mit Multisim kann der zeitliche Zusammenhang zwischen Spulenstrom und Spulenspannung – wie er in Bild 4.7.10 dargestellt ist –, sehr gut verfolgt werden. In der Schaltung Bild B 1.4/15a-1 arbeitet eine Batterie auf die Reihenschaltung eines Umschalters, eines Widerstandes und der Spule. Der Widerstand umfasst den gesamten Kreiswiderstand (Batterieinnen- und Spulenwiderstand). Gemessen werden Spannung und Strom der Spule. Damit der Vorgang sehr langsam abläuft und an den Instrumenten beobachtet werden kann, wird eine große Zeitkonstante $\tau = L/R = 1$ s gewählt ($R = 10\ \Omega$, $L = 10$ H). Strom und

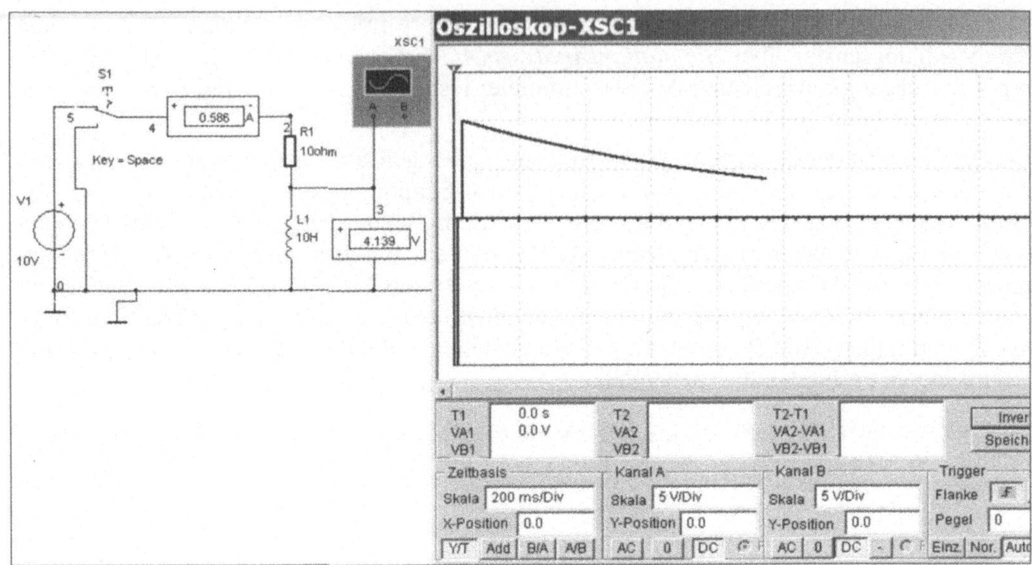

Bild B 1.4/15a-1

Spannung verlaufen entsprechend Bild 4.7.10 gegensätzlich. Im Einschaltmoment liegt die volle Batteriespannung an der Induktivität und der Strom verschwindet. Allmählich sinkt die Spulenspannung auf null und der Strom steigt auf den Maximalwert $U_q/R = 10\ \text{V}/10\ \Omega = 1\ \text{A}$, der etwa nach der Zeit (4...5) τ erreicht ist. Parallel zum Spannungsmesser an der Spule liegt ein Oszilloskopkanal, um den Zeitverlauf der Spannung u_L besser darzustellen. Nach Aufbau der Schaltung mit Multisim (Umschalter aus der Bauteilleiste *Electromechanical/Supplement/Bauteil SPDT_SB*, entnehmen), der Wertezuweisung und Abspeicherung

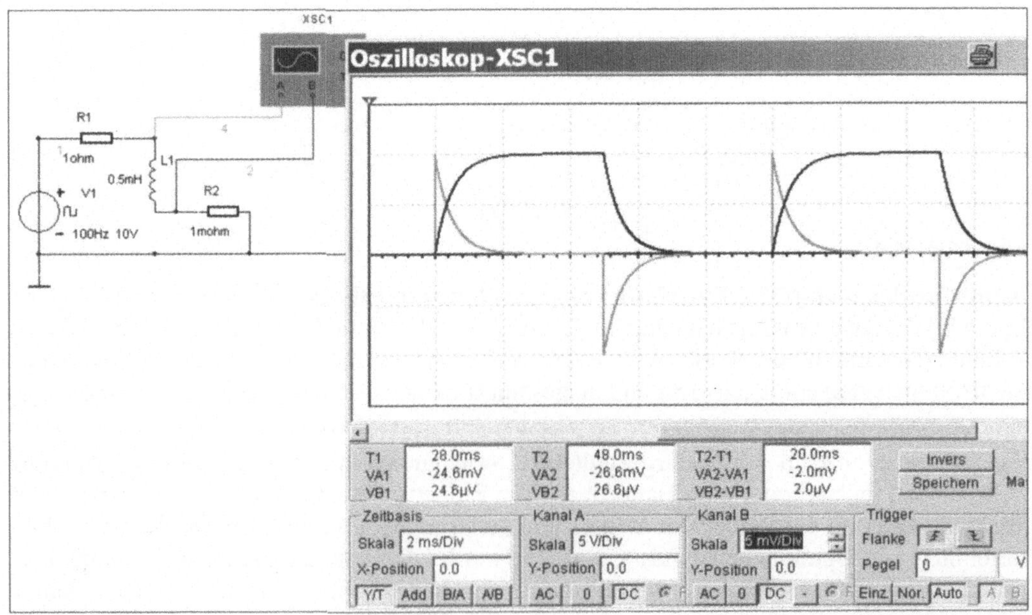

Bild B 1.4/15a-2

wird die Simulation begonnen (Umschalter (Betätigung durch Leertaste) zunächst in „Ein-Stellung"). Unmittelbar nach Einschalten des Simulationsschalters wird der Stromkreis durch den Taster kurz unterbrochen (dadurch wird der Spulenanfangsstrom zu Null erzwungen) und anschließend kann an den Instrumenten sowie am Oszillograph der schrittweise Anstieg des Stromes und Abfall der Spannung beobachtet werden. Die Vorgänge lassen sich (ohne Umschalter) besser verfolgen, wenn der Einschaltvorgang periodisiert wird: Ersatz der Gleichspannungsquelle durch eine Impulsspannung (entweder aus dem Funktionsgenerator oder den Taktspannungsgenerator aus die Bauteilliste wie hier). Die Periodendauer sollte wenigstens das 6...8-fache der Zeitkonstante betragen. Der Spulenstrom wird als Spannungsabfall über einem kleinen Widerstand R_2 (Bild B 1.4/15a-2) in Reihe zu L gemessen und im zweiten Kanal des Oszilloskops dargestellt. Man erkennt das Grundverhalten der Spule: beim Einschalten: allmählicher Stromanstieg, Abfall der Spannung; beim Ausschalten: Spannungsspitze und allmählicher Abfall von Strom und Spannung.

Multisim-Beispiel 4/15b Umschaltverhalten des Kondensators. Auf die gleiche Weise, in der das Umschaltverhalten der Induktivität untersucht wurde, lässt sich auch das des Kondensators mit Multisim anschaulich darstellen. In der Versuchsschaltung Bild B 1.4/15b-1 wirkt eine Impulsspannungsquelle als Modell einer periodisch ein- und ausgeschalteten Gleichspannung auf einen Kondensator mit Reihenwiderstand. Kondensatorspannung und -strom werden am Oszillographen betrachtet und der Strom dazu durch eine stromgesteuerte Spannungsquelle (Transferwiderstand $Z_m = 1\ \Omega$) in eine Spannung verwandelt. Übereinstimmend mit Bild (4.7.5) sind der gegenläufigen, exponentiellen Verläufe von Strom und Spannung zu sehen. Die Zeitkonstante $\tau = RC$ wurde zu 1 ms gewählt, die Einschaltzeit einer Spannungshalbwelle beträgt bei $f = 100$ Hz insgesamt 5 ms und ist so hinreichend groß, damit der Ausgleichsvorgang gut abklingen kann. Beim Einschalten wächst die Kondensatorspannung von Null aus an, der Strom fällt von seinem Einschaltwert aus ab und beim Abschalten sinkt die Kondensatorspannung langsam vom Einschaltwert.

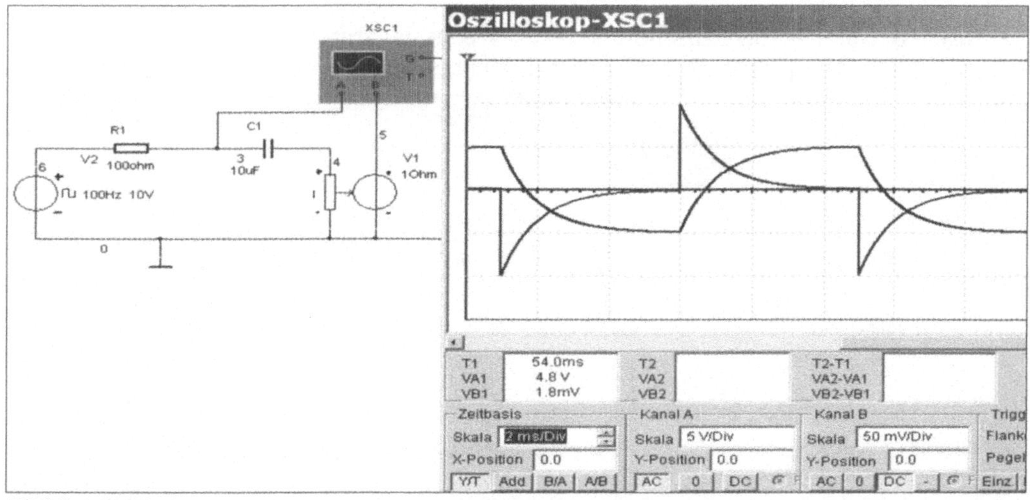

Bild B 1.4/15b-1

Beim Abschalten ändert der Strom seine Richtung übereinstimmend mit Bild 4.7.6. Wird die Einschaltzeit der Impulsspannungsquelle deutlich verkürzt (etwa auf ein Tastverhältnis von 2%), dann wirkt die Einschaltquelle wie ein Stoßimpuls und die Ausgangsgröße – hier die Kondensatorspannung – ist die Impulsantwort. Die Anordnung verhält sich dann gemäß Bild 5.3.2b: Der Stromimpuls lädt den Kondensator in sehr kurzer Zeit auf und die Kondensatorspannung klingt mit ihrer Zeitkonstante τ ab, im Bild B 1.4/15b-2 ist der Verlauf gut zu erkennen. Die Kondensatorspannung bei symmetrischer Einschaltspannung nach Bild 1.4/15b-1 entspricht dann der Sprung- oder Übergangsfunktion (vgl. Bild 5.3.2c).

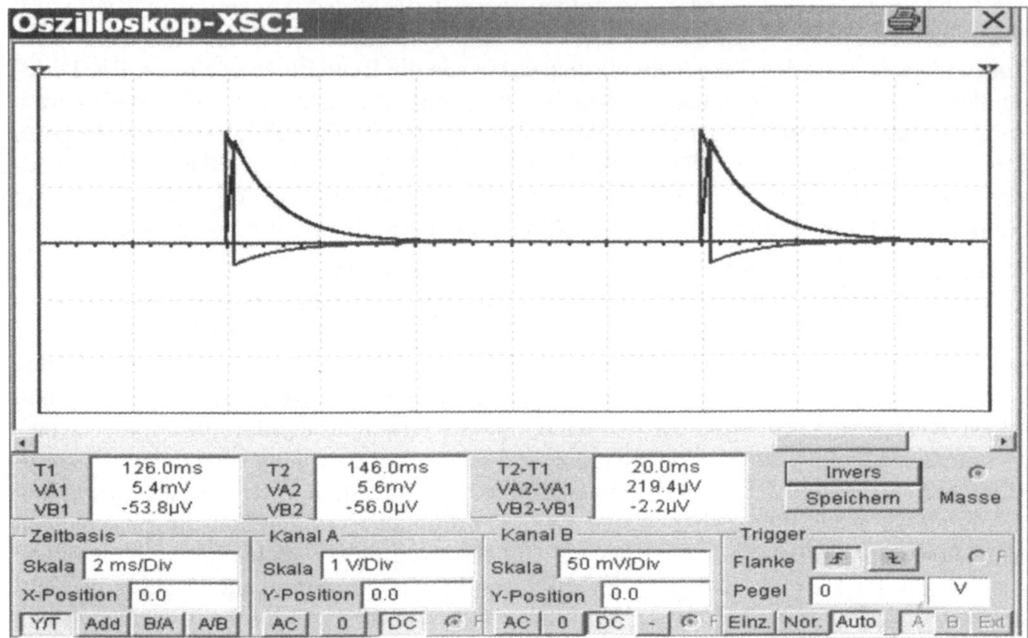

Bild B 1.4/15b-2

Multisim-Beispiel 4/15c Einschalten einer Wechselspannung. Wird der Impulsspannungsquelle im Beispiel 4/15b eine Wechselspannungsquelle in Reihe geschaltet, so simu-

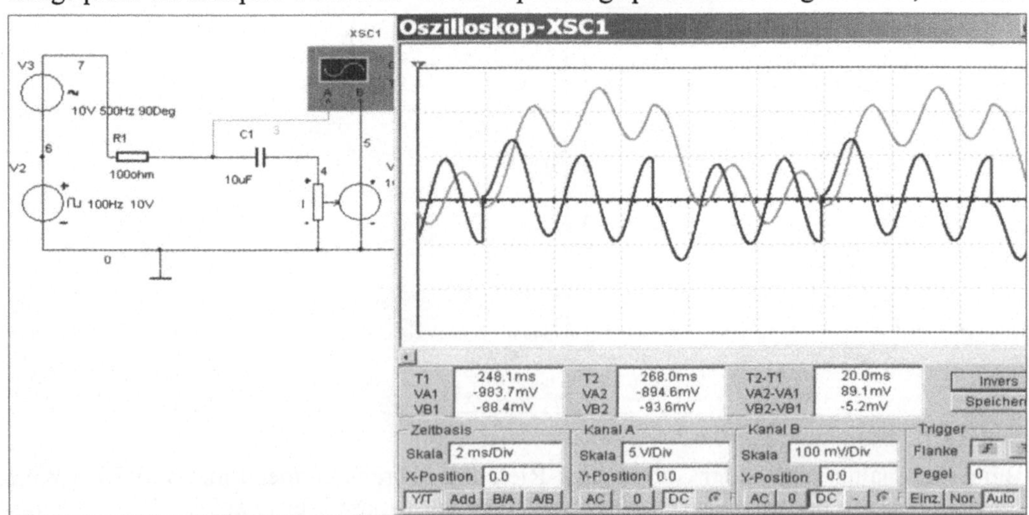

Bild B 1.4/15c-1

liert die Anordnung des Ein-/Ausschalten einer Wechselspannung an der Reihenschaltung von Widerstand und Kondensator. Im Bild 4.7.12 sind die Lösungen für eine cos-förmige Wechselspannung skizziert. In Multisim lässt sich ihre Phase einstellen (Doppelklick auf Symbol, dann Eintrag in Registerkarte). Im Bild B 1.4/15c-1 wurde 90° (entsprechend der cos-Spannung) gewählt. Der (gut sichtbare) Stromverlauf besteht aus einem exponentiell abklingenden Term, dem eine Cosinus-Schwingung überlagert ist. Bild B 1.4/15c-2 zeigt das Ergebnis (zur besseren Auswertung), wenn die Simulation über *Simulation/ Analyse/Transienten-Analyse* durchgeführt und das Analyse-Diagrammfenster über *Eigenschaften/Bearbeiten* angepasst wird. Der Einschaltphasenwinkel sollte variiert werden.

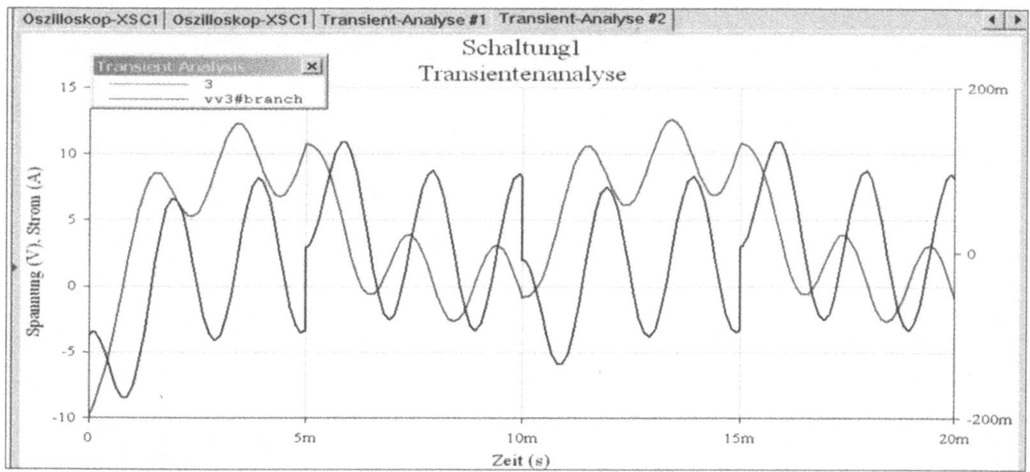

Bild B 1.4/15c-2

Multisim-Beispiel 4/16 Einschwingverhalten des Reihenschwingkreises. Wird ein geladener Kondensator an eine Spule (mit ohmschem Widerstand) geschaltet, so setzen für alle Kreisgrößen, insbesondere Kondensatorspannung und Spulenstrom, Ausgleichsvorgänge ein.

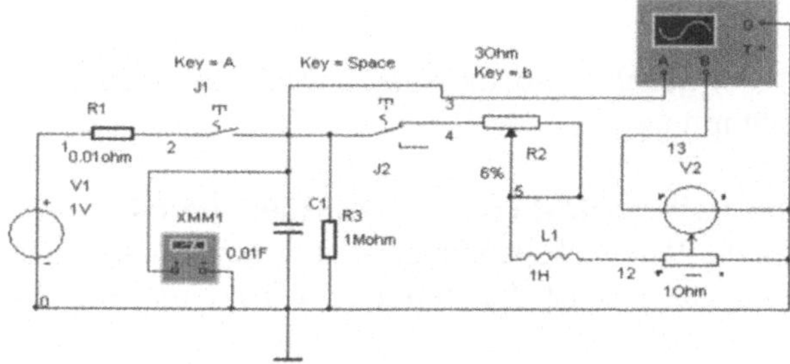

Bild B 1.4/16-1

Ihr typischer Verlauf hängt von der Kreisdämpfung ab, unterhalb des sog. aperiodischen Grenzfalls (R^2<4L/C) tritt eine gedämpft abklingende harmonische Schwingung auf. In der Schaltung Bild B 1.4/16-1 kann dieses Verhalten (aufgrund der großen Zeitkonstanten) gut untersucht werden. Mit dem Schalter J1 (aus der Bauelementebibliothek „Basics", ebenso J2) wird der Kondensator innerhalb kurzer Zeit (Zeitkonstante $\tau = R1C1 = 10$^–4 s) auf die Batteriespannung V1geladen. Der Zustand kann am Spannungsmesser verfolgt werden. Anschließend öffnet man den Schalter J1 (Taste a/A) und schließt nachfolgend Schalter J2 (Leertaste betätigen). Die Kondensatorentladung setzt ein, der Spulenstrom beginnt zu steigen. Über R2 (Taste b/B) lässt sich der Vorwiderstand R einstellen. Der *i-u*-Wandler V2 (stromgesteuerte Spannungsquelle, Übertragungswiderstand 1 Ω) koppelt den Strom als Spannung aus. Bei den Nulldurchgängen der Kondensatorspannung hat der Stromverlauf ein Maximum (Bild B 1.4/16-2, Begründung?). Mit $L = 1$ H und $C = 0{,}01$ F beträgt die Resonanzfrequenz des Schwingkreises $f_0 = 1{,}6$ Hz, ist also niedrig genug, um die Vorgänge langsam ablaufen zu lassen.

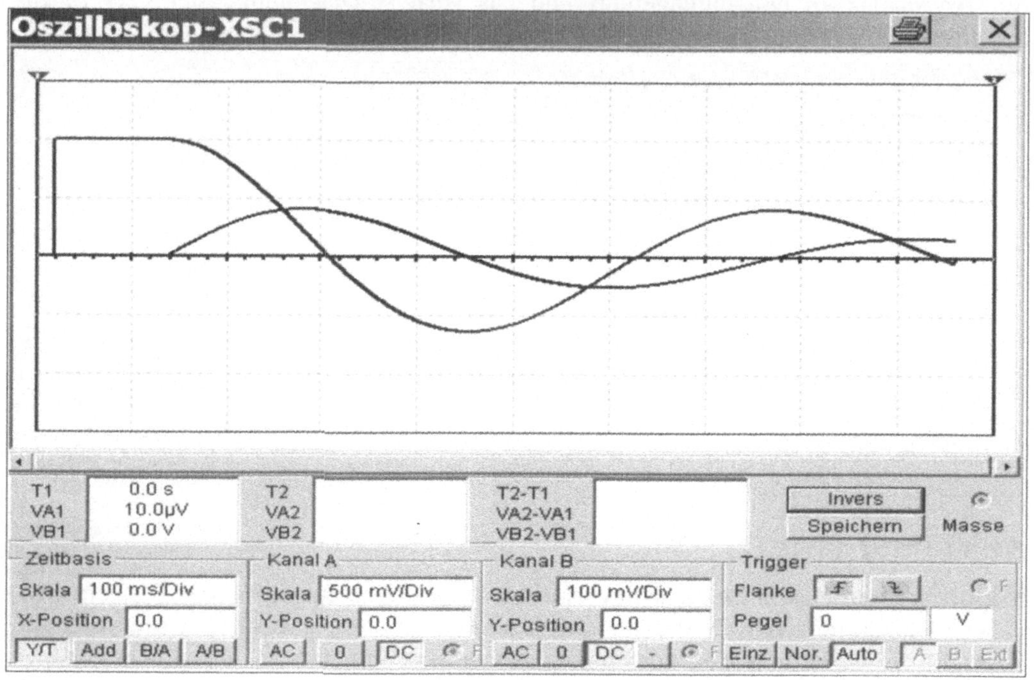

Bild B 1.111

Zum tieferen Verständnis sollte man mit der Schaltungsbemessung etwas experimentieren (Änderung der Resonanzfrequenz und Dämpfung).

Multisim-Beispiel 4/17 Impulserregung Reihenschwingkreis, Transientenanalyse. An einem Reihenschwingkreis liege eine solche Rechteckspannung, dass er bezüglich seiner Zeitkonstanten wie sprungangeregt wirkt. Gesucht ist der Zeitverlauf der Kondensatorspannung.

Die Anzeige kann entweder über das Analyse-Diagrammfenster oder den Oszillograph erfolgen, damit soll begonnen werden. Nach Aufbau der Schaltung Bild B 1.4/17-1 und Bemessung – die beiden Zeitkonstanten betragen $\tau_1 = L/R = 50$ µs und $\tau_2 = RC = 20$ µs – wird die zehnfache Sprungimpulslänge gewählt: 0,5 ms entsprechend einer Impulsfrequenz von 1 kHz. Dann schwingt der Vorgang ausreichend ein, bis der nächste Schaltimpuls erfolgt. Der Simulationsbeginn erfolgt mit dem Simulationsschalter. Das Ergebnis Bild B 1.4/17-1 wird unmittelbar angezeigt (es lässt sich mit dem Cursor in Einzelpunkten ablesen). Der kritische Dämpfungswiderstand R^2 = 4L/C ist größer als der hier eingestellte,

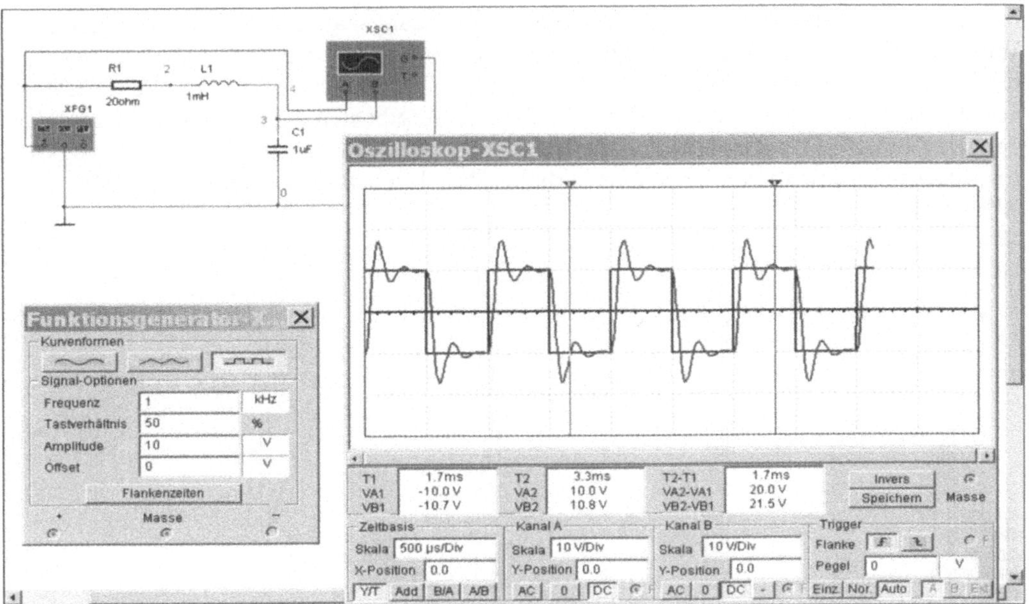

Bild B 1.4/17-1

deshalb tritt Überschwingen auf. Durch Änderung des Zeitmaßstabes (auf 200 µs/Teil) steigt die Auflösung der Anzeige.

Zur Nutzung des Analyse-Diagrammfensters beginnt die Simulation mit der Auswahl *Simulation/Analysen/Transienten-Analyse* und dort im Register *Analyseparameter* mit der Wahl der Start-/Stopzeiten, der Zeitschritteinstellung sowie im *Ausgangsvariablenregister* mit der Auswahl der anzuzeigenden Größen. Das Ergebnis (Bild B 1.4/17-2) ist übersichtlicher, zudem sind die Darstellungs-, Auswerte- und Abspeichermöglichkeiten umfangreicher.

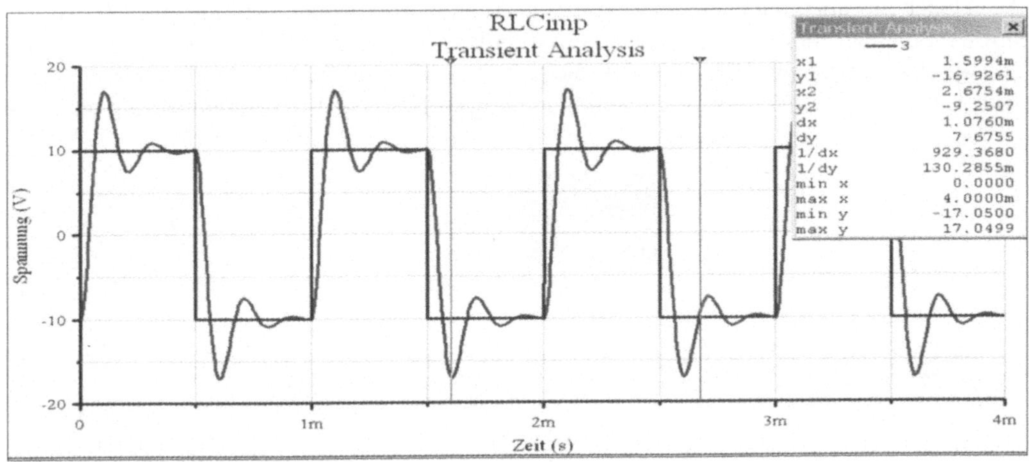

Bild B 1.4/17-2

Interessante Varianten erlaubt die Änderung des Eingangssignals am Funktionsgenerator. Wird beispielsweise ein Tastverhältnis von 3% eingestellt (entsprechend etwa der Anregung mit Nadelimpulsen) und die Simulation im Zeitbereich 0...0,4 ms (bei allerdings heraufgesetzten 10^4 Zeitschritten) durchgeführt, so ergibt sich der im Bild B 1.4/17-3 dargestellte Verlauf. Er entspricht in guter Näherung einer Impulsanregung des Schwingkreises mit dem zu erwarteten Übergangsverhalten beschrieben durch die Impulsfunktion (s. Abschn. 5.3.2).

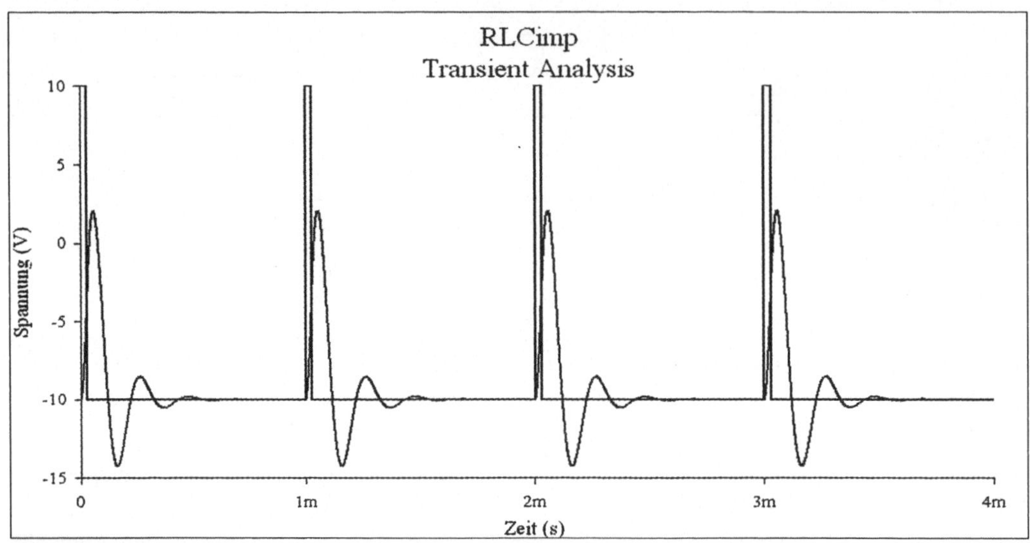

Bild B 1.4/17-3

Multisim-Beispiel 4/18 Frequenzkompensierter Spannungsteiler, Parametersweep. Der sog. RC-kompensierte Spannungsteiler (Bild B 1.4/18-1, s. a. Bild 4.6.22) verhält sich je nach Bemessung als Tief- oder Hochpass, nur bei gleichen Zeitkonstanten ist das Teilerverhältnis frequenzunabhängig. Liegt eingangsseitig ein periodisches Impulssignal an, so drückt sich das entsprechende Übertragungsverhalten im Ausgangsimpuls aus. Mit Multisim wird dieser Teiler nachgebildet, an ein Impulssignal gelegt (50 V, 1 kHz, symmetrisch) und durch einen Parametersweep z. B. die Kapazität C_2 schrittweise geändert, bis die optimale Einstellung erreicht ist. Nach dem Schaltungsaufbau, der Elementbemessung und Ab-

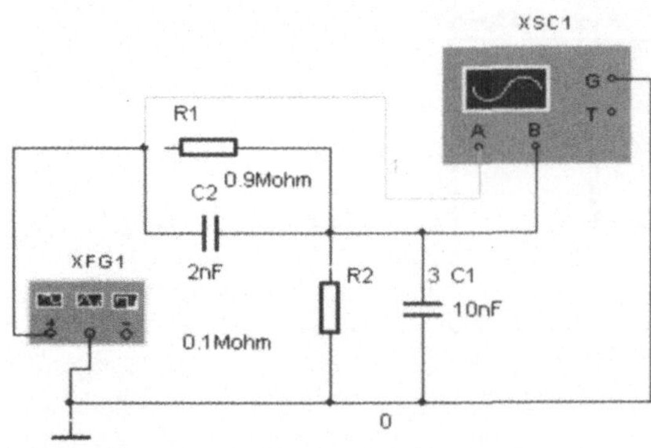

Bild B 1.4/18-1

Parameter-Variation...

Analyse-Parametern | Ausgangsvariablen | Verschiedene Optionen | Zusammenfassung

Zu variierender Parameter

Zu variierender Parameter: Bauteilparameter

Baustein-Typ: Capacitor

Name: cc2

Parameter: capacitance

Aktueller Wert: 2e-009

Beschreibung: Device capacitance

Zu variierender Punkte

Variationsart: Liste

Werte: 5e-010, 1e-009, 2e-009,

Mehr Optionen

Mehr >> | Simulate | Akzeptieren | Abbrechen | Hilfe

Bild B 1.4/18-2

speicherung erfolgt ein erster Probelauf mit dem Simulationsschalter unter Oszilloskopbeobachtung. Die Parametervariation wird im Analyse-Diagrammfenster Bild B 1.4/18-2 festgelegt. Die Simulation erfolgt mit *Simulation/Analysen/Parameter-Variationsanalyse*, anschließend wird das Registerblatt *Parametervariationen* aufgerufen und die Ausgangsvariablen (Knotenspannungen) u_1, u_3 ausgewählt. Im Registerblatt *Analyseparameter* werden der zu variierende Parameter C_2 selektiert und drei Einstellpunkte (0,5, 1 und 2 nF) in eine Variationsliste eingetragen. Anschließend erfolgt die Simulation, nachdem man noch ein geeigneter Stopwert für die Simulation (unter „Mehr Optionen") gewählt wurde (hier 10 ms). Das Simulationsergebnis steht im Analyse-Diagrammfenster Bild B 1.4/18-3. Am Diagramm stört zunächst die hohe Amplitude des Eingangssignals, sie kann z.B. durch einen der Spannungsquelle parallelgeschalteten Spannungsteiler reduziert werden (Verhältnis etwa 20:1, in der Schaltung nicht dargestellt). Zweckmäßig werden noch die Legende eingeblendet und nicht zu viele Parameterwerte vorgesehen, weil die Übersicht leicht verloren geht.

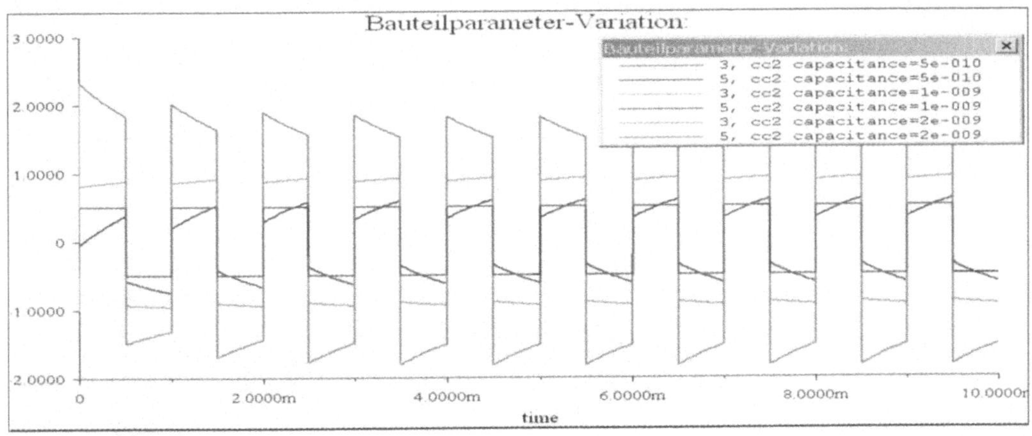

Bild B 1.4/18-3

Multisim-Beispiel 4/19 Spannungsdifferenzierer. Unter den Funktionsblöcken bietet Multisim in der Bibliothek „Controls“ u.a. einen Spannungsdifferenzierer, das Gegenstück zum Integrator. Sein Einsatz soll am Beispiel einer von einer Impulsspannungsquelle gesteuerten RC-Schaltung gezeigt werden (Bild B 1.4/19-1).

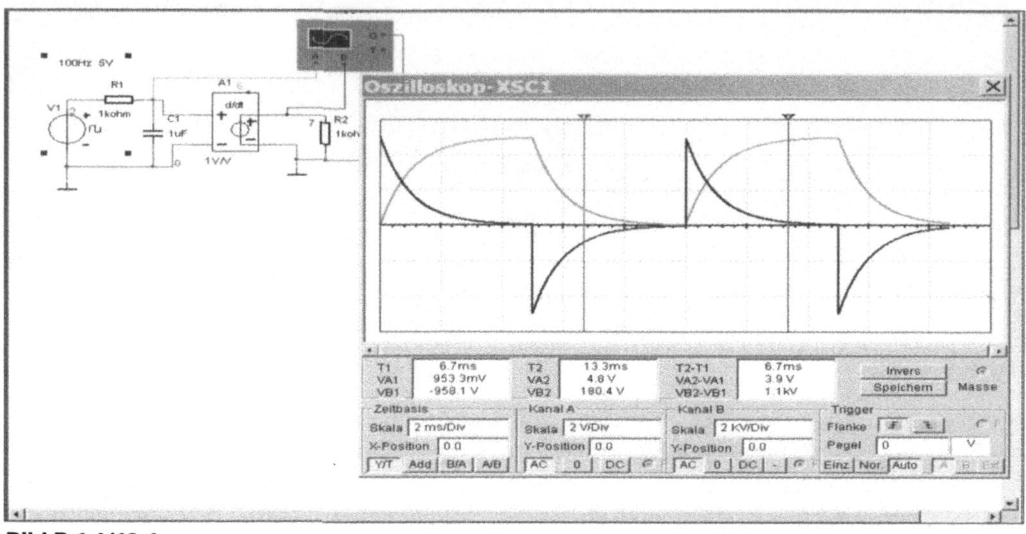

Bild B 1.4/19-1

Die Schaltung besteht aus einer Impulsspannungsquelle (5 V, 100 Hz) und einem RC-Tiefpass ($R = 1$ kΩ, $C = 1$ µF). Die Kondensatorspannung – von der Form $U(1 - \exp - t/\tau)$ bei positivem Eingangsignal –, wird einmal direkt betrachtet, zum anderen differenziert und dann dargestellt. Im ersten Fall erkennt man den Verlauf vom Typ $(1 - \exp - t/\tau)$, im zweiten das Differential $\mathrm{d}u/\mathrm{d}t = (U/\tau)\exp(-t/\tau)$. Im Schaltzeitpunkt beträgt die Steigung 5 V/1 ms = 5 kV/s, daraus erklärt sich die hohe eingestellte Dämpfung am B-Kanal.

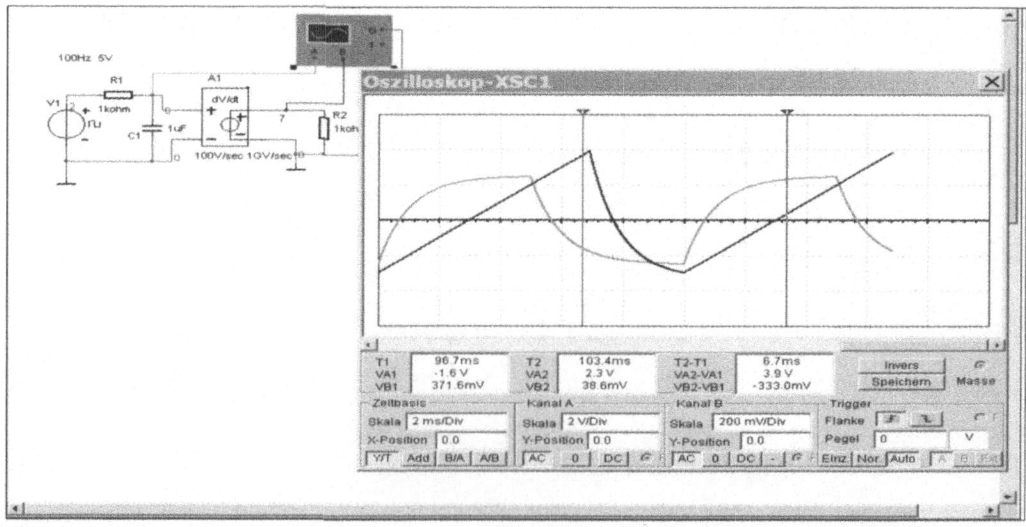

Bild B 1.4/19-2

Eine weitere nützliche Einrichtung ist der in Multisim enthaltene Block zur Begrenzung des Spannungsanstieges. In der gleichen Schaltung wurde er eingebaut (Bild B 1.4/19-2), durch Doppelklick lassen sich der maximale Spannungsanstieg der positiven Flanke (hier 100 V/s gesetzt) und der negativen (auf 1 GV/s belassen) einstellen. Man erkennt deutlich die Wirkung: der positive Anstieg wird durch den Funktionsblock begrenzt (das Eingangssignal hat größeren Spannungsanstieg), der negative Verlauf bleibt unverändert.

Derartige Funktionsblöcke werden bei der sog. Verhaltensmodellierung von Bauelementen verwendet, z.B. in einem realistischeren Modell eines Operationsverstärkers.

Multisim-Beispiel 4/20 Netzwerkdifferentialgleichung. Mit den in Multisim vorhandenen Funktionsblöcken Integrator, Verstärker und Summierer (Bibliothek „Basics") lässt sich die homogene Netzwerkstandardgleichung $y'' + 2ay' + by = 0$ mit den Anfangswerten $y(0)$ und $y'(0)$ sehr anschaulich nachbilden und z.B. zur Schwingungserzeugung heranziehen.

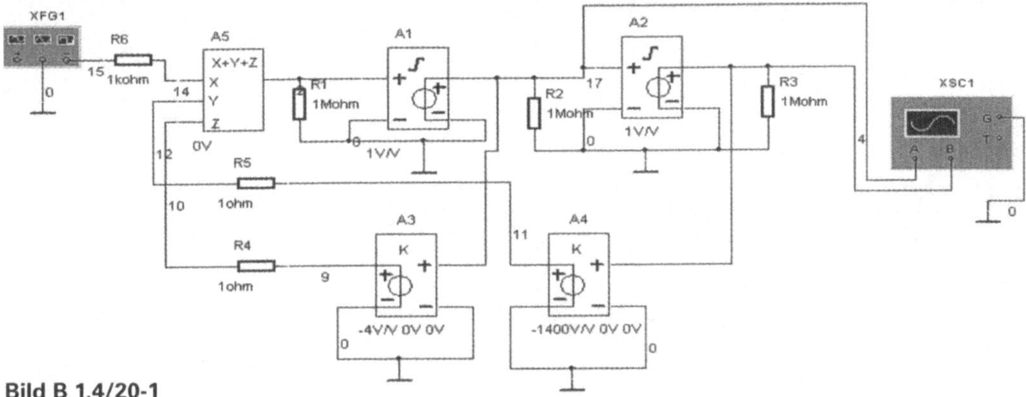

Bild B 1.4/20-1

Die Gleichung hat die Lösung $y(t) = y_0 \exp(-at) \sin\sqrt{b^2 - a^2}\, t$ (Gl. (4.7.22ff.)) bei verschwindenden Anfangswerten. Wird sie doppelt integriert, so folgt $y = -2a \int y\,\mathrm{d}t - b \iint (y\,\mathrm{d}t)\,\mathrm{d}t$. Das ist der Ausgang für die Nachbildung mit Funktionsblöcken (Bild 1.4/20-1):

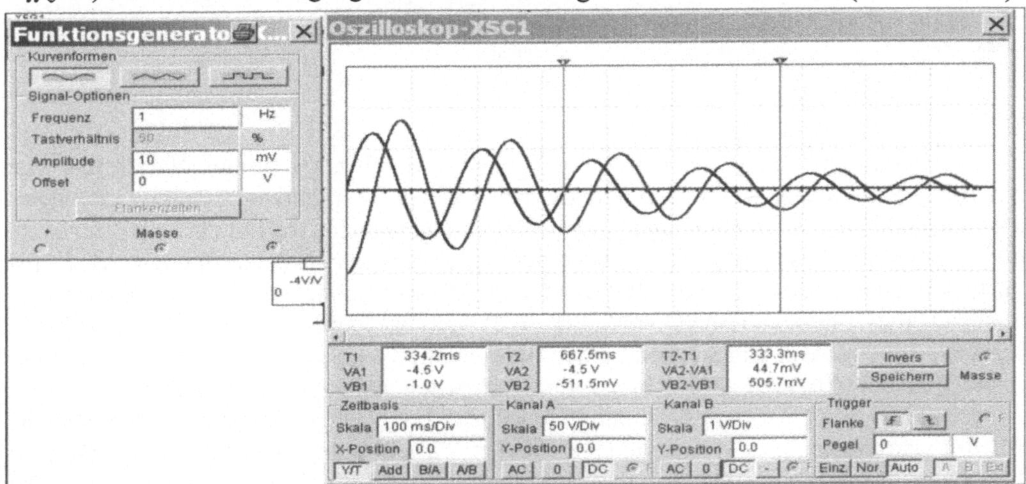

Bild B 1.4/20-2

Einem Summenblock müssen das mit dem Faktor $2a$ multiplizierte Integral von y und das mit b multiplizierte doppelte Integral von y zugeführt werden. Die Multiplikation und Vorzeichenumkehr erfolgt durch Verstärkerblöcke, die Integration durch Integratorblöcke. Da die Funktionsblöcke in Multisim mit Spannungsvariablen arbeiten, ergibt sich unter Einhaltung elektrischer Bedingungen die Schaltung Bild B 1.4/20-1. Denkt man sich am Summiererausgang die Spannung y bereitstehen, so ergibt sich der Term $2a \int y\mathrm{d}t$ durch Nachschalten des Integrators A_1 und in Kette dazu der Verstärker A_3, dessen Verstärkung auf $-2a$ eingestellt wird. Den Term $-b \iint(y\,\mathrm{d}t)\mathrm{d}t$ erhält man, wenn das Summiererausgangssignal doppelt integriert und durch Multiplikation mit $-b$ (Verstärker A4) auf den Summiereingang rückgeführt wird. Betrachtet man hingegen Knoten 4 als y-Ausgang (und zeigt seine Spannung am Oszilloskop an), so stellt das Signal des Knotens 17 am Eingang von A_2 die erste Ableitung dar.

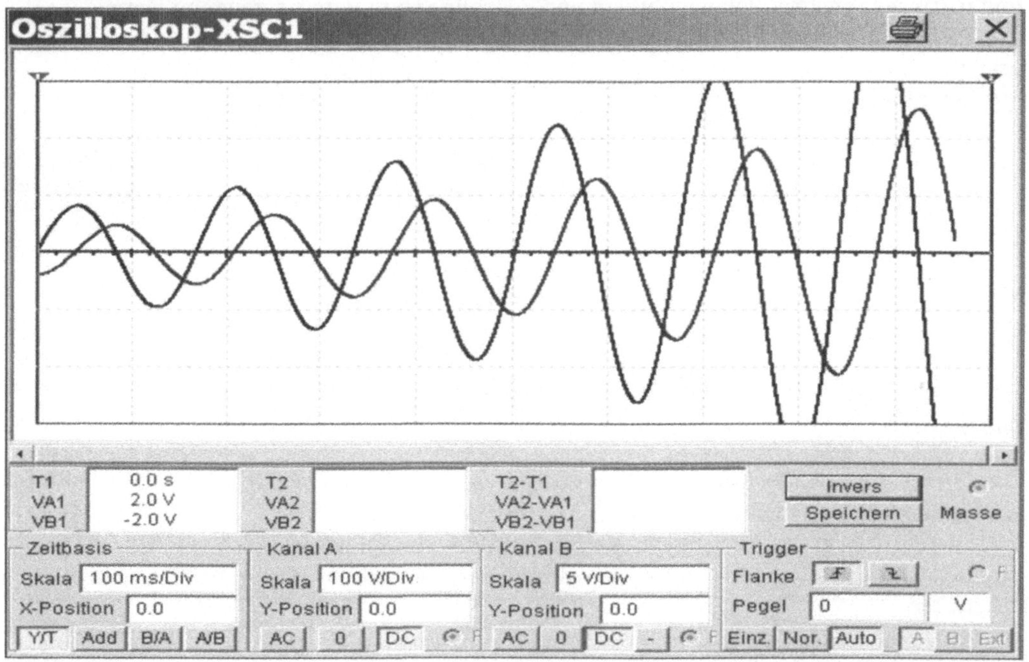

Bild B 1.4/20-3

Zur einwandfreien Simulation wurde die Schaltung durch hochohmige Widerstände zur Schaffung von Gleichstrompfaden und kleinen Widerständen an den Verstärkerausgängen zur einwandfreien Summation ergänzt. Der Funktionsgenerator am Eingang wird zunächst auf eine niedrige Ausgangsspannung bei einer Frequenz in der Größenordnung von $\sqrt{b}$ eingestellt, um durch sein Signal die Zeitschritte für die Instrumentenanzeige automatisch vorzugeben (sonst müssen diese getrennt eingestellt werden). Der Koeffizient b wird (willkürlich) auf 1400 gesetzt entsprechend einer Resonanzfrequenz von rd. 6 Hz. Die Anfangswerte $y(0)$ und $y'(0)$ sind an den Integratoren einzustellen (Doppelklick auf Symbol, Ausgangsbedingung für Ausgangsspannung, gewählt $y(0) = -2$ V und $y'(0) = 0$). Der Verlauf für die Dämpfung $2a = -4$ beginnt bei $y(0) = -2$ und klingt langsam ab (gedämpfte Schwingung, für größere Dämpfung entsteht eine Exponentialfunktion Bild B 1.4-20-2). Wird hingegen am Koeffizient $2a$ das Vorzeichen gewechselt (im Verstärker A3), so entspricht das einer negativen Dämpfung = Anfachung (Oszillatorprinzip) und der Verlauf $y(t)$ wächst mit der Zeit an (instabile Lösung, Bild B1.4/20-3). In allen Fällen erfolgt die Simulation mit der Einstellung *Simulation/Analysen/Transient-Analyse*, im Register *Analyse* wird als Stopzeit ein großer Wert gewählt (z.B. 10 s wie hier).

Multisim-Beispiel 5/1 Fourieranalyse. Multsim kann aus dem Zeitverlauf eines Ausgangssignals eine Fourieranalyse über die Diskrete Fouriertransformation durchführen. Berechnet und als das Diagramm angezeigt werden die einzelnen Harmonischen nach Betrag und Phase sowie der Gesamtklirrfaktor. Zur Analyse wird vom Aufruf *Simulation/Analysen/Fourieranalyse* Bild B 1.5/1-1 ausgegangen und in der Registerkarte *Fourieranalyse* zunächst unter *Ausgangsvariablen* die zu untersuchende Größe zur Analyse vorbereitet. Anschließend werden in der gleichen Registerkarte die *Analyseoptionen* festgelegt: Grundfrequenz, Zahl der Harmonischen, Stopzeit (sollte wenigstens 10 Perioden umfassen, bei höherer Harmonischenzahl eher mehr). Gewählt wird ferner die Ergebnisdarstellung (im Analysediagrammfenster): zweckmäßig sind Tabelle und Diagramm und vor allem

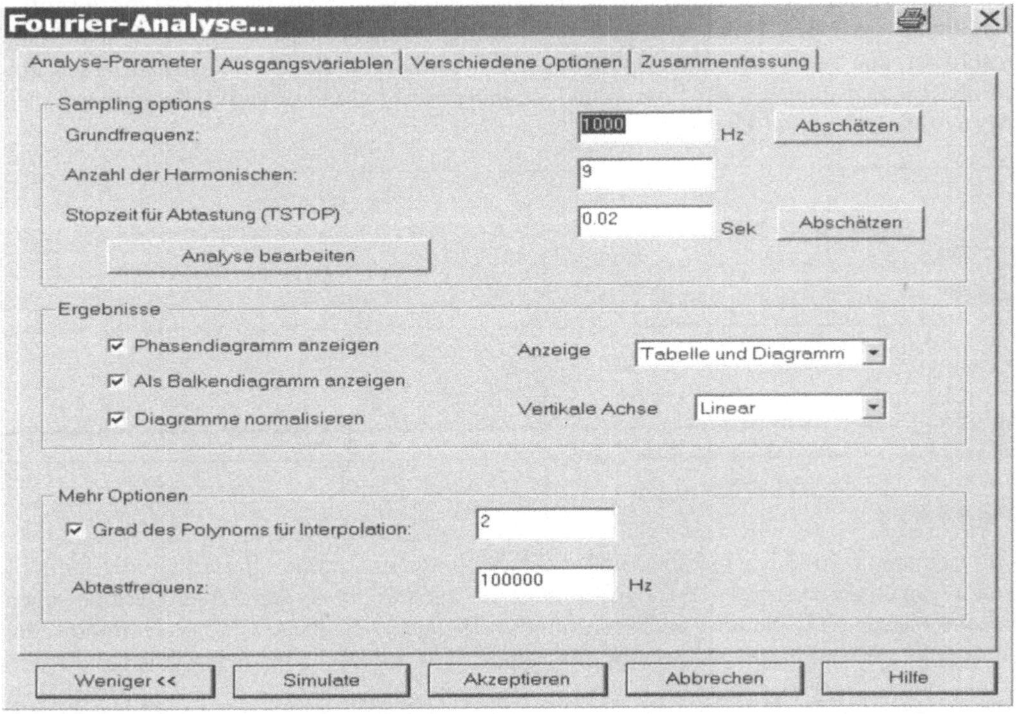

Bild B 1.5/1-1

eine normalisierte Darstellung, um die Ergebnisse mit analytischen Werten vergleichen zu können. Unter „mehr Optionen" werden die Abtastfrequenz (die höchste Harmonische sollte nach der Nyquistforderung wenigsten zweimal abgetastet werden) und der Interpolationsgrad zwischen den Abtastwerten gewählt. Anschließend beginnt die Simulation. Da die Fourieranalyse eines Signals in einer gegebenen Schaltung immer etwas anzeigt, sollte man sich zunächst ein Bild von der Genauigkeit durch Analyse bekannter Signale verschaffen.

Fourier-Analyse für V(8): DC-Anteil: –3.4579e–008
Nr. Harmonischen: 9, THD: 22.9467 %, Gittergröße: 256, Interpolationsgrad: 2

Harmonische	Frequenz	Betrag	Phase	Norm. Betrag	Norm. Phase
1	1000	0.5	-0.00060064	1	0
2	2000	0.0999996	-0.0047833	0.199999	–0.0041827
3	3000	0.0499989	179.984	0.0999979	179.985
4	4000	0.0249983	179.963	0.0499967	179.963
5	5000	0.00624899	179.928	0.012498	179.929
6	6000	9.18622e–008	–81.124	1.83724e–007	–81.123
7	7000	6.08017e–008	10.4554	1.21603e–007	10.456
8	8000	1.46639e–007	42.6335	2.93279e–007	42.6341
9	9000	1.23431e–007	34.3536	2.46862e–007	34.3542

Als erster Versuch werden fünf Wechselspannungsquellen (5 Harmonische) mit gestufter Amplitude – z.B. 1, 0,2, 0,1, 0,05 und 0,025 V, alle mit dem Phasenwinkel null – in Reihe geschaltet, auf einen ohmschen Spannungsteiler (Teilerverhältnis 1:1) wirken lassen und die Ausgangsspannung einer Fourieranalyse unterworfen. Man erwartet die eingegebenen Werte nach Betrag und Phase.

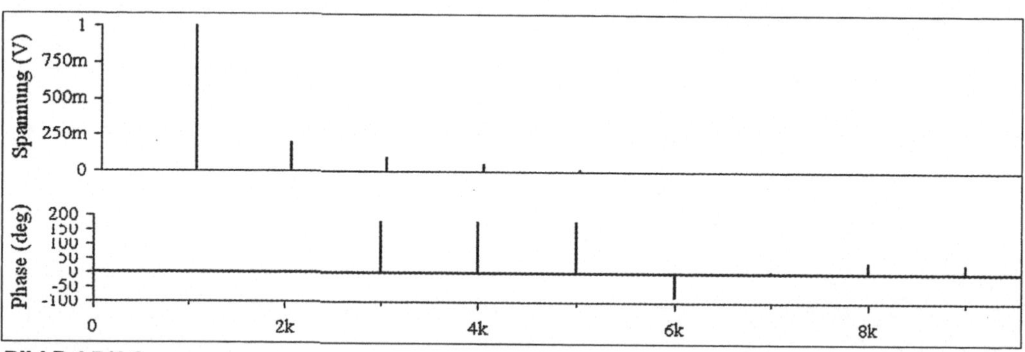

Bild B 1.5/1-2

Das Ergebnis Bild B 1.5/1-2 überrascht: Die Amplituden stimmen (innerhalb der numerischen Genauigkeiten) mit den Eingaben überein, doch treten ab der dritten Harmonischen falsche Phasen auf. Die ausgegebenen höheren Beträge und Phasen (ab 6. Harmonische) sind nicht relevante numerische Abfallprodukte. Auf der Suche nach den falschen Phasen

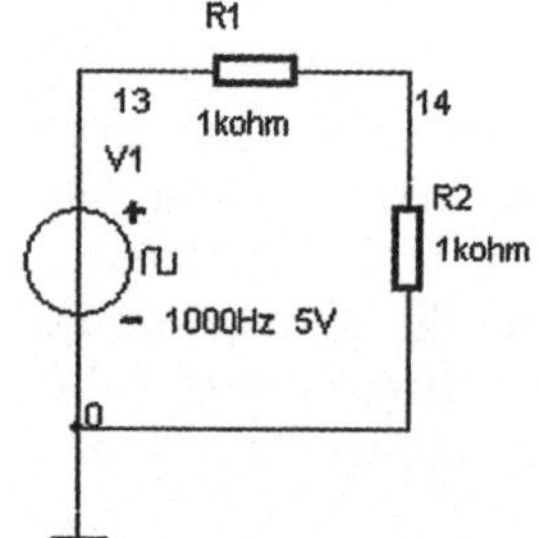

Bild B 1.5/1-3

stellte sich heraus, dass derartige Fehler auftreten können, wenn die einzelnen, in Reihe zu schaltenden Wechselspannungen beim Entwurf des Schaltbildes um 90° rechts- oder linksgedreht werden. Daher sollten die einzelnen Quellen nacheinander ohne Zwischendrehungen in Reihe liegen. Dann ergibt die Fourieranalyse für alle fünf Harmonischen eine Phase von Null (abgesehen von Reststörungen in der 3. und 4. Dezimale).

In einem zweiten Versuch wird die in der Quellenbibliothek angegebene symmetrische Impulsspannungsquelle analysiert, also die Spannung auf einen ohmschen Teiler geschaltet und die Analyse durchgeführt (Bild B 1.5/1-3). Für eine Rechteckspannung der Amplitude 1 V sollte gelten: $u = (4/\mathrm{pi})(\sin x + 1/3 \sin 3x + 1/5 \sin 5x \ldots)$, $x = \omega t$.

Fourier-Analyse für V(14): DC-Anteil: 0.5
Nr. Harmonischen: 9, THD: 42.9018 %, Gittergröße: 256, Interpolationsgrad: 2

Harmonische	Frequenz	Betrag	Phase	Norm. Betrag	Norm. Phase
1	1000	0.636636	–0.70312	1	0
2	2000	2.71051e-011	90.0001	4.25755e-0 11	90.7032
3	3000	0.212255	–2.1094	0.3334	–1.4062
4	4000	2.7105e-011	90.0001	4.25754e-011	90.7032
5	5000	0.127404	–3.5156	0.200121	–2.8125
6	6000	2.7105e-011	90	4.25754e-011	90.7031
7	7000	0.0910576	–4.9219	0.143029	–4.2187
8	8000	2.7105e-011	90	4.25753e-011	90.7031
9	9000	0.0708795	–6.3281	0.111335	–5.625

Auch hier werden die Beträge richtig wiedergegeben, allerdings entsteht ein geringer Phasenfehler, nach höheren Frequenzen steigend. Die symmetrische Rechteckspannung hat keine geradzahligen Oberschwingungen. Dass dennoch Werte angezeigt werden, lässt auf die Rechenungenauigkeit schließen (Größenordnung 10^{-11}). Der dazu angezeigte Phasenwinkel von etwa 90° für diese Komponente ist dann irrelevant: geradzahlige Harmonische treten praktisch nicht auf.

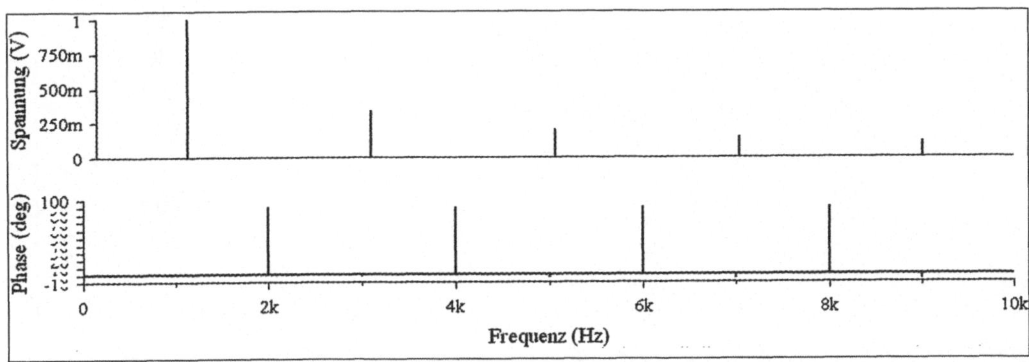

Bild B 1.5/1-4

Zu ähnlichen Ergebnissen gelangt man auch bei Untersuchung der Ausgangsspannung des Funktionsgenerators im Dreieckspannungsmodus. Dort treten in der Fourierreihe – je nach Lage des Nullpunktes – nur cos- oder sin-Glieder auf. Führens Sie eine entsprechende Untersuchung durch!

Multisim-Beispiel 5/2 Transferblock, Übertragungsfunktion. Gegeben sei die Sprungantwortfunktion (s. Gl. (5.3.4)) der Form $h(t) = (1 + 3\exp - 200\,t)s(t)$ einer Schaltung. Gesucht ist der zugehörige Frequenzgang ermittelt mit dem Übertragungsfunktionsblock in Multisim, der Frequenzgang einer Nachbildung durch ein Netzwerk mit Verstärkerblock und schließlich eine Alternativschaltung mit spannungsgesteuerter Spannungsquelle. Abschließend soll die gefundene Schaltung im Sprungverhalten direkt simuliert werden.

Multisim bietet in der Bibliothek „Controls“ mit seinen Übertragungsblöcken wie Multiplizierer, Dividierer, Integrator, Verstärker u.a. auch einen Übertragungsfunktionsblock für eine Spannungsübertragungsfunktion, dessen Koeffizienten einstellbar sind. Er wirkt wie eine spannungsgesteuerte Spannungsquelle mit einstellbarer Verstärkung und Übertragungsfunktion.

Grundlage der Simulationsuntersuchung ist die zu $h(t)$ gehörende Sprungantwort $H(p)$ (wir setzen hier $p = s$), die durch Laplace-Transformation aus $h(t)$ hervorgeht:

$$H(p) = LT\{(1+3\exp(-200t))s(t)\} = \frac{1}{p} + \frac{3}{p+200} = \frac{4p+200}{p(p+200)}$$

Damit lautet die gesuchte Übertragungsfunktion $G(p) = pH(p) = (4p + 200)/(p + 200) = 4(p + 50)/(p + 200)$. Sie lässt sich verstehen als Kettenschaltung eines Verstärkers mit der Spannungsverstärkung 4 und einem nachfolgenden Netzwerk mit dem angegebenen Frequenzgang. Die entsprechende Multisimschaltung besteht aus dem Übertragungsfunktionsblock, einer Eingangsspannungsquelle, ein- und ausgangsseitig parallelgeschalteten Widerständen (zur Verbesserung der Simulation) und einem ausgangsseitig zugeschalteten Bodeplotter zur Frequenzganganzeige. Im Übertragungsfunktionsblock werden die Verstärkung und die Koeffizienten von $G(s) = 4(A_1 p + A_o)/B_1 p + B_o)$ eingestellt (Bild B 1.5/2-1), ferner unter *Simulation/Analysen/AC-Frequenzanalyse* im Register *AC-Analyse* die Analysepara-

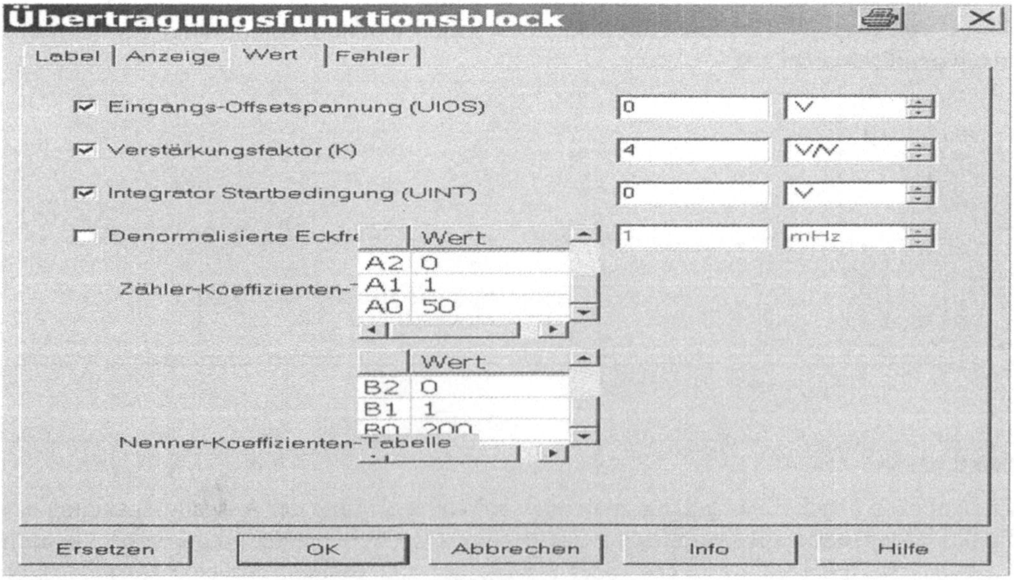

Bild B 1.5/2-1

meter (Start-/Stopfrequenz 1 Hz...10 kHz. die Schrittzahl 10, dekadisch, log. Skalierung) gewählt und die während der Simulation anzuzeigende Variable (hier Knotenspannung u_4) selektiert. Die anschließende Simulation führt zum Analysediagrammfenster (Bild B 1.15/2-2). Eine erneute Simulation – ausgelöst durch den Simulationsschalter – bringt den Bodeplotter zur Anzeige. Die Schaltung hat Hochpasscharakter. Bei Vergrößerung des Analysefensters auf den Bildschirm werden auch die Frequenzachsen angezeigt, der Übergang liegt um etwa 50 Hz.

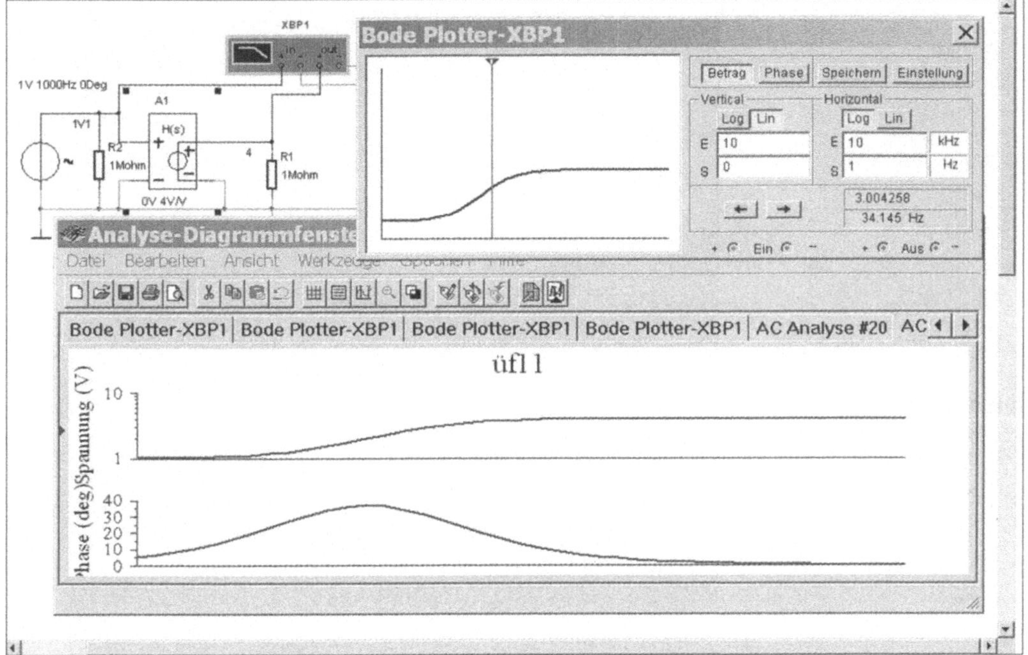

Bild B 1.5/2

Im nächsten Schritt erfolgt die Nachbildung der Übertragungsfunktion durch die Kettenschaltung eines idealen Spannungsverstärkers (Verstärkung 4) (Übertragungsblockkomponente) und eines Spannungsteilers (Bild B 1.5/2-3). Der Spannungsteilerfaktor beträgt $u_a/u_e = Y_1/(Y_1 + Y_2)$ mit $Y_1 = p + 50$, $Y_2 = p + 200 - Y_1 = 50$ (dabei sind alle Größen auf die Grundeinheiten S, Ω, s usw. bezogen). So ergeben sich als Netzwerkelemente $Y_1 = G_1 + sC = 50\ \mathrm{S} + s1\ \mathrm{F}$ und $Y_2 = G_2 = 150$ S. Dabei gelten $G_1 = G_3$, $G_2 = G_4$ (programmbedingt). Um auf technisch akzeptable Netzwerkelemente zu kommen, werden alle Elemente mit einem Faktor $k = 10$^6 skaliert. So folgen $G_1 = 50$ S/10^6 = 50 µS (bzw. $R_1 = R_3 = 20$ kΩ), $C_1 = 1$ F/10^6 = 1 µF und $G_4 = 150$ S/10^6 = 150 µS oder $R_4 = 6{,}66$ kΩ. Nach Einstellung der Netzwerkelemente (Verstärkereinstellung durch Doppelklicken des Symbols und Ausfüllen der Registerkarte) erfolgt die Simulation. Ihr Ergebnis stimmt mit dem vorherigen Verlauf überein (Bild B 1.5/2-4). Weil bei verkleinertem Analyse-Diagrammfenster kein Frequenzmaßstab vorliegt, wurden die Cursor über *Bearbeiten/Eigenschaften* aufgerufen und eingeschaltet, dadurch ergeben sich Frequenz- und Verstärkungsmarken.

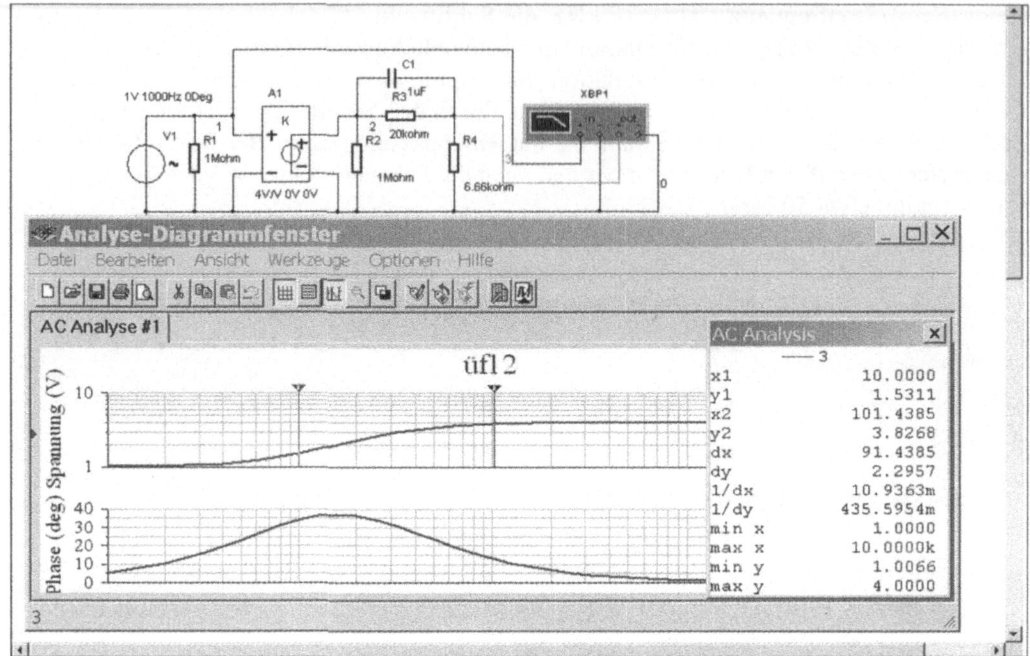

Bild B 1.5/2-3

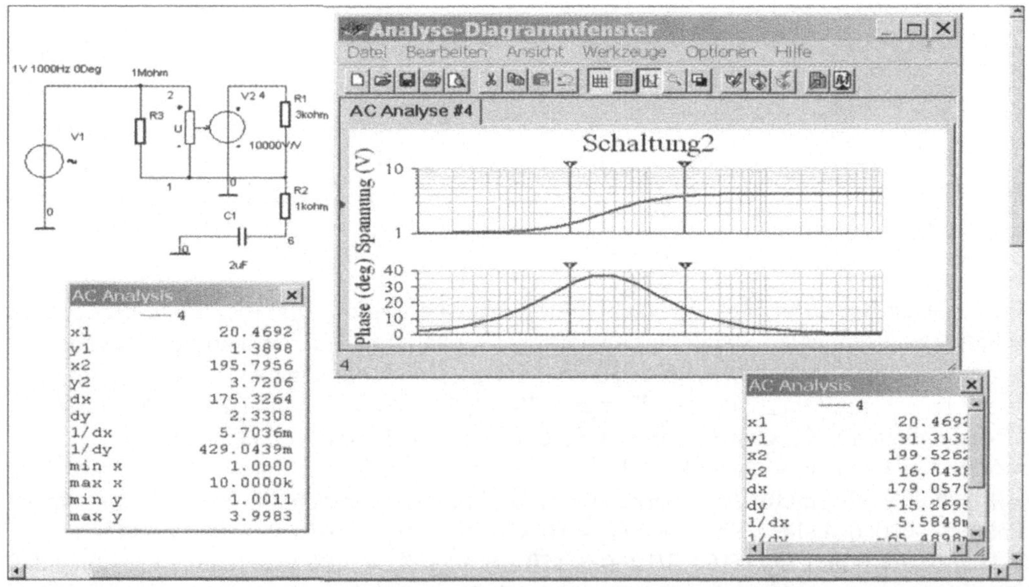

Bild B 1.5/2-4

Eine weitere Realisierung ist mit einem nichtinvertierenden Spannungsverstärker (Bild B 1.5/2-4) möglich. Dafür wird eine spannungsgesteuerte Spannungsquelle sehr hoher Spannungsverstärkung eingesetzt (hier 10^4 gewählt) und ein aus Z_1 und Z_2 bestehendes Spannungsteilernetzwerk angeschlossen. Die Spannungsübertragungsfunktion dieser Schaltung beträgt $u_a/u_e = 1 + Z_2/Z = (4p + 200)/(p + 200) = (4 + 200/p)/(1 + 200/p)$, wobei in der Übertragungsfunktion der Faktor p ausgehoben wurde. Durch Vergleich ergeben sich $Z_1 = 1 + 200$ ps $= R_1 + 1$psC1, dh. $R = 1\ \Omega$ und $C_1 = 1/200$ F sowie $Z_2 = 4 + 200/p - Z_1 = 3 > R_2 = 3\ \Omega$. Damit technisch vernünftige Netzwerkelemente entstehen, wird ein Skalierungsfaktor $k = 10$^3 festgelegt. Im Bild B 1.5/2-4 ist die Schaltung aufgebaut. Die gesteuerte Spannungsquelle entstammt der Quellenbibliothek, an ihren Ausgang liegt das Netzwerk. Eingangsseitig ist ein Widerstand $R = 1\ \mathrm{M}\Omega$ parallelgeschaltet (erforderlich zur fehlerfreien Simulation, damit eingangsseitig eine definierte Knotenspannung berechnet werden kann, in Multisim muss jeder Knoten eine Gleichstromverbindung nach Masse haben). Die Simulation erfolgt wie oben, das Ergebnis steht im Analysefenster.

Im letzten Schritt wird das Sprungverhalten der Schaltung untersucht. Das Eingangsprungsignal (zweckmäßig periodisch) kann auf unterschiedliche Weise erzeugt werden: durch eine Taktimpulsquelle, den Einschaltvorgang einer DC-Quelle, oder – wie hier (Bild B 1.5/2-5) – die Pulsquelle (als Spannungs- oder Stromquelle). Alle relevanten Zeitparameter (Abfall, Anstiegszeit, Dauer, Impulsbreite, Amplitude) sind einstellbar. Es wurde eine Impulsbreite von 10 ms gewählt gleich der Periodendauer. Anschließend erfolgt die Transientensimulation. Der Verlauf setzt (bei 1 V Impulsamplitude) mit einem Sprung auf 4 V ein und klingt dann allmählich auf 1 V ab. Diese Werte lassen sich sofort über den Anfangs- und Endwertsatz der Laplace-Transformation ermitteln.

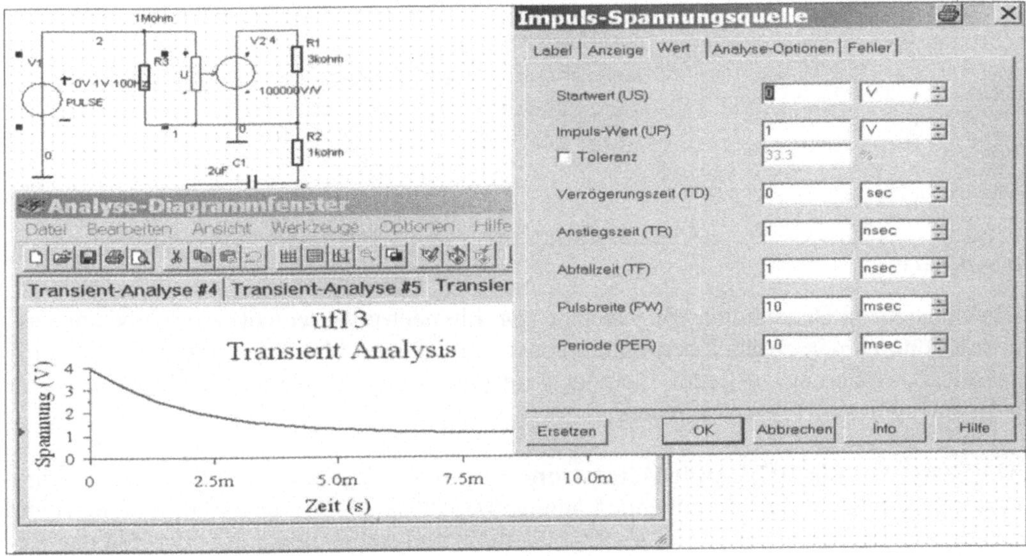

Bild B 1.5/2-5

B 2 Beispiele unter Verwendung von MATLAB

MATLAB-Beispiel 2/1 Belasteter Spannungsteiler. Wird ein Spannungsteiler (Abgriff x, Bild 2.2.4) mit einem zusätzlichen Widerstand R_L belastet, so weicht die Ausgangsspannung umso mehr von der Proportionalität zum Abgriff x ab, je kleiner der Außenwiderstand im Verhältnis zum Ersatzwiderstand des Spannungsteilers ist. Für das Teilerverhältnis ergibt sich

$$\frac{U}{U_0} = \frac{x \cdot y}{y + x - x^2} \quad \text{mit den normierten Widerständen } x = \frac{R_1}{R}, \; y = \frac{R_L}{R}.$$

Diese Gleichung lässt sich leicht in MATLAB implementieren. Da nur wenige Kurven beispielhaft ermittelt werden sollen, genügt eine direkte Berechnung der Einzelkurven, bei vielen Verläufen würde sich der Einbau einer `for`-Schleife anbieten. Der Widerstand R dient (frei wählbar) zur Normierung. Besonders ausgeprägt wird die Abweichung vom linearen Verlauf (prop. x) bei starker Belastung, die sich immer mehr dem Kurzschlussfall nähert. Bild B 2.2/1 zeigt das M-File `teil.m`.

```
%Belasteter Spannungsteiler teil.m
x=0:0.01:1; %Laufbereich x
%Berechnung Ausgangsgröße
y=0.1;U21=(x*y)./(y+x-x.^2);
y=1;U22=(x*y)./(y+x-x.^2);
y=100;U23=(x*y)./(y+x-x.^2);
%Ausdruck
plot(x,U21,'o', x,U22,'--',x,U23);
xlabel('R1/R')
ylabel('U/Uo')
title('Belasteter Spannungsteiler')
text(x(40),U21(60),'RL/R=0.1')
text(x(60),U22(55),'RL/R=1')
text(x(55),U23(70),'RL/R=100')
```

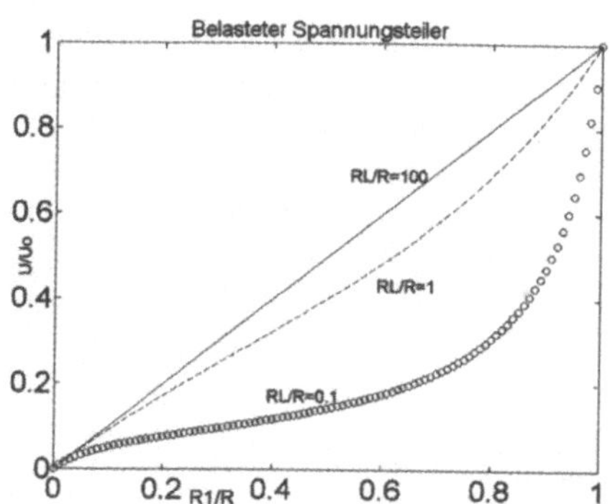

Bild B 2.2/1

Die Division zur Berechnung von y ist eine sog. Element-mit-Element-Array-Division ausgedrückt durch den zusätzlichen Punkt, sonst wäre es eine Matrixdivision. Gleiches trifft auf die Potenzierung zu (jedes Element wird potenziert). Die Grafikbeschriftung ist im unteren Teil des M-Files angegeben.

MATLAB-Beispiel 2/2 Kondensatorstrom. Einem Kondensator wird zur Zeit $t = 0$ eine bestimmte sinusförmig schwankende Ladung $q(t) = 4*\sin(w*t)$ eingeprägt. Man berechne den Strom, der im Zeitbereich -1 s < t < 10 s fließt und stelle i und q über der Zeit dar.

Im M-File `cap1.m` (Bild B 2.2/2) werden zunächst Zeitbereich und Schrittweite definiert. Da die Ladung q für $t < 0$ verschwindet, also gewissermaßen ein Einschaltvorgang vorliegt, muss $q(t)$ mit einem Einschaltsprung `stepfun(t,0)` multipliziert werden (s. MATLAB-Beispiel 5.1/1), der für $t < 0$ verschwindet. Die Ableitung diff(q)/dt wird durch den Quotienten aus zwei aufeinanderfolgenden Abtastwerten und der Schrittweite angenähert.

Deshalb ist diese Differenz einen Zeitschritt kürzer als der Ausgangszeitvektor und verlangt eine Neudefinition der Zeitskala, damit der Vektor der Ableitung dargestellt werden

```
%Kondensatorverhalten cap1.m
%Zeitbereich
t1=-1;dt=0.1;te=10;
t=t1:dt:te;
%Einschalten einer Ladung
q=4*sin(w*t).*stepfun(t,0);
%Kondensatorstrom
i=diff(q)/dt;
%neuer Zeitbereich
td=t1:dt:(te-dt);
%Darstellung
plot(t,q,'r:',td,i)
```

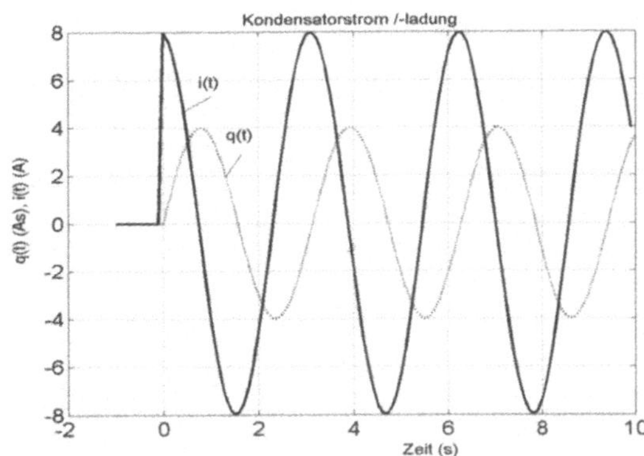

Bild B 2.2/2

kann. Sie muss auch in der plot-Funktion beachtet werden. Da die Ladung im Schaltpunkt zwar stetig ist, aber ihre Steigung ändert, erfolgt ein Stromsprung. Ein Ladungssprung hätte einen unendlich hohen Stromsprung zur Folge (s. Stetigkeitsverhalten der Kondensatorspannung). Die Grafikbeschriftung wurde hier nach dem Ausdruck bearbeitet.

MATLAB-Beispiel 2/3 Strom und Spannung am Kondensator. Bei vorgegebenem Strom i(t) durch einen Kondensator C stellt sich die Spannung als Integral des Stromes ein. Dieser Zusammenhang kann mit MATLAB verschiedenartig untersucht werden: durch symbolische Integration des Stromverlaufes, durch numerische Integration oder auch mittels numerischer Lösung einer Differentialgleichung. Dazu wird du/dt als gegeben angesehen und die Lösung $u(t)$ gesucht. Dieser Weg soll hier beschritten werden. Ausgang ist die Vorgabe eines Stromverlaufes wie angegeben. (Grunddimensionen: u/V, i/A, t/s usw., in du/dt = i/C wird die Kapazität C zu C = 1 F gesetzt und nicht weiter beachtet).

$$\frac{\mathrm{d}u}{\mathrm{d}t} = \begin{cases} 2 & <2t \\ 3t-4 & 2<t<4 \\ 16-2t & 4<t<12 \\ -8 & t>12 \end{cases}$$

Bild B 2.2/3-1

Im ersten Schritt wird der gegebene Stromverlauf Bild B 2.2/3-1 durch ein M-File formuliert (Bild 2.2/3-2 und gespeichert), um später verfügbar zu sein. Dazu dienen bedingte Anweisungen, die den aus mehreren Teilen bestehenden Verlauf $i(t)$ wiedergeben. In MATLAB erfolgt diese Funktionsdefinition als Funktionsdatei unter dem Namen `ico.m`. Die Variable u_dot ist der von der Funktion zurückgegebene Wert.

Zur Darstellung des Verlaufes du/dt erfolgt eine schrittweise Berechnung über eine `for` - Schleife im Zeitbereich t = 0...20 niedergelegt im M-File `icap.m`. (unterer Teil Bild B 2.2/3-2).

Die durch das M-File `ico.m` definierte Funktion `ico` ist die Grundlage der numerischen Lösung der Differentialgleichung u_dot als Anfangswertproblem zur Berechnung der Kondensatorspannung u. MATLAB hält mehrere Anweisungen bereit, wir wählen hier `ode45` mit der Syntax `[t,y]=ode45(F,[to,te],-yo)`. Die Variable F ist ein Textstrang mit dem Namen der MATLAB-Funktion, die bearbeitet werden soll, hier `,ico'`. Im M-File `intu.m` erfolgt die Berechnung der Kondensatorspannung u. Der Zeitlaufbereich

```
%Funtionsdefinition du/dt
%ico.m
function u_dot=ico(t,u)
if t<2
    u_dot=2;
elseif t<6
    u_dot=3*t-4;
elseif t<12
    u_dot=16-2*t;
else
    u_dot=-8;
end
%Darstellung Stromverlauf
%icap.m
%Zeitbereich
t=0:1:20;
for  k=1:1:length(t)
    u_dot(k)=ico(k-1);
end
%Darstellung
plot(t,u_dot)
```

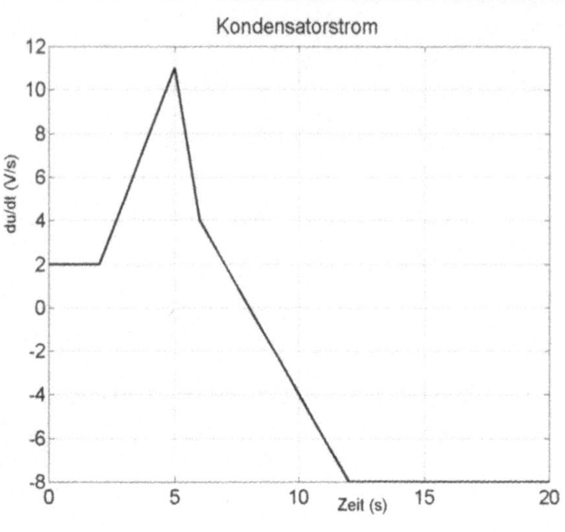

Bild B 2.2/3-2

von t_o bis t_e beträgt 0…20, ein Anfangswert $y_o = u_o = -4$ wird willkürlich vorgegeben. Die Plotfunktion gibt den Verlauf wieder: für zeitkonstanten Strom steigt $u(t)$ zeitlinear an, bei linearem Stromanstieg erfolgt quadratische Zunahme, bei zeitlinearer Abnahme quadratische Abnahme usw. Die Grafik wurde nach Ausdruck bearbeitet.

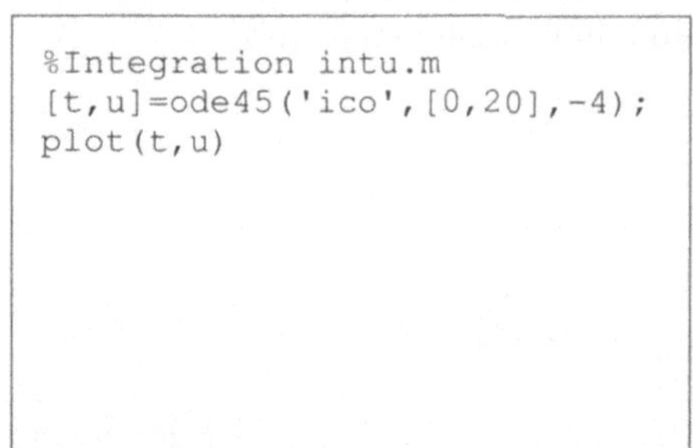

```
%Integration intu.m
[t,u]=ode45('ico',[0,20],-4);
plot(t,u)
```

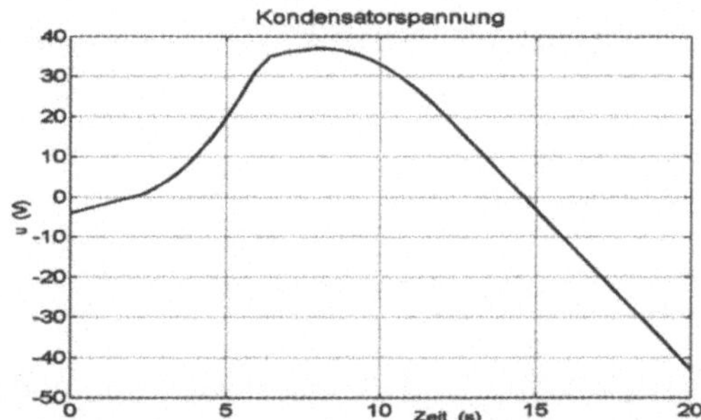

Bild B 2.2/3-3

MATLAB-Beispiel 3/1 Leistungsanpassung. Die Leistungsanpassung im Grundstromkreis nach Gl. (3.1.9) lässt sich mit MATLAB leicht nachweisen. Dazu wurde das M-File `zweipmax.m` geschrieben (Bild B 2.3/1). Es berechnet die im Außenwiderstand R_a umgesetzte Leistung bei gegebener Spannungsquelle mit dem Innenwiderstand R_i. Weil dabei Multiplikation und Division elementweise erfolgen müssen, steht überall der Punkt.

Berechnet wird zunächst die Spannung bei veränderlichem R_a (0…80 Ω) mit einer Schrittweite 0,01 Ω und anschließend die Leistung.

Die Leistung wird abgeleitet nach der Laufvariablen dR. Bildet man von der Ableitung das Quadrat, so sind die Minima dieses Vektors die Nulldurchgänge. Mit `find` wird der Index dieser Minima gesucht und so R_{max} gefunden: In der Plotausgabe schließlich ist außer dem Verlauf noch an der Stelle R_{max} eine Gerade von 0 bis max(P) eingetragen.

```
%Leistungsumsatz %zweipmax.m
%Zweipolgrößen
Uq=10;Ri=15;
%Variation Ra
Ra=0:0.01:80;
%Leistung in Ra
P=Ra.*Uq^2./(Ri+Ra).^2;
%Ableitung
derivP=diff(P)/.01;
x=derivP.^2;
%Auffinden des Extrems
index=find(x==min(x));
Rmax=Ra(index)
%Darstellung
plot(Ra,P,[Rmax,Rmax],..
[0,max(P)]
```

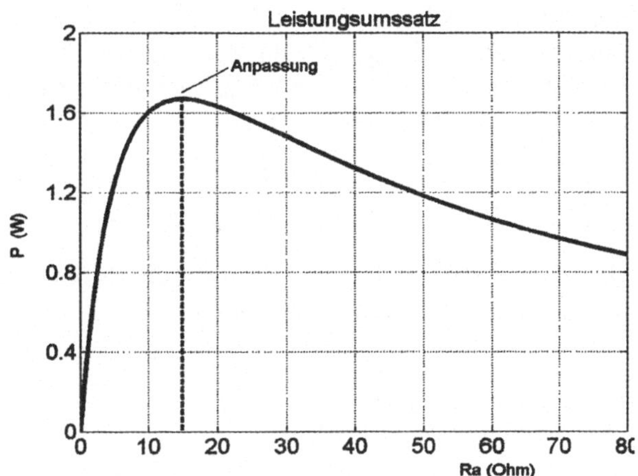

Bild B 2.3/1

MATLAB-Beispiel 3/2 Diodenarbeitspunkt. Zur Arbeitspunktanalyse nichtlinearer Netzwerkelemente im Stromkreis bietet MATLAB mit der Anweisung `fzero` ein leicht nutzbares Werkzeug. Es wird am Beispiel einer Halbleiterdiode im Grundstromkreis (Bild 3.1.8) erläutert. Ausgang ist die nichtlineare Maschengleichung (3.1.16a) für die Diodenspannung u, die in ein sog. Funktionsfile eingebunden wird, nachdem die Netzwerkgrößen ($U_q = 20$ V, $R = 15$ kΩ, $I_s = 10^{-12}$ A, $U_t = 25$ mV) vorher definiert wurden, Bild B 2.3/2). Das Funktions-File hat die Syntax `function y=fdiode(U)` mit `y=Uq RI(exp(u/Ut)-1)-u`, dabei sind zur Vereinfachung dort bereits die Zahlenwerte eingesetzt. Das File wird unter `fdiode.m` abgespeichert. Die Ausführung, d.h. das Aufsuchen der Nullstelle, erfolgt mit der Anweisung `u=fzero(‚Funktion',xo)`, hier also `u1=fzero(‚fdiode',1)`. Die Funktion `fzero` findet eine Nullstelle, wenn der Graph der Funktion die u-Achse schneidet. x_o gibt einen Startpunkt vor, von dem aus die Suche beginnt (hier 1 V gewählt). Die Lösung u_1 ist die gesuchte Arbeitspunktspannung, der Strom wäre noch zu berechnen.

```
function fd=fdiode(U)                 u1=fzero('fdiode',1)
fd=20-15^-9*(exp(40*U)-1)-U           u1 =
                                          0.6833
```

Bild B 2.3/2

Da sich Netzwerke mit einem nichtlinearen Schaltelement immer auf eine Grundschaltung nach Bild 3.1.8 zurückführen lassen, erlaubt die `fzero`-Anweisung eine bequeme Arbeitspunktbestimmung mit MATLAB.

MATLAB bietet mit der Anweisung `fsolve` weiter eine Möglichkeit, Netzwerke mit mehreren Nichtlinearitäten zu behandeln, auch in der Studentenversion.

MATLAB-Beispiel 3/3 Einstellbare Spannung. Zwei entgegengesetzt gepolte, betragsmäßig gleiche Spannungsquellen U_1, $-U_2$ mit Innenwiderständen R_1, R_2 sind über ein Potentiometer (Gesamtwiderstand R_3) ausgangsseitig so zusammengeschlossen, dass am Potentiometerabgriff mit dem Lastwiderstand R_4 eine Spannung zwischen $-U_o$ und U_o eingestellt werden kann ($U_1 = |U_2| = U_o$). Gesucht ist die Ausgangsspannung U_{R4} über der Potentiometerstellung x (0…1). Zahlenwerte: $R_1 = 10$, $R_2 = 10$, $R_3 = 10$, $R_4 = 100$, $U_1 = -20$, $U_2 = 20$ (Angaben in Ω, V, A). Man bestimme den Verlauf der Ausgangsspannung $U_a = U_{R4}$ über dem Potentiometerabgriff (Orientieren Sie sich für die Schaltung an Bild 3.4.3).

$$\begin{bmatrix} R_1 + xR_3 + R_4 & -R_4 \\ -R_4 & R_2 + (1-x)R_3 + R_4 \end{bmatrix} \cdot \begin{bmatrix} I_1 \\ I_2 \end{bmatrix} = \begin{bmatrix} U_1 \\ -U_2 \end{bmatrix} \quad \text{mit} \quad U_a = R_4(I_1 - I_2)$$

Die Maschengleichungen ergeben für die Ströme die angegebene Matrixdarstellung. (Stellen Sie damit umgekehrt die Schaltung auf!)

```
%Einstellbare Vorspannung spaql.m
% Parametereingabe, R/Ohm, I/A, U/V
R1=10;R2=10;R3=800;R4=100;
U1=-20;U2=-20;  %Richtung beachten!
x=0:0.02:1;  % Schrittweite 0.02
for n=1:length(x)
% Widerstandsmatrix in RI=U:
      R=[R1+x(n)*R3+R4  -R4; -R4
      R2+(1-x(n))*R3+R4];
U=[U1;U2];
   % Lösung der Maschengleichung
   I=U'/R;
   % Berechnung der Ausgangs-
spannung
   Ua(n)=R4*(I(1)-I(2));
end
% Ausdruck Ua(n)
plot(x,Ua)
axis([0 1 -20 20])
title('Einstellbare
Ausgangsspannung')
xlabel('x')
```

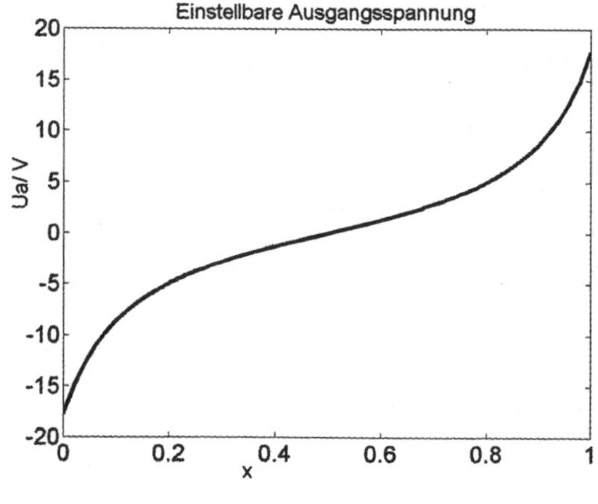

Bild B 2.3/3

Für das Gleichungssystem wurde das angegebene MATLAB-Programm im M-File `spaql.m` erstellt (Bild B 2.3/3). Zu jedem Wert x wird der jeweilige Ausgangswert U_a berechnet, Schrittweite 0,02. Entsprechend der vielen x-Werte ist eine `for`-Schleife zweckmäßig.

Man variiere mit dem Ergebnisverlauf:

– den Vorzeichenwechsel einer Spannungsquelle (Erklärung?),

– hochohmigere Quellenwiderstände, z.B. $R_1 = R_2 = 500$,

– eine Unsymmetrie der Quellen durch verschiedene Innenwiderstände, z.B. $R_1 = 5R_2$.

Ermitteln Sie (von R_4 aus gesehen) die Leerlaufersatzspannung und den Innenwiderstand des Ersatzzweipols nach der Zweipoltheorie und schreiben Sie ein entsprechendes MATLAB-Programm.

MATLAB-Beispiel 3/4 Maschenströme. In der Schaltung Bild 3.4.4 sollen die beiden Maschenströme über die allgemeinen Netzwerklösungen Gl. (3.4.2ff.) für vorgegebene Schaltungswerte mit MATLAB bestimmt werden.

Der nächstliegende Weg ist die Eingabe der Widerstandsmatrix [R] direkt aus der Schaltung sowie der Spaltenmatrix [U] der Spannungen in [R][I] = [U] und die Lösung der Gleichungen nach dem Vektor [I] = [R]$^{-1}$[U], dabei ist [R]$^{-1}$ die inverse Matrix von [R]. Ein entsprechendes M-File `mastro1.m` wurde entwickelt (Bild B 2.3/4-1). Für gegebene Werte, z.B. R = [5, 10, 20] und U = [10, –5] kann die Lösung entweder über I = inv(R)*U oder $I = R\backslash U$ erfolgen.

```
%Berechnung der Maschenströme
%mit allgemeiner Eingabe mastro1.m
R=input('input R-Werte:[R1,R2,R3]');
U=input('Input Quellenspannungen,[U]');
%Eingabe Widerstandsmatrix
A=[R(1)+R(3),-R(3);
   -R(3),R(2)+R(3)];
B=[U(1),U(2)]'
a=0:0.1:1;
I=[];
for x=1:length(a)
    B=[U(1),a(x)*U(2)]';
    fprintf('Maschenströme\n')
    I=[I A\B];
end
I(1,:)
plot(a,I(1,:),a,I(2,:))
legend('I_1','I_2')
```

```
%Berechnung der Maschenströme
%mit allgemeiner Eingabe mastro2.m
R=input('input R-Werte:[R1,R2,R3]');
U=input('Input Quellenspannungen,[U]');
%Eingabe Widerstandsmatrix
A=[R(1)+R(3),-R(3);
-R(3),R(2)+R(3)];
B=[U(1),U(2)]'a=0:0.1:1;
B=[ones(1,length(a))*U(1);a*U(2)];
I=A\B;
plot(a,I(1,:),a,I(2,:))
legend('I_1','I_2'))
```

Bild B 2.3/4-1

Nach Eingabe von R und U durch Kommandoeingabe im MATLAB-Workspace erscheint unmittelbar die Lösung. Vor Eingabe der Zahlenwerte sind die Einheiten festzulegen (z.B. R/Ω, I/A, U/V oder andere konsistente Formen, etwa R/kΩ, I/mA, U/V). Im Schaltungsbeispiel wurde die Spannung U_2 über den Parameter a als Variable einstellbar gemacht, so dass die jeweiligen Ströme I_1, I_2 abgelesen werden können (Bild B 2.3/4-2).

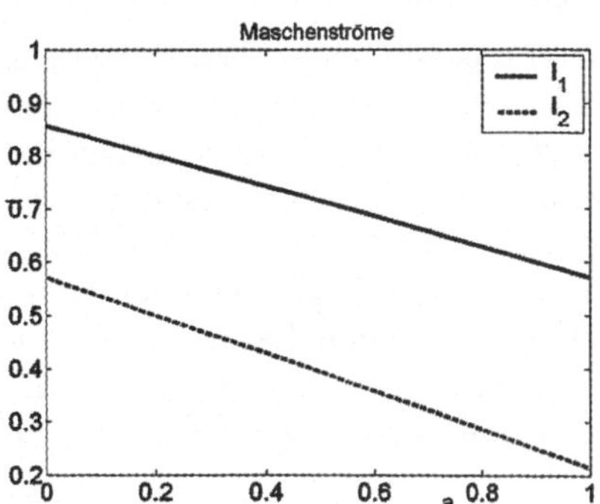

Bild B 2.3/4-2

Das M-File wird unter seinem Dateinamen – hier `mastro1.m` – aufgerufen und verlangt als erstes im Kommandofenster die Widerstandseingabe R (s.o.) und im nächsten Eingabeschritt die Spannungen (Zeilenvektoreingabe, die im Programm durch [...]' als Spaltenvektor wirkt). Nach Druck der Eingabetaste erscheint das Ergebnis mit Grafik.

Im M-File werden die Widerstandsmatrix und der Spannungsvektor absichtlich mit A und B bezeichnet, um Verwechselungen mit den übrigen Symbolen vorzubeugen.

Im Programm erzeugt jeder Schleifendurchlauf ein neues Paar I_1, I_2. Daher sind die Ergebnisse in einer Matrix zusammengefasst: Zeile: 1 I_1, Zeile 2: I_2. Die Operation in der Klammer [*I* A\B] erweitert die bereits vorhandene Matrix II um eine Spalte, zu Beginn muss eine leere Matrix I = [] vorgegeben werden. Beim Ausdruck wird auf die Zeilen der Matrix I einzeln zurückgegriffen: I(1,:) ist Zeile 1.

Durch Umgestaltung des M-Files zu `mastro2.m` (Bild B 2.3/4-1 rechts) entfällt die Programmschleife:

Dazu wird mit `ones(1,length(a))` ein Zeilenvektor der Länge `length(a)` aus lauter Eins-Werten erzeugt, ebenso ist `a*U(2)` ein Zeilenvektor der Länge `length(a)` mit den Elementen a1*U(2), a2*U(2) usw. Auf diese Weise wird B eine Matrix, die alle gewünschten rechten Seiten des Gleichungssystems enthält. In der Matrix I = A\B stehen deshalb alle Ergebnisse wie oben.

Das Programm kann problemlos auf andere (größere) lineare Netzwerke übertragen werden, es ändern sich nur die Zahl der einzugebenden Widerstands- und Spannungsquellenwerte sowie die Matrix. Sie ist – der jeweiligen Schaltung entsprechend – neu zu schreiben. (Man verwende als Beispiel die Schaltung Bild 3.4.5).

Treten in der Schaltung Stromquellen auf, so werden sie am einfachsten in Spannungsquellen (evtl. über Hilfswiderstände) gewandelt.

MATLAB-Beispiel 3/5 Knotenspannungsverfahren. Das Knotenspannungsverfahren hat den großen Vorteil, dass die Knotenspannungsmatrix ohne große Probleme direkt aus der Schaltung „abgelesen“ werden kann im Gegensatz zur Maschenstromanalyse, wo zunächst die Einführung der Maschenströme durch Bestimmung der unabhängigen Gleichungen zusätzliche Überlegungen erfordern.

Am Beispiel der Schaltung Bild 3.4.7 soll das Verfahren angelehnt an Gl. (3.4.6ff.) zusammen mit dem M-File `kno1.m` erläutert werden (Bild B 2.3/5-1).

Zur Vorbereitung werden die Widerstände und Stromquellen als Eingabevektoren aufbereitet (dabei ist eine Festlegung der Einheiten, z.B. im Ω, A,V-System oder einem anderen konsistenten erforderlich, um Eingabearbeit zu sparen). Zur Bereitstellung der Leitwertmatrix werden zunächst die Einzelleitwerte berechnet (durch Division der jeweils zugehörigen Matrixelemente). Die A_i entsprechen den jeweiligen Leitwerten G_i. Die Knotenmatrix G hat in den Hauptdiagonalelementen die entsprechenden „Knotenleitwerte“, in den Nebendiagonalelementen die (stets negativen) Verbindungsleitwerte zwischen zugehörigen Knoten. Der Vektor der Stromquellen gibt dann mit der invertierten Leitwertmatrix den Vektor der Knotenspannungen. Sie werden einzeln ausgedruckt (fehlende Semikola). Der Befehl `zeros` bereitet Speicherplatz für die abschließend zu berechnenden Zweigströme vor.

Für die Zahlenwerte $R = [5, 10, 20]$ und $I = [2, 4]$ ergeben sich die Lösungen Bild 2.3/5-2.

Das Programm kann problemlos auf größere Netzwerke erweitert werden. Es bedarf jedoch einiger Änderungen, wenn in einzelnen Netzwerkzweigen Reihenschaltungen von Netzwerkelementen auftreten, wie es bei Wechselstromnetzwerken oft der Fall ist.

```
%Berechnung der Knotenspannungen
%mit allgemeiner Eingabe kno1.m
R=input('Eingabe R-Werte:[R1,R2,R3]');
I=input('Eingabe Stromquellen [I]');
%Berechnung der Leitwerte
A=1./R;
%Matrixerzeugung
G=[(A(1)+A(3)),-A(3);-A(3),(A(2)+A(3))];
%Vektor der Stromquellen
I=[I(1);I(2)];
%Bestimmung der Knotenspannungen
fprintf('Spannungen\n')
U=inv(G)*I;
U=[U(1),U(2)];
U1=U(1)
U2=U(2)
I1=zeros(3,1);
I1(1)=A(1)*U(1);
I1(2)=A(2)*U(2);
I1(3)=A(3)*(U(1)-U(2))
```

Bild B 2.3/5-1

```
Eingabe R-Werte:
[R1,R2,R3][5,10,20]
Eingabe Stromquellen:
[I][2,4]
U1 =
  14.2857
U2 =
  31.4286
Strom
I1 =
   2.8571
   3.1429
  -0.8571
```

Bild B 2.3/5-2

MATLAB-Beispiel 3/6 Stromgesteuerte Spannungsquelle. Gesteuerte Quellen (s. Abschn. 2.5.1) lassen sich ohne größere Probleme in die Netzwerkanalyse einbeziehen, wenn sie beim Aufstellen der Ausgangsgleichungen zunächst als ungesteuert betrachtet werden und man erst im zweiten Schritt die Steuervariable durch auftretende Netzwerkvariable ersetzt. Als Beispiel mag die Schaltung Bild 3.4.4 dienen, wobei die Spannungsquelle U_{q2} durch eine stromgesteuerte Quelle $u = R_m. i_1$ ersetzt sein soll. Die sog. Transimpedanz R_m ist über einen Steuerparameter a ($0 < a < 1$) einstellbar: $a\,R_m$.

```
%Gesteuerte Spannungsquelle gest1.m
% Parametereingabe, R/Ohm, I/A, U/V
R1=10;R2=10;R3=800;Rm=-1000;
U1=20;
a=0:0.02:1;
%  Paramter 0.02 Schritte
for n=1:length(a)
   % Widerstandsmatrix in U=IR:
   R=[R1+R3 -R3;a(n)*Rm-R3 R2+R3];
   U=[U1;       0];
   % Lösung der Maschengleichung
   I=U'/R;
   % Berechnung der Ausgangsspannung
   Ua(n)=R3*(I(1)-I(2));
end% Ausdruck Ua(n)
plot(a,Ua)
axis([0 1 -5 10])
title('Ausgangsspannung')
xlabel('a')
ylabel('Ua/ V')
```

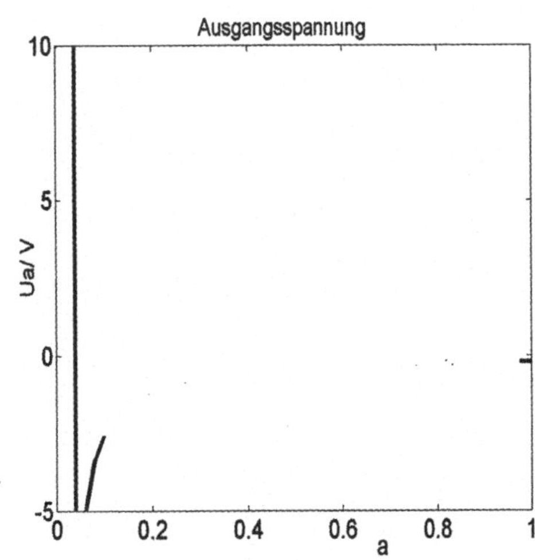

Bild B 2.3/6

Um das Maschenstromverfahren anwenden zu können, werden die Maschengleichungen zunächst in Standardform aufgestellt und anschließend der Term $R_m i_1$ auf die linke Gleichungsseite mit zu i_1 gebracht. Zur Lösung dieses Ausgangsystems wurde das M-File `gest1.m` geschrieben (Bild B 2.3/6).

Die Widerstandsmatrix geht direkt aus den Gleichungen hervor. Sie wird durch die gesteuerte Quelle grundsätzlich unsymmetrisch. Der Steuerparameter a tritt als multiplikativer Faktor von R_m auf. Aus Vereinfachungsgründen sind hier die Widerstände $R_1 \dots R_3$, R_m, sowie die Spannungsquelle U_{q1} einzugeben. Gelöst wird das Gleichungssystem $I = U'/R$ und am Schluss die Spannung U_a über R_3 berechnet.

Da die gesteuerte Quelle – abhängig von der Steuerrichtung – beide Vorzeichen zulässt, können ebenso negative Werte von R_m (wie hier angenommen) auftreten. Dann kann es zu einem Pol der Spannung U_a kommen (Determinante der Widerstandsmatrix verschwindet), ebenso wie zu einem Nulldurchgang. Die entsprechenden allgemeinen Bedingungen lassen sich direkt aus dem Gleichungsansatz gewinnen. Praktisch deutet dieser Betriebszustand auf eine Instabilität der Schaltung hin, wie sie durch gesteuerte Quellen grundsätzlich möglich ist.

Die gezeigte Vorgehensweise kann auch auf andere Typen gesteuerter Quellen übertragen werden, wobei Stromquellen vorher zweckmäßig in Spannungsquellen umzuformen sind.

Abhängig von den Vorgabewerten des Netzwerkes muss ggf. die (hier vorgenommene) Achsenbegrenzung der Grafik verändert werden.

MATLAB-Beispiel 3/7 Spannungsgesteuerte Stromquelle. Das Knotenspannungsverfahren eignet sich hervorragend zur Untersuchung von Netzwerken mit spannungsgesteuerten Stromquellen, wie sie typisch für Verstärkerelemente der Elektronik sind. Eine Verstärkerersatzschaltung ergibt sich aus Bild 3.4.6, wenn die vorzeichenbehaftet sein kann, lässt sich dies bei der Eingabe von G_m berücksichtigen.

```
%Gesteuerte Stromquelle gesti2.m
% Parametereingabe,
%G/Siemens, I/A, U/V
G1=10;G2=10;G3=10;Gm=-100;
Iq1=10;a=0:0.01:1;
% Paramterschritte 0.01
for n=1:length(a)
    % Leitwertmatrix in GU=I:
    G=[G1+G3 -G3; a(n)*Gm-G3 G2+G3];
    I=[Iq1;        0];
    % Lösung der Maschengleichung
    U=inv(G)*I;
    % Ausgangsspannung
    U2(n)=U(2);U1(n)=U(1);
    v(n)=U2(n)/U1(n);
end
% Ausdruck U2(n)
plot(a,U2,a,U1,':',a,v,'--')
title('Ausgangsspannung')
xlabel('a')
ylabel('U2/ V')
```

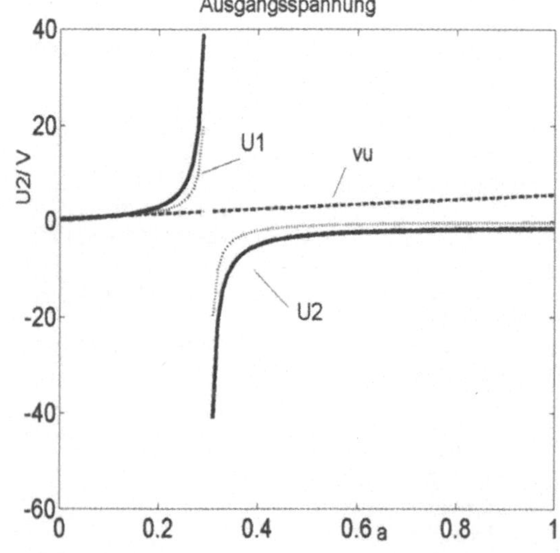

Bild B 2.3/7

Im M-File `gesti2.m` (Bild B 2.3/7) werden zunächst die Knotenspannungsmatrix eingegeben, ebenso der Vektor der Stromquellen und die beiden Ausgangsspannungen U_1, U_2 gelöst. Daraus folgt die Spannungsverstärkung $v = v_u = U_2/U_1 = (G_3 - aG_m)/(G_2 + G_3)$. Da es – abhängig vom Vorzeichen von G_m und den eingestellten Parametern – zu einem Vorzeichenwechsel der Knotenspannungen kommen kann, treten u.U. bei der Berechnung von v_u Numerikprobleme auf. Das ist bei verschwindender Determinante der Leitwertmatrix der Fall, sie liegt hier für die gegebenen Zahlenwerte bei $a = 3G/(-G_m)$ (mit $G = G_1 = G_2 = G_3$). Es lohnt sich daher – beginnend mit einem Ausgangswert $G_m = 0$ –, mit dieser Schaltung etwas zu experimentieren.

Die Spannungsverstärkung ist die sog. Leerlaufspannungsverstärkung, weil sie unter der Bedingung $i_2 = 0$ ermittelt wird. Grundsätzlich kann sie auch bei Anwesenheit eines Lastwiderstandes R_a bestimmt werden, der lediglich als weiterer Eintrag im Koeffizienten G_{22} der Leitwertmatrix erfasst werden muss.

Mit dem gleichen Programm lässt sich auch die Kurzschlussstromverstärkung $v_i = I_2/I_1$ bestimmen. Aus der Schaltung folgt der Ausgangsstrom zu $I_2(n) = (a(n)*G_m - G_3)*U_1(n) + (G_2 + G_3)*U_2(n)$ und die Stromverstärkung zu $v_i(n) = I_2(n)/I_1$. Diese Zeile ist in die `for`-Schleife einzufügen.

MATLAB-Beispiel 4/1 Numerisches Differenzieren. Einfache (und höhere) Ableitungen harmonischer Ströme und Spannungen sind typische Operationen der Wechselstromtechnik. Neben der üblicherweise erfolgenden symbolischen Lösung soll hier die numerische mit MATLAB durchgeführt werden. Dabei wird die Ableitung durch den Quotient benachbarter Kurvenpunkte ersetzt, nämlich $dy/dx \approx \Delta y/\Delta x = (f(x + \Delta x) - f(x))/\Delta x$ als sog. Vorwärtsdifferenz von y dividiert durch Δx. Da die Anweisung `diff` die Differenz zwischen benachbarten Arrayelementen bestimmt, kann mit dieser auch die numerische Differentiation ausgeführt werden, wie sie im M-File `diff2.m` (Bild B 2.4/1) für die Sinusschwingung angegeben wurde. Durch die Differenz zwischen Nachbarelementen des Arrays hat das Ergebnis ein Element weniger als das Ausgangsarray. Deshalb muss beim `plot` ein Element gestrichen werden. Ist dies das letzte Element, so heißt das Ergebnis Vorwärtsdifferenzbildung. Sie verwendet $x(n + 1)$ und $x(n)$ zur Berechnung des Ergebnisses in $x(n)$.

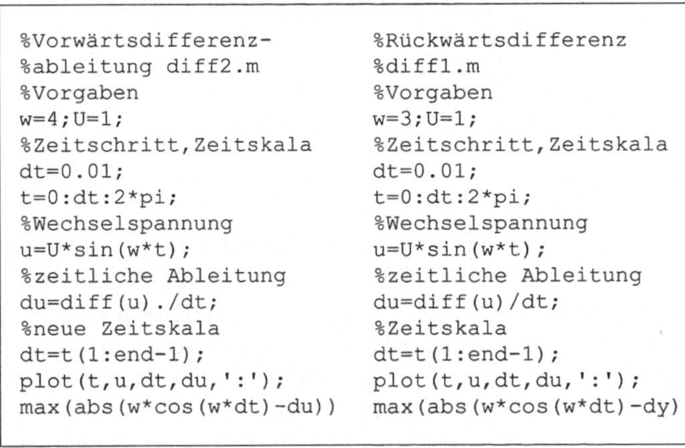

```
%Vorwärtsdifferenz-
%ableitung diff2.m
%Vorgaben
w=4;U=1;
%Zeitschritt,Zeitskala
dt=0.01;
t=0:dt:2*pi;
%Wechselspannung
u=U*sin(w*t);
%zeitliche Ableitung
du=diff(u)./dt;
%neue Zeitskala
dt=t(1:end-1);
plot(t,u,dt,du,':');
max(abs(w*cos(w*dt)-du))
```

```
%Rückwärtsdifferenz
%diff1.m
%Vorgaben
w=3;U=1;
%Zeitschritt,Zeitskala
dt=0.01;
t=0:dt:2*pi;
%Wechselspannung
u=U*sin(w*t);
%zeitliche Ableitung
du=diff(u)/dt;
%Zeitskala
dt=t(1:end-1);
plot(t,u,dt,du,':');
max(abs(w*cos(w*dt)-dy))
```

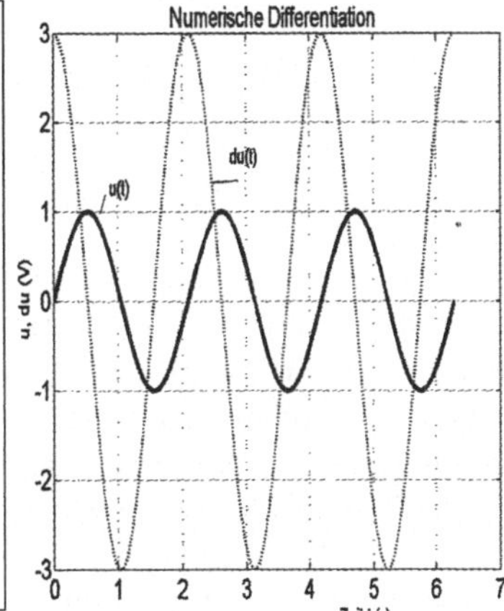

Bild B 2.4/1

Wird dagegen das erste Element gestrichen, so liegt das Rückwärtsdifferenzverfahren vor, weil es die Werte $x(n-1)$ und $x(n)$ zur Berechnung des Wertes bei $x(n)$ verwendet. Das wurde im M-File `diff1.m` ausgeführt (Bild B 2.4/1 Mitte). Bei linearer Abtastpunktfolge unterscheiden sich die Ergebnisse praktisch nicht (von geringen numerischen Feinheiten abgesehen). In der letzten Programmzeile wird die Abweichung zwischen genauer Ableitung (aber numerisch dargestellt) und der numerisch gebildeten Ableitung eingefügt. Sie liegt in beiden Fällen für $w = 1$ im unteren Prozentbereich.

Die Ableitung bei $t = 0$ beträgt $du/dt|o = w*U$, sie wächst mit der Kreisfrequenz (im Graph gut zu erkennen), wie w auch die Zahl der im Zeitintervall $2*pi$ dargestellten Schwingungen ergibt.

MATLAB-Beispiel 4/2 Wechselstromnetzwerk, Momentanwerte. An einer Reihenschaltung der Netzwerkelemente R und L liegt eine Wechselspannung $u_q = U\cos(\omega t + pha)$ mit gegebenen Größen ($U = 10$ sqrt (2) V, $\omega = 2$ rad/s, $R = 3\ \Omega$, $L = 2$ H, $pha = pi/4$, Grundeinheiten: R/Ω, L/H, U/V, I/A). Gesucht sind die Zeitverläufe der Teilspannungen u_R, u_L und des Zweigstromes i im Zeitbereich 0…10 s.

```
%Wechselstromverhalten %leis1.m
%Zeitbereich
t=0:0.1:10;
%Netzwerkelemente
R=3;L=1;Vmag=10*sqrt(2);
w=2;pha=pi/4;
%Quellenspannung
uq=Umag*cos(w*t+pha);
%Netzwerkelemente
ZL=2j*L;Z=ZL+R;
Zmag=abs(Z);
Zpha=angle(Z);
%Zweigstrom
Imag=Vmag/Zmag;
phaI=pha-Zpha;
i=Imag*cos(w*t+phaI);
%Teilspannungen
uR=i*R;
uL=Imag*abs(ZL)*...
   cos(w*t+phaI-angle(ZL));
plot(t,uq,t,uR,':',..
t,uL,'-.',t,i,'r--')
grid on
```

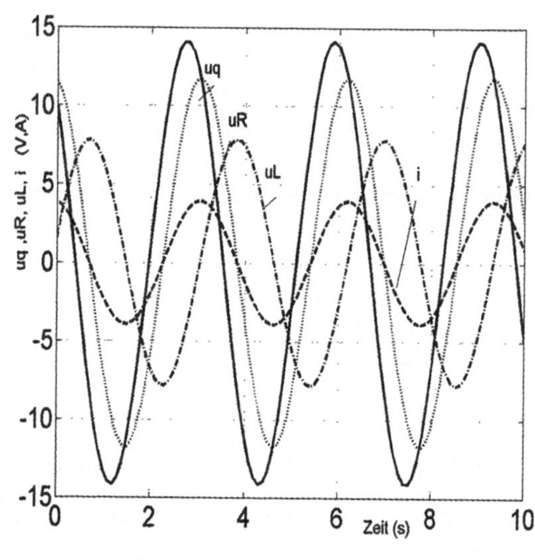

Bild B 2.4/2

Das M-File `leis1.m` Bild B 2.4/2 beginnt mit der Vorgabe des Zeitbereiches $t = 0\ldots10$ s bei einer Schrittweite von 0,1 s sowie der Eingabe der Netzwerkgrößen. Die Berechnung der Zweiggrößen erfolgt über die komplexe Ebene: nach Angabe der Impedanzen Z und Z_L sowie ihrer Betrags- und Phasenwerte wird der Momentanwert des Stromes i mit seinen Bestimmungsstücken Betrag (I_{mag}) und Phase (pha_I) ermittelt und damit die Zweiggrößen u_R und u_L bestimmt sowie alle Größen schließlich in einem Diagramm dargestellt. Die Dauer einer Periode beträgt $t = 2\pi/w = 3{,}14$, zwischen u_R und u_L besteht eine Phasenverschiebung von $\pi/2$ (u_L voreilend).

MATLAB-Beispiel 4/3 Leistungsanpassung am Zweipol. Ein Zweipol mit der Ersatzschaltung Bild 4.5.4 habe einen induktiven Innenwiderstand $Z_i = R_i + j*w*L_i$, der Außenwiderstand sei gemischt ohmisch-kapazitiv: $Z_a = R_a + 1/(j*w*C_a)$. Die Quellenspannung betrage $u_q = U_q*\exp(jwt)$. Gesucht sind die Zeitverläufe der Quellen- und Außenspannungen.

```
%Zweipol, Leistungsumsatz
%zweileis22.m
%Zweipolspannung
w=5;Uq=10;
phi=45*pi/180;
uq=Uq*exp(j*phi);
%Zweipolgrößen
Ri=10; Li=5;
Ra=10;Ca=1/50;
Zi=Ri+j*w*Li;
Za=Ra+1/(j*w*Ca);
%Ausgangsspannung
uaa=uq*Za/(Zi+Za);
U=abs(uaa);
pha=angle(uaa);
%Zeitbereicheinstellung
T=2*pi/w;
tf=2*T; N=200; dt=tf/N;
t=0:dt:tf;
for k=1:201
uq(k)=Uq*cos(w*t(k)+phi);
ua(k)=U*cos(w*t(k)+pha);
end
plot(t,uq,t,ua),grid
```

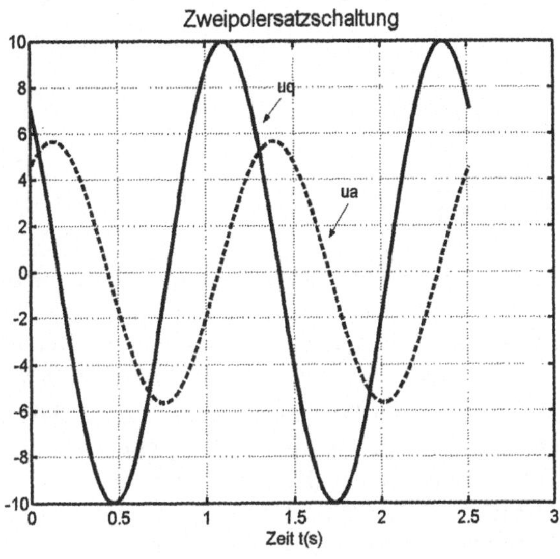

Bild B 2.4/3

Zur Lösung des Problems mit MATLAB verwenden wir die Spannungsteilerregel und stellen das M-File `zweileis22.m` auf (Bild B 2.4/3). Mit den Schaltungswerten (Grundeinheiten angenommen: *u*/V, *i*/A, *R*/O, *L*/H, *C*/F usw.) wie angegeben folgt der ausgedruckte Verlauf. Die Berechnung erfolgt für jeden Zeitschritt, daher Verwendung der `for`-Schleife. Um den Einfluss des Phasenunterschiedes zwischen beiden Spannungen besser hervorzuheben, wird der Phasenwinkel der Erregerspannung zu Null gesetzt. Wirkleistungsanpassung herrscht nach Gl. (4.5.14) für $X_i + X_a = 0$, also mit den hier angegebenen Werten ($R_i = R_a = 10$, $C = 1/50$, $w = 5$) für $L_i = 2$ (Nachprüfung). Dann stellt sich das Spannungsverhältnis (Betrag) von 0,707 ein hervorgehend aus $(|R_a + j*X_a|)/(2R_i)$ oder für eine Induktivität $L_i = 1$ (bei sonst unveränderten Werten). Analog lässt sich ausrechnen, welche Kapazität bei $L_i = 5$ für Wirkleistungsanpassung erforderlich wäre.

Bei Scheinleistungsanpassung nach Gl. (4.5.16) muss $X_i = X_a$ gewählt werden. Das erfordert – bei einer Bemessung $X_a = -j5$ – jetzt ebenfalls einen kapazitiven Innenwiderstand. Formal kann das durch Vorzeichenumkehr der Induktivität bewirkt werden, physikalisch ist eine Kapazität erforderlich. Das Spannungsteilerverhältnis wird in diesem Fall reell und beträgt 0,5.

MATLAB-Beispiel 4/4 Ortskurve, Nyquistdiagramm. Liegt die Übertragungsfunktion $G(s)$ mit $s = jw$ vor, so heißt die Darstellung $Im[G(jw)]$ über $Re[G(jw)]$ mit der Frequenz als

```
%Nyquistkurve ni1.m
%Definition von s
%als Frequenzvariable
s=tf('s');
% Transferfunktion G(s)
G=1/(s+1);
%Vorgabe
%Kreisfrequenzbereich w
w=logspace(-1,1,500);
%Bestimmung der Nyquistkurve
nyquist(G,w)
```

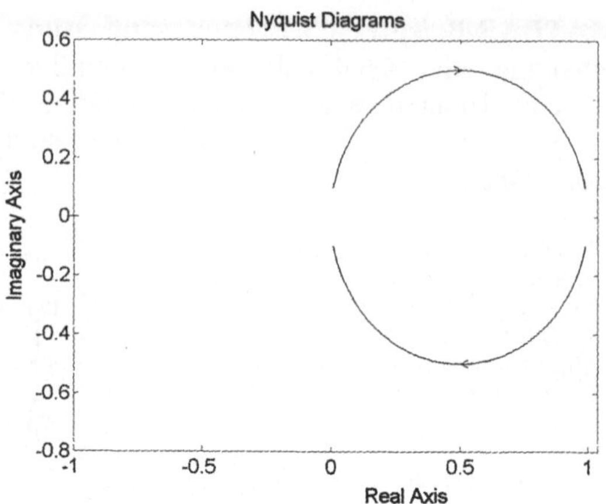

Bild B 2.4/4-1

Parameter die Ortskurve. Sie kann entweder durch ein Programm oder den MATLAB-Befehl `nyquist` ausgeführt werden. Gelten keine Einschränkungen bezüglich positiver und negativer Frequenzen, so schließt der Befehl beide Bereiche ein, wodurch sich gegenüber der physikalischen Realität Doppeldeutigkeiten ergeben können.

Die Berechnung lässt sich mit der MATLAB-Anweisung `s=tf(,s')` weiter vereinfachen, weil dann die Verwendung von $s = jw$ in der Übertragungsfunktion entfällt. Die Ortskurve der Beispielfunktion $G(s) = 1/(s + 1)$ (Halbkreis im 2. Quadranten) wird mit dem M-File `ni1.m` ermittelt (Bild B 2.4/4-1). Der Kreisfrequenzbereich w ist auf $w = 10^{-1}$ bis 10 mit 500 Abtastpunkten festgelegt.

Durch die in der `nyquist`-Anweisung mitverarbeiteten negativen Frequenzen tritt auch ein (physikalisch nicht existenter) Verlauf im ersten Quadranten auf.

Soll die Kurve nur für vorgegebene Frequenzpunkte dargestellt werden, so sind sie anzugeben, z.B. als, als $w = [0{,}1, 0{,}5, 0{,}9, 3, 5, 9]$. Bei zu kleiner Punktzahl entsteht allerdings nur ein Polygonenzug.

Abhängig von der Übertragungsfunktion setzt die `nyquist`-Anweisung automatisch x,y-Maßstäbe, die nicht immer gleich sein müssen. Durch die Zusatzangabe `axis equal` oder Achsenanpassung über die Toolbar `axes properties` können die Achsen modifiziert werden. In ein Diagramm lassen sich mehrere Ortskurven über den `'hold on'`-Befehl (s. M-File `ni6.m`, Bild B 2.4/4-2) eintragen.

```
%Ortskurve niq2.m
%Eingabe der Zähler-/
%Nennerpolynome
num=[0,1,1];
den=[6,1, 1];
%Ortskurvenbereichnung
nyquist([num],[den])
```

```
%Ortskurve,Direkteingabe
%der Übertragungsfunktion
%in Polynomform ni5.m
nyquist([0,1,1],[6,1,1]);
grid on
[x,y]=ginput(1)
```

```
%Darstellung verschiede-
ner %Übertragungsfunktio-
nen im %gleichen Nyquist-
diagramm ni6.m
nyquist(10,[1,1]);
hold on;
nyquist(5,[1,1]);
hold on;
nyquist(2,[1,1]);
hold off
```

Bild B 2.4/4-2

Liegt die Übertragungsfunktion in Polynomform vor, so wird die Eingabe durch direkte Anwendung der Anweisung `nyquist` auf Zähler `[num]` und Nenner `[den]` des Polynoms weiter vereinfacht: `nyquist([num],[den])`. Die Frequenzwahl erfolgt automatisch (M-File `niq2.m`) (Bild B 2.4/4-2). Die kürzeste Eingabe ist die Direkteingabe der Inhalte der Zähler- und Nennerkoeffizienten der Übertragungsfunktion (in Polynomform) als `[num]` und `[den]` in die `nyquist`-Anweisung: `nyquist([0,1,1,],[6,1,1])`, dann entfällt eine separate Angabe von `[num]` und `[den]` (M-File `ni5.m`).

```
%Ausgabe der Ortskurve für
%nur positive Frequenzen ni8.m
[re,im]=nyquist(1,[1,1]);
plot(re,im);
%Einfrieren und Vorbereiten
%der nächsten Eingabe
hold on;
[re,im]=nyquist(2,[2,1]);
plot(re,im)
axis equal
hold off
grid
```

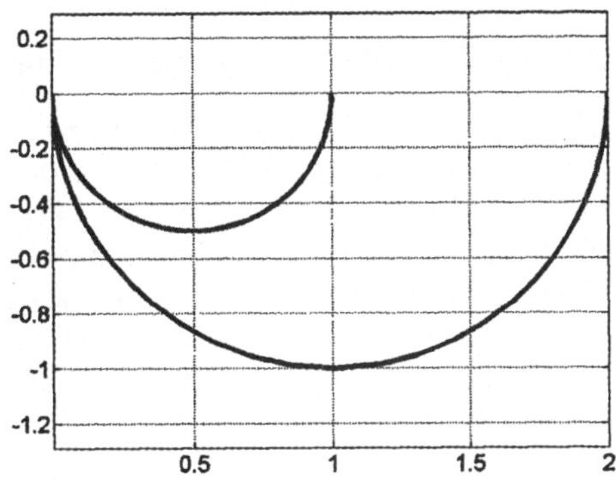

Bild B 2.4/4-3

Bei Zusatzangabe von `[x,y]=ginput(1)` können durch Antippen der Ortskurve mit der Maus die jeweiligen Daten angezeigt werden, wie im M-File `ni5.m` dargestellt.

Oft häufig stört die Darstellung auch der negativen Frequenzen. Sie lässt sich durch getrennte Ermittlung der Real- und Imaginärteile mit dem Nyquistbefehl und getrennte Eingabe des Befehls `plot(re,im)` erreichen (eine Eingabe auch der negativen Frequenzen, d.h. der an der reellen Achse gespiegelten Kurve müsste den Befehl `plot(re,im,re,-im)` enthalten!). Im M-File `ni8.m` (Bild B 2.4/4.3 erfolgte diese Darstellungsweise (obere zwei Zeilen). Um noch eine zweite Ortskurve aufzunehmen, wird der erste Ausdruck eingefroren (`hold on`), der zweite eingegeben und entsprechend fortgefahren.

```
%Ortskurvenschaar
%ni9.m
%Definition
%Übertragungsfunktion
s=tf('s');
%Ortskurvenschaar
G1=1/(s+1);
G2=1/(s+2);
G3=1/(s+3);
%Ortskurvenberechnung
nyquist(G1,'r',G2,'k',G3,'--')
```

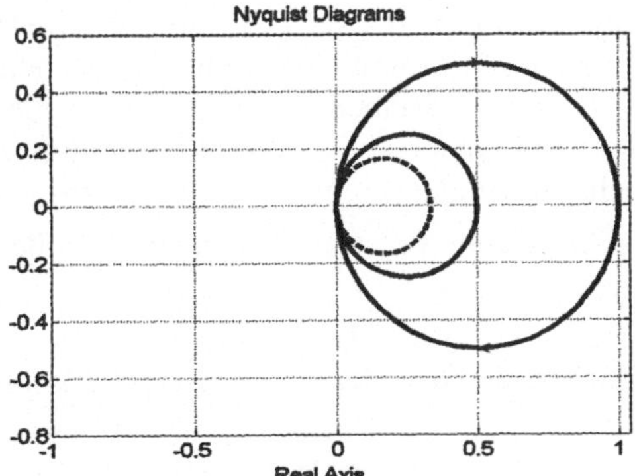

Bild B 2.4/4-4

Noch einfacher lassen sich mehrere Ortskurven in einem Diagramm zusammenfassen, wenn sie der Reihe nach definiert und dann mit *einer* `nyquist`-Anweisung verarbeitet werden (M-File `ni9.m`, Bild B 2.4/4-4). Dabei können jeder Kurve zusätzliche Plotunterschiede (z.B. r für rot, k für schwarz, – für gestrichelt usw. gemäß Handbuch) zugeordnet werden. Dann werden Haltebefehle wie im M-File `ni8.m` überflüssig. Ein laufender Parameter in der Ortskurve – wie er oft auftritt – kann ebenso gut in eine `for-end`-Schleife eingeschlossen werden.

Schließlich sei darauf verwiesen, dass sich Ortskurven auch sehr bequem mit den Anweisungen `rltool` bzw. `sisotool` und `ltiview` ermitteln lassen, vor allem dann, wenn es auf eine rasche Übersicht ankommt (Eingabe in Kommandofenster-Ebene).

MATLAB-Beispiel 4/5 Bodediagramm. Wurde durch eine Aufgabenstellung der Frequenzgang $F(jw)$ nach Gl. (4.3.35) oder allgemeiner die Übertragungsfunktion „Wirkung/Ursache" ermittelt (z.B. als Impedanz-, Spannungs- oder Stromübertragungsfunktion u.a.) und liegt sie mit ihren Zähler- und Nennerpolynomen in $s = jw$ vor, so stellt MATLAB eine Reihe von Anweisungen zur Analyse und Darstellung bereit, u.a. neben Nyquist- auch in Form des Bodediagramms. Hier sei eine Übertragungsfunktion $F(s) = G(s)$ angenommen wie im M-File `bod1.m` eingearbeitet (Bild B 2.4/5-1).

```
%Bodediagramm bod1.m
%Definition von s als
%Transferfunktionvariable
s=tf('s');
%Eingabe von G(s)
%in Polynomform
G=(s+1)/(s^2+2*s+1);
%Aufruf Bodedarstellung
bode(G)
```

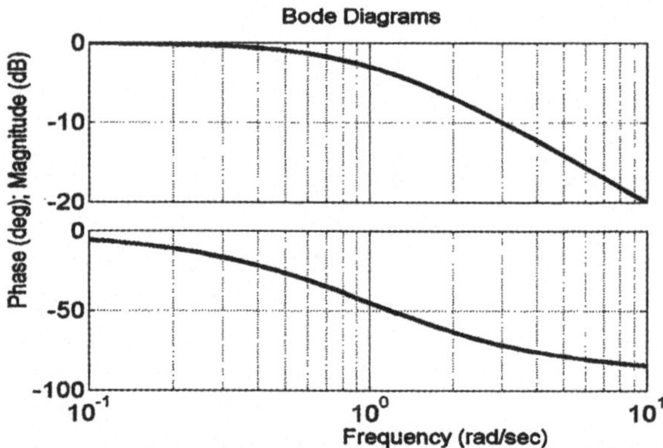

Bild B 2.4/5-1

Mittelpunkt sind die Anweisungen `tf` (Transfer-Function) zur Festlegung der Übertragungsfunktion und `bode` zu ihrer Auswertung und Darstellung. Nach Ausführung der Eingaben und Programmausführung erscheint bereits das Bodediagramm in automatisch angepaßten Maßstäben (bestimmt durch die Pole und Nullstellen der Übertragungsfunktion) ohne weitere `plot`-Befehle (Bild B 2.4/5-1). Andere Darstellungsarten sind nach Ausführung unter `figure /Edit` resp. `/Tools` möglich.

Die Anweisung `tf` spielt eine zentrale Rolle bei der Beschreibung von Übertragungsfunktionen. Folgende Formen werden hauptsächlich benutzt:

1. Definition von s als Variable in der Transferfunktion (wie oben) und Eingabe der „geschriebenen" Form der Übertragungsfunktion,

2. Verwendung der Eingabe `G=tf(Z,N)`, wobei Z und N die Vektoren der Koeffizienten der Zähler- und Nennerpolynome sind. Im Beispiel lauten sie `Z=[1,1]; N=[1,2,1]; G=tf(Z,N);` gefolgt von der Anweisung `bode(G)`

%Bodediagramm mit
%vorgegebenem
%Frequenzbereich bod3.m
s=tf('s');
G=(s+1)/(s^2+2*s+1);
%Vorgabe Auswertebereich
wmin=0.1;wmax=100;
%Darstellung
bode(G,{wmin,wmax})
	%Bodediagramm mit
	%vorgegebenen
	%Frequenzwerten bod3a.m
	s=tf('s');
	G=(s+1)/(s^2+2*s+1);
	%Vorgabe Auswertebereich
	w=[0.1,0.2,0.4];
	[mag,phase,w]=bode(G,w)
	EDU»
	mag(:,:,1) = 0.9950
	mag(:,:,2) = 0.9806
	mag(:,:,3) = 0.9285
	phase(:,:,1) = -5.7106
	phase(:,:,2) = -11.3099
	phase(:,:,3) = -21.8014
	w = 0.1000
	0.2000
	0.4000
		%Berechnung
		%Frequenzgang bod6.m
		s=tf('s');
		G=(s+1)/(s^2+2*s+1);
		%Frequenzvorgabe
		w=[1,10,100];
		%Auswertung
		%Real-,Imaginärteil
		p=freqresp(G,w)
		%Darstellung
		%Betrag,Phase
		mag=abs(p)
		phase=angle(p)
		EDU»
		p(:,:,1) =
		0.5000 - 0.5000i
		p(:,:,2) =
		0.0099 - 0.0990i
		p(:,:,3) =
		0.0001 - 0.0100i
		mag(:,:,1) = 0.7071
		mag(:,:,2) = 0.0995
		mag(:,:,3) = 0.0100
		phase(:,:,1) = -0.7854
		phase(:,:,2) = -1.4711
		phase(:,:,3) = -1.5608

Bild B 2.4/5-2

3. Verwendung der Anweisung `zpk(zeros,poles,gain)`, wobei `zeros`, `poles` und `gain` die Vektoren der Nullstellen, Pole und Verstärkung der Übertragungsfunktion $G(s)$ sind. Für das Beispiel $G = 3(s + 3)/((s + 2)*(s + 4))$ würden dann die Eingaben lauten: `zeros=[-3]; poles=[-2,-4]; ,Gain=3;` gefolgt von `G=zpk(zeros, poles,gain);` oder gleichwertig `G=zpk([-3],[-2,-4],3);`

4. alternativ kann die Übertragungsfunktion auch durch s definiert und dann mit folgender Anweisungen beschrieben werden: `s=zpk(,s');G=3*(s+3)/((s+2)*(s+4));`.

Als Beispiel sei eine Übertragungsfunktion in der Schreibweise 1 gegeben: `G(s)=(sC1+G1)/(s(C1+C2)+G1+G2)` oder in der Schreibweise 2: `Z=[C1,G1]`, `N=[(C1+C2),G1+G2]` und `G(s)=tf(Z,N);` s. folgendes Beispiel 4/6. Die dort angegebenen Zahlenwerte führen zu den Anweisungen `Z=[0.1,1]; N=[1.34,23]; G=tf(Z,N); bode(G)` mit dem gleichen Ausdruck (abgesehen von der Grenzfrequenzgeraden und den x-, y-Achsenlabel) wie oben!

Die Auswertung des Bodediagramms lässt sich durch zusätzliche Optionen spezifizieren. Die Einschränkung auf einen bestimmten Frequenzbereich `wmin...wmax` erfolgt über die Anweisung `bode(G,{wmin,wmax})`, z.B. `bode(G,{0.1,5}]`(Bild B 2.4/5-2, `bod 3.m`). In diesem Fall wird ein Ausdruck im Bereich `w=0.1...5` erzeugt.

Mitunter ist es wünschenswert, eine Auswertung für genau vorgegebene Frequenzpunkte vorzunehmen, z.B. zur Erhöhung der Auflösung. Dazu werden diese zunächst spezifiziert, z.B.: `w=[0.1;0.2;0.3;0.35;0.4;0.45;0.6;1]` und nachfolgend eingegeben: `bode(G,w)` oder auch `[mag,phase,w]=bode(G,w)`, wenn Betrag und Phase für eine Frequenz w gesucht sind. Die Frequenzwerte w lassen sich natürlich auch mit `logspace` erzeugen (s. Bild B 2.4/5-3).

Liegen mehrere Übertragungsfunktionen G1, G2, usw. vor, so können sie in das gleiche Bodediagramm durch die Anweisung `bode(G1,G2,..Gi)` aufgenommen werden (auch wenn es sich um kontinuierliche und digitale Übertragungsfunktionen handelt!). Kurvenunterscheidungen sind durch unterschiedliche Plotvorgaben möglich:

`bode(G1,'PlotStyle1',G2;'PlotStyle2',..)`,
z.B. `bode(G1,'gx',G2,'r-',..)` für grüne Kreuze und rote Striche.

Spezielle Betrags- und Phasenwerte werden durch `[mag,phase,w]=bode(G)` oder `[mag,phase]=bode(G,w)` ermittelt (Bild B 2.4/5-2, M-File `bod3a.m`). Zur Ausgabe kommen die Matrizen `mag` und `phase` sowie der Vektor `w` (das rührt daher, dass der hier vorliegende Fall mit einem Ein- und Ausgang der Übertragungsfunktion ein Sonderfall ist und MATLAB auch komplexere Systeme erfassen kann). Die Ausdrücke sind z.B. von der Form `mag(:,:,7)=0.9680, mag(:,:,8)=0.9568, mag(:,:,9)=0.9420` für eine Übertragungsfunktion $G(s)= 1/(s+1)$. Bei einem Ein- Eingang-, Ein- Ausgangs- oder einem sog. SISO-System (single input, single output) wäre sinngemäß zu setzen: `mag(1,1,7)=0,9680`, da nur der erste Spalteneintrag der Matrix `mag` interessiert. Zusammengehörige Werte von `w`, `mag` und `phase` können durch die Eingaben `w(5)`, `mag(5),phase(5)` erhalten werden (das ist der 5. Frequenzwert, nicht der Wert $w = 5$!).

Da der Laufbereich von w nach der Größe der Pol- und Nullstellen der Übertragungsfunktion automatisch gewählt wird, kann es wünschenswert sein, die Auswertefrequenzen festzulegen, z.B. durch einen Vektor $w = [0.9; 1; 1.1; 1.2\ldots]$ (als Beispiel) gefolgt von der Eingabe `bode(G,w)` oder `[mag,phase]=bode(G,w)`. Das Programm greift den spezifizierten Frequenzvektor auf und berechnet Betrag und Phase bei diesen Frequenzpunkten.

Man sollte am Beispiel des (leicht individuell nachvollziehbaren) Beispiels $G = 1/(s + 1)$ die einzelnen Auswertearten näher untersuchen.

Zur Auswertung des Frequenzganges einer Übertragungsfunktion stehen in MATLAB noch weitere Anweisungen bereit:

Interessiert $G(s)$ für ausgewählte Frequenzen w (Angabe in rad/s), so empfiehlt sich der dafür vorgesehene MATLAB-Befehl `freqresp(G,w)`. Man erhält für die Eingabe `p=freqresp(G,w)` eine Ausgabe von p nach Real- und Imaginärteil. Über die Befehle `mag=abs(p)` und `phase=angle(p)` werden Betrag und Phase angezeigt. Im M-File `bod6.m` ist ein Beispiel gegeben (Bild B 2.4/5-2).

Die Anweisung `G=freqs(Z,N,w)` berechnet ebenfalls das Frequenzverhalten bei gegeben Vektoren Z, N der Übertragungsfunktion und spezifizierter Frequenz w. Da nur Werte

```
%Frequenzgang
%bod5a
%VorgabeG=tf(Z,N)
Z=[1,1];
N=[1,2,1];
%Frequenzbereich
w=logspace(-1,1);
%Berechnung
G=freqs(Z,N,w)
%Betragsbildung
mag=abs(G);
%plotanweisung
loglog(w,mag)
```

Bild B 2.4/5-3

ermittelt werden, sind zur Kurvendarstellung zusätzlich Plotanweisungen erforderlich (Bild B 2.4/5-3).

Schließlich sei auf noch auf die beiden Anweisungen `rltool` (bzw. `sisotool` in v.6) und `ltiview` verwiesen, mit denen Entwurfs- und Analysewerkzeuge aufgerufen werden, die außer dem Zeitverhalten u.a. auch Bode-, Nyquist- (und die in der Regelungstechnik verwendete) Nichols-Darstellung sehr effizient ausgeben. Die Anwendung dieser Werkzeuge ist besonders dann vorteilhaft, wenn rückgekoppelte Schaltungen vorliegen, z.B. als Operationsverstärkerschaltungen. Einzelheiten werden später erläutert.

MATLAB-Beispiel 4/6 Hochpass-Tiefpass Spannungsteiler. Ein Spannungsteiler nach Bild 2.2.4 werde zusätzlich mit Kondensatoren C_1, C_2 so versehen, dass für seine komplexen Leitwerte gilt: $Y_1 = G_1 + jwC_1$, $Y_2 = G_2 + jwC_2$. Alle vier Elemente können frei gewählt werden. Gesucht ist das Spannungsteilerverhältnis nach Betrag und Phase. Je nach der dominierenden Zeitkonstante $T_1 = C_1/G_1$, $T_2 = C_2/G_2$ arbeitet die Schaltung als Hoch- oder Tiefpass, m.a.W. steigt oder fällt das Teilerverhältnis über der Frequenz.

```
%TP-HP-Teiler tphp1.m
%Eingabe der Netzwerkelemente
G1=1;C1=0.1;G2=1;C2=1.24;
%Frequenzvariationsbereich
%incl. Schrittweite
w=0.001:0.01:3;
%Spannungsteilerfunktion
y=1./(1+(G2+j*w*C2)./(G1+j*w*C1));
phi=180*angle(y)/pi;
mag=abs(y);
%0.7*max(abs(y))-Gerade,
%Grenzfrequenz
g=0.707*ones(size(w))*max(mag);
%getrennte Darstellung
%von Betrag und Phase
subplot(211),plot(w,mag,w,g,'--'),
title('HP-TP-Spannungsteiler')
grid,ylabel('Betrag(Ua/Uo)')
subplot(212), plot(w,phi),
grid,
xlabel('Kreisfrequenz w (rad/s)'),
ylabel('Phase (Grad)')
```

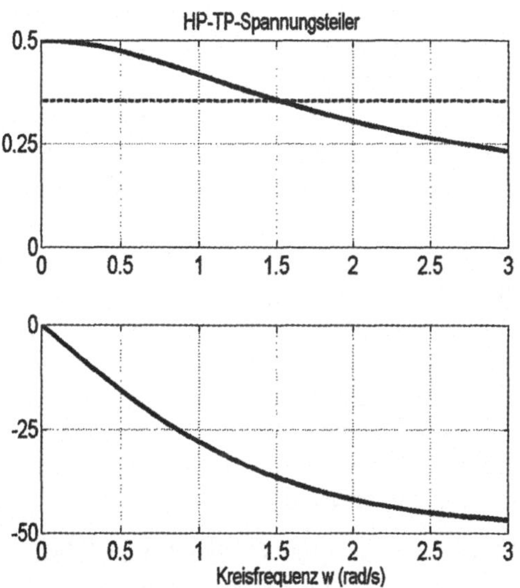

Bild B 2.4/6

Das MATLAB-Programm `tphp1.m` (Bild B 2.4/6) ermittelt Betrag und Phase des Spannungsteilerverhältnisses und stellt sie in getrennt (`subplot(211), subplot (212)`) über der Kreisfrequenz w dar. Empfohlen ist etwas Experimentieren mit den Zahlenwerten und dem Frequenzbereich, bei tiefen Frequenzen nähert sich das Teilerverhältnis y dem Wert $G_1/(G_1 + G_2)$, bei sehr hohen dem Verhältnis $C_1/(C_1 + C_2)$. Für Hochpassverhalten gilt $T_1 > T_2$. Für gleiche Zeitkonstanten $T_1 = T_2$ werden beide Größen frequenzunabhängig: frequenzkompensierter Spannungsteiler.

Man kann die Leistungsfähigkeit des Programms (numerische Abweichungen) gut untersuchen, wenn $G_1 = G_2$ gewählt und C_2 allmählich an C_1 angenähert wird. Im Programm wurde noch eine Gerade im Abstand `0,7max(mag)` zur Angabe der sog. 3-dB-Grenzfrequenz angegeben (Abfall auf 1/sqrt2 oder Anstieg auf sqrt2 des Ausgangswertes). Diese

Gerade ist ein 1-Vektor der Länge w parallel zur x-Achse, dessen Lage auf der y-Achse skaliert wird.

Das Teilerverhältnis lässt sich auch in anderen Formen darstellen, insbesondere im logarithmischen Frequenzmaßstab und hinsichtlich der Amplitude `abs(y)` logarithmisch oder linear für die logarithmierte Größe, letzteres entspricht der Bodedarstellung.

Im ersten Fall wird im `subplot(211)` die `plot`-Anweisung durch `loglog(w,abs(mag), w,g,'--',)`, ersetzt sowie im `subplot(212)` die `plot`-Anweisung durch `semlogx (w,phi)`, (und eine sinngemäße Korrektur der label-Einträge vorgenommen).

Im zweiten Fall ist nach der Anweisungszeile `mag=abs(y);` noch der Aufruf `dB=20.*log10(mag);` einzufügen, um das logarithmische Maß des Teilerwertes zu bilden und im `subplot(211)` die `plot`-Anweisung durch `semilogx(w,dB)` auszutauschen. `subplot(212)` bleibt bei der Anweisung `semilogx(w,phi)`. In das Programm lässt sich auch eine Grenzfrequenzgerade `g=ones(size(w))*max(dB)-3;` einfügen, was der üblichen Grenzfrequenzdefinition für die 3 dB-Abnahme gegenüber dem Maximalwert entspricht. Für $G_1 = G_2$ beträgt das Teilerverhältnis bei tiefen Frequenzen: $y = 1/2$ entsprechend –6 dB (20*log10(0.5)), in linearer Amplitudenskalierung würde bei der Grenzfrequenz y auf 0.5/sqrt2 = 0.354 abgefallen sein oder im log. Maß auf 20*log10(0.354) = –9 dB.

Um das Programm für praktisch vorkommende Größenordnungen der Zahlwerte (z.B. G in mS, C in µF und f in kHz) anzupassen, werden keine weiteren Änderungen erforderlich, weil diese Einheiten zueinander konsistent sind. Es ist lediglich noch zweckmäßig, von der Kreisfrequenz w auf die Frequenz f umzustellen (Eingabe statt $w \rightarrow f$ und Eingabe einer weiteren Anweisung `w = 2*pi*f;` sowie schließlich die Vertauschung von w gegen f in den Druckanweisungen).

Die hier durchgeführte Frequenzgangauswertung eines ohmisch-kapazitiven Teilers mag vielleicht etwas umständlich erschienen sein, denn MATLAB bietet eine Reihe von (bequemeren) Anweisungen zur Frequenzganguntersuchung wie z.B. `bode`, `nyquist`, `freq`, aber auch mächtige Anweisungen wie `ltiview` und `rltool`, mit denen gleich mehrere Auswertungen im Frequenz- und Zeitbereich möglich sind. Darauf wird in weiteren Beispielen eingegangen.

MATLAB-Beispiel 4/7 Hochpass-Tiefpass-Spannungsteiler 2. Im Spannungsteiler nach Beispiel 4/6 kann der Frequenzvariationsbereich auch direkt in logarithmischer Schrittweite angegeben werden. Nach Eingabe der Netzwerkelemente setzen die folgenden beiden Zeilen die Kreisfrequenz so, dass Ausgangswerte für die halblogarithmische Darstellung entstehen, nämlich von 10^{-2} bis 10^{2} in Schritten zu 0,1. Ferner wird die Kreisfrequenz w imaginär definiert (was Eingabearbeit in der Übertragungsfunktion erspart). Dafür muss bei der Darstellung der Frequenzachse zunächst der Imaginärteil von w gebildet werden. Im Ausdruck der Achse ist die halblogarithmische Form zu wählen.

Die zur grafischen Darstellung gewünschte logarithmische Skalierung kann statt der angegebenen Form auch über den Aufruf `logspace` erzeugt werden; die Eingabe `logspace(x,y,n)` mit `w=logspace(-2,1,100)` erzeugt einen Zeilenvektor der Kreisfrequenz w mit n = 100 Elementen im Bereich 10^x = 10^-2 und 10^y = 10^1. Im M-File `tpht2.m` (Bild B 2.4/7) wird dann die Anweisung `x=-2:0.01:1` ausgetauscht gegen `w=j*logspace(-2,1,100);` (j wegen der Wahl von w als komplexe Größe) und die Anweisung `w=j*10^x;` gestrichen.

```
%TP-HP-Teiler tphp2.m
%Eingabe der Netzwerkelemente
G1=1;C1=1;G2=0.01;C2=1.2;
%Variationsbereich der Frequenz w,
x=-2:0.01:1;
w=j*10.^x;
%Übertragungsfunktion
y=1./(1+(G2+w*C2)./(G1+w*C1));
phi=180*angle(y)/pi;
mag=abs(y);
dB=20.*log10(abs(y));
m=imag(w);
%getrennte Darstellung Betrag,Phase
subplot(2,1,1),semilogx(m,dB)
grid,ylabel('|Ua/Uo| (dB)'),
subplot(2,1,2),semilogx(m,phi),grid
xlabel('Kreisfrequenz w (rad/s)'),
ylabel('Phase, (Grad)')
```

Bild B 2.4/7

Eine zu `logspace` analoge Anweisung für lineare Skalierung lautet `linspace (x,y,n)`. Sie ergibt einen Vektor mit n Elementen und linearer Teilung zwischen x und y.

Auf die zum M-File gehörende Grafik wird verzichtet, sie bietet keine Besonderheiten.

MATLAB-Beispiel 4/8 Frequenzgang Eingangswiderstand. Für die Reihenschaltung zweier Impedanzen Z_1 und Z_2 (mit $Z_1 = R_1//C_1$, $Z_2 = R_2//L$) sollen der Ersatzwiderstand bestimmt und Frequenzgang sowie Phase halblogarithmisch über der Frequenz dargestellt werden.

```
%Eingabewerte zein.m
R1=10e3;R2=5e3;
C=100e-9;L=100;
%Frequenzbereich
w=logspace(1,5,500);
%Zwischenrechnungen
Zc=1./(j*w*C);Zl=j*w*L;
Z=((Zc*R1)./(Zc+R1))+(Zl*R2)./(R2+Zl);
Zbetr=abs(Z);
Zpha=atan2(imag(Z),real(Z));
%Halblogarithmische Darstellung
subplot(2,1,1),semilogx(w,abs(Zbetr)),
title('Eingangswiderstand Z')
ylabel('Betrag Z'),grid on
subplot(2,1,2),semilogx(w,180*Zpha/pi),
xlabel('Kreisfrequenz (rad/s)'),
ylabel('Phase (Grad)'),grid on
```

Bild B 2.4/8-1

Das MATLAB-Programm `zein.m` (Bild B 2.4/8-1) erfüllt die Aufgabe. Nach den Vorgabewerten der Netzwerkelemente (hier frei gewählt) wird zunächst für die Kreisfrequenz w = `2pif` ein Variationsbereich von $10 \ldots 10^5$ rad/s mit 500 Abtastpunkten (abhängig von den Eingabewerten) festlegt. (Bereich über die Zeitkonstanten von Z_1 und Z_2 abschätzen, $w = 0$ ist bei halblogarithmischer Darstellung auszuschließen). Anschließend werden die

Ersatzwiderstände Z_c und Z_l der Blindschaltelemente und die Ersatzimpedanz Z getrennt nach Betrag und Phase berechnet. Die letztere Zeile könnte auch `Zpha = angle(Z)` lauten. Die Funktion `atan2(x,y)` bezieht sich auf die Umkehrfunktion für alle vier Quadranten (im Gegensatz zu `atan!`).

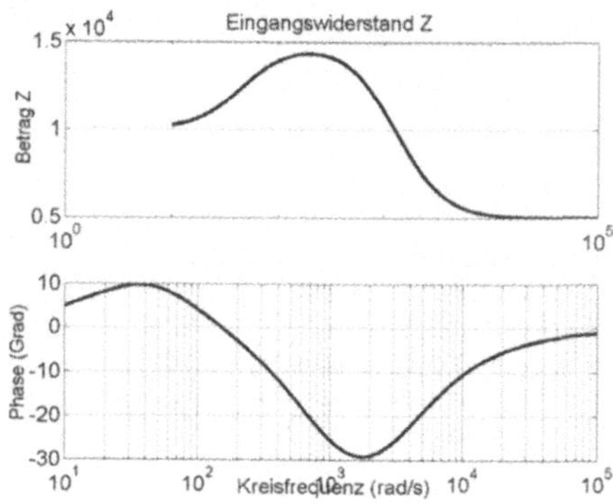

Bild B 2.4/8-2

MATLAB-Beispiel 4/9 Momentanleistung. An einem Zweipol wird die Momentanleistung $p(t) = u(t)*i(t)$ nach Gl. (4.5.1,7) umgesetzt. Mit MATLAB lassen sich die Einzelverläufe leicht darstellen, auch für unterschiedliche Phasenwinkel phi. Ausgang sind die Spannungs- und Stromvorgaben $u(t) = 10*\cos(wt)$ und $i(t) = 5*\cos(wt - \text{phi}*\text{pi}/180)$. Im M-File `leist.m` ist der Ablauf angegeben Bild B 2.4/9).

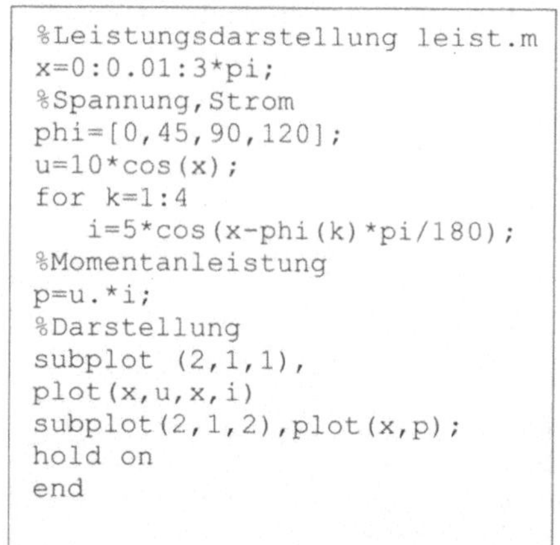

```
%Leistungsdarstellung leist.m
x=0:0.01:3*pi;
%Spannung,Strom
phi=[0,45,90,120];
u=10*cos(x);
for k=1:4
    i=5*cos(x-phi(k)*pi/180);
%Momentanleistung
p=u.*i;
%Darstellung
subplot (2,1,1),
plot(x,u,x,i)
subplot(2,1,2),plot(x,p);
hold on
end
```

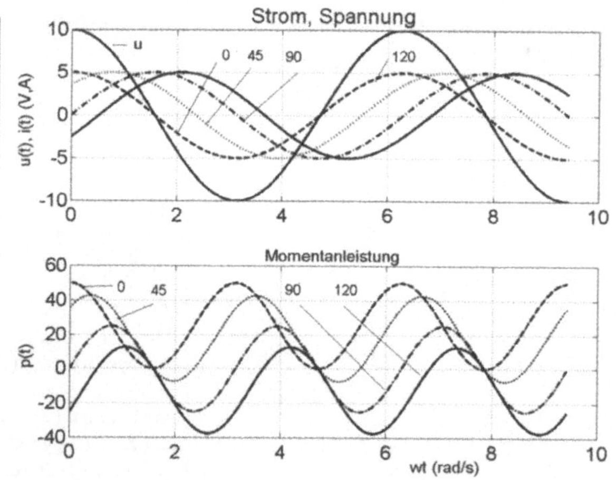

Bild B 2.4/9

Weil die Produktbildung elementweise erfolgen muss, steht ein Punkt . vor dem Multiplikationszeichen. Als Phasenwinkel phi werden vier Parameterwerte ausgewählt, sie sind in eine `for`-Schleife eingebunden. Die Momentanleistung schwankt mit der doppelten Frequenz, ihr Mittelwert (Nullachse) gibt die Wirkleistung an. Sie verwindet – wie ersichtlich – bei phi = 90°, wird maximal bei phi = 0 und negativ bei phi = 120°. Dann wirkt der Zweipol als Erzeuger, in den vorherigen Fällen als Verbraucher. Die Grafik wurde nach Ausdruck bearbeitet.

MATLAB-Beispiel 4/10 Wechselstromleistung. An einem Reihenschwingkreis liege eine Wechselspannung bestimmter Frequenz w. Gesucht sind die Teilspannungen und der Leistungsfaktor cos f der Anordnung. Gegeben: $u_q = U_{mag}$*sqrt(2) cos(w*t), R = 5 Ω, C = 1/20 F, L = 2 H, w = 2 rad/s.

```
%Leistungsumsatz leis2.m
%Zeitbereich
t=0:0.1:8;
%Netzwerkelemente
R=5;C=1/20;L=2;Umag=10;
ZL=2j*L;ZC=-j/(2*C);Z=ZL+ZC+R;
Uq=Umag+0*j;
%Strom
I=Uq/Z;
Imag=abs(I);
phaseI=angle(I);
%Leistung
S=conj(Uq)*I;
abs(S);
cos(angle(S));
wo=2;
%Teilgrößen
uR=Imag*R*cos(wo*t+phaseI);
uC=Imag*abs(ZC)*cos(wo*t+..
  phaseI-angle(ZC));
uL=Imag*abs(ZL)*cos(wo*t+
  phaseI-angle(ZL));
%Darstellungen
subplot(1,2,1),plot(t,uR,':',
  t,uC,t,uL,'--');
  subplot(1,2,2),plot([0 real(S)],..
  [0 imag(S)],'r-o');
grid on
```

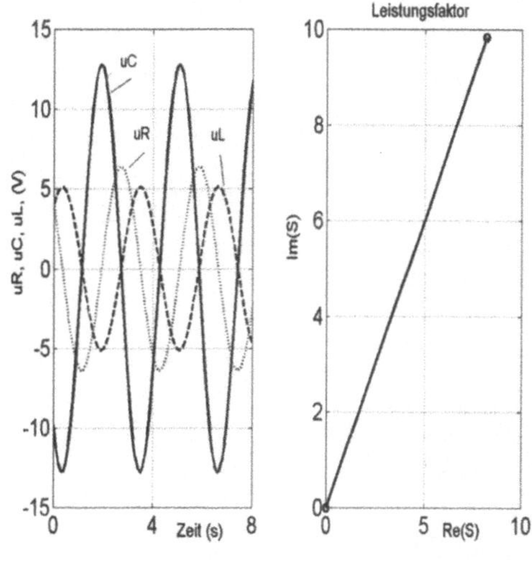

Bild B 2.4/10

Im M-File `leis2.m` (Bild B 2.4/10) sind die entsprechenden Schritte zusammengestellt: Nach Definition des Zeitbereiches, der Abtastschrittweite und Netzwerkvorgabegrößen erfolgt zunächst die Berechnung des Stromes nach Betrag und Phase und damit die komplexe Scheinleistung. Die Wirkleistung entspricht dem Produkt von abs(S)cos(angle(S)). Aus dem Zeitverlauf ist die gegensätzliche Phasenlage von u_L und u_C gut zu erkennen.

MATLAB-Beispiel 4/11 Impedanz des Parallelschwingkreises. Für den Parallelschwingkreis (Bild 4.6.11) sei der Frequenzgang der Impedanz $Z = 1/Y$ für eine vorgegebene Bemessung ($G = 10^{-4}$ S, C = 100 nF und L = 1 mH) nach Betrag und Phase gesucht. Zur Lösung wird die Impedanz Z als Übertragungsfunktion (Schwingkreisspannung als Funktion eines erregenden Probestromes) aufgefasst und berechnet. Zweckmäßig wird die dimensionslose Größe ZG verwendet und zunächst mit der neuen Variablen $s = jw/w_o$ (Bezug auf Resonanzfrequenz w_o = 1/sqrt(LC)) geschrieben (Nachweis!)

$$ZG = \frac{s\,b_1}{s^2 + s\,a_1 + 1} \quad \text{mit} \quad b_1 = L/w_o, \quad a_1 = GLw_o.$$

Damit kann das M-File `par2.m` – beginnend mit der Parametereingabe – geschrieben werden. Anschließend erfolgt die Berechnung der Koeffizienten a ,b der Übertragungsfunktion $G(s) = Z(s)G$ in Polynomform (Bild B 2.4/11).

```
% Parallelkreis 2 par2.m
%Eingabe der Werte
G=10e-4;L=1e-3;C=100e-9;
wo=1/sqrt(L*C);
b1=L*wo;
a1=L*G*wo;
%Koeffizienten der
%Übertragungsfunktion
b=[0,b1,0];
a=[1,a1,1];
%Frequenzbereich
w'=0.1:0.01:2;
%Bestimmung d. Frequenzganges
G=freqs(b,a,w');
%Auswertung und Darstellung
mag=abs(G)
phase=((180)/pi)*angle(G);
subplot(2,1,1),plot(w',mag),
subplot(2,1,2),plot(w',phase)
```

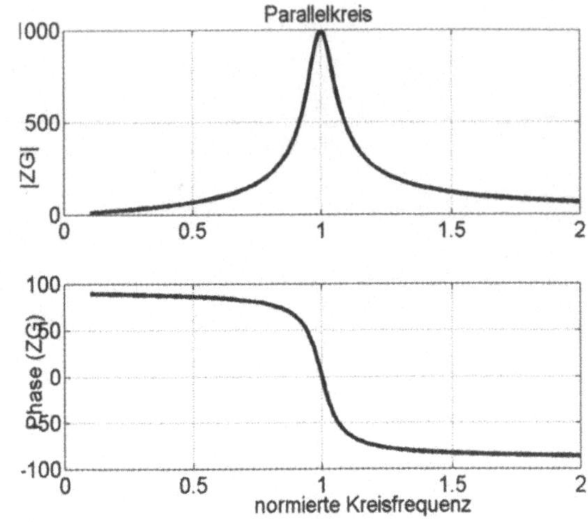

Bild B 2.4/11

Bei der Frequenzangabe bezieht sich die Kreisfrequenz auf die normierte Darstellung $w' = w/w_0$, Resonanz liegt bei $w' = 1$! Dort hat der Betrag von Z etwa den mit der Kreisgüte erhöhten Wert (Kreisgüte prop. dem Koeffizienten a_1). Als Variationsgrößen sollten der Leitwert G und die Kapazität C gelten, um den Dämpfungseinfluss kennenzulernen. Es lohnt der Einsatz der Zoom-Funktion in Resonanznähe (bei höherer Frequenzauflösung und eingeschränktem Frequenzvariationsbereich, um das genauere Resonanzverhalten zu sehen). Eine Absenkung des Verlustleitwertes um eine Größenordnung erhöht $|ZG|$ im Resonanzfall auf 10000, mit der Zoomfunktion wird die grobe Annäherung der Resonanzspitze durch Polynomgeraden deutlich. Deshalb muss die Frequenzschrittweite abgesenkt werden (1...2 Größenordnungen, dabei kann eine Warnmeldung durch Überschreiten der zulässigen Matrixgröße der Studentenversion auftreten). Mit wachsender Kapazität C sinkt der Koeffizient a_1 ebenfalls (Dämpfungsabnahme) und die Resonanzkurve wird schlanker. Die Phase wechselt in allen Fällen von +90° bei tiefen nach −90° bei sehr hohen Frequenzen mit Nulldurchgang bei Resonanz.

Zum Vergleich sollte man noch ein M-File zur direkten Berechnung von Z unmittelbar mit den Eingabewerten entwickeln, um den Vorzug der normierten Darstellung zu erkennen.

In der Darstellung wurde beim Betrag von Z der lineare Achsmaßstab beibehalten, um eine mögliche Resonanz besser zu erkennen. Weil beim Phasenverlauf die Darstellung in Grad üblich ist, erfolgt eine Umrechnung der Bogenangabe, die auch in der Achsenbezeichnung untergebracht werden kann.

Als Variationsmöglichkeiten sollten – neben den Werten der Netzwerkelemente (Resonanzverbesserung) – auch die Zahl der Frequenzabtastpunkte und Auslesemarker ins Auge gefasst werden.

MATLAB-Beispiel 4/12 Übertragungsfunktion 2. Ordnung mit Resonanzcharakter. In vielen technischen Problemen treten Resonanzvorgänge auf, die durch eine Übertragungsfunktion vom Typ MATLAB-Beispiel 4/11 nach charakterisiert werden. Zur Auswertung eignet sich dafür weniger das Bodediagramm (wegen seiner log. Amplitudendarstellung) als vielmehr direkt der Frequenzgang in einem überschaubaren Frequenzbereich.

```
%Frequenzgang einer
%Übertragungsfunktion par.m
% Eingabe der Nenner- und
%Zählerkoeffizienten
%in Polynomform
a=[1,20,5];b=[10];
%Frequenzbereich
w=-3:0.05:3
%Frequenzgang
G=freqs(b,a,w);
mag=abs(G);
phase=(180/pi)*angle(G);
%Gerade Bandbreite
g=0.7*ones(size(w))*max(mag);
%+/- 45 grd Frequenzen
g1=45*ones(size(w));
g2=-45*ones(size(w));
%Darstellung
subplot(2,1,1),plot(w,mag,w,g);
grid,
subplot(2,1,2),
plot(w,phase,w,g1,w,g2)
grid
```

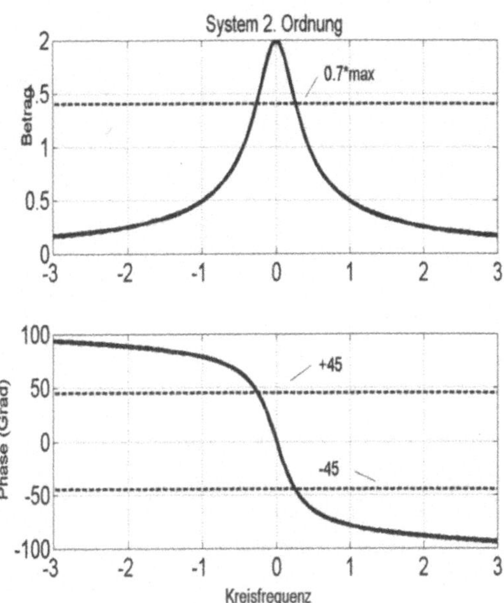

Bild B 2.4/12

Die Übertragungsfunktion soll in Polynomform mit den Zeilenvektoren von Zähler (b) und Nenner (a) vorliegen. Das zu schreibende M-File `par.m` (Bild B 2.4/12) gibt einen Frequenzbereich (einschl. Schrittweite `0,05`) vor, berechnet mit dem MATLAB-Befehl `freqs` den Frequenzgang der Übertragungsfunktion und wertet ihn anschließend nach Betrag und Phase aus. In die Betragskurve wurde noch eine Parallele vorgegebener Höhe (bezogen auf den Maximalwert) zur leichteren Ablesung der Bandbreite „eingefügt", ebenso +/– 45 grd-Geraden im Phasenverlauf.

Der Zusammenhang zwischen den Polynomkoeffizienten der Übertragungsfunktion und einem physikalischen System lässt sich am vorhergehenden Beispiel des Parallelschwingkreises anschaulich interpretieren. Dann kann die normierte Schwingkreisfrequenz w direkt mit der Verstimmung $v = (\omega/\omega_0 - \omega_0/\omega)$ des Schwinkreise verglichen werden. Bei Resonanz gilt $w \equiv v = 0$.

MATLAB-Beispiel 4/13 Bandpass, Frequenzgang. Liegt die Übertragungsfunktion $G(\mathrm{j}w)$ in Produktform (d.h. als Produkt einzelner Übertragungsfunktionen) vor, so lässt sich die Auswertung unter Anwendung des `conv`-Befehls (Convolution, Faltung) stark vereinfachen:

$$G(\mathrm{j}\omega) = \frac{A}{B} = \frac{1}{1+as} \cdot \frac{A_0}{1+bs} \cdot \frac{cs}{1+cs} \quad \text{mit} \quad n_1 = [a,1],\ n_2 = [b,1]\ \ n_3 = [c,1].$$

```
%RC-Bandpass bp1.m
%Koeffizienten der
%Übertragungsfunktion
a=10;b=10;c=0.10;Ao=1;
%Zeilenvektoren der Nenner
n1=[a,1];
n2=[b,1];
n3=[c,1];
%Zählerpolynom
A=Ao*[c,0];
%Nennerpolynom
B=conv(n1,conv(n2,n3));
%Berechnung des
%Frequenzganges von G=A/B
freqs(A,B)
```

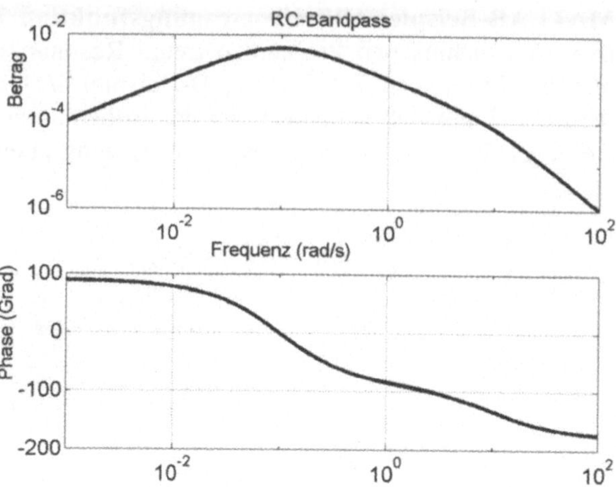

Bild B 2.4/13

Als Beispiel wird die Kettenschaltung zweier Vierpole (Bilder 4.6.15 und 4.6.20) mit Zwischenverstärker betrachtet. Die Einzelvierpole sind eingangsseitig ein RC-TP (Zeitkonstante RC_1), am Ausgang liegt ein RC-Hochpass (Längsglied Kondensator, Ausgang Widerstand, Zeitkonstante RC_2) und der Verstärkervierpol habe die Grundverstärkung A_o sowie eine Grenzfrequenz $b = 1/w_o$. Die Übertragungsfunktion ist damit von der oben angegeben Form mit $a = RC_1$, $c = RC_2$. Der Nenner B der Übertragungsfunktion G ergibt sich durch Faltung mit dem Befehl `conv` angewandt auf die drei Nenner $n_1 \ldots n_3$. Damit kann das M-File `bp1.m` (Bild B 2.4/13) zur Auswertung des Frequenzganges geschrieben werden. Plotanweisungen können entfallen, weil standardmäßig eine Betrags- und Phasenausgabe im doppeltlogarithmischer bzw. einfachlogarithmischer Form vorgesehen ist.

Nach Eingabe der drei Zeitkonstanten der Übertragungsglieder und der Grundverstärkung A_o sowie Angabe der einzelnen Nennerfunktionen erfolgt die Faltung (die Einzelnenner wurden zur Übersicht eingeführt, die Faltungsanweisung arbeitet auch mit direktem Eintrag der Nennerkoeffizienten). Für einen ersten Durchlauf sollten gleiche Zeitkonstanten $a = b = c = 1$ gewählt werden. Die im Programm angegebenen Werte sind Ergebnis von Versuchen (welche Grundbemessung drücken sie aus?). Eine bessere Darstellungsform (etwa nach Art des Bildes 4.6.20) ergibt sich erst durch Wahl einer linearen y-Achse (einstellbar im Diagramm `figure` durch `Tool/axes properties`, experimentieren Sie damit).

Zur Vertiefung sollten einige Einstellung variiert werten;

– hohe Verstärkergrenzfrequenz im Vergleich zu den RC-Gliedern: $b \ll a, c$

– dominante Tiefpassfunktionen: $a, b \gg c$,

– geringe Verstärkergrenzfrequenz: $b \gg a, c$. Die Grundverstärkung A_o wirkt nur als Maßstabsfaktor und muss nicht weiter beachtet werden.

Die Idee, auf den Verstärker ganz zu verzichten und einfach die beiden Übertragungsfunktionen der RC-Glieder zu multiplizieren, führt schaltungsseitig zu einem Fehler, vgl. Abschnitt 4.6.3.1.

MATLAB-Beispiel 4/14 Frequenzgang Reihenschwingkreis. Liegt eine Übertragungsfunktion $G(\mathrm{j}w) = A(\mathrm{j}w)/B(\mathrm{j}w)$ als Funktion der Kreisfrequenz $w = 2\,pif$ vor (aufgeschrieben für die Variable jw), so wird der Frequenzgang (auch in Bodedarstellung) nach Definition der Vektoren `A=[..,..,...],B=[..,..,..]` direkt über die Anweisung `freqs(A,B)` ohne weitere Plotangaben ermittelt

$$\frac{U_{\mathrm{a}}}{U_{\mathrm{q}}} = \frac{1}{(j\omega)^2 LC + (\mathrm{j}\omega)RC + 1} \quad \text{mit} \quad A = [1], \quad B = [LC, RC, 1].$$

Am Reihenschwingkreis (R, L, C) mit gegebener Gesamtspannung ergibt sich die Kondensatorspannung (als Ausgangsspannung) über die Spannungsteilerbeziehung wie dargestellt. Für die Beispielwerte R = 1 Ω, L = 300 mH, C = 0,3*10^{-6} F wurde das M-file `fre5.m` geschrieben (Bild B 2.4/14).

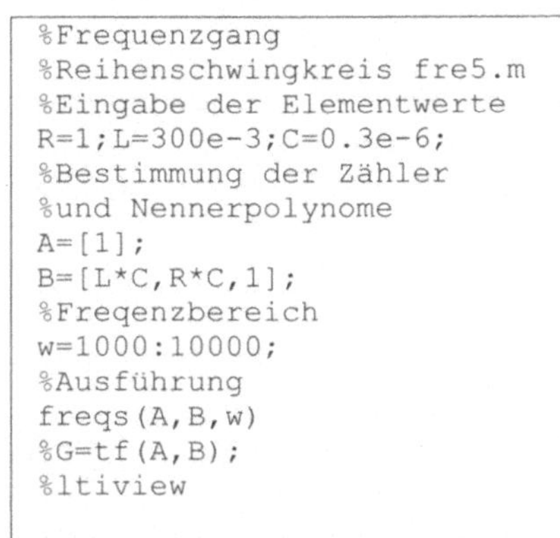

```
%Frequenzgang
%Reihenschwingkreis fre5.m
%Eingabe der Elementwerte
R=1;L=300e-3;C=0.3e-6;
%Bestimmung der Zähler
%und Nennerpolynome
A=[1];
B=[L*C,R*C,1];
%Freqenzbereich
w=1000:10000;
%Ausführung
freqs(A,B,w)
%G=tf(A,B);
%ltiview
```

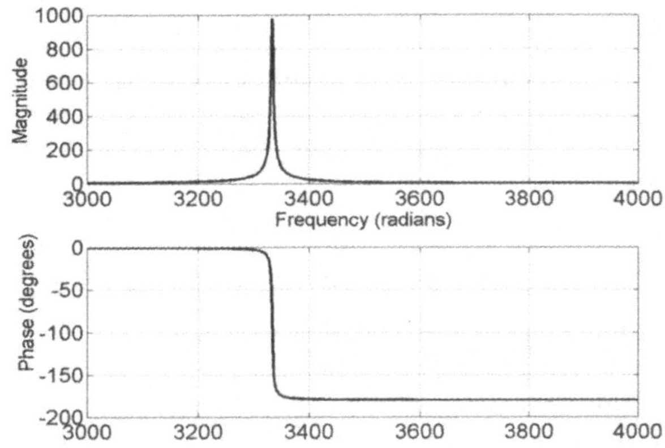

Bild B 2.4/14

Zunächst wird die Defaulteinstellung der `freqs`-Anweisung verwendet und die Frequenzbereichszeile durch Semikolon außer Betrieb gesetzt sowie der Eintrag `w` (einschl. Komma) im Befehl gestrichen. Damit liefert der Programmaufruf automatisch einen Ausdruck in Bodeform, aus dem die Resonanz in der Größenordnung von $w \approx 3000$ rad/s hervorgeht. Anschließend sollte die Darstellung auf den Bereich w = 1000...10000 rad/s beschränkt werden. Das kann unterschiedlich erfolgen. Am einfachsten werden nach einem ersten Ausdruck über `Tools` (in `figure`) und `axes properties` im x-Bereich die Werte ensprechend korrigiert (Bild vorher markieren und gewählte Einstellungen mit `apply` übernehmen). Bei Wiederholung des Durchlaufes sind die neuen Einstellungen gültig. Es lohnt sich, die Achsendarstellung etwas zu variieren; möglich sind lineare und logarithmische x-, y-Einstellungen und damit z.B. bei linearer y-Achse auch eine bessere Darstellung des Resonanzverhaltens. Man stellt bei Eingrenzung des Frequenzbereiches fest, daß der Verlauf in Resonanznähe nur sehr grob wiedergegeben wird. Deshalb wird im zweiten Schritt die Frequenzbegrenzung bereits mit ins Programm übernommen (die Schrittweite ist ohne weitere Angaben automatisch zu 1 gesetzt). Dieser Weg wurde im M-File gewählt (Semikolon vor Frequenzbereich entfernen, zusätzlich `w` in die `freqs`-Anweisung aufnehmen). Im Kurvenverlauf kann ferner die Resonanzspitze mit der Zoomfunktion besser aufgelöst werden.

Eine weitere Lösung besteht darin, im Programm den Frequenzbereich um die Resonanzspitze weiter einzugrenzen und die Frequenzauflösung zu erhöhen (Schrittweite senken). Das ist umständlicher, weil jede Parameteränderung wieder ins Programm übertragen werden muss. Dabei ist gut zu beobachten, wie mit zunehmender Auflösung die Resonanzspitze immer deutlicher wird und bei zu grober Auflösung (vor allem durch automatische Zuweisung) beträchtliche numerische Fehlinterpretationen möglich sind.

Der `freqs`-Befehl bietet damit für die Übertragungsfunktion in Polynomdarstellung einen sehr bequemen Weg zur Frequenzgangauswertung. Wird im Programm noch die Übertragungsfunktion als Anweisung gebildet (z.B. durch `G=tf(A,B);`), am Programmende die `ltiview`-Anweisung aufgerufen und G dort importiert, so können gleichzeitig Nyquist-, Bodekurve, PN-Diagramm, Sprung- und Impulsverhalten der Übertragungsfunktion bewertet werden. Am Schwingkreis ist damit das Einschwingverhalten sehr gut darstellbar. Im M-File sind diese beiden letzten Zeilen angefügt, aber durch Semikola außer Betrieb gesetzt.

MATLAB-Beispiel 4/15 Frequenzgang Spannungsfolger. Operationsverstärker werden häufig als sog. Spannungsfolger mit einer Spannungsverstärkung von etwa eins eingesetzt, um zwei Schaltungsteile – etwa zwei in Kette geschaltete RC-Tiefpässe –, voneinander zu entkoppeln.

$$G = \frac{U_a}{U_e} = \frac{A_{uo}}{abs^2 + (a+b)s + gA_{uo} + 1}$$

Wird der Operationsverstärker nach Bild 2.5.3 durch eine Ersatzschaltung mit spannungsgesteuerter Spannungsquelle nachgebildet und sein Minuseingang an einen Spannungsteiler (mit dem Teilerverhältnis g) angeschlossen, – wobei der Spannungsteiler von der Ausgangsspannung U_a versorgt wird –, so lässt sich für die am Pluseingang liegende Eingangsspannung U_e die folgende Maschengleichung aufschreiben: $U_e = U_d + gU_a$. Mit der Verstärkerbeziehung $D_u = U_a/A_u$ folgt daraus die Übertragungsfunktion $G = U_a/U_e = A_u/(1 + gA_u)$. Sie nähert sich für sehr große Verstärkung A_u dem Wert 1. Speziell für $g = 1$ (direkte Drahtverbindung vom Ausgang nach dem Minuseingang) entsteht dann der Spannungsfolger mit einer Spannungsverstärkung $G \approx 1$ (s. auch Multisim-Beispiel 2/16). Die Situation ändert sich u.U. dramatisch, wenn der Frequenzgang des Verstärkers berücksichtigt wird;

```
%Spannungsfolger op1.m
%Werteeingabe
a=0.1;b=0.010;
g=1;
Auo=1000;
%Angabe der Zähler-
%und Nennerpolynome
A=[0,Auo];
B=[(a*b),(a+b),(g*Auo+1)];
%Frequenzgangberechnung
freqs(A,B)
```

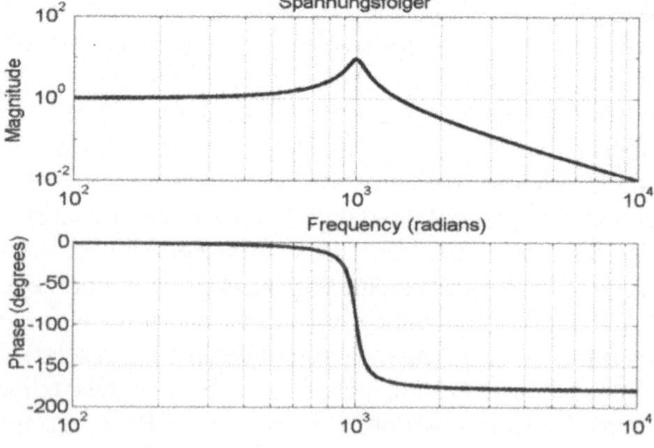

Bild B 2.4/15-1

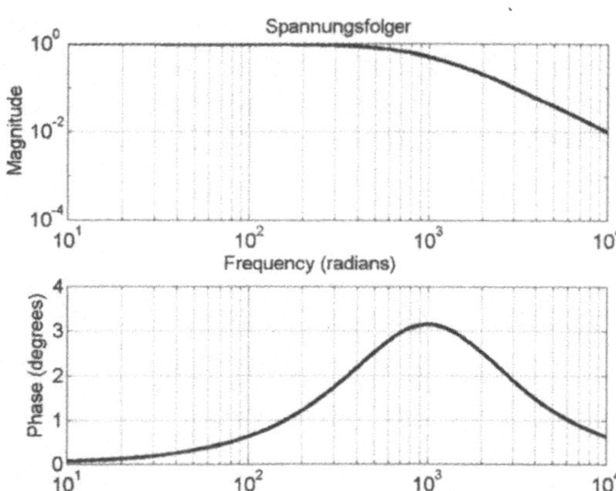

Bild B 2.4/15-2

er kann fürs erste durch eine Übertragungsfunktion mit zwei (reziproken) Grenz- oder Polfrequenzen $a = 1/w_1$, $b = 1/w_2$ in der Form $A_u = A_{uo}/\{(1 + as)*(1 + bs)\}$ beschrieben werden und es ergibt sich insgesamt die oben angegebene Übertragungsfunktion $G(s)$ für das Gesamtverhalten. Die erste (tiefere) Polfrequenz heißt Verstärkergrenzfrequenz. Gewöhnlich gilt $a \gg b$. Dann lässt sich der Frequenzgang von $G(s)$ nach Betrag und Phase mit dem angegebenen M-File `op1.m` (Bild B 2.4/15-1) unter Nutzung der `freqs`-Anweisung auswerten. Nach der Parametereingabe werden die beiden Zähler- und Nennerfunktionen in Koeffizientenform geschrieben (dazu ist der Nenner entweder auszumultiplizieren oder durch Faltung mit `conv` zu bilden, s. MATLAB-Beispiel 4/13). Die reziproken Grenzfrequenzen a, b liegen realistischerweise um etwa eine Größenordnung (und mehr) auseinander, ferner wurde ein Verstärkergrundwert von $A_{uo} = 1000$ (gültig bei tiefen Frequenzen) angesetzt. Der Gegenkopplungsfaktor g hat durch die Direktverbindung vom Ausgang nach dem −-Eingang den Wert $g = 1$.

Maßgebend für die Diskussion ist das Vorzeichen der Spannungsverstärkung A_{uo}. Für positive Werte ($A_{uo} > 0$) bleibt der Betrag der Spannungsverstärkung bei tiefen Frequenzen konstant und geringfügig unter 1 (was dem sog. Gegenkopplungsbetrieb entspricht), um schließlich Resonanzverhalten zu zeigen (Bild B 2.4/15-2). Dem Phasenverlauf nach kehrt sich die Phase der Ausgangsspannung oberhalb der Resonanz um und der Spannungsfolger wird seiner Aufgabe nicht mehr gerecht!.

Für negative Werte A_{uo} – entsprechend einer Phasenumkehr des Verstärkers – liegt bei tiefen Frequenzen der Verstärkungswert geringfügig über 1, aber die Resonanzüberhöhung nach hohen Frequenzen unterbleibt. Aufgrund des Frequenzganges würde man dieser Anordnung den Vorzug geben. Eine spätere Untersuchung der Pollage mit dem `MATLAB SISO Design Tool` wird jedoch zeigen, dass diese Schaltungsform nicht zweckmäßig ist (Instabilität).

Noch kritischere Verhältnisse entstehen, wenn der Verstärkerfrequenzgang einen dritten Pol hat. Dann kann unter bestimmten Bedingungen selbst im Gegenkopplungsbetrieb Instabilität auftreten.

MATLAB-Beispiel 4/16 Vierpolzusammenschaltung 1. Soll das Übertragungsverhalten eines komplizierten Vierpols untersucht werden, so bietet MATLAB eine Reihe nützlicher Auswertungshilfsmittel. Das Programm kann aber auch zur Darstellung der Eigenschaften des Gesamtvierpols aus Einzelvierpolen herangezogen werden, denn komplexere Vierpole lassen sich z.B. durch Parallel-, Reihen-, Gemischt- und Kettenschaltungen von Elementarvierpolen gewinnen. Das möge am Beispiel des frequenzkompensierten RC-Spannungsteilers (MATLAB-Beispiel 4/6 und Bild 4.6.22) vorgeführt werden.

```
%Kompensierter
%Spannungsteiler notch3.m
%Netzwerkelemente
G=1;C=1;a=2;
%Stromquelle
Iq=10;
%Frequenzvariation
for w=0.1:0.001:2
    %Vierpol1
    y1=[G,-G;-G,G+j*w*a*C];
    %Vierpol2
    y2=[j*w*C,-j*w*C;-
j*w*C,G+j*w*C];
    %Parallelschaltung
    y=y1+y2;
    %Stromquellenvektor
    i=[Iq;0];
    %Auflösung nach
Spannungsvektor
    v=y\i;
    %Vierpolspannungen
    u1=v(1); u2=v(2);
    %Übertragungsgröße
    G=u2/u1;
mag=abs(G);
phi=angle(G)*180/pi;
%Darstellung Betrag
subplot(2,1,1),
plot(w,mag),
hold on
%Darstellung Phase
subplot(2,1,2)
plot(w,phi)
hold on
end
hold off
```

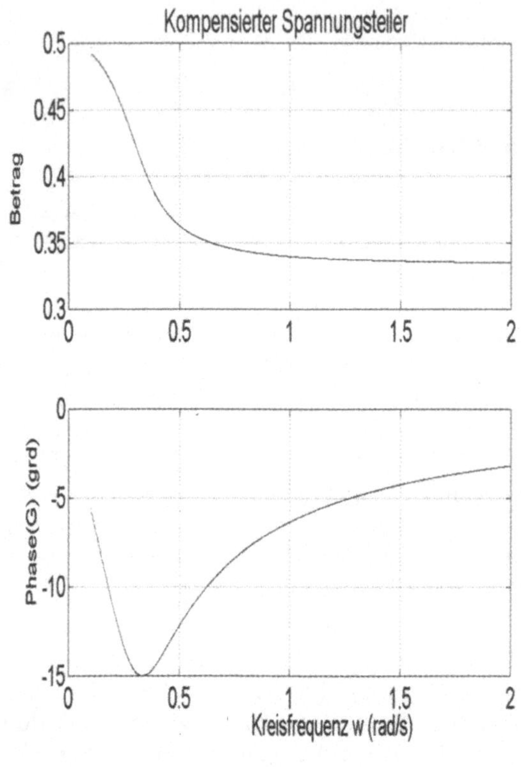

Bild B 2.4/16

Wir fassen den RC-Spannungsteiler als Parallelschaltung zweier Vierpole auf, nämlich eines RC-Vierpols 1 mit Tiefpasscharakter (Elemente R, $a{*}C$) und eines C-R-Vierpols 2 mit Hochpasscharakter. Die Vierpolparameter lassen sich z.B. mittels Bild 4.6.3 bestimmen. Die Gesamtleitwertmatrix ergibt sich durch Addition (Parallelschaltung) der Teilvierpole (s. Abschn. 4.6.1.4). Wird an den Eingang die Stromquelle I_q angelegt, so entstehen an den Vierpolein- und -ausgängen die Spannungen u_1 und u_2. Aus der Knotenspannungsbeschreibung des Gesamtsystems $i = y\,v$ folgt durch Auflösung der Spannungsvektor v mit seinen beiden Komponenten u_1 und u_2, den Spannungen an den Vierpolein-/-ausgängen, letztere bei Leerlauf $i_2 = 0$. Der Quotient $G = u_2/u_1$ ist die gesuchte (Leerlauf-)Spannungsübertragungsfunktion. Sie wird für unterschiedliche Frequenzen ermittelt und über der Kreisfrequenz nach Betrag und Phase dargestellt, was hier mit einer `for-end`-Anweisung geschieht.

Im M-File `notch3.m` (Bild B 2.4/16) sind die entsprechenden Anweisungen zusammengestellt. Die Kapazität des Vierpols 1 kann durch den Faktor a verändert werden (als Festvorgabe). Beide Widerstände R wurden gleich gewählt, so dass der Verlauf für tiefe Frequenzen bei 0,5 beginnt. Je nach der Größe von a arbeitet die Anordnung aus Tief- oder Hochpass, für $a = 1$ herrscht Frequenzkompensation mit Phase 0.

Die Annäherung $a \rightarrow 1$ kann zur Überprüfung der Numerikgenauigkeit verwendet werden.

Die von den Teilvierpolen ausgehende Analyse des Übertragungsverhaltens mag umständlich erscheinen, denn der Weg über die Spannungsteilerregel im Beispiel 4/6 führt schneller zum Ziel. Hier geht es aber hier um die Vertiefung des Vierpolverständnisses, auch für veränderliche Frequenzen.

MATLAB-Beispiel 4/17 Überbrückte T-Schaltung. Eine überbrückte T-Schaltung nach Bild 4.6.21a kann als Parallelschaltung eines T-Vierpols (s. Bild 4.6.5) und eines Vierpols mit nur einer Längskapazität C aufgefasst werden. Für den T-Vierpol (zwei gleiche Längswiderstände R, Querkapazität C) lassen sich die Z-Parameter leicht aus den Definitionen für $Z_{11}\ldots Z_{22}$ ermitteln, ebenso die Leitwertparameter des Vierpols 2, aus den Parameterdefinitionen von $Y_{11}\ldots Y_{22}$. Für die Parallelschaltung beider Vierpole muss die Widerstandsmatrix des Vierpols 1 eine eine Leitwertmatrix gewandelt werden über `y=inv(z)`.

```
%Überbrücktes
%T-Glied notch1.m
%Netzwerkelemente
G=1;C=1;
%Stromquelle
Iq=10;
%Frequenzvariation
for w=0.01:0.01:5;
   %T-Vierpol
   R=1/G;Yc=j*w*C;
   z=[R+1/Yc,1/Yc;1/Yc,R+1/Yc];
   %Wandlung
   y1=inv(z);
   %Vierpol 2
   y2=[Yc,-Yc;-Yc,Yc];
   %Parallelschaltung
   y=y1+y2;
   %Stromquellenvektor
   i=[Iq;0];
   %Auflösung nach
   %Spannungsvektor
   v=y\i;
   %Vierpolspannungen
   u1=v(1); u2=v(2);
   %Übertragungsgröße
   G=u2/u1;
mag=abs(G);
%Darstellung
semilogx(w,mag)
hold on
end
```

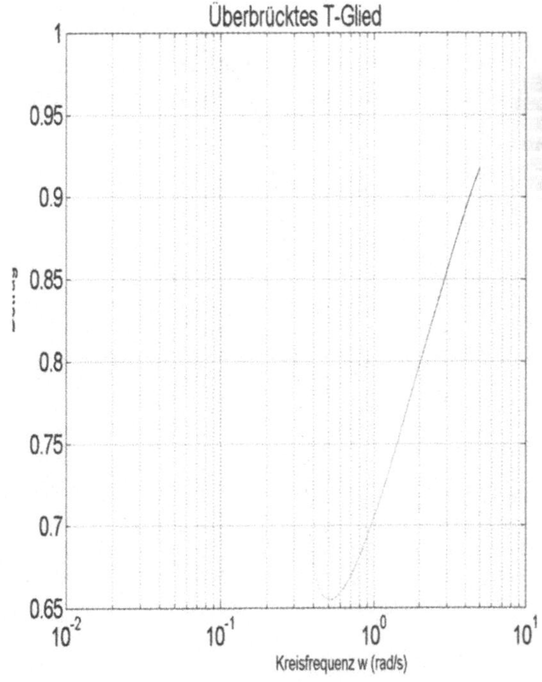

Bild B 2.4/17

Liegt am Eingang des Gesamtvierpols eine Stromquelle, so entstehen an den Vierpolein- und -ausgängen die Spannungen u_1 und u_2. Sie sind Komponenten des Spannungsvektors v ermittelt aus $i = y*v$. Der Quotient $G = u_2/u_1$ ist die (Leerlauf-)Spannungs-Übertragungsfunktion. Sie wird für verschiedene Frequenzen ermittelt und ihr Betrag aufgetragen. Eine `for-end`-Anweisung berechnet den Frequenzgang. Im M-File `notch1.m` (Bild B 2.4/17) sind die entsprechenden Anweisungen zusammengestellt. Als Darstellung ist die halblogarithmische Form gewählt, weil das Minimum der Übertragungsfunktion bei $wRC = 0{,}5$ liegt.

Auch hier mag die Berechnung der Übertragungsfunktion über eine Zusammenschaltung von Elementarvierpolen umständlich erscheinen, denn die Direktberechnung von G über Netzwerkbeziehungen führt rasch auf

$$G = \frac{(jx)\wedge 2 + j2x + 1}{(jx)\wedge 2 + j3x + 1} \; .$$

Dafür bietet die Übergabe der vollständigen Analyse an MATLAB aber tieferen Einblick in Vierpolzusammenhänge.

MATLAB-Beispiel 4/18 Vierpolkettenschaltung. Die Spannungsübersetzung eines RC-Spannungsteilers kann – außer über die Spannungsteilerregel – auch vierpoltechnisch mit der Kettenmatrix $a = [\mathrm{A}]$ (Gl. 4.6.14) aus dem Zusammenhang $v_e = a*v_a$ bestimmt werden. Dabei sind v_e und v_a die (gemischten) Spannungs-/Stromvektoren der Ein- bzw. Ausgangsgrößen. Die Kettenmatrixelemente lassen sich leicht berechnen (s.u.). Im M-File `notch5.m` (Bild B 2.4/18) wurden entsprechenden Schritte zusammengestellt.

Nach Definition der Netzwerkelemente und der a-Matrix einer RC-Abzweigschaltung (R im Längs-, C im Ausgangsquerzweig) wird zunächst der Eingangsvektor $v_e = [u_1; i_1]$ ermit-

```
%Tiefpass
%3. Ordnung notch5.m
%Netzwerkelemente
R=1;C=1;Uq=1;
%Frequenzvariation
for w=0.1:0.001:10;
Yc=j*w*C;
%Einzelvierpol
a1=[1+Yc*R,R;Yc,1];
%Kettenschaltung
a=(a1*(a1*a1));
%Eingangsvektor
ve=Uq*[1;a(2,1)/a(1,1)];
%Ausgangsvektor
va=inv(a)*ve;
%Vierpolspannungen
u2=va(1);
u1=ve(1);
%Übertragungsgröße
G=u2/u1;
mag=abs(G);
semilogx(w,mag)
hold on
end
```

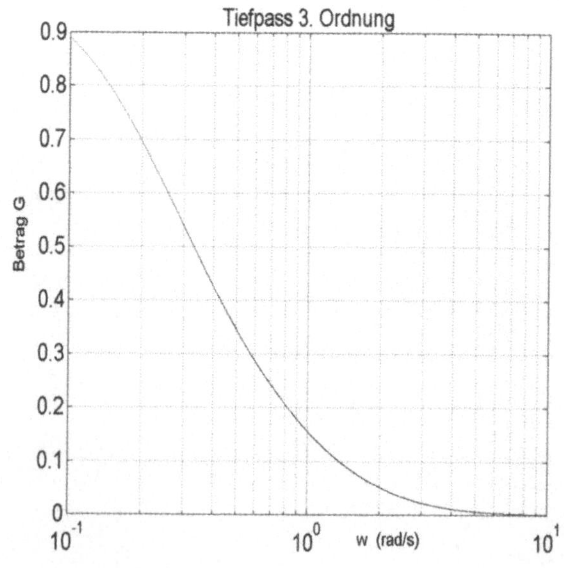

Bild B 2.4/18

telt. Eingangsseitig soll die Quellenspannung U_q anliegen ($u_1 = U_q$), der Strom i_1 ergibt sich aus u_1 und dem Eingangswiderstand Z_e des Vierpoles (bei Leerlauf am Ausgang): $Z_e = u_1/i_1 = A_{11}/A_{21} = a(1,1)/a(2,1)$. In der hier gewählten Form der Kettenmatrix muss der Ausgangsstrom i_2 definitionsgemäß aus dem Vierpol (wegen der angestrebten Kettenschaltung) positiv herausfließen.

Der Ausgangsvektor v_a lautet $v_a = [u_2; i_2]$ mit $i_2 = 0$ durch die Leerlaufbedingung. v_a selbst wird durch Auflösen der Matrixbeziehung $v_a = \mathrm{inv}(a)*v_e$ ermittelt. Damit lässt sich die Übertragungsfunktion $G = u_2/u_1$ für das Spannungsverhältnis eines Vierpols bilden. Zum Ablauf für verschiedene Frequenzen wird eine `for-end`-Schleife gewählt.

Der Vorteil durch Anwendung der Matrixrechnung wird dann deutlich, wenn mehrere Vierpole in Kette geschaltet sind, wie hier drei: $(a_1*(a_1*a_1))$ (Bild B 2.4/18). Zur Matrixunterscheidung bezeichnet a_1 die Kettenmatrix eines RC-Vierpols. Im Vergleich zu dieser Lösung ist die direkte Berechnung des Teilerverhältnisses durch Mehrfachanwendung der Spannungsteilerregel aufwendig, das Ergebnis lautet

$$G = \frac{x\wedge 2 + 3x + 1}{x\wedge 3 + 5x\wedge 2 + 6x + 1}$$

mit $x = \mathrm{j}wRC$. Es gestattet aber bei Direkteingabe der Übertragungsfunktion ebenso die (einfachere) Frequenzgangbestimmung z.B. über die `bode`-Anweisung.

MATLAB-Beispiel 4/19 RC Einschaltvorgang, symbolische Auswertung. MATLAB enthält in den Studentenversionen 5.3 und 6 einen großen Teil der Möglichkeiten der `Symbolic Math Toolbox` (basierend auf dem `Maple Kern`) zur symbolischen Auswertung von Gleichungen. Damit lassen sich viele Problemstellung elegant und rasch lösen. Eine Übersicht der verfügbaren Befehle erhält man mit der Eingabe `help symbolic` in das Arbeitsfenster.

Für die symbolische und numerische Lösung von Differentialgleichungen ist der Befehl `dsolve` relevant. Der für einfache RC- (und RL-) Schaltungen erster Ordnung zutreffende Gleichungstyp ist von der Form $ay' + y = A$ mit Vorgabe des Anfangswertes $y = (0)$ (z.B. Ein-/Ausschalten einer Gleichquelle). Die dafür notwendigen Befehlszeilen sind im M-File `dgl3pr.m` (Bild B 2.4/19-1) angegeben. Das Symbol `D` beschreibt den Differentialquotienten (`D2`: zweite Ableitung usw), die unabhängige Variable `t` ist Standardeinstellung.

```
%Allgemeine Lösung der DGL dgl3pr
%erster Ordnung mit Konstantquelle A
und Anfangswert y(0)
clear
syms a A y t
y=dsolve('a*Dy=-y+A','y(0)=0')
```

```
%Lösung des Kondensatorspannung
dgl2pr
%beim Einschalten einer
Spannungsquelle
u=dsolve('0.1*Du+u=2','u(0)=0');
ezplot(u,[0,.4])
```

Bild B 2.4/19-1

Anfangswerte können optional auch in die Gleichung mit der Syntax $y(a) = b$, $Dy(a) = c$ angegeben werden; fehlen sie, so enthält die allgemeine Lösung die Integrationskonstanten C_1, C_2 usw. Allgemeine Parameter a, A usw. sind in der Deklarationsanweisung `syms` voranzustellen. Für gegebene Zahlenwerte a, A und $y(0)$ (z.B. $a = 0{,}1$, $A = 2$ (Einschalten einer Gleichspannung A=2 V) und den Anfangswert $u(0)$=0) ergibt sich mit der Zuordnung $y = u$

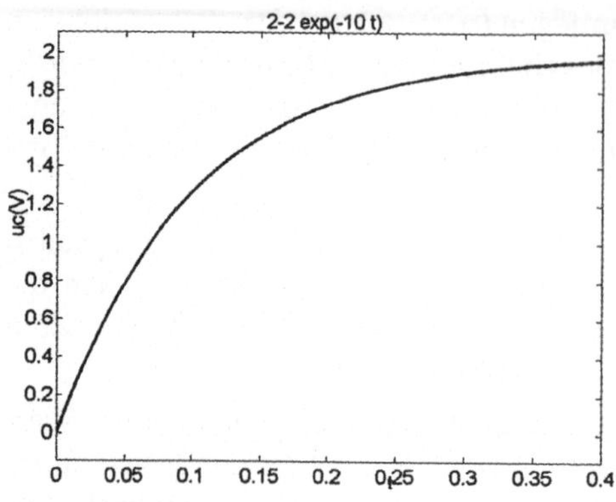

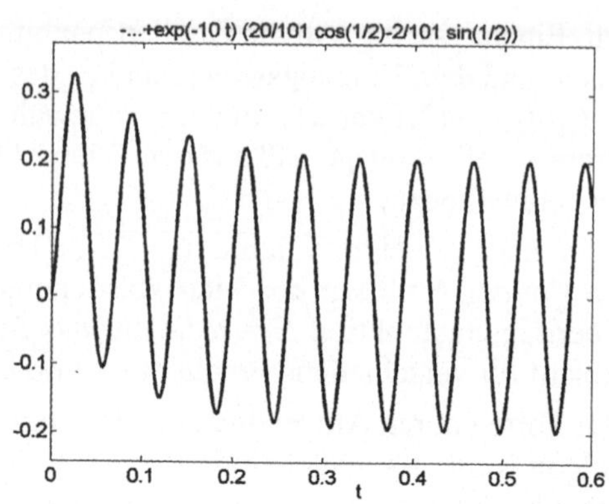

Bild B 2.4/19-2

für die Kondensatorspannung des Einschaltvorganges einer RC-Schaltung nach Bild 4.7.4 die im M-File `dg12pr.m` (Bild B 2.4/19-2) angegebene Befehlszeile. Die Deklaration der symbolischen Größen kann entfallen. Das Ergebnis wird mit `ezplot`(u,[0,0.4]) ausgedruckt (Zeit-bereich von $t = 0$ bis $t = 0{,}4$). Im Vergleich zur allgemeinen Lösung Gl. (4.7.6) ff. überrascht die Kürze der Darstellung und Anzeige!

```
%Einschalten einer Wechselspannung,dglpr
syms u t
u=dsolve('0.1*Du+u=2*sin(100*t+0.5)','u(0)=0')
ezplot(u,[0,.6])
```

Bild B 2.4/19-3

Besonders effizient wird die symbolische Lösung der DGL beim Einschalten einer zeitveränderlichen Quelle, z.B. einer Wechselspannung $U_q \sin(\omega_o\, t + \text{pha})$ mit $U_q = 2$ V, $\omega_o = 100$ (rad/s), Phase pha = 0,5 (Bogenmaß). Der Zeitbereich sei von $t = 0$ bis $t = 0{,}6$ festgesetzt und der Anfangswert zu $u(0) = 0$ gegeben. Das M-File `dglpr.m` (Bild B 2.4/19-3) enthält die erforderlichen Anweisungen, das Ergebnis ist im rechten Teil von Bild 2.4/19-2 ausgedruckt. Im Vergleich zur allgemeinen Lösungsmethodik Gl. (4.7.19ff.) fällt der geringe Befehlsaufwand auf, den die symbolischen Lösungsmöglichkeiten von MATLAB erfordern. Sehr bequem lassen sich damit auch Parametervariationen, z.B. der Zeitkonstante a = RC gegenüber der Kreisfrequenz w_o und dem Phasenwinkel pha im Bereich von $0\ldots\pi$ durchführen.

Bei symbolischen Lösungsverfahren ist eine Überprüfung des Ergebnisses immer angebracht. Eine erste Kontrolle sollte sich auf die Erfüllung der Anfangswerte konzentrieren. Dazu dient der Befehl `subs(u,t,u(0))`, der als Antwort den Anfangswert $u(0)$ liefern muss. Eine zweite Kontrolle ergibt sich durch Differentiation der Lösung und Abzug der Ausgangsdifferentialgleichung von diesem Ergebnis: `res=diff(u,t)-Du` im Arbeitsfenster. Es sollte – gegebenenfalls nach Vereinfachung mit `simplify(res)` – einen Wert um Null herum bzw. im Bereich der Maschinengenauigkeit liefern.

Liegt eine allgemeine Zeitabhängigkeit der Spannungsquelle vor, so kommen als Eingabemöglichkeiten außer der Fourierreihe die Standarderregerfunktionen (Rechteck, Impuls, Dreieck u.a.) in Frage. Für letztere bieten sich allerdings ebenso einfache Lösungsmöglichkeiten mittels der Laplace-Transformation und weiterer Systemkenngrößen wie Gewichts- und Sprungantwort, wofür MATLAB eine Reihe von Auswertewerkzeugen bereitstellt.

MATLAB-Beispiel 4/20 RC-Einschaltvorgang. Der Einschaltvorgang einer RC-Schaltung nach Bild 4.7.4 kann außer über die direkte analytische Lösung Gl. (4.7.5ff.) auch mit MATLAB auf verschiedenen Wegen erfolgen. Wir greifen hier die direkte numerische Lösung der Differentialgleichung als Anfangswertproblem auf mit den angebotenen Algorithmen `ode23` und `ode45`, die auf dem Runge-Kutta-Verfahren basieren.

```
%rcnw
%Erzeugung einer MATLAB-Funktion
'rcnw'
%zur Berechnung der Ableitung
rcnw.m
function[udot]=rcnw(t,u)
R=1000
C=20*10e-6;
a=R*C;       %Zeitkonstante
udot=0;      %Startwert
udot=-(1/a)*u+(1/a)*uq(t);
%Vereinbarung der Erregerfunktion
uq(t)
%als Sprungfunktion
function[sprung]=uq(t)
sprung=t>=0;
```

```
%rcwel.m
%Erzeugung einer MATLAB-Funktion 'rcwe'
%bei Einschalten Wechselspannung
%zur Berechnung der Ableitung rcwel.m
function[udot]=rcnw(t,u)
R=10
C=20*10e-3;
a=R*C;       %Zeitkonstante
udot=0;      %Startwert
wo=10;       %Kreisfrequenz
pha=pi/8;    %Phase
Uq=2;        %Amplitude Wechselspannung
udot=(1/a)*u+(1/a)*Uq*sin(wo*t+pha);
```

Bild B 2.4/20-1

Die Lösung für die Variable $y(t)$ eines Systems erster Ordnung ergibt sich nach der Syntax `[t,y]=ode23(F,[ta,tend],yo)`. Dabei sind t_a und t_{end} die Start- und Endzeiten für die Simulation, y_0 der Anfangswert und F eine Textzeile, die den Namen der MATLAB-Funktion enthält, deren Ableitung ermittelt werden soll. Im Schaltungsbeispiel wird die DGL in einer MATLAB-Funktion `,rcnw'` erfasst und wie im M-File Bild B 2.4/20-1 angegeben definiert. Die Befehlszeile `udot` entspricht der Differentialgleichung aufgelöst nach du/dt. Wird die Schaltung mit einer Gleichspannung eingeschaltet (Amplitude gleich 1 gesetzt), so ist auch der Einheitssprung durch eine Funktion `,sprung'` zu vereinbaren. Nach Abspeichern des Files unter dem angegebenen Namen werden dann im Arbeits-fenster die Befehle zur Simulation wie nach Bild B 2.4/20-2 eingegeben. Man erhält im Falle $u_0 = 0$ den Verlauf nach Bild 5.1.6b. Versuchsweise sollte man den Integrationsalgorithmus von `ode23` auf `ode45` ändern. (MATLAB bietet noch weitere Verfahren).

```
EDU>>uo=0.5 ; %Anfangsspannung 0.5V
EDU>>[t,u]=ode23(,rcnw',[0,5],uo);
EDU>>plot(t,u)
```

Bild B 2.4/20-2

Bild B 2.4/20-3

Wird statt der Gleich- eine Wechselspannungsquelle eingeschaltet, so lässt sich leicht ein zugehöriges M-File `'rcwel'` schreiben (Bild B 2.4/20-1 rechts). Statt der Sprungfunktion ist eine Wechselspan-nung mit wählbarer Einschaltphase angesetzt. Kreisfrequenz w_o und Zeitkonstante $a = RC$ sind so abzustimmen, daß innerhalb weniger Perioden ein merklicher Abfall eintritt. Aus Bild B 2.4/20-3 geht die Überlagerung des Einschwingvorganges mit dem Verlauf der Wechselspannung sichtbar hervor. Auf weitere elektrotechnische Einzelheiten sei hier verzichtet, auch die Achsenbezeichnungen wurden hier nicht weiter angepasst.

MATLAB-Beispiel 4/21 Reihenschwingkreis. Das Einschalten einer Gleichspannung am Reihenschwingkreis (Bild 4.7.13) führt auf die DGL (4.7.23) zweiter Ordnung für die Kondensatorspannung u_c mit gegebem Anfangswert und der Ableitung du_c/dt. Je nach der Kreisbemessung kann es dabei zum aperiodischen Einschwingen bis hin zur lang anhaltenden harmonischen Schwingung kommen. Abgesehen von der hier leicht durchzuführenden analytischen Lösung lässt sich die Kondensatorspannung auch durch Einsatz von MATLAB nach unterschiedlichen Methoden ermitteln: numerische Integration, Anwendung der Methode der Zustandsvariablen oder durch symbolische Lösung (s. MATLAB-Beispiel 4/19 RC-Einschaltvorgang). Während in den ersten beiden Fällen die DGL 2. Ordnung in zwei DGL 1. Ordnung verwandelt wird, führt hier die symbolische Lösung am schnellsten zum Ziel.

```
%Einschalten eines
Reihenschwingkreises mit
%einer Gleichspannung,
%Vorgaben:Uq,%a=LC,
%b=RC, Randwerte
%u(0),D(u),schwl.m
u=dsolve('1*10e-6*D2u+0.09*10e-
3*Du+u=1...
','u(0)=0','Du(0)=0');
ezplot(u,[0,0.1])
```

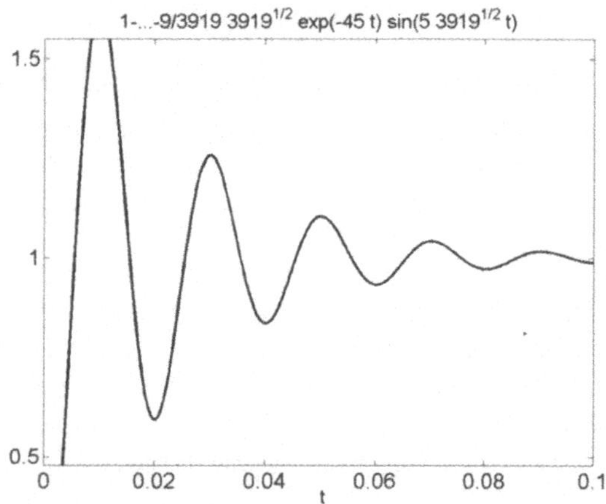

Bild B 2.4/21

Ausgang ist die DGl. in der Form $au_c'' + bu_c' + u_c = U_q$ mit $a = LC$, $b = RC$. Zur Lösung wurde das M-File `schwl.m` entwickelt (Bild B 2.4/21). Es beginnt unmittelbar mit der Eingabe der Befehlszeile mittels `dsolve`. Im Beispiel sind die Zahlenwerte $a = LC = 1{*}10^{-6}$, $b = RC = 0{,}09{*}10^{-3}$ und $U_q = 1$ V gewählt, die Anfangswerte $u_c(0) = 0$ und Spulenstrom $i \sim du_c/dt = 0$ verschwinden vorgabegemäß. Der `plot`-Aufruf `ezplot` wird für die symbolische Auswertung angeboten, er lässt sich inhaltlich weitestgehend eigenen Wünschen anpassen, worauf aber hier verzichtet wird. In Klammern [] steht der Anzeigezeitbereich. (Auch die übliche `plot`-Funktion kann eingesetzt werden!).

Bei Zunahme der Dämpfung b flacht das Einschwingen immer stärker ab. Umgekehrt entsteht bei sehr geringer Dämpfung eine lang anhaltende harmonische Schwingung.

Es bereitet keine Mühe, über eine symbolischen Lösung auch das Einschalten einer Wechselspannung zu untersuchen. Dazu muss nur die Erregerfunktion auf der rechten Seite wie beim RC-Beispiel 4/19 entsprechend abgewandelt werden.

Der Schwingkreis lässt sich auch durch Aufstellung der Differentialgleichungen für die beiden Zustandsvariablen Spulenstrom und Kondensatorspannung behandeln. Darauf gehen wir im folgenden Beispiel ein.

MATLAB-Beispiel 4/22 RC-Differenzier-Integrierglied. Die Kettenschaltung eines RC-Tief- und Hochpasses nach Bild 4.7.14 wirkt als (allerdings schlechte, s.u.) Siebschaltung für ein mittleres Frequenzgebiet und wird deshalb auch als RC-Bandpass bezeichnet. Dieses Verhalten drückt sich im entsprechenden Zeitverlauf der Ausgangsspannung als Reaktion auf einen Eingangsimpuls aus. Statt einer Untersuchung der zugehörigen DGL 2. Ordnung nach Gl. (4.7.25), soll das Verhalten der Zustandsgrößen Kondensatorspannungen einzeln ermittelt werden.

Ausgang sind die Kirchhoffschen Gleichungen, die leicht (Nachprüfung!) auf die Form

$$\begin{bmatrix} \dot{u}_{c1} \\ \dot{u}_{c2} \end{bmatrix} = a \cdot \begin{bmatrix} -2 & 1 \\ 1 & -1 \end{bmatrix} \cdot \begin{bmatrix} u_{c1} \\ u_{c2} \end{bmatrix} + \begin{bmatrix} a \\ 0 \end{bmatrix} \cdot u_q \quad \text{mit} \quad u_a = \begin{bmatrix} 1 & -1 \end{bmatrix} \cdot \begin{bmatrix} u_{c1} \\ u_{c2} \end{bmatrix} + [0] \cdot u_q$$

für $t \geq t_o$ und die Anfangsbedingungen $u_{c1}(t_o)$, $u_{c2}(t_o)$ gebracht werden können. Auf diese Weise ist das Gleichungssystem von der sog. allgemeinen Zustandsform $\begin{matrix} \dot{\boldsymbol{x}} = \boldsymbol{Ax} + \boldsymbol{Bu} \\ \boldsymbol{y} = \boldsymbol{Cx} + \boldsymbol{Du} \end{matrix}$.

Die gesuchte Ausgangsspannung u_a über dem Ausgangswiderstand R_2 setzt sich aus beiden Zustandsgrößen u_{c1} und u_{c2} subtraktiv zusammen.

```
%Sprungverhalten  RC-Bandpass
%rcbp.m
%Vorgabe der Parameterwerte
a=0.01
%Eingabe der Matrixwerte
A=zeros(2,2);
A=[-2*a,a;a,-a];
B=[a;0];C=[1,-1];D=0;
%Festlegung der Abtastschritte
n=200;T=5/a;dt=5*T/n;
t=0:dt:T;
[ua,X,t]=step(A,B,C,D,1,t);
%[ua,X,t]=impulse(A,B,C,D,1,t);
plot(t,ua)
```

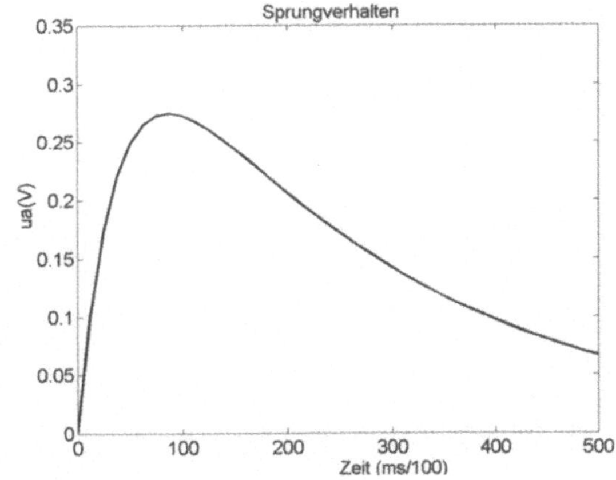

Bild B 2.4/22-1

Im Gleichungssystem wurde eine einheitliche Zeitkonstante $a = 1/RC$ gewählt mit $R_1 = R_2 = R$, $C_1 = C_2 = C$, was die Betrachtungen übersichtlicher macht.

Zur Lösung und Auswertung des Zustandsgleichungssystems (dessen Matrizen auch von höherer Ordnung als hier 2 sein können) stellt MATLAB eine sehr komfortable Umgebung bereit. Die Hauptaufgabe besteht dann in der (problemabhängigen) Bestimmung der Matrizen **A...D** und der Erarbeitung des M-Files für die Lösung. Hier sollen die Reaktion der Ausgangsspannung u_a auf einen Eingangsrechtecksprung, einen Impuls und eine zeitbegrenzt anhaltende Sinusspannung untersucht werden.

Für das Sprung- und Impulsverhalten stehen die Befehle [y,X,t]=`step`(**A,B,C,D**,1,t); [y,X,t]=`impulse`(**A,B,C,D**,1;t); und [y,X]=`lsim`(**A,B,C,D**,uq,t) zur Verfügung, letzterer für die Reaktion auf beliebige Eingangssignale.

Das Sprungverhalten wird mit dem M-File `rcbp.m` untersucht (Bild B 2.4/22-1). Die reziproke Zeitkon-stante a ist der Einfachheit wegen getrennt ermittelt. Als auszuwertender Zeitbereich sind 5 Zeitkonstanten (5/a) angesetzt. Dabei wird der Zeitbereich n mal abgetastet (ein Wert über 100 gibt einen hinreichend glatten Verlauf). Der Ausdruck wurde auf das Nötigste beschränkt und Einträge in das Diagramm erst in `figure` nachgearbeitet. Der Verlauf in Bild B 2.4/22-1 entspricht dem des Bildes 4.7.14b (die Sprungspannung hat den Einheitswert 1V). Der Achsenzeitmaßstab ergibt sich folgendermaßen: werden beispielsweise $R = 1000\ \Omega$ und $C = 1$ uF gewählt, so beträgt die Zeitkonstante $t = RC = 1$ ms, dem entspricht der Skalenwert $t = 100$. Deshalb lässt sich die Zeitachse auf ms /100 umschreiben.

Soll statt des Sprungverhaltens das Impulsverhalten untersucht werden, so muß im M-File lediglich die Zeile mit „`step`" gegen `[ua,X,t]=impulse`(**A,B,C,D**,1,t); ausgetauscht werden (sie ist bereits ins Programm aufgenommen, aber durch % wirkungslos gemacht).

```
%Einschalten Sinusstoß,rcbp4.m
a=0.01;%rez. Zeitkonstante
f0=a/(2*pi);%Bandpassfrequenz
A=zeros(2,2);
A=[-2*a,a;a,-a];
B=[a;0];C=[1,-1];D=0;
%Festlegung der Abtastschritte
n=200;
dt=10/f0/n;    %Abtastzeit
t=0:dt:10/f0; %Zeitintervall
m=3;
dt_b=m/f0/n;
t_b=0:dt_b:m/f0;
%Sinusstoß
ue=[sin(2*pi*f0*t_b),zeros...
      ..(1,length(t)-
length(t_b))];
%Auswertung
[y,X]=lsim(A,B,C,D,ue,t);
subplot(211), plot(t,ue);
subplot(212),plot(t,y)
```

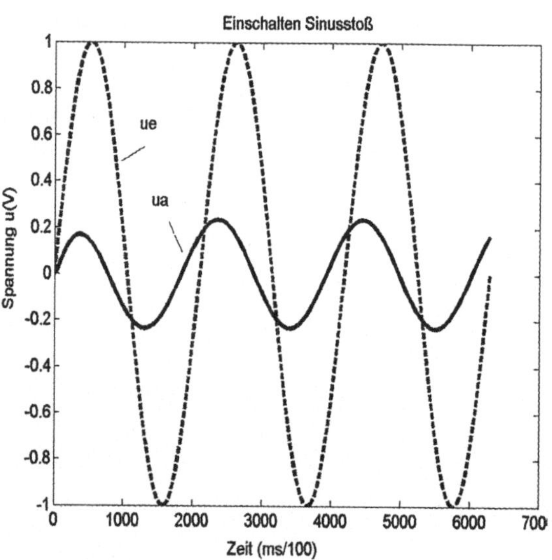

Bild B 2.4/22-2

Wird ein Sinusstoß begrenzter Länge m angelegt, dessen Frequenz etwa mit der Resonanzfrequenz des RC-Bandpasses übereinstimmt, so muss neben den allgemeinen Abtastgrößen noch eine Abtastfolge für das Sinussignal festgelegt werden, die in Relation zur Länge t_b der Sinusfolge steht. Dies ist im unteren Teil des M-Files `rcbp4.m` (Bild B 2.4/22-2) geschehen. Definitiv wird der Sinusstoß durch einen Vektor der Länge t–t_b vom Wert Null eingegrenzt, die Zahl der Sinuswellen liegt durch m fest (hier $m = 3$).

MATLAB-Beispiel 4/23 Wien-Oszillator. Gegeben sei eine ideale spannungsgesteuerte Spannungsquelle mit der Spannungsverstärkung A_u (Tafel 4.6.3). Zwischen Ein- und Ausgangsklemmen befinde sich die Kapazität C, den Eingangsklemmen liege eine Reihenschaltung von R und C parallel und die Schaltung wird von einer Spannungsquelle u_q mit Innenwiderstand R gespeist (Skizzieren Sie die Schaltung). Gesucht sind die Differentialgleichungen für die beiden Kondensatorspannungen u_{c1} und u_{c2} als Zustandsgrößen und damit die Ausgangspannung an der idealen gesteuerten Quelle als Funktion der Quellenspannung, die einen Einschaltsprung der Höhe 2 V liefern soll (zweckmäßig: Knotenspannungsverfahren verwenden). Die Netzwerkelemente R, C und die Spannungsverstärkung A_u sind gegeben.

Es ergibt sich folgendes Gleichungssystem (bereits in Matrixform der Zustandsgleichungen, prüfen Sie das nach)

$$\begin{bmatrix} u_{c1} \\ u_{c2} \end{bmatrix}' = a \cdot \begin{bmatrix} (-2+A_u) & (1-A_u) \\ 1 & -1 \end{bmatrix} \cdot \begin{bmatrix} u_{c1} \\ u_{c2} \end{bmatrix} + \begin{bmatrix} a \\ 0 \end{bmatrix} \cdot u_q; \quad u_a = \begin{bmatrix} 0 & A_u \end{bmatrix} \cdot \begin{bmatrix} u_{c1} \\ u_{c2} \end{bmatrix}$$

zu einer DGL für die Ausgangsspannung u_a vereint: $u_a'' + a(3 - A_u) \cdot u_a' + a^2 u_a = a^2 A_u u_q$ mit der natürlichen Kreisfrequenz $\omega_o = a = 1/RC$, der Dämpfung $d = (3 - A_u)/2$ und $u_a = A_u\, u_{c2}$.

```
%Einschaltverhalten der
%Wien-Schaltung wien1.m
%Eingabe von a=1/RC,
%Spannungsverstärkung Au
a=1;Au=2.0;
%Eingabe der Zustandsmatrizen
A=[(-2+Au)*a,(1-Au)*a;a,-a];
B=[a;0];C=[0,Au];D=[0];
%Kondensatoranfangsspannungen
xo=[0;0];
%Vorgabe Zeitbereich
t=0:0.01:30;
%Einschalten Rechtecksprung
uq=[2*ones(size(t))]';
[y]=lsim(A,B,C,D,uq,t,xo);
plot(t,y)
title('Wien-Oszillator')
xlabel('Zeit (s)')
ylabel(' ua(V)')
```

Bild B 2.4/23-1

Zur Lösung wurde das obenstehende M-File `wien1.m` entwickelt (Bild B 2.4/23-1). Nach Eingabe der Schaltungswerte (zunächst $R = 1\ \Omega$, $C = 1$ F und $A_u = 1$ gesetzt, s.u.) sind die Zeit in s und die Kreisfrequenz ω_o in rad/s zu erwarten und die Spannung u in Volt. Die Anfangswerte der Kondensatoren werden zu Null gesetzt. Die Matrix $\boldsymbol{D}$ verschwindet, weil es keine direkte Kopplung der Quelle auf die Ausgangsgröße gibt. Im Anfangsversuch mit der Spannungsverstärkung $A_u = 2$ entsteht ein erwarteter Einschaltvorgang mit Überschwingen (Bild B 2.4/23-2a), Letzteres entfällt für kleinere A_u. Der Fall $A_u = 0$ liefert keine Ausgangspannung, weil dann die ideale gesteuerte Quelle einen Kurzschluss darstellt. Das Überschwingen wird umso stärker, je mehr sich A_u dem Grenzwert $A_u = 3$ nähert (stellen Sie einige Verläufe im Bereich $A_u = 2{,}9\ldots3$ dar, Bild B 2.4/23-2b). Für $A_u = 3$ entsteht eine Sinusschwingung (obwohl das System nur Kondensatoren enthält, aber auch eine gesteuerte Quelle!). Die Schwingungsperiode kann (außer durch Berechnung von ω_o) auch direkt

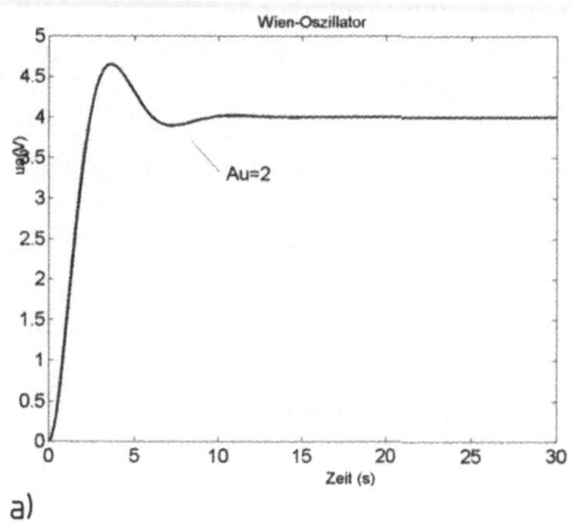

a)

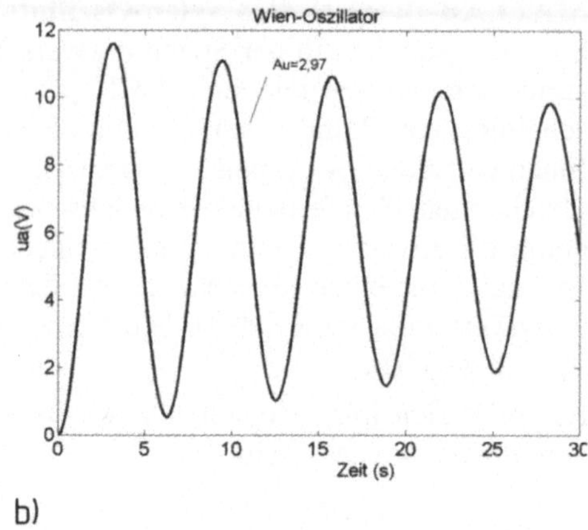

b)

Bild B 2.4/23-2

aus dem Zeitverlauf als Abstand zweier Sinusmaxima ermittelt werden; er sollte $t = 2\pi/\omega_o$ betragen. Im Grenzfall $A_u = 3$ entsteht für die Ausgangsspannung eine ungedämpfte DGL 2. Ordnung und die Schaltung schwingt mit der Resonanzfrequenz. Der Eingangsimpuls wirkt dabei als Anfangsstörung, die die Schwingung auslöst. Wird sie abgeschaltet (d.h. `uq = [0*ones(size(t))]'`) gewählt, so unterbleibt ein Ausgangssignal. Eine Störung kann aber auch durch eine Anfangsladung z.B. von $C \to u_{c1} = 1$ eingeleitet werden: Ersatz von x_o durch $x_o = [1,0]$; bei $u_q = 0$, dann entsteht sofort eine eine Sinusschwingung. Das ist das Oszillatorprinzip: ein entdämpftes System wird durch eine Störung (z.B. einen Schaltvorgang, einen Rauschimpuls u.a.) zum Schwingen angeregt. Interessant ist der Fall $A_u > 3$, z.B. 3.5 (Bild B 2.4/23-3a). Dann wächst die entstehende Schwingung mit der Zeit rasch an (auf immerhin 4000 V nach einigen Perioden!). Hier tritt die Begrenztheit des Simulationsmodells zutage. Wird die gesteuerte Quelle durch ein Bauelement (z.B. Transistor) realisiert, so sind Spannung dieser Höhe unrealistisch. Für das hier zugrunde liegende lineare Modell ist die hohe Spannung hingegen logisch (sie würde bei weiter fortschreitender Zeit noch anwachsen). In praktischen Oszillatorschaltungen wird die Spannung immer durch

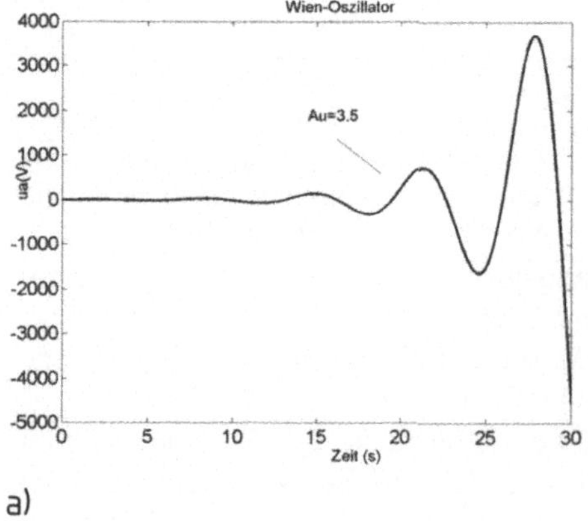

a)

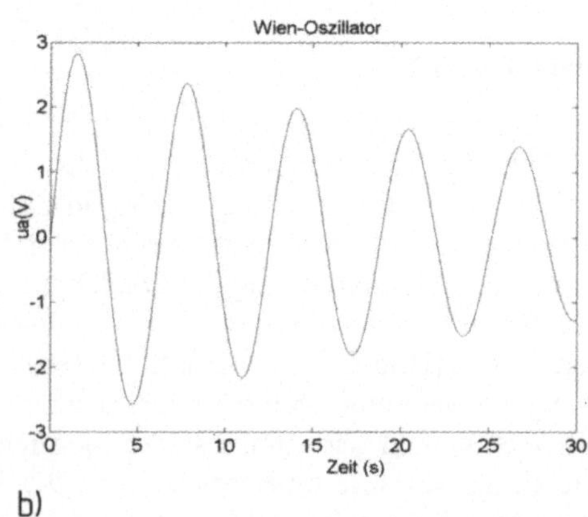

b)

Bild B 2.4/23-3

eine (z.B. im Transistor) vorhandene oder zusätzlich eingefügte Nichtlinearität auf physikalisch realistische Werte begrenzt. Eine Nichtlinearität ist aber in der hier benutzten Form der Zustandsbeschreibung nicht enthalten.

Die angesetzte (unrealistische) Größe der Netzwerkelemente lässt sich leicht auf technisch übliche Größenordnungen umformen: wird der Widerstand in kΩ und die Kapazität in nF = 10^{-9} F angesetzt, so beträgt die Zeitkonstante $RC = 1/a$ = kΩ nF = 10^{-6} s = µs (neuer Maßstab für die Zeitskala), → Frequenz f_0 in MHz und der Widerstandswert in kΩ bedingt bei Vorgabe der Spannung in V, dass alle Stromwerte in mA auftreten. Auf diese Weise können die Lösungen auch für andere Größenordnung zugeschnitten werden.

Die Untersuchung der Schaltung lässt sich mit zwei weiteren MATLAB-Befehlen vereinfachen, wenn als Quellensignale nur Rechtecksprung und Impuls interessieren. Im letzteren Fall wird der Aufruf [y,X,t]=`impulse`(**A;B;C;D;**1,t) eingesetzt, der abgeänderte Programmteil ist in Bild B 2.4/23-4 angegeben (Quelle durch Voransetzen von % zur nicht wirksamen Deklarationszeile erklärt). Die Ausgangsspannung schwingt jetzt auf den Wert 0 ein, weil der Impuls (Höhe 1) das System nur kurzzeitig anregt.

```
%wien4.m
%Kondensatoranfangsspannungen
xo=[0;0];
%Vorgabe Zeitbereich
t=0:0.01:30;
%Einschalten der Quelle mit
%Rechtecksprung
%uq=[0*ones(size(t))]';
[y,X,t]=impulse(A,B,C,D,1,t);
plot(t,y)
```

Bild B 2.2/23-4

Zum Einschalten mit einem Rechtecksprung (Höhe 1) wird der Aufruf `impulse` durch `step` ersetzt, alle übrigen Zeilen bleiben unverändert. Jetzt nähert sich die Ausgangsspannung asymptotisch dem Wert A_u. Der Vorteil des oben verwendeten Befehls `lsim` ist die größere Gestaltbarkeit der Erregung, sie könnte z.B. auch eine Sinusfolge sein.

MATLAB-Beispiel 4/24 Reihenschwingkreis, Methode der Zustandsvariablen. Im Reihenschwingkreis (mit einer beschreibenden DGL 2. Ordnung z.B. für die Kondensatorspannung oder den Spulenstrom) treten letztere Größen als Zustandsvariable natürlicherweise auf. Daher liegt es nahe, statt einer beschreibenden DGL für nur jeweils eine Zustandsgröße zwei Gleichungen erster Ordnungen für beide Größen gleichzeitig aufzustellen. Sie lauten zusammengefasst in Matrixschreibweise

$$\begin{bmatrix} i' \\ u_c' \end{bmatrix} = \begin{bmatrix} \frac{-R}{L} & \frac{-1}{L} \\ \frac{1}{C} & 0 \end{bmatrix} \cdot \begin{bmatrix} i \\ u_c \end{bmatrix} + \begin{bmatrix} \frac{1}{L} \\ 0 \end{bmatrix} \cdot u_q, \quad \begin{bmatrix} y_1 \\ y_2 \end{bmatrix} = \begin{bmatrix} 1 & 0 \\ 0 & 1 \end{bmatrix} \cdot \begin{bmatrix} i \\ u_c \end{bmatrix} + [0] \cdot u_q$$

und sind so genau von der allgemeinen Form der Zustandsgleichungen mit den Zustandsvariablen $x_1 = i$ Spulenstrom und $x_2 = u_c$ Kondensatorspannung. Die Ausgabegrößen y_1 und y_2 sind (bewusst so gewählt) ebenfalls Spulenstrom und Kondensatorspannung, es könnten z.B. auch Spulenspannung und Spannung über dem Widerstand R gewählt werden.

```
%Reihenschwingkreis schw2.m
%mit Kondensatorentladung
A=[-0.3,-1;2,0];
B=[1;0];
C=[1,0;0,1];%Auslesen von i und uc
D=[0];
xo=[0;10];% Anfangswert uc(0)=10V
t=0:0.01:10;
%Eingangssignal auf Null gesetzt
X=[0*ones(size(t))]';
[y1,y2]=lsim(A,B,C,D,X,t,xo);
plot(t,y1,'-'t,y2);
title('Anfangswertverhalten');
xlabel('Zeit (s)');
ylabel('i (A), uc(V)')
grid
```

```
%Reihenschwingkreis, Einschalten
%einer Gleichspannung
%Uq=5V ,schw3.m
%R=0.3,L=1,C=0.5
A=[-0.3,-1;2,0];
B=[1;0];
C=[1,0;0,1];
D=[0];
xo=[0;0];% Anfangswerte null
t=0:0.01:10;
%Einschaltsprung 5V
X=[5*ones(size(t))]';
[y1,y2]=lsim(A,B,C,D,X,t,xo);
plot(t,y1,'-',t,y2)
grid
```

Bild B 2.4/24-1

Die Lösung der Zustandsgleichungen kann – außer der hier leicht möglichen direkten Form – mit MATLAB auf verschiedene Weise erfolgen: symbolisch; als numerische Lösung des Differentialgleichungssystems im Zeitbereich etwa mit Lösungsalgorithmen wie `ode23` u.a., als direkte Lösung im Zeitbereich mit bereitgestellten Anweisungen (wie hier) oder durch Laplace-Transformation mit entsprechenden Anweisungen. Wir verwenden hier die Lösung im Zeitbereich bei allgemeiner Erregungsfunktion mit der Anweisung `[y1,y2]=lsim(A,B,C,D,X,t,xo)`. Dabei ist `X` die Eingangserregung und xo der Vektor der Anfangswerte der Zustandsgrößen ($i(0)$, $u_c(0)$). Als Zahlenwerte mögen gelten: $R = 0{,}3\ \Omega$, $L = 1$ H, $C = 0{,}5$ F (Skalierungen auf realistische Werte erfolgen am Ende).

Im ersten Schritt wird das freie Einschwingen des Kreises durch endliche Anfangswerte – z.B. der Kondensatorspannung $u_c(0)$ – untersucht, also die äußere Erregung (Eingangssignal X) auf Null gesetzt. Im M-File `schw2.m` (Bild 2.4/24-1) wurden die erforderlichen Schritte zusammengestellt. Die Matrizen **A…D** sind problemspezifisch. Gesucht werden die Zustandsgrößen $y_1 = i$ und $y_2 = u_c$. Ob eine abklingende Schwingung mit der Kreisfre-

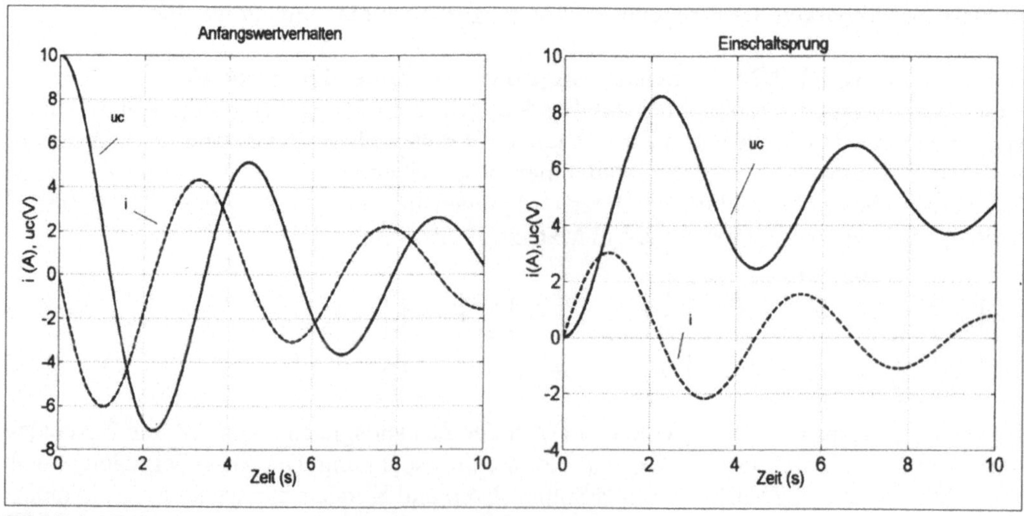

Bild B 2.4/24-2

frequenz $\omega_0 = (1/\text{sqrtLC})$ (hier sqrt2 = 1,41) entsteht oder rein exponentielle Verläufe auftreten, hängt vom Widerstand R = 2sqrt(L/C) (hier R = 2sqrt 2 = 2,82) ab, im Beispiel wurde $R = 0{,}3\ \Omega$ gewählt. Die Kreisfrequenz der freien Schwingung ergibt sich aus der Zeitdifferenz zwischen zwei aufeinanderfolgenden Maxima der harmonischen Schwingung: $t = 2\pi/\omega_0 = 4{,}44$ (Bild B 2.4/24-2). Der Grenzwiderstand für den aperiodischen Fall beträgt R_0 = 2*sqrt(L/C) = 2,82 Ω, für $R > R_0$ erfolgen rein exponentielle Übergangsvorgänge.

Im nächsten Fall werden beide Anfangswerte zu Null gesetzt und ein Gleichspannungssprung von 5 V zur Zeit $t = 0$ angelegt. In den Befehlszeilen des M-Files ändern sich nur der Anfangsvektor x_0 und die Netzwerkerregung X, alle übrigen Zeilen bleiben unverändert. Damit ergibt sich das M-File `schw3.m` (Bild B 2.4/24-1). Im Kurvenverlauf beginnen Kondensatorspannung und Spulenstrom bei Null (vorher stromloser Zustand), der Strom klingt auf Null ab und die Spannung schwingt auf 5 V ein (besonders gut zu sehen für einen Widerstand R jenseits des aperiodischen Grenzfalls, z.B. $R = 3\ \Omega$). Die Kondensatorspannung kann bei schwacher Dämpfung im ersten Moment bis auf den doppelten Wert der Einschaltspannung anwachsen. Der Einschaltsprung ist durch einen Einschaltimpuls der Höhe 5*1 und Länge t (Laufbereich t) gegeben.

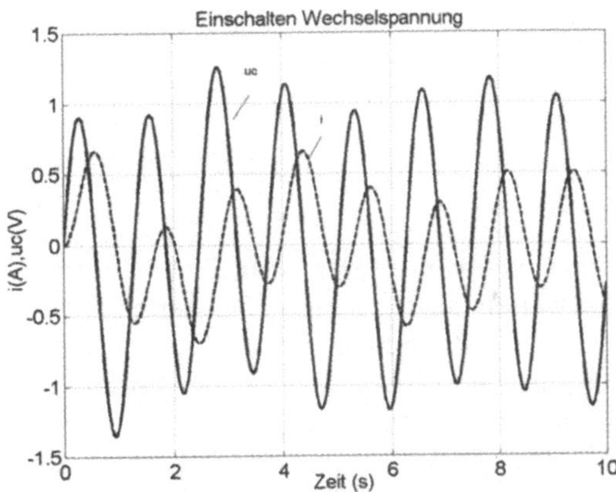

Bild B 2.4/24-3

Wird schließlich eine Wechselspannung von beispielsweise $u_q = 5\ \text{V}*\cos(wt)$ (im anfangswertfreien Fall) eingeschaltet, so ist im M-File lediglich die Anweisung X zu ersetzen: `X = [5*cos(5*t)]';` dabei wurden eine Amplitude von 5 V (Spitzenwert) und eine Kreisfrequenz $w = 5$ gewählt.

Bei sehr niedriger Frequenz w der Wechselspannung, z.B. $w = 0{,}05$ ergeben sich Verläufe, die dem Einschalten der Gleichspannung ähneln. Umgekehrt überlagert sich bei hoher Kreisfrequenz ω diese Kurve dem langsamen freien Einschwingvorgang, wie hier ($w = 5$, $w_0 = 1{,}41$). Es bereitet keine Problem, die Parameter weiter zu variieren und z.B. auch andere Ein- und Ausschaltvorgänge zu untersuchen.

MATLAB-Beispiel 5/1 Standardsignale. Zur Erzeugung von Standardsignalen wie Rechtecksprung, Impuls, Impulszug, harmonische Schwingung, Sägezahn und Diracimpuls bietet MATLAB vielfältige Möglichkeiten:

– soll die Systemreaktion auf ein Standardsignal untersucht werden soll, so empfiehlt sich die Verwendung der Aufrufe `impuls, step, lsim` auch `ltiview` oder `GUI` können eingesetzt werden,

– zur grundsätzlichen Erzeugung von Standardsignalen kann ebenso der Rechtecksprung mit dem Aufruf `stepfun` herangezogen werden, der zugleich als Aufbaufunktion ggf. in Verbindung mit anderen Funktionen (Anstieg-, Exponential-, Sinusfunktion u.a.) dienen kann ebenso wie `rectpuls`,

– für periodische Verläufe sind `sawtooth`, `pulstran`, `square` u.a. geeignet, ebenso `gensig`. Deshalb besteht für Standarduntersuchungen meist keine Notwendigkeit zur Erzeugung entsprechender Signale.

Für das grundsätzliche Verständnis soll die Sprungfunktion erläutert werden.

```
%Reckteckfunktion step1.m
t=-1:0.01:10;
t0=2;  % Einschalten Sprung u1
u1=2*stepfun(t,t0);
t0=4;  %Einschalten Sprung u2
u2=3*stepfun(t,t0);
t0=5;  %Einschalten Sprung u3
u3=5*stepfun(t,t0);
u=u1+u2-u3; % Überlagerung
plot(t,u);
axis([-1,10,0,6]);
xlabel('Zeit');
ylabel('Amplitude u')
grid
```

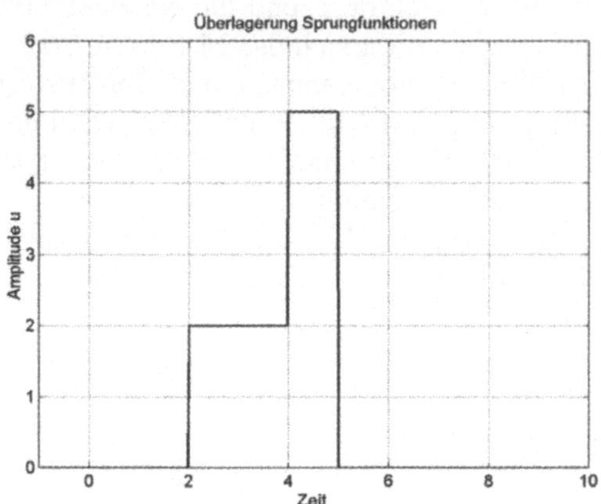

Bild B 2.5/4-1

1. *Sprungfunktion.* Der Aufruf `stepfun(t,t0)` erzeugt einen Vektor der Länge t mit Nullwerten für $t \le t_0$ und Einswerten für $t \ge t_0$. *Beispiel*: eine Rechteckfunktion (M-File `step1.m`, Zeitbereich 0...10), wird zur Zeit $t = 2$ mit der Amplitude 2 eingeschaltet, zum Zeitpunkt $t_0 = 4$ werd ein zweiter Sprung der Amplitude 3 überlagert und schließlich zum Zeitpunkt $t_0 = 5$ ein Sprung der Amplitude –5 hinzugefügt (Bild B 2.5/1-1). Das M-File enthält einen ersten Sprung zur Zeit $t_0 = 2$, gefolgt vom nächsten Sprung zur Zeit $t_0 = 4$ und dem dritten zur Zeit $t_0 = 5$. Seine entgegengesetzte Richtung drückt sich bei der Überlagerung aller Vorgänge im negativen Zeichen aus.

```
%Abklingende harmonische
%Schwingung step2.m
t=-1:0.01:10;
t0=1;  % Einschalten Sprung u1
u1=stepfun(t,t0);
a=0.5;
u=2*(exp(-
a*t)).*cos(1.2*pi*t+pi/12).*u1;
plot(t,u);
axis([-1,10,-2,2]);
title('Abklingende Schwingung');
xlabel('Zeit');
ylabel('Amplitude u')
grid
```

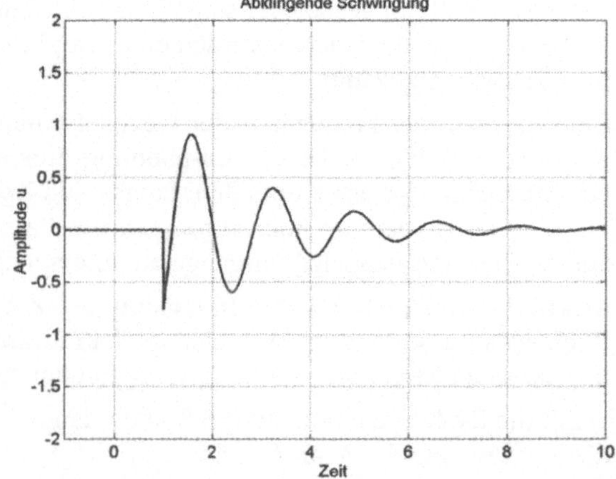

Bild B 2.5/1-2

Mit dem Rechtecksprung als Aufbauelement lässt sich leicht ein Impuls entwickeln, dessen minimale Breite durch die Abtastzeitspanne dt (hier 0,01) gegeben ist. Derart schmale Impulse können ebenso über diskrete Zeitfunktionen gestaltet werden (s. MATLAB-Beispiel 5/16).

Die Sprungfunktion dient auch zum Einschalten komplizierterer Zeitverläufe, etwa der Form $f(t) = A$ exp($-at$)*cos(w_o*t + phi), z.B. für $A = 2$, $a = 0,5$, $w_o = 1,2/2pi$ und $phi = pi/12$ (M-File `step2.m`, Bild 2.5/1-2). Der Einschaltzeitpunkt wurde zu $t_0 = 1$ gewählt, deshalb beginnt die Funktion dort nicht mit der Amplitude $u(0) = 2$, sondern mit $u(1)$, wie im Bild B 2.5/1-2 dargestellt. So kann durch t_0 sehr genau über den Schaltzeitpunkt verfügt werden. Zu beachten ist noch die hier verwendete .* Operation. Da die drei in u enthaltenen Terme Vektoren sind, müssen die Multiplikationen mit jeweils korrespondierenden Termen der anderen erfolgen. Das sichert die Operation .* und nicht *. (Untersuchen Sie dies!)

```
%Dreieckimpuls step3.m
t=-1:0.01:10;
t0=1;  % Einschalten Sprung
u1
u1=stepfun(t,t0);
t0=3;
u2=stepfun(t,t0);
t0=5;
u3=stepfun(t,t0);
u=2*((t-1).*u1-2*(t-3).*u2+
(t-5).*u3);
plot(t,u);
axis([-1,10,-1,4]);
title('Dreieckimpuls');
xlabel('Zeit');
ylabel('Amplitude u')
grid
```

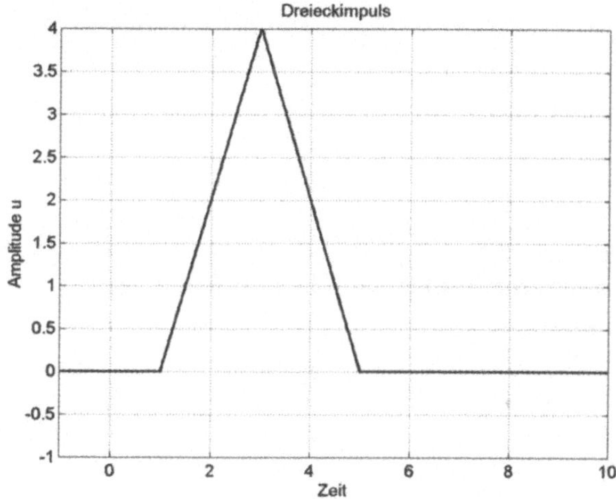

Bild B 2.5/1-3

2. Ein *Dreieckimpuls* lässt sich über die Anstiegsfunktion $g(t) = A*t*u(t,t_0)$ durch Überlagerung und Zeitverschiebung entwickeln (Bild B 2.5/1-3). Für eine Dreieckform, die bei t_0 = 1 beginnt, zum Zeitpunkt $t_0 = 4$ die Höhe 4 und bei $t_0 = 5$ wieder null erreicht hat, wurde das M-File `step3.m` geschrieben. Zum Zeitpunkt $t_0 = 1$ setzt die erste Sprungfunktion ein, zum Zeitpunkt $t_0 = 5$ die nächste (negativ) mit doppelter Steigung, denn sie muss die erste kompensieren und zugleich noch einen Abfall bedingen. Vom Zeitpunkt $t_0 = 5$ wird ihr weiterer Abfall durch eine erneut positiv steigende Funktion u_3 zu insgesamt 0 aufgehoben.

Nach diesem Prinzip lässt sich leicht ein Trapezimpuls erzeugen.

MATLAB-Beispiel 5/2 Periodische Signale. Außer aperiodischen Signalen, wie beispielsweise Sprung- und Impulsfunktion, werden in der Schaltungsanalyse auch periodische harmonische und nichtharmonische Standardsignale benötigt, beispielsweise Impuls- und Sägezahnfolgen und ebenso Signale begrenzter Länge. Dafür sind in MATLAB verschiedene Anweisungen verfügbar, einige für die Grundlagen der Elektrotechnik typische geben wir hier an:

1. *Symmetrische Impulsfolge.* Eine zur Nulllinie symmetrische Impulsfolge wird mit `square(t,Dauer)` aufgerufen; dabei entsteht eine Signalfunktion der Länge t mit der Periode 2π. Der optionale Parameter Dauer gibt den Bruchteil (Prozentangabe) der Periode a,

```
%Impulsfolge,Breite 20%,
impl.m
%Zeitbereich
t=-5:0.01:20;
%Impulsfolge
y=2*square(t,20);
plot(t,y);
axis([-6,20,-3,3])

%Sägezahnfolge,Breite b,
%imp2.m
fa=2000;%Abtastfrequenz
b=0.5;
%Zeitbereich
t=-1:1/fa:1;
%Sägezahn
y=sawtooth(2*pi*20*t,b);
plot(t,y);
axis([0,0.1,-1.5,1.5])
```

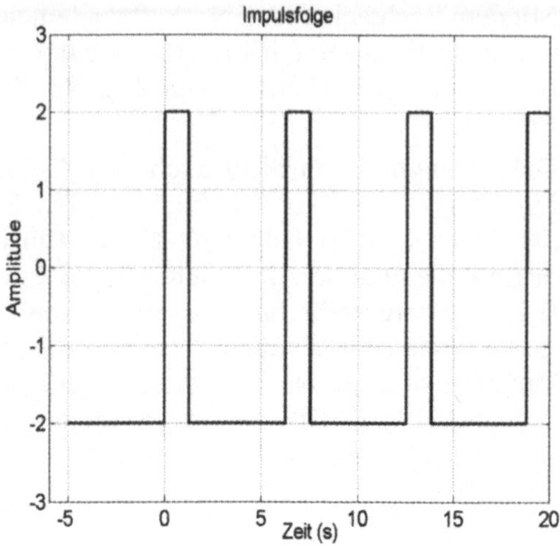

Bild B 2.5/2-1

für die die Funktion nicht verschwindet. Im M-File `imp1.m` (Bild B 2.5/2-1) wird eine Impulsfolge (Höhe ± 1) der Dauer 20% im definierten Zeitbereich erzeugt. Man erkennt die Periodendauer 2π. Im Grenzfall kleiner Impulsbreiten entsteht dann der sog. *Dirackamm* (s. Abschn 5.4.1). Die Impulsamplitude lässt sich durch Vorsetzen eines Faktors multiplikativ beeinflussen.

2. *Sägezahnkurve*. Eine periodische Sägezahnfolge wird mit `sawtooth(t,Breite)` aufgerufen. Die Funktion hat die Periode 2pi und die Amplitude ± 1. Ihre Breite ($0 \le b \le 1$) gibt die Lage der Sägezahnspitze an: $b = 0$ ganz links (abfallender Sägezahn, $b = 1$ rechts, ansteigender Sägezahn). Im eben betrachteten M-File `imp1.m` muss nur der Aufruf `y` ausgetauscht werden: `y=sawtooth(t,0.5);` (→`imp2.m`, Bild B 2.5/2-1); dabei entsteht mit $b = 0{,}5$ eine Dreieckskurve und für $b = \pm 1$ der Sägezahn. Um beispielsweise eine Sägezahnfolge mit der Frequenz von 20 Hz im Zeitbereich $t = -1$ s…1 s mit einer Abtast-

```
%Rechteckfolge,Breite b, imp3.m
fa=2000 %Abtastfrequenz
%Zeitbereich
t=-4:1/fa:8;
d=-3:1:3;
%Impulsfolge
y=pulstran(t,d,'Rectpuls',0.2);
plot(t,y);
axis([-4,8,-0.5,1.5])
```

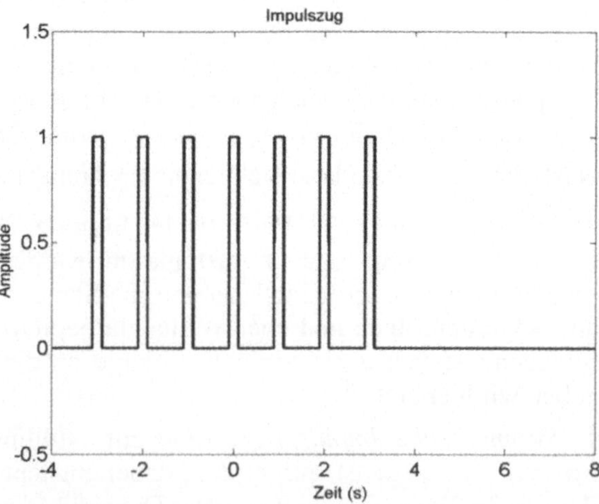

Bild B 2.5/2-2

schrittweite dt = $1/f_a$ (f_a Abtastfrequenz = 2 kHz) zu erzeugen und vom Ergebnis den Zeitbereich –1 s…1 s darzustellen.

Das enthält M-File `im2.m`. Testen Sie es mit veränderlicher Schrittweite dt, verschiedener Darstellungsbreite und unterschiedlicher Abtastfrequenz.

3. *Allgemeine Impulsfolgen*. Impulsfolgen von allgemeinen kontinuierlichen oder abgetasteten Funktionen werden mit dem Aufruf `y=pulstran(t,d,'func',p1..)` erzeugt. Dabei kann `,func'` z.B. ein abgetasteter Rechteckimpuls sein , oder mit `,tripuls'` ein abgetasteter Dreieckimpuls. Weitere Beispiele sind der Gaußimpuls, sog. Fensterfunktionen u.a.m. Der Parameter `d` bedeutet eine Verzögerung und `,func'` kann – abhängig von der gewählten Impulsform – durch weitere Parameter spezifiziert sein. Um beispielsweise einen Rechteckzug begrenzter Länge und gegebener Breite zu erzeugen, dient das M-File `im3.m` (Bild B 2.5/2-2). Die Darstellung beginnt mit negativen Zeiten, insgesamt werden je d = 3 Impulse nach jeder Seite erzeugt. Die Breite des Einzelpunktes beträgt 20 % der Impulsperiodendauer (im Zeitintervall $t = 2\pi$ entstehen insgesamt $d + 1$ Impulse, weil der Nullwert mit zählt). Bemerkenswert ist, dass die Pulse hier an der Nullachse beginnen und nur positiv sind.

Auf gleiche Weise kann mit dem Befehl `y=pulstran(t,d,'tripuls',b,k);` eine Sägezahnfolge gebildet werden. Die Größe d gibt den Zeitbereich der Folge an, beispielsweise bedeuten `d=0:1:8`, dass sie bis zum Zeitpunkt 8 erzeugt werden mit einer Schrittweite von 1. Über die Schrittweite lässt sich die Zahl der im Intervall d generierten Impulse steuern. Der Parameter `b` gibt die Pulsweite am Fuß wieder und `k (-1...1)` variiert die Impulsform.

4. *Spezielle periodische Eingangsfolgen* werden mit `[y,t]=gensig(type,period,tf,dt` realisiert. Dabei entsteht ein periodisches Eingangssignal des spezifizierten Typs `type` mit der Periode `period`. Folgende Typsignale sind verfügbar: Sinusfunktion `(type='sin')`, Rechtecksignal `(type='square')` und Pulse einstellbarer Breite `(type='pulse')`. Die optionalen Parameter `tf` und `dt` spezifizieren Zeitdauer und Abtastzeitspanne. Zu einem Sinussignal der Periode 5 s, das 20 s anhalten soll, gehört dann das M-File `im5.m` (Bild B2.5/2-3).

```
%Sinusfolge, imp5.m
fa=1000 % Abtastfrequenz
%Zeitbereich
t=-4:1/fa:30;
%Impulsfolge
[y,t]=gensig('sin',5,20,0.01);
plot(t,y);
axis([-2,30,-1,1])
```

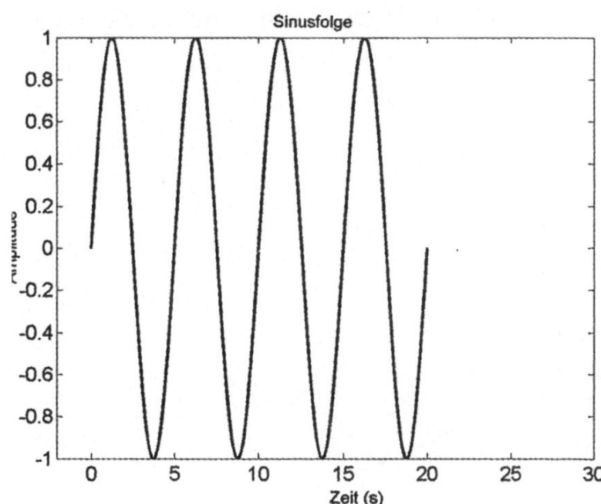

Bild B 2.5/2-3

MATLAB-Beispiel 5/3 Fourierreihe, Sägezahnkurve. Für eine abfallende Sägezahnkurve (Amplitude $A = 1$ bei $t = 0$, linear abfallend auf 0 bei $t = T$, dann periodische Wiederholung, Skizze) soll die Fourierreihe der ersten zwölf Glieder im Zeitverlauf so dargestellt werden, dass sich der Reihenaufbau einzeln verfolgen lässt.

Grundlage ist die Fourierreihe $u = \frac{U}{2} + \sum_{k=1,2}^{\infty} \frac{U}{k\pi} \sin k\omega t.$

```
%Darstellung einer abfallenden %Sägezahnschwingung gip2.m
%Wahl der Zeitschritte
t=0:0.01:13;
%Schrittweise Summierung der ersten 12 Glieder
y1=0.5+sin(t)/pi+sin(2*t)/(2*pi)+sin(3*t)/(3*pi);
y2=y1+sin(4*t)/(4*pi)+sin(5*t)/(5*pi)+sin(6*pi)/(6*pi);
y3=y2+sin(7*t)/(7*pi)+sin(8*t)/(8*pi)+sin(9*t)/(9*pi);
y=y3+sin(10*t)/(10*pi)+sin(11*t)/(11*pi)+sin(12*t)/(12*pi);
%Darstellung
plot(t,y1),pause,plot(t,y2),pause,plot(t,y3),pause,
plot(t,y),pause ,clf,
%Gesamtdarstellung bis zur 12. Harmonischen
t=0:0.031:3.14;
y=zeros(9,max(size(t)));
x=zeros(size(t));
for k=1:1:9
   x=x+sin(k*t)/(k*pi);
   y(k,:)=0.5+x;
end
%3d-Darstellung
axis;
subplot(111), mesh(y),set(gca,'Fontsize',16)
set(gca,'LineWidth',3),grid on
set(gca,'LineWidth',3)
```

Bild B 2.5/3-1

Sie wird im M-File `gip2.m` (Bild B 2.5/3-1) in Teilsummen für die ersten zwölf Glieder angegeben und schrittweise ausgedruckt, beispielsweise ergibt `plot(t,y1)` die Summe der ersten drei Glieder. Nach Tastendruck erscheint die Summe der ersten 6 Glieder usw.

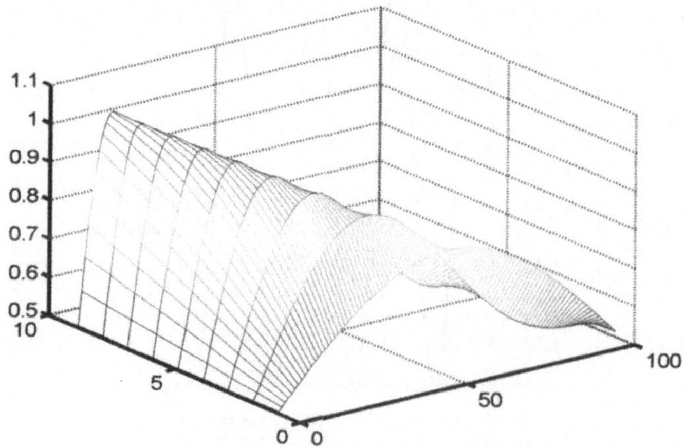

Bild B 2.5/3-2

So lässt sich die Annäherung an die abfallende Gerade schrittweise verfolgen. Die eingefügte `pause` unterbricht das Programm bis zum nächsten Tastendruck. Im letzten Schritt wird eine räumliche Darstellung des Sägezahnaufbaues mit steigender Gliederzahl gegeben, aus Darstellungsgründen nur für die ersten neuen Glieder (Bild B 2.5/3-2). Sie beginnt mit einer Sinushalbwelle (aus Darstellungsgründen) ausgehend vom Wert 0,5 im Vordergrund und setzt sich mit fortschreitendem Laufparameter k bis zur angenäherten Sägezahnfunktion im Hintergrund fort. Für die darstellung in 3D-Grafik sollte das Handbuch herangezogen werden.

MATLAB-Beispiel 5/4 Gibbs-Phänomen. Bei Annäherung eines Rechteckimpulses durch eine endliche Zahl von harmonischen Schwingungen gemäß der Fourierreihe entsteht ein Überschwingen, bekannt als Gibbs-Phänomen. Zur Untersuchung wird ein Rechteckimpuls nach Bild 5.1.9 im Bereich $-T/2\ldots T/2$ durch eine Fourierreihe des symmetrischen Rechteckimpulses gemäß Gl. (5.1.12) nachgebildet. Dazu wurde das M-File `gip.m` mit der Abkürzung $a = 2\pi\, t_p/T$ für das normierte Tastverhältnis (mit $a < 2\pi$) geschrieben. Im Bild B 2.5/4 ist ein zugehöriger Verlauf angegeben. Zweckmäßige Variationsparameter sind die Zahl der zu summierenden Glieder (Laufbereich n, man beginne bei einer sehr kleinen Zahl 2…3) sowie die Impulsbreite (Parameter a) und schließlich auch die Kreisfrequenz w_0. Im Bild wurde $n = 30$ gewählt.

```
%Fourierreihe Rechteckimpuls
%gegebene Breite gip.m
%Parametereingabe
U=1;a=3;wo=1;
%Vorgabe des Zeitlaufbereiches
t=-2*pi:0.01:2*pi;
%Eingabe einer Schleife
x=zeros(size(t));
for n=1:1:30;
    x=x+U*(2/(n*pi))*...
        sin(a*0.5*n)*cos(n*wo*t);
end
%Ergebnis
u=(U*a)/(2*pi)+x;
plot(t,u)
```

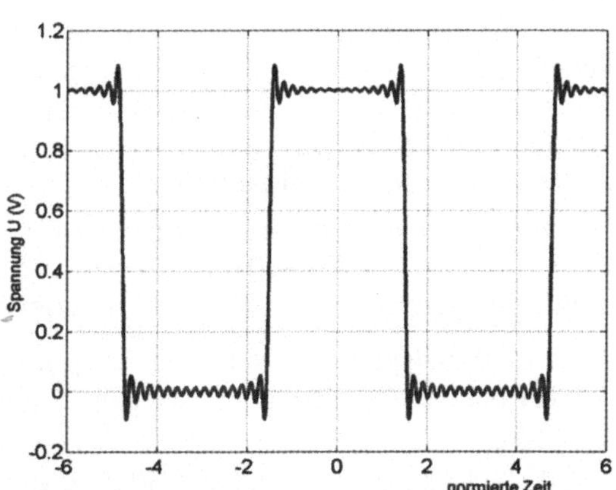

Bild B 2.5/4

MATLAB-Beispiel 5/5 Amplitudenspektrum Rechteckimpuls. Für den periodischen Rechteckimpuls nach Bild 5.1.9 lässt sich die Fourierreihe Gl. (5.1.12) auch gleichwertig in der Exponentialform angeben. Jeder Koeffizient $C_k = a\dfrac{\sin(ka\pi)}{(ka\pi)} = a\sin c(ka)$ entspricht einer harmonischen Schwingung. Die Darstellung über dem Laufindex k heißt Amplitudenspektrum. Die dabei auftretende Spaltfunktion sinc(x) kann leicht in ein entsprechendes M-File `spek1.m` Bild B 2.5/5 einbezogen werden (bei direkter Programmierung der Funktion (sin$x$)/x muss der Wert $x \to 0$ gesondert behandelt werden, weil dann die Funktion dem Grenzwert 1 zustrebt). Die Amplituden kehren in bestimmten Bereichen das Vorzeichen. Nulldurchgänge hängen davon ab, ob die Bedingung $k\ a\ \pi = m\ \pi$ (m ganz) zutrifft. Für beispielsweise $a = 1/2 \to k = 2$ m liegen die Nullstellen bei allen geradzahligen k-Werten, m.a.W. treten nur ungerade Koeffizienten auf. Ist umgekehrt die Bedingung der Nullstelle nicht erfüllbar, so finden sich alle Koeffizienten.

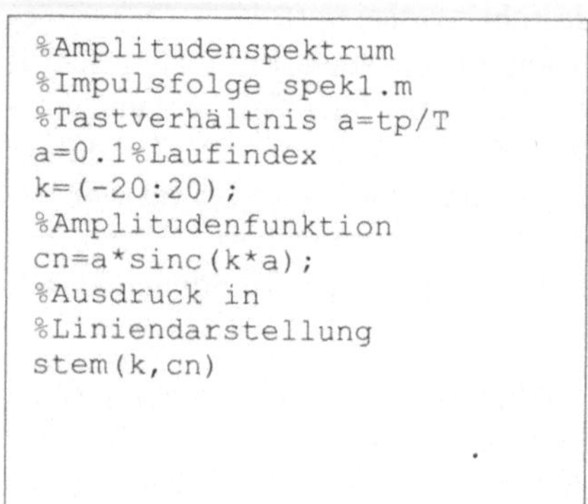

```
%Amplitudenspektrum
%Impulsfolge spek1.m
%Tastverhältnis a=tp/T
a=0.1%Laufindex
k=(-20:20);
%Amplitudenfunktion
cn=a*sinc(k*a);
%Ausdruck in
%Liniendarstellung
stem(k,cn)
```

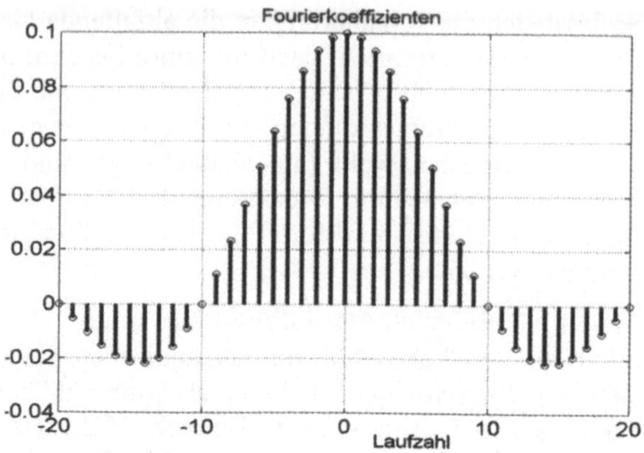

Bild B 2.5/5

Mit sinkender Impulsbreite weitet sich das Amplitudenspektrum bis zur ersten Nullstelle auf (liegt sie beispielsweise für $a = 0{,}1$ bei $k = 10$, so geht sie für $a = 0{,}05$ nach $k = 20$, gleichzeitig sinkt die Amplitude; man untersuche dazu drei Fälle $a = 0{,}1$, $0{,}05$ und $0{,}01$). Wird das Tastverhältnis a immer weiter verkleinert, gleichzeitig aber die Amplitude mit einem Faktor so vergrößert, dass das Produkt beider konstant bleibt, dann streben die Amplitudenwerte aller Harmonischen einem konstanten Wert zu und die erste Nullstelle verschiebt sich ins Unendliche (bei gleicher Nullphase aller Harmonischen). Derartige Impulse sind als Delta-Funktion bekannt; ein periodisches Signal aus Deltafunktionen mit gleicher Amplitude und Nullphase aller Harmonischen ist der Delta-Impulszug, der beim Abtastvorgang näher behandelt wird.

Wählt man schließlich die Schrittweite im Laufparameter k – hier ganz – ausnahmsweise immer kleiner (z.B. $k = -20{:}0{,}01{:}20$ usw.), so geht das diskrete Amplitudenspektrum in ein kontinuierliches über, worauf bei der Fourier-Transformation zurückgekommen wird.

MATLAB-Beispiel 5/6 Netzwerkerregung, Fourierreihe. An einem RC-Teiler (Bild 5.1.11) liegt ein Rechteckimpulsspannung, gesucht ist der Zeitverlauf der Kondensatorspannung.

Die Aufgabe kann sehr unterschiedlich gelöst werden, aus Sicht der Fourierreihe lässt sich der Rechteckimpuls durch eine große Zahl in Reihe geschalteter harmonischer Spannungsquellen verschiedener Frequenz, Amplitude und Phase ersetzt denken, von denen jede über das Netzwerk einen Beitrag zur Kondensatorspannung liefert. Nach dem Überlagerungssatz entsteht die Gesamtwirkung durch Überlagerung aller Einzelergebnisse. Die symmetrische Rechteckspannung entsprechend Bild 5.1.11 (mit zu Null gesetztem Gleichanteil aus Vereinfachungsgründen) hat eine Fourierreihe gemäß

$$u_\mathrm{q}(t) = \sum_{k=1,3..}^{\infty} \frac{4U_\mathrm{o}}{k\pi} \cdot \sin(k\omega t)$$

(man prüfe dies nach). Dieser Verlauf wird durch das M-File `fou7.m` (Bild B 2.5/6, oberer Teil) ausgewertet. Dabei berücksichtigt der Laufparameter nur ungerade Werte. Die Anzahl der Glieder N (Laufbereich k) wird vorgegeben, so dass die berechnete Kurve eine Näherung des tatsächlichen Verlaufs ist. Arbeitet diese Spannung nach den Gesetzen des Wechselstromkreises auf ein Netzwerk mit der Übertragungsfunktion $G(\mathrm{j}\omega)$ für die gesuch-

```
%Rechteckspannung am RC-Teiler fou7.m
%Eingabe Quellenspannung Uo und
%Zeitkonstante a
Uo=1; %Angabe in V
a=2;%normiert
%Einstellung des normierten Zeitbereichs
t=-pi/2:0.01:3*pi;
u=zeros(size(t));
%%Vorgabe Gliederzahl Rechteckspannung
for k=1:2:30;
   u=u+4*(Uo/(k*pi))*sin(k*t);
end
%Darstellung der Rechteckspannung
subplot(2,1,1),plot(t,u)
title('Rechteckspannung')
xlabel('Zeit'),ylabel('uq/V')
axis;
%Weiterführung
u=zeros(size(t));
%Vorgabe Gliederzahl Kondensatorspannung
for k=1:2:60;

u=u+4*((Uo/(k*pi))/(sqrt(1+(k*a)^2)))...
     *sin(k*t-atan(k*a));
end
subplot(2,1,2),plot(t,u)
title('Kondensatorspannung')
```

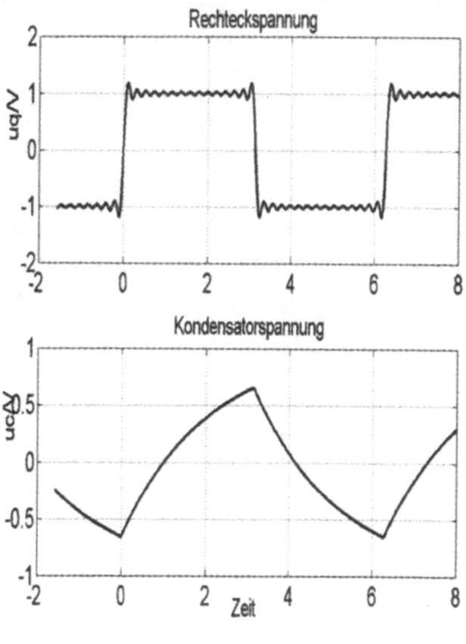

Bild B 2.5/6

te Ausgangsgröße – hier U_c –, so beträgt diese allgemein

$$u_c(t) = \sum_k |U_{qk}| \cdot |G(j\omega k)| \cdot \sin(k\omega t + \angle G(j\omega k))$$

d.h. jede Frequenzkomponente trägt nach Maßgabe ihrer Amplitude und Phase bei. Für das Beispiel lautet die Ausgangsspannung (mit dem Faktor $a = \omega RC$ des RC-Spannungsteilers $(G(j\omega) = 1/(1 + ja))$

$$u_c(t) = \frac{4U_o}{\pi} \sum_{k=1,3..}^{\infty} \frac{\sin(k\omega t - \mathrm{a}\tan(ka))}{k\sqrt{1+(ka)^2}}$$

Dafür wurde das M-File `fou7.m` im unteren Teil weitergeführt, nachdem die Rechteckspannung zur Darstellung bereit steht. Die Anzahl der zu erfassenden Glieder k kann neu vereinbart werden. Experimentiert werden sollte einmal mit der Gliederzahl für die Nachbildung der Rechteckspannung (auch in Relation zur Gliederzahl für die Berechnung der Kondensatorspannung), sowie der Zeitkonstanten a. Für große a ($\gg 1$) steigt die Kondensatorspannung immer langsamer an und die Kurve nähert sich dem Dreieckverlauf, für sehr kleine Zeitkonstanten a wird die Ausgangsspannung zunehmend rechteckförmiger.

Durch Korrektur der Übertragungsfunktion $G(j\omega)$ lässt sich die Berechnung der Ausgangsgröße über die Fourierreihe auch auf andere Netzwerke übertragen, insgesamt ist es aber nicht sonderlich effizient, weil für „scharfkantige“ Erregerfunktionen sehr viele Glieder berücksichtigt werden müssen (für Rechteckspannung 30, für Kondensatorspannung 60).

MATLAB-Beispiel 5/7 Fourier-Transformation. Die Fouriertransformierte der Funktion $f(t) = \exp(-at)\cos(\omega_o t)$ lautet (Nachweis durch Berechnung, $\mathrm{FT}(\cos(\omega_o t)) = 1/2\{d(f-f_o) + d(f+f_o)\}$ und der Anwendung des Modulationstheorems)

$$\mathrm{FT}(f(t)) = \frac{a}{a^2+(\omega-\omega_o)^2} + \frac{a}{a^2+(\omega+\omega_o)^2}.$$

Für $\omega = \pm\,\omega_o$ geht jeder der beiden Terme im Grenzfalls $a \to 0$ gegen unendlich, für $\omega \neq \pm\,\omega_o$ hingegen gegen 0. Das Integral über jeden Term im Frequenzbereich liefert deshalb ½ und jeder hat die Eigenschaft einer Delta-Funktion der Fläche ½. Damit lautet die Fouriertransformierte von $f(t)$ und damit das Frequenzspektrum: $\mathrm{FT}(f(t)) = 1/2\ d(f-f_o) + 1/2\ d(f+f_o)$ im Grenzfall $a \to 0$. Das sind die beiden Spektralfrequenzen $\pm f_o$ (beiderseits des Frequenznullpunktes, Bild B 2.5/7-1).

```
%Fouriertransformation ft1.m
%Parametereingabe f(t)
wo=100;a=0.01;T=10;
dt=0.01; %Abtastintervall
N=512;   % N-Punkt DFT
t=0:dt:T-dt;%Zeitbereich von
f(t)
%Zeitfunktion f(t)
f=exp(-a*t).*cos(wo*t);
% Fouriertransformierte von f
F=dt*fft(f,N);
m=abs(F);
p=unwrap(angle(F));
w=2*pi*((0:length(F)-1)...
   *(1/dt))/length(F);
%Aufbereitung Frequenzachse
plot(w,m,w,p,'--')
grid
```

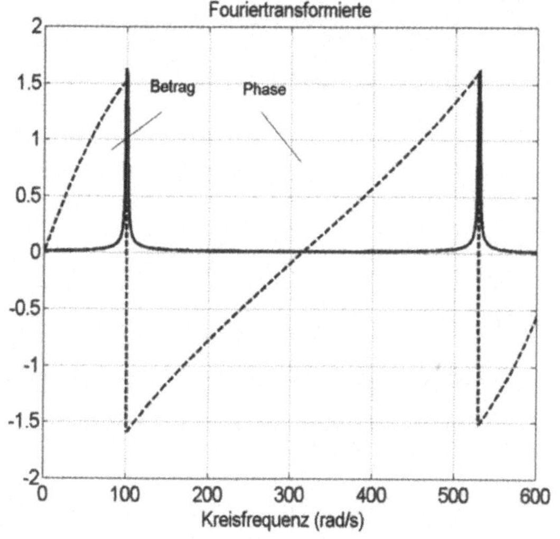

Bild B 2.5/7-1

Zur Auswertung mit MATLAB dient das M-File `ft1.m` unter Verwendung der Anweisung `fft`. Zunächst wird der Zeitbereich T gewählt, in dem $f(t)$ mit dem Abtastintervall dt abgetastet werden soll. Das Frequenzspektrum ergibt sich über die schnelle Fourier-Transformation (→ `fft`) mit N Punkten (hier $N = 512$). Die Anzahl der abgetasteten Punkte sollte größer als N sein, sonst werden Nullen zur abgetasteten Folge hinzugefügt). Das Spektrum $F(\omega)$ von $f(t)$ ergibt sich durch Multiplikation der `fft` mit dt, es liegt im Frequenzbereich zwischen 0 und $2\pi/\mathrm{d}t$, im Beispiel also bis 628 rad/s. Die Befehlszeile w erzeugt dabei N Frequenzpunkte. Deutlich treten die beiden Betragsspitzen bei $\omega_o = 100$ rad/s und (628–100) rad/s hervor, mit abnehmender rez. Zeitkonstante a werden sie immer schmaler und höher. An sich genügt die Angabe der ersten $N/2 + 1$ Punkte, die restlichen sind redundant.

Die Darstellung weicht noch von der symmetrischen Form ab, wie sie die analytische Lösung (für positive und negative) Frequenzen liefert. Mit dem Befehl `fftshift` im M-File `ft1b.m` erfolgt ein symmetrischer Aufbau (im Betragsverlauf) bezüglich einer Nullfrequenz (s. Bild B 2.5/-2). Dazu ist das obige Programm im unteren Teil wie dargestellt abgeändert worden.

```
%Verschiebeoperation ftlb.m
%Parametereingabe f(t)
wo=100;a=1;T=10;
dt=0.01; %Abtastintervall
N=512;   % N-Punkt DFT
t=0:dt:T;%Zeitbereich von f(t)
f=exp(-a*t).*cos(wo*t);
% Fouriertransformierte von f
F=dt*fft(f,N);
%Verschiebeoperation
F_shift=fftshift(F)
%Aufbereitung Frequenzachse
w=[-pi:2*pi/N:pi-pi/N]*(1/dt);
plot(w,abs(F_shift),w,angle(F_shift))
```

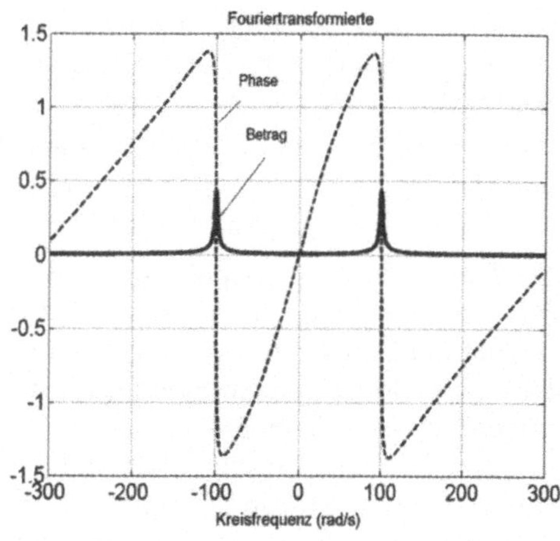

Bild B 2.5/7-2

Zum tieferen Verständnis der Fourier-Transformation sollte mit den Parameterwerten etwas experimentiert werden, auch die Funktionen $f(t) = \exp(-at)$ und $f(t) = \exp(-abs(t))$ eignen sich gut zur Erprobung, weil ihre Fouriertransformierten leicht analytisch angegeben werden können (wie lauten sie?).

MATLAB-Beispiel 5/8 Laplace-Transformation. Die Laplace-Transformation hat für die Analyse und Synthese von Netzwerken, Schaltungen und Systemen grundsätzliche Bedeutung, weil sie u.a. lineare DGL und damit auch Zustandsgleichungssysteme sehr transparent in algebraische Gleichungen überführt. Sie ist – wie Fourier- und Z-Transformation – mit der `Symbolic Math Toolbox` von MATLAB durchführbar und eine große Kollektion typischer Befehle daraus finden sich auch in den MATLAB Studentenversionen 5.3 und 6.

Die Laplace-Hintransformation $F(p) = LT(f(t))$ und die Rücktransformation $f(t) = LT{-}1(F(p))$ (Gln. (5.2.2, 5.2.3)) wird mit dem Aufruf `syms` (gefolgt von den auftretenden

```
%lap3.m
>> syms a p t w
>> F=laplace(sym('Heaviside(t)'),p)
% Sprungfunktion
F =   1/p
>> F=laplace(sym('Dirac(t)'),p)
% Impulsfunktion
F =   1
>> f=exp(-a*t)*sin(w*t)
% erzeugt Ausdruck f(t)
f =   exp(-a*t)*sin(w*t)
>> F=laplace(f,t,p)
% Laplacetransformation
F =   w/((p+a)^2+w^2)
```

```
%lap4.m
>> syms a G p t
>> y=sym('y(t)');
>> dydt=sym('diff(y(t),t)');
>> f=cos(t);
>> eq=a*dydt+y-f;
>> F=laplace(eq,t,p)
F =   a*(p*laplace(y(t),t,p)-y(0))
+laplace(y(t),t,p)-p/(p^2+1)
>> F=subs(F,'laplace(y(t),t,p)',G)
F =   a*(p*G-y(0))+G-p/(p^2+1)
>> G=solve(F,G)
G =
(a*y(0)*p^2+a*y(0)+p)/(a*p^3+a*p+p^2+1)
>>
```

Bild B 2.5/8-1

Konstanten und Variablen) eingeleitet, anschließend erfolgt die Eingabe `laplace(function,x,y)`. Dabei ist `function` ein symbolischer Ausdruck für die zu tranformierenden Funktion $f(t)$.

Die Voreinstellungen der unabhängigen Variablen lautet `t` und für den Bildbereich `s`; in den M-Files `lap3.m` und `lap4.m` wurde `p` als Laplacevariable zur Übereinstimmung mit dem Buchtext gewählt (Bild B 2.5/8-1).

Als Transformationsbeispiele sollen die Laplacetransformierte des Einschaltsprunges, des Diracimpulses und einer gedämpften Sinusschwingung dienen (Bild B 2.5/8-1). Man beginnt mit Eingabe des Aufrufs `sym a ptw`, gefolgt von `F=laplace(...)` mit Angabe der zu transformierenden Funktion. Im letzten Beispiel wird zunächst die Funktion `f(t)` eingegeben und dann `F=laplace(f,t,p)` angewendet. Oft kann durch den Aufruf `pretty(F)` die Lösung noch auf eine optisch bessere Form gebracht werden. Die Sprungfunktion wird in der `Symbolic Math Toolbox` (nur dort!) mit `Heaviside` bezeichnet, sie hat die gleichen Eigenschaften wie `stepfun`.

Die Laplace-Transformation der DGL $ay' + y = f(t)$ mit $f(t) = \cos(t)$ und dem Anfangswert $y(0)$ (M-File `lap4.m`) Bild B 2.5/8-1 rechts) ist aufwendiger: nach Definition der auftretenden Variablen und Konstanten werden im ersten Schritt die symbolischen Variablen einschließlich der Ableitung vereinbart (Zeilen 2 und 3). Anschließend bringt man alle Teile auf die linke Seite und definiert sie als symbolischen Ausdruck – hier `eq` – (Zeile 4). Erst anschließend erfolgt die Laplace-Transformation dieses Terms `eg.` (Zeile 5). Für den Ausdruck `laplace(y(t),t,p)` wird eine symbolische Variable G eingeführt (Zeile 8) und anschließend die Gleichung für G gelöst (Zeile 9). Das ist die gesuchte Transformierte. In der Lösung tritt der Anfangswert $y(0)$ – wie erwartet – auf.

Im Vergleich zur „Handtransformation" der DGL, die man bei Beherrschung der Grundregeln der Laplace-Transformation und einer Tabelle für die Standarderregungen rasch manuell gewinnt, wirkt die rechnergestützte Transformation aufwendig, weil zunächst alle symbolischen Variablen definiert werden müssen. Ihre Stärke liegt vielmehr in der Rücktransformation und den möglichen Manipulationen mit der Übertragungsfunktion im Frequenzbereich.

Als Beispiel für den Aufwand der symbolischen Transformation selbst in einfachen Fällen sei die Strom-Spannungsbeziehung am Kondensator betrachtet.

Aus $i_c = C du_c/dt$ wird zunächst die neue Zeitfunktion

$$f = -uc(t) + \frac{1}{C}\int_0^t ic(t)\,\mathrm{d}t$$

mit `symop` gebildet und dann weiterbearbeitet (Bild B 2.5/8-2): Nach der Differentiation (df) folgt die Laplace-Transformation (F), anschließend verschiedene Substitutionen und schließlich die Ergebnisverbesserung. Wie rasch ist hingegen das Ergebnis „per Hand" angegeben, wenn man die Grundregeln beherrscht!

MATLAB-Beispiel 5/9 Laplace-Rücktransformation. Bei vielen Anwendung der Laplace-Transformation entfällt die Hintransformation, weil die Problemlösung ohnehin im Bildbereich anfällt. In Netzwerken beispielsweise stellt die Wechselstromlösung im Frequenzbereich bereits das Ergebnis dar. Die Rücktransformation in den Zeitbereich kann

– abhängig von der Anregungsfunktion – nach verschiedenen Methoden erfolgen: mit dem Laplace-Umkehrintegral, dem Residuensatz, Tabellennutzung, Partialbruchentwicklung und Tabellennutzung oder rechnergestützt mit MATLAB über den Aufruf `ilaplace (function)`, der in der `Symbolic Math Toolbox` enthalten ist. Daneben unterstützt MATLAB die Rücktransformation einer Übertragungsfunktion (im Bildbereich) in den Zeitbereich (mit Auswertemöglichkeiten) noch durch eine Reihe von Anweisungen zur Partialbruchzerlegung, zur Residuengewinnung u.a. sowie mit den Aufrufen `rltool`, `sptool sisotool` (v.6.1), `ltiview` und `GUI`.

Hier geben wir zwei Beispiele zur Anwendung der Laplace-Rücktransformation mit der Anweisung `ilaplace(function)` .

Beispiel 1. Der Beginn symbolischer Rechnungen erfordert die Definition symbolischer Objekte, hier im M-File `lap1.m` Bild B 2.5/9-1 der Variablen p (die Zeit resultiert aus der Rückwandlung und muß nicht eingegeben werden). Die Eingabe der zu transformierenden Funktion F (Zeile 2) erfolgt in üblicher Form. Mit dem (optionalen) Befehl `pretty(F)` (Zeile 3) kann F im Kommandofenster in Gedrucktform dargestellt werden. Die anschließende Rücktransformation erfolgt mit dem Befehl `ilaplace(F)` (Zeile 4). Ob sich das Ergeb-nis (vor allem bei komplexen Polen) weiter vereinfachen lässt, muss man erproben (s.u.). Nach einiger Übung kann das Verfahren auf die Definition des symbolischen Objektes p gefolgt unmittelbar vom Aufruf `ilaplace(F)` reduziert werden, wenn als F der rückzutransformierende Term direkt eingegeben wird.

```
EDU>> % 'Laplace- Rücktransformation' lap1.m
EDU>> syms p                  % Erzeugt symbolisches Objekt für  'p'
EDU>> F=3/[(p+2)*(p+3)^2];  % Definition F(p)
EDU>> pretty(F)
                                        3
                                ----------------
                                               2
                                (p + 2) (p + 3)
EDU>> f=ilaplace(F);           % Bildung Rücktransformation
EDU>> pretty(f)
                         3 exp(-2 t) + 3 (-t - 1) exp(-3 t)
EDU>>
```

Bild B 2.5/9-1

Beispiel 2. Übertragungsfunktion mit komplexem Polpaar (M-File `lap2.m`, Bild B 2.5/9-2). Hier wird analog vorgegangen.

Das Ergebnis ist wenig übersichtlich. Obwohl die `Symbolic Math Toolbox` eine Reihe von Befehlen zur besseren Darstellung enthält wie `collect(F)` zum Auffinden gemeinsamer Faktoren in `F` oder `expand(F)` zur Entwicklung von Produktfaktoren von `F` sowie `simplify(F)` zur allgemeinen Vereinfachung und `simple(F)` zum Auffinden der Form mit den wenigsten Termen, müssen diese Befehle – auch bei mehrmaliger Anwendung – nicht unbedingt zu besserem Ergebnis führen. Hier ist eigene Nacharbeit zu empfehlen, wie die gleichwertige Ergebnisform zeigt (Handumformung)

$$f = \frac{2}{3}\left[1 - \frac{2\exp(-3t/2)}{\sqrt{15}}\left(\frac{3}{2}\sin(\sqrt{15}t/2) + (\sqrt{15}/2)\cos(\sqrt{15}t/2)\right)\right].$$

```
EDU>> %'Laplace- Rücktransformation' lap2.m
EDU>> syms p                    %erzeugt symbolisches Objekt ,p'
EDU>> F=4/[p*(p^2+3*p+6)];     %Definition F(p)
EDU>> f=ilaplace(F);            % Bildung Rücktransformation
EDU>> pretty(f)
   2/3 - 4/15
                              1/2                                   1/2
                 1/2 exp((-3/2 + 1/2 (-15)    ) t)   exp((-3/2 - 1/2 (-15)) t)
        (-15)    -------------------------------   -   ----------------------
                              1/2                                   1/2
                        -3/2 + 1/2 (-15)                    -3/2 - 1/2 (-15)
EDU>>
```

Bild B 5.2/9-2

MATLAB-Beispiel 5/10 Darstellungen der Übertragungsfunktion. Die Übertragungsfunktion wird entweder in Polynomform (Gl. (5.3.11)), der Pol-Nullstellen- oder Produktform (Gl. (5.3.18)) oder der Zeitkonstantenform angewendet. Für diese Darstellungen und ihre wechselseitigen Umwandlungen gibt es geeignete MATLAB-Anweisungen (s. Bild B 2.5/10-1).

1. *Wandlung PN-Polynomform.* Sind die Pole p_{Pi} und Nullstellen p_{Ni} sowie der konstante Faktor k der Übertragungsfunktion in PN-Form Gl. (5.3.18) gegeben, so berechnet der Aufruf `[num,den]=zp2tf(numzp,denzp,k)` ihre Zähler- und Nennerpolynome in Polynomform. Der Ausdruck `zp2tf` steht für `zeros` (Zählernullstellen) und `poles` (Nennernullstellen). Die Polynomkoeffizienten der Elemente der Zeilenvektoren `num` und `den` werden in abnehmender Ordnung der Laplacevariablen `p` gebildet. Die Pole und Null-

```
%Übertragungsfunktion PN-Polynomform
G4.m
%G=5*(p+1)*(p+2)/((p+3)*(p+4)*(p+5));
%Koeffizienten für G(p)
numzp=[-1,-2];     %Zeilenvektor
Nullstellen
denzp=[-3,-4,-5]; %Zeilenvektor Pole
k=5;
%Koeffizienten für G(p)
[numf,denf]=zp2tf(numzp',denzp',k)
%Übertragungsfunktion in Polynomform
G=tf(numf,denf,'variable','p')
EDU>>
numf =
      0      5     15     10
denf =
      1     12     47     60
Transfer function:
   5 p^2 + 15 p + 10
-----------------------
p^3 + 12 p^2 + 47 p + 60
```

```
%Übertragungsfunktion Polynom-PN-Form
G5.m
%G(p)=(5p^2+15p+10)/(p^3+12p^2+47p+60)
%Koeffizienten für G(p)
numf=[0,5,15,10];     %Zeilenvektor
Zähler
denf=[1,12,47,60];     %Zeilenvektor
Nenner
%Pol- Nullstellen für G(p)
[numzp,denzp,k]=tf2zp(numf,denf)
%Übertragungsform in PN-Form
Gzp=zpk(numzp,denzp,k,'variable','p')
numzp =
-2    -1
denzp =
-5.0000
-4.0000
-3.0000
k =
5
Zero/pole/gain:
         5 (p+2) (p+1)
Gzp= -----------------
       (p+5) (p+4) (p+3)
```

Bild B 2.5/10-1

stellen sind als Spaltenvektoren angegebenen, deshalb müssen ihre transponierten Vektoren (Strich) eingesetzt werden.

In abgekürzter Form kann direkt mit den Einträgen in die Null- und Polstellenspaltenvektoren begonnen werden. Für die Übertragungsfunktion $G(p) = 5(p + 1)(p + 2)/((p + 3)(p + 4)(p + 5))$ beispielsweise ergibt sich dann das M-File `G4.m` oder mit ausgeschriebenem Ergebnis $G(p) = (5p2 + 15p + 10)/(p3 + 12p2 + 47p + 60)$. (Die Lösung wurde wie `numf`, `denf` als Programmergebnis in Bild B 2.5/10-1 einkopiert).

2. *Übertragungsfunktion in Polynomform.* In der Polynomformdarstellung Gl. (5.3.11) werden Zähler und Nenner durch je die Zeilenvektoren `numf =[bm,bm-1,..bo]` und `denf=[an,an-1..ao]` repräsentiert. Damit lässt sich die Übertragungsfunktion `G` über die Anweisung `G=tf(numf,denf)` bilden und `G` als Objekt weiterverwenden. Soll dabei die Variable `p` explizit benutzt werden, so muss sie im Befehl als Option angegeben sein (die Defaulteinstellung ist `s`). Im unteren Teil des M-Files `G4.m.` (Bild B 2.5/10-1) ist die Darstellung von `G` in Polynomform enthalten.

Sind die Polynome der Übertragungsfunktion gegeben, so lassen sich die Zählernullstellen `numzp` und Nennernullstellen `denzp` mit dem Aufruf `[numzp,denzp,k]= tf2zp(numtf,dentf)` (transfer to zero, pole) ermitteln und ausgeben. Das M-File `G5.m` (Bild B 2.5/10-1) führt das an einem Beispiel vor.

Die Anweisungen `zp2tf` und `tf2zp` gelten auch für Zustandsmodelle. Sollen auf den linken Seite die betreffenden Zustandsmatrizen stehen und rechts die Polynom- bzw. Nullstellenform, so sind die Anweisungen `tf2ss` und `zp2ss` zu verwenden Schließlich überführt `zp2ss` eine in Pol Nullstellenform vorliegende Übertragungsfunktion in eine gleichwertige Pol-Nullstellenform der Matrixdarstellung.

3. *Partialbruchzerlegung der Übertragungsfunktion*, hier sei auf das folgende Beispiel 5/11 verwiesen.

4. *Allgemeine Wandlung zwischen PN (Produkt-) und Polynomform.* Die MATLAB-Aufrufe `zpk` und `tf` lassen sich ganz allgemein zur Wandlung zwischen PN- und Polynomform (und umgekehrt) einsetzen und die bisher beschriebenen Wandlungen weiter verkürzen. Wird eine Übertragungsfunktion `Gtf(p)` als Quotient von Zähler- und Nennerpolynom ausgedrückt, so wandelt der Aufruf `zpk(Gtf)` die Ausgangsfunktion `Gtf(p)` in PN- oder Produktform von Zähler und Nenner um. Das M-File `G7.m` (Bild B 2.5/10-2) zeigt ein Beispiel. Umgekehrt kann man auch von der Pol-Nullstellenform ausgehen und die Übertragungsfunktion in Polynomform gewinnen, wie im M-File `G6.m` (Bild B 2.5/10-2) gezeigt. Kommt als Laplacevariable *s* zum Einsatz, so kann der Zusatzeintrag, `vari-`

```
%Vorgabe von Gtf in Polynomform G7.m
Gtf=tf([0,5,15,10],[1,12,47,60],'variable','p');
%Wandlung Gtf in Pol-Nullstellenform
Gzp=zpk(Gtf)
Zero/pole/gain:
     5 (p+2) (p+1)
Gzp=-----------------
    (p+5) (p+4) (p+3)
```

```
%Vorgabe von Gzpk in
Pol-Nullstellenform G6.m
Gzp=zpk([-2,-4],[0,-3,-
5],10,'variable','p')
%Wandlung Gzpk in
Polynomform
Gtf=tf(Gzp)
Transfer function:
    10 p^2 + 60 p + 80
Gtf= -----------------
    p^3 + 8 p^2 + 15 p
```

Bild B 2.5/10-2

`able','p'` entfallen. Die separate Ausgabe der Pole und Nullstellen resp. Polynomkoeffizienten in den ersten beiden Dateien lässt sich durch Setzen eines Semikolons hinter dem jeweiligen Aufruf unterdrücken, sie wurde hier nur aus Anschauungsgründen angegeben.

MATLAB-Beispiel 5/11 Partialbruchentwicklung der Übertragungsfunktion. Oft liegt die Übertragungsfunktion Gl.(5.3.11) als Verhältnis zweier Polynome in p vor; eine Liste enthält die Koeffizienten des Zählerpolynoms, die andere die des Nenners z.B. in der Form `num=[b3,b2,b1,bo]` und `den=[a3,a2,a1,ao]` als Zeilenvektoren, wenn beispielsweise von einem Polynom 3. Grades ausgegangen wird.

Die Partialbruchentwicklung erfordert die Kenntnis der Pole. Sie können mit MATLAB auf verschiedenen Wegen bestimmt werden:

- Berechnung mit dem Aufruf `roots`, z.B. `r=roots(den)` für die Nennernullstellen,
- Berechnung der Pole/Nullstellen durch Überführung der Übertragungsfunktion in PN-Form mit dem Aufruf `[nul,pol,k]=tf2zp(num,den)`, s. Beispiel 5/10,
- die direkte Zerlegung der Übertragungsfunktion in Partialbrüche mit der Anweisung `[R,p,k]=residue(num,den)`. Sie schließt die Polbestimmung automatisch ein.

Für den oben angenommenen Fall lautet die entsprechende Partialbruchentwicklung von $G(p)$

$$G(p)=\frac{R_1}{p-p_1}+\frac{R_2}{p-p_2}+\frac{R_3}{p-p_3}+k(p)$$

mit den Residuen $R_1 \dots R_3$, den Polen $p_1 \dots p_3$ und einem Polynom $k(p)$ in p (das nur auftritt, wenn der Grad des Zählerpolynoms den des Nenners übertrifft). Mit dem Aufruf `[R,p,k]=residue(num,den)` erfolgt die Berechnung der Pole und Residuen, dabei entstehen die drei Listen `R=[R1,R2,R3]`, `p=[p1,p2,p3]` und `k=[c2,c1,c0]` für Residuen, Pole und das Polynom.

Für das Beispiel

$$G(p)=\frac{p^3+3p^2+p+6}{p^3+4p^2+8p+5}$$

ergibt sich der im M-File `parbr1.m` (Bild B 2.5/11-1) angegebene Ablauf. Hier sind die Residuen und Pole komplex und können in $G(p)$ rückeingesetzt werden. Sind umgekehrt die Residuen und Pole gegeben, dann ermittelt der Aufruf `[n,d]=residue(R,p,k)` die Koeffizienten der Zähler- und Nennerpolynome aus den Polen und Residuen.

Komplexe Pole treten immer paarweise konjugiert komplex auf und lassen sich zusammenfassen. Mehrfachpole sind entsprechend anzusetzen. Für die Übertragungsfunktion $G(p)$ mit `num=[3,1]` und `den=[1,2,1]` (wie lautet sie?) ergibt sich beispielsweise mit dem M- File `parbr2.m` Bild B 2.5/11-1 die Lösung

$$G(p)=\frac{3}{(p+1)}-\frac{2}{(p+1)^2}$$

Partialbruchzerlegungen sind u.a. nützlich, wenn die Rücktransformation in den Zeitbereich mit einer Laplacetabelle erfolgen soll. Im Beispiel `parbr 1.m` Bild B 2.5/11-1 lässt sich die Lösung in der Form

$$G(p)=\frac{R_1}{p-p_1}+\frac{R^{\times}_1}{p-p^{\times}_1}+\frac{2.333}{p+1}+1$$

```
EDU>> % Partialbruchzerlegung G(p)
%parbr1.m
EDU>> num=[1,3,1,6];
EDU>> den=[1,4,8,5];
EDU>> [R,p,k]=residue(num,den)
R =
      -1.6667 + 1.7086i
      -1.6667 - 1.7086i
       2.3333
p =
      -1.5000 + 1.6583i
      -1.5000 - 1.6583i
      -1.0000
k =
     1
EDU>>
```

```
%Partialbruchzerlegung
%parbr2.m
EDU>> num=[3,1];
EDU>> den=[1,2,1];
EDU>>
[R,p,k]=residue(num,den)
R =
       3
      -2
p =
      -1
      -1
k =     []
EDU>>
```

Bild B 5/11-1

zusammenfassen. Die beiden ersten Terme ergeben bei der Rücktransformation in den Zeitbereich gedämpfte harmonische Funktionen (vollziehen Sie das), der dritte Term liefert eine abklingende Exponentialfunktion und der vierte einen Diracstoß. Diese noch etwas aufwendige Rücktransformation kann durch Laplace-Rücktransformation über die `Symbolic Math Toolbox` von MATLAB umgangen werden (der Einfachheit wegen wird die Defaulteinstellung s für die Laplacevariable verwendet Bild B 2.5/11-2):

```
%Laplacerücktransformation parbr3.m
EDU>> syms s
EDU>> ilaplace((s^3+3*s^2+s+6)/(s^3+4*s^2+8*s+5))
ans =
Dirac(t)+7/3*exp(-t)-10/3*exp(-3/2*t)*cos(1/2*11^(1/2)*t)-34/33*exp(-
3/2*t)*11^(1/2)*sin(1/2*11^(1/2)*t)
EDU>>
```

Bild B 2.5/11-2

Das ist die zum Beispiel $G(p)$ gehörende Zeitfunktion. Sie lässt sich weiter vereinfachen (Handrechnung), denn Versuche mit entsprechenden Befehlen der `Symbolic Math Toolbox` brachten nicht das gewünschte Ergebnis.

Für das zweite Beispiel `parbr2.m` Bild B 2.5/11-1 führt die Laplace-Rücktransformation mit MATLAB problemlos auf die im M-File `parbr4.m` angegebene Lösung Bild B 2.5/11-3.

Sie kann aus der angegebenen Übertragungsfunktion in Partialbruchzerlegung mit einer Laplacetafel sofort betätigt werden.

```
%Laplacerücktransformation parbr4.m
EDU>> syms s
EDU>> ilaplace((3*s+1)/(s^2+2*s+1))
      ans =
      -2*t*exp(-t)+3*exp(-t)
      EDU>>
```

Bild B 2.5/11-3

MATLAB-Beispiel 5/12 Pole und Nullstellen, PN-Plan. Nullstellen und vor allem Pole der Übertragungsfunktion sowie ihre Lage in der komplexen *p*- oder *s*-Ebene bestimmen in entscheidendem Maß die dynamischen Eigenschaften (Übergangsverhalten, Resonanzeffekte) und die Stabilität elektrischer Netzwerke und Systeme. Ihre Bestimmung, Darstellung und Beeinflussbarkeit ist daher eine entscheidende Bemessungs- und Bewertungsaufgabe. Dafür stellt MATLAB eine Reihe von Anweisungen und Darstellungsmöglichkeiten bereit, sowohl für einfache Übergangsfunktionen *G*(*p*) als auch Zustandsmodelle. Folgende Grundanweisungen sind vorhanden:

- `zero(G)` zur Berechnung der Nullstellen des Nenner (zeros) von *G*,
- `pole(G)` zur Berechnung der Nennernullstellen (Pole) von *G*,
- `roots(G)` (anwendbar auf Zähler `(roots(den))` und Nenner `(roots(num))`, berechnet jeweils die Wurzeln eines Polynoms spezifiziert durch das Array (*G*) mit den Vektoren der Nullstellen und Pole sowie dem Verstärkungsfaktor *k*,
- die Wandlung `[numzp,denzp,k]=tf2zp(numtf,dentf)`, Transfer zur PN-Form oder allgemeiner `Gzpk=zpk(tf([num],[den]))`,
- `residue` zur Erzeugung der Residuen und Pole über den Aufruf `[R,p,k]=residue (numtf,dentf)`.

Die Pol- und Nullstellendarstellung erfolgt durch `pzmap(G)` im PN-Plan (komplexe *s*- oder *p*-Ebene) als die gängige Form. PN-Darstellungen sind auch möglich über die Aufrufe `ltiview` und `rltool`.

Grundlage aller Betrachtungen ist eine gegebene Übertragungsfunktion, z.B. von der Form $G=((2p\text{^}3+10p\text{^}2+18p+10)/(p\text{^}4+10p\text{^}3+50p\text{^}2+80p+40))$ mit `numtf=[2,10,18,10]` und `dentf=[1,10,50,80,40]`. Sie soll einigen Anweisungen unterworfen werden werden.

Die Anweisung `roots` angewendet auf Zähler und Nenner (M-File `p1.m`, Bild B 2.5/12-1) liefert reelle und konjugiert komplexe Nullstellen und Pole der Beispielsfunktion, sie stimmen erwartungsgemäß mit den Ergebnissen der Anweisungen `zero(G)` und `pole(G)` überein.

```
%File p1.m
EDU>> numtf=[2,10,18,10];
EDU>> dentf=[1,10,50,80,40];
EDU>> roots(numtf)
ans =
  -2.0000 + 1.0000i
  -2.0000 - 1.0000i
  -1.0000
EDU>> roots(dentf)
ans =
  -3.8829 + 4.0370i
  -3.8829 - 4.0370i
  -1.1171 + 0.1641i
  -1.1171 - 0.1641i
```

```
%File p2.m
EDU>>G=tf([2,10,18,10],...
[1,10,50,80,40]);
EDU>>'Nullstellen'
EDU>>zero(G)
EDU>>'Pole'
EDU>>pole(G)
EDU>>
EDU>>Nullstellen
ans =
    -2.0000 + 1.0000i
    -2.0000 - 1.0000i
    -1.0000
EDU>>Pole
ans =
    -3.8829 + 4.0370i
    -3.8829 - 4.0370i
    -1.1171 + 0.1641i
    -1.1171 - 0.1641i
```

Bild B 2.5/12-1

Die Übertragungsfunktion kann auch direkt in Polynomform (wie oben formuliert) eingegeben werden, ggf. unter Zusatzeingabe von `s=tf(,s')` resp. `p=tf(,p')`(M-File `p2.m`, Bild B 2.5/12-1).

```
%PN-Plan p3.m
%Eingabe Übertragungsfunktion
G=tf([2,10,18,10],[1,10,50,80,40]);
%Aufruf PN-Plan
pzmap(G)
grid
```

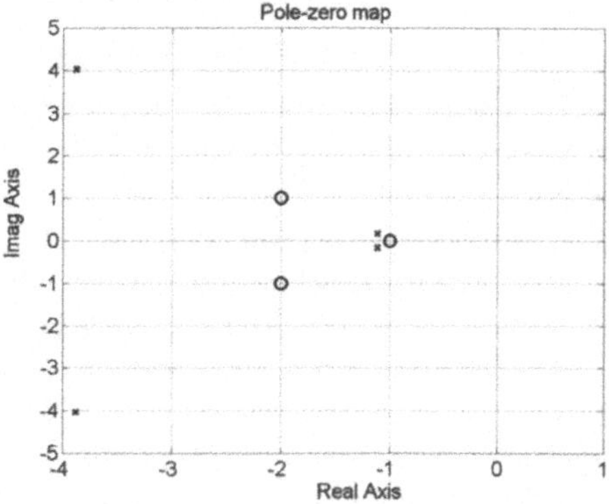

Bild B 2.5/12-2

Es hängt von der spezifischen Aufgabe ab, ob die Pole/ Nullstellen explizit als Zahlenwerte benötigt werden oder nur zur Bewertung von Ausgangsergebnissen dienen. Im letzteren Fall genügt die Genauigkeit des *Pol/Nullstellenplanes* als grafische Darstellung in der komplexen s- oder p-Ebene. Er erlaubt schnelle Rückschlüsse auf das dynamische Systemverhalten und wird mit dem Aufruf `pzmap(num,den)` oder `pzmap(G)` erzeugt (Bild B 2.5/12-2). Stabilität herrscht, wenn alle Pole in der linken Halbebene liegen. Pole werden mit x, Nullstellen mit o markiert. Der Poleinfluss schwächt umso mehr ab, je weiter links der Pol liegt. Umgekehrt sind Pole in Näher der imaginären Achse „dominant" und komplexe Pole treten stets konjugiert komplex auf.

MATLAB-Beispiel 5/13 Gewichts-, Impulsfunktion. Das Zeitverhalten eines Netzwerkes/Systems wird bei gegebener Übertragungsfunktion $G(p)$ gleichwertig im Zeitbereich durch die Gewichts- und Sprungfunktionen (Gln. (5.3.2, 5.3.4)) beschrieben. Sie bilden gleichzeitig den Ausgang für allgemeine Signalanregung im Zeitbereich über die Faltung.

```
> %Sprungverhalten gsp1.m
>> G=(s/(p^2+2*p+4));
>>
step(G)


%Sprungverhalten gsp2.m
p=tf('p'); a=1;
G=(p/(p^2+2*a*p+4));
step(G);
hold;
a=2;
G=(p/(p^2+2*a*p+4));
step(G);
title('Sprungverhalten a=1,1.5,2')
```

Bild B 2.5/13-1

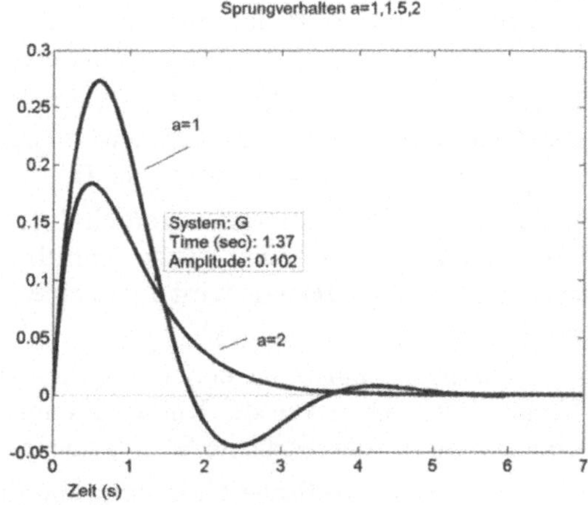

Bild B 2.5/13-2

Folgende Anweisungen sind in MATLAB zur Auswertung verfügbar:

– `step(G)` bei Rechtecksprung (`step(A*G)` mit Amplitude A),

– `impulse(G)` bei Impulsanregung,

– `lsim` bei Anregung mit beliebiger Zeitfunktion.

In allen Fällen wird die jeweilige Antwortfunktion direkt angezeigt. Durch Anklicken des Kurvenverlaufes mit dem Cursor lassen sich aktuelle Werte einblenden, in der Studentenversion 6 bleiben die Werte stehen.

Das M-File `gsp1.m` (Bild B 2.5/13-1) besteht für eine gegeben Übertragungsfunktion aus wenigen Zeilen: Deklaration der Variablen p (resp. s) und der Übertragungsfunktion G gefolgt von der `step`-Anweisung. Ein `plot`-Befehl entfällt. Es lassen sich ohne größere Mühe mehrere Kurven mit unterschiedlichen Parametern in ein Diagramm zeichnen; ein einfacher Weg (neben anderen) ist der über den wiederholten Aufruf des Vorganges mit eingefügter Haltefunktion. Das M-File `gsp2.m` erzeugt Kurvenverläufe für verschiedene Dämpfung der Übertragungsfunktion (Bild B 2.5/13-2). Es unterscheidet sich vom vorhergehenden `gsp1.m` durch den eingeführten Parameter a sowie die Haltefunktion `hold`. Auch das Ablesen eines Zwischenwertes (s.o.) ist angezeigt.

Das Impulsverhalten kann auf gleiche Weise untersucht werden, dabei ist lediglich die Anweisung `step` durch `impulse` auszutauschen.

MATLAB-Beispiel 5/14 LTI Viewer, Reihenschwingkreis. Der LTI Viewer ist eine leistungsfähige grafische Benutzeroberfläche in MATLAB, mit der Zeit- und Frequenzverhalten von Transferfunkionen auf unterschiedliche Weise dargestellt und ausgewertet werden können: etwa Sprung- und Impulsverhalten, PN-Plan, Bode-, Nyquist- und Nicholsdiagramm und ebenso Verstärkung und Phasenrandfunktion bei der Stabilitätsgrenze. Eingegeben wird die zu untersuchende Transferfunktion im Kommandofenster oder als M-File. Nach seinem Aufruf befindet sich die Übertragungsfunktion im Kommandofenster.

Der Einsatz des LTI Viewer (LTIV) läuft nach folgenden Schritten ab:

1. Aufruf durch die Anweisung `ltiview` im Kommandofenster oder ihre Einbindung in ein M-File,

2. Aufruf von **Import** im Filemenü des LTIV und Auswahl der zu untersuchenden Transferfunktion (es können gleichzeitig mehrere selektiert werden),

3. Auswahl der darzustellenden Grafik durch Rechtsklick der Maus auf die Arbeitsoberfläche. Unter **Systems** werden die auswertbaren Übertragungsfunktionen angezeigt (bereits selektierte erscheinen im pop-up-Menü).

4. Auswahl der Darstellungsform durch Rechtsklick auf die Arbeitsfläche und Auswahl des Plot-Type im pop-up-Menü (**Step, Impulse, Bode, Nyquist, Nichols, Pole/Zero**). Jede angewählte **Characteristic** wird durch einen Auswertepunkt in der Kurve angezeigt, mehrere Charakteristika sind möglich.

5. Interaktiver Zugriff zu den Darstellungen durch **ZOOM**-Funktionen, Auslesen von Werten durch Anklicken der Kurve und ausgewählter Punkte mit der Maus, Anzeige der Koordinaten (niedergedrückte Maustaste u.a.m.).

6. Umfangreiche grafische Gestaltungsmöglichkeiten der Darstellung, (Achsen, Kurven, Beschriftungen u.a.) worauf nicht näher eingegangen werden soll.

Mit einigen Beispielen soll die Verwendung des LTIV erläutert werden. Dazu dient der Reihenschwingkreis nach MATLAB-Beispiel 4/21, es wurden aus Darstellungsgründen und zur Nutzung der Defaulteinstellungen lediglich die Netzwerkelemente etwas verändert.

1. *Bodeplot.* Das M-File `fre51.m` (Bild B 2.5/14-1) des Beispiels wurde so abgeändert, daß nach Bildung der Übertragungsfunktion der LTIV mit der Anweisung `ltiview` automatisch aufgerufen wird. Es erscheint der LTIV, mit **Import** (Schritt 2) wird die Übertragungsfunktion G markiert. Automatisch wird die Kurve des Sprungverhaltens angezeigt (Voreinstellung). Mit Rechtsklick wird im **Plot**-Menü **Bode** ausgewählt und unter **Characteristics** schließlich **grid** angeklickt, um Hilfslinien einzublenden. Damit ist die Darstellung abgeschlossen. Das M-File `fre51.m` umfasst nur wenige Programmschritte.

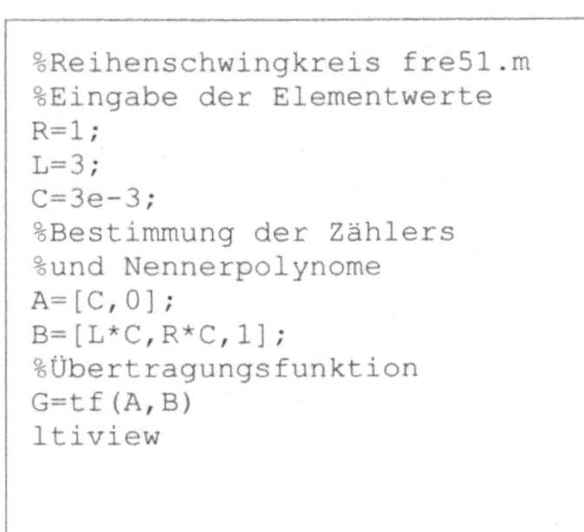

```
%Reihenschwingkreis fre51.m
%Eingabe der Elementwerte
R=1;
L=3;
C=3e-3;
%Bestimmung der Zählers
%und Nennerpolynome
A=[C,0];
B=[L*C,R*C,1];
%Übertragungsfunktion
G=tf(A,B)
ltiview
```

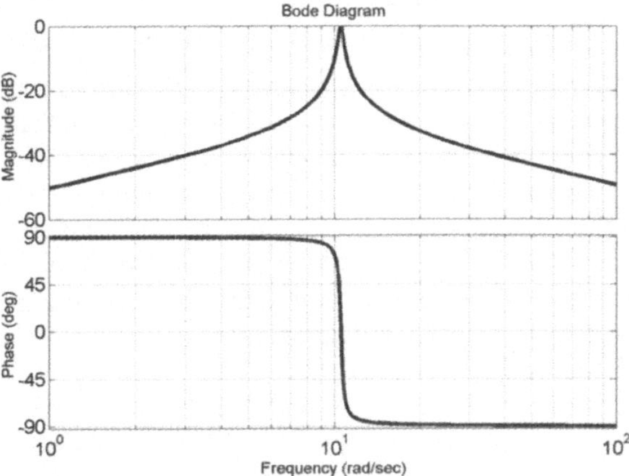

Bild B 2.5/14-1

Soll die Nyquist-Kurve dargestellt werden (sie entspricht hier dem Leitwert als reziproker Gesamtimpedanz des Reihenkreises), so kann das gleiche M-File gestartet werden, bei der Plotauswahl wird lediglich Nyquist angeklickt. Die i.a. ungleichen Achsenmaßstäbe (Bild B 2.5/14-2a) geben auf den ersten Blick eine verzerrte Darstellung (erwartet wird als Nyquistortskurve ein Vollkreis im ersten und vierten Quadranten der komplexen Ebene).

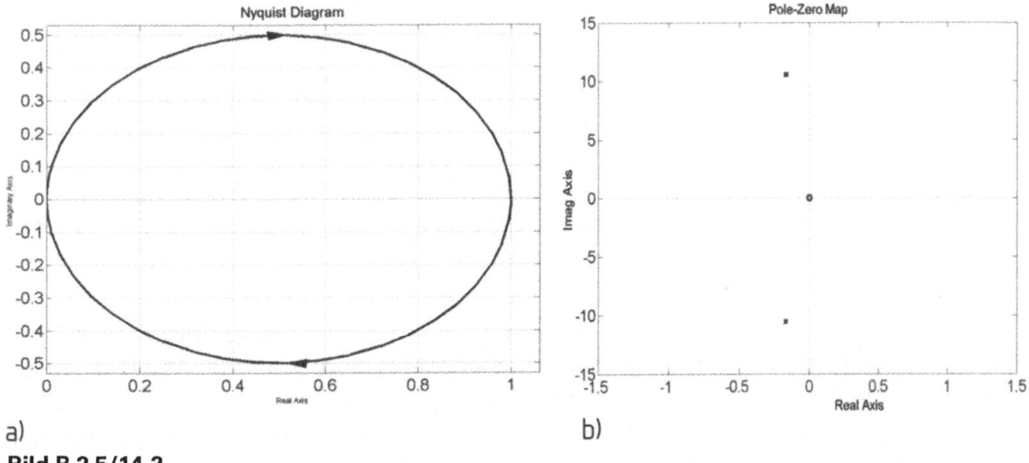

Bild B 2.5/14-2

Die Achseneinstellungen lassen sich aber (in v.6.1) einigermaßen so korrigieren, dass die gewohnte Darstellung erscheint. Anklicken der Kurve mit der Maus liefert Parameterzwischenwerte.

Ist der LTIV bereits für eine Kurvendarstellung aufgerufen, so ergibt sich die Nyquistkurve einfach durch Aufruf des **Plot**-Menüs mit der rechten Maustaste (freie Arbeitsfläche) und die Anwahl von **Nyquist**. Über **Properties** lassen die Darstellungsparameter (Maßstäbe, Achsenbeschriftung, Fontsgrößen u.a.) ändern, die Einstellungen beziehen sich jeweils auf die angezeigte Darstellung.

In analoger Weise lassen sich nach einem Aufruf des LTIV über das **Plot**-Menü auch die übrigen Größen, wie **Step, Impulse, Pole/Zero** u.a. selektieren und darstellen, Bild B 2.5/14-2b zeigt den PN-Plan.

2. *Sprungantwort, veränderliche Kurvenparameter.* Sehr gut können mit dem LTIV Übertragungsfunktionen verschiedener Eigenschaften verglichen werden. So lässt sich das Sprungverhalten des Reihenschwingkreises für drei Widerstandswerte $R = 1$, 30 und 100 Ω sehr einfach untersuchen. Dazu dient das M-File `fre52.m`. (Bild B 2.5/14-3, auch andere Lösungen für die Parametervariation sind möglich). Definiert sind drei verschiedene Übertragungsfunktionen $G\ldots G_2$ mit verschiedenen Widerstandswerten, die der Reihe nach abgearbeitet werden (Bild B 2.82b). Eingeblendet wurden auch die Kurvenmarkierungen am ersten Kurvenmaximum über die Einstellung Menü **Peak Response**. Weitere Auswertungen sind über **Characteristics** möglich, z.B. Anstiegszeit (**Rise Time**) Einschwingzeit (**Settling Time** u.a.m.).

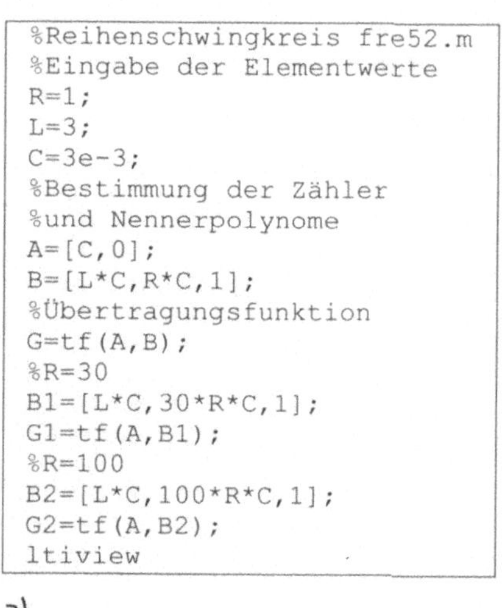

```
%Reihenschwingkreis fre52.m
%Eingabe der Elementwerte
R=1;
L=3;
C=3e-3;
%Bestimmung der Zähler
%und Nennerpolynome
A=[C,0];
B=[L*C,R*C,1];
%Übertragungsfunktion
G=tf(A,B);
%R=30
B1=[L*C,30*R*C,1];
G1=tf(A,B1);
%R=100
B2=[L*C,100*R*C,1];
G2=tf(A,B2);
ltiview
```

a)

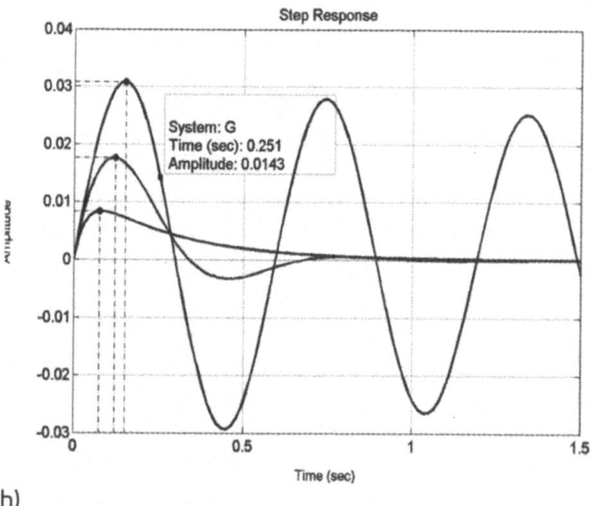

b)

Bild B 2.5/14-3

Im letzten Schritt werden für den Reihenschwingkreis noch die Nyquist-Ortskurve und der PN-Plan angegeben. Nach dem **Import** der Übertragungskurve in den LTIV kann unter der **Plot**-Option die Nyquist-Ortskurve mit **Nyquist** direkt selektiert werden.

Ähnlich wird zur Darstellung des PN-Planes verfahren: Auswahl und Ausführung über den Aufruf **Plot** und anschließend **Pole/Zero**.

Eine zusammenfassende Gesamtdarstellung aller Verhaltenskurven ist mit **Edit/Plot Configurations** möglich, dabei lassen sich bis zu sechs Eigenschaftsdarstellungen einer Übertragungsfunktion mit individueller Einstellung eines jeden Verlaufes gegenüberstellen. Gerade diese Funktion verdeutlicht den Einfluss von Parameteränderungen auf das Zeit- und Frequenzverhalten sehr übersichtlich.

MATLAB-Beispiel 5/15 SISO Design Tool, Operationsverstärker als Spannungsfolger. Im MATLAB-Beispiel 4/15 wurde der Frequenzgang eines OP's als Spannungsfolger untersucht und festgestellt, dass sich die Spannungsübertragungsfunktion in der Form $G(p) = A(p)/(1 + gA(p))$ darstellen lässt mit der sog. *Offenspannungsverstärkung* des OP's. Die Übertragungsfunktion $G(p)$ heißt auch *rückgekoppelte Verstärkung* oder Übertragungsfunktion mit geschlossener Rückkopplungsschleife (closed loop system). Da $A(p)$ von der Form $Au_0\ n(p)/d(p)$ ist, wobei $n(p)$ und $d(p)$ die Zähler- und Nennerpolynomfunktionen in p sind, ergibt sich für die Übertragungsfunktion auch $G = Au_0 on(p)/(d(p) + gAu_0\ n(p))$. Für die Stabilität und das Verhalten der geschlossenen Schleife ist der Nenner von $G(p)$ maßgebend: $N = d(p) + gAu_0\ n(p) = 0$. Rückkopplungsfaktor g und Nullfrequenzspannungsverstärkung Au_0 bestimmen damit die Systempole entscheidend mit. Für Änderung von gAu_0 von 0 bis ∞ lässt sich die Lage der Pole für alle Werte des Parameters gAu_0 bestimmen; die grafische Darstellung in der p-Ebene des rückgekoppelten Systems heißt Wurzelortskurve. Im Grenzfall $g = 0$ wird $N(p) = d(p) = 0$ und es ergibt sich die Pollage ohne Rückkopplung (sog. offenes) System.

Zur Untersuchung so rückgekoppelter Systeme bietet MATLAB zwei Aufrufe: `rlocus(G)` zur Berechnung und Darstellung der Wurzelortskurve und das interaktive Programm `SISO Design Tool` (SISO: Single input, single output) als grafische Benutzeroberfläche, die den Systementwurf hinsichtlich Frequenz-, Zeitverhalten und Wurzelortskurve in komfortabler Weise miteinander verbindet. Man erhält damit die Systemcharakteristiken, ihre Darstellungen und Möglichkeiten des interaktiven Eingriffs. Verhaltensänderungen lassen sich gleichzeitig über den integrierten LTI Viewer verfolgen. Weiterhin können in die Rückkopplungsschleife weitere Übertragungsfunktionen eingebaut sowie Pole und Nullstellen ergänzt werden bei gleichzeitiger Beobachtung der Wurzelortskurve. Zusätzlich sind Bode-, Nyquist- sowie Nichols-Darstellungen des offenen und geschlossenen Systems möglich ebenso das Verhalten bei Sprung- und anderen Anregungen.

Der Aufruf des `SISO Design Tool` erfolgt durch `rltool`: Seine Anwendung setzt die Übertragungsfunktion, z.B. eines Verstärkers als Eingangsgröße voraus und Kenntnisse über die Art der Rückkopplungsstruktur. Das Programm wird wie folgt benutzt:

1. *Aufruf durch Eingabe* von `rltool` in das Kommandofenster oder Einbindung der Anweisung in ein M-File, das aufgerufen wird.

2. *Vorgabe der zu untersuchenden Transferfunktion* (sog. Offenübertragungsfunktion) entweder im Kommandofenster oder als M-File, bei dessen Ablauf **Run** wird sie in den MATLAB-Workspace eingetragen. Jedes dort befindliche Objekt kann in das `SISO Design Tool` (SDT) übernommen werden.

3. Unter dem Menü **File/Import** wird die Übertragungsfunktion importiert. Auf der linken Seite des *Import System Data Fenster* (v.6) liegen die Datenquellen, bei Wahl von **Workspace** erscheint eine Liste verfügbarer Übertragungsfunktionen. Rechts ist eine Rückkop-

plungsschleife angebracht. Die Blockwahl erfolgt mit **Other** (v.5.3) oder **FS** (v.6). Jedem der Blöcke kann eine Übertragungsfunktion aus dem Workspace zugewiesen werden (über die Select Boxen P, H, F v.5.3 resp F, C, G, H v6). Gleichwertig lässt sich die Übertragungsfunktion in der Form `tf(num,den)` in die Anwahlfenster direkt eingegeben. Mit **OK** wird der **Import** abgeschlossen. Automatisch startet die Berechung und Anzeige der Wurzelortskurven. Dabei treten Offenschleifenpole als Kreuze, Nullstellen als Kreise und Pole der geschlossenen Schleife als Quadrate auf. Die Kreisverstärkung kann im Verstärkungsfenster abgelesen werden. Gleichzeitig lassen sich Bode-, Nyquist- und Nicholsplot sowie Sprung- und Impulsverhalten ermitteln. Dazu dient der Aufruf **Tools/Loop Responses**.

4. *Veränderung der Wurzelortskurve.* Nach Auswahl eines plot-Typs im *LTI Viewer for Root Locus Design* wird das gewählte Verhalten für die gegeben Systemwerte angezeigt. Über die linke Menütaste in der **Windows-Toolbar** lassen sich Pole und Nullstellen verändern. Dazu wird ein Pol der geschlossenen Schleife mit der Maus angeklickt und auf der Wurzelortskurve verschoben. In der Status-Bar erscheint die Anzeige der Polkoordinaten, ebenso Dämpfung und natürliche Frequenz sowie der Verstärkung in der **Gain box**. Umgekehrt kann auch **Gain** vorgegeben werden (Eingabe in die Box) und im Gefolge stellen sich die Pole ein. Unter v.6 lassen sich die entsprechenden Polmanipulationen mit **Edit/Root Locus** durchführen, ebenso Gittereinblendungen. Unter **View** werden verschiedene Plots des offenen Kreises betrachtet, die Systemdaten aller Blöcke ausgegeben und die History der Manipulationen nachgelesen.

5. *Einfügen von Pol-Nullstellen.* Zur Eingabe von weiteren Pol- und Nullstellen in die Rückkopplungsanordnung wird auf der Toolbar die entsprechende Position angewählt (v.5.3), der Pointer, der je nach Wahl ein Pol oder eine Nullstelle ist, an die gewünschte Stelle der p-Ebene gesetzt und durch Mausklick bestätigt. Die Wurzelortskurve stellt sich sofort auf die neuen Werte ein (neue Pole/Nullstellen getrennt angezeigt). Sie können ebenso verschoben und das Systemverhalten verfolgt werden. In v.6 erfolgt die Hinzufügung reeller/komplexer Pole und Nullstellen über **Edit/Root Locus** oder **Edit/Open-Loop Bode** resp. **Nichols** mit entsprechenden pop-up-Menüs durch Rechtsklick der betreffenden Kurvenfläche und Menüauswahl.

6. *Grafikauswertung.* Zu besseren Auswertung können verschiedene Einblendungen über **Tools/Menü/Add Grid/Boundary** für konstante Dämpfungen, natürliche Frequenzen und Einschwingzeiten vorgegeben werden, auch über **Grid and Constrains Options**. In v.6 er-

```
%Spannungsverstärkung op2.m
a=0.1
b=0.01;
Auo=1000;
%Eingabe der Spannungsübertragungsfunktion
A=[Auo];
B=[(a*b),(a+b),1];
G1=tf(A,B);
%Aufruf SISO Design Tool
rltool
```

Bild B 2.5/15-1

folgt dies über die gleichen Aufrufe wie zur Einfügung zusätzlicher Pole/Nullstellen in einem entsprechenden Menü **Grid** und Unteroptionen oder Rechtsklick auf die Arbeitsfläche. Am MATLAB-Beispiel 4/15 des Spannungsfolgers wird die Anwendung des `SISO Design Tools` erläutert.

Ausgang ist ein Operationsverstärker mit einer Leerlaufspannungsverstärkung $Au_0 = 1000$ und zwei Polen, die um eine Größenordnung voneinander entfernt liegen. Im M-File `op2.m` (Bild B 2.5/15-1) sind der erforderlichen Anweisungen zur Erzeugung der Spannungsübertragungsfunktion $G(p)$ und Aufruf des `SISO Design Tools` zusammengestellt. Unter **Import** wird die Übertragungsfunktion G_1 übernommen, im Rückkopplungszweig $H = 1$ und $C = 1$ gesetzt (H entspricht dem Rückkopplungsfaktor g in der Grundeinstellung der Rückkopplungsschleife).

Durch Ändern der Blockfolge kann auch Block C in die Rückführung gelegt werden, so dass eine bequeme Änderung möglich ist. (C lässt sich im Current Compensator durch Eingabe ändern). Zur Darstellung wird (neben der Wurzelortskurve) noch die Leerlaufspannungsverstärkung in Bodedarstellung gewählt (Bild B 2.5/15-2a, b). Die Anordnung hat zwei negative reelle Pole in der linken Halbebene, der Frequenzgang fällt von der ersten Grenzfrequenz (10 rad/s) beginnend ab, von der zweiten Grenzfrequenz an mit 12 dB/Oktave. Das Bodediagramm der geschlossenen Rückführung zeigt den schon beim Beispiel 4/15 erwähnten Resonanzeffekt (Bild B 2.5/15-2c).

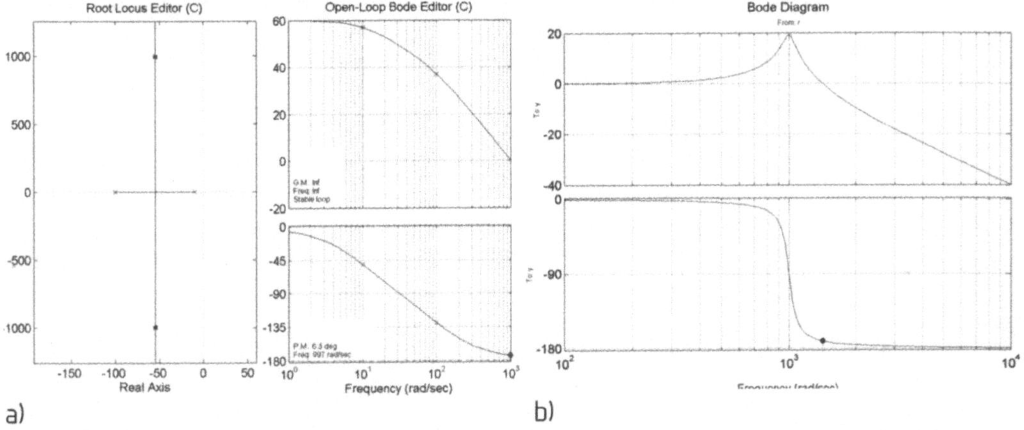

Bild B 2.5/15-2

Eine Phasenumkehr der Spannungsverstärkung Au_0 kann entweder durch einen negativen Zahlenwert, ein Wechsel des Vorzeichens am Summationspunkt (Taste an der Rückführstruktur anklicken) oder Vorzeichenwechsel des Rückführfaktors (Eingabe) erfolgen. Im Ergebnis entsteht eine Wurzelortskurve mit einem Pol in der rechten Halbebene (Bild B 2.5/15-3a,b), mit Sicherheit ein instabiles System. Aus dem Frequenzgang des Bodediagramms würde man hingegen eine Verbesserung entnehmen!

Instabilität kann auch auftreten, wenn der Operationsverstärker zwar im Gegenkopplungsbetrieb wie im ersten Fall arbeitet (Minuszeichen am Rückführungsknoten), aber im Frequenzgang noch einen dritten Pol hat. Dazu wird eine Übertragungsfunktion mit drei Polen im Abstand je 1:10 gewählt. Das M-File `op4.m` (Bild B 2.5/15-4) erzeugt die Übergangsfunktion und ruft das `SISO Design Tool` auf. Nach Import von $G_3(p)$ wird die Wurzelortskurve Bild Bild B 2.5/15-5a angezeigt. Es fällt ein konjugiert komplexes Polpaar in der rechten Hälfte auf, die Anordnung lässt Instabilität erwarten (Anzeige im Bild rechts).

Fasst man den linken Pol mit der Maus und verschiebt ihn in Richtung der Nullpunktes, so rücken die beiden rechten Pole weiter nach links und für C resp. H sowie einen Rückkopp-

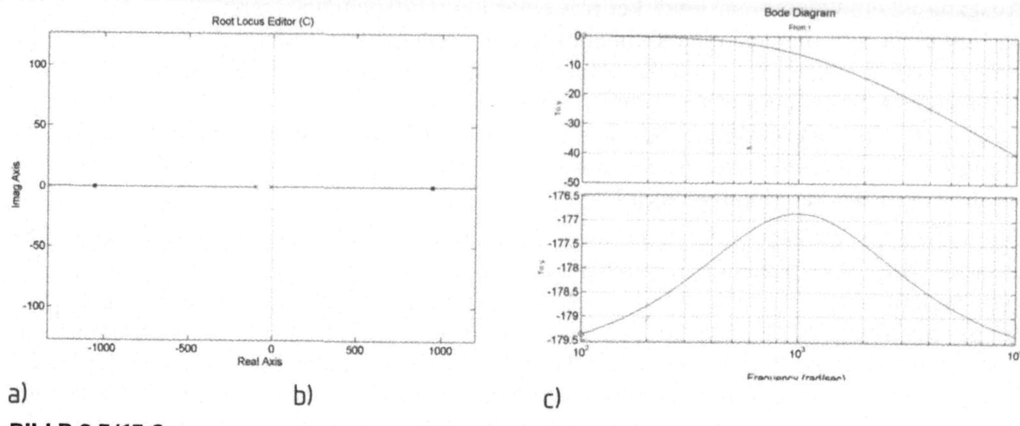

Bild B 2.5/15-3

lungsfaktor $g = 0{,}11$ etwa liegen alle Pole links und die Anordnung ist stabil. Dieser kleinere g-Wert kann auch durch eine entsprechend abgesenkte Spannungsverstärkung Au_o erzielt werden. Den zugehörigen Frequenzgang enthält Bild B 2.5/15-5b.

```
%Spannungsversstärker op4.m
%drei Pole
a=0.1;
b=0.01;
c=0.001;
Auo=1000;
%Übertragungsfunktion
p=tf('p');
G3=tf(Auo/((c*p+1)*(b*p+1)*(a*p+1)));
%Aufruf SISO Design Tool
rltool
```

Bild B 2.5/15-4

Diese wenigen Bemerkungen zeigen , dass das `SISO Design Tool` ein außerordentlich nützlicher und flexibel einsetzbarer Bestandteil von MATLAB ist, der die Gestaltung und Bemessung von Netzwerken und Systemen drastisch vereinfacht.

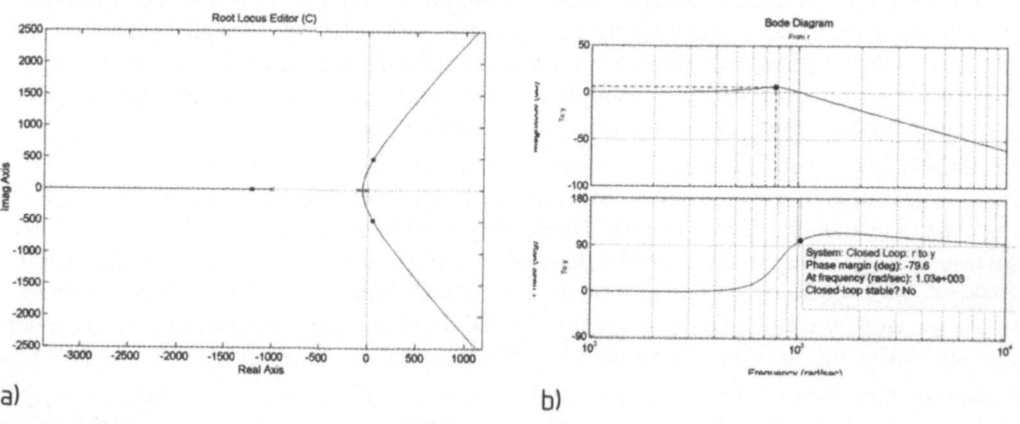

Bild B 2.5/15-5

MATLAB-Beispiel 5/16 Zeitdiskrete Signale. Ein zeitdiskretes Signal $x[k]$ ist eine dem Laufindex k zugeordnete Zahlenfolge. In MATLAB wird eine Folge begrenzter Dauer durch einen Zeilenvektor dargestellt. Damit er Information über die Lage der Probe k erfährt, bedingt die Angabe $x[k]$ je einen Vektor für x und k. So gehören zur Folge $x[k] = \{3,1,2,0,3,6,2\}$ in MATLAB die Zuordnungen $k = [-3,-2,-1,0,1,2,3]$; $x = [3,1,2,0,3,6,2]$. Der Vektor k dient der Speicherung der Zeitachse (Abtastpunkte), zum ersten Vektorelement $x[1] = 3$ gehört dann $k = -3$, zu $x[2] = 1$ $k = -2$ usw. Durch diese Vektor- (und Matrix-) operationen lassen zeitdiskrete Signale in MATLAB sehr einfach darstellen. Um beispielsweise das Signal $x[k] = \begin{cases} 2k & 4 \le k \le 4 \\ 0 & sonst \end{cases}$ anzuzeigen, sind die Anweisungen `>>k=[-4:4];` und `>>x=2*k;` erforderlich. Da für die Darstellung diskreter Werte vertikale Linien am besten geeignet sind, wird statt `plot(t,x)` die Anweisung `stem(k,x)` gewählt (die Anweisung `stairs(k,x)` würde eine treppenförmige Darstellung ergeben).

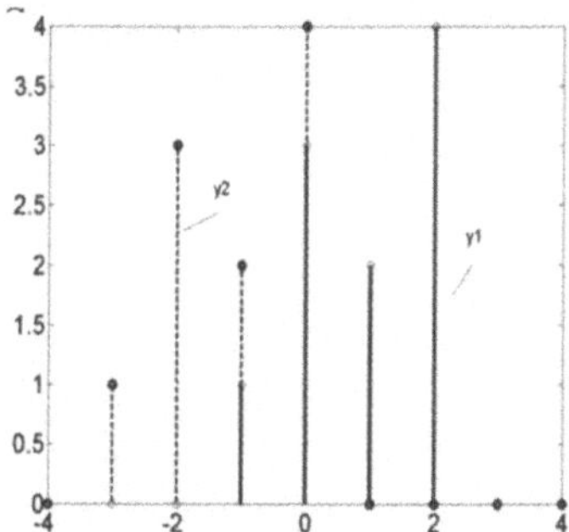


```
%Nullwerteinfügung
%d1.m
k=-4:4; x=[1,3,2,4];
%Nullwerte 1
y1=[0,0,0,x,0,0];
stem(k,y1,'k');
hold on
%Nullwerte 2
y2=[0,x,0,0,0,0]
stem(k,y2,'--k')
hold off
```

```
%Nullwerteinfügung
%d1a.m
k=-50:50;
x=[1,3,2,4];
%Nullwertvektoren
y=[zeros(1,60),x,zeros
(1,37)]
%Darstellung
stem(k,y);
```

Bild B 2.5/16-1

Stimmt die Länge eines Vektors x nicht mit der Zahl der Abtaststellen überein, so müssen zusätzliche Nullen so eingefügt werden, damit die Längen beider Vektoren gleich sind. Das ist im M-File `d1.m` (Bild B 2.5/16-1) geschehen: der Zeilenvektor x mit vier Elementen (bei neun Abtast-punkten von –4...4) wird mit Nullwerten angereichert, z.B. in der Form y_1 oder auch y_2. Soll der Laufparameterbereich sehr stark ausgeweitet werden, so erfolgt das Einfügen von Nullwerten zweckmäßig über die Funktion `zeros`. Im M-File `d1a.m` (Bild B 2.5/16-1) läuft der Abtastbereich von –50...50, umfasst also 101 Abtastwerte, der Zeilenvektor x hat dagegen nur die Länge 4. Deshalb wurde vor diesen Vektor ein Nullzei-

```
%Deltaimpuls
%dimp1a.m
k=-10:10;%Laufbereich
x=zeros(size(k));
%Nullzeilenvektor
x(12)=1;
%Belegung Platz 12
%Druckanweisung
stem(k,x);
grid;
xlabel('k');
ylabel('x(12)');
title('Deltaimpuls 1')
```

```
%Deltaimpuls 2 1
%dimp2.m
t=-1:1/10:1;
%Laufbereich
%Platzierung des
%Deltaimpulses
x=[zeros(1,13),1,zeros
(1,7)];
stem(t,x);
%Darstellung
xlabel('t');
ylabel('x');
title('Deltaimpuls 2')
```

```
% Deltaimpuls 3
%dimp4.mt=0:0.5:5;
%Laufbereich
A=2; %Amplitude
x=A*zeros(1,length(t));
x(4)=A;
stem(t,x);
title('Deltaimpuls 3');
xlabel('t');
ylabel('x')
```

Bild B 2.5/16-2

lenvektor `zeros(1,60)` (1 Reihe, 60 Nullen), eingefügt, ebenso dahinter ein zweiter `zeros(1,37)` mit 37 Nullstellen. Beide Zeilenvektoren k und y haben damit die gleiche Länge 101.

Das Einfügen solcher Nullstellen mit der Anweisung `zeros (1,n)` (und analog das Auffüllen durch einen Zeilenvektor mit Eins-Werten durch die Anweisung `ones(1,m))` ist für den Umgang mit diskreten Signalen sehr nützlich. Ihre Grundlage bildet der Deltaimpuls.

Deltaimpuls. Der Deltaimpuls $\delta\,[k]$ = Delta[k] – zugleich Aufbaufunktion für andere Impulsfolgen – kann auf verschiedene Weise erzeugt werden. Grundlage ist die Anweisung nach Definition Gl. (5.4.3): In einer Lauffolge wird ein mit Null besetzter Zeilenvektor erzeugt und ein Wert an einer gewünschten Stelle zu 1 definiert. Das M-File `dimp1a.m` (Bild B 2.5/16-2) enthält die Anweisungen. Der 1-Impuls wird beispielsweise auf Platz 12 gesetzt (Bild B 2.5/16-3a), also bei $k = 1$ (Platz 0 zählt mit). So kann der Deltaimpuls inner-

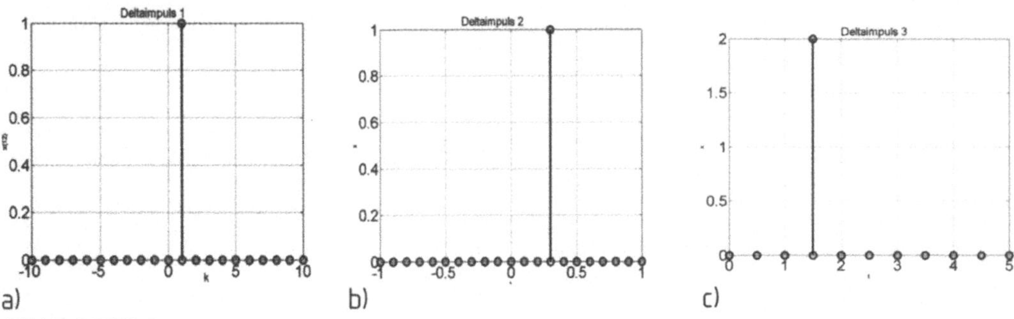

Bild B 2.5/16-3

halb des Laufraumes bequem verschoben werden. Im M-File `dimp2.m` (Bild B 2.5/16-2) wurde dieses Prinzip auf eine Zeitachse (Bereich –1…1 mit Schrittweite 0,1 übertragen (21 Abtastschritte, Bild B 2.5/16-3b) und der Deltaimpuls zwischen zwei Nullzeilenvektoren eingebettet, von denen jeder einstellbar ist (die Gesamtzahl der Plätze muss mit der Zahl der Abtastwerte (21) übereinstimmen. Prinzipiell kann auch ein Deltaimpuls der Amplitude A definiert werden (M-File `dimp4.m`, Bild B 2.5/16-2 und 2.5/16-3c). Er wurde auf Platz 4 gesetzt, also beim Wert 1,5 (Schrittweite 0,1, 11 Plätze bis 5).

```
%Impulsfolge drec6.m
k=-5:10;
%Laufbereich
ko=2; %Impulsanfang
s1=stepfun(k,ko);
%Im%pulsfolge
ko=7; %Impulsende
s2=stepfun(k,ko);
s=s1-s2;
%Gesamtimpuls
stem(k,s);
title('Impulsfolge 1');
xlabel('k');
axis([-5,10,0,2])
```

```
%Impulsfolge 2
%drec5.m
k=20;
%Laufbereich
%Zeilenvektor von k
%Nullen
s=zeros(1,k);
%Bereich von Null
%verschieden
b=10:15;
s(b)=1;
%Einheitsstufenfolge
stem(s);
title('Impulsfolge 2');
xlabel('k');
```

```
%Impulsfolge 3
%drec4.m
L=7;
%Impulsfolgenlänge
k=1:L;
%Laufparameter
%Zeilenvektor mit
%L Einheitswerten
s=ones(1,L);
stem(k-1,s);
xlabel(['k']);
title(['Impulsfolge 3']);
axis([-2,9,0,2])
```

Bild B 2.5/16-4

Eine weitere Möglichkeit zur Erzeugung des Deltaimpulses bieten die logischen Anweisungen in MATLAB, hier die Relation `k= = 0` (Gleichheit). Dazu dienen die folgenden Anweisungen: `>>n=[k1:k2];` (z.B. k = 1:10); `>>ko=3;>>x=[(k-ko)==0];` `>>stem(k,x)`. Im Ergebnis entsteht ein Deltaimpuls an der Stelle $k_0 = 3$.

Einheitssprungfolge. Eine Folge aus Diracstößen (gleicher Höhe) kann als abgetasteter Rechteckimpuls oder zeitbegrenzter Sprung betrachtet werden und stellt so eine zeitdiskrete Sprungfunktion $s[k]$ dar (s. Gl. (5.4.4)). Dieses Signal lässt sich sehr unterschiedlich erzeugen.

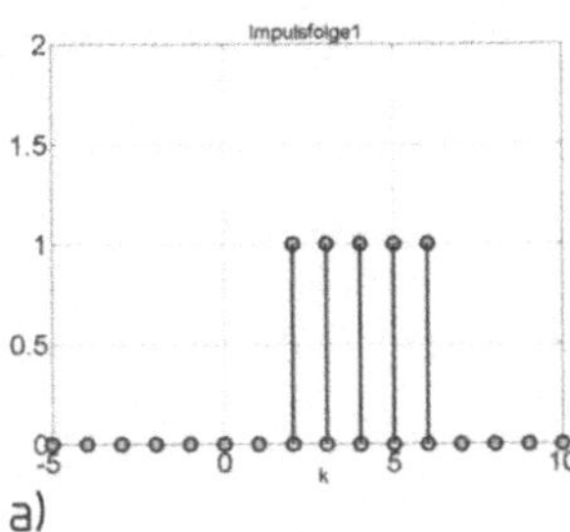

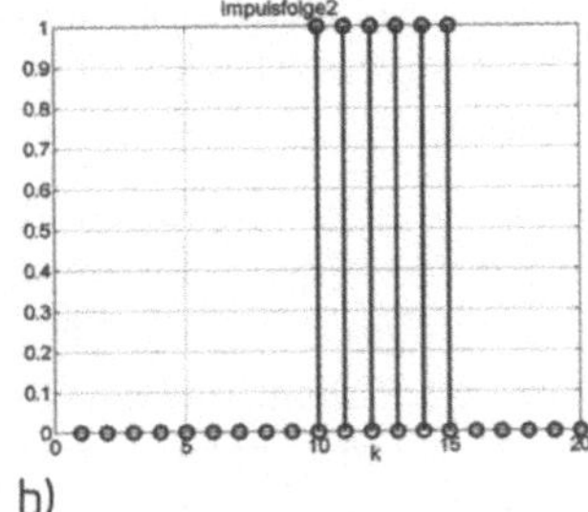

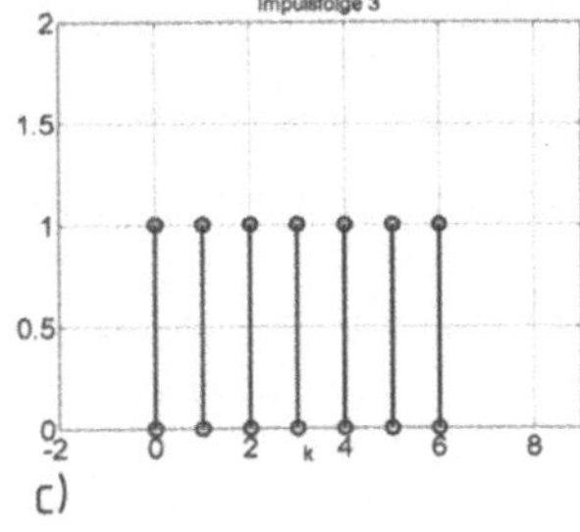

Bild B 2.5/16-5

Ein erster Weg besteht darin, eine Folge von Impulsstößen von einem bestimmten Zeitpunkt k_0 an mit `stepfun` bilden, zu einem späteren Zeitpunkt k_0 einen weiteren Impulszug einzuschalten und beide vorzeichenbehaftet zu überlagern, wie im M-File `drec6.m` (Bild B 2.5/16-4) vorgeführt (Bild B 2.5/16-5a). Der Impuls wirkt zwischen den Abtastpunkten $k_0 = 2$ und $k_0 = 6$, denn von $k_0 = 7$ an verschwindet er wieder.

Eine andere Lösung ist die Erzeugung eines Nullzeilenvektors s im Laufbereich k und der Definition des Bereiches, in dem $s = 1$ sein soll (mit einer Laufzahl b mit $s[b] = 1$ und

```
%Gedämpfte Sinusfolge
%expo1.m
A=1.5; %Amplitude %Sinusschwingung
a=0.2; %Dämpfung
w=3; %Kreisfrequenz
T=0.25;
k=-5:1:20; %Abtastfolge
%Gedämpfte Sinusschwingung
x=A^a*exp(-a*T*k).*sin(w*T*k);
%Sprungfolge
s=A*(k>=0);
sx=(A^a*exp(-
a*T*k).*sin(w*T*k)).*(k>=0);
stem(k,x,'--k')
hold on
stem(k,s,':k')
stem(k,sx,'k')
hold off
xlabel('k')
ylabel('x(k),s(k)')
axis([k(1),k(length(k)),-2,2])
grid
```

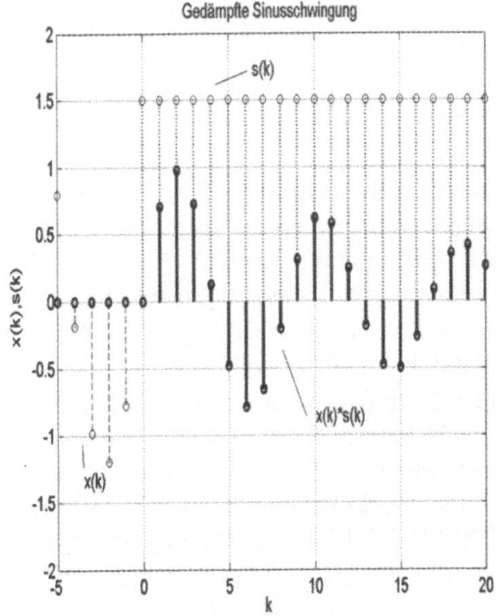

Bild B 2.5/16-6

Belegung von Vektoreinträgen mit 1) mit anschließender Ausgabe von s (M-File `drec5.m`, Bild B 2.5/16-4b). Ebenso kann von einem mit Eins belegten Zeilenvektor einer gegebenen Impulslänge L ausgegangen werden, wie im M-File `drec4.m` geschehen (Bild B 2.5/16-5c). Um die Impulsfolge besser darzustellen, wurden zusätzlich die Achsen definiert (und auf die automatische Bereichseinstellung verzichtet).

Schließlich kann auch die logische Relation „wahr" für größer-gleich 0, $k >= 0$ innerhalb eines Laufbereiches $k_1 \ldots k_2$ ($k = [k_1{:}k_2]$) herangezogen werden; m.a.W. der k-te Wert gleich 1 (wahr) ist, wenn der logische Ausdruck $k >= 0$ gilt und 0, wenn dieser Term „falsch" ist. Dazu dienen bei Verschiebung des Schaltwertes nach k_o folgende Anweisungen: `k=k1:k2;` (z.B. $k_1 = 1$, $k_2 = 10$), `>>ko=3;>>x=[(k-ko)>=0]; >>stem(k,x).` So entsteht eine Deltaimpulsfolge von $k_o = 3$ bis $k_2 = 10$.

Gedämpfte Sinusfolge. Eine exponentiell abklingende Sinusschwingung geht beim Abtasten in eine Wertefolge über versehen mit einem Abtastparameter k (M-File `expo1.m`), Bild B 2.5/16-6). Diese Schwingung möge zu einem Abtastzeitpunkt $k = 0$ eingeschaltet werden. Die erforderliche sprungförmige Abtastfolge entsteht durch die eben benutzte logische Beziehung $s = (k >= 0)$. Die Schwingung wird mit dem Rechtecksprung „gefaltet". Im Bild wurden alle drei Funktionen dargestellt: die gedämpfte Schwingung, der Sprung und das Ergebnis (der Zusatz „k" in der `stem`-Anweisung deutet auf schwarze Linien hin).

Aus diesem Verlauf ergibt sich für verschwindende Dämpfung $a = 0$ eine eingeschaltete Sinusschwingung. Der Unterschied zur kontinuierlichen Sinusschwingung A sin (wt) mit kontinuierlich laufendem Parameter t (z.B. der Zeit) besteht in folgendem: aus der Idendität $wt = wT\,(t/T) = wT\,k$ wird bei der Folge der Wert $t/T = k$ durch ganze Zahlen ersetzt. Genau genommen nähert MATLAB die „zeitkontinuierliche" Sinusfunktion im Zeitbereich $t = t_1{:}\mathrm{d}t{:}t_2$ durch eine große Zahl von Abtastwerten mit sehr kleinen Abtastschritten dt an. Der Befehl `plot` stellt diese Werte dar und verbindet benachbarte Punkte durch Geraden. Demgegenüber liegen die Abtastwerte der abgetasteten Sinusfunktion weiter auseinander und der Befehl `stem` stellt sie einzeln, d.h. nicht verbunden dar. Deshalb wird er nur für kurze zeitdiskrete Folgen verwendet, `plot` dagegen für die abgetastete Annäherung eines zeitkontinuierlichen Signals oder für sehr lange zeitdiskrete Signale, bei denen die Zahl der Abtastpunkte stark ansteigt.

MATLAB-Beispiel 5/17 Z-Transformation. MATLAB verfügt über eine Reihe von Anweisungen zur Durchführung der Z-Transformation, ihrer Umkehr und Anwendungsunterstützung in den `Symbolic Math-`, `Signal-` und `Control-Toolboxen` resp. einer umfangreichen Zusammenstellung relevanter Anweisungen in den MATLAB-Studentenversionen. Diese Möglichkeiten erleichtern den praktischen Umgang mit diskreten Signalen und Systemen erheblich.

Die Z-Transformation erfolgt über die Anweisung `ztrans(f)` für die Darstellung `f(nT)` (Defaulteinstellung) mit den Variablen `n` und `w`. Soll `k` anstelle von `n` benutzt werden, so ist anzuwenden `ztrans(f,k,z)`. Für die Funktion $f\,[k] = A\ a\hat{}k$ (Exponential- oder Potenzfolge) beispielsweise sind die erforderlichen Anweisungen im M-File `zt1abb.m` (Bild B 2.5/17-1) zusammengestellt. Im Falle $a = 1$ wird daraus die Sprungfolge $As[k] \overset{ZT}{\longleftrightarrow} Az/(z-1)$. Die Anweisungen für die Rampenfolge $f\,[k] = k\ s[k]$ stehen im im M-File `zt1c.m` (Bild B 2.5/17-1 Mitte) und für eine harmonische Schwingung (Sinusfunktion) schließlich im M-File `zt2.m` des gleichen Bildes.

```
%Sprungfolge zt1abb.m
%Vorbereitung
symbolischer
%Objekte für A,a,k
und z
syms A a k z
'f(k)'     %Anzeige
%Definition f(k)
f=A*a^k;
pretty(f)  %Ausdruck
%Anzeige
'F(z)'
%Hintransformation
F=ztrans(f,k,z);
pretty(F)
f(k)
           k
        A a
ans =
F(z)
     A z
  -----------
   a (z/a - 1)
```

```
%Anstiegsfolge zt1c.m
%Definition
symbolischer
%Variabler k,T
syms k T
'f(kT)'    %Anzeige f
%Definition f(kT)
f=k*T;
pretty(f)
%Ausdruck'F(z)'
%Anzeige
F%Hintransformation
pretty(F)
EDU>>
ans =
f(kT)       k T
ans =
F(z)
T z
--------
2  (z - 1)
```

```
%Vorbereitung symboli-
scher
%Objekte zt2.m
syms A k T wo
'f(kT)'  %Anzeige
%Definition f
f=A*sin(wo*k*T);
pretty(f)  %Ausdruck
'F(z)'      %Anzeige
%Hintransformation
F=ztrans(f,k,z);
pretty(F)  %Ausdruck
EDU>>
ans =
f(kT)
    A sin(wo k T)
ans =
F(z)
    A z sin(wo T)
 ----------------------
       2
  1 + z   - 2 z cos(wo T)
```

Bild B 2.5/17-1

Die Ablauffolge der Z-Transformation besteht – wie die der Fourier- und Laplace-Transformation – aus drei Schritten: Vorbereitung symbolischer Objekte (Zeile 1) mit `syms`, Eingabe der zu transformierenden Funktion $f(k)$ (Zeile 2), Anwendung der Transformationsanweisung (Zeile 3) und ggf. eingeschobene `pretty`-Anweisungen zur besseren Darstellung.

Während die Hintransformation i.a. keine Probleme bereitet – oft geht die Nutzung von Tafeln für die Standardanregungen schneller –, kommen die Anwendungsvorteile von MATLAB bei der Rücktransformation stärker zur Geltung, denn nur in den seltensten Fällen erfolgt sie mit dem ZT-Umkehrintegral Gl. (5.4.19).

```
%Partialbruchentwicklung izt3.m
%Eingabe Zählerkoeffizienten
Z=[5,3,-1,0];
%Eingabe Nennerkoeffizienten
N=[1,-1,1]
 Bestimmung der Residuen
[r,p,k]=residuez (Z,N)
disp('Residuen'),dsip(r')
disp('Pole');disp(p')
disp('Konstante);disp(k)
EDu>> Residuen
   1.2500   3.5000   0.2500
Pole
   1.0000   1.0000   -1.0000
Konstante
   0
```

```
%Rücktransformation durch
%Reihenentwicklung izt4.m
n=11;   %Zahl berechneter Werte
n=11;   %Zahl berechneter Werte
Z=[-16,-10,-3]   % Zählerpolynom
N=[8,6,1] %Nennerpolynom
%Berechnung der Koeffizienten
%der Inversen ZT
[f,t]=impz(Z,N,n);
disp('Koeffizienten der Reihe');
disp(f')
EDU>> Koeffizienten der Reihe
   Columns 1 through 7
   -2.0000   0.2500 -0.3125
   0.2031  -0.1133  0.0596  -0.0305
   Columns 8 through 11
      0.0154  -0.0078  0.0039  -0.0020
```

Bild B 2.5/17-2

Standardrücktransformationsmethoden sind – neben der Tafelnutzung in einfachen Fällen – das sog. *lange Ausdividieren*, die *Partialbruchzerlegung* und schließlich die *symbolische* Methode.

Liegt $F(z)$ als gebrochen rationale Funktion vor, so erlaubt die Zerlegung in Partialbrüche schließlich die Anwendung von Tafeln zur Rücktransformation. Voraussetzung ist die Kenntnis der Pole von $F(z)$. Mit der MATLAB-Anweisung `[r,p,k]=residuez(Z,N)` wird die Partialbruchentwicklung einer gebrochen rationalen Funktion $F(z)$ – bestimmt durch ihre Zähler – und Nennerkoeffizienten Z, N – durchgeführt und das Ergebnis als Vektor r der Residuen, als Vektor p der Pole und Vektor k der Konstanten zurückgegeben. Das M-File `izt3.m` (Bild B 2.5/17-2) führt die Anweisungen an einem Beispiel vor. Für die Funktion $F(z) = (5z^3 + 3z^2 - z)/(z^3 - z^2 - z + 1)$ ergibt sich dann mit den im M-File `izt3.m` angegebenen Werten das Ergebnis $F(z) = 1{,}25\, z/(z-1) + 3{,}5\, z/(z-1)2 + 0{,}25\, z/(z+1)$, welches ohne Probleme mittels Tafel rücktransformierbar ist: $f\,[k] = 1{,}25(1)^k + 3{,}5(1)^{k-1} + 0{,}25(-1)^k$.

Über die umgekehrte Anweisung `[Z,N]=residuez(r,p,k)` kann das Ergebnis überprüft werden, dabei lauten die Eingaben `r=[1.25,3.5,0.25]`, `p=[1,1,-1]` und `k=[0]`.

Die *fortgesetzte Division* ist ein weiteres Rücktransformationsverfahren. Es basiert auf der Reihenentwicklung nach Gliedern mit z^{-1}. Die Koeffizienten der Reihenentwicklung entsprechen den Werten $f\,[k]$ in den Abtastpunkten. In MATLAB erfolgt die fortgesetzte Division durch die Anweisung `[h,t]=impz(Z,N,n)`. Dabei sind Z und N Zähler und Nenner der Funktion $F(z)$ und n gibt die Zahl der zu berechnenden Glieder an.

Im M-File `izt4.m` wird (Bild B 2.5/17-2) die Anweisung anhand der Beispielfunktion $F(z) = -(16\,z^2 + 10\,z + 3)/(8z^2 + 6z + 1)$ erläutert. Die Lösung bei direkter Rücktransformation lautet $f(k) = -3\delta\,[k] + 3(-0{,}25)^k s[k] - 2(-0{,}5)^k s[k]$. Über das Programm ergeben sich die Koeffizienten $f\,[0] = -2$, $f\,[1] = 0{,}25$, $f\,[2] = -0{,}3125$ usw. für entsprechende $k = 0, 1, 2$. Die zugehörige Lösung im z-Bereich lautet dann: $f\,(z) = f\,[0]z^0 + f\,[1]z^{-1} + f\,[2]z^{-2} + \ldots$ In Sonderfällen (wie hier) kann diese Reihe zu einer geschlossenen Funktion zusammengefasst werden.

Eine weitere Rücktransformationsmöglichkeit bietet die Anweisung `y=filter(Z,N,)`, wobei y der Ausgangsvektor der Systemübertragungsfunktion $H(z)$ in Polynomform ist mit Zähler und Nenner (Z, N) ausgedrückt durch ansteigende Folgen von z^{-n}, die Länge n stimmt mit der von y überein (Anwendung in Beispiel 5/18).

MATLAB-Beispiel 5/18 Differenzengleichung 2. Ordnung mit Anfangswerten. Sind in einer Differenzengleichung Anfangswerte von y und x zu berücksichtigen, so nimmt die MATLAB-Anweisung `y=filter(b,a,x,xic)` noch den Zeilenvektor `xic=filtic(b,a,Y,X)` der Anfangswerte auf. Diese Anweisung bringt gegenüber einer analytischen Berechnung von `xic` deutliche Vereinfachungen. `Y` und `X` sind Zeilenvektoren der Form `Y=[y(-1), y(-2)..y(-M)]` und `X=[x(-1), x(-2),..x(-N)]`. Für $y[k] = 0{,}6\,y[k-1] - 0{,}75\,y[k-1] + \{x[k] + x[k-1] + x[k-2]\}/4$ als Differenzengleichung 2. Ordnung mit den Anfangswerten $y[-1] = -2$, $y[-2] = -4$, $x[-1] = 1$ und $x[-2] = 1$ sowie einer Einheitsimpulsanregung zur Zeit $t = 0$ ergibt sich das M-File `dg2ord.m` mit dem dargestellten Verlauf der Lösung $y[k]$ (Bild B 2.5/18).

Durch Abschalten der Impulserregung kann dann z.B. der Einfluss der Anfangswerte Y auf das Gesamtverhalten untersucht werden. So folgt für $X = [0]$ der Anfangswert $y[0] = 0{,}6$

$y[-1] + 0{,}75\, y[-2] = -1{,}8 + 0{,}75(-4) = 1{,}2$ übereinstimmend mit dem (nicht dargestellten) Kurvenverlauf (dabei ist die verschwindende Anregung durch eine Anweisung `x=zeros(size(k));` zu erfassen). Bei Impulsanregung mit dem Wert 1 ergibt sich – wie aus dem Verlauf zu erkennen – der Anfangwert $y[0] = 2{,}2$ (Bild B 2.5/18).

```
%Impulsverhalten
%dg2ord.m
%Laufbereich k
k=[0:20];
%Koeffizientenvektor
b=[1,1,1]/4;
%Koeffizientenvektor
a=[1,-0.6,0.75];
%Anfangswerte Y,X
Y=[-2,-4];X=[1,1];
%Berechnung Anfangserregung
xic=filtic(b,a,Y,X);
x=[(k-0)==0];%Einheitsimpuls
%Aufruf filter
y=filter(b,a,x,xic);
stem(k,y)
```

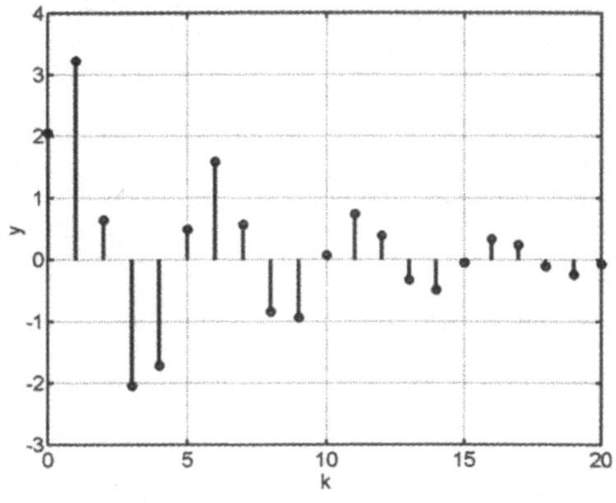

Bild B 2.5/18

MATLAB-Beispiel 5/19 Differenzengleichung. Eine Differenzengleichung vom allgemeinen Typ Gl. (5.4.27) lässt sich mit MATLAB numerisch durch die Anweisung `y=filter(b,a,x)` bei gegebener Erregung und gegebenen Koeffizienten lösen. Dabei sind `b=[b0...bM,,]` und `a=[a0...aN]` Koeffizientenzeilenvektoren und x stellt die Eingangsfolge dar. Auch Anfangswerte können berücksichtigt werden (s. MATLAB-Beispiel 5/18).

Für die Differenzengleichung $y[k] - 0{,}7\, y[k-1] = x[k]$ als Beispiel mit Impulserregung ergibt sich das M-File `dgimp3.m` (Bild B 2.5/19-1). Der Impuls wird durch eine logische Operation erzeugt (s. Beispiel 5/16). Diese Anweisungszeile könnte auch durch die beiden Zeilen `x=zeros(size(k));` und `x(0)=1;` ersetzt werden. Der Verlauf Bild B 2.5/19-2a lässt Tiefpassverhalten erkennen, weil sich das Ausgangssignal nur langsam ändert. Das deutet auf eine starke Dämpfung höherfrequenter Anteile hin.

```
%Impulsverhalten
%dgimp3.m
%Laufbereich k
k=[-5:15];
b=[1];
%Koeffizientenvektor
a=[1,-0.7];%dto
x=[(k-0)==0];
%Einheitsimpuls
%Aufruf filter
y=filter(b,a,x);
stem(k,y)
```

```
%Sprungverhalten
%dgstep3.m
%Laufbereich
kk=[-5:15];
b=[1];
%Koeffizientenvektor
a=[1,-0.7];% dto
x=[(k-
0)>=0];%Einheitssprung
%Aufruf filter
y=filter(b,a,x);
stem(k,y)
```

```
%Rechteckimpuls
%dgrecht2.m
%Laufbereich
k=[-5:15];
b=[1];
%Koeffizientenvektor
a=[1,0.7];%dto
%Rechteckimpuls
x=[(k-0)>=0]-[(k-8)>=0];
%Aufruf filter
y=filter(b,a,x);
stem(k,y)
```

Bild B 2.7/19-1

Im M-File `dgstep3.m` (Bild B 2.5/19-1 Mitte) wurde das Sprungverhalten untersucht (wieder mit der Signalerzeugung durch eine logische Operation, s. Beispiel 5/16). Gleichwertig könnte diese Anweisung auch durch `x=[1*ones(size(k))]'` ersetzt werden. Beide Ausgangssignalverläufe (Bild B 2.5/19-2a, b) haben starke Ähnlichkeit mit jenen einer DGl. 1. Ordnung (RC-Glied bei Impuls- und Sprunganregung, wobei die Zeitkonstante RC groß gegen die Abtastzeit T ist).

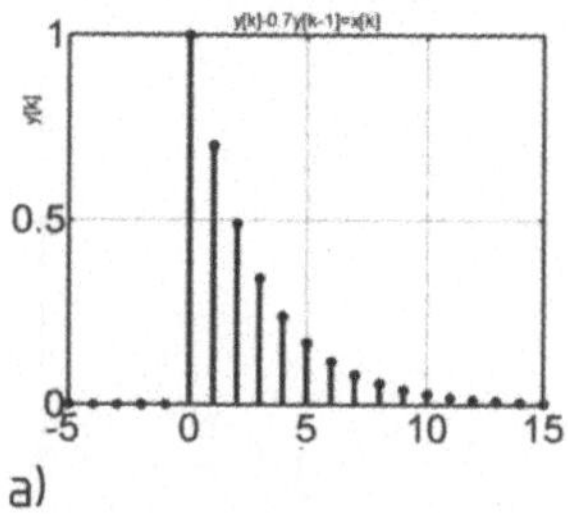

a)

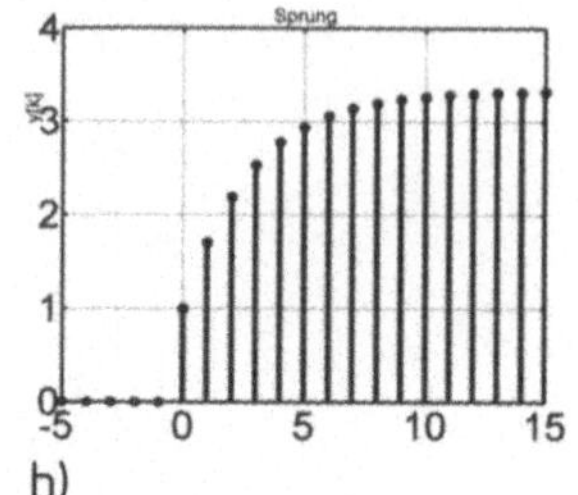

b)

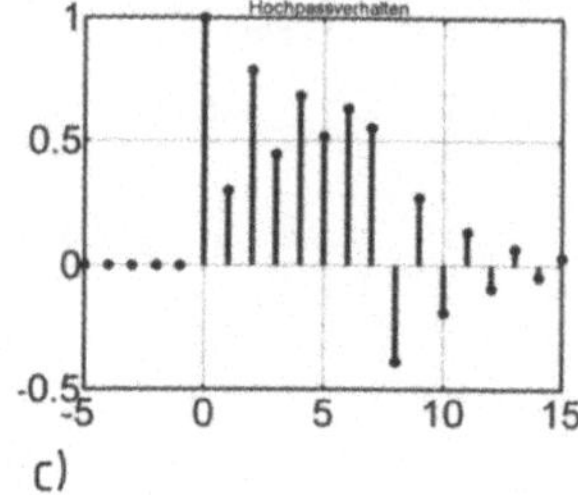

c)

Bild B 2.5/19-2

Wird umgekehrt die RC-Zeitkonstante klein im Vergleich zur Abtastzeit gewählt, so wechselt der zweite Koeffizient im Zeilenvektor a das Vorzeichen und das System erhält – zwischen den Schaltzeitpunkten – eine Tendenz zum Hochpassverhalten (wobei die Zulässigkeit der Bedingung $\tau \ll T$ hier nicht weiter diskutiert werden soll). Dieser Fall liegt dem M-File `dgrecht2.m` (Bild B 2.5/19-1 rechts) zugrunde. Die wechselnden Vorzeichen im Ausgangssignal Bild B 2.5/19-2c deuten auf sehr schnelle Wechsel hin, m.a.W. müssen hochfrequente Signalkomponenten dominieren. Als Erregung wurde ein Rechtecksprungsignal begrenzter Dauer (8 Abtastschritte) gewählt (vgl. Anweisung im M-File `dgstep3.m`, Bild B 2.5/19-1).

MATLAB-Beispiel 5/20 Übertragungsfunktion, Gewichts- und Sprungantwort. Für eine gegebene Differenzengleichung (*Beispiel*: $y[k] = 0{,}4y[k-1] + x[k] + 0{,}6\,x[k-1]$) folgt durch Z-Transformation (hier: $Y(z)(1 - 0{,}4\,z^{-1}) = X(z)(1 + 0{,}6\,z^{-1})$) die Übertragungsfunktion $G(z) = Y(z)/X(z)$. Aus ihr lassen sich die Gewichtsfunktion oder Impulsantwort $g[k]$, die Sprungantwort $h[k]$ und das Frequenzverhalten mit entsprechenden MATLAB-Anweisungen wie `filter`, `dimpulse`, `dstep` und `ltiview` gewinnen.

Als Ausgangspunkt mag die Gewichtsfunktion dienen, die durch Partialbruchzerlegung von $G(z)$ auch direkt erhalten wird: $g[k] = -(3/2)\,\delta\,[k] + (5/2)(0{,}4)^k\,s[k]$ mit dem Einschaltsprung $s[k]$ (Gl. (5.4.4)).

```
%dgew1fil.m
k=0:8;
%Zeilenvektoren
%Zähler-,
%Nenner der ÜF.
b=[1,0.6];
a=[1,-0.4];
%Nullvektor
x=zeros(size(k));
%Impuls an Stelle1
x(1)=1;
%Aufruf
y=filter(b,a,x);
stem(k,y)
```

```
%dgewimp.m
%Zähler-, Nenner
%der ÜF
Z=[1,0.6];
N=[1,-0.4];
%Aufruf
dimpulse(Z,N);
```

```
%dgewstep.m
%Aufruf Zähler,
%Nenner der
%ÜF
Z=[1,0.6];
N=[1,-0.4];
dstep(Z,N);
```

```
%dgewstepfil.m
k=0:8;
%Zähler-,Nenner-
%Zeilenvektoren
%der ÜF
b=[1,0.6];
a=[1,-0.4];
%Sprungaufruf
x=ones(size(k));
%Aufruf filter
y=filter(b,a,x);
stem(k,y)
```

Bild B 2.5/20-1

Im M-File `dgewfil.m` (Bild B 2.5/20-1) wird die Gewichtsfunktion über die `filter`-Anweisung gewonnen und das System mit einem Impuls – erzeugt durch einen Nullvektor und den Wert 1 an der Stelle $k = 1$ – erregt. Der Ausgangsvektor $y[k] = g[k]$ entspricht dann der Gewichtsfunktion. Aus der direkten Lösung ergeben sich – übereinstimmend mit der Bild B 2.5/20-2a – für $k = 0, 1, 2, 3$ die Werte $g[k] = 1, 1, 0{,}4, 0{,}16$ usw. Das stimmt auch mit der Impulsauswertung (Bild B 2.5/20-2b) überein (maßgebend ist der Funktionswert am Intervallanfang). Das M-File ist deutlich kürzer, es entfallen die `plot`-Kommandos.

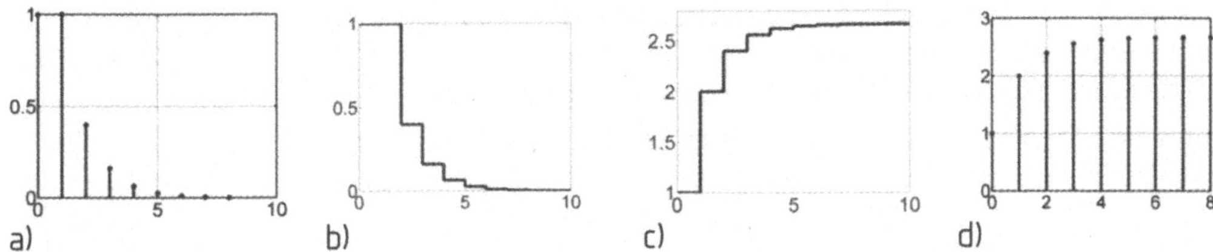

Bild B 2.99

Zur Untersuchung der Sprungantwort muss im letzteren Fall nur der Aufruf `dimpulse` gegen `dstep` (Bild B 2.5/20-1) ausgetauscht werden mit dem Ergebnis Bild B 2.5/20-2c. Die analytische Lösung lautet (z.B. durch Partialbruchzerlegung gewonnen): $h[k] = (16 - 10(0{,}4)^k)(1/6)\, s[k]$ und ergibt für die Anfangswerte: $k = 0, 1, 2, \rightarrow h[k] = 1, 2, 2.4$ usw. Das drückt auch der grafische Verlauf aus.

Die Bestimmung der Sprungantwort mit der Anweisung `filter` setzt – neben der Angabe des Variablenlaufbereiches k – auch die Erzeugung des Sprungsignals voraus. Es wird durch einen Einsvektor der Länge k geschaffen (auch andere Varianten sind möglich). In diesem Fall ist eine `plot`-Anweisung `stem(k,y)` erforderlich (Bilder B 2.5/20-1, 2.5/20-2d).

Sehr bequem lässt sich die Untersuchung auch mit der Anweisung `ltiview` durchführen; dazu muss lediglich die Übertragungsfunktion $G(z)$ durch Angabe der Zähler- und Nennerkoeffizienten (in üblicher Zeilenvektorform) erfolgen und der Abtastparameter k gewählt werden (hier $k = 1$ gesetzt). Im M-File `dgewltivi.m` (Bild B 2.5/20-3) wird gleichzeitig ein `ltiview`-Aufruf eingefügt. Die Wahl der Auswertung (Impuls-, Frequenzgang, …) erfolgt durch Anklicken der ersten standardmäßig erscheinenden Sprungantwort mit der rechten Maustaste. Allerdings fehlt hier die Möglichkeit einer `stem`-Ausgabe.

Zur Auswertung der Sinusanregung dient ebenfalls die Anweisung `filter`. Dazu wird im M-File `dgewstepfil.m` (BIld B 2.5/20-1) der Sprungaufruf `x=ones(size(k));`

```
%Einsatz LTI Viewer
%Impulsverhalten
%G(z) dgewltivi.m
b=[1,0.6];
a=[1,-0.4];
%Erzeugung ÜF
G=tf(b,a,1);
%Aufruf LTI Viewer
ltiview
```

Bild B 2.5/20-3

Bild B 2.5/20-4

durch ein Sinussignal ersetzt: `x=[1*sin(k*pi/12)];` und der Abtastparameter k ggf. erhöht. Die angegebene Lösung eines abgetasteten Sinussignals Bild 2.5/20-4 entspricht der Erwartung.

MATLAB-Beispiel 5/21 Zeitdiskrete Übertragungsfunktion, Frequenzgang. Wie für zeitkontinuierliche Übertragungsfunktionen $G(p)$ stehen auch für die zeitdiskrete der Form $G(z)$ resp. $G(z^{-1})$ in MATLAB verschiedene Anweisungen zur Auswertung des Frequenzverhaltens zur Verfügung, wie beispielsweise `freqz`, `dbode`, `dnyquist`, `ddamp` zur Ausgabe der Pole, Nullstellen, Dämpfung und Kreisfrequenz des gleichwertigen zeitkontinuierlichen Systems sowie `zplane` rsp. `zpk` zur Darstellung der Pole und Nullstellen. Einsetzbar sind auch `ltiview` und `rltool`.

Grundlage der Frequenzgangauswertung ist die Darstellung der z-Übertragungsfunktion entweder in der Form $G(z)$ (wie beispielsweise $G(z) = (z\hat{}2 + 2)/(z\hat{}2 + 2z + 1)$, die in der Regelungstechnik verbreitet ist) oder als $G(z^{\wedge -1}) = (1+2z^{\wedge -2})/(1 + 2z^{\wedge -1} + z^{\wedge -2})$, wie sie die digitale Signalverarbeitung nutzt. Im ersten Fall gilt `G(z)=tf([1,0,2],[1,2,1], 0.1)` mit der Transferanweisung `tf`. In der zweiten Schreibweise lautet die Angabe `G(z^-1)=tf([1,0,2],[1,2,1],'variable','z^-1')`. Im Zusatz 0.1 ist die Abtastzeit (in s) spezifiziert, im zweiten Fall fehlt der Zusatz.

```
%Bandpass filt1.m
%Zähler und Nenner der
% Übertragungsfunktion
n=[1,0,-0.64];
d=[1,0,0.64];
%Aufruf Frequenzgang
[G,q]=freqz(n,d,512,'whole');
mag=abs(G);
%Grenzfrequenzgerade
p=size(q);
g=0.707*ones(p(1),p(2))*abs(max(G));
plot(q,mag,q,g,'--');
xlabel('Kreisfrequenz (rad/s)')
ylabel('abs(G(z))')
title('Bandpass')
grid
```

Bild B 2.5/21-1

```
%Bandpass filt17.m
%Zähler und Nenner der
% Übertragungsfunktion
n=[1,0,-0.64];
d=[1,0,0.64];
%Aufruf Nyquist
dnyquist(n,d,0.1);
title('Bandpass')
```

Bild B 2.5/21-2

Beispielsweise die Anweisungsfolge `z=tf(,z',0.2);G=(z+3)/(z^2+3*z+5);` der Darstellung `G=tf([1,3],[1,3,5],0.2);` beide erzeugen die gleiche Übertragungsfunktion in z-Form für die Abtastzeit 0,2 s. Um die gleichwertige Übertragungsfunktion $G(z^{-1}) = (z^{-1} + 3{*}z^{-2})/(1 + 3{*}z^{-1} + 5\,z^{-2})$ zu bilden, wird spezifiziert: `G=tf([0,1,3],[1,3,5],0.2,'variable','z^-1')` oder besser die Anweisung `sys=filt(num,den,Ts)` benutzt, entwickelt für die Darstellung $G(z^{\wedge -1})$ der digitalen Signalverarbeitung. Sie lautet: `G(z^-1)=filt([0,1,3],[1,3,5],0.2)`. Man achte auf die im Zählerterm links stehende Null. Im ersten Beispiel (M-File `filt1.m` Bild B 2.5/21-1) wird der Frequenzgang einer Bandpassfunktion $G(z)$ mit 512 Abtastpunkten über eine volle Periode (`'whole'`) mit der Anweisung `freqz` erzeugt (Bild B 2.5/21-3a). Man achte auf die eingefügte Gerade zur Bandbreitenbestimmung. Der Verlauf erscheint erwartungsgemäß zur halben Periode gespiegelt.

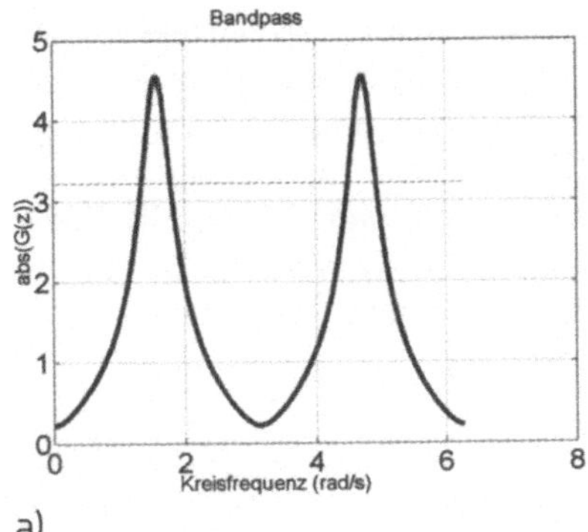

a)

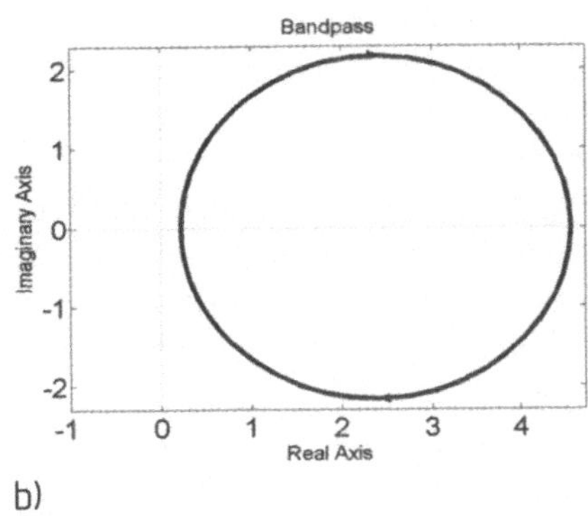

b)

Bild B 2.5/21-3

Auf Angaben zum Frequenzbereich kann verzichtet werden (selbstverständlich sind spezielle Achseinstellungen möglich).

Die Nyquistortskurve (Bilder B 2.5/21-2, 2.5/21-3b) wird über die Anweisung `dnyquist` bestimmt. Sie erfordert nur die Zeilenvektoren der Zähler- und Nennerpolynome von $G(z)$. Bei Austausch der Anweisung gegen `dbode` erhält man die Bodedarstellung.

Liegen die Übertragungsfunktionen $G(z)$ resp. $G(z$^–1) vor, so kann eine umfassende Auswertung auch über die Anweisungen `ltiview` und `rltool` wie für zeitkontinuierliche Funktionen stattfinden. Die Darstellung der Pole und Nullstellen von $G(z$^–1) erfolgt entweder innerhalb von `ltiview` oder durch die Anweisung `zplane(n,d)`, dabei sind n, d Spaltenvektoren.

MATLAB-Beispiel 5/22 Abtastvorgang. Eine Sinusschwingung (Frequenz f = 1kHz) soll mit einer Frequenz f_a = 10 kHz abgetastet und der Zeitraum t = 0…2 ms dargestellt werden, sowohl mit der Zeit als auch dem Abtastparameter k als Variabler. Gesucht ist der Verlauf $x(t)$ resp. $x[k]$, s. M-File `abt1.m` Bild B 2.5/22-1).

```
%Abtastvorgang abt1.m
A=1;%Amplitude
f=1;%Frequenz/kHz
fs=10;%Abtastfrequenz /kHz
%Abtastzeitbereich /kHz
t=0:1/fs:2; %Sinusschwingung
x=A*sin(2*pi*f*t);
%Darstellung
stem(t,x,'-k')
xlabel('t(ms)')
ylabel('x(t)')
title('Abtastvorgang')
grid on;
```

Bild B 2.5/22-1

Der gewählte Darstellungszeitraum umfasst zwei Periodendauern, wie im Bild B 2.5/22-1a zu erkennen ist. Das Abtastintervall beträgt mit $1/f_a$ = 0,1 ms. Damit gibt es insgesamt 21 Abtastpunkte (Nullpunkt mit gerechnet) für verschiedene Verhältnisse von Frequenz- und Abtastfrequenz. Im Bild B 2.5/22-1a, b, c sind drei Verläufe für die Abtastfrequenzen f_a = 10 kHz (Bild B 5.2/22-2a), 3 kHz (Bild B 2.5/22-2b) und 2 kHz (Bild B 5.2/22-2c) dargestellt. Mit ansteigendem Verhältnis Signal zu Abtastfrequenz wird das abgetastete Signal minderwertiger. Während die Periodizität der Sinusfunktion im mittleren Bild noch erhalten bleibt (Nulldurchgang erkennbar), fehlt sie rechts, weil die Bedingung $f = f_a/2$ (die sog. Nyquistbedingung) nicht mehr eingehalten wird. Allgemeiner: stehen Signal- und Abtastfrequenz (f/f_a) in einem rationalen Verhältnis, so hat das abgetastete Signal ebenfalls einen periodischen Verlauf (nur dann!). Steigt umgekehrt die Abtastfrequenz weiter, z.B. auf f_a = 40 kHz, so rücken die Abtastwerte dichter zusammen und die abgetastete Sinusfunktion nähert sich immer mehr ihrem zeitkontinuierlichen Verlauf.

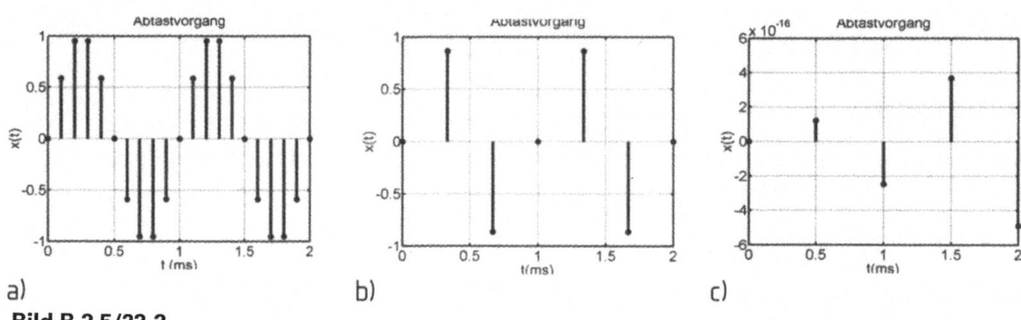

Bild B 2.5/22-2

Der Übergang zum Abtastparameter k ergibt sich durch Multiplikation der Zeitfolge mit der Abtastfrequenz f_a. Dadurch entsteht der Parametervariationsbereich $0{:}1{:}tf_a = k$. Der unteren Grenze $t = 0$ entspricht $k = 0$, der oberen ($t = 2$ ms bei $f_a = 10$ kHz) der obere Wert k von 20. Der Variationsbereich lautet damit 0:1:20. Damit lautet die abgetastete Sinusfunktion $x[k] = A$*sin{(2pif/f_a)*k} mit $k = tf_a$. Das entsprechende M-File ergibt sich durch sinngemäße Abänderung von Bild 2.5/22-2

MATLAB-Beispiel 5/23 Ersatz zeitkontinuierlicher durch zeitdiskrete Systeme. Soll ein zeitkontinuierliches System mit einer Übertragungsfunktion $G(s)$ durch ein digitales System nachgebildet werden, so ergeben sich – je nach eingesetztem Diskretisierungsverfahren – unterschiedliche Übertragungsfunktionen $G(z)$. Für diese Nachbildungen stellt MATLAB zwei grundsätzliche Anweisungen bereit: `Gd=c2d(G,Ts,'method')` (continuous to discret) und `G=d2c(Gd,Ts,'method')` (discret to continuous) für die Umkehroperation. Unter `method` wird das betreffende Annäherungsverfahren verstanden: die bilineare Transformation (Tustinverfahren, `'tustin'`,`'bilinear'` Gl. (5.4.47), auch mit Frequenzvorverzerrung (Gl. (5.4.48), `'prewrap'`), die Abtastung mit einem Halteglied-Ausgang für den Systemersatz sind die zeitkontinuierliche Übertragungsfunktion $G(s)$, die Abtastzeit T_s und die Annäherungsmethode (Defaulteinstellung ist `zoh` ohne Zusatzangabe). Im Ergebnis entsteht die zeitdiskrete Funktion $G(z)$.

Im M-File `disc1.m` (Bild B 2.2.5/23) wurde die Übertragungsfunktion $G(s) = (s-1)/(s$^2 + $2s + 1)$ durch die zeitdiskrete Übertragungsfunktion $Gd(z)$ angenähert, zunächst mit der bilinearen Transformation `'tustin'` und einer Abtastzeit T_s = 1,5 s und gleichzeitig ihr Sprungverhalten ausgewertet (`step`-Anweisung, eingeschlossen Vorgaben `'-'`,`'-'` für die Kurvendarstellung). Die Abweichungen zwischen Ausgangsfunktion $G(s)$ und zeitdiskreter Näherung G_d sind beträchtlich, was bei der (absichtlich groß gewählten) Abtastzeit nicht verwundert. Bereits eine Senkung auf T_s = 0,1 s bringt deutliche Verbesserung, gleich-

```
%Zeitdiskrete
%Ersatzfunktion
%disc1.mn=[1,-1];
%Zähler und Nenner
%der ÜF G(s)
n=[1,-1];
d=[1,2,1];G=tf(n,d);
%Zeitdiskrete ÜF,
%Abtastzeit Ts
Gd=c2d(G,1.5,'tustin')
%Vergleich bei
%Sprunganregung
step(G,'-',Gd,'--')
Transfer function:
0.06122 z^2 - 0.3673 z - 0.4286
-------------------------------
z^2 - 0.2857 z + 0.02041
Sampling time: 1.5
>
```

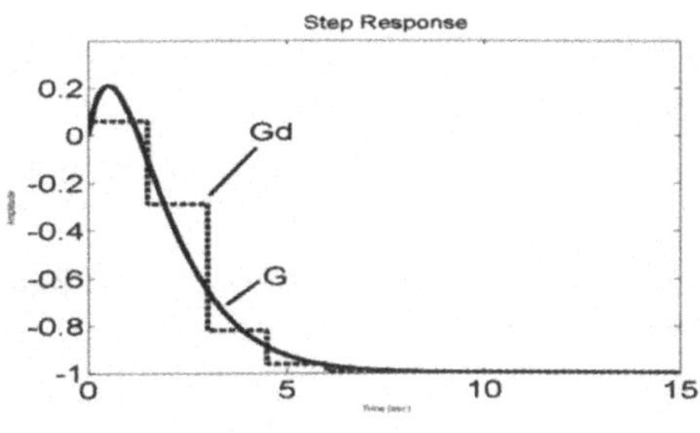

Bild B 2.5/23

zeitig ändert sich die diskrete Übertragungsfunktion. Sie ändert sich ebenfalls bei Wechsel des Abtastverfahrens, z.B. durch `zoh` (Eingabe entfällt hier, Defaulteinstellung).

Zur Simulation abgetasteter Systeme eignen sich neben `step`-Anweisung auch die Aufrufe `impulse` und `lsim` (für Impuls- bzw. allgemeine Signalanregung).

Abgetastete Systemfunktionen arbeiten in gleicher Weise wie ihre zeitkontinuierlichen Ursprungsfunktionen. Das Ausgangssignal $y(kT)$ bleibt während der Abtastzeit T_s jeweils konstant, daher der Treppenkurvenverlauf der Näherungskurve. Es lohnt, mit der Abtastung und Annäherungsfunktion für einen bekannten Systemverlauf – z.B. einen Tiefpass der Zeitkonstante $T = 1$ s: $(G(s) = 1/(1 + s))$, näher zu experimentieren.

Literaturverzeichnis

Ameling, W.: Grundlagen der Elektrotechnik. Bd. l: 4. Aufl., Bd. 2: 2. Aufl.. Braunschweig: Vieweg 1988/1984

Broy, M., Spaniol, O.: VDI-Lexikon Informatik und Kommunikationstechnik. 2. Aufl. Berlin: Springer Verlag 1999

Clausert, H.: Elektrotechnische Grundlagen der Informatik. München, Wien: R. Oldenbourg Verlag 1995

Hahn, W.: Bauer, Fr., Physikalische und elektrotechnische Grundlagen für Informatiker. Berlin: Springer Verlag 1975

Hugel, J.: Elektrotechnik. Grundlagen und Anwendungen. Stuttgart, Leipzig, Wiesbaden: B.G. Teubner Verlag 1998

Müller, R.; Piotrowski, A.: Einführung in die Elektrotechnik und Elektronik, Teil l, 2. München: Oldenbourg Verlag 1985

Ose, R.: Elektrotechnik für Ingenieure Band 1: Grundlagen. Leipzig: Fachbuchverlag im Carl Hanser Verlag 1996

Paul, R., Paul, S.: Arbeitsbuch zur Elektrotechnik 1 und 2. Berlin: Springer Verlag 1996

Paul, R., Paul, S.: Repetitorium Elektrotechnik. Elektromagnetische Felder, Netzwerke, Systeme. Berlin: Springer Verlag 1996

Sautter, D.: Weinerth, H. (Hrsg.): Lexikon Elektronik und Mikroelektronik. Düsseldorf: VDI-Verlag 1990

Schiffmann, W., Schmitz, R.: Technische Informatik 1, Grundlagen der digitalen Elektronik. 4. Aufl. Berlin: Springer Verlag 2001

Seifert, F.: Elektrotechnik für Informatiker. 2. Aufl. Wien: Springer Verlag 1991.

Zu Multisim/Electronics Workbench:

Adams, J.: Mastering Electronics Workbench Version 5 & Multisim Version 6. New York: McGraw-Hill 2001

Berube, R. H.: Computer Simulated Experiments for Electric Circuits Using Electronics Workbench. 2. Aufl. Upper Saddle River: Prentice Hall 1998

Heinemann, R.: PSPICE Einführung in die Elektronik-Simulation. 3. Aufl. München: Carl Hanser Verlag 2001

Rashid, M., R.: Electronics Circuit Design using Electronics Workbench. Boston: PWS Publishing Company 1998

Zu MATLAB:

Biran, A., Breiner, M.: MATLAB 6 for Engineers. Harlow: Prentice Hall 2002.

Beucher, O.: MATLAB und Simulink. Grundlegende Einführung. 2. überarb. Aufl. München: Pearson Studium, Pearson Education Deutschland GmbH 2002

Hanselman, D., Littlefield, B.: Mastering MATLAB 6. A Comprehensive Tutorial and Reference. Upper Saddle River: Prentice Hall 2001

Pratap, R.: Getting Started with MATLAB. Oxford: University Press 2002
– Using MATLAB (Version 6). The Mathworks Inc. 2000
– MATLAB Function Reference. The Mathworks Inc. 2000

Sachverzeichnis